Cinemática e Dinâmica para Engenharia

Cinemática e Dinâmica para Engenharia

Domingos A. Rade

ISBN: 978-85-352-8186-6
ISBN (versão digital): 978-85-352-8187-3

Copidesque: Vânia Coutinho Santiago
Revisão Tipográfica: Hugo de Lima Corrêa
Editoração Eletrônica: Estúdio Castellani

Elsevier Editora Ltda.
Conhecimento sem Fronteiras
Rua da Assembleia, nº 100 – 6º andar – Sala 601
20011-904 – Centro – Rio de Janeiro – RJ

Rua Quintana, 753 – 8º andar
04569-011 – Brooklin – São Paulo – SP

Serviço de Atendimento ao Cliente
0800 026 53 40
atendimento1@elsevier.com

Consulte nosso catálogo completo, os últimos lançamentos e os serviços exclusivos no site www.elsevier.com.br

Nota: Muito zelo e técnica foram empregados na edição desta obra. No entanto, podem ocorrer erros de digitação, impressão ou dúvida conceitual. Em qualquer das hipóteses, solicitamos a comunicação ao nosso serviço de Atendimento ao Cliente para que possamos esclarecer ou encaminhar a questão.

Para todos os efeitos legais, nem a editora, nem os autores, nem os editores, nem os tradutores, nem os revisores ou colaboradores assumem qualquer responsabilidade por qualquer efeito danoso e/ou malefício a pessoas ou propriedades envolvendo responsabilidade, negligência etc. de produtos, ou advindos de qualquer uso ou emprego de quaisquer métodos, produtos, instruções ou ideias contidos no material aqui publicado.

A Editora

CIP-Brasil. Catalogação na Publicação
Sindicato Nacional dos Editores de Livros, RJ

R12c Rade, Domingos Alves
Cinemática e dinâmica para engenharia / Domingos Alves Rade. – 1. ed. – Rio de Janeiro : Elsevier, 2018.
592 p. : il. ; 27 cm.

Apêndice
Inclui bibliografia e índice
exercícios propostos
ISBN 978-85-352-8186-6

1. Engenharia mecânica. I. Título.

16-35356 CDD: 621
CDU: 621

Este livro é dedicado ao pequeno Régis.

Sobre o Autor

Domingos Alves Rade é natural de Araguari, MG. Graduou-se em Engenharia Mecânica pela Universidade Federal de Uberlândia em 1984. Obteve os títulos de Mestre em Engenharia Aeronáutica pelo Instituto Tecnológico de Aeronáutica em 1987 e Doutor em Ciências para a Engenharia pela Universidade de Bourgogne Franche-Comté, em Besançon, França, em 1994. Realizou pós-doutorado na Universidade de Bourgogne Franche-Comté (2004). Entre 1985 e 2015 foi professor da Universidade Federal de Uberlândia. Foi professor convidado da Universidade de Bourgogne Franche-Comté e do Instituto de Ciências Aplicadas de Rouen, França. Atualmente, é Professor Titular da Divisão de Engenharia Mecânica do ITA. É bolsista de produtividade em pesquisa nível 1B do CNPq. No ensino e na pesquisa atua nas áreas de Dinâmica e Vibrações Mecânicas.

Currículo Lattes: http://lattes.cnpq.br/3356131637634546

Página pessoal: http://www.ita.br/~domingos

Apresentação

A Dinâmica, disciplina que engloba a Cinemática, trata do estudo do movimento de corpos. É, reconhecidamente, um dos mais importantes ramos do conhecimento humano. Seu estudo, iniciado na Antiguidade, foi certamente motivado pela curiosidade em descrever fenômenos naturais observados no dia a dia, tais como o movimento de corpos celestes e a queda de objetos.

Eminentes pensadores, que viveram em diferentes períodos históricos, dedicaram-se ao estudo de problemas relacionados com a Dinâmica, dentre eles Aristóteles (384-322 a.C.), Ptolomeu (100-170), Leonardo da Vinci (1452-1519), Nicolau Copérnico (1473-1543), Galileu Galilei (1564-1642), Johannes Kepler (1571-1630), Isaac Newton (1642-1727), Leonhard Euler (1707-1783), Jean Le Rond d'Alembert (1717-1783), Joseph-Louis Lagrange (1736-1813) e Willian Rowan Hamilton (1805-1865). Os trabalhos desses estudiosos levaram à construção do arcabouço teórico da Dinâmica e ao desenvolvimento de parte substancial dos métodos de investigação científica utilizados nos dias de hoje em diversos ramos da Ciência.

Posteriormente, como resultado de conquistas tecnológicas obtidas a partir da Revolução Industrial (séculos XVIII e XIX), problemas de Dinâmica ultrapassaram o domínio da Física e da Astronomia e adquiriram grande relevância também no âmbito da Engenharia, notadamente aqueles relacionados com máquinas e veículos terrestres, aquáticos e aéreos. Mais recentemente, novos tipos de problemas relacionados com a robótica e os veículos espaciais (foguetes, satélites artificiais, sondas exploradoras e estações espaciais) vêm sendo tratados.

A vinculação da Dinâmica com problemas práticos levou, naturalmente, à inclusão desta disciplina nos currículos dos cursos de graduação e de pós-graduação em diversas especialidades de Engenharia, nos quais ela é tratada como uma disciplina básica que fornece os fundamentos necessários para o estudo de outras disciplinas mais específicas, tais como Dinâmica de Máquinas, Vibrações Mecânicas, Controle de Sistemas Mecânicos, Robótica, Mecânica do Voo, Mecânica Orbital, Biomecânica, entre outras. Além disso, os fundamentos da Dinâmica aplicam-se a disciplinas que, à primeira vista, parecem não ter relação direta com ela, tais como a Mecânica de Fluidos e a Física Moderna.

Dada a importância da Dinâmica, tanto do ponto de vista científico quanto da capacitação de profissionais de Engenharia, a literatura existente sobre esse assunto é vasta e inclui numerosos tratados, monografias e livros-texto. Entretanto, tendo por motivação a constante necessidade de modernização das metodologias de ensino, especialmente em face do amplo acesso a tecnologias modernas, tais como a microinformática e a internet, e da atualização dos currículos dos cursos de Engenharia visando adequar a formação do engenheiro às evoluções tecnológicas, este livro foi escrito com o principal objetivo de auxiliar estudantes e professores no estudo e ministração desta disciplina, respectivamente.

Características do livro

O livro é dirigido precipuamente a estudantes de graduação, podendo também servir como texto de revisão ou nivelamento para estudantes de pós-graduação. Para melhor aproveitamento de seu conteúdo, é desejável que o estudante já tenha cursado as disciplinas Cálculo Diferencial e Integral e Geometria Analítica.

As principais características do livro são:

1ª) Seu conteúdo foi definido de modo a cobrir o conjunto de tópicos estabelecidos para a maioria dos cursos de graduação em engenharia do Brasil, incluindo, essencialmente, a cinemática da partícula, a cinemática do corpo rígido, a dinâmica da partícula, a dinâmica do sistema de partículas e a dinâmica do corpo rígido. Os problemas são tratados tanto pelos métodos vetoriais derivados da mecânica newtoniana quanto por métodos baseados nos conceitos de impulso e quantidade de movimento, e trabalho e energia. O conteúdo é complementado com alguns tópicos considerados importantes para a ampliação do aprendizado, servindo também como motivação para estudos mais avançados de Dinâmica, especialmente o capítulo dedicado à mecânica analítica.

2ª) Diferentemente da maioria dos livros-texto existentes no mercado editorial brasileiro, nos quais os exemplos e problemas propostos tratam da resolução de problemas em um instante ou posição especificados, neste livro um número significativo de problemas é resolvido de modo que a solução seja conhecida em intervalos de tempo especificados. Ênfase particular é dada à modelagem de problemas de dinâmica de partículas, sistemas de partículas e corpos rígidos em termos de suas equações do movimento, e a integração destas últimas para a completa caracterização do movimento. Na maioria dos casos, são utilizados programas computacionais escritos em linguagem MATLAB®, que se consolidou mundialmente como eficiente ambiente de programação científica, oferecendo grande facilidade para a realização de operações matemáticas e a visualização gráfica de dados. Buscou-se, todavia, evitar o enfoque excessivamente computacional em detrimento da compreensão dos aspectos físicos. Esta abordagem permite ao estudante compreender as bases fenomenológicas da Dinâmica e, ao mesmo tempo, apreciar seu potencial para a resolução de problemas de engenharia com o uso dos recursos da informática.

3ª) O sucesso no aprendizado da Dinâmica depende, em grande medida, do estudo de exemplos e do trabalho subsequente do estudante na resolução de exercícios. Assim, houve a preocupação de selecionar exemplos e exercícios que exploram adequadamente os fundamentos teóricos apresentados e de detalhar, ao máximo, as estratégias, etapas e cálculos envolvidos nas resoluções. Além disso, ao invés de tratar de problemas de interesse puramente teórico, a maioria destes exemplos e exercícios busca demonstrar a vinculação da Dinâmica com outras disciplinas mais aplicadas dos currículos dos cursos de engenharia, tais como Máquinas de Elevação e Transporte, Dinâmica de Máquinas e Mecanismos e Vibrações Mecânicas.

4ª) Foi feito um esforço para conciliar o rigor nos desenvolvimentos teóricos com uma notação suficientemente leve e cômoda. Evitou-se o excesso de símbolos, índices e subíndices. Em certas ocasiões, permitiu-se simplificar a notação, sendo chamada a atenção do leitor para essas ocorrências. Levando-se em conta que tanto o estudante quanto o professor deverão, com frequência, escrever manualmente as equações, foi adotada a notação tradicional na qual vetores são indicados por flechas sobrepostas, que possibilitam a distinção clara e cômoda entre grandezas escalares e vetoriais.

Conteúdo do livro

O livro é composto por sete capítulos, com os seguintes conteúdos:

O Capítulo 1 trata da cinemática da partícula. Após a caracterização do modelo de partícula, são apresentadas as definições das grandezas cinemáticas vetoriais fundamentais – posição, deslocamento, velocidade e aceleração –, além da posição, velocidade e aceleração angulares de uma linha. Visando subsidiar o cálculo das grandezas cinemáticas, são sumarizadas as definições e propriedades de derivadas de grandezas vetoriais em relação a uma grandeza escalar. Para a análise do movimento absoluto de partículas, são apresentados os sistemas de coordenadas cartesianas, normal-tangencial e polares, para o movimento plano, e coordenadas cartesianas, cilíndricas e esféricas, para o movimento tridimensional. São desenvolvidas as transformações de coordenadas que estabelecem relações entre as representações vetoriais das grandezas cinemáticas em dois sistemas de coordenadas quaisquer. O movimento retilíneo é tratado como caso particular do movimento representado em coordenadas cartesianas, sendo apresentadas as interpretações geométricas das equações horárias do movimento. É também abordado o movimento vinculado de duas ou mais partículas. O estudo do movimento relativo é conduzido com o emprego de sistemas de referência móveis desenvolvendo diferentes tipos de movimento: translação, rotação plana em torno de um eixo fixo, movimento plano geral, rotação espacial em torno de um eixo fixo e movimento tridimensional geral. O capítulo é concluído com a formulação baseada em matrizes de transformação como alternativa para análise cinemática da partícula em movimento bidimensional.

O Capítulo 2 é dedicado à cinemática do corpo rígido e se inicia com a caracterização do modelo de corpo rígido e a descrição detalhada dos principais vínculos cinemáticos a que um corpo pode estar sujeito. A análise de velocidades e acelerações é feita, sucessivamente, para movimentos de complexidade crescente: translação, rotação em torno de um eixo fixo, movimento plano geral e movimento tridimensional. Para o movimento plano geral, é introduzida uma seção dedicada à análise cinemática de sistemas formados pela associação de corpos rígidos empregando sistemas de referência fixos e móveis. O capítulo é complementado com a formulação baseada em matrizes de rotação como alternativa para análise cinemática de corpos rígidos em movimento plano.

No Capítulo 3 é estudada a dinâmica da partícula. Primeiramente, as Leis de Newton são revisitadas e discutidas em profundidade. Na seção dedicada à elaboração de diagramas de corpo livre, é feito um apanhado das características dos principais tipos de forças, associadas a diversos efeitos físicos que podem ser encontrados em problemas de Engenharia. Na sequência, a partir da Segunda Lei de Newton, são formuladas as equações do movimento em duas e três dimensões, expressas em termos dos vários sistemas de coordenadas estudados no Capítulo 1. É destacado o fato que as equações do movimento são modelos matemáticos representados por equações diferenciais ordinárias, e são fornecidos os elementos para sua integração numérica, com o suporte de exemplos. Na sequência, é discutida a utilização da Segunda Lei de Newton combinada com o uso de sistemas de referência não inerciais, que são adequados para a descrição de fenômenos nos quais o movimento da Terra é relevante, e também para a análise dinâmica de sistemas embarcados em veículos. É introduzido o conceito de força de inércia, e reformulada a Segunda Lei de Newton em combinação com sistemas de referência não inerciais. Em seguida, são considerados os métodos de análise dinâmica da partícula alternativos ao uso direto da Segunda Lei de Newton. Para tanto, são introduzidos os conceitos de quantidade de movimento linear e quantidade de movimento angular, e formulados o Princípio de Impulso-Quantidade de

Movimento e o Princípio da Conservação da Quantidade de Movimento. São também introduzidos os conceitos de trabalho de uma força, energia potencial e energia cinética, e formulados o Princípio do Trabalho-Energia Cinética e o Princípio da Conservação da Energia Mecânica.

O Capítulo 4, que trata da dinâmica de sistemas discretos de partículas, foi concebido também como um capítulo preparatório para o estudo da dinâmica do corpo rígido, tratada no Capítulo 6. Primeiramente, são introduzidos os conceitos de forças externas e internas e de posição e movimento do centro de massa. Em seguida, são definidas a quantidade de movimento linear e a quantidade de movimento angular do sistema de partículas, e formulados os Princípios de Impulso-Quantidade de Movimento Linear e Angular e Princípios da Conservação das Quantidades de Movimento Linear e Angular. O Princípio do Trabalho-Energia Cinética e o Princípio da Conservação da Energia Mecânica são formulados para sistemas de partículas. O capítulo é concluído com uma seção dedicada a colisões centrais e oblíquas de partículas.

Proposto também como um capítulo preparatório ao estudo da dinâmica dos corpos rígidos, o Capítulo 5 é dedicado à definição, características e métodos de cálculo das propriedades de inércia de corpos rígidos. Estas incluem posição do centro de massa, momentos de inércia de massa e produtos de inércia de massa.

O Capítulo 6 trata da dinâmica dos corpos rígidos. Primeiramente, com base nas definições introduzidas nos Capítulos 4 e 5, as quantidades de movimento linear e angular são formuladas para corpos rígidos em três dimensões. As Equações de Newton-Euler são formuladas e interpretadas em termos da equivalência entre os conjuntos formados pelos vetores que representam os esforços externos e os vetores que representam as derivadas temporais das quantidades de movimento linear e angular. Na sequência, as Equações de Newton-Euler são particularizadas para os seguintes casos de movimento: translação, movimento plano geral, rotação baricêntrica, rotação não baricêntrica, rotação em torno de um eixo fixo, movimento com um ponto fixo e movimento tridimensional geral. É apresentada uma introdução ao movimento de giroscópios e examinada a precessão estacionária. No restante do capítulo, são formulados os Princípios do Impulso-Quantidade de Movimento, da Conservação da Quantidade de Movimento, do Trabalho-Energia Cinética e da Conservação da Energia Mecânica, os quais são particularizados para os tipos de movimento mencionados anteriormente.

O Capítulo 7 apresenta uma introdução à Mecânica Analítica, iniciando-se com a formulação do Princípio do Trabalho Virtual aplicado a sistemas de partículas, em associação com o Princípio de d'Alembert. Em seguida, após uma breve introdução aos fundamentos do Cálculo Variacional, são formulados o Princípio Variacional de Hamilton e o Princípio de Hamilton Estendido. São descritos os conceitos de restrições holônomas e não holônomas, coordenadas generalizadas e número de graus de liberdade, e são formuladas as Equações de Lagrange do Movimento, considerando primeiramente um conjunto de coordenadas generalizadas independentes e, em seguida, um conjunto redundante de coordenadas, em associação com multiplicadores de Lagrange.

Ao longo de todos os capítulos há exemplos resolvidos, parte deles incluindo implementações computacionais, feitas em ambiente MATLAB®, que exploram os conceitos e formulações teóricas para a resolução de problemas de interesse na Engenharia. No final de cada capítulo encontram-se exercícios propostos, parte deles destinada à resolução com uso do computador.

Os Apêndices, fornecidos no final do livro, trazem tabelas e desenvolvimentos teóricos que complementam os conteúdos dos capítulos.

Material complementar

Na página deste livro na internet (http://www.evolution.com.br), professores e estudantes têm acesso a materiais complementares que facilitam tanto a ministração das aulas quanto a aprendizagem do conteúdo. Para o professor são disponibilizados banco de figuras, apresentações em PowerPoint®, códigos de programas computacionais em linguagem MATLAB® utilizados na resolução de exemplos e exercícios propostos, e manual de resolução dos exercícios propostos; o estudante tem acesso a exemplos suplementares e aos códigos dos programas computacionais em linguagem MATLAB®.

Domingos A. Rade
São José dos Campos, outubro de 2017

Comentários e Agradecimentos

Este livro traduz a experiência que adquiri ao longo de 32 anos de docência universitária, durante os quais ministrei numerosas vezes as disciplinas Cinemática, Dinâmica, Mecânica Clássica, Vibrações Mecânicas e Dinâmica de Sistemas Mecânicos, na Universidade Federal de Uberlândia e na Universidade de Bourgogne Franche-Comté, em Besançon, França (nesta última, atuei como professor visitante), e, mais recentemente, no Instituto Tecnológico de Aeronáutica. Acredito que a concepção e o desenvolvimento desta obra tenham se beneficiado também de minha atuação como pesquisador na área de Vibrações e Dinâmica Estrutural e da profícua troca de experiências que mantive, ao longo de vários anos, com estudantes e colegas professores de diversas instituições brasileiras e estrangeiras acerca do ensino de Dinâmica em níveis de graduação e pós-graduação.

Durante muito tempo hesitei em transformar minhas notas de aula em livro, por não ver justificada tal iniciativa em face da existência de ótimos livros-texto escritos por autores brasileiros e estrangeiros (estes últimos certamente muito mais numerosos que os primeiros). Entretanto, fui convencido pelas manifestações de muitos de meus ex-alunos, alguns dos quais se tornaram professores universitários, de que aquelas notas, uma vez revisadas, ampliadas e publicadas sob a forma de livro, poderiam proporcionar alguma contribuição ao ensino-aprendizagem da Dinâmica. Espero que isso venha a se confirmar.

Outra motivação resultou do convite que me foi feito pela Editora Elsevier para a publicação do livro. A partir da assinatura do contrato, meu principal objetivo passou a ser o de produzir uma obra com a melhor qualidade possível, no tempo que eu tinha disponível. Ao finalizá-la, constato que ela representa uma grande evolução em relação às minhas notas de aula originais, trazendo significativa ampliação de conteúdo teórico, maior diversidade de exemplos e exercícios, melhoria substancial das ilustrações e melhor ordenação do conteúdo. O livro é, sem dúvida, uma versão muito mais elaborada e amadurecida do que as versões precedentes de meus escritos.

Todo esforço foi empreendido por mim e pela Editora Elsevier para que esta primeira edição fosse publicada com o menor número possível de imperfeições. Não obstante, é muito pouco provável que tenhamos conseguido evitar a existência de erros. Visando corrigi-los, pedimos aos leitores que nos informem sobre as falhas que porventura vierem a identificar. Além disso, ficaremos gratos por suas críticas e sugestões, que são indispensáveis para o aperfeiçoamento da obra em suas edições futuras.

Ao longo de vários anos, numerosas pessoas contribuíram para que este livro viesse a existir e não posso deixar de lhes expressar minha gratidão. Primeiramente, agradeço ao Professor José Eduardo Tannús Reis, meu mentor durante o curso de graduação, que me deu a oportunidade de, ainda muito jovem, ingressar na carreira docente, e que sempre foi, e ainda é, modelo de professor dedicado e generoso.

Sou grato ao Professor Wilton Jorge (*in memoriam*), notável professor de Física, de quem recebi parte de meus conhecimentos e muito incentivo para a elaboração e a publicação de minhas notas de aula de Dinâmica, já nos primeiros anos de minha carreira docente.

Nas diversas fases de elaboração de minhas notas de aulas e preparação deste livro, contei com a colaboração de vários alunos de graduação e orientados de pós-graduação na revisão do texto, elaboração de ilustrações e resolução de exemplos e exercícios. Deixo meus agradecimentos a Victor Hugo Panatto, Rodrigo Perfeito, Rodrigo França Alves Marques, Antônio Marcos Gonçalves de Lima, João Flávio Pafume Coelho, Thiago de Paula Sales, Willian Mota Baldoino, André Schwanz de Lima, Mateus de Freitas Virgílio Pereira, Luiz Fabiano Damy e Everton Spuldaro.

Sou especialmente grato à Professora Núbia dos Santos Saad, da Universidade Federal de Uberlândia, pela inestimável ajuda na revisão do texto e das ilustrações, e por suas valiosas críticas e sugestões que muito contribuíram para o aperfeiçoamento do livro.

Agradeço às minhas editoras Andrea M. Rodrigues Certorio e Flávia Araújo, da Editora Elsevier, pela oportunidade de desenvolvermos juntos o projeto editorial e pelo pronto atendimento às minhas solicitações, em especial àquelas referentes a ajustes dos prazos de entregas, em face de uma agenda de trabalho frequentemente sobrecarregada.

Por fim, agradeço de todo coração à minha família e a meus amigos pelo incentivo e carinho constantes que suavizaram as dificuldades que enfrentei no curso da elaboração desta obra.

Domingos A. Rade

São José dos Campos, agosto de 2017.

Prefácio

A disciplina Dinâmica é um dos pilares na formação do engenheiro mecânico e de especialidades correlacionadas, como a Engenharia Aeronáutica ou Aeroespacial. Ela se apoia nos conceitos de Estática e na base matemática de Cálculo Diferencial e Integral e de Geometria Analítica. A Dinâmica permite a determinação dos movimentos e esforços internos resultantes de esforços dinâmicos, isto é, envolvendo a variação do tempo. Posteriormente, associada às disciplinas que tratam da representação de tensões e deformações e sua relação em sólidos, leva à Dinâmica de Estruturas. Por outro lado, em conjunto com o comportamento de fluidos, leva à Dinâmica de Fluidos, ou, de forma unificada para sólidos e fluidos, à Mecânica do Contínuo.

Também é a disciplina que apresenta ao aluno uma das teorias mais abrangentes e fundamentais do conhecimento humano, a Mecânica Clássica. Primeira teoria estruturada do Universo, a Mecânica Clássica deu origem à Ciência moderna. Foi possível, com seu uso, explicar o cosmos e prever o movimento de corpos celestes com uma única teoria coerente. Era a "teoria de tudo" no século XVII. Newton foi o nome que mais se destacou nesse esforço colossal do gênio humano. Outro grande salto viria com Einstein, muitos séculos depois, com a Teoria da Relatividade, que explicou as divergências observadas entre as previsões obtidas com a Mecânica Clássica e as observações astronômicas. Mais tarde, para elucidar as interações no nível atômico e subatômico, foi necessário desenvolver outra teoria mecânica, a Mecânica Quântica, que até hoje a comunidade científica busca unificar com a Relatividade Geral para constituir uma nova "teoria de tudo".

Desenvolvida para desvendar os segredos do cosmos, a Mecânica Clássica encontrou aplicações de grande relevância prática para a humanidade na concepção de máquinas, principalmente a partir da Revolução Industrial, iniciada no final do século XVIII. E é nesta época que surge a figura do e engenheiro mecânico – aquele responsável por conceber as máquinas e suas estruturas. Mesmo com uma formação mais abrangente, ainda hoje a função mais nobre desempenhada por esse profissional é a concepção de máquinas seguras e eficientes.

Na formação contemporânea do engenheiro mecânico, a Mecânica Clássica é a disciplina que fornece as ferramentas básicas para formular os problemas associados a máquinas e suas estruturas, incluídos aí os veículos terrestres, aéreos ou espaciais. E a abordagem da Mecânica Clássica se faz geralmente pela Mecânica Newtoniana. A Mecânica Analítica oferece, depois, com base no cálculo variacional, ferramentas adicionais para a solução de problemas da Mecânica Clássica.

Por isso, escrever um livro-texto sobre Dinâmica é um marco na carreira de qualquer engenheiro mecânico. É, ao mesmo tempo, uma reverência aos que participaram dessa aventura do conhecimento humano e uma demonstração de atenção extrema à formação de novos engenheiros. Este livro vem se somar às raras obras básicas escritas no Brasil por engenheiros que são pesquisadores ativos em Engenharia. O Professor Domingos Rade é engenheiro mecânico com doutorado na área de ajuste de modelos dinâmicos de estruturas. Sua atividade de pesquisa e ensino ao longo dos anos lhe permitiu depurar, no vasto material usado no ensino da Dinâmica, aquilo que é mais essencial, mas também aquilo que abre portas para um aprofundamento daqueles que se sentirem atraídos pela disciplina, fazendo uma introdução à Mecânica Analítica (Hamilton e Lagrange). Sua abordagem procura a simplicidade sem abrir mão do rigor. Ao contrário do caminho que tomaram alguns livros muito conhecidos sobre a disciplina em suas últimas edições, este não evita o tratamento de problemas mais complexos da Dinâmica. Para abordar os tópicos mais avançados, o livro lança mão de recursos gráficos de alta qualidade e maior quantidade e qualidade de textos explicativos e exemplos. Esses tópicos se tornaram ainda mais necessários hoje com a evolução da robótica e da dinâmica veicular, entre outras aplicações.

Mas por que escrever um livro sobre um tema tão clássico e para o qual existe extensa literatura? As respostas são múltiplas. A principal delas é a incorporação à obra de exercícios de aplicação da teoria exposta que fazem uso de uma ferramenta hoje ubíqua: o computador pessoal. Quando a maioria dos livros-texto, atualmente disponíveis, foi escrita, não era viável explorar as elegantes equações dinâmicas com gráficos de resposta no tempo e com animações. Portanto, grande parte dos exercícios propostos nesses livros se limitava ao cálculo de um instante específico no tempo no qual algum evento ocorria. A riqueza da visualização do comportamento dinâmico não era explorada. Este livro repara essa deficiência, tornando a Dinâmica ainda mais fascinante para o estudante de Engenharia. Outra resposta é a necessidade de ampliar a oferta de livros-texto de qualidade para o ensino de engenharia escritos originalmente em língua portuguesa. Uma tradução, por mais bem-feita que seja, nunca é tão rica como a obra original.

Este livro é o resultado de incontáveis horas de trabalho cuidadoso e generoso de um notável professor e pesquisador brasileiro. Com minha experiência de mais de 30 anos ensinando a disciplina Dinâmica e outras disciplinas relacionadas, coloco este livro entre os melhores que conheço. É uma obra que não só contribuirá para a formação de engenheiros competentes, mas também atrairá para essa fascinante disciplina jovens talentosos que farão as novas conquistas da Engenharia nacional.

José Roberto de França Arruda
Faculdade de Engenharia Mecânica
Universidade Estadual de Campinas
Campinas, agosto de 2017

Sumário

CAPÍTULO 3

CAPÍTULO 5

CAPÍTULO 6

APÊNDICE A

APÊNDICE B

APÊNDICE C

CAPÍTULO

1 Cinemática da Partícula

1.1 Introdução

Entendemos por *partícula,* ou *ponto material,* um corpo cuja forma e dimensões não são relevantes para a caracterização de seu movimento. Devemos notar que, segundo esta conceituação, partículas não são necessariamente corpos de pequenas dimensões. Assim, por exemplo, um avião cujo movimento é monitorado por uma estação de radar, conforme ilustrado na Figura 1.1(a), pode ser considerado como uma partícula porque, na medição efetuada pelo radar, não se faz distinção entre os movimentos de diferentes pontos do avião, de modo que a forma e as dimensões deste não são importantes para o monitoramento.

Por outro lado, se estivermos interessados em determinar as acelerações dos diferentes pontos do avião durante uma manobra, como mostrado na Figura 1.1 (b), temos que considerar as posições destes pontos, sendo que estas posições são determinadas pela forma e dimensões do avião. Neste caso, o modelo de partícula não mais se aplica.

Considerando, ainda, o exemplo do avião, se admitirmos que ele não sofra deformações (modificações em sua forma e/ou dimensões) durante o movimento, podemos tratá-lo como um *corpo rígido.*

Assim, a modelagem de um dado corpo como partícula ou como corpo rígido depende, fundamentalmente, do tipo de problema que estamos tratando e das informações que estamos buscando mediante a resolução do problema.

A cinemática da partícula, que estudamos neste capítulo, trata da descrição do movimento de uma partícula, relacionando as grandezas cinemáticas posição, velocidade e aceleração com o tempo, sem levar em conta os agentes que dão origem ao movimento, que, como já sabemos de estudos anteriores, são as forças.

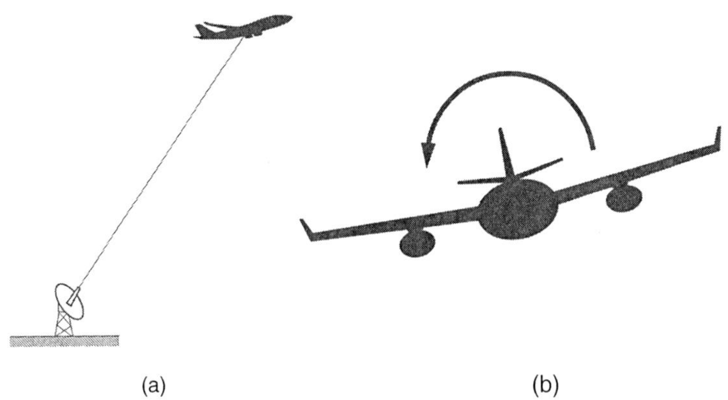

FIGURA 1.1 Exemplos de um corpo modelado como partícula (a) e como corpo rígido (b).

Este capítulo tem dois objetivos principais:

1º) Conceituar as grandezas cinemáticas utilizadas para caracterizar o movimento de uma partícula: posição, velocidade e aceleração, em duas e três dimensões (o caso unidimensional é considerado um caso particular das situações mais gerais).

2º) Estabelecer as equações que permitem calcular posição, velocidade e aceleração da partícula, empregando sistemas de referência fixos e móveis e diferentes tipos de sistemas de coordenadas em duas e três dimensões. Este estudo é motivado pelo fato de que a escolha adequada do sistema de coordenadas pode facilitar enormemente a resolução de problemas.

É importante ressaltar que o assunto abordado neste capítulo constitui uma etapa fundamental na resolução de problemas de dinâmica da partícula, além de se aplicar diretamente ao estudo da cinemática e dinâmica dos sistemas de partículas e dos corpos rígidos, que serão tratados em capítulos subsequentes do livro.

1.2 Grandezas cinemáticas fundamentais: posição, deslocamento, velocidade e aceleração

A completa caracterização das grandezas cinemáticas – posição, velocidade e aceleração – requer, inicialmente, o estabelecimento de um sistema de referência, em relação ao qual estas grandezas são medidas. É comum atribuirmos ao sistema de referência um *observador* do movimento, para manter o significado físico inerente a observações cotidianas ou a experimentos científicos.

A escolha do sistema de referência é arbitrária, o que significa que ela pode ser feita livremente pelo analista, conforme sua preferência ou conveniência para a resolução de um problema específico.

Um sistema de referência pode ser fixo ou móvel. O movimento de um corpo observado em relação a um sistema de referência fixo é dito *movimento absoluto*; por outro lado, quando o sistema de referência é afixado a um dado corpo que se movimenta, o movimento de outro corpo em relação a este sistema de referência é denominado *movimento relativo*.

Frequentemente, o sistema de referência é representado por um conjunto de eixos, aos quais se associam medidas lineares e/ou angulares (denominadas *coordenadas*) e uma base de vetores unitários. A forma mais comum é o sistema de referência cartesiano, denotado por $Oxyz$, formado por três eixos x, y e z, com os respectivos vetores unitários $\vec{i}$, $\vec{j}$, $\vec{k}$, ortogonais dois a dois, com origem em um ponto O, conforme mostrado na Figura 1.2. Para este sistema de referência, as coordenadas de um ponto do espaço são três distâncias medidas em relação à origem, levando-se em conta seus sinais algébricos.

Quando a partícula se movimenta, o conjunto dos pontos que ela ocupa no espaço define a chamada *trajetória* da partícula. Como mostra a Figura 1.2, a posição de uma partícula sobre sua trajetória, indicada por P*, em relação a um sistema de referência $Oxyz$, fica completamente determinada pelo *vetor posição*, $\vec{r}\,(t)$, que tem sua origem coincidente com a origem do sistema de referência e sua extremidade coincidente com a posição instantaneamente ocupada pela partícula.

É evidente que, à medida que a partícula se desloca, o vetor $\vec{r}\,(t)$ varia em módulo e/ou direção, sendo, portanto, uma *função vetorial* do tempo.

---

* O leitor deve observar que, como a posição instantânea de uma partícula é indicada por um ponto do espaço, denotaremos tanto a partícula quanto sua posição instantânea por P.

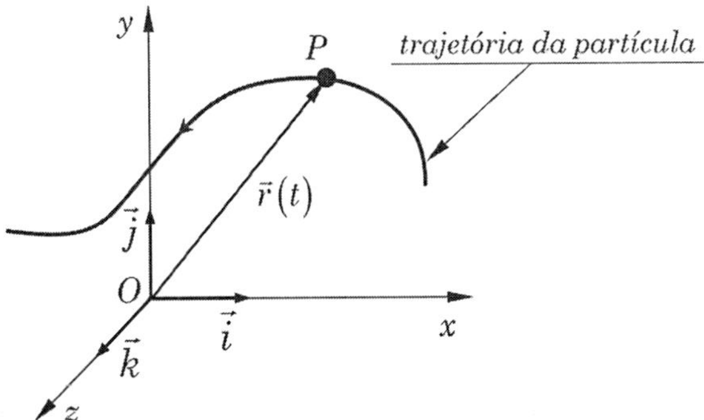

FIGURA 1.2 Ilustração do vetor posição de uma partícula.

Considerando a Figura 1.3, designamos por $\vec{r}=\vec{r}\,(t)$ e $\vec{r}\,'=\vec{r}\,(t+\Delta t)$ os vetores posição correspondentes às posições P e P', ocupadas pela partícula em dois instantes subsequentes t e $t+\Delta t$, respectivamente.

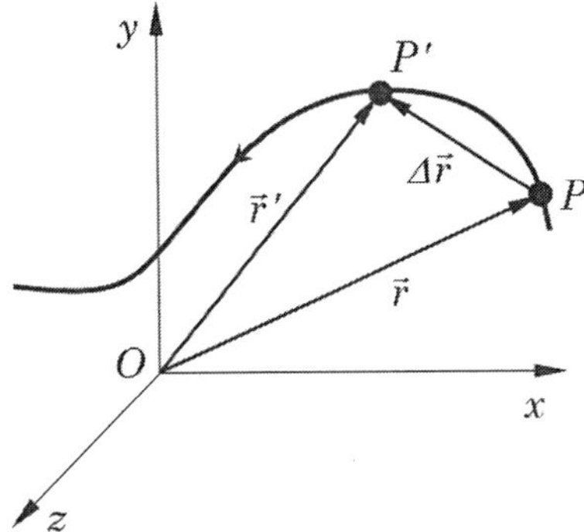

FIGURA 1.3 Ilustração do vetor deslocamento de uma partícula.

O vetor $\Delta\vec{r}$, chamado *vetor deslocamento*, representa a variação da posição da partícula durante o intervalo de tempo Δt. Este vetor indica, portanto, a variação no módulo e na direção do vetor posição. Do triângulo de vetores mostrado na Figura 1.3, podemos escrever $\vec{r}\,'=\vec{r}+\Delta\vec{r}$.

Estamos frequentemente interessados em avaliar a rapidez com que a posição de uma partícula varia com o tempo. Esta rapidez é expressa pela grandeza cinemática chamada *velocidade*.

Com base na situação ilustrada na Figura 1.3, define-se a *velocidade vetorial média* entre os instantes t e $t+\Delta t$ como sendo o vetor expresso sob a forma:

$$\vec{v}_m=\frac{\Delta\vec{r}}{\Delta t}\,. \tag{1.1}$$

Sendo Δt uma quantidade escalar positiva, observamos que, segundo a definição dada pela Equação (1.1), $\vec{v}_m$ é um vetor que tem a direção e o sentido do vetor deslocamento $\Delta\vec{r}$, ou seja, tem a direção da secante à trajetória, interceptando-a nos pontos P e P', como mostra a Figura 1.4. Além disso, o módulo de $\vec{v}_m$ é igual ao módulo de $\Delta\vec{r}$ dividido por Δt. No Sistema Internacional de Unidades (SI), a velocidade vetorial média tem unidades de m/s.

Doravante, as unidades físicas das grandezas definidas serão indicadas entre colchetes imediatamente após sua definição.

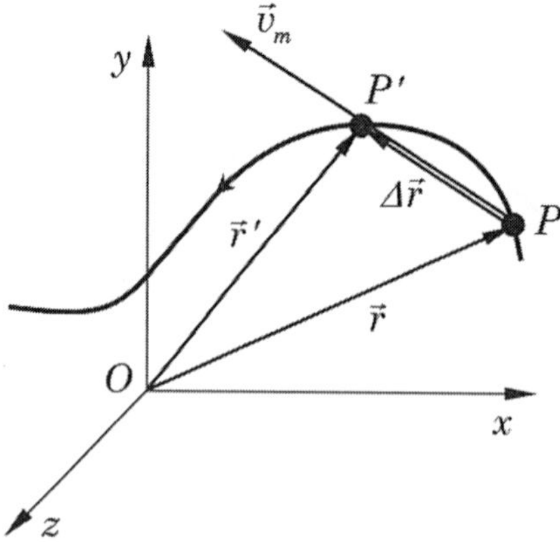

FIGURA 1.4 Ilustração do vetor velocidade média de uma partícula.

A *velocidade vetorial instantânea*, ou *vetor velocidade*, é definida segundo:

$$\vec{v}(t) = \lim_{\Delta t \to 0} \vec{v}_m = \lim_{\Delta t \to 0} \frac{\Delta \vec{r}}{\Delta t} = \frac{d\vec{r}(t)}{dt} \ [\text{m/s}]. \qquad (1.2)$$

Observamos, na Figura 1.4, que quando Δt tende a zero, os pontos P e P' se aproximam um do outro e a direção de $\vec{v}_m$ tende a assumir a direção tangente à trajetória. Assim, concluímos que o *vetor velocidade $\vec{v}(t)$ tem sempre a direção tangente à trajetória no ponto correspondente à posição instantaneamente ocupada pela partícula.*

O sentido de $\vec{v}(t)$ é determinado pelo sentido do movimento da partícula ao longo da trajetória, como mostra a Figura 1.5. Nessa figura, t e n designam as direções tangente e normal à trajetória, respectivamente. É importante notar que, no caso geral, o vetor velocidade não é perpendicular ao vetor posição.

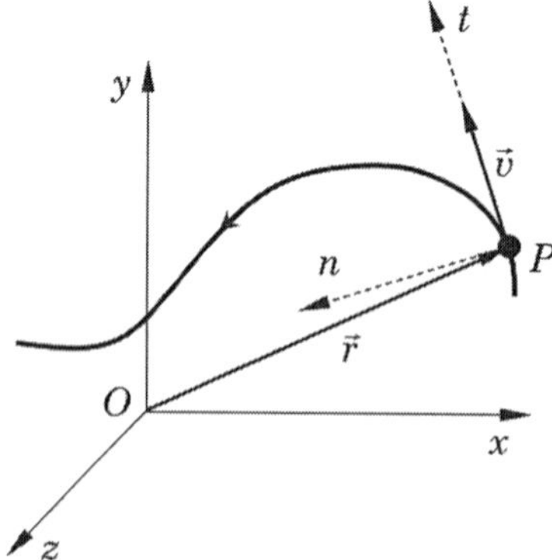

FIGURA 1.5 Ilustração do vetor velocidade de uma partícula.

A *velocidade escalar*, denotada por v, é definida como sendo:

$$v(t) = \| \vec{v}(t) \| = \lim_{\Delta t \to 0} \frac{\| \Delta \vec{r}(t) \|}{\Delta t} = \lim_{\Delta t \to 0} \frac{\overline{PP'}}{\Delta t} \ [\text{m/s}], \qquad (1.3)$$

onde $\overline{PP'}$ indica o comprimento do segmento de reta que liga as posições P e P', conforme indicado na Figura 1.6.

Para definir a velocidade escalar instantânea de uma forma alternativa mais conveniente, introduzimos a coordenada curvilínea $s(t)$, medida ao longo da trajetória, a partir de uma origem arbitrária O', com uma orientação positiva e outra negativa, também escolhidas arbitrariamente, conforme indicado na Figura 1.6.

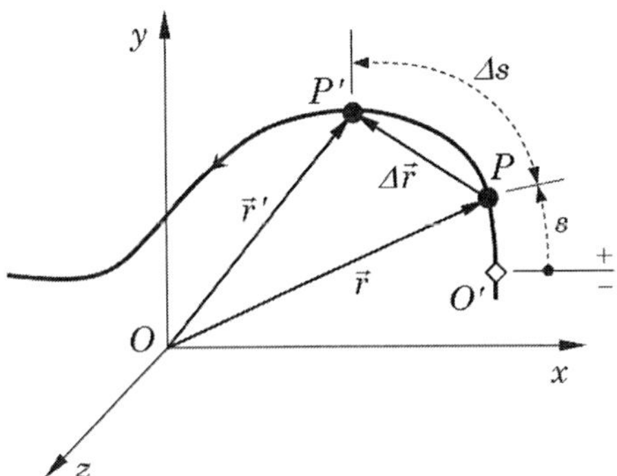

FIGURA 1.6 Representação da coordenada curvilínea $s(t)$.

Observamos que quando Δt tende a zero, o comprimento da corda $\overline{PP'}$ se aproxima do comprimento do arco de trajetória, cuja medida é Δs. Assim, podemos escrever:

$$v(t) = \lim_{\Delta t \to 0} \frac{\Delta s}{\Delta t} = \frac{ds(t)}{dt} \ [\text{m/s}]. \tag{1.4}$$

Na Equação (1.4), podemos verificar que um valor de $v(t)$ positivo indica que $ds > 0$, o que significa que a partícula se desloca instantaneamente no sentido positivo adotado para medir a coordenada s. Por outro lado, $v(t)$ negativo indica que a partícula se desloca no sentido contrário à orientação positiva adotada para medir a coordenada s.

No estudo da Cinemática, também nos interessamos, frequentemente, em avaliar a rapidez com que a velocidade de uma partícula varia com o tempo. A grandeza que quantifica esta rapidez é denominada *aceleração*.

Sendo $\vec{v}$ e $\vec{v}'$ os vetores velocidade de uma partícula em dois instantes subsequentes t e $t+\Delta t$, respectivamente, temos que $\Delta\vec{v} = \vec{v}' - \vec{v}$ é o vetor que representa a variação do vetor velocidade (em módulo e direção) entre estes dois instantes, conforme ilustra a Figura 1.7.

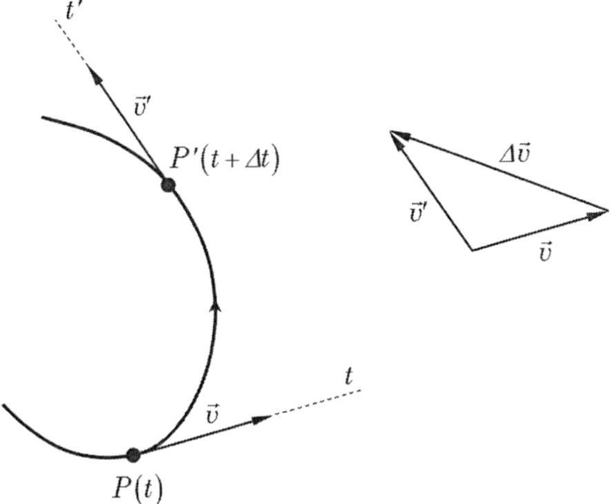

FIGURA 1.7 Representação da variação do vetor velocidade de uma partícula.

A *aceleração vetorial média* entre os instantes t e $t+\Delta t$ é definida como sendo o vetor dado por:

$$\vec{a}_m = \frac{\vec{v}' - \vec{v}}{\Delta t} = \frac{\Delta \vec{v}}{\Delta t} \; [\text{m/s}^2]. \tag{1.5}$$

Vale notar que $\vec{a}_m$ tem a direção e o sentido do vetor $\Delta\vec{v}$ e seu módulo é igual ao módulo de $\Delta\vec{v}$ dividido por Δt.

A *aceleração vetorial instantânea*, ou *vetor aceleração*, é assim definida:

$$\vec{a}(t) = \lim_{\Delta t \to 0} \vec{a}_m = \lim_{\Delta t \to 0} \frac{\Delta \vec{v}}{\Delta t} = \frac{d\vec{v}(t)}{dt} \; [\text{m/s}^2]. \tag{1.6}$$

Em virtude da Equação (1.2), podemos reescrever a Equação (1.6) sob a forma:

$$\vec{a}(t) = \frac{d^2\vec{r}(t)}{dt^2} \; [\text{m/s}^2]. \tag{1.7}$$

É importante observar que a direção do vetor aceleração não coincide, no caso geral, com as direções normal ou tangencial da trajetória, como podemos observar na Figura 1.8. Tudo o que se pode afirmar a respeito da direção do vetor aceleração é que ele deve apontar para o lado côncavo da trajetória, como será demonstrado mais à frente neste capítulo.

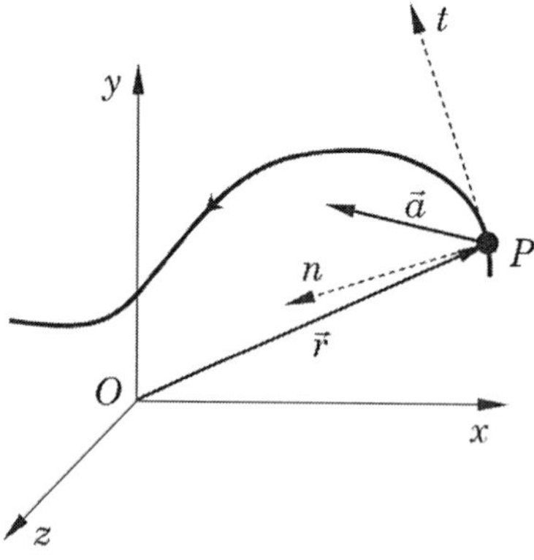

FIGURA 1.8 Representação do vetor aceleração da partícula.

1.3 Velocidade e aceleração angulares de uma linha

Conforme será visto mais adiante, muitas vezes expressaremos o movimento de uma partícula em termos do movimento de um segmento de reta que liga esta partícula a outro ponto do espaço. Assim, é importante definir as grandezas cinemáticas associadas à posição, velocidade e aceleração angulares de um segmento de reta.

Consideremos o segmento de reta AB que se movimenta sobre um plano β que, por conveniência, fazemos coincidir com o plano xy, conforme ilustrado na Figura 1.9.

A orientação instantânea do segmento AB é determinada pelo ângulo θ formado entre este segmento e uma direção de referência arbitrariamente escolhida sobre o plano. O sinal de θ é determinado pelo sentido de rotação, conforme convenção adotada (ver Figura 1.9).

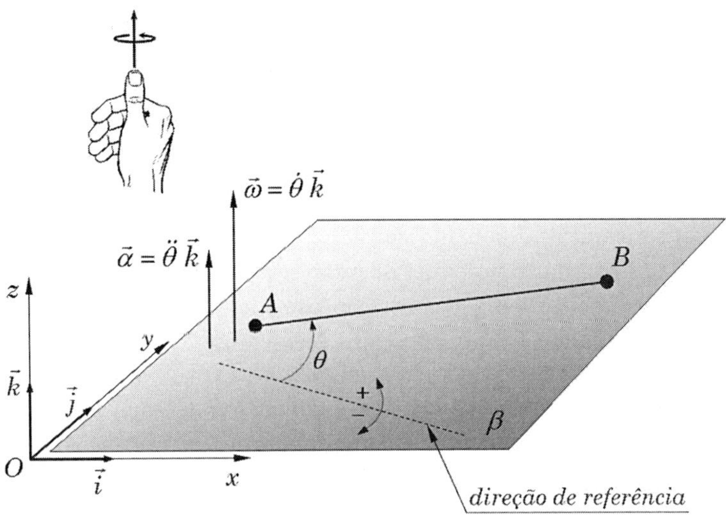

FIGURA 1.9 Ilustração dos vetores velocidade angular e aceleração angular de um segmento de reta.

Define-se a *velocidade angular escalar* do segmento AB, denotada por ω, como sendo a taxa de variação do ângulo θ com o tempo, ou seja*:

$$\omega = \lim_{\Delta t \to 0} \frac{\Delta\theta}{\Delta t} = \frac{d\theta}{dt} \left[\text{rad/s}\right], \quad \text{ou} \quad \omega = \dot{\theta}\,. \tag{1.8}$$

Um valor positivo de ω indica que o segmento AB gira no sentido convencionado como positivo para medir o ângulo θ, ao passo que um valor negativo de ω significa que AB gira no sentido contrário àquele convencionado como positivo para medir o ângulo θ.

Define-se o *vetor velocidade angular* do segmento AB, designado por $\vec{\omega}$, com as seguintes características:

a) seu módulo é dado por $\omega = \dot{\theta}$;
b) sua direção é perpendicular ao plano sobre o qual o segmento AB se movimenta;
c) sua direção é determinada pelo sentido de rotação do segmento AB, de acordo com a regra da mão direita, conforme ilustrado na Figura 1.9.

Assim, para a situação ilustrada na Figura 1.9, em relação ao conjunto de eixos de referência $Oxyz$, podemos expressar o vetor velocidade angular do segmento AB segundo:

$$\vec{\omega} = \dot{\theta}\,\vec{k} \ \left[\text{rad/s}\right]. \tag{1.9}$$

A aceleração angular escalar do segmento AB, designada por α, expressa a rapidez com que sua velocidade angular varia, ou seja:

$$\alpha = \frac{d\omega}{dt} = \frac{d^2\theta}{dt^2} \left[\text{rad/s}^2\right], \quad \text{ou} \quad \alpha = \ddot{\theta}\,. \tag{1.10}$$

Um valor positivo de α indica uma das seguintes situações:

---

* Com muita frequência ao longo do livro abreviaremos a notação utilizando pontos sobrepostos a símbolos para indicar derivações em relação ao tempo.

- o segmento AB está girando no sentido convencionado como positivo para medir o ângulo θ ($\dot{\theta}>0$), com velocidade angular de módulo crescente;
- o segmento AB está girando no sentido contrário ao convencionado como positivo para medir o ângulo θ ($\dot{\theta}<0$) com velocidade angular de módulo decrescente.

Por outro lado, um valor negativo de α indica que:

- o segmento AB está girando no sentido convencionado como positivo para medir o ângulo θ ($\dot{\theta}>0$), com velocidade angular de módulo decrescente, ou,
- o segmento AB está girando no sentido contrário ao convencionado como positivo para medir o ângulo θ ($\dot{\theta}<0$) com velocidade angular de módulo crescente.

No caso em que o plano β não varia sua orientação, o *vetor aceleração angular* é obtido por derivação da Equação (1.9), considerando o vetor $\vec{k}$ como constante. Neste caso, temos:

$$\vec{\alpha} = \ddot{\theta}\vec{k}. \tag{1.11}$$

No estudo da cinemática dos corpos rígidos, de que trataremos no Capítulo 2, atribuiremos as grandezas cinemáticas velocidade angular e aceleração angular a estes corpos. Deve ser entendido que, de acordo com as definições apresentadas acima, trata-se, a rigor, da velocidade angular e da aceleração angular de todo e qualquer segmento de reta que podemos imaginar traçado sobre o corpo rígido para caracterizar sua posição angular em relação a direções de referência. Assim, na situação ilustrada na Figura 1.10, podemos dizer que o avião está efetuando uma manobra de rolamento com velocidade angular $\vec{\omega}=\dot{\theta}\vec{k}$ e aceleração angular $\vec{\alpha}=\ddot{\theta}\vec{k}$, estando estes vetores direcionados segundo o eixo perpendicular ao plano da figura.

Observemos que θ indica a posição angular do avião (a qual se confunde com a posição do segmento AB), em relação à direção de referência escolhida.

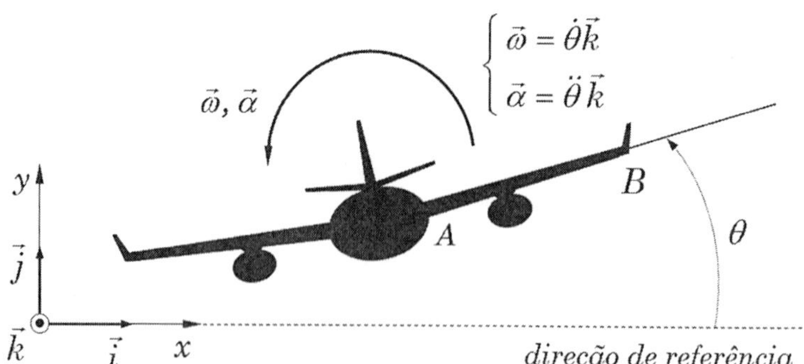

FIGURA 1.10 Exemplificação de vetores velocidade angular e aceleração angular de um corpo rígido.

No caso mais geral em que o segmento de reta AB se movimenta sobre um plano β orientado arbitrariamente em relação aos eixos de referência, conforme mostrado na Figura 1.11, podemos expressar os vetores velocidade angular e aceleração angular sob as formas:

$$\vec{\omega} = \dot{\theta}\vec{n}_\beta, \tag{1.12.a}$$

$$\vec{\alpha} = \ddot{\theta}\vec{n}_\beta, \tag{1.12.b}$$

onde $\vec{n}_\beta$ designa o vetor unitário normal ao plano β.

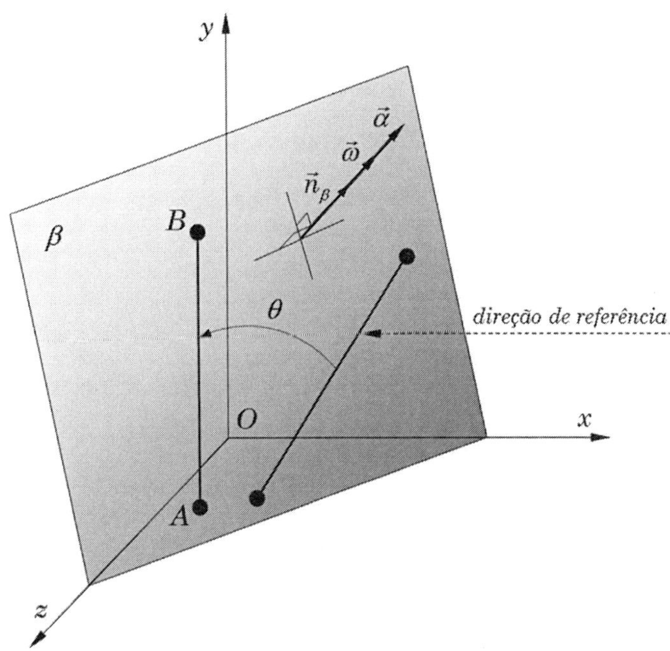

FIGURA 1.11 Representação dos vetores velocidade angular e aceleração angular de um segmento de reta posicionado sobre um plano orientado arbitrariamente.

Em termos de suas componentes nas direções dos eixos cartesianos indicados, estes vetores podem ser expressos segundo:

$$\vec{\omega} = \omega_x \vec{i} + \omega_y \vec{j} + \omega_z \vec{k}, \tag{1.13}$$

com:

$$\omega_x = \vec{\omega} \cdot \vec{i} = \dot{\theta}\, \vec{n}_\beta \cdot \vec{i}, \tag{1.14.a}$$

$$\omega_y = \vec{\omega} \cdot \vec{j} = \dot{\theta}\, \vec{n}_\beta \cdot \vec{j}, \tag{1.14.b}$$

$$\omega_z = \vec{\omega} \cdot \vec{k} = \dot{\theta}\, \vec{n}_\beta \cdot \vec{k}, \tag{1.14.c}$$

e:

$$\vec{\alpha} = \alpha_x \vec{i} + \alpha_y \vec{j} + \alpha_z \vec{k}, \tag{1.15}$$

com:

$$\alpha_x = \vec{\alpha} \cdot \vec{i} = \ddot{\theta} \vec{n}_\beta \cdot \vec{i}, \tag{1.16.a}$$

$$\alpha_y = \vec{\alpha} \cdot \vec{j} = \ddot{\theta} \vec{n}_\beta \cdot \vec{j}, \tag{1.16.b}$$

$$\alpha_z = \vec{\alpha} \cdot \vec{k} = \ddot{\theta} \vec{n}_\beta \cdot \vec{k}. \tag{1.16.c}$$

As Equações (1.12) a (1.16) mostram que, sendo vetores, a velocidade angular e a aceleração angular gozam de todas as propriedades atribuídas a grandezas vetoriais, dentre as quais a comutatividade da soma ($\vec{a} + \vec{b} = \vec{b} + \vec{a}$). Entretanto, é oportuno destacar que *rotações finitas não podem ser tratadas como vetores*, uma vez que não satisfazem esta propriedade. Isso significa que a posição angular final resultante de uma sequência de rotações sucessivas de um corpo depende da ordem em que estas rotações são realizadas.

Esse fato é comprovado na Figura 1.12, que mostra um objeto sofrendo duas rotações sucessivas de 90°, uma em torno do eixo *Oy* e outra em torno do eixo *Oz*. Fica evidenciado que a posição final do objeto depende da ordem de realização destas rotações, ou seja:

$$\Delta\theta_y \rightarrow \Delta\theta_z \neq \Delta\theta_z \rightarrow \Delta\theta_y.$$

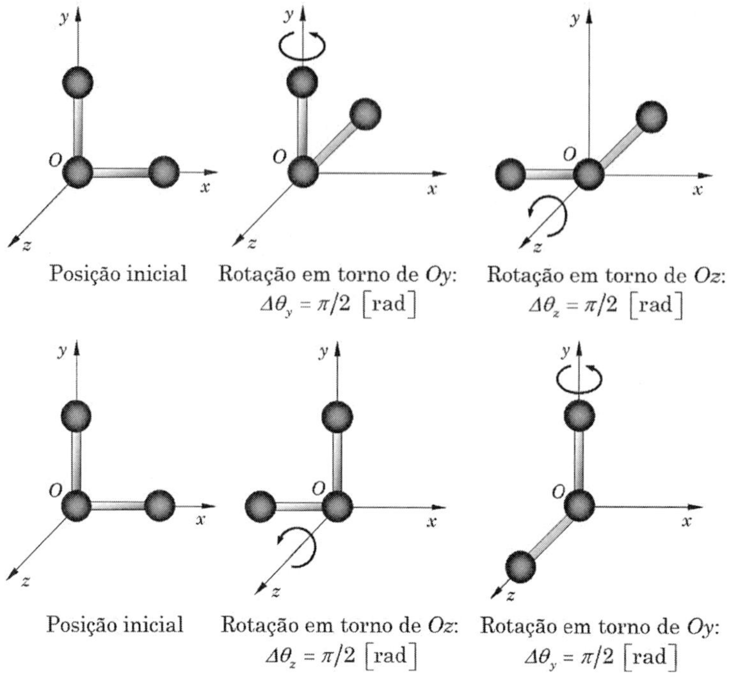

Posição inicial — Rotação em torno de *Oy*: $\Delta\theta_y = \pi/2\ [\text{rad}]$ — Rotação em torno de *Oz*: $\Delta\theta_z = \pi/2\ [\text{rad}]$

Posição inicial — Rotação em torno de *Oz*: $\Delta\theta_z = \pi/2\ [\text{rad}]$ — Rotação em torno de *Oy*: $\Delta\theta_y = \pi/2\ [\text{rad}]$

FIGURA 1.12 Ilustração da não comutatividade de rotações finitas.

Em conclusão, podemos anunciar que *rotações finitas não são grandezas vetoriais*. Entretanto, variações infinitesimais da posição angular, e por consequência, velocidades angulares e acelerações angulares, são quantidades vetoriais, e podemos aplicar a elas todas as operações vetoriais.

1.4 Derivadas de funções vetoriais em relação a grandezas escalares

Vimos, nas seções anteriores, que os vetores velocidade e aceleração da partícula são definidos como sendo, respectivamente, as derivadas de primeira e segunda ordem do vetor posição da partícula em relação ao tempo. De forma análoga, o vetor aceleração angular é definido como sendo a derivada do vetor velocidade angular em relação ao tempo.

Assim, para podermos efetuar análises cinemáticas corretamente, devemos ter pleno conhecimento da definição e das principais propriedades da derivada de funções vetoriais em relação a uma quantidade escalar, as quais sumarizamos a seguir. Para tanto, expressamos a dependência de uma grandeza vetorial qualquer, $\vec{Q}$, em relação a uma quantidade escalar qualquer, u, sob a forma $\vec{Q} = \vec{Q}\,(u)$.

O fato de o vetor $\vec{Q}$ ser função de u significa que tanto o módulo quanto a direção de $\vec{Q}$ variam quando o valor do escalar u é alterado, conforme ilustrado na Figura 1.13.

A derivada primeira de $\vec{Q}$ em relação a u é definida segundo:

$$\frac{d\vec{Q}}{du} = \lim_{\Delta u \to 0} \frac{\Delta\vec{Q}}{\Delta u}. \quad (1.17)$$

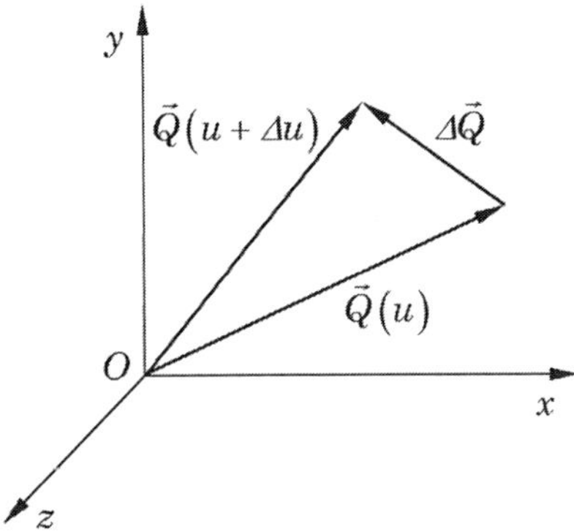

FIGURA 1.13 Ilustração da variação de uma grandeza vetorial qualquer $\vec{Q} = \vec{Q}(u)$.

Notamos que $d\vec{Q}/du$ é um vetor que tem a direção da tangente à trajetória desenvolvida pela extremidade do vetor $\vec{Q}$, como indicado na Figura 1.14.

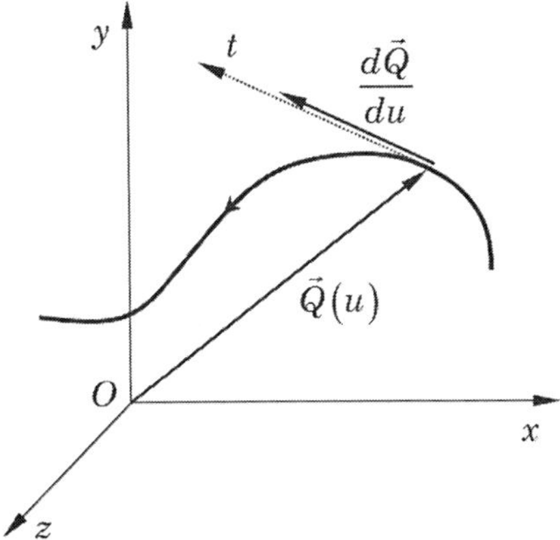

FIGURA 1.14 Representação do vetor $d\vec{Q}/du$.

Considerando duas quantidades vetoriais $\vec{Q}=\vec{Q}(u)$ e $\vec{R}=\vec{R}(u)$ e uma grandeza escalar $S=S(u)$, todas elas funções de uma mesma grandeza escalar u, partindo da definição (1.17) podemos verificar as seguintes propriedades:

- ***derivada da soma de dois vetores:***

$$\frac{d\left(\vec{Q}+\vec{R}\right)}{du}=\frac{d\vec{Q}}{du}+\frac{d\vec{R}}{du}; \tag{1.18}$$

- ***derivada do produto de uma função escalar por um vetor:***

$$\frac{d\left(S\vec{Q}\right)}{du}=\frac{dS}{du}\vec{Q}+S\frac{d\vec{Q}}{du}; \tag{1.19}$$

- ***derivada do produto escalar de dois vetores:***

$$\frac{d\left(\vec{Q}\cdot\vec{R}\right)}{du}=\frac{d\vec{Q}}{du}\cdot\vec{R}+\vec{Q}\cdot\frac{d\vec{R}}{du}; \tag{1.20}$$

- ***derivada do produto vetorial de dois vetores:***

$$\frac{d(\vec{Q}\times\vec{R})}{du}=\frac{d\vec{Q}}{du}\times\vec{R}+\vec{Q}\times\frac{d\vec{R}}{du}. \tag{1.21}$$

É importante observar que, como o produto vetorial não é comutativo, a ordem das operações indicadas na Equação (1.21) deve ser preservada. Outra observação importante a ser feita é que, para manter a consistência das operações envolvendo o produto vetorial, convém sempre empregar um sistema triortogonal de eixos dextrogiros, tal como o mostrado na Figura 1.15(a), cujos eixos são orientados entre si de modo a satisfazer as seguintes relações entre os vetores unitários:

$$\vec{i}\times\vec{j}=\vec{k},\quad \vec{j}\times\vec{k}=\vec{i},\quad \vec{k}\times\vec{i}=\vec{j},\quad \vec{i}\times\vec{k}=-\vec{j},\quad \vec{k}\times\vec{j}=-\vec{i},\quad \vec{j}\times\vec{i}=-\vec{k}.$$

Estas relações podem ser verificadas empregando a regra da mão direita para o produto vetorial, que é ilustrada na Figura 1.15(b).

O diagrama mnemônico para o produto vetorial entre os vetores unitários de sistemas de eixos dextrogiros é mostrado na Figura 1.15(c).

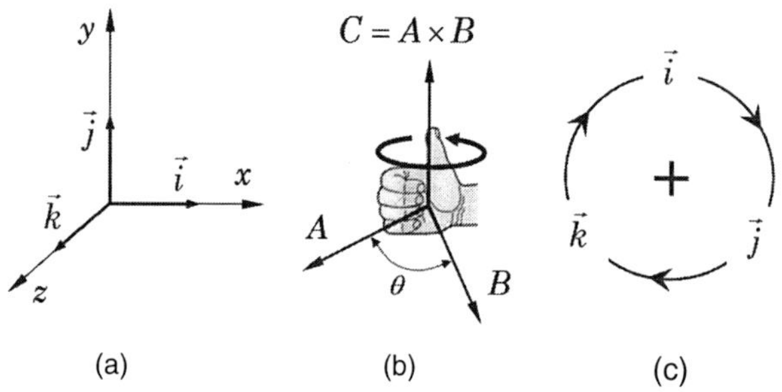

FIGURA 1.15 Caracterização de sistemas de vetores unitários dextrogiros.

- ***derivada temporal de um vetor rotativo:***

Consideremos a Figura 1.16 que mostra o vetor $\vec{Q}$, de módulo constante, que gira no plano xy com velocidade angular $\vec{\omega}=\dot{\theta}\vec{k}$, em torno do eixo z, que é perpendicular ao plano da figura.

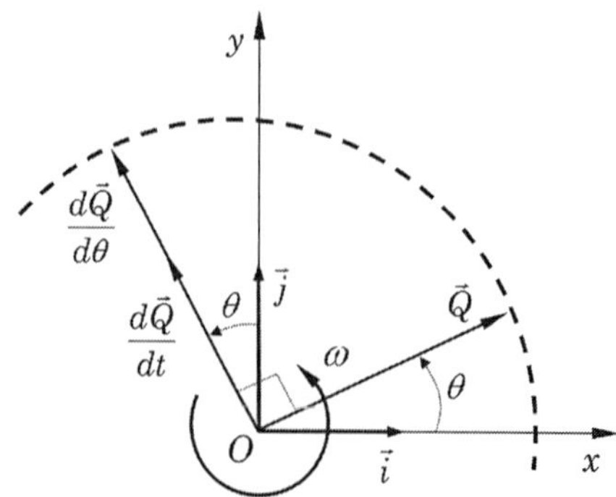

FIGURA 1.16 Ilustração de um vetor rotativo e de sua derivada temporal.

Para obter a derivada de $\vec{Q}$ em relação ao tempo, $d\vec{Q}/dt$, empregamos a Regra da Cadeia da derivação. Levando em conta que $\omega=\frac{d\theta}{dt}$, escrevemos:

$$\frac{d\vec{Q}}{dt} = \frac{d\vec{Q}}{d\theta}\frac{d\theta}{dt} = \omega\frac{d\vec{Q}}{d\theta}. \tag{1.22}$$

Buscamos agora determinar a derivada de $\vec{Q}$ em relação ao ângulo θ. Para isso, projetamos o vetor $\vec{Q}$ nas direções dos eixos x e y:

$$\vec{Q} = \left\|\vec{Q}\right\|\left(cos\,\theta\,\vec{i} + sen\,\theta\,\vec{j}\right). \tag{1.23}$$

Admitindo que o sistema de eixos Oxy seja fixo, os vetores unitários $\vec{i}$ e $\vec{j}$ são constantes em módulo e direção e têm, portanto, derivadas nulas. Empregando as propriedades expressas pelas Equações (1.18) e (1.19), a derivação da Equação (1.23) em relação a θ conduz a:

$$\frac{d\vec{Q}}{d\theta} = \left\|\vec{Q}\right\|\left(-sen\,\theta\,\vec{i} + cos\,\theta\,\vec{j}\right). \tag{1.24}$$

A Equação (1.24) mostra que o vetor $d\vec{Q}/d\theta$ é obtido pela rotação do vetor $\vec{Q}$ de 90° no sentido de giro do ângulo θ, como pode ser visto na Figura 1.16.

Introduzindo a relação (1.24) em (1.22), obtemos:

$$\frac{d\vec{Q}}{dt} = \omega\left\|\vec{Q}\right\|\left(-sen\,\theta\,\vec{i} + cos\,\theta\,\vec{j}\right). \tag{1.25}$$

Utilizando a representação vetorial para a velocidade angular, podemos reescrever a Equação (1.25) sob a forma:

$$\frac{d\vec{Q}}{dt} = \vec{\omega}\times\vec{Q}. \tag{1.26}$$

Conforme indicado na Figura 1.16, a direção e o sentido do vetor $\frac{d\vec{Q}}{dt}$ são obtidos pela rotação do vetor $\vec{Q}$ de 90° no sentido de giro do ângulo θ.

EXEMPLO 1.1

Sabe-se que um vetor $\vec{Q}$, cujas componentes são medidas em relação a um sistema de referência fixo $Oxyz$, varia com o tempo da seguinte forma:

$$\vec{Q}(t) = 18t^3\vec{i} - 32t^2\vec{j} + 6t\vec{k}.$$

Calcular os vetores correspondentes à primeira e à segunda derivadas deste vetor no instante $t = 2$ s.

Resolução

Com base nas propriedades expressas pelas Equações (1.18) e (1.19), fazemos as seguintes operações para calcular a primeira derivada, lembrando que, como os vetores unitários $\vec{i}, \vec{j}$ e $\vec{k}$ são constantes em módulo e direção, suas derivadas são nulas:

$$\frac{d\vec{Q}(t)}{dt} = \frac{d\left(18t^3\right)}{dt}\vec{i} - \frac{d\left(32t^2\right)}{dt}\vec{j} + \frac{d(6t)}{dt}\vec{k} \Rightarrow \frac{d\vec{Q}(t)}{dt} = 54t^2\vec{i} - 64t\vec{j} + 6\vec{k}. \quad \textbf{(a)}$$

Repetindo o procedimento, obtemos a segunda derivada de $\vec{Q}$:

$$\frac{d^2\vec{Q}(t)}{dt^2}=108t\,\vec{i}-64\vec{j}. \quad \textbf{(b)}$$

Avaliando os vetores expressos pelas equações (a) e (b) para t = 2 s, obtemos:

$$\left.\frac{d\vec{Q}(t)}{dt}\right|_{t=2\text{s}}=216\vec{i}-128\vec{j}+6\vec{k}, \qquad \left.\frac{d^2\vec{Q}(t)}{dt^2}\right|_{t=2\text{s}}=216\vec{i}-64\vec{j}.$$

EXEMPLO 1.2

Sabe-se que o vetor $\vec{Q}(t)$, de módulo constante $\|\vec{Q}(t)\|=50$, cujas componentes são medidas em relação a um sistema de referência fixo *Oxyz*, gira em torno do eixo z de modo que o ângulo que ele perfaz com o eixo x varia segundo $\theta(t)=\frac{\pi}{3}+\frac{\pi}{6}t$ [s;rad]. Pede-se: **a)** calcular a derivada $d\vec{Q}/dt$ para t = 1/2 s; **b)** verificar que os vetores $\vec{Q}$ e $d\vec{Q}/dt$ são ortogonais entre si.

Resolução

A velocidade angular do vetor $\vec{Q}(t)$ é dada por:

$$\vec{\omega}=\frac{d\theta}{dt}\vec{k}=\frac{\pi}{6}\vec{k}.$$

Para t = 1/2 s, $\theta=\frac{5\pi}{12}$ rad,

$$\vec{Q}(t)=50\left[\cos\left(\frac{5\pi}{12}\right)\vec{i}+\operatorname{sen}\left(\frac{5\pi}{12}\right)\vec{j}\right].$$

De acordo com a Equação (1.26), temos:

$$\frac{d\vec{Q}}{dt}=\vec{\omega}\times\vec{Q}=\frac{\pi}{6}\vec{k}\times 50\left[\cos\left(\frac{5\pi}{12}\right)\vec{i}+\operatorname{sen}\left(\frac{5\pi}{12}\right)\vec{j}\right]=\frac{25\pi}{3}\left[-\operatorname{sen}\left(\frac{5\pi}{12}\right)\vec{i}+\cos\left(\frac{5\pi}{12}\right)\vec{j}\right]. \quad \textbf{(a)}$$

Para mostrar que os vetores $\vec{Q}$ e $d\vec{Q}/dt$ são ortogonais, basta verificar que o produto escalar $\vec{Q}\cdot\frac{d\vec{Q}}{dt}$ é nulo:

$$\vec{Q}\cdot d\vec{Q}/dt=50\cdot\frac{25\pi}{3}\left[-\operatorname{sen}\left(\frac{5\pi}{12}\right)\cdot\cos\left(\frac{5\pi}{12}\right)+\operatorname{sen}\left(\frac{5\pi}{12}\right)\cdot\cos\left(\frac{5\pi}{12}\right)\right]=0.$$

Nas próximas seções, aplicaremos os conceitos apresentados até aqui à cinemática da partícula em uma, duas e três dimensões.

1.5 Movimento retilíneo da partícula

Quando a trajetória desenvolvida por uma partícula é uma linha reta, o movimento é denominado *movimento retilíneo*. Neste tipo de movimento, todas as grandezas cinemáticas (posição, deslocamento, velocidade e aceleração) são vetores que têm, necessariamente, a direção da trajetória. Tem-se, então, um movimento dito *unidimensional*.

Consideremos a partícula P que se movimenta sobre uma trajetória retilínea, conforme mostrado na Figura 1.17. Por conveniência, escolhemos o eixo de referência x coincidente com a trajetória, com sua origem e sentido escolhidos arbitrariamente.

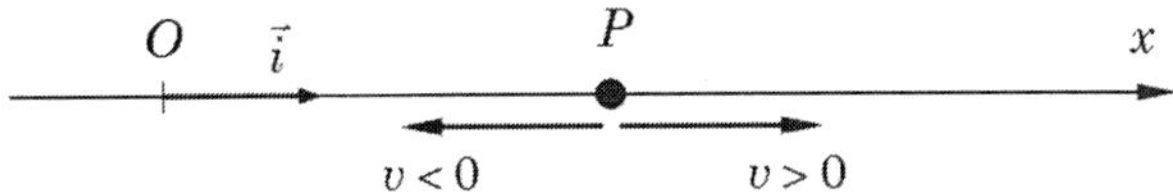

FIGURA 1.17 Definição dos sinais da velocidade no movimento retilíneo.

O vetor posição da partícula, medido em relação à origem O, é dado por:

$$\vec{r}(t)=x(t)\vec{i} \quad [\mathrm{m}]. \tag{1.27}$$

Empregando a Equação (1.2), e observando que o vetor unitário $\vec{i}$ não varia com o tempo, derivamos a Equação (1.27) para obter a velocidade vetorial instantânea da partícula:

$$\vec{v}(t)=\frac{d\vec{r}(t)}{dt}=\frac{dx(t)}{dt}\vec{i}=\dot{x}(t)\vec{i} \quad [\mathrm{m/s}]. \tag{1.28}$$

A velocidade escalar instantânea é dada por:

$$v(t)=\frac{dx(t)}{dt}=\dot{x}(t) \quad [\mathrm{m/s}]. \tag{1.29}$$

Da análise da Equação (1.29), concluímos que um valor positivo de $v(t)$ indica que a partícula se movimenta no sentido da orientação positiva do eixo x e que um valor negativo de $v(t)$ significa que a partícula se movimenta no sentido oposto ao da orientação positiva do eixo x. Estas duas situações estão indicadas na Figura 1.17.

Derivamos a Equação (1.28) para obter a aceleração vetorial instantânea da partícula, levando em conta, mais uma vez, que o vetor unitário $\vec{i}$ é constante:

$$\vec{a}(t)=\frac{d\vec{v}(t)}{dt}=\frac{d^2x(t)}{dt^2}\vec{i}=\ddot{x}(t)\vec{i} \quad [\mathrm{m/s^2}]. \tag{1.30}$$

A aceleração escalar instantânea é dada por:

$$a(t)=\frac{dv(t)}{dt}=\frac{d^2x(t)}{dt^2}=\ddot{x}(t) \quad [\mathrm{m/s^2}]. \tag{1.31}$$

Da Equação (1.31), podemos concluir que:

- um valor positivo da aceleração escalar pode ocorrer em duas situações: a partícula se movimenta no sentido positivo do eixo x, com velocidade de módulo crescente (movimento dito *acelerado*), ou no sentido oposto ao da orientação positiva do eixo x, com velocidade de módulo decrescente (movimento dito *retardado*);
- um valor negativo da aceleração escalar pode ocorrer em duas situações: a partícula se movimenta no sentido positivo do eixo x, com velocidade de módulo decrescente (movimento *retardado*), ou no sentido oposto ao da orientação positiva do eixo x, com velocidade de módulo crescente (movimento *acelerado*).

Essas situações estão ilustradas na Figura 1.18.

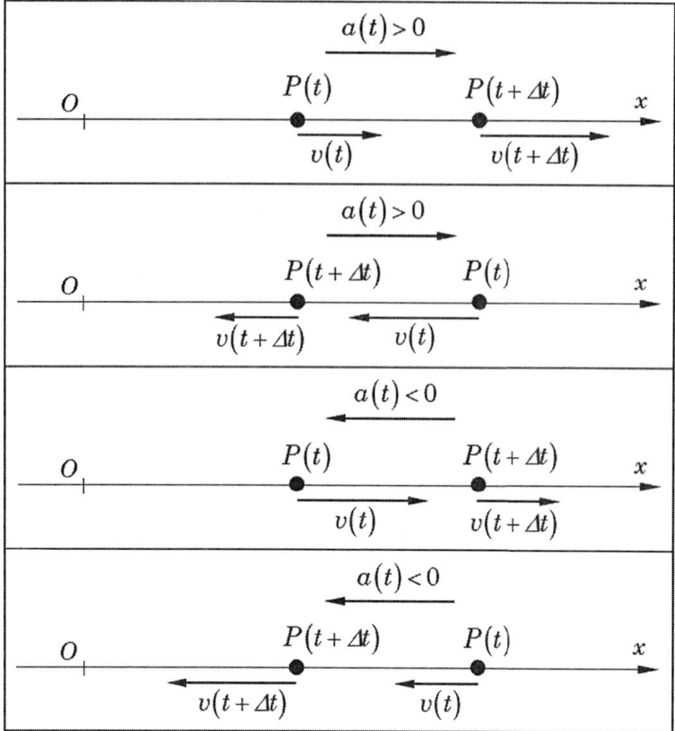

FIGURA 1.18 Interpretação do sinal da aceleração no movimento retilíneo.

Embora as grandezas cinemáticas tenham sido definidas como vetores, (conforme Equações (1.27), (1.28) e (1.30)), veremos, nos exemplos a seguir, que podemos simplificar a análise cinemática do movimento retilíneo operando exclusivamente com grandezas escalares cujos sinais, positivos ou negativos, são suficientes para determinar seu sentido sobre a trajetória.

EXEMPLO 1.3

O movimento retilíneo de uma partícula é dado pela relação:

$$x = v^2 - 9,$$

onde x é a posição dada em metros e v é a velocidade dada em m/s. No instante $t = 0$, têm-se $x = 0$ e $v = 3{,}0$ m/s. Determinar as relações $x = x(t)$, $v = v\,(t)$ e $a = a\,(t)$.

Resolução

Este problema refere-se à cinemática da partícula em movimento retilíneo, que é tratada na Seção 1.5. Derivando a expressão $x = x\,(v)$ fornecida em relação ao tempo, utilizando a Regra da Cadeia da derivação, temos:

$$\frac{dx}{dt} = 2v\frac{dv}{dt}.$$

Relembrando que $\frac{dx}{dt} = v$ e $\frac{dv}{dt} = a$, a equação acima conduz a: $a = \frac{1}{2}\ \left[\text{m/s}^2\right]$ (constante).

Efetuando integrações sucessivas da aceleração, e utilizando as condições iniciais fornecidas, escrevemos:

$$v(t) = v(0) + \int_0^t a(u)\,du = v(0) + \frac{1}{2}u\Big|_0^t = v(0) + \frac{1}{2}t \overset{v(0)=3}{\Rightarrow} v(t) = 3 + \frac{1}{2}t \ [\text{s; m/s}];$$

$$x(t) = x(0) + \int_0^t v(u)\,du = x(0) + \left[3u + \frac{1}{4}u^2\right]_0^t = x(0) + 3t + \frac{1}{4}t^2 \overset{x(0)=0}{\Rightarrow}$$

$$\Rightarrow x(t) = 3t + \frac{1}{4}t^2 \ [\text{s; m}].$$

EXEMPLO 1.4

Uma pedra é atirada verticalmente para cima a partir do solo, conforme mostrado na Figura 1.19, e retorna ao solo 5 segundos após o lançamento. Desprezando a resistência do ar, determinar a máxima altura atingida pela pedra.

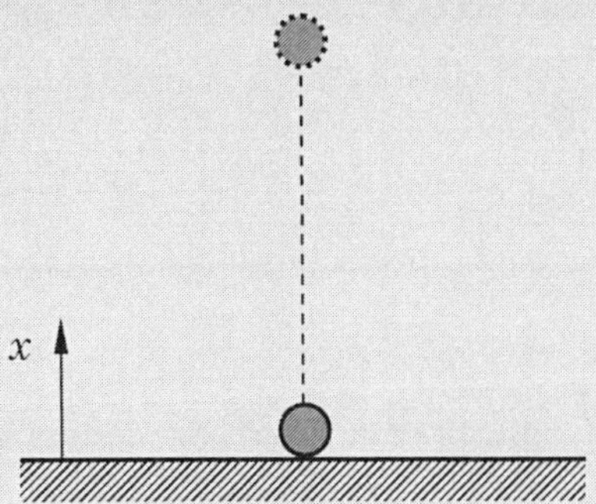

FIGURA 1.19 Ilustração de um corpo lançado verticalmente.

Resolução

Sabemos que, desprezando a resistência do ar, um corpo lançado verticalmente se movimentará com a aceleração da gravidade (g = – 9,81 m/s^2).

Assim: $a(t)$ = cte = – 9,81 m/s^2.

Integrando a aceleração em relação ao tempo, obtemos a expressão da velocidade da pedra:

$$a(t) = \frac{dv(t)}{dt} \Rightarrow v(t) = v(0) + \int_0^t -9{,}81\,du \Rightarrow v(t) = v(0) - 9{,}81t \ [\text{s; m/s}]. \quad \textbf{(a)}$$

Por enquanto, o valor da velocidade inicial permanece desconhecido.

Quando a pedra atinge o ponto de máxima altura, $h_{máx}$, no instante $t_{máx}$, sua velocidade deve ser nula. Assim, utilizando a equação (a), temos:

$$0 = v(0) - 9{,}81 \cdot t_{máx} \Rightarrow t_{máx} = \frac{v(0)}{9{,}81} \ [\text{s}]. \quad \textbf{(b)}$$

Integrando a velocidade em relação ao tempo, obtemos a expressão da posição da pedra medida em relação ao solo:

$$x(t)=x(0)+\int_0^t\left[v(0)-9,81u\right]du \overset{x(0)=0}{\Rightarrow} x(t)=v(0)t-\frac{9,81t^2}{2}. \quad \textbf{(c)}$$

Impondo a condição de retorno ao solo, 5 s após o lançamento, à equação (c), escrevemos:

$$0=v(0)\cdot 5-\frac{9,81\cdot 5^2}{2} \Rightarrow v(0)=24,53\,\text{m/s}.$$

Introduzindo o valor de $v(0)$ na equação (b), obtemos $t_{máx}=\frac{24,53}{9,81}=2,50\,\text{s}$.

Finalmente, calculamos a altura máxima atingida pela pedra, substituindo os valores de $v(0)$ e $t_{máx}$ na equação (c):

$$h_{máx}=v(0)t_{máx}-\frac{9,81t_{máx}^2}{2}=24,53\cdot 2,50-\frac{9,81\cdot 2,50^2}{2} \Rightarrow \underline{\underline{h_{máx}=30,67\,\text{m}}}.$$

EXEMPLO 1.5

A velocidade de uma partícula que se move ao longo do eixo x é dada pela expressão:

$$v(x) = 12x^3 - 15x^2 + 7x,$$

onde x está em metros e v está em metros por segundo. Determinar o valor da aceleração da partícula quando $x = 0,6$ m.

Resolução

Partindo da definição $v(t)=\frac{dx(t)}{dt}$ aplicamos a Regra da Cadeia da derivação levando em conta a expressão fornecida:

$$a=\frac{dv}{dt}=\frac{dv}{dx}\frac{dx}{dt} \Rightarrow a(x)=\left(36x^2-30x+7\right)v(x).$$

Assim:

$$a(x)=\left(36x^2-30x+7\right)\cdot\left(12x^3-15x^2+7x\right)=432x^5-900x^4+786x^3-315x^2+49x.$$

Avaliando a expressão acima para $x = 0,6$ m, obtemos:

$$\underline{\underline{a(0,6)=2,73\,\text{m/s}^2}}.$$

EXEMPLO 1.6

Uma partícula se movimenta segundo uma trajetória retilínea dentro de um fluido. Devido à resistência exercida pelo fluido, o movimento é regido pela relação $a=-kv$ onde k é uma constante. Quando $t = 0$, tem-se $x = 0$ e $v = v_0$. Determinar: **a)** a expressão para a velocidade da partícula em função do tempo; **b)** a expressão para a posição da partícula em função do tempo; **c)** a expressão da posição-limite que será alcançada pela partícula; **d)** traçar as curvas representando as funções $x(t)$, $v(t)$ e $a(t)$, no intervalo $0 \leq t \leq 15$ s, para $v_0 = 3,0$ m/s e $k = 0,2\ \text{s}^{-1}$ e $k = 0,6\ \text{s}^{-1}$.

Resolução

a) Sabendo que $a = \dfrac{dv}{dt}$, fazemos as seguintes operações:

$$\frac{dv}{dt} = -kv \Rightarrow \frac{dv}{v} = -k\,dt \Rightarrow \int_{v_0}^{v}\left[\frac{1}{\xi}\right]d\xi = \int_0^t -k\,d\xi \Rightarrow$$

$$\Rightarrow ln\ v(t) - ln\ v_0 = -kt \Rightarrow ln\left[\frac{v(t)}{v_0}\right] = -kt \Rightarrow \boxed{v(t) = v_0 e^{-kt}}. \quad \textbf{(a)}$$

b) Sabendo que $v = \dfrac{dx}{dt}$, fazemos as seguintes operações, levando em conta a equação (a):

$$\frac{dx}{dt} = v_0 e^{-kt} \Rightarrow dx = v_0 e^{-kt}\,dt \Rightarrow \int_0^x d\xi = \int_0^t v_0 e^{-k\xi} d\xi \Rightarrow \boxed{x(t) = \frac{v_0}{k}\left(1 - e^{-kt}\right)}. \quad \textbf{(b)}$$

c) Como, de acordo com a equação (b), a posição tem um comportamento assintótico para $t \to \infty$, a posição-limite da partícula é dada por:

$$x_{lim} = \lim_{t\to\infty} x(t) = \lim_{t\to\infty} \frac{v_0}{k}\left(1 - e^{-kt}\right) \Rightarrow \boxed{x_{lim} = \frac{v_0}{k}}.$$

d) Utilizando o programa MATLAB® **exemplo_1_6.m**, obtemos as curvas apresentadas nas Figuras 1.20 e 1.21, que mostram o comportamento assintótico previsto na resolução analítica do problema para os valores fornecidos de v_0 e k.

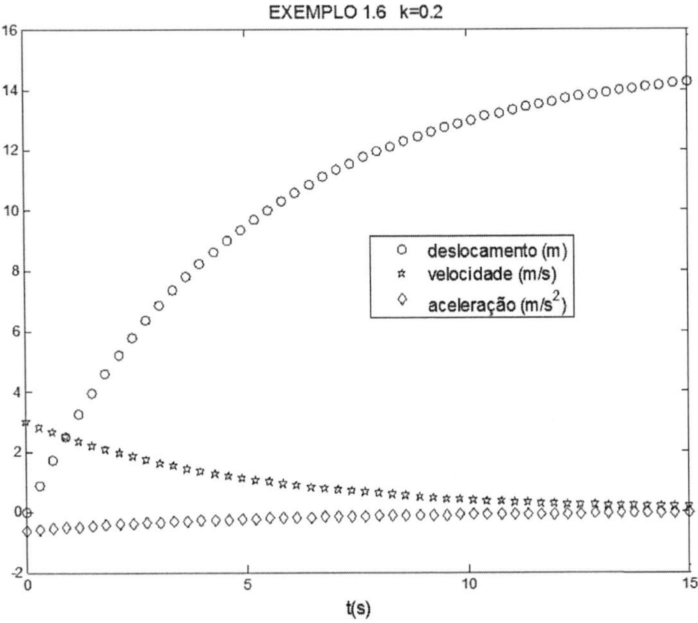

FIGURA 1.20 Gráficos mostrando a resolução do Exemplo 1.6, para k = 0,2.

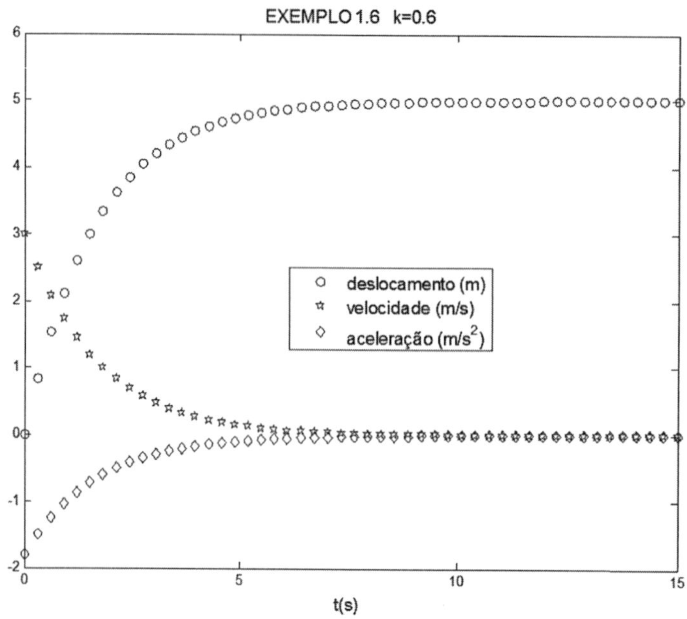

FIGURA 1.21 Gráficos mostrando a resolução do Exemplo 1.6, para $k = 0,6$.

1.5.1 Interpretações geométricas no movimento retilíneo

As Equações (1.27) a (1.31) estabelecem relações entre as grandezas cinemáticas através de equações diferenciais, o que permite utilizar as interpretações gráficas das operações de derivação e integração de funções de uma variável para resolver problemas de cinemática do movimento retilíneo.

A Equação (1.29) representa a relação entre a posição e a velocidade no movimento retilíneo. A interpretação geométrica da derivada, apresentada na Figura 1.22, permite afirmar que, dispondo do gráfico da posição da partícula em função do tempo, $x(t)$, a velocidade da partícula, em um instante qualquer, é dada pela inclinação da reta tangente à curva $x \times t$.

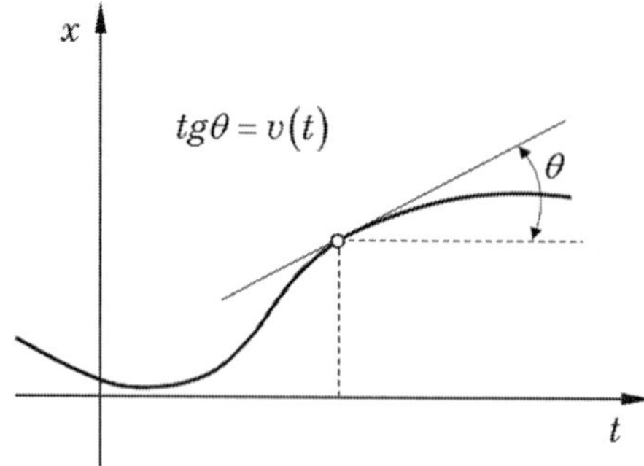

FIGURA 1.22 Interpretação geométrica da velocidade de uma partícula em movimento retilíneo, em termos da inclinação da curva $x(t)$.

Por outro lado, multiplicando ambos os lados da Equação (1.29) por dt e integrando a equação resultante entre dois instantes quaisquer t_1 e t_2, obtemos:

$$\int_{t_1}^{t_2} v(t)dt = \int_{x_1}^{x_2} dx \Rightarrow \int_{t_1}^{t_2} v(t)dt = x(t_2) - x(t_1) \cdot \qquad (1.32)$$

Assim, concluímos que a variação de posição da partícula entre dois instantes t_1 e t_2 é dada pela área sob a curva $v(t)$, delimitada pelas abscissas correspondentes a t_1 e t_2, como pode ser visto na Figura 1.23.

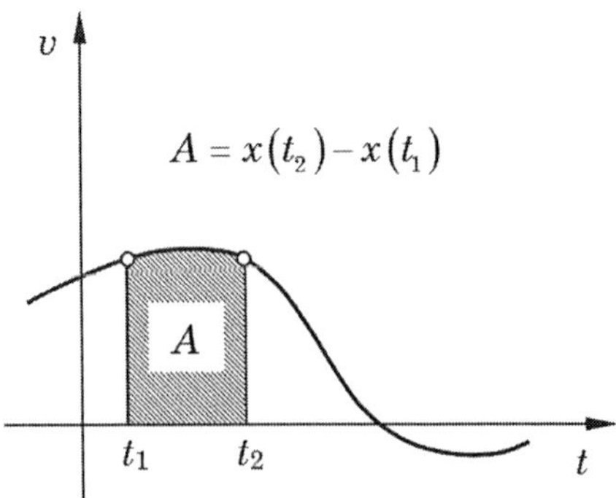

FIGURA 1.23 Interpretação geométrica do deslocamento de uma partícula em movimento retilíneo, em termos da área sob a curva $v(t)$.

A Equação (1.31) estabelece a relação entre a velocidade e a aceleração no movimento retilíneo. Mais uma vez, a interpretação geométrica da derivada permite-nos concluir que, dispondo do gráfico da função $v(t)$, a aceleração da partícula, em um instante t qualquer, é dada pela inclinação da reta tangente à curva $v(t)$, conforme mostra a Figura 1.24.

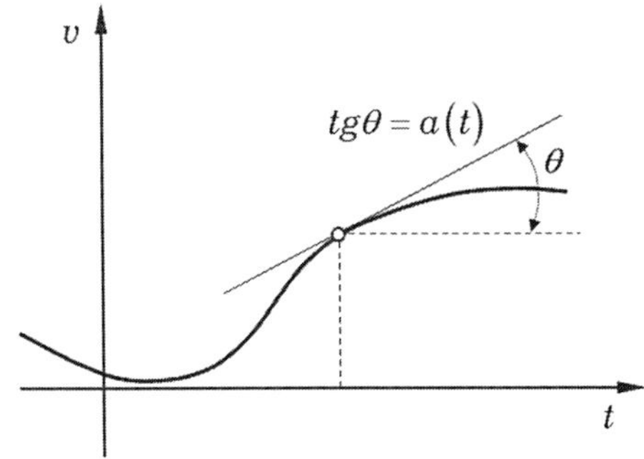

FIGURA 1.24 Interpretação geométrica da aceleração de uma partícula em movimento retilíneo, em termos da inclinação da curva $v(t)$.

Multiplicando ambos os lados da Equação (1.31) por dt e integrando a equação resultante entre dois instantes t_1 e t_2, obtemos:

$$\int_{t_1}^{t_2} a(t)dt = \int_{v_1}^{v_2} dv \Rightarrow \int_{t_1}^{t_2} a(t)dt = v(t_2) - v(t_1) \cdot \quad (1.33)$$

Assim, concluímos que a variação da velocidade da partícula entre dois instantes t_1 e t_2 é dada pela área sob a curva $a(t)$, delimitada pelas abscissas correspondentes a t_1 e t_2, como pode ser visto na Figura 1.25.

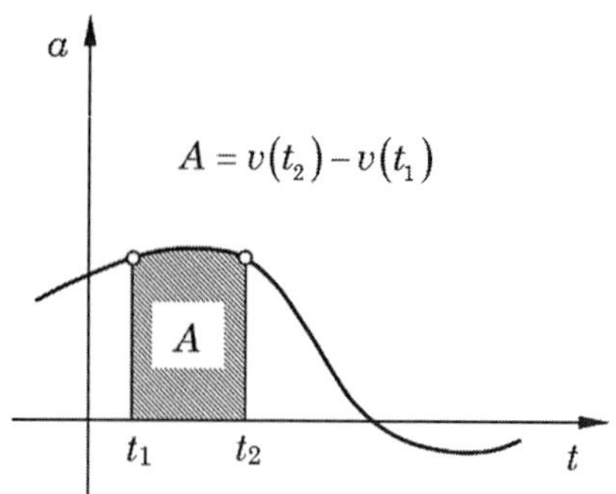

FIGURA 1.25 Interpretação geométrica da variação da velocidade de uma partícula em movimento retilíneo, em termos da área sob a curva $a(t)$.

1.5.2 Casos particulares de movimento retilíneo

a) Aceleração constante e não nula

Quando a aceleração da partícula em movimento retilíneo é constante e não nula, temos o chamado *movimento retilíneo uniformemente variado* (MRUV). Neste caso, efetuando a integração indicada na Equação (1.33) e fazendo, por conveniência, $v_2 = v(t_2)$ e $t_2 = t$, escrevemos:

$$a\int_0^t d\xi = \int_{v_0}^{v} d\xi \ \Rightarrow\ v(t) = v_0 + at. \tag{1.34}$$

Combinando as Equações (1.32) e (1.34), temos:

$$\int_0^t v(\xi)d\xi = \int_{x_0}^{x} d\xi \ \Rightarrow\ x(t) = x_0 + v_0 t + \frac{1}{2}at^2. \tag{1.35}$$

Os gráficos das curvas representadas pelas Equações (1.34) e (1.35) são mostrados na Figura 1.26.

Aplicando a Regra da Cadeia da derivação à Equação (1.31), e levando em conta a Equação (1.29), escrevemos:

$$a = \frac{dv}{dt} = \frac{dv}{dx}\frac{dx}{dt} = v\frac{dv}{dx}. \tag{1.36}$$

Multiplicando a Equação (1.36) por dx e integrando ambos os lados da equação resultante, obtemos a conhecida *Equação de Torricelli:*

$$\int_{x_0}^{x} a\,d\xi = \int_{v_0}^{v} v\,d\xi \ \Rightarrow\ a(x - x_0) = \frac{1}{2}(v^2 - v_0^2) \ \Rightarrow\ v^2(x) = v_0^2 + 2a(x - x_0). \tag{1.37}$$

b) Aceleração nula constante

Quando a aceleração da partícula em movimento retilíneo é constante e igual a zero, temos o chamado *movimento retilíneo uniforme* (MRU). Neste caso, as Equações (1.34) e (1.35) podem ser particularizadas fazendo $a = 0$, o que resulta em:

$$v(t) = v_0, \text{ e} \tag{1.38}$$

$$x(t) = x_0 + v_0 t. \tag{1.39}$$

Os gráficos das curvas representadas por estas equações são mostrados na Figura 1.27.

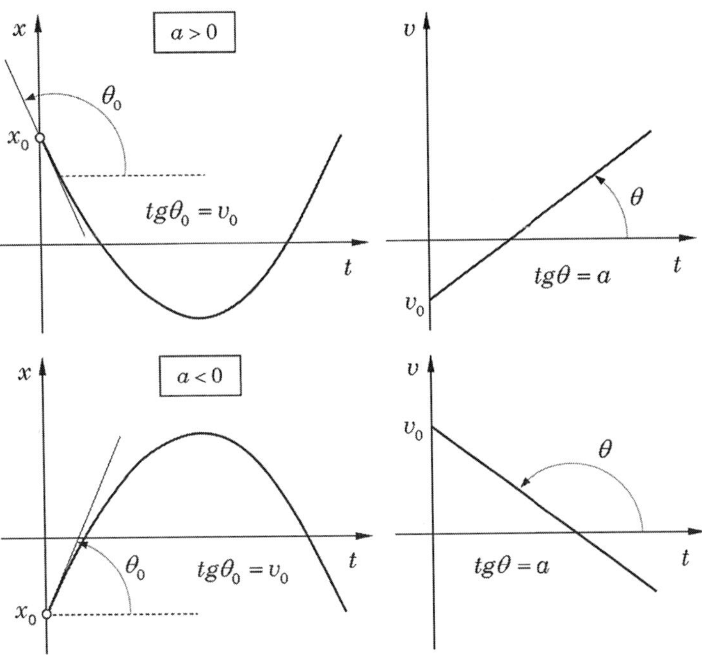

FIGURA 1.26 Gráficos das variações da posição e velocidade de uma partícula em movimento retilíneo com aceleração constante (MRUV).

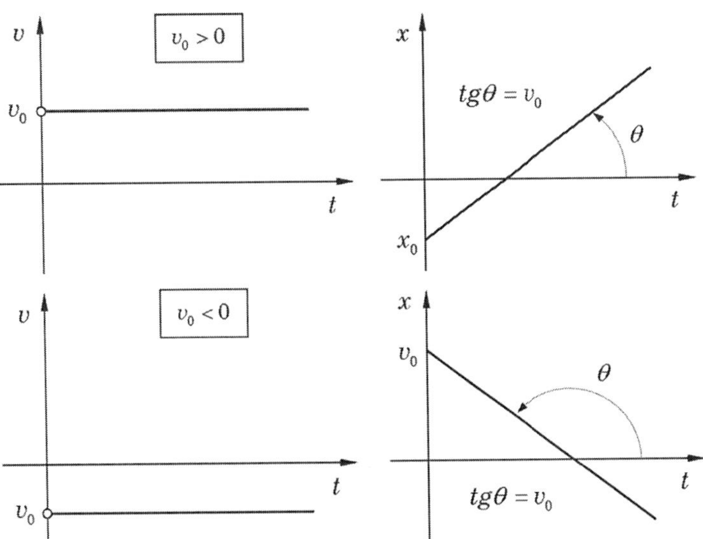

FIGURA 1.27 Gráficos das variações da posição e velocidade de uma partícula em movimento retilíneo com aceleração nula (MRU).

EXEMPLO 1.7

A curva $a \times t$ mostrada na Figura 1.28 representa o movimento retilíneo de uma partícula. Sabe-se que em $t=0$ a partícula está a $-1,8$ m, com velocidade de 2,4 m/s. Determinar as expressões $v = v(t)$ e $x = x(t)$ e traçar as curvas correspondentes no intervalo de 0 a 15 s.

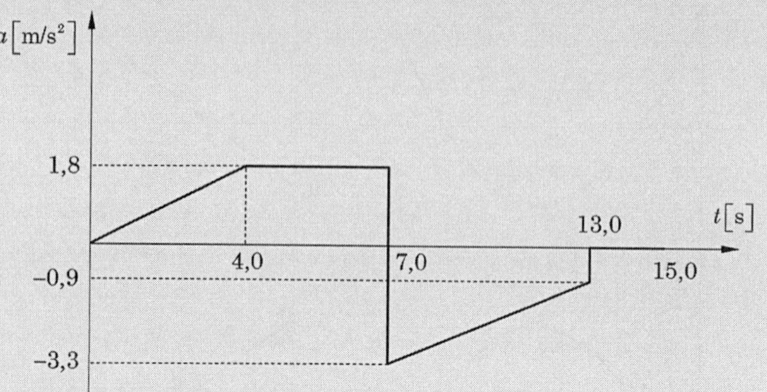

FIGURA 1.28 Figura representando a aceleração de uma partícula em movimento retilíneo.

Resolução

Este exemplo trata de um movimento com aceleração variável em diferentes intervalos de tempo e sua resolução nos permite mostrar como as condições iniciais devem ser consideradas na análise do movimento em cada um destes intervalos.

A partir da Figura 1.28, extraímos as seguintes expressões para a aceleração da partícula nos intervalos de tempo indicados:

$a(t) = 0{,}45t$ [s; m/s²] $\qquad 0 \le t \le 4\,\text{s};$

$a(t) = 1{,}8$ [s; m/s²] $\qquad 4\,\text{s} \le t \le 7\,\text{s};$

$a(t) = 0{,}4t - 6{,}1$ [s; m/s²] $\qquad 7\,\text{s} \le t \le 13\,\text{s};$

$a(t) = 0$ $\qquad t \ge 13\,\text{s}.$

Integrando duas vezes sucessivamente as expressões acima, e impondo as devidas condições iniciais, encontramos as expressões da velocidade e da posição da partícula nos intervalos considerados. Estas operações são detalhadas a seguir.

- Intervalo $0 \le t \le 4\,\text{s}$, com condições iniciais $x(0) = -1{,}8$ m; $v(0) = 2{,}4$ m/s:

$$v(t) - v(0) = \int_0^t 0{,}45\xi\, d\xi \Rightarrow \underline{\underline{v(t) = \frac{0{,}45}{2}t^2 + 2{,}4\,[\text{s; m/s}]}}, \quad \textbf{(a)}$$

$$x(t) - x(0) = \int_0^t \left(2{,}4 + \frac{0{,}45}{2}\xi^2\right) d\xi \Rightarrow \underline{\underline{x(t) = \frac{0{,}45}{6}t^3 + 2{,}4t - 1{,}8\ [\text{s; m}]}}. \quad \textbf{(b)}$$

Avaliando as equações (a) e (b) para $t = 4$ s, temos:

$v(4) = 6{,}0$ m/s, $x(4) = 12{,}6$ m.

- Intervalo $4\,\text{s} \le t \le 7\,\text{s}$ com condições iniciais $x(4) = 12{,}6$ m, $v(4) = 6{,}0$ m/s:

$$v(t)-v(4)=\int_4^t 1{,}8\,d\xi \;\Rightarrow\; \boxed{v(t)=1{,}8t-1{,}2\;\left[\text{s; m/s}\right]}, \quad \textbf{(c)}$$

$$x(t)-x(4)=\int_4^t (1{,}8\xi-1{,}2)\,d\xi \;\Rightarrow\; \boxed{x(t)=0{,}9t^2-1{,}2t+3{,}0\;\left[\text{s; m}\right]}. \quad \textbf{(d)}$$

Avaliando as equações (c) e (d) para $t = 7$ s, temos:

$v(7) = 11{,}4$ m/s, $x(7) = 38{,}7$ m.

- Intervalo $7\,\text{s} \le t \le 13\,\text{s}$ com condições iniciais $x(7) = 38{,}7$ m e $v(7) = 11{,}4$ m/s:

$$v(t)-v(7)=\int_7^t (0{,}4\xi-6{,}1)\,d\xi \Rightarrow \boxed{v(t)=0{,}2t^2-6{,}1t+44{,}3\;\left[\text{s; m/s}\right]}, \quad \textbf{(e)}$$

$$x(t)-x(7)=\int_7^t \left(0{,}2\xi^2-6{,}1\xi+44{,}3\right)d\xi \Rightarrow \boxed{x(t)=\frac{0{,}2}{3}t^3-\frac{6{,}1}{2}t^2+44{,}3t-144{,}8\;\left[\text{s; m}\right]}. \quad \textbf{(f)}$$

Avaliando as equações (e) e (f) para $t = 13$ s, encontramos:

$v(13) = -1{,}2$ m/s, $x(13) = 62{,}1$ m.

- Intervalo $t \ge 13$ s com condições iniciais $x(13) = 62{,}1$ m e $v(13) = -1{,}2$ m/s:

$$v(t)-v(13)=0 \;\Rightarrow\; \boxed{v(t)=-1{,}2\text{ m/s}},$$

$$x(t)-x(13)=\int_{13}^t -1{,}2\,d\xi \;\Rightarrow\; \boxed{x(t)=-1{,}2\,t+77{,}7\;\left[\text{s; m}\right]}.$$

A Figura 1.29 mostra os gráficos obtidos para as curvas $v \times t$ e $x \times t$ utilizando o programa **exemplo_1_7.m**, desenvolvido em linguagem MATLAB®. Devemos observar que, embora a aceleração seja descontínua entre os intervalos, as curvas de posição e velocidade são sempre contínuas, em virtude da imposição das condições iniciais no começo de cada intervalo.

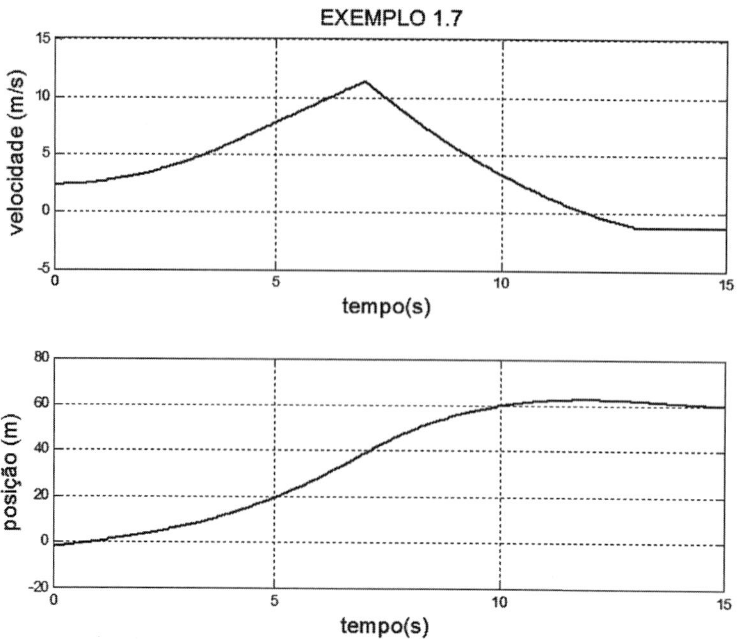

FIGURA 1.29 Gráficos mostrando a resolução do Exemplo 1.7.

1.6 Movimento retilíneo vinculado de várias partículas

São frequentes na Engenharia situações envolvendo movimentos retilíneos simultâneos de várias partículas, havendo uma dependência entre estes movimentos em virtude da existência de ligações mecânicas entre as partículas. Uma destas situações é ilustrada na Figura 1.30, na qual os movimentos dos corpos A e B são vinculados pela existência de um cabo e um conjunto de polias. Neste tipo de problema, devemos buscar relacionar as velocidades e as acelerações das partículas envolvidas, considerando as restrições cinemáticas existentes.

Desprezando as dimensões das polias e admitindo que o cabo seja inextensível (de comprimento constante), expressamos da seguinte forma seu comprimento total L em função das coordenadas medidas a partir das referências indicadas na Figura 1.30:

$$L = (x_1 - x_A) + 2(x_2 - x_A) + y_B.$$

Levando em conta que L, x_1 e x_2 são constantes, escrevemos:

$$L = x_1 + 2x_2 - 3x_A + y_B \;\Rightarrow\; -3x_A + y_B = cte.$$

Derivando a equação acima duas vezes sucessivamente em relação ao tempo, obtemos as seguintes relações entre as velocidades e as acelerações das partículas A e B:

$$-3\frac{dx_A}{dt} + \frac{dy_B}{dt} = 0 \;\Rightarrow\; v_B = 3v_A, \qquad -3\frac{d^2x_A}{dt^2} + \frac{d^2y_B}{dt^2} = 0 \;\Rightarrow\; a_B = 3a_A.$$

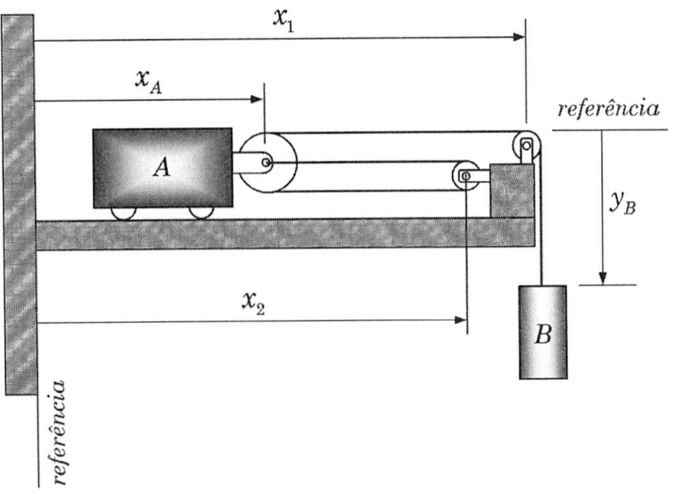

FIGURA 1.30 Exemplo de movimento vinculado de duas partículas.

EXEMPLO 1.8

A figura a seguir ilustra uma carga P que é içada com um cabo conectado a um tambor de raio R, acionado por um motor elétrico que gira com velocidade angular constante ω. Pede-se: **a)** desenvolver as expressões para a velocidade e a aceleração de P em função de y; **b)** traçar as curvas mostrando as variações da velocidade e da aceleração de P em função de y, admitindo $b = 1$ m, $\omega = 2\pi$ rad/s, $R = 0,5$ m e que a carga parta de uma posição inicial $y_0 = 8$ m.

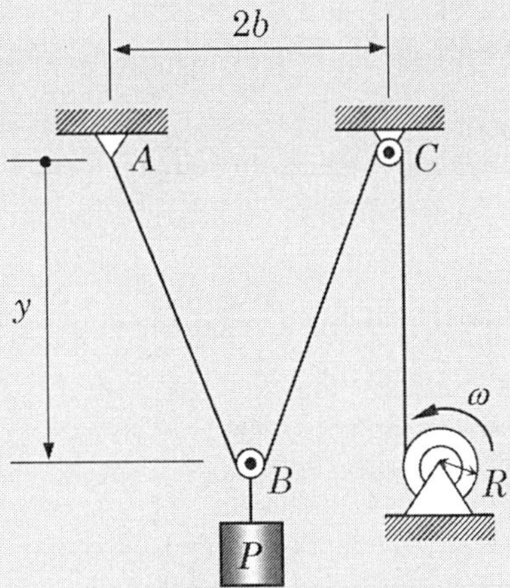

FIGURA 1.31 Sistema mecânico para içamento de carga por cabos.

Resolução

Conforme ilustrado no esquema abaixo, a velocidade do cabo é dada por $v_c = \omega R$. No ponto de contato com o motor, a velocidade v_c está dirigida para baixo.

Com base no diagrama mostrado na Figura 1.32, podemos expressar o comprimento instantâneo do trecho ABC do cabo da seguinte forma:

$$\ell = 2\left(b^2 + y^2\right)^{1/2}.$$

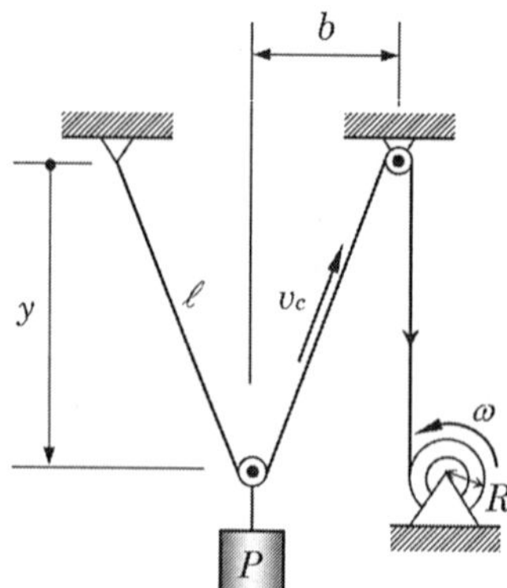

FIGURA 1.32 Esquema de resolução do Exemplo 1.8.

Como o cabo é inextensível, ou seja, tem comprimento constante, a taxa de variação do comprimento do trecho *ABC* deve ser igual à velocidade com que o cabo é enrolado no tambor. Além disso, a velocidade de subida da carga é $v_P = dy/dt$. Assim, escrevemos:

$$v_c = \frac{d\ell}{dt} \Rightarrow v_c = \frac{2y}{\left(b^2+y^2\right)^{1/2}}\frac{dy}{dt} = \frac{2y}{\left(b^2+y^2\right)^{1/2}}v_P \,.$$

Introduzindo $v_c = -\omega R$ na equação acima, temos: $v_P = -\dfrac{\omega R\left(b^2+y^2\right)^{1/2}}{2y}$.

Derivando a expressão anterior em relação ao tempo, obtemos a aceleração vertical da carga em função de y:

$$a_P = -\frac{b^2\omega^2R^2}{4y^3} \,.$$

A Figura 1.33 mostra as variações da velocidade e da aceleração de P em função de y, para as condições estabelecidas. Estas curvas foram obtidas utilizando o programa MATLAB® **exemplo_1_8.m.**

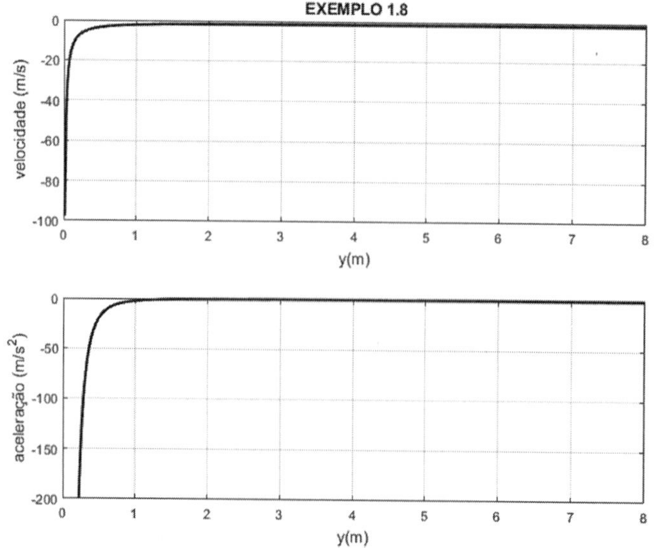

FIGURA 1.33 Gráficos mostrando a resolução do Exemplo 1.8.

Os dados devem ser interpretados da direita para a esquerda na Figura 1.33, uma vez que o movimento se inicia com y = 8,0 m e termina com y tendendo a zero. É importante observar que, no início, o movimento da carga é uniforme, e deixa de sê-lo à medida que a carga sobe.

EXEMPLO 1.9

Na Figura 1.34, a corda de comprimento L conecta o centro da roda A e o bloco B, passando pela polia C. O centro da roda movimenta-se na direção horizontal com velocidade v_A e aceleração a_A. Pede-se: **a)** obter as expressões para a velocidade e a aceleração do bloco B; **b)** sabendo que h_d=4,0 m e que na posição x = 2,0 m o centro da roda tem velocidade 5,0 m/s e aceleração 2,5 m/s², determinar os valores da velocidade e da aceleração de B para esta posição.

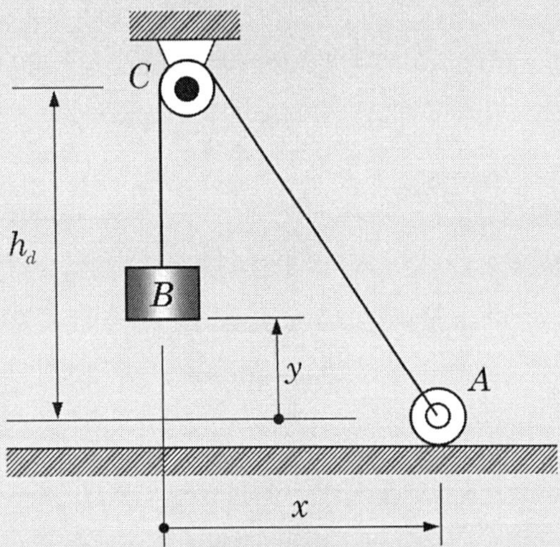

FIGURA 1.34 Sistema mecânico para elevação de carga.

Resolução

a) O comprimento da corda que liga A e B é constante e, desprezando as dimensões das polias, podemos expressá-lo em função das posições de A e de B segundo:

$$L = \sqrt{x^2 + h_d^2} + h_d - y. \qquad \textbf{(a)}$$

Derivando a equação (a) em relação ao tempo, obtemos:

$$\frac{dL}{dt} = 0 \Rightarrow \dot{y} = \frac{x\dot{x}}{\sqrt{x^2 + h_d^2}}. \qquad \textbf{(b)}$$

Dado que $\dot{x} = v_A$ e $\dot{y} = v_B$, obtemos a seguinte expressão relacionando as velocidades de A e de B:

$$v_B = \frac{x}{\sqrt{x^2 + h_d^2}} v_A. \qquad \textbf{(c)}$$

Derivando a equação (b) em relação ao tempo obtemos:

$$\ddot{y} = \frac{x^3\ddot{x} + h_d x\ddot{x} + h_d^2\dot{x}^2}{\left(x^2 + h_d^2\right)^{3/2}}.$$

Utilizando as relações $\dot{x} = v_A$, $\ddot{x} = a_A$ e $\ddot{y} = a_B$, obtemos a seguinte expressão para a aceleração do bloco B:

$$a_B = \frac{\left(x^3 + xh_d^2\right)a_A + h_d^2 v_A^2}{\left(x^2 + h_d^2\right)^{3/2}}. \qquad \textbf{(d)}$$

b) Avaliando as equações (c) e (d) para $h_d = 4{,}0$ m, $x = 2{,}0$ m, $v_A = 5{,}0$ m/s e $a_A = 2{,}5$ m/s^2, obtemos os seguintes valores:

$$v_B = \frac{2{,}0 \cdot 5{,}0}{\sqrt{2{,}0^2 + 4{,}0^2}} \Rightarrow \underline{\underline{v_B = 2{,}2\,\text{m/s}}};$$

$$a_B = \frac{\left(2{,}0^3 + 2{,}0 \cdot 4{,}0^2\right) \cdot 2{,}5 + 4{,}0^2 \cdot 5{,}0^2}{\left(2{,}0^2 + 4{,}0^2\right)^{3/2}} \Rightarrow \underline{\underline{a_B = 5{,}6\,\text{m/s}^2}}.$$

EXEMPLO 1.10

No sistema de elevação de carga mostrado abaixo, o bloco A tem velocidade constante para baixo de 0,20 m/s. Determinar a velocidade do bloco B.

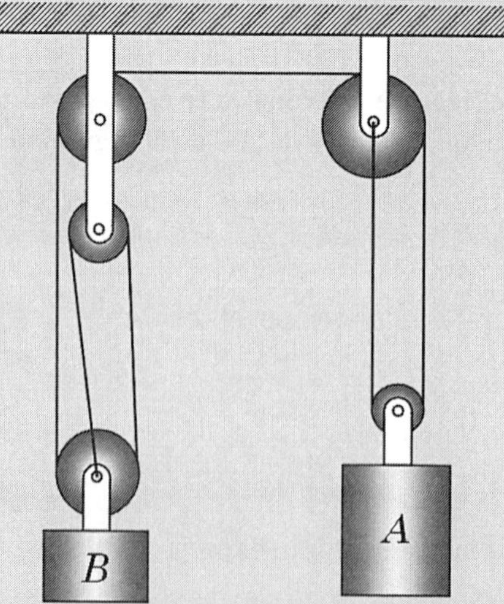

FIGURA 1.35 Sistema de movimentação das cargas empregando cabos e polias.

Resolução

Admitindo que todos os trechos dos cabos sejam aproximadamente verticais, e que o cabo seja inextensível, a partir das coordenadas e distâncias indicadas na Figura 1.36 expressamos o comprimento total do cabo da seguinte forma:

$$L_{total} = 2(x_A - \ell) + x_i + (x_B - \ell) + 2(x_B - L),$$

donde:

$$2x_A + 3x_B = \text{cte.} \quad \textbf{(a)}$$

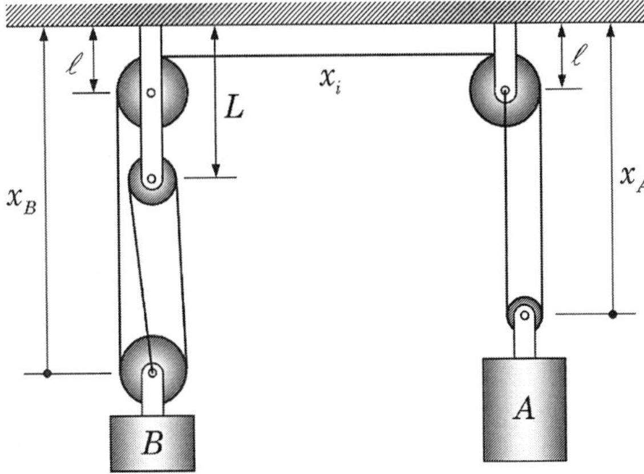

FIGURA 1.36 Esquema de resolução do Exemplo 1.10.

Derivando a equação (a) em relação ao tempo, obtemos:

$$2\dot{x}_A + 3\dot{x}_B = 0 \Rightarrow v_B = -\frac{2}{3}v_A.$$

Assim, para $v_A = -0{,}20$ m/s (o sinal menos indica o movimento para baixo), encontramos:

$$\boxed{v_B = 0{,}13 \text{ m/s}}.$$

Ou seja, o bloco B move-se para cima com velocidade de módulo 0,13 m/s.

1.7 Movimento curvilíneo plano da partícula

Quando uma partícula descreve uma trajetória curva localizada sobre um plano fixo, seu movimento é denominado *movimento curvilíneo plano*.

A resolução prática de problemas de cinemática requer a escolha de um sistema de coordenadas adequado, em relação ao qual serão expressas a posição, a velocidade e a aceleração da partícula. Para o movimento curvilíneo plano, estudaremos os seguintes sistemas de coordenadas:

a) coordenadas cartesianas (x-y);
b) coordenadas normal-tangencial (n-t);
c) coordenadas polares (r-θ).

A escolha do sistema de coordenadas mais adequado para o tratamento de um dado problema pode facilitar sobremaneira sua resolução. A escolha deve ser feita levando em conta a natureza do movimento e os dados disponíveis. Após ter estudado exemplos e adquirido experiência resolvendo exercícios, o leitor saberá fazer as escolhas mais adequadas.

Serão deduzidas, a seguir, as expressões para as componentes vetoriais das grandezas cinemáticas (posição, velocidade e aceleração), empregando cada um destes sistemas de coordenadas.

1.7.1 Coordenadas cartesianas (*x*-*y*)

As coordenadas cartesianas são aquelas com as quais geralmente temos mais familiaridade, e são particularmente adequadas para representar movimentos cujas componentes em duas direções mutuamente perpendiculares são independentes uma da outra. É o caso, por exemplo, do movimento de projéteis no campo gravitacional terrestre (movimento balístico), que trataremos mais adiante em um dos exemplos deste capítulo.

Consideremos o sistema de referência *Oxy*, mostrado na Figura 1.37, a partir do qual é observado o movimento de uma partícula indicada por *P*.

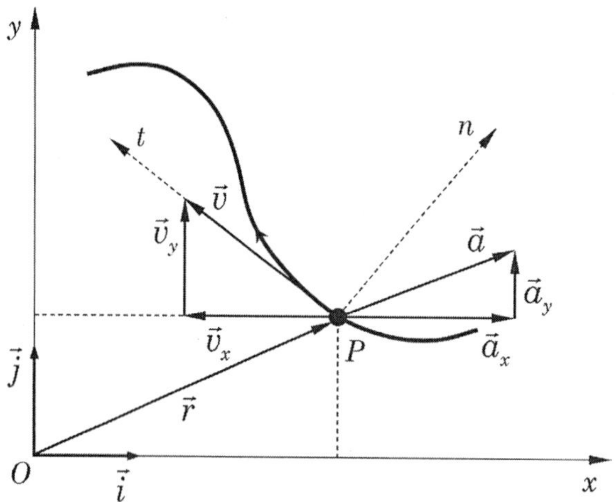

FIGURA 1.37 Representação do movimento de uma partícula em movimento plano em termos de componentes cartesianas.

Aos eixos *Ox* e *Oy* são associados os vetores unitários $\vec{i}$ e $\vec{j}$, respectivamente. Admitiremos, por enquanto, que este sistema de eixos seja fixo. Mais adiante, neste capítulo, vamos estudar o emprego de sistemas de referência móveis.

A posição da partícula *P*, em um instante *t* qualquer, é determinada pelo seu vetor posição $\vec{r}(t)$, cujas componentes nas direções dos eixos coordenados são dadas pelas duas funções escalares $x(t)$ e $y(t)$. Assim, podemos escrever:

$$\vec{r}(t)=x(t)\vec{i}+y(t)\vec{j}. \tag{1.40}$$

Levando em conta a Equação (1.2) e também as propriedades expressas pelas Equações (1.18) e (1.19), derivando o vetor posição em relação ao tempo, o vetor velocidade da partícula resulta expresso segundo:

$$\vec{v}(t)=\frac{d\vec{r}(t)}{dt}=\frac{dx(t)}{dt}\vec{i}+x(t)\frac{d\vec{i}}{dt}+\frac{dy(t)}{dt}\vec{j}+y(t)\frac{d\vec{j}}{dt}. \tag{1.41}$$

Como o sistema Oxy é fixo, os vetores unitários $\vec{i}$ e $\vec{j}$ não variam com o tempo. Assim, as derivadas que aparecem na segunda e na quarta parcelas no lado direito da Equação (1.41) se anulam, o que resulta em:

$$\vec{v}(t) = \dot{x}(t)\,\vec{i} + \dot{y}(t)\,\vec{j}, \tag{1.42.a}$$

ou:

$$\vec{v}(t) = \vec{v}_x(t) + \vec{v}_y(t) = v_x(t)\,\vec{i} + v_y(t)\,\vec{j}, \tag{1.42.b}$$

onde:

$$v_x(t) = \frac{dx(t)}{dt} = \dot{x}(t) \quad \text{e} \quad v_y(t) = \frac{dy(t)}{dt} = \dot{y}(t)$$

são as componentes do vetor velocidade nas direções dos eixos x e y, respectivamente, conforme indicado na Figura 1.37.

Empregando a regra de Pitágoras, expressamos o módulo da velocidade sob a forma:

$$\|\vec{v}(t)\| = \sqrt{v_x^2 + v_y^2} = \sqrt{\dot{x}^2(t) + \dot{y}^2(t)}\,. \tag{1.43}$$

Considerando a definição expressa na Equação (1.6) e admitindo mais uma vez a invariabilidade dos vetores $\vec{i}$ e $\vec{j}$, derivando a Equação (1.41) em relação ao tempo obtemos a seguinte expressão para o vetor aceleração da partícula:

$$\vec{a}(t) = \ddot{x}(t)\,\vec{i} + \ddot{y}(t)\,\vec{j}, \tag{1.44}$$

ou:

$$\vec{a}(t) = \vec{a}_x(t) + \vec{a}_y(t) = a_x(t)\,\vec{i} + a_y(t)\,\vec{j}, \tag{1.45}$$

com:

$$a_x(t) = \frac{d^2x(t)}{dt^2} = \ddot{x}(t) \quad \text{e} \quad a_y(t) = \frac{d^2y(t)}{dt^2} = \ddot{y}(t)\,.$$

O módulo do vetor aceleração é dado pela expressão:

$$\|\vec{a}(t)\| = \sqrt{a_x^2 + a_y^2} = \sqrt{\ddot{x}^2(t) + \ddot{y}^2(t)}\,. \tag{1.46}$$

As duas componentes da aceleração são ilustradas na Figura 1.37.

As Equações (1.41) e (1.44) mostram que, considerando um sistema de referência fixo, as componentes cartesianas dos vetores velocidade e aceleração são obtidas simplesmente derivando sucessivamente as componentes do vetor posição em relação ao tempo. Como veremos mais adiante, quando utilizarmos sistemas de referência rotativos, termos adicionais, associados ao movimento do sistema de referência, serão acrescidos a estas equações.

Vale observar que, em conjunto, as funções $x = x(t)$ e $y = y(t)$, que são as componentes do vetor posição da partícula, constituem as chamadas *equações paramétricas da trajetória*, nas quais o tempo t aparece como parâmetro. Eliminando o tempo nestas duas equações, podemos obter a equação da trajetória na forma cartesiana $y = y(x)$, como mostraremos no exemplo a seguir.

EXEMPLO 1.11

A velocidade de uma partícula movendo-se no plano xy é dada por:

$$\vec{v}(t) = 40(t-1)\vec{i} + 30(t^2 - 2t + 1)\vec{j},$$

onde t está em segundos e as componentes do vetor $\vec{v}$ têm unidades de mm/s. Sabendo que a partícula se encontra em $\vec{r} = 20\vec{i} - 10\vec{j}$ (mm) quando $t = 0$, determinar: **a)** a equação da trajetória da partícula na forma cartesiana $y = y(x)$; **b)** a posição, a velocidade e a aceleração da partícula quando $t = 3$ s.

Resolução

a) Neste exemplo $\vec{v}(t) = 40(t-1)\vec{i} + 30(t^2 - 2t + 1)\vec{j}$ é a equação vetorial que descreve a velocidade da partícula em relação a um sistema de referência Oxy, admitido fixo.

Primeiramente, o vetor posição é obtido pela integração do vetor velocidade em relação ao tempo. Aqui, devemos atentar para o fato de que a integração de grandezas vetoriais é feita aplicando as propriedades usuais de integração de funções escalares às suas componentes. Assim, escrevemos:

$$\frac{d\vec{r}(t)}{dt} = \vec{v}(t) \Rightarrow \vec{r}(t) = \vec{r}(0) + \int_0^t \vec{v}(\xi)d\xi \Rightarrow \vec{r}(t) = 20\vec{i} - 10\vec{j} + \int_0^t 40(\xi - 1)d\xi\,\vec{i} +$$

$$+\int_0^t 30(\xi^2 - 2\xi + 1)d\xi\,\vec{j}.$$

Efetuando as integrações indicadas, obtemos:

$$\vec{r}(t) = (20t^2 - 40t + 20)\vec{i} + (10t^3 - 30t^2 + 30t - 10)\vec{j} \quad [\text{s; m}]. \qquad \textbf{(a)}$$

A equação (a) representa a equação da trajetória na forma paramétrica, sendo t o parâmetro, a partir da qual escrevemos:

$$x(t) = 20t^2 - 40t + 20; \qquad \textbf{(b)}$$

$$y(t) = 10t^3 - 30t^2 + 30t - 10. \qquad \textbf{(c)}$$

Obtemos a equação da trajetória na forma cartesiana eliminando o parâmetro t nas equações (b) e (c), por meio das seguintes operações:

$$x(t) = 20(t^2 - 2t + 1) \Rightarrow x(t) = 20(t-1)^2; \qquad \textbf{(d)}$$

$$y(t) = 10(t^3 - 3t^2 + 3t - 1) \Rightarrow y(t) = 10(t-1)^3. \qquad \textbf{(e)}$$

De (d), extraímos: $t - 1 = \pm\left(\frac{x}{20}\right)^{1/2}$ que, substituído em (e) nos dá:

$$y(x) = \pm 10\left(\frac{x}{20}\right)^{3/2}. \qquad \textbf{(f)}$$

O leitor deve observar que nem sempre é possível eliminar o parâmetro t por meio de manipulações algébricas, como pudemos fazer neste exemplo.

b) Para $t = 3$ s:

Posição:

Avaliando a equação (a) para $t = 3$ s, temos:

$$\vec{r}(3) = \left(20 \cdot 3^2 - 40 \cdot 3 + 20\right)\vec{i} + \left(10 \cdot 3^3 - 30 \cdot 3^2 + 30 \cdot 3 - 10\right)\vec{j} \Rightarrow$$

$$\underline{\underline{\vec{r}(3) = 80\vec{i} + 80\vec{j}\ [\text{mm}]}}.$$

Velocidade:

Avaliando a expressão fornecida para $t = 3$ s, tem-se:

$$\vec{v}(3) = 40(3-1)\vec{i} + 30\left(3^2 - 2 \cdot 3 + 1\right)\vec{j} \Rightarrow \underline{\underline{\vec{v}(3) = 80\,\vec{i} + 120\,\vec{j}\ \ [\text{mm/s}]}}.$$

Aceleração:

Derivando a expressão fornecida em relação ao tempo tem-se o vetor aceleração:

$$\vec{a}(t) = \frac{d\vec{v}(t)}{dt} \Rightarrow \vec{a}(t) = 40\vec{i} + 30(2t-2)\vec{j}\ \ \left[\text{s; mm/s}^2\right].$$

Avaliando a expressão acima para $t = 3$ s, temos:

$$\vec{a}(3) = 40\vec{i} + 30(2 \cdot 3 - 2)\vec{j} \Rightarrow \underline{\underline{\vec{a}(3) = 40\vec{i} + 120\vec{j}\ \ \left[\text{mm/s}^2\right]}}.$$

EXEMPLO 1.12

Considerando o Exemplo 1.11, pede-se traçar as curvas representando as variações das componentes cartesianas e dos módulos dos vetores posição, velocidade e aceleração da partícula, e a curva representando a trajetória da partícula no intervalo $0 \le t \le 8$ s.

Resolução

A partir da resolução do Exemplo 1.11, traçamos as curvas correspondentes às seguintes funções:

Posição:

$$\underline{\underline{x(t) = 20t^2 - 40t + 20}};\quad \underline{\underline{y(t) = 10t^3 - 30t^2 + 30t - 10}};\quad \left\|\vec{r}(t)\right\| = \sqrt{x^2(t) + y^2(t)};$$

Velocidade:

$$\underline{\underline{\dot{x}(t) = 40(t-1)}};\quad \underline{\underline{\dot{y}(t) = 30\left(t^2 - 2t + 1\right)}};\quad \left\|\vec{v}(t)\right\| = \sqrt{\dot{x}^2(t) + \dot{y}^2(t)};$$

Aceleração:

$$\underline{\underline{\ddot{x}(t) = 40}};\quad \underline{\underline{\ddot{y}(t) = 30(2t-2)}};\quad \left\|\vec{a}(t)\right\| = \sqrt{\ddot{x}^2(t) + \ddot{y}^2(t)};$$

Trajetória:

$$y(x) = \pm 10\left(\frac{x}{20}\right)^{3/2}.$$

Nas Figuras 1.38 a 1.41 mostramos os gráficos obtidos com auxílio do programa MATLAB® **exemplo_1_12.m**.

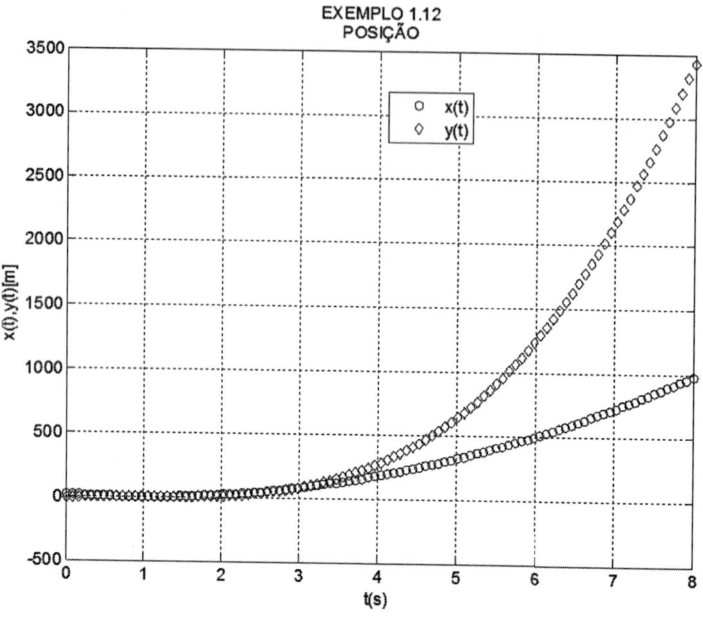

FIGURA 1.38 Gráficos mostrando as componentes da posição da partícula.

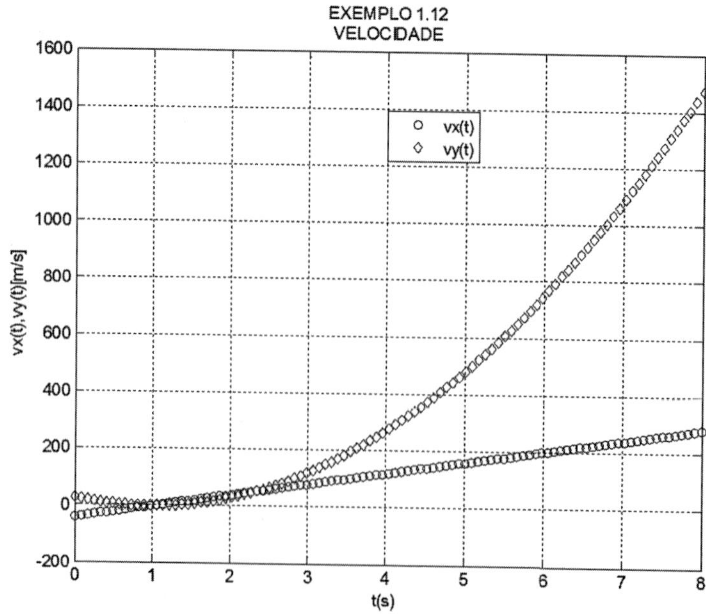

FIGURA 1.39 Gráficos mostrando as componentes da velocidade da partícula.

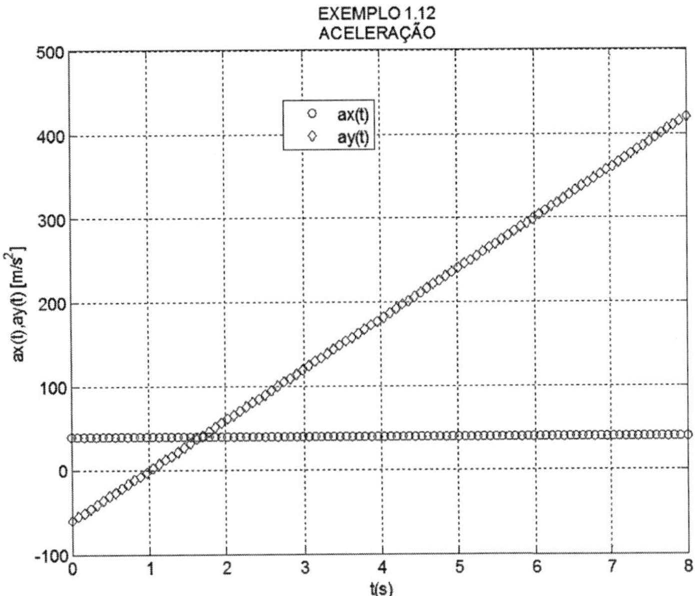

FIGURA 1.40 Gráficos mostrando as componentes da aceleração da partícula.

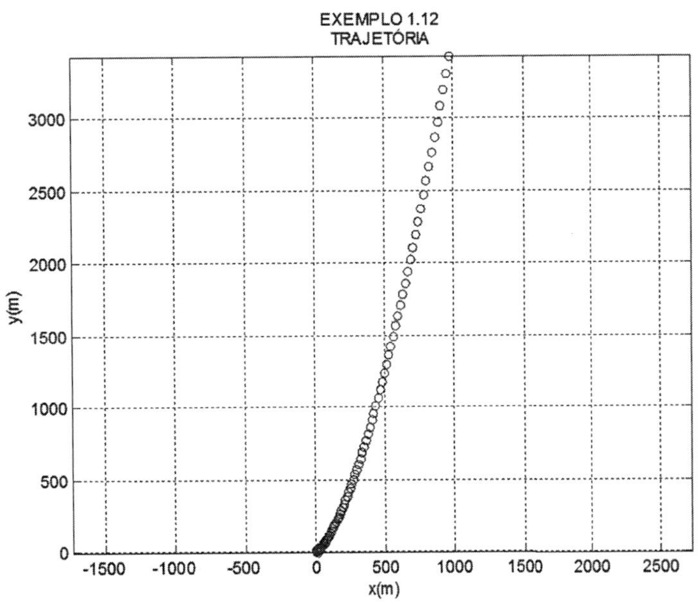

FIGURA 1.41 Gráfico mostrando a trajetória da partícula.

1.7.2 Coordenadas normal-tangencial (*n-t*)

Com referência à Figura 1.42, seja P a posição, em um dado instante t, da partícula que se move em uma trajetória curvilínea plana. Para a representação do movimento, definimos a seguinte base de vetores unitários:

- *vetor unitário tangente*, $\vec{i}_t$, que tem a direção tangente à trajetória, com o sentido do movimento;
- *vetor unitário normal*, $\vec{i}_n$, que tem a direção normal à trajetória, apontando para o seu centro de curvatura, que é indicado pelo ponto C;
- *vetor unitário* $\vec{k}$, perpendicular ao plano do movimento, de modo a satisfazer a relação $\vec{k} = \vec{i}_t \times \vec{i}_n$.

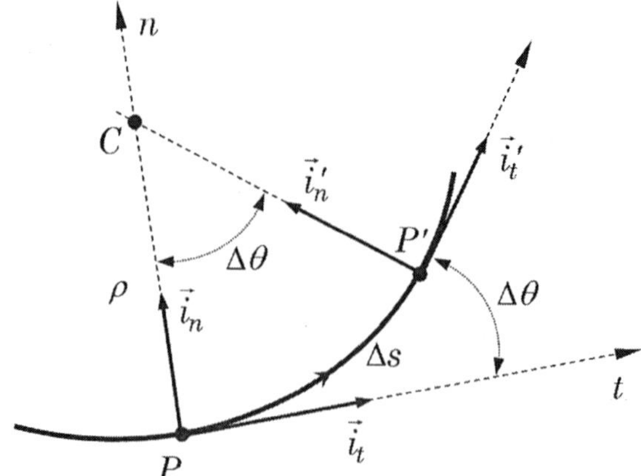

FIGURA 1.42 Ilustração dos vetores unitários no sistema de coordenadas normal-tangencial.

Lembrando que o vetor velocidade é tangente à trajetória, com o sentido do movimento, escrevemos:

$$\vec{v}(t) = v(t)\,\vec{i}_t \,. \tag{1.47}$$

Derivando a Equação (1.47) em relação ao tempo, levando em conta as propriedades expressas pelas Equações (1.18) e (1.19), obtemos o vetor aceleração sob a forma:

$$\vec{a}(t) = \frac{d\vec{v}(t)}{dt} = \frac{dv(t)}{dt}\vec{i}_t + v(t)\frac{d\vec{i}_t}{dt} \,. \tag{1.48}$$

Podemos observar na Figura 1.42 que, embora o vetor $\vec{i}_t$ conserve seu módulo unitário invariável, sua direção varia com o tempo. Durante o movimento da partícula entre as posições P e P', este vetor gira de um ângulo $\Delta\theta$. Deste modo, a derivada $\frac{d\vec{i}_t}{dt}$, que aparece no lado direito da Equação (1.48), pode ser calculada empregando a propriedade da derivada de um vetor rotativo, expressa pela Equação (1.26). Assim procedendo, obtemos:

$$\frac{d\vec{i}_t}{dt} = \vec{\omega} \times \vec{i}_t = \dot{\theta}\,\vec{k} \times \vec{i}_t \,, \tag{1.49}$$

onde $\vec{\omega} = \dot{\theta}\vec{k}$ designa a velocidade angular do segmento CP.

Na Equação (1.49), notamos que $\vec{k} \times \vec{i}_t = \vec{i}_n$. Além disso, convém utilizar a Regra da Cadeia da derivação para expressar $\dot{\theta}$, fazendo intervir a coordenada curvilínea $s(t)$, definida na Seção 1.2 (ver Figura 1.6).

Assim procedendo, escrevemos:

$$\frac{d\vec{i}_t}{dt} = \frac{d\theta}{ds}\frac{ds}{dt}\vec{i}_n \,. \tag{1.50}$$

Lembrando que:

$$v = \frac{ds}{dt} \quad \text{e} \quad \frac{d\theta}{ds} = \frac{1}{\rho} \,,$$

onde ρ é o *raio de curvatura da trajetória*, a Equação (1.50) pode ser posta sob a forma:

$$\frac{d\vec{i}_t}{dt} = \frac{v}{\rho}\vec{i}_n \,. \tag{1.51}$$

Associando, finalmente, as Equações (1.51) e (1.48), obtemos:

$$\vec{a}(t)=\frac{dv}{dt}\vec{i}_t+\frac{v^2}{\rho}\vec{i}_n, \tag{1.52.a}$$

ou:

$$\vec{a}(t)=a_t\,\vec{i}_t+a_n\,\vec{i}_n, \tag{1.52.b}$$

com:

$$\|\vec{a}\|=\sqrt{\left(\frac{dv}{dt}\right)^2+\left(\frac{v^2}{\rho}\right)^2}. \tag{1.53}$$

Em termos da coordenada $s(t)$, as componentes da aceleração são expressas sob a forma:

$$\vec{a}_t=\frac{d^2s}{dt^2}\vec{i}_t, \tag{1.54}$$

$$\vec{a}_n=\frac{1}{\rho}\left[\frac{ds}{dt}\right]^2\vec{i}_n. \tag{1.55}$$

As componentes da aceleração, presentes nas Equações (1.52) estão ilustradas na Figura 1.43 e possuem as seguintes características:

- $\vec{a}_t=\frac{dv}{dt}\vec{i}_t$ é a *componente tangencial* da aceleração e representa a taxa de variação do módulo do vetor velocidade. Observemos que, sendo $v=\frac{ds}{dt}$, a quantidade $\frac{dv}{dt}=\frac{d^2s}{dt^2}$ será positiva quando a partícula estiver se movimentando no sentido adotado para valores positivos de s com velocidade de módulo crescente ou quando estiver se movimentando no sentido dos valores negativos de s com velocidade de módulo decrescente. Neste caso, a componente $\vec{a}_t$ terá o mesmo sentido do vetor velocidade $\vec{v}$.

  Por outro lado, $\frac{dv}{dt}$ será negativa quando a partícula se movimentar no sentido dos valores positivos de s com velocidade de módulo decrescente ou quando se movimentar no sentido dos valores negativos de s com velocidade de módulo crescente. Neste caso, a componente $\vec{a}_t$ terá sentido oposto ao do vetor velocidade $\vec{v}$;
- $\vec{a}_n=\frac{v^2}{\rho}\vec{i}_n$ é a *componente normal* da aceleração, que está associada à variação da direção do vetor velocidade. Como a quantidade $\frac{v^2}{\rho}$ é sempre positiva, a componente $\vec{a}_n$ tem invariavelmente o mesmo sentido do vetor $\vec{i}_n$, ou seja, ela aponta para o centro de curvatura da trajetória, independentemente do sentido do movimento da partícula ao longo da trajetória.

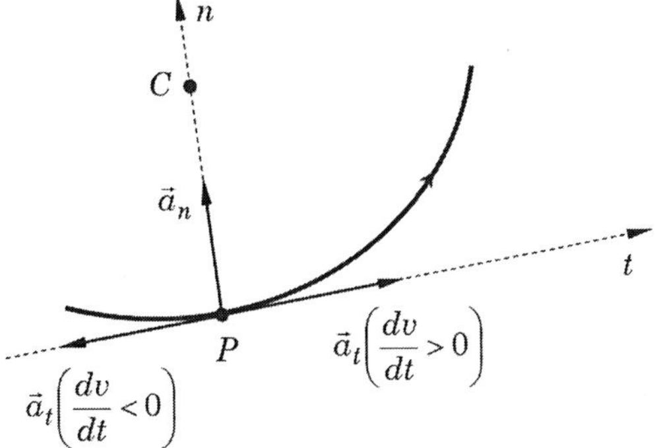

FIGURA 1.43 Ilustração das componentes normal e tangencial do vetor aceleração.

EXEMPLO 1.13

A posição de uma partícula que se move no plano xy é dada por:

$$\vec{r}(t) = 2t^3\vec{i} + 5t^2\vec{j},$$

onde t está em segundos e as componentes de $\vec{r}$, em milímetros. Para t = 2 s, determinar: **a)** a componente tangencial da aceleração da partícula; **b)** a componente normal da aceleração da partícula; **c)** o raio de curvatura da trajetória.

Resolução

Por derivações sucessivas do vetor posição em relação ao tempo, obtemos os vetores velocidade e aceleração da partícula:

$$\vec{v}(t) = \frac{d\vec{r}(t)}{dt} \Rightarrow \vec{v}(t) = 6t^2\vec{i} + 10t\vec{j} \quad [\text{s; mm/s}];$$

$$\vec{a}(t) = \frac{d\vec{v}(t)}{dt} \Rightarrow \vec{a}(t) = 12t\vec{i} + 10\vec{j} \quad [\text{s; mm/s}^2].$$

Para t = 2 s, temos:

$$\vec{v}(2) = 24\vec{i} + 20\vec{j} \quad [\text{mm/s}]; \qquad \vec{a}(2) = 24\vec{i} + 10\vec{j} \quad [\text{mm/s}^2].$$

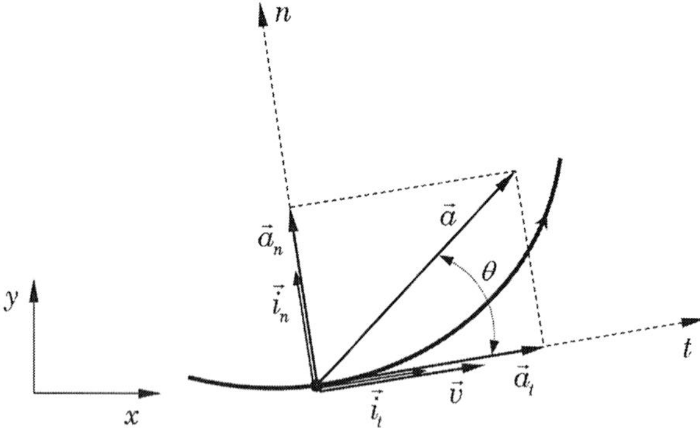

FIGURA 1.44 Ilustração das componentes normal e tangencial do vetor aceleração.

a) Com base na ilustração da Figura 1.44, concluímos que a projeção do vetor aceleração na direção do vetor velocidade é a componente tangencial da aceleração no instante considerado, $\vec{a}_t(2)$. Assim, podemos obter a magnitude desta componente calculando o produto escalar entre a aceleração e o vetor unitário na direção tangencial, $\vec{i}_t(2)$. Este, por sua vez, conforme a Equação (1.47), pode ser calculado segundo $\vec{i}_t(2) = \frac{1}{\|\vec{v}(2)\|}\vec{v}(2)$. Desta forma, escrevemos:

$$\vec{a}_t(2) = \left[\vec{a}(2)\cdot\vec{i}_t(2)\right]\vec{i}_t(2) = \frac{\vec{a}(2)\cdot\vec{v}(2)}{\|\vec{v}(2)\|^2}\vec{v}(2) = \frac{\vec{a}(2)\cdot\vec{v}(2)}{\vec{v}(2)\cdot\vec{v}(2)}\vec{v}(2) \Rightarrow$$

$$\Rightarrow \vec{a}_t(2) = \frac{(24\vec{i}+10\vec{j})\cdot(24\vec{i}+20\vec{j})}{(24\vec{i}+20\vec{j})\cdot(24\vec{i}+20\vec{j})}(24\vec{i}+20\vec{j}) \Rightarrow \underline{\underline{\vec{a}_t(2) = 19{,}1\vec{i} + 15{,}9\vec{j} \quad [\text{mm/s}^2]}}.$$

b) Da relação: $\vec{a}(2) = \vec{a}_n(2) + \vec{a}_t(2)$, vem $\vec{a}_n(2) = \vec{a}(2) - \vec{a}_t(2)$.

Assim:

$$\vec{a}_n(2) = 24{,}0\vec{i} + 10{,}0\vec{j} - \left(19{,}1\vec{i} + 15{,}9\vec{j}\right) \Rightarrow \boxed{\vec{a}_n(2) = 4{,}9\vec{i} - 5{,}9\vec{j}\ \left[\text{mm/s}^2\right]}.$$

c) De acordo com as Equações (1.52):

$$\left\|\vec{a}_n(2)\right\| = \frac{\left\|\vec{v}(2)\right\|^2}{\rho(2)} \Rightarrow \rho(2) = \frac{\left\|\vec{v}(2)\right\|^2}{\left\|\vec{a}_n(2)\right\|} = \frac{\vec{v}(2)\cdot\vec{v}(2)}{\left\|\vec{a}_n(2)\right\|} = \frac{\left(24\vec{i} + 20\vec{j}\right)\cdot\left(24\vec{i} + 20\vec{j}\right)}{\sqrt{(4{,}9)^2 + (5{,}9)^2}} \Rightarrow$$

$$\Rightarrow \boxed{\rho = 127{,}0\ \text{mm}}.$$

1.7.3 Coordenadas polares (r-θ)

No sistema de coordenadas polares, ilustrado na Figura 1.45, a posição da partícula P num instante qualquer é determinada pela quantidade escalar r, que define a distância entre a partícula e a origem O, denominada *polo*, e pelo ângulo θ, medido em radianos, formado entre o segmento OP e uma direção de referência arbitrária. Por convenção, este ângulo será considerado *positivo quando medido no sentido anti-horário*, a partir da direção de referência.

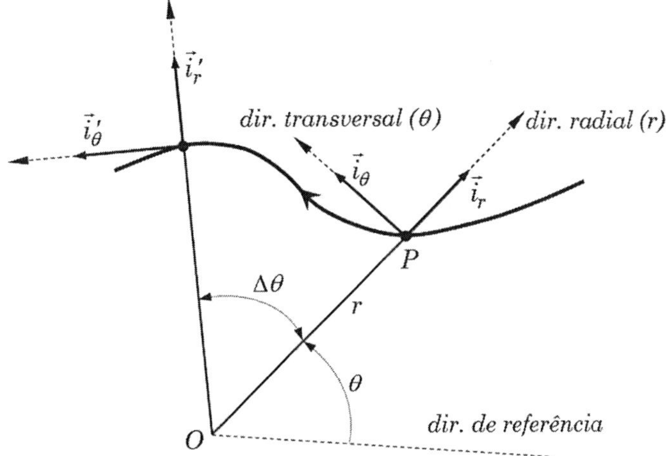

FIGURA 1.45 Ilustração do sistema de coordenadas polares.

A direção OP é denominada *direção radial* (ou direção r) e a direção perpendicular a OP é a *direção transversal* (ou direção θ). A estas duas direções associamos, respectivamente, vetores unitários ortogonais $\vec{i}_r$ e $\vec{i}_\theta$, sendo que $\vec{i}_r$ tem o sentido de O para P e $\vec{i}_\theta$ tem o sentido correspondente aos θ positivos, ou seja, $\vec{i}_\theta$ é obtido girando $\vec{i}_r$ de 90° no sentido anti-horário. A base de vetores é completada pelo vetor unitário $\vec{k}$, perpendicular ao plano da figura, de modo que $\vec{k} = \vec{i}_r \times \vec{i}_\theta$.

Conforme podemos ver na Figura 1.45, as direções dos vetores $\vec{i}_r$ e $\vec{i}_\theta$ variam à medida que a partícula se movimenta ao longo da trajetória, embora seus módulos permaneçam constantes. Assim, devemos tratar estes vetores unitários como vetores rotativos.

Visando expressar a velocidade e a aceleração da partícula em termos das coordenadas polares, vamos primeiramente obter as derivadas dos vetores unitários $\vec{i}_r$ e $\vec{i}_\theta$ em relação ao tempo. Para tanto, utilizamos a Equação (1.26), que nos permite escrever:

$$\frac{d\vec{i}_r}{dt} = \vec{\omega} \times \vec{i}_r = \dot{\theta}\,\vec{k} \times \vec{i}_r, \tag{1.56}$$

$$\frac{d\vec{i}_\theta}{dt} = \vec{\omega} \times \vec{i}_\theta = \dot{\theta}\,\vec{k} \times \vec{i}_\theta, \tag{1.57}$$

onde $\vec{\omega} = \dot{\theta}\vec{k}$ indica o vetor velocidade angular do segmento *OP*. Ainda, com auxílio da Figura 1.45, e da regra da mão direita, verificamos as relações:

$$\vec{k} \times \vec{i}_r = \vec{i}_\theta, \tag{1.58}$$

$$\vec{k} \times \vec{i}_\theta = -\vec{i}_r. \tag{1.59}$$

Introduzindo as Equações (1.58) e (1.59) nas Equações (1.56) e (1.57), obtemos:

$$\frac{d\vec{i}_r}{dt} = \dot{\theta}\,\vec{i}_\theta, \tag{1.60}$$

$$\frac{d\vec{i}_\theta}{dt} = -\dot{\theta}\,\vec{i}_r. \tag{1.61}$$

Observando a Figura 1.45, notamos que o vetor posição da partícula, em um instante qualquer, escreve-se:

$$\vec{r}(t) = r\,\vec{i}_r. \tag{1.62}$$

Obtemos a velocidade da partícula derivando $\vec{r}(t)$ em relação ao tempo:

$$\vec{v}(t) = \frac{d\vec{r}}{dt} = \frac{dr}{dt}\vec{i}_r + r\frac{d\vec{i}_r}{dt}. \tag{1.63}$$

Introduzindo a Equação (1.60) na Equação (1.63), obtemos:

$$\vec{v} = \dot{r}\,\vec{i}_r + r\dot{\theta}\,\vec{i}_\theta, \tag{1.64.a}$$

ou:

$$\vec{v} = \vec{v}_r + \vec{v}_\theta = v_r\vec{i}_r + v_\theta\vec{i}_\theta, \tag{1.64.b}$$

onde:

- $\vec{v}_r = \dot{r}\,\vec{i}_r$ é a *componente radial* da velocidade;
- $\vec{v}_\theta = r\dot{\theta}\,\vec{i}_\theta$ é a *componente transversal* da velocidade.

Estas componentes da velocidade são mostradas na Figura 1.46.

Como $\vec{v}_r$ e $\vec{v}_\theta$ são duas componentes de $\vec{v}$ em direções perpendiculares, o módulo da velocidade é dado pela expressão:

$$\|\vec{v}\| = \sqrt{v_r^2 + v_\theta^2} = \sqrt{\dot{r}^2 + r^2\dot{\theta}^2}. \tag{1.65}$$

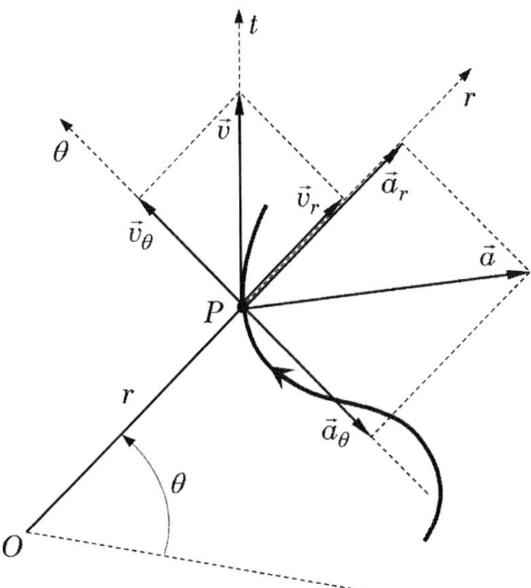

FIGURA 1.46 Componentes dos vetores velocidade e aceleração no sistema de coordenadas polares.

Obtemos o vetor aceleração derivando o vetor velocidade, dado pela Equação (1.64.a), em relação ao tempo:

$$\vec{a} = \ddot{r}\,\vec{i}_r + \dot{r}\,\frac{d\vec{i}_r}{dt} + \dot{r}\,\dot{\theta}\,\vec{i}_\theta + r\,\ddot{\theta}\,\vec{i}_\theta + r\,\dot{\theta}\,\frac{d\vec{i}_\theta}{dt}.$$

Utilizando as Equações (1.60) e (1.61), após algumas manipulações algébricas, a equação acima pode ser posta sob a forma:

$$\vec{a} = \left(\ddot{r} - r\dot{\theta}^2\right)\vec{i}_r + \left(r\ddot{\theta} + 2\dot{r}\dot{\theta}\right)\vec{i}_\theta, \tag{1.66.a}$$

ou:

$$\vec{a} = \vec{a}_r + \vec{a}_\theta = a_r\,\vec{i}_r + a_\theta\,\vec{i}_\theta, \tag{1.66.b}$$

onde:

- $\vec{a}_r = (\ddot{r} - r\,\dot{\theta}^2)\,\vec{i}_r$ é a *componente radial* da aceleração;
- $\vec{a}_\theta = (r\,\ddot{\theta} + 2\,\dot{r}\,\dot{\theta})\,\vec{i}_\theta$ é a *componente transversal* da aceleração.

Estas duas componentes da aceleração estão mostradas na Figura 1.46.

O módulo da aceleração é dado por:

$$\|\vec{a}\| = \sqrt{a_r^2 + a_\theta^2} = \sqrt{\left(\ddot{r}^2 - r\dot{\theta}^2\right)^2 + \left(r\ddot{\theta} + 2\dot{r}\dot{\theta}\right)^2}. \tag{1.67}$$

É usual expressar as componentes da velocidade e da aceleração da partícula em termos da *velocidade angular* ($\omega = \dot{\theta}$) e *aceleração angular* ($\alpha = \dot{\omega} = \ddot{\theta}$) *da linha OP*. Assim, podemos escrever:

$$\vec{v} = \dot{r}\,\vec{i}_r + r\,\omega\,\vec{i}_\theta, \tag{1.68.a}$$

$$\vec{a} = \left(\ddot{r} - r\,\omega^2\right)\vec{i}_r + \left(r\,\alpha + 2\dot{r}\,\omega\right)\vec{i}_\theta. \tag{1.68.b}$$

EXEMPLO 1.14

Na posição mostrada na Figura 1.47, a barra OA está girando em um plano vertical, em torno do eixo perpendicular ao plano da figura que passa pelo ponto O, com velocidade angular $\omega = 3{,}0$ rad/s no sentido anti-horário. Esta velocidade angular está decrescendo à razão de $\dot{\omega} = -2{,}0$ rad/s². Ao mesmo tempo, o bloco B está deslizando ao longo da barra com velocidade relativa a esta de $v = 22{,}5$ cm/s, a qual está aumentando à razão $\dot{v} = 20$ cm/s². Para a posição indicada, determinar: **a)** o módulo e a direção da velocidade do bloco; **b)** o módulo e a direção da aceleração do bloco.

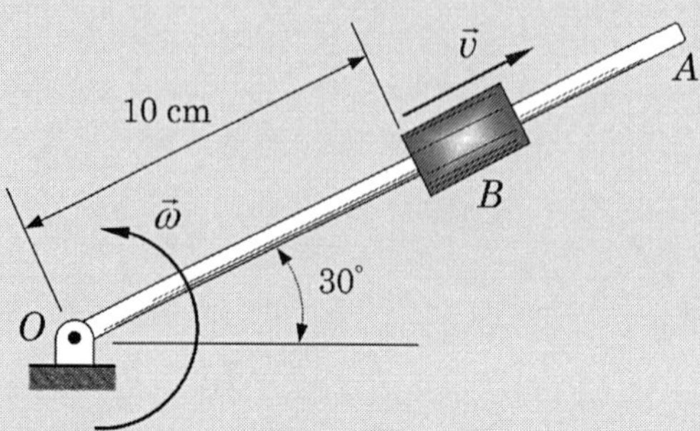

FIGURA 1.47 Mecanismo formado por uma barra giratória sobre a qual desliza um bloco.

Resolução

A maneira como está formulado o problema revela que sua resolução pode ser muito facilitada pelo uso de um sistema de coordenadas polares, conforme indicado no esquema abaixo.

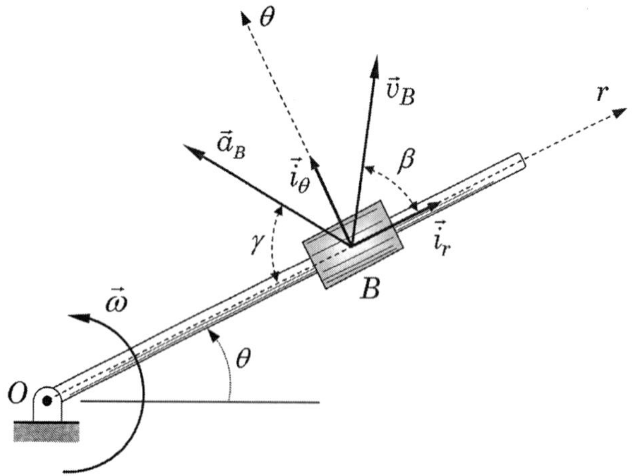

FIGURA 1.48 Esquema de resolução do Exemplo 1.14.

Para aplicação das Equações (1.64) e (1.66), basta fazer as devidas adaptações dos dados fornecidos às grandezas que figuram nestas equações. Assim, temos:

$$\begin{cases} r = 10 \text{ cm} \\ \dot{r} = v = 22{,}5 \text{ cm/s} \\ \ddot{r} = \dot{v} = 20{,}0 \text{ cm/s}^2 \end{cases} \qquad \begin{cases} \theta = 30^\circ \\ \dot{\theta} = \omega = 3{,}0 \text{ rad/s} \\ \ddot{\theta} = \dot{\omega} = -2{,}0 \text{ rad/s}^2 \end{cases} .$$

a) Análise de velocidade:

Aplicando a Equação (1.64), temos:

$$\vec{v}_B = \dot{r}\,\vec{i}_r + r\,\dot{\theta}\,\vec{i}_\theta \;\Rightarrow\; \vec{v}_B = 22{,}5\,\vec{i}_r + 10{,}0 \cdot 3{,}0\,\vec{i}_\theta\,.$$

Logo:

$$\vec{v}_B = 22{,}5\,\vec{i}_r + 30{,}0\,\vec{i}_\theta \;\;[\text{cm/s}]\,.$$

O módulo de $\vec{v}_B$ é $\|\vec{v}_B\| = \sqrt{(22{,}5)^2 + (30{,}0)^2} \;\Rightarrow\; \|\vec{v}_B\| = 37{,}5 \text{ cm/s}$,

e o ângulo que $\vec{v}_B$ faz com a barra OA é:

$$\beta = \operatorname{arctg}\frac{v_\theta}{v_r} = \operatorname{arctg}\frac{30{,}0}{22{,}5} \;\Rightarrow\; \beta = 53{,}1^\circ \text{ (ver Figura 1.48).}$$

b) Análise de aceleração:

Aplicando a Equação (1.66), temos:

$$\vec{a}_B = \left(\ddot{r} - r\,\dot{\theta}^2\right)\vec{i}_r + \left(r\,\ddot{\theta} + 2\,\dot{r}\,\dot{\theta}\right)\vec{i}_\theta \Rightarrow$$

$$\vec{a}_B = \left(20{,}0 - 10{,}0 \cdot 3{,}0^2\right)\vec{i}_r + \left[10 \cdot (-2{,}0) + 2 \cdot 22{,}5 \cdot 3{,}0\right]\vec{i}_\theta\,.$$

Logo:

$$\vec{a}_B = -70{,}0\,\vec{i}_r + 115{,}0\,\vec{i}_\theta \;\;[\text{cm/s}^2]\,.$$

O módulo de $\vec{a}_B$ é $\|\vec{a}_B\| = \sqrt{(-70{,}0)^2 + (115{,}0)^2} \;\Rightarrow\; \|\vec{a}_B\| = 134{,}6 \text{ cm/s}^2$,

e o ângulo que $\vec{a}_B$ faz com a barra OA é:

$$\gamma = \operatorname{arctg}\frac{a_\theta}{a_r} = \operatorname{arctg}\frac{115{,}0}{70{,}0} \;\Rightarrow\; \gamma = 58{,}7^\circ\,.$$

EXEMPLO 1.15

No sistema considerado no Exemplo 1.14, a barra *OA*, partindo da posição horizontal ($\theta = 0$) gira com velocidade angular constante $\omega = 3{,}0$ rad/s no sentido anti-horário. Ao mesmo tempo, partindo de $r = 10$ cm, o bloco B desliza ao longo da barra com velocidade relativa a esta $v = 22{,}5$ cm/s, também constante. Pede-se: **a)** traçar as curvas representando as componentes horizontais e verticais da velocidade e da aceleração do bloco B para uma volta completa da barra *OA*; **b)** traçar a trajetória desenvolvida pelo bloco B durante duas voltas completas da barra *OA*.

Resolução

É preciso formular, primeiramente, a evolução das variáveis r e θ em função do tempo durante o movimento do sistema. De acordo com os dados fornecidos, escrevemos:

$$r(t) = r(0) + vt = 10{,}0 + 22{,}5\,t \quad [\text{s; cm}];$$

$$\theta(t) = \theta(0) + \omega t = 3{,}0\,t \quad [\text{s; rad}].$$

A partir destas equações, temos:

$$\dot{r}(t) = 22{,}5 \text{ cm/s} \qquad \ddot{r}(t) = 0;$$

$$\dot{\theta}(t) = 3{,}0 \text{ rad/s} \qquad \ddot{\theta}(t) = 0.$$

Aplicando as Equações (1.64) e (1.66), temos:

$$\vec{v}_B = \dot{r}\,\vec{i}_r + r\dot{\theta}\,\vec{i}_\theta \Rightarrow \vec{v}_B = 22{,}5\,\vec{i}_r + \left[(10{,}0 + 22{,}5\,t)\cdot 3{,}0\right]\vec{i}_\theta \quad [\text{s; cm/s}];$$

$$\vec{a}_B = \left(\ddot{r} - r\,\dot{\theta}^2\right)\vec{i}_r + \left(r\,\ddot{\theta} + 2\,\dot{r}\,\dot{\theta}\right)\vec{i}_\theta \Rightarrow \vec{a}_B = \left[-(10{,}0 + 22{,}5\,t)\cdot 3{,}0^2\right]\vec{i}_r +$$

$$+2\cdot 22{,}5\cdot 3{,}0\,\vec{i}_\theta \quad [\text{s; cm/s}^2].$$

Considerando que $\theta(t) = \omega t = 3{,}0t$, podemos parametrizar o movimento em relação ao ângulo θ da seguinte forma:

$$t = \frac{1}{3{,}0}\theta;$$

$$r(t) = r(0) + v\,t = 10{,}0 + 22{,}5\,t = 10{,}0 + \frac{22{,}5}{3{,}0}\theta \quad [\text{rad; cm}];$$

$$\vec{v}_B = 22{,}5\,\vec{i}_r + \left[\left(10{,}0 + 22{,}5\frac{\theta}{3{,}0}\right)\cdot 3{,}0\right]\vec{i}_\theta = 22{,}5\,\vec{i}_r + (30{,}0 + 22{,}5\,\theta)\,\vec{i}_\theta \quad [\text{rad; cm/s}];$$

$$\vec{a}_B = \left[-\left(10{,}0 + 22{,}5\frac{\theta}{3{,}0}\right)3{,}0^2\right]\vec{i}_r + 135{,}0\,\vec{i}_\theta = -(90{,}0 + 67{,}5\,\theta)\,\vec{i}_r + 135{,}0\,\vec{i}_\theta \quad [\text{rad; cm/s}^2].$$

De acordo com a Figura 1.49, as componentes horizontal e vertical dos vetores posição, velocidade e aceleração do bloco B são obtidas pela composição das projeções de suas componentes nas direções r e θ, segundo:

$$x = r\cos\theta = \left(10{,}0 + \frac{22{,}5}{3{,}0}\theta\right)\cos\theta \quad [\text{rad; cm}], \qquad \textbf{(a)}$$

$$y = r\,\text{sen}\,\theta = \left(10{,}0 + \frac{22{,}5}{3{,}0}\theta\right)\text{sen}\,\theta \quad [\text{rad; cm}], \qquad \textbf{(b)}$$

$$(v_B)_x = (v_B)_r\cos\theta - (v_B)_\theta\,\text{sen}\,\theta = 22{,}5\cos\theta - (30{,}0 + 22{,}5\theta)\,\text{sen}\,\theta \quad [\text{rad; cm/s}], \qquad \textbf{(c)}$$

$$\left(v_B\right)_y = \left(v_B\right)_r \operatorname{sen}\theta + \left(v_B\right)_\theta \cos\theta = 22{,}5 \operatorname{sen}\theta + \left(30{,}0 + 22{,}5\theta\right)\cos\theta \; \left[\text{rad; cm/s}\right], \quad \textbf{(d)}$$

$$\left(a_B\right)_x = \left(a_B\right)_r \cos\theta - \left(a_B\right)_\theta \operatorname{sen}\theta = -\left(90{,}0 + 67{,}5\theta\right)\cos\theta - 135{,}0 \operatorname{sen}\theta \left[\text{rad; cm/s}^2\right], \quad \textbf{(e)}$$

$$\left(a_B\right)_y = \left(a_B\right)_r \operatorname{sen}\theta + \left(a_B\right)_\theta \cos\theta = -\left(90{,}0 + 67{,}5\theta\right)\operatorname{sen}\theta + 135{,}0 \cos\theta \; \left[\text{rad; cm/s}^2\right]. \quad \textbf{(f)}$$

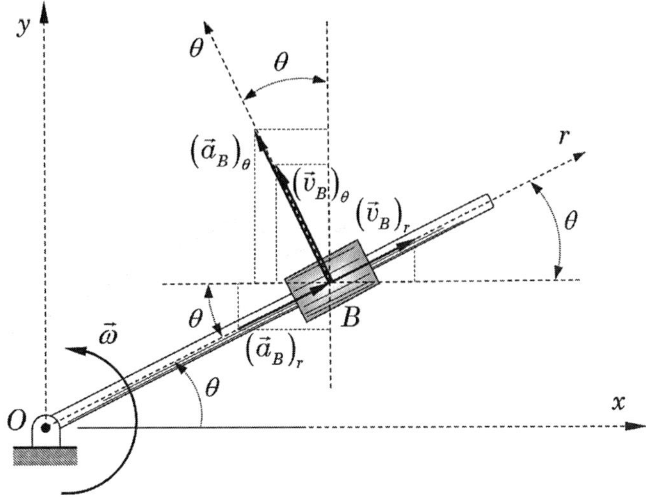

FIGURA 1.49 Esquema de resolução do Exemplo 1.15.

As Figuras 1.50 e 1.51 mostram as curvas correspondentes às equações (a) a (f), obtidas utilizando o programa escrito em linguagem MATLAB®, **exemplo_1_15.m**.

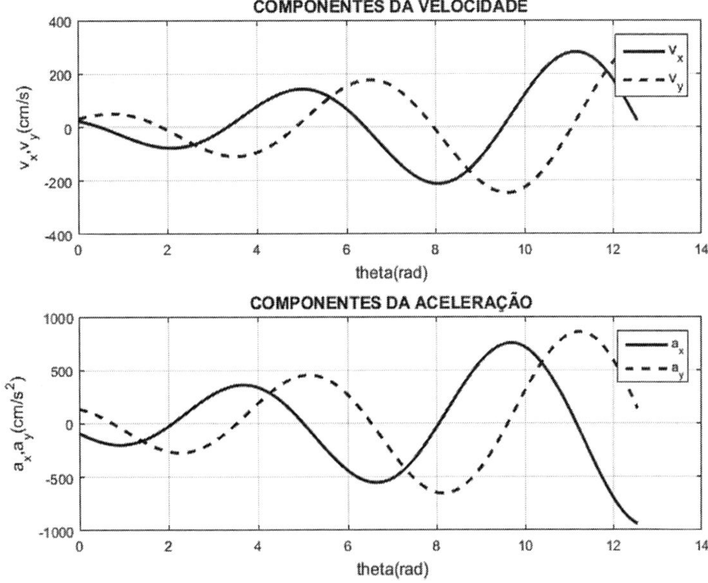

FIGURA 1.50 Gráficos mostrando as variações das componentes da velocidade e aceleração do bloco.

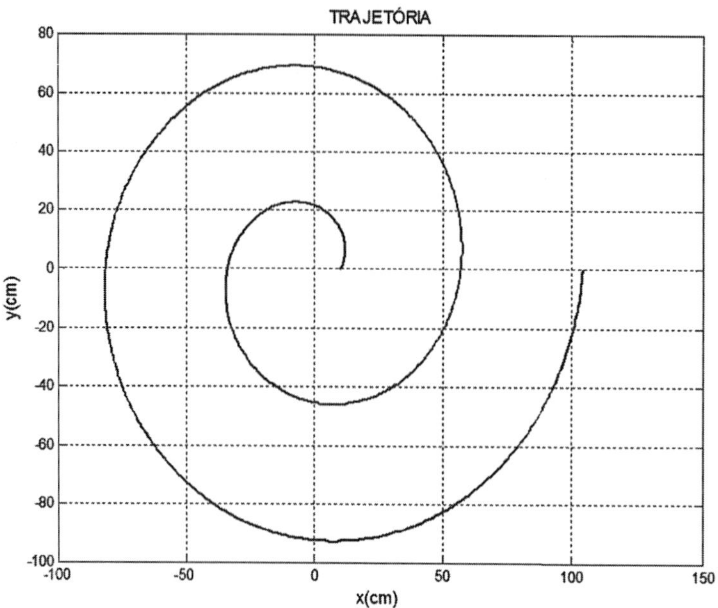

FIGURA 1.51 Gráfico mostrando a trajetória do bloco.

1.7.3.1 *Movimento circular*

Um caso particular importante é o chamado *movimento circular*, no qual a partícula descreve uma trajetória circular, como ilustrado na Figura 1.52. Nesta situação, como o raio da trajetória é constante, temos $\dot{r} = \ddot{r} = 0$. Além disso, a velocidade angular e a aceleração angular do segmento *OP* são $\omega = \dot{\theta}$ e $\alpha = \ddot{\theta}$.

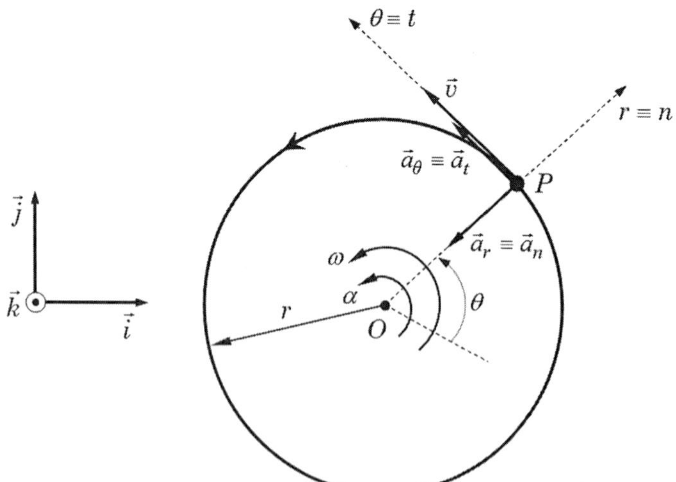

FIGURA 1.52 Representação da velocidade e da aceleração no movimento circular.

Se escolhermos o polo do sistema de coordenadas polares coincidente com o centro da trajetória, teremos, neste caso, a direção radial coincidente com a direção normal à trajetória e a direção transversal coincidente com a direção tangente à trajetória, e as Equações (1.64) e (1.66) se tornam:

$$\vec{v} = r\omega\vec{i}_\theta, \tag{1.69}$$

$$\vec{a} = -r\omega^2 \vec{i}_r + r\alpha \vec{i}_\theta . \tag{1.70}$$

Como alternativa, expressando a velocidade angular e a aceleração angular do segmento *OP* como vetores perpendiculares ao plano do movimento, segundo:

$$\vec{\omega} = \dot{\theta}\,\vec{k}, \quad \vec{\alpha} = \ddot{\theta}\,\vec{k},$$

e definindo ainda o vetor posição $\vec{r} = \overrightarrow{OP}$, podemos facilmente verificar, utilizando as propriedades do produto vetorial, que os vetores velocidade e aceleração da partícula *P* desenvolvendo movimento circular podem ser expressos sob as formas:

$$\vec{v} = \vec{\omega} \times \vec{r}, \tag{1.71}$$

$$\vec{a} = \vec{\alpha} \times \vec{r} + \vec{\omega} \times (\vec{\omega} \times \vec{r}), \tag{1.72.a}$$

onde $\vec{a}_r = \vec{\alpha} \times \vec{r}$ e $\vec{a}_\theta = \vec{\omega} \times (\vec{\omega} \times \vec{r})$ são as componentes transversal e radial da aceleração, respectivamente.

Pode-se facilmente observar que a componente normal da aceleração pode ser expressa, de forma equivalente, segundo:

$$\vec{a}_\theta = -\omega^2 \vec{r},$$

de modo que (1.72.a) pode ser reescrita conforme:

$$\vec{a} = \vec{\alpha} \times \vec{r} - \omega^2 \vec{r}. \tag{1.72.b}$$

EXEMPLO 1.16

Na Figura 1.53, o movimento vertical da barra horizontal ranhurada *CD* é determinado pelo movimento do pino *P*, que é fixado à barra *AB*, a qual gira em torno de um eixo perpendicular ao plano da figura, passando pelo ponto *A*. Sabendo que, na posição ilustrada, a velocidade angular e a aceleração angular de *AB* são $\omega = 20{,}0$ rad/s e $\alpha = 250{,}0$ rad/s^2, com os sentidos mostrados na figura, para a posição indicada, determinar: **a)** a velocidade da barra *CD*; **b)** a aceleração da barra *CD*.

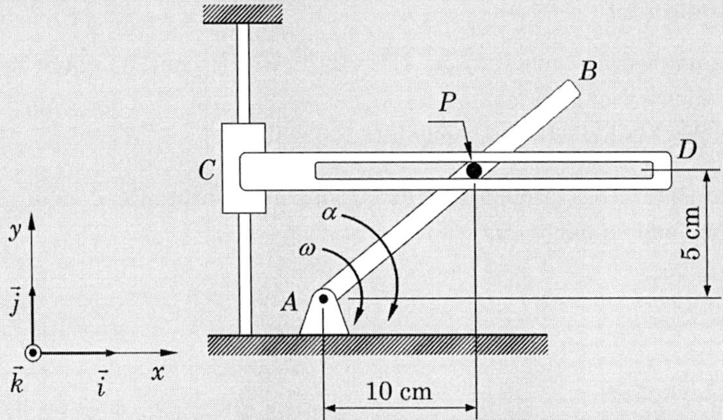

FIGURA 1.53 Mecanismo formado por uma barra giratória que transmite movimento para uma barra ranhurada horizontal.

Resolução

Na resolução deste problema, é indispensável a compreensão das interações cinemáticas entre os dois corpos que formam o sistema mecânico.

A barra *AB* gira em torno do eixo perpendicular ao plano da figura que passa por *A*, e transmite, por meio do pino *P* a ela fixado, o movimento para a barra *CD*; esta, por sua vez, desliza ao longo da guia vertical e executa, portanto, movimento retilíneo na direção vertical.

Como a barra *CD* é ranhurada internamente, apenas as componentes verticais do movimento do pino *P* são transmitidas integralmente para ela. Assim, concluímos que a velocidade e a aceleração da barra *CD* são iguais, respectivamente, às componentes verticais da velocidade e da aceleração do pino *P*, conforme mostrado na Figura 1.54. Devemos, portanto, determinar a velocidade e a aceleração deste ponto.

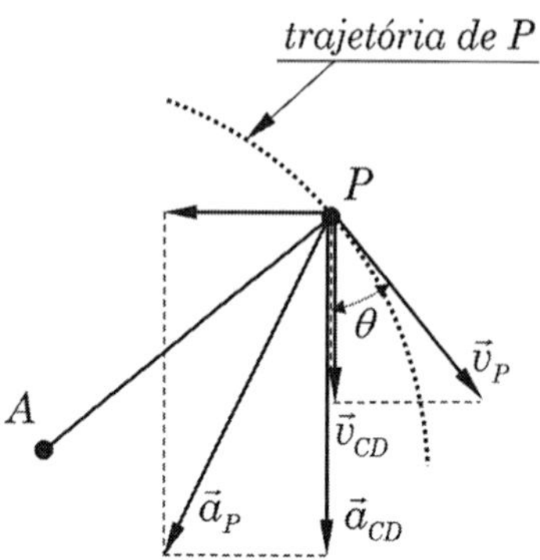

FIGURA 1.54 Esquema de resolução do Exemplo 1.16.

O pino *P*, estando fixo à barra *AB*, executa um movimento circular de raio $\overline{AP}$, com velocidade angular $\vec{\omega} = -20{,}0\vec{k}$ [rad/s] e aceleração angular $\vec{\alpha} = -250{,}0\,\vec{k}$ [rad/s²].

Assim, com base na teoria do movimento circular apresentada na Subseção 1.7.3.1, temos:

$$\vec{v}_P = \vec{\omega}\times\vec{r} = \vec{\omega}\times\overrightarrow{AP}, \qquad \textbf{(a)}$$

$$\vec{a}_P = \vec{\alpha}\times\vec{r} + \vec{\omega}\times(\vec{\omega}\times\vec{r}) = \vec{\alpha}\times\overrightarrow{AP} - \omega^2\overrightarrow{AP}. \qquad \textbf{(b)}$$

a) Análise de velocidade:

Observando que na posição considerada, $\overrightarrow{AP} = 10{,}0\vec{i} + 5{,}0\vec{j}$ [cm], da equação (a), obtemos:

$$\vec{v}_P = -20{,}0\vec{k}\times\left(10{,}0\vec{i} + 5{,}0\vec{j}\right) = 100{,}0\vec{i} - 200{,}0\vec{j}\ \left[\text{cm/s}\right].$$

Com base nas considerações cinemáticas discutidas anteriormente, concluímos que, na posição ilustrada, a velocidade da barra *CD* é:

$$\vec{v}_{CD} = -200{,}0\vec{j}\ \left[\text{cm/s}\right].$$

b) Análise de aceleração:

A partir da equação (b), escrevemos:

$$\vec{a}_P = -250\vec{k}\times\left(10{,}0\vec{i} + 5{,}0\vec{j}\right) - 20{,}0^2\left(10{,}0\vec{i} + 5{,}0\vec{j}\right) \Rightarrow \vec{a}_P = -2750{,}0\vec{i} - 4500{,}0\vec{j}\ \left[\text{cm/s}^2\right].$$

Assim, na posição ilustrada, a aceleração da barra *CD* é:

$$\vec{a}_{CD} = -4500{,}0\vec{j}\ \left[\text{cm/s}^2\right].$$

1.8 Movimento curvilíneo espacial da partícula

O movimento de uma partícula ao longo de uma trajetória curva reversa é conhecido como *movimento curvilíneo espacial*. Diferentemente do movimento curvilíneo plano, que envolve apenas duas componentes, o movimento espacial se caracteriza por três componentes de movimento e a posição instantânea da partícula no espaço é determinada por três coordenadas independentes entre si.

Do ponto de vista teórico, o movimento espacial de uma partícula pode ser considerado, em cada instante, como um movimento curvilíneo plano que ocorre em um plano que contém o ponto da trajetória ocupado instantaneamente pela partícula e os pontos imediatamente vizinhos. Este plano é chamado *plano osculador*. Podemos entender o plano osculador como o plano que mais se ajusta à trajetória no ponto instantaneamente ocupado pela partícula.

A velocidade $\vec{v}$ e a aceleração $\vec{a}$ da partícula são vetores localizados sobre o plano osculador. Deste modo, podemos estender ao movimento espacial os conceitos de componentes tangencial e normal da aceleração. Para tanto, são definidos os seguintes vetores unitários, mostrados na Figura 1.55:

- $\vec{i}_t$: *vetor unitário tangente* à trajetória, contido no plano osculador, com o sentido do movimento;
- $\vec{i}_n$: *vetor unitário normal*, perpendicular a $\vec{i}_t$, contido no plano osculador, que aponta para o centro principal de curvatura da trajetória, indicado por C, que também se encontra sobre este plano. A direção definida por $\vec{i}_n$ é chamada *normal principal* e o raio de curvatura ρ, contido no plano osculador, é denominado *raio principal de curvatura*;
- $\vec{i}_b$: vetor unitário perpendicular ao plano osculador, que completa o triedro de vetores unitários, sendo definido segundo:

$$\vec{i}_b = \vec{i}_t \times \vec{i}_n . \tag{1.73}$$

A direção perpendicular ao plano osculador, definida por $\vec{i}_b$, é chamada direção *binormal*.

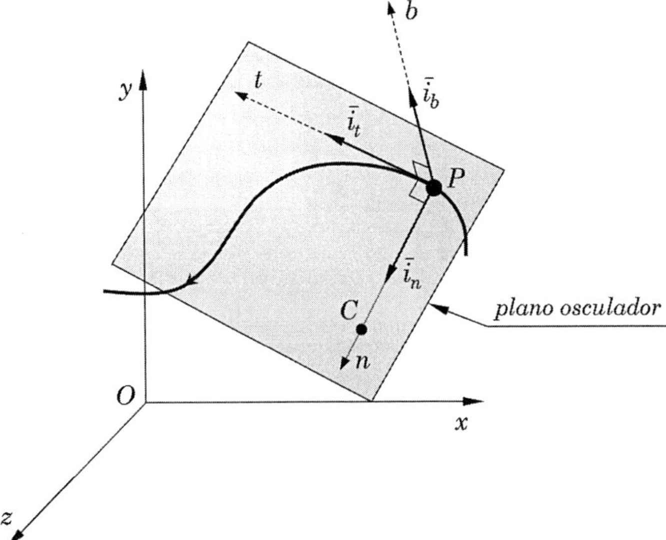

FIGURA 1.55 Ilustração do plano osculador e da base de vetores unitários no movimento curvilíneo espacial da partícula.

Uma vez definidos estes vetores, podemos expressar os vetores velocidade e aceleração em termos de componentes tangencial e normal sob as formas (ver Subseção 1.7.2):

$$\vec{v} = v\,\vec{i}_t,$$

$$\vec{a} = \frac{dv}{dt}\vec{i}_t + \frac{v^2}{\rho}\vec{i}_n.$$

É importante observar que $\vec{v}$ e $\vec{a}$ não têm componentes na direção da binormal.

Embora seja importante sob o ponto de vista teórico, a descrição do movimento espacial em termos dos vetores unitários $\vec{i}_t$, $\vec{i}_n$ e $\vec{i}_b$ não é muito adequada à resolução de problemas práticos, uma vez que as variações destes vetores com o tempo dependem da forma da trajetória. Assim, para a descrição da cinemática do movimento espacial são utilizados, com maior frequência, os sistemas de coordenadas apresentados a seguir.

1.8.1 Coordenadas cartesianas (*x*-*y*-*z*)

A extensão das equações já apresentadas para o movimento curvilíneo plano na Subseção 1.7.1, para o caso de movimento espacial, é imediata, requerendo simplesmente a inclusão da coordenada z e do vetor unitário correspondente $\vec{k}$, como mostrado na Figura 1.56.

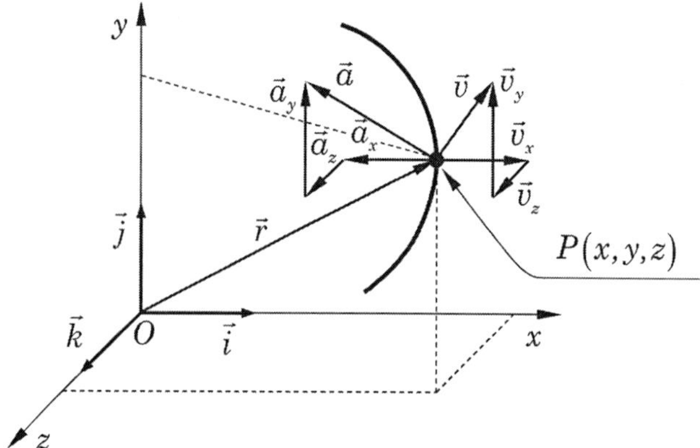

FIGURA 1.56 Componentes cartesianas dos vetores posição, velocidade e aceleração no movimento curvilíneo espacial.

Aqui, mais uma vez, o sistema de referência *Oxyz* é admitido fixo, sendo os vetores unitários $\vec{i}, \vec{j}, \vec{k}$ invariantes com o tempo.

Os vetores posição, velocidade e aceleração de uma partícula *P* que descreve movimento curvilíneo espacial, em relação ao sistema de eixos *Oxyz*, são expressos segundo:

Vetor posição

$$\vec{r}(t) = x(t)\vec{i} + y(t)\vec{j} + z(t)\vec{k} \quad [\text{m}]; \tag{1.74.a}$$

$$\|\vec{r}(t)\| = \sqrt{x^2(t) + y^2(t) + z^2(t)} \quad [\text{m}]; \tag{1.74.b}$$

Vetor velocidade

$$\vec{v}(t) = \dot{x}(t)\vec{i} + \dot{y}(t)\vec{j} + \dot{z}(t)\vec{k} \quad [\text{m/s}]; \tag{1.75.a}$$

$$\|\vec{v}(t)\| = \sqrt{\dot{x}^2(t) + \dot{y}^2(t) + \dot{z}^2(t)} \quad [\text{m/s}]; \tag{1.75.b}$$

Vetor aceleração

$$\vec{a}(t) = \ddot{x}(t)\vec{i} + \ddot{y}(t)\vec{j} + \ddot{z}(t)\vec{k} \quad [\text{m/s}^2]; \tag{1.76.a}$$

$$\|\vec{a}(t)\| = \sqrt{\ddot{x}^2(t) + \ddot{y}^2(t) + \ddot{z}^2(t)} \quad [\text{m/s}^2]. \tag{1.76.b}$$

As componentes destes vetores são ilustradas na Figura 1.56.

EXEMPLO 1.17

A posição de uma partícula que se move no espaço é dada, em coordenadas cartesianas, por:

$$\vec{r}(t) = 20t^3\,\vec{i} + 50t^2\,\vec{j} + 30t^3\,\vec{k},$$

onde t está em segundos e as componentes de $\vec{r}$ estão em milímetros. Determinar: **a)** a posição da partícula para $t = 2$ s e para $t = 4$ s; **b)** o deslocamento da partícula entre os instantes $t = 2$ s e $t = 4$ s; **c)** a velocidade instantânea da partícula em $t = 4$ s; **d)** a aceleração da partícula em $t = 4$ s.

Resolução

a) Para $t = 2$ s e $t = 4$ s, os vetores posição da partícula, em coordenadas cartesianas, são obtidos da seguinte forma:

$$\vec{r}(2) = 20 \cdot 2^3\vec{i} + 50 \cdot 2^2\vec{j} + 30 \cdot 2^3\vec{k} \quad \Rightarrow \quad \vec{r}(2) = 160\,\vec{i} + 200\,\vec{j} + 240\,\vec{k} \quad [\text{mm}];$$

$$\vec{r}(4) = 20 \cdot 4^3\vec{i} + 50 \cdot 4^2\vec{j} + 30 \cdot 4^3\vec{k} \quad \Rightarrow \quad \vec{r}(4) = 1280\,\vec{i} + 800\,\vec{j} + 1920\,\vec{k} \quad [\text{mm}].$$

b) O vetor deslocamento da partícula entre os dois instantes considerados é dado por $\Delta\vec{r}_{2\text{-}4} = \vec{r}(4) - \vec{r}(2)$. Assim:

$$\Delta\vec{r}_{2\text{-}4} = (1280 - 160)\,\vec{i} + (800 - 200)\,\vec{j} + (1920 - 240)\,\vec{k};$$

$$\Rightarrow \quad \Delta\vec{r} = 1120\,\vec{i} + 600\,\vec{j} + 1680\,\vec{k} \quad [\text{mm}].$$

c) O vetor velocidade instantânea da partícula é obtido por derivação do vetor posição em relação ao tempo:

$$\vec{v}(t) = \frac{d\vec{r}(t)}{dt} \quad \Rightarrow \quad \vec{v}(t) = 60t^2\,\vec{i} + 100t\,\vec{j} + 90t^2\,\vec{k} \quad [\text{mm/s}].$$

Avaliando o vetor velocidade para $t = 4$ s, obtemos:

$$\vec{v}(4) = 960\,\vec{i} + 400\,\vec{j} + 1440\,\vec{k} \quad [\text{mm/s}].$$

d) O vetor aceleração instantânea da partícula é obtido por derivação do vetor velocidade em relação ao tempo:

$$\vec{a}(t) = \frac{d\vec{v}(t)}{dt} \quad \Rightarrow \quad \vec{a}(t) = 120t\,\vec{i} + 100\,\vec{j} + 180t\,\vec{k} \quad [\text{mm/s}^2].$$

Avaliando o vetor aceleração para $t = 4$ s, temos:

$$\vec{a}(4) = 480\,\vec{i} + 100\,\vec{j} + 720\,\vec{k} \quad [\text{mm/s}^2].$$

EXEMPLO 1.18

A partir dos resultados obtidos no Exemplo 1.17, pede-se: **a)** traçar as curvas representando os módulos dos vetores posição, velocidade e aceleração da partícula, no intervalo [0; 5 s]; **b)** traçar a curva representando a trajetória da partícula no intervalo [0; 5 s].

Resolução

a) Retomando os resultados obtidos na resolução do Exemplo 1.17, temos as seguintes expressões para os vetores posição, velocidade e aceleração em função do tempo, e seus respectivos módulos:

$$\vec{r}(t)=20t^3\,\vec{i}+50t^2\,\vec{j}+30t^3\,\vec{k} \Rightarrow \boxed{\|\vec{r}(t)\|=\sqrt{\left(20t^3\right)^2+\left(50t^2\right)^2+\left(30t^3\right)^2}} \quad [\text{s; mm}];$$

$$\vec{v}(t)=60t^2\,\vec{i}+100t\,\vec{j}+90t^2\,\vec{k} \Rightarrow \boxed{\|\vec{v}(t)\|=\sqrt{\left(60t^2\right)^2+\left(100t\right)^2+\left(90t^2\right)^2}} \quad [\text{s; mm/s}];$$

$$\vec{a}(t)=120t\,\vec{i}+100\,\vec{j}+180t\,\vec{k} \Rightarrow \boxed{\|\vec{a}(t)\|=\sqrt{\left(120t\right)^2+100^2+\left(180t\right)^2}} \quad [\text{s; mm/s}^2].$$

b) A representação tridimensional da trajetória da partícula é feita traçando simultaneamente as seguintes componentes do vetor posição em função do tempo:

$$x(t)=20t^3 \;[\text{s; mm}];\quad y(t)=50t^2 \;[\text{s; mm}];\quad z(t)=30t^3 \;[\text{s; mm}].$$

As Figuras 1.57 e 1.58 apresentam as curvas que representam graficamente as funções desenvolvidas acima, obtidas empregando o programa escrito em linguagem MATLAB®, **exemplo_1_18.m.**

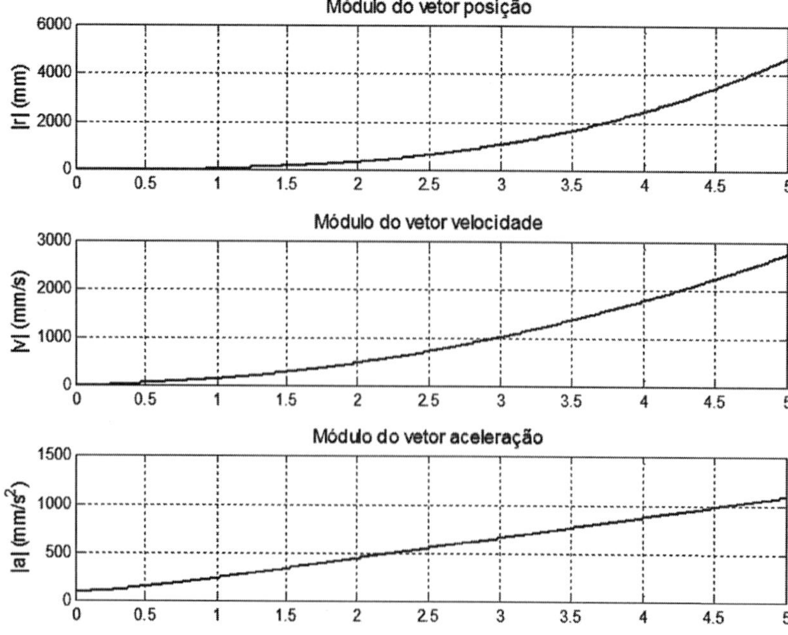

FIGURA 1.57 Gráficos mostrando os módulos dos vetores posição, velocidade e aceleração da partícula.

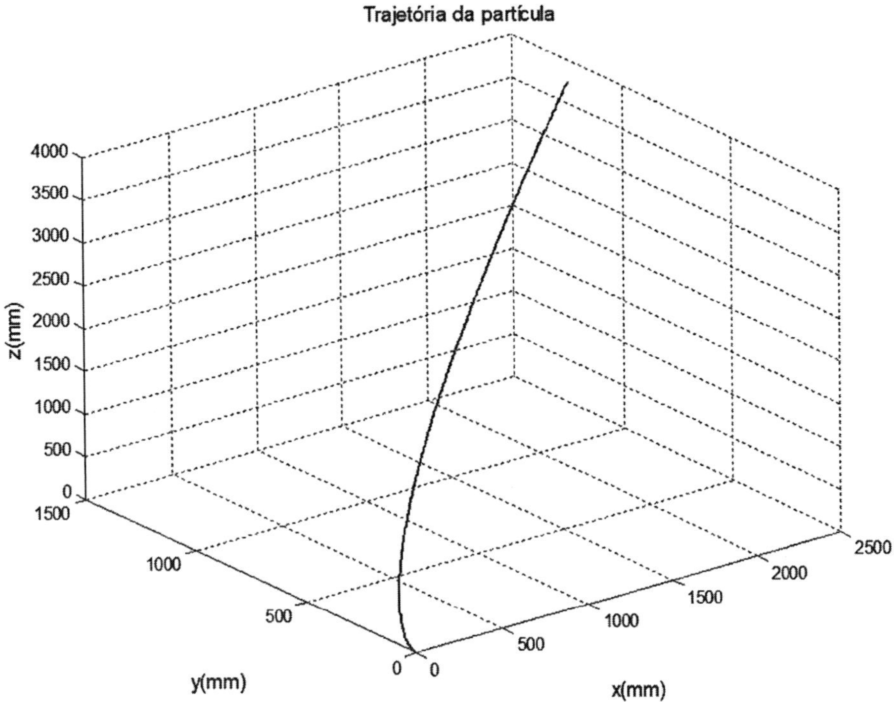

FIGURA 1.58 Gráfico mostrando a trajetória da partícula.

1.8.2 Coordenadas cilíndricas (r-θ-z)

O sistema de coordenadas cilíndricas é obtido pelo acréscimo da coordenada z e do vetor unitário correspondente $\vec{k}$ ao sistema de coordenadas polares, anteriormente apresentado na Subseção 1.7.3. Observemos, na Figura 1.59, que no plano xy localizam-se as coordenadas r e θ do sistema de coordenadas polares, sendo θ considerado positivo quando é observado girando no sentido anti-horário, a partir da extremidade do eixo z. Esta figura mostra ainda os vetores unitários $\vec{i}_r$, $\vec{i}_\theta$, e $\vec{k}$, associados às direções radial, transversal e ao eixo z, respectivamente.

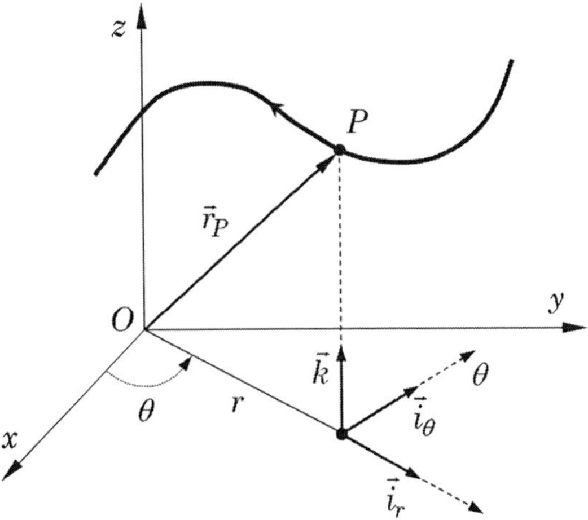

FIGURA 1.59 Ilustração do sistema de coordenadas cilíndricas.

Considerando as coordenadas e os vetores unitários definidos, podemos escrever o vetor posição da partícula P sob a seguinte forma (notemos que, com o intuito de evitar ambiguidade, o vetor posição, até aqui denotado por $\vec{r}$, será, nesta seção, representado por $\vec{r}_P$):

$$\vec{r}_P = r\,\vec{i}_r + z\,\vec{k}\,. \tag{1.77}$$

Obtemos o vetor velocidade derivando o vetor posição em relação ao tempo:

$$\vec{v} = \frac{d\vec{r}_P}{dt} = \dot{r}\,\vec{i}_r + r\frac{d\vec{i}_r}{dt} + \dot{z}\,\vec{k} + z\frac{d\vec{k}}{dt}\,.$$

Lembrando que $\frac{d\vec{i}_r}{dt} = \dot{\theta}\,\vec{i}_\theta$ (conforme a Equação (1.60)) e observando que o vetor unitário $\vec{k}$ permanece constante durante o movimento da partícula, tendo, portanto, derivada temporal nula, obtemos as seguintes expressões para o vetor velocidade e seu módulo:

$$\vec{v} = \dot{r}\,\vec{i}_r + r\dot{\theta}\,\vec{i}_\theta + \dot{z}\,\vec{k}\,; \tag{1.78.a}$$

ou:

$$\vec{v} = v_r\vec{i}_r + v_\theta\,\vec{i}_\theta + v_z\,\vec{k}\,; \tag{1.78.b}$$

$$\|\vec{v}\| = \sqrt{v_r^2 + v_\theta^2 + v_z^2} = \sqrt{\dot{r}^2 + r^2\dot{\theta}^2 + \dot{z}^2}\,. \tag{1.78.c}$$

Derivando a Equação (1.78.a) em relação ao tempo e empregando as Equações (1.60) e (1.61), obtemos as seguintes expressões para o vetor aceleração e seu módulo:

$$\vec{a} = \left(\ddot{r} - r\dot{\theta}^2\right)\vec{i}_r + \left(r\ddot{\theta} + 2\dot{r}\dot{\theta}\right)\vec{i}_\theta + \ddot{z}\,\vec{k}\,; \tag{1.79.a}$$

ou:

$$\vec{a} = a_r\vec{i}_r + a_\theta\,\vec{i}_\theta + a_z\,\vec{k}\,; \tag{1.79.b}$$

$$\|\vec{a}\| = \sqrt{a_r^2 + a_\theta^2 + a_z^2} = \sqrt{\left(\ddot{r} - r\dot{\theta}^2\right)^2 + \left(r\ddot{\theta} + 2\dot{r}\dot{\theta}\right)^2 + \ddot{z}^2}\,. \tag{1.79.c}$$

EXEMPLO 1.19

O rotor de um misturador de líquidos, mostrado na Figura 1.60, tem a forma de um disco circular de raio R e gira em torno de seu eixo vertical com velocidade angular constante ω. Ao mesmo tempo, possui um movimento vertical periódico, de modo que sua posição vertical é dada por $z(t) = z_0\text{sen}\,(2\pi nt)$, onde n representa a frequência do movimento vertical em ciclos por segundo. Pede-se: **a)** obter as expressões para os módulos da posição, da velocidade e da aceleração de um ponto P localizado na periferia do rotor, em função do tempo; **b)** traçar as curvas que mostram as variações dos módulos da posição, da velocidade e da aceleração de P no intervalo [0 s; 2,5s]. Considerar $n = 2$, $\omega = \pi$ rad/s (constante), $z_0 = 0{,}1$ m, $R = 0{,}20$ m, e que, no instante inicial, o ponto P localiza-se sobre o eixo y.

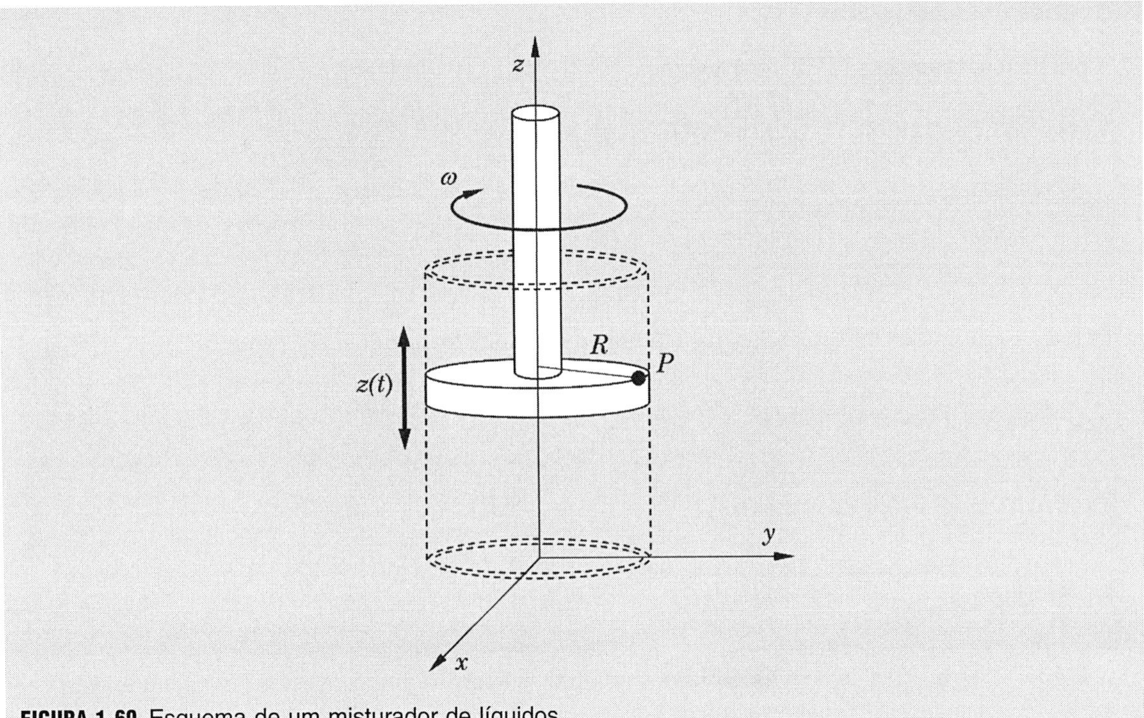

FIGURA 1.60 Esquema de um misturador de líquidos.

Resolução

a) O problema proposto pode ser resolvido facilmente utilizando o sistema de coordenadas cilíndricas, aplicando as equações desenvolvidas na Subseção 1.8.2, bastando estabelecer a correspondência dos dados fornecidos com as coordenadas daquele sistema, conforme mostrado abaixo.

$$\begin{cases} r = R(\text{cte.}) \\ \dot{r} = 0 \\ \ddot{r} = 0 \end{cases} \quad \begin{cases} \theta = \omega t \\ \dot{\theta} = -\omega(\text{cte.}) \\ \ddot{\theta} = 0 \end{cases} \quad \begin{cases} z = z_0 \text{sen}(2\pi n t) \\ \dot{z} = 2\pi n z_0 \cos(2\pi n t) \\ \ddot{z} = -(2\pi n)^2 z_0 \text{sen}(2\pi n t) \end{cases}$$

Análise de posição:

Utilizando a Equação (1.77), temos:

$$\vec{r}_P = r\vec{i}_r + z\vec{k} \Rightarrow \vec{r}_P = R\vec{i}_r + z_0 \text{sen}(2\pi n t)\vec{k} \Rightarrow$$

$$\|\vec{r}_P(t)\| = \sqrt{R^2 + z_0^2 \text{sen}^2(2\pi n t)} \cdot \qquad \textbf{(a)}$$

Análise de velocidade:

Com base nas Equações (1.78), escrevemos:

$$\vec{v} = \dot{r}\vec{i}_r + r\dot{\theta}\vec{i}_\theta + \dot{z}\vec{k} \Rightarrow \vec{v} = -R\omega\vec{i}_\theta + 2\pi n z_0 \cos(2\pi n t)\vec{k} \Rightarrow$$

$$\|\vec{v}(t)\| = \sqrt{R^2\omega^2 + (2\pi n z_0)^2 \cos^2(2\pi n t)} \cdot \qquad \textbf{(b)}$$

Análise de aceleração:

A partir das Equações (1.79), escrevemos:

$$\vec{a}=\left(\ddot{r}-r\dot{\theta}^2\right)\vec{i}_r+\left(r\ddot{\theta}+2\dot{r}\dot{\theta}\right)\vec{i}_\theta+\ddot{z}\,\vec{k}\;\Rightarrow\;\vec{a}(t)=\left(-R\omega^2\right)\vec{i}_r-\left(2\pi n\right)^2 z_0\,\mathrm{sen}\left(2\pi nt\right)\vec{k}\;\Rightarrow$$

$$\left\|\vec{a}(t)\right\|=\sqrt{R^2\omega^4+\left(2\pi n\right)^4 z_0^2\,\mathrm{sen}^2\left(2\pi nt\right)}\,. \qquad \text{(c)}$$

b) Particularizando as equações (a), (b) e (c) para os dados fornecidos, escrevemos:

$$\left\|\vec{r}_P(t)\right\|=\sqrt{0{,}2^2+0{,}1^2\cdot\mathrm{sen}^2\left(4\pi t\right)};$$

$$\left\|\vec{v}(t)\right\|=\sqrt{0{,}2^2\cdot\pi^2+\left(0{,}4\,\pi\right)^2\cos^2\left(4\,\pi\,t\right)};$$

$$\left\|\vec{a}(t)\right\|=\sqrt{0{,}2^2\cdot\pi^4+\left(4\pi\right)^4\cdot 0{,}1^2\cdot\mathrm{sen}^2\left(4\pi t\right)}.$$

A Figura 1.61 mostra as curvas obtidas traçando as funções que representam os módulos da posição, da velocidade e da aceleração de P no intervalo [0 s; 5 s], utilizando o programa MATLAB® **exemplo_1_19.m**.

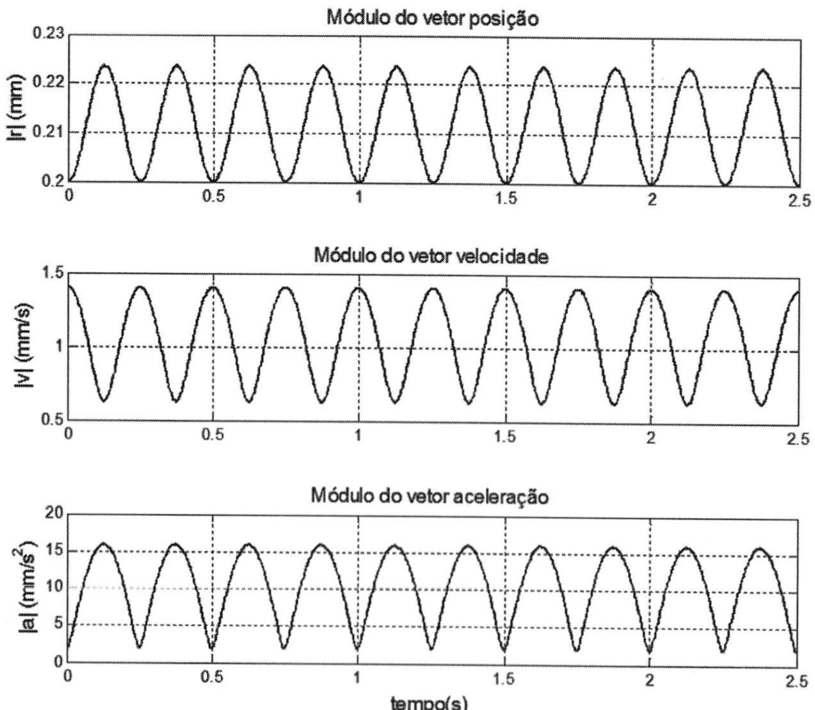

FIGURA 1.61 Gráficos mostrando os resultados do Exemplo 1.19.

1.8.3 Coordenadas esféricas (R-θ-ϕ)

No sistema de coordenadas esféricas, a posição da partícula no espaço, indicada pelo ponto P, fica determinada pela coordenada linear R e pelas coordenadas angulares θ e ϕ, indicadas na Figura 1.62. Também estão representadas as direções associadas a estas coordenadas e um sistema auxiliar de eixos cartesianos $Oxyz$.

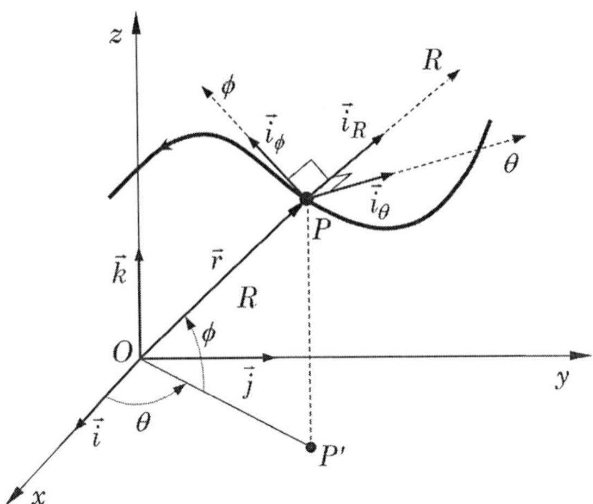

FIGURA 1.62 Representação do sistema de coordenadas esféricas.

A base de vetores unitários é constituída pelos seguintes vetores:

- $\vec{i}_R$: vetor unitário na direção OP com o sentido de O para P;
- $\vec{i}_\theta$: vetor unitário perpendicular ao plano OPP', orientado no sentido de θ crescente (apontando no sentido anti-horário, quando observado da extremidade do eixo z);
- $\vec{i}_\phi$: vetor unitário perpendicular aos dois primeiros, contido no plano OPP', orientado no sentido de ϕ crescente (no sentido de elevação do segmento OP em relação ao plano xy).

É evidente que, quando P se movimenta ao longo da trajetória, os vetores unitários têm suas direções alteradas.

Com base na Figura 1.62, expressamos o vetor posição da partícula P segundo:

$$\vec{r} = R\,\vec{i}_R\,. \tag{1.80}$$

Para obter a expressão da velocidade de P, derivamos o vetor posição em relação ao tempo:

$$\vec{v} = \dot{R}\vec{i}_R + R\frac{d\vec{i}_R}{dt}\,. \tag{1.81}$$

Devemos agora expressar a derivada do vetor $\vec{i}_R$ em relação ao tempo. Para isso, utilizaremos o sistema auxiliar de coordenadas cartesianas $Oxyz$, suposto fixo, com sua base de vetores unitários $(\vec{i},\vec{j},\vec{k})$. Podemos, então, escrever o vetor $\vec{i}_R$ em termos de suas componentes nas direções dos eixos x, y e z da forma:

$$\vec{i}_R = \left(\vec{i}_R\cdot\vec{i}\right)\vec{i} + \left(\vec{i}_R\cdot\vec{j}\right)\vec{j} + \left(\vec{i}_R\cdot\vec{k}\right)\vec{k}\,.$$

Na equação acima, $(\vec{i}_R \cdot \vec{i})$, $(\vec{i}_R \cdot \vec{j})$ e $(\vec{i}_R \cdot \vec{k})$ representam as projeções escalares do vetor unitário $\vec{i}_R$ nas direções do eixo *x*, *y* e *z*, respectivamente. Com auxílio da Figura 1.62, podemos verificar facilmente que:

$$\vec{i}_R \cdot \vec{i} = cos\theta \, cos\phi \, ; \tag{1.82.a}$$

$$\vec{i}_R \cdot \vec{j} = sen\theta \, cos\phi \, ; \tag{1.82.b}$$

$$\vec{i}_R \cdot \vec{k} = sen\phi . \tag{1.82.c}$$

Introduzindo as relações (1.82) em (1.81), obtemos:

$$\vec{i}_R = cos\theta \, cos\phi \, \vec{i} + sen\theta \, cos\phi \, \vec{j} + sen\phi \, \vec{k} . \tag{1.83.a}$$

Por procedimento similar, obtemos as seguintes expressões para os dois outros vetores unitários do sistema de coordenadas esféricas em termos dos vetores unitários do sistema de coordenadas cartesianas:

$$\vec{i}_\theta = -sen\theta \, \vec{i} + cos\theta \, \vec{j}; \tag{1.83.b}$$

$$\vec{i}_\phi = -cos\theta \, sen\phi \, \vec{i} - sen\theta \, sen\phi \, \vec{j} + cos\phi \, \vec{k} . \tag{1.83.c}$$

Podemos agora expressar a derivada indicada na Equação (1.81) computando a derivada de (1.83.a), levando em conta que os vetores unitários $(\vec{i}, \vec{j}, \vec{k})$ são constantes:

$$\frac{d\vec{i}_R}{dt} = \left(-\dot{\theta} \, sen\theta \, cos\phi - \dot{\phi} \, cos\theta \, sen\phi\right)\vec{i} + \left(\dot{\theta} \, cos\theta \, cos\phi - \dot{\phi} \, sen\theta \, sen\phi\right)\vec{j} + \dot{\phi} \, cos\phi \, \vec{k} .$$

Levando em conta novamente as relações (1.83.b) e (1.83.c), escrevemos a última equação acima sob a forma:

$$\frac{d\vec{i}_R}{dt} = \dot{\phi} \, \vec{i}_\phi + \dot{\theta} \, cos\phi \, \vec{i}_\theta . \tag{1.84}$$

Introduzindo a Equação (1.84) na Equação (1.81), obtemos a seguinte expressão para o vetor velocidade da partícula em termos de suas componentes esféricas:

$$\vec{v} = \dot{R} \, \vec{i}_R + R \, \dot{\theta} \, cos\phi \, \vec{i}_\theta + R \, \dot{\phi} \, \vec{i}_\phi \, ; \tag{1.85.a}$$

ou:

$$\vec{v} = v_R \, \vec{i}_R + v_\theta \, \vec{i}_\theta + v_\phi \, \vec{i}_\phi , \tag{1.85.b}$$

cujo módulo é obtido por:

$$\|v\| = \sqrt{v_R^2 + v_\theta^2 + v_\phi^2} = \sqrt{\dot{R}^2 + R^2 \dot{\theta}^2 \, cos^2 \phi + R^2 \dot{\phi}^2} \, . \tag{1.86}$$

Visando obter a expressão da aceleração, derivamos o vetor velocidade, dado pela Equação (1.85.a), em relação ao tempo:

$$\begin{aligned} \vec{a} = \ddot{R} \, \vec{i}_R + \dot{R} \frac{d\vec{i}_R}{dt} + \dot{R} \, \dot{\theta} \, cos\phi \, \vec{i}_\theta + R \, \ddot{\theta} \, cos\phi \, \vec{i}_\theta - R \, \dot{\theta} \, \dot{\phi} \, sen\phi \, \vec{i}_\theta + R \, \dot{\theta} \, cos\phi \frac{d\vec{i}_\theta}{dt} \\ + \dot{R} \, \dot{\phi} \, \vec{i}_\phi + R \, \ddot{\phi} \, \vec{i}_\phi + R \, \dot{\phi} \frac{d\vec{i}_\phi}{dt} . \end{aligned} \tag{1.87}$$

De modo similar ao que foi feito para expressar $d\vec{i}_R/dt$, computamos as derivadas $\dfrac{d\vec{i}_\theta}{dt}$ e $\dfrac{d\vec{i}_\phi}{dt}$, que aparecem na Equação (1.87), a partir das Equações (1.83.b) e (1.83.c), obtendo:

$$\frac{d\vec{i}_\theta}{dt} = -\dot{\theta}\cos\theta\,\vec{i} - \dot{\theta}\,sen\,\theta\,\vec{j} = -\dot{\theta}\cos\phi\,\vec{i}_R + \dot{\theta}\,sen\,\phi\,\vec{i}_\phi; \tag{1.88.a}$$

$$\begin{aligned}\frac{d\vec{i}_\phi}{dt} &= \left(\dot{\theta}\,sen\,\theta\,sen\,\phi - \dot{\phi}\cos\theta\cos\phi\right)\vec{i} - \left(\dot{\theta}\cos\theta\,sen\,\phi + \dot{\phi}\,sen\,\theta\cos\phi\right)\vec{j} - \\ &- \dot{\phi}\,sen\,\phi\,\vec{k} = -\dot{\phi}\,\vec{i}_R - \dot{\theta}\,sen\phi\,\vec{i}_\theta\,.\end{aligned} \tag{1.88.b}$$

Introduzindo as Equações (1.88) nas Equações (1.87) e fazendo uso das Equações (1.83), obtemos as seguintes expressões para o vetor aceleração da partícula em termos de coordenadas esféricas:

$$\vec{a} = a_R\,\vec{i}_R + a_\theta\,\vec{i}_\theta + a_\phi\,\vec{i}_\phi; \tag{1.89}$$

com:

$$a_R = \ddot{R} - R\dot{\phi}^2 - R\dot{\theta}^2\cos^2\phi; \tag{1.90.a}$$

$$a_\theta = R\ddot{\theta}\cos\phi + 2\dot{R}\dot{\theta}\cos\phi - 2R\dot{\theta}\dot{\phi}\,sen\phi; \tag{1.90.b}$$

$$a_\phi = R\ddot{\phi} + 2\dot{R}\dot{\phi} + R\dot{\theta}^2\,sen\phi\cos\phi; \tag{1.90.c}$$

$$\|\vec{a}\| = \sqrt{a_R^2 + a_\theta^2 + a_\phi^2}\,. \tag{1.91}$$

EXEMPLO 1.20

Conforme ilustrado na Figura 1.63, a antena telescópica OA gira em torno do eixo fixo z com velocidade angular constante $\omega = 2{,}0$ rad/s, no sentido indicado. Ao mesmo tempo, ela é baixada à razão constante $\dot{\beta} = 1{,}5$ rad/s e estendida de modo que seu comprimento ℓ aumenta à taxa constante $\dot{\ell} = 1{,}0$ m/s. Para a posição $\theta = 30°$, $\beta = 70°$ e $\ell = 2{,}0$ m, determinar: **a)** o módulo da velocidade da extremidade A; **b)** o módulo da aceleração da extremidade A.

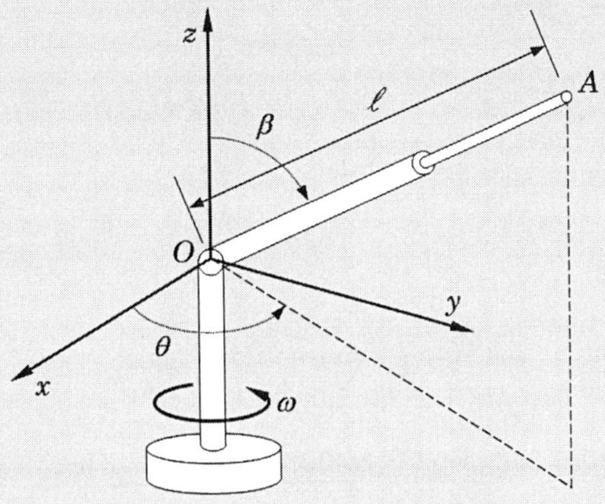

FIGURA 1.63 Ilustração de uma antena telescópica giratória.

Resolução

Com base na Figura 1.64, podemos facilmente fazer a associação dos parâmetros θ, β e ℓ com as coordenadas do sistema de coordenadas esféricas, de modo que, para a posição considerada:

$$R = \ell = 2{,}0 \text{ m}; \quad \dot{R} = \dot{\ell} = 1{,}0 \text{ m/s}; \quad \ddot{R} = \ddot{\ell} = 0;$$

$$\theta = 30^\circ; \quad \dot{\theta} = \omega = 2{,}0 \text{ rad/s}; \quad \ddot{\theta} = 0;$$

$$\phi = 90^\circ - \beta = 20^\circ; \quad \dot{\phi} = -\dot{\beta} = -1{,}5 \text{ rad/s}; \quad \ddot{\phi} = 0.$$

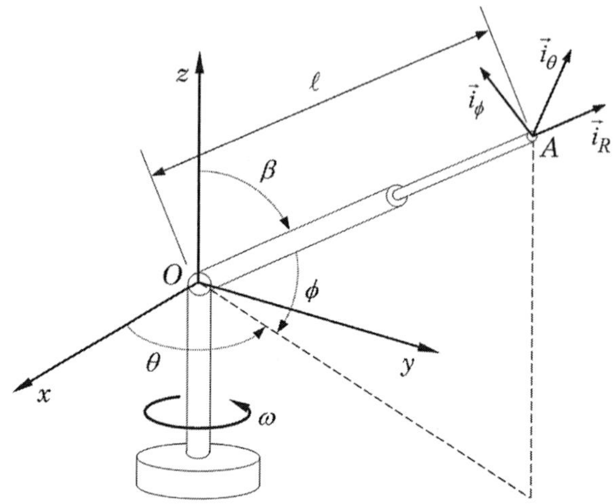

FIGURA 1.64 Sistema de coordenadas esféricas associado à antena telescópica.

Para a resolução do problema, basta utilizar as Equações (1.85), (1.89) e (1.90), conforme detalhado a seguir.

a) Análise de velocidade:

$$v_R = 1{,}0 \text{ m/s};$$

$$v_\theta = 2{,}0 \cdot 2{,}0 \cdot \cos 20^\circ = 3{,}8 \text{ m/s};$$

$$v_\phi = 2{,}0 \cdot (-1{,}5) = -3{,}0 \text{ m/s};$$

$$\|\vec{v}_A\| = \sqrt{1{,}0^2 + 3{,}8^2 + (-3{,}0)^2} \Rightarrow \|\vec{v}_A\| = 4{,}9 \text{ m/s}.$$

b) Análise de aceleração:

$$a_R = 0 - 2{,}0 \cdot (-1{,}5)^2 - 2{,}0 \cdot 2{,}0^2 \cdot \cos^2 20^\circ \Rightarrow a_R = -11{,}6 \text{ m/s}^2;$$

$$a_\theta = 2{,}0 \cdot 0 \cdot \cos 20^\circ + 2 \cdot 1{,}0 \cdot 2{,}0 \cdot \cos 20^\circ - 2 \cdot 2{,}0 \cdot 2{,}0 \cdot (-1{,}5) \cdot \operatorname{sen} 20^\circ \Rightarrow a_\theta = 7{,}9 \text{ m/s}^2;$$

$$a_\phi = 2{,}0 \cdot 0 + 2 \cdot 1{,}0 \cdot (-1{,}5) + 2{,}0 \cdot 2{,}0^2 \cdot \operatorname{sen} 20^\circ \cdot \cos 20^\circ \Rightarrow a_\phi = -0{,}43 \text{ m/s}^2;$$

$$\|\vec{a}_A\| = \sqrt{(-11{,}6)^2 + 7{,}9^2 + (-0{,}43)^2} \Rightarrow \|\vec{a}_A\| = 14{,}0 \text{ m/s}^2.$$

Vale observar que os resultados não dependem do valor da coordenada θ.

1.8.4 Transformações de coordenadas

Uma vez apresentados os diversos sistemas de coordenadas usualmente empregados no estudo da cinemática da partícula, é importante conhecer as relações algébricas que permitem obter as componentes de um dado vetor, expressos em um determinado sistema de coordenadas, a partir das componentes do mesmo vetor expressas em outro sistema de coordenadas. Estas relações, chamadas *transformações de coordenadas*, serão desenvolvidas a seguir sob a forma de operações matriciais, muito adequadas para a implementação computacional.

- ***Coordenadas cartesianas ⇔ coordenadas cilíndricas***

A Figura 1.65 mostra os sistemas de coordenadas retangulares e cilíndricas com os seus respectivos vetores unitários, anteriormente definidos nas Subseções 1.8.1 e 1.8.2.

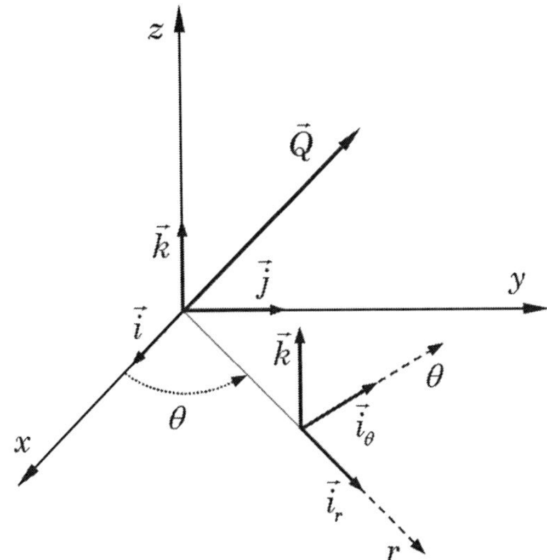

FIGURA 1.65 Ilustração dos sistemas de coordenadas cartesianas e cilíndricas.

Considerando o vetor $\vec{Q}$ representando uma grandeza vetorial qualquer, podemos igualar as expressões deste vetor em termos dos dois sistemas de coordenadas:

$$\vec{Q} = Q_x\,\vec{i} + Q_y\,\vec{j} + Q_z\,\vec{k} = Q_r\,\vec{i}_r + Q_\theta\,\vec{i}_\theta + Q_z\,\vec{k}. \tag{1.92}$$

Visando obter expressões relacionando as componentes de $\vec{Q}$ no sistema de coordenadas cartesianas, (Q_x, Q_y, Q_z), com as componentes de $\vec{Q}$ no sistema de coordenadas cilíndricas, (Q_r, Q_θ, Q_z), buscaremos expressar os vetores unitários $(\vec{i}_r, \vec{i}_\theta, \vec{k})$ como funções dos vetores $(\vec{i}, \vec{j}, \vec{k})$. Para tanto, projetamos cada um dos vetores do primeiro grupo nas direções dos eixos (x, y, z). Com auxílio da Figura 1.65, obtemos as relações:

$$\vec{i}_r = \cos\theta\,\vec{i} + \operatorname{sen}\theta\,\vec{j} + 0\,\vec{k}\,; \tag{1.93.a}$$

$$\vec{i}_\theta = -\operatorname{sen}\theta\,\vec{i} + \cos\theta\,\vec{j} + 0\,\vec{k}\,; \tag{1.93.b}$$

$$\vec{k} = 0\,\vec{i} + 0\,\vec{j} + \vec{k}\,. \tag{1.93.c}$$

Introduzindo as Equações (1.93) na Equação (1.92) e agrupando os coeficientes dos vetores unitários $(\vec{i}, \vec{j}, \vec{k})$ no lado direito da equação resultante, obtemos:

$$Q_x \vec{i} + Q_y \vec{j} + Q_z \vec{k} = (Q_r \cos\theta - Q_\theta \operatorname{sen}\theta)\vec{i} + (Q_r \operatorname{sen}\theta + Q_\theta \cos\theta)\vec{j} + Q_z \vec{k} .$$

Em virtude da independência linear da base de vetores $(\vec{i}, \vec{j}, \vec{k})$ podemos igualar os coeficientes de cada um destes vetores em ambos os lados da equação acima, obtendo:

$$Q_x = Q_r \cos\theta - Q_\theta \operatorname{sen}\theta ;$$

$$Q_y = Q_r \operatorname{sen}\theta + Q_\theta \cos\theta ;$$

$$Q_z = Q_z .$$

Estas três últimas equações podem ser postas sob a seguinte forma matricial:

$$\begin{Bmatrix} Q_x \\ Q_y \\ Q_z \end{Bmatrix} = \begin{bmatrix} \cos\theta & -\operatorname{sen}\theta & 0 \\ \operatorname{sen}\theta & \cos\theta & 0 \\ 0 & 0 & 1 \end{bmatrix} \begin{Bmatrix} Q_r \\ Q_\theta \\ Q_z \end{Bmatrix}, \tag{1.94}$$

ou, ainda, sob a forma compacta:

$$\{Q\}_{(xyz)} = [T]_{(xyz)}^{(r\theta z)} \{Q\}_{(r\theta z)}, \tag{1.95}$$

onde:

$$[T]_{(xyz)}^{(r\theta z)} = \begin{bmatrix} \cos\theta & -\operatorname{sen}\theta & 0 \\ \operatorname{sen}\theta & \cos\theta & 0 \\ 0 & 0 & 1 \end{bmatrix} \tag{1.96}$$

é a matriz de transformação que permite converter as componentes (Q_r, Q_θ, Q_z) nas componentes (Q_x, Q_y, Q_z).

Pré-multiplicando a Equação (1.95) por $\left([T]_{(xyz)}^{(r\theta z)}\right)^{-1}$, obtemos a seguinte expressão para a transformação inversa, ou seja, das componentes (Q_x, Q_y, Q_z) para as componentes (Q_r, Q_θ, Q_z):

$$\{Q\}_{(r\theta z)} = [T]_{(r\theta z)}^{(xyz)} \{Q\}_{(xyz)}, \tag{1.97}$$

onde:

$$[T]_{(r\theta z)}^{(xyz)} = \left([T]_{(xyz)}^{(r\theta z)}\right)^{-1} = \begin{bmatrix} \cos\theta & \operatorname{sen}\theta & 0 \\ -\operatorname{sen}\theta & \cos\theta & 0 \\ 0 & 0 & 1 \end{bmatrix}. \tag{1.98}$$

Comparando as Equações (1.96) e (1.98), constatamos que a matriz de transformação $[T]_{(xyz)}^{(r\theta z)}$ é uma matriz ortogonal (que satisfaz a relação $[T]_{(xyz)}^{(r\theta z)}\left([T]_{(xyz)}^{(r\theta z)}\right)^T = [I]$).

As transformações expressas pelas Equações (1.95) e (1.97) podem ser usadas para converter as componentes dos vetores posição, velocidade e aceleração da partícula entre os dois sistemas de coordenadas considerados, bastando para isso substituir o vetor $\vec{Q}$ pelo vetor correspondente.

Vale também observar que as equações acima se aplicam ainda às transformações entre coordenadas polares e cartesianas para o movimento plano, bastando para isso eliminar a coordenada z na formulação.

- ***Coordenadas cartesianas ⇔ coordenadas esféricas***

Procedimento similar ao detalhado acima será utilizado para a obtenção das relações de transformação entre as componentes de um vetor expressas em coordenadas cartesianas e as componentes do mesmo vetor expressas em coordenadas esféricas.

A Figura 1.66 mostra ambos os sistemas de coordenadas com os seus respectivos vetores unitários, conforme anteriormente detalhado nas Subseções 1.8.1 e 1.8.3.

Igualando as expressões do vetor $\vec{Q}$ nos dois sistemas de coordenadas, temos:

$$\vec{Q} = Q_x\,\vec{i} + Q_y\,\vec{j} + Q_z\,\vec{k} = Q_R\,\vec{i}_R + Q_\theta\,\vec{i}_\theta + Q_\phi\,\vec{i}_\phi. \qquad (1.99)$$

Com base na Figura 1.66, podemos facilmente obter as seguintes expressões relacionando os vetores unitários do sistema de coordenadas esféricas ($\vec{i}_R$, $\vec{i}_\theta$, $\vec{i}_\phi$) com os vetores unitários do sistema de coordenadas cartesianas ($\vec{i}, \vec{j}, \vec{k}$):

$$\vec{i}_R = \cos\phi\cos\theta\,\vec{i} + \cos\phi\,\mathrm{sen}\,\theta\,\vec{j} + \mathrm{sen}\,\phi\,\vec{k}; \qquad (1.100.a)$$

$$\vec{i}_\theta = -\,sen\,\theta\,\vec{i} + cos\,\theta\,\vec{j} + 0\,\vec{k}; \qquad (1.100.b)$$

$$\vec{i}_\phi = -\mathrm{sen}\,\phi\cos\theta\,\vec{i} - \mathrm{sen}\,\phi\,\mathrm{sen}\,\theta\,\vec{j} + \cos\phi\,\vec{k}. \qquad (1.100.c)$$

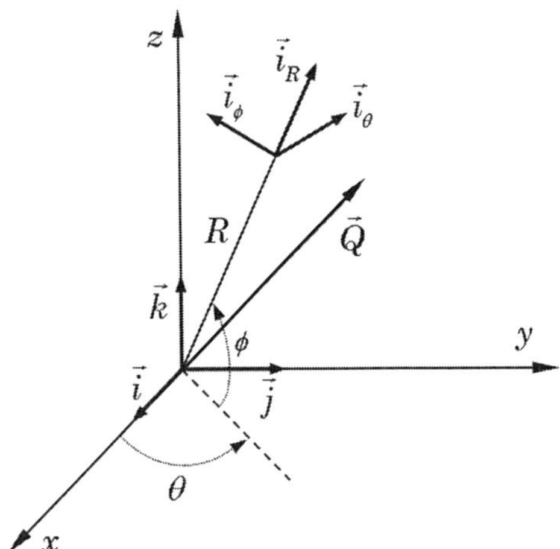

FIGURA 1.66 Representação de sistemas de coordenadas cartesianas e esféricas.

Introduzindo as Equações (1.100) na Equação (1.99) e seguindo o procedimento detalhado na seção anterior, obtemos a seguinte expressão matricial para a transformação das coordenadas esféricas em coordenadas cartesianas:

$$\begin{Bmatrix} Q_x \\ Q_y \\ Q_z \end{Bmatrix} = \begin{bmatrix} \cos\phi\cos\theta & -\mathrm{sen}\,\theta & -\mathrm{sen}\,\phi\cos\theta \\ \cos\phi\,\mathrm{sen}\,\theta & \cos\theta & -\mathrm{sen}\,\phi\,\mathrm{sen}\,\theta \\ \mathrm{sen}\,\phi & 0 & \cos\phi \end{bmatrix} \begin{Bmatrix} Q_R \\ Q_\theta \\ Q_\phi \end{Bmatrix}, \qquad (1.101)$$

ou:

$$\{Q\}_{(xyz)} = [T]_{(xyz)}^{(R\theta\phi)} \{Q\}_{(R\theta\phi)}, \qquad (1.102)$$

com:

$$[T]^{(R\theta\phi)}_{(xyz)} = \begin{bmatrix} \cos\phi\cos\theta & -\operatorname{sen}\theta & -\operatorname{sen}\phi\cos\theta \\ \cos\phi\operatorname{sen}\theta & \cos\theta & -\operatorname{sen}\phi\operatorname{sen}\theta \\ \operatorname{sen}\phi & 0 & \cos\phi \end{bmatrix}. \quad (1.103)$$

Para a transformação inversa, obtemos a expressão:

$$\{Q\}_{(R\theta\phi)} = [T]^{(xyz)}_{(R\theta\phi)}\{Q\}_{(xyz)}, \quad (1.104)$$

onde:

$$[T]^{(xyz)}_{(R\theta\phi)} = \left([T]^{(R\theta\phi)}_{(xyz)}\right)^{-1} \begin{bmatrix} \cos\phi\cos\theta & \cos\phi\operatorname{sen}\theta & \operatorname{sen}\phi \\ -\operatorname{sen}\theta & \cos\theta & 0 \\ -\operatorname{sen}\phi\cos\theta & -\operatorname{sen}\phi\operatorname{sen}\theta & \cos\phi \end{bmatrix}. \quad (1.105)$$

- ***Coordenadas cilíndricas ⇔ coordenadas esféricas***

Podemos obter as matrizes de transformação entre os sistemas de coordenadas cilíndricas e esféricas empregando as matrizes de transformação deduzidas nas duas seções precedentes, tomando o sistema de coordenadas cartesianas como sistema intermediário nas transformações. Assim, podemos utilizar os esquemas de transformação abaixo:

esféricas ⇒ cilíndricas ≡ esféricas ⇒ cartesianas ⇒ cilíndricas

cilíndricas ⇒ esféricas ≡ cilíndricas ⇒ cartesianas ⇒ esféricas

Para a primeira transformação, combinamos as Equações (1.97) e (1.102), repetidas abaixo:

$$\{Q\}_{(r\theta z)} = [T]^{(xyz)}_{(r\theta z)}\{Q\}_{(xyz)},$$

$$\{Q\}_{(xyz)} = [T]^{(R\theta\phi)}_{(xyz)}\{Q\}_{(R\theta\phi)},$$

o que resulta em:

$$\{Q\}_{(r\theta z)} = [T]^{(xyz)}_{(r\theta z)}[T]^{(R\theta\phi)}_{(xyz)}\{Q\}_{(R\theta\phi)}. \quad (1.106)$$

Assim, podemos escrever:

$$\{Q\}_{(r\theta z)} = [T]^{(R\theta\phi)}_{(r\theta z)}\{Q\}_{(R\theta\phi)}, \quad (1.107)$$

onde:

$$[T]^{(R\theta\phi)}_{(r\theta z)} = [T]^{(xyz)}_{(r\theta z)}[T]^{(R\theta\phi)}_{(xyz)}. \quad (1.108)$$

Introduzindo as matrizes de transformação dadas nas Equações (1.98) e (1.103) na Equação (1.108), obtemos:

$$\left[T\right]_{(r\theta z)}^{(R\theta\phi)}=\begin{bmatrix}\cos\phi & 0 & -\text{sen}\phi\\ 0 & 1 & 0\\ \text{sen}\phi & 0 & \cos\phi\end{bmatrix}. \tag{1.109}$$

Para a obtenção da matriz da transformação inversa, basta inverter a Equação (1.107):

$$\{Q\}_{(R\theta\phi)}=[T]_{(R\theta\phi)}^{(r\theta z)}\{Q\}_{(r\theta z)}=\left([T]_{(r\theta z)}^{(xyz)}[T]_{(xyz)}^{(R\theta\phi)}\right)^{-1}\{Q\}_{(r\theta z)},$$

donde:

$$[T]_{(R\theta\phi)}^{(r\theta z)}=\left([T]_{(xyz)}^{(R\theta\phi)}\right)^{-1}\left([T]_{(r\theta z)}^{(xyz)}\right)^{-1}=[T]_{(R\theta\phi)}^{(xyz)}\,[T]_{(xyz)}^{(r\theta z)}. \tag{1.110}$$

Introduzindo as matrizes de transformação dadas nas Equações (1.96) e (1.105) na Equação (1.110), temos:

$$\left[T\right]_{(R\theta\phi)}^{(r\theta z)}=\begin{bmatrix}\cos\phi & 0 & \text{sen}\phi\\ 0 & 1 & 0\\ -\text{sen}\phi & 0 & \cos\phi\end{bmatrix}. \tag{1.111}$$

EXEMPLO 1.21

No instante $t = 0$, a antena telescópica do Exemplo 1.20 se encontra na posição vertical, orientada na direção do eixo z, com comprimento $\ell_0 = 0{,}5$ m. A partir deste instante, passa a girar em torno do eixo vertical com velocidade angular constante $\omega = 2{,}0$ rad/s, no sentido indicado na Figura 1.63 e, ao mesmo tempo, é baixada à razão constante $\dot{\beta} = 0{,}4$ rad/s e estendida à taxa constante $\dot{\ell} = 0{,}2$ m/s. Propõe-se: **a)** traçar as curvas representando as componentes x, y e z dos vetores posição, velocidade e aceleração da extremidade da antena, A, no intervalo [0; 2,5 s]; **b)** traçar a curva representando a trajetória da extremidade A no intervalo [0; 2,5 s].

Resolução

Resolveremos o exercício expressando primeiramente os vetores posição, velocidade e aceleração em coordenadas esféricas e, em seguida, faremos a transformação das componentes destes vetores para o sistema de coordenadas cartesianas utilizando a formulação desenvolvida na Subseção 1.8.4.

Dado que:

$$R(t)=\ell_0+\dot{\ell}t=0{,}5+0{,}2t\ [\text{s;m}];\quad \dot{R}(t)=\dot{\ell}=0{,}2\ [\text{m/s}];\quad \ddot{R}(t)=0,$$

$$\theta(t)=\omega t=2{,}0t\ [\text{s;rad}];\quad \dot{\theta}(t)=2{,}0\ [\text{rad/s}];\quad \ddot{\theta}(t)=0,$$

$$\phi(t)=\frac{\pi}{2}-\dot{\beta}t=\frac{\pi}{2}-0{,}4t\ [\text{s; rad}];\quad \dot{\phi}(t)=-0{,}4\ [\text{rad/s}];\quad \ddot{\phi}(t)=0,$$

de acordo com as Equações (1.85) e (1.90), temos:

$$R(t) = 0{,}50 + 0{,}20t \text{ [m]}, \quad \textbf{(a)}$$

$$\begin{cases} v_R(t) = 0{,}20 \ [\text{m/s}] \\ v_\theta(t) = (1{,}00 + 0{,}40t) \cdot \cos\left(\dfrac{\pi}{2} - 0{,}40t\right) \ [\text{m/s}], \\ v_\phi(t) = -0{,}20 - 0{,}08t \ [\text{m/s}] \end{cases} \quad \textbf{(b)}$$

$$\begin{cases} a_R(t) = -0{,}08 - 0{,}032t - (2{,}00 + 0{,}80t) \cdot \cos^2\left(\dfrac{\pi}{2} - 0{,}40t\right) \ [\text{m/s}^2] \\ a_\theta(t) = 0{,}80 \cdot \cos\left(\dfrac{\pi}{2} - 0{,}40t\right) + (0{,}80 + 0{,}32t) \cdot \text{sen}\left(\dfrac{\pi}{2} - 0{,}40t\right) \ [\text{m/s}^2]. \\ a_\phi(t) = -0{,}16 + (2{,}00 + 0{,}80t) \cdot \text{sen}\left(\dfrac{\pi}{2} - 0{,}40t\right) \cdot \cos\left(\dfrac{\pi}{2} - 0{,}40t\right) \ [\text{m/s}^2] \end{cases} \quad \textbf{(c)}$$

De acordo com as Equações (1.102) e (1.103), as componentes do vetor $\vec{r}(t)$, expressas nos dois sistemas de coordenadas considerados, são relacionadas da seguinte forma:

$$\{r\}_{(xyz)} = [T]_{(xyz)}^{(R\theta\phi)} \{r\}_{(R\theta\phi)},$$

ou, mais detalhadamente:

$$\begin{Bmatrix} x(t) \\ y(t) \\ z(t) \end{Bmatrix} = \begin{bmatrix} \cos\phi(t)\cos\theta(t) & -\text{sen}\theta(t) & -\text{sen}\phi(t)\cos\theta(t) \\ \cos\phi(t)\text{sen}\theta(t) & \cos\theta(t) & -\text{sen}\phi(t)\text{sen}\theta(t) \\ \text{sen}\phi(t) & 0 & \cos\phi(t) \end{bmatrix} \begin{Bmatrix} R(t) \\ 0 \\ 0 \end{Bmatrix}. \quad \textbf{(d)}$$

De forma semelhante, as transformações das componentes dos vetores velocidade e aceleração conduzem a:

$$\begin{Bmatrix} v_x(t) \\ v_y(t) \\ v_z(t) \end{Bmatrix} = \begin{bmatrix} \cos\phi(t)\cos\theta(t) & -\text{sen}\theta(t) & -\text{sen}\phi(t)\cos\theta(t) \\ \cos\phi(t)\text{sen}\theta(t) & \cos\theta(t) & -\text{sen}\phi(t)\text{sen}\theta(t) \\ \text{sen}\phi(t) & 0 & \cos\phi(t) \end{bmatrix} \begin{Bmatrix} v_R(t) \\ v_\theta(t) \\ v_\phi(t) \end{Bmatrix}, \quad \textbf{(e)}$$

$$\begin{Bmatrix} a_x(t) \\ a_y(t) \\ a_z(t) \end{Bmatrix} = \begin{Bmatrix} a_R(t)\cos\phi(t)\cos\theta(t) - a_\theta(t)\text{sen}\theta(t) - a_\phi(t)\text{sen}\phi(t)\cos\theta(t) \\ a_R(t)\cos\phi(t)\text{sen}\theta(t) + a_\theta(t)\cos\theta(t) - a_\phi(t)\text{sen}\phi(t)\text{sen}\theta(t) \\ a_R(t)\text{sen}\phi(t) + a_\phi(t)\cos\phi(t) \end{Bmatrix}. \quad \textbf{(f)}$$

Associando as equações (a) a (f), obtemos as componentes dos vetores posição, velocidade e aceleração da extremidade da antena, cujas representações gráficas, obtidas por meio do programa MATLAB® **exemplo_1_21.m**, são mostradas nas Figuras 1.67 a 1.70.

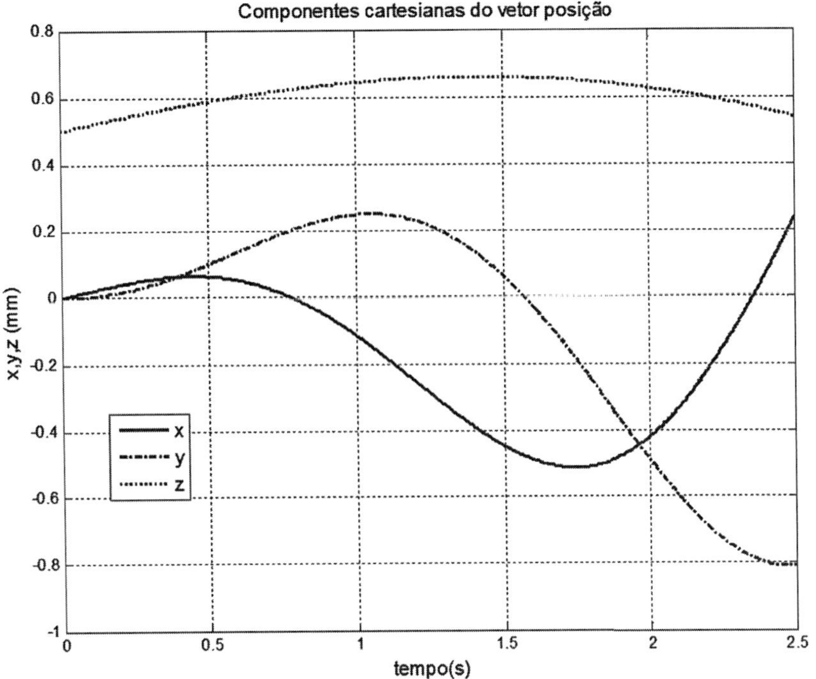

FIGURA 1.67 Gráficos mostrando as componentes do vetor posição da extremidade da antena.

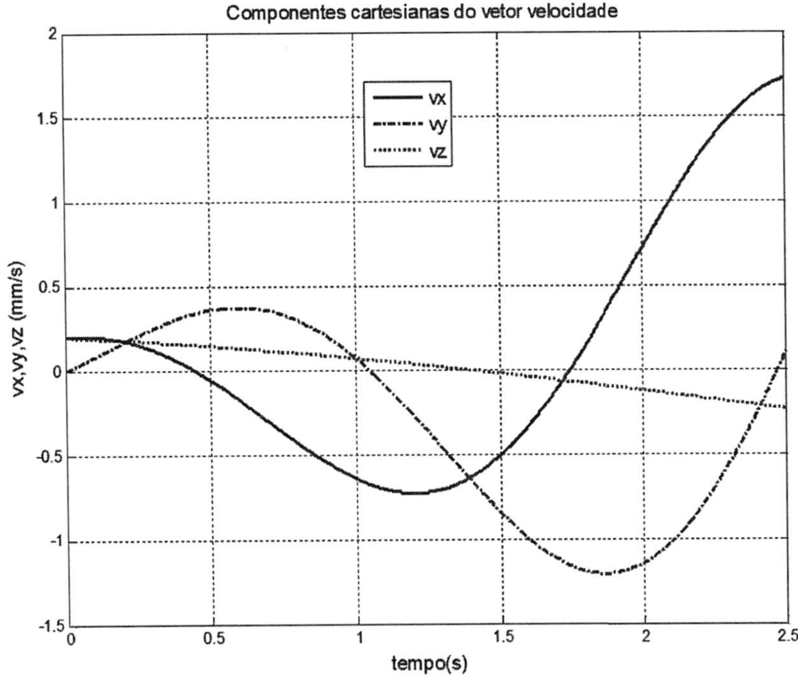

FIGURA 1.68 Gráficos mostrando as componentes do vetor velocidade da extremidade da antena.

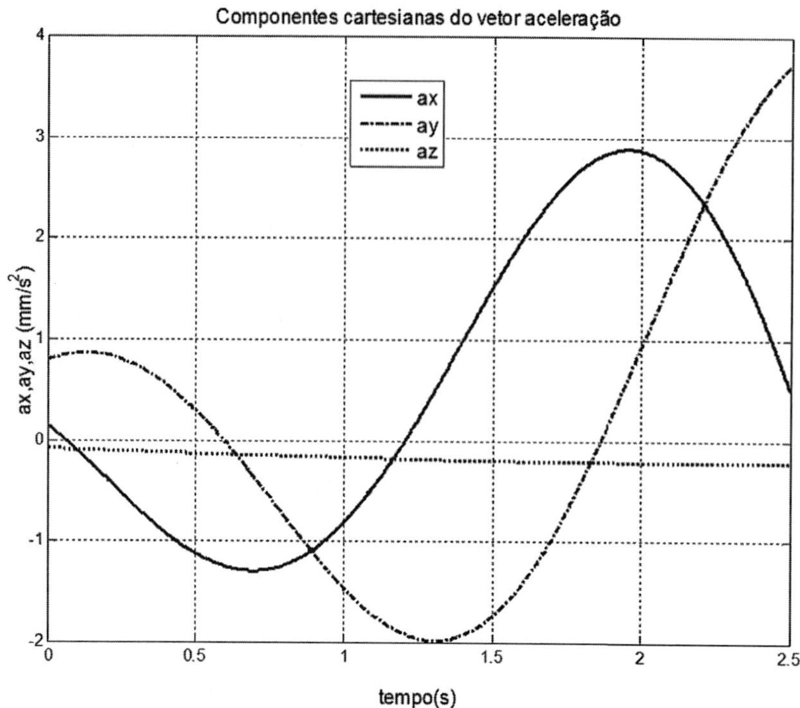

FIGURA 1.69 Gráficos mostrando as componentes do vetor aceleração da extremidade da antena.

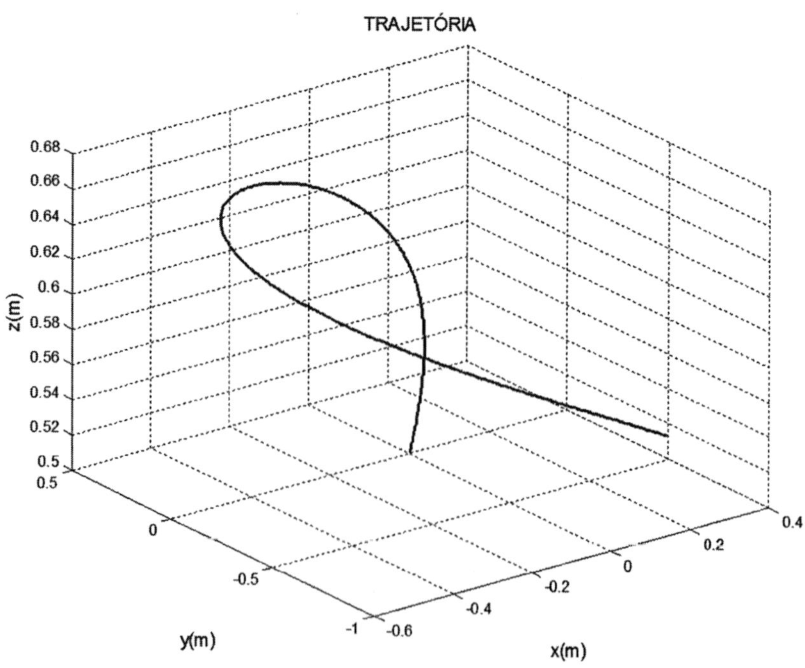

FIGURA 1.70 Gráfico mostrando a trajetória da extremidade da antena.

1.9 Cinemática da partícula empregando sistemas de referência móveis. Movimento Relativo

Nas seções anteriores deste capítulo os sistemas de referência utilizados foram considerados fixos e, portanto, as grandezas cinemáticas observadas a partir deles foram consideradas absolutas. Todavia, em grande número de casos, os sistemas de referência empregados estão animados de algum tipo de movimento. Assim, por exemplo, os sistemas de referência que adotamos fixos à Terra são, na verdade, sistemas móveis, uma vez que a Terra está desenvolvendo um movimento complexo no espaço.

Na maioria dos problemas de Engenharia, o movimento da Terra pode ser negligenciado (por exemplo, no estudo do movimento dos componentes de uma máquina ou mecanismo). Em outros problemas, contudo, a consideração do movimento do planeta é de fundamental importância. Tal é o caso, por exemplo, de problemas envolvendo o movimento de satélites artificiais e de correntes marítimas e atmosféricas.

O movimento em relação aos sistemas de referência móveis é usualmente chamado *movimento relativo*. Para facilitar o entendimento, estudaremos primeiramente o movimento relativo plano (em duas dimensões) e, em seguida, o movimento relativo espacial (em três dimensões). Consideraremos, também, separadamente, os diversos tipos de movimento que os sistemas de referência móveis podem apresentar, em ordem crescente de complexidade: translação, rotação e movimento geral (translação e rotação).

1.9.1 Movimento relativo plano. Eixos de referência em translação

Consideremos o movimento curvilíneo plano de duas partículas A e P, cujas posições são mostradas na Figura 1.71, na qual são indicados dois sistemas de referência, OXY e Axy.

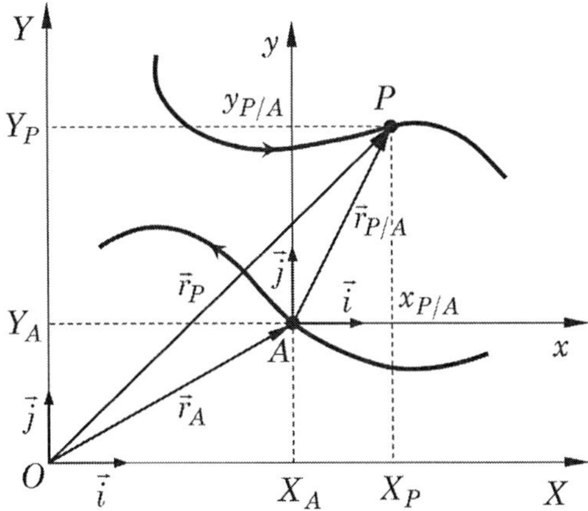

FIGURA 1.71 Representação do movimento relativo plano empregando eixos de referência em translação.

Admitiremos que o sistema OXY seja fixo, e que a posição de sua origem tenha sido escolhida arbitrariamente. Além disso, o sistema Axy tem sua origem fixada à partícula A, de sorte que, quando a partícula A se desloca, os eixos do sistema Axy também se movem, conservando, porém, suas direções inalteradas em relação ao sistema fixo OXY. Dizemos, neste caso, que o sistema de referência Axy desenvolve movimento de translação em relação ao sistema de referência fixo OXY.

Podemos admitir, sem perda de generalidade, que os eixos dos dois sistemas permaneçam sempre paralelos.

Os vetores $\vec{r}_A$ e $\vec{r}_P$ definem, respectivamente, as posições das partículas A e P em relação ao sistema de eixos fixos OXY, e o vetor $\vec{r}_{P/A}$ define a posição da partícula P em relação ao sistema Axy, ou, de forma equivalente, a posição da partícula P em relação à partícula A.

Buscaremos estabelecer relações entre as posições, velocidades e acelerações de ambas as partículas, observadas no sistema de referência fixo, e as correspondentes observadas no sistema de referência móvel.

Do triângulo de vetores mostrado na Figura 1.71, extraímos a relação:

$$\vec{r}_P = \vec{r}_A + \vec{r}_{P/A}. \tag{1.112}$$

Como os dois sistemas de eixos permanecem paralelos, podemos associar a ambos uma única base de vetores unitários $(\vec{i}, \vec{j})$. Deste modo, os três vetores que figuram na Equação (1.112) podem ser decompostos da seguinte forma:

$$\vec{r}_A = X_A \vec{i} + Y_A \vec{j}, \tag{1.113.a}$$

$$\vec{r}_P = X_P \vec{i} + Y_P \vec{j}, \tag{1.113.b}$$

$$\vec{r}_{P/A} = x_{P/A} \vec{i} + y_{P/A} \vec{j}. \tag{1.113.c}$$

Substituindo as Equações (1.113) na Equação (1.112) e igualando os coeficientes dos vetores unitários em ambos os lados da equação vetorial resultante, obtemos as seguintes equações escalares, que relacionam as componentes dos vetores posição das partículas A e P em relação aos dois sistemas de referência indicados:

$$X_P = X_A + x_{P/A}, \tag{1.114.a}$$

$$Y_P = Y_A + y_{P/A}. \tag{1.114.b}$$

Derivando a Equação (1.112) em relação ao tempo temos:

$$\dot{\vec{r}}_P = \dot{\vec{r}}_A + \dot{\vec{r}}_{P/A};$$

ou:

$$\vec{v}_P\big|_{OXY} = \vec{v}_A\big|_{OXY} + \vec{v}_P\big|_{Axy}; \tag{1.115}$$

onde $\vec{v}_P\big|_{OXY}$ e $\vec{v}_A\big|_{OXY}$ são as velocidades das partículas A e P, respectivamente, em relação ao sistema fixo OXY e $\vec{v}_P\big|_{Axy}$ é a velocidade de P em relação ao sistema móvel Axy.

Para obter $\vec{v}_P\big|_{OXY}$, $\vec{v}_A\big|_{OXY}$ e $\vec{v}_P\big|_{Axy}$ derivamos as Equações (1.113), levando em conta, mais uma vez, que os vetores $\vec{i}$ e $\vec{j}$ são invariáveis:

$$\vec{v}_P\big|_{OXY} = \dot{X}_P \vec{i} + \dot{Y}_P \vec{j}; \tag{1.116.a}$$

$$v_A\big|_{OXY} = \dot{X}_A \vec{i} + \dot{Y}_A \vec{j}; \tag{1.116.b}$$

$$\vec{v}_P\big|_{Axy} = \dot{x}_{P/A} \vec{i} + \dot{y}_{P/A} \vec{j}. \tag{1.116.c}$$

Substituindo as Equações (1.116) na Equação (1.115) e igualando os coeficientes dos vetores unitários de ambos os lados da equação vetorial resultante, obtemos as seguintes relações entre as componentes das velocidades das partículas P e A em relação ao sistema de referência fixo Oxy e as componentes da velocidade da partícula P em relação ao sistema de referência móvel Axy:

$$\dot{X}_P = \dot{X}_A + \dot{x}_{P/A}, \tag{1.117.a}$$

$$\dot{Y}_P = \dot{Y}_A + \dot{y}_{P/A}. \tag{1.117.b}$$

Seguindo procedimento análogo, para as acelerações absolutas e relativas, após derivação da Equação (1.115) em relação ao tempo, escrevemos:

$$\vec{a}_P\big|_{OXY} = \vec{a}_A\big|_{OXY} + \vec{a}_P\big|_{Axy}, \tag{1.118}$$

com:

$$\vec{a}_P\big|_{OXY} = \ddot{X}_P\,\vec{i} + \ddot{Y}_P\,\vec{j}, \tag{1.119.a}$$

$$\vec{a}_A\big|_{OXY} = \ddot{X}_A\,\vec{i} + \ddot{Y}_A\,\vec{j}, \tag{1.119.b}$$

$$\vec{a}_P\big|_{Axy} = \ddot{x}_{P/A}\,\vec{i} + \ddot{y}_{P/A}\,\vec{j}. \tag{1.119.c}$$

Substituindo as Equações (1.119) na Equação (1.118), obtemos as seguintes relações entre as componentes das acelerações das partículas A e P em relação ao sistema de referência fixo OXY e as componentes da aceleração da partícula P em relação ao sistema de referência móvel Axy:

$$\ddot{X}_P = \ddot{X}_A + \ddot{x}_{P/A}; \tag{1.120.a}$$

$$\ddot{Y}_P = \ddot{Y}_A + \ddot{y}_{P/A}. \tag{1.120.b}$$

É importante ressaltar que, embora o desenvolvimento apresentado tenha sido feito em termos de coordenadas cartesianas, o conceito de movimento relativo pode ser estendido a qualquer outro tipo de sistema de coordenadas anteriormente estudado neste capítulo.

EXEMPLO 1.22

Conforme ilustrado na Figura 1.72, o carro A percorre uma curva de raio 100 m com velocidade de módulo constante de 80 km/h. Quando A se encontra na posição ilustrada, outro carro B se aproxima do cruzamento com velocidade também constante de 70 km/h. Na posição ilustrada, determinar: **a)** a velocidade que o carro A parece ter para um ocupante do carro B; **b)** a aceleração que o carro A parece ter para um ocupante do carro B.

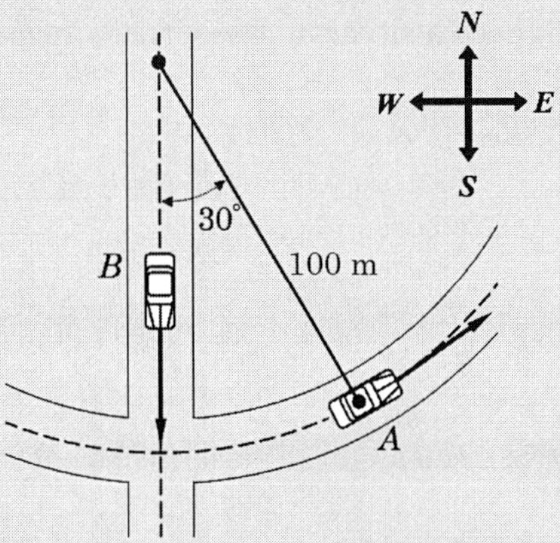

FIGURA 1.72 Ilustração do movimento relativo entre dois carros.

Resolução

A velocidade e a aceleração que o carro A parece ter para um ocupante do carro B devem ser entendidas como a velocidade de A em relação a B e a aceleração de A em relação B, respectivamente. Trata-se, portanto, de um problema que envolve movimento relativo plano entre dois corpos tratados como partículas.

Como o carro B segue uma trajetória retilínea, um sistema de referência Bxy preso a ele estará em movimento de translação. Assim, resolveremos o problema utilizando a teoria apresentada na Subseção 1.9.1, definindo os dois sistemas de referência ilustrados na Figura 1.73: o sistema OXY, fixo à Terra, e o sistema Bxy, preso ao carro B, em movimento de translação em relação à Terra.

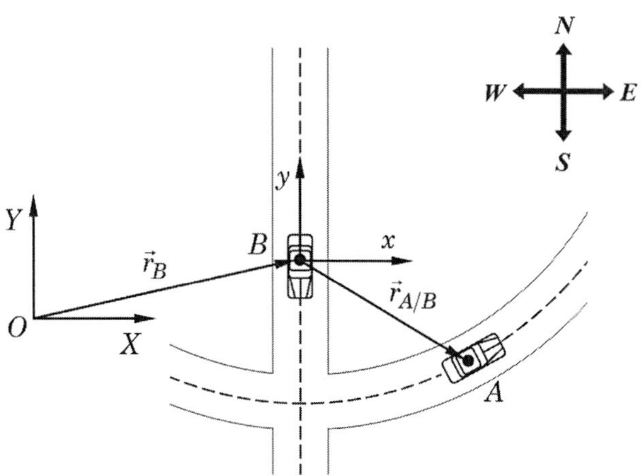

FIGURA 1.73 Esquema e resolução do Exemplo 1.22.

a) Em conformidade com os dados do problema, as velocidades em relação ao sistema OXY dos carros A e B são expressas da seguinte forma, em termos de suas componentes nas direções dos eixos indicados:

$$\vec{v}_A\Big|_{OXY} = \frac{80}{3{,}6}\left(\cos 30^\circ\,\vec{i} + \text{sen}\,30^\circ\,\vec{j}\right)\ [\text{m/s}], \qquad \textbf{(a)}$$

$$\vec{v}_B\Big|_{OXY} = -\frac{70}{3{,}6}\vec{j}\ [\text{m/s}]. \qquad \textbf{(b)}$$

Adaptando a Equação (1.115) para a situação presente, escrevemos:

$$\vec{v}_A\Big|_{OXY} = \vec{v}_B\Big|_{OXY} + \vec{v}_A\Big|_{Bxy} \Rightarrow \vec{v}_A\Big|_{Bxy} = \vec{v}_A\Big|_{OXY} - \vec{v}_B\Big|_{OXY}. \qquad \textbf{(c)}$$

Associando as equações (a) a (c), temos:

$$\vec{v}_A\Big|_{Bxy} = \frac{80}{3{,}6}\cos 30^\circ\,\vec{i} + \left(\frac{80}{3{,}6}\text{sen}30^\circ + \frac{70}{3{,}6}\right)\vec{j} \Rightarrow \vec{v}_A\Big|_{Bxy} = 19{,}2\vec{i} + 30{,}6\vec{j}\ [\text{m/s}].$$

O módulo da velocidade relativa e seu ângulo de orientação em relação à direção Leste-Oeste são:

$$\left\|\vec{v}_A\Big|_{Bxy}\right\| = \sqrt{19{,}2^2 + 30{,}6^2} \Rightarrow \boxed{\left\|\vec{v}_A\Big|_{Bxy}\right\| = 36{,}1\ \text{m/s}};\ \theta = \text{arctg}\,\frac{30{,}6}{19{,}2} = 57{,}9^\circ.$$

$\vec{v}_{A/B}$ θ W E

b) Quanto às acelerações, devemos considerar que o carro A descreve movimento circular com velocidade de módulo constante. Então, com base nas Equações (1.52), concluímos que sua aceleração apresenta apenas a componente normal, sendo representada por um vetor que aponta para o centro de curvatura da trajetória. Assim, escrevemos:

$$\vec{a}_A\big|_{OXY} = \frac{(80/3{,}6)^2}{100}\vec{i}_n = 4{,}9\,\vec{i}_n \quad \left[\text{m/s}^2\right].$$

Em termos de componentes nas direções dos eixos cartesianos, escrevemos:

$$\vec{a}_A\big|_{OXY} = \frac{(80/3{,}6)^2}{100}\left(-\text{sen}\,30°\,\vec{i} + \cos 30°\vec{j}\right) \Rightarrow \vec{a}_A\big|_{OXY} = -2{,}5\vec{i} + 4{,}2\vec{j} \quad \left[\text{m/s}^2\right].$$

Além disso, o carro B se move em uma trajetória retilínea com aceleração nula:

$$\vec{a}_B\big|_{OXY} = \vec{0}.$$

Adaptando a Equação (1.118) para a situação considerada, escrevemos:

$$\vec{a}_A\big|_{OXY} = \vec{a}_B\big|_{OXY} + \vec{a}_A\big|_{Bxy} \Rightarrow \vec{a}_A\big|_{Bxy} = \vec{a}_A\big|_{OXY} - \vec{a}_B\big|_{OXY} \Rightarrow$$

$$\Rightarrow \vec{a}_A\big|_{Bxy} = -2{,}5\vec{i} + 4{,}2\vec{j} \Rightarrow \vec{a}_A\big|_{Bxy} = -2{,}5\vec{i} + 4{,}2\vec{j} \quad \left[\text{m/s}^2\right].$$

O módulo da aceleração relativa e seu ângulo de orientação em relação à direção Leste-Oeste são:

$$\left\|\vec{a}_A\big|_{Bxy}\right\| = \sqrt{2{,}5^2 + 4{,}2^2} \Rightarrow \boxed{\left\|\vec{a}_A\big|_{Bxy}\right\| = 4{,}9\ \text{m/s}^2}\ ; \quad \theta = \text{arctg}\frac{4{,}2}{2{,}5} = 59{,}2°.$$

1.9.2 Movimento relativo plano. Eixos de referência em rotação

Com relação à Figura 1.74, consideremos dois sistemas de referência com origem comum O: o sistema OXY, admitido fixo, e o sistema Oxy, que executa um movimento de rotação em torno do eixo perpendicular ao plano da figura, passando pela origem O, com velocidade angular instantânea $\vec{\Omega}$, podendo o módulo de $\vec{\Omega}$ ser constante ou variável com o tempo. Vale lembrar que, de acordo com o exposto na Seção 1.3, esta velocidade angular é representada por um vetor perpendicular ao plano xy, com seu módulo dado por $\Omega = \dot{\theta}$, onde θ é o ângulo indicado na Figura 1.74, de sorte que podemos escrever $\vec{\Omega} = \dot{\theta}\vec{k}$.

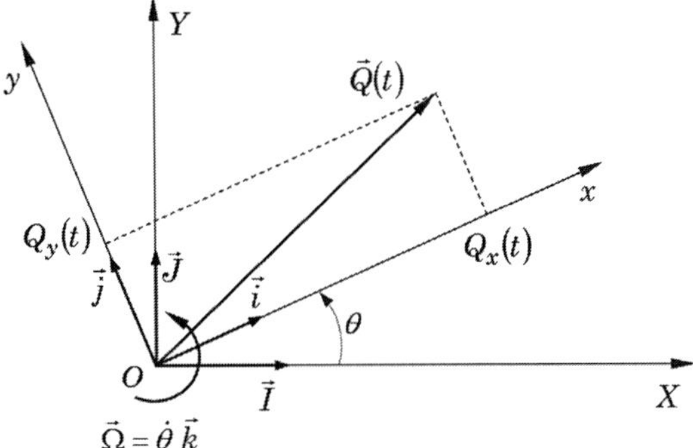

FIGURA 1.74 Representação de uma quantidade vetorial $\vec{Q}$ e dois sistemas de referência, sendo um deles fixo e outro rotativo.

Na mesma figura são também mostradas as bases de vetores unitários ($\vec{I}$, $\vec{J}$), associados aos eixos fixos OXY e ($\vec{i}, \vec{j}$), associados aos eixos rotativos Oxy.

Considerando uma grandeza vetorial qualquer $\vec{Q}(t)$, indicada na Figura 1.74, é fácil perceber que dois observadores, um posicionado no sistema fixo e outro posicionado no sistema móvel, verão, de maneiras diferentes, a variação do vetor $\vec{Q}(t)$ com o tempo.

Designando por $\dot{\vec{Q}}\Big|_{OXY} = \dfrac{d\vec{Q}}{dt}\Big|_{OXY}$ a derivada temporal de $\vec{Q}(t)$ em relação ao sistema fixo OXY e $\dot{\vec{Q}}\Big|_{Oxy} = \dfrac{d\vec{Q}}{dt}\Big|_{Oxy}$ a derivada temporal de $\vec{Q}(t)$ em relação ao sistema rotativo Oxy, pretendemos, inicialmente, obter a relação existente entre estas duas derivadas.

Para tanto, expressamos $\vec{Q}(t)$ em termos de suas componentes nas direções dos eixos rotativos x e y, da seguinte forma:

$$\vec{Q}(t) = Q_x(t)\,\vec{i} + Q_y(t)\,\vec{j}\,. \qquad (1.121)$$

Em relação ao sistema rotativo, os vetores $\vec{i}$ e $\vec{j}$ são constantes, uma vez que seus módulos não variam e estes vetores giram com a mesma velocidade angular deste sistema de eixos. Assim, derivando a Equação (1.121) em relação ao tempo, considerando os vetores $\vec{i}$ e $\vec{j}$ constantes, obtemos a derivada temporal do vetor $\vec{Q}(t)$ em relação ao sistema rotativo, ou seja:

$$\dot{\vec{Q}}\Big|_{Oxy} = \dot{Q}_x(t)\,\vec{i} + \dot{Q}_y(t)\,\vec{j}\,. \qquad (1.122)$$

Por outro lado, em relação ao sistema fixo OXY, observa-se variação nas direções dos vetores $\vec{i}$ e $\vec{j}$ quando o sistema Axy gira. Então, para obter a derivada temporal de $\vec{Q}(t)$ em relação a este sistema de referência, derivamos a Equação (1.121) em relação ao tempo considerando os vetores $\vec{i}$ e $\vec{j}$ variáveis. Assim, escrevemos:

$$\dot{\vec{Q}}\Big|_{OXY} = \dot{Q}_x(t)\,\vec{i} + \dot{Q}_y(t)\,\vec{j} + Q_x(t)\,\frac{d\vec{i}}{dt} + Q_y(t)\,\frac{d\vec{j}}{dt}\,. \qquad (1.123)$$

Utilizando a Equação (1.122), a Equação (1.123) pode ser escrita sob a forma:

$$\dot{\vec{Q}}\Big|_{OXY} = \dot{\vec{Q}}\Big|_{Oxy} + Q_x\,\frac{d\vec{i}}{dt} + Q_y\,\frac{d\vec{j}}{dt}\,. \qquad (1.124)$$

Levando em conta que os vetores unitários $\vec{i}$ e $\vec{j}$ estão girando em torno do eixo que passa por O com velocidade angular $\vec{\Omega} = \dot{\theta}\,\vec{k}$, obtemos as derivadas $\dfrac{d\vec{i}}{dt}$ e $\dfrac{d\vec{j}}{dt}$ utilizando a Equação (1.26):

$$\frac{d\vec{i}}{dt} = \vec{\Omega} \times \vec{i}\,; \qquad (1.125)$$

$$\frac{d\vec{j}}{dt} = \vec{\Omega} \times \vec{j}\,. \qquad (1.126)$$

Introduzindo as Equações (1.125) e (1.126) na Equação (1.124), a equação resultante pode ser posta sob a forma:

$$\dot{\vec{Q}}\Big|_{OXY} = \dot{\vec{Q}}\Big|_{Oxy} + \vec{\Omega} \times \left[Q_x\vec{i} + Q_y\vec{j}\right], \qquad (1.127)$$

ou, ainda, levando em conta a Equação (1.121), escrevemos:

$$\left.\dot{\vec{Q}}\right|_{OXY} = \left.\dot{\vec{Q}}\right|_{Oxy} + \vec{\Omega} \times \vec{Q}. \tag{1.128}$$

A Equação (1.128) estabelece a relação entre a derivada temporal do vetor $\vec{Q}(t)$, calculada em relação ao sistema de referência fixo, e a derivada temporal do mesmo vetor, calculada em relação ao sistema de referência rotativo.

Consideremos agora o movimento de uma partícula P examinado por dois observadores distintos posicionados nos dois sistemas de referência considerados. Designando por $\vec{r}_P$ o vetor posição da partícula, a Equação (1.128), com $\vec{Q}$ substituído por $\vec{r}_P$, fica:

$$\left.\dot{\vec{r}}_P\right|_{OXY} = \left.\dot{\vec{r}}_P\right|_{Oxy} + \vec{\Omega} \times \vec{r}_P, \tag{1.129}$$

onde $\left.\dot{\vec{r}}_P\right|_{OXY}$ representa a velocidade de P em relação ao sistema fixo OXY, enquanto $\left.\dot{\vec{r}}_P\right|_{Oxy}$ representa a velocidade de P em relação ao sistema rotativo Oxy.

Para melhor entendimento do significado dos vetores presentes na Equação (1.129), consideremos a situação hipotética ilustrada na Figura 1.75, na qual observamos uma placa plana que gira em torno do eixo fixo perpendicular ao plano da figura e que passa por O, com velocidade angular instantânea $\vec{\Omega} = \Omega\vec{k}$ e aceleração angular instantânea $\dot{\vec{\Omega}} = \dot{\Omega}\vec{k}$.

A placa dispõe de uma ranhura dentro da qual se move uma partícula P. Evidentemente, o movimento absoluto da partícula P resulta da composição de seu movimento ao longo da ranhura com o movimento de rotação da placa.

É importante observar que a situação considerada, embora seja hipotética, aplica-se a um bom número de problemas práticos, conforme será evidenciado nos exemplos que serão apresentados posteriormente.

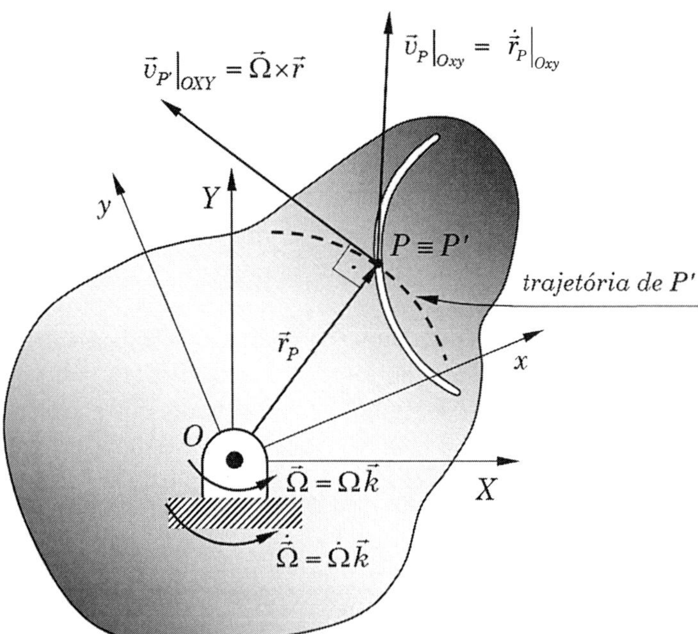

FIGURA 1.75 Representação das componentes de velocidade no movimento relativo de uma partícula empregando eixos de referência em rotação.

Para a análise cinemática da situação apresentada, consideremos um sistema de referência de orientação fixa, *OXY*, cuja origem fazemos coincidir com o ponto *O*, em torno do qual a placa gira, e um sistema *Oxy*, solidário à placa. Assim sendo, este último está animado de movimento de rotação em torno do eixo perpendicular ao plano *XY*, com a mesma velocidade e aceleração angulares da placa.

Para um observador no sistema *Oxy*, ou seja, posicionado sobre a placa, girando com ela, a partícula *P* descreve a trajetória determinada pela ranhura, movendo-se com a velocidade $\dot{\vec{r}}_P\big|_{Oxy}$, que tem a direção da tangente à ranhura na posição ocupada instantaneamente por *P*. Indicaremos esta velocidade em relação a *Oxy* por $\vec{v}_P\big|_{Oxy}$.

Além disso, designaremos por *P'* o ponto que coincide instantaneamente com *P* e pertence à placa. Podemos interpretar este ponto *P'* como o ponto da borda da ranhura que está em contato com *P* no instante considerado.

Vemos que, em relação ao sistema fixo *OXY*, o ponto *P'* descreve movimento circular com centro em *O*, sendo este movimento determinado pela rotação do segmento *OP* em torno de *O*.

Com base na Equação (1.71), que representa a velocidade de uma partícula descrevendo movimento circular, concluímos que o vetor $\vec{\Omega}\times\vec{r}_P$ representa a velocidade deste ponto *P'*, em relação ao sistema fixo *OXY*, ou seja, $\vec{v}_{P'}\big|_{OXY} = \vec{\Omega}\times\vec{r}_P$.

Este vetor é tangente à trajetória circular, mostrada em linha tracejada na Figura 1.75, ou seja, ele é perpendicular ao vetor $\vec{r}_P$, e seu sentido é determinado pelo sentido de rotação da placa.

Com base nestas interpretações, podemos reescrever a Equação (1.129) sob a forma:

$$\vec{v}_P\big|_{OXY} = \vec{v}_P\big|_{Oxy} + \vec{v}_{P'}\big|_{OXY}, \tag{1.130}$$

onde, sumarizando:

- $\vec{v}_P\big|_{OXY} = \dot{\vec{r}}_P\big|_{OXY}$ é a velocidade de *P* em relação ao sistema fixo;
- $\vec{v}_P\big|_{Oxy} = \dot{\vec{r}}_P\big|_{Oxy}$ é a velocidade de *P* em relação ao sistema rotativo;
- $\vec{v}_{P'}\big|_{OXY} = \vec{\Omega}\times\vec{r}_P$ é a velocidade, em relação ao sistema fixo, do ponto *P'*, pertencente à placa, que coincide instantaneamente com o ponto *P*.

A análise geral da formulação e da situação ilustrativa apresentada mostra que a velocidade de *P* em relação ao sistema fixo pode ser obtida por superposição das velocidades obtidas em duas situações particularizadas: na primeira, consideramos a partícula bloqueada dentro da ranhura e a placa girando. Nesta situação, a partícula executa apenas movimento circular e sua velocidade é dada pelo termo $\vec{v}_{P'}\big|_{OXY} = \vec{\Omega}\times\vec{r}_P$; na segunda, consideramos a placa estacionária, sem rotação, de modo que a partícula executa apenas o movimento ao longo da ranhura, tendo a velocidade dada pelo termo $\vec{v}_P\big|_{Oxy} = \dot{\vec{r}}_P\big|_{Oxy}$.

Devemos, entretanto, adiantar que esta superposição não se aplica estritamente à análise de acelerações, conforme demonstraremos a seguir.

Passando à análise de acelerações, observamos primeiramente que a aceleração de *P* em relação ao sistema de referência fixo *OXY* é dada pela derivada temporal de $\vec{v}_P$ em relação a este sistema. Computando a derivada temporal da Equação (1.129) em relação a *OXY*, e fazendo algumas manipulações, escrevemos:

$$\begin{aligned}\vec{a}_P\big|_{OXY} &= \dot{\vec{v}}_P\big|_{OXY} = \frac{d}{dt}\left[\dot{\vec{r}}_P\big|_{Oxy} + \vec{\Omega}\times\vec{r}_P\right]_{OXY} = \frac{d}{dt}\left[\dot{\vec{r}}_P\big|_{Oxy}\right]_{OXY} + \frac{d}{dt}\left[\vec{\Omega}\times\vec{r}_P\right]_{OXY} \\ &= \frac{d}{dt}\left[\dot{\vec{r}}_P\big|_{Oxy}\right]_{OXY} + \frac{d}{dt}\left[\vec{\Omega}\right]_{OXY}\times\vec{r}_P + \vec{\Omega}\times\frac{d}{dt}\left[\vec{r}_P\right]_{OXY}.\end{aligned} \tag{1.131}$$

Em seguida, utilizamos a Equação (1.128) para desenvolver cada uma das parcelas do lado direito da Equação (1.131), conforme mostrado abaixo:

- $\frac{d}{dt}\left[\dot{\vec{r}}_P\Big|_{Oxy}\right]_{OXY} = \ddot{\vec{r}}_P\Big|_{Oxy} + \vec{\Omega}\times\dot{\vec{r}}_P\Big|_{Oxy}$;
- $\frac{d}{dt}\left[\vec{\Omega}\right]_{OXY} = \dot{\vec{\Omega}}\Big|_{OXY} = \dot{\vec{\Omega}}$;
- $\vec{\Omega}\times\frac{d}{dt}\left[\vec{r}_P\right]_{OXY} = \vec{\Omega}\times\left[\dot{\vec{r}}_P\Big|_{Oxy} + \vec{\Omega}\times\vec{r}_P\right] = \vec{\Omega}\times\dot{\vec{r}}_P\Big|_{Oxy} + \vec{\Omega}\times\left(\vec{\Omega}\times\vec{r}_P\right)$.

Substituindo as três equações acima na Equação (1.131), obtemos, após rearranjos:

$$\vec{a}_P\Big|_{OXY} = \ddot{\vec{r}}_P\Big|_{Oxy} + \dot{\vec{\Omega}}\times\vec{r}_P + \vec{\Omega}\times\left(\vec{\Omega}\times\vec{r}_P\right) + 2\vec{\Omega}\times\dot{\vec{r}}_P\Big|_{Oxy}. \tag{1.132}$$

De forma similar ao que foi feito para a velocidade, a Equação (1.132) pode ser reescrita da seguinte forma:

$$\vec{a}_P\Big|_{OXY} = \vec{a}_P\Big|_{Oxy} + \underbrace{\vec{a}^{\,t}_{P'}\Big|_{OXY} + \vec{a}^{\,n}_{P'}\Big|_{OXY}}_{\vec{a}_{P'}|_{OXY}} + \vec{a}_C. \tag{1.133}$$

Os termos que figuram nesta equação são interpretados como segue, com o auxílio da Figura 1.76:

- $\vec{a}_P\Big|_{OXY} = \ddot{\vec{r}}_P\Big|_{OXY}$ é a aceleração de P em relação ao sistema de referência fixo OXY;
- $\vec{a}_P\Big|_{Oxy} = \ddot{\vec{r}}_P\Big|_{Oxy}$ é a aceleração de P em relação ao sistema de referência rotativo Oxy, determinada pelo movimento de P ao longo da ranhura. Sendo esta ranhura curvilínea, $\vec{a}_P\Big|_{Oxy}$ pode, no caso mais geral, ser decomposta em duas componentes:
  - $\vec{a}^{\,t}_P\Big|_{Oxy} = \frac{d\,\vec{v}_P\big|_{Oxy}}{dt}\vec{i}_t$ componente tangencial da aceleração de P em relação ao sistema de referência rotativo; tem a direção da tangente à ranhura na posição instantaneamente ocupada por P;
  - $\vec{a}^{\,n}_P\Big|_{Oxy} = \frac{\left\|\vec{v}_P\big|_{Oxy}\right\|^2}{\rho}\vec{i}_n$ componente normal da aceleração de P em relação ao sistema de referência rotativo; tem a direção da normal à ranhura, apontando para o seu centro de curvatura.

  Aqui, ρ designa o raio de curvatura da ranhura;
- $\vec{a}^{\,t}_{P'}\Big|_{OXY} = \dot{\vec{\Omega}}\times\vec{r}$ é a componente tangencial da aceleração, em relação ao sistema fixo OXY, do ponto P', coincidente com P e pertencente à placa;
- $\vec{a}^{\,n}_{P'}\Big|_{OXY} = \vec{\Omega}\times\left(\vec{\Omega}\times\vec{r}_P\right) = -\Omega^2\,\vec{r}_P$ é a componente normal da aceleração, em relação ao sistema fixo OXY, do ponto P', coincidente com P e pertencente à placa rotativa;
- $\vec{a}_C = 2\,\vec{\Omega}\times\dot{\vec{r}}_P\Big|_{Oxy} = 2\,\vec{\Omega}\times\vec{v}_P\Big|_{Oxy}$ é a chamada *aceleração de Coriolis*. Embora a interpretação física desta componente seja menos aparente, podemos verificar, pela sua própria expressão matemática, que ela está associada à variação na direção da velocidade relativa ao sistema de referência rotativo, $\vec{v}_P\Big|_{Oxy}$, provocada pela alteração na direção do sistema de referência móvel. Desta forma, na situação considerada, a aceleração de Coriolis resulta do acoplamento do movimento da partícula em relação à placa, ao longo da ranhura, com o movimento de rotação da placa.

É importante observar que, conforme havíamos anunciado anteriormente, a ideia de superposição de movimentos, que se aplica adequadamente para a análise de velocidades, não é válida para a análise de acelerações. Com efeito, se supusermos que a aceleração da partícula em relação ao sistema fixo OXY é resultado da superposição das componentes obtidas considerando primeiramente a partícula bloqueada dentro da ranhura (movimento do ponto P') e levarmos em conta, em seguida, a placa estacionária e apenas a partícula se movimentando ao longo da ranhura, ficará faltando o termo correspondente à aceleração de Coriolis, que resulta do acoplamento entre os dois movimentos parciais.

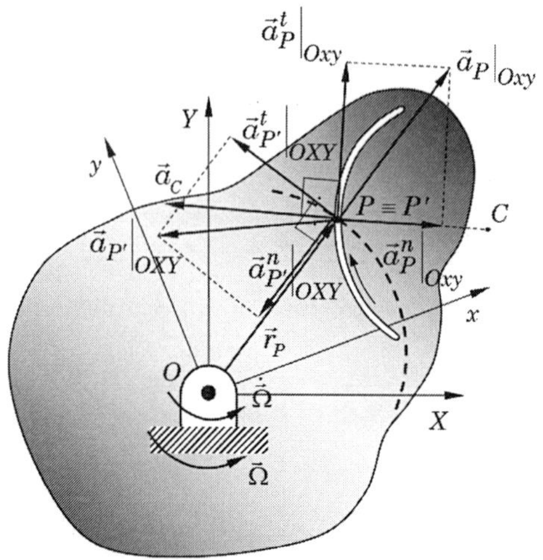

FIGURA 1.76 Representação das componentes de aceleração no movimento relativo de uma partícula empregando eixos de referência em rotação.

EXEMPLO 1.23

O disco circular mostrado na Figura 1.77 gira em torno de seu centro com velocidade angular de 5 rad/s, no sentido anti-horário, a qual decresce à taxa de 10 rad/s². Ao mesmo tempo, o bloco P desliza ao longo da ranhura retilínea AB com velocidade relativa ao disco, u = 50 mm/s, no sentido indicado, a qual está aumentando à razão de 300 mm/s². Para a posição indicada, determinar: **a)** o vetor velocidade absoluta do bloco P; **b)** o vetor aceleração absoluta do bloco P.

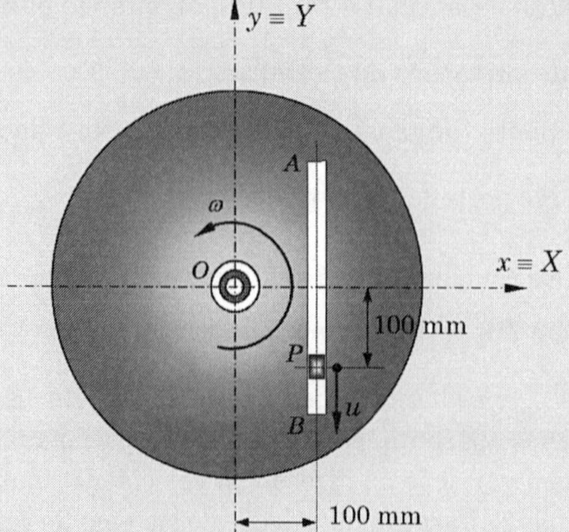

FIGURA 1.77 Disco rotativo contendo uma ranhura ao longo da qual desliza um bloco.

Resolução

Para a resolução do problema, utilizaremos os dois sistemas de referência ilustrados na Figura 1.77: o sistema fixo *OXY* e o sistema *Oxy*, preso ao disco, ambos com sua origem no centro do disco. Assim sendo, o sistema *Oxy* é um sistema de referência rotativo que gira com a velocidade angular e a aceleração angular do disco. Desta forma, poderemos resolver o problema com base na teoria apresentada na Subseção 1.9.2.

É importante esclarecer que, embora estejamos utilizando dois sistemas de referência distintos, podemos supor, sem nenhuma perda de generalidade, que, no instante considerado, as orientações dos eixos de ambos coincidam, conforme ilustrado na Figura 1.77. Esta escolha facilita a resolução do problema, uma vez que podemos atribuir uma única base de vetores unitários aos dois sistemas de referência, e esta será utilizada para representar todos os vetores envolvidos na resolução. Caso não fizéssemos esta opção, seria necessário explicitar as posições dos eixos de cada sistema e escolher um deles para a representação dos vetores. Isso resultaria em complicações desnecessárias.

a) Análise de velocidades:

Adaptando as Equações (1.129) e (1.130), escrevemos:

$$\vec{v}_P\big|_{OXY} = \vec{v}_P\big|_{Oxy} + \vec{\omega}\times\vec{r}_P, \qquad \textbf{(a)}$$

com:

$$\vec{v}_P\big|_{Oxy} = \vec{u} = -50\,\vec{j}\ [\text{mm/s}],\ \vec{\omega} = 5\vec{k}\ [\text{rad/s}],\ \vec{r}_P = \overrightarrow{OP} = 100\vec{i} - 100\vec{j}\ [\text{mm}].$$

Com isso, da equação (a), obtemos:

$$\vec{v}_P\big|_{OXY} = -50\vec{j} + 5\vec{k}\times\left(100\vec{i} - 100\vec{j}\right) \Rightarrow \boxed{\vec{v}_P\big|_{OXY} = 500\,\vec{i} + 450\,\vec{j}\ [\text{mm/s}]}.$$

O módulo e a orientação do vetor $\vec{v}_P\big|_{OXY}$ em relação ao eixo *OX*, são (ver Figura 1.78):

$$\left\|\vec{v}_P\big|_{OXY}\right\| = \sqrt{500^2 + 450^2} = 672{,}7\ \text{mm/s},\ \theta = arctg\left(\frac{450}{500}\right) \Rightarrow \theta = 42{,}0^\circ.$$

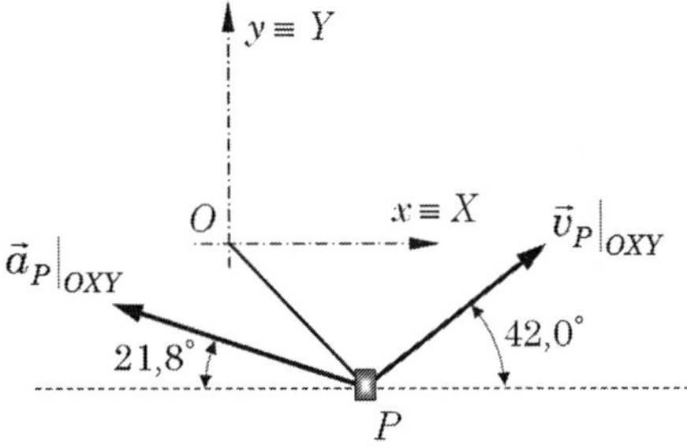

FIGURA 1.78 Representação da solução do Exemplo 1.23.

b) Análise de acelerações:

Adaptando a Equação (1.132), escrevemos:

$$\vec{a}_P\big|_{OXY} = \vec{a}_P\big|_{Oxy} + \dot{\vec{\omega}}\times\vec{r}_P + \vec{\omega}\times\left(\vec{\omega}\times\vec{r}_P\right) + 2\,\vec{\omega}\times\vec{v}_P\big|_{Oxy}. \qquad \textbf{(b)}$$

Avaliaremos separadamente cada parcela do lado direito da equação acima:

- $\vec{a}_P\big|_{Oxy} = d\vec{u}/dt\big|_{Oxy} = -300\,\vec{j}\ [\text{mm/s}^2]$. É importante observar que o fato de o módulo da velocidade $\vec{u}$ estar aumentando implica que $d\vec{u}/dt\big|_{Oxy}$ tem o mesmo sentido de $\vec{u}$;

- $\dot{\vec{\omega}} \times \vec{r}_P = -\dot{\omega}\vec{k} \times \overrightarrow{OP} = -10\vec{k} \times (100\vec{i} - 100\vec{j}) = -1000\vec{i} - 1000\vec{j}$ $[\text{mm/s}^2]$. Também devemos observar aqui que o fato de o módulo da velocidade angular estar diminuindo implica que o vetor aceleração angular tem sentido oposto ao do vetor velocidade angular;
- $\vec{\omega} \times (\vec{\omega} \times \vec{r}_P) = -\omega^2 \overrightarrow{OP} = -5^2 \cdot (100\vec{i} - 100\vec{j}) = -2500\vec{i} + 2500\vec{j}$ $[\text{mm/s}^2]$;
- $2\vec{\omega} \times \vec{v}_P\big|_{Oxy} = 2\vec{\omega} \times \vec{u} = 2 \cdot 5\vec{k} \times (-50\vec{j}) = 500\vec{i}$ $[\text{mm/s}^2]$.

Adicionando todas as parcelas calculadas separadamente acima, da equação (b) obtemos:

$$\vec{a}_P\big|_{OXY} = -3000\vec{i} + 1200\vec{j} \ [\text{mm/s}^2].$$

O módulo e a orientação do vetor $\vec{a}_P\big|_{OXY}$ em relação ao eixo OX são (ver Figura 1.78):

$$\left\|\vec{a}_P\big|_{OXY}\right\| = \sqrt{3000^2 + 1200^2} = 3231{,}1\,[\text{mm/s}^2]; \ \beta = arctg\left(\frac{1200}{3000}\right) \Rightarrow \beta = 21{,}8^\circ.$$

1.9.3 Movimento relativo plano. Eixos de referência em movimento plano geral

Consideremos a Figura 1.79, que mostra o movimento plano de duas partículas A e P, sendo empregados dois sistemas de referência: um sistema fixo, OXY, e outro sistema móvel, Axy. A origem deste último descreve uma trajetória curvilínea plana e, ao mesmo tempo, seus eixos giram com velocidade angular instantânea $\vec{\Omega} = \Omega\vec{k}$ e aceleração angular $\dot{\vec{\Omega}} = \dot{\Omega}\vec{k}$. Dizemos, neste caso, que o sistema Axy está animado de movimento plano geral, e podemos interpretar este movimento como resultante de uma translação superposta a uma rotação em torno de um eixo que passa por A, perpendicular ao plano do movimento.

Sendo $\vec{r}_A$, $\vec{r}_P$ e $\vec{r}_{P/A}$ os vetores posição mostrados na Figura 1.79, podemos escrever:

$$\vec{r}_P = \vec{r}_A + \vec{r}_{P/A}. \tag{1.134}$$

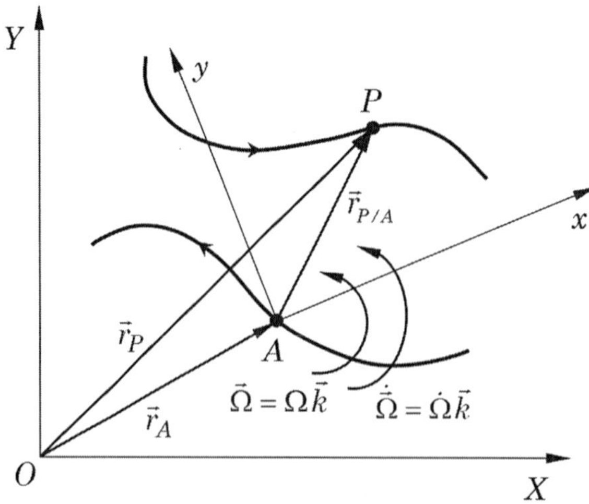

FIGURA 1.79 Representação do movimento relativo de uma partícula empregando eixos de referência em movimento plano geral.

Para obter a relação entre as velocidades das duas partículas A e P, computamos a derivada temporal dos vetores presentes na Equação (1.134) em relação ao sistema fixo:

$$\dot{\vec{r}}_P\Big|_{OXY} = \dot{\vec{r}}_A\Big|_{OXY} + \dot{\vec{r}}_{P/A}\Big|_{OXY}. \tag{1.135}$$

Usando a Equação (1.128), podemos desenvolver o último termo do lado direito da Equação (1.135) sob a forma:

$$\dot{\vec{r}}_{P/A}\Big|_{OXY} = \dot{\vec{r}}_{P/A}\Big|_{Axy} + \vec{\Omega} \times \vec{r}_{P/A}, \tag{1.136}$$

e a Equação (1.136) fica:

$$\dot{\vec{r}}_P\Big|_{OXY} = \dot{\vec{r}}_A\Big|_{OXY} + \dot{\vec{r}}_{P/A}\Big|_{Axy} + \vec{\Omega} \times \vec{r}_{P/A}, \tag{1.137.a}$$

ou,

$$\vec{v}_P\Big|_{OXY} = \vec{v}_A\Big|_{OXY} + \vec{v}_P\Big|_{Axy} + \vec{v}_{P'}\Big|_{Ax_1y_1}. \tag{1.137.b}$$

De modo semelhante ao que foi feito na Subseção 1.9.2, os vetores presentes nas Equações (1.137) podem ser interpretados com o auxílio da Figura 1.80, que mostra uma placa que se movimenta no plano da figura, dispondo de uma ranhura dentro da qual se move uma partícula P. São utilizados os seguintes sistemas de referência: o sistema fixo OXY, o sistema Axy, com origem no ponto A da placa, e solidário a ela, e um terceiro sistema auxiliar Ax_1y_1 que tem sua origem no ponto A e conserva sua direção invariável, estando, portanto, em movimento de translação em relação ao sistema fixo OXY. Nesta situação, fazemos a seguinte interpretação:

- $\vec{v}_A\Big|_{OXY} = \dot{\vec{r}}_A\Big|_{OXY}$ é a velocidade da partícula A (origem do sistema de referência rotativo) em relação ao sistema fixo;
- $\vec{v}_{P'}\Big|_{Ax_1y_1} = \vec{\Omega} \times \vec{r}_{P/A}$ é a velocidade, em relação ao sistema de referência auxiliar Ax_1y_1, do ponto P' que coincide instantaneamente com P, e pertence à placa. A trajetória da partícula P em relação a este sistema de referência é a trajetória circular indicada por linha tracejada na Figura 1.80;
- $\vec{v}_P\Big|_{Axy} = \dot{\vec{r}}_{P/A}\Big|_{Axy}$ é a velocidade da partícula P em relação ao sistema móvel Axy, sendo associada ao movimento desta partícula ao longo da ranhura existente na placa.

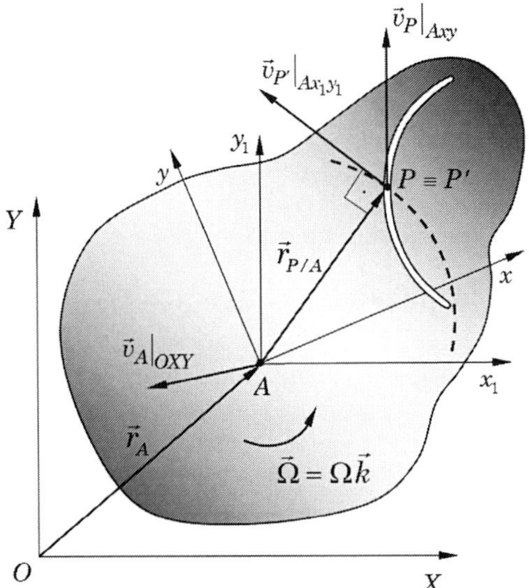

FIGURA 1.80 Representação das componentes de velocidade no movimento relativo de uma partícula empregando eixos de referência em movimento plano geral.

No que diz respeito às acelerações, derivando a Equação (1.137.a) em relação ao tempo, considerando o sistema de referência fixo, temos:

$$\ddot{\vec{r}}_P\Big|_{OXY} = \ddot{\vec{r}}_A\Big|_{OXY} + \dot{\vec{\Omega}} \times \vec{r}_{P/A} + \vec{\Omega} \times \dot{\vec{r}}_{P/A}\Big|_{OXY} + \frac{d}{dt}\left[\dot{\vec{r}}_{P/A}\Big|_{Axy}\right]_{OXY}. \quad (1.138)$$

Usando uma vez mais a relação (1.128), podemos desenvolver da seguinte forma os dois últimos termos da equação acima:

- $\vec{\Omega} \times \dot{\vec{r}}_{P/A}\Big|_{OXY} = \vec{\Omega} \times \left[\dot{\vec{r}}_{P/A}\Big|_{Axy} + \vec{\Omega} \times \vec{r}_{P/A}\right] = \vec{\Omega} \times \dot{\vec{r}}_{P/A}\Big|_{Axy} + \vec{\Omega} \times \left(\vec{\Omega} \times \vec{r}_{P/A}\right);$
- $\frac{d}{dt}\left[\dot{\vec{r}}_{P/A}\Big|_{Axy}\right]_{OXY} = \ddot{\vec{r}}_{P/A}\Big|_{Axy} + \vec{\Omega} \times \dot{\vec{r}}_{P/A}\Big|_{Axy}.$

Introduzindo estes desenvolvimentos na Equação (1.138), escrevemos:

$$\ddot{\vec{r}}_P\Big|_{OXY} = \ddot{\vec{r}}_A\Big|_{OXY} + \ddot{\vec{r}}_{P/A}\Big|_{Axy} + \dot{\vec{\Omega}} \times \vec{r}_{P/A} + \vec{\Omega} \times \left(\vec{\Omega} \times \vec{r}_{P/A}\right) + 2\vec{\Omega} \times \dot{\vec{r}}_{P/A}\Big|_{Axy}, \quad (1.139)$$

ou:

$$\vec{a}_P\Big|_{OXY} = \vec{a}_A\Big|_{OXY} + \vec{a}_P\Big|_{Axy} + \vec{a}^t_{P'/A}\Big|_{Ax_1y_1} + \vec{a}^n_{P'/A}\Big|_{Ax_1y_1} + \vec{a}_C. \quad (1.140)$$

Às componentes da Equação (1.140) damos as seguintes interpretações, com o auxílio da Figura 1.81:

- $\vec{a}_P\Big|_{OXY} = \ddot{\vec{r}}_P\Big|_{OXY}$ é a aceleração de P em relação ao sistema de referência fixo OXY;
- $\vec{a}_A\Big|_{OXY} = \ddot{\vec{r}}_A\Big|_{OXY}$ é a aceleração de A, que é a origem do sistema de referência móvel Axy, em relação ao sistema de referência fixo OXY;
- $\vec{a}_P\Big|_{Axy} = \ddot{\vec{r}}_{P/A}\Big|_{Axy}$ é a aceleração de P em relação ao sistema de referência móvel Axy e está associada ao movimento de P ao longo da ranhura existente na placa. Sendo a ranhura curvilínea, $\vec{a}_P\,|_{Axy}$ pode, no caso mais geral, ser decomposta em duas componentes:
  - $\vec{a}^t_P\Big|_{Axy} = \frac{d\,\vec{v}_P\big|_{Axy}}{dt}\vec{i}_t$, tangente à ranhura;
  - $\vec{a}^n_P\Big|_{Axy} = \frac{\left\|\vec{v}_P\big|_{Axy}\right\|^2}{\rho}\vec{i}_n$ normal à ranhura, apontando para o seu centro da curvatura. Aqui, ρ designa o raio de curvatura da ranhura;
- $\vec{a}^t_{P'}\Big|_{Ax_1y_1} = \dot{\vec{\Omega}} \times \vec{r}_{P/A}$ é a componente tangencial da aceleração, em relação ao sistema auxiliar Ax_1y_1, do ponto P', coincidente com P e pertencente à placa;
- $\vec{a}^n_{P'}\Big|_{Ax_1y_1} = \vec{\Omega} \times \left(\vec{\Omega} \times \vec{r}_{P/A}\right) = -\Omega^2\vec{r}_{P/A}$ é a componente normal da aceleração do ponto P', em relação ao sistema auxiliar $Ax_1\,y_1$;
- $\vec{a}_C = 2\vec{\Omega} \times \dot{\vec{r}}_{P/A}\Big|_{Axy}$ é a aceleração de Coriolis.

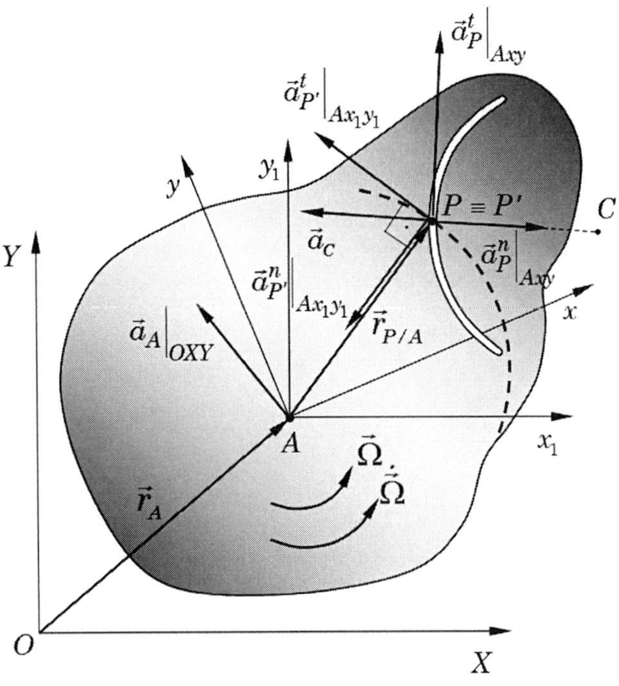

FIGURA 1.81 Representação das componentes de aceleração no movimento relativo de uma partícula empregando eixos de referência em movimento plano geral.

EXEMPLO 1.24

Propomos resolver novamente o Exemplo 1.23 escolhendo, desta vez, um sistema de referência fixo *OXY* com origem no centro do disco, e um sistema de referência *Qxy*, preso ao disco, com sua origem no ponto *Q*, conforme indicado na Figura 1.82. Todas as demais condições do Exemplo 1.23 são mantidas.

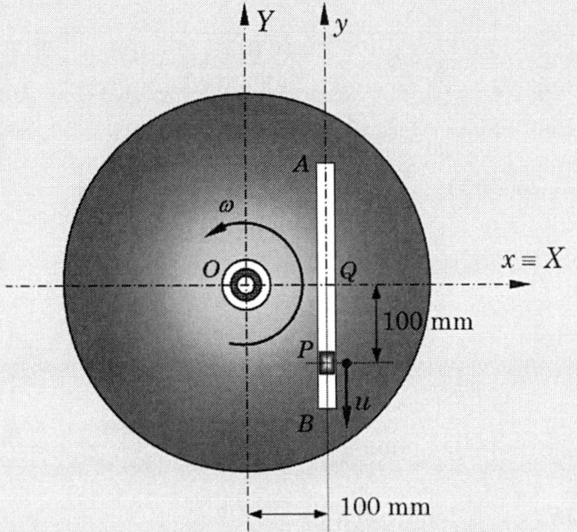

FIGURA 1.82 Disco rotativo contendo uma ranhura ao longo da qual desliza um bloco.

Resolução

Com a escolha dos sistemas de referência descritos anteriormente, configura-se a situação de movimento relativo com respeito a um sistema de referência em movimento plano geral, tratado na Subseção 1.9.3, uma vez que a origem do sistema de referência Qxy se movimenta e, ao mesmo tempo, este sistema gira com a velocidade angular e a aceleração angular do disco. Vamos mostrar que, como esperado, a escolha de um sistema de referência móvel distinto daquele utilizado na resolução do Exemplo 1.23 não deve alterar os resultados.

a) Análise de velocidades:

Adaptando a Equação (1.136.b), escrevemos:

$$\vec{v}_P\big|_{OXY} = \vec{v}_Q\big|_{OXY} + \vec{v}_P\big|_{Qxy} + \vec{\omega}\times\overrightarrow{QP}, \qquad \textbf{(a)}$$

com:

- $\vec{v}_Q\big|_{OXY} = \vec{\omega}\times\overrightarrow{OQ} = 5\vec{k}\times 100\vec{i} = 500\vec{j}$ [mm/s]. Observamos que, para o cálculo de $\vec{v}_Q\big|_{OXY}$, levamos em conta que o ponto Q descreve movimento circular com a mesma velocidade angular do disco, em torno do eixo perpendicular a ele, que passa pelo ponto O;
- $\vec{v}_P\big|_{Qxy} = \vec{u} = -50\vec{j}$ [mm/s];
- $\vec{\omega}\times\overrightarrow{QP} = 5\vec{k}\times(-100\vec{j}) = 500\vec{i}$ [mm/s].

Introduzindo os três termos calculados acima na equação (a), obtemos:

$$\vec{v}_P\big|_{OXY} = 500\vec{i} + 450\vec{j} \ \text{[mm/s]}.$$

b) Análise de acelerações:

Adaptando a Equação (1.138), escrevemos:

$$\vec{a}_P\big|_{OXY} = \vec{a}_Q\big|_{OXY} + \vec{a}_P\big|_{Qxy} + \dot{\vec{\omega}}\times\overrightarrow{QP} + \vec{\omega}\times\left(\vec{\omega}\times\overrightarrow{QP}\right) + 2\vec{\omega}\times\vec{v}_P\big|_{Qxy}. \qquad \textbf{(b)}$$

- Para o cálculo de $\vec{a}_Q\big|_{OXY}$, consideramos mais uma vez que o ponto Q está desenvolvendo movimento circular com centro em O, com a velocidade angular e a aceleração angular do disco. Assim, escrevemos:

$$\vec{a}_Q\big|_{OXY} = \dot{\vec{\omega}}\times\overrightarrow{OQ} + \vec{\omega}\times\left(\vec{\omega}\times\overrightarrow{OQ}\right) = \dot{\vec{\omega}}\times\overrightarrow{OQ} - \omega^2\overrightarrow{OQ};$$

$$\vec{a}_Q\big|_{OXY} = -10\vec{k}\times 100\vec{i} - 5^2\cdot 100\vec{i} = -2500\vec{i} - 1000\vec{j} \ \left[\text{mm/s}^2\right];$$

- $\vec{a}_P\big|_{Qxy} = -\dot{u}\vec{j} = -300\vec{j}$ $\left[\text{mm/s}^2\right]$;
- $\dot{\vec{\omega}}\times\overrightarrow{QP} = -10\vec{k}\times(-100\vec{j}) = -1000\vec{i}$ $\left[\text{mm/s}^2\right]$;
- $-\omega^2\,\overrightarrow{QP} = -5^2\cdot(-100\vec{j}) = 2500\vec{j}$ $\left[\text{mm/s}^2\right]$;
- $2\vec{\omega}\times\vec{v}_P\big|_{Qxy} = 2\vec{\omega}\times\vec{u} = 2\cdot 5\vec{k}\times(-50\vec{j}) = 500\vec{i}$ $\left[\text{mm/s}^2\right]$.

Introduzindo todas as parcelas calculadas acima na equação (b), obtemos:

$$\vec{a}_P\big|_{OXY} = -3000\vec{i} + 1200\vec{j} \ \left[\text{mm/s}^2\right].$$

Conforme havíamos anunciado, chegamos aos mesmos resultados obtidos na resolução do Exemplo 1.23.

EXEMPLO 1.25

Retomando o problema tratado no Exemplo 1.23 admite-se que no instante $t = 0$, o bloco P esteja posicionado sobre o eixo x. Neste instante, começa a se mover ao longo da ranhura com velocidade constante $u = 50$ mm/s, no sentido indicado na Figura 1.83. Ao mesmo tempo, partindo do repouso, o disco começa a girar no sentido indicado com velocidade angular nula e aceleração angular constante $\alpha = 1{,}0$ rad/s². Pede-se: **a)** traçar as curvas representando as componentes da velocidade absoluta do bloco nas direções dos eixos fixos X e Y no intervalo [0; 5 s]; **b)** traçar as curvas representando as componentes da aceleração absoluta do bloco nas direções dos eixos fixos X e Y no intervalo [0; 5 s]; **c)** traçar a curva representando a trajetória absoluta do bloco no intervalo [0; 5 s].

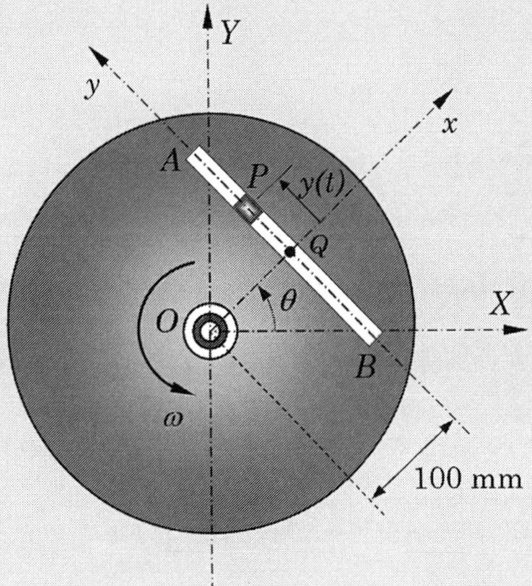

FIGURA 1.83 Disco rotativo contendo uma ranhura ao longo da qual desliza um bloco.

Resolução

Retomando a resolução do Exemplo 1.23, na qual empregamos dois sistemas de referência, um fixo OXY e um rotativo Oxy, preso ao disco, ambos ilustrados na Figura 1.83, devemos adaptá-la para expressar as componentes dos vetores velocidade e aceleração nas direções dos eixos fixos X e Y como funções do tempo.

A partir dos dados fornecidos, levando em conta que a aceleração angular é constante, temos:

$\omega(t) = \omega(0) + \alpha t$, com $\omega(0) = 0$; $\alpha = 1$ rad/s² $\Rightarrow \omega(t) = 1t$ [s; rad/s];

$\theta(t) = \theta(0) + \omega(0)t + \frac{1}{2}\alpha t^2$, com $\theta(0) = 0 \Rightarrow \theta(t) = 0{,}5\,t^2$ [s; rad];

$y(t) = ut = 50t$ [s; mm].

Análise de posição:

Com base na Figura 1.83, formulamos o vetor posição do bloco P, expresso em relação ao sistema de referência fixo, da seguinte forma:

$$\vec{r}_P = \overrightarrow{OQ} + \overrightarrow{QP} \, ;$$

$$\vec{r}_P = \overline{OQ}\left(\cos\theta\,\vec{I} + \mathrm{sen}\,\theta\,\vec{J}\right) + \overline{QP}\left(-\mathrm{sen}\,\theta\,\vec{I} + \cos\theta\,\vec{J}\right), \text{ com: } \overline{OQ} = 100\ \mathrm{mm}; \quad \overline{QP} = y = u\,t \, .$$

Rearranjando a equação acima, obtemos:

$$\vec{r}_P = \left(\overline{OQ}\cos\theta - y\,\mathrm{sen}\,\theta\right)\vec{I} + \left(\overline{OQ}\,\mathrm{sen}\,\theta + y\cos\theta\right)\vec{J} \, . \qquad \textbf{(a)}$$

Substituindo os valores fornecidos, a equação (a) fica expressa sob a forma:

$$\vec{r}_P(t) = \left[100\cos\left(5t^2\right) - 50\,t\,\mathrm{sen}\left(5t^2\right)\right]\vec{I} + \left[100\,\mathrm{sen}\left(5t^2\right) + 50\,t\cos\left(5t^2\right)\right]\vec{J} \ \left[\mathrm{s};\mathrm{mm}\right]. \qquad \textbf{(b)}$$

Análise de velocidade:

Adaptando a Equação (1.130), escrevemos:

$$\vec{v}_P\big|_{OXY} = \vec{v}_P\big|_{Oxy} + \vec{\omega}\times\vec{r}_P = \vec{u} + \vec{\omega}\times\vec{r}_P \, . \qquad \textbf{(c)}$$

Sendo $\vec{u} = u\,(-\mathrm{sen}\,\theta\,\vec{I} + \cos\theta\vec{J})$, $\vec{\omega} = \omega\vec{k}$ e com $\vec{r}_P$ dado pela equação (a), após algumas manipulações algébricas, a equação (c) fica:

$$\vec{v}_P = \left(-\omega\,\overline{OQ}\,\mathrm{sen}\,\theta - \omega\,y\cos\theta - u\,\mathrm{sen}\,\theta\right)\vec{I} + \left(\omega\,\overline{OQ}\cos\theta - \omega\,y\,\mathrm{sen}\,\theta + u\cos\theta\right)\vec{J} \, . \qquad \textbf{(d)}$$

Substituindo os valores fornecidos, a equação (d) fica expressa sob a forma:

$$\vec{v}_P = \left[-1000\,t\,\mathrm{sen}\left(5t^2\right) - 500\,t^2\cos\left(5t^2\right) - 50\,\mathrm{sen}\left(5t^2\right)\right]\vec{I} + \left[1000t\,\cos\left(5t^2\right) - 500\,t^2\,\mathrm{sen}\left(5t^2\right) + 50\cos\left(5t^2\right)\right]\vec{J} \ \left[\mathrm{s};\mathrm{mm/s}\right]. \qquad \textbf{(e)}$$

Análise de aceleração:

Adaptando a Equação (1.132), escrevemos:

$$\vec{a}_P\big|_{OXY} = \ddot{u}\big|_{Oxy} + \vec{\alpha}\times\vec{r}_P + \vec{\omega}\times\left(\vec{\omega}\times\vec{r}_P\right) + 2\,\vec{\omega}\times\vec{u} \, .$$

Sendo $\vec{\alpha} = \alpha\vec{k}$, e com os demais vetores definidos anteriormente, após manipulações algébricas, obtemos:

$$\vec{a}_P = \left(-\omega^2\,\overline{OQ}\cos\theta + \omega^2\,y\,\mathrm{sen}\,\theta - 2\,\omega u\cos\theta - \alpha\,\overline{OQ}\,\mathrm{sen}\,\theta - \alpha\,y\cos\theta\right)\vec{I} + \left(-\omega^2\,\overline{OQ}\,\mathrm{sen}\,\theta - \omega^2\,y\cos\theta - 2\,\omega u\,\mathrm{sen}\,\theta + \alpha\,\overline{OQ}\cos\theta - \alpha\,y\,\mathrm{sen}\,\theta\right)\vec{J} \, . \qquad \textbf{(f)}$$

Substituindo os valores fornecidos, a equação (f) fica expressa sob a forma:

$$\vec{a}_P = \left[-10000t^2\cos\left(5t^2\right)+5000t^3\,\mathrm{sen}\left(5t^2\right)-1000t\cos\left(5t^2\right)-100\,\mathrm{sen}\left(5t^2\right)-50t\cos\left(5t^2\right)\right]\vec{I}+ \\ \left[-10000t^2\,\mathrm{sen}\left(5t^2\right)-5000t^3\cos\left(5t^2\right)-1000t\,\mathrm{sen}\left(5t^2\right)+100\cos\left(5t^2\right)-50t\,\mathrm{sen}\left(5t^2\right)\right]\vec{J}\;\left[\mathrm{s;mm/s^2}\right]. \quad \textbf{(g)}$$

As Figuras 1.84 a 1.86 mostram as curvas solicitadas, que foram obtidas com o auxílio do programa MATLAB® **exemplo_1_25.m**.

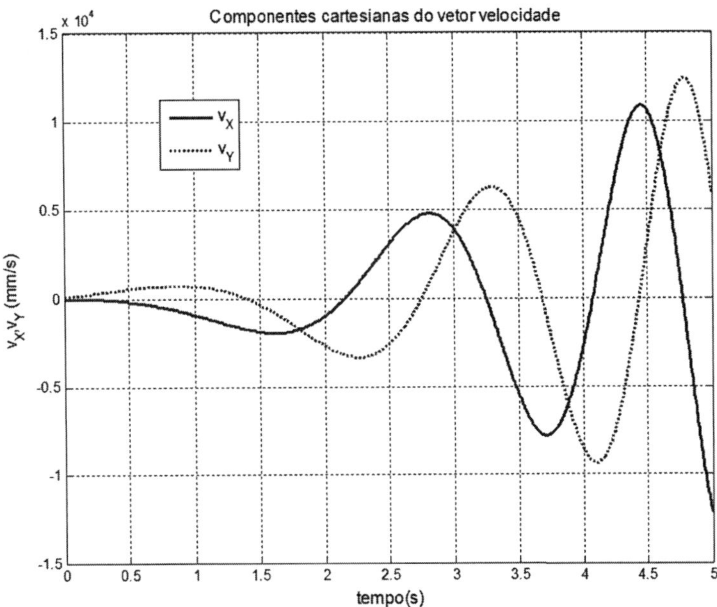

FIGURA 1.84 Gráficos mostrando as componentes da velocidade do bloco *P*.

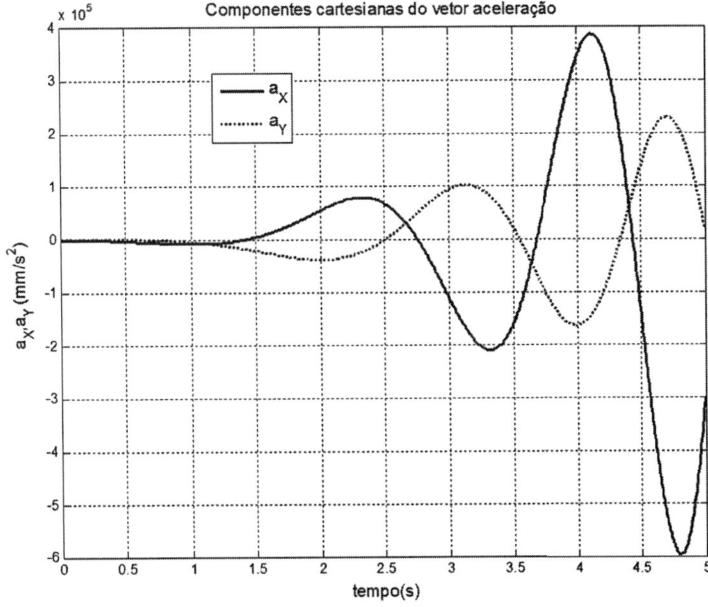

FIGURA 1.85 Gráficos mostrando as componentes da aceleração do bloco *P*.

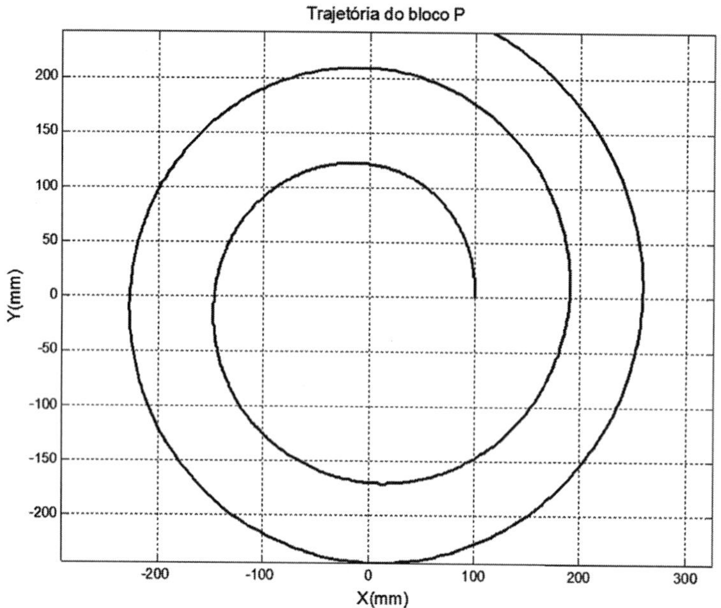

FIGURA 1.86 Gráfico mostrando a trajetória do bloco *P*.

1.9.4 Movimento relativo espacial. Eixos de referência em translação

Os conceitos e a formulação apresentados na Subseção 1.9.1 para o movimento relativo plano podem ser facilmente estendidos para o movimento relativo espacial, sem dificuldades.

Na Figura 1.87, vemos duas partículas A e P que se movimentam segundo trajetórias tridimensionais, e os dois sistemas de referência utilizados: o sistema *OXYZ*, admitido fixo, e o sistema móvel *Axyz*, cuja origem coincide com a posição da partícula A. Os eixos do segundo sistema de referência têm orientação constante que, por conveniência, é feita coincidir com as direções dos eixos do sistema *OXYZ*. Esta escolha nos permite atribuir uma única base de vetores unitários ($\vec{i}, \vec{j}, \vec{k}$) aos dois sistemas de referência considerados.

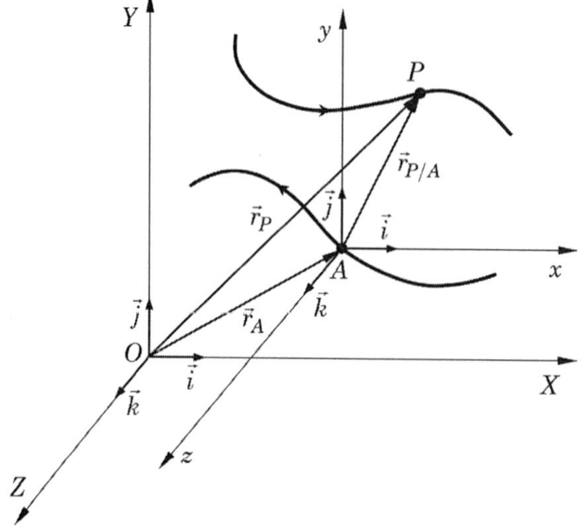

FIGURA 1.87 Representação do movimento relativo espacial empregando eixos de referência em translação.

A partir do triângulo de vetores indicados na Figura 1.87, escrevemos:

$$\vec{r}_P = \vec{r}_A + \vec{r}_{P/A}, \tag{1.141}$$

com:

$$\vec{r}_A = X_A \vec{i} + Y_A \vec{j} + Z_A \vec{k}, \tag{1.142.a}$$

$$\vec{r}_P = X_P \vec{i} + Y_P \vec{j} + Z_P \vec{k}, \tag{1.142.b}$$

$$\vec{r}_{P/A} = x_{P/A} \vec{i} + y_{P/A} \vec{j} + z_{P/A} \vec{k}. \tag{1.142.c}$$

A substituição das Equações (1.142) em (1.141) resulta em:

$$X_P = X_A + x_{P/A}, \tag{1.143.a}$$

$$Y_P = Y_A + y_{P/A}, \tag{1.143.b}$$

$$Z_P = Z_A + z_{P/A}. \tag{1.143.c}$$

Derivando a Equação (1.141) em relação ao tempo, obtemos a seguinte relação envolvendo velocidades de A e P em relação ao sistema fixo $OXYZ$, e a velocidade de P em relação ao sistema móvel $Axyz$:

$$\vec{v}_P\Big|_{OXYZ} = \vec{v}_A\Big|_{OXYZ} + \vec{v}_P\Big|_{Axyz}, \tag{1.144}$$

onde:

$$\vec{v}_P\Big|_{OXYZ} = \dot{X}_P \vec{i} + \dot{Y}_P \vec{j} + \dot{Z}_P \vec{k}, \tag{1.145.a}$$

$$\vec{v}_A\Big|_{OXYZ} = \dot{X}_A \vec{i} + \dot{Y}_A \vec{j} + \dot{Z}_A \vec{k}, \tag{1.145.b}$$

$$\vec{v}_P\Big|_{Axyz} = \dot{x}_{P/A} \vec{i} + \dot{y}_{P/A} \vec{j} + \dot{z}_{P/A} \vec{k}. \tag{1.145.c}$$

Introduzindo as Equações (1.145) em (1.144), obtemos as seguintes relações entre as componentes destas velocidades:

$$\dot{X}_P = \dot{X}_A + \dot{x}_{P/A}, \tag{1.146.a}$$

$$\dot{Y}_P = \dot{Y}_A + \dot{y}_{P/A}, \tag{1.146.b}$$

$$\dot{Z}_P = \dot{Z}_A + \dot{z}_{P/A}. \tag{1.146.c}$$

De maneira análoga, derivando a Equação (1.144) em relação ao tempo, escrevemos, para as acelerações:

$$\vec{a}_P\Big|_{OXYZ} = \vec{a}_A\Big|_{OXYZ} + \vec{a}_P\Big|_{Axyz}, \tag{1.147}$$

com:

$$\vec{a}_P\big|_{OXYZ} = \ddot{X}_P\,\vec{i} + \ddot{Y}_P\,\vec{j} + \ddot{Z}_P\,\vec{k}, \tag{1.148.a}$$

$$\vec{a}_A\big|_{OXYZ} = \ddot{X}_A\,\vec{i} + \ddot{Y}_A\,\vec{j} + \ddot{Z}_A\,\vec{k}, \tag{1.148.b}$$

$$a_P\big|_{Axyz} = \ddot{x}_{P/A}\,\vec{i} + \ddot{y}_{P/A}\,\vec{j} + \ddot{z}_{P/A}\,\vec{k}. \tag{1.148.c}$$

Verificam-se as seguintes relações entre as componentes destas acelerações:

$$\ddot{X}_P = \ddot{X}_A + \ddot{x}_{P/A}, \tag{1.149.a}$$

$$\ddot{Y}_P = \ddot{Y}_A + \ddot{y}_{P/A}, \tag{1.149.b}$$

$$\ddot{Z}_P = \ddot{Z}_A + \ddot{z}_{P/A}. \tag{1.149.c}$$

É importante relembrar, mais uma vez, que, embora o movimento relativo tenha sido apresentado com base em coordenadas cartesianas, a formulação pode ser estendida a outros sistemas de coordenadas tridimensionais, conforme mostramos no exemplo a seguir.

EXEMPLO 1.26

O avião A está se deslocando em voo reto nivelado para o Norte com velocidade constante de 300 km/h. Ao mesmo tempo, o avião B se desloca para Leste, também em voo reto nivelado, com velocidade de 350 km/h. Para a posição indicada na Figura 1.88, calcular a taxa de variação da distância entre os dois aviões, indicada por R.

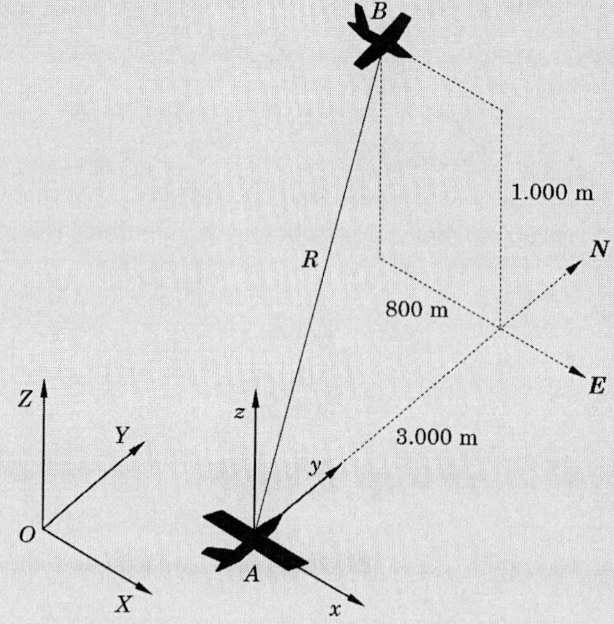

FIGURA 1.88 Ilustração de dois aviões em movimento relativo.

Resolução

Na resolução do problema, levaremos em conta os dois sistemas de referência mostrados na Figura 1.88: o sistema *OXYZ* é fixo e o sistema *Axyz* é ligado ao avião *A* e se movimenta em translação. No instante considerado, fazemos coincidir as direções dos eixos fixos e móveis, conforme ilustrado.

Expressaremos, primeiramente, a velocidade do avião *B* com respeito ao avião *A* em termos de suas projeções nas direções dos eixos cartesianos.

Adaptando a Equação (1.43), escrevemos:

$$\vec{v}_B\big|_{OXYZ} = \vec{v}_A\big|_{OXYZ} + \vec{v}_B\big|_{Axyz} \Rightarrow \vec{v}_B\big|_{Axyz} = \vec{v}_B\big|_{OXYZ} - \vec{v}_A\big|_{OXYZ}. \quad \textbf{(a)}$$

Sendo:

$$\vec{v}_A\big|_{OXYZ} = \frac{300}{3{,}6}\vec{j} \ \ [\text{m/s}] \text{ e } \vec{v}_B\big|_{OXYZ} = \frac{350}{3{,}6}\vec{i} \ \ [\text{m/s}],$$

da equação (a) obtemos:

$$\vec{v}_B\big|_{Axyz} = \frac{350}{3{,}6}\vec{i} - \frac{300}{3{,}6}\vec{j} \ \ [\text{m/s}].$$

A taxa de variação da distância entre os dois aviões é dada pelo valor da projeção da velocidade $\vec{v}_B\big|_{Axyz}$ na direção *AB*, ou seja:

$$\dot{R} = \vec{v}_B\big|_{Axyz} \cdot \vec{i}_{AB}, \quad \textbf{(b)}$$

sendo $\vec{i}_{AB}$ o vetor unitário na direção *AB*, que pode ser calculado segundo:

$$\vec{i}_{AB} = \frac{\overrightarrow{AB}}{\left\|\overrightarrow{AB}\right\|}.$$

A partir das coordenadas fornecidas, calculamos:

$$\vec{i}_{AB} = \frac{1}{\sqrt{800^2 + 3000^2 + 1000^2}}\left(-800\vec{i} + 3000\vec{j} + 1000\vec{k}\right) = -0{,}245\vec{i} + 0{,}920\vec{j} + 0{,}307\vec{k}.$$

Retornando à equação (b), obtemos:

$$\dot{R} = -100{,}49 \text{ m/s}.$$

1.9.5 Movimento relativo espacial. Eixos de referência em rotação

Consideremos os dois sistemas de referência mostrados na Figura 1.89: o sistema *OXYZ*, que é fixo, e o sistema *Oxyz*, que gira em torno do eixo *OA*, com velocidade angular $\vec{\Omega}$, orientada segundo este eixo.

Pode-se demonstrar, seguindo o procedimento empregado na Subseção 1.9.2, a seguinte relação entre as derivadas temporais de uma grandeza vetorial qualquer $\vec{Q}(t)$, expressa nos dois sistemas de referência:

$$\dot{\vec{Q}}\Big|_{OXYZ} = \dot{\vec{Q}}\Big|_{Oxyz} + \vec{\Omega} \times \vec{Q}. \quad (1.150)$$

Devemos observar que, no caso geral em três dimensões, temos $\vec{\Omega} = \Omega_x \vec{i} + \Omega_y \vec{j} + \Omega_z \vec{k}$, em vez de simplesmente $\vec{\Omega} = \Omega_z \vec{k}$, como acontece no caso plano, considerado na Subseção 1.9.2. Com essa ressalva, as demais equações deduzidas naquela subseção podem ser diretamente estendidas ao caso tridimensional, sendo apresentadas a seguir.

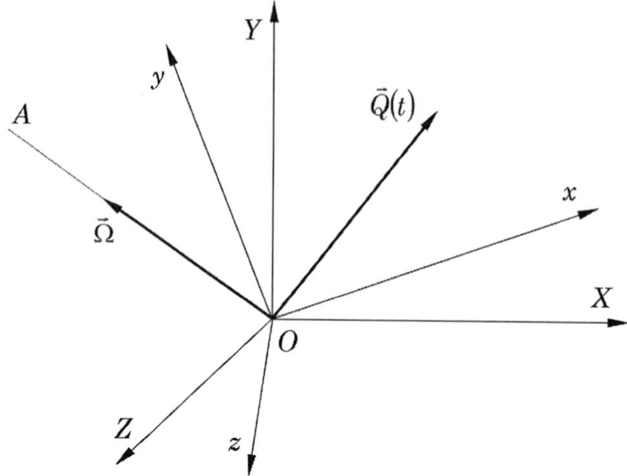

FIGURA 1.89 Representação de uma grandeza vetorial observada a partir de dois sistemas de referência, sendo um fixo e outro rotativo.

Consideremos a situação ilustrada na Figura 1.90, na qual se observa o movimento de uma partícula P, cujo vetor posição é indicado por $\vec{r}_P(t)$, a partir de dois sistemas de referência distintos: o sistema fixo $OXYZ$ e o sistema rotativo $Oxyz$, que gira instantaneamente, com velocidade angular $\vec{\Omega}$ e aceleração angular $\dot{\vec{\Omega}}$. Conforme mostrado na Subseção 1.9.2, supomos que o sistema rotativo esteja fixado a um corpo que gira com as referidas velocidade angular e aceleração angular, e que a partícula se movimente ao longo de uma ranhura existente no corpo.

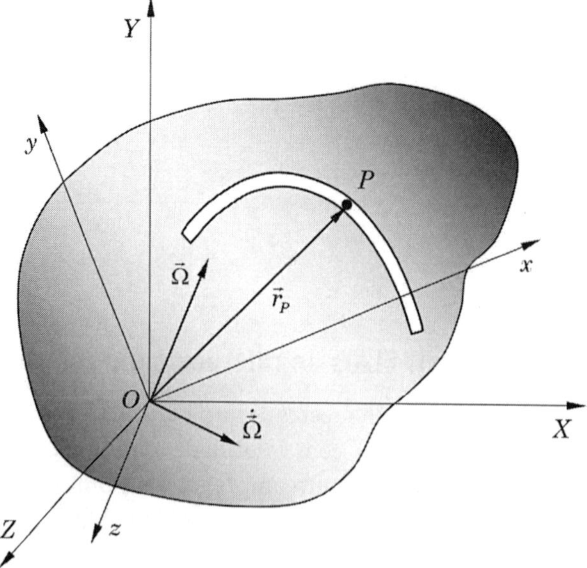

FIGURA 1.90 Representação de uma partícula que se movimenta ao longo de uma ranhura em um corpo rotativo.

Adaptando as equações desenvolvidas na Subseção 1.9.2, temos:

Velocidade

$$\dot{\vec{r}}_P\Big|_{OXYZ} = \dot{\vec{r}}_P\Big|_{Oxyz} + \vec{\Omega}\times\vec{r}_P, \tag{1.151.a}$$

ou:

$$\vec{v}_P\Big|_{OXYZ} = \vec{v}_P\Big|_{Oxyz} + \vec{v}_{P'}\Big|_{OXYZ}, \tag{1.151.b}$$

onde:

- $\vec{v}_P\Big|_{OXYZ} = \dot{\vec{r}}_P\Big|_{OXYZ}$ é a velocidade da partícula P em relação ao sistema fixo;
- $\vec{v}_P\Big|_{Oxyz} = \dot{\vec{r}}_P\Big|_{Oxyz}$ é a velocidade de P em relação ao sistema móvel;
- $\vec{v}_{P'}\Big|_{OXYZ} = \vec{\Omega}\times\vec{r}_P$ é a velocidade, em relação ao sistema fixo, do ponto P', pertencente ao corpo, que coincide instantaneamente com o ponto P.

Aceleração

$$\vec{a}_P\Big|_{OXYZ} = \ddot{\vec{r}}_P\Big|_{Oxyz} + \dot{\vec{\Omega}}\times\vec{r}_P + \vec{\Omega}\times\left(\vec{\Omega}\times\vec{r}_P\right) + 2\vec{\Omega}\times\dot{\vec{r}}_P\Big|_{Oxyz}, \tag{1.152.a}$$

ou:

$$\vec{a}_P\Big|_{OXYZ} = \vec{a}_P\Big|_{Oxyz} + \underbrace{\vec{a}^{\,t}_{P'}\Big|_{OXYZ} + \vec{a}^{\,n}_{P'}\Big|_{OXYZ}}_{\vec{a}_{P'}\big|_{OXYZ}} + \vec{a}_C, \tag{1.152.b}$$

cujos termos são interpretados da seguinte forma:

- $\vec{a}_P\Big|_{OXYZ} = \ddot{\vec{r}}_P\Big|_{OXYZ}$ é a aceleração da partícula P em relação ao sistema de referência fixo OXY;
- $\vec{a}_P\Big|_{Oxyz} = \ddot{\vec{r}}_P\Big|_{Oxyz}$ é a aceleração de P em relação ao sistema de referência rotativo Oxy;
- $\vec{a}^{\,t}_{P'}\Big|_{OXYZ} = \dot{\vec{\Omega}}\times\vec{r}_P$ é a componente tangencial da aceleração, em relação ao sistema fixo OXY, do ponto P', coincidente com P e pertencente ao corpo;
- $\vec{a}^{\,n}_{P'}\Big|_{OXYZ} = \vec{\Omega}\times\left(\vec{\Omega}\times\vec{r}_P\right)$ é a componente normal da aceleração, em relação ao sistema fixo OXY, do ponto P', coincidente com P e pertencente ao corpo;
- $\vec{a}_C = 2\vec{\Omega}\times\dot{\vec{r}}_P\Big|_{Oxyz} = 2\vec{\Omega}\times\vec{v}_P\Big|_{Oxyz}$ é a aceleração de Coriolis.

EXEMPLO 1.27

A haste segmentada *OABC* mostrada na Figura 1.91 gira com velocidade angular constante $\vec{\omega}$ em torno do eixo vertical. Ao mesmo tempo, o cursor *P* se move ao longo da barra com velocidade $\vec{u}$, de módulo constante. Sabendo que $\omega = 50$ rad/s e $u = 15$ m/s, determinar, para a posição mostrada: **a)** a velocidade de *P*; **b)** a aceleração de *P*.

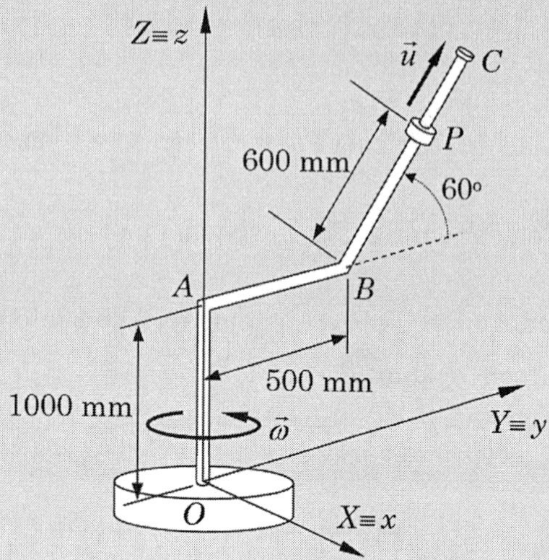

FIGURA 1.91 Representação de uma haste segmentada que gira em torno do eixo vertical.

Resolução

Para a resolução do problema, consideraremos os dois sistemas de referência mostrados na Figura 1.91, sendo o sistema *OXYZ* fixo, e o sistema *Oxyz* preso à barra *OABC*, de sorte que este último desenvolve movimento de rotação em torno do eixo vertical, com a mesma velocidade angular e aceleração angular da barra. Assim, fica caracterizado o movimento relativo com respeito a eixos de referência em rotação, e podemos aplicar a teoria desenvolvida na Subseção 1.9.5.

Para facilitar a resolução, admitiremos que, no instante considerado, os dois sistemas de referência tenham orientações coincidentes e que a barra esteja posicionada sobre o plano *XY*.

a) Análise de velocidade:

Adaptando a Equação (1.151.a), escrevemos:

$$\vec{v}_P\big|_{OXYZ} = \vec{v}_P\big|_{Oxyz} + \vec{\omega}\times\vec{r}_P, \qquad \textbf{(a)}$$

com:

$$\vec{v}_P\big|_{Oxyz} = \vec{u} = 15{,}0\left(\cos 60^\circ \vec{j} + \text{sen}60^\circ \vec{k}\right) \; [\text{m/s}];$$

$$\vec{\omega} = 50{,}0\vec{k} \; [\text{rad/s}];$$

$$\vec{r}_P = 0\vec{i} + (0{,}50 + 0{,}60\cdot\cos 60^\circ)\vec{j} + (1{,}00 + 0{,}60\cdot\text{sen}60^\circ)\vec{k} \; [\text{m}].$$

Efetuando as operações indicadas na equação (a), obtemos:

$$\boxed{\vec{v}_P\big|_{OXYZ} = -40{,}00\vec{i} + 7{,}50\vec{j} + 12{,}99\vec{k} \; [\text{m/s}]}.$$

b) Análise de aceleração:

Adaptando a Equação (1.152.a), escrevemos:

$$\vec{a}_P\Big|_{OXYZ} = \ddot{\vec{r}}_P\Big|_{Oxyz} + \dot{\vec{\omega}}\times\vec{r}_P + \vec{\omega}\times(\vec{\omega}\times\vec{r}_P) + 2\vec{\omega}\times\dot{\vec{r}}_P\Big|_{Oxyz}, \qquad \textbf{(b)}$$

com:

$$\ddot{\vec{r}}_P\Big|_{Oxyz} = \dot{\vec{u}}\Big|_{Oxyz} = \vec{0};\ \dot{\vec{\omega}} = \vec{0}.$$

Efetuando as operações indicadas na equação (b), obtemos:

$$\vec{a}_P\Big|_{OXYZ} = -750{,}00\vec{i} - 2000{,}00\vec{j}\ \left[\text{m/s}^2\right].$$

EXEMPLO 1.28

Retomando o problema proposto no Exemplo 1.27, e admitindo que no instante inicial o cursor encontre-se na posição B, que a rotação da barra $OABC$ inicie-se a partir do repouso no plano XZ com aceleração angular de 8,0 rad/s², e que o cursor parta de B com velocidade nula e aceleração constante 2,0 m/s², propõe-se: **a)** traçar as curvas representando os módulos da velocidade e da aceleração do cursor P no intervalo [0; 2 s]; **b)** traçar a curva representando a trajetória do cursor P no intervalo [0; 2 s].

Resolução

Considerando mais uma vez o movimento relativo com respeito a eixos de referência em rotação, estudado na Subseção 1.9.5, devemos expressar as grandezas cinemáticas envolvidas como funções do tempo, com o auxílio do esquema ilustrado na Figura 1.92.

Desse modo, fazemos os seguintes desenvolvimentos, representando todos os vetores na base de vetores unitários do sistema fixo $\vec{I}$, $\vec{J}$, $\vec{K}$.

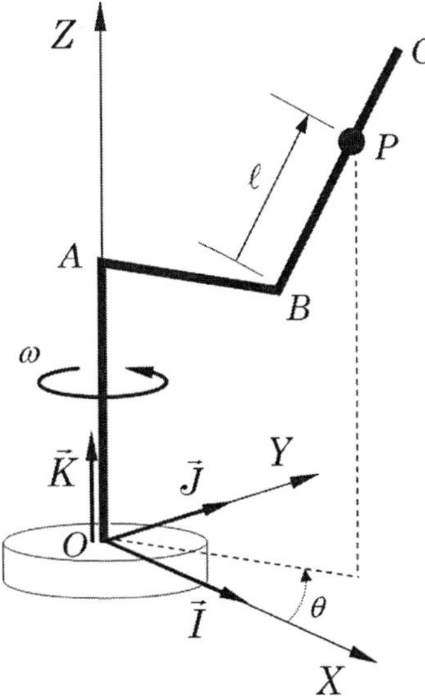

FIGURA 1.92 Esquema de resolução do Exemplo 1.28.

Análise de posição:

Com base na Figura 1.92, expressamos o vetor posição do cursor P sob a forma:

$$\vec{r}_P(t) = (0{,}50 + \ell\cos 60^\circ)\cos\theta\,\vec{I} + (0{,}50 + \ell\cos 60^\circ)\operatorname{sen}\theta\,\vec{J} + (1{,}00 + \ell\operatorname{sen}60^\circ)\vec{K}\ [\mathrm{m}], \quad \textbf{(a)}$$

$$\text{com } \ell(t) = \frac{1}{2}\cdot 2{,}0\cdot t^2 = 1{,}0\cdot t^2\ [\mathrm{m}],\ \ \theta(t) = \frac{1}{2}\cdot 8{,}0\cdot t^2 = 4{,}0\cdot t^2\ [\mathrm{rad}].$$

Assim, após manipulações algébricas, o vetor posição do cursor P em relação ao sistema de referência fixo resulta expresso segundo:

$$\vec{r}_P(t) = 0{,}5\cdot(1+t^2)\cos(4{,}0t^2)\vec{I} + 0{,}5(1+t^2)\operatorname{sen}(4{,}0t^2)\vec{J} + \left[1+\sqrt{3}/2t^2\right]\vec{K}\ [\mathrm{m}]. \quad \textbf{(b)}$$

Análise de velocidade:

Adaptando a Equação (1.151.a), escrevemos:

$$\vec{v}_P\big|_{OXYZ} = \vec{v}_P\big|_{Oxyz} + \vec{\omega}\times\vec{r}_P\,; \quad \textbf{(c)}$$

com:

$$\vec{v}_P\big|_{Oxyz} = \vec{u} = 2{,}0t\left[\cos 60^\circ\cos(4{,}0t^2)\,\vec{I} + \cos 60^\circ\operatorname{sen}(4{,}0t^2)\vec{J} + \operatorname{sen}60^\circ\,\vec{K}\right]\ [\mathrm{m/s}];$$

$$\vec{\omega}(t) = 8{,}0t\ \vec{K}\ [\mathrm{rad/s}].$$

Efetuando as operações indicadas na equação (c), o vetor velocidade do cursor P em relação ao sistema de referência $OXYZ$ resulta expresso sob a forma:

$$\vec{v}_P\big|_{OXYZ} = \left[t\cos(4{,}0t^2) - 4{,}0t\operatorname{sen}(4{,}0t^2)\cdot(1+t^2)\right]\vec{I} +$$

$$\left[t\operatorname{sen}(4{,}0t^2) + 4{,}0t\cos(4{,}0t^2)\cdot(1+t^2)\right]\vec{J} + \quad \textbf{(d)}$$

$$\sqrt{3}\,\vec{K}\ [\mathrm{m/s}].$$

Análise de aceleração:

Adaptando a Equação (1.152.a), escrevemos:

$$\vec{a}_P\big|_{OXYZ} = \ddot{\vec{r}}_P\big|_{Oxyz} + \dot{\vec{\omega}}\times\vec{r}_P + \vec{\omega}\times(\vec{\omega}\times\vec{r}_P) + 2\vec{\omega}\times\dot{\vec{r}}_P\big|_{Oxyz}, \quad \textbf{(e)}$$

com:

$$\dot{\vec{r}}_P\Big|_{Oxyz} = \vec{u}\ ;\ \dot{\vec{\omega}} = 8{,}0\,\vec{K}\ \left[\text{rad/s}^2\right];$$

$$\ddot{\vec{r}}_P\Big|_{Oxyz} = \dot{\vec{u}}\Big|_{Oxyz} = 2{,}0\cdot\left[\cos 60^\circ\cos\left(4t^2\right)\vec{I} + \cos 60^\circ \operatorname{sen}\left(4t^2\right)\vec{J} + \operatorname{sen}60^\circ\,\vec{K}\right]\ \left[\text{m/s}^2\right].$$

Efetuando as operações indicadas na equação (e), o vetor aceleração do cursor P em relação ao sistema de referência fixo resulta expresso sob a forma:

$$\vec{a}_P\Big|_{OXYZ} = \left[\left(1-32t^2-32t^4\right)\cos\left(4t^2\right) - 4\left(1+5t^2\right)\operatorname{sen}\left(4t^2\right)\right]\vec{I} +$$

$$\left[4\left(1+5t^2\right)\cos\left(4t^2\right) + \left(1-32t^2-32t^4\right)\operatorname{sen}\left(4t^2\right)\right]\vec{J} + \qquad \text{(f)}$$

$$\sqrt{3}\,\vec{K}.$$

As Figuras 1.93 a 1.95 mostram as curvas solicitadas, que foram obtidas com o auxílio do programa MATLAB® **exemplo_1_28.m**. O leitor deverá observar que neste programa foram utilizadas as funcionalidades de manipulação simbólica do MATLAB® para as manipulações algébricas que conduziram às expressões (d) e (f).

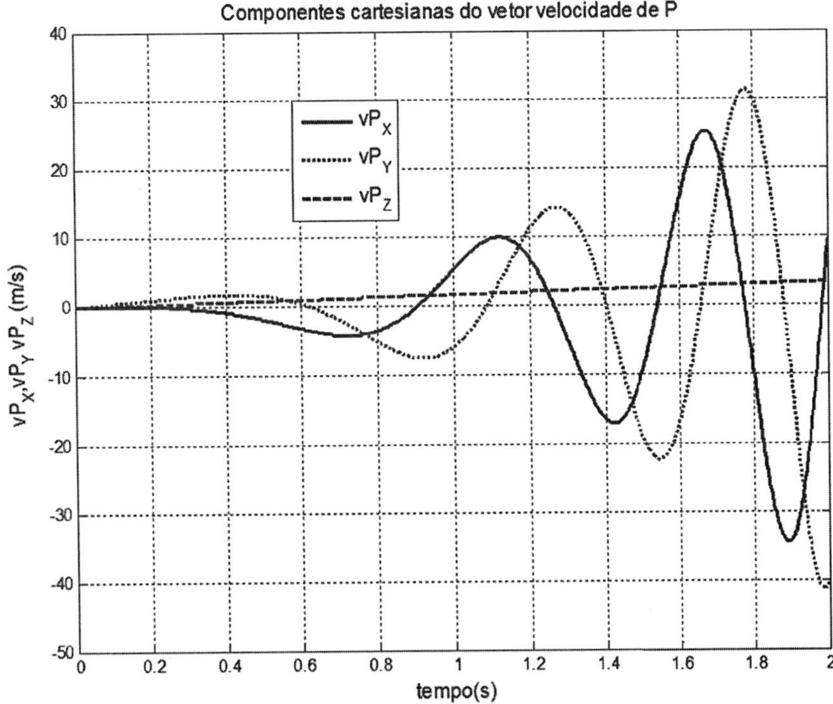

FIGURA 1.93 Gráficos mostrando os módulos das componentes da velocidade do cursor P.

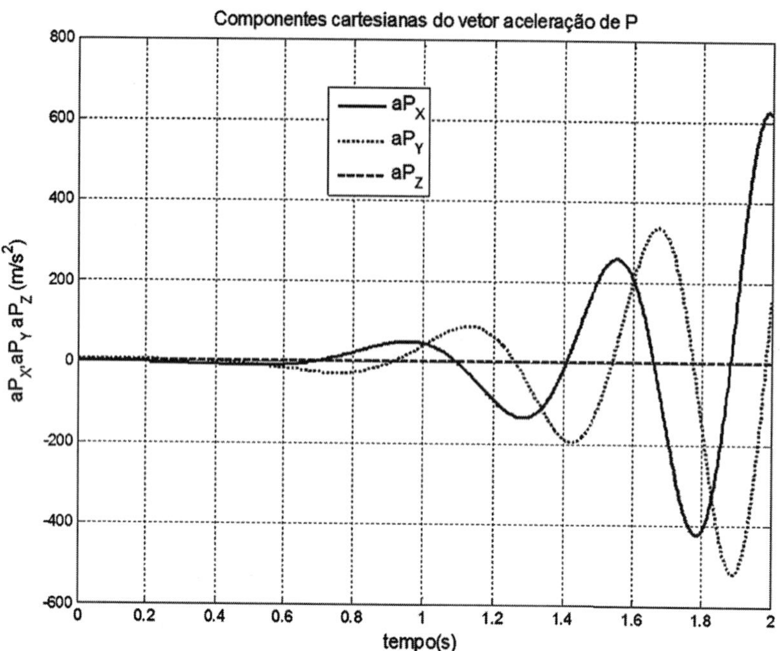

FIGURA 1.94 Gráficos mostrando os módulos das componentes da aceleração do cursor *P*.

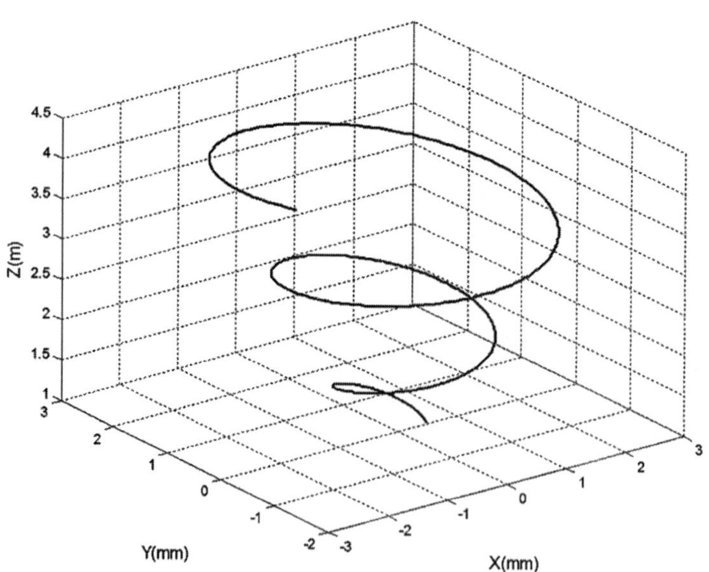

FIGURA 1.95 Gráfico mostrando a trajetória do cursor *P*.

1.9.6 Movimento relativo espacial. Eixos de referência em movimento espacial geral

Consideremos a Figura 1.96 que mostra o movimento espacial de duas partículas A e P, sendo empregados dois sistemas de referência para a observação de seus movimentos: um sistema fixo $OXYZ$ e outro sistema móvel, $Axyz$. A origem deste último descreve uma trajetória espacial e, ao mesmo tempo, seus eixos giram com velocidade angular instantânea $\vec{\Omega}$, e aceleração angular $\dot{\vec{\Omega}}$.

Dizemos, neste caso, que o sistema $Axyz$ está animado de movimento espacial geral. Também está indicado o sistema de referência auxiliar $Ax_1y_1z_1$, que tem origem em A e mantém seus eixos com orientações constantes, estando, assim, em movimento de translação.

De modo análogo ao que foi feito na Subseção 1.9.3, consideramos que o sistema rotativo esteja fixado a um corpo que gira com velocidade angular $\vec{\Omega} = \Omega\vec{k}$ e aceleração angular $\dot{\vec{\Omega}} = \dot{\Omega}\,\vec{k}$, e que a partícula se movimente ao longo de uma ranhura existente no corpo.

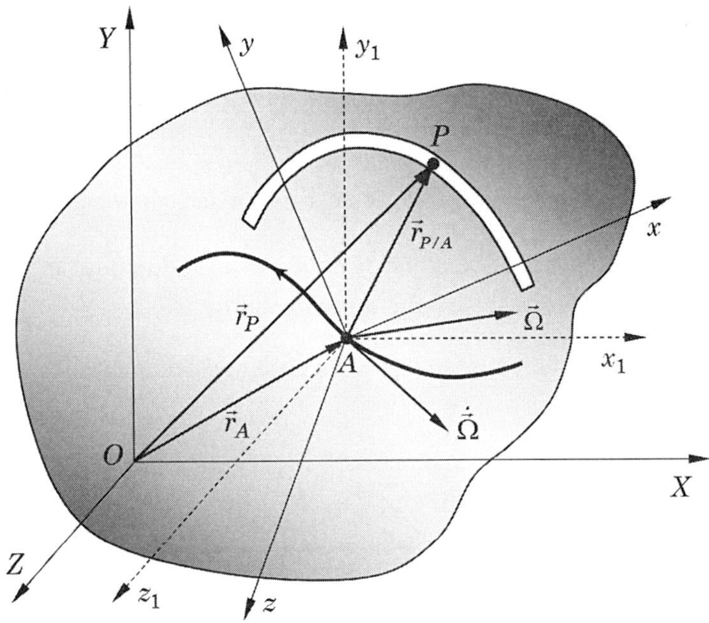

FIGURA 1.96 Representação de uma partícula que se movimenta ao longo de um corpo em movimento espacial geral.

Fazendo a extensão da formulação desenvolvida na Subseção 1.9.3, temos:

Velocidades

$$\dot{\vec{r}}_P\Big|_{OXYZ} = \dot{\vec{r}}_A\Big|_{OXYZ} + \dot{\vec{r}}_{P/A}\Big|_{Axyz} + \vec{\Omega}\times\vec{r}_{P/A}, \tag{1.153.a}$$

ou,

$$\vec{v}_P\Big|_{OXYZ} = \vec{v}_A\Big|_{OXYZ} + \vec{v}_P\Big|_{Axyz} + \vec{v}_{P'}\Big|_{Ax_1y_1z_1}, \tag{1.153.b}$$

cujos termos são interpretados da seguinte forma:

- $\vec{v}_A\Big|_{OXYZ} = \dot{\vec{r}}_A\Big|_{OXYZ}$ é a velocidade da partícula A (origem do sistema de referência móvel) em relação ao sistema fixo;

- $\vec{v}_{P'}\Big|_{Ax_1y_1z_1} = \vec{\Omega}\times\vec{r}_{P/A}$ é a velocidade, em relação ao sistema de referência auxiliar $Ax_1y_1z_1$, do ponto P' que coincide instantaneamente com P, e pertence ao corpo;

- $\vec{v}_P\Big|_{Axyz} = \dot{\vec{r}}_{P/A}\Big|_{Axyz}$ é a velocidade de P em relação ao sistema móvel $Axyz$, sendo associada ao movimento da partícula ao longo da ranhura existente no corpo.

Acelerações

$$\ddot{\vec{r}}_P\Big|_{OXYZ} = \ddot{\vec{r}}_A\Big|_{OXYZ} + \ddot{\vec{r}}_{P/A}\Big|_{Axyz} + \dot{\vec{\Omega}} \times \vec{r}_{P/A} + \vec{\Omega} \times \left(\vec{\Omega} \times \vec{r}_{P/A}\right) + 2\vec{\Omega} \times \dot{\vec{r}}_{P/A}\Big|_{Axyz}, \quad (1.154.a)$$

ou:

$$\vec{a}_P\Big|_{OXYZ} = \vec{a}_A\Big|_{OXYZ} + \vec{a}_P\Big|_{Axyz} + \vec{a}^t_{P'}\Big|_{Ax_1y_1z_1} + \vec{a}^n_{P'}\Big|_{Ax_1y_1z_1} + \vec{a}_C, \quad (1.154.b)$$

onde:

- $\vec{a}_P\Big|_{OXYZ} = \ddot{\vec{r}}_P\Big|_{OXYZ}$ é a aceleração de *P* em relação ao sistema de referência fixo *OXYZ*;
- $\vec{a}_A\Big|_{OXYZ} = \ddot{\vec{r}}_A\Big|_{OXYZ}$ é a aceleração de *A*, que é a origem do sistema de referência móvel *Axyz*, em relação ao sistema de referência fixo *OXYZ*;
- $\vec{a}_P\Big|_{Axyz} = \ddot{\vec{r}}_{P/A}\Big|_{Axyz}$ é a aceleração de *P* em relação ao sistema de referência móvel *Axyz*;
- $\vec{a}^t_{P'}\Big|_{Ax_1y_1z_1} = \dot{\vec{\Omega}} \times \vec{r}_{P/A}$ é a componente tangencial da aceleração do ponto *P'*, coincidente com *P* e pertencente ao corpo, em relação ao sistema auxiliar $Ax_1y_1z_1$;
- $\vec{a}^n_{P'}\Big|_{Ax_1y_1z_1} = \vec{\Omega} \times \left(\vec{\Omega} \times \vec{r}_{P/A}\right)$ é a componente normal da aceleração do ponto *P'* em relação ao sistema auxiliar $Ax_1y_1z_1$;
- $\vec{a}_C = 2\vec{\Omega} \times \dot{\vec{r}}_{P/A}\Big|_{Axy}$ é a aceleração de Coriolis.

EXEMPLO 1.29

Conforme mostrado na Figura 1.97, o motor *M* faz o disco girar em torno de seu eixo com velocidade angular constante ω_2, em relação à carcaça do motor e ao braço *AB*. Ao mesmo tempo, o braço *AB* gira em torno do eixo vertical com velocidade angular constante ω_1. Para a posição mostrada, obter as expressões para a velocidade e a aceleração absolutas do ponto *D* indicado.

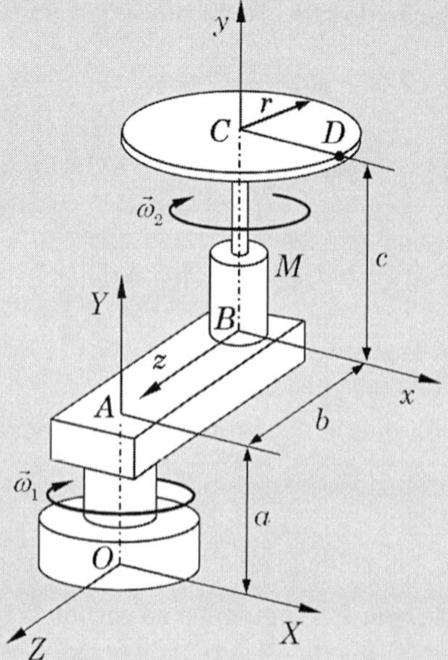

FIGURA 1.97 Mecanismo formado por um braço e um disco rotativo.

Resolução

Resolveremos o problema empregando os dois sistemas de referência mostrados na Figura 1.97: o sistema fixo *OXYZ*, e o sistema móvel *Bxyz*, preso ao braço horizontal *AB*, com sua origem no ponto *B*. Notamos que a origem do sistema móvel se movimenta, e este sistema gira em torno do eixo vertical com a velocidade angular do braço *AB*. Fica configurado, portanto, o movimento relativo com respeito a um sistema de referência em movimento espacial geral, cuja teoria é apresentada na Subseção 1.9.6.

Como vimos fazendo nos exemplos anteriores, sem nenhuma perda de generalidade, consideraremos que os eixos dos dois sistemas de referência são paralelos entre si na posição de interesse, e associaremos a ambos uma única base de vetores unitários $(\vec{i}, \vec{j}, \vec{k})$.

Análise de velocidade:

Adaptando a Equação (1.153.a), escrevemos:

$$\vec{v}_D\Big|_{OXYZ} = \dot{\vec{r}}_B\Big|_{OXYZ} + \dot{\vec{r}}_{D/B}\Big|_{Bxyz} + \vec{\omega}_1 \times \vec{r}_{D/B}\,, \qquad \textbf{(a)}$$

com:

- $\dot{\vec{r}}_B\Big|_{OXYZ} = \vec{v}_B\Big|_{OXYZ} = \vec{\omega}_1 \times \overrightarrow{AB} = -\omega_1\vec{j} \times \left(-b\vec{k}\right) = b\omega_1\vec{i}\,;$
- $\dot{\vec{r}}_{D/B}\Big|_{Bxyz} = \vec{v}_D\Big|_{Bxyz} = \vec{\omega}_2 \times \overrightarrow{CD} = -\omega_2\vec{j} \times \left(r\vec{i}\right) = r\omega_2\vec{k}\,;$
- $\vec{\omega}_1 \times \vec{r}_{D/B} = -\omega_1\vec{J} \times \left(r\vec{I} + c\vec{J}\right) = r\omega_1\vec{K}\,.$

Introduzindo os resultados acima na equação (a), obtemos:

$$\vec{v}_D\Big|_{OXYZ} = b\omega_1\vec{i} + r(\omega_1 + \omega_2)\vec{j}\,.$$

Análise de aceleração:

Adaptando a Equação (1.154.a), escrevemos:

$$\vec{a}_D\Big|_{OXYZ} = \ddot{\vec{r}}_B\Big|_{OXYZ} + \ddot{\vec{r}}_{D/B}\Big|_{Bxyz} + \dot{\vec{\omega}}_1 \times \vec{r}_{D/B} + \vec{\omega}_1 \times \left(\vec{\omega}_1 \times \vec{r}_{D/B}\right) + 2\vec{\omega}_1 \times \dot{\vec{r}}_{D/B}\Big|_{Bxyz}\,, \qquad \textbf{(b)}$$

com:

- $\ddot{\vec{r}}_B\Big|_{OXYZ} = \vec{a}_B\Big|_{OXYZ} = \dot{\vec{\omega}}_1 \times \overrightarrow{AB} + \vec{\omega}_1 \times \left(\vec{\omega}_1 \times \overrightarrow{AB}\right) = \vec{0} - \omega_1^2\overrightarrow{AB} = b\omega_1^2\vec{k}\,;$
- $\ddot{\vec{r}}_{D/B}\Big|_{Bxyz} = \dot{\vec{\omega}}_2 \times \overrightarrow{CD} + \vec{\omega}_2 \times \left(\vec{\omega}_2 \times \overrightarrow{CD}\right) = \vec{0} - \omega_2^2\overrightarrow{CD} = -r\omega_2^2\vec{i}\,;$
- $\dot{\vec{\omega}}_1 \times \vec{r}_{D/B} = \vec{0}\,;$
- $\vec{\omega}_1 \times \left(\vec{\omega}_1 \times \vec{r}_{D/B}\right) = \vec{\omega}_1 \times \left(\vec{\omega}_1 \times \overrightarrow{BD}\right) = -r\omega_1^2\vec{i}\,;$
- $2\vec{\omega}_1 \times \dot{\vec{r}}_{D/B}\Big|_{Bxyz} = 2\left(-\omega_1\vec{j}\right) \times \left(r\omega_2\vec{k}\right) = -2r\omega_1\omega_2\vec{i}\,.$

Introduzindo os resultados acima na equação (b), obtemos:

$$\vec{a}_D\Big|_{OXYZ} = -r\left(\omega_1^2 + \omega_2^2 + 2\omega_1\omega_2\right)\vec{i} + b\omega_1^2\vec{k}\,.$$

1.10 Tópico especial: movimento relativo plano da partícula utilizando a matriz de rotação

Nesta seção desenvolvemos uma formulação alternativa para a análise cinemática da partícula em movimento plano, utilizando sistemas de referência móveis, baseada no uso da chamada matriz de rotação. Conforme veremos a seguir, este método, cuja formulação tem como base a notação matricial-vetorial, favorece a implementação computacional para o cálculo de posições, velocidades e acelerações da partícula. Entretanto, é importante destacar que esta formulação é totalmente equivalente àquela desenvolvida na Subseção 1.9.3.

Retomemos o caso de movimento de duas partículas A e B, conforme mostrado na Figura 1.98. De modo semelhante ao que havíamos feito na Subseção 1.9.3, utilizamos dois sistemas de referência: o sistema fixo OXY e o sistema Axy, que tem sua origem na partícula A e gira com velocidade angular $\vec{\Omega}$ e aceleração angular $\dot{\vec{\Omega}}$, ambas perpendiculares ao plano do movimento. A orientação instantânea do sistema Axy em relação ao sistema OXY é indicada pelo ângulo θ na Figura 1.98, de sorte que $\vec{\Omega} = \dot{\theta}\vec{k}$ e $\dot{\vec{\Omega}} = \ddot{\theta}\vec{k}$.

Atribuímos, aos sistemas de referência definidos as duas bases de vetores unitários, sendo $(\vec{I}, \vec{J})$ associada ao sistema fixo OXY, e $(\vec{i}, \vec{j})$ associada ao sistema móvel Axy. O vetor unitário $\vec{K}$ perpendicular ao plano da figura é comum a ambos os sistemas de referência.

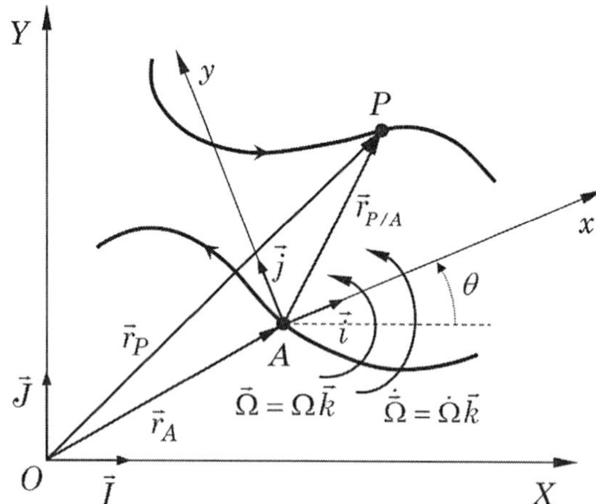

FIGURA 1.98 Representação do movimento relativo de uma partícula empregando eixos de referência em movimento plano geral.

1.10.1 Análise de posição

Do triângulo de vetores mostrado na Figura 1.98, extraímos a relação:

$$\vec{r}_B\big|_{OXY} = \vec{r}_A\big|_{OXY} + \vec{r}_{B/A}\big|_{OXY}. \qquad (1.155)$$

Admitindo que os três vetores que aparecem na Equação (1.155) sejam expressos em termos de suas componentes no sistema de referência OXY, escrevemos:

$$\vec{r}_A\big|_{OXY} = X_A\vec{I} + Y_A\vec{J}, \qquad (1.156.a)$$

$$\vec{r}_B\big|_{OXY} = X_B\vec{I} + Y_B\vec{J}, \qquad (1.156.b)$$

$$\vec{r}_{B/A}\Big|_{OXY} = X_{B/A}\,\vec{I} + Y_{B/A}\,\vec{J}. \tag{1.156.c}$$

Entretanto, é mais natural expressar as componentes do vetor $\vec{r}_{B/A}$ relativamente às suas componentes nas direções dos eixos do sistema de referência móvel *Axy*. Assim, torna-se necessário fazer uma transformação de coordenadas envolvendo os dois sistemas de referência em apreço.

Representando primeiramente o vetor $\vec{r}_{B/A}$ em termos de suas componentes no sistema de referência *Axy*, escrevemos:

$$\vec{r}_{B/A}\Big|_{Axy} = x_{B/A}\vec{i} + y_{B/A}\vec{j}. \tag{1.157}$$

Vamos, agora, exprimir os vetores unitários $(\vec{i}, \vec{j})$ em função dos vetores unitários $(\vec{I}, \vec{J})$. Com o auxílio da Figura 1.98, escrevemos:

$$\vec{i} = \cos\theta\vec{I} + \text{sen}\theta\vec{J}, \tag{1.158.a}$$

$$\vec{j} = -\text{sen}\theta\vec{I} + \cos\theta\vec{J}. \tag{1.158.b}$$

Associando as Equações (1.157) e (1.158), obtemos o vetor $\vec{r}_{B/A}$ expresso em relação às suas componentes no sistema de referência *OXY*:

$$\vec{r}_{B/A}\Big|_{OXY} = \left(x_{B/A}\cos\theta - y_{B/A}\text{sen}\theta\right)\vec{I} + \left(x_{B/A}\text{sen}\theta + y_{B/A}\cos\theta\right)\vec{J}. \tag{1.159}$$

Confrontando as Equações (1.156.c) e (1.159), obtemos as relações:

$$X_{B/A} = x_{B/A}\cos\theta - y_{B/A}\text{sen}\theta, \tag{1.160.a}$$

$$Y_{B/A} = x_{B/A}\text{sen}\theta + y_{B/A}\cos\theta. \tag{1.160.b}$$

As duas Equações (1.160) podem ser representadas matricialmente sob a forma:

$$\begin{Bmatrix} X_{B/A} \\ Y_{B/A} \end{Bmatrix} = \begin{bmatrix} \cos\theta & -\text{sen}\theta \\ \text{sen}\theta & \cos\theta \end{bmatrix} \begin{Bmatrix} x_{B/A} \\ y_{B/A} \end{Bmatrix}. \tag{1.161}$$

Introduzindo a notação matricial-vetorial, escrevemos a Equação (1.161) sob a forma:

$$\{r_{B/A}\}_{OXY} = [T(\theta)]\{r_{B/A}\}_{Axy}, \tag{1.162}$$

onde

$$[T(\theta)] = \begin{bmatrix} \cos\theta & -\text{sen}\theta \\ \text{sen}\theta & \cos\theta \end{bmatrix} \tag{1.163}$$

é a denominada *matriz de rotação.*

Associando as Equações (1.154) e (1.162), escrevemos:

$$\{r_B\}_{OXY} = \{r_A\}_{OXY} + [T(\theta)]\{r_{B/A}\}_{Axy}. \tag{1.164}$$

É importante observar que após a transformação indicada pela Equação (1.162), os três vetores que figuram na Equação (1.164), $\{r_B\}_{OXY}$, $\{r_A\}_{OXY}$ e $[T(\theta)]\,\{r_{B/A}\}_{Axy}$ estão expressos em relação às suas componentes no sistema de referência fixo *OXY*.

Uma propriedade importante da matriz de rotação, dada pela Equação (1.163), é que ela é uma *matriz ortogonal*, ou seja, sua inversa é igual à sua transposta. Isso pode ser facilmente comprovado verificando a validade da relação:

$$[T(\theta)]\cdot[T(\theta)]^T = [T(\theta)]^T\cdot[T(\theta)] = [I_2], \qquad (1.165)$$

onde $[I_2]$ é a matriz identidade de ordem 2.

1.10.2 Análise de velocidade

Para a análise de velocidade no movimento plano geral, derivamos a Equação (1.164) em relação ao tempo, obtendo:

$$\{\dot{r}_B\}_{OXY} = \{\dot{r}_A\}_{OXY} + [\dot{T}(\theta)]\{r_{B/A}\}_{Axy} + [T(\theta)]\{\dot{r}_{B/A}\}_{Axy}. \qquad (1.166)$$

Relembrando que $\{\dot{r}_A\}_{OXY} = \{v_A\}_{OXY}$, $\{\dot{r}_B\}_{OXY} = \{v_B\}_{OXY}$, $\{\dot{r}_{B/A}\}_{Axy} = \{v_B\}_{Axy}$, a Equação (1.166) fica:

$$\{v_B\}_{OXY} = \{v_A\}_{OXY} + [\dot{T}(\theta)]\{v_B\}_{Axy} + [T(\theta)]\{v_B\}_{Axy}. \qquad (1.167)$$

Para o cálculo de $[\dot{T}(\theta)]$ aplicamos a Regra da Cadeia da derivação à Equação (1.163):

$$[\dot{T}(\theta)] = \frac{d}{dt}[T(\theta)] = \dot{\theta}\frac{d}{dt}[T(\theta)] = \Omega[T'(\theta)], \qquad (1.168)$$

onde

$$[T'(\theta)] = \frac{d}{d\theta}[T(\theta)] = \begin{bmatrix} -\text{sen}\,\theta & -\cos\theta \\ \cos\theta & -\text{sen}\,\theta \end{bmatrix}. \qquad (1.169)$$

Associando as Equações (1.167) a (1.169), chegamos a:

$$\{v_B\}_{OXY} = \{v_A\}_{OXY} + [T'(\theta)]\{v_B\}_{Axy} + \Omega[T'(\theta)]\{r_{B/A}\}_{Axy}. \qquad (1.170)$$

1.10.3 Análise de aceleração

Para a análise de aceleração, derivamos a Equação (1.166) em relação ao tempo e obtemos:

$$\frac{d}{dt}\{\dot{r}_B\}_{OXY} = \frac{d}{dt}\{\dot{r}_A\}_{OXY} + \frac{d}{dt}\left([\dot{T}(\theta)]\{r_{B/A}\}_{Axy}\right) + \frac{d}{dt}\left([T(\theta)]\{\dot{r}_{B/A}\}_{Axy}\right). \qquad (1.171)$$

Em seguida, fazemos os seguintes desenvolvimentos dos termos que aparecem na Equação (1.171):

- $$\frac{d}{dt}\{\dot{r}_B\}_{OXY} = \{\ddot{r}_B\}_{OXY} = \{a_B\}_{OXY}, \qquad (1.172.a)$$

- $$\frac{d}{dt}\{\dot{r}_A\}_{OXY} = \{\ddot{r}_A\}_{OXY} = \{a_A\}_{OXY}, \qquad (1.172.b)$$

- $\frac{d}{dt}\left(\left[\dot{T}(\theta)\right]\left\{r_{B/A}\right\}_{Axy}\right)=\left[\ddot{T}(\theta)\right]\left\{r_{B/A}\right\}_{Axy}+\left[\dot{T}(\theta)\right]\left\{\dot{r}_{B/A}\right\}_{Axy}.$ (1.172.c)

Derivando a Equação (1.168) em relação ao tempo, temos:

$$\left[\ddot{T}(\theta)\right]=\dot{\Omega}\left[T'(\theta)\right]+\Omega\left[\dot{T}'(\theta)\right]. \tag{1.172.d}$$

Derivando a Equação (1.169) em relação ao tempo, obtemos a seguinte expressão para a matriz $[\dot{T}'(\theta)]$ que aparece na Equação (1.172.d):

$$\left[\dot{T}'(\theta)\right]=\frac{d}{dt}\left[T'(\theta)\right]=\Omega\frac{d}{d\theta}\left[T'(\theta)\right], \tag{1.172.e}$$

donde, levando em conta as Equações (1.163) e (1.169), obtemos:

$$\left[\dot{T}'(\theta)\right]=\dot{\theta}\begin{bmatrix}-\cos\theta & \operatorname{sen}\theta\\ -\operatorname{sen}\theta & -\cos\theta\end{bmatrix}=-\dot{\theta}\left[T(\theta)\right]. \tag{1.172.f}$$

Associando as Equações (1.172.c) a (1.172.f), obtemos:

$$\begin{aligned}\frac{d}{dt}\left(\left[\dot{T}(\theta)\right]\left\{r_{B/A}\right\}_{Axy}\right)=\dot{\Omega}\left[T'(\theta)\right]\left\{r_{B/A}\right\}_{Axy}-\Omega^2\left[T(\theta)\right]\left\{r_{B/A}\right\}_{Axy}+\\ \Omega\left[T'(\theta)\right]\left\{\dot{r}_{B/A}\right\}_{Axy};\end{aligned} \tag{1.172.g}$$

$$\begin{aligned}\frac{d}{dt}\left(\left[T(\theta)\right]\left\{\dot{r}_{B/A}\right\}_{Axy}\right)=\left[\dot{T}(\theta)\right]\left\{\dot{r}_{B/A}\right\}_{Axy}+\left[T(\theta)\right]\left\{\ddot{r}_{B/A}\right\}_{Axy}=\\ \Omega\left[T'(\theta)\right]\left\{\dot{r}_{B/A}\right\}_{Axy}+\left[T(\theta)\right]\left\{\ddot{r}_{B/A}\right\}_{Axy}.\end{aligned} \tag{1.172.h}$$

Relembrando ainda que $\left\{\ddot{r}_{B/A}\right\}_{Axy}=\left\{a_B\right\}_{Axy}$, adicionando as Equações (1.172.a), (1.172.b), (1.172.g) e (1.172.h), a Equação (1.171) fica:

$$\begin{aligned}\left\{a_B\right\}_{OXY}=\left\{a_A\right\}_{OXY}+\left[T(\theta)\right]\left\{a_B\right\}_{Axy}+\dot{\Omega}\left[T'(\theta)\right]\left\{r_{B/A}\right\}_{Axy}-\Omega^2\left[T(\theta)\right]\left\{r_{B/A}\right\}_{Axy}+\\ 2\Omega\left[T'(\theta)\right]\left\{v_B\right\}_{Axy}.\end{aligned} \tag{1.173}$$

É importante observar que, embora a abordagem baseada nas matrizes de rotação seja um pouco mais abstrata, existe total equivalência entre as Equações (1.170) e (1.173), que representam as velocidades e acelerações, respectivamente, com as Equações (1.136) e (1.139), obtidas na Subseção 1.9.3.

EXEMPLO 1.30

Retomando o problema tratado no Exemplo 1.25, novamente ilustrado na Figura 1.99, propomo-nos a obter as expressões para a velocidade e a aceleração absolutas do bloco P empregando a formulação baseada na matriz de rotação.

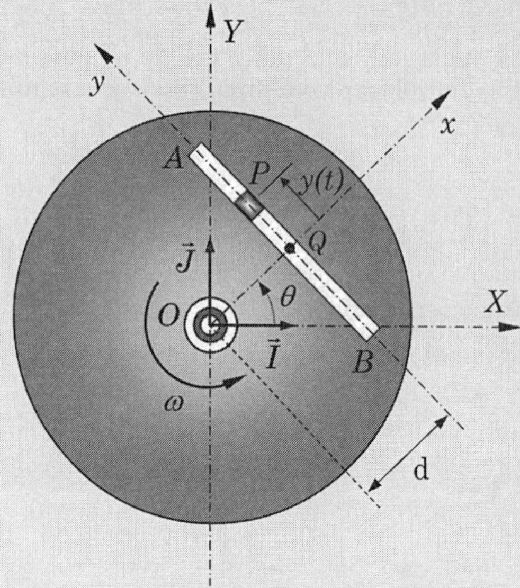

FIGURA 1.99 Disco rotativo contendo uma ranhura ao longo da qual desliza um bloco.

Resolução

Consideraremos os dois sistemas de referência mostrados na Figura 1.99, o sistema fixo OXY e o sistema rotativo Oxy, preso ao disco. Este último gira com a velocidade angular e a aceleração angular do disco, denotadas por ω e $\dot{\omega}$, respectivamente.

Análise de posição:

Adaptando a Equação (1.164), escrevemos:

$$\{r_P\}_{OXY} = \{r_Q\}_{OXY} + [T(\theta)]\{r_{P/Q}\}_{Qxy}, \qquad \textbf{(a)}$$

com:

$$\{r_P\}_{OXY} = \begin{Bmatrix} X_P \\ Y_P \end{Bmatrix}, \ \{r_Q\}_{OXY} = \begin{Bmatrix} X_Q \\ Y_Q \end{Bmatrix} = \begin{Bmatrix} d\cos\theta \\ d\,\mathrm{sen}\theta \end{Bmatrix}, \ \{r_{P/Q}\}_{Qxy} = \begin{Bmatrix} 0 \\ y(t) \end{Bmatrix}.$$

Levando em conta a expressão da matriz de rotação $[T(\theta)]$, dada pela Equação (1.163), a equação (a) fica:

$$\begin{Bmatrix} X_P \\ Y_P \end{Bmatrix} = \begin{Bmatrix} d\cos\theta \\ d\,\mathrm{sen}\theta \end{Bmatrix} + \begin{bmatrix} \cos\theta & -\mathrm{sen}\theta \\ \mathrm{sen}\theta & \cos\theta \end{bmatrix} \begin{Bmatrix} 0 \\ y(t) \end{Bmatrix},$$

donde:

$$X_P = d\cos\theta - y(t)\text{sen}\theta,$$

$$Y_P = d\,\text{sen}\theta + y(t)\cos\theta.$$

Levando em conta que, no Exemplo 1.25, $y(t) = u\,t$, $\theta(t) = 1/2\alpha t^2$, as equações acima ficam:

$$X_P(t) = d\cos\left(1/2\alpha t^2\right) - u\,t\,\text{sen}\left(1/2\alpha t^2\right), \quad \textbf{(b.1)}$$

$$Y_P(t) = d\,\text{sen}\left(1/2\alpha t^2\right) + u\,t\cos\left(1/2\alpha t^2\right). \quad \textbf{(b.2)}$$

Análise de velocidade:

Adaptando a Equação (1.170), escrevemos:

$$\{v_P\}_{OXY} = \{v_Q\}_{OXY} + [T(\theta)]\{v_P\}_{Qxy} + \omega[T'(\theta)]\{r_{P/Q}\}_{Qxy}, \quad \textbf{(c)}$$

com:

$$\{v_P\}_{OXY} = \begin{Bmatrix} \dot{X}_P \\ \dot{Y}_P \end{Bmatrix}, \; \{v_Q\}_{OXY} = \begin{Bmatrix} \dot{X}_Q \\ \dot{Y}_Q \end{Bmatrix} = \vec{\omega}\times\overrightarrow{OQ} = \begin{Bmatrix} -\omega\,d\,\text{sen}\theta \\ \omega\,d\cos\theta \end{Bmatrix},$$

$$\{v_P\}_{Qxy} = \begin{Bmatrix} 0 \\ u \end{Bmatrix}, \; \{r_{P/Q}\}_{Qxy} = \begin{Bmatrix} 0 \\ y(t) \end{Bmatrix}.$$

Considerando as expressões das matrizes $[T(\theta)]$ e $[T'(\theta)]$, dadas pelas Equações (1.163) e (1.169), respectivamente, a equação (c) fica:

$$\begin{Bmatrix} \dot{X}_P \\ \dot{Y}_P \end{Bmatrix} = \begin{Bmatrix} -\omega\,d\,\text{sen}\theta \\ \omega\,d\cos\theta \end{Bmatrix} + \begin{bmatrix} \cos\theta & -\text{sen}\theta \\ \text{sen}\theta & \cos\theta \end{bmatrix}\begin{Bmatrix} 0 \\ u \end{Bmatrix} + \omega\begin{bmatrix} -\text{sen}\theta & -\cos\theta \\ \cos\theta & -\text{sen}\theta \end{bmatrix}\begin{Bmatrix} 0 \\ y(t) \end{Bmatrix},$$

donde:

$$\dot{X}_P = -\omega d\,\text{sen}\theta - u\,\text{sen}\theta - \omega y(t)\cos\theta,$$

$$\dot{Y}_P = \omega d\cos\theta + u\cos\theta - \omega y(t)\,\text{sen}\theta.$$

Levando em conta que, no Exemplo 1.25, $y(t) = u\,t$, $\omega(t) = \alpha t$, $\theta(t) = 1/2\alpha t^2$, as equações acima ficam:

$$\dot{X}_P(t) = -\alpha\,d\,t\,\text{sen}\left(1/2\alpha t^2\right) - u\,\text{sen}\left(1/2\,\alpha t^2\right) - \alpha\,u\,t^2\cos\left(1/2\,\alpha t^2\right), \quad \textbf{(d.1)}$$

$$\dot{Y}_P(t) = \alpha\,d\,t\cos\left(1/2\alpha t^2\right) + u\cos\left(1/2\alpha t^2\right) - \alpha\,u\,t^2\,\text{sen}\left(1/2\,\alpha t^2\right). \quad \textbf{(d.2)}$$

Análise de aceleração:

Adaptando a Equação (1.173), escrevemos:

$$\{a_P\}_{OXY} = \{a_Q\}_{OXY} + [T(\theta)]\{a_P\}_{Qxy} + \alpha[T'(\theta)]\{r_{P/Q}\}_{Qxy} - \omega^2[T(\theta)]\ \{r_{P/Q}\}_{Axy} + 2\omega[T'(\theta)]\{v_P\}_{Qxy}, \quad \text{(e)}$$

com:

$$\{a_P\}_{OXY} = \begin{Bmatrix} \ddot{X}_P \\ \ddot{Y}_P \end{Bmatrix},\ \{a_Q\}_{OXY} = \begin{Bmatrix} \ddot{X}_Q \\ \ddot{Y}_Q \end{Bmatrix} = \vec{\alpha}\times\overrightarrow{OQ} - \omega^2\overrightarrow{OQ} = \begin{Bmatrix} -\alpha\, d\,\text{sen}\theta - \omega^2\, d\cos\theta \\ \alpha\, d\cos\theta - \omega^2\, d\,\text{sen}\theta \end{Bmatrix},$$

$$\{a_P\}_{Qxy} = \begin{Bmatrix} 0 \\ \dot{u} \end{Bmatrix} = \begin{Bmatrix} 0 \\ 0 \end{Bmatrix},\ \{v_P\}_{Qxy} = \begin{Bmatrix} 0 \\ u \end{Bmatrix},\ \{r_{P/Q}\}_{Qxy} = \begin{Bmatrix} 0 \\ y(t) \end{Bmatrix}.$$

Fazendo os desenvolvimentos necessários, a equação (e) fica:

$$\begin{Bmatrix} \ddot{X}_P \\ \ddot{Y}_P \end{Bmatrix} = \begin{Bmatrix} -\alpha\, d\,\text{sen}\theta - \omega^2\, d\cos\theta \\ \alpha\, d\cos\theta - \omega^2\, d\,\text{sen}\theta \end{Bmatrix} + \begin{Bmatrix} 0 \\ 0 \end{Bmatrix} + \begin{Bmatrix} -\alpha\, y\cos\theta \\ -\alpha\, y\,\text{sen}\theta \end{Bmatrix} +$$

$$\begin{Bmatrix} \omega^2\, y\,\text{sen}\theta \\ -\omega^2\, y\cos\theta \end{Bmatrix} - \begin{Bmatrix} 2\,\omega\, u\cos\theta \\ 2\,\omega\, u\,\text{sen}\theta \end{Bmatrix},$$

donde:

$$\ddot{X}_P = -\alpha\, d\ \text{sen}\theta - \omega^2 d\cos\theta - \alpha\ y\cos\theta + \omega^2\ y\ \text{sen}\theta - 2\ \omega\ u\cos\theta,$$

$$\ddot{Y}_P = \alpha\, d\ \cos\theta - \omega^2 d\ \text{sen}\theta - \alpha\ y\ \text{sen}\theta - \omega^2\ y\cos\theta - 2\ \omega\ u\ \text{sen}\theta.$$

Considerando os dados do Exemplo 1.25, as equações acima ficam:

$$\ddot{X}_P(t) = -\alpha d\ \text{sen}\left(1/2\,\alpha t^2\right) - \alpha^2\, t^2 d\cos\left(1/2\,\alpha t^2\right) - \alpha u t\cos\left(1/2\,\alpha t^2\right) + \alpha^2 u\, t^3\ \text{sen}\left(1/2\,\alpha t^2\right) - 2\alpha\, u\, t\cos\left(1/2\,\alpha t^2\right), \quad \text{(f.1)}$$

$$\ddot{Y}_P(t) = \alpha\, d\ \cos\left(1/2\,\alpha t^2\right) - \alpha^2\, t^2 d\ \text{sen}\left(1/2\,\alpha t^2\right) - \alpha\, u\, t\ \text{sen}\left(1/2\,\alpha t^2\right) + -\alpha^2\, u\, t^3\cos\left(1/2\,\alpha t^2\right) - 2\ \alpha\, u\, t\ \text{sen}\left(1/2\,\alpha t^2\right). \quad \text{(f.2)}$$

O leitor deve verificar que as expressões obtidas neste exemplo são idênticas àquelas do Exemplo 1.25.

1.11 Exercícios propostos

Exercício 1.1: Considerando que o vetor $\vec{Q}(t)$, de módulo constante, gira em torno do eixo perpendicular ao plano da Figura 1.100 com velocidade angular $\vec{\omega}$ e aceleração angular $\dot{\vec{\omega}}$, determinar as expressões da primeira derivada e da segunda derivada de $\vec{Q}(t)$ em relação ao tempo.

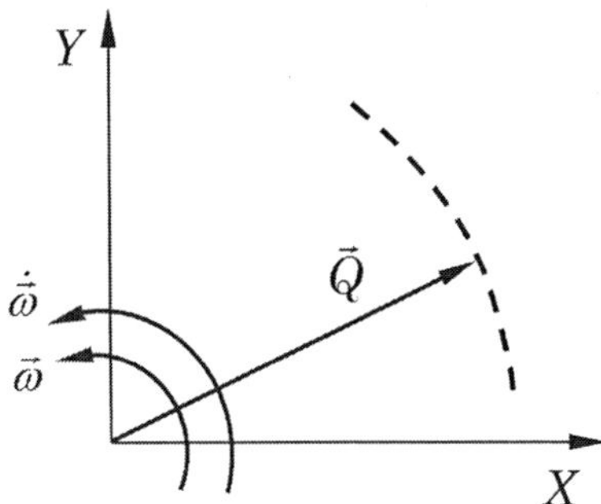

FIGURA 1.100 Ilustração do Exercício 1.1.

Exercício 1.2: O movimento retilíneo de uma partícula é representado pela relação $x(t) = -12t^3 + 15t^2 + 5t + 2$ [s; m]. Pede-se: **a)** obter as funções representando a velocidade e a aceleração da partícula em função do tempo; **b)** determinar a distância total percorrida pela partícula no intervalo $0 \leq t \leq 4$ s; **c)** calcular o máximo valor do módulo da velocidade atingido pela partícula no intervalo $0 \leq t \leq 4$ s; **d)** traçar as curvas representando as variações da posição, da velocidade e da aceleração da partícula no intervalo $0 \leq t \leq 4$ s.

Exercício 1.3: Um automóvel percorre um trecho retilíneo de uma estrada com velocidade constante de 48 km/h durante 10 minutos. Em seguida, durante 18 minutos, movimenta-se com velocidade constante de 60 km/h e, subsequentemente, durante 10 minutos, move-se com velocidade constante de 90 km/h. Determinar a velocidade média do automóvel durante o percurso completo.

Exercício 1.4: Uma pedra é liberada da abertura de um poço, e o ruído proveniente de sua queda no fundo é ouvido 4 segundos após. Sabendo que a velocidade do som no ar é 340 m/s, determinar a profundidade do poço.

Exercício 1.5: Em um dado instante, um carro A está se movendo em uma estrada retilínea com velocidade de 9 m/s e aceleração constante de 2,5 m/s^2. Ao mesmo tempo, outro carro B, que se encontra a 250 m à sua frente, move-se no mesmo sentido com velocidade de 15 m/s e desacelera à razão constante de 1,2 m/s^2. Determinar o tempo necessário para o carro A alcançar o carro B.

Exercício 1.6: Uma partícula inicia movimento retilíneo com velocidade de 15 m/s e aceleração constante de 4 m/s^2. Pede-se: **a)** obter as expressões para sua posição e velocidade, em função do tempo; **b)** determinar os valores de sua posição e sua velocidade no instante $t = 10$ s; **c)** traçar as curvas que representam graficamente as expressões obtidas no item **a)** no intervalo [0; 10s].

Exercício 1.7: Uma pedra é lançada verticalmente para cima do alto de uma torre de 30 m de altura, com velocidade inicial de 10 m/s. No mesmo instante, uma segunda pedra é lançada verticalmente para cima, a partir do solo, com velocidade inicial de 20 m/s. Determinar o instante e a posição em que ambas as pedras se encontrarão a uma mesma altura do solo.

Exercício 1.8: Uma partícula que descreve movimento retilíneo parte da origem com velocidade nula e passa a se movimentar com aceleração representada no gráfico mostrado na Figura 1.101. Pede-se: **a)** determinar as expressões para a posição e a velocidade da partícula no intervalo $0 \leq t \leq 8$ s; **b)** traçar as curvas representando as variações da posição e da velocidade da partícula no intervalo $0 \leq t \leq 8$ s.

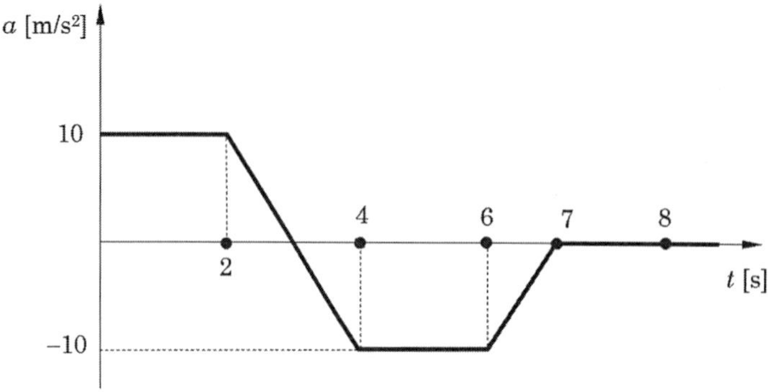

FIGURA 1.101 Ilustração do Exercício 1.8.

Exercício 1.9: Considerando a Figura 1.102, e sabendo que em um dado instante o bloco A possui velocidade de 5 m/s e aceleração de 10 m/s^2, ambas para a esquerda, determinar os módulos e os sentidos da velocidade e da aceleração do bloco B.

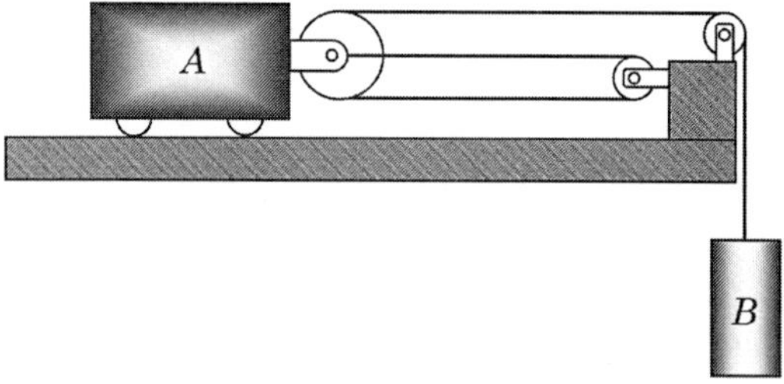

FIGURA 1.102 Ilustração do Exercício 1.9.

Exercício 1.10: Considerando a Figura 1.103, e sabendo que em um dado instante o bloco C possui velocidade de 5 m/s e aceleração de 10 m/s^2, ambas para baixo, determinar os módulos e os sentidos das velocidades e das acelerações dos blocos A e B.

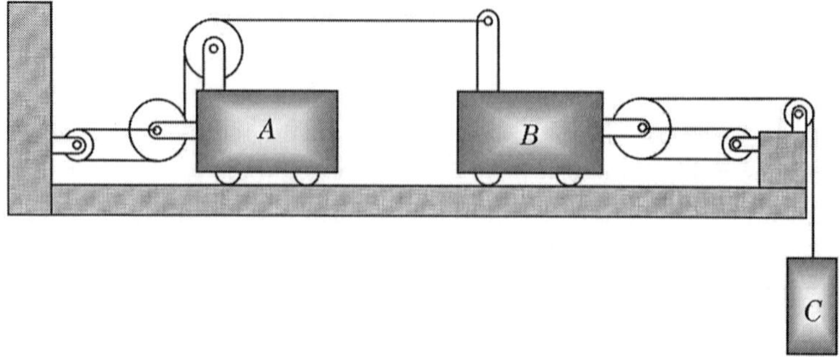

FIGURA 1.103 Ilustração do Exercício 1.10.

Exercício 1.11: Um projétil é lançado com velocidade inicial $\vec{v}_0$, formando um ângulo θ com a direção horizontal, conforme mostrado na Figura 1.104. Desprezando a resistência do ar, determinar: **a)** as expressões para as componentes horizontal e vertical da aceleração do projétil em função do tempo; **b)** as expressões para as componentes horizontal e vertical da velocidade do projétil em função do tempo; **c)** as expressões para as componentes horizontal e vertical da posição do projétil em função do tempo; **d)** a equação da trajetória do projétil na forma cartesiana $y=y(x)$; **e)** a expressão para a máxima altura, h, atingida pelo projétil; **f)** a expressão para a máxima distância horizontal, d, atingida pelo projétil.

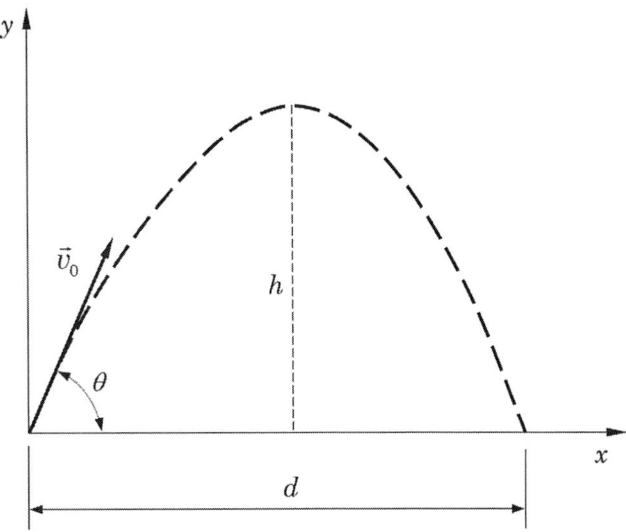

FIGURA 1.104 Ilustração do Exercício 1.11.

Exercício 1.12: Considerando a situação ilustrada na Figura 1.105, determinar a posição s na qual uma bola lançada obliquamente se chocará com a superfície inclinada. A bola é lançada com velocidade de $v_0 = 25$ m/s, segundo um ângulo $\theta = \text{arctg}(4/3)$ com a direção horizontal.

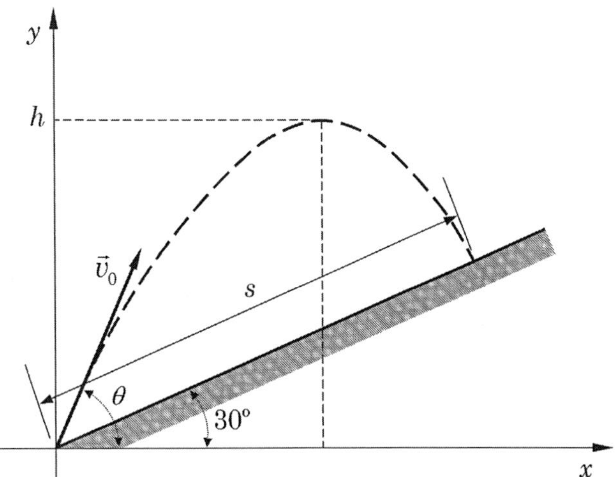

FIGURA 1.105 Ilustração do Exercício 1.12.

Exercício 1.13: Uma partícula que se movimenta no plano xy parte da origem na condição de repouso e se movimenta com aceleração dada por $\vec{a}(t) = -2{,}5t\vec{i} + 4{,}5t^2\vec{j}$ [s; m/s²]. Para o instante $t = 2$ s, determinar: **a)** a posição da partícula; **b)** a velocidade da partícula; **c)** a aceleração da partícula; **d)** o raio de curvatura da trajetória da partícula.

Exercício 1.14: Considerando o problema apresentado no Exercício 1.13, pede-se: **a)** traçar as curvas representando as variações dos módulos dos vetores posição, velocidade e aceleração da partícula no intervalo $0 \leq t \leq 4$ s; **b)** traçar a curva representando a trajetória descrita pela partícula no intervalo $0 \leq t \leq 4$ s.

Exercício 1.15: O pino P descreve uma trajetória plana determinada pelos movimentos das guias ranhuradas A e B, conforme mostrado na Figura 1.106. No instante considerado, a guia A tem velocidade de 20 cm/s para a direita, e esta velocidade aumenta à razão de 50 cm/s². Ao mesmo tempo, a guia B tem velocidade de 30 cm/s para cima, a qual está diminuindo à taxa de 15 cm/s². Para o instante considerado, obter: **a)** o módulo e a direção da velocidade do pino P; **b)** o módulo e a direção da aceleração de P; **c)** o raio de curvatura da trajetória de P.

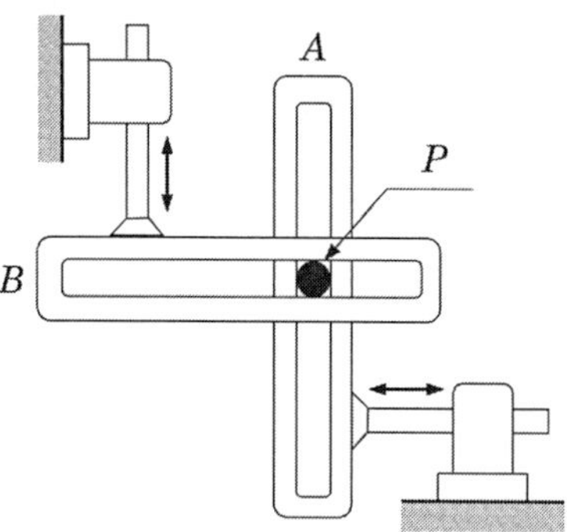

FIGURA 1.106 Ilustração do Exercício 1.15.

Exercício 1.16: Retomando o Exercício 1.15, sabe-se que, no instante $t = 0$, o pino P encontra-se em repouso na origem do sistema de referência fixo OXY mostrado na Figura 1.107. Neste instante, as guias começam a se movimentar segundo as expressões $X_A(t) = 200\cos\left(\frac{\pi}{2}t\right)$ [s; m], $X_B(t) = 300\operatorname{sen}(\pi t)$ [s; m].

Pede-se: **a)** traçar as curvas representando as variações dos módulos da velocidade e da aceleração do pino P no intervalo $0 \leq t \leq 10$ s; **b)** traçar a curva representando a trajetória do pino P no intervalo $0 \leq t \leq 10$ s.

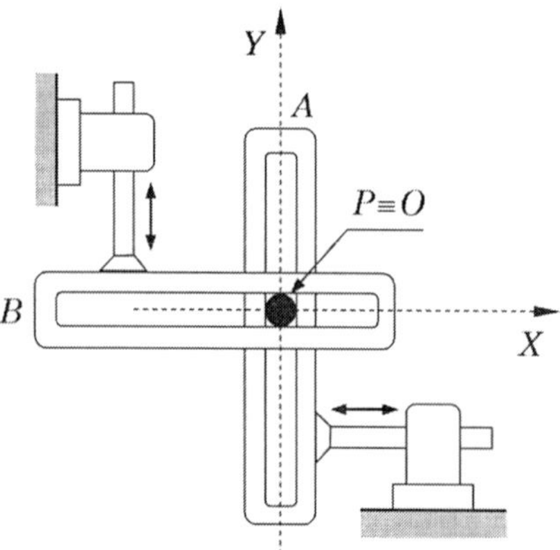

FIGURA 1.107 Ilustração do Exercício 1.16.

Exercício 1.17: A guia telescópica mostrada abaixo faz com que o pino P se mova ao longo de uma trajetória dada pela equação $y = 0{,}75x$, onde x e y estão em centímetros. No instante $t = 0$, a guia parte da origem O com velocidade angular que varia segundo $\theta = \omega t = 0{,}6t$ [s; rad]. Para o instante $t = 1{,}2$ s, determinar: **a)** os valores das componentes x e y da velocidade de P; **b)** os valores das componentes x e y da aceleração de P.

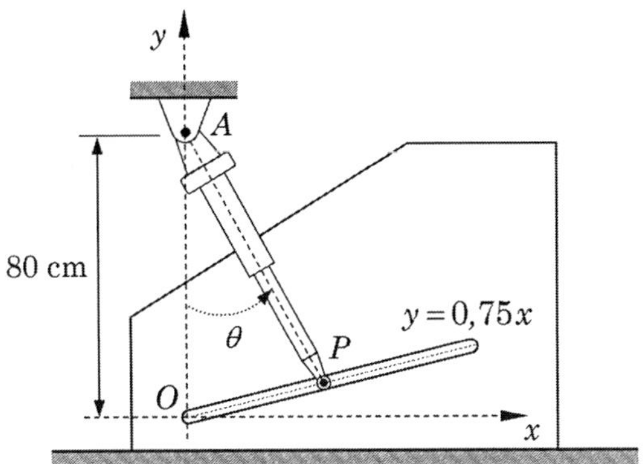

FIGURA 1.108 Ilustração do Exercício 1.17.

Exercício 1.18: Considerando o Exercício 1.17, traçar as curvas representando as variações das componentes cartesianas dos vetores velocidade e aceleração do pino P no intervalo $0 \leq t \leq 1{,}5$ s.

Exercício 1.19: O foguete mostrado na Figura 1.109 sobe verticalmente, sendo rastreado por uma estação de radar. No instante em que $\theta = 60°$, o radar informa que $r = 8000$ m, $\dot{\theta} = 0{,}035$ rad/s e $\ddot{\theta} = -0{,}0045$ rad/s^2. Para este instante, determinar: **a)** a velocidade do foguete; **b)** a aceleração do foguete.

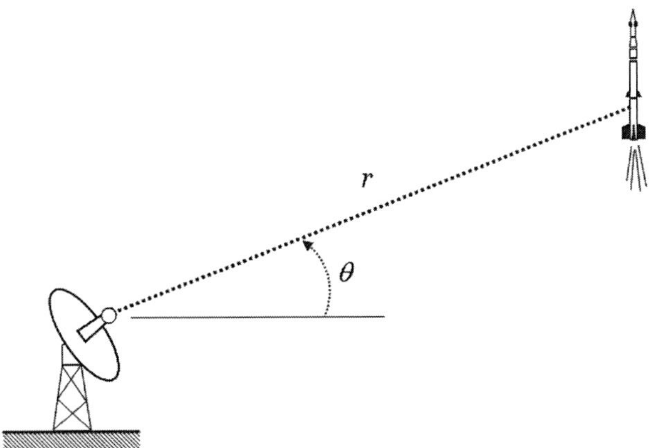

FIGURA 1.109 Ilustração do Exercício 1.19.

Exercício 1.20: Considerando a situação apresentada no Exercício 1.19, o foguete é lançado verticalmente a partir do solo com aceleração constante de 50 m/s^2. Deduzir as expressões e traçar as curvas correspondentes representando as variações das grandezas r, $\dot{r}$ e $\ddot{r}$ e θ, $\dot{\theta}$ e $\ddot{\theta}$ no intervalo $0 \leq t \leq 10$ s.

Exercício 1.21: O guindaste giratório mostrado na Figura 1.110 tem uma lança OP com comprimento de 24 m e está girando em torno do eixo vertical com velocidade angular constante de $\omega = 2{,}0$ rad/s. Ao mesmo tempo, a lança está sendo elevada à razão constante $\dot{\beta} = 0{,}10$ rad/s. Calcular os módulos da velocidade e da aceleração da extremidade da lança P, no instante em que $\beta = 30°$.

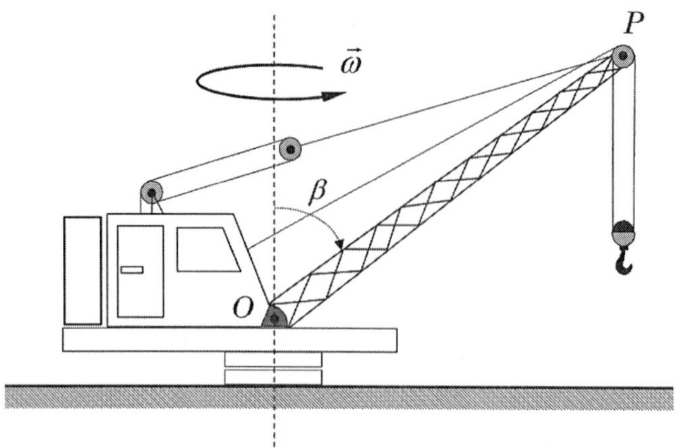

FIGURA 1.110 Ilustração do Exercício 1.21.

Exercício 1.22: Considerando o guindaste mostrado no Exercício 1.21, sabe-se que em $t = 0$, a lança encontra-se em repouso na posição $\beta = 60°$. A partir deste instante, o guindaste começa a girar com velocidade angular que varia com taxa constante $\dot{\omega} = 2{,}0$ rad/s^2 e, ao mesmo tempo, a lança começa a ser baixada com taxa constante $\dot{\beta} = 2{,}0$ rad/s^2. Traçar as curvas representando as variações dos módulos da velocidade e da aceleração da extremidade P, no intervalo compreendido entre o instante inicial e o instante em que a lança se posiciona sobre o plano horizontal ($\beta = 90°$).

Exercício 1.23: Dois aviões A e B voam em um mesmo plano vertical, segundo trajetórias retilíneas distantes 6000 m entre si. No instante considerado, o avião A se desloca com velocidade de 600 km/h e esta velocidade aumenta à razão de 1,2 m/s^2. O avião B se desloca com velocidade constante de 800 km/h, sendo rastreado por um radar instalado em A. Determinar as taxas de variação $\dot{r}$, $\ddot{r}$, $\dot{\theta}$ e $\ddot{\theta}$ no instante considerado.

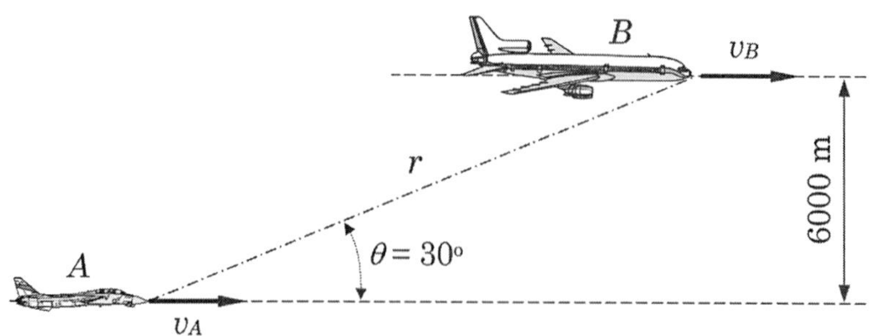

FIGURA 1.111 Ilustração do Exercício 1.23.

Exercício 1.24: Com referência ao movimento dos dois aviões considerados no Exercício 1.23, pede-se obter as expressões representando as variações de r, $\dot{r}$ e $\ddot{r}$ e θ, $\dot{\theta}$ e $\ddot{\theta}$ no intervalo $0 \leq t \leq 10$ s, admitindo, como situação inicial, aquela apresentada no Exercício 1.23.

Exercício 1.25: Após a decolagem, um avião sobe em um plano vertical, com velocidade constante $v = 400$ km/h, sendo rastreado pela estação de radar O, conforme mostrado na Figura 1.112. Para a posição indicada, pede-se determinar os valores das taxas de variação $\dot{R}$, $\dot{\theta}$ e $\dot{\phi}$.

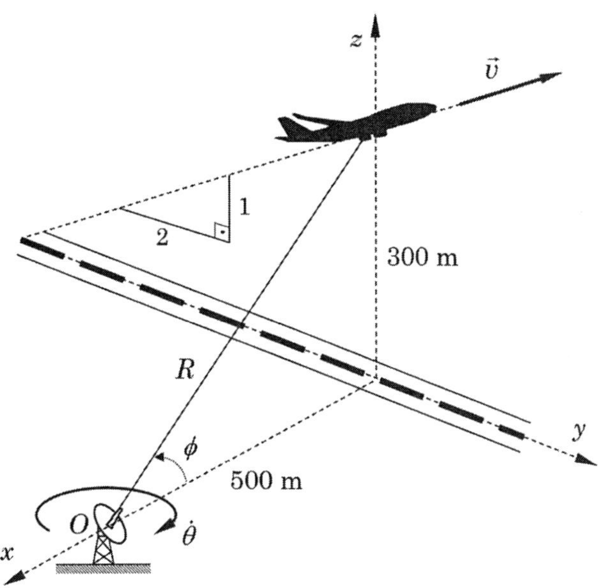

FIGURA 1.112 Ilustração do Exercício 1.25.

Exercício 1.26: O regador de jardim, cuja vista superior é mostrada na Figura 1.113, gira em torno de seu centro O com velocidade angular constante $\omega = 90$ rpm no sentido horário. Sabendo que a velocidade da água em relação ao regador é constante e vale $u = 15$ m/s, determinar para a posição indicada:

a) o vetor velocidade absoluta de uma partícula de água no instante em que esta passa pelo bocal A;
b) o vetor aceleração absoluta de uma partícula de água no instante em que esta passa pelo bocal A;
c) o vetor velocidade absoluta de uma partícula de água no instante em que esta passa pelo bocal B;
d) o vetor aceleração absoluta de uma partícula de água no instante em que esta passa pelo bocal B.

Recomendação: Resolver o exercício usando primeiramente a formulação apresentada na Subseção 1.9.2. Em seguida, resolver utilizando a formulação apresentada na Seção 1.10.

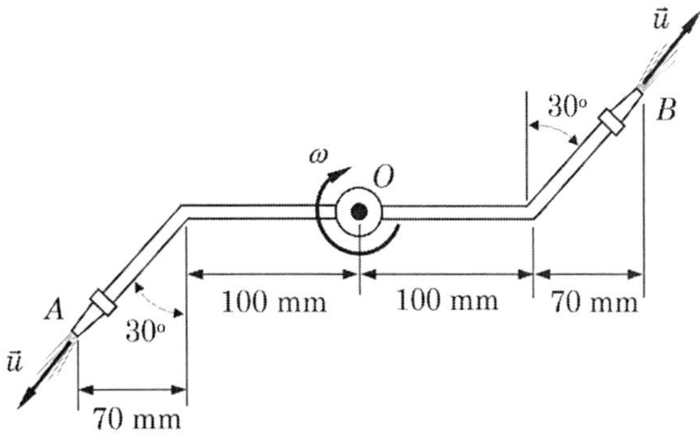

FIGURA 1.113 Ilustração do Exercício 1.26.

Exercício 1.27: O tubo semicircular OAB, de raio médio $r = 30$ cm, gira em torno de O com velocidade angular $\omega = 5$ rad/s, a qual aumenta à taxa constante $\dot{\omega} = 10$ rad/s^2. No interior do tubo, move-se uma pequena esfera P, cuja velocidade, em relação ao tubo, tem módulo constante $u = 10$ m/s. Para a posição ilustrada na Figura 1.114, determinar: **a)** a velocidade e a aceleração absolutas de

P quando este se encontra na posição A; **b)** a velocidade e a aceleração absolutas de P quando este se encontra na posição B.

Recomendação: Resolver o exercício usando primeiramente a formulação apresentada na Subseção 1.9.2. Em seguida, resolver utilizando a formulação apresentada na Seção 1.10.

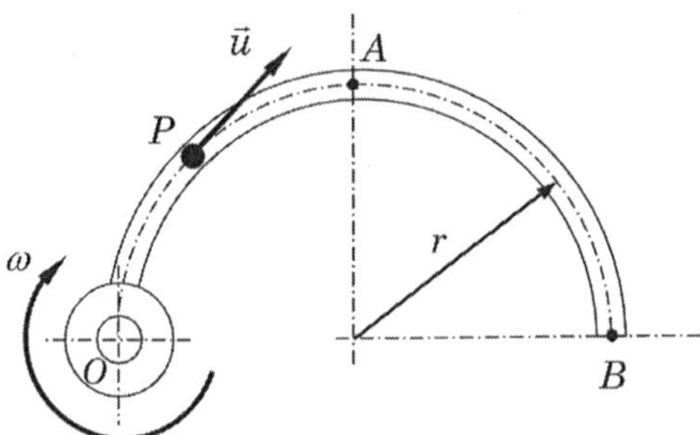

FIGURA 1.114 Ilustração do Exercício 1.27.

Exercício 1.28: Considerando novamente o tubo semicircular do Exercício 1.27, sabendo que no instante inicial o tubo começa a girar a partir do repouso na posição ilustrada na Figura 1.114 com aceleração angular constante $\dot{\omega} = 10$ rad/s^2, enquanto, no interior do tubo, a esfera P parte de O com velocidade de módulo constante u = 6 m/s, pede-se: **a)** determinar as expressões representando as variações dos módulos da velocidade absoluta e da aceleração absoluta de P em função do tempo, no intervalo de tempo limitado pelo instante em que a esfera P chega ao ponto B; **b)** traçar as curvas representando graficamente as expressões solicitadas no item **a)**.

Exercício 1.29: Na Figura 1.115, o suporte OAB gira em torno do eixo vertical com velocidade angular constante $\vec{\omega}_1$ e o tubo circular gira em relação ao suporte com velocidade angular constante $\vec{\omega}_2$. Ao mesmo tempo, uma pequena esfera P se desloca dentro do tubo de tal sorte que o segmento CP gira com velocidade angular constante $\vec{\omega}_3$ em relação ao tubo. Para a posição mostrada, na qual todo o conjunto posiciona-se sobre o plano XY, pedem-se: **a)** a expressão para a velocidade absoluta da esfera P; **b)** a expressão para a aceleração absoluta da esfera P.

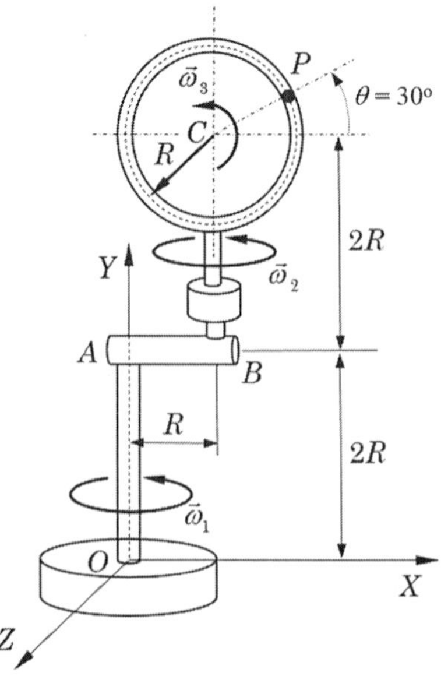

FIGURA 1.115 Ilustração do Exercício 1.29.

Exercício 1.30: Retomando o Exercício 1.29, no instante inicial, o suporte OAB e o disco estão em repouso sobre o plano XY e a esfera P está em repouso na posição $\theta = 0°$. A partir deste instante, os componentes começam a se movimentar nos sentidos indicados com acelerações angulares $\dot{\omega}_1 = 2{,}0$ rad/s^2, $\dot{\omega}_2 = 4{,}0$ rad/s^2 e $\dot{\omega}_3 = 3{,}0$ rad/s^2. Pede-se traçar as curvas que representam os módulos da posição, da velocidade e da aceleração absolutas da esfera P no intervalo $0 \le t \le 10$ s.

Exercício 1.31: Na Figura 1.116 o motor M faz o disco girar em torno de seu eixo com velocidade angular $\vec{\omega}_2$ e aceleração angular $\dot{\vec{\omega}}_2$ em relação à carcaça do motor e ao braço AB. Ao mesmo tempo, o braço AB gira em torno do eixo vertical com velocidade angular $\vec{\omega}_1$ e aceleração angular $\dot{\vec{\omega}}_1$. Para a posição mostrada, obter as expressões para a aceleração absoluta do ponto D indicado.

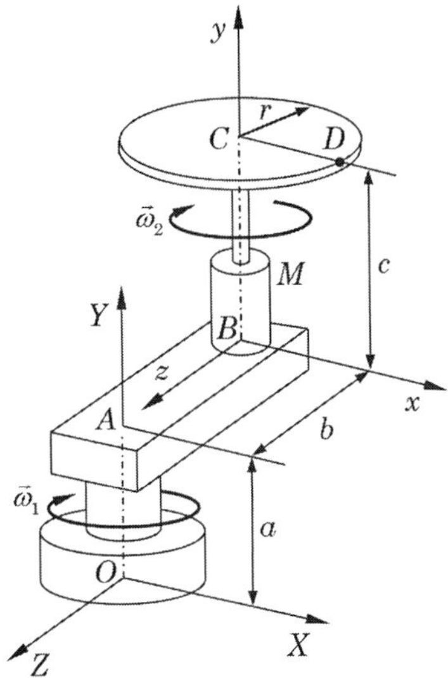

FIGURA 1.116 Ilustração do Exercício 1.31.

Exercício 1.32: O robô mostrado abaixo se move no plano da Figura 1.117, com velocidade $\vec{v}_0$ e aceleração $\vec{a}_0$ em relação ao piso. Ao mesmo tempo, o braço O_1O_2 gira com velocidade angular constante $\omega_1 = \dot{\theta}_1$, em relação ao corpo do robô, e o braço O_2P gira com velocidade angular constante $\omega_2 = \dot{\theta}_2$, em relação ao braço O_1O_2, com os sentidos indicados. Designando por ℓ_1 o comprimento do braço O_1O_2 e por ℓ_2 o comprimento do braço O_2P, deduzir as expressões para a velocidade e a aceleração da extremidade P, em relação ao piso, em função dos parâmetros indicados.

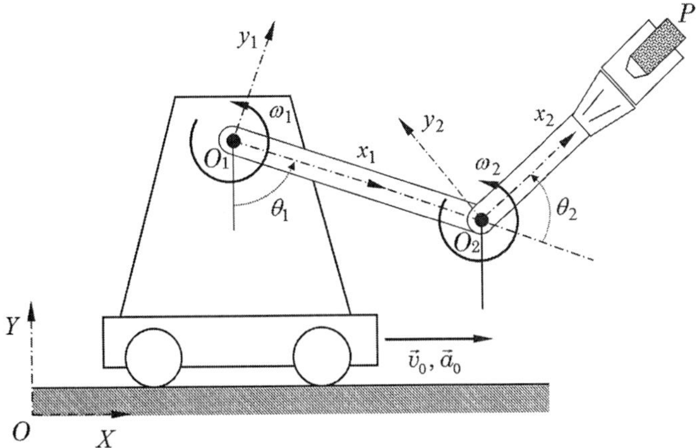

FIGURA 1.117 Ilustração do Exercício 1.32.

1.12 Bibliografia

BEER, F. P.; JOHNSTON, Jr.; CORNWELL, P. J. *Mecânica vetorial para engenheiros: Dinâmica*. 9ª ed. Porto Alegre: AMGH Editora, 2012.

CHAPMAN, S. J. *Programação em MATLAB para engenheiros*. 2ª ed. São Paulo: Cengage Learning, 2011.

HIBBELER, R. C. *Dinâmica. Mecânica para a engenharia*. 12ª ed. São Paulo: Pearson, 2011.

MERIAM, J. L.; KRAIGE, L. G. *Mecânica para a engenharia. Dinâmica*. 7ª ed. Rio de Janeiro: LTC, 2016.

SHAMES, I. H. *Dinâmica. Mecânica para a engenharia*. 4ª ed. São Paulo: Pearson-Prentice Hall, v. 2, 2003.

SOUTAS-LITTLE, R. W.; INMAN, D. J.; BALINT, D. S. *Engineering Mechanics: Dynamics – computational edition*. Toronto, Canada: Thomson Learning, 2008.

TENENBAUM, R. *Dinâmica aplicada*. São Paulo: Manole, 2006.

CAPÍTULO

Cinemática do Corpo Rígido 2

2.1 Introdução

Neste capítulo nos ocuparemos em expressar as grandezas cinemáticas posição, velocidade e aceleração de pontos que pertencem a corpos modelados como corpos rígidos.

Diferentemente das partículas, cuja modelagem cinemática, apresentada no Capítulo 1, é baseada na representação do corpo por um único ponto, os corpos rígidos são modelados como sólidos que possuem infinitos pontos distribuídos sobre seu volume, de modo que os movimentos destes pontos, no caso mais geral, variam de acordo com sua posição.

A hipótese de rigidez ideal, que será adotada, implica que a distância entre dois pontos quaisquer do corpo permanece inalterada durante o movimento. Com relação a esta hipótese, é importante observar que, conforme aprendemos no estudo da Mecânica dos Sólidos, todo material sólido se deforma quando é submetido a forças e/ou momentos. Admitiremos aqui, todavia, que os deslocamentos associados a estas deformações sejam suficientemente pequenos para que possam ser desprezados quando comparados com os deslocamentos que resultam do movimento. A dinâmica de sólidos, levando em conta suas deformações, é objeto de outra disciplina denominada Vibrações Mecânicas.

Por conveniência didática, neste capítulo vamos classificar os movimentos que os corpos rígidos podem desenvolver, em duas e três dimensões, seguindo a ordem crescente de complexidade.

Como veremos, o tipo de movimento que um dado corpo rígido desenvolve é determinado pela existência das chamadas *restrições cinemáticas*, também conhecidas como *vínculos cinemáticos*, que são introduzidos por interações com outros corpos, e que restringem o movimento de um ou mais pontos do corpo rígido cujo movimento é estudado. Por isso, é indispensável recordar os tipos mais comuns de restrições cinemáticas existentes nos sistemas mecânicos de interesse na Engenharia, o que é feito na próxima Seção.

2.2 Restrições cinemáticas

De forma geral, restrições cinemáticas surgem quando o corpo considerado estiver em contato com outros corpos, de tal sorte que esta interação limite o movimento de um ou mais de seus pontos. A cada restrição, dependendo de seu tipo, são associadas *forças de restrição* e/ou *momentos de restrição* que resultam da interação mecânica entre os corpos em contato. Conforme veremos no Capítulo 6, estas forças e momentos de restrição deverão ser incluídos nos diagramas de corpo livre quando forem realizadas análises dinâmicas de corpos rígidos.

Nas Tabelas 2.1 e 2.2 sumarizamos os tipos de restrições cinemáticas mais comuns. Para cada tipo, apresentamos a simbologia gráfica, os movimentos permitidos e as forças e momentos de restrição. Nestas tabelas, t e n indicam, respectivamente, as direções tangente e normal às superfícies de contato mostradas.

Tabela 2.1 Principais restrições cinemáticas bidimensionais.

Símbolo	Movimento permitido	Forças/momentos de restrição
	Superfície com atrito	
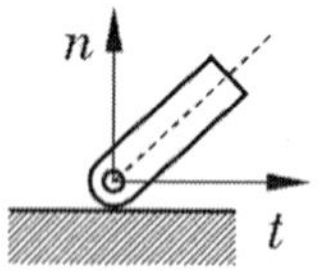 n, t	*com deslizamento* 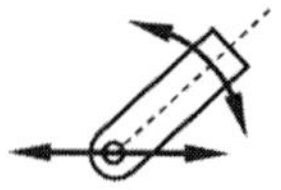 *sem deslizamento* 	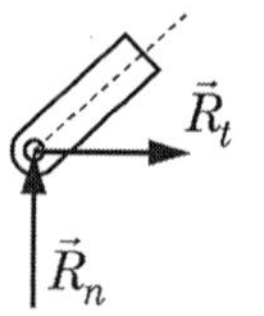 $\vec{R}_t$, $\vec{R}_n$
	Rolete plano sem atrito, superfície sem atrito	
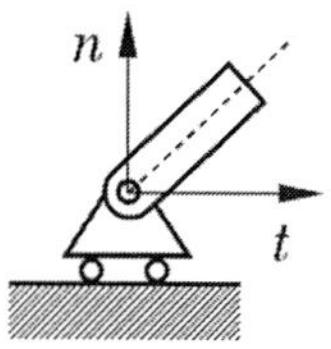 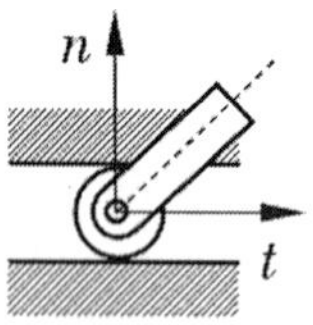 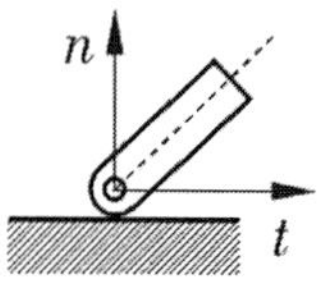 n, t n, t n, t	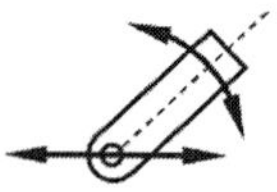	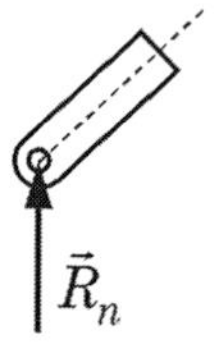 $\vec{R}_n$
	Cabo inextensível	
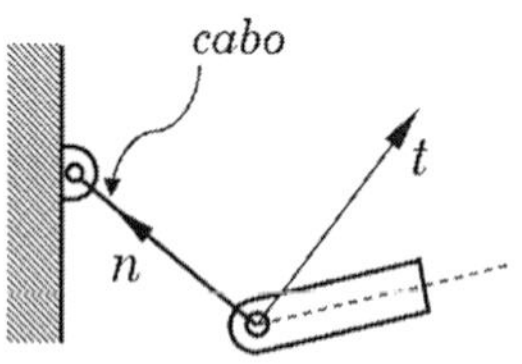 *cabo*, n, t	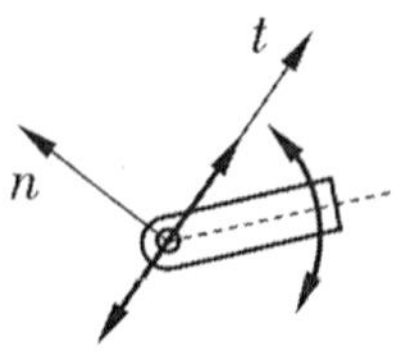 t, n	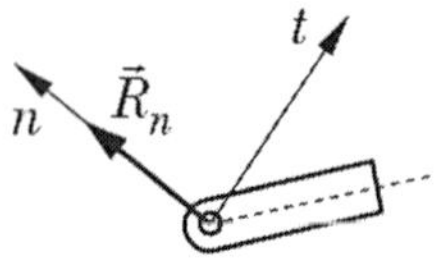 t, n, $\vec{R}_n$

(*continua*)

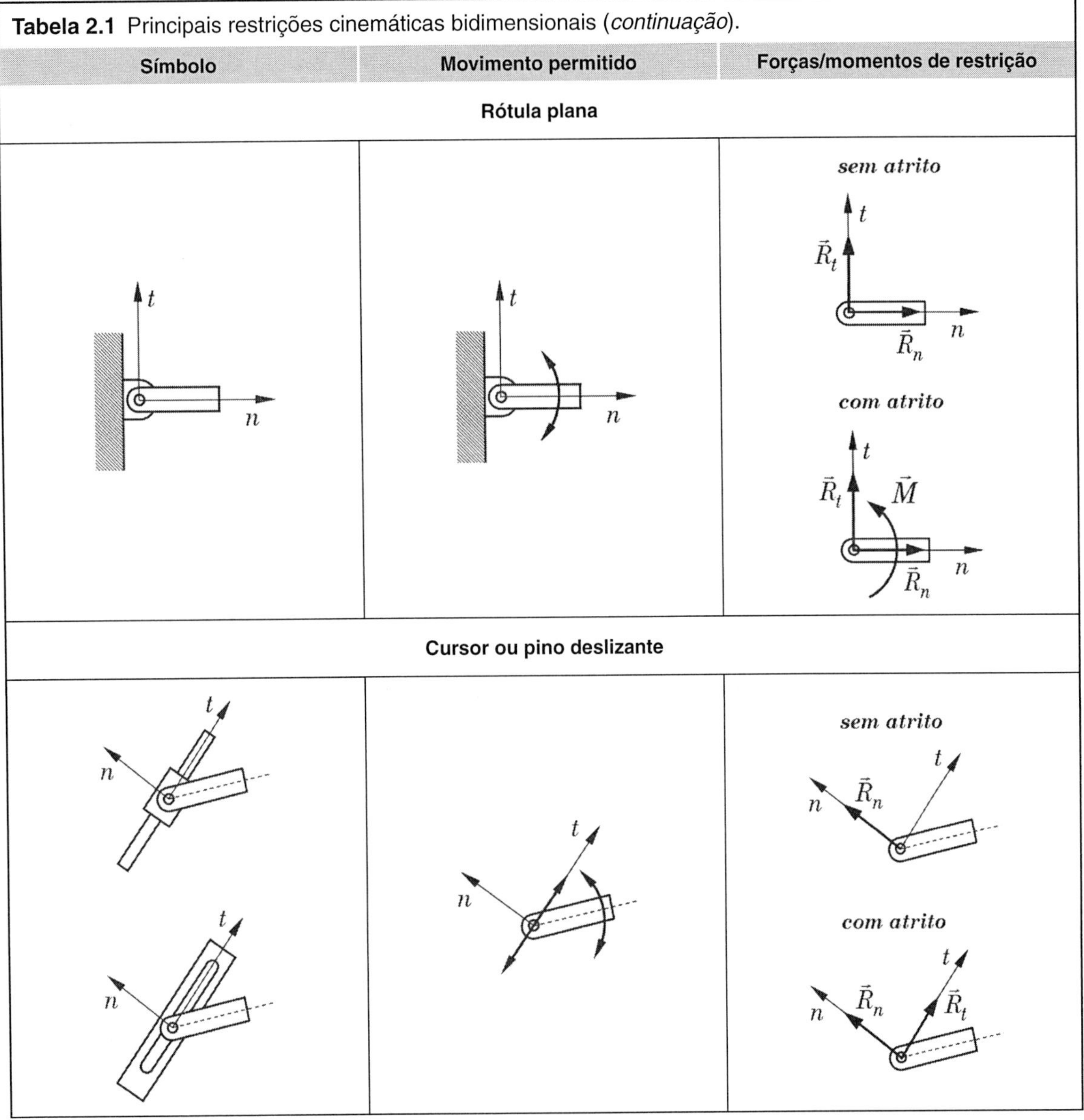

Tabela 2.1 Principais restrições cinemáticas bidimensionais (*continuação*).

Símbolo	Movimento permitido	Forças/momentos de restrição
	Rótula plana	
t, n	t, n	*sem atrito*: t, $\vec{R}_t$, $\vec{R}_n$, n *com atrito*: t, $\vec{R}_t$, $\vec{M}$, $\vec{R}_n$, n
	Cursor ou pino deslizante	
t, n t, n	t, n	*sem atrito*: t, $\vec{R}_n$, n *com atrito*: t, $\vec{R}_n$, $\vec{R}_t$, n

Tabela 2.2 Principais restrições cinemáticas tridimensionais.

Símbolo	Movimento permitido	Forças/momentos de restrição
	Superfície sem atrito	
y, x, z		$\vec{R}_y$

(*continua*)

Tabela 2.2 Principais restrições cinemáticas tridimensionais (*continuação*).

Símbolo	Movimento permitido	Forças/momentos de restrição
	Superfície com atrito	
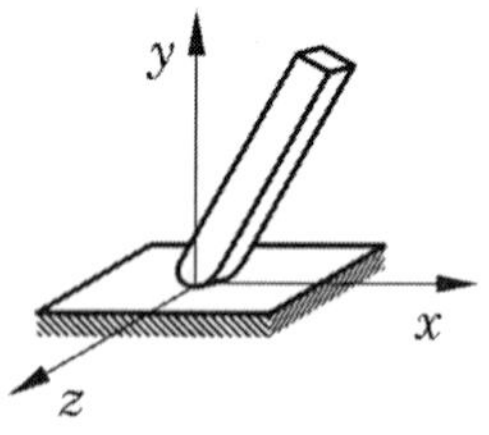 y, x, z	*com deslizamento*  *sem deslizamento* 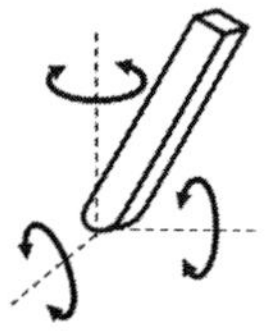	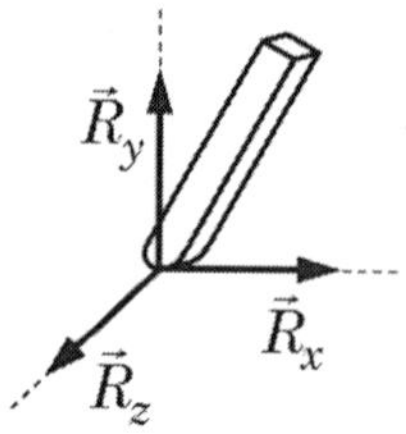 $\vec{R}_y$, $\vec{R}_x$, $\vec{R}_z$
	Rolete tridimensional sem atrito	
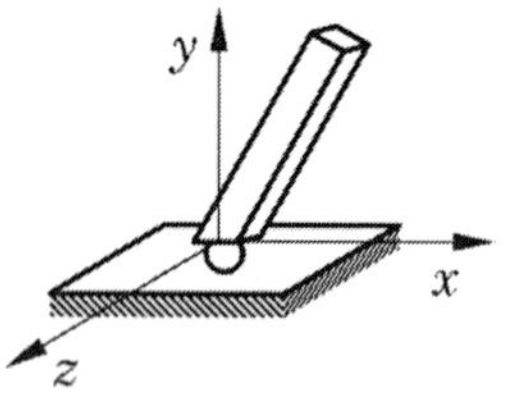 y, x, z	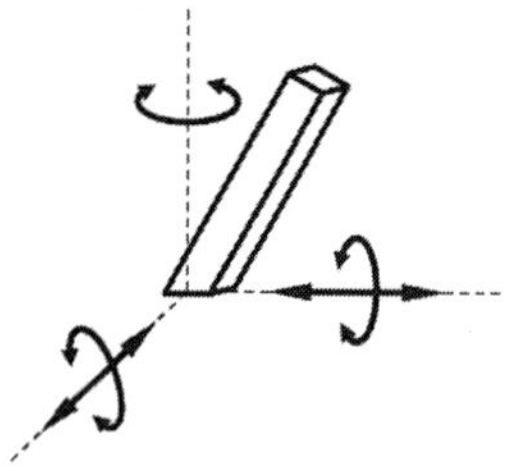	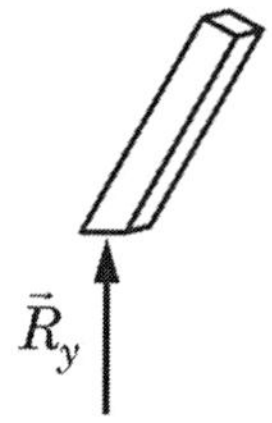 $\vec{R}_y$ *(Obs.: resistência ao rolamento desprezada.)*
	Rolete sobre superfície com atrito	
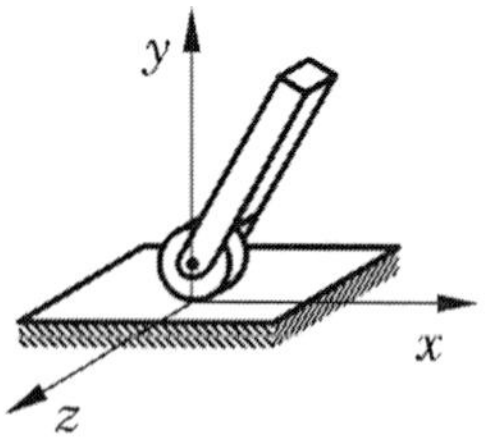 y, x, z	*com deslizamento* 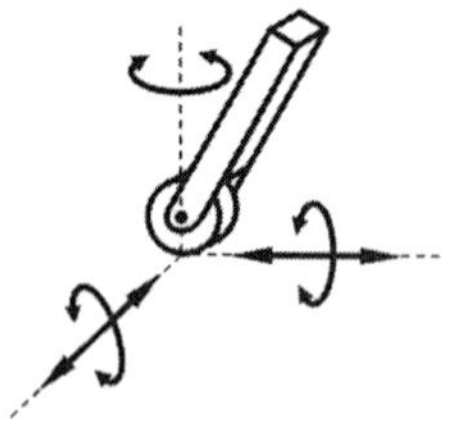 *sem deslizamento* 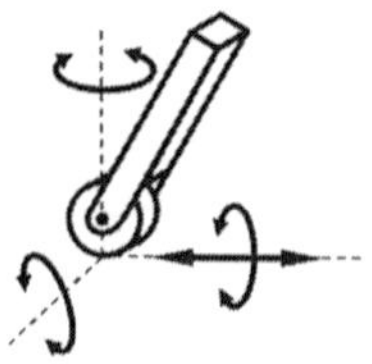	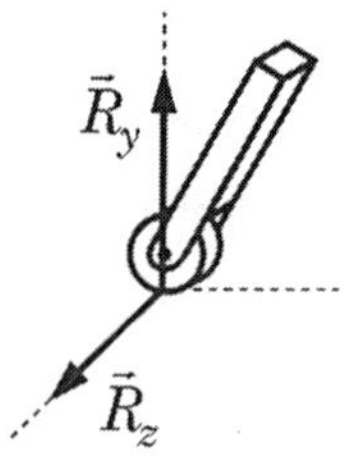 $\vec{R}_y$, $\vec{R}_z$ *(Obs.: resistência ao rolamento e atrito no mancal do rolete desprezados.)*

(*continua*)

Tabela 2.2 Principais restrições cinemáticas tridimensionais (*continuação*).

Símbolo	Movimento permitido	Forças/momentos de restrição
	Rolete sobre trilho	
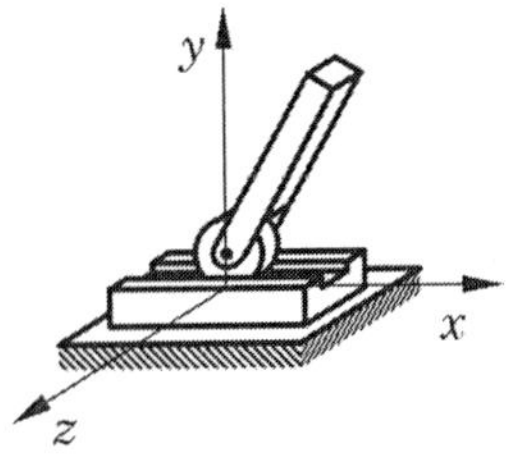 y, x, z	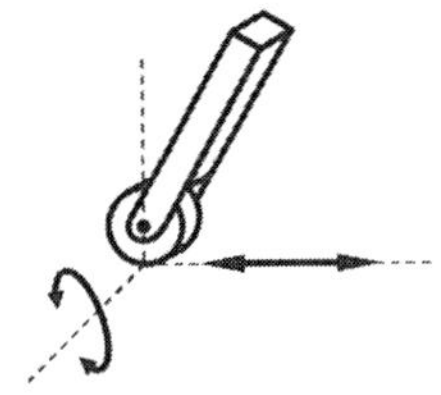	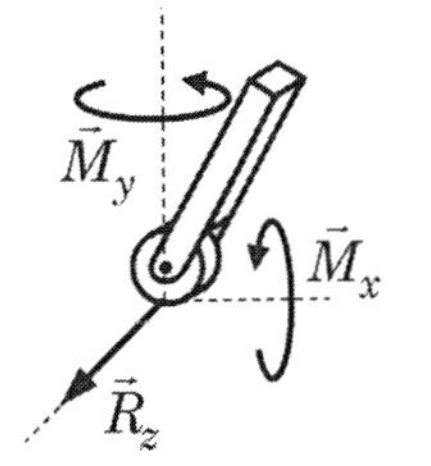 $\vec{M}_y$, $\vec{M}_x$, $\vec{R}_z$ (*Obs.: resistência ao rolamento e atrito no mancal do rolete desprezados.*)
	Rótula plana	
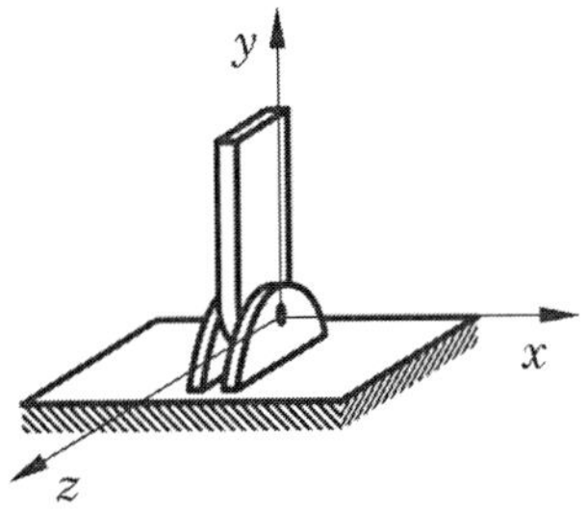 y, x, z	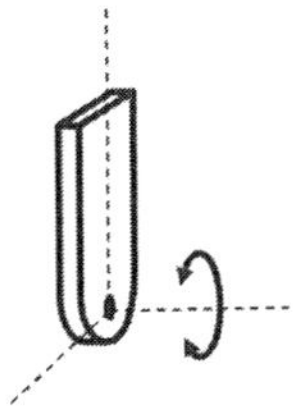	*sem atrito*: 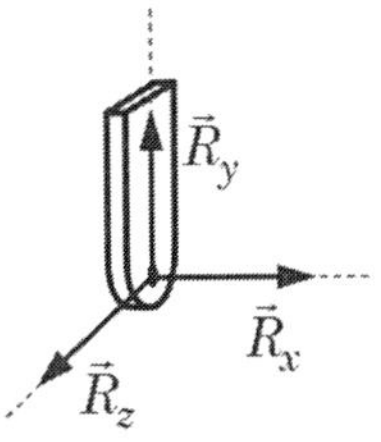 $\vec{R}_y$, $\vec{R}_x$, $\vec{R}_z$; *com atrito*: 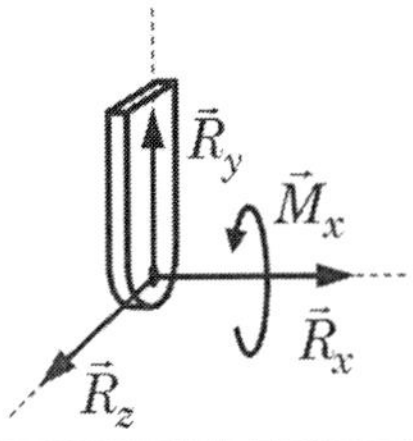 $\vec{R}_y$, $\vec{M}_x$, $\vec{R}_x$, $\vec{R}_z$
	Rótula esférica	
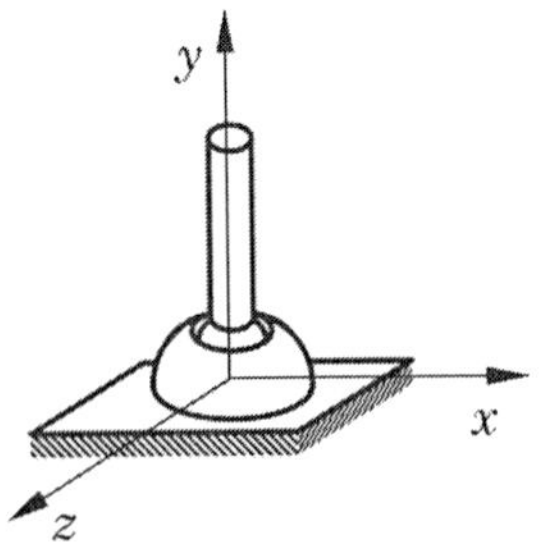 y, x, z	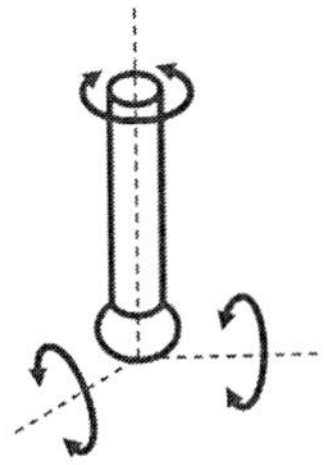	*sem atrito*: 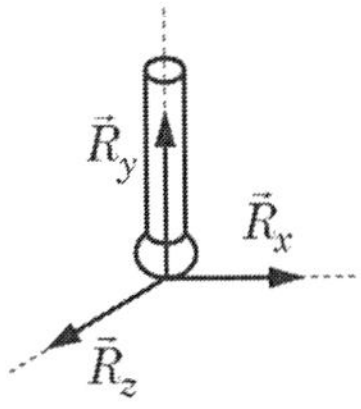 $\vec{R}_y$, $\vec{R}_x$, $\vec{R}_z$; *com atrito*: 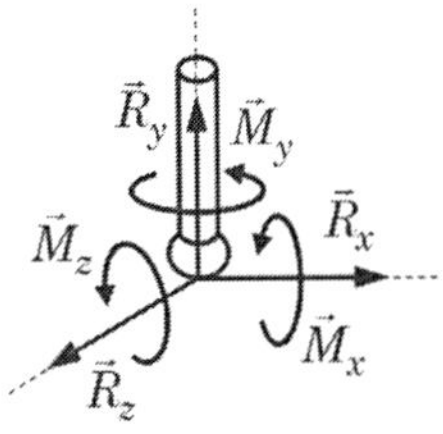 $\vec{R}_y$, $\vec{M}_y$, $\vec{M}_z$, $\vec{R}_x$, $\vec{M}_x$, $\vec{R}_z$

(*continua*)

Tabela 2.2 Principais restrições cinemáticas tridimensionais (*continuação*).

Símbolo	Movimento permitido	Forças/momentos de restrição
Mancal radial		
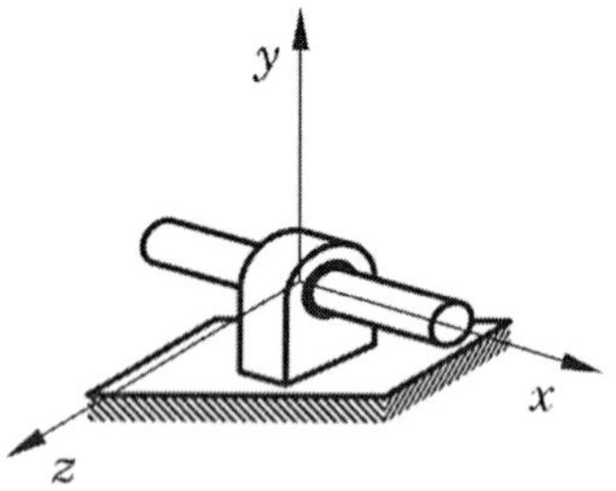 y, x, z	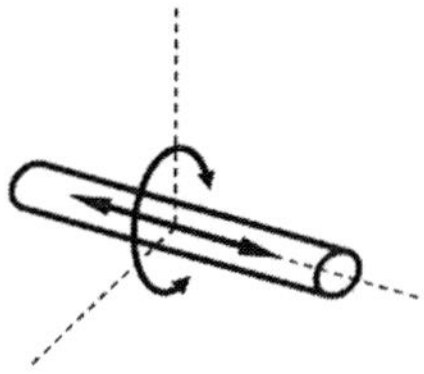	*sem atrito* 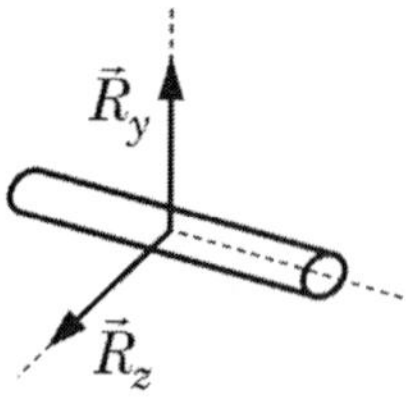 $\vec{R}_y$, $\vec{R}_z$ *com atrito* 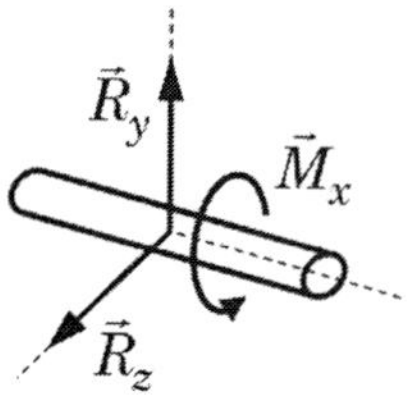 $\vec{R}_y$, $\vec{M}_x$, $\vec{R}_z$
Mancal radial-axial		
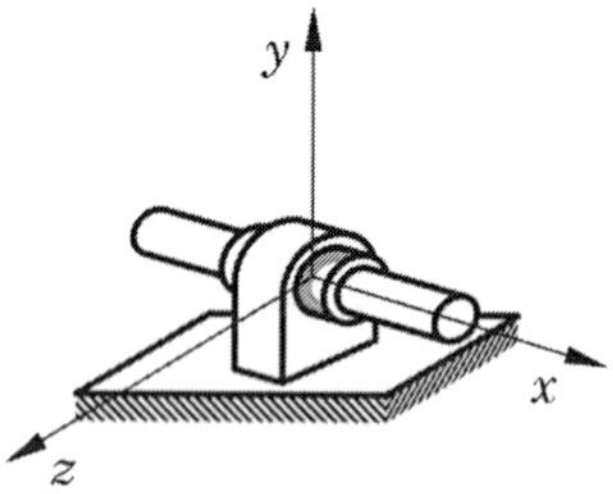 y, x, z	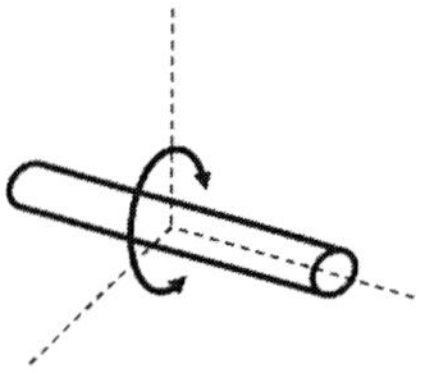	*sem atrito* 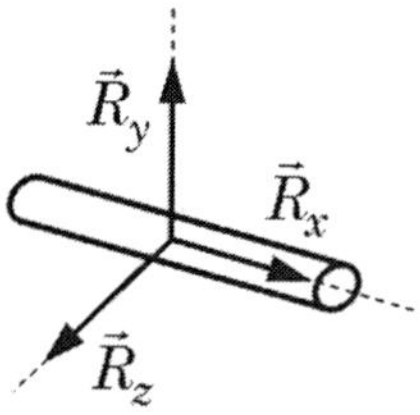 $\vec{R}_y$, $\vec{R}_x$, $\vec{R}_z$ *com atrito* 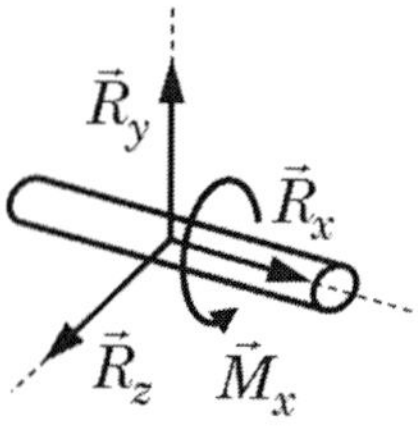 $\vec{R}_y$, $\vec{R}_x$, $\vec{R}_z$, $\vec{M}_x$
Junta universal (junta cardan) sem atrito		
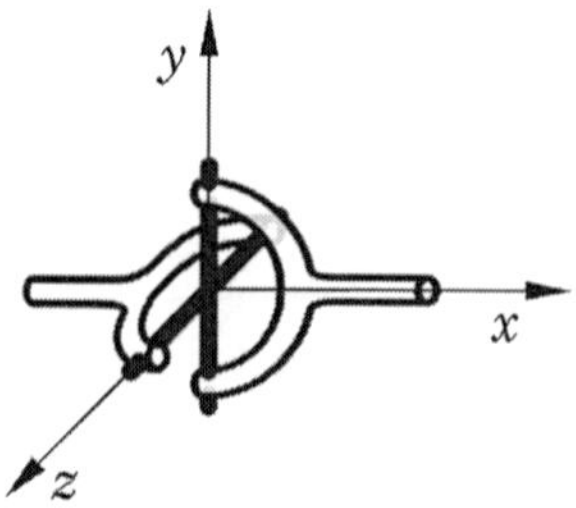 y, x, z	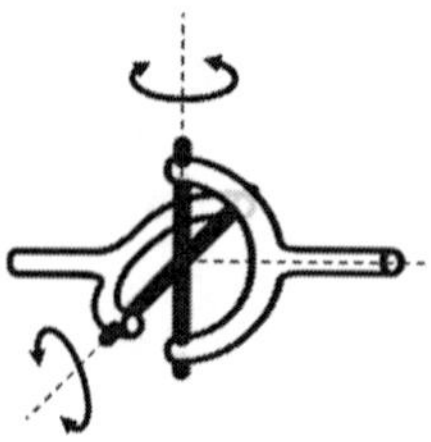	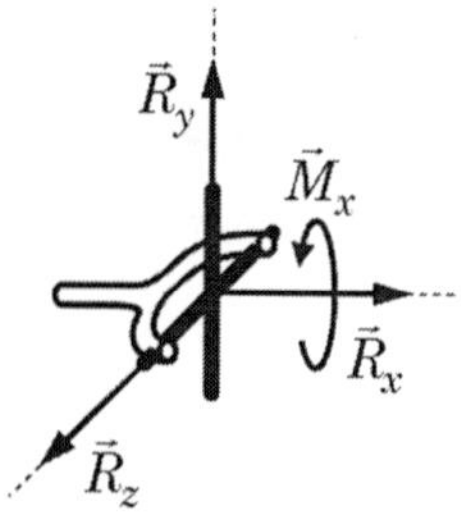 $\vec{R}_y$, $\vec{M}_x$, $\vec{R}_x$, $\vec{R}_z$

2.3 Movimento de translação de corpos rígidos

O movimento mais simples que um corpo rígido pode realizar é o movimento de translação, que fica caracterizado quando todo e qualquer segmento de reta ligando dois pontos quaisquer do corpo mantém sua orientação inalterada durante o movimento. Em consequência, *no movimento de translação, a velocidade angular e a aceleração angular do corpo rígido são nulas.*

Neste ponto, é importante ressaltar que, coerentemente com as definições de velocidade angular e aceleração angular de uma linha, estabelecidas na Seção 1.3, entende-se por velocidade angular e aceleração angular de um corpo rígido a velocidade angular e a aceleração angular, respectivamente, de todo e qualquer segmento de reta que liga dois pontos quaisquer do corpo.

Outro fato observado no movimento de translação de um corpo rígido é que todos os pontos do corpo descrevem trajetórias paralelas, que podem ser retilíneas ou curvilíneas, como mostra a Figura 2.1. No primeiro caso, o movimento é denominado *translação retilínea* e, no segundo, *translação curvilínea.*

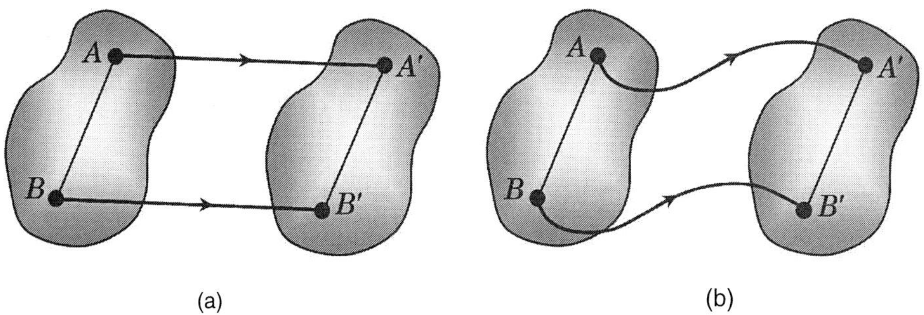

FIGURA 2.1 Representação do movimento de translação de corpos rígidos. (a): translação retilínea; (b): translação curvilínea.

A Figura 2.2 mostra um exemplo de sistema mecânico denominado *mecanismo de quatro barras* (embora vejamos apenas três barras, usualmente considera-se uma quarta barra fixa imaginária, ligando os mancais C e D). Neste mecanismo, a barra AB desenvolve movimento de translação curvilínea, que é imposto pela interação desta barra com as duas barras paralelas e de mesmo comprimento, AC e BD, de sorte que todo e qualquer ponto da barra AB descreve uma trajetória circular com raio igual ao comprimento destas duas barras. Constatamos que as barras AC e BD exercem restrições cinemáticas sobre a barra AB.

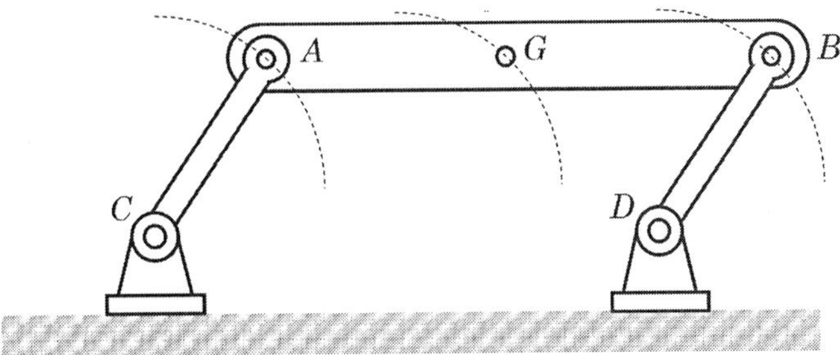

FIGURA 2.2 Ilustração de um mecanismo no qual a barra *AB* desenvolve movimento de translação curvilínea.

Consideremos agora a situação mais geral mostrada na Figura 2.3, na qual são observados os movimentos de dois pontos quaisquer A e B de um corpo rígido que descreve movimento de translação curvilínea. Para a análise do movimento destes pontos utilizamos os dois sistemas de referência indicados: o sistema fixo $OXYZ$ e o sistema $Axyz$, preso ao corpo rígido, com origem no ponto A.

Designamos por $\vec{r}_A$ e $\vec{r}_B$, respectivamente, os vetores posição dos pontos A e B em relação ao sistema de referência $OXYZ$, e por $\vec{r}_{B/A}$ o vetor posição de B em relação ao sistema de referência $Axyz$.

De acordo com a teoria apresentada na Subseção 1.9.6 para o movimento relativo utilizando sistemas de referência móveis em movimento geral (ver Equação 1.153.a), temos a seguinte relação envolvendo as velocidades dos pontos A e B:

$$\dot{\vec{r}}_B\Big|_{OXYZ} = \dot{\vec{r}}_A\Big|_{OXYZ} + \dot{\vec{r}}_{B/A}\Big|_{Axyz} + \vec{\Omega} \times \vec{r}_{B/A}. \tag{2.1}$$

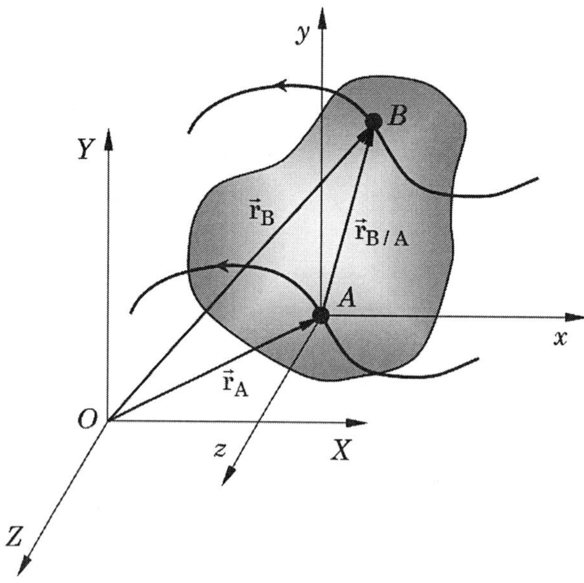

FIGURA 2.3 Representação dos movimentos de dois pontos A e B de um corpo rígido em movimento de translação.

Entretanto, como o corpo rígido desenvolve movimento de translação, o sistema de referência $Axyz$, que está preso a ele, também desenvolve movimento de translação, tendo, portanto, velocidade angular e aceleração angular nulas. Assim, a Equação (2.1) deve ser particularizada para $\vec{\Omega} = \vec{0}$. Além disso, como o corpo é rígido, o vetor $\vec{r}_{B/A}$ não sofre alteração de seu módulo, de modo que $\dot{\vec{r}}_{B/A}\Big|_{Axyz} = \vec{0}$. Assim, a Equação (2.1) fica:

$$\dot{\vec{r}}_B\Big|_{OXYZ} = \dot{\vec{r}}_A\Big|_{OXYZ}, \tag{2.2}$$

ou, de forma mais compacta:

$$\vec{v}_B = \vec{v}_A, \tag{2.3}$$

onde $\vec{v}_A$ e $\vec{v}_B$ indicam, respectivamente, as velocidades dos pontos A e B em relação ao sistema fixo $OXYZ$.

De forma similar, para análise das acelerações dos pontos A e B, adaptando a Equação (1.154.a) para o caso presente, escrevemos:

$$\ddot{\vec{r}}_B\Big|_{OXYZ} = \ddot{\vec{r}}_A\Big|_{OXYZ} + \ddot{\vec{r}}_{B/A}\Big|_{Axyz} + \dot{\vec{\Omega}} \times \vec{r}_{B/A} + \vec{\Omega} \times \left(\vec{\Omega} \times \vec{r}_{B/A}\right) + 2\vec{\Omega} \times \dot{\vec{r}}_{B/A}\Big|_{Axyz}. \quad (2.4)$$

Devido ao fato de a velocidade angular e a aceleração angular do sistema de referência $Axyz$ serem nulas ($\vec{\Omega} = \vec{0}$, $\dot{\vec{\Omega}} = \vec{0}$) e de o vetor $\vec{r}_{B/A}$ manter seu módulo constante, a Equação (2.4) fica reduzida a:

$$\ddot{\vec{r}}_B\Big|_{OXYZ} = \ddot{\vec{r}}_A\Big|_{OXYZ}, \quad (2.5)$$

ou:

$$\vec{a}_B = \vec{a}_A. \quad (2.6)$$

Considerando que os pontos A e B foram escolhidos arbitrariamente, com base nas Equações (2.3) e (2.6) concluímos que *no movimento de translação, todos os pontos do corpo possuem mesma velocidade e mesma aceleração.*

Neste caso, podemos falar de velocidade e aceleração do corpo, já que estas grandezas são independentes da posição do ponto considerado, bem como da forma e das dimensões do corpo. Esta situação é consistente com a hipótese adotada na modelagem cinemática de partículas, estudada no Capítulo 1. Concluímos, pois, que *do ponto de vista cinemático (e também do ponto de vista dinâmico, como veremos no Capítulo 6), todo corpo descrevendo movimento de translação pode ser modelado como partícula.*

2.4 Movimento de rotação em torno de um eixo fixo

Um exemplo de movimento de rotação em torno de um eixo fixo é mostrado na Figura 2.4, na qual observamos que este tipo de movimento é determinado pela existência de vínculos cinemáticos, representados por dois mancais em A e B, que restringem o movimento do corpo, permitindo apenas sua rotação em torno do eixo que passa pelos pontos A e B (ver Tabela 2.2).

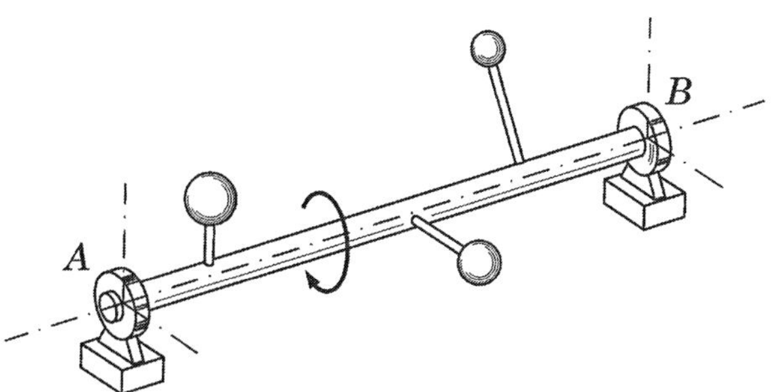

FIGURA 2.4 Ilustração de um corpo rígido realizando movimento de rotação em torno de um eixo fixo que passa pelos mancais em A e B.

Na Figura 2.5, na qual consideramos situações mais gerais, vemos que, na rotação em torno de um eixo fixo OO', denominado *eixo de rotação*, que pode ou não interceptar o corpo rígido, todos os pontos do corpo descrevem trajetórias circulares concêntricas, posicionadas em planos paralelos entre si, que são perpendiculares a este eixo. Os centros destas trajetórias, que se localizam sobre o eixo de rotação, têm velocidade e aceleração nulas.

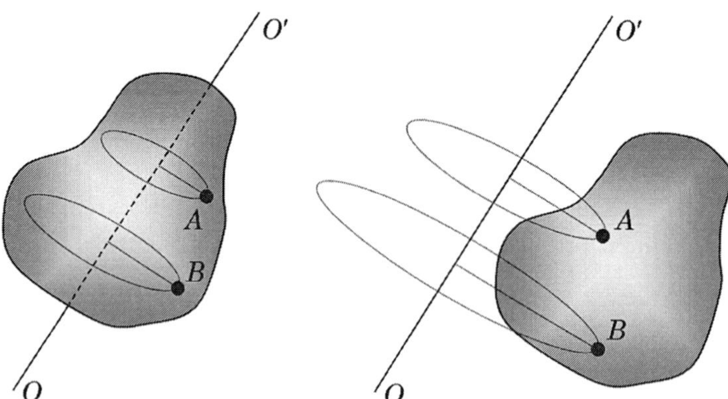

FIGURA 2.5 Representação das trajetórias de pontos de corpos rígidos em movimento de rotação em torno de um eixo fixo. (a): o eixo de rotação intercepta o corpo; (b): o eixo de rotação não intercepta o corpo.

Visando representar a velocidade e a aceleração de um ponto qualquer do corpo rígido, consideremos a situação mais geral de um corpo girando em torno do eixo fixo indicado por AA', conforme ilustrado na Figura 2.6. Designando por θ o ângulo que define a posição angular do corpo em relação a uma direção de referência arbitrária, de acordo com o exposto na Seção 1.3, atribuímos ao corpo o vetor velocidade angular, $\vec{\omega}$, que tem o valor escalar $\omega = \dot{\theta}$, a direção do eixo de rotação, e sentido determinado pela regra da mão direita.

O vetor aceleração angular, $\vec{\alpha}$, é obtido por derivação de $\vec{\omega}$ em relação ao tempo, ou seja, $\vec{\alpha} = d\vec{\omega}/dt$. Como a direção de $\vec{\omega}$ é constante, coincidente com a direção do eixo de rotação, $\vec{\alpha}$ também tem a direção deste eixo e seu valor escalar é $\alpha = \ddot{\theta}$.

Quanto ao sentido de $\vec{\alpha}$, dois casos são possíveis: $\vec{\alpha}$ terá o mesmo sentido de $\vec{\omega}$ se o módulo de $\vec{\omega}$ aumentar com o tempo, e terá o sentido oposto ao de $\vec{\omega}$ se o módulo de $\vec{\omega}$ diminuir com o tempo.

Para a análise do movimento de um ponto arbitrário do corpo rígido, designado por B, utilizamos os dois sistemas de referência indicados na Figura 2.6: o sistema fixo $OXYZ$ e o sistema $Axyz$, preso ao corpo rígido, com origem no ponto A, posicionado sobre o eixo de rotação. Observamos que, como o sistema de referência $Axyz$ é solidário ao corpo rígido, ele se caracteriza como um sistema de referência rotativo com a mesma velocidade angular e mesma aceleração angular do corpo.

Na Figura 2.6, designamos por $\vec{r}_A$ e $\vec{r}_B$, respectivamente, os vetores posição dos pontos A e B em relação ao sistema de referência $OXYZ$, e por $\vec{r}_{B/A}$ o vetor posição de B em relação ao sistema de referência $Axyz$.

De acordo com a teoria apresentada na Subseção 1.9.6 para o movimento relativo utilizando sistemas de referência móveis em movimento geral (ver Equação 1.153.a), temos a seguinte relação envolvendo as velocidades dos pontos A e B:

$$\dot{\vec{r}}_B\Big|_{OXYZ} = \dot{\vec{r}}_A\Big|_{OXYZ} + \dot{\vec{r}}_{B/A}\Big|_{Axyz} + \vec{\Omega} \times \vec{r}_{B/A}. \tag{2.7}$$

No caso presente temos:

- $\dot{\vec{r}}_A\Big|_{OXYZ} = \vec{v}_A\Big|_{OXYZ} = \vec{0}$, uma vez que o ponto A se localiza sobre o eixo de rotação;
- $\vec{\Omega} = \vec{\omega}$: a velocidade angular do sistema de referência $Axyz$ é a própria velocidade angular do corpo rígido;
- $\dot{\vec{r}}_{B/A}\Big|_{Axyz} = \vec{0}$, devido à hipótese de rigidez do corpo.

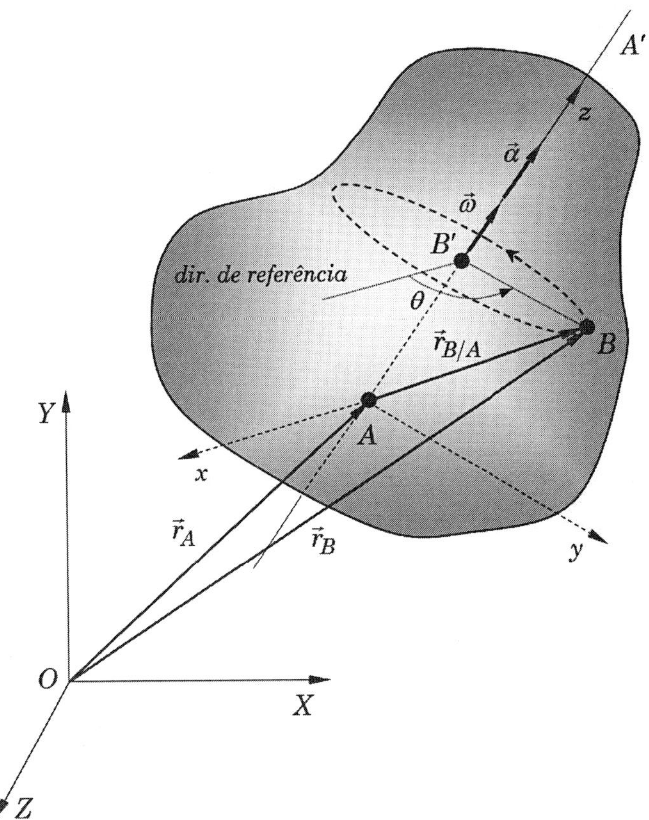

FIGURA 2.6 Representação do movimento de um ponto de um corpo que desenvolve movimento de rotação em torno de um eixo fixo.

Considerando ainda que $\dot{\vec{r}}_B\big|_{OXYZ} = \vec{v}_B\big|_{OXYZ}$, a Equação (2.7) fica:

$$\vec{v}_B\big|_{OXYZ} = \vec{\omega} \times \vec{r}_{B/A}, \tag{2.8.a}$$

ou, em notação mais simplificada:

$$\vec{v}_B = \vec{\omega} \times \vec{r}_{B/A}. \tag{2.8.b}$$

Na Figura 2.7 mostramos que o vetor $\vec{v}_B$ está contido no plano da trajetória do ponto B, é perpendicular ao segmento $\overline{BB'}$ e seu sentido é determinado pelo sentido da velocidade angular $\vec{\omega}$.

Para análise da aceleração do ponto B, adaptando a Equação (1.154.a) para o caso presente, escrevemos:

$$\ddot{\vec{r}}_B\big|_{OXYZ} = \ddot{\vec{r}}_A\big|_{OXYZ} + \ddot{\vec{r}}_{B/A}\big|_{Axyz} + \dot{\vec{\Omega}} \times \vec{r}_{B/A} + \vec{\Omega} \times \left(\vec{\Omega} \times \vec{r}_{B/A}\right) + 2\vec{\Omega} \times \dot{\vec{r}}_{B/A}\big|_{Axyz}. \tag{2.9}$$

Por considerações similares às apresentadas anteriormente, temos:

$$\ddot{\vec{r}}_A\big|_{OXYZ} = \vec{a}_A\big|_{OXYZ} = \vec{0}, \ \vec{\Omega} = \vec{\omega}, \ \dot{\vec{\Omega}} = \vec{\alpha}, \ \ddot{\vec{r}}_{B/A}\big|_{Axyz} = \vec{0},$$

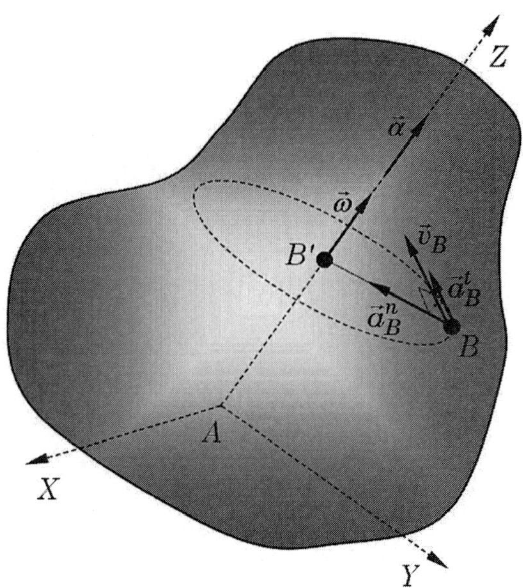

FIGURA 2.7 Representação dos vetores velocidade e aceleração de um ponto *B* de um corpo que realiza movimento de rotação em torno de um eixo fixo.

e a Equação (2.9) fica:

$$\vec{a}_B\big|_{OXYZ} = \vec{\alpha}\times\vec{r}_{B/A} + \vec{\omega}\times\left(\vec{\omega}\times\vec{r}_{B/A}\right), \tag{2.10}$$

ou:

$$\vec{a}_B = \vec{a}_B^t + \vec{a}_B^n, \tag{2.11}$$

onde:

- $\vec{a}_B^t = \vec{\alpha}\times\vec{r}_{B/A}$ é a componente tangencial da aceleração do ponto B em relação ao sistema de referência fixo $OXYZ$, sendo um vetor que está contido no plano da trajetória de B; sua direção é perpendicular ao segmento $\overline{BB'}$ e seu sentido é determinado pelo sentido da aceleração angular $\vec{\alpha}$;
- $\vec{a}_B^n = \vec{\omega}\times\left(\vec{\omega}\times\vec{r}_{B/A}\right)$ é a componente normal da aceleração do ponto B em relação ao sistema de referência fixo $OXYZ$. Este vetor está contido no plano da trajetória de B, sendo sua direção coincidente com a direção do segmento $\overline{BB'}$ e seu sentido de B para B'.

Estas duas componentes de aceleração do ponto B estão representadas na Figura 2.7.

É importante observar que, como a origem do sistema $OXYZ$ foi escolhida arbitrariamente sobre o eixo de rotação, o vetor $\vec{r}_{B/A}$, que aparece na formulação acima, representa qualquer vetor cuja origem esteja localizada sobre o eixo de rotação e cuja extremidade coincida com o ponto B. As propriedades do produto vetorial garantem que os valores da velocidade e da aceleração do ponto B sejam independentes da escolha do ponto A, desde que este esteja localizado sobre o eixo de rotação.

EXEMPLO 2.1

A peça mostrada na Figura 2.8 é formada por uma chapa dobrada, soldada ao eixo suportado por dois mancais em A e B. O conjunto gira em torno do eixo que passa pelos mancais e, no instante considerado, possui velocidade angular $\omega = 2{,}0$ rad/s no sentido indicado, a qual está diminuindo à razão de $\alpha = 10{,}0$ rad/s^2. Determinar a velocidade e a aceleração do ponto C.

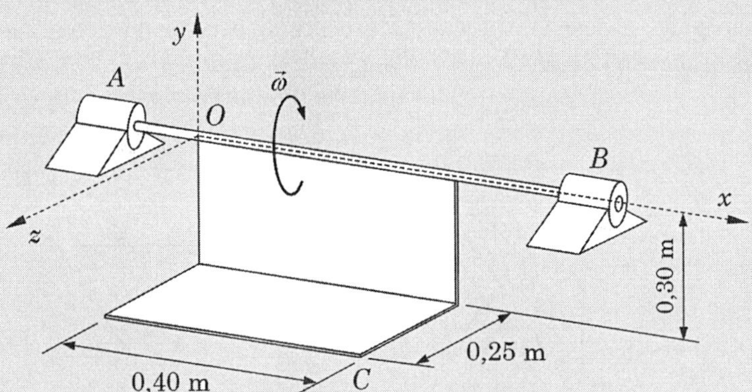

FIGURA 2.8 Ilustração de um corpo em movimento de rotação em torno de um eixo fixo.

Resolução

Para a resolução do problema, escolhemos o sistema de referência $Oxyz$ mostrado na Figura 2.8. Esta escolha é feita de sorte que as coordenadas do ponto de interesse, C, em relação a este sistema de referência, sejam conhecidas.

Calcularemos a velocidade e a aceleração do ponto C utilizando as Equações (2.8) e (2.10), respectivamente. Para tanto, expressamos primeiramente os vetores que aparecem nestas equações segundo:

$$\vec{r}_{C/O} = 0{,}40\vec{i} - 0{,}30\vec{j} + 0{,}25\vec{k} \ \left[\text{m}\right],$$

$$\vec{\omega} = -2{,}0\vec{i} \ \left[\text{rad/s}\right],$$

$$\vec{\alpha} = 10{,}0\,\vec{i} \ \left[\text{rad/s}^2\right].$$

Adaptando a Equação (2.8), escrevemos:

$$\vec{v}_C = \vec{\omega} \times \vec{r}_{C/O},$$

$$\vec{v}_C = \begin{vmatrix} \vec{i} & \vec{j} & \vec{k} \\ -2{,}0 & 0 & 0 \\ 0{,}40 & -0{,}30 & 0{,}25 \end{vmatrix} \Rightarrow \vec{v}_C = 0{,}50\vec{j} + 0{,}60\vec{k} \ \left[\text{m/s}\right].$$

Para o cálculo da aceleração, adaptamos a Equação (2.10), escrevendo:

$$\vec{a}_C = \vec{\alpha} \times \vec{r}_{C/O} + \vec{\omega} \times \left(\vec{\omega} \times \vec{r}_{C/O}\right),$$

$$\vec{a}_C = \begin{vmatrix} \vec{i} & \vec{j} & \vec{k} \\ 10{,}0 & 0 & 0 \\ 0{,}40 & -0{,}30 & 0{,}25 \end{vmatrix} + \begin{vmatrix} \vec{i} & \vec{j} & \vec{k} \\ -2{,}0 & 0 & 0 \\ 0 & 0{,}50 & 0{,}60 \end{vmatrix} \Rightarrow \vec{a}_C = -1{,}30\vec{j} - 4{,}00\vec{k} \ \left[\text{m/s}^2\right].$$

EXEMPLO 2.2

No mecanismo de quatro barras mostrado na Figura 2.9, a barra motora AC tem, na posição considerada, velocidade angular ω_{AC} = 5,0 rad/s e aceleração angular α_{AC} = 20,0 rad/s^2, ambas no sentido anti-horário. Para a posição indicada, determinar a velocidade e a aceleração do ponto médio da barra AB, indicado por M.

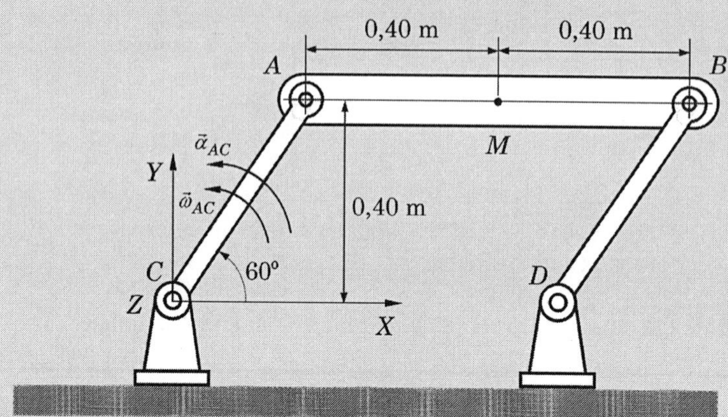

FIGURA 2.9 Ilustração de um mecanismo de quatro barras.

Resolução

No problema em apreço, temos três corpos interconectados. As barras AC e BD descrevem movimentos de rotação em torno de eixos fixos perpendiculares ao plano da figura, passando, respectivamente, pelos centros dos mancais C e D. A estas duas barras está conectada a barra AB, por meio de rótulas em A e B. Como os comprimentos das barras AC e BD são iguais, a barra AB permanecerá sempre na direção horizontal, enquanto as barras AC e BD giram. Assim, a barra AB desenvolverá movimento de translação curvilínea.

No diagrama mostrado na Figura 2.10, observamos que os pontos A, B e M descrevem trajetórias circulares paralelas. Então, determinando a velocidade e a aceleração do ponto A, que pertence tanto à barra acionadora AC quanto à barra AB, teremos determinado as velocidades e acelerações de todos os outros pontos da barra AB, incluindo os pontos M e B.

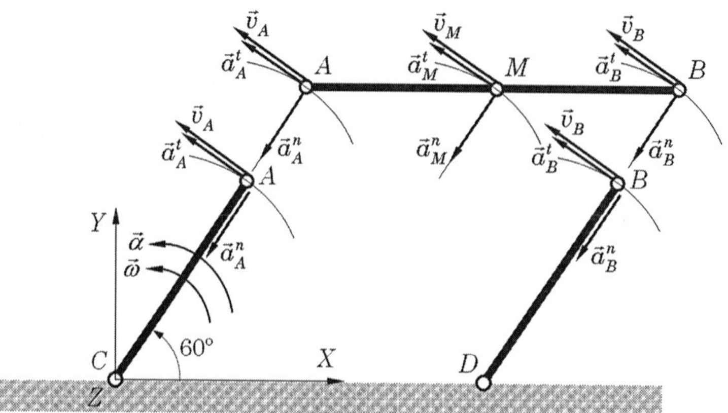

FIGURA 2.10 Esquema de resolução do Exemplo 2.2.

Para o cálculo da velocidade do ponto A, considerando a barra AC e adaptando a Equação (2.8.b), temos:

$$\vec{v}_A = \vec{\omega}_{AC} \times \vec{r}_{A/C}, \qquad \textbf{(a)}$$

com:

$$\vec{\omega}_{AC} = 5{,}0\vec{k} \;\; [\text{rad/s}], \; \vec{r}_{A/C} = \overrightarrow{CA} = \frac{0{,}40}{tan\,60°}\vec{i} + 0{,}40\vec{j}.$$

Assim, da equação (a), obtemos:

$$\boxed{\vec{v}_M = \vec{v}_A = -2{,}00\vec{i} + 1{,}15\vec{j} \;\; [\text{m/s}].}$$

Para o cálculo da aceleração do ponto A, considerando a barra AC e adaptando a Equação (2.10), escrevemos:

$$\vec{a}_A = \vec{\alpha}_{AC} \times \vec{r}_{A/C} + \vec{\omega}_{AC} \times \left(\vec{\omega}_{AC} \times \vec{r}_{A/C}\right), \qquad \textbf{(b)}$$

com $\vec{\alpha}_{AC} = 20{,}0\vec{k} \;\; \left[\text{rad/s}^2\right]$.

Assim, efetuando as operações indicadas, da equação (b), obtemos:

$$\boxed{\vec{a}_M = \vec{a}_A = -13{,}77\vec{i} - 5{,}38\vec{j} \; \left[\text{m/s}^2\right].}$$

2.5 Movimento plano geral

O que caracteriza o movimento plano geral de um corpo rígido é o fato de que a restrição cinemática existente impõe que todos os seus pontos devam descrever trajetórias localizadas sobre planos paralelos entre si, sendo que estas trajetórias:

a) não são retas ou curvas paralelas, o que implica que o movimento não é de translação, e;

b) não são círculos concêntricos, de modo que o movimento não é de rotação em torno de um eixo fixo.

Na Figura 2.11 temos, como exemplo prático, o sistema denominado biela-cursor-manivela, no qual a barra AB (biela) desenvolve movimento plano geral, enquanto a barra BC (manivela) descreve movimento de rotação em torno do eixo perpendicular ao plano da figura passando pelo ponto C. Além disso, o cursor P descreve movimento de translação, determinado pela existência das duas paredes horizontais paralelas que impedem a sua rotação.

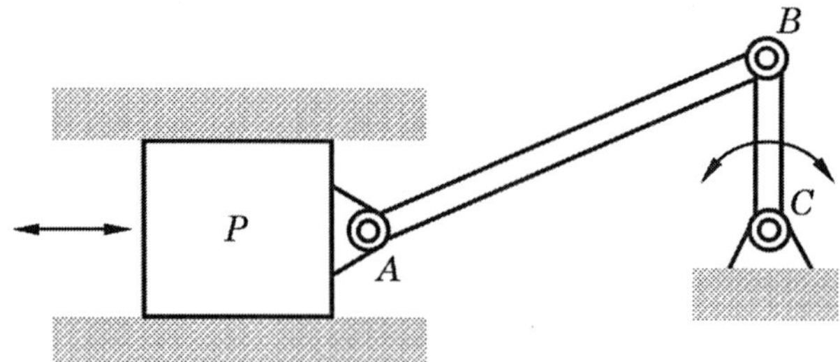

FIGURA 2.11 Ilustração de um sistema biela-cursor-manivela.

2.5.1 Análise de velocidades no movimento plano geral

Consideremos a Figura 2.12, na qual é ilustrado o movimento plano geral de um corpo rígido. Propomo-nos a analisar os movimentos dos dois pontos arbitrários A e B indicados. Designamos por $\vec{\omega}$ o vetor velocidade angular do corpo rígido, que tem a direção perpendicular ao plano do movimento.

Utilizamos dois sistemas de referência: o sistema fixo OXY e o sistema móvel Axy, solidário ao corpo rígido, com origem no ponto A. Nesta condição, o sistema de referência Axy está em movimento plano geral, sendo sua velocidade angular igual à velocidade angular do corpo rígido.

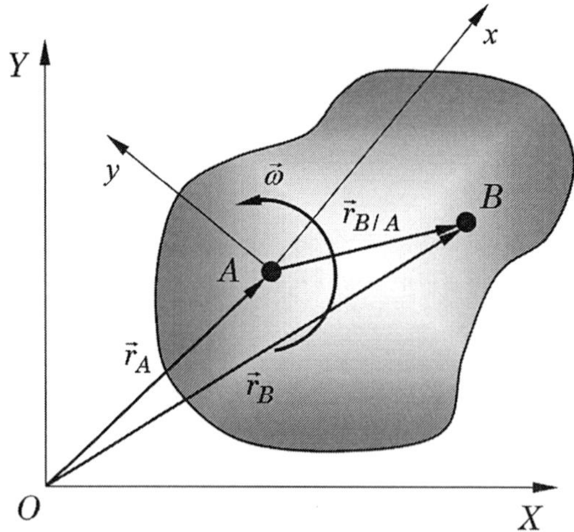

FIGURA 2.12 Representação do movimento plano geral de um corpo rígido e dos sistemas de referência utilizados.

Adaptando a Equação (1.137.a) à situação presente, escrevemos:

$$\dot{\vec{r}}_B\Big|_{OXY} = \dot{\vec{r}}_A\Big|_{OXY} + \dot{\vec{r}}_{B/A}\Big|_{Axy} + \vec{\Omega} \times \vec{r}_{B/A}. \tag{2.12}$$

No caso em questão temos:

$$\dot{\vec{r}}_A\Big|_{OXY} = \vec{v}_A\Big|_{OXY}; \ \vec{\Omega} = \vec{\omega}; \ \dot{\vec{r}}_{B/A}\Big|_{Axy} = \vec{0},$$

e a Equação (2.12) fica:

$$\vec{v}_B\Big|_{OXY} = \vec{v}_A\Big|_{OXY} + \vec{\omega} \times \vec{r}_{B/A}, \tag{2.13.a}$$

ou, em notação simplificada:

$$\vec{v}_B = \vec{v}_A + \vec{\omega} \times \vec{r}_{B/A}. \qquad (2.13.b)$$

Conforme veremos nos exemplos a seguir, das equações vetoriais (2.13) podem ser obtidas duas equações escalares, mediante a decomposição dos vetores em duas direções ortogonais quaisquer. A resolução destas equações permite determinar até duas incógnitas relativas às velocidades dos pontos do corpo rígido considerado.

EXEMPLO 2.3

A barra *AB*, de 1,50 m de comprimento, move-se mantendo suas extremidades em contato com o piso horizontal e uma superfície inclinada, conforme mostrado na Figura 2.13. Na posição $\phi = 30°$, a extremidade *A* tem velocidade para a esquerda de 50 cm/s. Nesta posição, determinar a velocidade da extremidade *B* e a velocidade angular da barra.

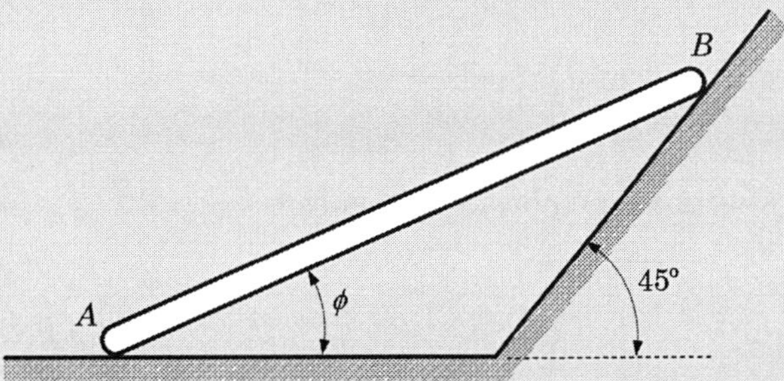

FIGURA 2.13 Ilustração de uma barra que desliza com suas extremidades apoiadas em duas superfícies.

Resolução

Como a barra *AB* se encontra em movimento plano geral, as velocidades dos pontos *A* e *B* relacionam-se por meio da Equação (2.13.b), repetida abaixo:

$$\vec{v}_B = \vec{v}_A + \vec{\omega} \times \vec{r}_{B/A}. \qquad \textbf{(a)}$$

No esquema de resolução mostrado na Figura 2.14 indicamos as informações conhecidas sobre as velocidades dos pontos *A* e *B*, e observamos que o contato das extremidades da barra com as duas paredes introduz restrições cinemáticas que foram discutidas na Seção 2.2 (ver Tabela 2.1).

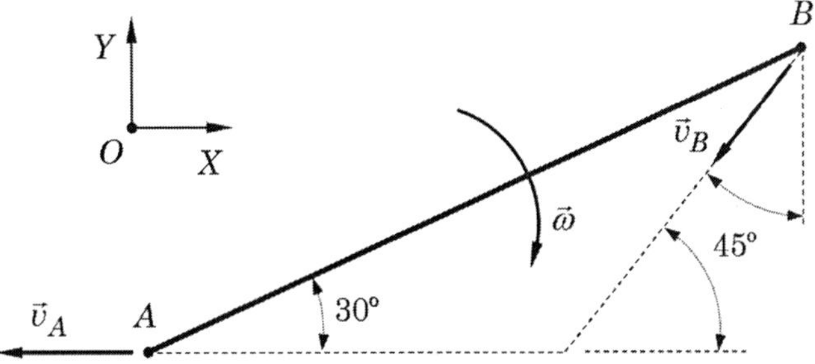

FIGURA 2.14 Esquema de resolução do Exemplo 2.3.

De $\vec{v}_A$ conhecemos seu módulo e, como a extremidade A desliza sobre a superfície horizontal para a esquerda, esta velocidade tem a direção e o sentido indicados na Figura 2.14. Quanto a $\vec{v}_B$, seu módulo é desconhecido, mas sabemos que sua direção é paralela à superfície inclinada sobre a qual a extremidade B desliza. Inferimos, por observação, o sentido indicado.

O vetor velocidade angular da barra AB, cujo módulo é desconhecido, é perpendicular ao plano da figura. Coerentemente com os sentidos dos movimentos dos pontos A e B, a velocidade angular tem sentido horário.

Representando os vetores presentes na equação (a) em termos de suas componentes nas direções dos eixos de referência mostrados na Figura 2.14, escrevemos:

$$\vec{v}_A = -0{,}50\vec{i} \quad [\text{m/s}],$$

$$\vec{v}_B = v_B\left(-sen45^\circ\vec{i} - cos45^\circ\vec{j}\right) \quad [\text{m/s}],$$

$$\vec{\omega} = -\omega\vec{k} \quad [\text{rad/s}],$$

$$\vec{r}_{B/A} = \overrightarrow{AB} = 1{,}50\cdot\left(cos30^\circ\vec{i} + sen30^\circ\vec{j}\right) \quad [\text{m}].$$

Substituindo os vetores acima na equação (a), temos:

$$v_B\left(-sen45^\circ\vec{i} - cos45^\circ\vec{j}\right) = -0{,}50\vec{i} + \left(-\omega\vec{k}\right)\times 1{,}50\cdot\left(cos30^\circ\vec{i} + sen30^\circ\vec{j}\right). \qquad \textbf{(b)}$$

Efetuando as operações indicadas na equação (b), obtemos:

$$-v_B\, sen45^\circ\vec{i} - v_B\, cos45^\circ\vec{j} = \left(-0{,}50 + \omega\cdot 1{,}50\cdot sen30^\circ\right)\vec{i} - \omega\cdot 1{,}50\cdot cos30^\circ\vec{j}. \qquad \textbf{(c)}$$

Igualando os termos que multiplicam os vetores unitários $\vec{i}$ e $\vec{j}$ em ambos os lados da equação (c), obtemos as seguintes equações escalares:

$$-v_B sen45^\circ = -0{,}50 + \omega\cdot 1{,}50\cdot sen30^\circ, \qquad \textbf{(d)}$$

$$-v_B\, cos45^\circ = -\omega\cdot 1{,}50\cdot cos30^\circ. \qquad \textbf{(e)}$$

Resolvendo as equações (d) e (e) para v_B e ω, obtemos:

$$\underline{\underline{v_B = 0{,}44 \text{ m/s}}}; \quad \underline{\underline{\omega = 0{,}24 \text{ rad/s}}}.$$

EXEMPLO 2.4

O mecanismo plano ilustrado na Figura 2.15 é composto por três barras *AB*, *BC* e *CD*, conectadas entre si por rótulas. No instante considerado, a barra *AB* tem velocidade angular ω_{AB} = 10,0 rad/s, no sentido horário. Determinar as velocidades angulares das duas outras barras, ω_{BC} e ω_{CD}.

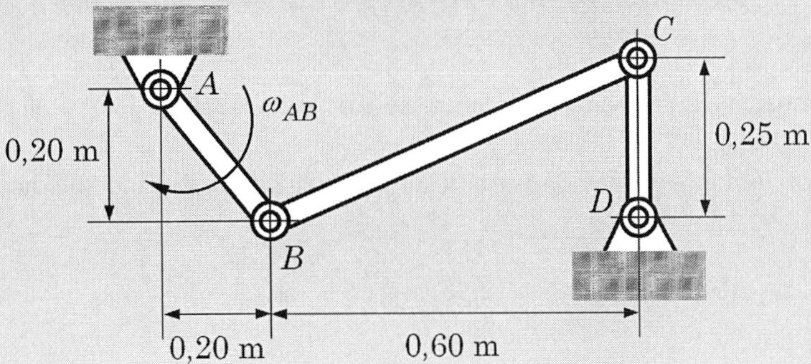

FIGURA 2.15 Ilustração de um mecanismo formado por três barras conectadas entre si por rótulas.

Resolução

Neste problema, temos três corpos interconectados: as barras *AB* e *CD* descrevem movimentos de rotação em torno de eixos perpendiculares ao plano da figura, passando, respectivamente, pelos centros das rótulas *A* e *D*. A estas duas barras, por meio de rótulas em *B* e *C*, está conectada a barra *BC*, que desenvolve movimento plano geral.

No diagrama mostrado na Figura 2.16 observamos os movimentos das barras *AB*, *BC* e *CD*, e dos pontos *B* e *C*. É importante notar que, como as velocidades angulares das barras *BC* e *CD* e a velocidade do ponto *C* são desconhecidas, seus sentidos são indicados por flechas duplas. Nos passos seguintes da resolução, seus sentidos serão escolhidos arbitrariamente e os sinais positivos ou negativos que obteremos no final da resolução indicarão, respectivamente, se os sentidos escolhidos são os corretos ou devem ser invertidos. Este procedimento é aconselhável porque, em problemas mais complexos, pode ser difícil inferir, apenas por observação, os sentidos das velocidades angulares. Esta dificuldade é ainda maior para as acelerações angulares.

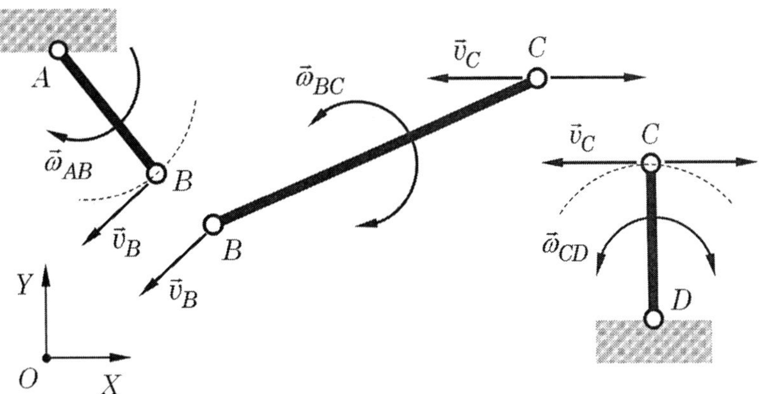

FIGURA 2.16 Esquema de resolução do Exemplo 2.4.

Na sequência, realizaremos a análise cinemática de cada barra, separadamente, com base na teoria apresentada anteriormente para corpos rígidos em movimento de rotação em torno de um eixo fixo (Seção 2.4) e em movimento plano geral (Seção 2.5), visando obter as equações cuja resolução nos fornecerá os valores das incógnitas do problema.

Barra *AB* (movimento de rotação em torno de um eixo fixo):

$$\vec{v}_B = \vec{\omega}_{AB} \times \vec{r}_{B/A} = -10{,}00\vec{k} \times \left(0{,}20\vec{i} - 0{,}20\vec{j}\right) \Rightarrow \vec{v}_B = -2{,}00\vec{i} - 2{,}00\vec{j} \ \left[\text{m/s}\right]. \quad \textbf{(a)}$$

Barra *CD* (movimento de rotação em torno de um eixo fixo):

Adotando arbitrariamente a velocidade angular da barra *CD* no sentido anti-horário ($\vec{\omega}_{CD} = \omega_{CD}\vec{k}$), escrevemos:

$$\vec{v}_C = \vec{\omega}_{CD} \times \vec{r}_{C/D} = \left(\omega_{CD}\vec{k}\right) \times \left(0{,}25\vec{j}\right) \Rightarrow \vec{v}_C = -0{,}25 \cdot \omega_{CD}\,\vec{i}. \quad \textbf{(b)}$$

Barra *BC* (movimento plano geral):

$$\vec{v}_C = \vec{v}_B + \vec{\omega}_{BC} \times \vec{r}_{C/B}, \quad \textbf{(c)}$$

com $\vec{r}_{C/B} = 0{,}60\vec{i} + 0{,}25\vec{j} \ \left[\text{m}\right]$.

Adotando arbitrariamente a velocidade angular da barra *BC* no sentido anti-horário, $\vec{\omega}_{BC} = \omega_{BC}\vec{k}$, a equação (c), associada com as equações (a) e (b), fica:

$$-0{,}25 \cdot \omega_{CD}\,\vec{i} = \left(-2{,}00\vec{i} - 2{,}00\vec{j}\right) + \omega_{BC}\,\vec{k} \times \left(0{,}60\,\vec{i} + 0{,}25\vec{j}\right). \quad \textbf{(d)}$$

Efetuando o produto vetorial indicado na equação (d) e igualando os termos que multiplicam os vetores unitários $\vec{i}$ e $\vec{j}$ em ambos os lados da equação resultante, obtemos:

$$-0{,}25 \cdot \omega_{CD} = -2{,}00 - 0{,}25 \cdot \omega_{BC}, \quad \textbf{(e)}$$

$$0 = -2{,}00 + 0{,}60 \cdot \omega_{BC}. \quad \textbf{(f)}$$

Finalmente, resolvendo as equações (e) e (f) para ω_{BC} e ω_{CD}, obtemos:

$$\omega_{BC} = 3{,}33 \text{ rad/s}, \quad \omega_{CD} = 11{,}33 \text{ rad/s}.$$

Como ambas as velocidades angulares foram obtidas com sinais positivos, os sentidos adotados para suas rotações (anti-horário) estão corretos.

EXEMPLO 2.5

A Figura 2.17 mostra as engrenagens A, de raio $r_A = 0{,}20$ m, e B, de raio $r_B = 0{,}15$ m, que são conectadas pelo braço OC. A engrenagem A é fixa e o braço OC gira no sentido horário com velocidade angular constante $\omega_{OC} = 6{,}0$ rad/s em torno do eixo perpendicular ao plano da figura, passando pelo centro da engrenagem A, que é indicado por O. Determinar a velocidade angular da engrenagem B.

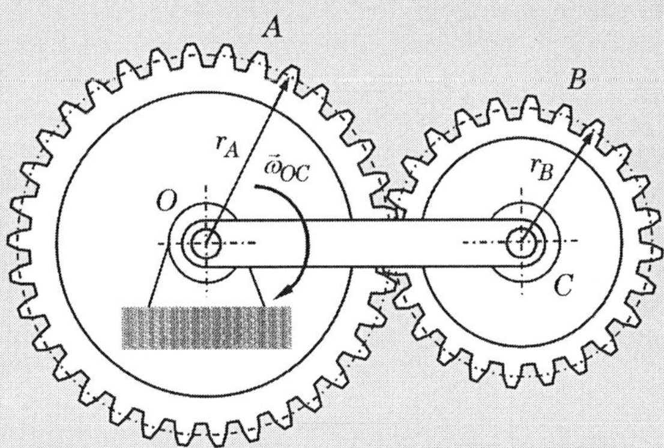

FIGURA 2.17 Ilustração de duas engrenagens conectadas a um braço giratório.

Resolução

Este exemplo envolve engrenagens, que são elementos importantes, presentes em diversos tipos de máquinas, e que são objeto de estudos mais aprofundados nas disciplinas Cinemática de Mecanismos e Dinâmica de Máquinas. Para nossos propósitos, é suficiente saber que, devido ao contato entre os dentes das duas engrenagens, não ocorre deslizamento relativo entre elas, de modo que as engrenagens funcionam como duas rodas em contato, cujos raios são dados pelos chamados *raios primitivos*, que são determinados pelas posições dos pontos dos dentes em que ocorre o contato.

Os raios primitivos das duas engrenagens são mostrados por linhas tracejadas na Figura 2.17. Nos exemplos e exercícios propostos deste capítulo, quando mencionarmos raios de engrenagens, estaremos nos referindo aos seus raios primitivos.

A Figura 2.18 apresenta o esquema de resolução do problema em apreço, no qual cada corpo que forma o mecanismo é mostrado em separado. Observamos que a engrenagem A está fixa, o braço OC executa movimento de rotação em torno de um eixo fixo perpendicular ao plano da figura que passa pelo ponto O, e a engrenagem B descreve movimento plano geral.

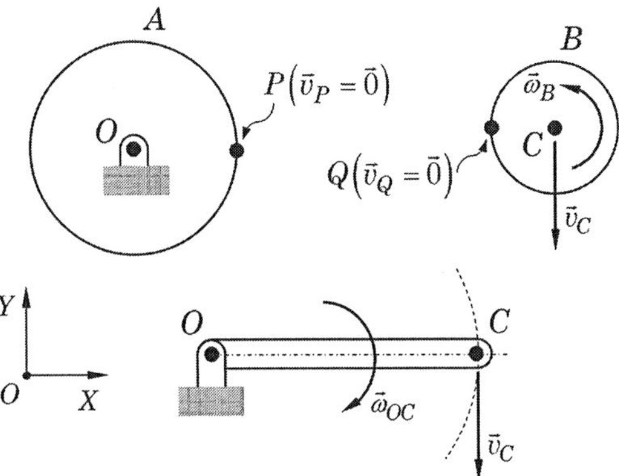

FIGURA 2.18 Esquema de resolução do Exemplo 2.5.

Também estão indicadas as velocidades do ponto C, que é comum ao braço OC e à engrenagem B, e as velocidades dos pontos P e Q, pertencentes, respectivamente, às engrenagens A e B, e que estão em contato um com o outro. Como não há deslizamento relativo entre eles, e o ponto P tem velocidade nula devido ao fato de a engrenagem A estar fixa, concluímos que o ponto Q também deve ter velocidade nula.

Na sequência, realizaremos a análise cinemática de cada corpo, separadamente, com base na teoria apresentada anteriormente para corpos em movimento de rotação em torno de um eixo fixo (Seção 2.4) e em movimento plano geral (Seção 2.5).

Braço OC (rotação em torno de um eixo fixo):

$$\vec{v}_C = \vec{\omega}_{OC} \times \overrightarrow{OC} = \left(-6{,}00\vec{k}\right)\times\left(0{,}35\vec{i}\right) \Rightarrow \vec{v}_C = -2{,}10\vec{j} \quad [\text{m/s}].$$

Engrenagem B (movimento plano geral):

Admitindo arbitrariamente a rotação da engrenagem B no sentido anti-horário ($\vec{\omega}_B = \omega_B\vec{k}$), para os pontos Q e C, escrevemos:

$$\vec{v}_C = \vec{v}_Q + \vec{\omega}_B \times \overrightarrow{QC} \Rightarrow -2{,}10\vec{j} = \vec{0} + \left(\omega_B\,\vec{k}\right)\times\left(0{,}15\vec{i}\right) \Rightarrow \underline{\underline{\omega_B = -14{,}00 \text{ rad/s}}}.$$

O sinal negativo indica que a engrenagem B gira no sentido horário, contrário ao sentido previamente adotado.

2.5.2 Centro instantâneo de rotação no movimento plano geral

Nesta seção apresentamos um segundo método destinado à análise de velocidades de corpos rígidos em movimento plano geral.

Vamos mostrar que é sempre possível determinar um ponto, denominado *Centro Instantâneo de Rotação* (CIR), de modo que, em um dado instante, as velocidades dos pontos do corpo rígido em movimento plano geral são as mesmas que surgiriam se o corpo estivesse executando, instantaneamente, um movimento de rotação em torno de um eixo perpendicular ao plano do movimento, passando pelo CIR.

Desta forma, com base na teoria apresentada na Seção 2.4, uma vez determinada a posição do CIR, a velocidade de um ponto qualquer do corpo rígido, P, pode ser expressa simplesmente segundo:

$$\vec{v}_P = \vec{\omega}\times\vec{r}_{P/C}, \tag{2.14}$$

onde $\vec{\omega}$ é a velocidade angular do corpo rígido e $\vec{r}_{P/C}$ é o vetor cuja origem coincide com o CIR, designado por C, e cuja extremidade coincide com a posição do ponto P.

A demonstração da existência do CIR é feita a seguir, com o auxílio da Figura 2.19. Escolhendo arbitrariamente um ponto A do corpo rígido, cuja velocidade $\vec{v}_A$ é conhecida, podemos sempre determinar um ponto C, posicionado sobre uma reta perpendicular à direção de $\vec{v}_A$, situado a uma distância $r_{A/C}$ do ponto A, dada por:

$$r_{A/C} = \frac{\|\vec{v}_A\|}{\|\vec{\omega}\|}. \tag{2.15}$$

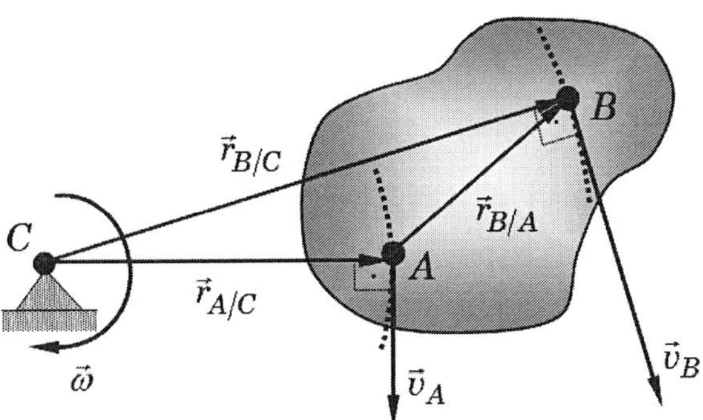

FIGURA 2.19 Construção mostrando a existência do Centro Instantâneo de Rotação.

Definindo o vetor $\vec{r}_{A/C} = \overrightarrow{CA}$, perpendicular a $\vec{v}_A$, escrevemos:

$$\vec{v}_A = \vec{\omega} \times \vec{r}_{A/C} . \tag{2.16}$$

Uma vez definida a posição de C, devemos mostrar que, para outro ponto arbitrário B, também poderemos escrever:

$$\vec{v}_B = \vec{\omega} \times \vec{r}_{B/C} , \tag{2.17}$$

onde $\vec{r}_{B/C} = \overrightarrow{CB}$, conforme indicado na Figura 2.19.

Para isso, introduzimos a Equação (2.16) na Equação (2.13.b), que relaciona as velocidades dos pontos A e B no movimento plano geral do corpo rígido, obtendo:

$$\vec{v}_B = \vec{\omega} \times \vec{r}_{A/C} + \vec{\omega} \times \vec{r}_{B/A} , \tag{2.18}$$

ou:

$$\vec{v}_B = \vec{\omega} \times \left(\vec{r}_{A/C} + \vec{r}_{B/A} \right) . \tag{2.19}$$

Na Figura 2.19 vemos que $\vec{r}_{B/C} = \vec{r}_{A/C} + \vec{r}_{B/A}$, de modo que a Equação (2.19) torna-se:

$$\vec{v}_B = \vec{\omega} \times \vec{r}_{B/C} . \tag{2.20}$$

Este resultado demonstra, então, que a distribuição das velocidades no movimento plano geral é a mesma que haveria se o corpo rígido estivesse executando, no instante considerado, movimento de rotação com velocidade angular $\vec{\omega}$, em torno de um eixo perpendicular ao plano do movimento, passando pelo ponto C, que é o CIR.

É importante notar que, durante o movimento do corpo rígido, a posição do CIR varia com o tempo, de modo que sua posição deve ser determinada para cada instante de tempo de interesse.

Na resolução de problemas, a determinação da posição do CIR é feita por construções geométricas simples utilizando as regras que apresentamos a seguir, que são derivadas da definição do CIR e de propriedades decorrentes de sua definição.

1ª regra: Quando forem conhecidas as direções das velocidades de dois pontos A e B do corpo rígido, $\vec{v}_A$ e $\vec{v}_B$, respectivamente, sendo estas velocidades representadas por vetores não paralelos entre si, a posição do CIR é dada pela interseção da reta perpendicular a $\vec{v}_A$, passando pelo ponto A, com a reta perpendicular a $\vec{v}_B$, passando pelo ponto B, como mostrado na Figura 2.20.

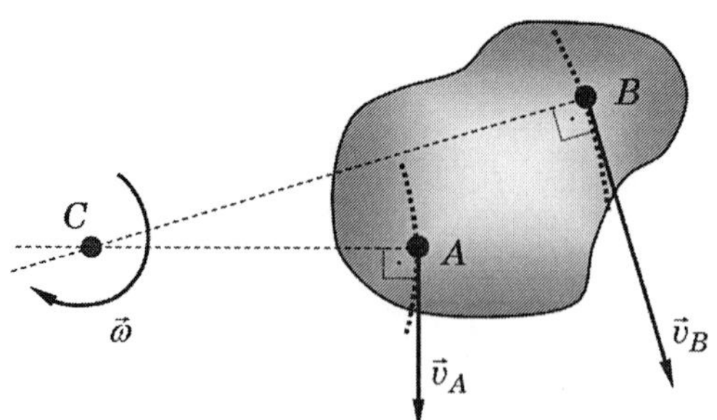

FIGURA 2.20 Construção geométrica mostrando a primeira regra para determinação da posição do CIR.

2ª regra: Se forem conhecidas as velocidades $\vec{v}_A$ e $\vec{v}_B$ de dois pontos A e B do corpo rígido, sendo estas velocidades perpendiculares ao segmento $\overline{AB}$, o CIR é determinado pela interseção da reta que passa pelos pontos A e B com a reta que liga as extremidades dos vetores $\vec{v}_A$ e $\vec{v}_B$.

As três situações possíveis são ilustradas na Figura 2.21. No caso (c) o CIR está no infinito, sendo a velocidade angular instantaneamente nula.

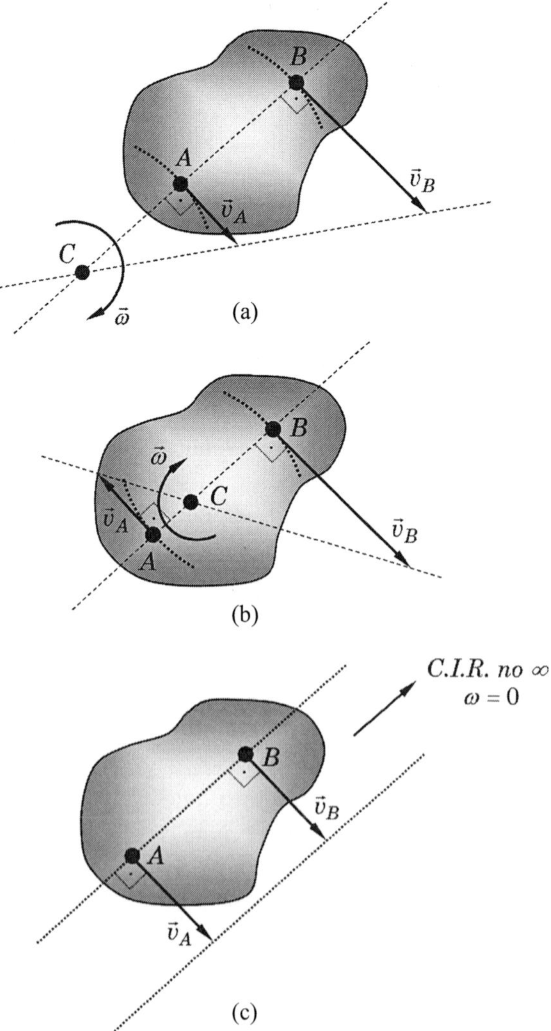

FIGURA 2.21 Construções geométricas ilustrando a segunda regra para determinação da posição do CIR.

3ª regra: Se houver um ponto do corpo rígido cuja velocidade é instantaneamente nula, este ponto é o CIR.

Um caso importante é o de um corpo que rola, sem escorregamento, sobre uma superfície fixa, como mostra a Figura 2.22. Como não há movimento relativo entre a superfície fixa e o ponto C do disco em contato com ela, este ponto deve ter velocidade instantânea nula, sendo, portanto, o CIR. Nesta mesma figura são apresentados os vetores velocidade de alguns pontos do disco.

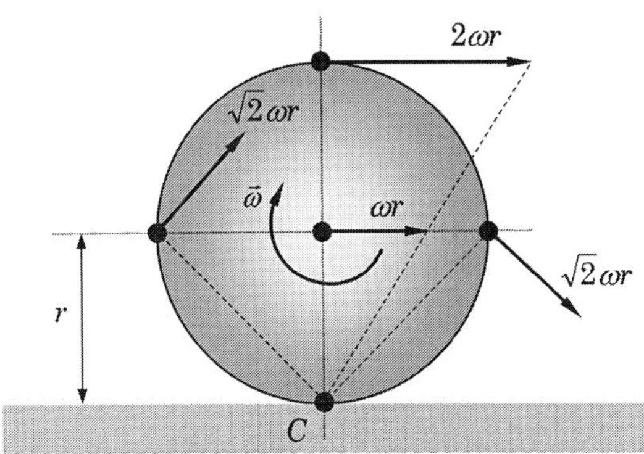

FIGURA 2.22 Ilustração da posição do CIR e das velocidades de alguns pontos de um disco que rola sobre uma superfície fixa sem deslizamento.

A posição do CIR pode também ser determinada analiticamente, a partir dos vetores posição e velocidade de um ponto qualquer do corpo rígido e da velocidade angular do corpo.

Considerando o movimento plano geral do corpo rígido mostrado na Figura 2.23, onde o ponto C é o CIR, para um ponto arbitrário A, podemos escrever:

$$\vec{v}_A = \vec{v}_C + \vec{\omega} \times \vec{r}_{A/C}. \tag{2.21}$$

Levando em conta que a velocidade do CIR é sempre nula ($\vec{v}_C = 0$), a Equação (2.21) fica reduzida a:

$$\vec{v}_A = \vec{\omega} \times \vec{r}_{A/C}. \tag{2.22}$$

Computando o produto vetorial de ambos os lados da equação acima pelo vetor velocidade angular $\vec{\omega}$, e utilizando a conhecida igualdade para o produto triplo, escrevemos:

$$\vec{\omega} \times \vec{v}_A = \vec{\omega} \times \left(\vec{\omega} \times \vec{r}_{A/C}\right) = \left(\vec{\omega} \cdot \vec{r}_{A/C}\right)\vec{\omega} - \left(\vec{\omega} \cdot \vec{\omega}\right)\vec{r}_{A/C}. \tag{2.23}$$

Levando ainda em conta que $\vec{\omega} \cdot \vec{r}_{A/C} = 0$ uma vez que estes dois vetores são perpendiculares entre si, da equação acima obtemos $\vec{r}_{A/C} = -\dfrac{\vec{\omega} \times \vec{v}_A}{\omega^2}$, e a posição do CIR, em relação ao sistema de eixos OXY é expressa segundo:

$$\vec{r}_C = \vec{r}_A + \vec{r}_{C/A} = \vec{r}_A - \vec{r}_{A/C}, \tag{2.24}$$

ou:

$$\vec{r}_C = \vec{r}_A + \frac{\vec{\omega} \times \vec{v}_A}{\omega^2}. \tag{2.25}$$

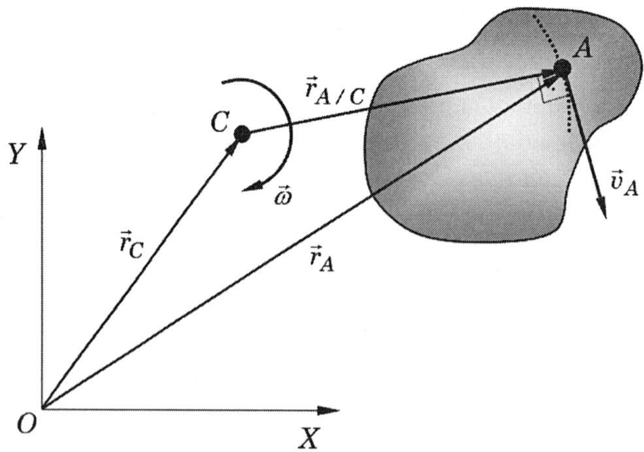

FIGURA 2.23 Construção utilizada para determinação analítica da posição do CIR.

EXEMPLO 2.6

Utilizando o conceito de Centro Instantâneo de Rotação, resolver novamente o Exemplo 2.3.

Resolução

A resolução consiste essencialmente em determinar a posição instantânea do CIR e considerar que, do ponto de vista da análise de velocidades, o movimento plano geral do corpo é equivalente ao movimento de rotação em torno de um eixo perpendicular ao plano do movimento, passando pelo CIR.

Conforme mostrado na Figura 2.24, conhecemos as direções dos vetores velocidade dos dois pontos A e B da barra, sendo estes vetores não paralelos entre si. Assim, podemos aplicar a primeira regra para determinação do CIR, de acordo com as construções geométricas mostradas na Figura 2.24.

Aplicando a Lei dos Senos ao triângulo ABC, temos:

$$\frac{\overline{AC}}{sen75^\circ} = \frac{\overline{AB}}{sen45^\circ} \Rightarrow \overline{AC} = \frac{sen75^\circ}{sen45^\circ}\overline{AB} = \frac{sen75^\circ}{sen45^\circ} \cdot 1{,}50 \Rightarrow \overline{AC} = 2{,}05\ \text{m},$$

$$\frac{\overline{BC}}{sen60^\circ} = \frac{\overline{AB}}{sen45^\circ} \Rightarrow \overline{BC} = \frac{sen60^\circ}{sen45^\circ}\overline{AB} = \frac{sen60^\circ}{sen45^\circ} \cdot 1{,}50 \Rightarrow \overline{BC} = 1{,}84\ \text{m}.$$

Uma vez determinada a posição do CIR, e sendo conhecida a velocidade do ponto A, escrevemos:

$$v_A = \omega \cdot \overline{AC} \Rightarrow \omega = \frac{v_A}{\overline{AC}} = \frac{0{,}50}{2{,}05} \Rightarrow \omega = 0{,}24\ \text{rad/s},$$

$$v_B = \omega \cdot \overline{BC} = 0{,}24 \cdot 1{,}84 \Rightarrow v_B = 0{,}44\ \text{m/s}.$$

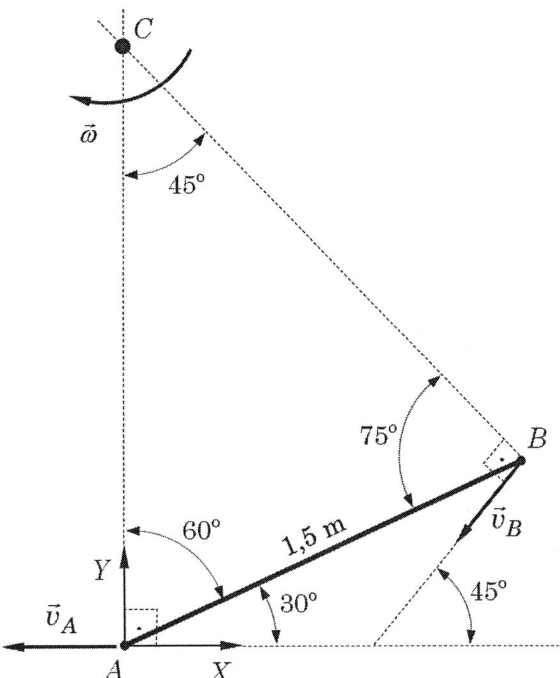

FIGURA 2.24 Esquema de resolução do Exemplo 2.6.

A partir do sentido da velocidade do ponto A e da posição do CIR, podemos inferir que a velocidade angular da barra AB está no sentido horário. Este sentido, por sua vez, determina o sentido da velocidade do ponto B.

Vamos também demonstrar a validade da Equação (2.24) para determinação da posição do CIR. Para este efeito, utilizando o sistema de referência AXY mostrado na Figura 2.24, escrevemos:

- $\vec{r}_C = \vec{r}_A + \dfrac{\vec{\omega}\times\vec{v}_A}{\omega^2} = \vec{0} + \dfrac{1}{\omega^2}\left[-\omega\vec{k}\times\left(-0,5\vec{i}\right)\right] \Rightarrow X_C\vec{i} + Y_C\vec{j} = \dfrac{0,5}{\omega}\vec{j},$

  donde:

  $X_C = 0,$ **(a)**

  $Y_C = \dfrac{0,5}{\omega}.$ **(b)**

- $\vec{r}_C = \vec{r}_B + \dfrac{\vec{\omega}\times\vec{v}_B}{\omega^2} \Rightarrow X_C\vec{i} + Y_C\vec{j} = 1,50\cdot cos30°\vec{i} +$

  $$1,50\cdot sen30°\vec{j} + \frac{1}{\omega^2}\left[\omega\vec{k}\times\left(-v_B\cdot cos45°\vec{i} - v_B\cdot sen45°\vec{j}\right)\right],$$

  donde:

  $X_C = 1,50\cdot cos30° + \dfrac{v_B}{\omega}\cdot sen\ 45°,$ **(c)**

  $Y_C = 1,50\cdot sen30° - \dfrac{v_B}{\omega}\cdot cos45°.$ **(d)**

A partir das equações (a) a (d), obtemos:

$$X_C = 0,\ Y_C = 2{,}04\,\text{m},\quad \underline{\underline{\omega = 0{,}24\,\text{rad/s}}},\quad \underline{\underline{v_B = 0{,}44\ \text{m/s}}}.$$

EXEMPLO 2.7

Utilizando o conceito de Centro Instantâneo de Rotação, resolver novamente o Exemplo 2.4.

Resolução

Neste problema existem três corpos interconectados e cada um deles tem o seu centro instantâneo de rotação. Como a barra AB executa movimento de rotação em torno do eixo perpendicular ao plano da figura, que passa por A, o ponto A é o seu CIR. De modo similar, o ponto D é o CIR da barra CD. A posição do CIR da barra BC, que está em movimento plano geral, deve ser determinada utilizando as regras apresentadas na Subseção 2.5.2.

As construções geométricas mostradas na Figura 2.25 permitem observar que a posição do CIR da barra BC, denotado por E, é dada pela interseção das retas construídas nas direções das barras AB e BC. Também são indicados os ângulos determinados a partir das cotas fornecidas no problema.

Os comprimentos das barras do mecanismo são:

$$\overline{AB} = \sqrt{0{,}20^2 + 0{,}20^2} = 0{,}28\,\text{m};\quad \overline{BC} = \sqrt{0{,}60^2 + 0{,}25^2} = 0{,}65\,\text{m};\quad \overline{CD} = 0{,}25\,\text{m}.$$

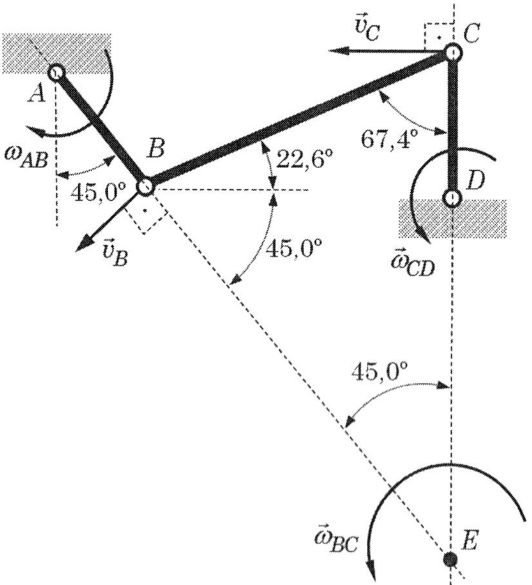

FIGURA 2.25 Esquema de resolução do Exemplo 2.7.

Aplicando a Lei dos Senos ao triângulo BCE, temos:

$$\frac{\overline{BC}}{sen45{,}0^\circ} = \frac{\overline{BE}}{sen67{,}4^\circ} \Rightarrow \overline{BE} = \frac{sen67{,}4^\circ}{sen45^\circ}\overline{BC} = \frac{sen67{,}4^\circ}{sen45^\circ}\cdot 0{,}65 \Rightarrow \overline{BE} = 0{,}85\,\text{m},$$

$$\frac{\overline{BC}}{sen45{,}0^\circ} = \frac{\overline{CE}}{sen67{,}6^\circ} \Rightarrow \overline{CE} = \frac{sen67{,}6^\circ}{sen45^\circ}\overline{BC} = \frac{sen67{,}6^\circ}{sen45^\circ}\cdot 0{,}65 \Rightarrow \overline{CE} = 0{,}85\,\text{m}.$$

Para cada uma das três barras temos:

Barra AB: $v_B = \omega_{AB} \cdot \overline{AB} = 10,0 \cdot 0,28 = 2,8 \text{ m/s}$, **(a)**

Barra CD: $v_C = \omega_{CD} \cdot \overline{CD} = 0,25 \cdot \omega_{CD}$, **(b)**

Barra BC: $v_B = \omega_{BC} \cdot \overline{BE} = 0,85 \cdot \omega_{BC}$, **(c)**

$v_C = \omega_{BC} \cdot \overline{CE} = 0,85 \cdot \omega_{BC}$. **(d)**

Resolvendo as equações (a) a (d), obtemos:

$\omega_{BC} = 3,30 \text{ rad/s}$, $\omega_{CD} = 11,22 \text{ rad/s}$.

A partir do sentido da velocidade do ponto B e da posição do CIR da barra BC, podemos inferir que a velocidade angular da barra BC está no sentido anti-horário. Este sentido, por sua vez, determina o sentido da velocidade do ponto C para a esquerda, e o sentido anti-horário da velocidade angular da barra CD.

2.5.3 Análise de acelerações no movimento plano geral

Consideremos a situação ilustrada na Figura 2.26, na qual mostramos os movimentos de dois pontos A e B de um corpo rígido em movimento plano geral. De modo análogo ao que havíamos feito na Subseção 2.5.1, quando da análise de velocidades no movimento plano geral, utilizamos dois sistemas de referência: o sistema fixo OXY e o sistema Axy, que é solidário ao corpo rígido e tem sua origem no ponto A. Designando por $\vec{\omega}$ e $\vec{\alpha}$, respectivamente, os vetores velocidade angular e aceleração angular do corpo rígido, ambos com direção perpendicular ao plano do movimento, observamos que o sistema de referência Axy está animado com estas mesmas velocidade angular e aceleração angular.

Com base na Equação (1.139), adaptada à situação presente, escrevemos:

$$\vec{a}_B\Big|_{OXY} = \vec{a}_A\Big|_{OXY} + \dot{\vec{\Omega}} \times \vec{r}_{B/A} + \vec{\Omega} \times \left(\vec{\Omega} \times \vec{r}_{B/A}\right) + 2\vec{\Omega} \times \dot{\vec{r}}_{B/A}\Big|_{Axy} + \ddot{\vec{r}}_{B/A}\Big|_{Axy}. \tag{2.26}$$

Neste caso, temos:

- $\vec{\Omega} = \vec{\omega}$, $\dot{\vec{\Omega}} = \vec{\alpha}$, uma vez que o sistema de referência móvel Axy é solidário ao corpo rígido;
- $\dot{\vec{r}}_{B/A}\Big|_{Axy} = \vec{0}$, $\ddot{\vec{r}}_{B/A}\Big|_{Axy} = \vec{0}$, uma vez que o corpo é considerado rígido.

Assim, a Equação (2.26) fica:

$$\vec{a}_B\Big|_{OXY} = \vec{a}_A\Big|_{OXY} + \vec{\alpha} \times \vec{r}_{B/A} + \vec{\omega} \times \left(\vec{\omega} \times \vec{r}_{B/A}\right), \tag{2.27.a}$$

ou, em notação mais simplificada:

$$\vec{a}_B = \vec{a}_A + \vec{\alpha} \times \vec{r}_{B/A} + \vec{\omega} \times \left(\vec{\omega} \times \vec{r}_{B/A}\right). \tag{2.27.b}$$

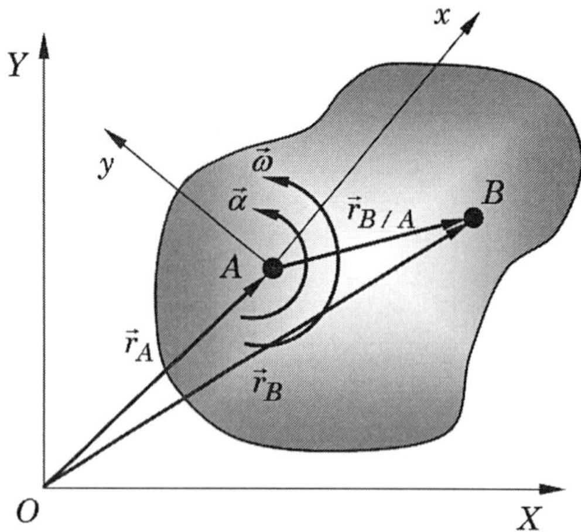

FIGURA 2.26 Representação do movimento plano geral de um corpo rígido e dos sistemas de referência utilizados.

As incógnitas de problemas envolvendo acelerações de corpo rígido em movimento plano podem ser determinadas decompondo os vetores que figuram na Equação (2.27.b) em duas direções perpendiculares e resolvendo o sistema de duas equações escalares resultantes.

É importante observar que o conceito de Centro Instantâneo de Rotação, introduzido na Seção 2.5.2, não pode ser usado para a determinação das acelerações, uma vez que, no caso geral, o CIR não possui aceleração nula.

EXEMPLO 2.8

A barra AB, de 1,50 m de comprimento, move-se com suas extremidades em contato com o piso horizontal e uma superfície inclinada, conforme mostrado na Figura 2.27. Na posição indicada, a extremidade A tem velocidade constante para a esquerda de 50 cm/s. Nesta posição, determinar a aceleração da extremidade B e a aceleração angular da barra AB.

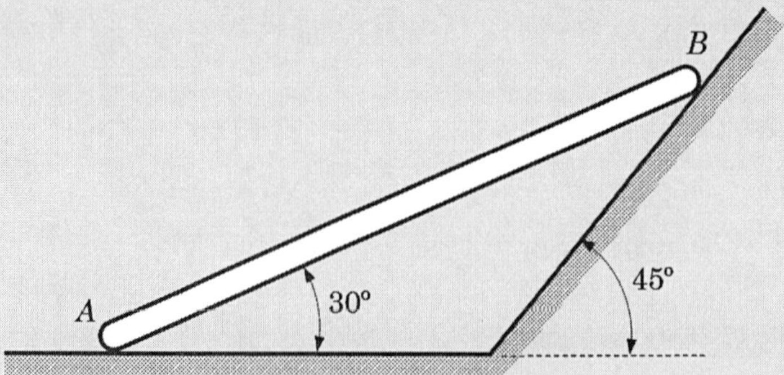

FIGURA 2.27 Ilustração de uma barra *AB* que desliza com suas extremidades apoiadas em duas superfícies.

Resolução

Notamos primeiramente que a análise de velocidades do problema em apreço já foi efetuada na resolução do Exemplo 2.3, na qual obtivemos $\vec{\omega} = -0{,}24\,\vec{k}$ [rad/s].

Como a barra AB se encontra em movimento plano geral, as acelerações dos pontos A e B se relacionam por meio da Equação (2.27.b), repetida abaixo:

$$\vec{a}_B = \vec{a}_A + \vec{\alpha}\times\vec{r}_{B/A} + \vec{\omega}\times\left(\vec{\omega}\times\vec{r}_{B/A}\right). \qquad \textbf{(a)}$$

No esquema de resolução mostrado na Figura 2.28 indicamos as informações conhecidas sobre as acelerações dos pontos A e B. Como o ponto A percorre uma trajetória retilínea com velocidade constante, sua aceleração é nula ($\vec{a}_A = \vec{0}$). Quanto a $\vec{a}_B$, seu módulo é desconhecido, mas sabemos que sua direção é paralela à superfície inclinada sobre a qual a extremidade B desliza. Entretanto, seu sentido permanece desconhecido.

O vetor aceleração angular da barra AB é perpendicular ao plano da figura. Seu módulo e seu sentido são desconhecidos.

Os vetores cujos sentidos são desconhecidos são indicados por flechas duplas.

Representando os vetores presentes na equação (a), relativamente às suas componentes nas direções dos eixos de referência mostrados na Figura 2.28, escrevemos:

$$\vec{a}_A = \vec{0}, \qquad \textbf{(b)}$$

$$\vec{a}_B = a_B\left(-sen45^\circ\vec{i} - cos\,45^\circ\vec{j}\right), \qquad \textbf{(c)}$$

$$\vec{\alpha} = -\alpha\,\vec{k}, \qquad \textbf{(d)}$$

$$\vec{\omega} = -0{,}24\,\vec{k}\ \text{[rad/s] (ver resolução do Exemplo 2.3)}, \qquad \textbf{(e)}$$

$$\vec{r}_{B/A} = \overrightarrow{AB} = 1{,}50\left(cos\,30^\circ\vec{i} + sen30^\circ\vec{j}\right)\ \left[\text{m}\right]. \qquad \textbf{(f)}$$

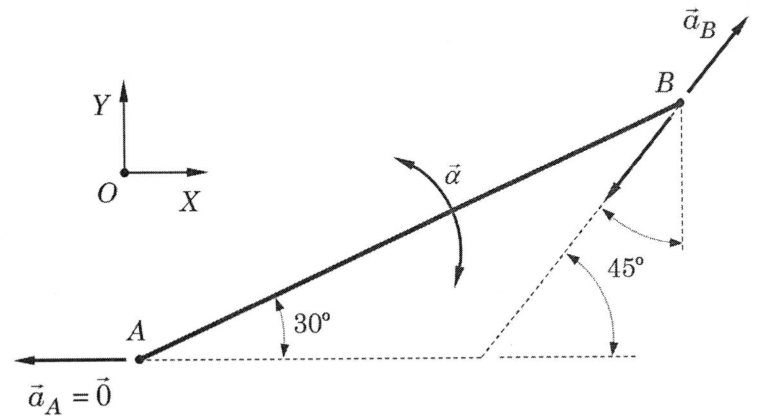

FIGURA 2.28 Esquema de resolução do Exemplo 2.8.

Devemos observar que, expressando a aceleração angular da barra AB e a aceleração do ponto B de acordo com as equações (c) e (d), estamos, arbitrariamente, admitindo que o sentido da aceleração angular da barra seja horário, e o sentido da aceleração de B seja para baixo. Estes sentidos deverão ser confirmados ao final da resolução do problema, por verificação dos sinais algébricos obtidos.

Substituindo os vetores dados em (b)-(f) na equação (a), temos:

$$a_B\left(-sen45°\vec{i}-cos45°\vec{j}\right)=-\alpha\vec{k}\times 1{,}50\left(cos30°\vec{i}+sen30°\vec{j}\right)$$
$$+\left(-0{,}24\vec{k}\right)\times\left[\left(-0{,}24\vec{k}\right)\times 1{,}50\left(cos30°\vec{i}+sen30°\vec{j}\right)\right]. \quad \textbf{(g)}$$

Efetuando as operações indicadas na equação (g), obtemos:

$$-a_B sen45°\vec{i}-a_B cos45°\vec{j}=\left(\alpha\cdot 1{,}50\cdot sen30°-0{,}24^2\cdot 1{,}50\cdot cos30°\right)\vec{i}$$
$$+\left(-\alpha\cdot 1{,}50\cdot cos30°-0{,}24^2\cdot 1{,}50\cdot sen30°\right)\vec{j}. \quad \textbf{(h)}$$

Igualando os termos que multiplicam os vetores unitários $\vec{i}$ e $\vec{j}$ em ambos os lados da equação (h), obtemos duas equações escalares:

$$-a_B sen45°=\alpha\cdot 1{,}50\cdot sen30°-0{,}24^2\cdot 1{,}50\cdot cos30°, \quad \textbf{(i)}$$

$$-a_B cos45°=-\alpha\cdot 1{,}50\cdot cos30°-0{,}24^2\cdot 1{,}50\cdot sen30°. \quad \textbf{(j)}$$

Resolvendo as equações (i) e (j) para a_B e α, obtemos:

$$a_B=0{,}090\ \text{m/s}^2, \quad \alpha=0{,}015\ \text{rad/s}^2.$$

Os sinais positivos indicam que os sentidos adotados para os vetores $\vec{a}_B$ e $\vec{\alpha}$ são corretos, ou seja, $\vec{a}_B$ está orientado para baixo e $\vec{\alpha}$ está no sentido horário.

EXEMPLO 2.9

O mecanismo plano ilustrado na Figura 2.29 é composto por três barras AB, BC e CD, conectadas entre si por rótulas planas. No instante considerado, a barra AB tem velocidade angular ω_{AB} = 10,0 rad/s e aceleração angular α_{AB} = 80,0 rad/s², ambas no sentido horário. Determinar: **a)** as acelerações angulares das duas outras barras, α_{BC} e α_{CD}; **b)** a aceleração do ponto médio da barra BC, indicado por M.

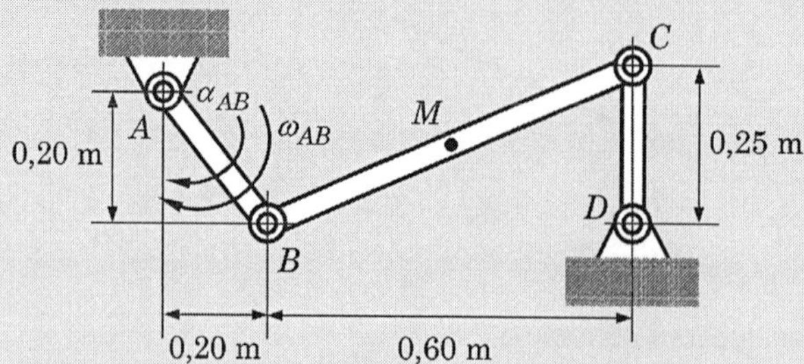

FIGURA 2.29 Ilustração de um mecanismo formado por três barras conectadas entre si por rótulas planas.

Resolução

Notamos primeiramente que a análise de velocidades do mecanismo em apreço já fora efetuada na resolução do Exemplo 2.4, na qual obtivemos $\vec{\omega}_{BC} = 3{,}33\vec{k}$ [rad/s] e $\vec{\omega}_{CD} = 11{,}33\vec{k}$ [rad/s].

a) No diagrama mostrado na Figura 2.30, indicamos as direções das componentes dos vetores aceleração dos pontos B e C, determinados por seus movimentos circulares, uma vez que estes pontos pertencem, respectivamente, às barras AB e CD, as quais desenvolvem movimentos de rotação em torno de eixos fixos.

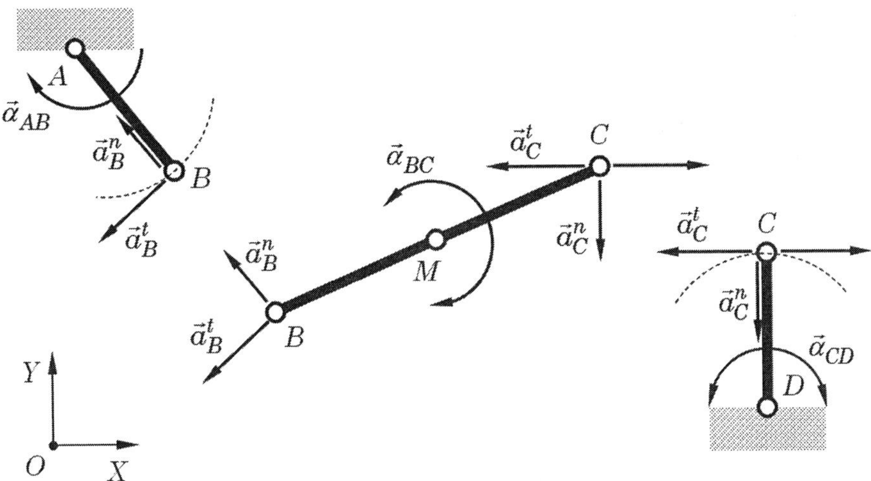

FIGURA 2.30 Esquema de resolução do Exemplo 2.9.

Observamos que os sentidos das acelerações angulares das barras AB e CD são desconhecidos. Em consequência, as componentes tangenciais das acelerações dos pontos B e C também são desconhecidas. Adotando o procedimento descrito nos exemplos anteriores, nos passos seguintes da resolução os sentidos das acelerações angulares serão escolhidos arbitrariamente e os sinais positivos ou negativos que obteremos no final da resolução indicarão, respectivamente, se os sentidos escolhidos são os corretos ou devem ser invertidos.

Na sequência, realizaremos a análise de acelerações para cada barra, separadamente.

Barra *AB* (movimento de rotação em torno de um eixo fixo):

$$\vec{a}_B = \vec{\alpha}_{AB} \times \overrightarrow{AB} + \vec{\omega}_{AB} \times \left(\vec{\omega}_{AB} \times \overrightarrow{AB}\right) = \vec{\alpha}_{AB} \times \overrightarrow{AB} - \omega_{AB}^2 \overrightarrow{AB},$$

$$\vec{a}_B = -80{,}00\vec{k} \times \left(0{,}20\vec{i} - 0{,}20\vec{j}\right) - 10{,}00^2 \cdot \left(0{,}20\vec{i} - 0{,}20\vec{j}\right) \Rightarrow$$

$$\vec{a}_B = -36{,}00\vec{i} + 4{,}00\vec{j} \quad \left[\text{m/s}^2\right]. \qquad \textbf{(a)}$$

Barra *CD* (movimento de rotação em torno de um eixo fixo):

Adotando arbitrariamente a aceleração angular da barra *CD* no sentido anti-horário ($\vec{\alpha}_{CD} = \alpha_{CD}\vec{k}$), e considerando o valor de $\vec{\omega}_{CD}$ determinado no Exemplo 2.4, escrevemos:

$$\vec{a}_C = \vec{\alpha}_{CD} \times \overrightarrow{DC} - \omega_{CD}^2 \overrightarrow{DC},$$

$$\vec{a}_C = \alpha_{CD}\vec{k} \times 0{,}25\vec{j} - 11{,}33^2 \cdot 0{,}25\vec{j} \Rightarrow \vec{a}_C = -0{,}25\alpha_{CD}\vec{i} - 32{,}09\vec{j}\ \left[\text{m/s}^2\right]. \quad \textbf{(b)}$$

Barra *BC* (movimento plano geral):

$$\vec{a}_C = \vec{a}_B + \vec{\alpha}_{BC} \times \overrightarrow{BC} - \omega_{BC}^2 \overrightarrow{BC}. \quad \textbf{(c)}$$

Associando as equações (a), (b) e (c), temos:

$$-0{,}25 \cdot \alpha_{CD}\vec{i} - 32{,}09\vec{j} = -36{,}00\vec{i} + 4{,}00\vec{j} + \alpha_{BC}\vec{k} \times \left(0{,}60\vec{i} + 0{,}25\vec{j}\right) - 3{,}33^2 \cdot \left(0{,}60\vec{i} + 0{,}25\vec{j}\right).$$

Efetuando as operações indicadas na equação acima e igualando os termos que multiplicam os vetores unitários $\vec{i}$ e $\vec{j}$ em ambos os lados da equação resultante, obtemos as seguintes equações escalares:

$$-0{,}25\alpha_{CD} = -33{,}32, \quad \textbf{(d)}$$

$$-0{,}60\alpha_{CD} + 0{,}25\alpha_{BC} = 42{,}65. \quad \textbf{(e)}$$

Finalmente, resolvendo as equações (d) e (e) para α_{BC} e α_{CD}, obtemos:

$$\alpha_{BC} = -55{,}53\ \text{rad/s}^2, \qquad \alpha_{CD} = 115{,}08\ \text{rad/s}^2.$$

Os sinais indicam que o sentido de $\vec{\alpha}_{BC}$ é horário, e o sentido de $\vec{\alpha}_{CD}$ é anti-horário.

b) Considerando mais uma vez a barra *BC*, escrevemos:

$$\vec{a}_M = \vec{a}_B + \vec{\alpha}_{BC} \times \overrightarrow{BM} - \omega_{BC}^2 \overrightarrow{BM}. \quad \textbf{(f)}$$

Com base nos resultados obtidos anteriormente, a equação (f) fica:

$$\vec{a}_M = -36{,}00\vec{i} + 4{,}00\vec{j} - 55{,}53\,\vec{k} \times \left(0{,}300\vec{i} + 0{,}125\vec{j}\right) - 3{,}33^2 \cdot \left(0{,}300\vec{i} + 0{,}125\vec{j}\right). \quad \textbf{(g)}$$

Efetuando as operações indicadas na equação (g), obtemos:

$$\vec{a}_M = -32{,}39\vec{i} - 14{,}05\vec{j}\ \left[\text{m/s}^2\right].$$

EXEMPLO 2.10

Neste exemplo, consideramos o movimento de um disco que rola, sem deslizar, sobre uma superfície plana, conforme mostrado na Figura 2.31. Sabendo que o centro O tem velocidade $\vec{v}_O$ e aceleração $\vec{a}_O$, propomo-nos a examinar o movimento do disco e determinar as velocidades e as acelerações dos pontos localizados sobre sua borda, representados genericamente pelo ponto P, cuja posição é identificada pelo ângulo ϕ em relação à vertical.

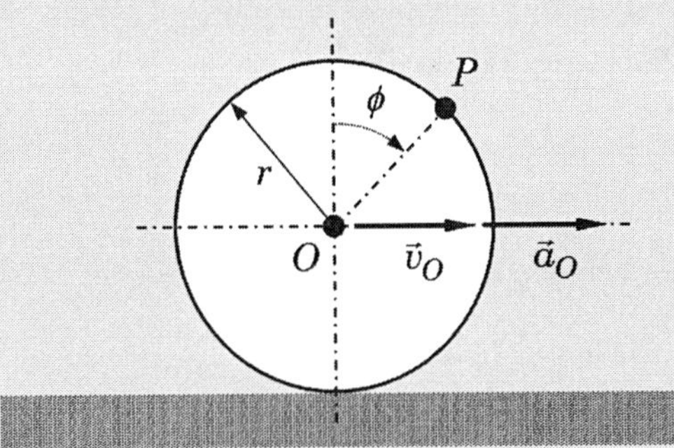

FIGURA 2.31 Ilustração de um disco que rola sem deslizar sobre uma superfície plana.

Resolução

Primeiramente, vamos determinar a velocidade angular e a aceleração angular do disco em função da velocidade e aceleração de seu centro, respectivamente. Pela construção geométrica mostrada na Figura 2.32, levando em conta que não há deslizamento entre o disco e a superfície, observamos que quando o disco gira de um ângulo θ, seu centro percorre a distância:

$$x_O = r\theta, \qquad \textbf{(a)}$$

que é o comprimento do arco desenvolvido no contato com a superfície.

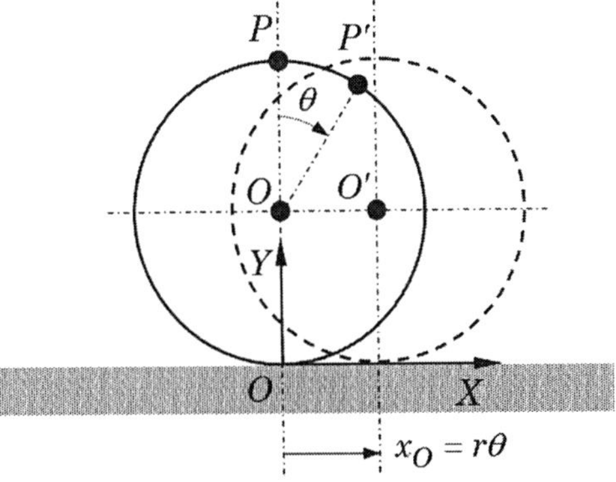

FIGURA 2.32 Esquema de resolução do Exemplo 2.10.

Derivando a equação (a) em relação ao tempo, obtemos:

$$\dot{x}_O = r\dot{\theta}. \qquad \textbf{(b)}$$

Sendo:

$\dot{x}_O = v_O$ (velocidade do centro do disco), **(c)**

$\dot{\theta} = \omega$ (velocidade angular do disco), **(d)**

reescrevemos a equação (b) sob a forma:

$v_O = r\omega,$ **(e)**

donde inferimos que a velocidade angular do disco é:

$\omega = \dfrac{v_O}{r}.$ **(f)**

Derivando a equação (b) em relação ao tempo, temos:

$\ddot{x}_O = r\ddot{\theta},$ **(g)**

ou

$a_O = r\alpha,$ **(h)**

com:

$a_O = \ddot{x}_O$ (aceleração do centro do disco), **(i)**

$\alpha = \ddot{\theta}$ (aceleração angular do disco). **(j)**

Da equação (j) obtemos a aceleração angular do disco:

$\alpha = \dfrac{a_O}{r}.$ **(k)**

Vamos agora determinar a velocidade e a aceleração do ponto genérico P localizado sobre a borda do disco, cuja posição é designada pelo ângulo ϕ na Figura 2.31.

Reconhecendo que o disco executa movimento plano geral, adaptando a Equação (2.13.b), escrevemos:

$\vec{v}_P = \vec{v}_O + \vec{\omega} \times \vec{r}_{P/O},$ **(l)**

com:

$\vec{v}_O = \omega r \vec{i},$ **(m)**

$\vec{\omega} = -\omega \vec{k},$ **(n)**

$\vec{r}_{P/O} = \overrightarrow{OP} = r\left(sen\phi \vec{i} + \cos\phi \vec{j}\right).$ **(o)**

Associando as equações (l) a (o), obtemos:

$\vec{v}_P = \omega r \vec{i} + \left(-\omega \vec{k}\right) \times r\left(sen\phi \vec{i} + cos\phi \vec{j}\right).$ **(p)**

Efetuando as operações indicadas na equação (p), obtemos:

$$\vec{v}_P = \omega r\left[(1+cos\phi)\vec{i} - sen\phi\vec{j}\right], \quad \textbf{(q)}$$

$$\|\vec{v}_P\| = \omega r\sqrt{(1+cos\phi)^2 + sen^2\phi} = \omega r\sqrt{2(1+cos\phi)}. \quad \textbf{(r)}$$

Para análise da aceleração do ponto *P*, adaptando a Equação (2.27.b), escrevemos:

$$\vec{a}_P = \vec{a}_O + \vec{\alpha}\times\vec{r}_{P/O} - \omega^2\vec{r}_{P/O}, \quad \textbf{(s)}$$

com:

$$\vec{a}_O = \alpha r\vec{i}, \quad \textbf{(t)}$$

$$\vec{\alpha} = -\alpha\vec{k}. \quad \textbf{(u)}$$

Associando as equações (s) a (u), levando também em conta as equações (n) e (o), temos:

$$\vec{a}_P = \alpha r\vec{i} + \left(-\alpha\vec{k}\right)\times r\left(sen\phi\,\vec{i} + cos\phi\,\vec{j}\right) - \omega^2\cdot r\left(sen\phi\,\vec{i} + cos\phi\,\vec{j}\right). \quad \textbf{(v)}$$

Efetuando as operações indicadas na equação (v), obtemos:

$$\vec{a}_P = r\left[\alpha(1+cos\phi) - \omega^2 sen\phi\right]\vec{i} - r\left(\alpha sen\phi + \omega^2 cos\phi\right)\vec{j}, \quad \textbf{(w)}$$

$$\|\vec{a}_P\| = r\sqrt{\omega^4 + 2\alpha^2(1+cos\phi) - 2\alpha\omega^2 sen\phi(1+2cos\phi)}. \quad \textbf{(x)}$$

Quanto à trajetória de um dado ponto *P*, localizado sobre a borda do disco, observando a Figura 2.32, concluímos que, em relação ao sistema de referência *OXY*, as coordenadas do ponto *P* são:

$$x_P = x_O + rsen\theta = r(\theta + sen\theta), \quad \textbf{(y.1)}$$

$$y_P = r(1+cos\theta). \quad \textbf{(y.2)}$$

No Exemplo 2.11 as expressões obtidas serão representadas graficamente, o que facilitará sua interpretação.

EXEMPLO 2.11

Considerando o disco tratado no Exemplo 2.10, admitindo $r = 0{,}5$ m, $\omega = 5{,}0$ rad/s e $\alpha = 20{,}0$ rad/s^2, pede-se: **a)** traçar as curvas representando as velocidades e as acelerações dos pontos posicionados na borda do disco, em função de sua posição indicada pelo ângulo ϕ na Figura 2.31; **b)** traçar a trajetória do ponto cuja posição inicial se localiza sobre o eixo vertical que passa pelo centro do disco.

Resolução

As Figuras 2.33 a 2.35 mostram as curvas traçadas a partir das equações (r), (x) e (y) utilizando o programa MATLAB® **exemplo_2_11.m**.

É importante observar que para o ponto correspondente a $\phi = 180°$, as componentes horizontal e vertical da velocidade (e, portanto, seu módulo) são nulas. Isso está de acordo com o fato de que o ponto do disco que está em contato com a superfície, sob a hipótese de que não ocorre deslizamento, tem velocidade nula. Para este mesmo ponto, observamos que a aceleração está orientada na direção vertical.

A curva que representa a trajetória do ponto escolhido sobre a borda do disco, mostrada na Figura 2.35, é denominada *cicloide*.

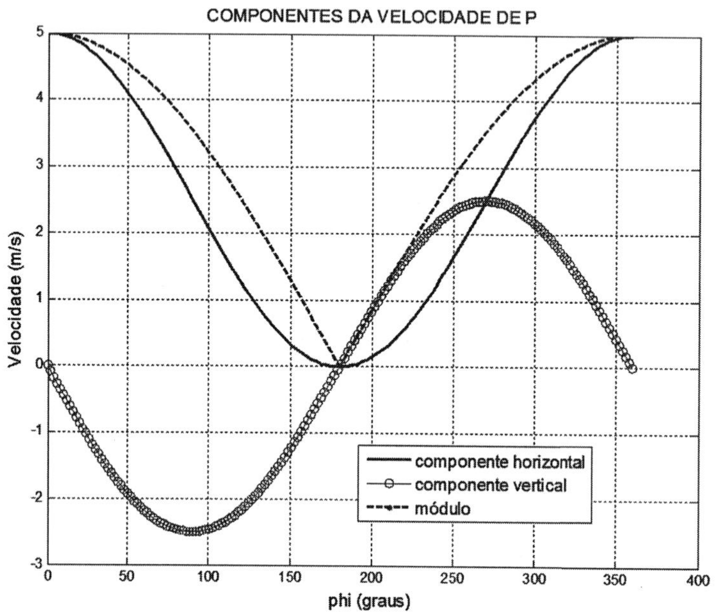

FIGURA 2.33 Curvas mostrando as componentes das velocidades dos pontos localizados sobre a borda do disco.

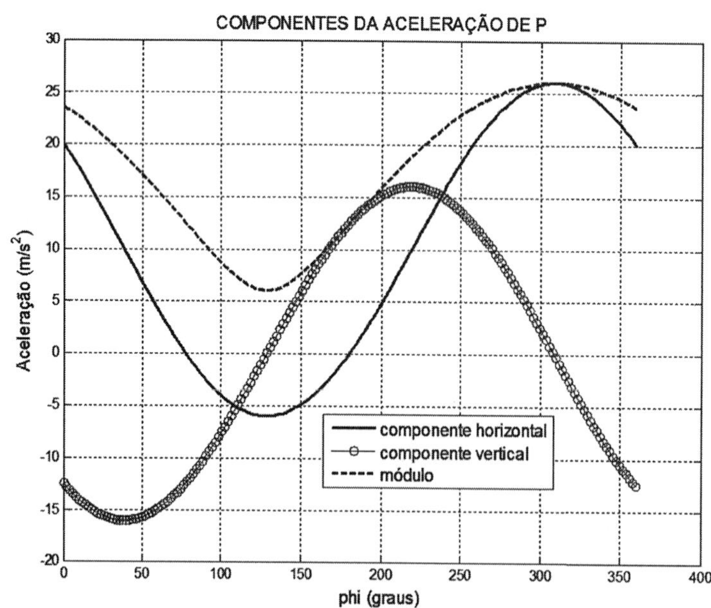

FIGURA 2.34 Curvas mostrando as componentes das acelerações dos pontos localizados sobre a borda do disco.

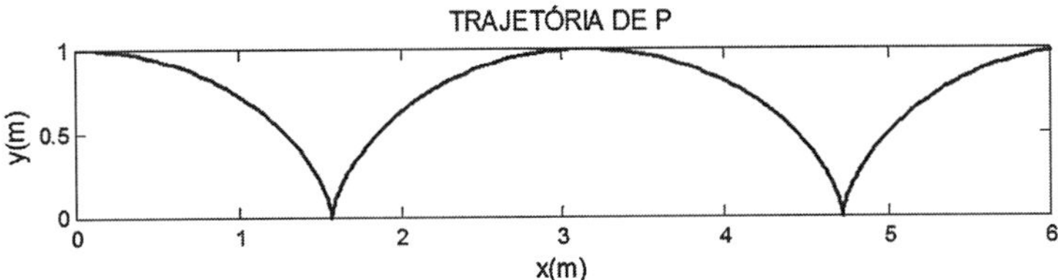

FIGURA 2.35 Curva mostrando a trajetória do ponto cuja posição inicial se localiza sobre o eixo vertical que passa pelo centro do disco.

2.6 Movimento geral tridimensional de corpos rígidos

O movimento geral de corpos rígidos em três dimensões pode ser considerado a extensão do movimento plano geral, apresentado na Seção 2.5, a caso de movimento tridimensional.

A Figura 2.36 mostra um exemplo de mecanismo no qual a barra *AB* descreve movimento geral.

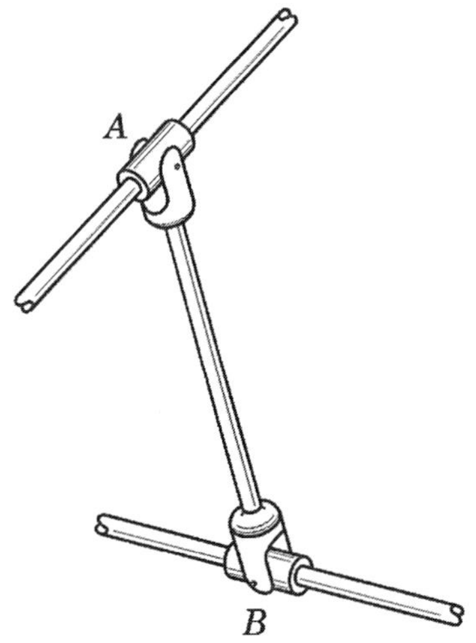

FIGURA 2.36 Ilustração de uma *AB* barra realizando movimento geral.

2.6.1 Análise de velocidades no movimento geral

Consideremos a Figura 2.37, na qual é ilustrado o movimento geral de um corpo rígido. Designamos por $\vec{\omega}$ e $\vec{\alpha}$ os vetores velocidade angular e aceleração angular do corpo, respectivamente. É importante observar que, no caso mais geral, estes dois vetores não têm a mesma direção, ao contrário do que ocorre quando o corpo desenvolve movimento de rotação em torno de um eixo fixo (ver Seção 2.4).

Propomo-nos a analisar os movimentos de dois pontos arbitrários do corpo, indicados por A e B e, para este efeito, definimos dois sistemas de referência: o sistema fixo $OXYZ$ e o sistema móvel $Axyz$, solidário ao corpo rígido, com sua origem no ponto A. Nesta condição, o sistema de referência $Axyz$ está em movimento geral, sendo sua velocidade angular e aceleração angular iguais às do corpo rígido ($\vec{\Omega} = \vec{\omega}$, $\dot{\vec{\Omega}} = \vec{\alpha}$).

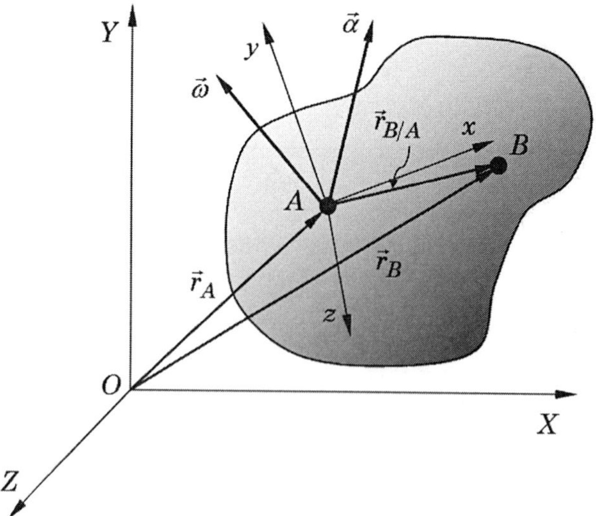

FIGURA 2.37 Representação do movimento geral de um corpo rígido e dos sistemas de referência utilizados.

Adaptando a Equação (1.153.a) à situação presente, podemos escrever:

$$\dot{\vec{r}}_B\Big|_{OXYZ} = \dot{\vec{r}}_A\Big|_{OXYZ} + \dot{\vec{r}}_{B/A}\Big|_{Axyz} + \vec{\Omega}\times\vec{r}_{B/A}. \tag{2.28}$$

No caso em questão, temos:

- $\vec{\Omega}=\vec{\omega}$, pois o sistema de referência móvel é solidário ao corpo rígido;
- $\dot{\vec{r}}_{B/A}\Big|_{Axyz}=\vec{0}$, devido à hipótese de rigidez do corpo.

Assim, a Equação (2.28) fica:

$$\vec{v}_B\Big|_{OXYZ} = \vec{v}_A\Big|_{OXYZ} + \vec{\omega}\times\vec{r}_{B/A}, \tag{2.29.a}$$

ou, em notação simplificada:

$$\vec{v}_B = \vec{v}_A + \vec{\omega}\times\vec{r}_{B/A}. \tag{2.29.b}$$

A equação vetorial (2.29.b) pode ser substituída por três equações escalares mediante a decomposição dos vetores que nela figuram em termos de suas componentes em três direções mutuamente perpendiculares. O conjunto de equações pode então ser resolvido para as incógnitas do problema.

Vale observar que embora o conceito de Centro Instantâneo de Rotação, estudado na Subseção 2.5.2, possa ser associado ao movimento tridimensional, a determinação de sua posição é dificultada pelo fato de se operar em três dimensões. Assim, este método não é recomendado para análise de velocidades no movimento geral.

2.6.2 Análise de acelerações no movimento geral

Considerando novamente a Figura 2.37 e adaptando a Equação (1.154.a), escrevemos:

$$\ddot{\vec{r}}_B\Big|_{OXYZ} = \ddot{\vec{r}}_A\Big|_{OXYZ} + \ddot{\vec{r}}_{B/A}\Big|_{Axyz} + \dot{\vec{\Omega}} \times \vec{r}_{B/A} + \vec{\Omega} \times \left(\vec{\Omega} \times \vec{r}_{B/A}\right) + 2\vec{\Omega} \times \dot{\vec{r}}_{B/A}\Big|_{Axyz}, \tag{2.30}$$

com:

$$\vec{\Omega} = \vec{\omega},\ \dot{\vec{\Omega}} = \vec{\alpha}\,,\ \dot{\vec{r}}_{B/A}\Big|_{Axyz} = \vec{0},\ \ddot{\vec{r}}_{B/A}\Big|_{Axyz} = \vec{0}\,.$$

Assim, a Equação (2.30) fica:

$$\vec{a}_B\big|_{OXYZ} = \vec{a}_A\big|_{OXYZ} + \vec{\alpha}\times\vec{r}_{B/A} + \vec{\omega}\times\left(\vec{\omega}\times\vec{r}_{B/A}\right), \tag{2.31.a}$$

ou, em notação simplificada:

$$\vec{a}_B = \vec{a}_A + \vec{\alpha}\times\vec{r}_{B/A} + \vec{\omega}\times\left(\vec{\omega}\times\vec{r}_{B/A}\right). \tag{2.31.b}$$

A equação vetorial (2.31.b) pode ser desmembrada em três equações escalares mediante a decomposição dos vetores que nela figuram em termos de suas componentes em três direções mutuamente perpendiculares.

EXEMPLO 2.12

A Figura 2.38 mostra um sistema biela-cursor-manivela tridimensional no qual a manivela AO gira no plano yz com velocidade angular constante 18,0 rad/s. A biela AB comanda o movimento do cursor B ao longo da guia horizontal, e tem uma articulação esférica em cada uma de suas extremidades. Na posição ilustrada, determinar: **a)** a velocidade do cursor B; **b)** a aceleração do cursor B.

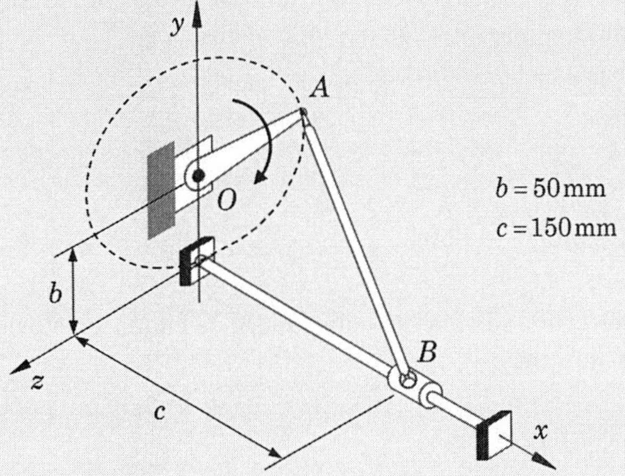

FIGURA 2.38 Ilustração de um sistema biela-cursor-manivela tridimensional.

Resolução

Primeiramente é importante observar que o sistema em questão é composto por três corpos que desenvolvem diferentes tipos de movimento: a barra *OA* (manivela) descreve movimento de rotação em torno de um eixo fixo perpendicular ao plano *yz*, passando pelo mancal *O*; o cursor *B* desenvolve movimento de translação ao longo da guia orientada segundo o eixo *x*; a barra *AB* (biela) descreve movimento geral tridimensional.

a) Análise de velocidades

Considerando a manivela *OA*, com base na teoria apresentada na Seção 2.4 para o movimento de rotação em torno de um eixo fixo, sendo a velocidade angular desta barra dada por $\vec{\omega}_{OA} = -18{,}0\vec{i}$ [rad/s], determinamos a velocidade do ponto *A* segundo:

$$\vec{v}_A = \vec{\omega}_{OA} \times \vec{r}_{A/O} = -18{,}0\vec{i} \times \left(-0{,}050\vec{k}\right) = -0{,}90\vec{j} \ \ [\mathrm{m/s}]. \quad \textbf{(a)}$$

Como o cursor *B* está sujeito a uma restrição cinemática que limita seu movimento ao longo da guia horizontal, e seu valor escalar é desconhecido, escrevemos:

$$\vec{v}_B = v_B \vec{i}\,. \quad \textbf{(b)}$$

Considerando a biela *AB*, com base na teoria apresentada na Subseção 2.6.1, escrevemos:

$$\vec{v}_B = \vec{v}_A + \vec{\omega}_{AB} \times \vec{r}_{B/A}, \quad \textbf{(c)}$$

com:

$$\vec{\omega}_{AB} = \omega_{AB}^{x}\,\vec{i} + \omega_{AB}^{y}\,\vec{j} + \omega_{AB}^{z}\,\vec{k}, \quad \textbf{(d)}$$

$$\vec{r}_{B/A} = \overrightarrow{AB} = 0{,}150\,\vec{i} - 0{,}050\,\vec{j} + 0{,}050\,\vec{k} \ \ [\mathrm{m}]. \quad \textbf{(e)}$$

É importante destacar, com relação à equação (d), que a velocidade angular da barra *AB* é um vetor tridimensional cujas componentes são desconhecidas.

Associando as equações (a) a (e), obtemos:

$$v_B\vec{i} = -0{,}90\vec{j} + \begin{vmatrix} \vec{i} & \vec{j} & \vec{k} \\ \omega_{AB}^{x} & \omega_{AB}^{y} & \omega_{AB}^{z} \\ 0{,}150 & -0{,}050 & 0{,}050 \end{vmatrix}. \quad \textbf{(f)}$$

Efetuando o produto vetorial indicado na equação (f), da equação vetorial resultante obtemos as três equações escalares seguintes:

$$\begin{aligned} v_B &= 0{,}050 \cdot \omega_{AB}^{y} + 0{,}050 \cdot \omega_{AB}^{z}; \\ 0{,}90 &= -0{,}050 \cdot \omega_{AB}^{x} + 0{,}150 \cdot \omega_{AB}^{z}; \quad \textbf{(g)} \\ 0{,}00 &= -0{,}050 \cdot \omega_{AB}^{x} - 0{,}150 \cdot \omega_{AB}^{y}. \end{aligned}$$

Na equação (g) temos um sistema de três equações e quatro incógnitas (três componentes do vetor velocidade angular da barra *AB*, e a velocidade do cursor *B*). Este fato indica que o sistema de equações não tem solução única. Entretanto, uma especificidade deste sistema é que o valor de v_B é único, podendo ser determinado independentemente dos valores das outras três incógnitas.

Por simples inspeção, constatamos que multiplicando a primeira equação do sistema (g) por 3, a segunda equação por (–1) e, em seguida, adicionando as três equações, obtemos:

$$3v_B - 0,90 = 0 \Rightarrow \boxed{v_B = 0,30 \text{ m/s}}.$$

Podemos verificar facilmente que alcançamos o mesmo resultado impondo um valor arbitrário a qualquer uma das componentes do vetor velocidade angular da barra AB e resolvendo o sistema resultante de três equações e três incógnitas. Se impusermos, por exemplo, $\omega_{AB}^x = 0$, do sistema de equações (g) obtemos:

$$\omega_{AB}^x = 0 \Rightarrow \omega_{AB}^y = 0,\ \omega_{AB}^z = 6,0 \text{ rad/s},\ \boxed{v_B = 0,30 \text{ m/s}}. \quad \textbf{(h)}$$

Do ponto de vista físico, a indeterminação característica deste problema advém do fato de que, uma vez que a barra AB está conectada por juntas esféricas à barra OA e ao cursor B, ela não está sujeita a restrições cinemáticas suficientes para restringir sua rotação. Constatamos esta situação facilmente observando, na Figura 2.38, que podemos provocar uma rotação qualquer da barra OA em torno de seu eixo sem provocar movimento do bloco B.

No Exemplo 2.13 mostraremos que, substituindo uma das juntas esféricas por outro tipo de junta que introduz uma restrição cinemática suplementar, a indeterminação das componentes do vetor velocidade angular da barra AB deixa de ocorrer.

b) Análise de acelerações

Considerando a manivela OA, determinamos a aceleração do ponto A segundo (ver Equação (2.31.b)):

$$\vec{a}_A = \vec{\alpha}_{OA} \times \vec{r}_{A/O} + \vec{\omega}_{OA} \times \left(\vec{\omega}_{OA} \times \vec{r}_{A/O}\right), \quad \textbf{(i)}$$

com:

- $\vec{\alpha}_{OA} = \vec{0}$, uma vez que a barra OA gira com velocidade angular constante;
- $\vec{\omega}_{OA} = -18,00\vec{i}$ [rad/s];
- $\vec{r}_{A/O} = \overrightarrow{OA} = -0,050\vec{k}$ [m].

Efetuando as operações indicadas na equação (i), obtemos:

$$\vec{a}_A = 16,20\vec{k} \ \left[\text{m/s}^2\right]. \quad \textbf{(j)}$$

Como o movimento do cursor B ocorre ao longo da guia horizontal, expressamos sua aceleração sob a forma:

$$\vec{a}_B = a_B\vec{i}. \quad \textbf{(k)}$$

Para a biela AB, com base na teoria apresentada na Subseção 2.6.2, escrevemos:

$$\vec{a}_B = \vec{a}_A + \vec{\alpha}_{AB} \times \vec{r}_{B/A} + \vec{\omega}_{AB} \times \left(\vec{\omega}_{AB} \times \vec{r}_{B/A}\right), \quad \textbf{(l)}$$

com:

$$\vec{\omega}_{AB} = \omega_{AB}^{x}\,\vec{i} + \omega_{AB}^{y}\,\vec{j} + \omega_{AB}^{z}\,\vec{k}\,, \qquad \textbf{(m)}$$

$$\vec{\alpha}_{AB} = \alpha_{AB}^{x}\,\vec{i} + \alpha_{AB}^{y}\,\vec{j} + \alpha_{AB}^{z}\,\vec{k}\,, \qquad \textbf{(n)}$$

$$\vec{r}_{B/A} = \overrightarrow{AB} = 0{,}150\,\vec{i} - 0{,}050\,\vec{j} + 0{,}050\,\vec{k}\ \ [\text{m}]. \qquad \textbf{(o)}$$

Com base nos resultados obtidos anteriormente, impomos:

$$\vec{\omega}_{AB} = 6{,}00\,\vec{k}\ \ [\text{rad/s}]. \qquad \textbf{(p)}$$

Associando as equações (j) a (p), obtemos:

$$a_B\vec{i} = 16{,}20\vec{k} + \begin{vmatrix} \vec{i} & \vec{j} & \vec{k} \\ \alpha_{AB}^{x} & \alpha_{AB}^{y} & \alpha_{AB}^{z} \\ 0{,}150 & -0{,}050 & 0{,}050 \end{vmatrix} + \left(6{,}00\,\vec{k}\right)\times \begin{vmatrix} \vec{i} & \vec{j} & \vec{k} \\ 0{,}00 & 0{,}00 & 6{,}00 \\ 0{,}150 & -0{,}050 & 0{,}050 \end{vmatrix}.$$

Após efetuar as operações indicadas nesta última equação, obtemos o seguinte conjunto de equações escalares:

$$\begin{aligned} a_B &= 0{,}050\cdot\alpha_{AB}^{y} + 0{,}050\cdot\alpha_{AB}^{z} - 5{,}40; \\ 0{,}00 &= -0{,}050\cdot\alpha_{AB}^{x} + 0{,}150\cdot\alpha_{AB}^{z} + 1{,}80; \qquad \textbf{(q)} \\ 0{,}00 &= -0{,}050\cdot\alpha_{AB}^{x} - 0{,}150\cdot\alpha_{AB}^{y} + 16{,}20. \end{aligned}$$

Multiplicando a primeira equação do sistema (q) por −3, a terceira por −1 e, em seguida, adicionando as três equações, obtemos:

$$3a_B = -1{,}8 \Rightarrow \underline{\underline{a_B = -0{,}60\ \text{m/s}^2}}\,.$$

EXEMPLO 2.13

No sistema mecânico do Exemplo 2.12, a junta esférica em B é substituída pela conexão do tipo garfo, ilustrada na Figura 2.39. Mantendo as demais condições do problema, determinar: **a)** a velocidade do cursor B; **b)** a velocidade angular da barra AB.

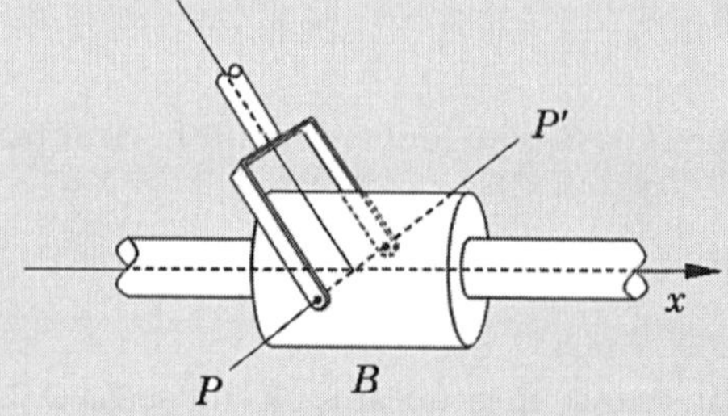

FIGURA 2.39 Conexão do tipo garfo que substitui a junta esférica no Exemplo 2.12.

Resolução

Examinando cuidadosamente as Figuras 2.38 e 2.39 concluímos que o garfo introduzido na conexão entre a barra AB e o cursor B permite rotação da barra AB em torno do eixo x e em torno do eixo PP', definido pelos dois pinos que prendem o garfo ao cursor. Por outro lado, o garfo impede rotação da barra em torno de um eixo simultaneamente perpendicular ao eixo x e ao eixo PP'. Portanto, o vetor velocidade angular da barra AB deve ter projeção nula na direção deste eixo.

Além disso, observamos que o eixo PP' é perpendicular ao plano definido pelo eixo x e pela barra AB. Assim, expressamos a restrição introduzida pelo garfo da seguinte forma:

$$\vec{\omega}_{AB} \cdot \vec{u} = 0, \qquad \textbf{(a)}$$

onde $\vec{u}$ é o vetor unitário na direção do eixo simultaneamente perpendicular ao eixo x e ao eixo PP', com:

$$\vec{u} = \vec{i} \times \vec{u}_{PP'}, \qquad \textbf{(b)}$$

$$\vec{u}_{PP'} = \vec{i} \times \vec{u}_{AB}, \qquad \textbf{(c)}$$

sendo $\vec{i}$, $\vec{u}_{PP'}$ e $\vec{u}_{AB}$ os vetores unitários nas direções do eixo x, PP' e da barra AB, respectivamente.

Com base na Figura 2.39, obtemos:

$$\vec{u}_{AB} = \frac{\overrightarrow{AB}}{\left\|\overrightarrow{AB}\right\|} = \frac{1}{\sqrt{0{,}150^2 + 0{,}050^2 + 0{,}050^2}} \left(0{,}150\,\vec{i} - 0{,}050\,\vec{j} + 0{,}050\,\vec{k}\right),$$

$$\vec{u}_{PP'} = \frac{1}{\sqrt{0{,}150^2 + 0{,}050^2 + 0{,}050^2}} \left(-0{,}050\,\vec{j} - 0{,}050\,\vec{k}\right),$$

$$\vec{u} = \frac{1}{\sqrt{0{,}150^2 + 0{,}050^2 + 0{,}050^2}} \left(0{,}050\,\vec{j} - 0{,}050\,\vec{k}\right).$$

Assim, a equação de restrição, expressa pela equação (a), fica:

$$\left(\omega_{AB}^{x}\,\vec{i} + \omega_{AB}^{y}\,\vec{j} + \omega_{AB}^{z}\,\vec{k}\right) \cdot \left(0{,}050\,\vec{j} - 0{,}050\,\vec{k}\right) = 0 \;\Rightarrow\; \omega_{AB}^{y} = \omega_{AB}^{z}. \qquad \textbf{(d)}$$

As equações (g) do Exemplo 2.12 continuam válidas. Sendo complementadas com a equação (d), temos, então, um sistema de quatro equações e quatro incógnitas, cuja solução é:

$$\omega_{AB}^{x} = -9{,}00 \text{ rad/s}; \quad \omega_{AB}^{y} = 3{,}00 \text{ rad/s}; \quad \omega_{AB}^{z} = 3{,}00 \text{ rad/s}; \quad v_B = 0{,}30 \text{ m/s}.$$

2.7 Análise cinemática de sistemas formados por corpos rígidos conectados entre si empregando sistemas de referência móveis

Muito frequentemente em problemas de Engenharia temos que realizar a análise cinemática de mecanismos formados por vários corpos conectados entre si, descrevendo movimento tridimensional. Nestes casos, convém empregar sistemas de referência móveis, anteriormente utilizados no Capítulo 1 para análise cinemática da partícula, conforme mostraremos nos dois exemplos a seguir.

Embora estes exemplos tratem de um mesmo mecanismo, há uma diferença importante entre eles no tocante à escolha dos ângulos que definem as orientações dos corpos e, em consequência, suas velocidades angulares e acelerações angulares. No Exemplo 2.14 escolheremos ângulos que definem as orientações relativas de um corpo em relação ao outro, ao passo que no Exemplo 2.15 escolheremos ângulos que definem as orientações dos dois corpos em relação a um sistema de referência único, comum a ambos.

EXEMPLO 2.14

Consideremos o mecanismo ilustrado na Figura 2.40, no qual temos uma plataforma que gira em torno do eixo vertical, sobre a qual é montado um mecanismo formado por duas barras, AB e BC. Designaremos estes três corpos pelos números 1, 2 e 3, respectivamente. As conexões constituídas por rótulas permitem que, no instante considerado, as barras possam girar em torno de eixos perpendiculares ao plano da figura.

Designaremos por L_1 e L_2 os comprimentos das barras AB e BC, respectivamente, e utilizaremos os quatro sistemas de referência mostrados: $Ox_0y_0z_0$, fixo, $Ax_1y_1z_1$, preso à plataforma giratória, $Ax_2y_2z_2$, solidário à barra AB, e $Bx_3y_3z_3$, solidário à barra BC. Representaremos todas as grandezas vetoriais em termos de suas componentes nas direções dos eixos do sistema fixo $Ox_0y_0z_0$, aos quais são associados os vetores unitários $\vec{i}, \vec{j}, \vec{k}$ mostrados na figura.

Indicamos também, na Figura 2.40, os ângulos que definem as orientações relativas dos sistemas de referência e, portanto, dos corpos aos quais estão fixados, um em relação ao outro, ou seja: $\theta_{1/0}$ determina a orientação do sistema $Ax_1y_1z_1$ em relação ao sistema $Ox_0y_0z_0$, $\theta_{2/1}$ define a orientação do sistema $Ax_2y_2z_2$ em relação ao sistema $Ax_1y_1z_1$ e $\theta_{3/2}$ define a orientação do sistema $Bx_3y_3z_3$ em relação ao sistema $Ax_2y_2z_2$. De forma correspondente, ficam definidas as velocidades angulares relativas dos sistemas de referência: $\omega_{1/0} = \dot{\theta}_{1/0}$, $\omega_{2/1} = \dot{\theta}_{2/1}$, $\omega_{3/2} = \dot{\theta}_{3/2}$ e suas acelerações angulares relativas $\alpha_{1/0} = \ddot{\theta}_{1/0}$, $\alpha_{2/1} = \ddot{\theta}_{2/1}$, $\alpha_{3/2} = \ddot{\theta}_{3/2}$.

Propomo-nos a obter as expressões para as velocidades e acelerações dos pontos B e C na posição ilustrada do mecanismo, com base na teoria que desenvolvemos neste capítulo.

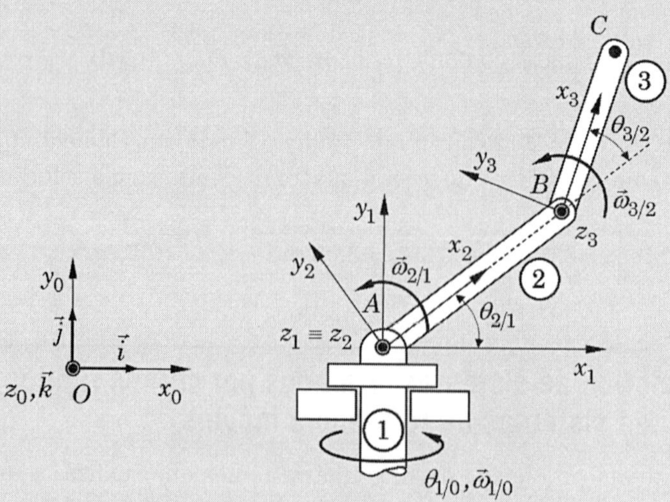

FIGURA 2.40 Mecanismo formado por três corpos rígidos interconectados.

Resolução

Precisamos, primeiramente, determinar a velocidade angular e a aceleração angular absolutas (em relação ao sistema fixo) de cada um dos três corpos ou, de forma equivalente, dos sistemas de referência utilizados.

Para as velocidades angulares, temos:

- Corpo 1: $\vec{\Omega}_1 = \omega_{1/0}\vec{j} = \vec{\omega}_{1/0}$, **(a)**
- Corpo 2: $\vec{\Omega}_2 = \omega_{1/0}\vec{j} + \omega_{2/1}\vec{k} = \vec{\omega}_{1/0} + \vec{\omega}_{2/1}$, **(b)**
- Corpo 3: $\vec{\Omega}_3 = \omega_{1/0}\vec{j} + \omega_{2/1}\vec{k} + \omega_{3/2}\vec{k} = \vec{\omega}_{1/0} + \vec{\omega}_{2/1} + \vec{\omega}_{3/2}$. **(c)**

Quanto às acelerações angulares, é preciso ter cuidado ao reconhecer que os vetores $\vec{\omega}_{2/1}$ e $\vec{\omega}_{3/2}$ são vetores rotativos e, que, portanto, devem ser derivados em relação ao tempo utilizando a fórmula geral expressa pela Equação (1.128). Desta forma, fazemos os seguintes desenvolvimentos:

- Corpo 1: $\dot{\vec{\Omega}}_1 = \frac{d}{dt}\left[\vec{\Omega}_1\right]_{Ox_0y_0z_0} = \alpha_{1/0}\vec{j} = \vec{\alpha}_{1/0}$, **(d)**
- Corpo 2:

$$\dot{\vec{\Omega}}_2 = \frac{d}{dt}\left[\vec{\omega}_{1/0} + \vec{\omega}_{2/1}\right]_{Ox_0y_0z_0} = \frac{d}{dt}\left[\vec{\omega}_{1/0}\right]_{Ox_0y_0z_0} + \frac{d}{dt}\left[\vec{\omega}_{2/1}\right]_{Ox_0y_0z_0} \Rightarrow$$

$$\dot{\vec{\Omega}}_2 = \vec{\alpha}_{1/0} + \frac{d}{dt}\left[\vec{\omega}_{2/1}\right]_{Ax_1y_1z_1} + \vec{\omega}_{1/0} \times \vec{\omega}_{2/1} \Rightarrow$$

$$\dot{\vec{\Omega}}_2 = \alpha_{1/0}\vec{j} + \alpha_{2/1}\vec{k} + \omega_{1/0}\vec{j} \times \omega_{2/1}\vec{k} \Rightarrow$$

$$\dot{\vec{\Omega}}_2 = \omega_{1/0} \cdot \omega_{2/1}\vec{i} + \alpha_{1/0}\vec{j} + \alpha_{2/1}\vec{k}, \qquad \textbf{(e)}$$

- Corpo 3:

$$\dot{\vec{\Omega}}_3 = \frac{d}{dt}\left[\vec{\omega}_{1/0} + \vec{\omega}_{2/1} + \vec{\omega}_{3/2}\right]_{Ox_0y_0z_0} \Rightarrow$$

$$\dot{\vec{\Omega}}_3 = \frac{d}{dt}\left[\vec{\omega}_{1/0}\right]_{Ox_0y_0z_0} + \frac{d}{dt}\left[\vec{\omega}_{2/1}\right]_{Ox_0y_0z_0} + \frac{d}{dt}\left[\vec{\omega}_{3/2}\right]_{Ox_0y_0z_0} \Rightarrow$$

$$\dot{\vec{\Omega}}_3 = \vec{\alpha}_{1/0} + \vec{\alpha}_{2/1} + \vec{\omega}_{1/0} \times \vec{\omega}_{2/1} + \frac{d}{dt}\left[\vec{\omega}_{3/2}\right]_{Bx_2y_2z_2} + \left(\vec{\omega}_{1/0} + \vec{\omega}_{2/1}\right) \times \vec{\omega}_{3/2} \Rightarrow$$

$$\dot{\vec{\Omega}}_3 = \vec{\alpha}_{1/0} + \vec{\alpha}_{2/1} + \vec{\omega}_{1/0} \times \vec{\omega}_{2/1} + \vec{\alpha}_{3/2} + \vec{\omega}_{1/0} \times \vec{\omega}_{3/2} + \vec{\omega}_{2/1} \times \vec{\omega}_{3/2} \Rightarrow$$

$$\dot{\vec{\Omega}}_3 = \alpha_{1/0}\vec{j} + \alpha_{2/1}\vec{k} + \omega_{1/0}\vec{j} \times \omega_{2/1}\vec{k} + \alpha_{3/2}\vec{k} + \omega_{1/0}\vec{j} \times \omega_{3/2}\vec{k} + \omega_{2/1}\vec{k} \times \omega_{3/2}\vec{k} \Rightarrow$$

$$\dot{\vec{\Omega}}_3 = \left(\omega_{1/0} \cdot \omega_{2/1} + \omega_{1/0} \cdot \omega_{3/2}\right)\vec{i} + \alpha_{1/0}\vec{j} + \left(\alpha_{2/1} + \alpha_{3/2}\right)\vec{k}. \qquad \textbf{(f)}$$

Para o cálculo da velocidade do ponto B, considerando o sistema de referência $Ax_2y_2z_2$, solidário ao corpo 2, que está em movimento geral, e adaptando a Equação (2.29.b), escrevemos:

$$\vec{v}_B\big|_{Ox_0y_0z_0} = \vec{v}_A\big|_{Ox_0y_0z_0} + \vec{\Omega}_2 \times \vec{r}_{B/A}. \qquad \textbf{(g)}$$

Sendo:

$$\vec{v}_A\big|_{Ox_0y_0z_0} = \vec{0},$$

$$\vec{r}_{B/A} = L_1\left(\cos\theta_{2/1}\vec{i} + sen\theta_{2/1}\vec{j} + 0\vec{k}\right), \qquad \textbf{(h)}$$

e levando em conta que $\vec{\Omega}_2$ é dada pela equação (b), da equação (g) obtemos:

$$\vec{v}_B\big|_{Ox_0y_0z_0} = L_1\left(-\omega_{2/1}\cdot sen\theta_{2/1}\vec{i} + \omega_{2/1}\cdot\cos\theta_{2/1}\vec{j} - \omega_{1/0}\cdot\cos\theta_{2/1}\vec{k}\right). \qquad \textbf{(i)}$$

Para o cálculo da aceleração do ponto B, considerando mais uma vez o sistema de referência $Ax_2y_2z_2$, e adaptando a Equação (2.31.b), escrevemos:

$$\vec{a}_B\big|_{Ox_0y_0z_0} = \vec{a}_A\big|_{Ox_0y_0z_0} + \dot{\vec{\Omega}}_2 \times \vec{r}_{B/A} + \vec{\Omega}_2 \times \left(\vec{\Omega}_2 \times \vec{r}_{B/A}\right), \qquad \textbf{(j)}$$

com:

$$\vec{a}_A\big|_{Ox_0y_0z_0} = \vec{0}.$$

Considerando ainda as equações (b), (e) e (h), efetuando as operações indicadas na equação (j), obtemos:

$$\begin{aligned}\vec{a}_B\big|_{Ox_0y_0z_0} = &-L_1\cdot\left[\left(\omega_{1/0}^2 + \omega_{2/1}^2\right)\cos\theta_{2/1} + \alpha_{2/1}\cdot sen\theta_{2/1}\right]\vec{i} + \\ &L_1\cdot\left(-\omega_{2/1}^2\cdot sen\theta_{2/1} + \alpha_{2/1}\cdot\cos\theta_{2/1}\right)\vec{j} + \\ &L_1\cdot\left(2\omega_{1/0}\cdot\omega_{2/1}\cdot sen\theta_{2/1} - \alpha_{1/0}\cdot\cos\theta_{2/1}\right)\vec{k}.\end{aligned} \qquad \textbf{(k)}$$

Para o cálculo da velocidade do ponto C, considerando o sistema de referência $Bx_3y_3z_3$, solidário ao corpo 3, escrevemos:

$$\vec{v}_C\big|_{Ox_0y_0z_0} = \vec{v}_B\big|_{Ox_0y_0z_0} + \vec{\Omega}_3 \times \vec{r}_{C/B}, \qquad \textbf{(l)}$$

onde $\vec{v}_B\big|_{Ox_0y_0z_0}$ é dada pela equação (i), $\vec{\Omega}_3$ é dada pela equação (c) e

$$\vec{r}_{C/B} = L_2\cdot\left[\cos\left(\theta_{2/1}+\theta_{3/2}\right)\vec{i} + sen\left(\theta_{2/1}+\theta_{3/2}\right)\vec{j} + 0\vec{k}\right]. \qquad \textbf{(m)}$$

Efetuando as operações indicadas na equação (l), obtemos:

$$\vec{v}_C\Big|_{Ox_0y_0z_0} = \left[-L_1 \cdot \omega_{2/1} \cdot sen\theta_{2/1} - L_2 \cdot sen\left(\theta_{2/1} + \theta_{3/2}\right) \cdot \left(\omega_{2/1} + \omega_{3/2}\right)\right]\vec{i} +$$

$$\left[L_1 \cdot \omega_{2/1} \cdot cos\,\theta_{2/1} + L_2 \cdot cos\left(\theta_{2/1} + \theta_{3/2}\right) \cdot \left(\omega_{2/1} + \omega_{3/2}\right)\right]\vec{j} + \qquad \textbf{(n)}$$

$$\left[-L_1 \cdot \omega_{1/0} \cdot cos\,\theta_{2/1} - L_2 \cdot \omega_{1/0} \cdot sen\left(\theta_{2/1} + \theta_{3/2}\right)\right]\vec{k}.$$

Para o cálculo da aceleração do ponto C, considerando novamente o sistema de referência $Bx_3y_3z_3$, escrevemos:

$$\vec{a}_C\Big|_{Ox_0y_0z_0} = \vec{a}_B\Big|_{Ox_0y_0z_0} + \dot{\vec{\Omega}}_3 \times \vec{r}_{C/B} + \vec{\Omega}_3 \times \left(\vec{\Omega}_3 \times \vec{r}_{C/B}\right), \qquad \textbf{(o)}$$

com $\vec{a}_B\Big|_{Ox_0y_0z_0}$ dada pela equação (k), $\vec{\Omega}_3$, pela equação (c), $\dot{\vec{\Omega}}_3$, pela equação (f) e $\vec{r}_{C/B}$, pela equação (m).

Efetuando as operações indicadas na equação (o), obtemos:

$$\vec{a}_C\Big|_{Ox_0y_0z_0} = \Big\{-L_1 \cdot \left(\omega_{1/0}^2 + \omega_{2/1}^2\right) \cdot cos\,\theta_{2/1} - L_1 \cdot \alpha_{2/1} \cdot sen\theta_{2/1} -$$

$$L_2 \cdot \left[\left(\omega_{2/1} + \omega_{3/2}\right)^2 + \omega_{1/0}^2\right] \cdot cos\left(\theta_{2/1} + \theta_{3/2}\right) - L_2 \cdot \left(\alpha_{2/1} + \alpha_{3/2}\right) \cdot sen\left(\theta_{2/1} + \theta_{3/2}\right)\Big\}\vec{i} +$$

$$\Big[-L_1 \cdot \omega_{2/1}^2 \cdot sen\theta_{2/1} + L_1 \cdot \alpha_{2/1} \cdot cos\,\theta_{2/1} - L_2 \cdot \left(\omega_{2/1} + \omega_{3/2}\right)^2 \cdot sen\left(\theta_{2/1} + \theta_{3/2}\right) + \qquad \textbf{(p)}$$

$$L_2 \cdot \left(\alpha_{2/1} + \alpha_{3/2}\right) \cdot cos\left(\theta_{2/1} + \theta_{3/2}\right)\Big]\vec{j} +$$

$$\Big[2 \cdot L_1 \cdot \omega_{1/0} \cdot \omega_{2/1} \cdot sen\theta_{2/1} - L_1 \cdot \alpha_{1/0} \cdot cos\,\theta_{2/1} +$$

$$+2 \cdot L_2 \cdot \omega_{1/0} \cdot \left(\omega_{2/1} + \omega_{3/2}\right) \cdot \left[sen\left(\theta_{2/1} + \theta_{3/2}\right)\right] - L_2 \cdot \alpha_{1/0} \cdot cos\left(\theta_{2/1} + \theta_{3/2}\right)\Big]\vec{k}.$$

É importante observar que, embora as manipulações algébricas sejam fastidiosas, elas são grandemente facilitadas pelo uso de programas computacionais de manipulação simbólica. No programa MATLAB® **exemplo_2_14.m** são mostrados os comandos utilizados para a obtenção das expressões desenvolvidas neste exemplo.

EXEMPLO 2.15

Neste exemplo consideremos o mesmo mecanismo tratado no Exemplo 2.14. Contudo, conforme ilustrado na Figura 2.41, os ângulos que definem as orientações das barras AB e BC são determinados em relação à direção horizontal (eixo x_1). Neste caso, $\theta_{1/0}$ define a orientação do sistema $Ax_1y_1z_1$, em relação ao sistema fixo $Ox_0y_0z_0$, $\theta_{2/1}$ define a orientação do sistema $Ax_2y_2z_2$ em relação ao sistema $Ox_1y_1z_1$ e $\theta_{3/1}$ define a orientação do sistema $Bx_3y_3z_3$ em relação ao sistema $Ox_1y_1z_1$. De maneira correspondente, ficam definidas as velocidades angulares e acelerações dos sistemas de referência: $\vec{\omega}_{1/0}=\dot{\theta}_{1/0}\vec{j}$, $\vec{\omega}_{2/1}=\dot{\theta}_{2/1}\vec{k}$, $\vec{\omega}_{3/1}=\dot{\theta}_{3/1}\vec{k}$, $\vec{\alpha}_{1/0}=\ddot{\theta}_{1/0}\vec{j}$, $\vec{\alpha}_{2/1}=\ddot{\theta}_{2/1}\vec{k}$, $\vec{\alpha}_{3/1}=\ddot{\theta}_{3/1}\vec{k}$. De forma similar ao que fizemos no Exemplo 2.14, propomo-nos a obter as expressões para as velocidades e acelerações dos pontos B e C.

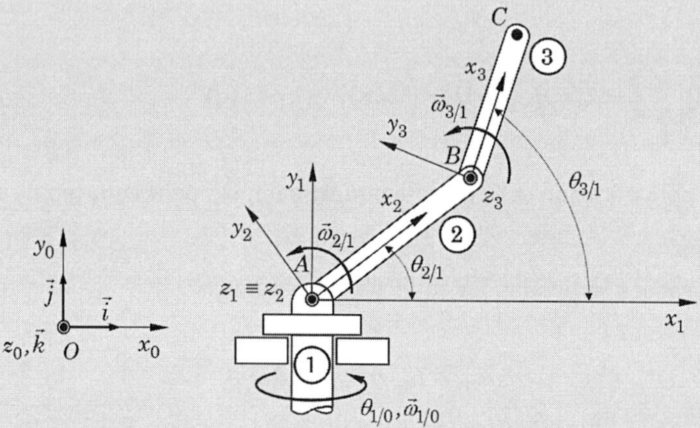

FIGURA 2.41 Mecanismo formado por três corpos rígidos interconectados.

Resolução

As velocidades angulares dos corpos rígidos são:

- Corpo 1: $\vec{\Omega}_1=\vec{\omega}_{1/0}=\omega_{1/0}\vec{j}$, **(a)**
- Corpo 2: $\vec{\Omega}_2=\vec{\omega}_{1/0}+\vec{\omega}_{2/1}=\omega_{1/0}\vec{j}+\omega_{2/1}\vec{k}$, **(b)**
- Corpo 3: $\vec{\Omega}_3=\vec{\omega}_{1/0}+\vec{\omega}_{3/1}=\omega_{1/0}\vec{j}+\omega_{3/1}\vec{k}$, **(c)**

e suas acelerações angulares são:

- Corpo 1: $\dot{\vec{\Omega}}_1=\frac{d}{dt}\left[\dot{\vec{\omega}}_{1/0}\right]_{Ox_0y_0z_0}=\vec{\alpha}_{1/0}=\alpha_{1/0}\vec{j}$, **(d)**
- Corpo 2:

$$\dot{\vec{\Omega}}_2=\frac{d}{dt}\left[\vec{\omega}_{1/0}+\vec{\omega}_{2/1}\right]_{Ox_0y_0z_0}=\frac{d}{dt}\left[\vec{\omega}_{1/0}\right]_{Ox_0y_0z_0}+\frac{d}{dt}\left[\vec{\omega}_{2/1}\right]_{Ox_0y_0z_0}\Rightarrow$$

$$\dot{\vec{\Omega}}_2=\vec{\alpha}_{1/0}+\frac{d}{dt}\left[\vec{\omega}_{2/1}\right]_{Ax_1y_1z_1}+\vec{\omega}_{1/0}\times\vec{\omega}_{2/1}\Rightarrow$$

$$\dot{\vec{\Omega}}_2=\vec{\alpha}_{1/0}+\vec{\alpha}_{2/1}+\vec{\omega}_{1/0}\times\vec{\omega}_{2/1}\Rightarrow$$

$$\dot{\vec{\Omega}}_2=\omega_{1/0}\cdot\omega_{2/1}\vec{i}+\alpha_{1/0}\vec{j}+\alpha_{2/1}\vec{k}, \qquad \textbf{(e)}$$

- Corpo 3:

$$\dot{\vec{\Omega}}_3 = \frac{d}{dt}\left[\vec{\omega}_{1/0} + \vec{\omega}_{3/1}\right]_{Ox_0y_0z_0} \Rightarrow$$

$$\dot{\vec{\Omega}}_3 = \frac{d}{dt}\left[\vec{\omega}_{1/0}\right]_{Ox_0y_0z_0} + \frac{d}{dt}\left[\vec{\omega}_{3/1}\right]_{Ox_0y_0z_0} \Rightarrow$$

$$\dot{\vec{\Omega}}_3 = \vec{\alpha}_{1/0} + \vec{\alpha}_{3/1} + \vec{\omega}_{1/0} \times \vec{\omega}_{3/1} \Rightarrow$$

$$\dot{\vec{\Omega}}_3 = \omega_{1/0} \cdot \omega_{3/1}\vec{i} + \alpha_{1/0}\vec{j} + \alpha_{3/1}\vec{k}. \qquad \textbf{(f)}$$

Para o cálculo da velocidade do ponto B, considerando o sistema de referência $Ax_2y_2z_2$, que está em movimento geral, e adaptando a Equação (2.29.b), escrevemos:

$$\vec{v}_B\big|_{Ox_0y_0z_0} = \vec{v}_A\big|_{Ox_0y_0z_0} + \vec{\Omega}_2 \times \vec{r}_{B/A}. \qquad \textbf{(g)}$$

Sendo:

$$\vec{v}_A\big|_{Ox_0y_0z_0} = \vec{0},$$

$$\vec{r}_{B/A} = L_1\left(\cos\theta_{2/1}\vec{i} + sen\theta_{2/1}\vec{j} + 0\vec{k}\right), \qquad \textbf{(h)}$$

e levando em conta que $\vec{\Omega}_2$ é dada pela equação (b), da equação (g) obtemos:

$$\vec{v}_B\big|_{Ox_0y_0z_0} = L_1\left(-\omega_{2/1} sen\theta_{2/1}\vec{i} + \omega_{2/1}\cos\theta_{2/1}\vec{j} - \omega_{1/0}\cos\theta_{2/1}\vec{k}\right). \qquad \textbf{(i)}$$

Para o cálculo da aceleração do ponto B, considerando mais uma vez o sistema de referência $Ax_2y_2z_2$, e adaptando a Equação (2.31.b), escrevemos:

$$\vec{a}_B\big|_{Ox_0y_0z_0} = \vec{a}_A\big|_{Ox_0y_0z_0} + \dot{\vec{\Omega}}_2 \times \vec{r}_{B/A} + \vec{\Omega}_2 \times \left(\vec{\Omega}_2 \times \vec{r}_{B/A}\right), \qquad \textbf{(j)}$$

com:

$$\vec{a}_A\big|_{Ox_0y_0z_0} = \vec{0}.$$

Levando em consideração ainda as equações (b) e (e), e efetuando as operações indicadas na equação (j), obtemos:

$$\vec{a}_B\big|_{Ox_0y_0z_0} = -L_1 \cdot \left[\left(\omega_{1/0}^2 + \omega_{2/1}^2\right)\cos\theta_{2/1} + \alpha_{2/1} \cdot sen\theta_{2/1}\right]\vec{i} + L_1 \cdot \left(-\omega_{2/1}^2 \cdot sen\theta_{2/1} + \alpha_{2/1} \cdot \cos\theta_{2/1}\right)\vec{j} +$$
$$L_1 \cdot \left(2\omega_{1/0} \cdot \omega_{2/1} \cdot sen\theta_{2/1} - \alpha_{1/0} \cdot \cos\theta_{2/1}\right)\vec{k}. \qquad \textbf{(k)}$$

Para o cálculo da velocidade do ponto C, considerando o sistema de referência $Bx_3y_3z_3$, escrevemos:

$$\vec{v}_C\big|_{Ox_0y_0z_0} = \vec{v}_B\big|_{Ox_0y_0z_0} + \vec{\Omega}_3 \times \vec{r}_{C/B}, \quad \textbf{(l)}$$

onde $\vec{v}_B\big|_{Ox_0y_0z_0}$ é dada pela equação (i), $\vec{\Omega}_3$ pela equação (c) e

$$\vec{r}_{C/B} = L_2 \cdot \left[\cos\theta_{3/1}\vec{i} + sen\theta_{3/1}\vec{j} + 0\vec{k}\right]. \quad \textbf{(m)}$$

Efetuando as operações indicadas na equação (l), obtemos:

$$\vec{v}_C\big|_{Ox_0y_0z_0} = \left[-L_1 \cdot \omega_{2/1} \cdot sen\theta_{2/1} - L_2 \cdot \omega_{3/1}\, sen\theta_{3/1}\right]\vec{i} + \left[L_1 \cdot \omega_{2/1} \cdot \cos\theta_{2/1} + L_2 \cdot \omega_{3/1}\cos\theta_{3/1}\right]\vec{j} +$$
$$\left[-L_1 \cdot \omega_{1/0} \cdot \cos\theta_{2/1} - L_2 \cdot \omega_{1/0} \cdot \cos\theta_{3/1}\right]\vec{k}. \quad \textbf{(n)}$$

Para o cálculo da aceleração do ponto C, considerando o sistema de referência $Bx_3y_3z_3$, escrevemos:

$$\vec{a}_C\big|_{Ox_0y_0z_0} = \vec{a}_B\big|_{Ox_0y_0z_0} + \dot{\vec{\Omega}}_3 \times \vec{r}_{C/B} + \vec{\Omega}_3 \times \left(\vec{\Omega}_3 \times \vec{r}_{C/B}\right), \quad \textbf{(o)}$$

com $\vec{a}_B\big|_{Ox_0y_0z_0}$ dada pela equação (k), $\vec{\Omega}_3$ pela equação (c), $\dot{\vec{\Omega}}_3$ pela equação (f) e $\vec{r}_{C/B}$ pela equação (m).

Efetuando as operações indicadas na equação (o), obtemos:

$$\vec{a}_C\big|_{Ox_0y_0z_0} = \left[-L_1 \cdot \left(\omega_{1/0}^2 + \omega_{2/1}^2\right) \cdot \cos\theta_{2/1} - L_2 \cdot \left(\omega_{1/0}^2 + \omega_{3/1}^2\right) \cdot \cos\theta_{3/1} - L_1 \cdot \alpha_{2/1} \cdot sen\theta_{2/1} - L_2 \cdot \alpha_{3/1} \cdot sen\theta_{3/1}\right]\vec{i} +$$
$$\left[-L_1 \cdot \omega_{2/1}^2 \cdot sen\theta_{2/1} + L_2 \cdot \alpha_{3/1} \cdot \cos\theta_{3/1} - L_1 \cdot \alpha_{2/1} \cdot \cos\theta_{2/1} - L_2 \cdot \omega_{3/1}^2 \cdot sen\theta_{3/1}\right]\vec{j} +$$
$$\left[2 \cdot L_1 \cdot \omega_{1/0} \cdot \omega_{2/1} \cdot sen\theta_{2/1} - L_2 \cdot \alpha_{1/0} \cdot \cos\theta_{3/1} - L_1 \cdot \alpha_{1/0} \cdot \cos\theta_{2/1} + 2 \cdot L_2 \cdot \omega_{1/0} \cdot \omega_{3/1} \cdot sen\theta_{3/1}\right]\vec{k}. \quad \textbf{(p)}$$

No programa MATLAB® **exemplo_2_15.m** são mostrados os comandos utilizados para a obtenção das expressões desenvolvidas neste exemplo.

2.8 Tópico especial: análise cinemática de corpos rígidos em movimento plano utilizando matrizes de rotação

Nesta seção desenvolvemos um método alternativo para análise cinemática de corpos rígidos em movimento plano baseado no uso de matrizes de rotação, de modo similar ao que fizemos para a análise cinemática de partículas, na Seção 1.10.

Retomemos o caso de movimento plano geral de um corpo rígido, do qual consideramos dois pontos A e B, conforme mostrado na Figura 2.42. De forma análoga ao que havíamos feito nas Subseções 2.5.1 e 2.5.3, utilizamos dois sistemas de referência: o sistema fixo OXY e o sistema Axy, que é solidário ao corpo rígido e que tem sua origem no ponto A, escolhido arbitrariamente. Designamos por $\vec{\omega}$ e $\vec{\alpha}$, respectivamente, os vetores velocidade angular e aceleração angular do corpo rígido, ambos com direção perpendicular ao plano do movimento. Observamos que o sistema de referência Axy está animado com esta mesma velocidade angular e aceleração angular.

Atribuímos aos sistemas de referência definidos as duas bases de vetores unitários: $(\vec{I}, \vec{J})$ associada ao sistema fixo OXY, e $(\vec{i}, \vec{j})$ associada ao sistema móvel Axy. O vetor unitário $\vec{K}$ perpendicular ao plano da figura é comum a ambos os sistemas de referência.

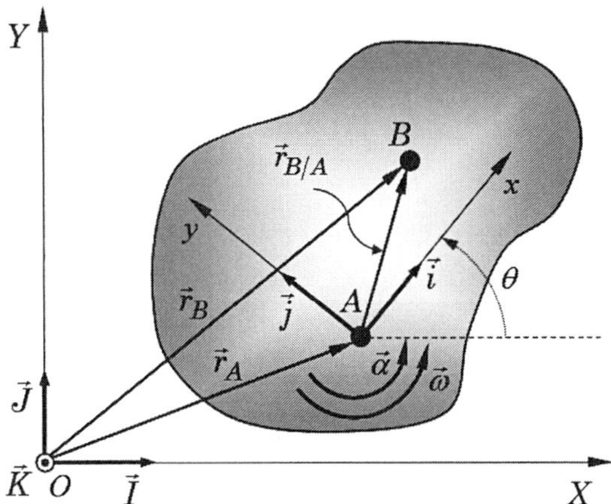

FIGURA 2.42 Representação do movimento plano geral de um corpo rígido e dos sistemas de referência utilizados.

2.8.1 Análise de posição

Do triângulo de vetores mostrado na Figura 2.42, extraímos a relação:

$$\vec{r}_B\big|_{OXY} = \vec{r}_A\big|_{OXY} + \vec{r}_{B/A}\big|_{OXY}, \tag{2.32}$$

admitindo que os três vetores que aparecem na Equação (2.32) sejam expressos em relação às suas componentes no sistema de referência OXY, ou seja:

$$\vec{r}_A\big|_{OXY} = X_A\vec{I} + Y_A\vec{J}, \tag{2.33.a}$$

$$\vec{r}_B\big|_{OXY} = X_B\vec{I} + Y_B\vec{J}, \tag{2.33.b}$$

$$\vec{r}_{B/A}\Big|_{OXY} = X_{B/A}\vec{I} + Y_{B/A}\vec{J}\,. \tag{2.33.c}$$

Entretanto, é mais natural expressar as componentes do vetor $\vec{r}_{B/A}$ relativamente às suas componentes no sistema de referência solidário ao corpo rígido, *Axy*. Assim, torna-se necessário fazermos uma transformação de coordenadas envolvendo os dois sistemas de referência em apreço.

Expressando primeiramente o vetor $\vec{r}_{B/A}$ em função de suas componentes no sistema de referência *Axy*, escrevemos:

$$\vec{r}_{B/A}\Big|_{Axy} = x_{B/A}\vec{i} + y_{B/A}\vec{j}\,. \tag{2.34}$$

Vamos, agora, expressar os vetores unitários $(\vec{i}, \vec{j})$ em função dos vetores unitários $(\vec{I}, \vec{J})$. Com o auxílio da Figura 2.42, escrevemos:

$$\vec{i} = \cos\theta\vec{I} + sen\theta\vec{J}\,, \tag{2.35.a}$$

$$\vec{j} = -sen\theta\vec{I} + \cos\theta\vec{J}\,. \tag{2.35.b}$$

Associando as Equações (2.34) e (2.35), temos agora o vetor $\vec{r}_{B/A}$ expresso em relação às suas componentes no sistema de referência *OXY*:

$$\vec{r}_{B/A}\Big|_{OXY} = \left(x_{B/A}\cos\theta - y_{B/A}sen\theta\right)\vec{I} + \left(x_{B/A}sen\theta + y_{B/A}\cos\theta\right)\vec{J}\,. \tag{2.36}$$

Confrontando as Equações (2.33.c) e (2.36), obtemos:

$$X_{B/A} = x_{B/A}\cos\theta - y_{B/A}sen\theta\,, \tag{2.37.a}$$

$$Y_{B/A} = x_{B/A}sen\theta + y_{B/A}\cos\theta\,. \tag{2.37.b}$$

As duas Equações (2.37) podem ser expressas matricialmente sob a forma:

$$\begin{Bmatrix} X_{B/A} \\ Y_{B/A} \end{Bmatrix} = \begin{bmatrix} \cos\theta & -sen\theta \\ sen\theta & \cos\theta \end{bmatrix} \begin{Bmatrix} x_{B/A} \\ y_{B/A} \end{Bmatrix}, \tag{2.38}$$

de modo que, mantendo a notação matricial-vetorial, escrevemos a seguinte transformação:

$$\{r_{B/A}\}_{OXY} = [T(\theta)]\{r_{B/A}\}_{Axy}, \tag{2.39}$$

onde

$$[T(\theta)] = \begin{bmatrix} \cos\theta & -sen\theta \\ sen\theta & \cos\theta \end{bmatrix}, \tag{2.40}$$

já definida na Equação (1.163), é a matriz de rotação.

Retomando a Equação (2.32), reescrita em notação matricial-vetorial, escrevemos:

$$\{r_B\}_{OXY} = \{r_A\}_{OXY} + [T(\theta)]\{r_{B/A}\}_{Axy}. \tag{2.41}$$

2.8.2 Análise de velocidade

Para a análise de velocidade no movimento plano geral do corpo rígido, derivamos a Equação (2.41) em relação ao tempo, obtendo:

$$\{\dot{r}_B\}_{OXY} = \{\dot{r}_A\}_{OXY} + [\dot{T}(\theta)]\{r_{B/A}\}_{Axy} + [T(\theta)]\{\dot{r}_{B/A}\}_{Axy}. \quad (2.42)$$

Relembrando que $\{\dot{r}_A\}_{OXY} = \{v_A\}_{OXY}$, $\{\dot{r}_B\}_{OXY} = \{v_B\}_{OXY}$ e que estando expresso em relação ao sistema de referência Axy, solidário a corpo rígido, o vetor $\{r_{B/A}\}_{Axy}$ não varia com o tempo, temos $\{\dot{r}_{B/A}\}_{Axy} = \{0\}$ e a Equação (2.42) fica:

$$\{v_B\}_{OXY} = \{v_A\}_{OXY} + [\dot{T}(\theta)]\{r_{B/A}\}_{Axy}. \quad (2.43)$$

De acordo com a Equação (1.168),

$$[\dot{T}(\theta)] = \omega[T'(\theta)], \quad (2.44)$$

onde

$$[T'(\theta)] = \begin{bmatrix} -sen\theta & -cos\theta \\ cos\theta & -sen\theta \end{bmatrix}. \quad (2.45)$$

Associando as Equações (2.43) e (2.45), chegamos a:

$$\{v_B\}_{OXY} = \{v_A\}_{OXY} + \omega[T'(\theta)]\{r_{B/A}\}_{Axy}. \quad (2.46)$$

2.8.3 Análise de aceleração

Para a análise de aceleração no movimento plano geral do corpo rígido, derivamos a Equação (2.46) em relação ao tempo, obtendo:

$$\{\dot{v}_B\}_{OXY} = \{\dot{v}_A\}_{OXY} + \ddot{\theta}[T'(\theta)]\{r_{B/A}\}_{Axy} + \theta[\dot{T}'(\theta)]\{r_{B/A}\}_{Axy} + \\ +\dot{\theta}[T'(\theta)]\{\dot{r}_{B/A}\}_{Axy}. \quad (2.47)$$

Levando em conta que $\{\dot{v}_A\}_{OXY} = \{a_A\}_{OXY}$, $\{\dot{v}_B\}_{OXY} = \{a_B\}_{OXY}$, $\{\dot{r}_{B/A}\}_{Axy} = \{0\}$, $\ddot{\theta} = \alpha$ e considerando também as Equações (1.172.f) e (2.44), a Equação (2.47) fica:

$$\{a_B\}_{OXY} = \{a_A\}_{OXY} + \alpha[T'(\theta)]\{r_{B/A}\}_{Axy} - \omega^2[T(\theta)]\{r_{B/A}\}_{Axy}. \quad (2.48)$$

É importante observar que, embora a abordagem baseada nas matrizes de rotação seja mais abstrata, existe uma total equivalência entre as Equações (2.43) e (2.48), que representam as velocidades e acelerações, respectivamente, e as Equações (2.13) e (2.27), obtidas anteriormente.

EXEMPLO 2.16

Neste exemplo consideramos o mecanismo mostrado na Figura 2.43, formado por duas barras AB e BC, de comprimentos L_{AB} e L_{BC}, respectivamente. As conexões constituídas por rótulas permitem que, no instante considerado, as barras possam girar em torno de eixos perpendiculares ao plano da figura. Utilizaremos os três sistemas de referência mostrados: o sistema de referência fixo, $Ax_1y_1z_1$, o sistema $Ax_2y_2z_2$, solidário à barra AB, e o sistema $Bx_3y_3z_3$, solidário à barra BC. Os ângulos que definem as orientações das barras AB e BC são definidos em relação à direção horizontal (eixo x_1). Neste caso, $\theta_{2/1}$ define a orientação do sistema $Ax_2y_2z_2$ em relação ao sistema $Ax_1y_1z_1$ e $\theta_{3/1}$ define a orientação do sistema $Bx_3y_3z_3$ em relação ao sistema $Ax_1y_1z_1$. De modo correspondente ficam definidas as velocidades angulares e acelerações angulares dos sistemas de referência: $\vec{\omega}_{1/0}=\dot{\theta}_{1/0}\vec{j}$, $\vec{\omega}_{2/1}=\dot{\theta}_{2/1}\vec{k}$, $\vec{\omega}_{3/1}=\dot{\theta}_{3/1}\vec{k}$, $\vec{\alpha}_{1/0}=\ddot{\theta}_{1/0}\vec{j}$, $\vec{\alpha}_{2/1}=\ddot{\theta}_{2/1}\vec{k}$, $\vec{\alpha}_{3/1}=\ddot{\theta}_{3/1}\vec{k}$.

Observamos que, como os sistemas de referência móveis são solidários aos corpos rígidos, suas orientações, velocidades e acelerações angulares são confundidas com as correspondentes dos corpos aos quais são solidários. Propomo-nos a obter as expressões para as posições, velocidades e acelerações dos pontos B e C.

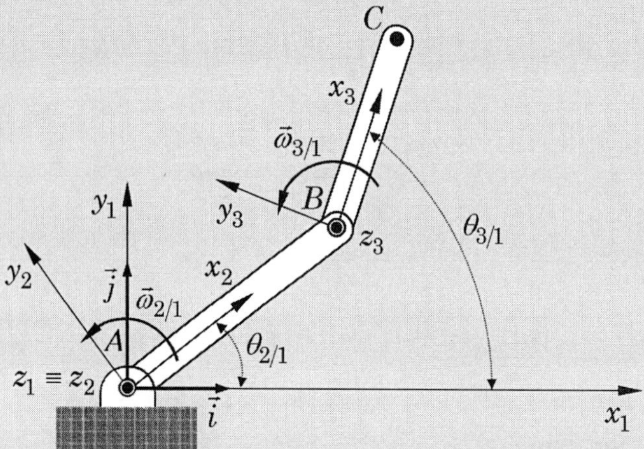

FIGURA 2.43 Ilustração de um sistema formado por três corpos rígidos interconectados.

Resolução

Análise de posição

Para a determinação da posição do ponto B, considerando a barra AB, temos:

$$\left[T\left(\theta_{2/1}\right)\right]=\begin{bmatrix}\cos\theta_{2/1} & -sen\theta_{2/1}\\ sen\theta_{2/1} & \cos\theta_{2/1}\end{bmatrix}, \qquad \textbf{(a)}$$

$$\left\{r_{B/A}\right\}_{Ax_2y_2}=L_{AB}\begin{Bmatrix}1\\0\end{Bmatrix}. \qquad \textbf{(b)}$$

Adaptando a Equação (2.41), escrevemos:

$$\{r_B\}_{Ax_1y_1} = \{r_A\}_{Ax_1y_1} + \left[T\left(\theta_{2/1}\right)\right]\{r_{B/A}\}_{Ax_2y_2}. \qquad \textbf{(c)}$$

Sendo $\{r_A\}_{Ax_1y_1} = \begin{bmatrix} 0 & 0 \end{bmatrix}^T$, a equação (c) fica:

$$\{r_B\}_{Ax_1y_1} = \begin{Bmatrix} 0 \\ 0 \end{Bmatrix} + \begin{bmatrix} \cos\theta_{2/1} & -sen\theta_{2/1} \\ sen\theta_{2/1} & \cos\theta_{2/1} \end{bmatrix} \begin{Bmatrix} L_{AB} \\ 0 \end{Bmatrix}. \qquad \textbf{(d)}$$

Efetuando as operações indicadas na equação (d), obtemos:

$$\{r_B\}_{Ax_1y_1} = \begin{Bmatrix} L_{AB}\cdot\cos\theta_{2/1} \\ L_{AB}\cdot sen\theta_{2/1} \end{Bmatrix}. \qquad \textbf{(e)}$$

Para determinação da posição do ponto C, considerando a barra BC, temos:

$$\left[T\left(\theta_{3/1}\right)\right] = \begin{bmatrix} \cos\theta_{3/1} & -sen\theta_{3/1} \\ sen\theta_{3/1} & \cos\theta_{3/1} \end{bmatrix}, \qquad \textbf{(f)}$$

$$\{r_{C/B}\}_{Bx_3y_3} = L_{BC}\begin{Bmatrix} 1 \\ 0 \end{Bmatrix}. \qquad \textbf{(g)}$$

Adaptando a Equação (2.41), escrevemos:

$$\{r_C\}_{Ax_1y_1} = \{r_B\}_{Ax_1y_1} + \left[T\left(\theta_{3/1}\right)\right]\{r_{C/B}\}_{Bx_3y_3}, \qquad \textbf{(h)}$$

com $\{r_B\}_{Ax_1y_1}$, dado pela equação (e).

Assim, a equação (h) fica:

$$\{r_C\}_{Ax_1y_1} = \begin{Bmatrix} L_{AB}\cdot\cos\theta_{2/1} \\ L_{AB}\cdot sen\theta_{2/1} \end{Bmatrix} + \begin{bmatrix} \cos\theta_{3/1} & -sen\theta_{3/1} \\ sen\theta_{3/1} & \cos\theta_{3/1} \end{bmatrix} \begin{Bmatrix} L_{BC} \\ 0 \end{Bmatrix}, \qquad \textbf{(i)}$$

Efetuando as operações indicadas na equação (i), obtemos:

$$\{r_C\}_{Ax_1y_1} = \begin{Bmatrix} L_{AB}\cdot\cos\theta_{2/1} + L_{BC}\cdot\cos\theta_{3/1} \\ L_{AB}\cdot sen\theta_{2/1} + L_{BC}\cdot sen\theta_{3/1} \end{Bmatrix}. \qquad \textbf{(j)}$$

Análise de velocidade

Para a determinação da velocidade do ponto B, adaptando a Equação (2.46), escrevemos:

$$\{v_B\}_{Ax_1y_1} = \{v_A\}_{Ax_1y_1} + \omega_{2/1}\left[T'\left(\theta_{2/1}\right)\right]\{r_{B/A}\}_{Ax_2y_2}, \quad \textbf{(k)}$$

com $\{v_A\}_{Ax_1y_1} = \begin{bmatrix}0 & 0\end{bmatrix}^T$ e

$$\left[T'\left(\theta_{2/1}\right)\right] = \begin{bmatrix} -sen\theta_{2/1} & -\cos\theta_{2/1} \\ \cos\theta_{2/1} & -sen\theta_{2/1} \end{bmatrix}. \quad \textbf{(l)}$$

Assim, a equação (k) fica:

$$\{v_B\}_{Ax_1y_1} = \begin{Bmatrix}0\\0\end{Bmatrix} + \omega_{2/1}\begin{bmatrix} -sen\theta_{2/1} & -\cos\theta_{2/1} \\ \cos\theta_{2/1} & -sen\theta_{2/1} \end{bmatrix}\begin{Bmatrix}L_{AB}\\0\end{Bmatrix},$$

ou:

$$\{v_B\}_{Ax_1y_1} = \begin{Bmatrix} -L_{AB}\cdot\omega_{2/1}\cdot sen\theta_{2/1} \\ L_{AB}\cdot\omega_{2/1}\cdot\cos\theta_{2/1} \end{Bmatrix}. \quad \textbf{(m)}$$

Para determinação da velocidade do ponto C, adaptando a Equação (2.46), escrevemos:

$$\{v_C\}_{Ax_1y_1} = \{v_B\}_{Ax_1y_1} + \omega_{3/1}\left[T'\left(\theta_{3/1}\right)\right]\{r_{C/B}\}_{Bx_3y_3}, \quad \textbf{(n)}$$

com $\{v_B\}_{Ax_1y_1}$ dado pela equação (m) e

$$\left[T'\left(\theta_{3/1}\right)\right] = \begin{bmatrix} -sen\theta_{3/1} & -\cos\theta_{3/1} \\ \cos\theta_{3/1} & -sen\theta_{3/1} \end{bmatrix}. \quad \textbf{(o)}$$

Assim, a equação (n) fica:

$$\{v_C\}_{Ax_1y_1} = L_{AB}\cdot\omega_{2/1}\cdot\begin{Bmatrix} -sen\theta_{2/1} \\ \cos\theta_{2/1} \end{Bmatrix} + \omega_{3/1}\cdot\begin{bmatrix} -sen\theta_{3/1} & -\cos\theta_{3/1} \\ \cos\theta_{3/1} & -sen\theta_{3/1} \end{bmatrix}\begin{Bmatrix}L_{BC}\\0\end{Bmatrix},$$

ou:

$$\{v_C\}_{Ax_1y_1} = \begin{Bmatrix} -L_{AB}\cdot\omega_{2/1}\cdot sen\theta_{2/1} - L_{BC}\cdot\omega_{3/1}\cdot sen\theta_{3/1} \\ L_{AB}\cdot\omega_{2/1}\cdot\cos\theta_{2/1} + L_{BC}\cdot\omega_{3/1}\cdot\cos\theta_{3/1} \end{Bmatrix}. \quad \textbf{(p)}$$

Análise de aceleração

Para a determinação da aceleração do ponto B, adaptando a Equação (2.48), escrevemos:

$$\{a_B\}_{Ax_1y_1} = \{a_A\}_{Ax_1y_1} + \left(\alpha_{2/1}\left[T'\left(\theta_{2/1}\right)\right] - \omega_{2/1}^2\left[T\left(\theta_{2/1}\right)\right]\right)\{r_{B/A}\}_{Ax_2y_2}, \quad \textbf{(q)}$$

com $\{a_A\}_{Ax_1y_1} = \begin{bmatrix} 0 & 0 \end{bmatrix}^T$.

Assim, a equação (q) fica:

$$\{a_B\}_{Ax_1y_1} = \begin{Bmatrix} 0 \\ 0 \end{Bmatrix} + \left(\alpha_{2/1}\begin{bmatrix} -sen\theta_{2/1} & -\cos\theta_{2/1} \\ \cos\theta_{2/1} & -sen\theta_{2/1} \end{bmatrix} - \omega_{2/1}^2\begin{bmatrix} \cos\theta_{2/1} & -sen\theta_{2/1} \\ sen\theta_{2/1} & \cos\theta_{2/1} \end{bmatrix}\right)\begin{Bmatrix} L_{AB} \\ 0 \end{Bmatrix},$$

ou:

$$\{a_B\}_{Ax_1y_1} = \begin{Bmatrix} -L_{AB}\cdot\omega_{2/1}^2\cdot\cos\theta_{2/1} - L_{AB}\cdot\alpha_{2/1}\cdot sen\theta_{2/1} \\ -L_{AB}\cdot\omega_{2/1}^2\cdot sen\theta_{2/1} + L_{AB}\cdot\alpha_{2/1}\cdot\cos\theta_{2/1} \end{Bmatrix}. \quad \textbf{(r)}$$

Para a determinação da aceleração do ponto C, adaptando a Equação (2.48), temos:

$$\{a_C\}_{Ax_1y_1} = \{a_B\}_{Ax_1y_1} + \left(\alpha_{3/1}\left[T'\left(\theta_{3/1}\right)\right] - \omega_{3/1}^2\left[T\left(\theta_{3/1}\right)\right]\right)\{r_{C/B}\}_{Ax_3y_3}, \quad \textbf{(s)}$$

com $\{a_B\}_{Ax_1y_1}$ dado pela equação (r).

Assim, a equação (s) fica:

$$\{a_C\}_{Ax_1y_1} = L_{AB}\cdot\begin{Bmatrix} -\omega_{2/1}^2\cdot\cos\theta_{2/1} - \alpha_{2/1}\cdot sen\theta_{2/1} \\ -\omega_{2/1}^2\cdot sen\theta_{2/1} + \alpha_{2/1}\cdot\cos\theta_{2/1} \end{Bmatrix} +$$

$$\left(\alpha_{3/1}\begin{bmatrix} -sen\theta_{3/1} & -\cos\theta_{3/1} \\ \cos\theta_{3/1} & -sen\theta_{3/1} \end{bmatrix} - \omega_{3/1}^2\begin{bmatrix} \cos\theta_{3/1} & -sen\theta_{3/1} \\ sen\theta_{3/1} & \cos\theta_{3/1} \end{bmatrix}\right)\begin{Bmatrix} L_{BC} \\ 0 \end{Bmatrix}. \quad \textbf{(t)}$$

Efetuando as operações indicadas na equação (t), obtemos:

$$\{a_C\}_{Ax_1y_1} = \begin{Bmatrix} L_{AB}\cdot\left(-\omega_{2/1}^2\cdot\cos\theta_{2/1} - \alpha_{2/1}\cdot sen\theta_{2/1}\right) + L_{BC}\cdot\left(-\omega_{3/1}^2\cdot\cos\theta_{3/1} - \alpha_{3/1}\cdot sen\theta_{3/1}\right) \\ L_{AB}\cdot\left(-\omega_{2/1}^2\cdot sen\theta_{2/1} + \alpha_{2/1}\cdot\cos\theta_{2/1}\right) + L_{BC}\cdot\left(-\omega_{3/1}^2\cdot sen\theta_{3/1} + \alpha_{3/1}\cdot\cos\theta_{3/1}\right) \end{Bmatrix}. \quad \textbf{(u)}$$

EXEMPLO 2.17

Considerando, novamente, o mecanismo estudado no Exemplo 2.16, no instante inicial as duas barras AB e BC, de 0,5 e 0,2 m de comprimento, respectivamente, estão alinhadas na posição horizontal, e passam a se movimentar com velocidades angulares absolutas (tomadas em relação ao sistema de referência fixo Ax_1y_1) constantes $\omega_{2/1}$ = 2,0 rad/s e $\omega_{3/1}$ = 6,0 rad/s, ambas no sentido anti-horário. A partir das equações desenvolvidas no Exemplo 2.16, pede-se traçar as curvas representando: **a)** as trajetórias dos pontos B e C; **b)** as variações das componentes horizontal e vertical das velocidades dos pontos B e C, no intervalo [0; 4s]; **c)** as variações das componentes horizontal e vertical das acelerações dos pontos B e C, no intervalo [0; 4s].

Resolução

Sendo dadas as velocidades angulares constantes das barras AB e BC, temos:

$$\theta_{2/1}(t) = 2{,}0\,t \quad [\text{s}; \text{rad}], \qquad \theta_{3/1}(t) = 6{,}0\,t \quad [\text{s}; \text{rad}],$$

$$\omega_{2/1}(t) = 2{,}0 \text{ rad/s}, \qquad \omega_{3/1}(t) = 6{,}0 \text{ rad/s},$$

$$\alpha_{2/1}(t) = 0{,}0 \text{ rad/s}^2, \qquad \alpha_{3/1}(t) = 0{,}0 \text{ rad/s}^2.$$

Assim, adaptando as equações (e), (m) e (r), obtidas na resolução do Exemplo 2.16, para o movimento do ponto B, obtemos as seguintes expressões:

$$\{r_B\}_{Ax_1y_1} = \begin{Bmatrix} 0{,}5 \cdot cos(2{,}0\,t) \\ 0{,}5 \cdot sen(2{,}0\,t) \end{Bmatrix}, \qquad \textbf{(a)}$$

$$\{v_B\}_{Ax_1y_1} = \begin{Bmatrix} -0{,}5 \cdot 2{,}0 \cdot sen(2{,}0\,t) \\ 0{,}5 \cdot 2{,}0 \cdot cos(2{,}0\,t) \end{Bmatrix}, \qquad \textbf{(b)}$$

$$\{a_B\}_{Ax_1y_1} = \begin{Bmatrix} -0{,}5 \cdot 2{,}0^2 \cdot cos(2{,}0\,t) \\ -0{,}5 \cdot 2{,}0^2 \cdot sen(2{,}0\,t) \end{Bmatrix}. \qquad \textbf{(c)}$$

De forma semelhante, adaptando as equações (j), (p) e (u), para o movimento do ponto C, obtemos as seguintes expressões:

$$\{r_C\}_{Ax_1y_1} = \begin{Bmatrix} 0{,}5 \cdot cos(2{,}0\,t) + 0{,}2 \cdot cos(6{,}0\,t) \\ 0{,}5 \cdot sen(2{,}0\,t) + 0{,}2 \cdot sen(6{,}0\,t) \end{Bmatrix}, \qquad \textbf{(d)}$$

$$\{v_C\}_{Ax_1y_1} = \begin{Bmatrix} -0{,}5 \cdot 2{,}0 \cdot sen(2{,}0\,t) - 0{,}2 \cdot 6{,}0 \cdot sen(6{,}0\,t) \\ 0{,}5 \cdot 2{,}0 \cdot cos(2{,}0\,t) + 0{,}2 \cdot 6{,}0 \cdot cos(6{,}0\,t) \end{Bmatrix}, \qquad \textbf{(e)}$$

$$\{a_C\}_{Ax_1y_1} = \begin{Bmatrix} -0{,}5 \cdot 2{,}0^2 \cdot cos(2{,}0\,t) - 0{,}2 \cdot 6{,}0^2 \cdot cos(6{,}0\,t) \\ -0{,}5 \cdot 2{,}0^2 \cdot sen(2{,}0\,t) - 0{,}2 \cdot 6{,}0^2 \cdot sen(6{,}0\,t) \end{Bmatrix}. \qquad \textbf{(f)}$$

As Figuras 2.44 a 2.48 mostram as curvas representando os valores das componentes dos vetores posição, velocidade e aceleração dos pontos B e C, calculados a partir das equações (a) a (f). O programa MATLAB® **exemplo_2_17.m** traz a sequência de comandos utilizados para gerar os resultados apresentados.

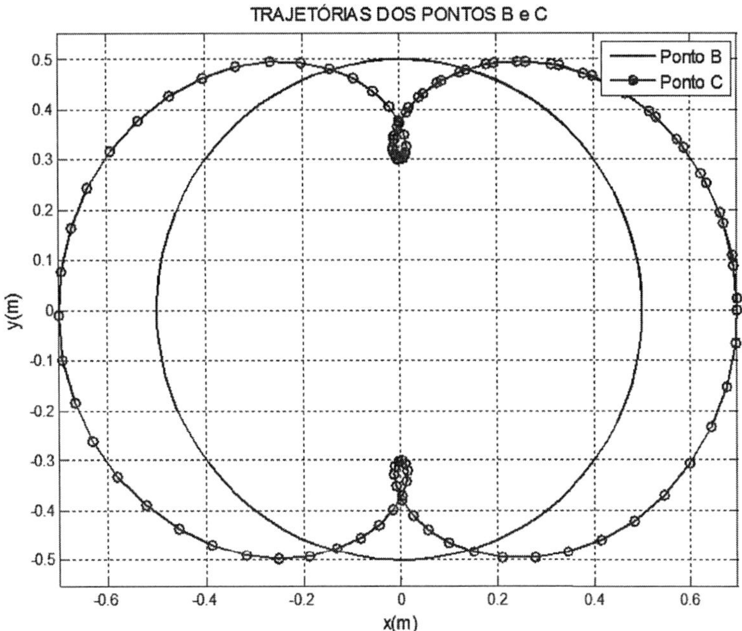

FIGURA 2.44 Curvas representando as trajetórias dos pontos B e C.

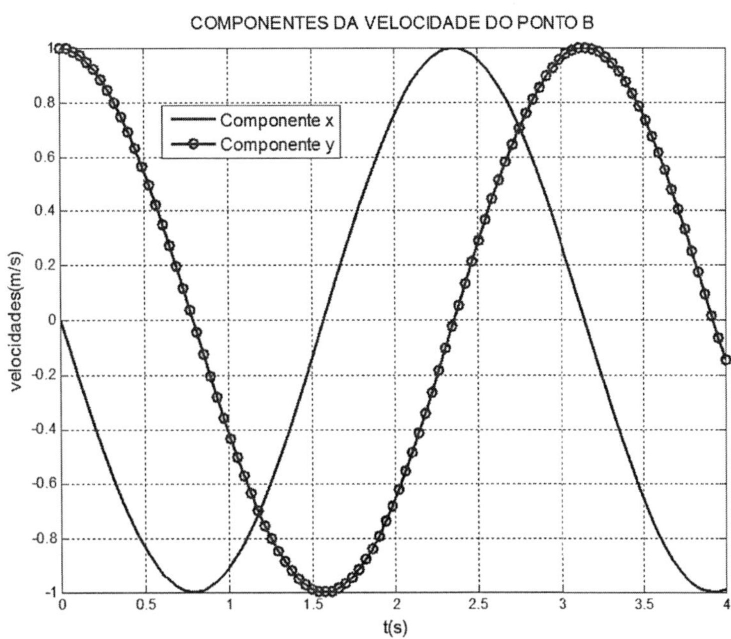

FIGURA 2.45 Curvas representando as componentes da velocidade do ponto B.

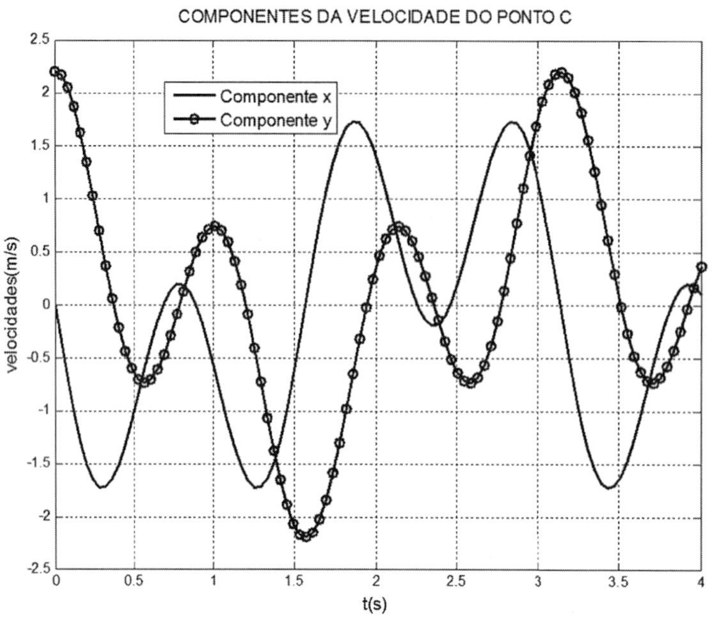

FIGURA 2.46 Curvas representando as componentes da velocidade do ponto *C*.

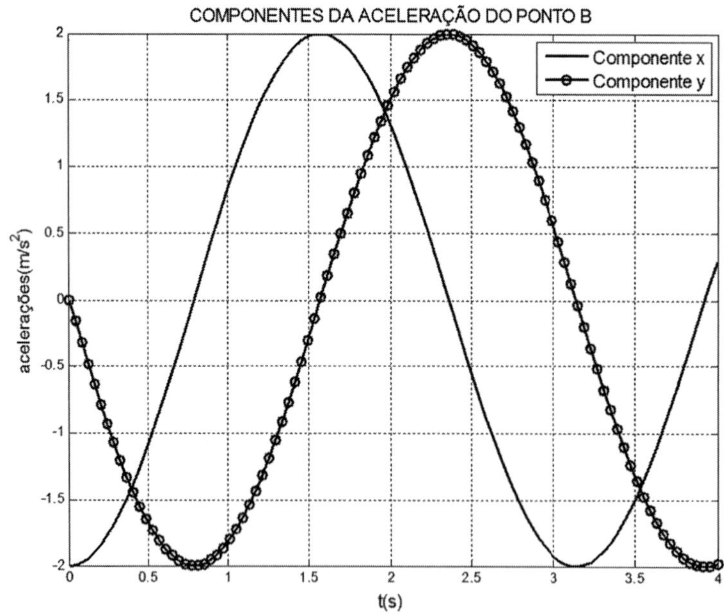

FIGURA 2.47 Curvas representando as componentes da aceleração do ponto *B*.

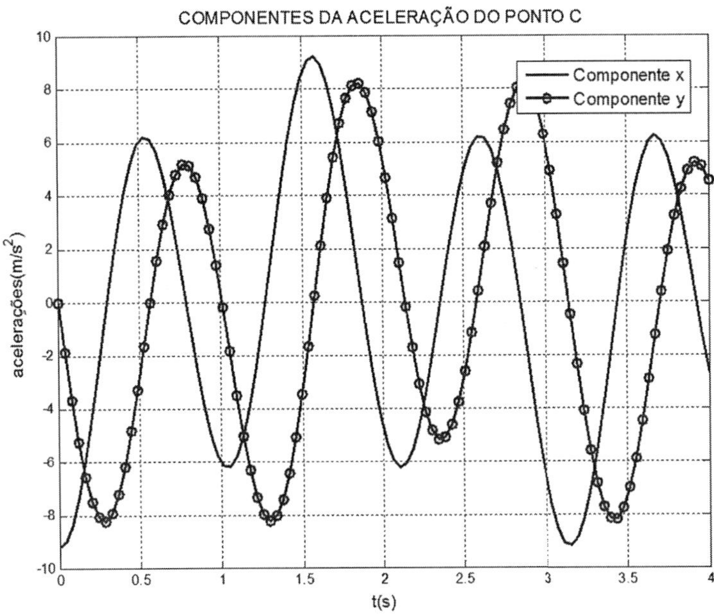

FIGURA 2.48 Curvas representando as componentes da aceleração do ponto *C*.

2.9 Exercícios propostos

Exercício 2.1: A barra dobrada formando um ângulo reto, mostrada na Figura 2.49, gira em torno de um eixo perpendicular ao plano da figura, passando pelo eixo do mancal *C*. No instante considerado, a velocidade angular e a aceleração angular da barra são, respectivamente, $\omega = 2{,}0$ rad/s e $\alpha = 4{,}0$ rad/s^2, com os sentidos indicados. Para este instante, determinar: **a)** as velocidades dos pontos *A* e *B*; **b)** as acelerações dos pontos *A* e *B*.

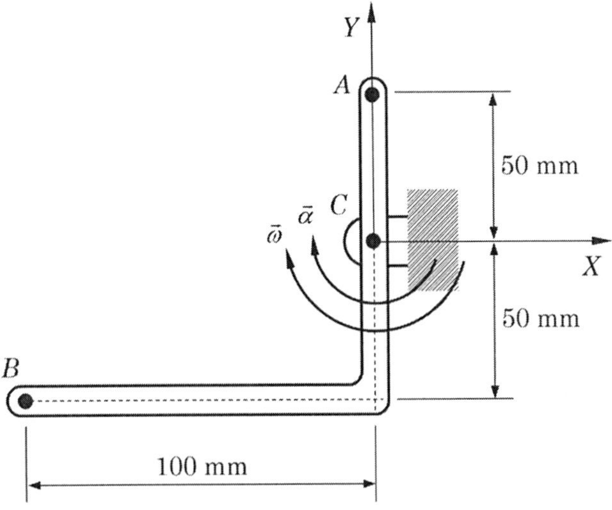

FIGURA 2.49 Ilustração dos Exercícios 2.1 e 2.2.

Exercício 2.2: Considere-se novamente a barra do Exercício 2.1 e o sistema de referência fixo com origem no ponto C, mostrado na Figura 2.49. Admitindo que a barra comece a girar a partir do repouso na posição ilustrada, com aceleração angular constante $\alpha = 2{,}0$ rad/s^2, pedem-se: **a)** as expressões para as componentes cartesianas do vetor posição do ponto B em função do tempo; **b)** as expressões para as componentes cartesianas do vetor velocidade do ponto B em função do tempo; **c)** as expressões para as componentes cartesianas do vetor aceleração do ponto B em função do tempo; **d)** os gráficos das curvas mostrando as variações das componentes dos vetores posição, velocidade e aceleração do ponto B no intervalo de tempo correspondente às três primeiras rotações completas da barra.

Exercício 2.3: A Figura 2.50 mostra um sistema de transmissão formado por uma polia dupla e duas correias. A polia interna é acionada pela correia da direita, de sorte que, no instante considerado, o ponto A tem velocidade e aceleração $v_A = 10{,}0$ m/s e $a_A = 50{,}0$ m/s^2, respectivamente. Determinar: **a)** a velocidade e a aceleração do ponto B da correia da esquerda; **b)** a velocidade angular e a aceleração angular da polia; **c)** a velocidade e a aceleração do ponto P da polia.

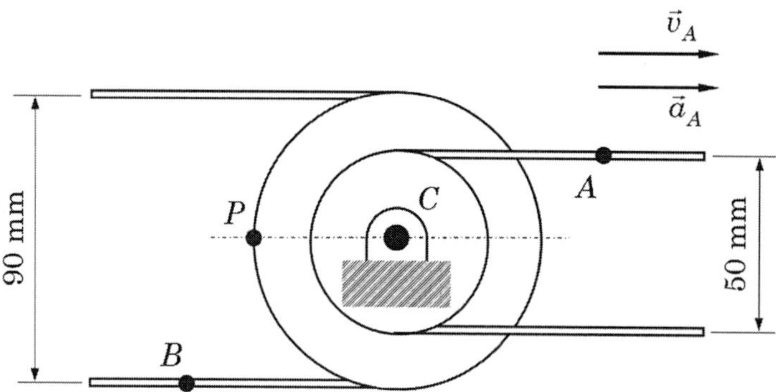

FIGURA 2.50 Ilustração do Exercício 2.3.

Exercício 2.4: A Figura 2.51 mostra um mecanismo conhecido como *Scotch yoke*, que é utilizado para converter o movimento rotacional do disco D no movimento translacional da haste ranhurada H, por meio de um pino P, solidário ao disco, e que pode deslizar ao longo da ranhura. Sendo $\vec{\omega}$ e $\vec{\alpha}$, respectivamente, a velocidade angular e a aceleração angular do disco, obter as expressões para a posição, velocidade e aceleração do ponto B, em função dos parâmetros geométricos mostrados.

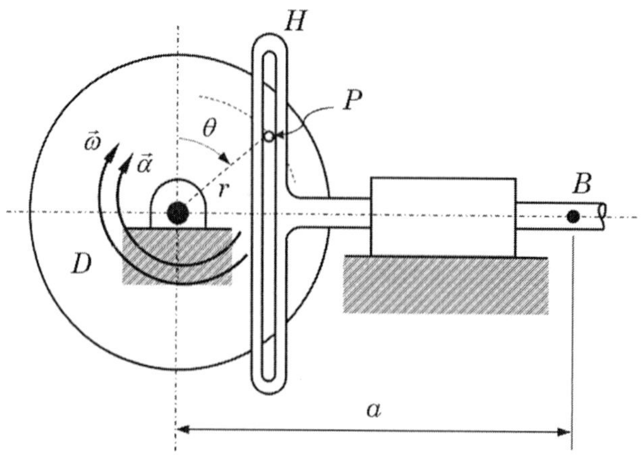

FIGURA 2.51 Ilustração dos Exercícios 2.4 e 2.5.

Exercício 2.5: Considerando o mecanismo tratado no Exercício 2.4, admitindo $r = 20{,}0$ cm e que o disco gire com velocidade angular constante $\omega = 4{,}0$ rad/s, no sentido horário, traçar as curvas representando as variações da posição, da velocidade e da aceleração do ponto B para duas voltas completas do disco, a partir da posição em que o pino P se encontra sobre o eixo vertical que passa pelo centro do disco.

Exercício 2.6: A barra OAB mostrada na Figura 2.52 gira em torno do eixo vertical no sentido indicado, com velocidade angular $\omega = 5{,}0$ rad/s, a qual está aumentando à razão de 20 rad/s^2. Para a posição ilustrada, determinar: **a)** a velocidade do ponto B; **b)** a aceleração do ponto B.

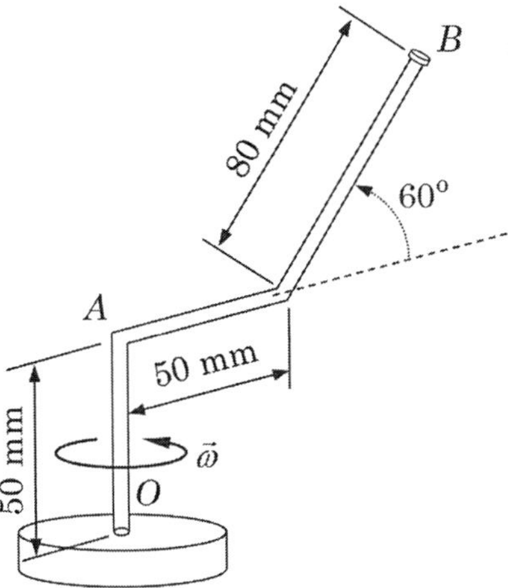

FIGURA 2.52 Ilustração do Exercício 2.6.

Exercício 2.7: A extremidade B da barra mostrada na Figura 2.53 é puxada para a direita com velocidade $\vec{v}_B$ de módulo constante. Admitindo que a barra permaneça em contato com a superfície cilíndrica, obter a expressão para a velocidade angular da barra em função da posição s da extremidade B.

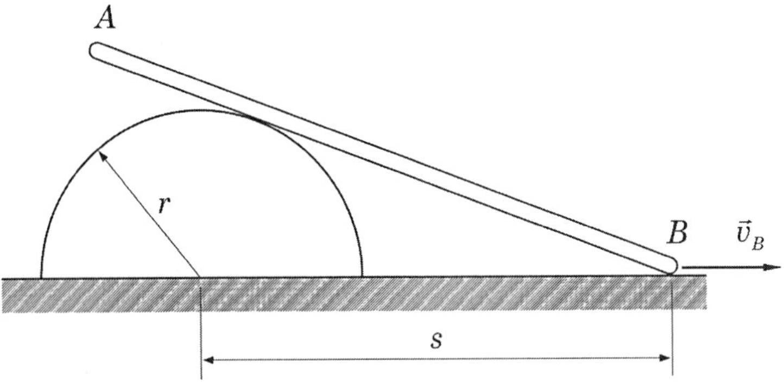

FIGURA 2.53 Ilustração do Exercício 2.7.

Exercício 2.8: A extremidade B da barra mostrada na Figura 2.54 é puxada para a direita, a partir da posição ilustrada, com velocidade $\vec{v}_B$ de módulo constante 0,4 m/s. Sabendo que as duas extremidades da barra permanecem em contato com as superfícies mostradas, obter as expressões para a velocidade angular e aceleração angular da barra em função da posição da extremidade B.

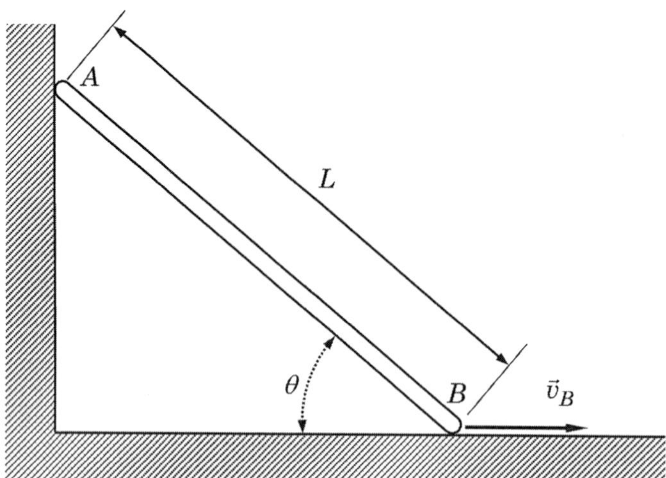

FIGURA 2.54 Ilustração do Exercício 2.8.

Exercício 2.9: A roda composta mostrada na Figura 2.55 rola sem deslizar sobre um plano horizontal. Na posição dada, a velocidade do ponto A é 4,0 m/s, orientada para a direita. Calcular a velocidade do ponto B, usando: **a)** o método vetorial apresentado na Subseção 2.5.1; **b)** o método do Centro Instantâneo de Rotação, apresentado na Subseção 2.5.2.

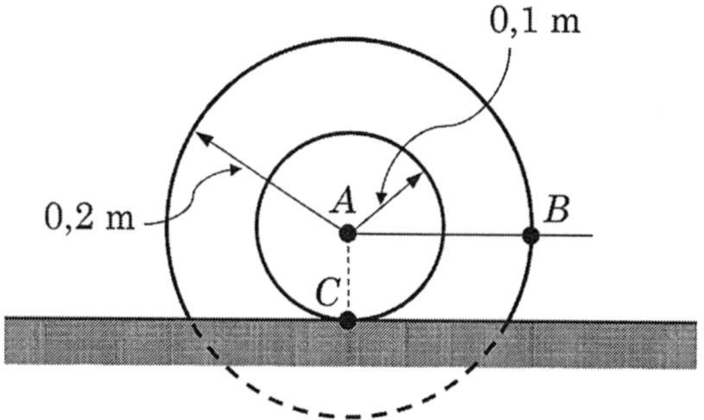

FIGURA 2.55 Ilustração dos Exercícios 2.9 e 2.10.

Exercício 2.10: Para a roda composta considerada no Exercício 2.9, sabendo que a velocidade e a aceleração do ponto A são, respectivamente, 4,0 m/s e 16,0 m/s^2, ambas orientadas para a direita, determinar: **a)** a aceleração do ponto B; **b)** a aceleração do ponto C.

Exercício 2.11: Três engrenagens A, B e C estão conectadas pelos seus centros à barra ABC, conforme mostrado na Figura 2.56. Sabendo que a engrenagem A é fixa e que a barra ABC gira no sentido horário com velocidade angular constante de 48 rpm, utilizando o método vetorial apresentado na Subseção 2.5.1, determinar a velocidade angular das outras duas engrenagens.

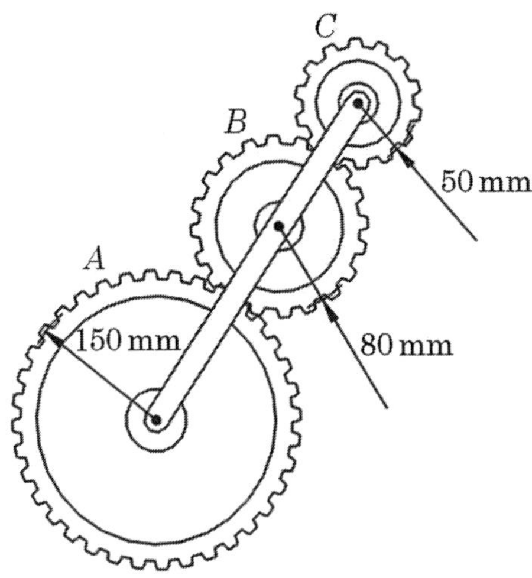

FIGURA 2.56 Ilustração dos Exercícios 2.11 e 2.12.

Exercício 2.12: Resolver novamente o problema proposto no Exercício 2.11 utilizando o método do Centro Instantâneo de Rotação, apresentado na Subseção 2.5.2.

Exercício 2.13: No mecanismo ilustrado na Figura 2.57, a cremalheira D é fixa e a barra AB gira em torno de A com velocidade angular constante de 30 rpm no sentido horário. Para a posição ilustrada, utilizando o método vetorial apresentado na Subseção 2.5.1, obter: **a)** a velocidade angular da engrenagem C; **b)** a velocidade do ponto P.

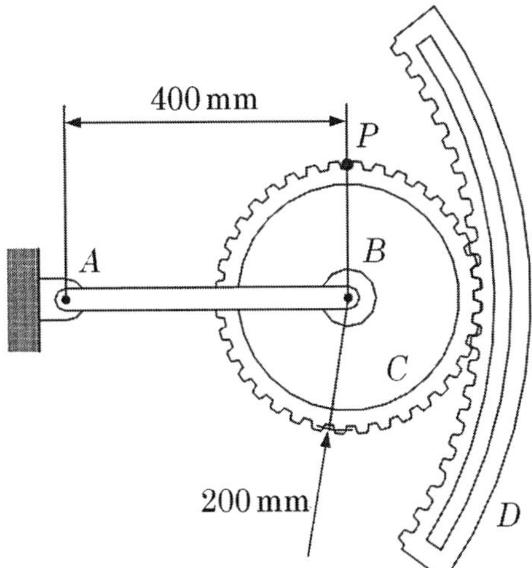

FIGURA 2.57 Ilustração dos Exercícios 2.13, 2.14 e 2.15.

Exercício 2.14: Resolver novamente o problema proposto no Exercício 2.13 utilizando o método do Centro Instantâneo de Rotação, apresentado na Subseção 2.5.2.

Exercício 2.15: Na posição mostrada na Figura 2.57, a barra AB gira em torno de A com velocidade angular 40 rpm e aceleração angular de 40 rad/s^2, ambas no sentido horário. Determinar: **a)** a aceleração angular da engrenagem C; **b)** a aceleração do ponto P.

Exercício 2.16: No sistema de engrenagens planetárias ilustrado na Figura 2.58, o raio das engrenagens A, B, C e D é r e o da engrenagem E é $3r$. Sabendo que a engrenagem externa E é mantida fixa, enquanto a engrenagem central A gira com velocidade angular ω no sentido horário, determinar: **a)** a velocidade angular da haste que conecta as engrenagens B, C e D; **b)** as velocidades angulares das engrenagens B, C e D.

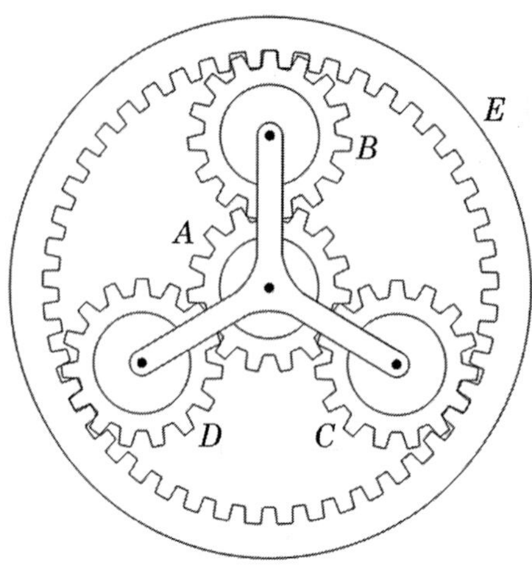

FIGURA 2.58 Ilustração do Exercício 2.16.

Exercício 2.17: No mecanismo ilustrado na Figura 2.59, a barra AB tem velocidade angular constante de 3,0 rad/s, no sentido anti-horário. Para a posição ilustrada, utilizando o método vetorial apresentado na Subseção 2.5.1, determinar: **a)** as velocidades angulares das barras BD e DE; **b)** as velocidades dos pontos B e D.

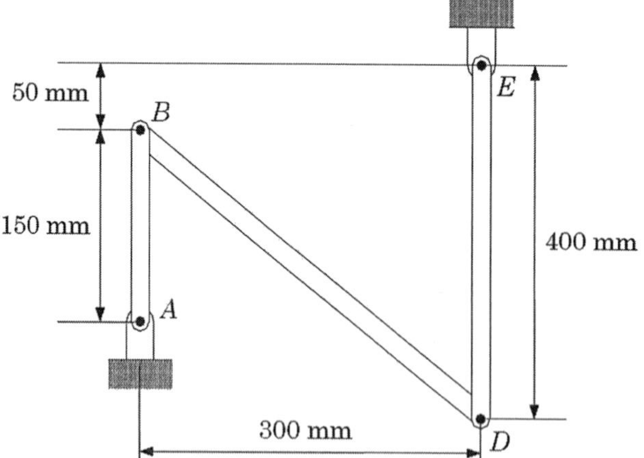

FIGURA 2.59 Ilustração dos Exercícios 2.17, 2.18 e 2.19.

Exercício 2.18: Resolver novamente o problema proposto no Exercício 2.17 utilizando o método do Centro Instantâneo de Rotação, apresentado na Subseção 2.5.2.

Exercício 2.19: No mecanismo ilustrado na Figura 2.59, a barra AB tem velocidade angular de 3,0 rad/s, no sentido anti-horário, a qual está diminuindo à razão de 25,0 rad/s^2. Para a posição ilustrada, determinar: **a)** as acelerações angulares das barras BD e DE; **b)** as acelerações dos pontos B e D.

Exercício 2.20: No mecanismo ilustrado na Figura 2.60, a barra *CD* tem velocidade angular constante de 3,0 rad/s, no sentido horário. Para a posição mostrada utilizando o método vetorial apresentado na Subseção 2.5.1, determinar: **a)** as velocidades angulares das barras *AB* e *BC*; **b)** as velocidades dos pontos médios das barras *AB* e *BC*, indicados por *M* e *N*.

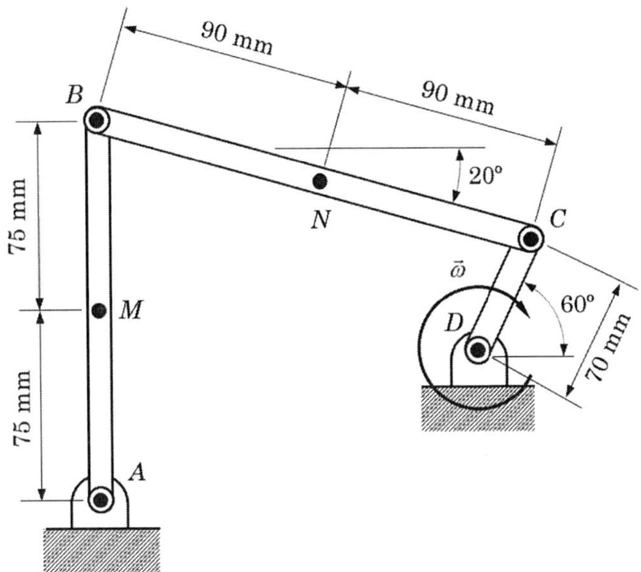

FIGURA 2.60 Ilustração dos Exercícios 2.20 e 2.21.

Exercício 2.21: No mecanismo ilustrado na Figura 2.60, a barra *CD* tem velocidade angular de 3,0 rad/s, no sentido horário, a qual está diminuindo à razão de 25,0 rad/s^2. Para a posição indicada determinar: **a)** as acelerações angulares das barras *AB* e *BC*; **b)** as acelerações dos pontos médios das barras *AB* e *BC*, indicados por *M* e *N*, respectivamente.

Exercício 2.22: Em um motor de combustão interna, a manivela *AB*, mostrada na Figura 2.61, possui rotação constante de 1000 rpm, no sentido anti-horário. Para a posição $\theta = 30°$, determinar: **a)** a velocidade angular da biela *BD*; **b)** a velocidade do pistão *P*.

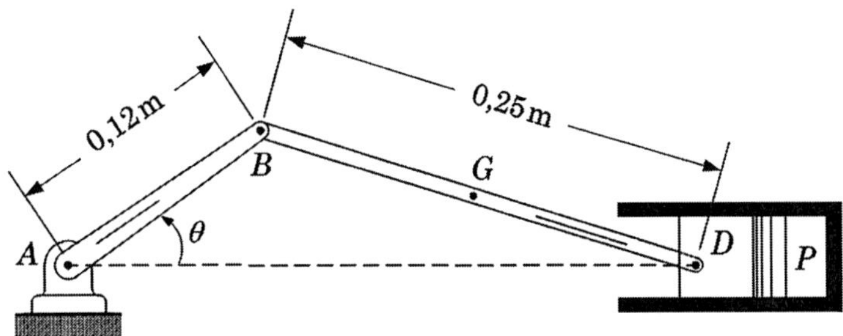

FIGURA 2.61 Ilustração dos Exercícios 2.22, 2.23 e 2.24.

Exercício 2.23: Para o problema do Exercício 2.22, pede-se: **a)** desenvolver expressões permitindo obter a posição e a velocidade do pistão *P* em função do ângulo θ; **b)** traçar as curvas descrevendo a posição, a velocidade do pistão *P* e a velocidade angular da barra *BD* durante um ciclo completo de rotação da manivela *AB* ($0 \leq \theta \leq 2\pi$).

Exercício 2.24: Para o problema do Exercício 2.22, pede-se: **a)** desenvolver expressões permitindo obter a aceleração do pistão P em função do ângulo θ; **b)** traçar as curvas descrevendo a aceleração do pistão P e a aceleração angular da barra BD durante um ciclo completo de rotação da manivela AB $(0 \leq \theta \leq 2\pi)$.

Exercício 2.25: Na Figura 2.62 o disco D gira em torno de um eixo que passa pelo seu centro com velocidade angular $\omega_1 = 20{,}0$ rad/s, e aceleração angular $\alpha_1 = 10{,}0$ rad/s^2, ao mesmo tempo em que todo o conjunto gira com velocidade angular $\omega_2 = 25{,}0$ rad/s, e aceleração angular $\alpha_2 = 15{,}0$ rad/s^2, com os sentidos indicados. Na posição ilustrada, determinar: **a)** a velocidade angular do disco D; **b)** a aceleração angular do disco D; **c)** a velocidade absoluta do ponto P; **d)** a aceleração absoluta do ponto P.

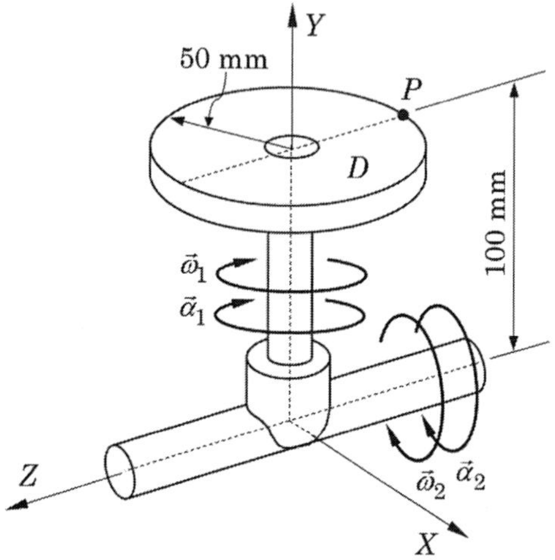

FIGURA 2.62 Ilustração do Exercício 2.25.

Exercício 2.26: No mecanismo tridimensional mostrado na Figura 2.63, o braço B gira em torno do eixo vertical com velocidade angular constante $\vec{\omega}_1$, enquanto o disco D gira em torno de seu eixo com velocidade angular $\vec{\omega}_2$, e aceleração angular $\vec{\alpha}_2$, ambas em relação ao braço B. Para a posição indicada, determinar: **a)** a velocidade angular absoluta do disco; **b)** a aceleração angular absoluta do disco; **c)** a velocidade absoluta do ponto P; **d)** a aceleração absoluta do ponto P.

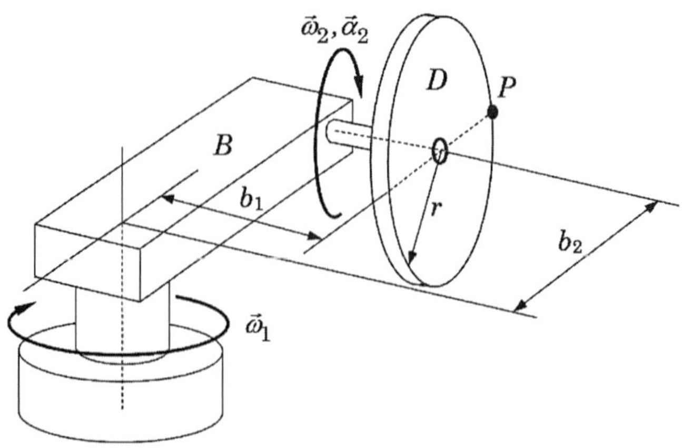

FIGURA 2.63 Ilustração do Exercício 2.26.

Exercício 2.27: Um giroscópio consiste de um disco de 0,60 m de raio, montado em um suporte conforme mostrado na Figura 2.64. O disco gira em torno de seu eixo horizontal com velocidade angular constante $\omega_2 = 5{,}0$ rad/s, enquanto o suporte gira em torno do eixo vertical com velocidade angular constante $\omega_1 = 10{,}0$ rad/s. Na posição ilustrada, determinar: **a)** a velocidade angular absoluta do disco; **b)** a aceleração angular absoluta do disco; **c)** a velocidade absoluta do ponto B; **d)** a aceleração absoluta do ponto B.

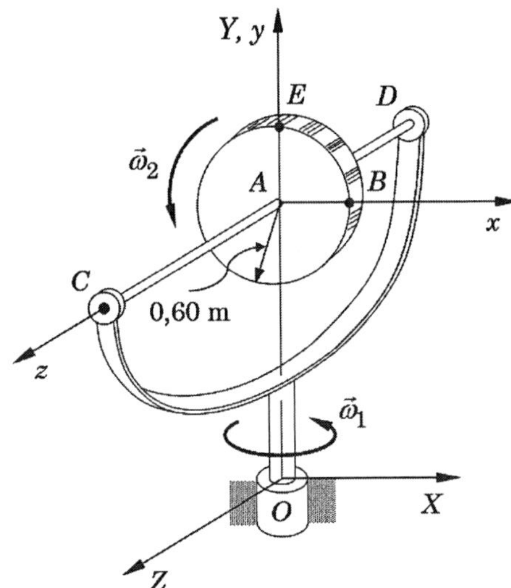

FIGURA 2.64 Ilustração do Exercício 2.27.

Exercício 2.28: Na Figura 2.65, os cursores A e B deslizam ao longo de barras fixas e são conectados à barra AB por um garfo em A e por uma articulação esférica em B. Na posição mostrada, o cursor A tem velocidade $\vec{v}_A = 5{,}0\,\vec{i}$ [m/s]. Para esta posição, pedem-se: **a)** a velocidade do cursor B; **b)** a velocidade angular da barra AB. Dados: $b = 0{,}30$ m, $c = 0{,}50$ m, $d = 0{,}30$ m.

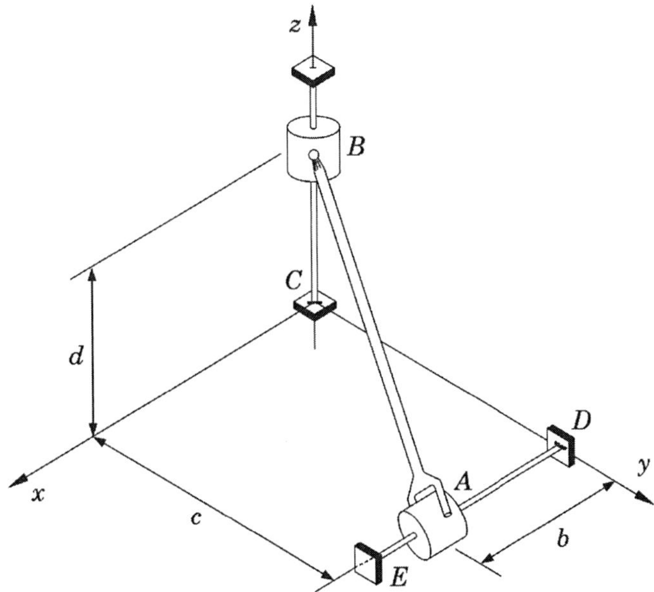

FIGURA 2.65 Ilustração do Exercício 2.28.

Exercício 2.29: Na Figura 2.66, o motor M faz o disco girar em torno de seu eixo com velocidade angular $\vec{\omega}_2$ e aceleração angular $\dot{\vec{\omega}}_2$ em relação à carcaça do motor e ao braço AB. Ao mesmo tempo, o braço AB gira em torno do eixo vertical com velocidade angular $\vec{\omega}_1$ e aceleração angular $\dot{\vec{\omega}}_1$. Para a posição mostrada, obter as expressões para a velocidade e a aceleração absolutas do ponto D.

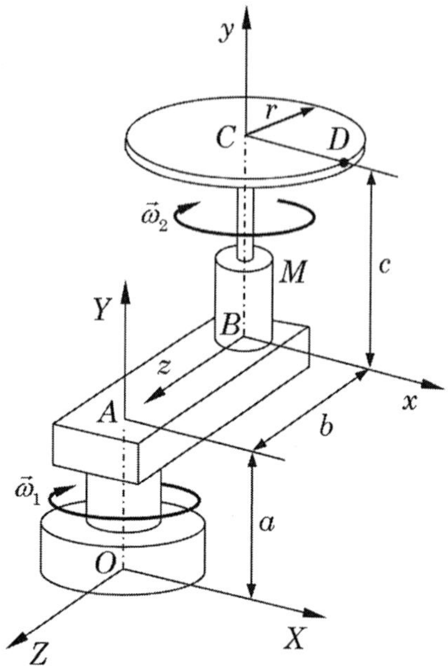

FIGURA 2.66 Ilustração do Exercício 2.29.

Exercício 2.30: O robô mostrado na Figura 2.67 tem movimento plano, com velocidade $\vec{v}_0$ e aceleração $\vec{a}_0$ em relação ao piso. O braço O_1O_2 gira com velocidade angular $\omega_1 = \dot{\theta}_1$ e aceleração angular $\dot{\omega}_1 = \ddot{\theta}_1$ em relação ao corpo do robô, e o braço O_2P gira com velocidade angular $\omega_2 = \dot{\theta}_2$ e aceleração angular $\dot{\omega}_2 = \ddot{\theta}_2$ em relação ao braço O_1O_2, com os sentidos indicados. Designando por ℓ_1 o comprimento do braço O_1O_2 e por ℓ_2 o comprimento do braço O_2P, utilizando o método baseado nas matrizes de rotação, apresentado na Seção 1.8, obter as expressões para a velocidade $\vec{v}_P$ e a aceleração $\vec{a}_P$ da extremidade P, em relação ao piso, em função dos parâmetros indicados.

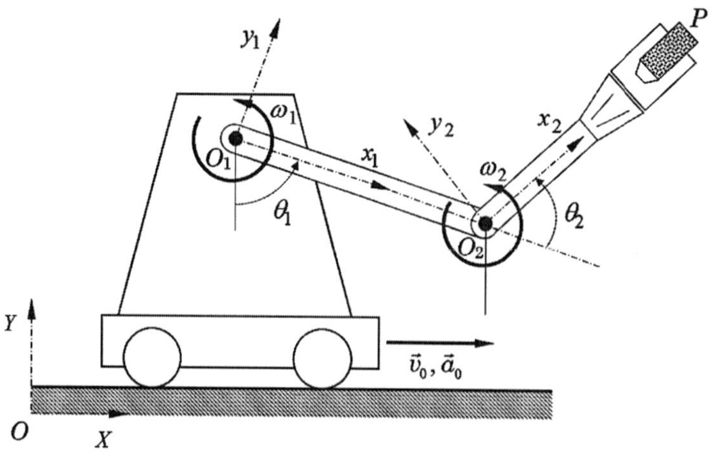

FIGURA 2.67 Ilustração do Exercício 2.30.

2.10 Bibliografia

BEER, F. P.; JOHNSTON, Jr., CORNWELL, P. J. *Mecânica vetorial para engenheiros: Dinâmica*. 9ª ed. Porto Alegre: AMGH Editora, 2012.

CHAPMAN, S. J. *Programação em MATLAB® para engenheiros*. 2ª ed. São Paulo: Cengage Learning, 2011.

HIBBELER, R. C. *Dinâmica. Mecânica para a engenharia*. 12ª ed. São Paulo: Pearson, 2011.

MERIAM, J. L.; KRAIGE, L. G. *Mecânica para a engenharia. Dinâmica*. 7ª ed. Rio de Janeiro: LTC, 2016.

SHAMES, I. H. *Dinâmica. Mecânica para a engenharia*. 4ª ed. São Paulo: Pearson-Prentice Hall, v. 2, 2003.

SOUTAS-LITTLE, R. W.; INMAN, D. J.; BALINT, D. S. *Engineering Mechanics: Dynamics – computational edition*. Toronto, Canada: Thomson Learning, 2008.

TENENBAUM, R. *Dinâmica aplicada*. São Paulo: Manole, 2006.

CAPÍTULO

3 Dinâmica da Partícula

3.1 Introdução

Nos capítulos anteriores nos ocupamos em descrever o movimento de uma partícula e de pontos de um corpo rígido, relacionando sua posição, velocidade e aceleração com o tempo, sem levar em conta os efeitos que dão origem ao movimento, que são as forças, no caso de partículas, e forças e momentos, no caso de corpos rígidos.

Neste capítulo, dedicado à dinâmica da partícula, o foco é ampliado: buscamos estabelecer as relações entre as forças que atuam sobre a partícula e o movimento resultante, e utilizamos estas relações para resolver problemas de Engenharia.

Conforme veremos, as relações entre forças e movimentos são representadas pelas chamadas *equações do movimento*, que são equações diferenciais cuja resolução, analítica ou numérica, permite-nos prever o movimento de uma partícula sob a ação de forças aplicadas a ela.

Enfocaremos dois métodos destinados à análise dinâmica de uma partícula, a saber:

a) Método baseado na utilização das Leis de Newton, que emprega as grandezas vetoriais força e aceleração (ou, de forma equivalente, força e quantidade de movimento).

b) Método baseado no Princípio do Trabalho-Energia Cinética, que utiliza as grandezas escalares trabalho e energia cinética.

Além disso, utilizaremos vários outros princípios derivados daqueles mencionados acima, tais como o Princípio de Impulso e Quantidade de Movimento Linear, o Princípio de Impulso e Quantidade de Movimento Angular, o Princípio da Conservação da Quantidade de Movimento Linear, o Princípio da Conservação da Quantidade de Movimento Angular e o Princípio da Conservação da Energia Mecânica.

3.2 As Leis de Newton

Toda a Mecânica Clássica, ou Mecânica Newtoniana, está alicerçada em um conjunto de três axiomas fundamentais, conhecidos como *Leis de Newton*, que podem ser enunciadas da seguinte forma:

Primeira Lei (Lei da Inércia): "Uma partícula permanecerá em repouso ou em movimento retilíneo uniforme a menos que seja diferente de zero a resultante das forças que atuam sobre ela."

Segunda Lei: "Se a resultante das forças que atuam sobre uma partícula não for nula, a partícula se movimentará com uma aceleração que terá a mesma direção e o mesmo sentido da força resultante, sendo o seu módulo proporcional ao módulo da força resultante."

Terceira Lei (Lei da Ação e Reação): "Se uma partícula P_1 estiver exercendo sobre uma partícula P_2 uma força designada por $\vec{f}_{21}$, a partícula P_2 também exercerá sobre a partícula P_1 uma força $\vec{f}_{12}$, sendo estas duas forças colineares, de módulos iguais e sentidos opostos, e com a direção da reta que liga as duas partículas (simbolicamente, $\vec{f}_{12} = -\vec{f}_{21}$)."

Sobre as Leis de Newton, que serão exaustivamente empregadas neste capítulo, apresentamos os comentários a seguir.

Primeiramente, é importante observar que as Leis de Newton, sendo axiomas, não possuem demonstração formal. Sua validade é comprovada apenas pela observação experimental.

A Primeira e a Segunda Leis de Newton envolvem grandezas cinemáticas que, como já foi evidenciado no Capítulo 1, devem ser definidas após especificação do sistema de referência em relação ao qual elas são observadas. Em sua concepção original, as Leis de Newton têm sua validade restrita aos chamados *sistemas de referência inerciais*, que serão precisamente definidos na Seção 3.6.

Podemos complementar a interpretação da Primeira Lei de Newton afirmando que se uma partícula for observada em repouso ou em Movimento Retilíneo Uniforme (MRU) em relação a um sistema de referência inercial, poderemos concluir que a resultante das forças atuantes sobre ela é nula. Inversamente, se soubermos que a força resultante é nula, poderemos concluir que ela permanecerá em repouso ou se movimentará em MRU.

Vale ressaltar que as forças são tratadas como vetores e que a resultante de um dado conjunto de forças é entendida como a soma vetorial das forças que compõem este conjunto.

É importante observar que, do ponto de vista da Primeira Lei de Newton, as condições de repouso ou de MRU são indiscerníveis entre si, significando que ambas caracterizam o que chamamos estado de *equilíbrio da partícula*. Entretanto, na resolução de problemas específicos, as duas situações são diferenciadas pela velocidade imposta no início do movimento (condição inicial) e pela existência de restrições cinemáticas que podem impedir o movimento da partícula. Assim, se a condição inicial for de velocidade nula ou houver restrições cinemáticas, a condição de equilíbrio se configurará como situação de repouso. Por outro lado, se a velocidade inicial não for nula e não houver restrições cinemáticas, o equilíbrio se configurará como MRU.

A Primeira Lei de Newton conduz à definição newtoniana, segundo a qual forças são ações exercidas por corpos vizinhos à partícula, capazes de retirar esta partícula do estado de repouso ou de movimento retilíneo uniforme. Conforme veremos mais adiante neste capítulo, uma força, no contexto newtoniano, pode sempre ser interpretada como a manifestação de uma interação física entre dois corpos.

Por fim, a Primeira Lei de Newton expressa um importante fato que se mostra, às vezes, de difícil assimilação. É o fato que pode haver movimento sem que haja uma força resultante atuando sobre a partícula. A dificuldade vem da ideia intuitiva e errônea que, se um corpo estiver em movimento, deve haver, necessariamente, uma força provocando este movimento.

Acerca da Terceira Lei de Newton, é importante esclarecer que as forças $\vec{f}_{12}$ e $\vec{f}_{21}$ mencionadas resultam de interações físicas entre as partículas P_1 e P_2, podendo estas interações ser de diferentes naturezas (gravitacional, eletrostática, magnética etc.), conforme será discutido na Seção 3.3. Além disso, é importante relembrar que, para um dado par de forças $\vec{f}_{12}$ e $\vec{f}_{21}$, cada uma delas atua em uma partícula distinta, ou seja, $\vec{f}_{12}$ atua em P_1 e $\vec{f}_{21}$ atua em P_2, de modo que, considerando cada uma das partículas, separadamente, os efeitos destas duas forças não se anulam.

Como a Segunda Lei de Newton constitui a base para a obtenção das equações do movimento de partículas, ela será tratada com maior profundidade na subseção a seguir.

3.2.1 A Segunda Lei de Newton

Imaginemos que possamos realizar os seguintes experimentos em laboratório, dispondo, para isso, de condições adequadas: primeiramente escolhemos de forma arbitrária uma partícula e aplicamos sobre ela um conjunto de n forças conhecidas (em termos de seus módulos, direções e sentidos), $\vec{F}_1', \vec{F}_2', ..., \vec{F}_n'$, conforme mostrado na Figura 3.1. Assim, a resultante destas forças, designada pela soma vetorial $\sum \vec{F}' = \vec{F}_1' + \vec{F}_2' + \cdots + \vec{F}_n'$, também fica determinada. A natureza das forças aplicadas (gravitacional, eletrostática, magnética etc.) não é relevante.

Neste ponto, é importante ressaltar que, uma vez adotado o conceito de partícula, que é assimilada a um ponto do espaço, todas as forças aplicadas são consideradas concorrentes neste ponto, de modo que não se pode conceber nenhum momento (ou torque) aplicado à partícula, como resultado da aplicação destas forças.

Observando o movimento da partícula com um equipamento experimental adequado, verificaremos que ela se movimentará com uma aceleração vetorial $\vec{a}'$, que tem a mesma direção e o mesmo sentido que $\sum \vec{F}'$, como mostra a Figura 3.1(a).

Visando comprovar este resultado e testar a sua generalidade, fazemos novo experimento, aplicando à mesma partícula outro conjunto arbitrário de forças, $\vec{F}_1'', \vec{F}_2'', ..., \vec{F}_n''$, cuja resultante é $\sum \vec{F}'' = \vec{F}_1'' + \vec{F}_2'' + \cdots + \vec{F}_n''$, como se vê na Figura 3.1(b). Assim fazendo, verificaremos, mais uma vez, que a partícula desenvolverá aceleração $\vec{a}''$ representada por um vetor que tem a mesma direção e o mesmo sentido de $\sum \vec{F}''$.

De posse dos valores dos módulos das acelerações $\vec{a}'$ e $\vec{a}''$ e dos valores dos módulos das forças resultantes, $\sum \vec{F}'$ e $\sum \vec{F}''$, verificaremos, também, que existe proporcionalidade entre os valores dos módulos das forças resultantes e dos módulos das acelerações desenvolvidas pela partícula, ou seja:

$$\frac{\left\| \sum \vec{F}' \right\|}{\left\| \vec{a}' \right\|} = \frac{\left\| \sum \vec{F}'' \right\|}{\left\| \vec{a}'' \right\|} = m \text{ (constante).} \tag{3.1}$$

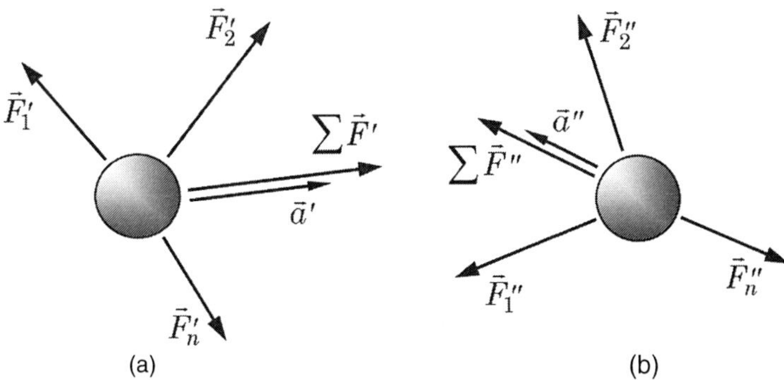

FIGURA 3.1 Ilustração de um experimento idealizado para comprovação da Segunda Lei de Newton.

Na Equação (3.1), a constante de proporcionalidade m é uma característica intrínseca da partícula usada no experimento, que indica a sua *massa* ou *inércia*, isto é, sua capacidade de resistir a variações no seu estado de movimento, que está relacionada à quantidade de matéria da partícula. A massa m é uma quantidade escalar positiva e tem unidade de kg no S.I. Observe-se que quanto maior for o valor de m, maior será o valor do módulo da força resultante necessário para imprimir uma dada aceleração à partícula.

Se repetirmos indefinidas vezes o experimento descrito, para diferentes conjuntos de forças e partículas com diferentes massas, observaremos que as conclusões apontadas acima se aplicarão a cada um deles. Assim, os resultados de todos os experimentos podem ser representados por uma única equação vetorial:

$$\sum \vec{F} = m\vec{a}, \tag{3.2}$$

onde $\sum \vec{F}$ designa, genericamente, a *resultante vetorial* das forças que atuam sobre a partícula e $\vec{a}$ é a aceleração vetorial desenvolvida por ela em relação ao sistema de referência empregado para avaliar o experimento que admitimos ser um sistema de referência inercial, a ser caracterizado mais adiante.

Uma observação que deve ser feita é que, diferentemente da grande maioria dos livros-texto, nos quais a Segunda Lei de Newton é expressa sob a forma simbólica $\vec{F} = m\vec{a}$, introduzimos o somatório do lado esquerdo da Equação (3.2) para explicitar que a Segunda Lei de Newton envolve específica e exclusivamente a *força resultante* aplicada sobre a partícula, e não uma força qualquer.

A equação vetorial (3.2) é a representação simbólica da Segunda Lei de Newton. Seu uso para a resolução de problemas práticos envolve duas operações fundamentais, para as quais o engenheiro deve estar adequadamente treinado.

Após a escolha de um sistema de referência apropriado, a primeira etapa é a elaboração do chamado *Diagrama de Corpo Livre* (DCL) da partícula, que consiste em isolá-la de outros corpos e representar vetorialmente todas as forças que atuam sobre ela. Isso deve ser feito criteriosamente levando em conta todas as informações disponíveis sobre estas forças, em termos de seu módulo, direção e sentido. Evidentemente, em certos problemas, algumas destas forças, ou pelo menos algumas de suas características, podem ser desconhecidas e devem, portanto, ser determinadas como parte da resolução.

Assim, a elaboração do DCL requer o entendimento de todas as interações físicas da partícula isolada com outros corpos. Conforme veremos na Seção 3.3, estas interações podem ser de diversas naturezas (gravitacionais, eletrostáticas, eletromagnéticas, contato com sólidos ou líquidos etc.).

A segunda operação fundamental é a análise cinemática do movimento da partícula. Uma vez escolhido o sistema de referência e um conjunto de coordenadas adequado, utilizando os métodos apresentados no Capítulo 1, devemos expressar, por meio de vetores, a aceleração da partícula, considerando todas as informações disponíveis.

Veremos mais adiante que, representando a resultante das forças e a aceleração da partícula em termos de suas componentes no sistema de coordenadas escolhido, a equação vetorial (3.2) pode ser substituída por um conjunto de equações diferenciais escalares, chamadas *equações do movimento*, cuja resolução, analítica ou numérica, fornecerá a solução do problema.

3.3 Diagramas de Corpo Livre

Com o intuito de auxiliar o estudante na elaboração de DCL, sumarizaremos a seguir as características de alguns dos principais tipos de forças usualmente encontradas em problemas de Engenharia. Conforme veremos, a maioria destas forças já foi abordada em estudos de Física fundamental.

De modo geral, as forças podem ser classificadas em duas grandes categorias. As *forças de campo* são aquelas que resultam de interações à distância entre dois corpos, sem que haja contato entre eles. Nesta categoria incluímos as forças gravitacionais, eletrostáticas e magnéticas. Por outro lado, como o próprio nome indica, as *forças de contato* resultam do contato entre corpos em estado sólido, líquido ou gasoso.

3.3.1 Forças gravitacionais

De acordo com a Lei da Gravitação Universal de Newton, as forças gravitacionais exercidas entre duas partículas de massas m_1 e m_2 são forças de *atração*, cujo módulo é dado por:

$$\left\|\vec{f}_G\right\| = K\frac{m_1 m_2}{R^2}, \tag{3.3}$$

onde K é a *constante universal da gravitação*, cujo valor, no Sistema Internacional de Unidades, é $K = 6{,}673 \times 10^{-11}\ \text{m}^3 \cdot \text{kg}^{-1} \cdot \text{s}^{-2}$.

Conforme a Terceira Lei de Newton, as forças gravitacionais exercidas por duas partículas, uma sobre a outra, formam um par de ação-reação e atuam na direção da reta que liga as duas partículas, como ilustrado na Figura 3.2.

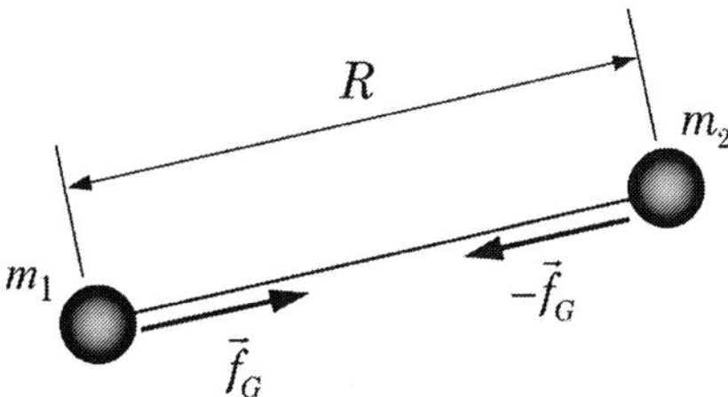

FIGURA 3.2 Forças gravitacionais atuantes em duas partículas.

Se nos limitarmos ao caso de uma partícula de massa m interagindo com a Terra, na proximidade desta, a Equação (3.3) é particularizada para definir o *peso* da partícula, fazendo $m_1 = m$ e $m_2 = m_T$, onde m_T é a massa da Terra. Assim fazendo, obtemos:

$$\vec{W} = m\vec{g}, \tag{3.4}$$

com:

$$\vec{g} = -\frac{Km_T}{R_T^2}\vec{i}_v, \tag{3.5}$$

onde $\vec{i}_v$ é o vetor unitário na direção vertical, apontando para o centro da Terra.

Na equação acima, $m_T = 5{,}972 \times 10^{24}$ kg é a massa da Terra e $R_T = 6{,}371 \times 10^6$ m é o raio médio da Terra. Introduzindo tais valores na Equação (3.5), obtemos $g = \|\vec{g}\| = 9{,}825\ \text{m} \cdot \text{s}^{-2}$.

Em aplicações que requerem mais precisão na avaliação da aceleração da gravidade, fatores de correção devem ser introduzidos, considerando os efeitos da rotação da Terra e o achatamento do planeta nos polos. Assim, a *Fórmula Internacional da Gravidade*, que leva em conta estas correções, é:

$$g(\phi) = 9{,}78049\left(1 + 0{,}0052884\,sen^2\,\phi - 0{,}0000059\,sen^2\,2\phi\right)\left[\text{m/s}^2\right], \tag{3.6}$$

onde ϕ designa o ângulo de latitude em radianos.

O valor-padrão adotado internacionalmente para a aceleração da gravidade ao nível do mar é aquele correspondente à latitude de 45°, sendo o seu valor $g = 9{,}81\ \text{m/s}^2$.

3.3.2 Forças eletrostáticas

As forças exercidas entre duas partículas carregadas eletricamente com cargas elétricas q_1 e q_2 podem ser de atração ou de repulsão, dependendo dos sinais das cargas das partículas: se elas forem de mesmos sinais, as forças serão de *repulsão*; se forem de sinais contrários, as forças serão de *atração*.

De acordo com a Terceira Lei de Newton, em ambos os casos, as forças aparecem em pares de ação-reação e atuam na direção da reta que liga as duas partículas, como ilustra a Figura 3.3, para o caso de forças de atração.

Segundo a Lei de Coulomb, os módulos das forças eletrostáticas são dados pela expressão:

$$\left\|\vec{f}_E\right\| = \frac{1}{4\pi\varepsilon_0}\frac{q_1 q_2}{R^2}, \tag{3.7}$$

onde ε_0 é a *constante de permissividade no vácuo*, cujo valor, no Sistema Internacional de Unidades é $\varepsilon_0 = 8{,}85419 \times 10^{-12}\ C^2 \cdot N^{-1} \cdot m^{-2}$.

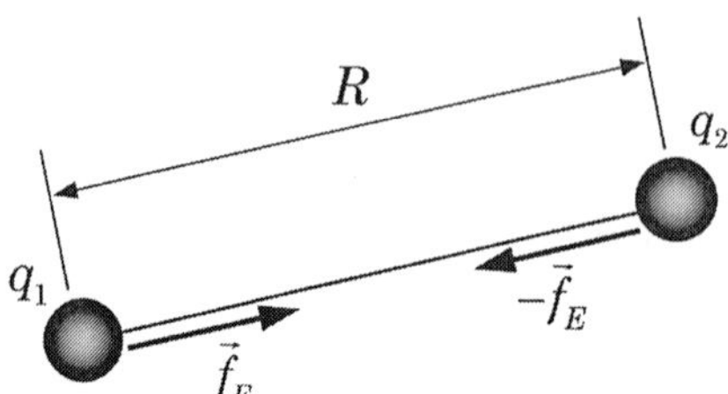

FIGURA 3.3 Forças eletrostáticas atuantes em duas partículas carregadas eletricamente.

Em uma situação mais geral, uma partícula carregada eletricamente com carga q, posicionada em um campo elétrico $\vec{E}$ (que, no S.I. tem unidades de N/C), fica sujeita a uma força eletrostática dada por:

$$\vec{F}_E = q\vec{E}, \tag{3.8}$$

sendo esta força tangente à linha de força do campo elétrico que passa pelo ponto instantaneamente ocupado pela partícula, conforme ilustrado na Figura 3.4. O sinal da carga define o sentido da força eletrostática em relação ao sentido do campo elétrico.

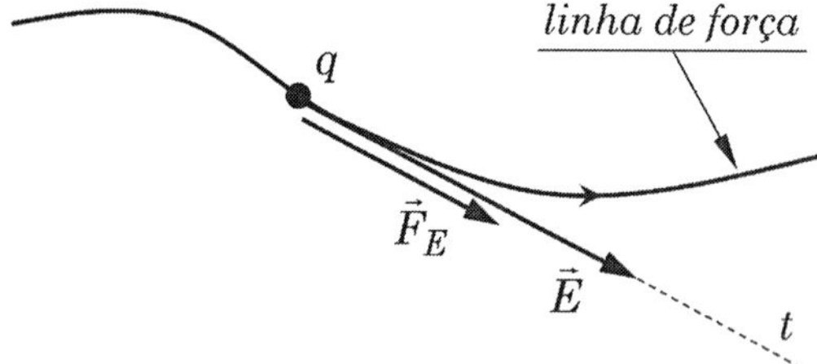

FIGURA 3.4 Força eletrostática aplicada a uma partícula sujeita a um campo elétrico.

3.3.3 Forças magnéticas

Uma partícula carregada eletricamente com carga q, movimentando-se com velocidade instantânea $\vec{v}$ em um campo magnético representado pelo *vetor indução magnética*, $\vec{B}$, fica sujeita a uma força magnética dada por:

$$\vec{F}_B = q\vec{v} \times \vec{B}. \tag{3.9}$$

Conforme podemos ver na Figura 3.5, esta força é perpendicular ao plano definido pelos vetores $\vec{v}$ e $\vec{B}$. Observamos ainda que $\vec{B}$ tem a direção tangente à *linha de indução* do campo magnético, ao passo que $\vec{v}$ é tangente à trajetória da partícula. O sinal da carga define o sentido da força magnética.

No Sistema Internacional de Unidades, a indução magnética $\vec{B}$ tem unidades de N/(C·m/s), que recebe a denominação de tesla (T).

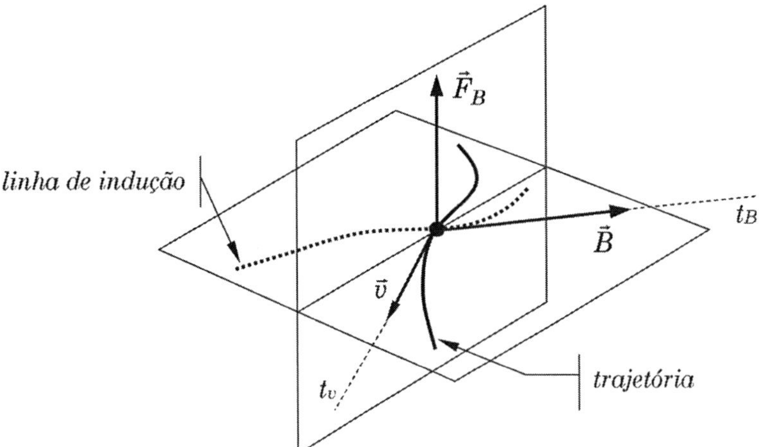

FIGURA 3.5 Força eletromagnética aplicada a uma partícula carregada eletricamente que se movimenta em um campo magnético.

3.3.4 Forças de contato entre superfícies sólidas

As forças de contato entre duas superfícies sólidas estão entre as mais frequentemente encontradas em problemas de Engenharia. Embora os fenômenos envolvidos no contato entre sólidos sejam muito complexos, uma abordagem simplificada, tal como a apresentada nesta subseção, é suficiente para o tratamento de um grande número de problemas práticos.

Consideremos a situação ilustrada na Figura 3.6, na qual é mostrado um bloco em repouso sobre um plano inclinado de um ângulo α em relação à horizontal.

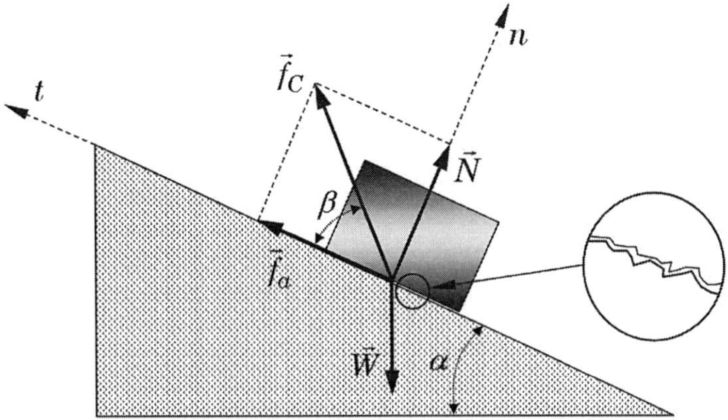

FIGURA 3.6 Representação das componentes da força de contato existente entre duas superfícies sólidas.

A força de contato exercida pelo plano sobre o bloco é designada por $\vec{f}_C$, tendo sua direção definida pelo ângulo β em relação a este plano. Obviamente, de acordo com a Terceira Lei de Newton, uma força $-\vec{f}_C$ (omitida na Figura 3.6) é aplicada pelo bloco sobre o plano inclinado.

A força de contato $\vec{f}_C$ pode ser decomposta em duas componentes, conforme ilustrado na Figura 3.6:

- uma componente perpendicular à superfície de contato, denotada por $\vec{N}$, usualmente chamada *força normal*;
- uma componente tangente à superfície de contato, denotada por $\vec{f}_a$, denominada *força de atrito.*

A componente normal surge devido à impossibilidade de interpenetração entre os dois corpos em contato e atua no sentido de "obrigar" o bloco a permanecer sobre o plano inclinado. Por esta razão, a força normal é também entendida como uma *força de restrição.* Sempre que o movimento de um corpo for restringido por outro, uma força de restrição estará presente.

Por outro lado, a força de atrito expressa a resistência ao deslizamento relativo entre as duas superfícies em contato. A experiência mostra que a intensidade desta resistência depende dos materiais que compõem os dois corpos e do acabamento superficial das superfícies (ver detalhe na Figura 3.6), de sorte que a força de atrito é tanto maior quanto maior for a irregularidade das superfícies em contato, tendendo a zero quando as superfícies forem altamente polidas. No caso hipotético em que as superfícies são perfeitamente polidas, a força de atrito é nula e a força de contato resume-se apenas à componente normal.

É importante ressaltar que as forças discutidas acima são, de fato, duas componentes de uma única força exercida entre dois corpos, resultante de interações superficiais entre eles, e não duas forças independentes.

As leis que regem o atrito, e que são utilizadas em aplicações práticas de Engenharia, foram estabelecidas por meio de estudos experimentais realizados pelo cientista francês Coulomb. Por esta razão, são conhecidas como as Leis de Coulomb do atrito.

Uma observação a ser feita com relação às leis do atrito é a existência de dois regimes: estático e dinâmico.

O *atrito estático* ocorre quando não há movimento relativo entre as duas superfícies em contato, havendo, porém, uma tendência de ocorrência deste movimento, provocada pela ação de outras forças. Na Figura 3.6, por exemplo, a componente do peso paralela ao plano inclinado atua no sentido de puxar o bloco para baixo. Há, portanto, tendência de movimento neste sentido.

Por outro lado, o *atrito dinâmico* fica caracterizado quando um corpo desliza sobre o outro, havendo uma velocidade relativa entre eles, conforme ilustrado na Figura 3.7.

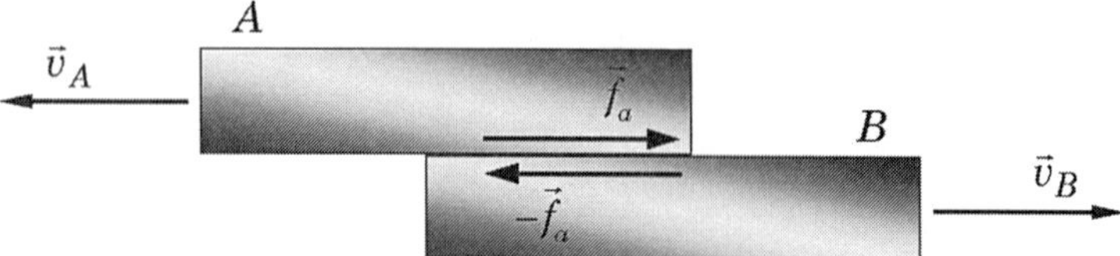

FIGURA 3.7 Representação da condição de atrito dinâmico.

As considerações abaixo sumarizam as observações experimentais acerca do atrito:

1. A força de atrito estático só aparece quando há tendência de movimento relativo entre as superfícies em contato. Assim, se na situação ilustrada na Figura 3.6, o plano estivesse posicionado horizontalmente, não haveria nenhuma força na direção horizontal favorecendo o movimento relativo entre o bloco e o plano e a força de atrito não existiria. Nesta situação, a força de contato entre os dois corpos seria constituída apenas pela componente normal.

2. A força de atrito agindo sobre um dos corpos em contato tem sentido oposto ao sentido do movimento relativo que este corpo tende a apresentar em relação ao outro corpo. Considerando mais uma vez a Figura 3.6, observamos que, como o bloco tem tendência de se mover para baixo, a força de atrito que o plano exerce sobre ele tem o sentido para cima. Evidentemente, devido à Terceira Lei de Newton, aparece também uma força de atrito de reação, atuando sobre o plano inclinado, no sentido de puxá-lo para baixo.
3. O módulo da força de atrito estático pode assumir diferentes valores, dependendo da situação específica encontrada. Entretanto, sabe-se que seu valor está compreendido entre zero e um valor máximo, a partir do qual o atrito não será suficiente para impedir o movimento relativo entre as superfícies, e o atrito passará ao regime dinâmico. Este valor máximo é dado por:

$$\left\|\vec{f}_a\right\|_{máx} = \mu_{est}\left\|\vec{N}\right\|, \tag{3.10}$$

onde μ_{est} é uma constante adimensional denominada *coeficiente de atrito estático*, que depende dos materiais que constituem os corpos em contato e do acabamento superficial (rugosidade) das superfícies em contato.

É importante reforçar que a Equação (3.10) só é válida na situação de iminência de movimento relativo entre as superfícies em contato, ou seja, na transição entre os regimes de atrito estático e dinâmico. Caso não tenhamos garantia de que esta situação particular esteja presente, a força de atrito é desconhecida, e deve ser determinada no processo de resolução do problema em estudo.

O fato de que a força de atrito estático depende da situação específica encontrada pode ser comprovado pelo seguinte experimento: imaginemos que, na Figura 3.6, possamos aumentar, lenta e progressivamente, o valor do ângulo α (substituindo, por exemplo, o plano inclinado por uma prancha, cuja inclinação possa ser alterada). Vamos constatar que, para uma faixa de valores do ângulo de inclinação, entre zero e um valor $\alpha_{máx}$, o bloco permanecerá em repouso sobre a prancha.

Usando a Primeira Lei de Newton para um valor qualquer de α nesta faixa, constatamos que o repouso implica que a resultante das forças aplicadas ao bloco é nula. Em termos das componentes das forças na direção determinada pela prancha, e na direção perpendicular à prancha, escrevemos:

- na direção t: $-mg\,\text{sen}\alpha + f_a = 0 \Rightarrow f_a = mg\,\text{sen}\alpha,$ (3.11.a)
- na direção n: $-mg\cos\alpha + N = 0 \Rightarrow N = mg\cos\alpha.$ (3.11.b)

A primeira das equações acima mostra claramente que o valor da força de atrito depende do valor instantâneo do ângulo α, que caracteriza a situação específica encontrada.

Utilizando mais uma vez a situação ilustrada na Figura 3.6, vamos descrever um procedimento experimental simples para determinar o coeficiente de atrito estático.

Aumentamos lentamente a inclinação do plano, até que o bloco comece a deslizar, e registramos o valor correspondente do ângulo, $\alpha_{máx}$. Nesta situação de movimento iminente, mas ainda com o bloco em repouso, a Equação (3.10) é válida e as Equações (3.11) ficam:

- $mg\,\text{sen}\alpha_{máx} - f_a = 0 \Rightarrow \mu_{est}\,N = mg\,\text{sen}\alpha_{máx},$ (3.12.a)
- $mg\cos\alpha_{máx} - N = 0 \Rightarrow N = mg\cos\alpha_{máx}.$ (3.12.b)

Eliminando N nas duas Equações (3.12), obtemos:

$$\mu_{est} = tan\alpha_{máx}. \tag{3.13}$$

Concluímos, assim, que o coeficiente de atrito estático é determinado pela tangente do ângulo de inclinação do plano para o qual se observa a transição do regime de atrito estático para o regime dinâmico.

Por outro lado, o *atrito dinâmico*, às vezes chamado *atrito cinético*, ocorre quando as duas superfícies se movimentam, uma em relação à outra, conforme mostrado na Figura 3.7. Observamos que a força de atrito aplicada ao corpo A pelo corpo B tem o sentido oposto ao da velocidade de A em relação a B. Ao mesmo tempo, a força de atrito exercida sobre B por A tem o sentido oposto ao da velocidade de B em relação a A.

Experimentalmente, observa-se que o módulo da força de atrito dinâmico é dado por:

$$\left\|\vec{f}_a\right\| = \mu_{din}\left\|\vec{N}\right\|, \tag{3.14}$$

onde μ_{din} é uma constante adimensional denominada *coeficiente de atrito dinâmico* ou *coeficiente de atrito cinético*, cujo valor, similarmente ao do coeficiente de atrito estático, depende fundamentalmente dos materiais que compõem os corpos e do acabamento das superfícies em contato.

Com base na discussão acima, e considerando a situação ilustrada na Figura 3.7, podemos expressar vetorialmente as forças de atrito dinâmico da seguinte forma:

- força de atrito aplicada ao corpo A:

$$\vec{f}_a = -\mu_{din}\left\|\vec{N}\right\|\frac{\vec{v}_{A/B}}{\left\|\vec{v}_{A/B}\right\|} = -\mu_{din}\left\|\vec{N}\right\|\frac{\vec{v}_A - \vec{v}_B}{\left\|\vec{v}_A - \vec{v}_B\right\|}, \tag{3.15.a}$$

- força de atrito aplicada ao corpo B:

$$\vec{f}_a = -\mu_{din}\left\|\vec{N}\right\|\frac{\vec{v}_{B/A}}{\left\|\vec{v}_{B/A}\right\|} = -\mu_{din}\left\|\vec{N}\right\|\frac{\vec{v}_B - \vec{v}_A}{\left\|\vec{v}_B - \vec{v}_A\right\|}. \tag{3.15.b}$$

Visando o melhor entendimento da transição entre os regimes de atrito estático e dinâmico, consideremos a situação mostrada na Figura 3.8(a), na qual um bloco é posicionado sobre um plano horizontal, sendo puxado, através de um fio, por uma força $\vec{F}$. O módulo desta força é aumentado lentamente, sendo sua variação mostrada em função do tempo na Figura 3.8(b).

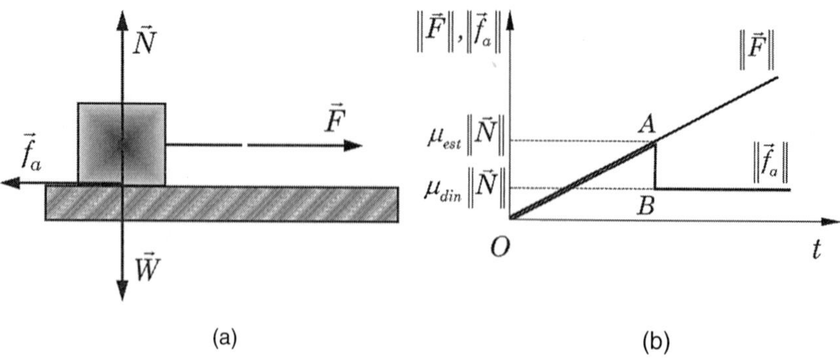

FIGURA 3.8 (a): bloco posicionado sobre um plano horizontal com atrito, sujeito a uma força horizontal; (b): variações da força aplicada e da força de atrito com o tempo.

Conforme observamos na Figura 3.8(b), para valores mais baixos da força aplicada (trecho O-A), o módulo da força de atrito se iguala ao módulo desta força. Nesta condição, o bloco permanecerá em repouso. Ao ser atingido o valor da força aplicada, dado por $\mu_{est}\left\|\vec{N}\right\|$, no ponto A, ocorre a transição entre os regimes estático e dinâmico. Neste momento, a força de atrito passa a valer $\mu_{din}\left\|\vec{N}\right\|$ (ponto B), e este valor permanece constante, mesmo com o aumento subsequente da força aplicada. De acordo com a Segunda Lei de Newton, isso significa que, a partir do ponto B, o bloco se movimentará com aceleração diferente de zero.

A Tabela 3.1 fornece exemplos de valores de coeficientes de atrito para alguns dos pares mais comuns de materiais. Observamos que o valor do coeficiente de atrito dinâmico é, na maior parte das vezes, menor que o do coeficiente de atrito estático.

Tabela 3.1 Exemplos de coeficientes de atrito estáticos e dinâmicos.

Materiais em contato	μ_{est}	μ_{din}
Aço-Aço	0,74	0,57
Alumínio-Aço	0,61	0,47
Cobre-Aço	0,53	0,36
Borracha-Concreto	1,00	0,80
Madeira-Madeira	0,25 a 0,50	0,20
Vidro-Vidro	0,94	0,40
Teflon-Teflon	0,04	0,04

Fonte: http://www.physlink.com/Reference/FrictionCoefficients.cfm.

3.3.5 Forças exercidas por fluidos

Tratamos aqui das forças exercidas sobre um corpo sólido por um fluido no qual ele está imerso.

Primeiramente, de acordo com o *Princípio de Arquimedes*, um corpo imerso em um fluido fica sujeito a uma força, denominada *empuxo*, que atua na direção vertical, com sentido para cima, sendo seu módulo igual ao peso do fluido deslocado pelo corpo. Assim, com relação à Figura 3.9, designando por $\rho(\text{kg/m}^3)$ a densidade do fluido e por V_i (m^3) o volume imerso do corpo, o empuxo tem seu módulo dado por:

$$\left\|\vec{Q}\right\| = \rho g V_i. \tag{3.16}$$

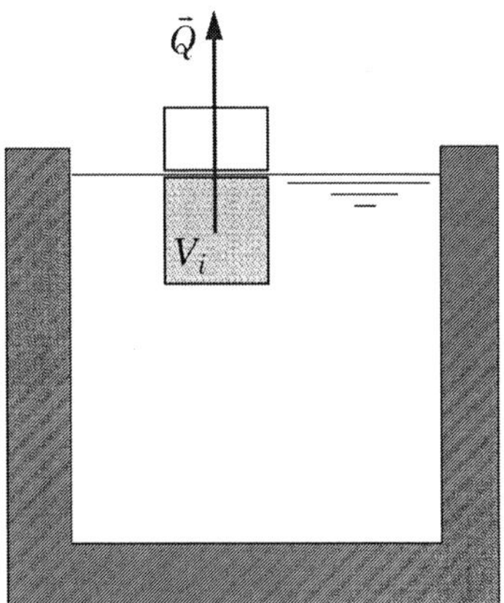

FIGURA 3.9 Força de empuxo atuando sobre um corpo parcialmente submerso.

Além disso, quando um corpo se movimenta dentro de um volume fluido, sofre também a ação de forças, ditas *forças hidrodinâmicas*, que dependem essencialmente da forma do corpo, das características físicas do fluido, da rugosidade da superfície do corpo e da velocidade deste em relação ao fluido. Estas forças são objeto de estudos mais aprofundados no campo da Mecânica dos Fluidos. Entretanto, para nossos propósitos, uma abordagem simplificada, apresentada a seguir, é suficiente.

Considerando a situação ilustrada na Figura 3.10, na qual $\vec{v}_{rel}$ é a velocidade do corpo em relação ao fluido, as forças hidrodinâmicas aplicadas ao corpo são usualmente representadas em termos de duas componentes: a força de arrasto (*drag*, em inglês), indicada por $\vec{D}$, e a força de sustentação (*lift*), indicada por $\vec{L}$.

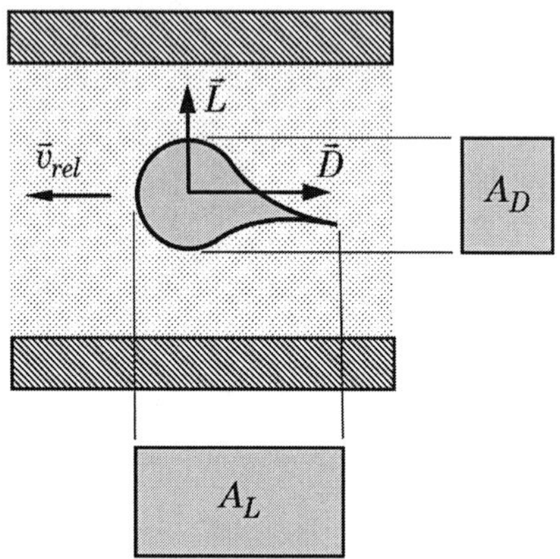

FIGURA 3.10 Ilustração das forças hidrodinâmicas aplicadas a um corpo que se move relativamente a um fluido.

A força de arrasto tem a mesma direção e sentido oposto ao da velocidade relativa do corpo com respeito ao fluido. Desta forma, ela sempre se opõe ao avanço do corpo através do fluido. Por outro lado, a força de sustentação atua no sentido transversal ao da velocidade relativa, sendo o seu sentido dependente da forma do corpo.

Em aeronaves, a forma e a orientação das asas em relação à sua direção de avanço são definidas de forma que a força de sustentação atue no sentido ascendente, a fim de anular ou sobrepujar o efeito do peso e, assim, possibilitar o voo.

Os módulos das forças de arrasto e de sustentação podem ser expressos, respectivamente, das seguintes formas:

$$\left\|\vec{D}\right\| = \frac{1}{2} c_D \, \rho \, v_{rel}^2 \, A_D \, , \qquad (3.17.a)$$

$$\left\|\vec{L}\right\| = \frac{1}{2} c_L \, \rho \, v_{rel}^2 \, A_L \, , \qquad (3.17.b)$$

onde c_D e c_L são os coeficientes adimensionais de arrasto e de sustentação, respectivamente, ρ é a densidade do fluido, v_{rel} é o módulo da velocidade do corpo em relação ao fluido. Além disso, A_D é a área da seção transversal do corpo (localizada sobre um plano perpendicular à direção da velocidade do corpo em relação ao fluido) e A_L é a área do corpo projetada sobre um plano paralelo à direção da velocidade do corpo em relação ao fluido. Estas duas áreas também estão indicadas na Figura 3.10.

As Tabelas 3.2 e 3.3 fornecem alguns valores dos coeficientes de arrasto, que são importantes em muitas aplicações, tanto no domínio aeronáutico quanto fora dele, para alguns corpos de geometria simples.

Tabela 3.2 Exemplos de coeficientes de arrasto para corpos bidimensionais.

Forma do corpo	Orientação do corpo	C_D
Círculo	$\vec{v}_{rel}$	1,17
Quadrado	$\vec{v}_{rel}$	2,05
Quadrado	$\vec{v}_{rel}$	1,55
Semicírculo	$\vec{v}_{rel}$	1,20
Semicírculo	$\vec{v}_{rel}$	2,30

Fonte: http://www-mdp.eng.cam.ac.uk/web/library/enginfo/aerothermal_dvd_only/aero/fprops/introvisc/node11.html.

Tabela 3.3 Exemplos de coeficientes de arrasto para corpos tridimensionais.

Forma do corpo	Orientação do corpo	C_D
Cubo	$\vec{v}_{rel}$	1,05
Semiesfera	$\vec{v}_{rel}$	0,38
Semiesfera	$\vec{v}_{rel}$	1,17

Fonte: http://www-mdp.eng.cam.ac.uk/web/library/enginfo/aerothermal_dvd_only/aero/fprops/introvisc/node11.html.

3.3.6 Forças exercidas por cabos flexíveis e barras rígidas

Frequentemente, em problemas de Engenharia, utilizam-se cabos flexíveis e barras para transmitir o movimento de um corpo para outro.

Os cabos flexíveis, como linhas, cordas e fios têm como característica o fato de não oferecerem resistência à flexão e à compressão, sendo capazes apenas de transmitir esforços de tração em sua direção. Desta forma, quando um cabo flexível é conectado a um corpo, seu efeito mecânico resume-se à tendência de puxar este último, com uma força que tem a direção do cabo, conforme mostrado na Figura 3.11(a).

Barras rígidas, por outro lado, são capazes de transmitir três tipos de esforços: momento fletor ($\vec{M}$), força cisalhante ($\vec{V}$) e força normal ($\vec{N}$), conforme apresentado na Figura 3.11(b). A força normal pode ser tanto de tração quanto de compressão.

Entretanto, se utilizarmos o modelo de partícula para representar um corpo conectado a uma barra rígida, temos que admitir que a conexão seja feita através de um único ponto. Neste caso, a transmissão de momento fletor é fisicamente impossível, haja vista que o conceito de momento envolve forças cujos pontos de aplicação estão separados por alguma distância. Desta forma, para que haja coerência com o modelo de partícula, a barra deve ser considerada delgada (com as dimensões de sua seção transversal desprezíveis), o momento fletor deve ser desprezado e apenas as forças normal e cisalhante devem ser consideradas.

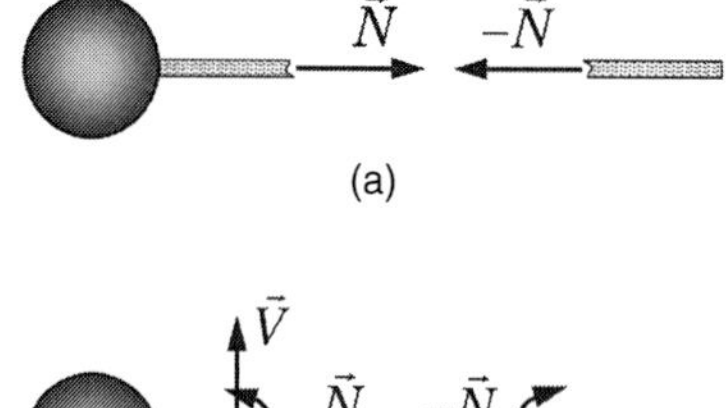

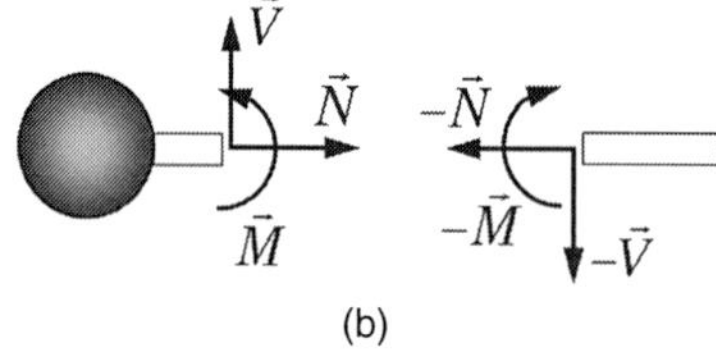

FIGURA 3.11 (a): força transmitida por meio de um cabo flexível; (b): forças e momento transmitidos por meio de uma barra rígida.

3.3.7 Forças exercidas por molas

Molas são elementos flexíveis encontrados com muita frequência em diversos tipos de sistemas mecânicos. Há uma grande variedade de tipos de molas, dentre os quais as molas constituídas por fios metálicos conformados em configuração helicoidal (molas helicoidais) são as mais comuns.

Devido à sua característica de elasticidade, quando uma mola é deformada pela imposição de um deslocamento, surge uma força elástica, $\vec{F}_e$, que atua no sentido de restituir a mola ao seu estado indeformado, como mostra a Figura 3.12(a).

Dependendo das propriedades mecânicas do material que constitui a mola e de sua geometria, ela pode apresentar comportamento linear ou não linear. Dizemos que uma mola é linear quando se verifica a proporcionalidade entre o seu alongamento e a força elástica, de acordo com a relação:

$$F_e = kx, \tag{3.18}$$

onde k é denominada *constante elástica* ou *coeficiente de rigidez* da mola. No S.I., esta constante tem unidades de N/m e seu valor numérico é dado pela inclinação da reta mostrada no diagrama $F_e \times x$, apresentado na Figura 3.12(b).

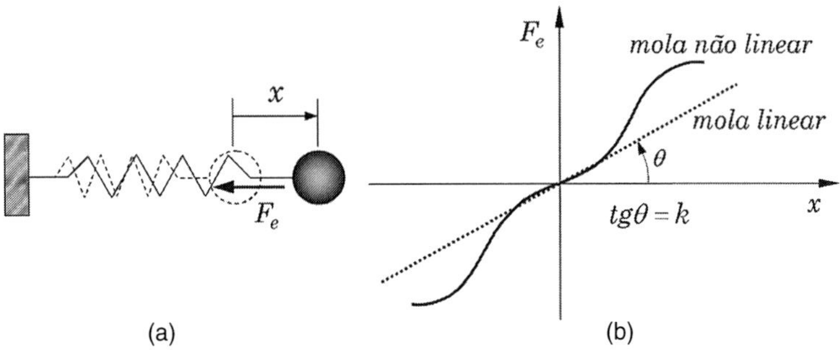

FIGURA 3.12 Ilustração do comportamento de molas lineares e não lineares.

É importante observar que, na Equação (3.18), x designa o alongamento da mola *em relação à sua posição indeformada*, de modo que a força elástica é nula quando a mola não está tracionada nem comprimida.

Por outro lado, as molas não lineares obedecem a relações $F_e \times x$ não lineares, conforme podemos ver na Figura 3.12(b), sendo estas relações geralmente do tipo exponencial, dadas por:

$$F_e = kx^n, \tag{3.19}$$

onde n é uma constante adimensional. Neste caso, a constante de proporcionalidade tem unidades N/m^n. Os modelos mais comumente empregados para molas não lineares são aqueles em que $n = 2$ ou $n = 3$.

3.3.8 Forças exercidas por amortecedores viscosos

Amortecedores são dispositivos destinados a atenuar o movimento de componentes de sistemas mecânicos, proporcionando dissipação de energia. A denominação *amortecedores viscosos* tem origem no fato de que, usualmente, a dissipação é obtida promovendo a fricção entre partículas de um fluido viscoso. Na prática, os amortecedores são formados por um cilindro preenchido com um fluido de alta viscosidade, como o óleo. Dentro do cilindro existe um êmbolo que dispõe de furos através dos quais o fluido de desloca de uma câmara para outra. Um amortecedor típico é ilustrado na Figura 3.13.

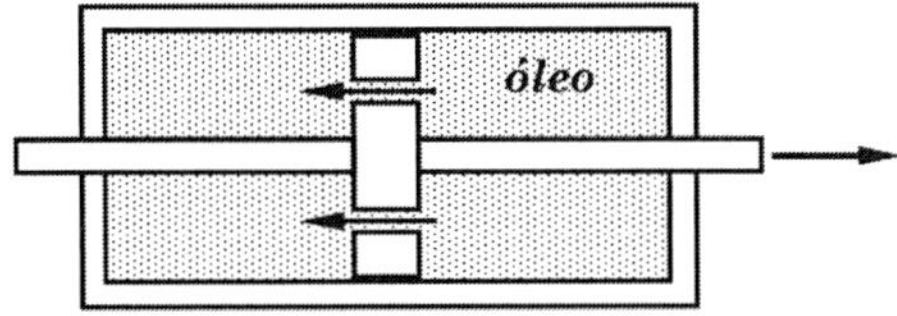

FIGURA 3.13 Ilustração do funcionamento de um amortecedor viscoso.

Conforme ilustrado na Figura 3.14(a), quando as extremidades do amortecedor são deslocadas, surge uma força de amortecimento, $\vec{F}_a$, que é função da velocidade, e que se opõe ao movimento.

De modo semelhante ao que ocorre com as molas, apresentadas na seção anterior, os amortecedores viscosos também podem possuir comportamento linear ou não linear.

No caso de comportamento linear, existe proporcionalidade entre o módulo da velocidade e o módulo da força de amortecimento, $\vec{F}_a$, de acordo com a relação:

$$F_a = c\dot{x}, \tag{3.20}$$

onde c é denominado *coeficiente de amortecimento viscoso.* No SI esta constante tem unidades N·s/m e seu valor numérico é dado pela inclinação da reta no diagrama $F_a \times \dot{x}$, conforme mostrado na Figura 3.14(b).

Por outro lado, amortecedores não lineares obedecem a relações $F_a \times \dot{x}$, não lineares, como ilustra a Figura 3.14(b), sendo estas relações geralmente do tipo exponencial, dadas por:

$$F_a = c\dot{x}^n, \tag{3.21}$$

onde c e n são constantes específicas para cada amortecedor, que dependem de suas características físicas e geométricas. No caso de amortecedores não lineares a constante c tem unidades de $N/(m/s)^n$ no SI.

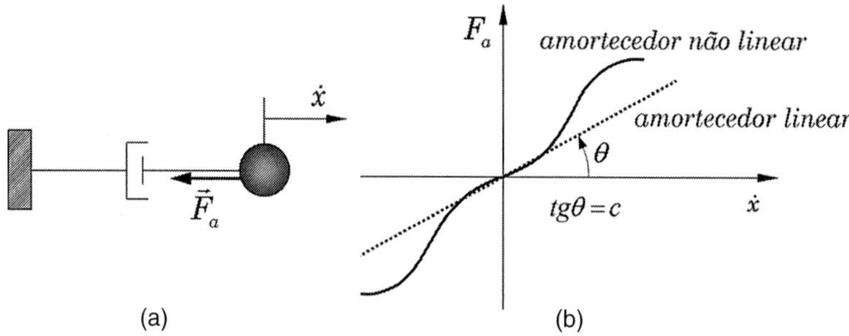

FIGURA 3.14 Ilustração do comportamento de amortecedores viscosos lineares e não lineares.

3.4 Equações do movimento

Conforme havíamos comentado na Subseção 3.2.1, para utilizar a Segunda Lei de Newton, após a elaboração do DCL da partícula analisada, devemos escolher um sistema de coordenadas adequado e, em seguida, representar a resultante das forças e a aceleração da partícula em termos de suas componentes expressas neste sistema. Assim fazendo, a equação vetorial (3.2) levará a um conjunto de equações diferenciais escalares, chamadas *equações do movimento*, cuja resolução, analítica ou numérica, fornecerá a solução do problema. O número de equações do movimento é determinado pela dimensão do problema, ou seja, para problemas unidimensionais teremos apenas uma equação do movimento, ao passo que para problemas bidimensionais e tridimensionais teremos duas e três equações do movimento, respectivamente.

Na sequência, desenvolveremos as equações do movimento para os sistemas de coordenadas introduzidos nas Seções 1.7 e 1.8.

3.4.1 Coordenadas cartesianas (*x*-*y*-*z*)

Consideremos uma partícula P, de massa m, que se movimenta ao longo de sua trajetória sob ação de um conjunto arbitrário de forças, cuja resultante vetorial é designada por $\sum\vec{F}$, conforme mostrado na Figura 3.15. Também está ilustrado o sistema de eixos cartesianos fixos $Oxyz$ utilizado para a formulação das equações do movimento.

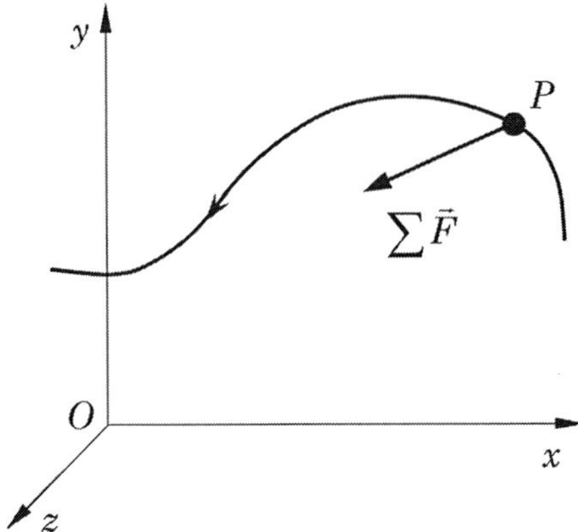

FIGURA 3.15 Representação do movimento de uma partícula sob a ação de uma força resultante empregando um sistema de coordenadas cartesianas.

Utilizando os desenvolvimentos conduzidos para a análise cinemática na Subseção 1.8.1, expressamos tanto a força resultante quanto a aceleração da partícula em termos de suas componentes cartesianas, da seguinte forma:

$$\sum \vec{F}(t) = \sum F_x(t)\vec{i} + \sum F_y(t)\vec{j} + \sum F_z(t)\vec{k}, \tag{3.22}$$

$$\vec{a}(t) = \ddot{x}(t)\vec{i} + \ddot{y}(t)\vec{j} + \ddot{z}(t)\vec{k}. \tag{3.23}$$

Substituindo as duas equações acima na expressão vetorial da Segunda Lei de Newton (Equação (3.2)), temos:

$$\sum F_x(t)\vec{i} + \sum F_y(t)\vec{j} + \sum F_z(t)\vec{k} = m\left[\ddot{x}(t)\vec{i} + \ddot{y}(t)\vec{j} + \ddot{z}(t)\vec{k}\right]. \tag{3.24}$$

Como os vetores unitários $\vec{i}, \vec{j}, \vec{k}$ são linearmente independentes, a igualdade acima implica que os coeficientes que multiplicam cada um destes vetores em ambos os lados da equação vetorial devem ser iguais. Isso leva às três equações escalares seguintes:

$$\sum F_x(t) = m\ddot{x}(t), \tag{3.25.a}$$

$$\sum F_y(t) = m\ddot{y}(t), \tag{3.25.b}$$

$$\sum F_z(t) = m\ddot{z}(t). \tag{3.25.c}$$

As equações diferenciais (3.25) são as *equações do movimento* expressas em coordenadas cartesianas. Do ponto de vista matemático, estas equações são classificadas como equações diferenciais ordinárias (pois o tempo é a única variável independente), e de segunda ordem (a mais alta ordem da derivada em relação ao tempo é dois).

É importante relembrar que a resolução de equações diferenciais para as quais a variável independente é o tempo requer o conhecimento das chamadas *condições iniciais*, ou seja, os valores das derivadas de ordem zero (posições) e de primeira ordem (velocidades), no instante inicial considerado na resolução do problema (geralmente para $t = 0$). Por esta razão, o problema matemático representado pelas Equações (3.25) é denominado *problema de valor inicial.*

O grau de dificuldade de resolução das equações do movimento depende da natureza das forças que aparecem nos termos à esquerda das Equações (3.25).

Nos casos em que as componentes da força resultante são constantes ou são funções conhecidas explícitas apenas do tempo, as componentes da aceleração podem ser calculadas diretamente a partir das Equações (3.25). Em seguida, por integrações sucessivas destas componentes de aceleração, dispondo das condições iniciais, determinam-se as componentes da velocidade e do vetor posição instantâneos da partícula em função do tempo.

Por outro lado, as forças podem depender explicitamente do tempo e/ou da posição e/ou da velocidade instantânea da partícula. Nestes casos, especialmente quando esta dependência é não linear, a resolução analítica das equações do movimento pode ser difícil, ou mesmo impossível, sendo requeridos métodos numéricos aproximados de resolução, dos quais trataremos mais adiante.

Vale também observar que as equações do movimento obtidas para o caso de movimento tridimensional podem ser facilmente particularizadas para os casos de movimento unidimensional e bidimensional.

EXEMPLO 3.1

Determinar a aceleração de cada bloco e a tração no cabo do sistema mecânico mostrado na Figura 3.16, sabendo que o conjunto é liberado do repouso na posição mostrada e que os coeficientes de atrito estático e dinâmico entre o corpo B e o plano inclinado valem 0,5 e 0,2, respectivamente. Desprezar o atrito nas polias e as massas do cabo e das polias. Dados: $m_A = 50$ kg ; $m_B = 150$ kg.

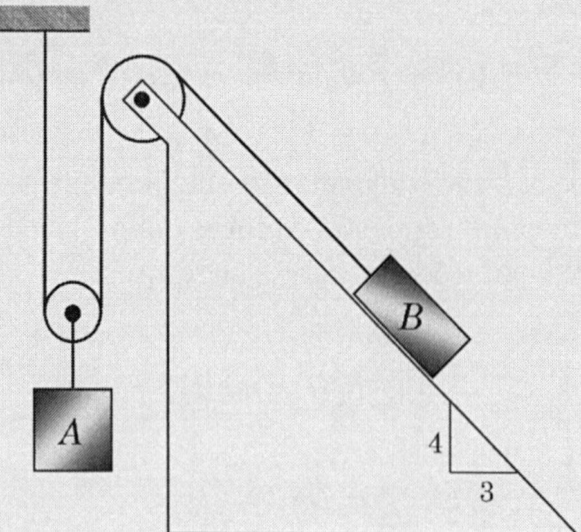

FIGURA 3.16 Sistema formado por blocos conectados por cabos.

Resolução

Em se tratando de um problema envolvendo atrito, devemos primeiramente avaliar se este é suficiente para impedir o movimento de deslizamento do bloco B sobre o plano inclinado. Para tanto, a partir dos diagramas de corpo livre mostrados na Figura 3.17, nos quais $\vec{T}$ é a tração no cabo, $\vec{W}_A$

e $\vec{W}_B$ são, respectivamente, os pesos dos blocos A e B, e $\vec{N}$ e $\vec{f}_a$ são, respectivamente, as componentes normal e tangencial da força de contato exercida pelo plano sobre o bloco B, verificamos a possibilidade de ocorrência da situação de equilíbrio:

Para o corpo A: $\sum F_y = 0 \Rightarrow 2T - m_A g = 0 \Rightarrow T = 25g$.

Para o corpo B: verificamos que a componente do peso na direção paralela ao plano inclinado é maior que a força exercida pelo cabo. De fato: $m_B g \operatorname{sen}\theta = \frac{4}{5} \cdot 150 \cdot g = 120g > 25g$. Assim, concluímos que existe a tendência de o bloco B deslizar para baixo, fazendo surgir uma força de atrito orientada para cima, conforme mostrado na Figura 3.17.

É importante destacar que, sob a hipótese de atrito nulo nas polias e massa do cabo desprezível, a magnitude da força de tração é admitida constante ao longo do cabo.

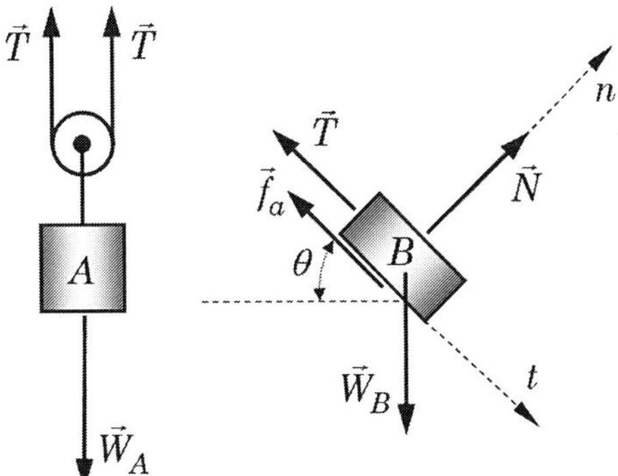

FIGURA 3.17 Diagramas de corpo livre dos blocos.

Devemos, agora, verificar se o atrito é suficiente para impedir o deslizamento do bloco B. Com base na discussão apresentada na Subseção 3.3.4 (ver Figura 3.8), a máxima força de atrito estático é dada por $(f_a)_{máx} = \mu_{est} N$ que, no caso presente, vale $(f_a)_{máx} = 0{,}5 m_B g \cos\theta = 45g$. Nesta situação, para as componentes de força na direção t, temos: $m_B g \operatorname{sen}\theta = 120g > T + (f_a)_{máx} = 25g + 45g = 70g$, o que nos leva à conclusão que o atrito não é suficiente para impedir o movimento do bloco.

Estando em regime dinâmico, a força de atrito é:

$$f_a = \mu_{din} N = 0{,}2\ m_B g \cos\theta = 18g. \quad \textbf{(a)}$$

Aplicando a Segunda Lei de Newton para os blocos A e B, temos:

Bloco A: $\sum F_y = m_A a_A \Rightarrow 2T - m_A g = m_A a_A$, **(b)**

Bloco B: $\sum F_t = m_B a_B \Rightarrow -T - f_a + m_B g sen\theta = m_B a_B$. **(c)**

Quanto à análise cinemática, levando em conta que, neste problema, temos um caso de movimento vinculado de duas partículas (ver Seção 1.6), podemos facilmente verificar que as acelerações dos dois blocos são relacionadas pela expressão:

$$a_B = 2a_A. \quad \textbf{(d)}$$

Associando as equações (a) a (d), e considerando os valores fornecidos, obtemos:

$$a_A = \frac{77}{325} g \Rightarrow \underline{\underline{a_A = 2{,}32 \text{ m/s}^2}}, \qquad a_B = \frac{114}{325} g \Rightarrow \underline{\underline{a_B = 4{,}64 \text{ m/s}^2}},$$

$$\underline{\underline{T = 303{,}35 \text{ N}}}.$$

EXEMPLO 3.2

Consideremos a situação mostrada na Figura 3.18, na qual uma partícula é lançada do ponto A, a uma altura y_0 em relação ao solo, com velocidade inicial $\vec{v}_0$, perfazendo o ângulo θ_0 em relação à horizontal. Desprezando a resistência do ar, pede-se: **a)** determinar as equações do movimento empregando um sistema de coordenadas cartesianas; **b)** resolver as equações do movimento e expressar as componentes horizontal e vertical do vetor posição e do vetor velocidade em função do tempo; **c)** obter a equação que descreve a trajetória da partícula em coordenadas cartesianas; **d)** admitindo os valores y_0 = 5,0 m, v_0 = 10,0 m/s, θ_0 = 30°, traçar os gráficos representando as componentes horizontal e vertical da posição e da velocidade da partícula entre o instante de lançamento e o instante em que ela atinge o solo, e a curva representando a trajetória da partícula.

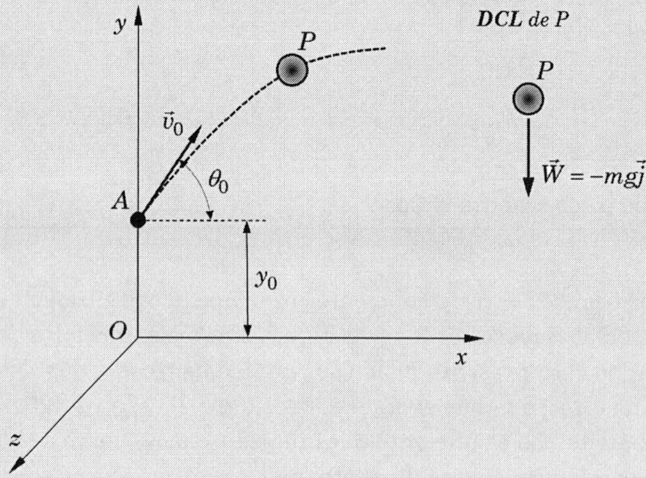

FIGURA 3.18 Ilustrações do lançamento oblíquo de uma partícula e seu diagrama de corpo livre.

Resolução

Embora o problema de lançamento oblíquo sem resistência do ar seja bem conhecido, é útil utilizá-lo para demonstrar o procedimento sistemático de obtenção e resolução das equações do movimento.

Por conveniência, escolhemos o sistema de referência $Oxyz$, de sorte que o eixo y coincida com a direção vertical e o vetor velocidade inicial esteja localizado sobre o plano xy, conforme ilustrado na Figura 3.18.

Para a elaboração do DCL devemos avaliar quais são as forças que atuam sobre a partícula durante seu movimento, e quais informações temos disponíveis sobre elas. No caso em apreço, no qual estamos desprezando a resistência do ar, a única força que atua sobre a partícula P é o seu peso, que está orientado na direção vertical, para baixo, conforme mostrado na Figura 3.18 (ver também a Subseção 3.3.1).

Assim, escrevemos a força resultante sob a forma:

$$\sum \vec{F} = \vec{W} = -mg\,\vec{j}\,.$$

Empregando, então, as Equações (3.25), temos as seguintes equações do movimento:

$$m\ddot{x}(t) = 0\,, \quad \textbf{(a.1)}$$

$$m\ddot{y}(t) = -mg\,, \quad \textbf{(a.2)}$$

$$m\ddot{z}(t) = 0\,. \quad \textbf{(a.3)}$$

Observamos que as equações do movimento são equações diferenciais simples, que podem ser resolvidas analiticamente sem nenhuma dificuldade. Assim, integrando as equações (a.1), (a.2) e (a.3) duas vezes em relação ao tempo, escrevemos:

$$\dot{x}(t) = C_1\,, \ \textbf{(b.1)} \qquad \dot{y}(t) = -gt + C_2\,, \ \textbf{(b.2)} \qquad \dot{z}(t) = C_3\,, \ \textbf{(b.3)}$$

$$x(t) = C_1 t + C_4\,, \ \textbf{(b.4)} \qquad y(t) = -\frac{1}{2}gt^2 + C_2 t + C_5\,, \ \textbf{(b.5)} \qquad z(t) = C_3 t + C_6\,. \ \textbf{(b.6)}$$

As seis constantes de integração são determinadas impondo as condições iniciais fornecidas, em termos das componentes do vetor posição e do vetor velocidade da partícula no instante do lançamento, que fazemos coincidir com $t = 0$. Estas condições iniciais são:

$$\dot{x}(0) = v_0 \cos\theta_0\,, \ \textbf{(c.1)} \qquad \dot{y}(0) = v_0\, sen\theta_0\,, \ \textbf{(c.2)} \qquad \dot{z}(0) = 0\,, \ \textbf{(c.3)}$$

$$x(0) = 0\,, \ \textbf{(c.4)} \qquad y(0) = y_0\,, \ \textbf{(c.5)} \qquad z(0) = 0\,. \ \textbf{(c.6)}$$

Associando as equações (b) e (c), obtemos as constantes de integração, que são expressas segundo:

$$C_1 = v_0 \cos\theta_0\,, \qquad C_2 = v_0\, sen\theta_0\,, \qquad C_3 = 0\,,$$

$$C_4 = 0\,, \qquad C_5 = y_0\,, \qquad C_6 = 0\,,$$

e as expressões resultantes para as componentes cartesianas da velocidade e da posição da partícula, dadas pelas equações (b), ficam:

$$\dot{x}(t) = v_0 \cos\theta_0\,, \ \textbf{(d.1)} \qquad \dot{y}(t) = -g\,t + v_0\, sen\theta_0\,, \ \textbf{(d.2)} \qquad \dot{z}(t) = 0\,, \ \textbf{(d.3)}$$

$$x(t) = v_0 \cos\theta_0\, t\,, \ \textbf{(d.4)} \qquad y(t) = -\frac{1}{2}gt^2 + v_0\, sen\theta_0\, t + y_0\,, \ \textbf{(d.5)} \qquad z(t) = 0\,. \ \textbf{(d.6)}$$

Na forma vetorial, a velocidade e a posição instantâneas da partícula resultam expressas sob a forma:

$$\vec{v}(t) = v_0 \cos\theta_0 \, \vec{i} + (-gt + v_0 \, sen\theta_0)\vec{j} + 0\,\vec{k}\,, \qquad \textbf{(e)}$$

$$\vec{r}(t) = v_0 \cos\theta_0 \, t\, \vec{i} + \left(-\frac{1}{2}gt^2 + v_0 \, sen\theta_0 \, t + y_0\right)\vec{j} + 0\,\vec{k}\,. \qquad \textbf{(f)}$$

Os resultados obtidos mostram que as componentes do movimento na direção z são nulas, o que confirma que o lançamento oblíquo é um movimento plano.

Para obter a equação da trajetória na forma cartesiana $y = y(x)$, expressamos primeiramente as componentes cartesianas do vetor posição da seguinte forma:

$$x(t) = v_0 \cos\theta_0 \, t\,, \qquad \textbf{(g)}$$

$$y(t) = -\frac{1}{2} g\, t^2 + v_0 \, sen\theta_0 \, t + y_0 \,. \qquad \textbf{(h)}$$

Eliminando a variável t nas equações (g) e (h), obtemos a equação da trajetória na forma cartesiana procurada:

$$y(x) = -\frac{1}{2}\frac{g}{v_0^2 \cos^2\theta_0} x^2 + tg\theta_0 \, x + y_0 \,. \qquad \textbf{(i)}$$

Para determinar o instante de tempo em que a partícula toca o solo, devemos determinar o valor de t para o qual a coordenada y se anula. Impondo esta condição à equação (h), escrevemos:

$$-\frac{1}{2} g\, t^2 + v_0 \, sen\theta_0 \, t + y_0 = 0\,, \qquad \textbf{(j)}$$

cuja raiz positiva é:

$$t\big|_{y=0} = \frac{1}{g}\left(v_0 \, sen\theta_0 + \sqrt{v_0^2 \, sen^2\theta_0 + 2g y_0}\right). \qquad \textbf{(k)}$$

As Figuras 3.19 a 3.21 mostram as curvas representando a variação das componentes horizontal e vertical da posição e da velocidade da partícula entre o instante de lançamento e o instante em que ela atinge o solo. Estas curvas foram obtidas utilizando o programa MATLAB® **exemplo_3_2.m**.

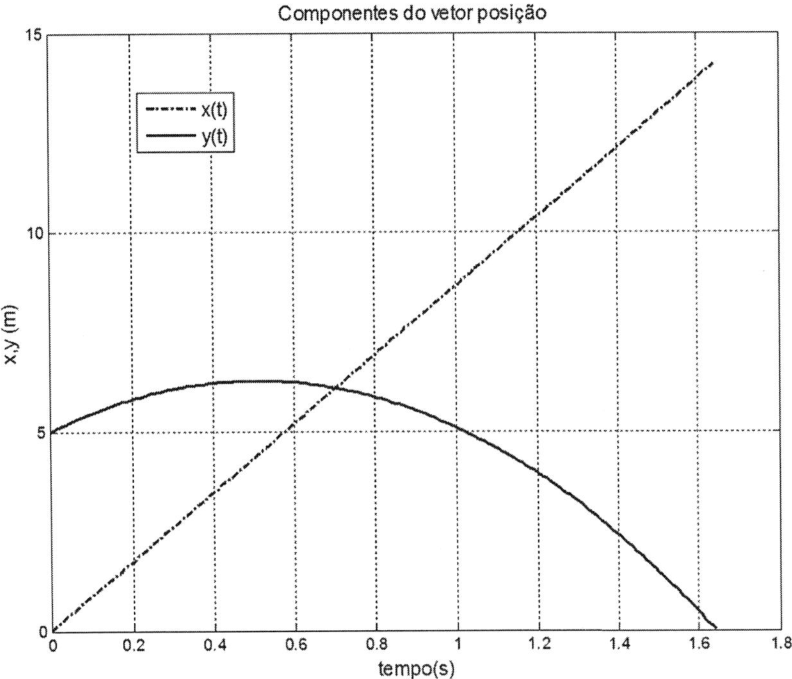

FIGURA 3.19 Curvas descrevendo as componentes do vetor posição para o movimento da partícula em lançamento oblíquo.

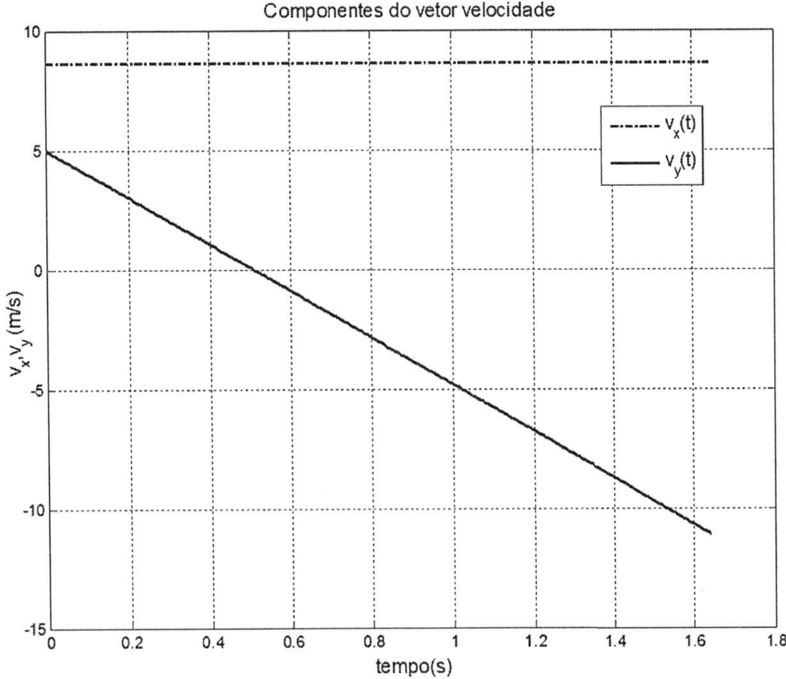

FIGURA 3.20 Curvas descrevendo as componentes do vetor velocidade para o movimento da partícula em lançamento oblíquo.

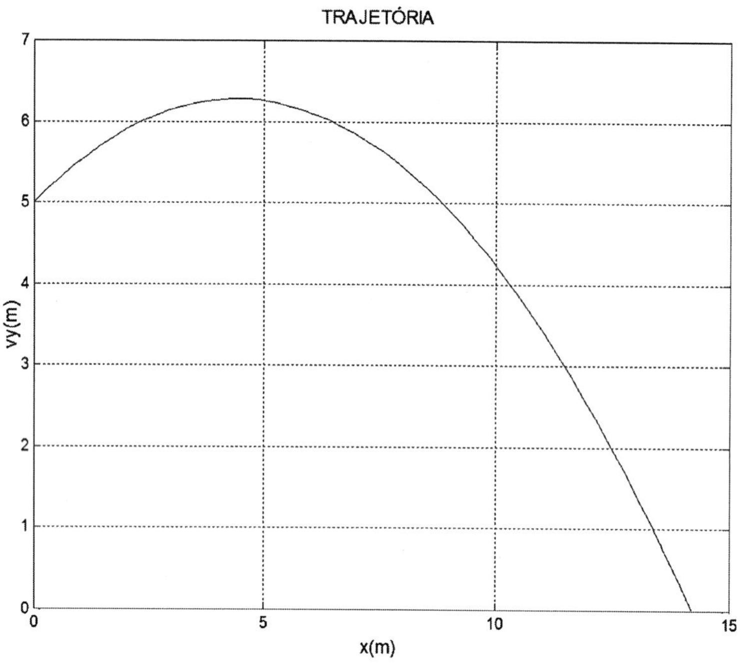

FIGURA 3.21 Curva representando a trajetória para o movimento da partícula em lançamento oblíquo.

EXEMPLO 3.3

No instante $t = 0$ uma partícula de massa m é liberada a partir do repouso de uma altura h e cai verticalmente. Admitindo que a força de resistência do ar seja proporcional à velocidade instantânea, de acordo com a relação $f_r = -cv$, pede-se: **a)** desenvolver as funções descrevendo a posição, a velocidade e a aceleração da partícula em função do tempo transcorrido após sua liberação; **b)** traçar as curvas representando as funções obtidas no item **a)**, adotando $m = 1{,}0$ kg, $h = 100{,}0$ m, $c = 0{,}8$ N·s/m.

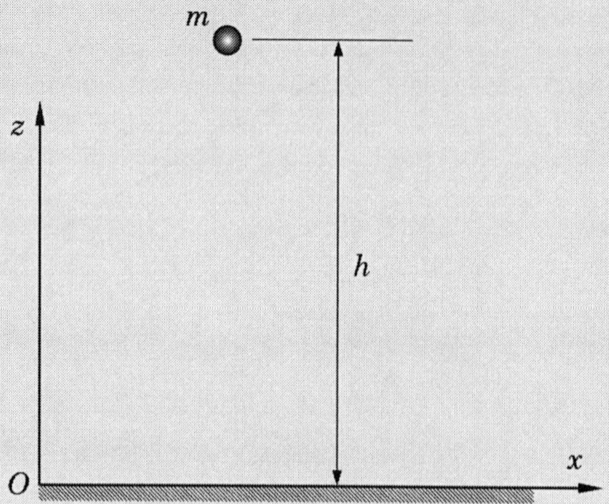

FIGURA 3.22 Ilustração de uma partícula em queda vertical com resistência do ar.

Resolução

Este problema trata do movimento de uma partícula na atmosfera, considerando a resistência exercida pelo ar. A resolução mostrará que, sendo liberada a partir de uma altura suficientemente grande, a velocidade da partícula atinge um valor máximo, conhecido como *velocidade limite*. A propósito, este fenômeno é o que garante a viabilidade de saltos com paraquedas.

Considerando o DCL da partícula, mostrado na Figura 3.23, e aplicando a Segunda Lei de Newton para as componentes na direção vertical, temos:

$$-cv - mg = m\frac{dv}{dt}. \qquad \textbf{(a)}$$

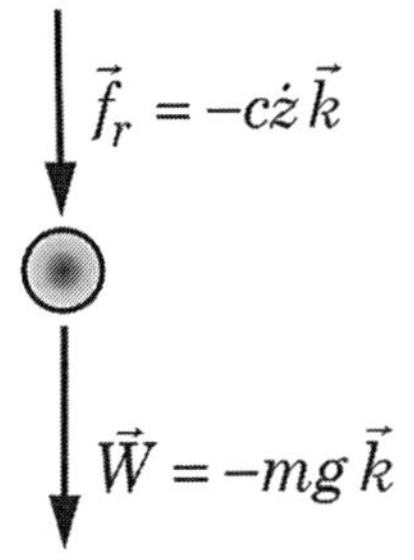

$$\vec{f}_r = -c\dot{z}\vec{k}$$

$$\vec{W} = -mg\vec{k}$$

FIGURA 3.23 DCL da partícula em queda vertical.

Separando as variáveis presentes na equação (a) e integrando a equação resultante, temos:

$$dt = -\frac{m}{cv + mg}dv \Rightarrow t = -\int_0^v \frac{m}{c\xi + mg}d\xi \Rightarrow t = -\frac{m}{c}\ln\left(1 + \frac{c}{mg}v\right). \qquad \textbf{(b)}$$

Resolvendo a equação (b) para a velocidade, obtemos:

$$v(t) = \frac{mg}{c}\left(e^{-\frac{ct}{m}} - 1\right). \qquad \textbf{(c)}$$

Observamos, na equação (c), que a presença do termo exponencialmente decrescente com o tempo indica que $\lim_{t\to\infty} v(t) = -\frac{mg}{c}$. A velocidade-limite é, portanto:

$$v_{lim} = -\frac{mg}{c}. \qquad \textbf{(d)}$$

Para obter a expressão da aceleração da partícula, derivamos a equação (c) em relação ao tempo, obtendo:

$$a(t) = -g\,e^{-\frac{ct}{m}}. \qquad \textbf{(e)}$$

A equação (e) mostra que a partícula inicia seu movimento com a aceleração da gravidade, e esta aceleração vai diminuindo progressivamente com o tempo.

Para obter a expressão da posição da partícula em função do tempo, integramos a equação (c):

$$\frac{dz}{dt} = \frac{mg}{c}\left(e^{-\frac{ct}{m}} - 1\right) \Rightarrow \int_h^z d\xi = \frac{mg}{c}\int_0^t \left(e^{-\frac{c\xi}{m}} - 1\right) d\xi \Rightarrow z(t) = h + \frac{mg}{c}\left[\frac{m}{c}\left(1 - e^{-\frac{ct}{m}}\right) - t\right]. \qquad \textbf{(f)}$$

As Figuras 3.24 a 3.26 mostram as curvas representando as funções dadas nas equações (c), (e) e (f), obtidas utilizando o programa MATLAB® **exemplo_3_3.m**.

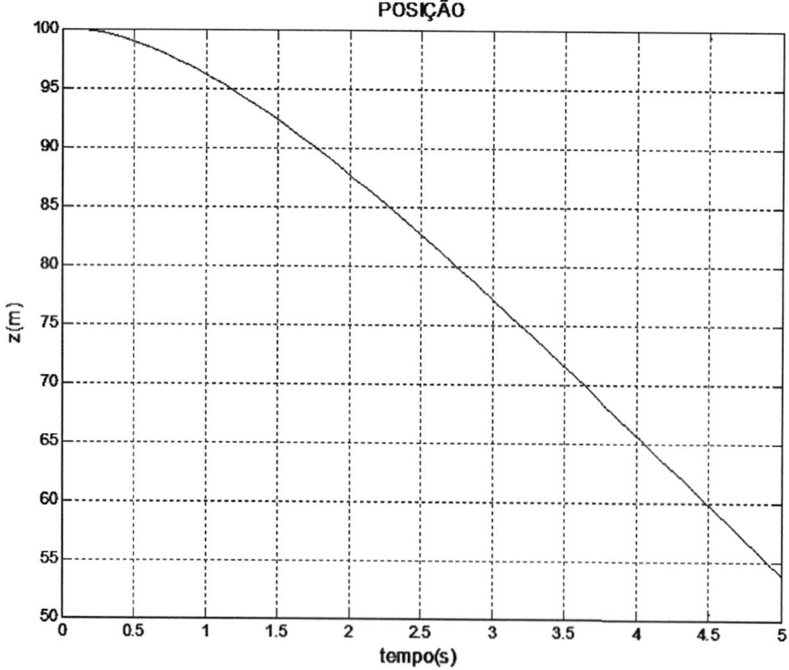

FIGURA 3.24 Gráfico mostrando a posição da partícula em queda vertical com resistência do ar.

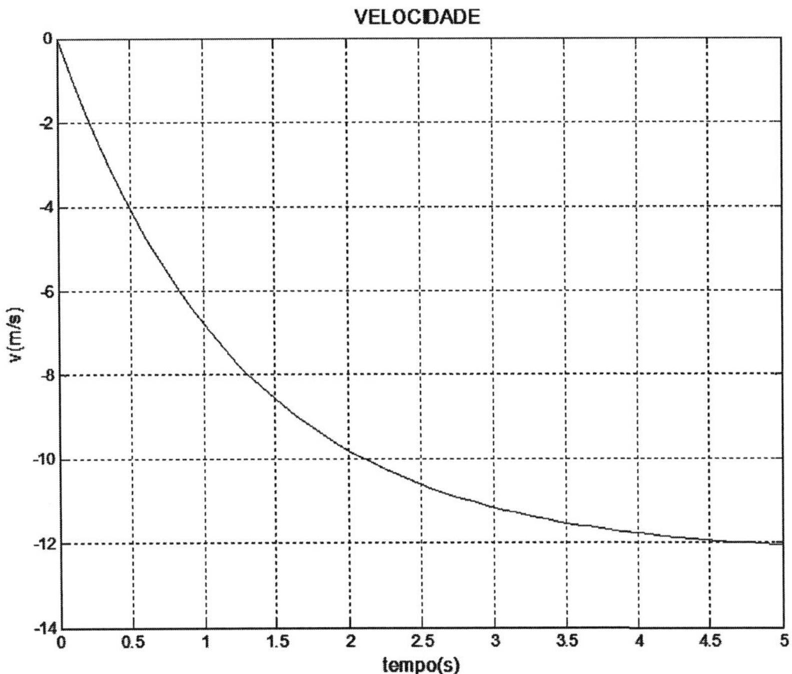

FIGURA 3.25 Gráfico mostrando a velocidade da partícula em queda vertical com resistência do ar.

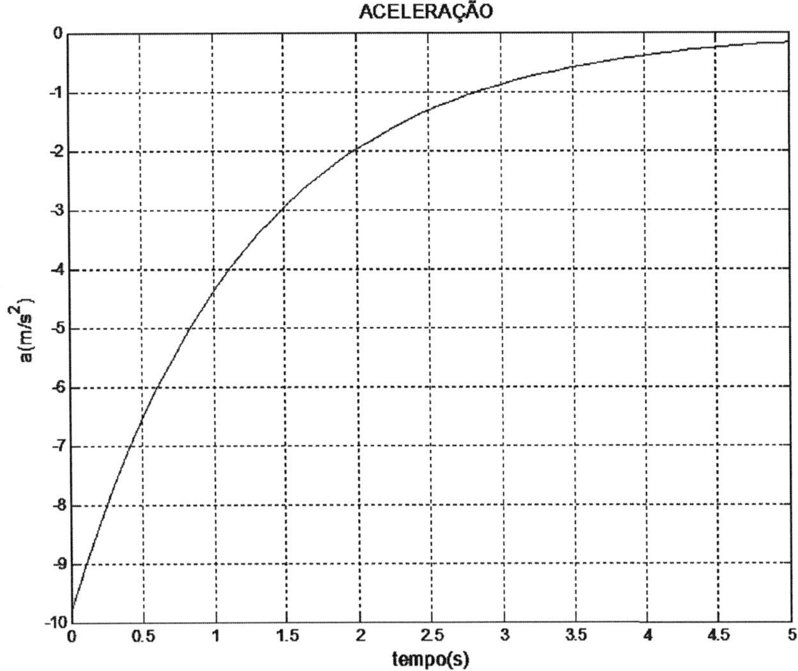

FIGURA 3.26 Gráfico mostrando a aceleração da partícula em queda vertical com resistência do ar.

EXEMPLO 3.4

O pino P, de massa 0,30 kg, mostrado na Figura 3.27, é forçado a se mover ao longo da ranhura parabólica fixa, sendo impulsionado pela guia vertical A, a qual se movimenta com velocidade constante de 8,0 m/s para a direita. A ranhura é descrita pela equação $y = 0{,}25\,x^2$, com x e y dados em metros, medidos em relação ao sistema de coordenadas cartesianas mostrado. Desprezando o atrito, determinar os módulos das forças que a guia e a ranhura exercem sobre o pino na posição $x = 0{,}80$ m.

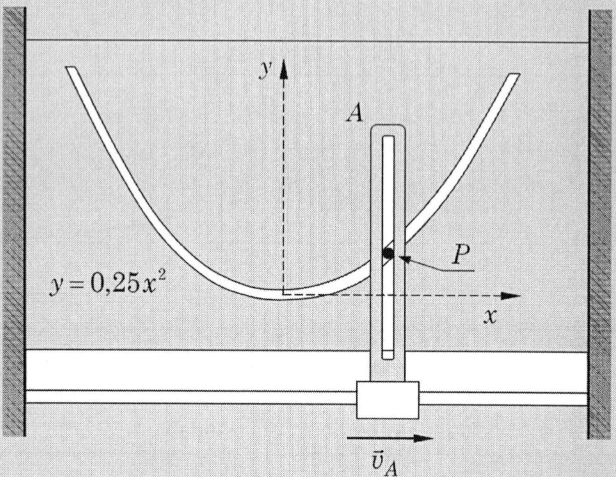

FIGURA 3.27 Ilustração de um pino movimentando-se em uma ranhura parabólica, impulsionado pela guia A.

Resolução

Resolveremos este exemplo empregando simultaneamente dois tipos de sistemas de coordenadas: cartesianas e normal-tangencial.

Seguindo o procedimento que recomendamos para resolução de problemas de dinâmica da partícula, devemos primeiramente efetuar o DCL do pino P, conforme mostrado na Figura 3.28.

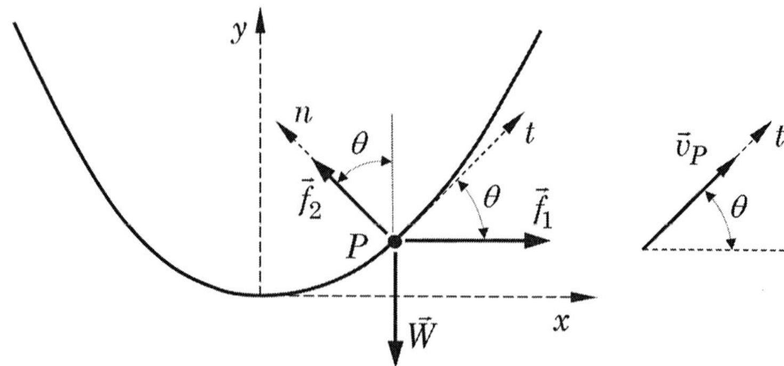

FIGURA 3.28 DCL do pino P.

Neste diagrama, as forças aplicadas sobre o pino são:

- O peso $\vec{W}$, orientado na direção vertical, para baixo ($\vec{W} = -mg\vec{j}$).
- A força de contato $\vec{f}_1$, exercida pela guia vertical A. De acordo com a discussão apresentada na Subseção 3.3.4, na ausência de atrito esta força é perpendicular à superfície de contato entre o pino e a guia A, ou seja, atua na direção horizontal.
- A força de contato $\vec{f}_2$, exercida pela ranhura parabólica. Na ausência de atrito, esta força é perpendicular à superfície de contato entre o pino e a ranhura, ou seja, atua na direção n, indicada na Figura 3.28.

É importante frisar que, apesar de as direções das forças $\vec{f}_1$ e $\vec{f}_2$ serem conhecidas, seus sentidos não o são e devem ser escolhidos arbitrariamente. Embora os sentidos indicados na Figura 3.28, pareçam, intuitivamente, ser corretos, eles deverão ser confirmados pelos resultados obtidos no final da resolução do problema.

Em situações como esta, em que uma ou mais forças de contato são desconhecidas, o procedimento recomendado é o de adotar arbitrariamente os sentidos destas forças (o que foi feito no caso presente). Após a obtenção dos valores destas forças, sinais positivos indicarão que os sentidos adotados são corretos, e sinais negativos indicarão que os sentidos devem ser invertidos.

Quanto à análise cinemática, partindo da equação da trajetória, que foi fornecida, por derivação implícita podemos obter as seguintes relações entre componentes cartesianas da velocidade e da aceleração de P:

$$y = 0{,}25x^2 \Rightarrow \dot{y} = 0{,}50x\dot{x} \Rightarrow \ddot{y} = 0{,}50\left(\dot{x}^2 + x\ddot{x}\right). \qquad \textbf{(a)}$$

Levando em conta que as componentes da velocidade e da aceleração do pino P são determinadas pela velocidade e aceleração da guia A, temos:

$$\dot{x} = v_A,$$

$$\ddot{x} = 0,$$

e da equação (a) obtemos:

$$\dot{y} = 0{,}50\, xv_A, \qquad \textbf{(b)}$$

$$\ddot{y} = 0{,}50\, v_A^2. \qquad \textbf{(c)}$$

Observamos que, pela construção mostrada na Figura 3.28, o ângulo θ pode ser obtido a partir das componentes da velocidade de P, segundo:

$$\theta = arctg\left(\frac{v_y}{v_x}\right) = arctg\left(\frac{\dot{y}}{\dot{x}}\right) \Rightarrow \theta = arctg(0{,}50x) = arctg(0{,}50 \cdot 0{,}80) = 21{,}80^{\circ}. \qquad \textbf{(d)}$$

Apliquemos agora as equações do movimento em coordenadas cartesianas, apresentadas na Subseção 3.4.1:

$$\sum F_x = m\ddot{x} \Rightarrow f_1 - f_2 \text{sen}\theta = 0, \quad \textbf{(e)}$$

$$\sum F_y = m\ddot{y} \Rightarrow -mg + f_2 \cos\theta = m\left(0{,}50\, v_A^2\right). \quad \textbf{(f)}$$

Resolvendo as equações (e) e (f) com os valores fornecidos, obtemos:

$$\underline{\underline{f_1 = 5{,}02\ \text{N}}},\ \underline{\underline{f_2 = 13{,}51\ \text{N}}}.$$

Os sinais positivos obtidos para f_1 e f_2 indicam que os sentidos adotados, mostrados na Figura 3.28, são corretos.

EXEMPLO 3.5

A barra horizontal ranhurada *CD*, de massa de 10 kg, desliza ao longo da guia vertical *EF* como mostrado na Figura 3.29. Seu movimento é comandado pela rotação da barra *AB*, em torno de *A*, através do pino *P*, preso a esta última. Sabendo que no instante ilustrado a barra *AB* tem velocidade angular $\omega = 8$ rad/s, no sentido anti-horário, e aceleração angular $\alpha = 20$ rad/s^2, no sentido horário, determinar o módulo da força exercida pelo pino *P* sobre a barra *CD*. Desprezar o atrito.

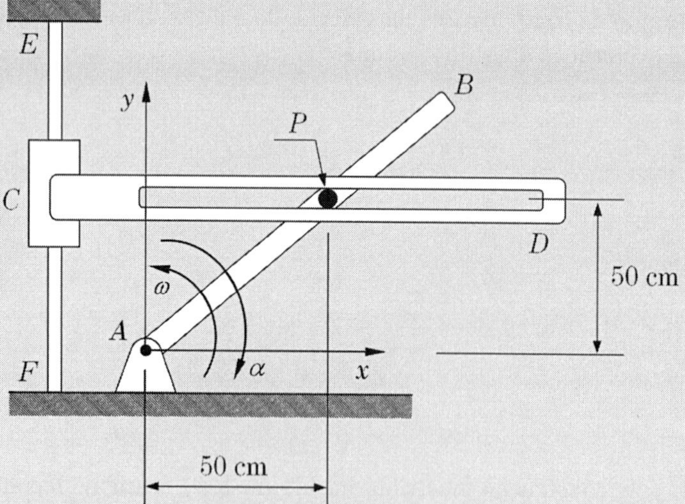

FIGURA 3.29 Mecanismo formado pela barra horizontal *CD* comandada pelo movimento de rotação da barra *AB*.

Resolução

Escolhemos a barra *CD* para elaboração do DCL, observando que, embora esta barra seja um corpo de forma e dimensões definidas, seu movimento, no problema em estudo, não depende destas características. Assim, podemos tratá-la como partícula.

O DCL ilustrado na Figura 3.30 mostra as forças que estão aplicadas à barra *CD*, que são:

- O peso $\vec{W}$, orientado na direção vertical, para baixo ($\vec{W} = -mg\vec{j}$).
- A força de contato $\vec{f}_1$, exercida pelo pino P. Não havendo atrito, esta força é perpendicular à superfície de contato entre o pino e a guia CD, ou seja, atua na direção vertical.
- A força de contato $\vec{f}_2$, exercida pela guia vertical EF. Na ausência de atrito, esta força é perpendicular à superfície de contato entre a guia e a base da barra AB, ou seja, atua na direção horizontal.

Os sentidos das forças $\vec{f}_1$ e $\vec{f}_2$ são desconhecidos e adotamos, arbitrariamente, os sentidos para cima e para a esquerda, respectivamente (ver comentários apresentados na resolução do Exemplo 3.4).

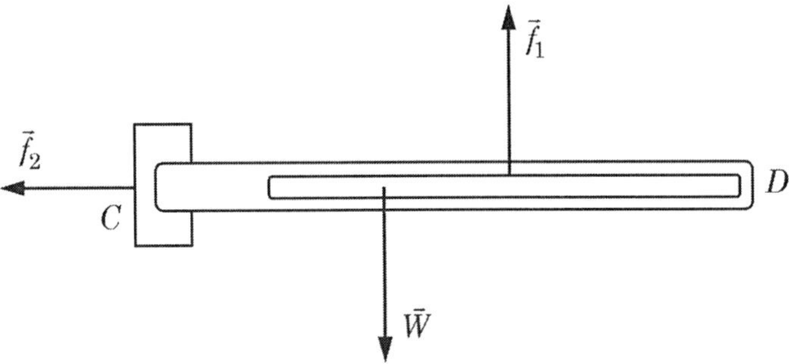

FIGURA 3.30 Diagrama de corpo livre da barra *CD*.

Quanto à análise cinemática, observamos, na Figura 3.29, que o movimento da barra CD, restringido pela guia vertical EF, ocorre exclusivamente na direção vertical, e que a posição, velocidade e aceleração da barra CD são iguais às componentes verticais do movimento do pino P.

O pino P, por sua vez, tem seu movimento determinado pela rotação da barra AB em torno do ponto A. Assim, ele descreve movimento circular com centro em A, com a velocidade angular e a aceleração angular da barra AB.

Com base no estudo do movimento circular (ver Subseção 1.7.3.1), temos:

$$\vec{a}_P = \vec{\alpha} \times \overrightarrow{AP} - \omega^2 \overrightarrow{AP} = -\alpha\vec{k} \times \left(x_P\vec{i} + y_P\vec{j}\right) - \omega^2\left(x_P\vec{i} + y_P\vec{j}\right) \Rightarrow$$

$$\vec{a}_P = \left(\alpha\, y_P - \omega^2 x_P\right)\vec{i} - \left(\alpha\, x_P + \omega^2 y_P\right)\vec{j}.$$

Assim:

$$\vec{a}_{CD} = -\left(\alpha x_P + \omega^2 y_P\right)\vec{j}. \qquad \textbf{(a)}$$

Aplicamos agora as equações do movimento em coordenadas cartesianas, apresentadas na Subseção 3.4.1, considerando apenas componentes do movimento na direção vertical:

$$\sum F_y = m_{CD}\,\ddot{y} \Rightarrow f_1 - m_{CD}\,g = m_{CD}\,a_{CD} \Rightarrow f_1 = m_{CD}\left(g - \alpha x_P - \omega^2 y_P\right). \qquad \textbf{(b)}$$

Efetuando os cálculos indicados na equação (b) com os valores fornecidos, obtemos:

$$\boxed{f_1 = -321{,}9\ \text{N}}.$$

O sinal negativo indica que o sentido verdadeiro da força de contato $\vec{f}_1$ é contrário ao sentido arbitrado, ou seja, a força $\vec{f}_1$, aplicada à barra *CD*, é orientada para baixo.

Quanto à força de contato $\vec{f}_2$, como a barra *CD* não tem movimento na direção horizontal, e não há outras forças aplicadas à barra *CD* atuando nesta direção, podemos concluir que esta força é nula.

3.4.2 Coordenadas normal-tangencial (*n*-*t*)

Por procedimento similar ao apresentado na Subseção anterior, fazendo uso da análise cinemática apresentada na Subseção 1.7.2 para o sistema de coordenadas normal-tangencial, projetando a força resultante nas direções normal e tangencial, obtemos as equações do movimento para uma partícula de massa *m* desenvolvendo movimento bidimensional sob a forma:

$$\sum F_t(t) = m\frac{dv}{dt}, \tag{3.26.a}$$

$$\sum F_n(t) = m\frac{v^2}{\rho}. \tag{3.26.b}$$

EXEMPLO 3.6

Um pêndulo simples, formado por uma massa pontual *m* e um cabo flexível de comprimento *L* e massa desprezível, é liberado do repouso a partir de uma posição inicial, indicada na Figura 3.31, pelo ângulo θ_0. Obter: **a)** as expressões para a posição e a velocidade da massa do pêndulo em função do tempo; **b)** a expressão para a força de tração no cabo em função do tempo; **c)** admitindo os valores $m = 0{,}30$ kg, $L = 1{,}0$ m, $\theta_0 = 5°$, traçar os gráficos das curvas representando as expressões obtidas nos itens **a)** e **b)**.

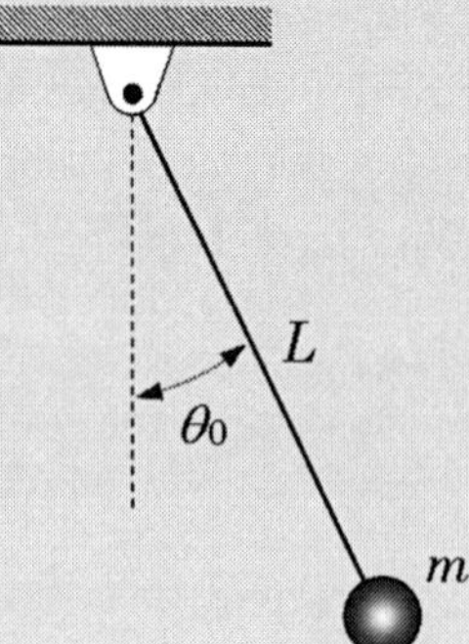

FIGURA 3.31 Ilustração de um pêndulo simples.

Resolução

A Figura 3.32 mostra o DCL da massa do pêndulo para uma posição genérica $\theta(t)$. Ela está sujeita à força de tração $\vec{T}$ aplicada pelo cabo e à força peso $\vec{W}$.

Vale lembrar que, conforme discutido na Subseção 3.3.6, a força exercida por um cabo flexível atua na direção deste cabo, sempre no sentido de puxar, em sua direção, o corpo que está ligado a ele.

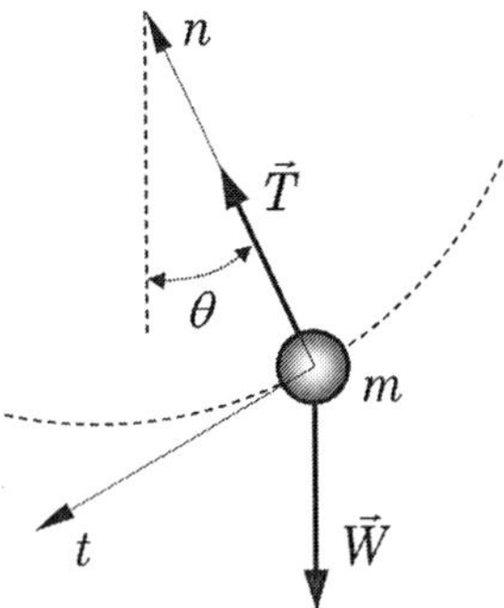

FIGURA 3.32 Diagrama de corpo livre da massa do pêndulo.

Utilizaremos as equações do movimento em coordenadas normal-tangencial, dadas pelas Equações (3.26.a) e (3.26.b). Projetando as forças aplicadas à partícula nas direções tangencial e normal, e relembrando que, para o movimento circular, podemos escrever $v(t) = -L\dot{\theta}(t)$ (o sinal negativo é introduzido para compatibilização com o sentido adotado na definição do ângulo θ), obtemos:

$$\sum F_t(t) = m\frac{dv}{dt} \Rightarrow mg\,\text{sen}\,\theta = -mL\ddot{\theta} \Rightarrow \ddot{\theta}(t) + \frac{g}{L}\text{sen}\,\theta(t) = 0\,, \qquad \textbf{(a)}$$

$$\sum F_n(t) = m\frac{v^2}{L} \Rightarrow -mg\cos\theta + T = mL\dot{\theta}^2 \Rightarrow T(t) = m\left[L\dot{\theta}^2(t) + g\cos\theta(t)\right]. \qquad \textbf{(b)}$$

Notamos que a resolução da equação (a) nos fornece a posição angular do pêndulo em função do tempo, $\theta(t)$. Conhecida esta função, a equação (b) nos fornece a força de tração do cabo em função do tempo.

Observando a equação (a) concluímos que se trata de uma equação diferencial não linear, uma vez que a incógnita $\theta(t)$ aparece como argumento de uma função trigonométrica. Como a resolução analítica desta equação é complexa, usualmente procede-se à sua linearização.

Admitindo que o ângulo θ seja pequeno (o que significa que estaremos restringindo o movimento do pêndulo à região próxima ao eixo vertical), são válidas as aproximações: sen $\theta \cong \theta$, cos $\theta \cong 1$, e as versões linearizadas das Equações (a) e (b) são:

$$\ddot{\theta}(t) + \frac{g}{L}\theta(t) = 0\,, \qquad \textbf{(c)}$$

$$T(t) = m\left[L\dot{\theta}^2(t) + g\right]. \qquad \textbf{(d)}$$

A solução da equação (c) é bem conhecida, e representa uma oscilação harmônica em torno do eixo vertical:

$$\theta(t) = A\cos\left(\sqrt{\frac{g}{L}}\,t\right) + B\,\text{sen}\left(\sqrt{\frac{g}{L}}\,t\right), \qquad \textbf{(e)}$$

onde as constantes A e B devem ser obtidas a partir da imposição das condições iniciais estabelecidas, conforme detalhado a seguir:

$$\theta(0)=\theta_0=A\cos\left(\sqrt{\frac{g}{L}}\cdot 0\right)+B\text{sen}\left(\sqrt{\frac{g}{L}}\cdot 0\right)\Rightarrow A=\theta_0,$$

$$\dot{\theta}(0)=0=-\sqrt{\frac{g}{L}}A\,\text{sen}\left(\sqrt{\frac{g}{L}}\cdot 0\right)+\sqrt{\frac{g}{L}}B\cos\left(\sqrt{\frac{g}{L}}\cdot 0\right)\Rightarrow B=0.$$

Assim, a equação (e) fornece a posição angular do pêndulo em função do tempo sob a forma:

$$\theta(t)=\theta_0\cos\left(\sqrt{\frac{g}{L}}\,t\right). \quad \textbf{(f)}$$

Derivando a equação (f) em relação ao tempo, obtemos a seguinte expressão para a velocidade da massa do pêndulo:

$$v=L\dot{\theta}(t)=-\sqrt{gL}\,\theta_0\,\text{sen}\left(\sqrt{\frac{g}{L}}\,t\right). \quad \textbf{(g)}$$

Associando as equações (d) e (g), obtemos a seguinte expressão para a força de tração no cabo em função do tempo:

$$T(t)=mg\left[\theta_0^2\text{sen}^2\left(\sqrt{\frac{g}{L}}\,t\right)+1\right]. \quad \textbf{(h)}$$

As Figuras 3.33 a 3.35 mostram as curvas representando as expressões (f), (g) e (h), obtidas utilizando o programa MATLAB® **exemplo_3_6.m**. Pode-se observar a natureza harmônica do movimento.

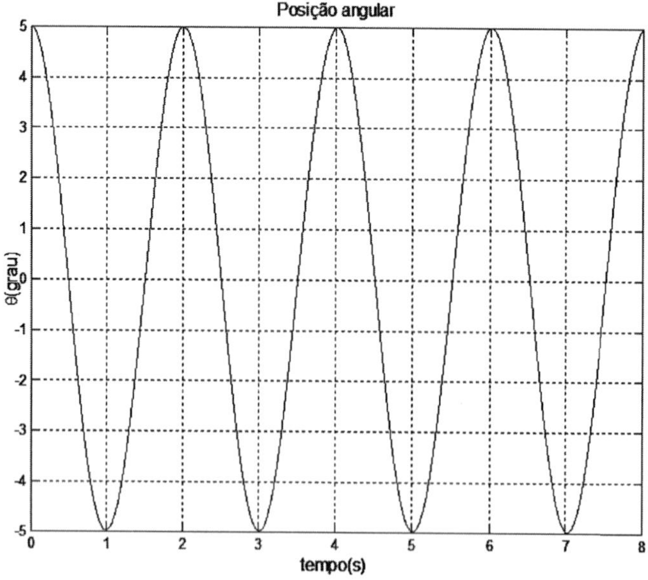

FIGURA 3.33 Gráfico representando a posição angular do pêndulo em função do tempo.

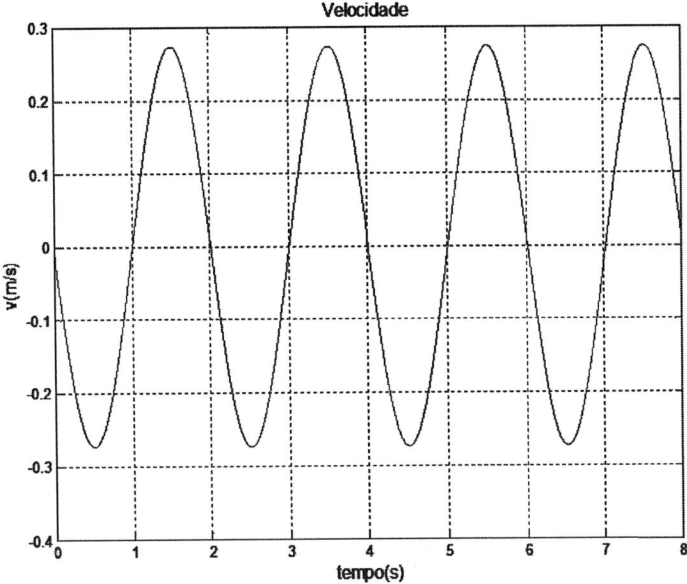

FIGURA 3.34 Gráfico representando a velocidade do pêndulo em função do tempo.

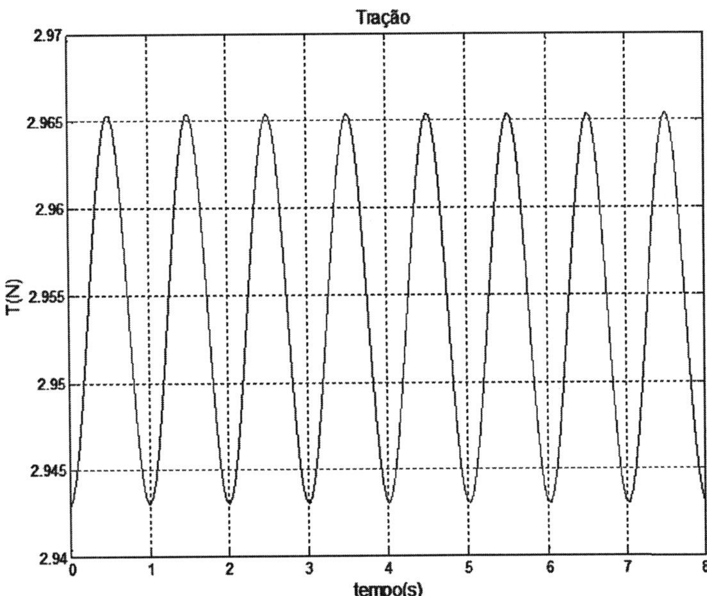

FIGURA 3.35 Gráfico representando a força de tração no cabo em função do tempo.

Mais adiante, quando tratarmos da resolução numérica das equações do movimento, retornaremos a este problema e resolveremos as versões não lineares das equações do movimento, eliminando, assim, a restrição feita a oscilações de pequenas amplitudes.

3.4.3 Coordenadas cilíndricas e coordenadas polares (r-θ-z)

A partir das expressões obtidas para as componentes da aceleração de uma partícula em termos de coordenadas cilíndricas, apresentadas na Subseção 1.8.2, e projetando a força resultante aplicada à partícula nas direções r, θ e z, as equações do movimento expressas neste sistema de coordenadas resultam:

$$\sum F_r(t) = m\left(\ddot{r} - r\dot{\theta}^2\right), \tag{3.27.a}$$

$$\sum F_\theta(t) = m\left(r\ddot{\theta} + 2\dot{r}\dot{\theta}\right), \tag{3.27.b}$$

$$\sum F_z(t) = m\ddot{z}. \tag{3.27.c}$$

Observe-se que as duas primeiras Equações (3.27) constituem as equações do movimento expressas no sistema de coordenadas polares, utilizadas na descrição do movimento plano, conforme apresentado na Subseção 1.7.3.

EXEMPLO 3.7

Um foguete de massa $m = 4000$ kg é lançado verticalmente, sendo rastreado por uma estação de radar, conforme mostrado na Figura 3.36. No instante em que $\theta = 60°$, o radar indica $r = 9000$ m, $\dot{\theta} = 0{,}02$ rad/s e $\ddot{\theta} = 0{,}002$ rad/s^2. Desprezando a resistência do ar e admitindo que a aceleração da gravidade permaneça constante, determinar o valor do empuxo $\vec{Q}$ desenvolvido pelo motor do foguete na posição considerada.

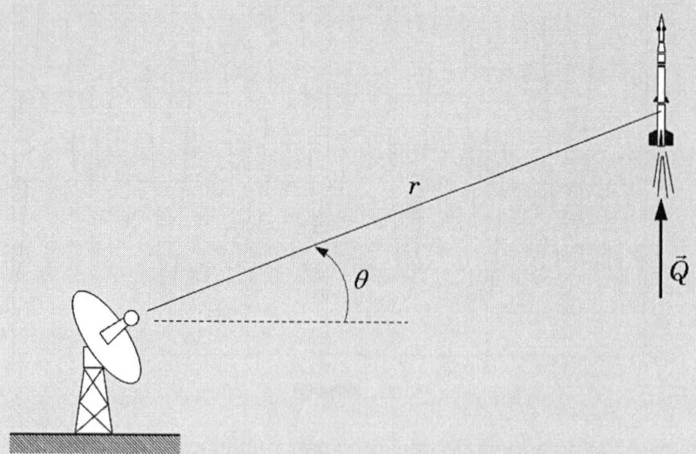

FIGURA 3.36 Ilustração de um foguete rastreado por uma estação de radar.

Resolução

A forma em que o problema é proposto, em termos de coordenadas r e θ, sugere o emprego do sistema de coordenadas polares, conforme esquematizado na Figura 3.37(a).

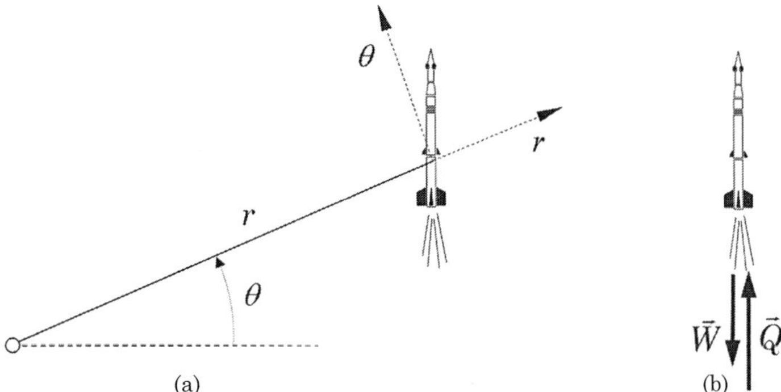

FIGURA 3.37 Esquemas de resolução do Exemplo 3.7. (a): sistema de coordenadas polares; (b): diagrama de corpo livre do foguete.

A Figura 3.37(b) mostra o DCL do foguete, que inclui duas forças, o peso $\vec{W}$ e o empuxo $\vec{Q}$, ambas na direção vertical, com os sentidos indicados.

As equações do movimento são dadas pelas Equações (3.27.a) e (3.27.b), repetidas abaixo:

$$\sum F_r(t) = m\left(\ddot{r} - r\,\dot{\theta}^2\right), \quad \textbf{(a)}$$

$$\sum F_\theta(t) = m\left(r\ddot{\theta} + 2\dot{r}\dot{\theta}\right). \quad \textbf{(b)}$$

Projetando as forças nas direções r e θ, as equações (a) e (b) ficam:

$$Q\text{sen}\theta - mg\text{sen}\theta = m\left(\ddot{r} - r\dot{\theta}^2\right), \quad \textbf{(c)}$$

$$Q\cos\theta - mg\cos\theta = m\left(r\ddot{\theta} + 2\dot{r}\dot{\theta}\right). \quad \textbf{(d)}$$

Optando por utilizar a equação (d), precisamos determinar o termo $\dot{r}$ que aparece do lado direito desta equação. Considerando que a velocidade do foguete está orientada na direção vertical, podemos escrever:

$$\tan\theta = \frac{v_r}{v_\theta} = \frac{\dot{r}}{r\dot{\theta}} \Rightarrow \dot{r} = r\dot{\theta}\tan\theta. \quad \textbf{(e)}$$

Associando as equações (d) e (e), temos:

$$Q = m\left[\frac{r\left(\ddot{\theta} + 2\dot{\theta}^2\tan\theta\right)}{\cos\theta} + g\right]. \quad \textbf{(f)}$$

Substituindo os valores fornecidos na equação (f), obtemos:

$$Q = 4000 \cdot \left[\frac{9000 \cdot \left(0{,}002 + 2 \cdot 0{,}02^2 \cdot \tan 60^\circ\right)}{\cos 60^\circ} + 9{,}81\right] \Rightarrow \underline{\underline{Q = 283.006{,}13\ \text{N}}}.$$

3.4.4 Coordenadas esféricas (R-θ-ϕ)

A partir das expressões obtidas para as componentes da aceleração de uma partícula em termos de coordenadas esféricas, apresentadas na Subseção 1.8.3, e projetando a força resultante aplicada à partícula nas direções R, θ e ϕ, as equações do movimento expressas neste sistema de coordenadas tomam a forma:

$$\sum F_R(t) = m\left(\ddot{R} - R\dot{\phi}^2 - R\dot{\theta}^2 \cos^2 \phi\right), \tag{3.28.a}$$

$$\sum F_\theta(t) = m\left(R\ddot{\theta} \cos\phi + 2\dot{R}\dot{\theta} \cos\phi - 2R\dot{\theta}\dot{\phi} sen\phi\right), \tag{3.28.b}$$

$$\sum F_\phi(t) = m\left(R\ddot{\phi} + 2\dot{R}\dot{\phi} + R\dot{\theta}^2 sen\phi \cos\phi\right). \tag{3.28.c}$$

EXEMPLO 3.8

A lança telescópica mostrada na Figura 3.38 tem em sua extremidade uma pequena esfera indicada por A, de massa 0,5 kg, e gira em torno do eixo vertical com velocidade angular constante $\omega = 2{,}0$ rad/s, no sentido indicado. Ao mesmo tempo, a lança é baixada à razão constante $\dot{\beta} = 1{,}5$ rad/s e estendida à taxa constante $\dot{\ell} = 0{,}9$ m/s. Para a posição $\theta = 30°$, $\beta = 45°$ e $\ell = 12{,}0$ m, determinar o módulo da força exercida pela esfera sobre a extremidade da lança.

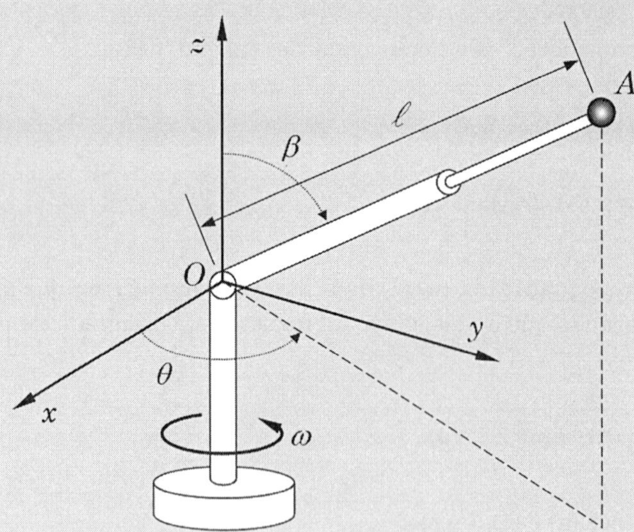

FIGURA 3.38 Ilustração de uma lança telescópica rotativa.

Resolução

A forma em que o problema é proposto sugere o uso do sistema de coordenadas esféricas, conforme esquematizado na Figura 3.39(a).

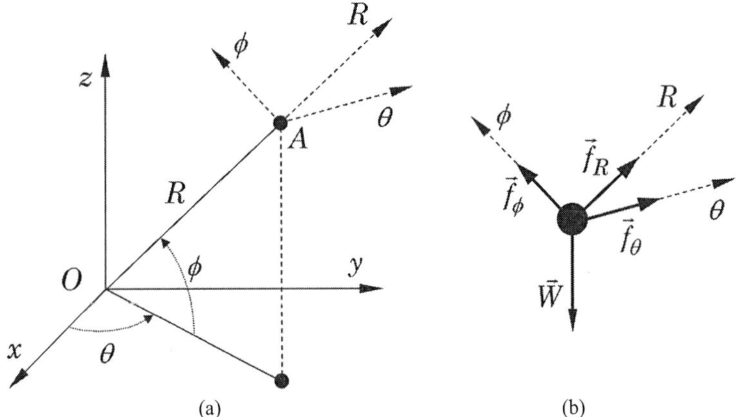

FIGURA 3.39 Esquemas de resolução do Exemplo 3.8. (a): sistema de coordenadas esféricas; (b): diagrama de corpo livre da esfera na extremidade da lança.

A Figura 3.39(b) mostra o DCL da esfera, que inclui o peso $\vec{W}$ e as componentes da força exercida pela extremidade da lança. Sobre esta última, conforme discutimos na Subseção 3.3.6, quando tratamos de forças exercidas por barras rígidas, a força exercida pela lança sobre a esfera tem componentes normais e transversais ao eixo da lança. Um erro comum é admitir que esta força tenha a direção da lança. Assim, conforme indicado na Figura 3.39(b), expressamos a força exercida pela lança sobre a esfera em termos de suas componentes nas direções dos eixos do sistema de coordenadas esféricas, segundo:

$$\vec{f} = f_R\,\vec{i}_R + f_\theta\,\vec{i}_\theta + f_\phi\,\vec{i}_\phi\,.$$

Estas três componentes deverão ser determinadas na resolução do problema, sendo importante observar que, como os sentidos destas componentes são desconhecidos, arbitramos os sentidos indicados na Figura 3.39(b) e, posteriormente, ao final da resolução, os sinais obtidos indicarão se os sentidos adotados são corretos ou não.

As equações do movimento são dadas pelas Equações (3.28), as quais, após projeção do peso nas direções R, θ e ϕ, ficam:

$$f_R - mg\,\text{sen}\phi = m\left(\ddot{R} - R\dot{\phi}^2 - R\dot{\theta}^2\cos^2\phi\right), \qquad \textbf{(a)}$$

$$f_\theta = m\left(R\ddot{\theta}\cos\phi + 2\dot{R}\dot{\theta}\cos\phi - 2R\dot{\theta}\dot{\phi}\,\text{sen}\phi\right), \qquad \textbf{(b)}$$

$$f_\phi - mg\cos\phi = m\left(R\ddot{\phi} + 2\dot{R}\dot{\phi} + R\dot{\theta}^2\,\text{sen}\phi\cos\phi\right). \qquad \textbf{(c)}$$

A partir dos dados fornecidos, temos:

$R = \ell = 12{,}0$ m, $\quad \dot{R} = \dot{\ell} = 0{,}9$ m/s (cte.), $\quad \ddot{R} = 0$,

$\theta = 30^\circ$, $\quad \dot{\theta} = \omega = 2{,}0$ rad/s (cte.), $\quad \ddot{\theta} = 0$,

$\phi = 90^\circ - \beta = 45^\circ$, $\quad \dot{\phi} = -\dot{\beta} = -1{,}5$ rad/s (cte.), $\quad \ddot{\phi} = 0$.

Substituindo os valores acima nas equações (a), (b) e (c), obtemos os seguintes valores para as componentes e para o módulo da força exercida pela extremidade da lança sobre a esfera:

$$f_R = 0{,}5 \cdot \left(9{,}81 \cdot \text{sen}45^\circ + 0 - 12{,}0 \cdot (-1{,}5)^2 - 12{,}0 \cdot 2{,}0^2 \cdot \cos^2 45^\circ\right) \Rightarrow f_R = -22{,}0\,\text{N},$$

$$f_\theta = 0{,}5 \cdot \left[12{,}0 \cdot 0 \cdot \cos 45^\circ + 2 \cdot 0{,}9 \cdot 2{,}0 \cdot \cos 45^\circ - 2 \cdot 12{,}0 \cdot 2{,}0 \cdot (-1{,}5) \cdot \text{sen}45^\circ\right] \Rightarrow f_\theta = 26{,}7\,\text{N},$$

$$f_\phi = 0{,}5\left(9{,}81 \cdot \cos 45^\circ + 12{,}0 \cdot 0 + 2 \cdot 0{,}90 \cdot (-1{,}5) + 12{,}0 \cdot 2{,}0^2 \cdot \text{sen}45^\circ \cdot \cos 45^\circ\right) \Rightarrow f_\phi = 14{,}1\,\text{N}.$$

$$\left\|\vec{f}\right\| = \sqrt{f_R^2 + f_\theta^2 + f_\phi^2} = \sqrt{22{,}0^2 + 26{,}7^2 + 14{,}1^2} \Rightarrow \boxed{\left\|\vec{f}\right\| = 37{,}4\,\text{N}}.$$

O sinal negativo da primeira componente indica que seu sentido correto é oposto ao sentido indicado na Figura 3.39(b).

Por fim, é importante destacar que as componentes determinadas acima são as componentes da força exercida pela extremidade da lança sobre a esfera. De acordo com a Terceira Lei de Newton, as componentes da força exercida pela esfera sobre a lança têm os mesmos valores, porém com sentidos contrários aos apresentados acima.

3.5 Resolução numérica das equações do movimento

Uma vez obtidas as equações diferenciais do movimento de uma partícula usando um sistema de coordenadas previamente selecionado, estas equações, complementadas com as condições iniciais, devem ser resolvidas para a obtenção do movimento resultante da partícula. Esta resolução fornece o histórico temporal do movimento da partícula, em termos da variação das componentes dos vetores posição, velocidade e aceleração em função do tempo.

Nas situações mais simples, tais como aquela tratada no Exemplo 3.2, as equações do movimento se apresentam sob a forma de equações diferenciais ordinárias de segunda ordem com coeficientes constantes, cuja solução analítica pode ser obtida empregando as técnicas bem conhecidas do Cálculo Diferencial e Integral. Contudo, na maioria dos casos, as equações diferenciais do movimento são complicadas, muitas vezes não lineares, e sua resolução analítica é difícil ou, frequentemente, impossível. Nestes casos, devemos recorrer a técnicas numéricas aproximadas para a sua resolução.

Existem diversos métodos de integração numérica de equações diferenciais, cujos fundamentos e algoritmos podem ser encontrados em textos sobre Cálculo Numérico. De modo geral, estes métodos são baseados na definição do intervalo de tempo no qual se busca resolver o problema, seguida da discretização da variável tempo em intervalos uniformes ou não uniformes dentro deste intervalo. Cada tipo de método adota um esquema específico de aproximação das derivadas presentes na equação diferencial. A solução do problema é obtida apenas naqueles instantes de tempo discretos em que o intervalo de tempo de interesse é fracionado.

Dentre as numerosas variantes de métodos de integração numérica, algumas das mais utilizadas são as da família de métodos denominados Runge-Kutta, sendo a variante de 4ª ordem uma das mais populares. Os fundamentos deste método são sumarizados no **Apêndice A**. No exemplo a seguir, ilustraremos o uso do Método de Runge-Kutta de 4ª ordem para a resolução numérica das equações do movimento.

EXEMPLO 3.9

Neste exemplo, resolveremos novamente o problema de lançamento oblíquo de uma partícula, tratado no Exemplo 3.2, com os dados fornecidos no item **d)**. Entretanto, desta vez, utilizaremos o Método de Runge-Kutta de 4ª ordem para a resolução numérica das equações do movimento e poderemos compará-las graficamente com soluções analíticas obtidas no Exemplo 3.2.

Resolução

Conforme mostrado no Apêndice A, para utilizarmos o Método de Runge-Kutta, é preciso transformar as equações do movimento, que são equações diferenciais de segunda ordem, em um sistema de equações diferenciais de primeira ordem.

Retomamos primeiramente as equações (a) e (b) do Exemplo 3.2:

$$\ddot{x}(t) = 0, \qquad \ddot{y}(t) = -g.$$

Para sistematizar o procedimento, renomeamos as variáveis da seguinte forma:

$$x_1(t) = x(t), \qquad x_2(t) = y(t),$$

e introduzimos duas variáveis complementares, definidas segundo:

$$x_3(t) = \dot{x}_1(t), \qquad x_4(t) = \dot{x}_2(t).$$

Assim, em termos das quatro novas variáveis, as equações do movimento resultam expressas da seguinte forma:

$$\begin{cases} \dot{x}_1(t) = x_3(t); \\ \dot{x}_2(t) = x_4(t); \\ \dot{x}_3(t) = 0; \\ \dot{x}_4(t) = -g. \end{cases} \qquad \textbf{(a)}$$

Então, definindo os vetores:

$$\{X(t)\} = \begin{bmatrix} x_1(t) & x_2(t) & x_3(t) & x_4(t) \end{bmatrix}^T \text{ e}$$

$$\{F(t)\} = \begin{bmatrix} x_3(t) & x_4(t) & 0 & -g \end{bmatrix}^T,$$

podemos expressar as equações do movimento sob a forma do seguinte sistema de equações diferenciais de primeira ordem:

$$\{\dot{X}(t)\} = \{F\{X(t)\}\}. \qquad \textbf{(b)}$$

Estas equações devem ser complementadas com as seguintes condições iniciais:

$$x_1(0) = x(0) = 0, \qquad x_2(0) = y(0) = y_0,$$

$$x_3(0) = \dot{x}(0) = v_0 \cos\theta_0, \qquad x_4(0) = \dot{y}(0) = v_0 sen\theta_0,$$

que são agrupadas no vetor:

$$\{X(0)\} = \begin{bmatrix} 0 & y_0 & v_0\cos(\theta_0) & v_0\cos(\theta_0) \end{bmatrix}^T.$$

No programa MATLAB® **exemplo_3_9.m** é implementado o procedimento de resolução numérica das equações do movimento e são geradas as curvas apresentadas nas Figuras 3.40 e 3.41.

A comparação das Figuras 3.40 e 3.41 com as Figuras 3.19 e 3.20 mostra que, como esperado, os mesmos resultados são obtidos tanto por resolução analítica quanto por resolução numérica das equações do movimento. É importante observar, entretanto, que os resultados obtidos por integração numérica são aproximações da solução exata, uma vez que são sujeitos a erros de aproximação. Em alguns casos, cuidados especiais devem ser tomados, especialmente a escolha de um passo de tempo suficientemente pequeno, para que a precisão da solução numérica seja satisfatória.

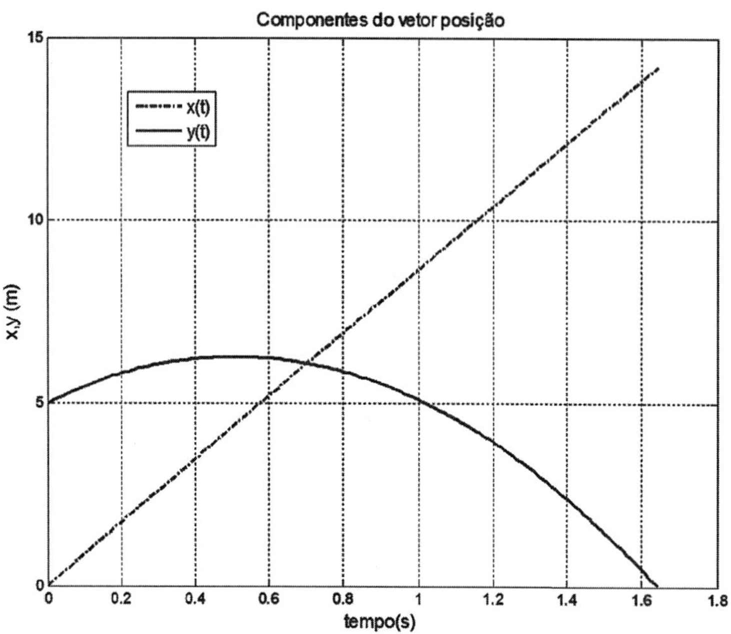

FIGURA 3.40 Curvas descrevendo as componentes do vetor posição da partícula em lançamento oblíquo.

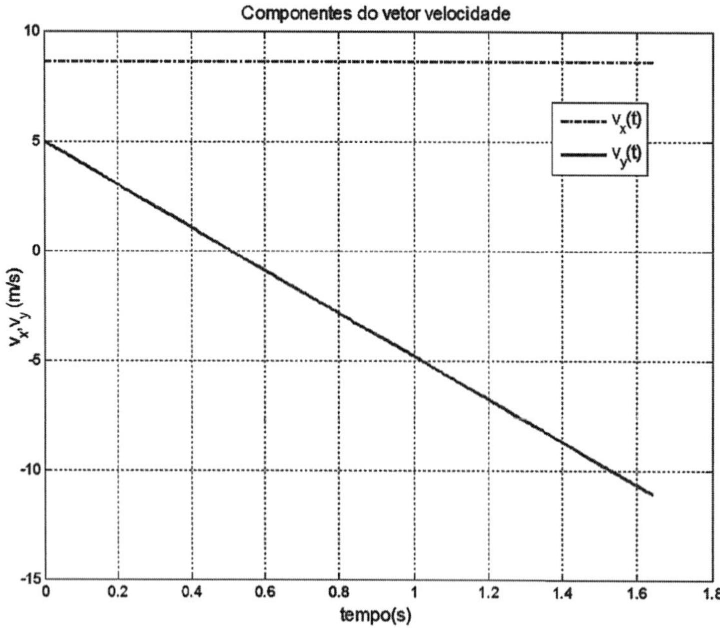

FIGURA 3.41 Curvas descrevendo as componentes do vetor velocidade da partícula em lançamento oblíquo.

EXEMPLO 3.10

Resolvamos novamente o Exemplo 3.6, desta vez integrando numericamente as equações do movimento não linearizadas. Como neste caso a resolução não fica restrita a pequenas oscilações do pêndulo em torno de sua posição de equilíbrio, escolhemos $\theta_0 = 150°$.

Resolução

Primeiramente representemos a equação do movimento:

$$\ddot{\theta}(t) + \frac{g}{L}\operatorname{sen}\theta(t) = 0, \qquad \textbf{(a)}$$

em uma forma equivalente de primeira ordem, introduzindo as novas variáveis:

$$x_1 = \theta(t); \; x_2 = \dot{\theta}(t),$$

o que resulta em:

$$\dot{x}_1 = x_2 \quad \text{e} \qquad \textbf{(b)}$$

$$\dot{x}_2 = -\frac{g}{L}\operatorname{sen}x_1 . \qquad \textbf{(c)}$$

As equações (b) e (c) são escritas sob a seguinte forma de equações diferenciais de primeira ordem:

$$\begin{Bmatrix} \dot{x}_1(t) \\ \dot{x}_2(t) \end{Bmatrix} = \begin{Bmatrix} x_2(t) \\ -\frac{g}{L}\operatorname{sen}x_1 \end{Bmatrix}, \quad \text{ou} \quad \{\dot{X}(t)\} = \{F\{X(t)\}\}. \qquad \textbf{(d)}$$

No programa MATLAB® **exemplo_3_10.m** é implementada a resolução numérica do sistema de equações do movimento (d), que fornece a posição angular $\theta(t)$ e a velocidade angular $\dot{\theta}(t)$. A partir de $\dot{\theta}(t)$, a tração no cabo é calculada avaliando a equação (b) do Exemplo 3.6.

As Figuras 3.42 a 3.44 apresentam os resultados obtidos.

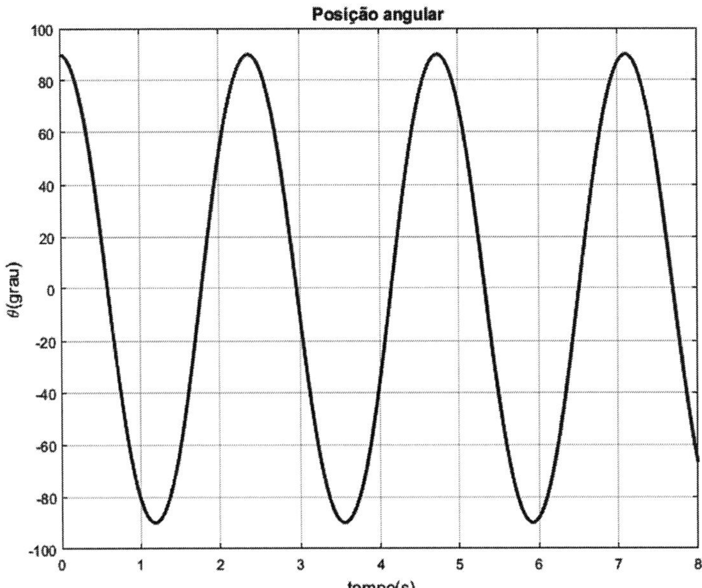

FIGURA 3.42 Gráfico representando a posição angular do pêndulo em função do tempo.

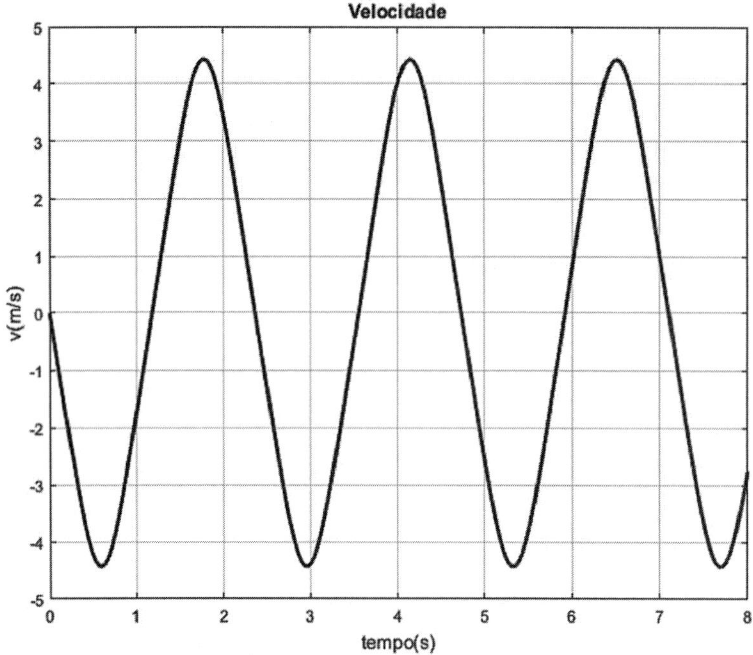

FIGURA 3.43 Gráfico representando a velocidade do pêndulo em função do tempo.

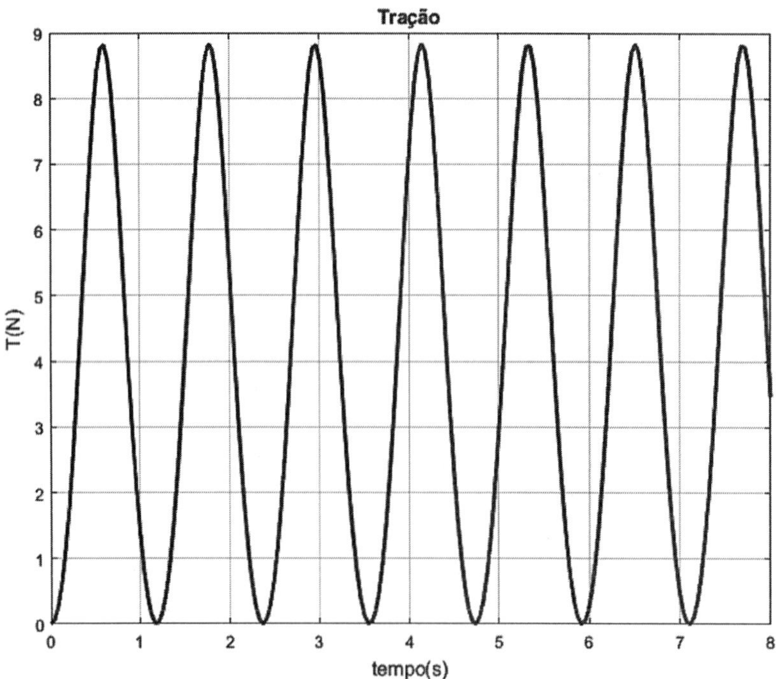

FIGURA 3.44 Gráfico representando a força de tração no cabo em função do tempo.

EXEMPLO 3.11

Conforme mostrado na Figura 3.45, uma pequena esfera de massa $m = 0{,}10$ kg move-se sobre uma superfície horizontal sem atrito, presa a uma corda elástica de constante $k = 500$ N/m, que está indeformada quando a esfera está localizada em O. Se a esfera é lançada na posição A com velocidade $\vec{v}_A$, de módulo 12 m/s, na direção perpendicular a OA, pede-se: **a)** obter as equações do movimento; **b)** integrar numericamente as equações do movimento e mostrar graficamente as curvas representando o módulo da velocidade em função do tempo e a trajetória da esfera no intervalo [0; 1,0 s].

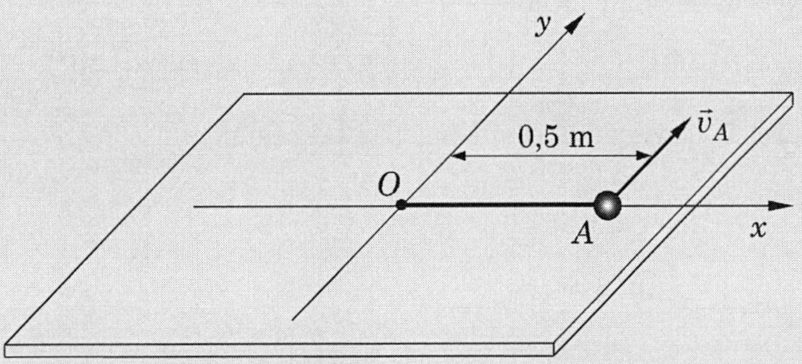

FIGURA 3.45 Ilustração de uma esfera que se movimenta sobre um plano horizontal, conectada a uma corda elástica.

Resolução

A Figura 3.46 mostra o DCL da esfera em uma posição genérica indicada pelo ângulo θ. Este diagrama inclui o peso da esfera, $\vec{W}$, a força de contato exercida pela superfície horizontal, $\vec{N}$ (que, na ausência de atrito, tem a direção vertical), e a força elástica exercida pela corda, $\vec{f}_e$. Vamos formular as equações do movimento em coordenadas polares, conforme indicado nesta figura.

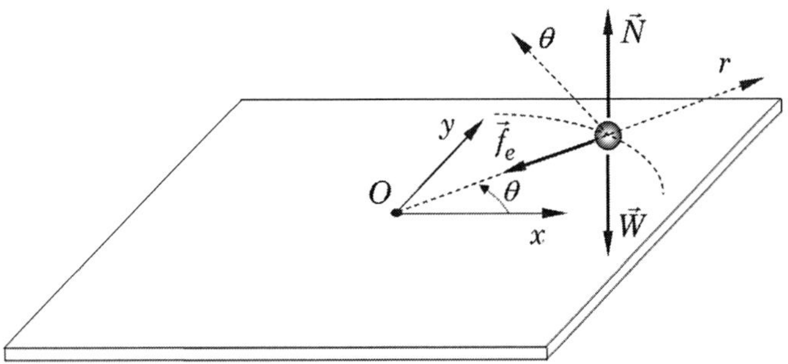

FIGURA 3.46 DCL da esfera e sistema de coordenadas polares utilizado.

Empregando as Equações (3.27.a) e (3.27.b), escrevemos:

$$\sum F_r = m\left(\ddot{r} - r\dot{\theta}^2\right) \Rightarrow -f_e = m\left(\ddot{r} - r\dot{\theta}^2\right), \quad \textbf{(a)}$$

$$\sum F_\theta = m\left(r\ddot{\theta} + 2\dot{r}\dot{\theta}\right) \Rightarrow 0 = m\left(r\ddot{\theta} + 2\dot{r}\dot{\theta}\right). \quad \textbf{(b)}$$

De acordo com os dados fornecidos, temos $f_e = kr$ e as equações do movimento (a) e (b) ficam:

$$\ddot{r} - r\dot{\theta}^2 + \frac{k}{m}r = 0\,, \quad \textbf{(c)}$$

$$\ddot{\theta} + 2\frac{\dot{r}\dot{\theta}}{r} = 0\,. \quad \textbf{(d)}$$

Visando à integração das equações do movimento utilizando o método de Runge-Kutta de 4ª ordem, devemos expressá-las sob a forma de equações diferenciais de primeira ordem. Para isso, redefinimos as variáveis da seguinte forma:

$$x_1(t) = r(t), \qquad x_2(t) = \theta(t), \qquad x_3(t) = \dot{r} = \dot{x}_1(t), \qquad x_4(t) = \dot{\theta} = \dot{x}_2(t).$$

Assim, as equações do movimento resultam expressas segundo:

$$\begin{cases} \dot{x}_1(t) = x_3(t); \\ \dot{x}_2(t) = x_4(t); \\ \dot{x}_3(t) = x_1 x_4^2 - \dfrac{k x_1}{m}; \\ \dot{x}_4(t) = -2\dfrac{x_3 x_4}{x_1}. \end{cases} \quad \textbf{(e)}$$

De acordo com os dados fornecidos no problema, as condições iniciais são $x_1(0) = r(0) = 0{,}5$ m, $x_2(0) = \theta(0) = 0$, $x_3(0) = \dot{r}(0) = 0$, uma vez que a velocidade inicial não tem componente na direção radial, e $x_4(0) = \dot{\theta}(0) = v_A/r(0) = 12{,}0/0{,}5 = 24{,}0$ rad/s.

As Figuras 3.47 e 3.48 mostram as curvas representando os módulos do vetor velocidade e a trajetória da partícula no intervalo [0; 1,0s], obtidas utilizando o programa MATLAB® **exemplo_3_11.m.** Os resultados demonstram que a partícula desenvolve uma trajetória elíptica.

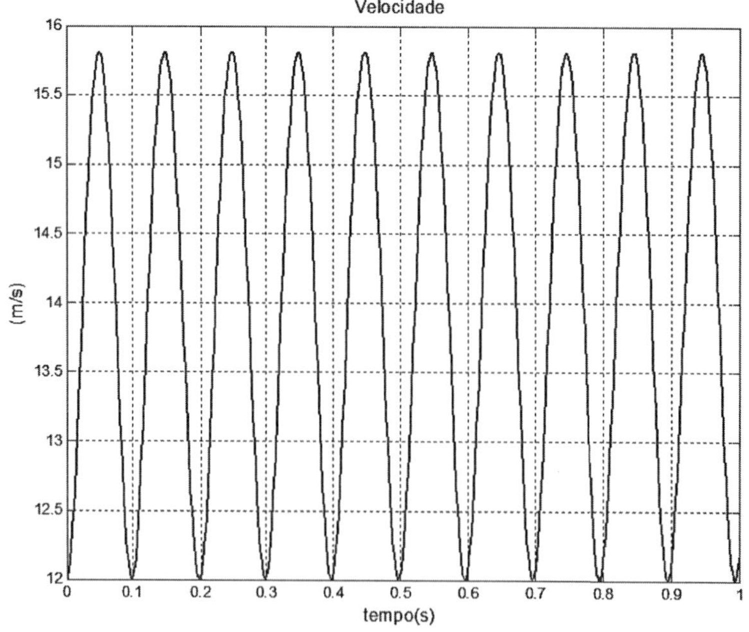

FIGURA 3.47 Curva mostrando a variação da velocidade da partícula.

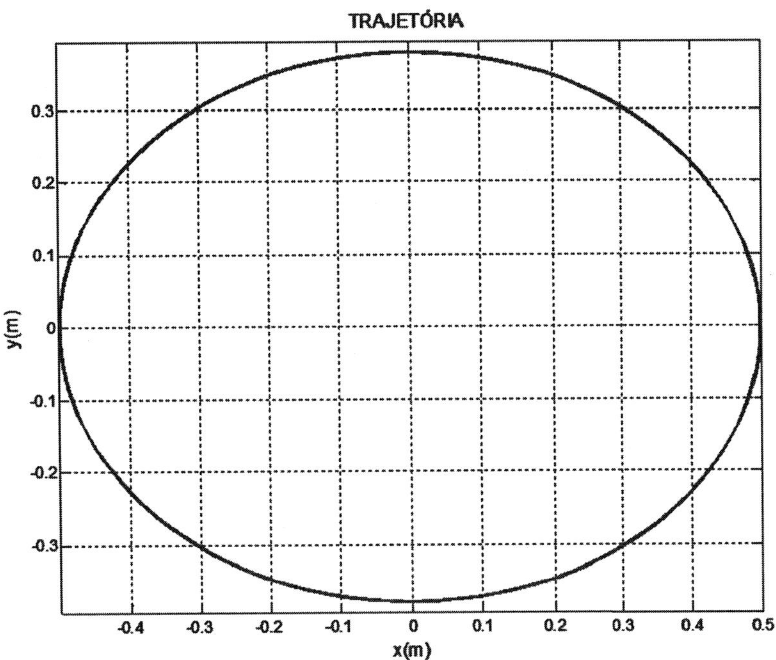

FIGURA 3.48 Curva mostrando a trajetória da partícula.

3.6 A Segunda Lei de Newton e os sistemas de referência

Na Seção 3.2 havíamos chamado a atenção para o fato de que, quando empregamos a Segunda Lei de Newton, expressa pela Equação (3.2), é absolutamente necessária a escolha de um sistema de referência em relação ao qual devemos formular a aceleração da partícula. Isto assume especial relevância quando consideramos que, conforme evidenciado no estudo do movimento relativo na Seção 1.9, a aceleração depende do movimento do sistema de referência escolhido.

Seguindo a interpretação original feita por Isaac Newton, a grande maioria dos textos básicos de Dinâmica restringe a utilização da Segunda Lei de Newton a uma categoria particular de sistemas de referência, chamados sistemas de referência inerciais, cuja definição formal será feita um pouco mais adiante. Por outro lado, outros autores optam pela ideia de que a concepção original da Segunda Lei de Newton pode ser estendida para que ela possa ser utilizada empregando qualquer sistema de referência, inercial ou não inercial; neste caso, é preciso admitir que não apenas a aceleração da partícula depende do sistema de referência utilizado, mas também as forças que atuam sobre ela.

Nesta seção, exploramos a segunda linha de pensamento e mostraremos, por meio de exemplos, a conveniência de sua adoção na resolução de problemas. O conteúdo desta Seção é inspirado na obra do Prof. L.P.M. Maia, citada na lista de referências deste Capítulo.

Para conceituar sistemas de referência inerciais e não inerciais, imaginemos um vagão que está se movendo sobre trilhos horizontais retilíneos, com aceleração constante $\vec{a}$ em relação à Terra, como mostrado na Figura 3.49. Imaginemos ainda que dentro do vagão exista uma mesa horizontal, cujo tampo é perfeitamente liso, e que sobre a mesa haja uma esfera de massa m, que está ligada à parede do vagão por uma mola de constante de rigidez k.

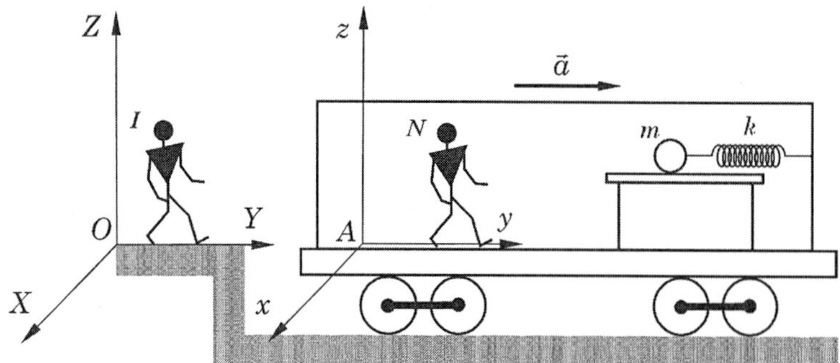

FIGURA 3.49 Situação hipotética ilustrando sistemas de referência inerciais e não inerciais.

Consideremos dois observadores: o observador ***I***, que se encontra fora do vagão e que, portanto, utiliza um sistema de referência fixo *OXYZ* (nesta discussão, estaremos desprezando o movimento da Terra), e o observador ***N***, que está dentro do vagão e que faz uso, portanto, de um sistema de referência acelerado *Axyz*, que está animado da mesma aceleração do vagão, $\vec{a}$.

O observador dentro do vagão, ***N***, observa a esfera em repouso sobre a mesa, e a mola estendida. Por outro lado, o observador ***I*** observa a esfera se movendo com a mesma aceleração do vagão.

Os observadores ***I*** e ***N*** farão as seguintes considerações acerca da análise dinâmica da esfera.

O observador ***I*** dirá que sobre a esfera atuam seu peso $\vec{W}$, devido à ação gravitacional da Terra, e a força de contato $\vec{N}$ exercida pelo tampo da mesa (como sabemos, na ausência de atrito esta força é normal à superfície de contato). Além disso, observando que a mola se encontra estendida, o observador ***I*** constatará a existência da força elástica $\vec{f}_e$, exercida pela mola sobre a esfera.

Desta forma, o DCL construído pelo observador ***I*** é aquele apresentado na Figura 3.50.

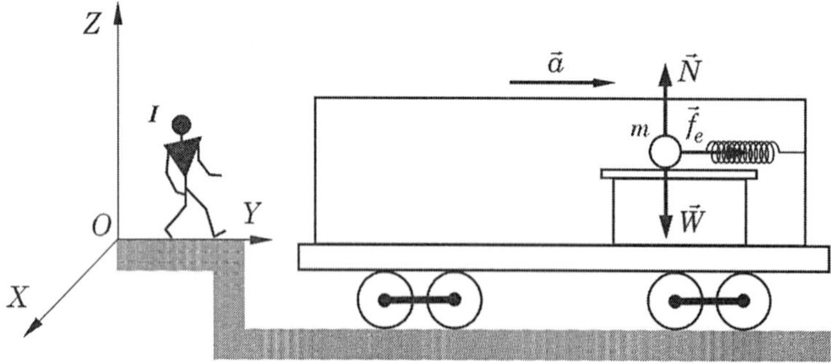

FIGURA 3.50 Diagrama de corpo livre construído pelo observador I.

Como o observador ***I*** observa a esfera mover-se com a mesma aceleração do vagão, ele escreverá a Segunda Lei de Newton da seguinte forma:

$$\sum \vec{F} = \vec{W} + \vec{N} + \vec{f}_e = m\vec{a}. \tag{3.29}$$

Como não há movimento na direção vertical, $\vec{W} + \vec{N} = \vec{0}$, a equação acima fica reduzida a:

$$\vec{f}_e = m\vec{a}. \tag{3.30}$$

Por outro lado, o observador ***N***, estando dentro do vagão, verá a esfera em repouso sobre a mesa e dirá que a resultante das forças que atuam sobre a esfera é nula. As forças que ***N*** identifica são o peso $\vec{W}$, a força exercida pelo tampo da mesa $\vec{N}$ e a força da mola $\vec{f}_e$. Entretanto, estas três forças não podem ter resultante nula, pois, embora $\vec{W}$ e $\vec{N}$ se anulem na direção vertical, a força $\vec{f}_e$, sozinha, não pode garantir o equilíbrio da esfera na direção horizontal. ***N*** concluirá então, com base na sua observação de equilíbrio, que além de $\vec{W}$, $\vec{N}$ e $\vec{f}_e$ existe outra força, que indicamos por $\vec{\varepsilon}$, que equilibra a força $\vec{f}_e$. A Figura 3.51 mostra o DCL construído pelo observador ***N***, que escreverá a Segunda Lei de Newton da seguinte forma:

$$\sum \vec{F} = \vec{W} + \vec{N} + \vec{f}_e + \vec{\varepsilon} = \vec{0} \quad \Rightarrow \quad \vec{f}_e + \vec{\varepsilon} = \vec{0}. \qquad (3.31)$$

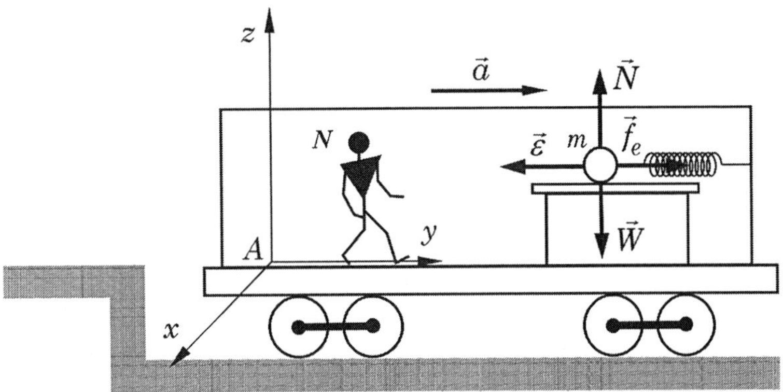

FIGURA 3.51 Diagrama de corpo livre construído pelo observador N.

Se forem feitos diversos experimentos variando o valor da aceleração do vagão, os observadores constatarão que o alongamento da mola e, portanto, o valor das forças $\vec{f}_e$ e $\vec{\varepsilon}$ são proporcionais ao valor da aceleração do vagão. Em particular, quando a aceleração do vagão for nula, a mola permanecerá indeformada e a Equação (3.31) prevê, neste caso, $\vec{\varepsilon} = \vec{0}$.

Com base neste exemplo, podemos fazer as seguintes observações.

Se compararmos os DCL construídos pelos dois observadores, concluiremos que o conjunto de forças observado por cada um deles depende do sistema de referência utilizado ou, mais precisamente, do estado de movimento deste sistema de referência. Em nosso exemplo, as forças $\vec{W}$, $\vec{N}$ e $\vec{f}_e$ são observadas tanto por ***I*** quanto por ***N***, ao passo que a força $\vec{\varepsilon}$ é observada somente pelo observador ***N***. Do ponto de vista físico, não há razão para pensarmos que um dos observadores esteja fazendo uma observação mais correta que o outro. Ambos fazem constatações fisicamente verdadeiras.

Considerando ainda a experiência descrita acima, verificamos a existência de duas categorias de forças: a primeira categoria inclui as forças $\vec{W}$, $\vec{N}$ e $\vec{f}_e$, que são observadas tanto pelo observador ***I*** quanto pelo observador ***N***, sendo, portanto, independentes do estado de movimento do sistema de referência. Estas forças têm sua existência atribuída, por ambos os observadores, às ações exercidas sobre a esfera por corpos vizinhos que são a Terra, a mesa e a mola, respectivamente. Incluem-se, nesta categoria, todas as forças apresentadas na Seção 3.3.

A segunda categoria de forças inclui a força $\vec{\varepsilon}$, observada somente pelo observador ***N***, e que não pode ser atribuída à ação de nenhum corpo vizinho.

A existência destes dois tipos de forças sugere a seguinte classificação:

- *Forças de interação*: são aquelas exercidas entre os corpos e que são independentes do estado de movimento do sistema de referência. No exemplo estudado, as forças $\vec{W}$, $\vec{N}$ e $\vec{T}$ são forças de interação.
- *Forças de inércia*: são aquelas que não são causadas pela interação com outros corpos, sendo associadas ao estado de movimento do sistema de referência em que se encontra o observador. A este tipo de força não se aplica a Terceira Lei de Newton. No nosso exemplo, $\vec{\varepsilon}$ é uma força de inércia.

Com base na existência destes dois tipos de forças, os sistemas de referência são classificados modernamente da seguinte forma:

- *Sistemas de referência inerciais ou galileanos*: são aqueles em relação aos quais são observadas exclusivamente forças de interação.
- *Sistemas de referência não inerciais*: são aqueles em relação aos quais se observa pelo menos uma força de inércia.

De acordo com esta classificação, em nosso exemplo, desconsiderando o movimento da Terra, o sistema de referência fixo a ela, indicado por *OXYZ* na Figura 3.50, é um sistema inercial, ao passo que o sistema de referência preso ao vagão, indicado por *Axyz* na Figura 3.51, é um sistema não inercial.

A caracterização de um dado sistema de referência como inercial ou não inercial é feita com base na experimentação. Experimentos realizados no campo da Astrofísica mostraram que um sistema de referência ligado às estrelas mais distantes do firmamento, bem como qualquer outro sistema que esteja em repouso ou em movimento retilíneo uniforme em relação a ele, é um sistema de referência inercial.

Alguns autores costumam chamar as forças de inércia de *"forças fictícias"*, para diferenciá-las das *"forças verdadeiras"*, que seriam as forças de interação. Esta denominação sugere que as forças de inércia são forças aparentes e que na verdade elas não existem. Todavia, as forças de inércia agem da mesma forma que as forças de interação, deformando corpos, realizando trabalho etc. Em algumas situações é até mesmo impossível dizer se uma dada força é de interação ou de inércia, com base, exclusivamente, nos seus efeitos.

Outro fator importante a ser considerado é que, embora o sistema de referência a ser utilizado para a representação de um dado problema de dinâmica possa ser escolhido livremente, em numerosos casos, a escolha de um sistema de referência não inercial é mais conveniente ou natural.

É amplamente conhecido que, devido à rotação da Terra, sistemas de referência fixados a ela não são inerciais. Em consequência, a rigor, as forças de inércia devem ser incluídas na análise de todo movimento observado em relação à Terra. Entretanto, como a velocidade de rotação do planeta é baixa $2\pi/24\text{h} = 7{,}3 \times 10^{-5}$ rad/s), as forças de inércia podem ser desprezadas na análise de alguns tipos de problema. Em outros problemas, contudo, tais como aqueles que envolvem movimentos de correntes marítimas e atmosféricas, e movimento de veículos orbitais, os efeitos de rotação da Terra não podem ser negligenciados.

Conforme vimos na Seção 3.3, as forças de interação estão associadas a numerosos e diversos fenômenos físicos. Por outro lado, as forças de inércia são apenas quatro, conforme mostraremos a seguir.

3.6.1 As quatro forças de inércia

Consideremos a situação mais geral possível, representada na Figura 3.52, na qual uma partícula *P*, de massa *m*, move-se no espaço. Adotemos dois sistemas de referência: o sistema inercial *OXYZ*, ao qual associamos o observador ***I***, e o sistema não inercial *Axyz*, que descreve um movimento geral (translação e rotação) em relação ao sistema $OXYZ$; a origem A descreve movimento geral no espaço e o sistema de eixos tem velocidade angular instantânea $\vec{\Omega}$ e aceleração angular instantânea $\dot{\vec{\Omega}}$. Ao sistema de referência móvel associamos o observador $\boldsymbol{N}$, como mostra a Figura 3.52.

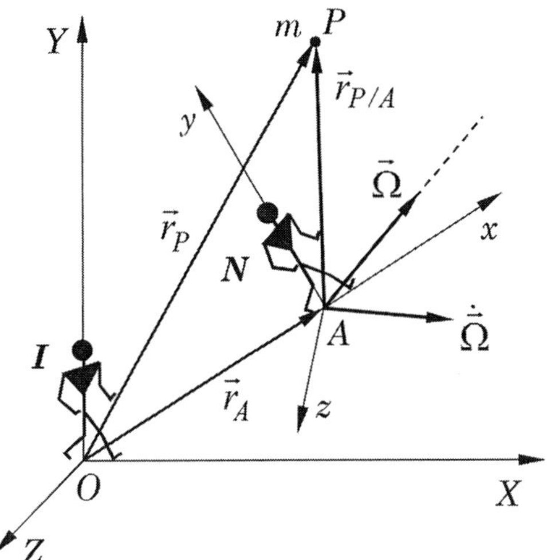

FIGURA 3.52 Esquema ilustrando a observação do movimento de uma partícula a partir de dois sistemas de referência: um inercial e outro não inercial.

Na Subseção 1.9.6, havíamos obtido a seguinte expressão, relacionando as acelerações da partícula P com os dois sistemas de referência considerados (ver Equações (1.154)):

$$\vec{a}_P\big|_{OXYZ} = \vec{a}_A\big|_{OXYZ} + \vec{a}_P\big|_{Axyz} + \dot{\vec{\Omega}} \times \vec{r}_{P/A} + \vec{\Omega} \times \left(\vec{\Omega} \times \vec{r}_{P/A}\right) + 2\vec{\Omega} \times \vec{v}_P\big|_{Axyz}. \tag{3.32}$$

Assim, a diferença entre as acelerações da partícula P observadas a partir dos dois sistemas de referência considerados é dada por:

$$\vec{a}_P\big|_{OXYZ} - \vec{a}_P\big|_{Axyz} = \vec{a}_A\big|_{OXYZ} + \dot{\vec{\Omega}} \times \vec{r}_{P/A} + \vec{\Omega} \times \left(\vec{\Omega} \times \vec{r}_{P/A}\right) + 2\vec{\Omega} \times \vec{v}_P\big|_{Axyz}. \tag{3.33}$$

A Segunda Lei de Newton, escrita pelo observador $\boldsymbol{I}$, fica:

$$\sum \vec{F}_{int} = m\vec{a}_P\big|_{OXYZ}, \tag{3.34}$$

onde $\sum \vec{F}_{int}$ designa a resultante das forças de interação atuantes sobre P, que são, como já vimos, as únicas forças consideradas pelo observador $\boldsymbol{I}$.

Por outro lado, o observador não inercial $\boldsymbol{N}$ identifica, além das forças de interação, as forças de inércia, e escreve a Segunda Lei de Newton sob a forma:

$$\sum \vec{F}_{int} + \sum \vec{F}_{ine} = m\vec{a}_P\big|_{Axyz}, \tag{3.35}$$

onde $\sum \vec{F}_{ine}$ designa a resultante das forças de inércia.

Subtraindo a Equação (3.34) da Equação (3.35), obtemos:

$$\sum \vec{F}_{ine} = m\left(\vec{a}_P\big|_{Axyz} - \vec{a}_P\big|_{OXYZ}\right). \tag{3.36}$$

Associando as Equações (3.33) e (3.36) temos:

$$\sum \vec{F}_{ine} = -m\vec{a}_A\big|_{OXYZ} - m\dot{\vec{\Omega}} \times \vec{r}_{P/A} - m\vec{\Omega} \times \left(\vec{\Omega} \times \vec{r}_{P/A}\right) - m2\vec{\Omega} \times \vec{v}_P\big|_{Axyz}. \tag{3.37}$$

A equação acima mostra que $\sum \vec{F}_{ine}$ é constituída pela adição de quatro vetores, cada um dos quais corresponde a uma força de inércia.

Utilizando a notação e a terminologia proposta pelo físico e matemático húngaro Cornelius Lanczos (1893-1974), escrevemos:

$$\sum \vec{F}_{ine} = \vec{\varepsilon} + \vec{\varepsilon}' + \vec{C} + \vec{C}',$$

onde:

$\vec{\varepsilon} = -m\vec{a}_A\big|_{OXYZ}$ *é a força de Einstein,* (3.38.a)

$\vec{\varepsilon}' = -m\dot{\vec{\Omega}} \times \vec{r}_{P/A}$ *é a força de Euler,* (3.38.b)

$\vec{C} = -m\vec{\Omega} \times \left(\vec{\Omega} \times \vec{r}_{P/A}\right)$ *é a força centrífuga,* (3.38.c)

$\vec{C}' = -m2\vec{\Omega} \times \vec{v}_P\big|_{Axyz}$ *é a força de Coriolis.* (3.38.d)

Nas Equações (3.38.a) a (3.38.d), observamos que as forças de inércia dependem do estado de movimento do sistema de referência não inercial, ou seja, da aceleração de sua origem, $\vec{a}_A$, de sua velocidade angular, $\vec{\Omega}$, e de sua aceleração angular $\dot{\vec{\Omega}}$, além da posição e da velocidade da partícula em relação ao sistema de referência não inercial, dadas pelos vetores $\vec{r}_{P/A}$ e $\vec{v}_P\big|_{Axyz}$, respectivamente.

Como o sistema *Axyz* foi admitido estar animado do movimento mais geral possível, constatamos que não existem forças de inércia além das quatro descritas acima.

Com base na formulação e discussão apresentadas acima, concluímos que, para a resolução de problemas de dinâmica da partícula empregando a Segunda Lei de Newton, podemos escolher tanto sistemas de referência inerciais quanto sistemas de referência não inerciais. No primeiro caso, a Segunda Lei de Newton deve ser utilizada na forma expressa na Equação (3.34), ao passo que, no segundo caso, devemos empregar a Segunda Lei de Newton na forma expressa na Equação (3.35), com as forças de inércia dadas pelas Equações (3.38).

Nos exemplos que apresentaremos mais adiante, ilustraremos a resolução de problemas de dinâmica da partícula empregando sistemas de referência não inerciais.

3.6.2 Equilíbrio dinâmico. Princípio de d'Alembert

Como caso particular da situação tratada na Subseção 3.6.1, consideremos uma partícula *P*, de massa *m*, que tem seu movimento observado a partir dos dois sistemas de referência mostrados na Figura 3.53. O sistema *OXYZ* é inercial e o sistema *Pxyz* tem sua origem coincidente com a posição da partícula, e se movimenta com velocidade angular $\vec{\Omega}$ e aceleração angular $\dot{\vec{\Omega}}$, sendo, portanto, não inercial.

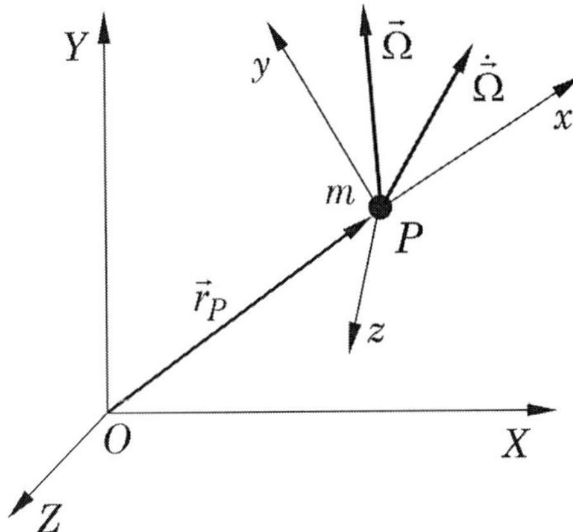

FIGURA 3.53 Esquema ilustrando o movimento de uma partícula a partir de dois sistemas de referência: um inercial e outro não inercial com origem na posição da partícula.

Considerando primeiramente o sistema de referência inercial, escrevemos a Segunda Lei de Newton para a partícula sob a forma:

$$\Sigma \vec{F}_{int} = m\vec{a}_P\big|_{OXYZ}. \tag{3.39}$$

Por outro lado, como a partícula estará em repouso em relação ao sistema de referência não inercial, a Segunda Lei de Newton é expressa em relação a este sistema de referência segundo:

$$\Sigma \vec{F}_{int} + \Sigma \vec{F}_{ine} = m\,\vec{a}_P\big|_{Axyz} = \vec{0}. \tag{3.40}$$

Analisando as Equações (3.38), levando ainda em conta que quando a origem do sistema móvel coincide com a posição da partícula, temos $\vec{r}_{P/A} = \vec{0}$ e $\vec{v}_P\big|_{Axyz} = \vec{0}$, concluímos que a única força de inércia que não se anula é a força de Einstein, Assim, as Equações (3.39) e (3.40) conduzem a:

$$\Sigma \vec{F}_{int} + \vec{\varepsilon} = \vec{0}, \tag{3.41}$$

ou:

$$\Sigma \vec{F}_{int} - m\,\vec{a}_P\big|_{OXYZ} = \vec{0}. \tag{3.42}$$

A Equação (3.42) mostra que, para um observador no sistema *Pxyz*, a partícula encontra-se em equilíbrio estático sob a ação das forças de interação e da força de inércia $m\,\vec{a}_P\big|_{OXYZ}$. Este estado de equilíbrio constatado pelo observador não inercial é chamado *equilíbrio dinâmico*.

A transformação aparente de um problema de Dinâmica em um problema de Estática é conhecida como *Princípio de d'Alembert*, que foi proposto pelo físico francês Jean Le Rond d'Alembert (1717-1783).

Deve ser observado, entretanto, que a utilização deste princípio não conduz a nenhuma simplificação dos problemas de Dinâmica, sendo estritamente equivalente ao emprego das equações do movimento nas formas apresentadas nas seções anteriores deste capítulo. Por esta razão, o Princípio de d'Alembert é citado aqui apenas em reconhecimento à sua importância histórica, e não será utilizado subsequentemente neste livro.

EXEMPLO 3.12

O suporte A de um pêndulo de massa m e comprimento L tem aceleração horizontal constante $\vec{a}$, como mostrado na Figura 3.54. Se o pêndulo é abandonado do repouso relativo ao suporte A na posição horizontal, determinar a expressão para a força de tração na corda do pêndulo em função do ângulo θ.

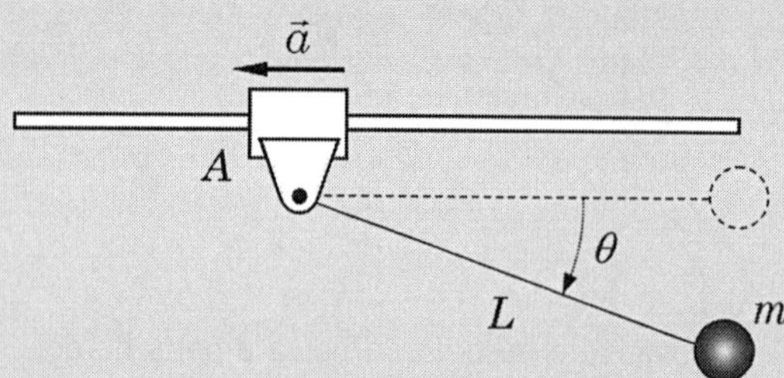

FIGURA 3.54 Ilustração de um pêndulo cujo ponto de pivotamento se desloca com aceleração constante.

Resolução

Resolveremos o problema escolhendo um sistema de referência não inercial, Axy, desenvolvendo movimento de translação, com sua origem posicionada sobre o suporte A, o qual está representado na Figura 3.55.

Tendo sido feita esta escolha, o DCL da massa do pêndulo deve conter as forças de interação e as forças de inércia, conforme mostrado na Figura 3.55. As primeiras incluem a força peso, $\vec{W}$, e a tração na corda do pêndulo, $\vec{T}$. Examinando as Equações (3.38), concluímos que, como o sistema de referência adotado está em movimento de translação ($\vec{\Omega} = \vec{0}$, $\dot{\vec{\Omega}} = \vec{0}$), somente a força de inércia $\vec{\varepsilon} = -m\vec{a}_A$ não é nula.

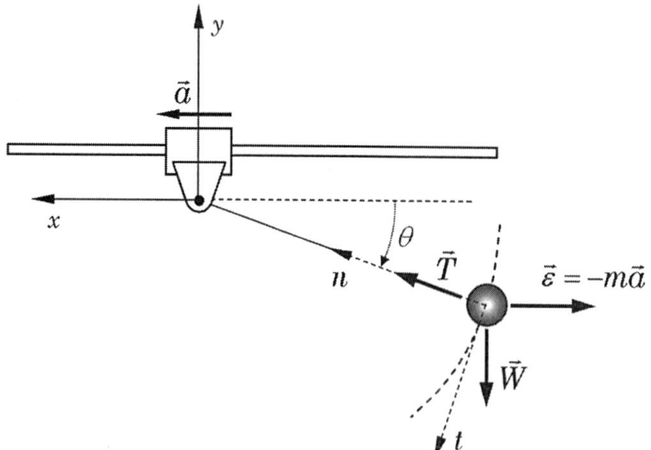

FIGURA 3.55 DCL da massa do pêndulo considerando um sistema de referência não inercial.

Para desenvolver as equações do movimento a partir da Equação (3.40), formulamos a aceleração da partícula em termos de suas componentes nas direções normal-tangencial mostradas na Figura 3.55:

$$\vec{a}_P\big|_{Axy} = L\ddot{\theta}\,\vec{i}_t + L\dot{\theta}^2\,\vec{i}_n \,. \qquad \textbf{(a)}$$

Aplicando a Equação (3.40) em termos das componentes vetoriais nas direções t e n, obtemos:

- Na direção t: $mg\cos\theta - ma\,\mathrm{sen}\,\theta = mL\ddot{\theta}$, **(b)**
- Na direção n: $T - mg\,\mathrm{sen}\,\theta - ma\cos\theta = mL\dot{\theta}^2$. **(c)**

Visando obter os termos do lado direito das equações (b) e (c) expressos exclusivamente em função do ângulo θ, fazemos os seguintes desenvolvimentos:

$$\ddot{\theta} = \frac{d}{dt}\left(\frac{d\theta}{dt}\right) = \frac{d}{d\theta}\left(\frac{d\theta}{dt}\right)\cdot\frac{d\theta}{dt} \Rightarrow \ddot{\theta} = \frac{d\dot{\theta}}{d\theta}\cdot\dot{\theta},$$

donde, levando em conta que o pêndulo é liberado do repouso ($\dot{\theta}(0) = 0$), temos:

$$\ddot{\theta}d\theta = \dot{\theta}d\dot{\theta} \Rightarrow \int_0^{\theta}\ddot{\theta}(\xi)d\xi = \frac{1}{2}\dot{\theta}^2. \qquad \textbf{(d)}$$

Da equação (b) obtemos:

$$\ddot{\theta} = \frac{g}{L}\cos\theta - \frac{a}{L}\mathrm{sen}\,\theta\,. \qquad \textbf{(e)}$$

Associando as equações (d) e (e), após efetuar a integração indicada, obtemos:

$$\dot{\theta}^2 = \frac{2}{L}\left[g\,\mathrm{sen}\,\theta + a(\cos\theta - 1)\right]. \qquad \textbf{(f)}$$

Finalmente, combinando as equações (c) e (f), obtemos, após algumas manipulações, a seguinte expressão para a tração na corda do pêndulo em função do ângulo θ:

$$T = m\left[3g\,\mathrm{sen}\,\theta - a(2 - 3\cos\theta)\right].$$

EXEMPLO 3.13

Um disco gira em um plano horizontal com velocidade angular $\vec{\omega}$ e aceleração angular $\dot{\vec{\omega}}$, conforme mostrado na Figura 3.56. Em um dado instante, a partícula P é lançada com velocidade $\vec{v}_0$ na direção radial, a partir do centro O. Desprezando o atrito, obter as equações do movimento da partícula em relação a um sistema de referência fixado ao disco.

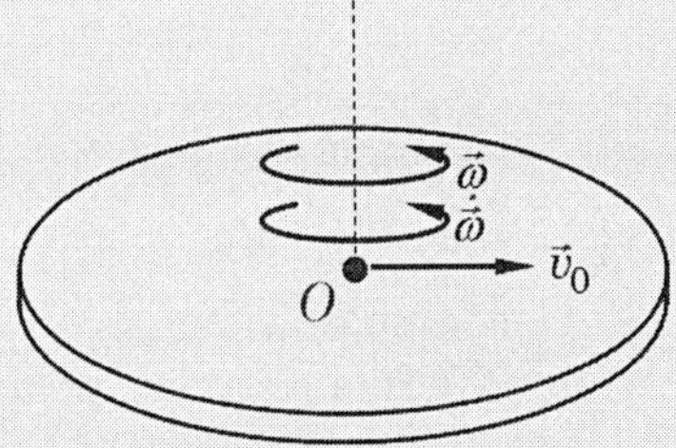

FIGURA 3.56 Disco rotativo sobre o qual se movimenta uma partícula.

Resolução

Resolveremos o problema empregando o sistema de referência *Oxyz* preso ao disco, com origem em seu centro, que, portanto, está girando em torno do eixo vertical com a mesma velocidade angular e aceleração angular do disco, conforme mostrado na Figura 3.57.

Sendo o sistema de referência escolhido um sistema não inercial, o DCL da partícula *P* deve incluir, além das forças de interação, as forças de inércia, conforme discutido na Seção 3.6. O DCL para um instante qualquer posterior ao lançamento, mostrado na Figura 3.56, inclui, como forças de interação, o peso $\vec{W}$ e a força de contato exercida pelo disco sobre a partícula, $\vec{N}$. Examinando as Equações (3.38), concluímos que, dentre as forças de inércia, apenas a força $\vec{\varepsilon}$ é nula, uma vez que a origem do sistema de referência escolhido, estando posicionada sobre o centro do disco, tem aceleração nula.

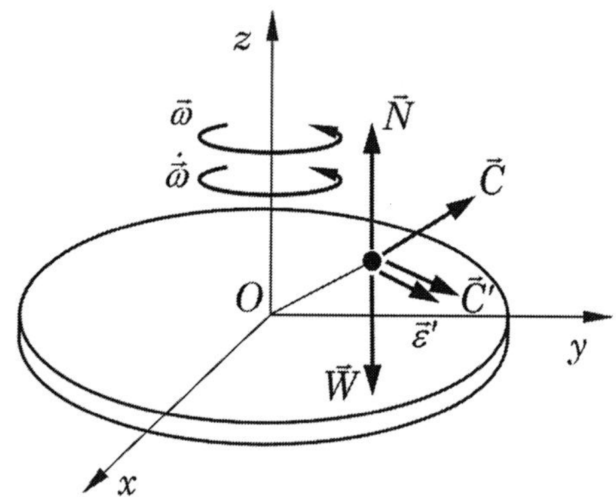

FIGURA 3.57 Diagrama de corpo livre da partícula incluindo forças de interação e forças de inércia.

Em relação ao sistema de referência *Oxyz*, o movimento da partícula é expresso em coordenadas cartesianas sob a forma:

- Posição: $\vec{r}(t)\Big|_{Oxyz} = x(t)\vec{i} + y(t)\vec{j}$. **(a)**
- Velocidade: $\dot{\vec{r}}(t)\Big|_{Oxyz} = \dot{x}(t)\vec{i} + \dot{y}(t)\vec{j}$, **(b)**
- Aceleração: $\ddot{\vec{r}}(t)\Big|_{Oxyz} = \ddot{x}(t)\vec{i} + \ddot{y}(t)\vec{j}$. **(c)**

A partir das Equações (3.38), as forças de inércia são expressas da seguinte forma:

$$\vec{\varepsilon}' = -m\,\dot{\omega}\,\vec{k} \times \left(x\,\vec{i} + y\,\vec{j}\right) = m\,\dot{\omega}\left(y\,\vec{i} - x\,\vec{j}\right), \quad \textbf{(d)}$$

$$\vec{C} = m\,\omega^2\left(x\,\vec{i} + y\,\vec{j}\right), \quad \textbf{(e)}$$

$$\vec{C}' = -m2\omega\,\vec{k} \times \left(\dot{x}\,\vec{i} + \dot{y}\,\vec{j}\right) = 2m\,\omega\left(\dot{y}\,\vec{i} - \dot{x}\,\vec{j}\right). \quad \textbf{(f)}$$

Aplicando a Segunda Lei de Newton na forma expressa pela Equação (3.29), levando em conta as equações (d) a (f), temos:

$$N\,\vec{k} - W\,\vec{k} + m\dot{\omega}\left(y\,\vec{i} - x\,\vec{j}\right) + m\omega^2\left(x\,\vec{i} + y\,\vec{j}\right) + 2m\,\omega\left(\dot{y}\,\vec{i} - \dot{x}\,\vec{j}\right) = m\left(\ddot{x}\vec{i} + \ddot{y}\vec{j}\right). \quad \textbf{(g)}$$

A partir da Equação (g), extraímos as duas equações do movimento:

$$\ddot{x} = \dot{\omega}y + \omega^2 x + 2\omega\dot{y}, \quad \text{(h)} \qquad \ddot{y} = -\dot{\omega}x + \omega^2 y - 2\omega\dot{x}. \quad \text{(i)}$$

EXEMPLO 3.14

Retomando o Exemplo 3.13 e admitindo que, no instante inicial, a partícula parta da origem ($x(0) = 0$, $y(0) = 0$) com velocidade inicial ($\dot{x}(0) = 0{,}2$ m/s, $\dot{y}(0) = 0$), e que o disco gire com velocidade angular constante $\omega = 1{,}0$ rad/s, resolver numericamente as equações do movimento. Apresentar graficamente as curvas representando as componentes dos vetores posição e velocidade, além da trajetória da partícula observada em relação ao sistema de referência não inercial *Oxyz* no intervalo [0; 20s].

Resolução

Conforme mostrado em exemplos anteriores, para efetuar a resolução numérica utilizando o método de Runge-Kutta, é necessário exprimir as equações do movimento originais sob a forma de equações de primeira ordem. Isso é feito introduzindo as novas variáveis:

$$x_1(t) = x, \quad x_2(t) = y, \quad x_3(t) = \dot{x}, \quad x_4(t) = \dot{y}.$$

Em termos destas variáveis, as equações do movimento (h) e (i) do Exemplo 3.13 ficam expressas sob as formas:

$$\dot{x}_1 = x_3, \quad \dot{x}_2 = x_4, \quad \dot{x}_3 = \dot{\omega}x_2 + \omega^2 x_1 + 2\omega x_4, \quad \dot{x}_4 = -\dot{\omega}x_1 + \omega^2 x_2 - 2\omega x_3.$$

A resolução numérica das equações acima é feita no programa MATLAB® **exemplo_3_14.m**. Os resultados obtidos são apresentados graficamente nas Figuras 3.58 a 3.60.

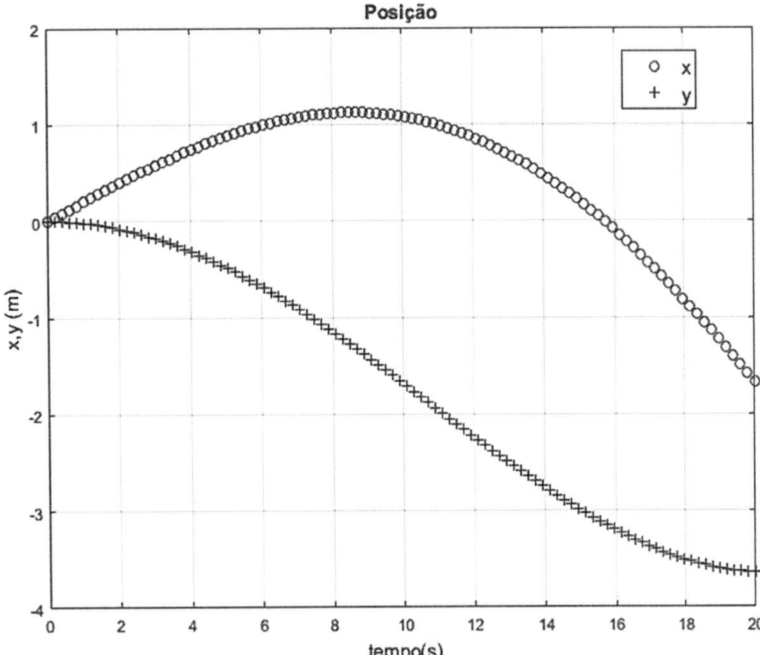

FIGURA 3.58 Curvas representando a posição da partícula em relação a um sistema de referência fixado ao disco.

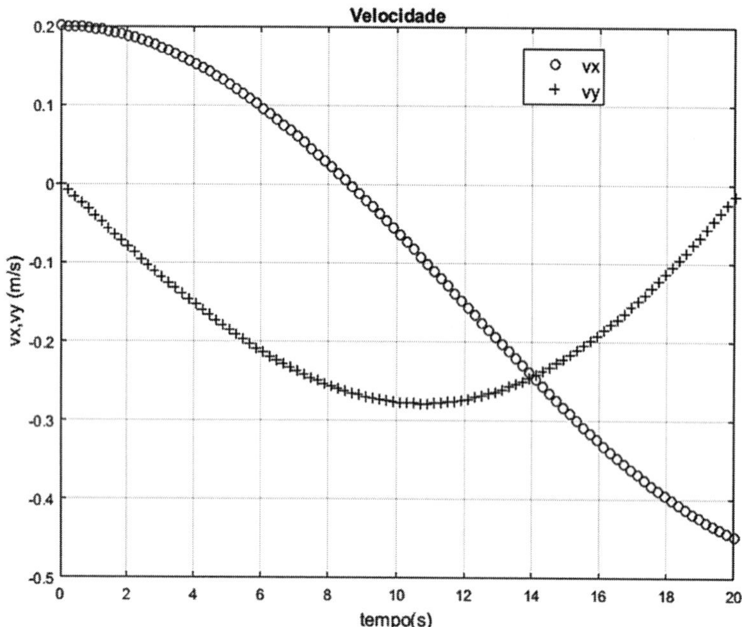

FIGURA 3.59 Curvas representando a velocidade da partícula em relação a um sistema de referência fixado ao disco.

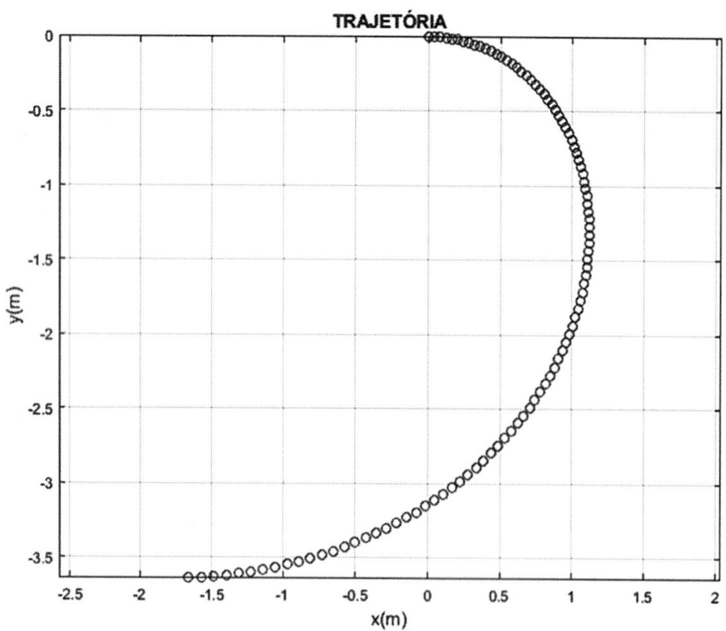

FIGURA 3.60 Curva representando a trajetória da partícula em relação a um sistema de referência fixado ao disco.

Os resultados mostram que, em relação ao sistema de referência não inercial, preso ao disco, o movimento da partícula é muito complexo. É importante notar que, como as forças de interação têm resultante nula, o movimento observado a partir de um sistema de referência inercial é um movimento retilíneo uniforme.

Este exemplo comprova que os comportamentos dinâmicos observados a partir de dois sistemas de referência distintos, um inercial e outro não inercial, podem ser muito diferentes, o que torna importante conhecer os procedimentos necessários para a modelagem dinâmica considerando cada um destes tipos de sistema de referência.

3.7 Quantidade de movimento linear da partícula. Princípio do Impulso-Quantidade de Movimento Linear. Conservação da quantidade de movimento linear

A *quantidade de movimento linear* de uma partícula de massa m, também chamada *momento linear*, é definida pelo vetor:

$$\vec{L} = m\vec{v}, \tag{3.43}$$

onde $\vec{v}$ é a velocidade da partícula em relação a um sistema de referência que admitiremos ser fixo.

Sendo m uma quantidade escalar positiva, concluímos que $\vec{L}$ é um vetor que possui a mesma direção e o mesmo sentido que o vetor velocidade, conforme mostrado na Figura 3.61. No SI, a quantidade de movimento linear tem unidades de kg · m/s ou N · s.

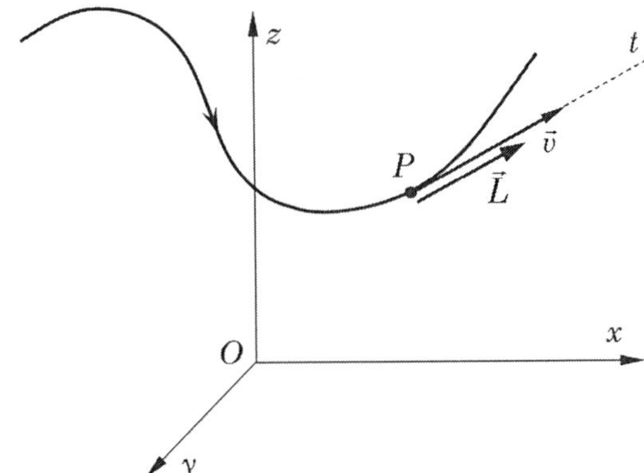

FIGURA 3.61 Ilustração do vetor quantidade de movimento linear.

Retomando a expressão da Segunda Lei de Newton, dada pela Equação (3.2), podemos reescrevê-la sob a forma:

$$\sum \vec{F} = \frac{d}{dt}(m\vec{v}). \tag{3.44}$$

Considerando a definição introduzida na Equação (3.43), a Equação (3.44) é reescrita sob a forma:

$$\sum \vec{F} = \frac{d\vec{L}}{dt}. \tag{3.45}$$

A Equação (3.45) é entendida como uma forma alternativa de expressar a Segunda Lei de Newton. Ela traduz o chamado *Princípio da Quantidade de Movimento Linear*, ou *Primeiro Princípio de Euler*, e nos mostra que:

a) a resultante das forças que atuam sobre uma partícula iguala-se, em todo e qualquer instante, à taxa de variação no tempo de sua quantidade de movimento linear;

b) se a resultante das forças que atuam sobre a partícula for nula, seu vetor quantidade de movimento, e portanto, seu vetor velocidade, serão constantes. Neste caso, dizemos que há *conservação da quantidade de movimento linear* e a partícula permanecerá em repouso ou estará animada de movimento retilíneo uniforme, em conformidade com a Primeira Lei de Newton.

Multiplicando ambos os lados da Equação (3.45) por dt e integrando a equação resultante entre dois instantes de tempo quaisquer t_1 e t_2, temos:

$$\vec{L}(t_2) = \vec{L}(t_1) + \int_{t_1}^{t_2} \sum \vec{F}(t)dt, \tag{3.46}$$

ou, abreviadamente:

$$\vec{L}\Big|_2 = \vec{L}\Big|_1 + \vec{I}^L_{1\triangleright 2}, \tag{3.47}$$

onde o vetor:

$$\vec{I}^L_{1\triangleright 2} = \int_{t_1}^{t_2} \sum \vec{F}(t)dt \tag{3.48}$$

é denominado *impulso linear da força resultante.*

A Equação (3.46) expressa o *Princípio do Impulso-Quantidade de Movimento Linear.* Conforme veremos nos exemplos a seguir, sua utilização é particularmente conveniente na resolução de problemas nos quais a variação das forças com o tempo é conhecida explicitamente.

EXEMPLO 3.15

Uma pequena esfera de massa 2,0 kg move-se sobre um plano horizontal sem atrito, sujeita à ação de duas forças $\vec{F}_x$ e $\vec{F}_y$, cujas variações com o tempo são mostradas na Figura 3.62. Sabendo que em $t = 0$ a esfera está inicialmente em repouso na origem O, determinar sua velocidade no instante $t = 7$ s.

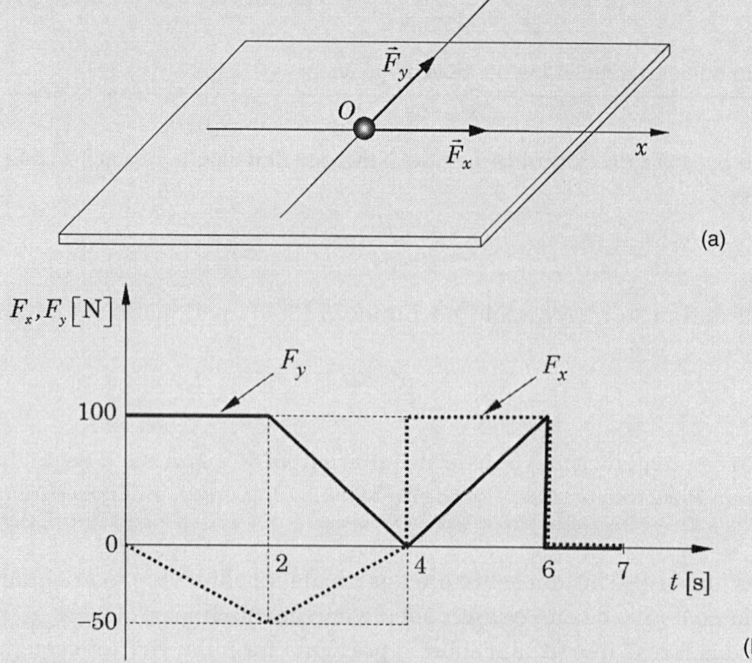

FIGURA 3.62 (a): ilustração de uma partícula que se move em um plano horizontal sob ação de duas forças conhecidas; (b): variação das forças em função do tempo.

Resolução

Utilizaremos o Princípio do Impulso-Quantidade de Movimento Linear entre os instantes $t = 0$ e $t = 7$ s. Para tanto, devemos calcular o impulso da força resultante atuante sobre a partícula. Além das duas forças mostradas na Figura 3.62, existem a força peso e a força de contato exercida pelo plano sobre a partícula. Porém, como não há movimento na direção vertical, estas duas últimas se anulam, de modo que a resultante das forças que atuam sobre a partícula é:

$$\sum \vec{F}(t) = F_x(t)\,\vec{i} + F_y(t)\,\vec{j}. \qquad \textbf{(a)}$$

Levando em conta que no instante inicial a partícula está em repouso, adaptando a Equação (3.46), escrevemos:

$$\vec{L}(7) = \vec{L}(0) + \int_0^7 \sum \vec{F}(t)dt \Rightarrow \vec{v}(7) = \frac{1}{m}\int_0^7 \left[F_x(t)\,\vec{i} + F_y(t)\,\vec{j}\right]dt. \qquad \textbf{(b)}$$

Como as forças variam em uma sequência de trechos lineares, é cômodo efetuar as integrações indicadas computando as áreas sob as curvas representando $F_x(t)$ e $F_y(t)$ na Figura 3.62(b). Assim procedendo, temos:

- $$\int_0^7 F_x(t)\,dt = \frac{1}{2}(-50)\cdot 4 + 100\cdot 2 = 100\,\text{N}\cdot\text{s}, \qquad \textbf{(c)}$$

- $$\int_0^7 F_y(t)\,dt = \frac{1}{2}(4+2)\cdot 100 + \frac{1}{2}\cdot 100\cdot 2 = 400\,\text{N}\cdot\text{s}. \qquad \textbf{(d)}$$

Associando as equações (b), (c) e (d), obtemos:

$$\vec{v}(7\text{s}) = \frac{1}{2{,}0}\left(100\vec{i} + 400\vec{j}\right) \Rightarrow \boxed{\vec{v}(7\text{s}) = 50\vec{i} + 200\vec{j}\ [\text{m/s}]}.$$

3.8 Quantidade de movimento angular da partícula. Princípio do Impulso-Quantidade de Movimento Angular. Conservação da quantidade de movimento angular

A *quantidade de movimento angular ou momento angular* de uma partícula de massa m, em relação a um dado ponto fixo O, designada por $\vec{H}_O$, é definida como sendo o momento do vetor quantidade de movimento linear da partícula em relação ao ponto O. Por conveniência, fazemos este ponto coincidir com a origem de um sistema de referência inercial (ver Figura 3.63).

Sendo $\vec{r}$ o vetor posição da partícula em relação ao ponto O, a quantidade de movimento angular é expressa segundo:

$$\vec{H}_O = \vec{r}\times\vec{L} = \vec{r}\times m\vec{v}. \qquad (3.49)$$

No SI, o momento angular tem unidades de kg · m²/s ou N · m · s.

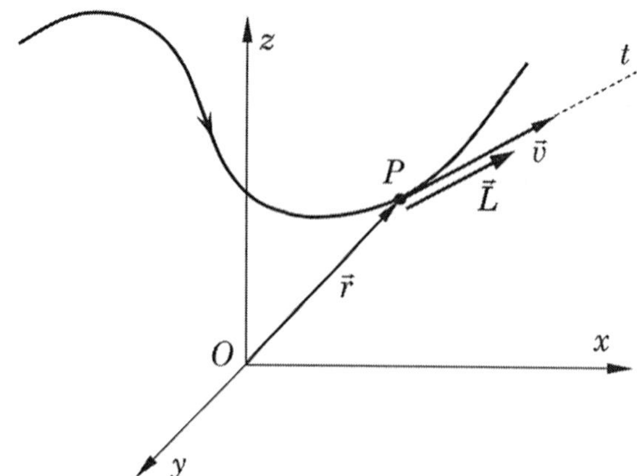

FIGURA 3.63 Ilustração que introduz a definição da quantidade de movimento angular de uma partícula.

Derivando a Equação (3.49) em relação ao tempo, temos:

$$\dot{\vec{H}}_O = \dot{\vec{r}} \times m\vec{v} + \vec{r} \times m\dot{\vec{v}} = \vec{v} \times m\vec{v} + \vec{r} \times m\vec{a}. \quad (3.50)$$

Levando em conta que a primeira parcela do lado direito da Equação (3.50) é nula, uma vez que se trata do produto vetorial de dois vetores paralelos, e que, de acordo com a Segunda Lei de Newton, $\sum \vec{F} = m\vec{a}$, a Equação (3.50) fica:

$$\dot{\vec{H}}_O = \vec{r} \times \sum \vec{F}, \quad (3.51)$$

ou, em notação simplificada:

$$\dot{\vec{H}}_O = \sum \vec{M}_O, \quad (3.52)$$

onde $\sum \vec{M}_O = \vec{r} \times \sum \vec{F}$ representa o momento resultante das forças que atuam sobre a partícula, em relação ao ponto O.

A Equação (3.52) mostra que o momento da resultante das forças que atuam sobre a partícula, em relação ao ponto fixo O, iguala-se, em todo e qualquer instante, à taxa de variação no tempo da quantidade de movimento angular da partícula em relação a O.

Este resultado é conhecido como *Princípio da Quantidade de Movimento Angular* ou *Segundo Princípio de Euler*.

Quando não houver nenhuma força atuando sobre a partícula ou quando a resultante das forças tiver a direção OP, teremos $\sum \vec{M}_O = \vec{0}$ e, portanto, $\dot{\vec{H}}_O = \vec{0}$. Isto implica que $\vec{H}_O$ é constante. Neste caso, dizemos que há *conservação da quantidade de movimento angular*.

Multiplicando ambos os lados da Equação (3.52) por dt e integrando a equação resultante entre dois instantes quaisquer t_1 e t_2, obtemos:

$$\vec{H}_O(t_2) = \vec{H}_O(t_1) + \int_{t_1}^{t_2} \sum \vec{M}_O(t)dt, \quad (3.53)$$

ou:

$$\vec{H}_O\Big|_2 = \vec{H}_O\Big|_1 + \vec{I}^{A}_{1\triangleright 2}, \quad (3.54)$$

onde o vetor:

$$\vec{I}^{A}_{1\triangleright 2}=\int_{t_1}^{t_2}\sum \vec{M}_O(t)dt \qquad (3.55)$$

é o *impulso angular* da força resultante, em relação ao ponto O.

A Equação (3.53) expressa o *Princípio do Impulso-Quantidade de Movimento Angular*.

EXEMPLO 3.16

Uma categoria importante de problemas no âmbito da mecânica celeste é a dos chamados *problemas com força central*, ilustrado neste exemplo considerando um satélite artificial ou natural S que orbita em torno de um planeta P, conforme ilustrado na Figura 3.64. Admitindo que as influências gravitacionais dos outros corpos celestes sejam desprezíveis, a única força aplicada ao satélite é a força de atração gravitacional $\vec{f}_G$. Propomo-nos a demonstrar que, para este problema, há conservação da quantidade de movimento angular do satélite em relação ao centro do planeta e que deste fato decorre a Segunda Lei de Kepler do movimento orbital.

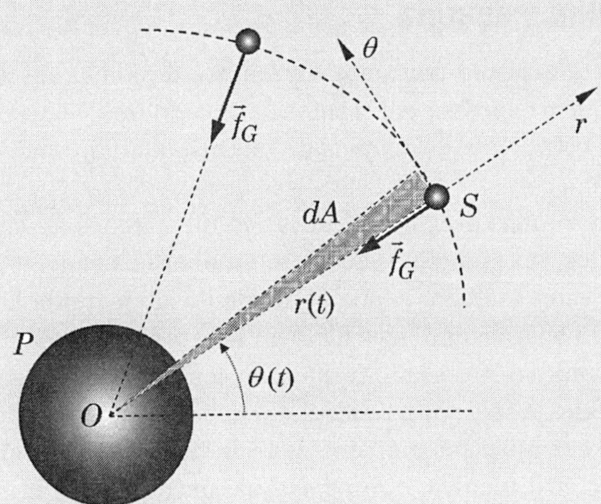

FIGURA 3.64 Ilustração do movimento de um satélite em torno de um planeta (problema com força central).

Resolução

Observamos que, independentemente da posição do satélite ao longo de sua trajetória, a força $\vec{f}_G$ sempre aponta para o centro do planeta, indicado pelo ponto O. Assim, o momento da força resultante aplicada sobre o planeta, em relação ao ponto O é nulo e, de acordo com o Princípio da Quantidade de Movimento Angular, expresso pela Equação (3.52), há conservação da quantidade de movimento angular em relação a O.

Utilizando o sistema de coordenadas polares mostrado na Figura 3.64, expressamos a velocidade da partícula segundo (ver Subseção 1.7.3):

$$\vec{v}=\dot{r}\vec{i}_r+r\dot{\theta}\vec{i}_\theta. \qquad \textbf{(a)}$$

A quantidade de movimento angular em relação ao ponto O é dada por:

$$\vec{H}_O = \vec{r} \times m\vec{v} = r\vec{i}_r \times \left(\dot{r}\vec{i}_r + r\dot{\theta}\vec{i}_\theta\right) = r^2\dot{\theta}\vec{k}, \quad \textbf{(b)}$$

onde $\vec{k}$ é o vetor unitário perpendicular ao plano definido pela órbita do satélite.

Como $\vec{H}_O$ é um vetor constante, concluímos que durante o seu movimento, a quantidade $r^2\dot{\theta}$, que corresponde ao módulo de $\vec{H}_O$ permanece constante. Para interpretar este resultado, escrevemos:

$$\left\|\vec{H}_O\right\| = 2\frac{dA}{dt} = \text{cte.} \Rightarrow \boxed{\frac{dA}{dt} = \text{cte.}}, \quad \textbf{(c)}$$

onde $dA = \frac{1}{2}r^2 d\theta$ é a área infinitesimal desenvolvida pelo vetor posição, mostrada na Figura 3.64.

O resultado expresso pela equação (c) é conhecido como *Segunda Lei de Kepler* do movimento planetário, que estabelece que no movimento com força central a taxa de variação temporal da área desenvolvida pelo vetor posição é constante.

3.9 Métodos de trabalho e energia

Nas seções anteriores deste capítulo tratamos da análise dinâmica de uma partícula a partir da Segunda Lei de Newton, que é expressa em termos das grandezas vetoriais força resultante, $\sum\vec{F}$, e aceleração, $\vec{a}$. Além disso, estudamos princípios de impulso e quantidade de movimento derivados da Segunda Lei de Newton.

Nesta seção estudaremos uma categoria alternativa de métodos destinados à análise dinâmica de uma partícula, baseados em princípios fundamentados nos conceitos de trabalho e energia. Embora, em sua essência, estes métodos sejam equivalentes à Segunda Lei de Newton, da qual são derivados, do ponto de vista operacional, eles diferem substancialmente desta Lei, uma vez que, ao invés de operarem com grandezas vetoriais, trabalham com grandezas escalares que são o trabalho de uma força, energia cinética e energia potencial.

Conforme veremos nos exemplos, os métodos de trabalho e energia permitem resolver uma ampla categoria de problemas de dinâmica. Além disso, os conceitos aqui introduzidos são a base para o desenvolvimento da Mecânica Analítica, tratada no Capítulo 7.

3.9.1 Trabalho de uma força

Com relação à situação ilustrada na Figura 3.65, o *trabalho elementar* que uma força qualquer, $\vec{F}$, realiza durante um deslocamento infinitesimal $d\vec{r}$ de seu ponto de aplicação é definido pelo seguinte produto escalar:

$$dW^{\vec{F}} = \vec{F} \cdot d\vec{r} = \left\|\vec{F}\right\| \cdot \left\|d\vec{r}\right\| \cdot \cos\alpha. \tag{3.56}$$

No Sistema Internacional de Unidades, o trabalho de uma força tem unidades de N·m ou J (Joule).

Observando ainda na Figura 3.65 que $F_t = F\cos\alpha$ é a componente da força na direção tangente à trajetória e que $ds = \|d\vec{r}\|$, a Equação (3.56) pode ser escrita sob a forma:

$$dW^{\vec{F}} = F_t\, ds. \tag{3.57}$$

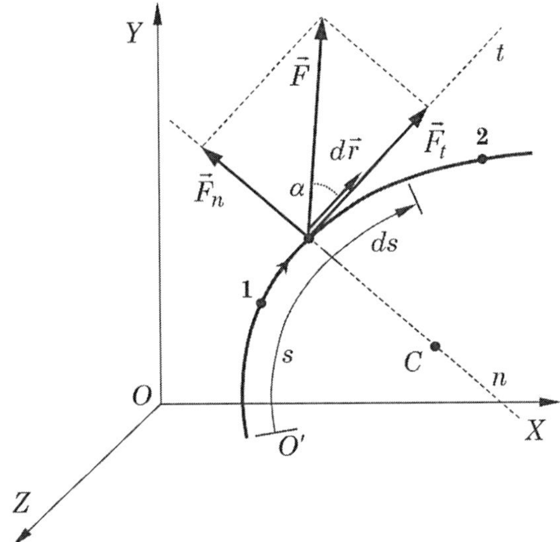

FIGURA 3.65 Situação utilizada para a definição do trabalho de uma força.

De acordo com a Equação (3.56), o significado do sinal de $dW^{\vec{F}}$ é o seguinte:

- $dW^{\vec{F}} > 0 \Leftrightarrow \cos\alpha > 0$. Neste caso, α é um ângulo agudo (<90°). Isto significa que a componente tangencial de $\vec{F}$ tem o mesmo sentido do vetor deslocamento elementar $d\vec{r}$ (ou do vetor velocidade).
- $dW^{\vec{F}} = 0 \Leftrightarrow \alpha = 90°$. Neste caso a força $\vec{F}$ não tem componente na direção tangencial, sendo perpendicular ao deslocamento infinitesimal $d\vec{r}$.
- $dW^{\vec{F}} < 0 \Leftrightarrow \cos\alpha < 0$. Nesta situação, α é um ângulo obtuso (>90°) e a componente tangencial de $\vec{F}$ tem sentido oposto ao de $d\vec{r}$.

O trabalho da força $\vec{F}$, realizado durante o movimento de seu ponto de aplicação entre duas posições 1 e 2, indicadas na Figura 3.65, é dado pela soma algébrica (com os devidos sinais) dos trabalhos elementares, representada pela integração:

$$W_{1\triangleright 2}^{\vec{F}} = \int_{\vec{r}_1}^{\vec{r}_2} \vec{F} \cdot d\vec{r} = \int_{s_1}^{s_2} F_t \, ds. \qquad (3.58)$$

No caso particular em que utilizamos um sistema de coordenadas cartesianas para representar os vetores $\vec{F}$ e $d\vec{r}$, escrevemos:

$$\vec{F} = F_x \vec{i} + F_y \vec{j} + F_z \vec{k}, \qquad (3.59)$$

$$d\vec{r} = dx\vec{i} + dy\,\vec{j} + dz\,\vec{k}, \qquad (3.60)$$

e as Equações (3.56) e (3.58) conduzem às seguintes expressões para o trabalho infinitesimal e o trabalho realizado pela força $\vec{F}$ entre duas posições quaisquer:

$$dW^{\vec{F}} = F_x dx + F_y dy + F_z dz, \qquad (3.61.a)$$

$$W_{1\triangleright 2}^{\vec{F}} = \int_1^2 F_x\,dx + F_y\,dy + F_z\,dz. \qquad (3.61.b)$$

Vale observar que o trabalho de uma força, expresso sob a forma (3.58) corresponde, matematicamente, a uma *integral de linha*, ou *integral curvilínea*, calculada sobre a curva que representa a trajetória da partícula.

EXEMPLO 3.17

Uma força varia em função das coordenadas cartesianas segundo:

$$\vec{F} = \left(y^2 - 2xy\right)\vec{i} + 2xy\vec{j},$$

onde x e y são dados em metros e as componentes de $\vec{F}$ em newtons. Calcular o trabalho realizado por esta força quando seu ponto de aplicação é levado do ponto $A(0;0)$ ao ponto $B(2;4)$ seguindo uma trajetória retilínea.

Resolução

Em coordenadas cartesianas, o trabalho da força $\vec{F}$ é dado por:

$$W_{A\triangleright B}^{\vec{F}} = \int_A^B F_x dx + F_y dy = \int_A^B \left(y^2 - 2xy\right)dx + 2xy\,dy. \qquad \textbf{(a)}$$

Para calcular a integral curvilínea indicada na equação (a), devemos considerar que a trajetória é a reta para a qual:

$$y = 2x \Rightarrow dy = 2\,dx. \qquad \textbf{(b)}$$

Associando as equações (a) e (b), escrevemos:

$$W_{A\triangleright B}^{\vec{F}} = \int_0^2 \left[(2x)^2 - 2x\cdot(2x)\right]dx + 2x\cdot(2x)\cdot 2dx = \int_0^2 8x^2 dx \Rightarrow W_{A\triangleright B}^{\vec{F}} = \frac{64}{3}\,\text{N}\cdot\text{m}.$$

3.9.2 Potência de uma força

Em diversas situações práticas de Engenharia, é importante quantificar a rapidez com que uma força realiza trabalho. Esta rapidez é caracterizada pela *potência instantânea*, definida da seguinte forma:

$$P^{\vec{F}} = \frac{dW^{\vec{F}}}{dt}. \qquad (3.62)$$

Introduzindo a Equação (3.56) nesta última equação, temos:

$$P^{\vec{F}} = \vec{F}\cdot\frac{d\vec{r}}{dt} = \vec{F}\cdot\vec{v}. \qquad (3.63)$$

No SI a potência de uma força tem unidades de N · m/s ou J/s ou W (watt).

EXEMPLO 3.18

Os blocos P e Q, de 500 kg, são içados pelo motor elétrico M. Sabendo que P sobe com velocidade constante de 5 m/s, determinar a potência desenvolvida pelo motor.

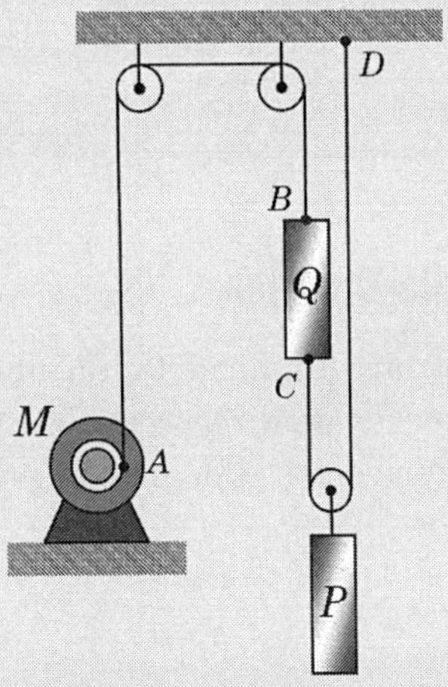

FIGURA 3.66 Ilustração de um motor elétrico içando dois blocos.

Resolução

Primeiramente é preciso entender que a potência desenvolvida pelo motor a ser determinada é, de fato, a potência associada ao trabalho realizado pela força que o motor, ao girar, aplica no cabo em A. Assim, precisamos calcular a potência da força de tração existente no cabo AB e a velocidade deste cabo.

Como os blocos se movimentam com velocidade constante, de acordo com a Primeira Lei de Newton as forças resultantes a eles aplicadas devem ser nulas. Seus DCL são mostrados na Figura 3.67.

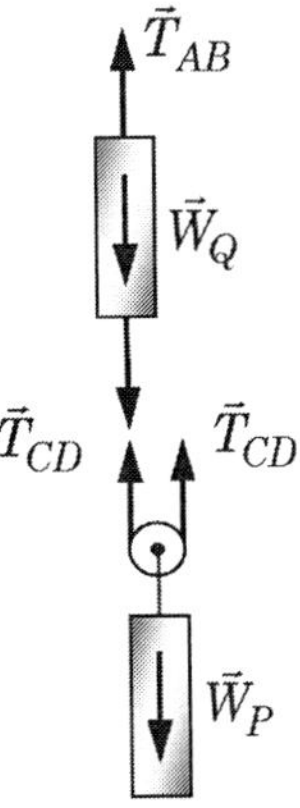

FIGURA 3.67 Diagramas de corpo livre dos blocos P e Q.

A Segunda Lei de Newton aplicada aos dois blocos conduz a:

- Bloco P: $2T_{CD} - m_P g = 0 \Rightarrow T_{CD} = \frac{1}{2}500g = 250g$;
- Bloco Q: $T_{AB} - m_Q g - T_{CD} = 0 \Rightarrow T_{AB} = 500g + 250g = 750g$.

A análise cinemática permite concluir que a velocidade do bloco Q, que é igual à velocidade do cabo AB, e a velocidade do bloco P relacionam-se segundo (ver Seção 1.6):

$$v_Q = 2v_P = 2 \cdot 5,0 = 10,0\,\text{m/s}.$$

Assim, a potência desenvolvida pelo motor é:

$$P^M = T_{AB} \cdot v_Q = 750 \cdot 9,81 \cdot 10,0 \Rightarrow \boxed{P^M = 73,6\,\text{kW}}.$$

3.9.3 Princípio do Trabalho-Energia Cinética

Partindo da equação do movimento para uma partícula de massa m, obtida por aplicação da Segunda Lei de Newton para componentes na direção tangente à trajetória (ver Equação (3.26.a)), e empregando a Regra da Cadeia da derivação, podemos escrever:

$$\sum F_t = m\frac{dv}{dt} = m\frac{dv}{ds}\frac{ds}{dt} = mv\frac{dv}{ds}, \tag{3.64}$$

onde s é a coordenada curvilínea indicada na Figura (3.65).

Multiplicando ambos os lados desta última equação por ds e integrando a equação resultante na coordenada s, entre duas posições quaisquer 1 e 2, obtemos:

$$\int_{s_1}^{s_2} \sum F_t\, ds = \frac{1}{2}mv_2^2 - \frac{1}{2}mv_1^2. \tag{3.65}$$

Levando em conta a Equação (3.58), reconhecemos, no lado esquerdo da equação acima, o *trabalho da força resultante* que atua sobre a partícula:

$$\int_{s_1}^{s_2} \sum F_t\, ds = W_{1\triangleright 2}^{\sum \vec{F}}. \tag{3.66}$$

Por outro lado, para uma velocidade qualquer v, a grandeza:

$$T = \frac{1}{2}mv^2 \tag{3.67}$$

é definida como sendo a *energia cinética* da partícula.

Assim, a Equação (3.65) pode ser reescrita sob a forma:

$$W_{1\triangleright 2}^{\sum \vec{F}} = T\big|_2 - T\big|_1. \tag{3.68}$$

A Equação (3.68) expressa o *Princípio do Trabalho-Energia Cinética* (*PTE*), que estabelece que o trabalho da resultante das forças aplicadas a uma partícula entre duas posições quaisquer se iguala à variação da energia cinética da partícula entre estas duas posições.

Em consequência, pode-se afirmar que, se o trabalho da força resultante for positivo durante o movimento da partícula entre as posições 1 e 2, a energia cinética da partícula (e, portanto, sua velocidade) será maior na posição 2 que na posição 1. Por outro lado, se o trabalho entre as posições 1 e 2 for negativo, a energia cinética da partícula será menor na posição 2 que na posição 1.

Quando a força resultante for o resultado da composição de várias forças, $\sum \vec{F} = \vec{F}_1 + \vec{F}_2 + \ldots$, o trabalho da força resultante pode ser calculado da seguinte forma:

$$
\begin{aligned}
&W_{1\triangleright 2}^{\sum \vec{F}} = \int_1^2 \sum \vec{F} \cdot d\vec{r} = \int_1^2 \left(\vec{F}_1 + \vec{F}_2 + \ldots \right) \cdot d\vec{r} = \\
&\int_1^2 \vec{F}_1 \cdot d\vec{r} + \int_1^2 \vec{F}_2 \cdot d\vec{r} + \ldots = W_{1\triangleright 2}^{\vec{F}_1} + W_{1\triangleright 2}^{\vec{F}_2} + \ldots
\end{aligned}
\tag{3.69}
$$

Este resultado mostra que o trabalho da força resultante é simplesmente a soma dos trabalhos das forças componentes.

As seguintes observações adicionais devem ser feitas:

- De acordo com o desenvolvimento apresentado, nota-se que o PTE foi obtido a partir da Segunda Lei de Newton, o que faz com que estes dois princípios sejam equivalentes. Entretanto, do ponto de vista da utilização prática, há uma importante diferença entre ambos: o uso da Segunda Lei de Newton envolve operações com grandezas vetoriais (força e aceleração ou, de acordo com a Seção 3.7, quantidade de movimento linear), ao passo que o PTE é baseado em grandezas escalares (trabalho e energia cinética). Assim, o uso do PTE pode conduzir à resolução mais cômoda de alguns problemas, sobretudo aqueles envolvendo sistemas formados por vários corpos, bastando para isso que se adicionem os trabalhos das forças resultantes sobre cada corpo, o mesmo podendo ser feito com suas energias cinéticas.

- Pode-se observar, na formulação desenvolvida nesta Subseção, que apenas as forças que realizam trabalho são consideradas no PTE. Caso se deseje determinar uma força que não realiza trabalho, o PTE não é suficiente, devendo ser complementado com a Segunda Lei de Newton.

EXEMPLO 3.19

Na Figura 3.68 o cursor P, com massa de 3,0 kg, move-se ao longo da guia AB, perfeitamente lisa, sob a ação de uma força constante $\vec{F} = 10{,}0\vec{i} - 15{,}0\vec{j} + 50{,}0\vec{k}$ [N] e de seu peso (o eixo z é vertical). Sabendo que o cursor parte do repouso no ponto A, determinar a velocidade com que chega ao ponto B. As coordenadas dos pontos A e B são dadas em metros.

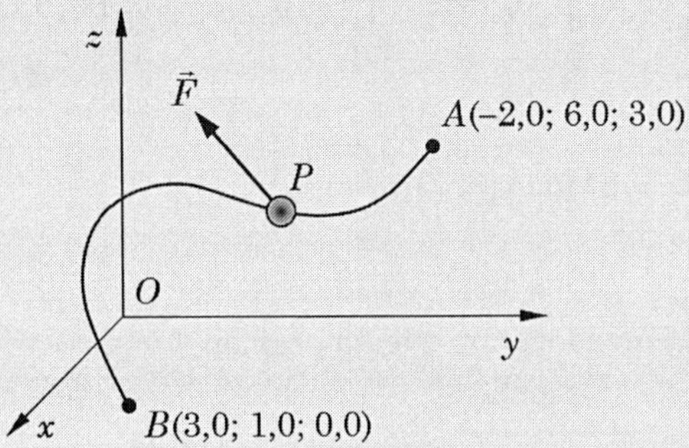

FIGURA 3.68 Ilustração de um cursor que se movimenta ao longo de uma guia sob a ação de uma força $\vec{F}$.

Resolução

Resolveremos o problema aplicando o Princípio do Trabalho-Energia Cinética, sabendo que as forças que atuam sobre o cursor P são a força $\vec{F}$ dada no problema, seu peso $\vec{W}$ e a força de contato exercida pela guia, $\vec{N}$. Estas forças são mostradas no DCL ilustrado da Figura 3.69. Vale observar que, na ausência de atrito, a força de contato é perpendicular à guia em cada posição ocupada pela partícula durante seu movimento.

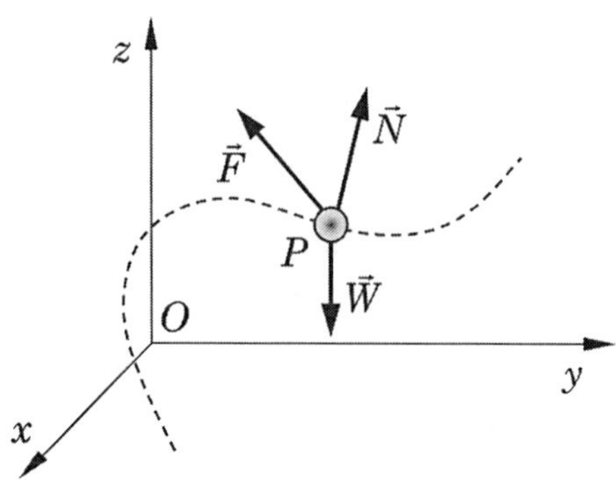

FIGURA 3.69 DCL do cursor *P*.

Adaptando a Equação (3.68) para a situação presente, escrevemos:

$$W_{A \triangleright B}^{\sum \vec{F}} = W_{A \triangleright B}^{\vec{F}} + W_{A \triangleright B}^{\vec{W}} + W_{A \triangleright B}^{\vec{N}} = T_B - T_A. \qquad \textbf{(a)}$$

Como a força $\vec{N}$ é sempre perpendicular à trajetória da partícula P, seu trabalho é nulo $(W_{A \triangleright B}^{\vec{N}}=0)$.

Para o cálculo dos trabalhos da força $\vec{F}$ e do peso $\vec{W}$, em coordenadas cartesianas, a partir da Equação (3.61.b), efetuamos as seguintes operações:

- $W_{A \triangleright B}^{\vec{F}} = \int_A^B F_x dx + F_y dy + F_z dz = \int_{-2,0}^{3,0} 10,0 dx + \int_{6,0}^{1,0} (-15,0) dy + \int_{3,0}^{0,0} 50,0 dz = -25,0 \text{N.m};$

- $W_{A \triangleright B}^{W} = \int_A^B -mgdz = \int_{3,0}^{0,0} (-3,0 \cdot 9,81) dz = 88,3 \text{ N} \cdot \text{m}.$

Retornando à equação (a), considerando que na posição A a partícula tem velocidade nula, temos:

$$\frac{1}{2} \cdot 3,0 \cdot v_B^2 = -25,0 + 88,3 \Rightarrow \underline{\underline{v_B = 6,5 \text{ m/s}}}.$$

EXEMPLO 3.20

Considerando a situação ilustrada na Figura 3.70, calcular a velocidade do bloco P, de 50,0 kg, após ter percorrido 4,0 m a contar do início da aplicação da força $\vec{F}$, de 400,0 N, ao cabo. O coeficiente de atrito dinâmico entre o bloco e a superfície sobre a qual ele desliza é 0,25. As massas das polias e o atrito nelas são desprezíveis.

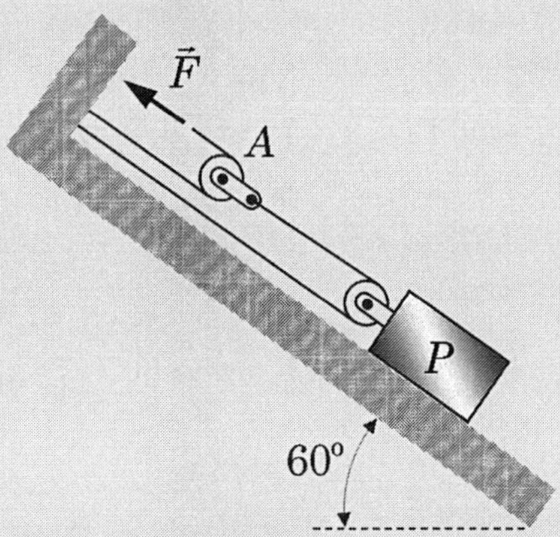

FIGURA 3.70 Ilustração de um bloco içado por um sistema de cordas e polias.

Resolução

Resolveremos o problema aplicando o Princípio do Trabalho-Energia Cinética, expresso pela Equação (3.68), entre a posição inicial do bloco (identificada por 1) e a posição do bloco após ter percorrido 4 m (identificada por 2).

No cálculo do trabalho da força resultante devemos considerar todas as forças aplicadas ao bloco, mostradas na Figura 3.71.

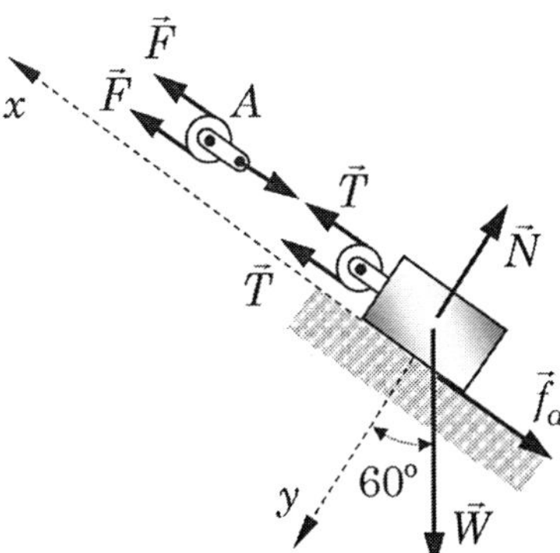

FIGURA 3.71 DCL do bloco P e da polia A.

Levando em conta que a massa da polia A é nula, aplicando a Segunda Lei de Newton a ela obtemos:

$$2F - T = 0 \Rightarrow T = 2F = 2 \cdot 400{,}0 = 800{,}0\,\text{N}.$$

Dentre as forças aplicadas ao bloco, a única que não realiza trabalho é a componente normal da força de contato exercida pela superfície inclinada. Os trabalhos das demais são calculados a seguir:

- Trabalho das forças de tração no cabo:

$$W_{1\triangleright 2}^{\vec{T}} = \int_{x_1}^{x_2} 2T\,dx = 2T(x_2 - x_1) = 2 \cdot 800,0 \cdot (4,0 - 0) = 6400,0\,\text{J}.$$

- Trabalho do peso:

$$W_{1\triangleright 2}^{\vec{W}} = \int_{x_1}^{x_2} -mg\text{sen}60^\circ dx = -mg\text{sen}60^\circ(x_2 - x_1) = -50,0 \cdot 9,81 \cdot \text{sen}60^\circ \cdot (4,0 - 0) = -1699,1\,\text{J}.$$

- Trabalho da força de atrito:

$$W_{1\triangleright 2}^{\vec{f}_a} = -\int_{x_1}^{x_2} f_a\,dx = -\int_{x_1}^{x_2} \mu_{din} mg\cos60^\circ \cdot dx = -\mu_{din} mg\cos60^\circ(x_2 - x_1) =$$
$$-0,25 \cdot 50,0 \cdot 9,81 \cdot \cos60^\circ \cdot (4,0 - 0) = -245,3\,\text{J}.$$

Aplicando o PTE entre as posições 1 e 2, considerando que na posição 1 a partícula tem velocidade nula, escrevemos:

$$W_{1\triangleright 2}^{\vec{T}} + W_{1\triangleright 2}^{\vec{W}} + W_{1\triangleright 2}^{\vec{f}_a} = \frac{1}{2}mv_2^2 \Rightarrow v_2 = \sqrt{\frac{2}{50} \cdot (6400,0 - 1699,1 - 245,3)} \Rightarrow \underline{\underline{v_2 = 13,4\ \text{m/s}}}.$$

3.9.4 Forças conservativas. Energia potencial

Uma força é dita conservativa quando o seu trabalho, realizado durante o deslocamento de seu ponto de aplicação entre duas posições quaisquer 1 e 2, for independente do caminho percorrido entre estas duas posições, sendo determinado apenas pelas coordenadas destas duas posições (ver Figura 3.72).

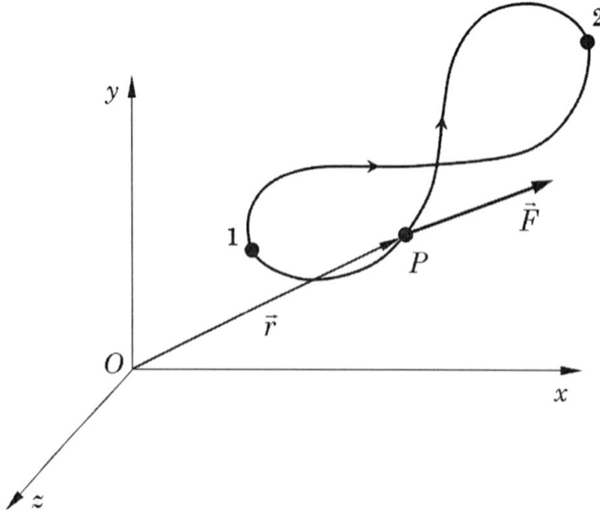

FIGURA 3.72 Ilustração da definição de uma força conservativa.

Relembrando que o trabalho de uma força é uma integral de linha, de nossos estudos de Cálculo Diferencial inferimos que uma condição suficiente para que o trabalho seja independente do caminho percorrido é que a integral de linha computada em um percurso fechado qualquer seja nula, isto é:

$$\oint \vec{F} \cdot d\vec{r} = 0. \tag{3.70}$$

Outra condição suficiente para que uma força $\vec{F}$ seja conservativa é que seu rotacional seja nulo. Em coordenadas cartesianas, esta condição é expressa segundo:

$$\vec{\nabla} \times \vec{F} = \vec{0} \Rightarrow \begin{vmatrix} \vec{i} & \vec{j} & \vec{k} \\ \dfrac{\partial}{\partial x} & \dfrac{\partial}{\partial y} & \dfrac{\partial}{\partial z} \\ F_x & F_y & F_z \end{vmatrix} = \vec{0} \Rightarrow \begin{cases} \dfrac{\partial F_x}{\partial y} = \dfrac{\partial F_y}{\partial x} \\ \dfrac{\partial F_x}{\partial z} = \dfrac{\partial F_z}{\partial x} \\ \dfrac{\partial F_y}{\partial z} = \dfrac{\partial F_z}{\partial y} \end{cases}. \tag{3.71}$$

Além disso, um resultado da maior importância é que o trabalho elementar de uma força conservativa pode ser expresso como o *diferencial total* de uma função escalar, $V(x,y,z)$, que depende apenas das coordenadas espaciais, ou seja:

$$dW^{\vec{F}} = -dV(x, y, z). \tag{3.72}$$

A função $V(x, y, z)$ é chamada *função potencial* ou *energia potencial.*

O sinal negativo na Equação (3.72) é arbitrário, tendo sido introduzido para satisfazer a convenção de que quando o trabalho da força é positivo, a energia potencial deve diminuir.

Com base na Equação (3.72), o trabalho realizado por uma força conservativa entre duas posições quaisquer 1 e 2 é dado por:

$$W_{1 \triangleright 2}^{\vec{F}} = \int_{\vec{r}_1}^{\vec{r}_2} \vec{F} \cdot d\vec{r} = V(x_1, y_1, z_1) - V(x_2, y_2, z_2), \tag{3.73}$$

ou, de forma abreviada

$$W_{1 \triangleright 2}^{\vec{F}} = V_1 - V_2 = -\Delta V. \tag{3.74}$$

Desenvolvendo a Equação (3.72), considerando a definição de diferencial total de uma função de várias variáveis, podemos escrever:

$$F_x dx + F_y dy + F_z dz = -\left(\frac{\partial V}{\partial x} dx + \frac{\partial V}{\partial y} dy + \frac{\partial V}{\partial z} dz \right). \tag{3.75}$$

Sendo os incrementos diferenciais dx, dy e dz arbitrários e independentes, a Equação (3.75) conduz às seguintes relações:

$$F_x = -\frac{\partial V}{\partial x}, \tag{3.76.a}$$

$$F_y = -\frac{\partial V}{\partial y}, \tag{3.76.b}$$

$$F_z = -\frac{\partial V}{\partial z}. \tag{3.76.c}$$

Desta forma, uma força conservativa pode ser expressa segundo:

$$\vec{F} = -\left(\frac{\partial V}{\partial x}\vec{i} + \frac{\partial V}{\partial y}\vec{j} + \frac{\partial V}{\partial z}\vec{k}\right). \tag{3.77}$$

Introduzindo o operador gradiente, definido segundo:

$$\vec{\nabla} = \frac{\partial}{\partial x}\vec{i} + \frac{\partial}{\partial y}\vec{j} + \frac{\partial}{\partial z}\vec{k}, \tag{3.78}$$

a Equação (3.77) pode ser reescrita sob a forma mais compacta:

$$\vec{F} = -\vec{\nabla}V. \tag{3.79}$$

A Equação (3.79) mostra que, sendo conhecida a função potencial $V(x,y,z)$ associada a uma força conservativa, as componentes desta força podem ser calculadas simplesmente computando as derivadas parciais de $V(x, y, z)$ em relação às coordenadas espaciais.

Dois exemplos importantes de forças conservativas são a força peso e a força elástica gerada por molas lineares ou não lineares, que examinamos a seguir.

EXEMPLO 3.21

Trabalho do peso e energia potencial gravitacional

Consideremos a situação mostrada na Figura 3.73, em que uma partícula de massa m é movimentada de um ponto 1 a um ponto 2, ambos localizados próximos da superfície da Terra, percorrendo uma trajetória arbitrária. Nesta mesma figura, designamos por z_1 e z_2 as elevações dos pontos 1 e 2, respectivamente, medidas em relação a um nível de referência horizontal escolhido arbitrariamente. Propomo-nos a calcular o trabalho realizado pela força peso quando a partícula é levada da posição 1 para a posição 2.

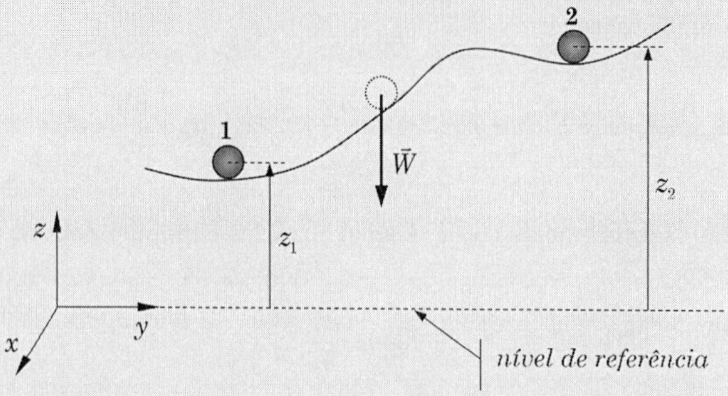

FIGURA 3.73 Esquema utilizado para o cálculo do trabalho do peso.

Resolução

Para computar o trabalho realizado pelo peso durante o percurso da partícula entre os pontos 1 e 2, utilizamos as seguintes representações em coordenadas cartesianas:

$$\vec{W} = -mg\,\vec{k}\,,$$

$$d\vec{r} = dx\,\vec{i} + dy\,\vec{j} + dz\,\vec{k}.$$

Introduzindo as duas expressões acima na Equação (3.61.b), temos:

$$W_{1\triangleright 2}^{\vec{W}} = \int_{z_1}^{z_2} -mg\,dz = mgz_1 - mgz_2. \tag{3.80}$$

A Equação (3.80) mostra que o trabalho do peso independe do caminho percorrido entre as posições 1 e 2 e depende apenas da diferença entre as elevações destes dois pontos. Isto demonstra que a força peso é uma força conservativa.

Definindo a *energia potencial gravitacional* por:

$$V_g(z) = mgz, \tag{3.81}$$

o trabalho da força peso pode ser expresso sob a forma:

$$W_{1\triangleright 2}^{\vec{W}} = V_g(z_1) - V_g(z_2). \tag{3.82}$$

EXEMPLO 3.22

Trabalho da força elástica de molas lineares e não lineares e energia potencial elástica

Consideremos a situação mostrada na Figura 3.12, em que uma partícula de massa m, conectada a uma mola não linear, é movimentada na direção do eixo da mola de um ponto 1 a um ponto 2, cujas coordenadas são x_1 e x_2, respectivamente. Propomo-nos a calcular o trabalho realizado pela força elástica exercida pela mola.

Resolução

Para uma mola de comportamento não linear, mostrada na Figura 3.12, a força de restituição elástica é dada pela Equação (3.19), repetida abaixo:

$$F_e = kx^n,$$

onde x é o alongamento, medido em relação à posição indeformada da mola.

O trabalho da força elástica, realizado quando a mola é alongada de x_1 a x_2, é obtido a partir da Equação (3.61.b), segundo:

$$W_{1\triangleright 2}^{F_e} = -\int_{x_1}^{x_2} k\,x^n\,dx = -\left[\frac{1}{n+1}k\,x_2^{n+1} - \frac{1}{n+1}k\,x_1^{n+1}\right]. \tag{3.83}$$

A Equação (3.83) mostra que o trabalho da força elástica não depende do caminho percorrido entre as posições 1 e 2 e depende apenas dos alongamentos da mola nestas duas posições. Isto demonstra que a força de restituição elástica é uma força conservativa.

Se definirmos a *energia potencial elástica* como sendo:

$$V_e(x)=\frac{1}{n+1}k\,x^{n+1}, \tag{3.84}$$

o trabalho da força elástica fica expresso sob a forma:

$$W_{1\triangleright 2}^{F_e}=V_e(x_1)-V_e(x_2)=-\Delta V_e. \tag{3.85}$$

Para o caso de molas lineares, fazendo n = 1 na Equação (3.84), obtemos a seguinte expressão para a energia potencial elástica:

$$V_e=\frac{1}{2}kx^2. \tag{3.86}$$

EXEMPLO 3.23

Mostrar que a força definida por: $\vec{F}=(2x^3y^4+x)\,\vec{i}+(2x^4y^3+y)\,\vec{j}$ é uma força conservativa. Pede-se ainda: **a)** determinar a função potencial associada a esta força; **b)** calcular o trabalho realizado pela força quando seu ponto de aplicação é levado da posição A (2;0) para a posição B (1;1).

Resolução

Para verificar se a força em apreço é conservativa, basta observar se uma das condições apresentadas na Subseção 3.9.4 é satisfeita. Escolhemos testar as condições dadas pela Equação (3.71), para o que calculamos as derivadas parciais das componentes cartesianas da força $\vec{F}$:

$$\frac{\partial F_x}{\partial y}=8x^3y^3,\quad \frac{\partial F_y}{\partial x}=8x^3y^3,\quad \frac{\partial F_x}{\partial z}=0\,,\quad \frac{\partial F_z}{\partial x}=0\,,\quad \frac{\partial F_y}{\partial z}=0\,,\quad \frac{\partial F_z}{\partial y}=0\,.$$

Verificamos que as identidades mostradas na Equação (3.71) são satisfeitas, o que nos leva à conclusão que a força $\vec{F}$ é conservativa.

a) Para determinar a função potencial associada à força $\vec{F}$, partindo das Equações (3.76.a), escrevemos:

$$F_x(x,y)=-\frac{\partial V(x,y)}{\partial x}\Rightarrow V(x,y)=-\int F_x(x,y)dx+G(y), \qquad \textbf{(a)}$$

onde $G(y)$ é uma função a ser determinada.

Efetuando a integração indicada na equação (a), obtemos:

$$V(x,y)=-\int(2x^3y^4+x)dx+G(y)\Rightarrow V(x,y)=-\frac{1}{2}x^4y^4-\frac{1}{2}x^2+G(y). \qquad \textbf{(b)}$$

Associando a Equação (3.76.b) e a equação (b) acima, escrevemos:

$$F_y(x,y) = -\frac{\partial V(x,y)}{\partial y} \Rightarrow 2x^4y^3 + y = 2x^4y^3 - \frac{dG(y)}{dy} \Rightarrow \frac{dG(y)}{dy} = -y. \quad \textbf{(c)}$$

Da equação (c), extraímos:

$$\frac{dG(y)}{dy} = -y \Rightarrow G(y) = -\frac{1}{2}y^2 + C, \quad \textbf{(d)}$$

e, retornando à equação (b), a função potencial procurada fica:

$$V(x,y) = -\frac{1}{2}x^4y^4 - \frac{1}{2}x^2 - \frac{1}{2}y^2 + C,$$

onde o valor da constante de integração C é arbitrário.

b) O trabalho realizado pela força conservativa entre os dois pontos indicados no problema é calculado da seguinte forma:

$$W_{A \triangleright B}^{\vec{F}} = V_A - V_B = V(2;0) - V(1;1);$$

$$W_{A \triangleright B}^{\vec{F}} = -\frac{1}{2}(2)^4 \cdot 0^4 - \frac{1}{2} \cdot 2^2 - \frac{1}{2} \cdot 0^2 + C - \left[-\frac{1}{2}1^4 \cdot 1^4 - \frac{1}{2} \cdot 1^2 - \frac{1}{2} \cdot 1^2 + C\right] \Rightarrow W_{A \triangleright B}^{\vec{F}} = -\frac{1}{2}\,\text{J}.$$

3.9.5 Princípio da Conservação da Energia Mecânica

Partindo da Equação (3.68), e admitindo que sobre a partícula atuem simultaneamente forças conservativas e não conservativas, reescrevemos esta equação sob a forma:

$$W_{1 \triangleright 2}^{\sum F_c} + W_{1 \triangleright 2}^{\sum F_{nc}} = T_2 - T_1, \tag{3.87}$$

onde $W_{1 \triangleright 2}^{\sum F_c}$ designa o trabalho da resultante das forças conservativas e $W_{1 \triangleright 2}^{\sum F_{nc}}$ designa o trabalho da resultante das forças não conservativas.

Com base nos desenvolvimentos apresentados na Subseção 3.9.4, associamos às forças conservativas suas respectivas funções potenciais e escrevemos, em conformidade com a Equação (3.74):

$$W_{1 \triangleright 2}^{\sum F_c} = V_1 - V_2. \tag{3.88}$$

Associando as Equações (3.87) e (3.88), temos:

$$W_{1 \triangleright 2}^{\sum F_{nc}} = (T_2 + V_2) - (T_1 + V_1) = E_2 - E_1, \tag{3.89}$$

onde a quantidade:

$$E = T + V \tag{3.90}$$

é definida como sendo a *energia mecânica da partícula.*

A Equação (3.89) mostra que o trabalho da resultante das forças não conservativas é igual à variação da energia mecânica da partícula, de modo que:

- Se $W_{1\triangleright 2}^{\sum Fnc} < 0$, a energia mecânica diminui, o que significa que certa quantidade de energia é dissipada do sistema.
- Se $W_{1\triangleright 2}^{\sum Fnc} > 0$, a energia mecânica aumenta. Neste caso, a energia é introduzida no sistema.

Se todas as forças que realizam trabalho são conservativas, ou quando as forças não conservativas têm resultante nula, da Equação (3.89) decorre:

$$W_{1\triangleright 2}^{\sum Fnc} = E_2 - E_1 = 0 \ \Rightarrow \ E_1 = E_2. \qquad (3.91)$$

Neste caso ocorre a *conservação da energia mecânica* da partícula. Isso significa que, durante o movimento, há conversão entre energia mecânica e energia potencial, de sorte que sua soma permanece invariável.

A Equação (3.91) traduz o chamado *Princípio da Conservação da Energia Mecânica* (PCE).

EXEMPLO 3.24

O pêndulo mostrado na Figura 3.74 é liberado do repouso na posição horizontal. Desprezando todo tipo de resistência, determinar: **a)** a expressão para a velocidade angular do pêndulo em função do ângulo θ; **b)** a tração na corda do pêndulo quando este se encontra na posição vertical.

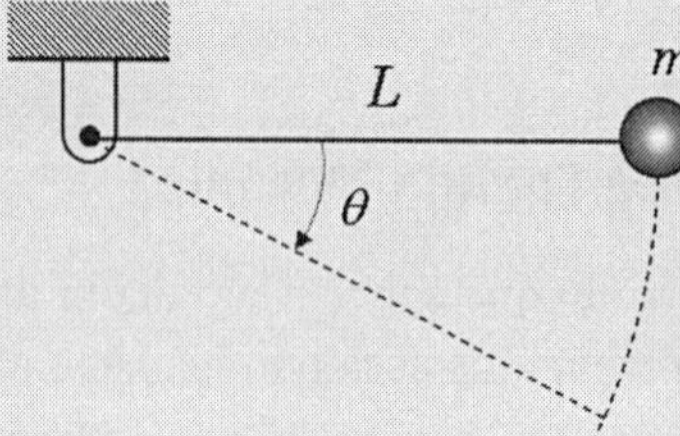

FIGURA 3.74 Ilustração de um pêndulo liberado do repouso na posição horizontal.

Resolução

Resolveremos a primeira parte do problema utilizando o Princípio da Conservação da Energia Mecânica. As forças que atuam na massa do pêndulo são mostradas no DCL apresentado na Figura 3.75, incluindo o peso, $\vec{W}$, e a força de tração exercida pela corda, $\vec{T}$.

Como a tração é sempre perpendicular à trajetória da massa do pêndulo, ela não realiza trabalho. Além disso, conforme demonstrado no Exemplo 3.21, o peso é uma força conservativa. Assim, temos a garantia de que há conservação da energia mecânica no problema em estudo, e escrevemos:

$$T_1 + V_1 = T_2 + V_2 , \qquad \textbf{(a)}$$

onde a posição 1 corresponde à posição inicial (pêndulo na horizontal) e a posição 2 corresponde a uma posição genérica, indicada pelo ângulo θ na Figura 3.75.

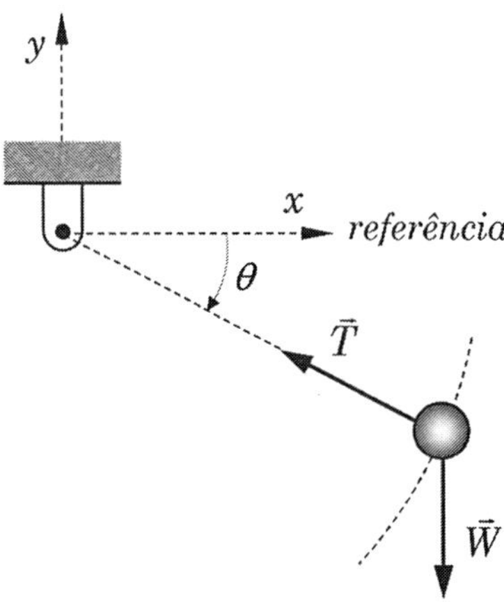

FIGURA 3.75 DCL da massa do pêndulo.

Admitindo ainda que a posição inicial seja a referência para o cálculo da energia potencial gravitacional, temos:

- $T_1 = 0,$ **(b)**
- $V_1 = mgy_1 = 0,$ **(c)**
- $T_2 = \frac{1}{2}mv_2^2 = \frac{1}{2}mL^2\dot{\theta}^2,$ **(d)**
- $V_2 = mgy_2 = -mgL\,\text{sen}\,\theta.$ **(e)**

Associando as equações (a) a (e), escrevemos:

$$0 = \frac{1}{2}mL^2\dot{\theta}^2 - mgL\text{sen}\theta \Rightarrow \boxed{\dot{\theta} = \sqrt{\frac{2g}{L}}\text{sen}\theta}. \quad \textbf{(f)}$$

Para determinar a tração no cabo do pêndulo, aplicamos a Segunda Lei de Newton na direção normal à trajetória. Com base no DCL mostrado na Figura 3.75, temos:

$$T - mg\text{sen}\theta = mL\dot{\theta}^2 \Rightarrow T = m\left(L\dot{\theta}^2 + g\text{sen}\theta\right). \quad \textbf{(g)}$$

Associando as equações (f) e (g), temos:

$$\boxed{T = 3mg\,\text{sen}\,\theta}\,. \quad \textbf{(h)}$$

Observemos que, neste exemplo, apresentamos uma solução alternativa à desenvolvida no Exemplo 3.12, para o caso particular em que $\vec{a} = \vec{0}$.

EXEMPLO 3.25

Um bloco P de 10,0 kg move-se ao longo da guia perfeitamente lisa ABC sob a ação de seu peso e de uma mola linear de constante elástica $k = 200{,}0$ N/m. Sabendo que em sua configuração indeformada a mola tem comprimento $L_0 = 0{,}40$ m e que o bloco é liberado do repouso na posição A, pedem-se: **a)** a velocidade com que o bloco chega à posição B; **b)** a força exercida pela guia sobre o bloco quando ele passa pela posição B; **c)** a máxima distância x que o bloco atingirá.

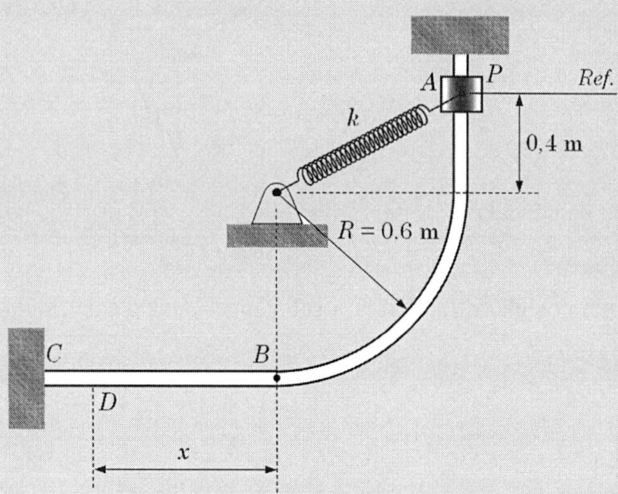

FIGURA 3.76 Ilustração de um bloco que desliza ao longo de uma guia lisa, sob ação de seu peso e de uma mola linear.

Resolução

Na ausência de atrito, as forças que atuam sobre o bloco são o seu peso, $\vec{W}$, a componente normal da força de contato exercida pela guia, $\vec{N}$, e a força elástica exercida pela mola, $\vec{f}_e$. Sendo sempre perpendicular à trajetória determinada pela guia, a força $\vec{N}$ não realiza trabalho. Por outro lado, mostramos nos Exemplos 3.22 e 3.23 que a força peso e a força elástica são conservativas. Assim, podemos aplicar o Princípio da Conservação da Energia Mecânica ao problema em apreço.

Primeiramente, aplicando o PCE entre os pontos A e B, adotando o ponto A como referência para a energia potencial gravitacional, temos:

$$T_A + V_A = T_B + V_B, \qquad \textbf{(a)}$$

com:

- $T_A = \dfrac{1}{2} m v_A^2 = 0,$
- $V_A = mgy_A + \dfrac{1}{2} k \left(L_A - L_0\right)^2 = 0 + \dfrac{1}{2} \cdot 200{,}0 \cdot \left(L_A - 0{,}40\right)^2.$

  Sendo o comprimento da mola no ponto A, $L_A = \sqrt{0{,}60^2 + 0{,}40^2} = 0{,}72\,\text{m}$, temos $V_A = 10{,}24$ J.
- $T_B = \dfrac{1}{2} m v_B^2 = 5{,}0 v_B^2,$
- $V_B = mgy_B + \dfrac{1}{2} k \left(L_B - L_0\right)^2 = 10{,}0 \cdot 9{,}81 \cdot (-1{,}00) + \dfrac{1}{2} \cdot 200{,}0 \cdot (0{,}60 - 0{,}40)^2 = -94{,}10\,\text{J}.$

Assim, da equação (a) temos:

$$0+10,24=5,0v_B^2-94,10 \Rightarrow \underline{\underline{v_B=4,57\text{ m/s}}}.$$

Para calcular a força exercida pela guia sobre o bloco no ponto B devemos considerar duas situações: na primeira, o bloco ainda se encontra no trecho circular da guia, imediatamente antes de chegar ao ponto B; na segunda, o bloco se encontra no trecho horizontal retilíneo da guia, imediatamente após passar pelo ponto B. Conforme veremos, há uma descontinuidade no valor da força exercida pela guia quando o bloco passa de uma situação a outra.

Para ambos os casos, o DCL do bloco está apresentado na Figura 3.77.

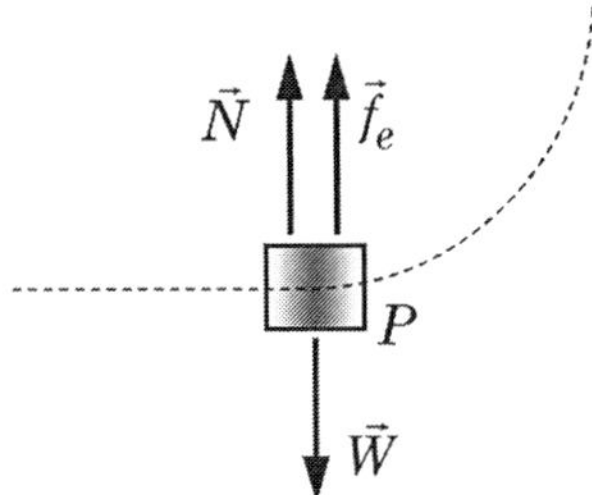

FIGURA 3.77 DCL do bloco P na posição B.

1ª situação: O bloco P ainda se encontra em uma trajetória circular e a direção vertical coincide com a direção normal. Assim, aplicando a Segunda Lei de Newton na direção vertical, temos:

$$f_e+N-mg=m\frac{v_B^2}{R} \Rightarrow N=-k\left(L_B-L_0\right)+mg+m\frac{v_B^2}{R},$$

$$N=-200,0\cdot\left(0,60-0,40\right)+10,0\cdot 9,81+10,0\cdot\frac{4,57^2}{0,6} \Rightarrow \underline{\underline{N=406,18\text{N}}}.$$

2ª situação: O bloco P se encontra em uma trajetória retilínea. Assim, aplicando a Segunda Lei de Newton na direção vertical, temos:

$$f_e+N-mg=0 \Rightarrow N=-k\left(L_B-L_0\right)+mg,$$

$$N=-200,0\cdot\left(0,60-0,40\right)+10,0\cdot 9,81 \Rightarrow \underline{\underline{N=58,10\text{N}}}.$$

Os resultados mostram que a força de contato exercida pela guia sobre o bloco sofre uma variação abrupta no ponto em que a trajetória passa da forma circular para a forma retilínea.

Quando o bloco atinge a máxima distância x, correspondente ao ponto D, sua velocidade será nula. Então, aproveitando os resultados já obtidos, vamos aplicar o PCE entre os pontos A e D:

$$T_A+V_A=T_D+V_D, \qquad \textbf{(b)}$$

notando que, no ponto D, $L_D=\sqrt{0,60^2+x^2}$. Assim, a partir da equação (b) escrevemos:

$$0+10,24=0+10,0\cdot 9,81\cdot(-1,00)+\frac{1}{2}\cdot 200,0\cdot\left[\sqrt{0,60^2+x^2}-0,40\right]^2 \Rightarrow \underline{\underline{x=1,31\text{ m}}}.$$

3.10 Exercícios propostos

Exercício 3.1: A posição de uma partícula de massa 1 kg, que se move no espaço é dada por:

$$\vec{r}(t) = 20t^3\vec{i} + 50t^2\vec{j} - 30t^3\vec{k},$$

onde t está em segundos e as componentes de $\vec{r}$ estão em milímetros. Determinar o módulo da resultante das forças que atuam sobre a partícula no instante $t = 2$ s.

Exercício 3.2: O sistema ilustrado na Figura 3.78, formado por dois blocos A e B, com massas de 10 kg, está em repouso quando uma força de 10 N é aplicada ao bloco A. Desprezando o atrito, determinar a velocidade do bloco B após ele ter percorrido 2,0 m.

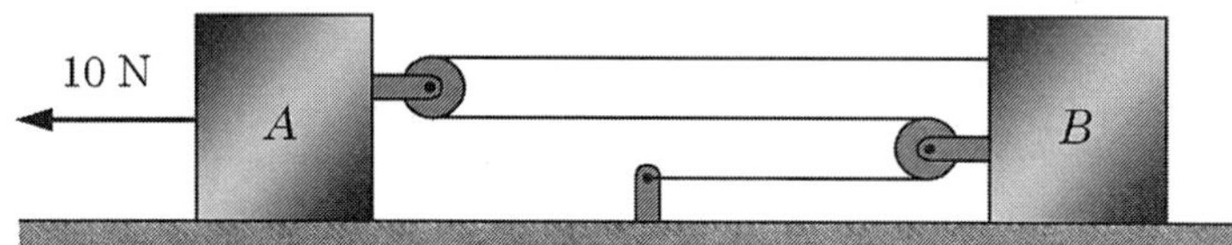

FIGURA 3.78 Ilustração do Exercício 3.2.

Exercício 3.3: Dois cilindros A e B indicados na Figura 3.79, cujas massas são 10 kg e 5 kg, respectivamente, estão suspensos por um cabo inextensível. Se o conjunto é liberado do repouso na posição ilustrada, determinar: **a)** o tempo necessário para o cilindro de 10 kg atingir o solo; **b)** a máxima altura acima do piso que o cilindro de 5 kg atingirá; **c)** a força de tração no cabo durante o movimento, antes de o cilindro de 10 kg atingir o solo.

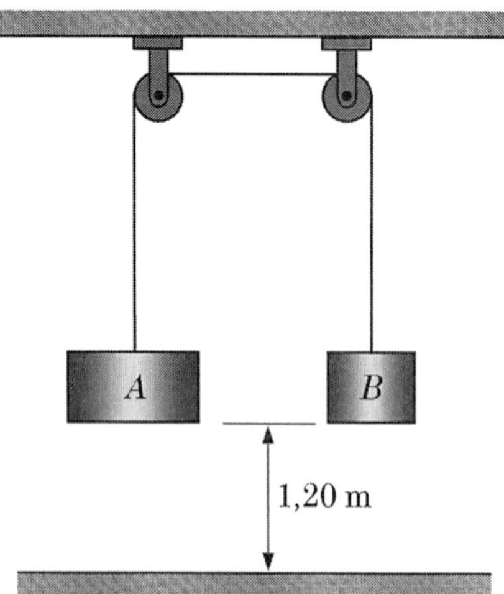

FIGURA 3.79 Ilustração do Exercício 3.3.

Exercício 3.4: Um automóvel de 1500 kg viaja em uma estrada reta e horizontal, e sua velocidade varia a uma razão constante entre 50 e 75 km/h enquanto ele percorre uma distância de 300 m. Durante o movimento, a força de resistência total, incluindo a resistência ao rolamento nos pneus e a resistência do ar, é avaliada em 4% do peso do automóvel. Nestas condições, determinar: **a)** a potência necessária para a realização do movimento; **b)** a potência requerida para manter uma velocidade constante de 75 km/h.

Observação: Deve-se considerar que o automóvel é impulsionado por uma força exercida sobre as rodas de tração que são acionadas pelo motor.

Exercício 3.5: Na Figura 3.80 o elevador *D* e seu contrapeso *C* pesam 2500 N cada. Determinar a potência desenvolvida no motor quando o elevador: **a)** move-se para cima com velocidade constante de 0,50 m/s; **b)** tem velocidade e aceleração instantâneas para cima de 0,50 m/s e 1,00 m/s^2, respectivamente.

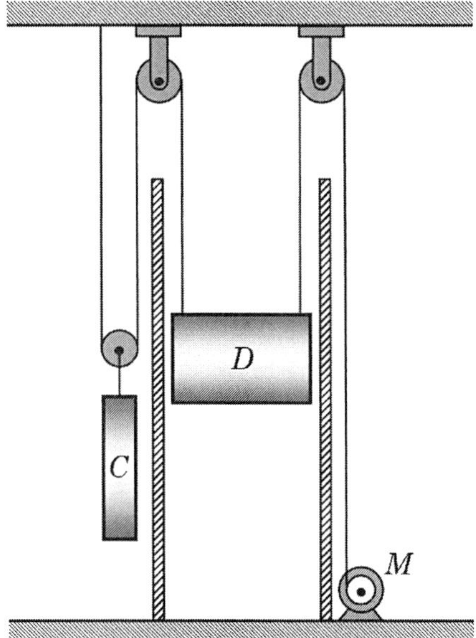

FIGURA 3.80 Ilustração do Exercício 3.5.

Exercício 3.6: Em cada um dos sistemas mostrados na Figura 3.81, o bloco de 50 kg recebe velocidade inicial de 5 m/s para a esquerda. Determinar, para cada um deles: **a)** o instante *t* no qual este bloco tem velocidade nula; **b)** a tração no cabo. Desprezar o atrito.

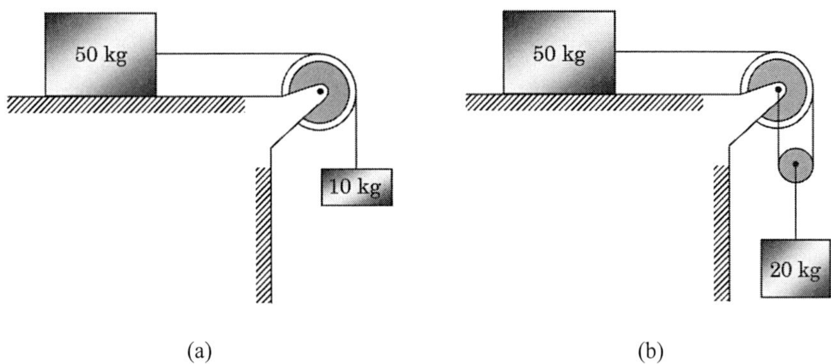

FIGURA 3.81 Ilustração do Exercício 3.6.

Exercício 3.7: Um bloco P, de massa $m = 20$ kg, está inicialmente em repouso sobre uma superfície horizontal, sujeito a uma força variável $\vec{f}(t)$, conforme ilustrado na Figura 3.82. Pede-se: **a)** desprezando o atrito, determinar a velocidade atingida pelo bloco em $t = 5{,}0$ s; **b)** repetir o item **a)** considerando atrito dinâmico com coeficiente $\mu_{din} = 0{,}1$.

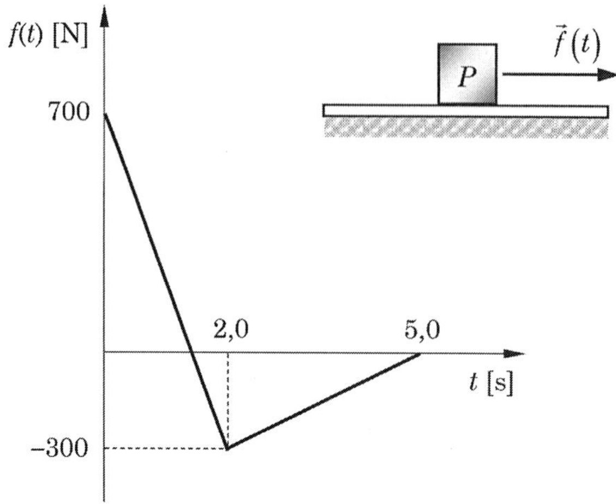

FIGURA 3.82 Ilustração do Exercício 3.7.

Exercício 3.8: Os dois blocos A e B mostrados na Figura 3.83, de massas $m_A = 1{,}0$ kg e $m_B = 1{,}5$ kg, são liberados a partir do repouso em um plano com inclinação de 30°, quando a distância que os separa é de 2,0 m. Os coeficientes de atrito dinâmicos entre o plano e os blocos A e B valem 0,20 e 0,40, respectivamente. Calcular: **a)** o intervalo de tempo que transcorrerá até que os dois blocos entrem em contato; **b)** o valor da força de contato entre os dois corpos quando eles estiverem se movimentando juntos.

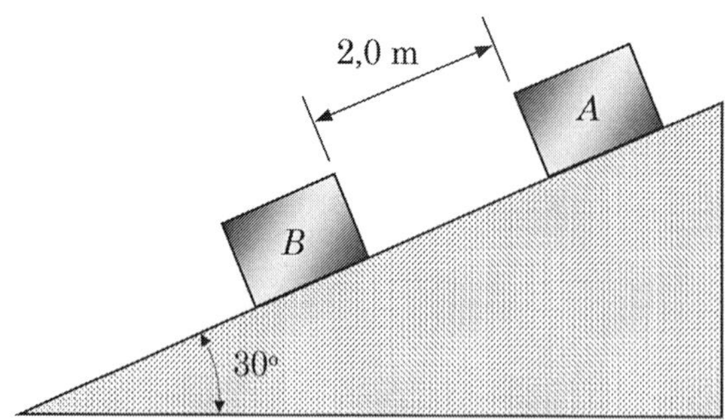

FIGURA 3.83 Ilustração do Exercício 3.8.

Exercício 3.9: Determinar a aceleração dos blocos A e B, de massas $m_A = 100$ kg e $m_B = 150$ kg, que são conectados por um cabo como mostrado na Figura 3.84, sabendo que o coeficiente de atrito dinâmico entre o bloco B e o plano horizontal, e entre o cabo e a superfície cilíndrica vale 0,20.

Observação: Deve-se considerar a relação entre as forças de tração no cabo quando este desliza sobre uma superfície cilíndrica com atrito, fornecida na figura abaixo.

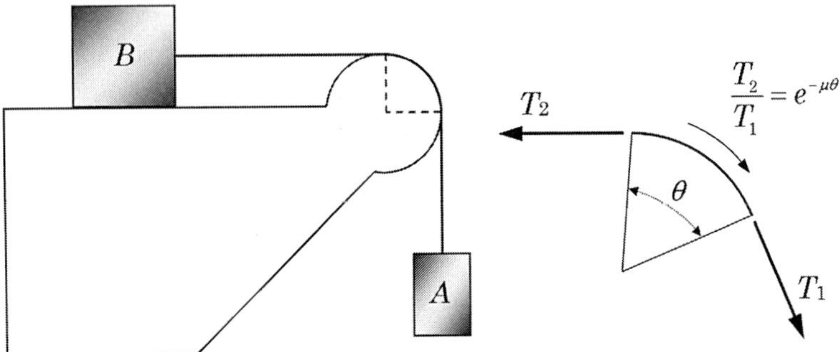

FIGURA 3.84 Ilustração do Exercício 3.9.

Exercício 3.10: Na Figura 3.85, a guia ranhurada AO gira em um plano vertical em torno do eixo fixo que passa pelo ponto O. Ao mesmo tempo, o fio S é puxado de modo que o cursor C, de massa 1,0 kg, aproxima-se de O à taxa constante de 20,0 cm/s. No instante ilustrado, tem-se r = 20,0 cm e a guia possui velocidade angular de 6,0 rad/s, no sentido anti-horário, a qual está decrescendo à razão 2,0 rad/s^2. Sabendo que o coeficiente de atrito dinâmico entre o cursor e a ranhura vale 0,2, determinar, para a posição ilustrada: **a)** a tração no fio; **b)** o módulo da força exercida sobre o cursor pelas bordas da ranhura radial.

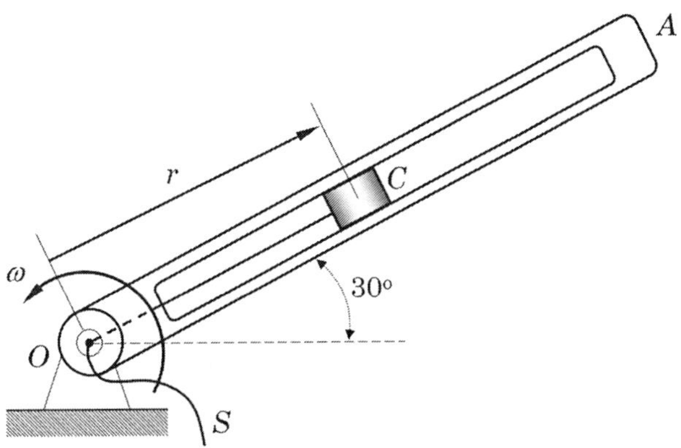

FIGURA 3.85 Ilustração do Exercício 3.10.

Exercício 3.11: Um inseto de massa m move-se com velocidade constante u na direção radial do disco que gira com velocidade angular constante ω em torno do eixo vertical Oz, conforme mostrado na Figura 3.86. Determinar: **a)** a expressão do módulo da força exercida pelo disco sobre o inseto; **b)** a máxima distância radial r que o inseto pode atingir sem deslizar. O coeficiente de atrito estático entre o disco e o inseto é designado por μ.

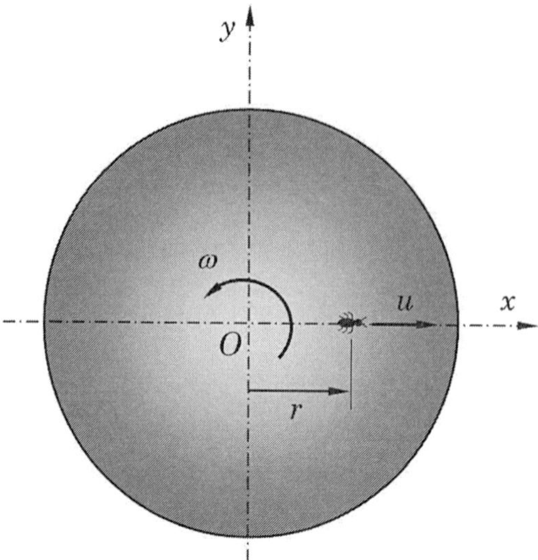

FIGURA 3.86 Ilustração do Exercício 3.11.

Exercício 3.12: O disco circular mostrado na Figura 3.87 gira em um plano horizontal em torno de seu centro com velocidade angular $\omega = 5{,}0$ rad/s, no sentido anti-horário, a qual decresce à taxa de 10,0 rad/s^2. Ao mesmo tempo, o cursor P, de massa 2 kg, desliza ao longo da ranhura retilínea AB, sendo controlado por um fio com velocidade constante, *relativa ao disco*, u = 150 mm/s, no sentido indicado. Sabendo que o coeficiente de atrito dinâmico entre o cursor e as bordas da ranhura AB é 0,3, determinar, para a posição indicada: **a)** a força de tração no fio; **b)** a força exercida pelas bordas da ranhura sobre o cursor.

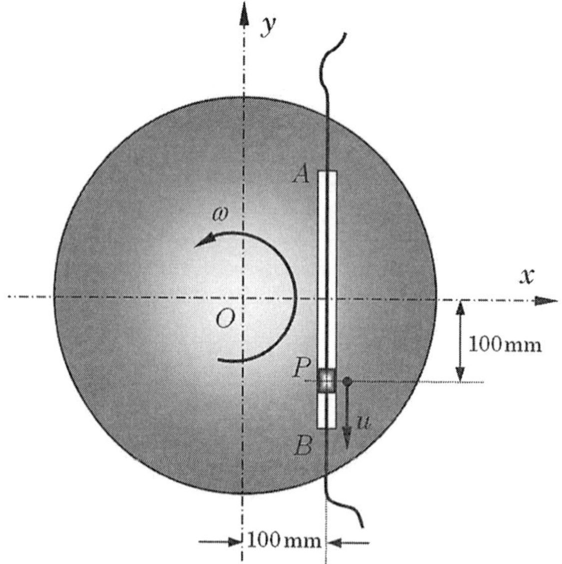

FIGURA 3.87 Ilustração do Exercício 3.12.

Exercício 3.13: Um pequeno bloco de massa m é colocado sobre a superfície interna de um prato cônico, na posição indicada na Figura 3.88. Se o coeficiente de atrito estático entre o bloco e a superfície é 0,40, determinar a faixa de valores da velocidade angular do prato para a qual o bloco não deslizará.

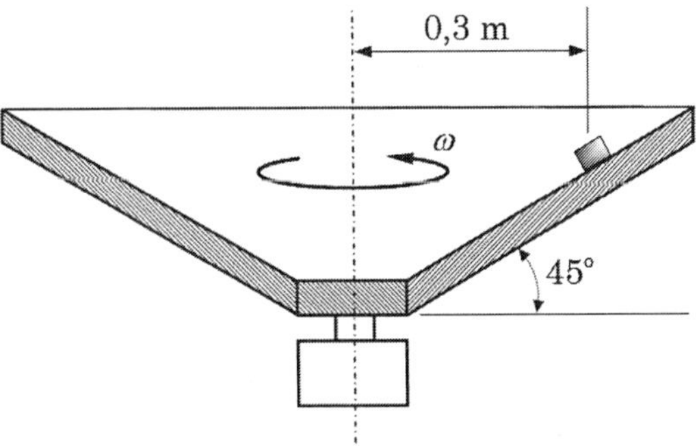

FIGURA 3.88 Ilustração do Exercício 3.13.

Exercício 3.14: Um pequeno bloco de massa m repousa sobre uma esfera de raio R, conforme mostrado na Figura 3.89, quando é deslocado ligeiramente para a direita e começa a deslizar sobre a esfera com atrito desprezível. Determinar: **a)** a posição θ em que o bloco perderá o contato com a esfera; **b)** o módulo da velocidade do bloco neste instante.

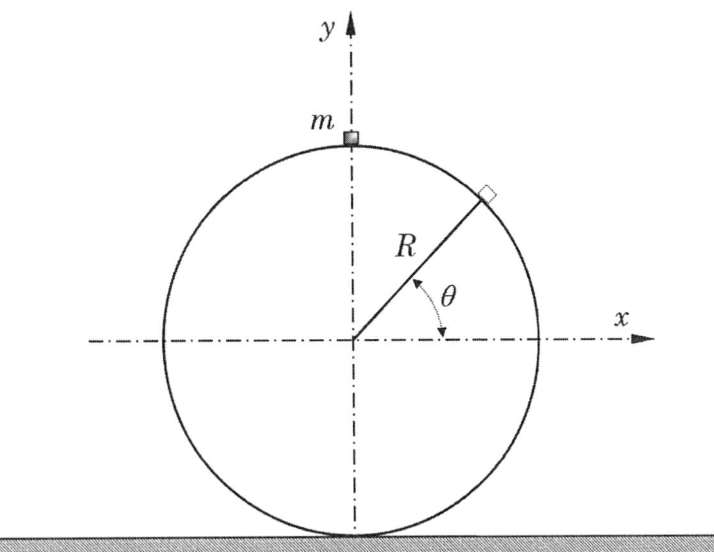

FIGURA 3.89 Ilustração do Exercício 3.14.

Exercício 3.15: A haste *OABC* gira à velocidade angular constante ω em torno do eixo vertical, conforme mostrado na Figura 3.90. O cursor deslizante *P*, de massa *m*, é liberado em $t = 0$ e desliza sem atrito a partir do ponto *B*. Determinar: **a)** a expressão para a distância *r* em função do tempo após a liberação do cursor; **b)** as componentes da força de contato exercida entre o cursor e a barra.

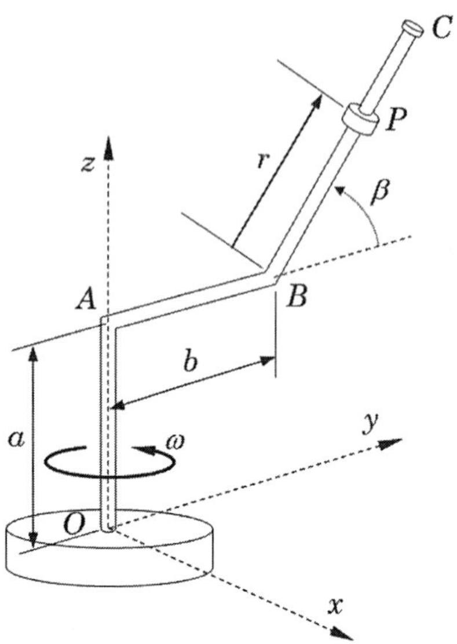

FIGURA 3.90 Ilustração do Exercício 3.15.

Exercício 3.16: No instante $t = 0$, uma partícula de massa *m* é liberada a partir do repouso de uma altura *h* e cai verticalmente, conforme ilustrado na Figura 3.91. Admitindo que a força de resistência do ar seja proporcional à velocidade instantânea, de acordo com a relação $\|\vec{f}_r\| = cv^2$ e adotando $m = 1{,}0$ kg, $h = 100{,}0$ m, $c = 0{,}8$ N.s/m, integrar as equações do movimento e apresentar graficamente as curvas representando a posição, a velocidade e a aceleração da partícula em função do tempo, no intervalo [0; 5,0 s]. Comparar os resultados obtidos com os apresentados no Exemplo 3.3.

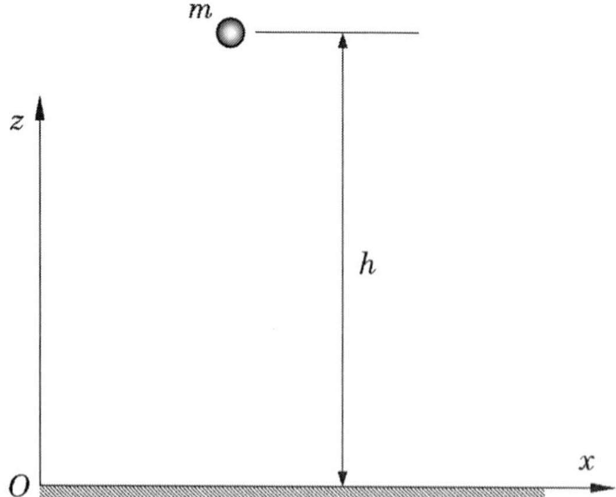

FIGURA 3.91 Ilustração do Exercício 3.16.

Exercício 3.17: Um projétil de massa m é lançado com velocidade inicial $\vec{v}_0$, perfazendo um ângulo θ_0 com a horizontal, conforme ilustrado na Figura 3.92. A força de resistência do ar é proporcional à velocidade, de acordo com a relação $\vec{f}_r = -c\vec{v}$. Admitindo $m = 1{,}0$ kg, $\| \vec{v}_0 \| = 10{,}0$ m/s, $\theta_0 = 30°$, $c = 0{,}8$ N·s/m, pede-se: **a)** deduzir as equações diferenciais do movimento; **b)** resolver numericamente as equações do movimento e traçar as curvas representando as componentes dos vetores posição, velocidade e aceleração do projétil, no intervalo de tempo compreendido entre o lançamento e o instante em que ele toca o solo; **c)** traçar a curva representando a trajetória do projétil; **d)** refazer os cálculos variando arbitrariamente o valor do coeficiente c, e observar a influência deste parâmetro sobre o movimento do projétil.

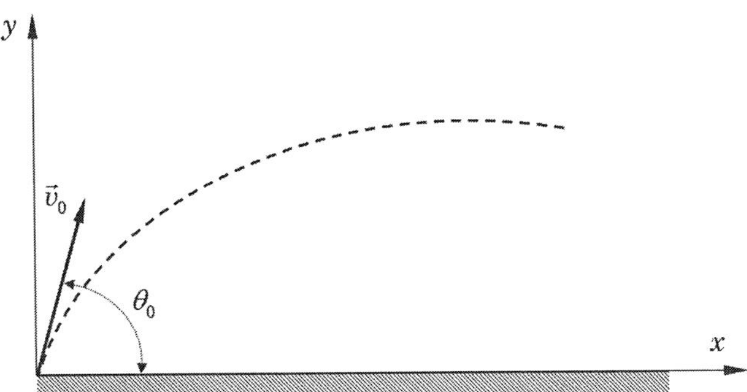

FIGURA 3.92 Ilustração do Exercício 3.17.

Exercício 3.18: Com referência à Figura 3.93, uma pequena esfera de massa m é liberada do fundo de um reservatório de altura h, preenchido com água, cuja densidade é denotada por ρ. A densidade do material da esfera corresponde a 75% da densidade da água. Admitindo que a força de arrasto exercida pela água sobre a esfera seja proporcional à velocidade, de acordo com a relação $\vec{f}_r = -c\vec{v}$, pede-se: **a)** obter a equação diferencial do movimento da esfera; **b)** resolvendo analiticamente a equação do movimento, obter as expressões para a posição, a velocidade e a aceleração da esfera em função do tempo transcorrido após sua liberação.

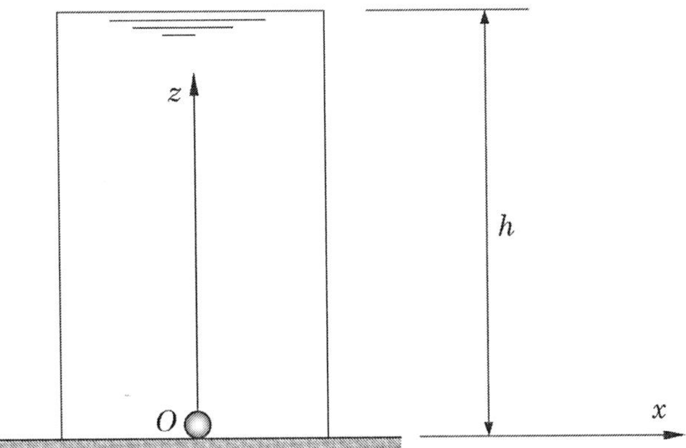

FIGURA 3.93 Ilustração do Exercício 3.18.

Exercício 3.19: Considerando a situação do Exercício 3.18, admitindo $\rho = 1000{,}0\,\text{kg/m}^3$, $c = 0{,}6$ N·s/m e $h = 5{,}0$ m, resolver numericamente as equações do movimento e traçar as curvas representando a posição, a velocidade e a aceleração da esfera em função do tempo, desde sua liberação até a chegada à superfície do reservatório.

Exercício 3.20: O sistema mecânico mostrado na Figura 3.94 é constituído por uma massa m, uma mola linear de constante elástica k e um amortecedor viscoso cujo coeficiente de amortecimento é denotado por c. Sabe-se que o amortecedor provoca uma força resistente proporcional à velocidade da massa m, de acordo com a expressão $\vec{f}_r = -c\vec{v}$. Pede-se: **a)** obter a equação diferencial do movimento da massa m; **b)** resolvendo analiticamente a equação do movimento, obter as expressões que fornecem a posição, a velocidade e a aceleração da massa m, após ela ter recebido, no instante $t = 0$ um deslocamento inicial x_0 a partir da posição de equilíbrio estático.

Observação: Na resolução analítica da equação do movimento deve ser observado que a natureza da solução depende do conjunto de parâmetros m, c e k, de modo que, em certas condições, o movimento é oscilatório e, em outras, não.

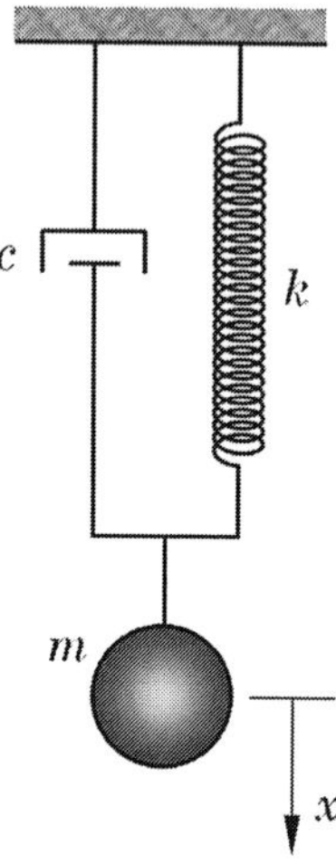

FIGURA 3.94 Ilustração do Exercício 3.20.

Exercício 3.21: Considerando a situação do Exercício 3.20, resolver numericamente as equações do movimento para os seguintes conjuntos de valores dos parâmetros: **a)** m = 1,0 kg, c = 10,0 N·s/m e k = 500 N/m; **b)** m = 1,0 kg, c = 44,7 N·s/m e k = 500 N/m; **c)** m = 1,0 kg, c = 60,0 N·s/m e k = 500 N/m. Para cada caso, traçar os gráficos das curvas representando a posição, a velocidade e a aceleração da massa m no intervalo [0 – 10 s].

Exercício 3.22: A mola não linear presa ao bloco de 2,0 kg tem a relação força-alongamento indicada na Figura 3.95. Se a massa é deslocada para a posição x = 0,90 m e solta a partir do repouso nesta posição, pede-se: **a)** sua velocidade quando passar pela posição x = 0 pela primeira vez; **b)** a velocidade correspondente que ocorreria se a mola fosse linear. O coeficiente de atrito cinético entre o bloco e a superfície horizontal é 0,20.

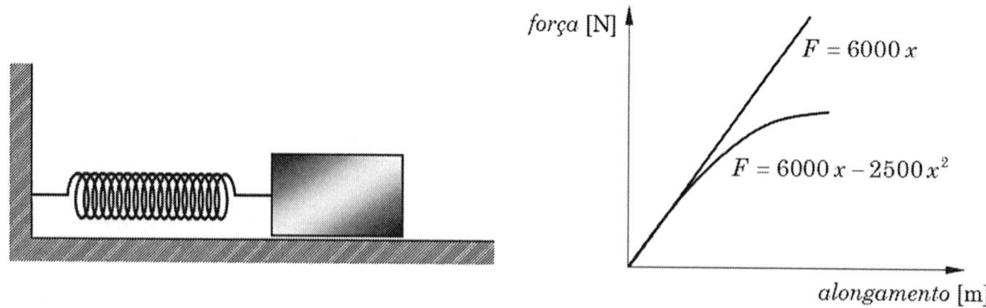

FIGURA 3.95 Ilustração do Exercício 3.22.

Exercício 3.23: Calcular o trabalho realizado pela força

$$\vec{F} = \left(y^2 - 2xy\right)\vec{i} + 2xy\vec{j},$$

(onde x e y são dados em metros e as componentes de $\vec{F}$ em newtons), quando seu ponto de aplicação é levado do ponto O ao ponto D seguindo o percurso $OABCD$ indicado na Figura 3.96.

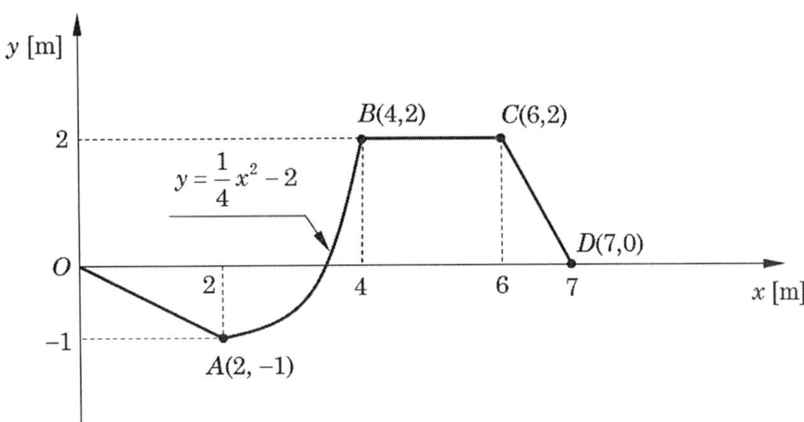

FIGURA 3.96 Ilustração do Exercício 3.23.

Exercício 3.24: Na Figura 3.97, o elevador E pesa 15.000 N e o contrapeso P pesa 12.000 N. Determinar a potência desenvolvida pelo motor M nas seguintes situações: **a)** o elevador sobe com velocidade constante de 5,0 m/s; **b)** o elevador sobe com aceleração de 1,0 m/s^2, e tem velocidade instantânea de 5,0 m/s.

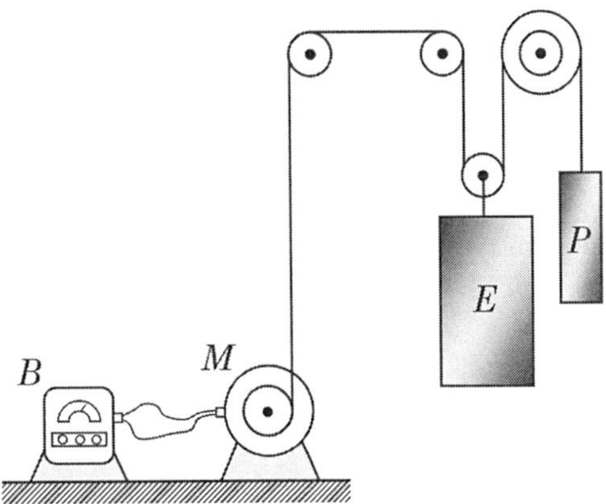

FIGURA 3.97 Ilustração do Exercício 3.24.

Exercício 3.25: Um cursor com massa de m = 1,5 kg é preso a uma mola com constante de rigidez k = 400 N/m e desliza sem atrito ao longo da barra circular situada em um plano vertical, conforme mostrado na Figura 3.98. A mola está indeformada quando o cursor está na posição C. Se ele é liberado do repouso na posição B, determinar sua velocidade quando ele passa pelo ponto C.

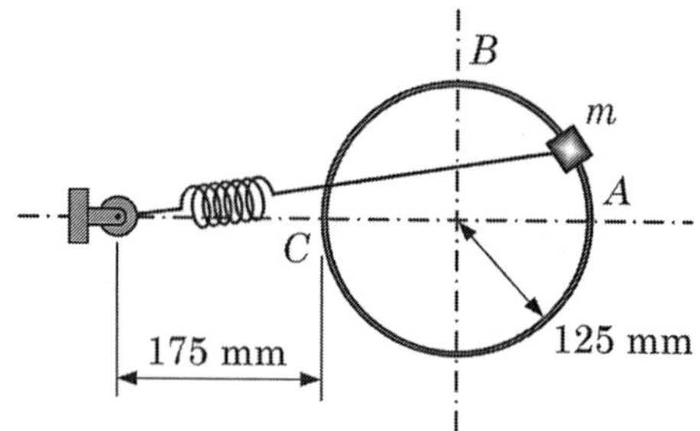

FIGURA 3.98 Ilustração do Exercício 3.25.

Exercício 3.26: Um bloco P desliza sem atrito sobre uma superfície horizontal, conectado a uma mola linear, conforme ilustrado na Figura 3.99. A mola está indeformada quando o bloco se encontra na posição $x = 0$. Pede-se: **a)** obter a equação do movimento do bloco; **b)** admitindo os valores: $m = 1{,}0$ kg, $k = 500$ N·m, $h = 0{,}5$ m, resolver numericamente a equação diferencial do movimento e traçar os gráficos representando a posição, a velocidade e a aceleração do bloco quando ele é liberado a partir do repouso na posição $x(0) = +\,0{,}30$ m.

Observação: Neste problema, a mola, que é originalmente linear, exibe comportamento não linear devido à sua orientação não ser coincidente com a direção do movimento do bloco.

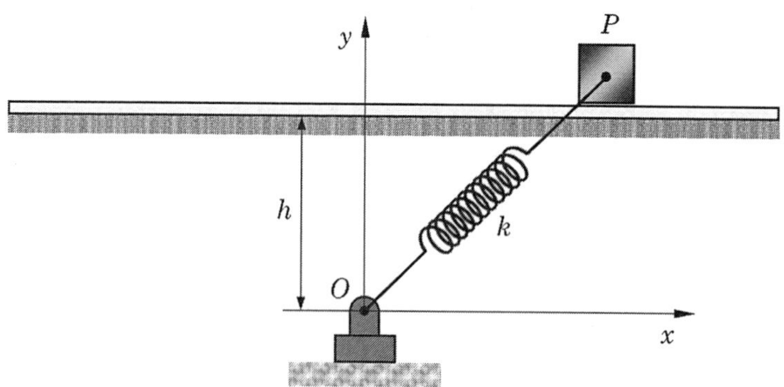

FIGURA 3.99 Ilustração do Exercício 3.26.

Exercício 3.27: O pêndulo mostrado na Figura 3.100 é formado por uma massa pontual m e uma mola linear de constante elástica k. Sabendo que o pêndulo é liberado do repouso na posição horizontal quando a mola está indeformada, com comprimento L_0, pede-se: **a)** obter as equações do movimento para o pêndulo; **b)** admitindo os valores: $m = 1{,}0$ kg, $k = 500$ N·m, $L_0 = 0{,}8$ m, resolver numericamente as equações diferenciais do movimento e traçar os gráficos representando a posição, a velocidade e a aceleração da massa do pêndulo.

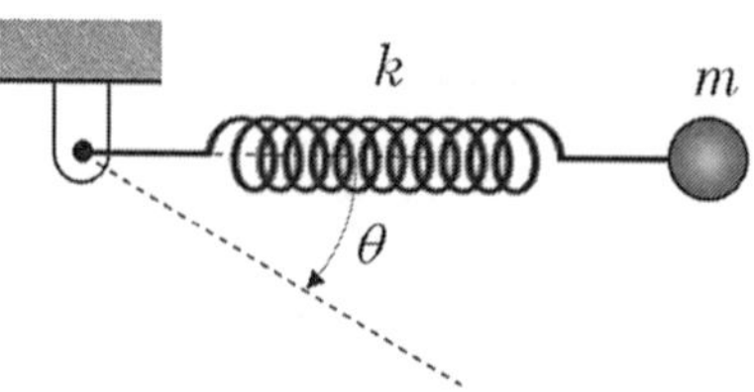

FIGURA 3.100 Ilustração do Exercício 3.27.

3.11 Bibliografia

BEER, F. P.; JOHNSTON, Jr.; CORNWELL, P. J. *Mecânica vetorial para engenheiros: Dinâmica*. 9ª ed. Porto Alegre: AMGH Editora, 2012.

CHAPMAN, S. J. *Programação em MATLAB para engenheiros*. 2ª ed. São Paulo: Cengage Learning, 2011.

FOWLES, G. R.; CASSIDAY, G. L. *Analytical mechanics*. 6ª ed. Fort Worth: Saunders College Publishing, 1999.

HIBBELER, R. C. *Dinâmica. Mecânica para a engenharia*. 12ª ed. São Paulo: Pearson, 2011.

LANCZOS, C. *The Variational Principles of Mechanics*. 4ª ed. Canada: University of Toronto Press, 1970.

MAIA, L. P. M. *Mecânica Clássica*. Editora da Universidade Federal do Rio de Janeiro, v. 2, 1977.

MERIAM, J. L.; KRAIGE, L. G. *Mecânica para a engenharia. Dinâmica*. 7ª ed. Rio de Janeiro: LTC, 2016.

SHAMES, I. H. *Dinâmica. Mecânica para a engenharia*. 4ª ed. São Paulo: Pearson–Prentice Hall, v. 2, 2003.

SOUTAS-LITTLE, R. W.; INMAN, D. J.; BALINT, D. S. *Engineering Mechanics: Dynamics – computational edition*. Toronto, Canada: Thomson Learning, 2008.

TENENBAUM, R. *Dinâmica aplicada*. São Paulo: Manole, 2006.

CAPÍTULO

Dinâmica do Sistema de Partículas

4

4.1 Introdução

No Capítulo 3, estudamos a dinâmica de uma única partícula considerada isoladamente. No presente capítulo, trataremos da dinâmica de um conjunto formado por um número qualquer de partículas que interagem umas com as outras.

Diversos problemas práticos podem ser modelados como sistemas discretos, contendo um número finito de partículas. Podemos citar, por exemplo, os problemas que tratam do movimento dos planetas do sistema solar, os quais interagem entre si por meio das forças gravitacionais. Além disso, os conceitos pertinentes aos sistemas discretos de partículas podem ser estendidos aos sistemas contínuos, uma vez que estes podem ser considerados como sendo formados por um número infinito de partículas. Como exemplos importantes de sistemas contínuos podemos mencionar fluidos, corpos rígidos e corpos flexíveis. No estudo da dinâmica de corpos rígidos, que faremos no Capítulo 6, utilizaremos intensamente os conceitos apresentados no presente capítulo.

4.2 Forças externas e internas

A Figura 4.1 mostra um sistema contendo n partículas P_1, P_2, ..., P_n, com massas m_1, m_2, ..., m_n, respectivamente. As posições das partículas, cujas trajetórias são indicadas, em relação ao sistema de referência fixo $Oxyz$, são determinadas pelos respectivos vetores posição $\vec{r}_1$, $\vec{r}_2$, ... $\vec{r}_n$.

As forças atuantes em cada uma das partículas podem ser divididas em dois grupos, a saber:

- *Forças externas*: são aquelas exercidas sobre as partículas por corpos que não pertencem ao sistema considerado. Com relação à Figura 4.1, designamos por $\vec{F}_i$, $i = 1$ a n, a *resultante das forças externas* que atuam sobre a partícula P_i.
- *Forças internas*: são aquelas que resultam das interações entre as partículas que formam o sistema. Designaremos por $\vec{f}_{ij}$ a força interna exercida sobre a partícula P_i pela partícula P_j e por $\vec{f}_{ji}$ a força exercida sobre P_j por P_i.

Devemos observar que as forças internas e externas podem representar ações de diversas naturezas físicas (eletrostáticas, magnéticas, gravitacionais, de contato etc.), a maioria das quais foi apresentada na Seção 3.3.

No que diz respeito às forças internas, a Terceira Lei de Newton estabelece que para cada par $\vec{f}_{ij}$, $\vec{f}_{ji}$, deve-se ter:

$$\vec{f}_{ij} = -\vec{f}_{ji}, \tag{4.1}$$

tendo estas duas forças a direção da reta que liga P_i e P_j, conforme mostrado na Figura 4.1.

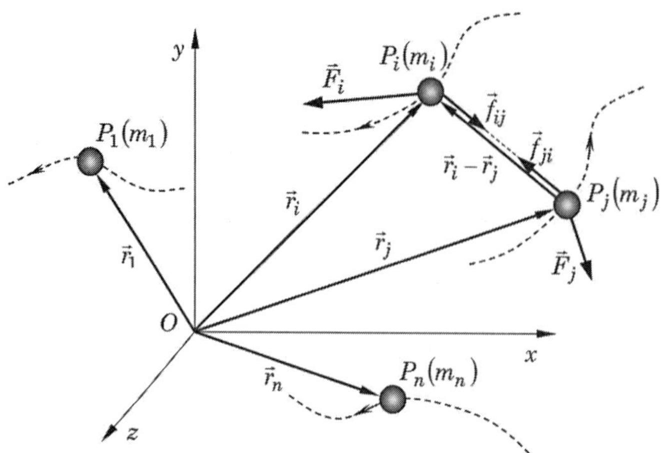

FIGURA 4.1 Representação de um sistema discreto de partículas, e das forças externas e forças internas aplicadas a duas destas partículas.

Para uma partícula genérica P_i escrevemos a Segunda Lei de Newton sob a forma:

$$\vec{F}_i + \sum_{\substack{j=1 \\ j \neq i}}^{n} \vec{f}_{ij} = m_i \ddot{\vec{r}}_i,\ i = 1 \text{ a } n, \tag{4.2}$$

onde $\vec{F}_i$ é a resultante das forças externas e $\sum_{\substack{j=1 \\ j \neq i}}^{n} \vec{f}_{ij}$ é a resultante das forças internas atuantes sobre P_i.

Adicionando as n Equações (4.2), obtemos:

$$\sum_{i=1}^{n} \vec{F}_i + \sum_{i=1}^{n} \sum_{\substack{j=1 \\ j \neq i}}^{n} \vec{f}_{ij} = \sum_{i=1}^{n} m_i \ddot{\vec{r}}_i\,. \tag{4.3}$$

A segunda parcela do lado esquerdo da Equação (4.3) representa a resultante de todas as forças internas atuantes em todas as partículas do sistema. Levando em conta a Equação (4.1), que estabelece que a soma das forças internas é nula para cada par de ação-reação, concluímos que a resultante vetorial de todas as forças internas atuantes em todas as partículas do sistema é nula, ou seja:

$$\sum_{i=1}^{n} \sum_{\substack{j=1 \\ j \neq i}}^{n} \vec{f}_{ij} = \vec{0}\,. \tag{4.4}$$

Em consequência, a Equação (4.3) fica:

$$\sum_{i=1}^{n} \vec{F}_i = \sum_{i=1}^{n} m_i \ddot{\vec{r}}_i\,. \tag{4.5}$$

Relembrando que $\ddot{\vec{r}}_i$ é a aceleração da partícula P_i, que denotaremos por $\vec{a}_i$, reescrevemos a equação acima sob a forma:

$$\sum_{i=1}^{n} \vec{F}_i = \sum_{i=1}^{n} m_i \vec{a}_i \,. \tag{4.6}$$

Tomemos agora os momentos, em relação à origem do sistema de referência adotado, O, de todos os vetores figurando em ambos os lados da Equação (4.2):

$$\vec{r}_i \times \vec{F}_i + \vec{r}_i \times \sum_{j=1}^{n} \vec{f}_{ij} = \vec{r}_i \times m_i \ddot{\vec{r}}_i, \; i = 1 \text{ a } n. \tag{4.7}$$

Adicionando as n Equações (4.7), obtemos:

$$\sum_{i=1}^{n} \vec{r}_i \times \vec{F}_i + \sum_{i=1}^{n} \vec{r}_i \times \sum_{\substack{j=1 \\ j \neq i}}^{n} \vec{f}_{ij} = \sum_{i=1}^{n} \vec{r}_i \times m_i \ddot{\vec{r}}_i \,. \tag{4.8}$$

Observamos que os termos do lado esquerdo da Equação (4.8) representam, respectivamente, os momentos resultantes, em relação a O, de todas as forças externas e de todas as forças internas que atuam sobre todas as partículas do sistema.

Vamos mostrar que o momento resultante das forças internas em relação ao ponto O é nulo, ou seja:

$$\sum_{i=1}^{n} \vec{r}_i \times \sum_{\substack{j=1 \\ j \neq i}}^{n} \vec{f}_{ij} = \vec{0} \,. \tag{4.9}$$

Para tanto, primeiramente vamos mostrar que os momentos resultantes de cada par de forças internas em relação ao ponto O é nulo. Considerando a situação apresentada na Figura 4.2, o momento resultante do par de forças internas $(\vec{f}_{ij}, \vec{f}_{ji},)$ em relação ao ponto O é dado por:

$$\vec{M}_O^{ij} = \vec{r}_i \times \vec{f}_{ij} + \vec{r}_j \times \vec{f}_{ji} \,. \tag{4.10}$$

Levando em conta a Equação (4.1), temos:

$$\vec{M}_O^{ij} = \vec{r}_i \times \vec{f}_{ij} + \vec{r}_j \times \left(-\vec{f}_{ij}\right) = \left(\vec{r}_i - \vec{r}_j\right) \times \vec{f}_{ji} \,. \tag{4.11}$$

Na Figura 4.2 observamos que os vetores $(\vec{r}_i - \vec{r}_j)$ e $\vec{f}_{ji}$ são vetores colineares, de modo que $\vec{M}_O^{ij} = \left(\vec{r}_i - \vec{r}_j\right) \times \vec{f}_{ji} = \vec{0}$.

Como o momento em relação a O é nulo para cada par de forças internas $(\vec{f}_{ij}, \vec{f}_{ji},)$, podemos concluir que o momento resultante de todas as forças internas, em relação a O, é nulo. Fica assim demonstrada a Equação (4.9), de modo que a Equação (4.8) assume a forma:

$$\sum_{i=1}^{n} \vec{r}_i \times \vec{F}_i = \sum_{i=1}^{n} \vec{r}_i \times m_i \ddot{\vec{r}}_i \,, \tag{4.12}$$

ou:

$$\sum_{i=1}^{n} \vec{r}_i \times \vec{F}_i = \sum_{i=1}^{n} \vec{r}_i \times m_i \vec{a}_i \,. \tag{4.13}$$

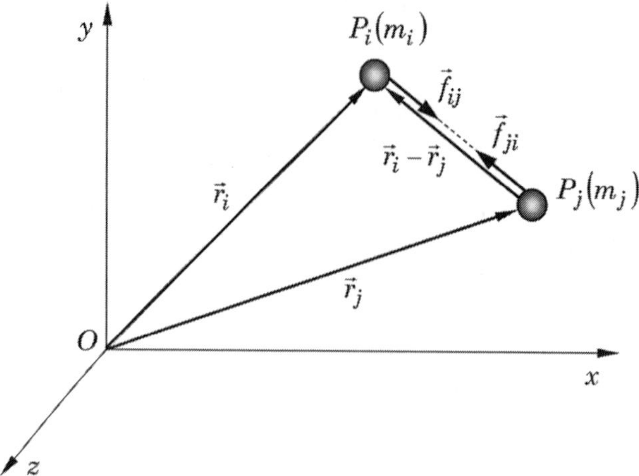

FIGURA 4.2 Esquema ilustrativo dos momentos de um par de forças internas em relação ao ponto O.

As Equações (4.6) e (4.13), em conjunto, estabelecem a *equipolência* entre o conjunto das forças externas $\vec{F}_i$, $i = 1$ a n, e o conjunto de vetores $m_i\vec{a}_i$.

É importante relembrar que dois conjuntos de vetores são equipolentes quando ambos têm o mesmo vetor resultante e o mesmo momento resultante em relação a um ponto qualquer, arbitrariamente escolhido, que aqui denotamos por O.

Além disso, a igualdade dos momentos em relação a um dado ponto O implica a igualdade dos momentos em relação a todo e qualquer outro ponto. Isto pode ser demonstrado com o auxílio da Figura 4.3, que utilizaremos para mostrar que se a Equação (4.13) é válida para os momentos em relação a O, também será válida para os momentos tomados em relação a outro ponto qualquer A.

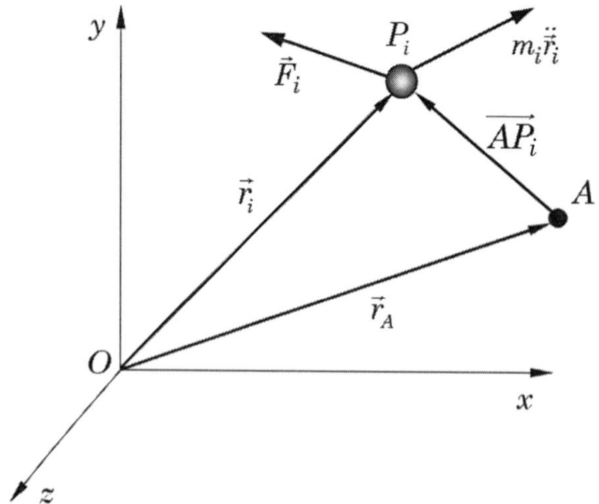

FIGURA 4.3 Esquema utilizado para demonstrar uma propriedade de conjuntos de vetores equipolentes.

Partindo da igualdade dos momentos em relação ao ponto O, expressa pela Equação (4.13), e introduzindo a relação mostrada na Figura 4.3:

$$\vec{r}_i = \vec{r}_A + \overrightarrow{AP_i}\,, \tag{4.14}$$

obtemos:

$$\sum_{i=1}^{n}\left(\overrightarrow{AP_i} + \vec{r}_A\right)\times\vec{F}_i = \sum_{i=1}^{n}\left(\overrightarrow{AP_i} + \vec{r}_A\right)\times m_i\vec{a}_i \Rightarrow \tag{4.15}$$

$$\sum_{i=1}^{n}\overrightarrow{AP_i}\times\vec{F}_i + \vec{r}_A\times\sum_{i=1}^{n}\vec{F}_i = \sum_{i=1}^{n}\overrightarrow{AP_i}\times m_i\vec{a}_i + \vec{r}_A\times\sum_{i=1}^{n}m_i\vec{a}_i\,. \tag{4.16}$$

Levando em conta a Equação (4.6), temos:

$$\sum_{i=1}^{n}\overrightarrow{AP_i}\times\vec{F}_i + \vec{r}_A\times\sum_{i=1}^{n}m_i\vec{a}_i = \sum_{i=1}^{n}\overrightarrow{AP_i}\times m_i\vec{a}_i + \vec{r}_A\times\sum_{i=1}^{n}m_i\vec{a}_i\,, \tag{4.17}$$

donde:

$$\sum_{i=1}^{n}\overrightarrow{AP_i}\times\vec{F}_i = \sum_{i=1}^{n}\overrightarrow{AP_i}\times m_i\vec{a}_i\,. \tag{4.18}$$

Esta última equação, que é similar à Equação (4.13), mostra que vale também a igualdade dos momentos resultantes das forças externas e dos vetores $m_i\vec{a}_i$ em relação ao ponto A.

4.3 Centro de massa do sistema de partículas

Com relação à Figura 4.4, que mostra um sistema formado por n partículas e seus respectivos vetores posição, definimos o centro de massa do sistema de partículas como sendo o ponto denotado por G, cuja posição é dada por:

$$\vec{r}_G = \frac{1}{\sum_{i=1}^{n} m_i}\sum_{i=1}^{n} m_i\vec{r}_i\,, \tag{4.19}$$

ou, simplificando a notação:

$$\vec{r}_G = \frac{1}{M}\sum_{i=1}^{n} m_i\vec{r}_i\,, \tag{4.20}$$

onde $M = \sum_{i=1}^{n} m_i$ é a massa total do sistema de partículas.

Em termos de coordenadas cartesianas, escrevendo:

$$\vec{r}_i = x_i\vec{i} + y_i\vec{j} + z_i\vec{k}\,, \tag{4.21}$$

$$\vec{r}_G = x_G\vec{i} + y_G\vec{j} + z_G\vec{k}\,, \tag{4.22}$$

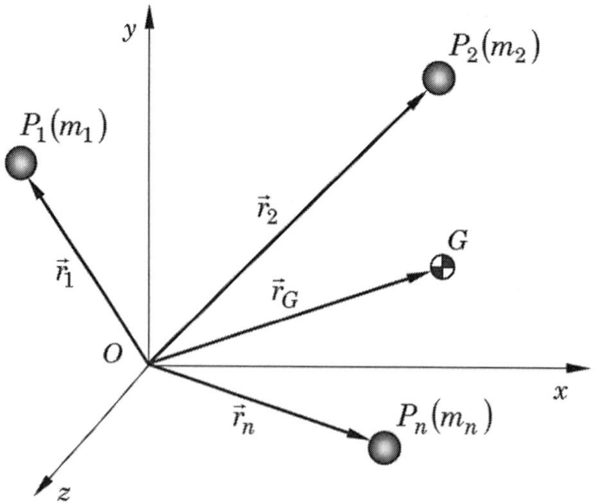

FIGURA 4.4 Ilustração do centro de massa de um sistema de partículas.

e associando as Equações (4.20) a (4.22), obtemos as seguintes expressões para as componentes cartesianas do vetor posição do centro de massa em função das componentes dos vetores posição das partículas:

$$x_G = \frac{1}{M}\sum_{i=1}^{n} m_i x_i, \tag{4.23.a}$$

$$y_G = \frac{1}{M}\sum_{i=1}^{n} m_i y_i, \tag{4.23.b}$$

$$z_G = \frac{1}{M}\sum_{i=1}^{n} m_i z_i. \tag{4.23.c}$$

Observamos, nas Equações (4.20) e (4.23), que a posição do centro de massa nada mais é que a média ponderada das posições das partículas do sistema, sendo os pesos as massas das partículas.

É importante notar que a posição do centro de massa não coincide, necessariamente, com a posição de uma das partículas do sistema.

À medida que as partículas do sistema se movimentam, a posição do centro de massa varia, de modo que a G podemos associar o vetor velocidade, $\vec{v}_G$, e o vetor aceleração, $\vec{a}_G$, que podem ser obtidos por derivações sucessivas da Equação (4.20) em relação ao tempo:

$$\vec{v}_G = \dot{\vec{r}}_G = \frac{1}{M}\sum_{i=1}^{n} m_i \dot{\vec{r}}_i \;\Rightarrow\; \vec{v}_G = \frac{1}{M}\sum_{i=1}^{n} m_i \vec{v}_i, \tag{4.24}$$

$$\vec{a}_G = \ddot{\vec{r}}_G = \frac{1}{M}\sum_{i=1}^{n} m_i \ddot{\vec{r}}_i \Rightarrow \vec{a}_G = \frac{1}{M}\sum_{i=1}^{n} m_i \vec{a}_i . \tag{4.25}$$

Em termos das componentes cartesianas, para a velocidade do centro de massa temos:

$$\vec{v}_i = \dot{x}_i \vec{i} + \dot{y}_i \vec{j} + \dot{z}_i \vec{k}, \tag{4.26}$$

$$\vec{v}_G = \dot{x}_G \vec{i} + \dot{y}_G \vec{j} + \dot{z}_G \vec{k}. \tag{4.27}$$

Associando as Equações (4.24), (4.26) e (4.27), obtemos:

$$\dot{x}_G = \frac{1}{M}\sum_{i=1}^{n} m_i \dot{x}_i , \tag{4.28.a}$$

$$\dot{y}_G = \frac{1}{M}\sum_{i=1}^{n} m_i \dot{y}_i , \tag{4.28.b}$$

$$\dot{z}_G = \frac{1}{M}\sum_{i=1}^{n} m_i \dot{z}_i . \tag{4.28.c}$$

Analogamente, para a aceleração do centro de massa temos:

$$\vec{a}_i = \ddot{x}_i \vec{i} + \ddot{y}_i \vec{j} + \ddot{z}_i \vec{k}, \tag{4.29}$$

$$\vec{a}_G = \ddot{x}_G \vec{i} + \ddot{y}_G \vec{j} + \ddot{z}_G \vec{k}, \tag{4.30}$$

$$\ddot{x}_G = \frac{1}{M}\sum_{i=1}^{n} m_i \ddot{x}_i , \tag{4.31.a}$$

$$\ddot{y}_G = \frac{1}{M}\sum_{i=1}^{n} m_i \ddot{y}_i , \tag{4.31.b}$$

$$\ddot{z}_G = \frac{1}{M}\sum_{i=1}^{n} m_i \ddot{z}_i . \tag{4.31.c}$$

Como veremos mais adiante, o centro de massa apresenta propriedades que tornam muito conveniente sua introdução no estudo da dinâmica dos sistemas de partículas.

EXEMPLO 4.1

Em um dado instante, as partículas, cujas posições (em metros) estão indicadas na Figura 4.5, têm as velocidades e acelerações indicadas na tabela abaixo. Para este instante, determinar: **a)** a posição do centro de massa; **b)** a velocidade do centro de massa; **c)** a aceleração do centro de massa.

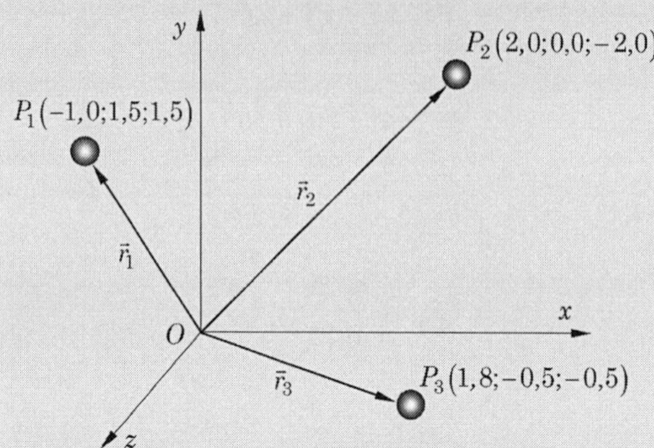

FIGURA 4.5 Posições das partículas do sistema tratado no Exemplo 4.1.

Partícula	Massa [kg]	Velocidade [m/s]	Aceleração [m/s²]
P_1	10,0	$\vec{v}_1 = 10{,}0\vec{i} + 20{,}0\vec{j} - 15{,}0\,\vec{k}$	$\vec{a}_1 = 150{,}0\vec{j} + 200{,}0\,\vec{k}$
P_2	15,0	$\vec{v}_2 = 5{,}0\vec{i} + 10{,}0\vec{j} + 15{,}0\,\vec{k}$	$\vec{a}_2 = -140{,}0\vec{i} + 100{,}0\vec{j} + 90{,}0\vec{k}$
P_3	9,0	$\vec{v}_3 = -8{,}0\vec{i} - 12{,}0\vec{j} - 5{,}0\,\vec{k}$	$\vec{a}_3 = 120{,}0\vec{i} - 80{,}0\vec{j} + 160{,}0\vec{k}$

Resolução

Determinaremos o vetor posição do centro de massa do sistema de partículas empregando as Equações (4.23):

$$x_G = \frac{1}{10{,}0+15{,}0+9{,}0}\left[10{,}0\cdot(-1{,}0)+15{,}0\cdot 2{,}0+9{,}0\cdot 1{,}8\right]=1{,}06\ \text{m}\,,$$

$$y_G = \frac{1}{10{,}0+15{,}0+9{,}0}\left[10{,}0\cdot 1{,}5+15{,}0\cdot 0{,}0+9{,}0\cdot(-0{,}5)\right]=0{,}31\ \text{m}\,,$$

$$z_G = \frac{1}{10{,}0+15{,}0+9{,}0}\left[10{,}0\cdot 1{,}5+15{,}0\cdot(-2{,}0)+9{,}0\cdot(-0{,}5)\right]=-0{,}57\ \text{m}\,.$$

Assim, o vetor posição do centro de massa é:

$$\vec{r}_G = 1{,}06\vec{i}+0{,}31\vec{j}-0{,}57\vec{k}\ \left[\text{m}\right].$$

O vetor velocidade do centro de massa é determinado a partir das Equações (4.28):

$$\dot{x}_G = \frac{1}{10,0+15,0+9,0}\left[10,0\cdot(10,0)+15,0\cdot 5,0+9,0\cdot(-8,0)\right] = 3,03 \text{ m/s},$$

$$\dot{y}_G = \frac{1}{10,0+15,0+9,0}\left[10,0\cdot 20,0+15,0\cdot 10,0+9,0\cdot(-12,0)\right] = 7,12 \text{ m/s},$$

$$\dot{z}_G = \frac{1}{10,0+15,0+9,0}\left[10,0\cdot(-15,0)+15,0\cdot 15,0+9,0\cdot(-5,0)\right] = 0,88 \text{ m/s}.$$

Assim, o vetor velocidade do centro de massa é:

$$\vec{v}_G = 3,03\vec{i}+7,12\vec{j}+0,88\vec{k}\ \left[\text{m/s}\right].$$

O vetor aceleração do centro de massa é determinado a partir das Equações (4.31):

$$\ddot{x}_G = \frac{1}{10,0+15,0+9,0}\left[10,0\cdot 0,0+15,0\cdot(-140,0)+9,0\cdot 120,0\right] = -30,00 \text{ m/s}^2,$$

$$\ddot{y}_G = \frac{1}{10,0+15,0+9,0}\left[10,0\cdot 150,0+15,0\cdot 100,0+9,0\cdot(-80,0)\right] = 67,06 \text{ m/s}^2,$$

$$\ddot{z}_G = \frac{1}{10,0+15,0+9,0}\left[10,0\cdot 200,0+15,0\cdot 90,0+9,0\cdot 160,0\right] = 140,88 \text{ m/s}^2.$$

Assim, o vetor aceleração do centro de massa é:

$$\vec{a}_G = -30,00\vec{i}+67,06\vec{j}+140,88\vec{k}\ \left[\text{m/s}^2\right].$$

4.4 Movimento do centro de massa do sistema de partículas

Associando as Equações (4.6) e (4.25), obtemos:

$$\sum_{i=1}^{n}\vec{F}_i = M\vec{a}_G, \tag{4.32}$$

ou, em notação simplificada:

$$\sum\vec{F} = M\vec{a}_G, \tag{4.33}$$

onde $\sum\vec{F} = \sum_{i=1}^{n}\vec{F}_i$ designa a resultante das forças externas atuantes sobre as partículas do sistema.

A Equação (4.33) pode ser interpretada como a Segunda Lei de Newton aplicada ao centro de massa do sistema de partículas, e mostra que o centro de massa se movimenta como uma partícula cuja massa é a massa total do sistema, M, e sobre ela atuam todas as forças externas aplicadas às partículas do sistema.

Este resultado mostra, ainda, que as forças internas não exercem nenhuma influência sobre o movimento do centro de massa do sistema de partículas.

EXEMPLO 4.2

Um projétil de 50 kg é lançado do alto de uma plataforma de 5 m de altura, com velocidade inicial $v_0 = 150$ m/s, no plano vertical xy, conforme mostrado na Figura 4.6. Em um dado ponto de sua trajetória, o projétil fragmenta-se em duas partes: A, de 12 kg, e B, de 38 kg. Observa-se que, 2 segundos após o lançamento, a parte A atinge o solo 8 m à direita do plano de disparo, 100 m à frente da plataforma, e a parte B ainda não atingiu o solo. Desprezando a resistência do ar, determinar a posição da parte B neste instante.

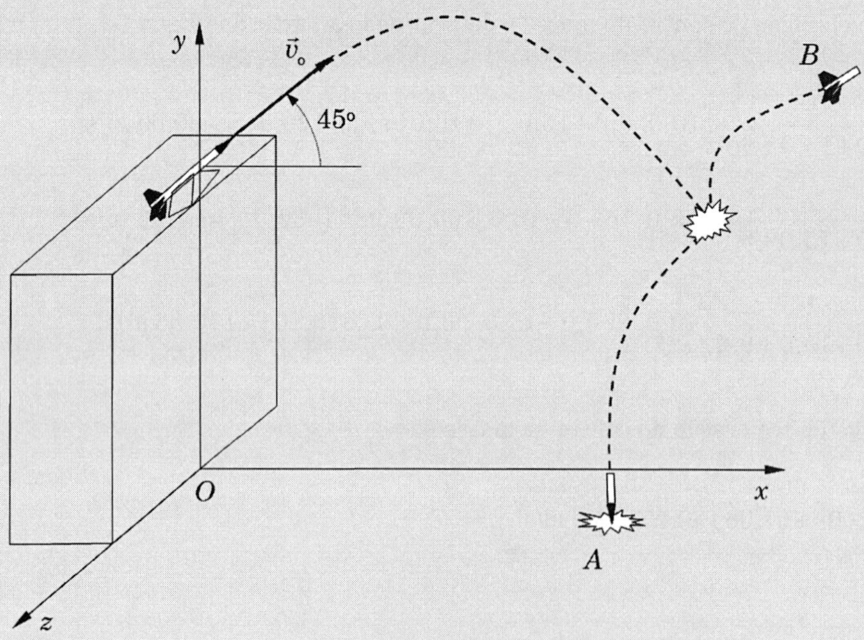

FIGURA 4.6 Ilustração de um projétil que se fragmenta em duas partes.

Resolução

Resolveremos o problema utilizando o conceito de movimento do centro de massa, apresentado na Seção 4.4.

De acordo com a Equação (4.33), o centro de massa do conjunto formado pelas duas partes A e B se movimenta como se a massa de ambas e as forças externas aplicadas a ambas estivessem concentradas nele. Isso significa que, desprezando a resistência do ar, o centro de massa descreverá o movimento típico de lançamento oblíquo na proximidade da superfície terrestre, seguindo uma trajetória parabólica posicionada sobre o plano xy, conforme mostrado na Figura 4.7.

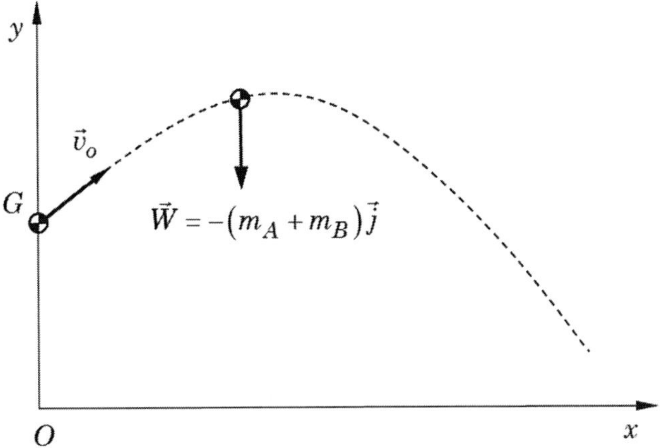

FIGURA 4.7 Ilustração do movimento do centro de massa do conjunto formado pelas partes do projétil.

Assim, com base nos resultados obtidos no Exemplo 3.2, o movimento do centro de massa é descrito pelas equações:

$$x_G(t) = v_0 \cos\theta_0 \, t = 150{,}0 \cdot \cos 45° \cdot t, \qquad \textbf{(a)}$$

$$y_G(t) = -\frac{1}{2} g t^2 + v_0 sen\theta_0 \, t + y_0 = -\frac{1}{2} \cdot 9{,}81 \cdot t^2 + 150{,}0 \cdot sen 45° \cdot t + 5{,}0, \qquad \textbf{(b)}$$

$$z_G(t) \equiv 0. \qquad \textbf{(c)}$$

Avaliando as equações (a) e (b) para o instante t = 2 s, obtemos:

$$x_G(2\text{s}) = 212{,}13\,\text{m}, \qquad \textbf{(d)}$$

$$y_G(2\text{s}) = 197{,}51\,\text{m}. \qquad \textbf{(e)}$$

Conhecendo a posição do centro de massa e a posição da parte A, podemos determinar a posição da parte B no instante considerado utilizando as Equações (4.23):

$$x_G(2\text{s}) = \frac{m_A x_A(2\text{s}) + m_B x_B(2\text{s})}{m_A + m_B} \Rightarrow 212{,}13 = \frac{12{,}0 \cdot 100{,}0 + 38{,}0 \cdot x_B}{12{,}0 + 38{,}0} \Rightarrow \underline{\underline{x_B = 247{,}54\text{ m}}},$$

$$y_G(2\text{s}) = \frac{m_A y_A(2\text{s}) + m_B y_B(2\text{s})}{m_A + m_B} \Rightarrow 197{,}51 = \frac{12{,}0 \cdot 0{,}0 + 38{,}0 \cdot y_B}{12{,}0 + 38{,}0} \Rightarrow \underline{\underline{y_B = 259{,}88\text{ m}}},$$

$$z_G(2\text{s}) = \frac{m_A z_A(2\text{s}) + m_B z_B(2\text{s})}{m_A + m_B} \Rightarrow 0{,}0 = \frac{12{,}0 \cdot 8{,}0 + 38{,}0 \cdot z_B}{12{,}0 + 38{,}0} \Rightarrow \underline{\underline{z_B = -2{,}53\text{ m}}}.$$

EXEMPLO 4.3

O conjunto formado por três partículas de pequenas dimensões, P_1, P_2, P_3, de massas m_1, m_2, m_3, carregadas com cargas elétricas q_1, q_2, q_3, são mantidas inicialmente em repouso nas posições indicadas na Figura 4.8, sobre uma superfície horizontal perfeitamente lisa. Em um dado momento, as partículas são liberadas e começam a se mover sob a ação de forças eletrostáticas. Pede-se: **a)** obter as equações do movimento para cada uma das partículas, em termos das coordenadas cartesianas indicadas; **b)** resolver numericamente as equações do movimento para o seguinte conjunto de valores: a = 0,02 m; $q_1 = -1{,}0 \times 10^{-6}$ C; $q_2 = q_3 = 1{,}0 \times 10^{-6}$ C; m = 0,1 kg.

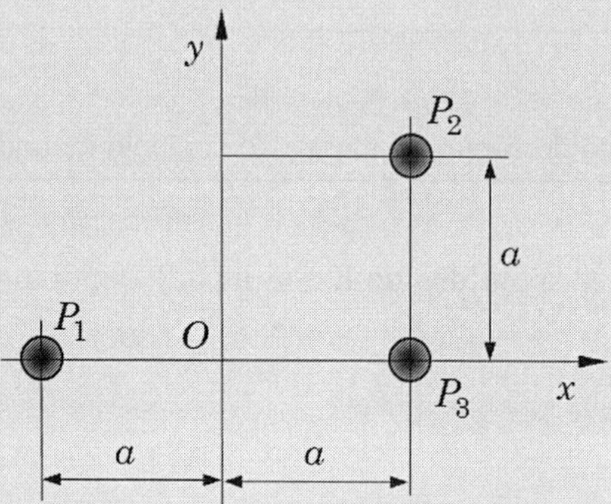

FIGURA 4.8 Ilustração de um conjunto de três partículas carregadas eletricamente.

Resolução

A Figura 4.9 mostra os diagramas de corpo livre das partículas no plano xy, nos quais são indicadas as forças eletrostáticas que as partículas exercem umas sobre as outras. Também são indicados os vetores posição das partículas em relação ao sistema de coordenadas utilizado.

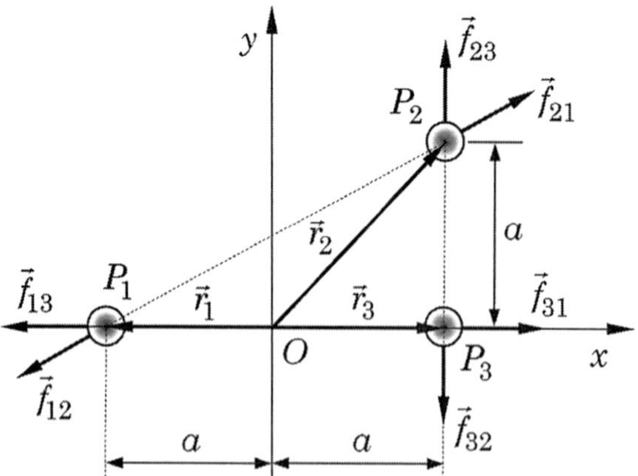

FIGURA 4.9 Diagramas de corpo livre das partículas carregadas eletricamente.

Admitindo que todas as cargas sejam positivas, de acordo com a Lei de Coulomb as forças eletrostáticas podem ser escritas sob a forma (ver Subseção 3.3.2):

$$\vec{f}_{ij} = \frac{1}{4\pi\varepsilon_0} \frac{q_i q_j}{\left\| \vec{r}_i - \vec{r}_j \right\|^3} \left(\vec{r}_i - \vec{r}_j \right), \; i, j = 1, 2, 3, i \neq j, \qquad \textbf{(a)}$$

onde $\vec{f}_{ij}$ é a força eletrostática exercida sobre a partícula P_i pela partícula P_j.

Aplicando a Segunda Lei de Newton a cada uma das partículas, temos:

- Partícula P_1 : $\vec{f}_{12} + \vec{f}_{13} = m_1 \ddot{\vec{r}}_1$, **(b.1)**
- Partícula P_2 : $\vec{f}_{21} + \vec{f}_{23} = m_2 \ddot{\vec{r}}_2$, **(b.2)**
- Partícula P_3 : $\vec{f}_{31} + \vec{f}_{32} = m_3 \ddot{\vec{r}}_3$. **(b.3)**

Levando em conta a equação (a), as equações (b) ficam, respectivamente:

$$\frac{1}{4\pi\varepsilon_0} \frac{q_1 q_2}{\left\| \vec{r}_1 - \vec{r}_2 \right\|^3} \left(\vec{r}_1 - \vec{r}_2 \right) + \frac{1}{4\pi\varepsilon_0} \frac{q_1 q_3}{\left\| \vec{r}_1 - \vec{r}_3 \right\|^3} \left(\vec{r}_1 - \vec{r}_3 \right) = m_1 \ddot{\vec{r}}_1, \qquad \textbf{(c.1)}$$

$$\frac{1}{4\pi\varepsilon_0} \frac{q_1 q_2}{\left\| \vec{r}_2 - \vec{r}_1 \right\|^3} \left(\vec{r}_2 - \vec{r}_1 \right) + \frac{1}{4\pi\varepsilon_0} \frac{q_2 q_3}{\left\| \vec{r}_2 - \vec{r}_3 \right\|^3} \left(\vec{r}_2 - \vec{r}_3 \right) = m_2 \ddot{\vec{r}}_2, \qquad \textbf{(c.2)}$$

$$\frac{1}{4\pi\varepsilon_0} \frac{q_1 q_3}{\left\| \vec{r}_3 - \vec{r}_1 \right\|^3} \left(\vec{r}_3 - \vec{r}_1 \right) + \frac{1}{4\pi\varepsilon_0} \frac{q_2 q_3}{\left\| \vec{r}_3 - \vec{r}_2 \right\|^3} \left(\vec{r}_3 - \vec{r}_2 \right) = m_3 \ddot{\vec{r}}_3. \qquad \textbf{(c.3)}$$

Expressando os vetores posição e vetores aceleração das partículas em termos de suas componentes cartesianas segundo:

$$\vec{r}_1 = x_1 \vec{i} + y_1 \vec{j}, \qquad \vec{r}_2 = x_2 \vec{i} + y_2 \vec{j}, \qquad \vec{r}_3 = x_3 \vec{i} + y_3 \vec{j},$$

$$\ddot{\vec{r}}_1 = \ddot{x}_1 \vec{i} + \ddot{y}_1 \vec{j}, \qquad \ddot{\vec{r}}_2 = \ddot{x}_2 \vec{i} + \ddot{y}_2 \vec{j}, \qquad \ddot{\vec{r}}_3 = \ddot{x}_3 \vec{i} + \ddot{y}_3 \vec{j},$$

as três equações vetoriais (c) conduzem às seis equações escalares a seguir:

$$\frac{q_1 q_2}{4\pi\varepsilon_0} \frac{x_1 - x_2}{\left[(x_1 - x_2)^2 + (y_1 - y_2)^2 \right]^{3/2}} + \frac{q_1 q_3}{4\pi\varepsilon_0} \frac{x_1 - x_3}{\left[(x_1 - x_3)^2 + (y_1 - y_3)^2 \right]^{3/2}} = m_1 \ddot{x}_1, \qquad \textbf{(d.1)}$$

$$\frac{q_1 q_2}{4\pi\varepsilon_0} \frac{y_1 - y_2}{\left[(x_1 - x_2)^2 + (y_1 - y_2)^2 \right]^{3/2}} + \frac{q_1 q_3}{4\pi\varepsilon_0} \frac{y_1 - y_3}{\left[(x_1 - x_3)^2 + (y_1 - y_3)^2 \right]^{3/2}} = m_1 \ddot{y}_1, \qquad \textbf{(d.2)}$$

$$\frac{q_1 q_2}{4\pi\varepsilon_0} \frac{x_2 - x_1}{\left[(x_2 - x_1)^2 + (y_2 - y_1)^2 \right]^{3/2}} + \frac{q_2 q_3}{4\pi\varepsilon_0} \frac{x_2 - x_3}{\left[(x_2 - x_3)^2 + (y_2 - y_3)^2 \right]^{3/2}} = m_2 \ddot{x}_2, \qquad \textbf{(d.3)}$$

$$\frac{q_1q_2}{4\pi\varepsilon_0}\frac{y_2-y_1}{\left[(x_2-x_1)^2+(y_2-y_1)^2\right]^{3/2}}+\frac{q_2q_3}{4\pi\varepsilon_0}\frac{y_2-y_3}{\left[(x_2-x_3)^2+(y_2-y_3)^2\right]^{3/2}}=m_2\ddot{y}_2, \quad \textbf{(d.4)}$$

$$\frac{q_1q_3}{4\pi\varepsilon_0}\frac{x_3-x_1}{\left[(x_3-x_1)^2+(y_3-y_1)^2\right]^{3/2}}+\frac{q_2q_3}{4\pi\varepsilon_0}\frac{x_3-x_2}{\left[(x_3-x_2)^2+(y_3-y_2)^2\right]^{3/2}}=m_3\ddot{x}_3, \quad \textbf{(d.5)}$$

$$\frac{q_1q_3}{4\pi\varepsilon_0}\frac{y_3-y_1}{\left[(x_3-x_1)^2+(y_3-y_1)^2\right]^{3/2}}+\frac{q_2q_3}{4\pi\varepsilon_0}\frac{y_3-y_2}{\left[(x_3-x_2)^2+(y_3-y_2)^2\right]^{3/2}}=m_3\ddot{y}_3. \quad \textbf{(d.6)}$$

As seis equações (d) são as equações diferenciais do movimento do sistema de partículas. Conforme mostrado no Apêndice A, para proceder à integração numérica destas equações pelo Método de Runge-Kutta, devemos expressá-las na forma equivalente de um sistema de doze equações diferenciais de primeira ordem. Para tanto, introduzimos a seguinte transformação de variáveis:

$$z_1=x_1,\quad z_2=x_2,\quad z_3=x_3,\quad z_4=y_1,\quad z_5=y_2,\quad z_6=y_3,$$

$$z_7=\dot{x}_1,\quad z_8=\dot{x}_2,\quad z_9=\dot{x}_3,\quad z_{10}=\dot{y}_1,\quad z_{11}=\dot{y}_2,\quad z_{12}=\dot{y}_3.$$

Em termos destas novas coordenadas, o sistema de equações do movimento (d) fica:

$$\dot{z}_1=z_7, \quad \textbf{(e.1)}$$

$$\dot{z}_2=z_8, \quad \textbf{(e.2)}$$

$$\dot{z}_3=z_9, \quad \textbf{(e.3)}$$

$$\dot{z}_4=z_{10}, \quad \textbf{(e.4)}$$

$$\dot{z}_5=z_{11}, \quad \textbf{(e.5)}$$

$$\dot{z}_6=z_{12}, \quad \textbf{(e.6)}$$

$$\dot{z}_7=\frac{q_1q_2}{4\pi\varepsilon_0m_1}\frac{z_1-z_2}{\left[(z_1-z_2)^2+(z_4-z_5)^2\right]^{3/2}}+\frac{q_1q_3}{4\pi\varepsilon_0m_1}\frac{z_1-z_3}{\left[(z_1-z_3)^2+(z_4-z_6)^2\right]^{3/2}}, \quad \textbf{(e.7)}$$

$$\dot{z}_8=\frac{q_1q_2}{4\pi\varepsilon_0m_2}\frac{z_2-z_1}{\left[(z_2-z_1)^2+(z_5-z_4)^2\right]^{3/2}}+\frac{q_2q_3}{4\pi\varepsilon_0m_2}\frac{z_2-z_3}{\left[(z_2-z_3)^2+(z_5-z_6)^2\right]^{3/2}}, \quad \textbf{(e.8)}$$

$$\dot{z}_9=\frac{q_1q_3}{4\pi\varepsilon_0m_3}\frac{z_3-z_1}{\left[(z_3-z_1)^2+(z_6-z_4)^2\right]^{3/2}}+\frac{q_2q_3}{4\pi\varepsilon_0m_3}\frac{z_3-z_2}{\left[(z_3-z_2)^2+(z_6-z_5)^2\right]^{3/2}}, \quad \textbf{(e.9)}$$

$$\dot{z}_{10} = \frac{q_1 q_2}{4\pi\varepsilon_0 m_1} \frac{z_4 - z_5}{\left[\left(z_1 - z_2\right)^2 + \left(z_4 - z_5\right)^2\right]^{3/2}} + \frac{q_1 q_3}{4\pi\varepsilon_0 m_1} \frac{z_4 - z_6}{\left[\left(z_1 - z_3\right)^2 + \left(z_4 - z_6\right)^2\right]^{3/2}}, \quad \text{(e.10)}$$

$$\dot{z}_{11} = \frac{q_1 q_2}{4\pi\varepsilon_0 m_2} \frac{z_5 - z_4}{\left[\left(z_2 - z_1\right)^2 + \left(z_5 - z_4\right)^2\right]^{3/2}} + \frac{q_2 q_3}{4\pi\varepsilon_0 m_2} \frac{z_5 - z_6}{\left[\left(z_2 - z_3\right)^2 + \left(z_5 - z_6\right)^2\right]^{3/2}}, \quad \text{(e.11)}$$

$$\dot{z}_{12} = \frac{q_1 q_3}{4\pi\varepsilon_0 m_3} \frac{z_6 - z_4}{\left[\left(z_3 - z_1\right)^2 + \left(z_6 - z_4\right)^2\right]^{3/2}} + \frac{q_2 q_3}{4\pi\varepsilon_0 m_3} \frac{z_6 - z_5}{\left[\left(z_3 - z_2\right)^2 + \left(z_6 - z_5\right)^2\right]^{3/2}}. \quad \text{(e.12)}$$

Para a situação inicial ilustrada na Figura 4.8, as condições iniciais são:

$$z_1 = -a, \quad z_2 = a, \quad z_3 = a, \quad z_4 = 0, \quad z_5 = a, \quad z_6 = 0,$$

$$z_7 = 0, \quad z_8 = 0, \quad z_9 = 0, \quad z_{10} = 0, \quad z_{11} = 0, \quad z_{12} = 0.$$

As Figuras 4.10 a 4.13 mostram os resultados obtidos por meio da integração numérica das equações (e) implementada no programa MATLAB® **exemplo_4_3.m**.

Na Figura 4.10, observamos que, embora os movimentos das partículas sejam relativamente complexos, o centro de massa do conjunto permanece em repouso, o que se justifica pelo fato de não haver forças externas atuando sobre as partículas do sistema.

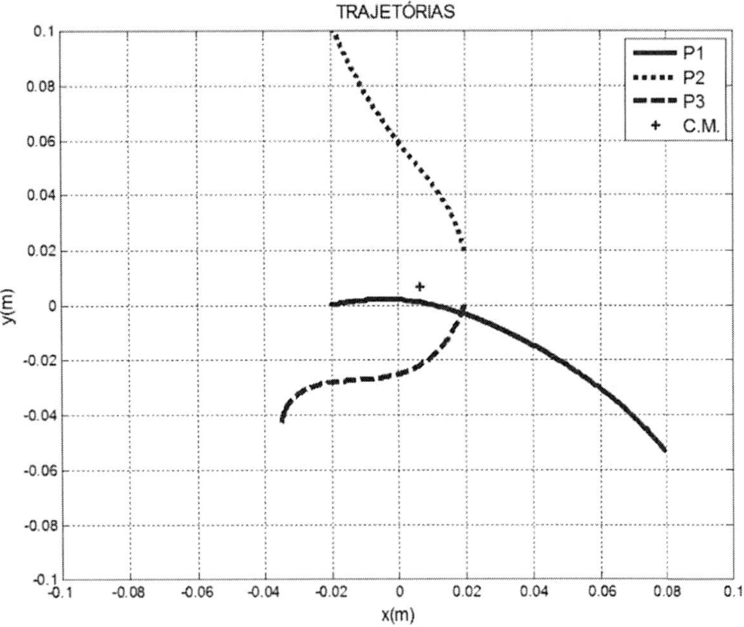

FIGURA 4.10 Trajetórias das partículas e do centro de massa.

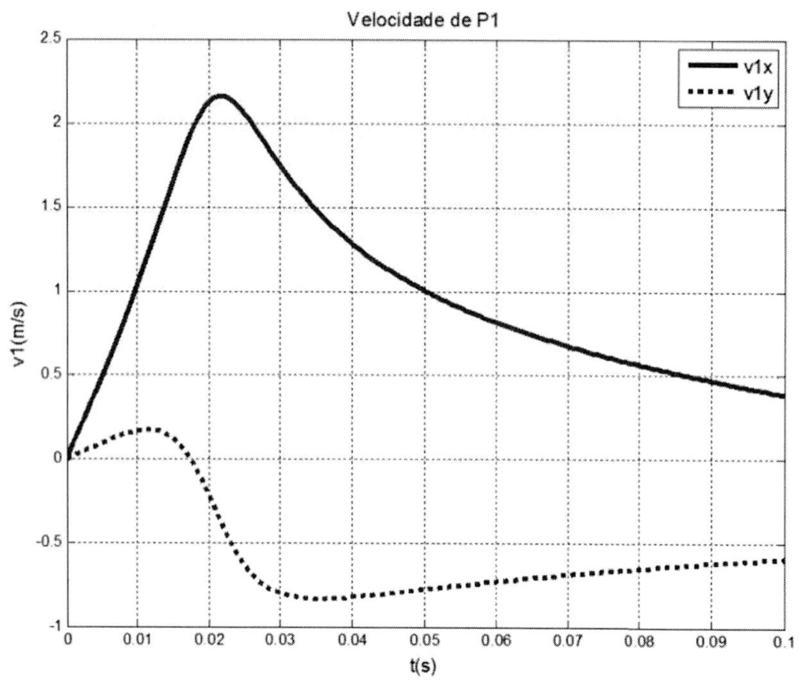

FIGURA 4.11 Componentes da velocidade da partícula P_1.

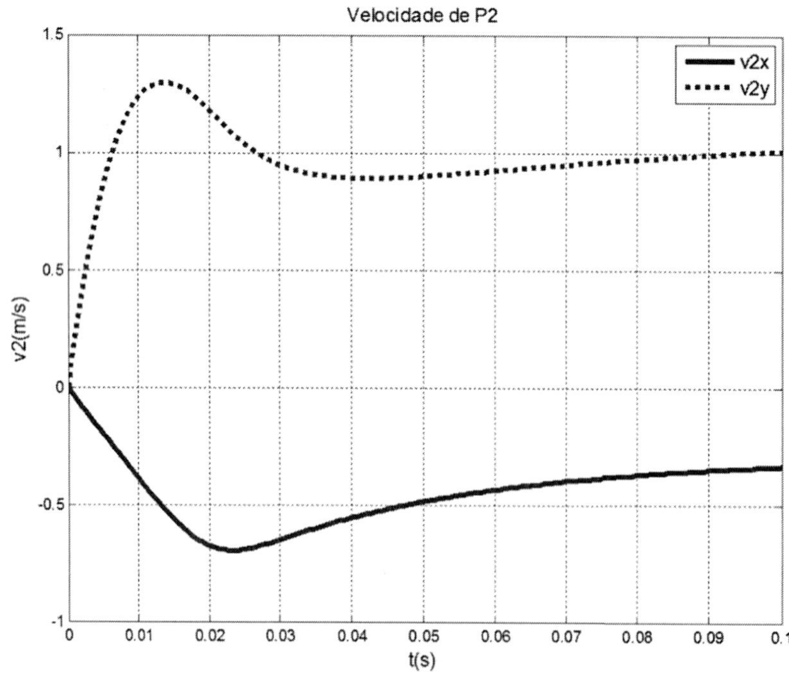

FIGURA 4.12 Componentes da velocidade da partícula P_2.

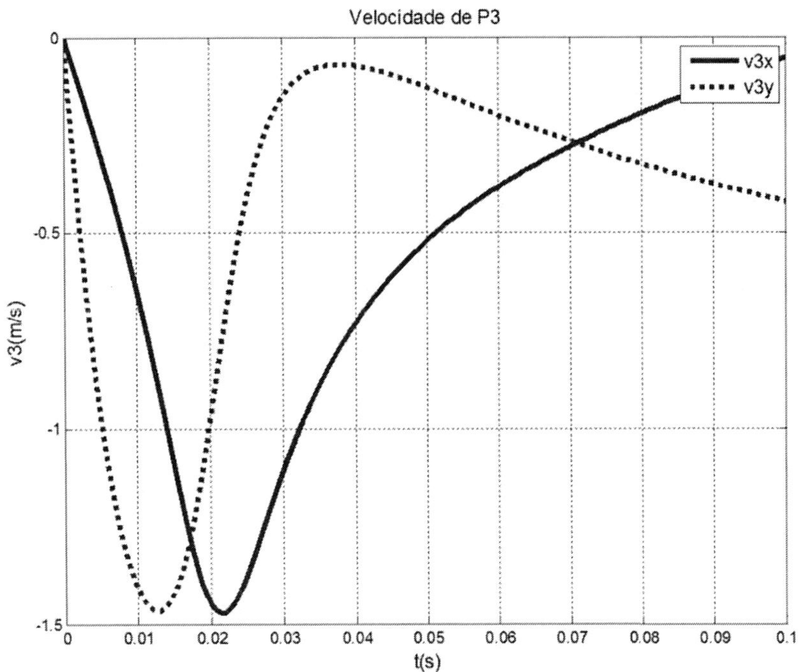

FIGURA 4.13 Componentes da velocidade da partícula P_3.

4.5 Quantidade de movimento linear do sistema de partículas. Conservação da quantidade de movimento linear

A quantidade de movimento linear do sistema de partículas é definida como a soma vetorial das quantidades de movimento lineares das partículas que o compõem, ou seja:

$$\vec{L} = \sum_{i=1}^{n} m_i \vec{v}_i \ [\text{kg.m/s}]. \tag{4.34}$$

Associando as Equações (4.24) e (4.34), chegamos à seguinte expressão alternativa para a quantidade de movimento linear do sistema de partículas, em termos da velocidade do centro de massa:

$$\vec{L} = M\vec{v}_G. \tag{4.35}$$

Derivando a Equação (4.34) em relação ao tempo, temos:

$$\dot{\vec{L}} = \sum_{i=1}^{n} m_i \dot{\vec{v}}_i = \sum_{i=1}^{n} m_i \vec{a}_i. \tag{4.36}$$

Levando em conta a Equação (4.6), a Equação (4.36) conduz a:

$$\dot{\vec{L}} = \sum_{i=1}^{n} \vec{F}_i, \tag{4.37}$$

ou, em notação simplificada:

$$\dot{\vec{L}} = \sum \vec{F}, \tag{4.38}$$

onde relembramos que $\sum \vec{F} = \sum_{i=1}^{n} \vec{F}_i$ designa a resultante de todas as forças externas aplicadas a todas as partículas do sistema.

A Equação (4.38) mostra que a resultante das forças externas atuantes sobre as partículas do sistema se iguala à taxa de variação temporal da quantidade de movimento linear do sistema. É interessante observar a semelhança entre esta equação e a Equação (3.45), que expressa o Primeiro Princípio de Euler, ou Princípio da Quantidade de Movimento Linear, para uma única partícula. Desta forma, podemos interpretar o resultado expresso pela Equação (4.38) como a extensão, ao sistema de partículas, deste princípio.

Quando a resultante das forças externas é nula, temos $\dot{\vec{L}} = 0 \Rightarrow \vec{L} = \overrightarrow{\text{cte}}$, o que significa que há conservação da quantidade de movimento linear do sistema de partículas. Das Equações (4.34) e (4.35) decorrem, respectivamente:

$$\sum_{i=1}^{n} m_i \vec{v}_i = \overrightarrow{\text{cte}}, \tag{4.39}$$

$$\vec{v}_G = \overrightarrow{\text{cte}}. \tag{4.40}$$

A Equação (4.40) mostra que, quando a resultante das forças externas for nula, o centro de massa do sistema de partículas permanecerá em repouso ou se movimentará em movimento retilíneo uniforme. Este resultado pode ser interpretado como a extensão da Primeira Lei de Newton ao sistema de partículas, e foi verificado no Exemplo 4.3.

EXEMPLO 4.4

Dois blocos A e B, respectivamente de massas m_A e m_B, estão sobre uma prancha P de massa m_P, que desliza livremente sobre roletes de massa desprezível. Todo o conjunto está em repouso quando os blocos A e B recebem impulsos que os fazem movimentar com velocidades $\vec{v}'_A$ e $\vec{v}'_B$ em relação à prancha, com os sentidos indicados na Figura 4.14. Desprezando o atrito entre a prancha e os roletes, obter as velocidades com que a prancha e os dois blocos se movimentarão em relação ao sistema de referência fixo Oxy.

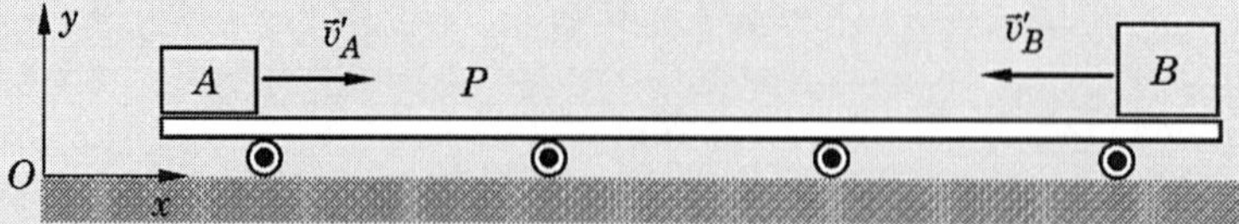

FIGURA 4.14 Ilustração de dois blocos que se movimentam sobre uma prancha deslizante.

Resolução

Primeiramente é importante destacar que, embora a prancha tenha uma dimensão finita, como ela descreve movimento de translação na direção horizontal, podemos tratá-la como partícula, uma vez que suas dimensões não têm nenhuma influência sobre a dinâmica do sistema.

Como a resultante das forças externas que atuam sobre os três corpos que compõe o sistema, que são os pesos e as forças de contato entre a prancha e os blocos e entre a prancha e os roletes, é nula, concluímos que há conservação da quantidade de movimento linear do sistema.

Identificando por 1 o instante inicial no qual os três corpos estão em repouso e por 2 o instante genérico posterior no qual os blocos e a prancha estão em movimento, e levando em conta a definição da quantidade de movimento linear do sistema de partículas, dada pela Equação (4.34), escrevemos:

$$\vec{L}_1 = \vec{L}_2, \qquad \textbf{(a)}$$

com:

$$\vec{L}_1 = m_A \vec{v}_A\big|_1 + m_B \vec{v}_B\big|_1 + m_P \vec{v}_P\big|_1, \qquad \textbf{(b)}$$

$$\vec{L}_2 = m_A \vec{v}_A\big|_2 + m_B \vec{v}_B\big|_2 + m_P \vec{v}_P\big|_2. \qquad \textbf{(c)}$$

Devemos observar que todas as velocidades indicadas nas equações (b) e (c) são referentes ao sistema de referência fixo *Oxy*. Assim, levando em conta que as velocidades dos blocos são relativas à prancha, devemos proceder às seguintes transformações, considerando o movimento relativo empregando sistemas de referência em translação (ver Subseção 1.9.1):

$$\vec{v}_A\big|_2 = \vec{v}\,'_A + \vec{v}_P\big|_2 \Rightarrow v_A\big|_2 \vec{i} = v'_A \vec{i} + v_P\big|_2 \vec{i}, \qquad \textbf{(d)}$$

$$\vec{v}_B\big|_2 = \vec{v}\,'_B + \vec{v}_P\big|_2 \Rightarrow v_B\big|_2 \vec{i} = -v'_B \vec{i} + v_P\big|_2 \vec{i}, \qquad \textbf{(e)}$$

nas quais admitimos que a velocidade da prancha esteja orientada para a direita, e que as velocidades dos blocos *A* e *B* em relação à prancha estejam orientados para a direita e para a esquerda, respectivamente.

Associando as equações (a) a (e), temos:

$$\vec{0} = m_A\left(v'_A \vec{i} + v_P\big|_2 \vec{i}\right) + m_B\left(-v'_B \vec{i} + v_P\big|_2 \vec{i}\right) + m_P v_P\big|_2 \vec{i}, \qquad \textbf{(f)}$$

da qual obtemos a seguinte expressão para a velocidade da prancha:

$$v_P\big|_2 = \frac{m_B v'_B - m_A v'_A}{m_A + m_B + m_P}. \qquad \textbf{(g)}$$

Associando as equações (d), (e) e (g), obtemos as seguintes expressões para as velocidades absolutas dos blocos *A* e *B*:

$$v_A\big|_2 = v'_A + \frac{m_B v'_B - m_A v'_A}{m_A + m_B + m_P}, \qquad \textbf{(h)}$$

$$v_B\big|_2 = -v'_B + \frac{m_B v'_B - m_A v'_A}{m_A + m_B + m_P}. \qquad \textbf{(i)}$$

EXEMPLO 4.5

Considerando os resultados obtidos no Exemplo 4.4, e os valores: $m_A = m_B = 50{,}0$ kg, $m_P = 100{,}0$ kg, examinemos os seguintes casos particulares: **a)** $v'_A = v'_B = 10{,}0$ m/s; **b)** $v'_A = 0$, $v'_B = 10{,}0$ m/s; **c)** $v'_A = 10{,}0$ m/s, $v'_B = 0{,}0$ m/s.

Resolução

Para cada um dos casos a serem examinados, aplicaremos as equações (g) a (i):

Caso a:

$$v_P\big|_2 = \frac{50{,}0 \cdot 10{,}0 - 50{,}0 \cdot 10{,}0}{50{,}0 + 50{,}0 + 100{,}0} \Rightarrow v_P\big|_2 = 0{,}0 \text{ m/s};$$

$$v_A\big|_2 = 10{,}0 + 0{,}0 = 10{,}0 \text{ m/s (para a direita)};$$

$$v_B\big|_2 = -10{,}0 + 0{,}0 = -10{,}0 \text{ m/s (para a esquerda)}.$$

Caso b:

$$v_P\big|_2 = \frac{50{,}0 \cdot 10{,}0 - 50{,}0 \cdot 0{,}0}{50{,}0 + 50{,}0 + 100{,}0} \Rightarrow v_P\big|_2 = 2{,}5 \text{ m/s (para a direita)};$$

$$v_A\big|_2 = 0{,}0 + (2{,}5) = 2{,}5 \text{ m/s (para a direita)};$$

$$v_B\big|_2 = -10{,}0 + (2{,}5) = -7{,}5 \text{ m/s (para a esquerda)}.$$

Caso c:

$$v_P\big|_2 = \frac{50{,}0 \cdot 0{,}0 - 50{,}0 \cdot 10{,}0}{50{,}0 + 50{,}0 + 100{,}0} \Rightarrow v_P\big|_2 = -2{,}5 \text{ m/s (para a esquerda)};$$

$$v_A\big|_2 = 10{,}0 - 2{,}5 = 7{,}5 \text{ m/s (para a direita)};$$

$$v_B\big|_2 = 0{,}0 - 2{,}5 = -2{,}5 \text{ m/s (para a esquerda)}.$$

4.6 Quantidade de movimento angular do sistema de partículas. Conservação da quantidade de movimento angular

A quantidade de movimento angular do sistema de partículas em relação a um ponto fixo O é definida, com auxílio da Figura 4.15, como a soma dos momentos dos vetores quantidade de movimento lineares das partículas em relação ao ponto O, ou, simbolicamente:

$$\vec{H}_O = \sum_{i=1}^{n} \vec{r}_i \times m_i \vec{v}_i \left[\text{kg} \cdot \text{m}^2/\text{s}\right]. \tag{4.41}$$

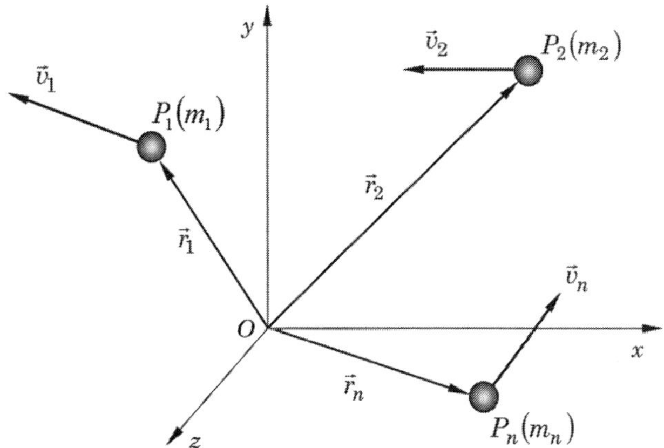

FIGURA 4.15 Ilustração empregada para a definição da quantidade de movimento angular do sistema de partículas.

Derivando a Equação (4.41) em relação ao tempo, obtemos:

$$\dot{\vec{H}}_O = \sum_{i=1}^{n} \dot{\vec{r}}_i \times m_i \vec{v}_i + \sum_{i=1}^{n} \vec{r}_i \times m_i \dot{\vec{v}}_i = \sum_{i=1}^{n} \vec{v}_i \times m_i \vec{v}_i + \sum_{i=1}^{n} \vec{r}_i \times m_i \vec{a}_i \,. \tag{4.42}$$

Como o primeiro termo do lado direito da Equação (4.42) é nulo, levando em conta a Equação (4.13), temos:

$$\dot{\vec{H}}_O = \sum_{i=1}^{n} \vec{r}_i \times \vec{F}_i, \tag{4.43}$$

ou, em notação simplificada:

$$\dot{\vec{H}}_O = \sum \vec{M}_O \,, \tag{4.44}$$

onde $\sum \vec{M}_O = \sum_{i=1}^{n} \vec{r}_i \times \vec{F}_i$ designa o momento resultante de todas as forças externas aplicadas às partículas do sistema, em relação ao ponto O.

A Equação (4.44) indica que o momento resultante das forças externas em relação ao ponto O iguala-se à taxa de variação temporal da quantidade de movimento angular do sistema em relação ao ponto O. Podemos observar a semelhança entre a Equação (4.44) e a Equação (3.52), sendo que esta última expressa o Princípio da Quantidade de Movimento Angular, ou Segundo Princípio de Euler para uma partícula isolada. Assim, a Equação (4.44) pode ser interpretada como a expressão do Segundo Princípio de Euler para o sistema de partículas.

Quando o momento resultante das forças externas em relação a O é nulo, temos:

$$\dot{\vec{H}}_O = 0 \triangleright \vec{H}_O = \overrightarrow{cte} \,. \tag{4.45}$$

Neste caso, há conservação da quantidade de movimento angular do sistema.

EXEMPLO 4.6

Para o sistema de partículas considerado no Exemplo 4.1, calcular a quantidade de movimento angular em relação ao ponto O.

Resolução

Aplicando a definição da quantidade de movimento angular, expressa pela Equação (4.41), temos:

$$\vec{H}_O = \vec{r}_1 \times m_1\vec{v}_1 + \vec{r}_2 \times m_2\vec{v}_2 + \vec{r}_3 \times m_3\vec{v}_3 . \qquad \textbf{(a)}$$

Substituindo os valores fornecidos no Exemplo 4.1 e efetuando as operações indicadas na equação (a), temos:

$$\vec{H}_O = 10{,}0 \cdot \begin{vmatrix} \vec{i} & \vec{j} & k \\ -1{,}0 & 1{,}5 & 1{,}5 \\ 10{,}0 & 20{,}0 & -15{,}0 \end{vmatrix} + 15{,}0 \cdot \begin{vmatrix} \vec{i} & \vec{j} & \vec{k} \\ 2{,}0 & 0{,}0 & -2{,}0 \\ 5{,}0 & 10{,}0 & 15{,}0 \end{vmatrix} + 9{,}0 \cdot \begin{vmatrix} \vec{i} & \vec{j} & \vec{k} \\ 1{,}8 & -0{,}5 & -0{,}5 \\ -8{,}0 & -12{,}0 & -5{,}0 \end{vmatrix} \Rightarrow$$

$$\vec{H}_O = -256{,}5\vec{i} - 483{,}0\vec{j} - 280{,}4\vec{k} \quad \left[\text{kg.m}^2/\text{s}\right].$$

EXEMPLO 4.7

Retomando o Exemplo 4.3, verificar que há conservação da quantidade de movimento linear e da quantidade de movimento angular em relação à origem do sistema de referência indicado na Figura 4.9.

Resolução

A conservação das quantidades de movimento linear e angular decorre do fato de que as partículas estão sujeitas apenas a forças internas.

Em qualquer instante t, a partir da liberação das partículas na posição indicada na Figura 4.9, a quantidade de movimento linear e a quantidade de movimento angular do sistema de partículas são dadas, respectivamente, por:

$$\vec{L}(t) = m_1\vec{v}_1(t) + m_2\vec{v}_2(t) + m_3\vec{v}_3(t), \qquad \textbf{(a)}$$

$$\vec{H}_O(t) = \vec{r}_1(t) \times m_1\vec{v}_1(t) + \vec{r}_2(t) \times m_2\vec{v}_2(t) + \vec{r}_3(t) \times m_3\vec{v}_3(t). \qquad \textbf{(b)}$$

Todavia, como as partículas partem do repouso no instante $t = 0$, devemos ter

$$\vec{L}(t) = \vec{0}, \qquad \textbf{(c)}$$

$$\vec{H}_O(t) = \vec{0}, \qquad \textbf{(d)}$$

para todo e qualquer $t \geq 0$.

No programa MATLAB® **exemplo_4_7.m**, a partir dos resultados obtidos por integração das equações do movimento (e.1) a (e.12) do Exemplo 4.3, a equação (a) é avaliada no intervalo [0,0 s; 0,1 s].

Os resultados apresentados graficamente nas Figuras 4.16 e 4.17 confirmam a validade das equações (c) e (d) e comprovam que ocorre conservação da quantidade de movimento linear e da quantidade de movimento angular do sistema de partículas.

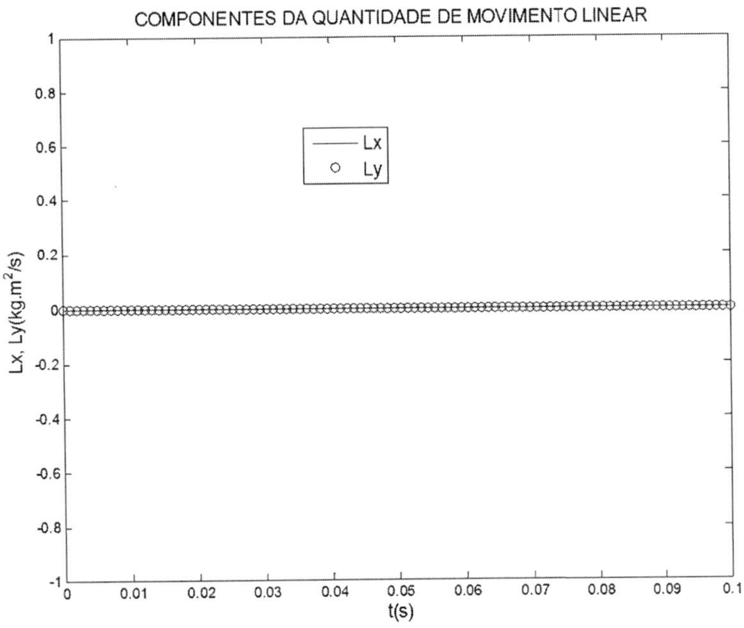

FIGURA 4.16 Representação gráfica das componentes da quantidade de movimento linear do sistema de partículas do Exemplo 4.7.

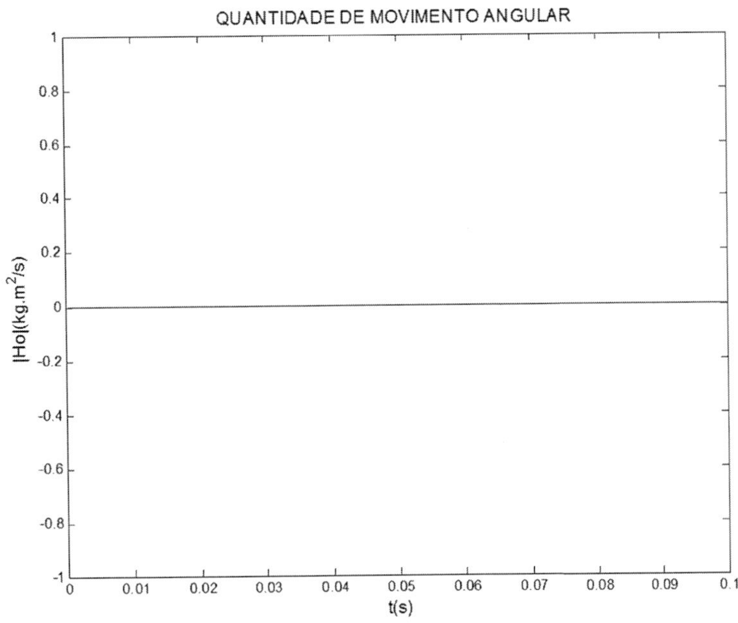

FIGURA 4.17 Representação gráfica do módulo da quantidade de movimento angular do sistema de partículas do Exemplo 4.7.

4.7 Quantidade de movimento angular do sistema de partículas em relação ao centro de massa

Conforme ficará evidenciado mais adiante, o centro de massa do sistema de partículas tem certas propriedades que tornam muito conveniente sua utilização na formulação das equações que descrevem o movimento deste sistema.

Nesta seção, introduzimos a quantidade de movimento angular do sistema de partículas em relação ao seu centro de massa, alternativamente à quantidade de movimento angular em relação a um ponto fixo qualquer O, definida na Seção 4.6.

A Figura 4.18 mostra uma partícula genérica P_i de um sistema de partículas e dois sistemas de referência: o sistema $OXYZ$, suposto fixo, e o sistema móvel $Gx'y'z'$ com origem no centro de massa, sendo denominado *sistema de referência baricêntrico.*

Admitiremos que as direções dos eixos x', y' e z' permaneçam invariáveis, de sorte que o sistema de referência baricêntrico esteja animado de movimento de translação. Em relação ao sistema de referência fixo $OXYZ$, sua origem G tem vetores posição, velocidade e aceleração dados pelas Equações (4.20), (4.24) e (4.25), respectivamente.

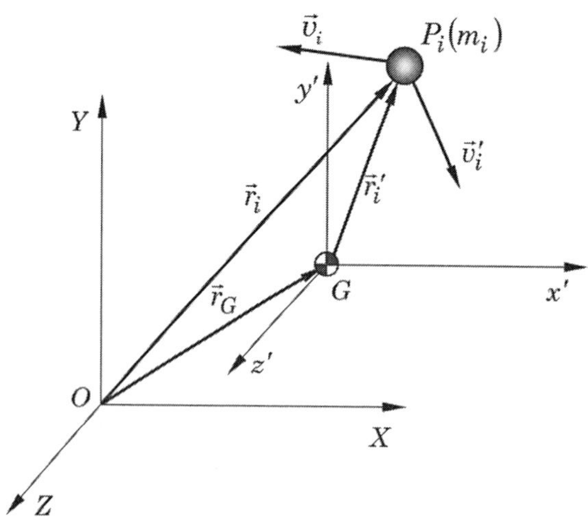

FIGURA 4.18 Ilustração do sistema de referência baricêntrico associado a um sistema de partículas.

Doravante, usaremos apóstrofos para indicar grandezas referentes ao sistema de referência baricêntrico. Assim, na Figura 4.18, os vetores $\vec{r}_i'$ e $\vec{v}_i'$ designam, respectivamente, o vetor posição e o vetor velocidade da partícula em relação ao sistema de referência baricêntrico, enquanto as grandezas sem apóstrofo são relativas ao sistema de referência fixo.

Definimos a quantidade de movimento angular do sistema de partículas em relação ao sistema de referência baricêntrico como a soma vetorial dos momentos, em relação ao centro de massa, dos vetores quantidade de movimento linear, *relativos ao sistema baricêntrico*, ou seja:

$$\vec{H}_G = \sum_{i=1}^{n} \vec{r}_i' \times m_i \vec{v}_i' . \tag{4.46}$$

Derivando a Equação (4.46) em relação ao tempo, temos:

$$\dot{\vec{H}}_G = \sum_{i=1}^{n} \dot{\vec{r}}_i' \times m_i \vec{v}_i' + \sum_{i=1}^{n} \vec{r}_i' \times m_i \dot{\vec{v}}_i' . \quad (4.47)$$

Lembrando que $\dot{\vec{r}}_i' = \vec{v}_i'$ e $\dot{\vec{v}}_i' = \vec{a}_i'$, constatamos que o primeiro termo da equação acima é nulo e escrevemos:

$$\dot{\vec{H}}_G = \sum_{i=1}^{n} \vec{r}_i' \times m_i \vec{a}_i' . \quad (4.48)$$

Utilizando o conceito de movimento relativo com respeito a eixos de referência em movimento de translação, estudado na Subseção 1.9.4, escrevemos a seguinte expressão envolvendo a aceleração da partícula P_i em relação ao sistema $OXYZ$, $\vec{a}_i$, e a aceleração desta partícula em relação ao sistema baricêntrico, $\vec{a}_i'$:

$$\vec{a}_i = \vec{a}_i' + \vec{a}_G ,$$

donde:

$$\vec{a}_i' = \vec{a}_i - \vec{a}_G . \quad (4.49)$$

Associando as Equações (4.48) e (4.49), obtemos:

$$\dot{\vec{H}}_G = \sum_{i=1}^{n} \vec{r}_i' \times m_i \vec{a}_i - \left(\sum_{i=1}^{n} m_i \vec{r}_i' \right) \times \vec{a}_G . \quad (4.50)$$

Desenvolveremos, a seguir, cada um dos termos presentes no lado direito da Equação (4.50).

Levando em conta a equipolência entre o conjunto de vetores representando as forças externas e o conjunto formado pelos vetores $m_i \vec{a}_i$ (ver Seção 4.2), concluímos que estes dois conjuntos devem produzir mesmo momento em relação ao centro de massa. Assim, escrevemos:

$$\sum_{i=1}^{n} \vec{r}_i' \times m_i \vec{a}_i = \sum_{i=1}^{n} \vec{r}_i' \times \vec{F}_i = \sum \vec{M}_G , \quad (4.51)$$

onde $\sum \vec{M}_G$ designa o momento resultante das forças externas em relação ao centro de massa.

Quanto ao segundo termo, com base na definição da posição do centro de massa, dada pela Equação (4.20), temos:

$$\sum_{i=1}^{n} m_i \vec{r}_i' = M \vec{r}_G' = \vec{0} . \quad (4.52)$$

Este resultado decorre do fato de que, se as posições das partículas são medidas em relação ao sistema de referência baricêntrico $Gx'y'z'$, $\vec{r}_G'$ indica a posição do centro de massa em relação à origem deste sistema, ou seja, $\vec{r}_G' = \overrightarrow{GG} = \vec{0}$.

Assim, levando em conta as Equações (4.51) e (4.52), a Equação (4.50) torna-se:

$$\dot{\vec{H}}_G = \sum \vec{M}_G . \quad (4.53)$$

Esta última equação estabelece que o momento resultante das forças externas em relação ao centro de massa se iguala à taxa de variação, com o tempo, da quantidade de movimento angular do sistema de partículas em relação ao seu centro de massa.

É importante observar a similaridade entre as Equações (4.44) e (4.53). Concluímos, pois, que a relação entre a taxa de variação temporal da quantidade de movimento angular e o momento resultante das forças externas é válida quando as grandezas envolvidas são referidas a um ponto fixo qualquer, O, ou ao centro de massa, G, que não é fixo.

Entretanto, é importante destacar que estas relações não são válidas se considerarmos os momentos das forças externas e as quantidades de movimento angulares tomadas em relação a um ponto qualquer em movimento que não seja o centro de massa.

Vamos agora demonstrar que a definição adotada para a quantidade de movimento angular, expressa pela Equação (4.46), é idêntica à seguinte definição alternativa:

$$\vec{H}_G = \sum_{i=1}^{n} \vec{r}_i' \times m_i \vec{v}_i . \tag{4.54}$$

Devemos observar que, nesta nova definição, a quantidade de movimento angular é dada pela soma dos momentos, em relação a G, das quantidades de movimento lineares relativas ao sistema fixo $OXYZ$. Na Equação (4.54), $\vec{v}_i$ representa a velocidade da partícula P_i em relação ao sistema fixo $OXYZ$, ao passo que, na Equação (4.46), $\vec{v}_i'$ é a velocidade de P_i em relação ao sistema de referência baricêntrico $Gx'y'z'$.

Partindo da Equação (4.54), e introduzindo a seguinte relação entre as velocidades da partícula P_i em relação ao sistema de referência fixo e ao sistema de referência baricêntrico:

$$\vec{v}_i = \vec{v}_i' + \vec{v}_G , \tag{4.55}$$

escrevemos:

$$\vec{H}_G = \sum_{i=1}^{n} \vec{r}_i' \times m_i \vec{v}_i' + \left(\sum_{i=1}^{n} m_i \vec{r}_i' \right) \times \vec{v}_G . \tag{4.56}$$

Levando em conta a Equação (4.52), o segundo termo do lado direito da Equação (4.56) anula-se e obtemos:

$$\vec{H}_G = \sum_{i=1}^{n} \vec{r}_i' \times m_i \vec{v}_i' . \tag{4.57}$$

Fica, assim, demostrado que as expressões dadas pelas Equações (4.46) e (4.54) são estritamente equivalentes.

Uma vez definidas as quantidades de movimento angular $\vec{H}_O$ e $\vec{H}_G$, buscaremos, em seguida, estabelecer a relação entre estas duas quantidades. Partindo da Equação (4.41) e empregando a relação $\vec{r}_i = \vec{r}_G + \vec{r}_i'$ (ver Figura 4.18), escrevemos:

$$\vec{H}_O = \sum_{i=1}^{n} \vec{r}_i \times m_i \vec{v}_i = \sum_{i=1}^{n} (\vec{r}_G + \vec{r}_i') \times m_i \vec{v}_i = \vec{r}_G \times \left(\sum_{i=1}^{n} m_i \vec{v}_i \right) + \sum_{i=1}^{n} \vec{r}_i' \times m_i \vec{v}_i . \tag{4.58}$$

Levando em conta as Equações (4.24) e (4.54), escrevemos a equação (4.58) sob a forma:

$$\vec{H}_O = \vec{r}_G \times M \vec{v}_G + \vec{H}_G . \tag{4.59}$$

Considerando ainda a Equação (4.35), a Equação (4.59) pode ser escrita segundo:

$$\vec{H}_O = \vec{r}_G \times \vec{L} + \vec{H}_G . \tag{4.60}$$

EXEMPLO 4.8

Para o sistema de partículas considerado no Exemplo 4.1, pede-se: **a)** a quantidade de movimento angular em relação ao centro de massa, G; **b)** utilizando os resultados do Exemplo 4.6, mostrar a validade da Equação (4.60).

Resolução

Para calcular a quantidade de movimento angular do sistema de partículas relativamente ao seu centro de massa, de acordo com a Equação (4.54), precisamos primeiramente determinar as posições das partículas em relação ao sistema de referência baricêntrico. Relembrando que, no Exemplo 4.1, havíamos determinado a posição do centro de massa como sendo:

$$\vec{r}_G = 1{,}07\vec{i} + 0{,}31\vec{j} - 0{,}57\vec{k}\ [\mathrm{m}],$$

temos:

$$\vec{r}_1 = \vec{r}_G + \vec{r}_1' \Rightarrow \vec{r}_1' = -1{,}00\vec{i} + 1{,}50\vec{j} + 1{,}50\vec{k} - \left(1{,}07\vec{i} + 0{,}31\vec{j} - 0{,}57\vec{k}\right) \Rightarrow$$
$$\vec{r}_1' = -2{,}07\vec{i} + 1{,}19\vec{j} + 2{,}07\vec{k}\ [\mathrm{m}];$$

$$\vec{r}_2 = \vec{r}_G + \vec{r}_2' \Rightarrow \vec{r}_2' = 2{,}00\vec{i} + 0{,}00\vec{j} - 2{,}00\vec{k} - \left(1{,}07\vec{i} + 0{,}31\vec{j} - 0{,}57\vec{k}\right) \Rightarrow$$
$$\vec{r}_2' = 0{,}93\vec{i} - 0{,}31\vec{j} - 1{,}43\vec{k}\ [\mathrm{m}];$$

$$\vec{r}_3 = \vec{r}_G + \vec{r}_3' \Rightarrow \vec{r}_3' = 1{,}80\vec{i} - 0{,}50\vec{j} - 0{,}50\vec{k} - \left(1{,}07\vec{i} + 0{,}31\vec{j} - 0{,}57\vec{k}\right) \Rightarrow$$
$$\vec{r}_3' = 0{,}73\vec{i} - 0{,}81\vec{j} + 0{,}07\vec{k}\ [\mathrm{m}].$$

Agora aplicamos a Equação (4.54) da seguinte forma:

$$\vec{H}_G = \vec{r}_1' \times m_1\vec{v}_1 + \vec{r}_2' \times m_2\vec{v}_2 + \vec{r}_3' \times m_3\vec{v}_3 =$$

$$10{,}0 \cdot \begin{vmatrix} \vec{i} & \vec{j} & \vec{k} \\ -2{,}07 & 1{,}19 & 2{,}07 \\ 10{,}00 & 20{,}00 & -15{,}00 \end{vmatrix} + 15{,}0 \cdot \begin{vmatrix} \vec{i} & \vec{j} & \vec{k} \\ 0{,}93 & -0{,}31 & -1{,}43 \\ 5{,}00 & 10{,}00 & 15{,}00 \end{vmatrix} + 9{,}0 \cdot \begin{vmatrix} \vec{i} & \vec{j} & \vec{k} \\ 0{,}73 & -0{,}81 & 0{,}07 \\ -8{,}0 & -12{,}0 & -5{,}0 \end{vmatrix}.$$

Efetuando os cálculos indicados, obtemos:

$$\vec{H}_G = -403{,}74\,\vec{i} - 392{,}19\,\vec{j} - 507{,}41\,\vec{k}\ \left[\mathrm{kg.m^2/s}\right].$$

Para verificar a validade da Equação (4.60), a partir dos valores obtidos acima e no Exemplo 4.1, calculamos:

$$\vec{H}_O = \vec{r}_G \times M\vec{v}_G + \vec{H}_G = 34{,}0 \cdot \begin{vmatrix} \vec{i} & \vec{j} & \vec{k} \\ 1{,}07 & 0{,}31 & -0{,}57 \\ 3{,}03 & 7{,}12 & 0{,}88 \end{vmatrix} + \left(-403{,}74\vec{i} - 392{,}19\vec{j} - 507{,}41\vec{k}\right).$$

Efetuando as operações indicadas, obtemos:

$$\vec{H}_O = -256{,}48\vec{i} - 482{,}93\vec{j} - 280{,}32\vec{k} \ \left[\text{kg.m}^2/\text{s}\right],$$

resultado idêntico a menos de arredondamentos numéricos, ao anteriormente obtido no Exemplo 4.6 por aplicação da Equação (4.41).

EXEMPLO 4.9

Duas pequenas esferas A e B, de massas m e $2m$, respectivamente, estão ligadas por uma haste rígida de massa desprezível, estando posicionadas sobre uma superfície horizontal perfeitamente lisa. Em um dado instante, a esfera A recebe uma velocidade inicial $\vec{v}_0$, perpendicular à haste, conforme mostrado na Figura 4.19. Determinar: **a)** as velocidades das duas esferas após o conjunto ter girado 90°; **b)** a velocidade do centro de massa do conjunto de partículas.

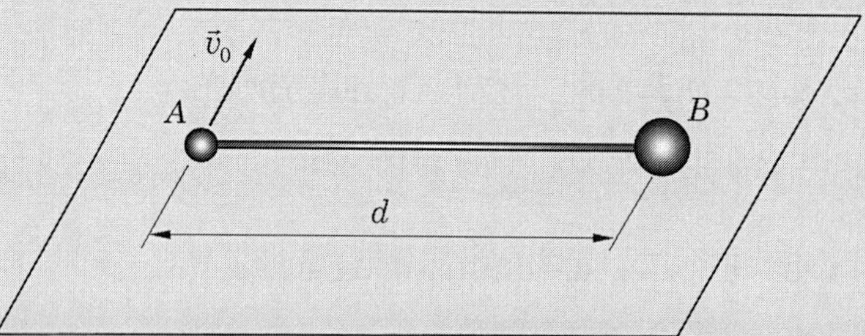

FIGURA 4.19 Sistema de partículas formado por duas esferas ligadas por uma haste rígida.

Resolução

a) Fazemos primeiramente os diagramas de corpo livre das esferas, ilustrados na Figura 4.20, onde $\vec{W}_A$ e $\vec{W}_B$ são os pesos das esferas, $\vec{N}_A$ e $\vec{N}_B$ são as forças de contato exercidas pelo plano horizontal sobre elas, e $\vec{f}_{AB}$ e $\vec{f}_{BA}$ são as forças exercidas pela haste que liga as duas esferas. Dentre estas forças, os pesos e as forças de contato são forças externas e as forças exercidas pela haste são forças internas.

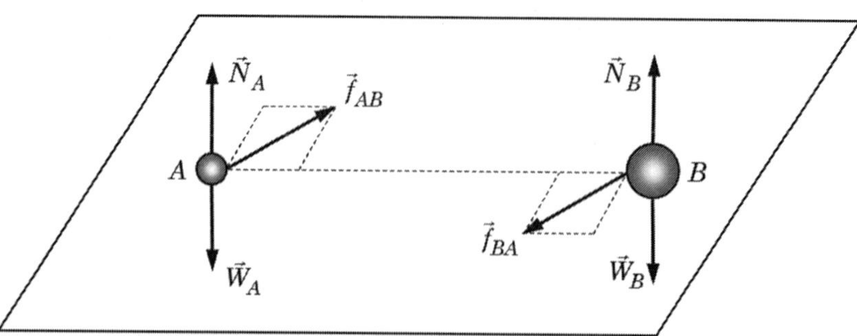

FIGURA 4.20 Diagramas de corpo livre do sistema de partículas.

Como não ocorre movimento na direção vertical, temos:

$$\vec{W}_A + \vec{N}_A = \vec{0}, \quad \vec{W}_B + \vec{N}_B = \vec{0},$$

e concluímos que a resultante das forças externas atuando sobre as partículas do sistema é nula. Assim, de acordo com a teoria apresentada nas Seções 4.5, 4.6 e 4.7, há conservação da quantidade de movimento linear e da quantidade de movimento angular do sistema de partículas. Utilizaremos estas condições para resolver o problema proposto.

Na Figura 4.21 apresentamos o sistema de partículas na posição inicial, indicada por 1, e na posição de interesse, indicada por 2, na qual o conjunto sofreu rotação de 90°. São também mostrados os dois sistemas de referência que utilizaremos na resolução: o sistema fixo *Oxyz*, cuja origem coincide com a posição inicial da esfera *A*, e o sistema de referência móvel baricêntrico *Gx'y'z'*, cuja origem é o centro de massa do conjunto (os eixos *z* e *z'* são omitidos na Figura 4.21).

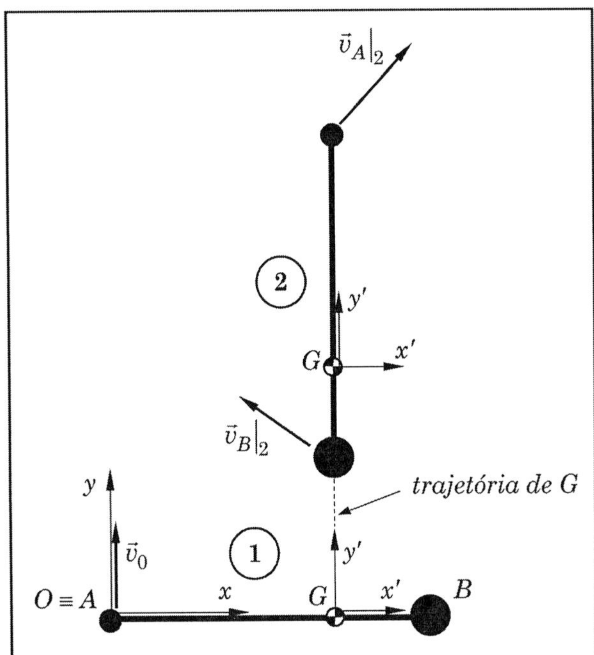

FIGURA 4.21 Representação do sistema de partículas nas posições inicial e final e dos sistemas de referência utilizados.

Determinamos primeiramente a posição do centro de massa, que se localiza ao longo da haste, utilizando as coordenadas das esferas medidas em relação ao sistema *Oxyz:*

$$x_G = \frac{m_A x_A + m_B x_B}{m_A + m_B} = \frac{m \cdot 0 + 2m \cdot d}{m + 2m} = \frac{2}{3}d.$$

Assim, temos $\overline{AG} = \frac{2}{3}d$, $\overline{GB} = \frac{1}{3}d$.

Impondo a conservação da quantidade de movimento linear entre as posições 1 e 2, escrevemos:

$$\vec{L}\big|_1 = \vec{L}\big|_2.$$

Com base na definição da quantidade de movimento linear, dada pela Equação (4.34), escrevemos:

$$m_A \vec{v}_A\big|_1 + m_B \vec{v}_B\big|_1 = m_A \vec{v}_A\big|_2 + m_B \vec{v}_B\big|_2 \Rightarrow$$

$$m v_0 \vec{j} + 2m \cdot 0 = m\left(v_A\big|_2^x \vec{i} + v_A\big|_2^y \vec{j}\right) + 2m\left(v_B\big|_2^x \vec{i} + v_B\big|_2^y \vec{j}\right),$$

donde extraímos as duas equações escalares:

$$v_A\big|_2^x + 2v_B\big|_2^x = 0, \quad \textbf{(a)}$$

$$v_A\big|_2^y + 2v_B\big|_2^y = v_0. \quad \textbf{(b)}$$

Impondo a conservação da quantidade de movimento angular em relação ao centro de massa, escrevemos:

$$\vec{H}_G\big|_1 = \vec{H}_G\big|_2.$$

Com base na definição da quantidade de movimento angular em relação ao centro de massa, dada pela Equação (4.54), escrevemos:

$$\vec{r}'_A\big|_1 \times m_A \vec{v}_A\big|_1 + \vec{r}'_B\big|_1 \times m_B \vec{v}_B\big|_1 = \vec{r}'_A\big|_2 \times m_A \vec{v}_A\big|_2 + \vec{r}'_B\big|_2 \times m_B \vec{v}_B\big|_2 \Rightarrow$$

$$-\frac{2}{3}d\vec{i} \times m v_0 \vec{j} + \frac{1}{3}d\vec{i} \times 2m \cdot \vec{0} = \frac{2}{3}d\vec{j} \times m\left(v_A\big|_2^x \vec{i} + v_A\big|_2^y \vec{j}\right) - \frac{1}{3}d\vec{j} \times 2m \cdot \left(v_B\big|_2^x \vec{i} + v_B\big|_2^y \vec{j}\right).$$

Efetuando as operações indicadas, obtemos:

$$v_A\big|_2^x - v_B\big|_2^x = v_0. \quad \textbf{(c)}$$

A existência da barra rígida ligando as duas esferas introduz a seguinte condição cinemática, que significa que seu comprimento não varia com o tempo:

$$v_A\big|_2^y = v_B\big|_2^y. \quad \textbf{(d)}$$

Resolvendo as equações (a) a (d), obtemos:

$$v_A\big|_2^x = \frac{2}{3}v_0, \quad v_A\big|_2^y = \frac{1}{3}v_0, \quad v_B\big|_2^x = -\frac{1}{3}v_0, \quad v_B\big|_2^y = \frac{1}{3}v_0.$$

Assim, as velocidades das esferas em relação ao sistema de referência fixo, na posição 2 são:

$$\vec{v}_A\big|_2 = \frac{2}{3}v_0\vec{i} + \frac{1}{3}v_0\vec{j}, \qquad \vec{v}_B\big|_2 = -\frac{1}{3}v_0\vec{i} + \frac{1}{3}v_0\vec{j}.$$

b) Para obter a velocidade do centro de massa, utilizamos a Equação (4.35):

$$\vec{L} = (m_A + m_B)\vec{v}_G \Rightarrow mv_0\vec{j} + 2m \cdot \vec{0} = (m + 2m)\vec{v}_G, \qquad \textbf{(e)}$$

donde obtemos:

$$\vec{v}_G = \frac{1}{3}v_0\vec{j}\,.$$

Como a resultante das forças externas é nula, concluímos que durante o movimento do sistema de partículas, o centro de massa descreve movimento retilíneo uniforme com a velocidade obtida, conforme indicado na Figura 4.21.

4.8 Princípio do Impulso-Quantidade de Movimento Linear para o sistema de partículas

Integrando a Equação (4.38) entre dois instantes de tempo, t_1 e t_2, obtemos a seguinte relação:

$$\vec{L}_2 = \vec{L}_1 + \int_{t_1}^{t_2} \sum \vec{F}\, dt\,, \tag{4.61}$$

ou:

$$\vec{L}_2 = \vec{L}_1 + \vec{I}^{L}_{1\triangleright 2}, \tag{4.62}$$

onde:

$$\vec{I}^{L}_{1\triangleright 2} = \int_{t_1}^{t_2} \sum \vec{F}\, dt \tag{4.63}$$

é o *impulso linear das forças externas*.

As Equações (4.61) e (4.62) representam o *Princípio do Impulso-Quantidade de Movimento Linear* para o sistema de partículas.

Expressando a quantidade de movimento linear em termos da velocidade do centro de massa, de acordo com a Equação (4.35), a Equação (4.61) permite relacionar as velocidades do centro de massa nos instantes t_1 e t_2 sob a forma:

$$\vec{v}_G\big|_2 = \vec{v}_G\big|_1 + \frac{1}{M}\int_{t_1}^{t_2} \sum \vec{F}\, dt\,. \tag{4.64}$$

4.9 Princípio do Impulso-Quantidade de Movimento Angular para o sistema de partículas

Integrando as Equações (4.44) e (4.53) entre dois instantes de tempo, t_1 e t_2, obtemos, respectivamente, as seguintes equações:

$$\vec{H}_O\big|_2 = \vec{H}_O\big|_1 + \int_{t_1}^{t_2} \sum \vec{M}_O\, dt\,, \tag{4.65}$$

$$\vec{H}_G\Big|_2 = \vec{H}_G\Big|_1 + \int_{t_1}^{t_2} \sum \vec{M}_G \, dt, \tag{4.66}$$

ou, respectivamente:

$$\vec{H}_O\Big|_2 = \vec{H}_O\Big|_1 + \vec{I}^O_{1\triangleright 2}, \tag{4.67}$$

$$\vec{H}_G\Big|_2 = \vec{H}_G\Big|_1 + \vec{I}^G_{1\triangleright 2}, \tag{4.68}$$

onde o *impulso angular das forças externas, em relação ao ponto O* é dado por:

$$\vec{I}^O_{1\triangleright 2} = \int_{t_1}^{t_2} \sum \vec{M}_O \, dt, \tag{4.69}$$

e o *impulso angular das forças externas, em relação ao centro de massa* é definido segundo:

$$\vec{I}^G_{1\triangleright 2} = \int_{t_1}^{t_2} \sum \vec{M}_G \, dt. \tag{4.70}$$

As Equações (4.65) e (4.66) expressam o *Princípio do Impulso-Quantidade de Movimento Angular* para os sistemas de partículas.

EXEMPLO 4.10

Quatro esferas de pequenas dimensões, *A*, *B*, *C* e *D*, são conectadas a uma armação rígida de massa desprezível, conforme mostrado na Figura 4.22. O conjunto, que está posicionado em um plano horizontal, em repouso, passa a receber ação de um momento dado por $\vec{M}(t) = K \cdot t$ [s; N · m], perpendicular ao plano da figura onde *K* é uma constante. Calcular a velocidade angular do conjunto em um instante qualquer *T*.

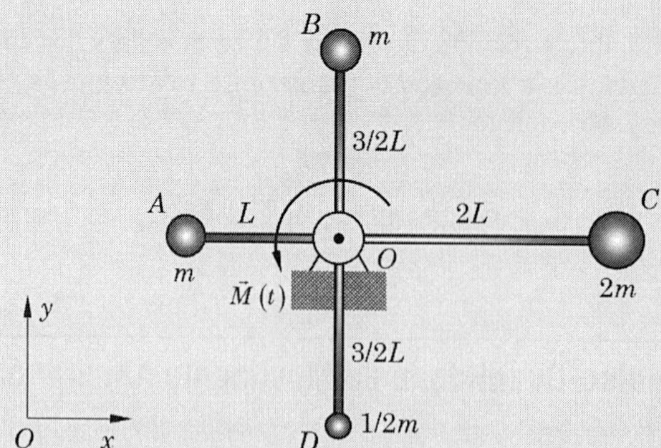

FIGURA 4.22 Sistema formado por quatro esferas conectadas a uma armação rígida, sujeito a um momento externo.

Resolução

É preciso primeiramente observar que o conjunto das quatro esferas e a armação se movimentam como um corpo único, que descreve movimento de rotação em torno do eixo fixo perpendicular ao plano da Figura 4.22, que passa pelo ponto *O*. Assim, podemos atribuir uma única velocidade angular a todo o conjunto, e cada esfera descreve movimento circular com centro em *O*, cujo raio é o comprimento da haste à qual está conectada. Desta forma, para uma posição qualquer do conjunto, temos:

$$\vec{v}_A = \vec{\omega} \times \overrightarrow{OA}, \qquad \textbf{(a)}$$

$$\vec{v}_B = \vec{\omega} \times \overrightarrow{OB}, \qquad \textbf{(b)}$$

$$\vec{v}_C = \vec{\omega} \times \overrightarrow{OC}, \qquad \textbf{(c)}$$

$$\vec{v}_D = \vec{\omega} \times \overrightarrow{OD}. \qquad \textbf{(d)}$$

Além disso, o movimento é restrito ao plano horizontal, de modo que os pesos das esferas, que são perpendiculares ao plano da Figura 4.22, são equilibrados por forças de reação aplicadas pelas hastes e, portanto, não influenciam o movimento.

Vamos aplicar o Princípio do Impulso-Quantidade de Movimento Angular em relação ao ponto fixo *O*. A partir da Equação (4.65), escrevemos:

$$\vec{H}_O\Big|_2 = \vec{H}_O\Big|_1 + \int_{t_1}^{t_2} \sum \vec{M}_O \, dt, \qquad \textbf{(e)}$$

onde, para um instante qualquer:

$$\vec{H}_O = \overrightarrow{OA} \times m_A \vec{v}_A + \overrightarrow{OB} \times m_B \vec{v}_B + \overrightarrow{OC} \times m_C \vec{v}_C + \overrightarrow{OD} \times m_D \vec{v}_D. \qquad \textbf{(f)}$$

Combinando as equações (a)-(d) e (f), escrevemos:

$$\vec{H}_O = m_A \overrightarrow{OA} \times \left(\vec{\omega} \times \overrightarrow{OA}\right) + m_B \overrightarrow{OB} \times \left(\vec{\omega} \times \overrightarrow{OB}\right) + m_C \overrightarrow{OC} \times \left(\vec{\omega} \times \overrightarrow{OC}\right) + m_D \overrightarrow{OD} \times \left(\vec{\omega} \times \overrightarrow{OD}\right). \qquad \textbf{(g)}$$

Associando a posição 1 ao instante inicial, em que o conjunto está em repouso, e a posição 2 ao instante $t = T$, da equação (g) obtemos:

$$\vec{H}_O\Big|_1 = \vec{0}, \qquad \textbf{(h)}$$

$$\vec{H}_O\Big|_2 = m\omega L^2 \vec{k} + m\omega \left(\frac{3}{2}L\right)^2 \vec{k} + 2m\omega (2L)^2 \vec{k} + \frac{1}{2} m\omega \left(\frac{3}{2}L\right)^2 \vec{k} = \frac{99}{8} m\omega L^2 \vec{k}. \qquad \textbf{(i)}$$

Associando as equações (e), (h) e (i), escrevemos:

$$\frac{99}{8} m\omega L^2 \vec{k} = 0\vec{k} + \int_0^T Kt \, dt \, \vec{k} = \frac{1}{2} K T^2 \vec{k} \;\Rightarrow\; \omega = \frac{4}{99} \frac{KT^2}{mL^2}.$$

É importante observar que a quantidade de movimento angular, dada pela equação (i), é independente da posição do sistema de partículas. Assim, pudemos obtê-la utilizando as posições indicadas na Figura 4.22, sem perder a generalidade da solução do problema.

4.10 Princípio do Trabalho-Energia Cinética para os sistemas de partículas

Nesta seção, o Princípio do Trabalho-Energia Cinética, que foi estudado na Subseção 3.9.3 no contexto da dinâmica da partícula, é estendido aos sistemas de partículas.

Começamos definindo a energia cinética do sistema de partículas como a soma das energias cinéticas de todas as partículas que o formam, ou seja:

$$T=\sum_{i=1}^{n}\frac{1}{2}m_i\,\vec{v}_i\cdot\vec{v}_i=\sum_{i=1}^{n}\frac{1}{2}m_i v_i^{2}, \tag{4.71}$$

onde $\vec{v}_i$ representa a velocidade da partícula P_i em relação a um sistema de referência fixo.

Aqui, é mais uma vez interessante fazer intervir o movimento do centro de massa. Para tanto, introduzimos, na Equação (4.71), a relação $\vec{v}_i=\vec{v}_i'+\vec{v}_G$, onde $\vec{v}_i'$ é a velocidade da partícula P_i em relação ao sistema de referência baricêntrico e $\vec{v}_G$ é a velocidade do centro de massa (ver Seção 4.7), e escrevemos:

$$\begin{aligned}T&=\sum_{i=1}^{n}\frac{1}{2}m_i(\vec{v}_i'+\vec{v}_G)\cdot(\vec{v}_i'+\vec{v}_G)=\\&=\frac{1}{2}\sum_{i=1}^{n}m_i\,(\vec{v}_i'\cdot\vec{v}_i')+\left(\sum_{i=1}^{n}m_i\vec{v}_i'\right)\cdot\vec{v}_G+\frac{1}{2}\left(\sum_{i=1}^{n}m_i\right)(\vec{v}_G\cdot\vec{v}_G).\end{aligned} \tag{4.72}$$

Na Equação (4.72), temos:

$$\sum_{i=1}^{n}m_i\vec{v}_i'=0. \tag{4.73}$$

Esta última relação pode ser verificada derivando a Equação (4.52) em relação ao tempo. Assim, a Equação (4.72) pode ser reescrita sob a forma:

$$T=\frac{1}{2}Mv_G^{2}+\frac{1}{2}\sum_{i=1}^{n}m_i v_i'^{2}. \tag{4.74}$$

A Equação (4.74) indica que, alternativamente à forma expressa pela Equação (4.71), a energia cinética do sistema de partículas pode ser expressa como a soma da energia cinética do centro de massa, dada pelo termo $\frac{1}{2}Mv_G^{2}$, e a energia cinética associada ao movimento das partículas em relação ao centro de massa, dada pelo termo $\frac{1}{2}\sum_{i=1}^{n}m_i v_i'^{2}$.

Uma vez definida a energia cinética do sistema de partículas, lembramos que o Princípio do Trabalho-Energia Cinética aplicado a cada uma das partículas do sistema entre dois instantes 1 e 2 é expresso segundo (ver Subseção 3.9.3):

$$\frac{1}{2}m_i\left(v_i\big|_1\right)^2+W_{1\triangleright 2}^{\sum F_i}=\frac{1}{2}m_i\left(v_i\big|_2\right)^2 \quad i=1,2,\ldots,n, \tag{4.75}$$

onde $W_{1\triangleright 2}^{\sum F_i}$ representa o trabalho da força resultante que atua sobre P_i, incluindo as forças externas e as forças internas.

Adicionando as n Equações (4.75), obtemos:

$$\sum_{i=1}^{n} \frac{1}{2} m_i \left(v_i\big|_1\right)^2 + \sum_{i=1}^{n} W_{1\triangleright 2}^{\sum F_i} = \sum_{i=1}^{n} \frac{1}{2} m_i \left(v_i\big|_2\right)^2 . \tag{4.76}$$

Utilizando a definição da energia cinética para o sistema de partículas, dada pela Equação (4.71), a Equação (4.76) pode ser posta sob a seguinte forma, em notação simplificada:

$$T_1 + W_{1\triangleright 2}^{\sum F} = T_2 . \tag{4.77}$$

A Equação (4.77) expressa o *Princípio do Trabalho-Energia Cinética* para o sistema de partículas.

É importante notar que, na Equação (4.77), $W_{1\triangleright 2}^{\sum F} = \sum_{i=1}^{n} W_{1\triangleright 2}^{\sum F_i}$ representa o trabalho da resultante de todas as forças atuantes sobre as partículas do sistema; no caso geral, devemos incluir em $W_{1\triangleright 2}^{\sum F}$ tanto os trabalhos das forças externas quanto os trabalhos das forças internas que realizarem trabalho.

Com efeito, embora as forças internas ocorram em pares de ação-reação, elas podem produzir trabalho resultante não nulo. Isto pode ser demonstrado com o auxílio da Figura 4.23. O trabalho elementar realizado por um par de forças internas $(\vec{f}_{ij}, \vec{f}_{ji})$ é dado por:

$$dW^{ij} = \vec{f}_{ij} \cdot d\vec{r}_i + \vec{f}_{ji} \cdot d\vec{r}_j = \vec{f}_{ij} \cdot \left(d\vec{r}_i - d\vec{r}_j\right). \tag{4.78}$$

Observamos que o trabalho realizado pelo par de forças internas somente será nulo quando houver restrições cinemáticas fazendo com que $d\vec{r}_i = d\vec{r}_j$ ou quando $\vec{f}_{ij}$ for perpendicular ao vetor $d\vec{r}_i - d\vec{r}_j$. Este último é o caso dos corpos rígidos, que serão estudados no Capítulo 6. Em todos os outros casos, a Equação (4.78) resulta em trabalho não nulo.

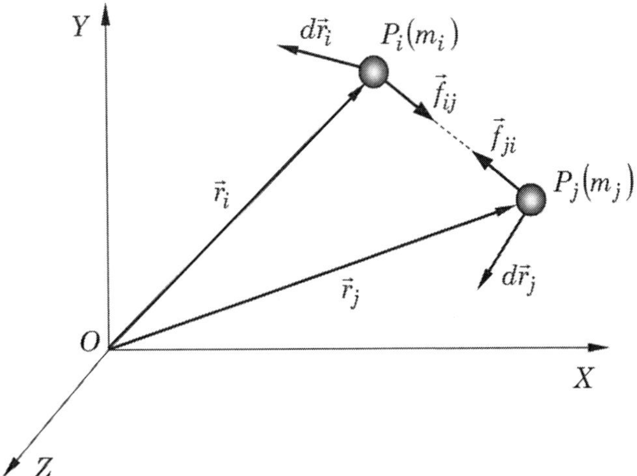

FIGURA 4.23 Ilustração auxiliar para o cálculo do trabalho de um par de forças internas.

4.11 Princípio da Conservação da Energia Mecânica para os sistemas de partículas

Com base na teoria desenvolvida na Subseção 3.9.4, as forças externas e internas podem ser separadas em um grupo de forças conservativas e outro de forças não conservativas. A cada uma das primeiras podemos associar uma energia potencial V, de modo que o trabalho total destas forças fica expresso sob a forma:

$$W_{1\triangleright 2}^{\sum F} = W_{1\triangleright 2}^{\sum F_c} + W_{1\triangleright 2}^{\sum F_{nc}} = (V_1 - V_2) + W_{1\triangleright 2}^{\sum F_{nc}}, \qquad (4.79)$$

onde $W_{1\triangleright 2}^{F_c}$ e $W_{1\triangleright 2}^{F_{nc}}$ são os trabalhos das resultantes das forças conservativas e não conservativas, respectivamente.

Associando as Equações (4.77) e (4.79), escrevemos:

$$W_{1\triangleright 2}^{\sum F_{nc}} = (T_2 + V_2) - (T_1 + V_1), \qquad (4.80)$$

ou:

$$W_{1\triangleright 2}^{\sum F_{nc}} = E_2 - E_1, \qquad (4.81)$$

onde $E = T + V$ é a *energia mecânica* do sistema de partículas.

Nos casos em que todas as forças aplicadas às partículas do sistema são conservativas, $W_{1\triangleright 2}^{\sum F_{nc}} = 0$ e, da Equação (4.81), resulta:

$$E_1 = E_2. \qquad (4.82)$$

A Equação (4.82) expressa o *Princípio da Conservação da Energia Mecânica* para os sistemas de partículas.

EXEMPLO 4.11

O pêndulo formado por uma corda de comprimento $c = 1{,}0$ m e pela esfera B, de massa $m_B = 3{,}0$ kg, é ligado ao carro A de massa $m_A = 2{,}0$ kg, o qual pode mover-se sem atrito sobre um plano horizontal. Se o conjunto é liberado a partir do repouso na posição mostrada na Figura 4.24, determinar as velocidades da esfera e do carro quando o pêndulo passar pela posição vertical.

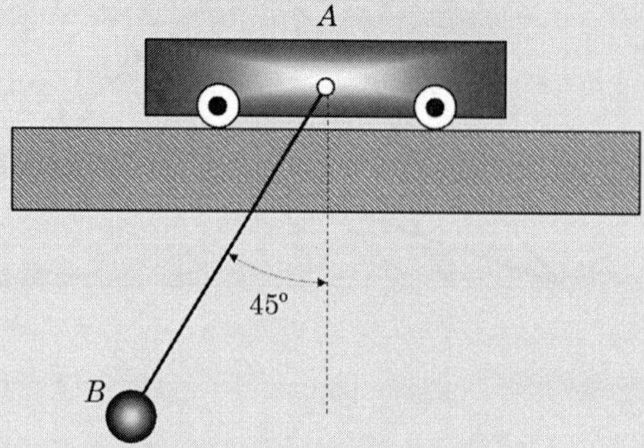

FIGURA 4.24 Ilustração de um pêndulo conectado a um carro que desliza sobre um plano horizontal.

Resolução

Considerando o conjunto formado pela esfera do pêndulo e pelo carro, a Figura 4.25(a) mostra as forças externas e internas que atuam sobre os dois corpos. Constatamos que a resultante das forças externas aplicadas ao conjunto é o peso da esfera e que esta é a única força que realiza trabalho. Como o peso é uma força conservativa, concluímos que há conservação da energia mecânica do sistema.

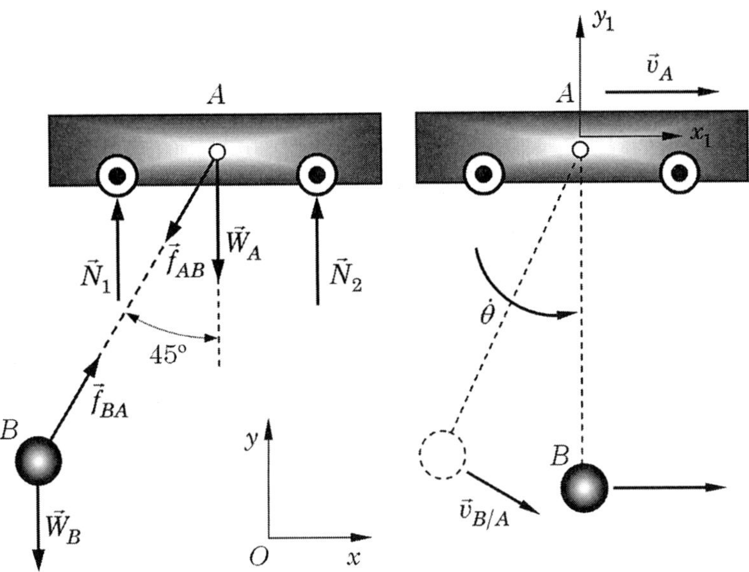

FIGURA 4.25 Esquemas de resolução do Exemplo 4.11.

Para resolver o problema, vamos aplicar primeiramente o Princípio do Impulso-Quantidade de Movimento Linear e, em seguida, o Princípio da Conservação da Energia Mecânica entre duas posições: a posição inicial, representada na Figura 4.25(a), indicada por 1, e a posição em que o pêndulo fica alinhado com a direção vertical, representada na Figura 4.25(b), que indicaremos por 2.

Aplicando o Princípio do Impulso-Quantidade de Movimento Linear, expresso pela Equação (4.61), temos:

$$\vec{L}_2 = \vec{L}_1 + \int_{t_1}^{t_2} \sum \vec{F}\, dt\,,$$

$$m_A\, \vec{v}_A\big|_2 + m_B\, \vec{v}_B\big|_2 = m_A\, \vec{v}_A\big|_1 + m_B\, \vec{v}_B\big|_1 + \int_{t_1}^{t_2} N_1\vec{j}\, dt + \int_{t_1}^{t_2} N_2\vec{j}\, dt - \int_{t_1}^{t_2} W_A\vec{j}\, dt - \int_{t_1}^{t_2} W_B\vec{j}\, dt\,. \quad \textbf{(a)}$$

Devemos observar que as velocidades que aparecem na equação (a) são velocidades absolutas, medidas em relação ao sistema de referência fixo *Oxy* mostrado na Figura 4.25. Como o pêndulo está articulado no carro, é necessário utilizar o conceito de movimento relativo para representar a velocidade absoluta da esfera *B*.

Assim, na equação (a), temos:

$$\vec{v}_A\big|_1 = \vec{0}, \quad \textbf{(b)}$$

$$\vec{v}_B\big|_1 = \vec{0}, \quad \textbf{(c)}$$

$$\vec{v}_A\big|_2 = v_A\big|_2\, \vec{i}\,, \quad \textbf{(d)}$$

$$\vec{v}_B\big|_2 = \vec{v}_A\big|_2 + \vec{v}_{B/A}\big|_2 = v_A\big|_2 \vec{i} + \dot{\theta}\vec{k} \times \left(-c\vec{j}\right) = \left(v_A\big|_2 + c\dot{\theta}\right)\vec{i}. \quad \textbf{(e)}$$

Associando as equações (a) a (e), escrevemos:

$$m_A v_A\big|_2 \vec{i} + m_B\left(v_A\big|_2 + c\dot{\theta}\right)\vec{i} = \int_{t_1}^{t_2} (N_1 + N_2 - W_A - W_B)\, dt\, \vec{j}, \quad \textbf{(f)}$$

donde obtemos:

$$(m_A + m_B)v_A\big|_2 + m_B c\dot{\theta} = 0. \quad \textbf{(g)}$$

É importante notar que o resultado expresso pela equação (g) significa que há conservação da quantidade de movimento linear do sistema de partículas na direção horizontal, o que se justifica pelo fato de que todas as forças externas atuam exclusivamente na direção vertical.

Substituindo os valores fornecidos na equação (g), temos:

$$5{,}0 \cdot v_A\big|_2 + 2{,}0 \cdot 1{,}0 \cdot \dot{\theta} = 0. \quad \textbf{(h)}$$

Evocamos agora o Princípio da Conservação da Energia Mecânica entre as duas posições consideradas:

$$T_1 + V_1 = T_2 + V_2, \quad \textbf{(i)}$$

onde:

- $T_1 = 0,$ **(j)**
- $T_2 = \frac{1}{2}m_A\left(v_A\big|_2\right)^2 + \frac{1}{2}m_B\left(v_B\big|_2\right)^2 = \frac{1}{2}m_A\left(v_A\big|_2\right)^2 + \frac{1}{2}m_B\left[v_A\big|_2 + c\dot{\theta}\right]^2.$ **(k)**

Adotando o eixo horizontal passando pelo ponto de ancoragem do pêndulo como referência para o cálculo da energia potencial gravitacional, temos:

- $V_1 = -m_A g c \cos 45°,$ **(l)**
- $V_2 = -m_A g c.$ **(m)**

Associando as equações (i) a (m), e substituindo os valores fornecidos na equação resultante, escrevemos:

$$-2{,}0 \cdot 9{,}81 \cdot 1{,}0 \cdot \cos 45° = \frac{1}{2} \cdot 2{,}0 \cdot \left(v_A\big|_2\right)^2 + \frac{1}{2} \cdot 3{,}0 \cdot \left[v_A\big|_2 + 1{,}0 \cdot \dot{\theta}\right]^2 - 2{,}0 \cdot 9{,}81 \cdot 1{,}0$$

$$\Rightarrow \quad 2{,}50 \cdot \left(v_A\big|_2\right)^2 + 1{,}50 \cdot \dot{\theta}^2 + 3{,}00 \cdot v_A\big|_2 \cdot \dot{\theta} - 5{,}75 = 0. \quad \textbf{(n)}$$

Resolvendo as equações (h) e (n), dentre os dois conjuntos de soluções, o que corresponde à situação apresentada no problema é:

$$\underline{\underline{v_A\big|_2 = -1{,}146\,\text{m/s}}}; \quad \dot{\theta} = 2{,}867\,\text{rad/s} \Rightarrow \underline{\underline{v_B\big|_2 = 1{,}721\ \text{m/s}}}.$$

4.12 Colisões de partículas

Uma *colisão*, *choque* ou *impacto* entre duas partículas ocorre quando estas, estando em movimento, entram em contato, aplicando forças uma sobre a outra.

É importante observar que os fenômenos envolvidos na colisão entre corpos são muito complexos, pois geralmente envolvem os mecanismos de deformação dos materiais. Entretanto, a abordagem simplificada aqui apresentada, consistente com o modelo de partícula adotada para os corpos que colidem, é considerada suficiente para o estudo de uma classe relativamente ampla de problemas de Engenharia.

As colisões de duas partículas indicadas por A e B na Figura 4.26 podem ser classificadas da seguinte forma:

- *colisão central*: ocorre quando as direções das velocidades das duas partículas coincidem com a linha que as liga, como ilustrado na Figura 4.26(a). Esta linha é denominada *linha de colisão* e o plano perpendicular a esta linha, passando pelo ponto de contato entre os dois corpos, é chamado *plano de colisão*;
- *colisão oblíqua*: ocorre quando a direção da velocidade de pelo menos uma das duas partículas não coincide com a direção da linha de colisão, conforme mostrado na Figura 4.26(b).

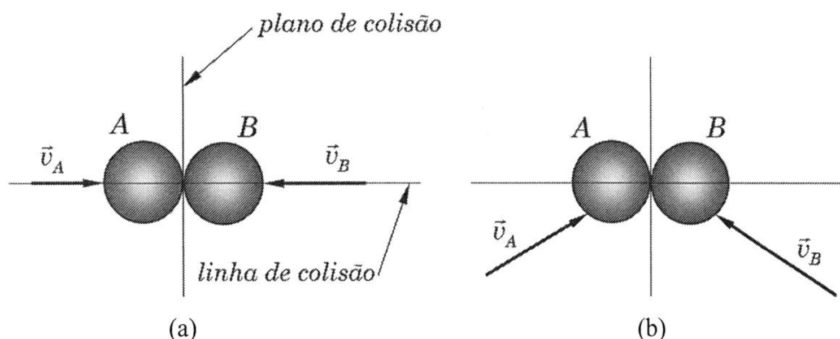

FIGURA 4.26 Ilustração dos tipos de colisões. (a): colisão central; (b): colisão oblíqua.

Na sequência, estudaremos primeiramente as colisões centrais e, em seguida, as colisões oblíquas.

Admitiremos, neste estudo, que as partículas são perfeitamente lisas, de modo que as forças de contato exercidas uma sobre a outra sejam orientadas segundo a linha de colisão.

4.12.1 Colisões centrais

Para desenvolver a formulação, consideraremos a seguinte sequência de fases segundo as quais os fenômenos envolvidos nas colisões podem ser divididos.

- **Fase I**: antes do impacto, as duas partículas têm as quantidades de movimento lineares indicadas na Figura 4.27. Para que ocorra colisão, devemos ter $\left\|\vec{v}_A|_1\right\| > \left\|\vec{v}_B|_1\right\|$.

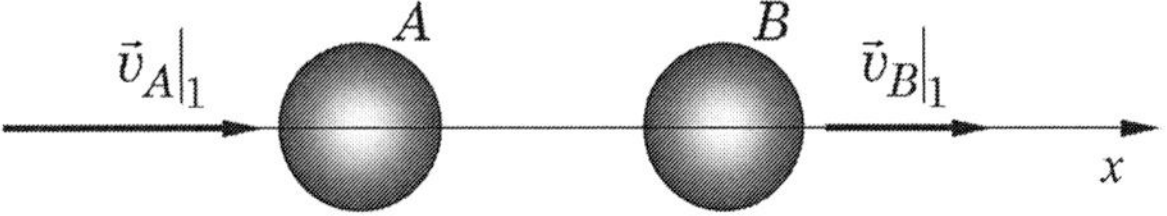

FIGURA 4.27 Ilustração da Fase I da colisão central de duas partículas.

- **Fase II**: durante a fase de contato, as duas partículas sofrem deformação. Durante o tempo de deformação, elas exercem, uma sobre a outra, *impulsos de deformação* de sentidos opostos dados por:

$$\vec{I}_d = \int_0^{t_d} \vec{F}_d(t)dt, \tag{4.83}$$

onde $\vec{F}_d$ (t) designa as forças aplicadas mutuamente pelas partículas na fase de deformação.

No final do período de deformação, as duas partículas terão velocidades instantaneamente idênticas, ou seja, estarão em repouso relativo. Esta velocidade é designada por $\vec{v}^*$ na Figura 4.28.

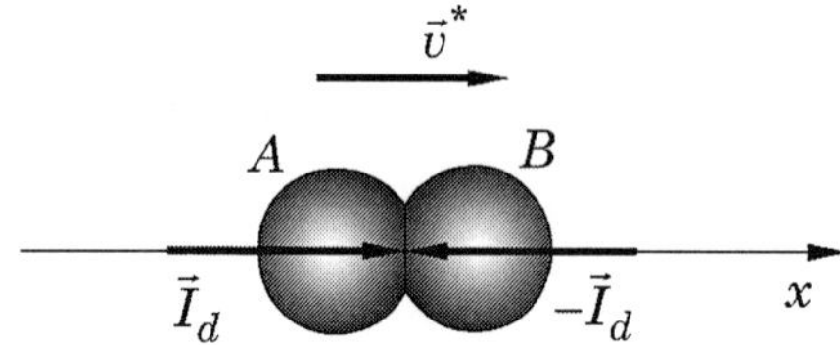

FIGURA 4.28 Ilustração da Fase II da colisão central de duas partículas.

- **Fase III**: ocorre um período chamado *período de restituição*, no qual as partículas retornam total ou parcialmente às suas dimensões originais. Nesta fase, as partículas exercem, uma sobre a outra, *impulsos de restituição*, de sentidos opostos, dados por:

$$\vec{I}_r = \int_0^{t_r} \vec{F}_r(t)dt, \tag{4.84}$$

onde $\vec{F}_r$ (t) indica as forças aplicadas mutuamente pelas partículas na fase de restituição (Figura 4.29).

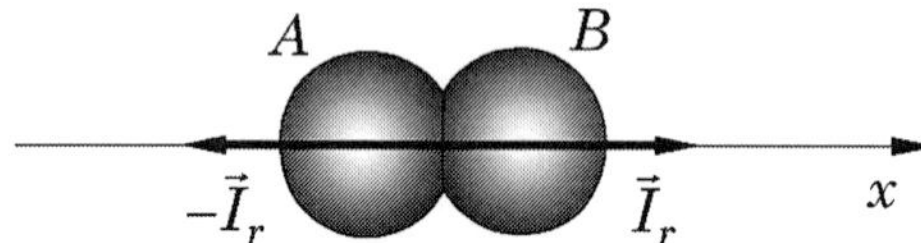

FIGURA 4.29 Ilustração da Fase III da colisão central de duas partículas.

- **Fase IV**: após a separação, caso essa ocorra, as duas partículas continuam se movimentando com as velocidades mostradas na Figura 4.30.

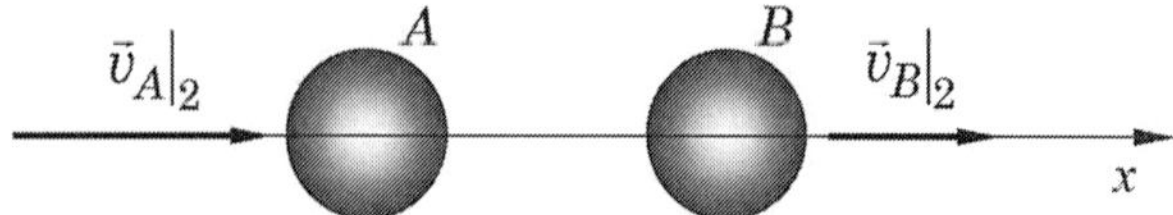

FIGURA 4.30 Ilustração da Fase IV da colisão central de duas partículas.

Para prosseguir na análise dinâmica da colisão, admitiremos que o conjunto formado pelas duas partículas não esteja sujeito à ação de forças externas. Podemos então aplicar o Princípio da Conservação da Quantidade de Movimento Linear, enfocado na Seção 4.5, entre os instantes antes da colisão, indicado por 1, e após a colisão, indicado por 2. Como todos os vetores envolvidos são colineares, podemos prescindir da representação vetorial, mantendo, contudo, a indicação dos sentidos pelos sinais algébricos. Assim, escrevemos:

$$m_A v_A\big|_1 + m_B v_B\big|_1 = m_A v_A\big|_2 + m_B v_B\big|_2. \tag{4.85}$$

Aplicamos também o Princípio do Impulso-Quantidade de Movimento Linear para cada uma das partículas considerada isoladamente, nas fases de deformação e restituição:

- Para a partícula A:

$$m_A v_A\big|_1 - \int_0^{t_d} F_d dt = m_A v^*, \tag{4.86}$$

$$m_A v^* - \int_0^{t_r} F_r dt = m_A v_A\big|_2. \tag{4.87}$$

- Para a partícula B:

$$m_B v_B\big|_1 + \int_0^{t_d} F_d dt = m_B v^*, \tag{4.88}$$

$$m_B v^* + \int_0^{t_r} F_r dt = m_B v_B\big|_2. \tag{4.89}$$

Definimos agora o chamado *coeficiente de restituição* como a razão entre as magnitudes do impulso de restituição e do impulso de deformação, ou seja:

$$e = \frac{\left\|\vec{I}_r\right\|}{\left\|\vec{I}_d\right\|} = \frac{\int_0^{t_r} F_r dt}{\int_0^{t_d} F_d dt}. \tag{4.90}$$

Combinando as Equações (4.86), (4.87) e (4.90), obtemos:

$$e = \frac{v^* - v_A\big|_2}{v_A\big|_1 - v^*}. \tag{4.91}$$

Combinando as Equações (4.88), (4.89) e (4.90), obtemos:

$$e = \frac{v_B\big|_2 - v^*}{v^* - v_B\big|_1}. \tag{4.92}$$

Eliminando v^* nas Equações (4.91) e (4.92), obtemos:

$$e = \frac{v_B|_2 - v_A|_2}{v_A|_1 - v_B|_1}. \tag{4.93}$$

Na Equação (4.93), observamos que o coeficiente de restituição pode ser interpretado como a razão entre a velocidade relativa de afastamento das partículas após a colisão e a velocidade relativa de aproximação antes da colisão.

O valor do coeficiente de restituição situa-se no intervalo $0 \le e \le 1$ e é geralmente determinado por medições experimentais, sendo dependente dos materiais que constituem os corpos que colidem.

Dois casos particulares relevantes são os seguintes:

a) **colisão perfeitamente elástica (e = 1).** Ocorre quando os corpos não apresentam nenhuma deformação permanente após a colisão. Neste caso, a velocidade relativa de afastamento é igual à velocidade relativa de aproximação.

b) **colisão perfeitamente plástica (e = 0).** Ocorre quando há deformação permanente dos corpos que colidem, de sorte que a velocidade relativa de afastamento é nula, significando que os dois corpos permanecem acoplados após a colisão.

Deve-se notar que na colisão perfeitamente elástica não há nenhuma perda de energia, uma vez que a energia despendida para deformar os corpos é totalmente recuperada na fase de restituição. Por outro lado, no caso da colisão perfeitamente plástica, a energia utilizada para deformar os corpos não é restituída, sendo dissipada sob a forma de calor. Nos demais casos, há alguma perda de energia decorrente da restituição parcial das deformações dos corpos.

A Tabela 4.1 mostra alguns valores do coeficiente de restituição obtidos experimentalmente para diferentes tipos de bolas impactando em queda livre uma mesa da madeira.

Tabela 4.1 Exemplos de valores do coeficiente de restituição.

Tipo de bola	Vel. de aproximação [m/s]	Vel. de afastamento [m/s]	Coef. de restituição
Bola de críquete	1,39	0,60	0,43
Bola de golfe	1,66	1,23	0,74
Bola de mármore	1,55	0,92	0,53
Bola de ping-pong	1,92	1,80	0,94
Bola de tênis	2,09	1,76	0,84

Fonte: http://www.quintic.com/education/case_studies/coefficient_restitution.htm.

As Equações (4.85) e (4.93) podem ser utilizadas para determinar as incógnitas existentes em problemas de colisão central de duas partículas, conforme mostraremos no exemplo a seguir.

EXEMPLO 4.12

Dois blocos A e B, de massas $m_A = 0{,}5$ kg e $m_B = 1{,}0$ kg, respectivamente, deslizam um em direção ao outro sobre uma superfície horizontal sem atrito. Imediatamente antes da colisão, suas velocidades são as indicadas na Figura 4.31. Sabendo que o coeficiente de restituição para os materiais envolvidos é $e = 0{,}75$, determinar: **a)** as velocidades dos dois blocos após o choque; **b)** a energia cinética perdida durante o choque.

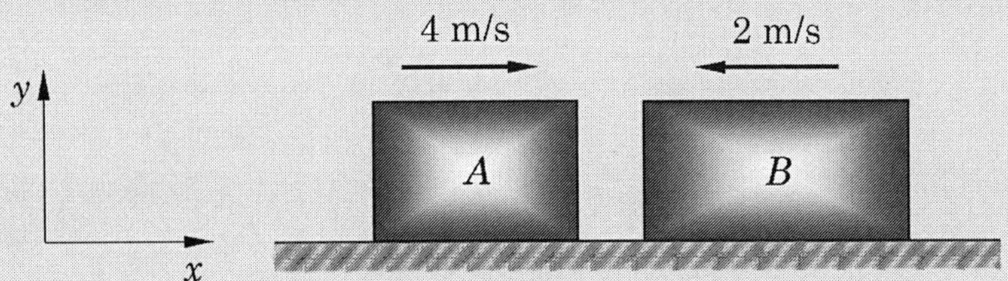

FIGURA 4.31 Ilustração de dois corpos em colisão central.

Resolução

O problema trata da colisão central de duas partículas. Para sua resolução, aplicaremos a teoria desenvolvida na Subseção 4.12.1.

Uma vez que a resultante das forças externas aplicadas sobre os dois corpos é nula, utilizamos primeiramente a Equação (4.85), que expressa a conservação da quantidade de movimento linear do conjunto de partículas:

$$m_A v_A\big|_1 + m_B v_B\big|_1 = m_A v_A\big|_2 + m_B v_B\big|_2. \quad \textbf{(a)}$$

Substituindo os valores fornecidos na equação (a), obtemos:

$$0{,}5 \cdot 4{,}0 - 1{,}0 \cdot 2{,}0 = 0{,}5 \cdot v_A\big|_2 + 1{,}0 \cdot v_B\big|_2 \Rightarrow 0{,}5 \cdot v_A\big|_2 + 1{,}0 \cdot v_B\big|_2 = 0. \quad \textbf{(b)}$$

Utilizaremos agora a Equação (4.93), que define o coeficiente de restituição:

$$e = \frac{v_B\big|_2 - v_A\big|_2}{v_A\big|_1 - v_B\big|_1}. \quad \textbf{(c)}$$

Substituindo os valores fornecidos na equação (c), temos:

$$0{,}75 = \frac{v_B\big|_2 - v_A\big|_2}{4{,}0 - (-2{,}0)} \Rightarrow v_B\big|_2 - v_A\big|_2 = 4{,}50 \text{ m/s}. \quad \textbf{(d)}$$

Resolvendo as equações (b) e (d), obtemos as seguintes velocidades das partículas A e B após a colisão:

$$\underline{\underline{v_A\big|_2 = -3{,}00 \text{ m/s}}}, \qquad \underline{\underline{v_B\big|_2 = 1{,}50 \text{ m/s}}}.$$

Com os valores fornecidos e obtidos das velocidades das partículas antes e após o impacto, calculamos a energia cinética perdida na colisão:

$$\Delta T = T_2 - T_1 = \frac{1}{2} m_A \left(v_A\big|_2 \right)^2 + \frac{1}{2} m_B \left(v_B\big|_2 \right)^2 - \left[\frac{1}{2} m_A \left(v_A\big|_1 \right)^2 + \frac{1}{2} m_B \left(v_B\big|_1 \right)^2 \right] \Rightarrow$$

$$\Delta T = \frac{1}{2} \cdot 0{,}5 \cdot 3{,}00^2 + \frac{1}{2} \cdot 1{,}0 \cdot 1{,}50^2 - \left(\frac{1}{2} \cdot 0{,}5 \cdot 4{,}00^2 + \frac{1}{2} \cdot 1{,}0 \cdot 2{,}00^2 \right) \Rightarrow$$

$$\Delta T = -2{,}63\,\mathrm{J}.$$

4.12.2 Colisões oblíquas

No caso de colisão oblíqua, ilustrada na Figura 4.26(b), após o impacto os dois corpos partem com velocidades desconhecidas em módulo, direção e sentido.

Considerando o caso particular de colisões que ocorrem em um único plano, para a análise dinâmica devemos aplicar o Princípio da Conservação da Quantidade de Movimento Linear e o Princípio do Impulso-Quantidade de Movimento Linear em duas direções perpendiculares, conforme esquematizado na Figura 4.32.

Para as duas partículas consideradas em conjunto, há conservação da quantidade de movimento linear na direção x:

$$m_A v_A\big|_1^x + m_B v_B\big|_1^x = m_A v_A\big|_2^x + m_B v_B\big|_2^x. \tag{4.94}$$

Como, por hipótese, as forças de impacto têm exclusivamente a direção da linha de colisão (eixo x), para cada partícula, considerada separadamente, há conservação da quantidade de movimento linear na direção y, o que leva a:

$$v_A\big|_1^y = v_A\big|_2^y, \tag{4.95}$$

$$v_B\big|_1^y = v_B\big|_2^y. \tag{4.96}$$

Por procedimento similar ao empregado na Subseção 4.12.1, obtemos, para o coeficiente de restituição, a expressão:

$$e = \frac{v_B\big|_2^x - v_A\big|_2^x}{v_A\big|_1^x - v_B\big|_1^x}. \tag{4.97}$$

As Equações (4.94) a (4.97) podem ser utilizadas para determinar as incógnitas de problemas envolvendo colisões oblíquas.

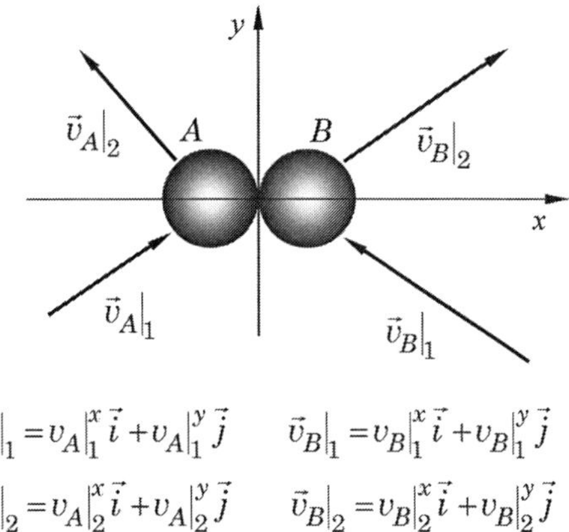

$$\vec{v}_A\big|_1 = v_A\big|_1^x \vec{i} + v_A\big|_1^y \vec{j} \qquad \vec{v}_B\big|_1 = v_B\big|_1^x \vec{i} + v_B\big|_1^y \vec{j}$$

$$\vec{v}_A\big|_2 = v_A\big|_2^x \vec{i} + v_A\big|_2^y \vec{j} \qquad \vec{v}_B\big|_2 = v_B\big|_2^x \vec{i} + v_B\big|_2^y \vec{j}$$

- Impulsos e quantidades de movimento lineares para a partícula A:

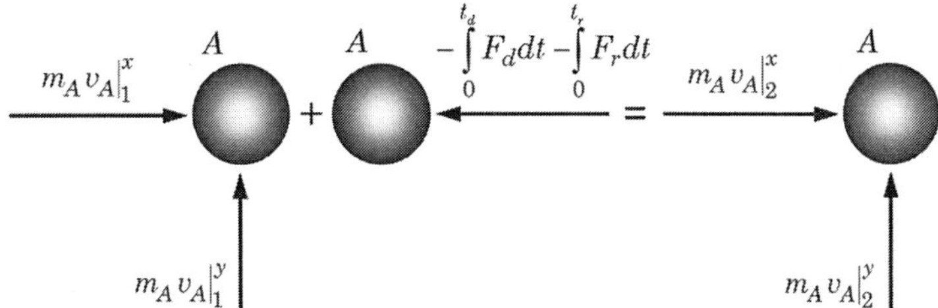

- Impulsos e quantidades de movimento lineares para a partícula B:

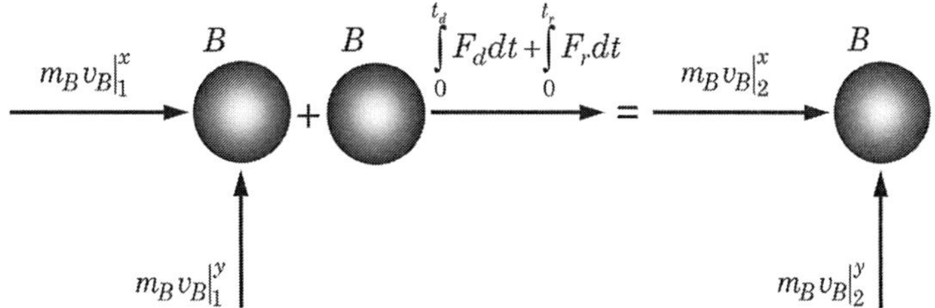

FIGURA 4.32 Impulsos e quantidades de movimento lineares na colisão oblíqua de duas partículas.

EXEMPLO 4.13

Dois discos A e B se movimentam sobre uma superfície horizontal sem atrito, conforme mostrado na Figura 4.33. O disco A tem massa de 10,0 kg e raio de 80 mm, enquanto o disco B tem massa de 5,0 kg e raio de 40 mm. Ambos estão se movimentando em trajetórias paralelas antes de colidirem, com as velocidades mostradas. Sabendo que o coeficiente de restituição é 0,5, determinar as velocidades dos dois discos após a colisão.

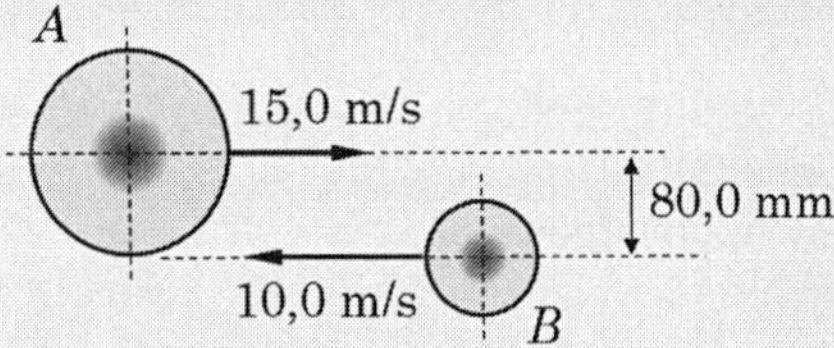

FIGURA 4.33 Ilustração de dois discos em iminente colisão.

Resolução

A Figura 4.34 mostra os dois discos em contato, levando em conta a geometria do problema; fica evidente que se trata de uma colisão oblíqua entre os discos A e B.

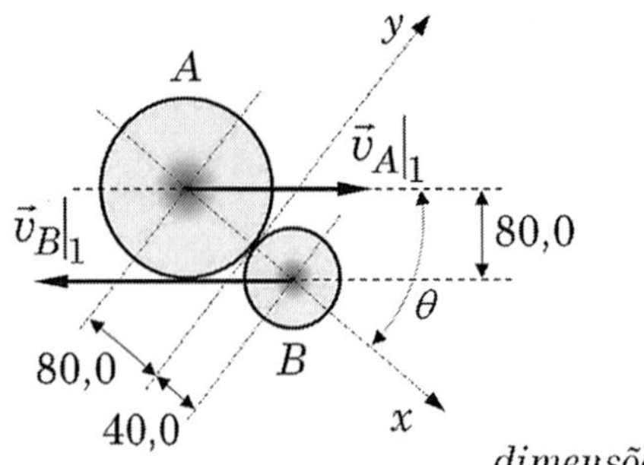

FIGURA 4.34 Esquema de resolução do Exemplo 4.13.

Da geometria mostrada na Figura 4.34, obtemos:

$$sen\theta = \frac{80,0}{120,0} \Rightarrow \theta = 41,81^\circ .$$

Aplicamos sucessivamente as Equações (4.94) a (4.97):

- $m_A v_A\big|_1^x + m_B v_B\big|_1^x = m_A v_A\big|_2^x + m_B v_B\big|_2^x \Rightarrow$

  $$10,0 \cdot 15,00 \cdot cos41,81^\circ + 5,00 \cdot (-10,00) \cdot cos41,81^\circ = 10,00 \cdot v_A\big|_2^x + 5,00 \cdot v_B\big|_2^x \Rightarrow$$

  $$10,00 \cdot v_A\big|_2^x + 5,00 \cdot v_B\big|_2^x = 74,54 \text{ kg.m/s}, \quad \textbf{(a)}$$

- $v_A\big|_1^y = v_A\big|_2^y \Rightarrow v_A\big|_2^y = 15,00 \cdot sen41,81^\circ = 10,00 \text{ m/s}, \quad \textbf{(b)}$

- $v_B\big|_1^y = v_B\big|_2^y \Rightarrow v_B\big|_2^y = -10,00 \cdot sen41,81^\circ = -6,67 \text{ m/s}, \quad \textbf{(c)}$

- $e = \dfrac{v_B\big|_2^x - v_A\big|_2^x}{v_A\big|_1^x - v_B\big|_1^x} \Rightarrow 0,50 = \dfrac{v_B\big|_2^x - v_A\big|_2^x}{15,00 \cdot cos41,81^\circ - (-10,00) \cdot cos41,81^\circ} \Rightarrow$

  $$v_B\big|_2^x - v_A\big|_2^x = 9,32 \text{ m/s}. \quad \textbf{(d)}$$

Resolvendo as equações (a) a (d), obtemos:

$$v_A\big|_2^x = 1,86 \text{ m/s}, \qquad v_B\big|_2^x = 11,18 \text{ m/s}.$$

Assim, as velocidades dos discos após o impacto são:

$$\vec{v}_A\big|_2 = 1{,}86\vec{i} + 10{,}00\vec{j}\ [\text{m/s}] \Rightarrow \boxed{\left\|\vec{v}_A\big|_2\right\| = 10{,}17\ \text{m/s}},$$

$$\vec{v}_B\big|_2 = 11{,}18\vec{i} - 6{,}67\vec{j}\ [\text{m/s}] \Rightarrow \boxed{\left\|\vec{v}_B\big|_2\right\| = 13{,}02\ \text{m/s}}.$$

4.13 Exercícios propostos

Exercício 4.1: Em um determinado instante, três partículas A, B e C, de massas $m_A = 9{,}0$ kg, $m_B = 18{,}0$ kg e $m_C = 30{,}0$ kg, respectivamente, ocupam as seguintes posições (em metros): $\vec{r}_A = 1{,}2\vec{i} - 0{,}5\vec{j} + 0{,}6\vec{k}$; $\vec{r}_B = 1{,}8\vec{i} + 0{,}0\vec{j} + 5{,}2\vec{k}$; $\vec{r}_C = 2{,}4\vec{i} + 1{,}2\vec{j} - 6{,}1\vec{k}$, e possuem as seguintes velocidades (em m/s) em relação a um sistema de referência fixo: $\vec{v}_A = 18{,}5\vec{i} + 12{,}2\vec{j} + 24{,}4\vec{k}$; $\vec{v}_B = 20{,}8\vec{i} + 18{,}3\vec{j} - 13{,}8\vec{k}$; $\vec{v}_C = 12{,}2\vec{i} - 8{,}1\vec{j} - 18{,}3\vec{k}$. Para o instante considerado, determinar: **a)** a posição do centro de massa do sistema de partículas; **b)** a quantidade de movimento linear do sistema; **c)** a quantidade de movimento angular do sistema em relação à origem do sistema de referência, O; **d)** a quantidade de movimento angular do sistema em relação ao centro de massa; **e)** a velocidade do centro de massa; **f)** a energia cinética do sistema.

Exercício 4.2: Um disco de massa 10,0 kg move-se sobre um plano horizontal liso com velocidade $\vec{v}_0 = 50\,\vec{i}$ [m/s]. Em um dado instante, uma explosão o fragmenta em três partes A, B e C, com massas 2,0 kg, 3,0 kg e 5,0 kg, respectivamente. Após a explosão, as partes movem-se nas direções indicadas na Figura 4.35 e sabe-se que a velocidade da parte A tem módulo 8,0 m/s. Determinar os módulos das velocidades das partes B e C após a explosão.

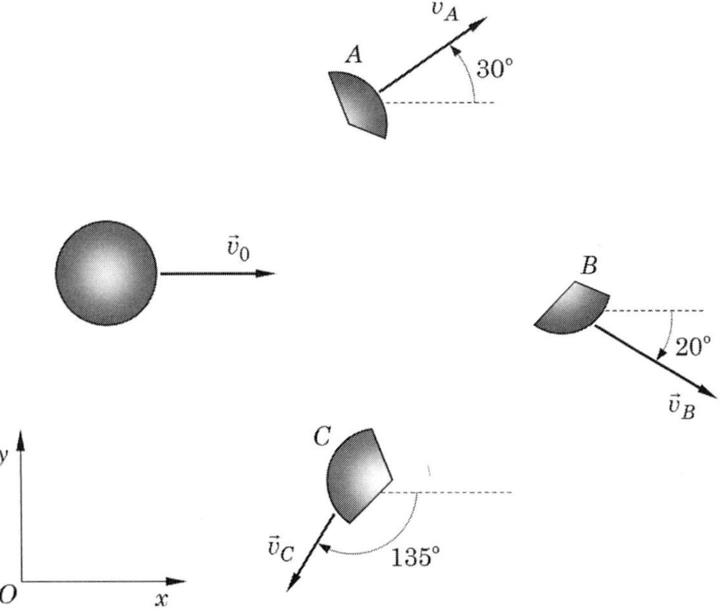

FIGURA 4.35 Ilustração do Exercício 4.2.

Exercício 4.3: Um projétil de 1,2 kg, movendo-se perpendicularmente a uma parede, explode no ponto D, fragmentando-se em três partes A, B e C de massas 0,2 kg, 0,4 kg, 0,6 kg, respectivamente. Sabendo que os fragmentos atingem a parede nos pontos indicados na Figura 4.36, e que o módulo da velocidade da parte A vale 400 m/s, determinar o módulo da velocidade do projétil antes da explosão, indicada por $\vec{v}_0$. Os pesos dos fragmentos podem ser desprezados e suas trajetórias podem ser aproximadas por retas, conforme ilustrado.

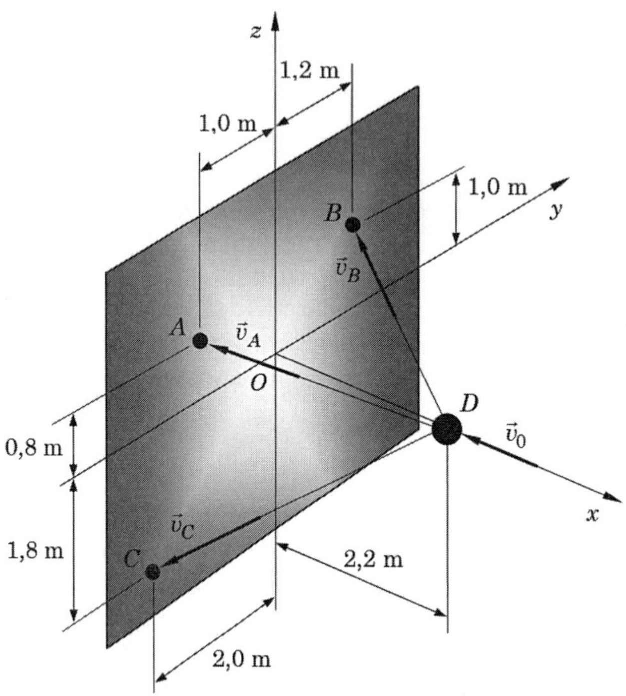

FIGURA 4.36 Ilustração do Exercício 4.3.

Exercício 4.4: Em um jogo de bilhar, a bola A se move com velocidade $\vec{v}_0 = 10{,}0\vec{i}$ [m/s] quando atinge as bolas B e C, que estão em repouso lado a lado. Após a colisão, observa-se que a bola A se move com velocidade $\vec{v}_A = 4{,}5\vec{i} - 2{,}8\vec{j}$ [m/s], enquanto as bolas B e C partem nas direções mostradas na Figura 4.37. Desprezando o atrito entre as bolas e a superfície da mesa, e considerando colisões perfeitamente elásticas, determinar os módulos das velocidades de B e C.

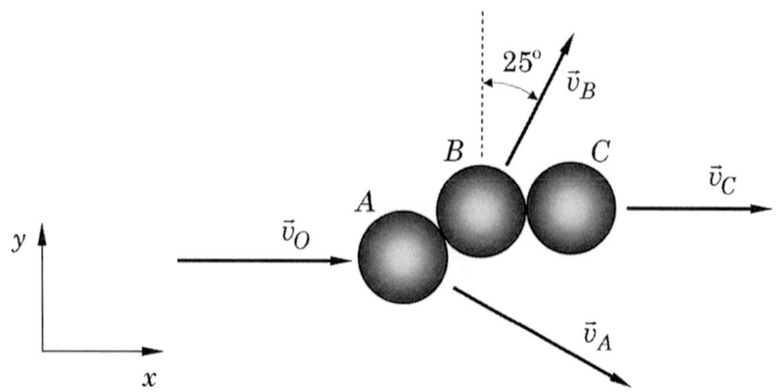

FIGURA 4.37 Ilustração do Exercício 4.4.

Exercício 4.5: O sistema ilustrado na Figura 4.38 é constituído por três pequenas esferas idênticas de massa m, ligadas por uma armação formada por três barras rígidas também idênticas, de massa desprezível e comprimento L. O conjunto está inicialmente em repouso sobre uma superfície horizontal lisa quando recebe a ação das duas forças mostradas. Determinar, no instante imediatamente após a aplicação das forças: **a)** a aceleração do centro de massa G; **b)** a aceleração angular do conjunto.

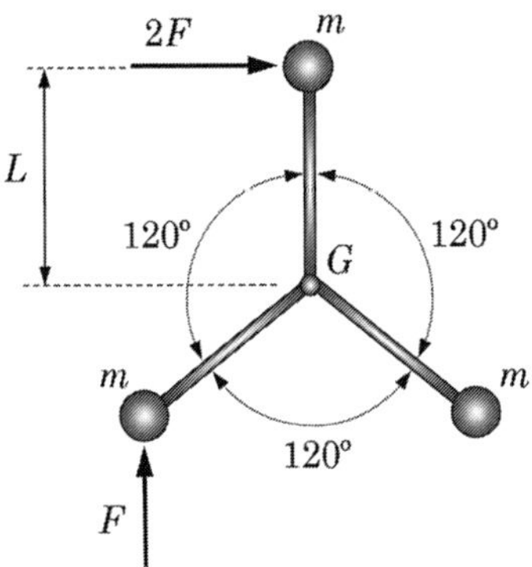

FIGURA 4.38 Ilustração do Exercício 4.5.

Exercício 4.6: O sistema ilustrado na Figura 4.39 é constituído por três pequenas esferas idênticas de massa $m = 0{,}10$ kg, ligadas por uma armação formada por três hastes rígidas idênticas, de massa desprezível e comprimento $L = 0{,}30$ m. O conjunto, que pode girar livremente no plano horizontal em torno de um eixo vertical que passa pelo centro do mancal em O, está em repouso quando passa a receber a ação das forças mostradas, que atuam perpendicularmente às hastes, e cujas variações com o tempo são ilustradas. Determinar a velocidade angular do conjunto no instante $t = 6{,}0$ s após o início da aplicação das forças.

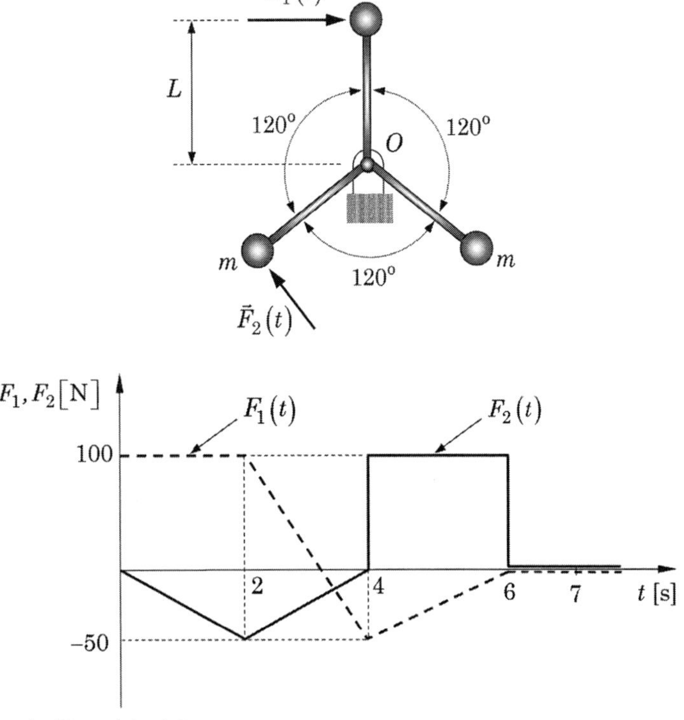

FIGURA 4.39 Ilustrações do Exercício 4.6.

Exercício 4.7: Retomando o problema tratado no Exercício 4.6, pede-se: **a)** obter as expressões para a velocidade angular do conjunto em função do tempo, no intervalo [0,0 s; 7,0 s]; **b)** traçar a curva mostrando graficamente a variação da velocidade angular do conjunto no intervalo [0,0 s; 7,0 s].

Exercício 4.8: O sistema ilustrado na Figura 4.40 é constituído por três pequenas esferas idênticas de massa m, ligadas por uma armação formada por três hastes telescópicas idênticas, de massa desprezível, cujo comprimento pode ser alterado. Inicialmente, todas as hastes têm comprimento L_0, e o conjunto está girando em um plano horizontal com velocidade angular ω_0 no sentido horário, em torno do mancal sem atrito em O. Determinar: **a)** a velocidade angular do conjunto quando as hastes tiverem seu comprimento reduzido a 2/3 L_0; **b)** a variação da energia cinética entre as duas configurações consideradas; **c)** explicar a ocorrência da variação da energia mecânica do sistema.

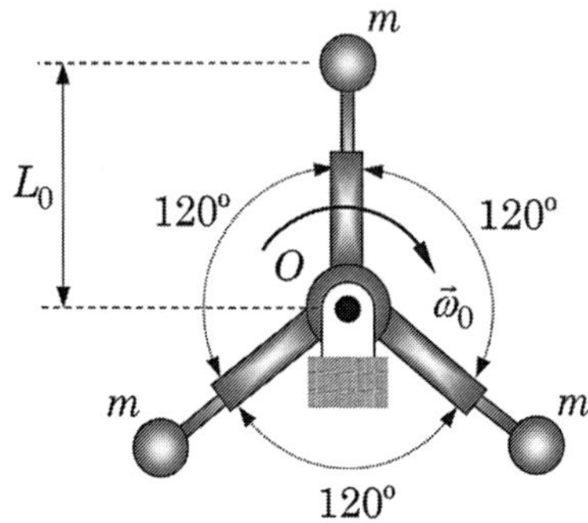

FIGURA 4.40 Ilustração do Exercício 4.8.

Exercício 4.9: Dois pequenos discos A e B, com massas m_A = 2,0 kg e m_B = 4,0 kg movimentam-se sem atrito sobre uma superfície horizontal. Inicialmente, eles estão conectados por um fio de comprimento 0,50 m, e giram no sentido anti-horário em torno do centro de massa do conjunto, indicado por G, com velocidade angular ω = 25 rad/s, conforme mostrado na Figura 4.41. Ao mesmo tempo, G tem velocidade $\vec{v}_G = 3{,}0\vec{i} + 2{,}0\vec{j}$ [m/s] em relação ao sistema de referência fixo Oxy. Em um dado momento, o fio que une os discos se rompe e, em um instante após a ruptura, os discos são observados com as posições e velocidades indicadas. Determinar: **a)** as velocidades dos dois discos após a ruptura do fio; **b)** a distância d.

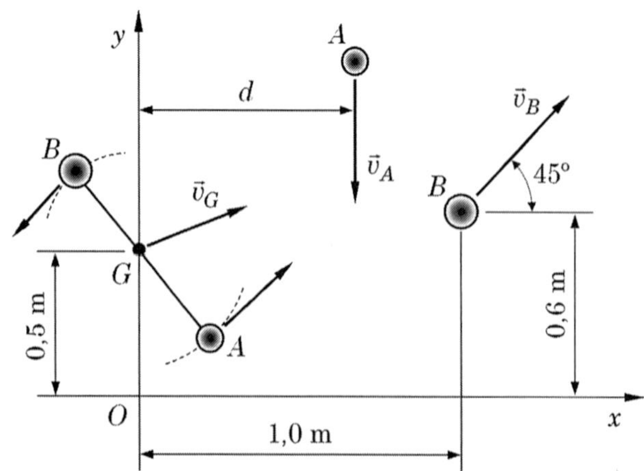

FIGURA 4.41 Ilustração do Exercício 4.9.

Exercício 4.10: Alterando convenientemente o programa MATLAB® **exemplo_4_3.m**, resolva novamente o problema tratado no Exemplo 4.3, admitindo que no instante inicial as partículas tenham as velocidades indicadas na Figura 4.42.

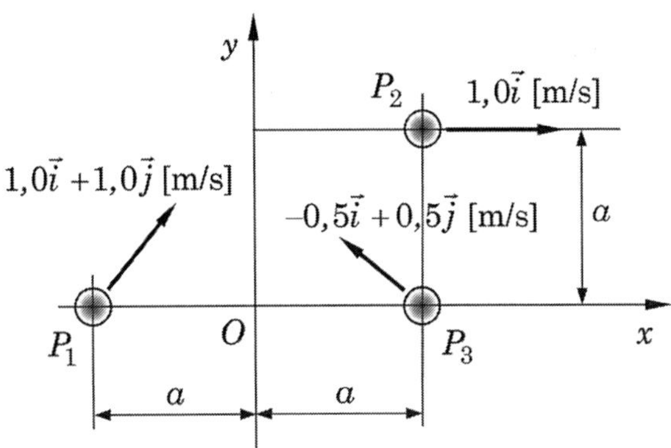

FIGURA 4.42 Ilustração do Exercício 4.10.

Exercício 4.11: Dois discos A e B, de massas 0,3 kg e 0,1 kg, respectivamente, são ligados entre si por meio de uma mola de constante elástica $k = 2000$ N/m, e massa desprezível, conforme mostrado na Figura 4.43. O conjunto, que é mantido coeso por dois fios que mantêm a mola com uma compressão de 0,05 m, desloca-se sobre uma superfície horizontal lisa com velocidade $\vec{v}_0 = 10,0\vec{i}$ [m/s], quando os fios são rompidos, separando os discos. Determinar as velocidades dos discos após a ruptura dos fios.

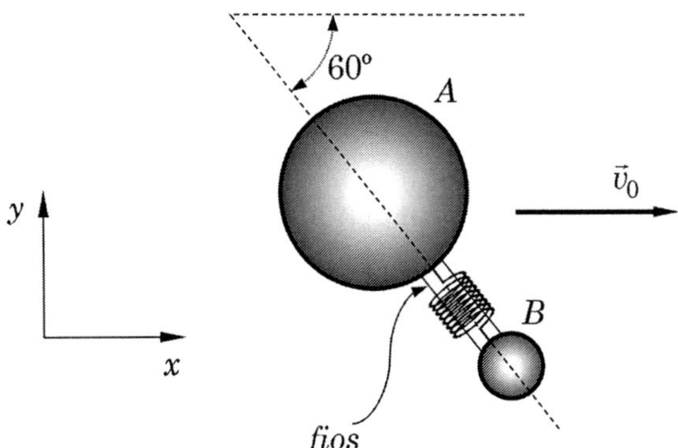

FIGURA 4.43 Ilustração do Exercício 4.11.

Exercício 4.12: Resolver novamente o Exemplo 4.9 e determinar as velocidades das esferas A e B após o conjunto ter girado 180°.

Exercício 4.13: Resolver novamente o Exemplo 4.12, admitindo: **a)** $e = 1$ (choque perfeitamente elástico); **b)** $e = 0$ (choque perfeitamente plástico).

Exercício 4.14: Resolver novamente o Exemplo 4.13, admitindo $e = 1$ (choque perfeitamente elástico).

Exercício 4.15: O bloco A, de massa 1,0 kg, é lançado com velocidade de v_0 = 2,0 m/s a partir da posição indicada na Figura 4.44, e impacta o bloco B, de massa 0,5 kg, que está preso a uma mola de constante elástica k = 100 N/m, inicialmente não deformada. Sabendo que o coeficiente de atrito dinâmico entre os blocos e a superfície é 0,2, e que a colisão é perfeitamente plástica, determinar a máxima deformação sofrida pela mola.

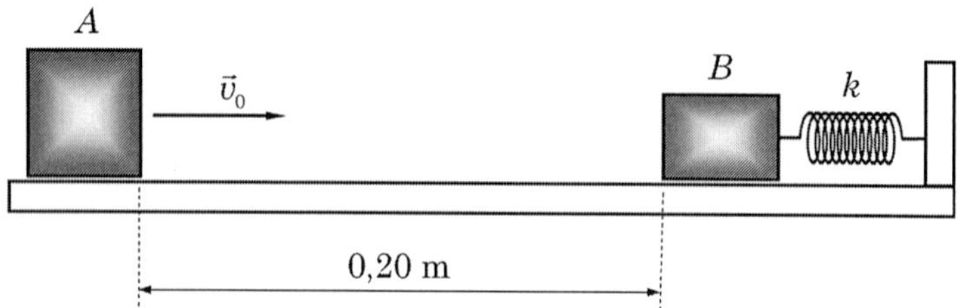

FIGURA 4.44 Ilustração do Exercício 4.15.

Exercício 4.16: O bloco A, de massa 10,0 kg, é liberado do repouso na posição mostrada e cai, deslizando ao longo de uma haste, de massa desprezível, sobre a plataforma B, de massa 5,0 kg, que está inicialmente em repouso sobre um conjunto de molas cuja constante elástica equivalente é 5000 N/m, conforme mostrado na Figura 4.45. Admitindo que a colisão seja perfeitamente plástica, determinar a máxima deflexão das molas em relação à posição inicial. Desprezar o atrito.

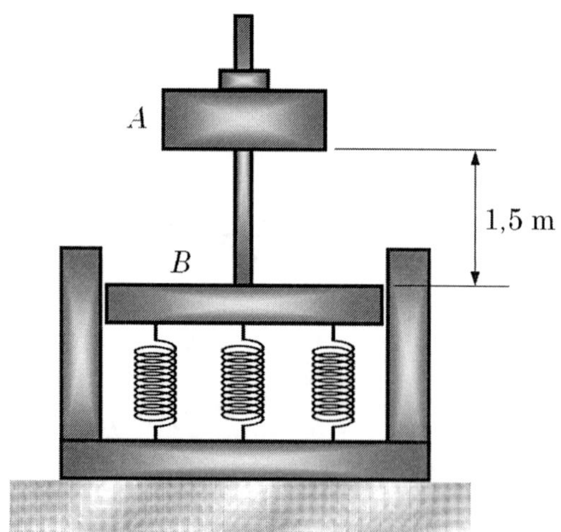

FIGURA 4.45 Ilustração do Exercício 4.16.

Exercício 4.17: Resolver novamente o Exercício 4.16 admitindo que haja atrito entre o bloco A e a haste vertical, sendo que a força de atrito dinâmico corresponde a 20% do peso do bloco A.

Exercício 4.18: Uma bola de massa m é arremessada contra uma parede vertical perfeitamente lisa, conforme mostrado na Figura 4.46. Imediatamente antes da colisão, a velocidade da bola tem magnitude v_0 e forma um ângulo de 60° com a horizontal. Sabendo que o coeficiente de restituição é 0,80, determinar a magnitude e a direção da velocidade da bola após colidir com a parede.

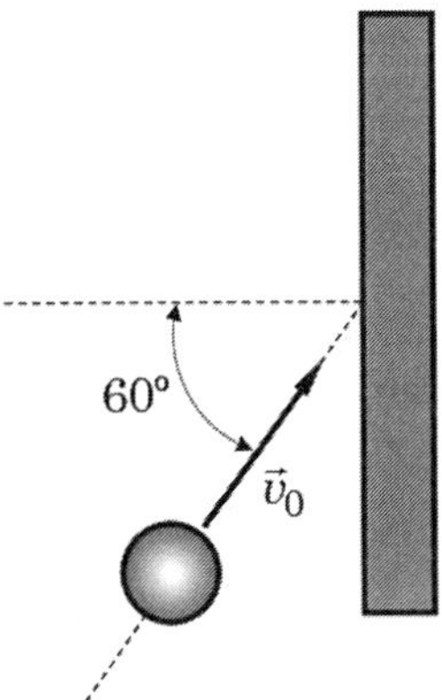

FIGURA 4.46 Ilustração do Exercício 4.18.

Exercício 4.19: Resolver novamente o Exercício 4.18, admitindo $e = 1$ (choque perfeitamente elástico).

Exercício 4.20: Conforme ilustrado na Figura 4.47, um projétil de 20 g é disparado com velocidade $v_0 = 600$ m/s e fica alojado no bloco A de massa 2 kg. Após o impacto, o bloco desliza sobre a plataforma B, de massa 25 kg, até impactar a parede vertical da plataforma. Esta última pode rolar livremente sobre o piso horizontal. Sabendo que o impacto entre o bloco e a parede da plataforma é perfeitamente plástico e que o coeficiente de atrito entre o bloco e o piso da plataforma é 0,2, determinar a velocidade final do conjunto formado pelo projétil, bloco e plataforma.

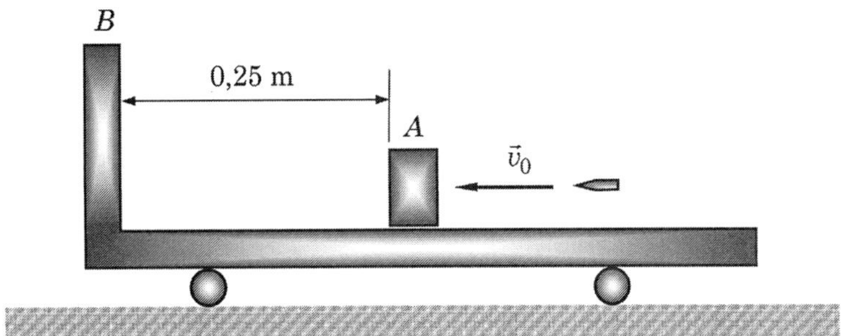

FIGURA 4.47 Ilustração do Exercício 4.20.

4.14 Bibliografia

BEER, F. P.; JOHNSTON, Jr.; CORNWELL, P. J. *Mecânica vetorial para engenheiros: Dinâmica.* 9ª ed. Porto Alegre: AMGH Editora, 2012.

CHAPMAN, S. J. *Programação em MATLAB para engenheiros.* 2ª ed. São Paulo: Cengage Learning, 2011.

HIBBELER, R. C. *Dinâmica. Mecânica para a engenharia.* 12ª ed. São Paulo: Pearson, 2011.

MERIAM, J. L.; KRAIGE, L. G. *Mecânica para a engenharia. Dinâmica.* 7ª ed. Rio de Janeiro: LTC, 2016.

SHAMES, I. H. *Dinâmica. Mecânica para a engenharia.* 4ª ed. São Paulo: Pearson-Prentice Hall, v. 2, 2003.

SOUTAS-LITTLE, R. W.; INMAN, D. J.; BALINT, D. S. *Engineering Mechanics: Dynamics – computational edition.* Toronto, Canada: Thomson Learning, 2008.

TENENBAUM, R. *Dinâmica aplicada.* São Paulo: Manole, 2006.

CAPÍTULO

Propriedades de Inércia de Corpos Rígidos

5

5.1 Introdução

No Capítulo 3 pudemos depreender que a massa é a única propriedade de inércia necessária para a caracterização da dinâmica de uma partícula, uma vez que apenas ela intervém na Segunda Lei de Newton. Depois, no Capítulo 4, no qual estudamos a dinâmica de conjuntos de partículas, além das massas destas partículas, introduzimos o conceito de centro de massa, cuja posição depende da forma como as partículas estão distribuídas no espaço.

No Capítulo 6 ficará evidente que a representação da dinâmica de corpos rígidos requer o conhecimento de um conjunto mais amplo de características, além da massa e da posição do centro de massa, as quais denominaremos *propriedades de inércia*. Veremos que as equações do movimento de corpos rígidos envolvem os chamados momentos de inércia e os produtos de inércia, que caracterizam o modo como a massa do corpo está distribuída no espaço, dependendo, portanto, da densidade do material, além da forma e das dimensões do corpo.

Assim, como etapa preliminar ao estudo da dinâmica dos corpos rígidos, no presente capítulo definiremos suas propriedades de inércia e estudaremos os métodos para seu cálculo.

5.2 Posição do centro de massa de um corpo rígido

Para definir a posição do centro de massa de um corpo rígido, fazemos a extensão da definição de posição do centro de massa de um sistema discreto de n partículas, dada pela Equação (4.20), admitindo que um corpo rígido seja constituído de um número infinito de partículas elementares de massas infinitesimais, ou seja, $n \to \infty$, $m_i \to dm$.

Deste modo, com base na Figura 5.1, a posição do centro de massa de um corpo rígido em relação ao sistema de eixos $Oxyz$ é dada por:

$$\vec{r}_G = \frac{1}{m} \int_{vol.} \vec{r} dm, \tag{5.1}$$

onde m é a massa total do corpo rígido e $\vec{r}$ é o vetor posição de um elemento diferencial de massa dm, em relação ao sistema de eixos $Oxyz$.

A Equação (5.1) indica também que a integração deve ser efetuada sobre o volume do corpo rígido.

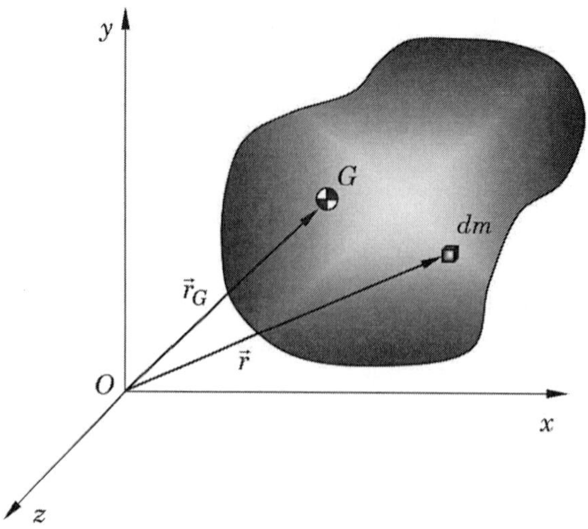

FIGURA 5.1 Ilustração de um elemento diferencial de massa e do centro de massa de um corpo rígido.

Introduzindo a relação:

$$dm = \rho dV, \tag{5.2}$$

onde ρ é a densidade volumétrica do material que constitui o corpo (com unidades kg/m^3 no S.I.), e dV designa o diferencial de volume, a Equação (5.1) pode ser reescrita sob a forma:

$$\vec{r}_G = \frac{1}{m} \int_{vol.} \rho \vec{r} dV, \tag{5.3}$$

com

$$m = \int_{vol.} \rho dV. \tag{5.4}$$

No caso em que o material é homogêneo, a densidade volumétrica é constante sobre o volume, e a Equação (5.3) assume a forma:

$$\vec{r}_G = \frac{1}{V} \int_{vol.} \vec{r} dV. \tag{5.5}$$

Para determinar as componentes cartesianas do vetor posição do centro de massa do corpo rígido, com base na Figura 5.1, escrevemos:

$$\vec{r}_G = x_G \vec{i} + y_G \vec{j} + z_G \vec{k}, \tag{5.6}$$

$$\vec{r} = x \vec{i} + y \vec{j} + z \vec{k}. \tag{5.7}$$

Associando as Equações (5.1), (5.6) e (5.7), obtemos as seguintes expressões que definem as coordenadas cartesianas do centro de massa de um corpo rígido:

$$x_G = \frac{1}{m} \int_{vol.} x\,dm, \tag{5.8.a}$$

$$y_G = \frac{1}{m} \int_{vol.} y\,dm, \tag{5.8.b}$$

$$z_G = \frac{1}{m} \int_{vol.} z\,dm. \tag{5.8.c}$$

Uma propriedade importante é que, se um corpo constituído de um material homogêneo tiver um ou mais planos de simetria geométrica, seu centro de massa estará, necessariamente, posicionado sobre estes planos. Isso pode ser visto na Figura 5.2, a qual mostra que, sendo o plano yz um plano de simetria, para cada elemento diferencial de volume de coordenadas (x, y, z) existe um elemento de coordenadas $(-x, y, z)$. Desta forma, a integral $\int_{vol.} x\,dm$ resulta nula; de acordo com a Equação (5.8.a), tem-se $x_G = 0$, o que significa que o centro de massa do corpo estará posicionado sobre o plano de simetria.

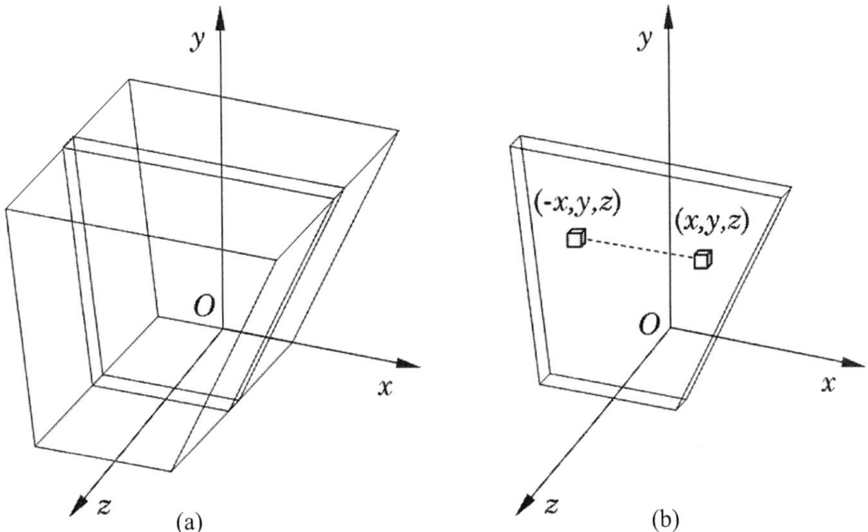

FIGURA 5.2 Ilustração da condição de simetria na determinação da posição do centro de massa de um corpo rígido.

A posição do centro de massa de corpos homogêneos de geometria simples pode ser determinada por integração, conforme indicado nas Equações (5.8). Para tanto, devemos expressar convenientemente o elemento diferencial de massa dm em termos das coordenadas espaciais (x, y, z).

Este procedimento é ilustrado no exemplo a seguir.

EXEMPLO 5.1

Determinar a posição do centro de massa de um arco semicircular uniforme de pequena espessura, de raio médio R e densidade linear ρ, em relação ao sistema de referência mostrado na Figura 5.3.

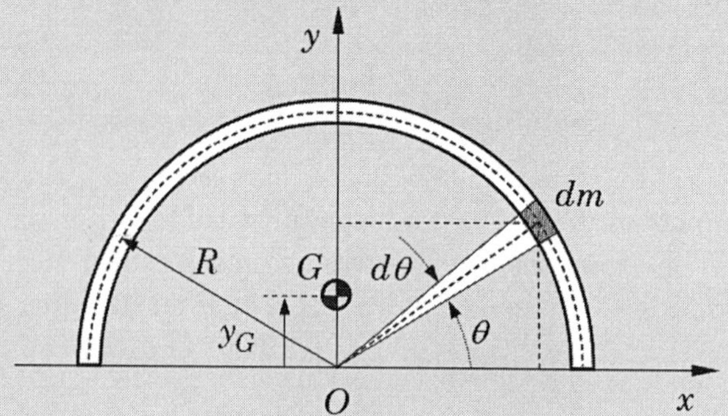

FIGURA 5.3 Ilustração de um anel semicircular de pequena espessura.

Resolução

Primeiramente é importante observar que, devido à simetria do arco em relação ao eixo y, seu centro de massa estará posicionado sobre este eixo. Além disso, o anel está posicionado sobre o plano xy. Assim, temos:

$$\boxed{x_G = 0}, \quad \boxed{z_G = 0},$$

e precisaremos determinar apenas a coordenada y_G.

Considerando o elemento diferencial indicado na Figura 5.3, sua massa é dada por:

$$dm = \rho R d\theta, \quad \textbf{(a)}$$

e sua posição em relação ao eixo x é expressa segundo:

$$y = R sen\theta. \quad \textbf{(b)}$$

A massa total do arco é:

$$m = \rho \pi R. \quad \textbf{(c)}$$

Assim, associando as equações (a), (b) e (c) com a Equação (5.8.b), temos:

$$y_G = \frac{1}{\rho \pi R}\int_0^{\pi} \rho R^2 sen\theta d\theta \Rightarrow \boxed{y_G = \frac{2R}{\pi}}.$$

5.2.1 Posição do centro de massa de corpos de geometria composta

Consideraremos nesta seção a determinação da posição do centro de massa de corpos que podem ser decompostos em certo número de partes n. Tal situação é ilustrada genericamente na

Figura 5.4, na qual são indicadas as n partes P_1, P_2, ..., P_n, de massas m_1, m_2, ..., m_n, respectivamente. Admitiremos que cada uma destas partes possa ser constituída de um material com densidade diferente das densidades das outras partes. Nesta mesma figura, os vetores $\vec{r}_{G_1}$, $\vec{r}_{G_2}$, $\vec{r}_{G_n}$ designam os vetores posição dos centros de massa das n partes e $\vec{r}_G$ indica a posição do centro de massa do conjunto, todos em relação ao sistema de referência indicado.

O objetivo é determinar a posição do centro de massa do corpo rígido formado pelas n partes, a partir das posições, supostamente conhecidas, dos centros de massa destas partes.

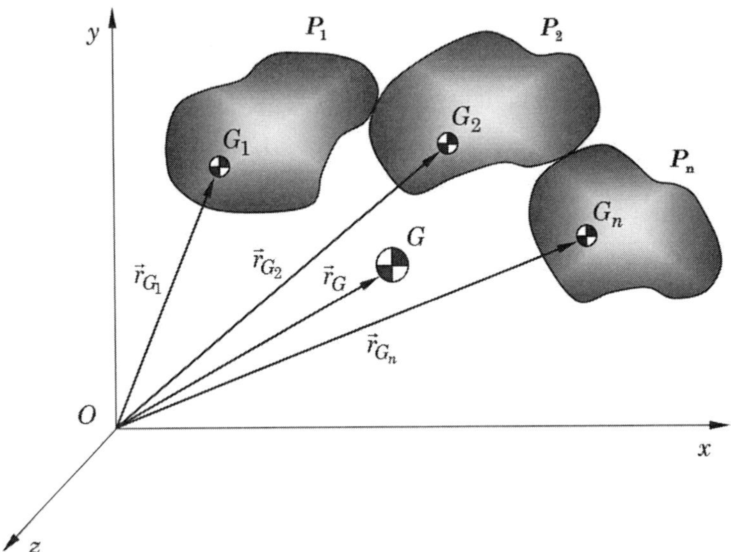

FIGURA 5.4 Ilustração da posição do centro de massa de um corpo rígido de geometria composta.

De acordo com a definição dada pela Equação (5.1), expressamos o vetor posição do centro de massa do conjunto sob a forma:

$$\vec{r}_G = \frac{1}{m} \int_{vol.} \vec{r}\, dm .$$

Introduzindo o particionamento indicado na Figura 5.4, lembrando que a massa total do corpo é dada por $m = m_1 + m_2 + ... + m_n$, escrevemos:

$$\vec{r}_G = \frac{1}{m_1 + ... + m_n} \left(\int_{P_1} \vec{r}\, dm + ... + \int_{P_n} \vec{r}\, dm \right). \tag{5.9}$$

Aplicando a Equação (5.1) para cada uma das partes do corpo rígido, temos:

$$\int_{P_1} \vec{r}\, dm = m_1 \vec{r}_{G_1}, \ldots, \int_{P_n} \vec{r}\, dm = m_n \vec{r}_{G_n} . \tag{5.10}$$

Associando as Equações (5.9) e (5.10), chegamos à expressão:

$$\vec{r}_G = \frac{1}{m_1 + \ldots + m_n}\left(m_1\vec{r}_{G_1} + \ldots + m_n\vec{r}_{G_n}\right), \tag{5.11}$$

ou:

$$\vec{r}_G = \frac{1}{\sum_{i=1}^{n} m_i}\sum_{i=1}^{n} m_i\vec{r}_{G_i} = \frac{1}{m}\sum_{i=1}^{n} m_i\vec{r}_{G_i}. \tag{5.12}$$

Concluímos, pois, que a posição do centro de massa de um corpo formado por um certo número de partes é dada pela média ponderada das posições dos centros de massa das partes, sendo tomadas como pesos as massas destas partes.

É interessante observar a semelhança entre a Equação (5.12) e a Equação (4.19), que define a posição do centro de massa de um sistema discreto de partículas.

A utilização da Equação (5.12) pode facilitar o cálculo da posição do centro de massa pelo processo de integração, conforme mostraremos no exemplo a seguir.

EXEMPLO 5.2

Determinar a posição do centro de massa de um cone reto de base circular, constituído de um material homogêneo de densidade volumétrica ρ, em relação ao sistema de coordenadas mostrado na Figura 5.5.

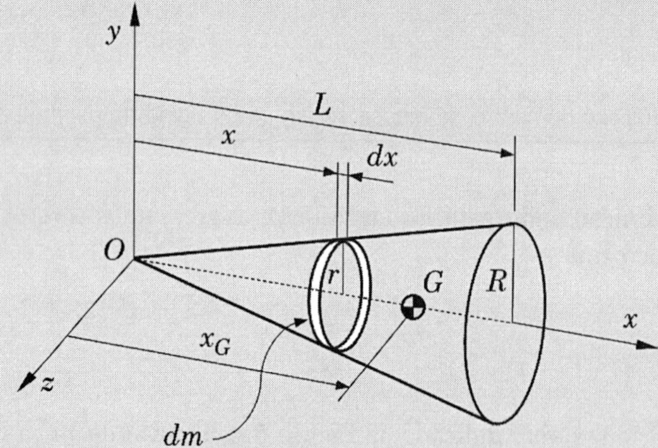

FIGURA 5.5 Esquema para determinação da posição do centro de massa de um cone reto de base circular.

Resolução

Primeiramente observamos que, como os planos xy e xz são planos de simetria, o centro de massa deverá estar posicionado sobre a intersecção entre estes dois planos, ou seja, sobre o eixo x. Assim, conforme indicado na Figura 5.5, a única coordenada do centro de massa a ser determinada é x_G.

A estratégia para determinação da posição do centro de massa consiste em identificar um elemento diferencial de massa na forma de um disco de raio $r(x)$, mostrado na Figura 5.5, cujo centro de massa, devido à simetria, está posicionado sobre o eixo x. Vamos, então, considerar que o cone seja formado por um conjunto infinito de discos elementares e, assim, utilizar os resultados apresentados na Subseção 5.2.1.

Adaptando a Equação (5.12) para o caso em estudo, temos:

$$x_G = \frac{1}{m}\int_{vol.} x\,dm. \qquad \textbf{(a)}$$

Como o material é homogêneo, a equação (a) pode ser expressa da seguinte forma equivalente:

$$x_G = \frac{1}{V}\int_{vol.} x\,dV, \qquad \textbf{(b)}$$

com:

$$V = \int_{vol.} dV. \qquad \textbf{(c)}$$

Com base no elemento diferencial de volume escolhido, calcularemos primeiramente o volume do cone, de acordo com a equação (c):

$$V = \int_0^L \pi r^2(x)\,dx. \qquad \textbf{(d)}$$

Na Figura 5.5 verificamos facilmente a seguinte variação do raio do elemento diferencial com a coordenada x:

$$r(x) = \frac{R}{L}x. \qquad \textbf{(e)}$$

Associando as equações (d) e (e), e efetuando a integração, temos:

$$V = \frac{\pi R^2}{L^2}\int_0^L x^2 dx \Rightarrow V = \frac{1}{3}\pi R^2 L. \qquad \textbf{(f)}$$

Retomando as equações (b) e (e), escrevemos:

$$x_G = \frac{3}{\pi R^2 L}\int_0^L x\pi r^2(x)\,dx = \frac{3}{L^3}\int_0^L x^3 dx. \qquad \textbf{(g)}$$

Efetuando a integração indicada na equação (g), obtemos:

$$x_G = \frac{3}{4}L. \qquad \textbf{(h)}$$

Por processo semelhante, podemos obter as posições dos centros de massas de outros corpos de geometria simples. O **Apêndice B** fornece as posições dos centros de massa para alguns destes corpos, em relação aos sistemas de eixos indicados. Salvo situações específicas, na resolução de problemas iremos considerar os valores fornecidos nessa tabela como conhecidos.

EXEMPLO 5.3

Determinar a posição do centro de massa da coroa semicircular formada por uma chapa fina uniforme de espessura e, ilustrada na Figura 5.6.

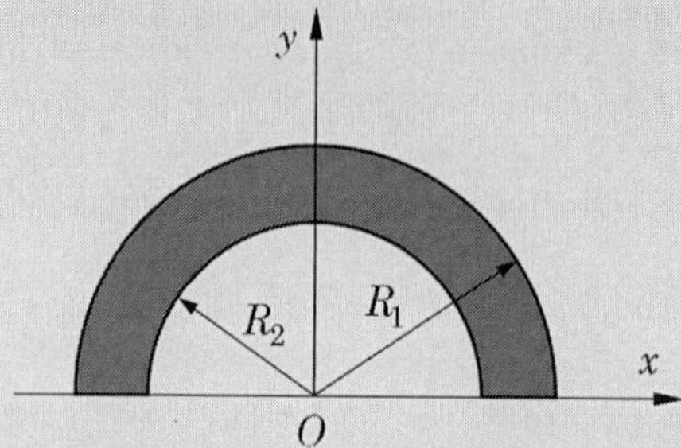

FIGURA 5.6 Ilustração de uma coroa semicircular constituída por uma chapa fina.

Resolução

Para a resolução deste exemplo, podemos considerar a coroa circular como sendo resultante da composição de duas placas semicirculares, uma de raio R_1 e outra de raio R_2, sendo que à primeira atribuímos massa (ou volume) positivos e, à segunda, atribuímos massa (ou volume) negativos. Para cada uma das placas semicirculares, de acordo com a Tabela B.1 do **Apêndice B**, temos:

$$y_{G_1} = \frac{4}{3\pi} \cdot R_1, \qquad y_{G_2} = \frac{4}{3\pi} \cdot R_2.$$

Além disso, as massas das placas semicirculares são:

$$m_1 = \frac{1}{2}\rho\pi e R_1^2, \qquad m_2 = -\frac{1}{2}\rho\pi e R_2^2.$$

Mais uma vez, explorando a simetria existente, precisamos apenas determinar a coordenada y_G do centro de massa.

Aplicando a Equação (5.12), escrevemos:

$$y_G = \frac{m_1 y_{G_1} + m_2 y_{G_2}}{m_1 + m_2} = \frac{1/2\,\rho\pi e R_1^2 \cdot \frac{4}{3\pi} \cdot R_1 - 1/2\,\rho\pi e R_2^2 \cdot \frac{4}{3\pi} \cdot R_2}{1/2\,\rho\pi e R_1^2 - 1/2\,\rho\pi e R_2^2} \Rightarrow$$

$$y_G = \frac{4}{3\pi} \frac{R_1^3 - R_2^3}{R_1^2 - R_2^2}.$$

5.3 Momento de inércia de massa de um corpo rígido em relação a um eixo. Raio de giração

Consideremos a situação ilustrada na Figura 5.7(a), que mostra um corpo rígido e um eixo arbitrário OO'. O *momento de inércia de massa* do corpo rígido em relação ao eixo indicado é definido segundo*:

* Nos livros-texto de Estática mais antigos é frequente o uso do termo "momento de inércia" para caracterizar propriedades de figuras geométricas planas (áreas). Em nosso entendimento, o termo "segundo momento de área" é preferível para aqueles casos. O leitor deve ficar atento para distinguir as propriedades de massa das propriedades de área.

$$J_{OO'} = \int_{vol.} r^2 dm\,, \tag{5.13}$$

onde r indica a menor distância entre o elemento diferencial de massa dm e o eixo OO'.

No S.I., o momento de inércia de massa tem unidades de kg.m^2.

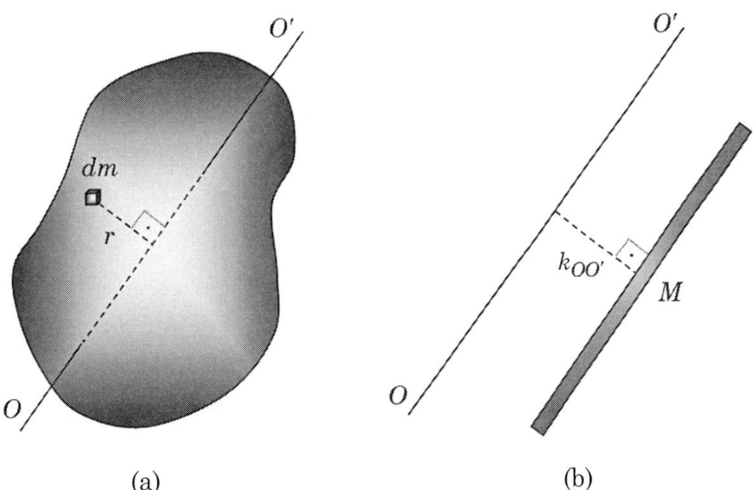

FIGURA 5.7 Ilustrações para a definição de: (a) momento de inércia de massa em relação a um eixo *OO'*; (b) raio de giração de massa em relação a um eixo *OO'*.

Introduzindo a relação $dm = \rho dV$, a Equação (5.13) pode ser escrita sob a forma:

$$J_{OO'} = \int_{vol.} \rho r^2 dV\,. \tag{5.14}$$

Nos casos em que o corpo é constituído de um material uniforme, a densidade ρ é constante em todo seu volume e a Equação (5.14) fica:

$$J_{OO'} = \rho \int_{vol.} r^2 dV\,. \tag{5.15}$$

Vale observar que, segundo a definição dada pela Equação (5.13), o momento de inércia de massa é uma grandeza escalar positiva ($J_{OO'} > 0$), qualquer que seja o eixo OO'.

O *raio de giração de massa* do corpo rígido em relação ao eixo OO', designado por $k_{OO'}$, é definido sob a forma:

$$k_{OO'} = \sqrt{\frac{J_{OO'}}{m}} \Leftrightarrow J_{OO'} = k_{OO'}^2 m\,, \tag{5.16}$$

onde m é a massa do corpo rígido.

Podemos interpretar o raio de giração $k_{OO'}$ como sendo a distância do eixo OO' à qual devemos posicionar toda a massa do corpo rígido para que esta nova distribuição de massa resulte no momento de inércia $J_{OO'}$ (ver Figura 5.7(b)).

Com efeito, de acordo com a Equação (5.13), se toda a massa do corpo for disposta numa faixa de largura desprezível à distância constante $k_{OO'}$ do eixo OO', o momento de inércia de massa do corpo em relação a este eixo fica dado por:

$$J_{OO'} = \int_{vol.} k_{OO'}^2 \, dm = k_{OO'}^2 \int_{vol.} dm = k_{OO'}^2 \, m \,. \tag{5.17}$$

Desta última equação resulta a definição do raio de giração, estabelecida pela Equação (5.16).

EXEMPLO 5.4

Calcular os momentos de inércia de massa e os raios de giração do arco semicircular uniforme de pequena espessura, cuja densidade linear é designada por ρ, em relação aos eixos x e y indicados na Figura 5.8.

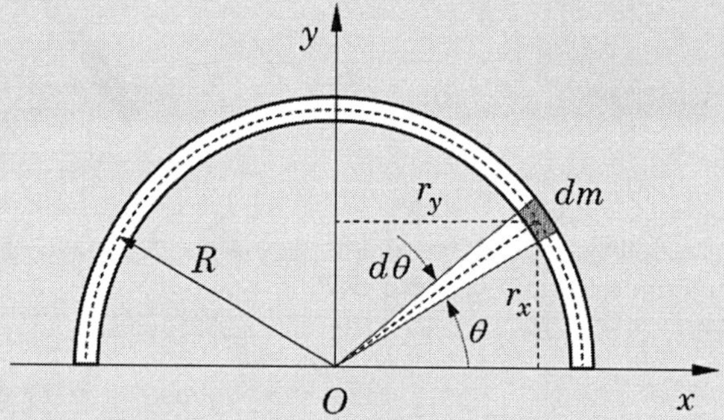

FIGURA 5.8 Ilustração de um anel semicircular de pequena espessura.

Resolução

Utilizando o elemento diferencial indicado na Figura 5.8, cuja massa elementar é dada por $dm = \rho R d\theta$, observamos que as distâncias deste elemento em relação aos eixos x e y são, respectivamente:

$$r_x = R sen\theta \,, \qquad \textbf{(a)}$$

$$r_y = R cos\theta \,. \qquad \textbf{(b)}$$

Aplicando a Equação (5.13), calculamos o momento de inércia de massa em relação ao eixo x:

$$J_x = \int_{vol.} r_x^2 dm = \int_0^{\pi} (R sen\theta)^2 \rho R d\theta = \frac{\pi}{2} \rho R^3 . \qquad \textbf{(c)}$$

Levando em conta que a massa do arco é $m = \rho \pi R$, a equação (c) fica:

$$J_x = \frac{1}{2} m R^2 \,. \qquad \textbf{(d)}$$

De acordo com a Equação (5.16), o raio de giração de massa em relação ao eixo x é dado por:

$$k_x = \sqrt{\frac{J_x}{m}} \Rightarrow k_x = \frac{1}{\sqrt{2}}R. \qquad \textbf{(e)}$$

Aplicando novamente a Equação (5.13), o momento de inércia de massa em relação ao eixo y é dado por:

$$J_y = \int_{vol.} r_y^2 dm = \int_0^{\pi} (R\cos\theta)^2 \rho R d\theta = \frac{\pi}{2}\rho R^3 \qquad \textbf{(f)}$$

ou:

$$J_y = \frac{1}{2}mR^2. \qquad \textbf{(g)}$$

O raio de giração de massa em relação ao eixo y é dado por:

$$k_y = \sqrt{\frac{J_y}{m}} \Rightarrow k_y = \frac{1}{\sqrt{2}}R. \qquad \textbf{(h)}$$

5.4 Teorema dos Eixos Paralelos para os momentos de inércia de massa

Consideremos a Figura 5.9, que mostra dois eixos paralelos entre si, OO' e AA', afastados de uma distância d, sendo OO' um eixo baricêntrico, ou seja, um eixo que passa pelo centro de massa do corpo rígido.

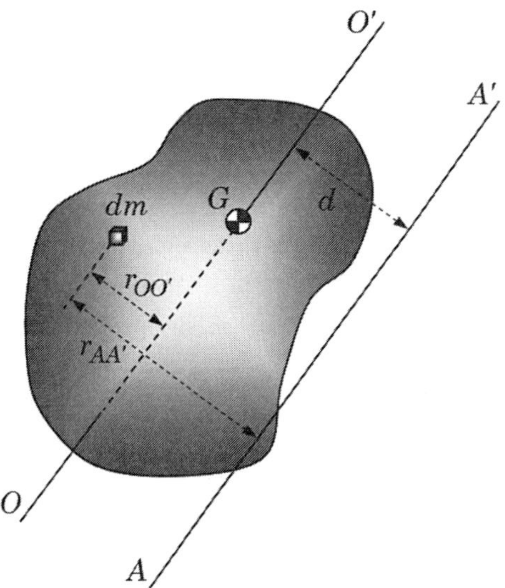

FIGURA 5.9 Ilustração de um corpo rígido e dois eixos paralelos entre si, sendo um deles baricêntrico.

Utilizando a definição dada pela Equação (5.13), escrevemos as seguintes expressões para os momentos de inércia do corpo rígido em relação aos dois eixos considerados:

$$J_{AA'} = \int_{vol.} r_{AA'}^2 \, dm, \tag{5.18}$$

$$J_{OO'} = \int_{vol.} r_{OO'}^2 \, dm. \tag{5.19}$$

Introduzindo na Equação (5.18) a seguinte relação geométrica ilustrada na Figura 5.9:

$$r_{AA'} = r_{OO'} + d, \tag{5.20}$$

temos:

$$J_{AA'} = \int_{vol.} (r_{OO'} + d)^2 \, dm = \int_{vol.} r_{OO'}^2 \, dm + 2d \int_{vol.} r_{OO'} \, dm + d^2 \int_{vol.} dm. \tag{5.21}$$

Na Equação (5.21), temos:

- $\int_{vol.} r_{OO'}^2 \, dm = J_{OO'}$ (conforme Equação (5.19)).
- $\int_{vol.} r_{OO'} \, dm = 0$. Isso porque, de acordo com a definição dada pela Equação (5.1), esta integral equivale à massa do corpo rígido multiplicada pela distância do seu centro de massa ao eixo OO'. Como o eixo OO' passa pelo centro de massa, esta distância resulta nula.

Com essas considerações, a Equação (5.21) fica:

$$J_{AA'} = J_{OO'} + d^2 m. \tag{5.22}$$

A Equação (5.22) traduz o *Teorema dos Eixos Paralelos* para os momentos de inércia de massa, que relaciona os momentos de inércia de um corpo rígido em relação a dois eixos paralelos entre si, sendo que um deles, necessariamente, passa pelo centro de massa.

É interessante observar na Equação (5.22) que, sendo $d^2 m$ uma quantidade positiva, dentre todos os eixos paralelos entre si, o eixo que passa pelo centro de massa é aquele em relação ao qual o momento de inércia assume o menor valor.

É conveniente expressar o Teorema dos Eixos Paralelos em termos dos raios de giração em relação aos eixos considerados. Para tanto, introduzimos na Equação (5.22) as seguintes relações, obtidas por adaptação da Equação (5.16):

$$J_{AA'} = k_{AA'}^2 m, \qquad J_{OO'} = k_{OO'}^2 m, \tag{5.23}$$

e obtemos:

$$k_{AA'}^2 = k_{OO'}^2 + d^2. \tag{5.24}$$

EXEMPLO 5.5

Aplicando o Teorema dos Eixos Paralelos, calcular o momento de inércia e o raio de giração de massa do arco semicircular considerado nos Exemplos 5.1 e 5.4, em relação ao eixo baricêntrico x', indicado na Figura 5.10.

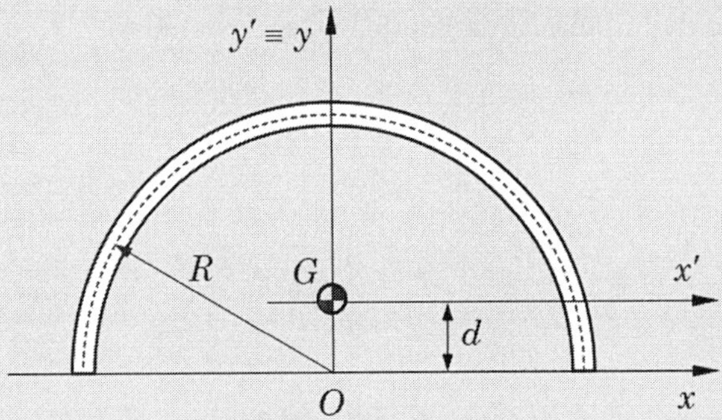

FIGURA 5.10 Ilustração de um anel semicircular de pequena espessura e seus eixos baricêntricos.

Resolução

Das resoluções dos Exemplos 5.1 e 5.4, sabemos que a distância entre os eixos x e x' é dada por:

$$d = y_G = \frac{2R}{\pi}, \qquad \textbf{(a)}$$

o momento de inércia de massa do arco em relação ao eixo x é:

$$J_x = \frac{1}{2} mR^2, \qquad \textbf{(b)}$$

e o raio de giração em relação ao eixo x é:

$$k_x = \frac{1}{\sqrt{2}} R. \qquad \textbf{(c)}$$

Adaptando a Equação (5.22), escrevemos:

$$J_x = J_{x'} + d^2 m. \qquad \textbf{(d)}$$

Associando as equações (a), (b) e (d), obtemos:

$$\frac{1}{2} mR^2 = J_{x'} + \left(\frac{2}{\pi} R\right)^2 m \Rightarrow J_{x'} = \left(\frac{1}{2} - \frac{4}{\pi^2}\right) mR^2. \qquad \textbf{(e)}$$

Adaptando a Equação (5.24), escrevemos:

$$\left(\frac{1}{\sqrt{2}} R\right)^2 = k_{x'}^2 + \left(\frac{2}{\pi} R\right)^2 \Rightarrow k_{x'} = \sqrt{\frac{1}{2} - \frac{4}{\pi^2}}\, R. \qquad \textbf{(f)}$$

5.5 Momentos de inércia de massa expressos em coordenadas cartesianas

Neste item, considerando a situação ilustrada na Figura 5.11, buscamos obter expressões gerais que permitirão calcular os momentos de inércia de um corpo rígido em relação a um conjunto qualquer de eixos coordenados x, y e z. Designaremos estes momentos de inércia por J_x, J_y e J_z, respectivamente.

Partindo da definição dada pela Equação (5.13), escrevemos:

$$J_x = \int_{vol.} r_x^2 dm , \tag{5.25.a}$$

$$J_y = \int_{vol.} r_y^2 dm , \tag{5.25.b}$$

$$J_z = \int_{vol.} r_z^2 dm , \tag{5.25.c}$$

onde r_x, r_y, r_z são as distâncias entre o elemento infinitesimal de massa e os eixos x, y e z, respectivamente. Com base na Figura 5.11, estas distâncias são expressas em termos das coordenadas, segundo:

$$r_x^2 = y^2 + z^2, \tag{5.26.a}$$

$$r_y^2 = x^2 + z^2, \tag{5.26.b}$$

$$r_z^2 = x^2 + y^2. \tag{5.26.c}$$

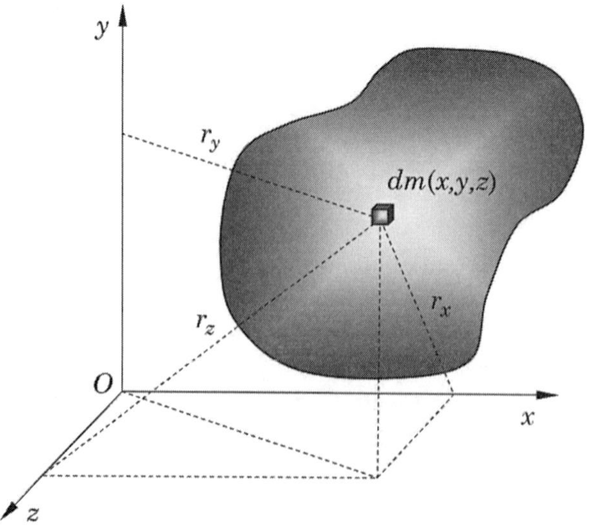

FIGURA 5.11 Corpo rígido arbitrário posicionado em um sistema de coordenadas cartesianas.

Introduzindo as Equações (5.26) nas Equações (5.25), obtemos as expressões:

$$J_x = \int_{vol.} \left(y^2 + z^2\right) dm, \tag{5.27.a}$$

$$J_y = \int_{vol.} \left(x^2 + z^2\right) dm, \tag{5.27.b}$$

$$J_z = \int_{vol.} \left(x^2 + y^2\right) dm. \tag{5.27.c}$$

Caso o corpo rígido seja constituído de um material uniforme, com densidade ρ constante sobre seu volume, as Equações (5.27) podem ser expressas, alternativamente, sob a forma:

$$J_x = \rho \int_{vol.} \left(y^2 + z^2\right) dV, \tag{5.28.a}$$

$$J_y = \rho \int_{vol.} \left(x^2 + z^2\right) dV, \tag{5.28.b}$$

$$J_z = \rho \int_{vol.} \left(x^2 + y^2\right) dV. \tag{5.28.c}$$

No caso particular de corpos planos de pequena espessura, admitindo, sem perda de generalidade, que estejam posicionados sobre o plano xy, podemos admitir que a coordenada z, na direção perpendicular ao plano do corpo, seja nula em todos os pontos do corpo. Neste caso, as Equações (5.27) ficam:

$$J_x = \int_{vol.} y^2 dm, \tag{5.29.a}$$

$$J_y = \int_{vol.} x^2 \, dm, \tag{5.29.b}$$

$$J_z = \int_{vol.} \left(y^2 + x^2\right) dm, \tag{5.29.c}$$

e concluímos que:

$$J_z = J_x + J_y. \tag{5.30}$$

Os momentos de inércia de corpos de geometria mais simples podem ser calculados efetuando as integrações indicadas nas Equações (5.27) e (5.28). No **Apêndice B**, são fornecidos os momentos de inércia de alguns sólidos de geometria simples, em relação aos sistemas de eixos indicados.

EXEMPLO 5.6

Calcular os momentos de inércia de um disco uniforme de pequena espessura, de raio R e massa m, em relação aos eixos mostrados na Figura 5.12.

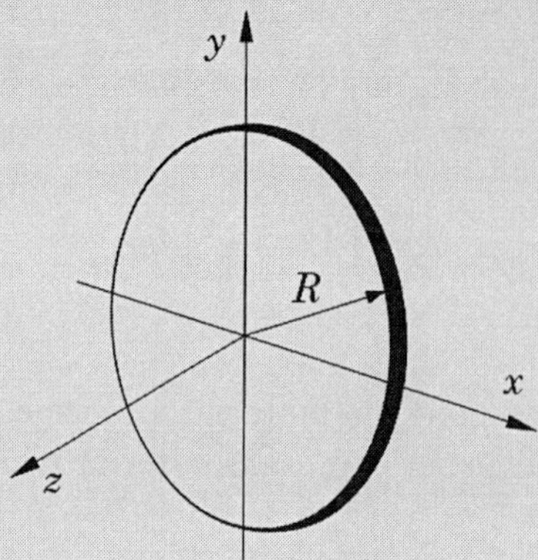

FIGURA 5.12 Disco uniforme de pequena espessura.

Resolução

Para o cálculo do momento de inércia J_x definido pela Equação (5.27.a), escolhemos o elemento diferencial de massa formado por uma faixa de comprimento $2b$ e espessura elementar dy, paralela ao eixo x, conforme mostrado na Figura 5.13.

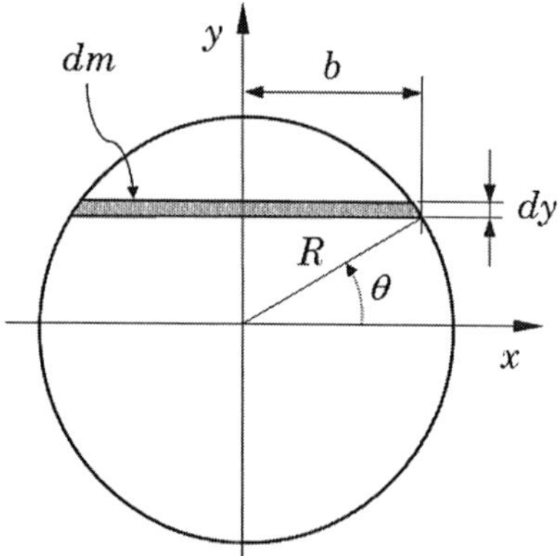

FIGURA 5.13 Esquema de resolução do Exemplo 5.6, com indicação do elemento diferencial de massa.

Observamos que, sendo o disco de pequena espessura, podemos considerá-lo como estando posicionado sobre o plano xy, de sorte que a coordenada z é nula para todos os pontos do disco, ou seja, $z \equiv 0$. Além disso, para o elemento diferencial de massa escolhido, temos:

$$y = R\, sen\theta, \qquad \textbf{(a)}$$

$$dy = R\, cos\theta\, d\theta, \qquad \textbf{(b)}$$

$$b = R\, cos\theta. \qquad \textbf{(c)}$$

Assim, a massa elementar resulta expressa sob a forma:

$$dm = \rho dA = 2\rho b\, dy = 2\rho R^2 cos^2 \theta d\theta. \quad \textbf{(d)}$$

Retomando a Equação (5.27.a), escrevemos:

$$J_x = \int_{vol.} \left(y^2 + z^2\right) dm = 2\rho R^4 \int_{-\pi/2}^{\pi/2} cos^2 \theta \cdot sen^2 \theta d\theta = \frac{1}{4}\rho \pi R^4. \quad \textbf{(e)}$$

Sendo a massa do disco dada por:

$$m = \rho \pi R^2, \quad \textbf{(f)}$$

o momento de inércia do disco em relação ao eixo x resulta expresso sob a forma:

$$J_x = \frac{1}{4} m R^2. \quad \textbf{(g)}$$

Devido à simetria dupla do disco, podemos concluir que os momentos de inércia J_x e J_y são iguais, ou seja:

$$J_y = \frac{1}{4} m R^2. \quad \textbf{(h)}$$

Com relação ao momento de inércia J_z, confrontando as Equações (5.27.a), (5.27.b) e (5.27.c), levando em conta que, no caso presente, $z \equiv 0$, concluímos que:

$${}_z = J_x + J_y \Rightarrow J_z = \frac{1}{2} m R^2. \quad \textbf{(i)}$$

EXEMPLO 5.7

Determinar os momentos de inércia da barra delgada homogênea OA, de comprimento L e massa m, posicionada no plano xy e orientada segundo um ângulo θ, em relação ao sistema de eixos cartesianos mostrados na Figura 5.14.

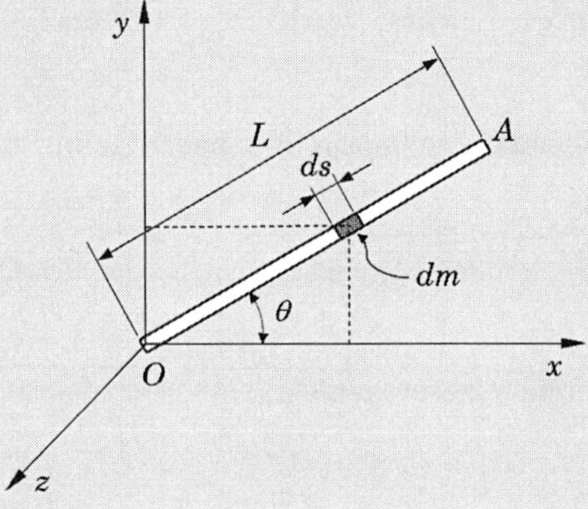

FIGURA 5.14 Barra uniforme delgada inclinada.

Resolução

Adotando o elemento diferencial de massa mostrado na Figura 5.14, temos que suas coordenadas cartesianas obedecem às condições:

$$y = x tg\theta, \qquad 0 \le x \le L cos\theta, \qquad \textbf{(a)}$$

$$z \equiv 0. \qquad \textbf{(b)}$$

Além disso, a massa elementar é expressa segundo:

$$dm = \rho ds = \rho\sqrt{dx^2 + dy^2}, \qquad \textbf{(c)}$$

onde ρ é a densidade linear da barra.

Levando em consideração a equação (a), temos:

$$dy = tg\theta dx, \qquad \textbf{(d)}$$

de sorte que a equação (c) nos dá:

$$dm = \rho\sqrt{1 + tg^2\theta}\, dx. \qquad \textbf{(e)}$$

Associando a Equação (5.27.a) com as equações (a) a (e), para o momento de inércia J_x escrevemos:

$$J_x = \int_{vol.} \left(y^2 + z^2\right) dm = \rho tg^2\theta\sqrt{1 + tg^2\theta} \int_0^{L\cos\theta} x^2 dx. \qquad \textbf{(f)}$$

Efetuando a integração indicada na equação (f), após algumas manipulações, obtemos:

$$J_x = \frac{1}{3} m L^2 sen^2\theta. \qquad \textbf{(g)}$$

Quanto ao momento de inércia J_y, temos:

$$J_y = \int_{vol.} \left(x^2 + z^2\right) dm = \rho\sqrt{1 + tg^2\theta} \int_0^{L\cos\theta} x^2 dx. \qquad \textbf{(h)}$$

Efetuando a integração indicada na equação (h), após algumas manipulações, obtemos:

$$J_y = \frac{1}{3} m L^2 \cos^2\theta. \qquad \textbf{(i)}$$

Quanto ao momento de inércia J_z, escrevemos:

$$J_z = \int_{vol.} \left(x^2 + y^2\right) dm. \qquad \textbf{(j)}$$

Como $z \equiv 0$, confrontando as equações (f), (h) e (j), concluímos que:

$$J_z = J_x + J_y. \quad \textbf{(k)}$$

Assim, associando as equações (g), (i) e (k), obtemos:

$$\boxed{J_z = \frac{1}{3}mL^2.} \quad \textbf{(l)}$$

A Figura 5.15 mostra graficamente as variações dos momentos de inércia normalizados $J_x/(1/3mL^2)$, $J_y/(1/3mL^2)$, $J_z/(1/3mL^2)$ no intervalo $0 \leq \theta \leq 2\pi$.

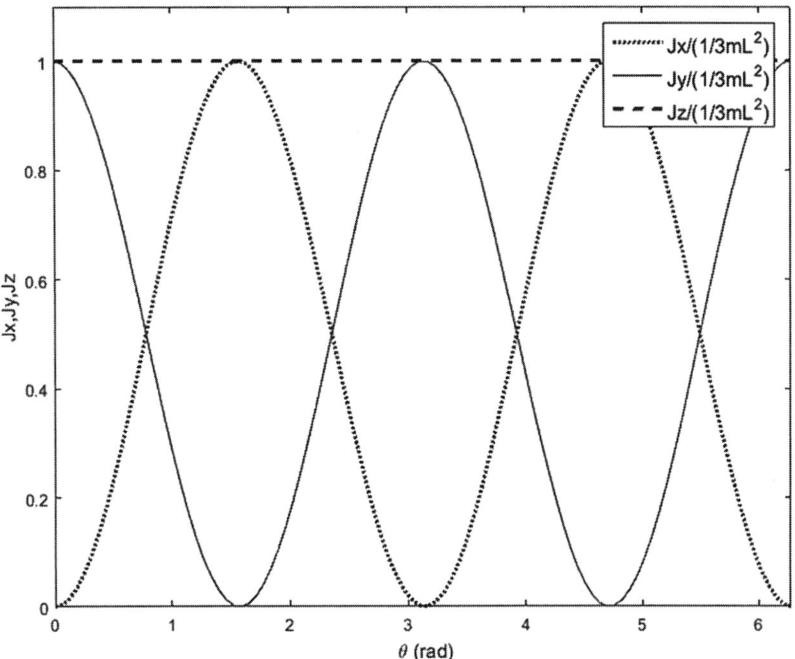

FIGURA 5.15 Variações dos momentos de inércia normalizados da barra delgada em função do ângulo θ.

5.6 Momentos de inércia de corpos de geometria composta

Em diversas ocasiões precisamos calcular os momentos de inércia de sólidos de geometria complexa, formados pela associação de n partes $P_1, P_2, ..., P_n$ de geometria mais simples, conforme ilustrado na Figura 5.16. Nestes casos, o cálculo baseado na aplicação direta das definições dadas pelas Equações (5.27) pode conduzir a integrais muito complicadas.

Mostraremos, a seguir, que conhecendo os momentos de inércia de cada uma das partes em relação aos eixos coordenados adotados, os momentos de inércia do corpo são dados simplesmente pela soma dos momentos de inércia destas partes.

Conforme veremos nos exemplos que apresentaremos adiante, este resultado, em combinação com o uso do Teorema dos Eixos Paralelos, facilita muito o cálculo dos momentos de inércia de corpos de geometria complexa.

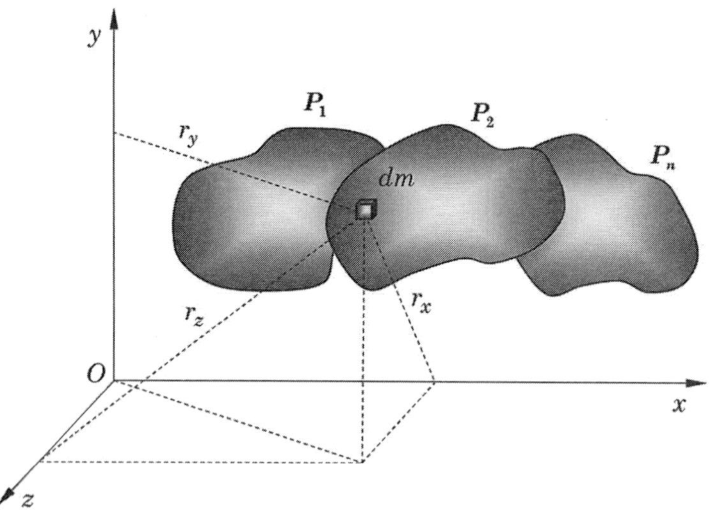

FIGURA 5.16 Ilustração de um sólido composto pela associação de várias partes.

Consideremos, primeiramente, o momento de inércia do corpo composto mostrado na Figura 5.16 em relação ao eixo x, o qual é definido pela Equação (5.27.a), adaptada da seguinte forma:

$$J_x = \int_{P_1+P_2+\cdots P_n} \left(y^2+z^2\right)dm. \tag{5.31}$$

Levando em conta o particionamento indicado na Figura 5.16, a integral que aparece do lado direito da Equação (5.31) pode ser fracionada da seguinte forma:

$$J_x = \int_{P_1} \left(y^2+z^2\right)dm + \int_{P_2} \left(y^2+z^2\right)dm + \cdots + \int_{P_n} \left(y^2+z^2\right)dm. \tag{5.32}$$

Considerando mais uma vez a definição do momento de inércia J_x, dada pela Equação (5.27.a), identificamos, em cada termo do lado direito da Equação (5.32), o momento de inércia de cada uma das partes que compõem o corpo rígido. Assim, esta última equação pode ser reescrita sob a forma:

$$J_x = J_x\big|_{P_1} + J_x\big|_{P_2} + \cdots + J_x\big|_{P_n}, \tag{5.33.a}$$

onde $J_x\big|_{P_i} = \int_{P_i} \left(y^2+z^2\right)dm$, $i = 1$ a n designa o momento de inércia da parte P_i em relação ao eixo x.

Por procedimento similar, para os demais momentos de inércia, escrevemos:

$$J_y = J_y\big|_{P_1} + J_y\big|_{P_2} + \cdots + J_y\big|_{P_n}, \tag{5.33.b}$$

$$J_z = J_z\big|_{P_1} + J_z\big|_{P_2} + \cdots + J_z\big|_{P_n}. \tag{5.33.c}$$

Fica então demonstrado que os momentos de inércia de um corpo formado por n partes são dados pela soma dos respectivos momentos de inércia destas partes.

EXEMPLO 5.8

Determinar os momentos de inércia de massa de um cone reto de base circular, de comprimento L e massa m, constituído de um material homogêneo de densidade ρ, em relação ao sistema de coordenadas mostrado na Figura 5.17.

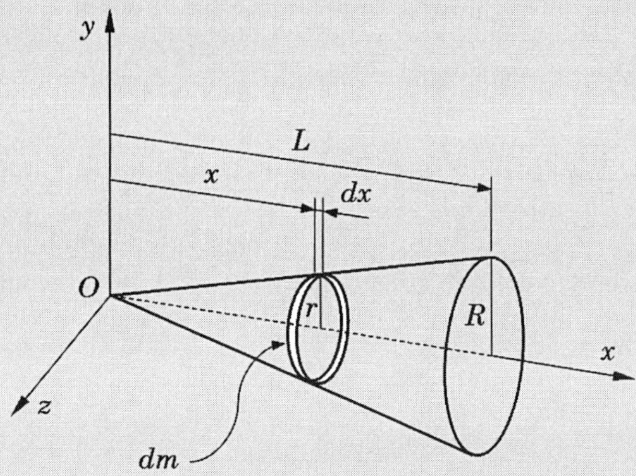

FIGURA 5.17 Esquema para cálculo dos momentos de inércia de massa de um cone reto de base circular.

Resolução

De maneira similar ao que fizemos para a determinação da posição do centro de massa do cone no Exemplo 5.2, escolhemos o elemento diferencial de massa na forma de um disco de raio $r(x)$, mostrado na Figura 5.17. Desta forma, consideraremos o cone como sendo formado por um conjunto infinito de discos de espessura infinitesimal e faremos uso dos resultados obtidos no Exemplo 5.6, no qual obtivemos as expressões para os momentos de inércia de discos circulares finos. Assim, estabelecemos:

$$J_x = \int_{vol.} dJ_x \,, J_y = \int_{vol.} dJ_y \,, J_z = \int_{vol.} dJ_z \,. \qquad \text{(a)}$$

Para o momento de inércia J_x, temos:

$$dJ_x = \frac{1}{2} r^2(x) dm \,. \qquad \text{(b)}$$

Sendo:

$$dm = \rho \pi r^2(x) dx \,, \qquad \text{(c)}$$

a equação (b) fica:

$$dJ_x = \frac{1}{2} \rho \pi r^4(x) dx \,. \qquad \text{(d)}$$

Na Figura 5.17 verificamos a seguinte variação do raio do elemento diferencial com a coordenada x:

$$r(x) = \frac{R}{L}x. \qquad \textbf{(e)}$$

Associando as equações (d) e (e), obtemos:

$$dJ_x = \frac{1}{2}\rho\pi\frac{R^4}{L^4}x^4 dx. \qquad \textbf{(f)}$$

Integrando a equação (f) na coordenada x, temos:

$$J_x = \frac{1}{2}\rho\pi\frac{R^4}{L^4}\int_0^L x^4 dx = \frac{1}{10}\rho\pi R^4 L. \qquad \textbf{(g)}$$

Relembrando que o volume do cone é dado por $V = \frac{1}{3}\pi R^2 L$, o momento de inércia J_x resulta expresso sob a forma:

$$J_x = \frac{3}{10}mR^2. \qquad \textbf{(h)}$$

Para o cálculo dos momentos de inércia J_y e J_z, precisamos aplicar o Teorema dos Eixos Paralelos para relacionar os momentos de inércia baricêntricos do disco infinitesimal com os respectivos momentos de inércia em relação aos eixos x e y indicados na Figura 5.17. Assim procedendo, escrevemos:

$$dJ_y = dJ_z = \frac{1}{4}r^2(x)dm + x^2 dm. \qquad \textbf{(i)}$$

Considerando a equação (c) a equação (i) fica:

$$dJ_y = dJ_z = \rho\pi\left[\frac{1}{4}r^4(x) + x^2 r^2(x)\right]dx. \qquad \textbf{(j)}$$

Integrando a equação (j) na coordenada x, e considerando a equação (e), obtemos:

$$J_y = J_z = \rho\pi\int_0^L\left[\frac{1}{4}r^4(x) + x^2 r^2(x)\right]dx \Rightarrow J_y = J_z = \frac{3}{5}m\left(\frac{1}{4}R^2 + L^2\right). \qquad \textbf{(k)}$$

5.7 Momentos de inércia de massa em relação a um eixo orientado arbitrariamente. Produtos de inércia

Considerando a Figura 5.18, desejamos expressar o momento de inércia de massa do corpo rígido em relação ao eixo OO', orientado arbitrariamente, em função dos momentos de inércia J_x, J_y e J_z, relativos aos eixos coordenados x, y e z. Nesta figura, o vetor $\vec{u} = u_x\vec{i} + u_y\vec{j} + u_z\vec{k}$ é o vetor unitário na direção do eixo OO'.

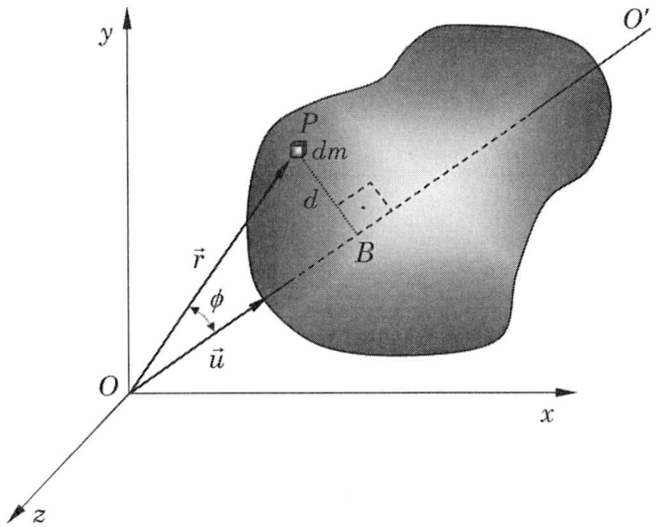

FIGURA 5.18 Imagem que ilustra a determinação do momento de inércia de um corpo rígido em relação a um eixo orientado arbitrariamente.

Designamos por $\vec{r} = x\vec{i} + y\vec{j} + z\vec{k}$ o vetor posição do elemento diferencial de massa dm e por ϕ o ângulo formado entre os vetores $\vec{u}$ e $\vec{r}$. Do triângulo *OPB*, indicado na Figura 5.18, extraímos a relação:

$$\overline{OP}^2 = \overline{OB}^2 + \overline{PB}^2, \tag{5.34}$$

ou:

$$\|\vec{r}\|^2 = \left(\|\vec{r}\| \cos\phi\right)^2 + d^2. \tag{5.35}$$

Esta última equação é equivalente a:

$$\vec{r} \cdot \vec{r} = (\vec{r} \cdot \vec{u})^2 + d^2, \tag{5.36}$$

da qual resulta:

$$d^2 = (\vec{r} \cdot \vec{r}) - (\vec{r} \cdot \vec{u})^2. \tag{5.37}$$

Desenvolvendo a Equação (5.37) em termos das componentes cartesianas dos vetores $\vec{r}$ e $\vec{u}$ obtemos:

$$d^2 = u_x^2\left(y^2 + z^2\right) + u_y^2\left(x^2 + z^2\right) + u_z^2\left(x^2 + y^2\right) + \\ -2xyu_x u_y - 2xzu_x u_z - 2yzu_y u_z. \tag{5.38}$$

Empregando a definição dada pela Equação (5.13), expressamos o momento de inércia de massa do corpo rígido em relação ao eixo OO' sob a forma:

$$J_{OO'} = \int_{vol.} d^2 dm. \tag{5.39}$$

Associando as Equações (5.38) e (5.39), e levando em conta que as componentes do vetor unitário $\vec{u}$ não dependem das coordenadas x, y, z, obtemos:

$$J_{OO'} = u_x^2 \int_{vol.} \left(y^2 + z^2\right) dm + u_y^2 \int_{vol.} \left(x^2 + z^2\right) dm + u_z^2 \int_{vol.} \left(x^2 + y^2\right) dm - \\ -2u_x u_y \int_{vol.} xy\,dm - 2u_x u_z \int_{vol.} xz\,dm - 2u_y u_z \int_{vol.} yz\,dm . \tag{5.40}$$

Considerando as Equações (5.27), reconhecemos nas três primeiras integrais que aparecem no lado direito da Equação (5.40) os momentos de inércia de massa J_x, J_y e J_z.

As três últimas integrais definem um conjunto adicional de propriedades de inércia que são os *produtos de inércia de massa* do corpo rígido, definidos por:

$$P_{xy} = \int_{vol.} xy\,dm , \tag{5.41.a}$$

$$P_{xz} = \int_{vol.} xz\,dm , \tag{5.41.b}$$

$$P_{yz} = \int_{vol.} yz\,dm . \tag{5.41.c}$$

Com estas últimas definições, a Equação (5.40) fica:

$$J_{OO'} = J_x u_x^2 + J_y u_y^2 + J_z u_z^2 - 2P_{xy} u_x u_y - 2P_{xz} u_x u_z - 2P_{yz} u_y u_z . \tag{5.42}$$

Concluímos que uma vez conhecidos os momentos de inércia e os produtos de inércia do corpo rígido em relação ao sistema de eixos xyz, o momento de inércia em relação a um eixo qualquer, determinado por seus cossenos diretores u_x, u_y e u_z, pode ser calculado pela Equação (5.42), que representa uma *forma quadrática* em termos destes cossenos diretores.

Introduzindo a notação matricial, podemos facilmente verificar que a Equação (5.42) pode ser escrita sob a forma:

$$J_{OO'} = \begin{bmatrix} u_x & u_y & u_z \end{bmatrix} \begin{bmatrix} J_x & -P_{xy} & -P_{xz} \\ -P_{xy} & J_y & -P_{yz} \\ -P_{xz} & -P_{yz} & J_z \end{bmatrix} \begin{Bmatrix} u_x \\ u_y \\ u_z \end{Bmatrix} , \tag{5.43}$$

ou, de forma mais compacta:

$$J_{OO'} = \{u\}^T \left[J_{xyz}\right] \{u\} , \tag{5.44}$$

onde:

$$\{u\} = \begin{Bmatrix} u_x \\ u_y \\ u_z \end{Bmatrix} \tag{5.45}$$

é o vetor dos cossenos diretores do eixo OO' e:

$$\left[J_{xyz}\right]=\begin{bmatrix} J_x & -P_{xy} & -P_{xz} \\ -P_{xy} & J_y & -P_{yz} \\ -P_{xz} & -P_{yz} & J_z \end{bmatrix} \quad (5.46)$$

é denominado *tensor de inércia* do corpo rígido, em relação ao sistema de referência xyz adotado.

É importante observar que $[J_{xyz}]$ é uma matriz simétrica de ordem três $\left(\left[J_{xyz}\right]=\left[J_{xyz}\right]^T\right)$.

Conforme veremos no Capítulo 6, os produtos de inércia, assim como os momentos de inércia, serão necessários para a formulação das equações do movimento de corpos rígidos. Apresentamos, a seguir, as propriedades dos produtos de inércia:

1ª) Conforme depreendemos de suas definições, estabelecidas pelas Equações (5.41), ao contrário dos momentos de inércia, que são sempre positivos, os produtos de inércia podem ser positivos, negativos ou nulos.

2ª) Se dois eixos coordenados definirem um plano de simetria de massa do corpo rígido (no caso de corpos homogêneos, a simetria de massa é equivalente à simetria geométrica), os produtos de inércia envolvendo o terceiro eixo coordenado são nulos. No exemplo da Figura 5.19, o plano yz é de simetria, de modo que são nulos os produtos de inércia envolvendo o eixo x, ou seja:

$$P_{xy}=P_{xz}=0. \quad (5.47)$$

Esta propriedade pode ser verificada com o auxílio da Figura 5.19, que ilustra uma seção do corpo rígido paralela ao plano xy.

Pode-se ver que, devido à simetria em relação ao plano yz, para cada elemento diferencial de massa dm, posicionado nas coordenadas (x, y, z), existirá outro elemento posicionado em coordenadas $(-x, y, z)$, de modo que as integrações indicadas nas Equações (5.41.a) e (5.41.b) resultam nulas.

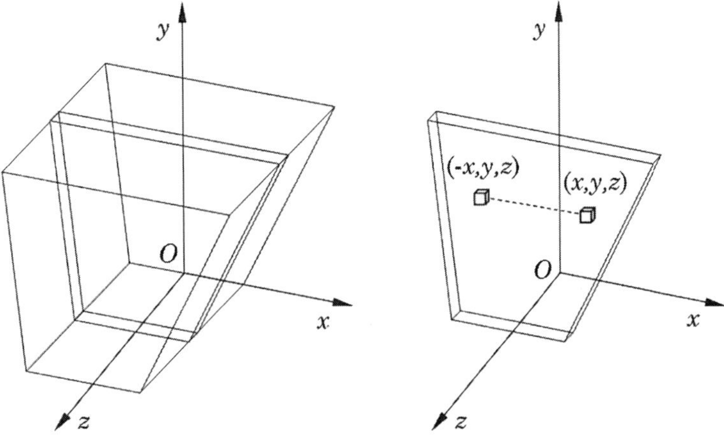

FIGURA 5.19 Ilustração da anulação de produtos de inércia devida à simetria de um corpo rígido.

3ª) Por procedimento similar ao apresentado na Seção 5.6, podemos facilmente demonstrar que os produtos de inércia de corpos de geometria composta, que pode ser fracionada em partes P_1, P_2, ..., P_n, como o ilustrado na Figura 5.16, são dados pelas somas dos respectivos produtos de inércia das partes que formam o corpo, ou seja:

$$P_{xy} = P_{xy}\big|_{P_1} + P_{xy}\big|_{P_2} + \cdots + P_{xy}\big|_{P_n}, \tag{5.48.a}$$

$$P_{xz} = P_{xz}\big|_{P_1} + P_{xz}\big|_{P_2} + \cdots + P_{xz}\big|_{P_n}, \tag{5.48.b}$$

$$P_{yz} = P_{yz}\big|_{P_1} + P_{yz}\big|_{P_2} + \cdots + P_{yz}\big|_{P_n}. \tag{5.48.c}$$

5.8 Teorema dos Eixos Paralelos para momentos de inércia e produtos de inércia expressos em coordenadas cartesianas

Complementando a teoria desenvolvida na Seção 5.4, deduziremos, a seguir, as expressões que traduzem o Teorema dos Eixos Paralelos para os momentos de inércia e produtos de inércia de massa expressos em coordenadas cartesianas. Para tanto, faremos uso da Figura 5.20, que mostra um corpo rígido de massa m e dois sistemas de referência, $Oxyz$ e $Gx'y'z'$, sendo este último um sistema de referência baricêntrico, que tem sua origem no centro de massa do corpo, indicado por G.

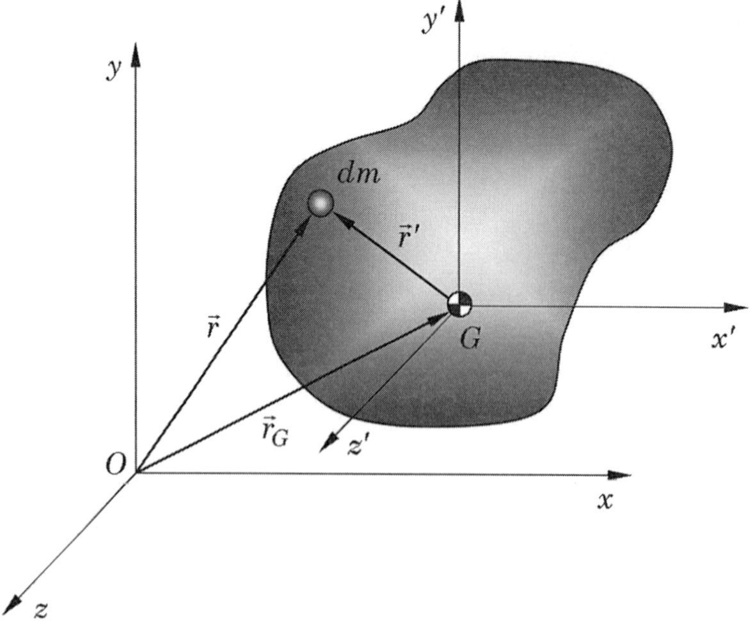

FIGURA 5.20 Ilustração de um corpo rígido e dois sistemas de referência, sendo um deles baricêntrico.

Observemos que os eixos dos dois sistemas são paralelos dois a dois, ou seja, $x // x'$, $y // y'$ e $z // z'$. Estão também indicados na Figura 5.20 os seguintes vetores posição:

- $\vec{r} = x\vec{i} + y\vec{j} + z\vec{k}$: vetor posição do elemento diferencial de massa dm em relação ao sistema $Oxyz$;
- $\vec{r}\,' = x'\vec{i} + y'\vec{j} + z'\vec{k}$: vetor posição do elemento diferencial de massa em relação ao sistema baricêntrico $Gx'y'z'$;
- $\vec{r}_G = x_G\vec{i} + y_G\vec{j} + z_G\vec{k}$: posição do centro de massa em relação ao sistema $Oxyz$.

Como os dois sistemas de referência são paralelos entre si, associamos uma única base de vetores unitários $(\vec{i}, \vec{j}, \vec{k})$ a ambos.

Do triângulo de vetores indicados na Figura 5.20, temos:

$$\vec{r} = \vec{r}_G + \vec{r}\,',$$

donde:

$$x = x_G + x', \tag{5.49.a}$$

$$y = y_G + y', \tag{5.49.b}$$

$$z = z_G + z'. \tag{5.49.c}$$

Considerando, inicialmente, o momento de inércia J_x, introduzindo as relações dadas pelas Equações (5.49.b) e (5.49.c) na Equação (5.27.a), obtemos:

$$\begin{gathered} J_x = \int_{vol.} \left[(y_G + y')^2 + (z_G + z')^2 \right] dm = \\ \int_{vol.} \left(y'^2 + z'^2 \right) dm + 2y_G \int_{vol.} y' dm + 2z_G \int_{vol.} z' dm + \left(y_G^2 + z_G^2 \right) \int_{vol.} dm \cdot \end{gathered} \tag{5.50}$$

De acordo com a definição (5.27.a), o primeiro termo do lado direito da Equação (5.50) representa o momento de inércia do corpo rígido em relação ao eixo baricêntrico x', ou seja:

$$J_{x'} = \int \left(y'^2 + z'^2 \right) dm. \tag{5.51}$$

Além disso, já sabemos que:

$$\int_{vol.} y' dm = \int_{vol.} z' dm = 0\,. \tag{5.52}$$

Com essas considerações, a Equação (5.50) fica:

$$J_x = J_{x'} + \left(y_G^2 + z_G^2\right)m . \tag{5.53.a}$$

Por procedimento análogo, chegamos às seguintes expressões referentes aos momentos de inércia J_y e J_z:

$$J_y = J_{y'} + \left(x_G^2 + z_G^2\right)m , \tag{5.53.b}$$

$$J_z = J_{z'} + \left(x_G^2 + y_G^2\right)m . \tag{5.53.c}$$

As Equações (5.53) traduzem, em conjunto, o Teorema dos Eixos Paralelos para os momentos de inércia expressos em coordenadas cartesianas.

No que diz respeito aos produtos de inércia, consideremos inicialmente o produto de inércia P_{xy}, definido na Equação (5.41.a). Introduzindo nesta equação as transformações de coordenadas expressas pelas Equações (5.49.a) e (5.49.b), obtemos:

$$\begin{gathered} P_{xy} = \int_{vol.} (x_G + x')(y_G + y')dm = \\ x_G y_G \int_{vol.} dm + x_G \int_{vol.} y'dm + y_G \int_{vol.} x'dm + \int_{vol.} x'y'dm . \end{gathered} \tag{5.54}$$

Na equação acima temos $\int_{vol.} y'dm = \int_{vol.} x'dm = 0$, e $P_{x'y'} = \int_{vol.} x'y'dm$ é o produto de inércia do corpo rígido em relação aos eixos baricêntricos.

Assim, a Equação (5.54) pode ser posta sob a forma:

$$P_{xy} = P_{x'y'} + x_G y_G m . \tag{5.55.a}$$

Por procedimento análogo, para os produtos de inércia P_{xz} e P_{yz}, obtemos as relações:

$$P_{xz} = P_{x'z'} + x_G z_G m , \tag{5.55.b}$$

$$P_{yz} = P_{y'z'} + y_G z_G m . \tag{5.55.c}$$

As Equações (5.55) expressam o Teorema dos Eixos Paralelos para os produtos de inércia em coordenadas cartesianas.

EXEMPLO 5.9

Para a placa fina triangular uniforme, de espessura e e densidade volumétrica ρ, mostrada na Figura 5.21, determinar: **a)** os momentos de inércia em relação aos eixos indicados; **b)** os produtos de inércia em relação aos eixos indicados; **c)** os momentos de inércia em relação aos eixos baricêntricos da placa, paralelos aos eixos indicados; **d)** os produtos de inércia em relação aos eixos baricêntricos da placa, paralelos aos eixos indicados.

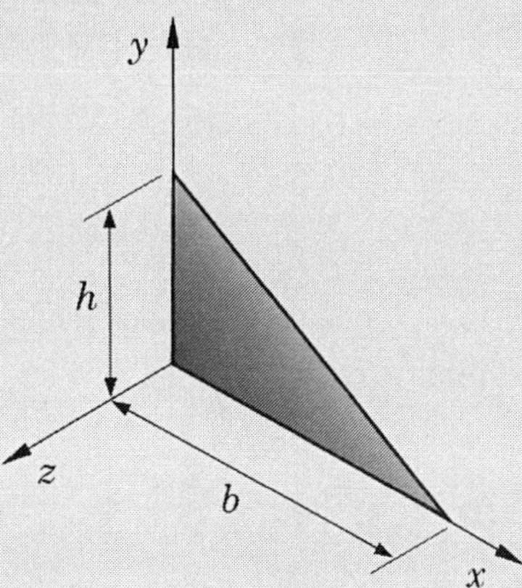

FIGURA 5.21 Placa triangular uniforme de pequena espessura.

Resolução

a) Devido à hipótese de que a chapa é fina, de acordo com a Figura 5.21 podemos considerá-la posicionada sobre o plano xy, de sorte que para todos os seus pontos, a coordenada z é nula.

Utilizamos o elemento diferencial de massa ilustrado na Figura 5.22(a), de formato retangular, cuja massa é $dm = \rho e y dx$, e consideramos, com base nos resultados apresentados na Seção 5.6, que cada momento de inércia da placa triangular é a soma dos respectivos momentos de inércia dos retângulos elementares, ou seja:

$$J_x = \int dJ_x, \quad J_y = \int dJ_y, \quad J_z = \int dJ_z. \qquad \textbf{(a)}$$

Para o cálculo dos momentos de inércia do elemento retangular em relação aos eixos escolhidos, utilizaremos o Teorema dos Eixos Paralelos, expresso pelas Equações (5.53). Consideremos, para isso, o sistema de referência baricêntrico do elemento diferencial, $Gx'y'$, mostrado na Figura 5.22(a).

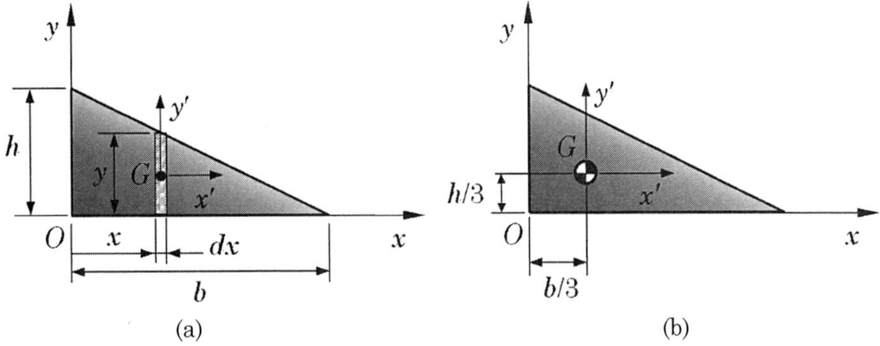

FIGURA 5.22 Esquema de resolução do Exemplo 5.9.

Para o cálculo de J_x, adaptando a Equação (5.53.a), escrevemos:

$$dJ_x = dJ_{x'} + \left(y_G^2 + z_G^2\right)dm, \qquad \textbf{(b)}$$

com:

$$dJ_{x'} = \frac{1}{12}y^2 dm, \qquad \textbf{(c)}$$

$$y_G = \frac{1}{2}y, \qquad \textbf{(d)}$$

$$z_G = 0. \qquad \textbf{(e)}$$

Da geometria do triângulo, extraímos a relação:

$$\frac{y}{b-x} = \frac{h}{b} \Rightarrow y = h\left(1 - \frac{x}{b}\right). \qquad \textbf{(f)}$$

Associando as equações (b) a (f), e relembrando que a massa da placa é dada por $m = \frac{1}{2}\rho ebh$, obtemos:

$$J_x = \frac{1}{3}\rho eh^3 \int_0^b \left(1 - \frac{x}{b}\right)^3 dx \Rightarrow \boxed{J_x = \frac{1}{6}mh^2}. \qquad \textbf{(g)}$$

Para o cálculo de J_y, adaptando a Equação (5.53.b), escrevemos:

$$dJ_y = dJ_{y'} + \left(x_G^2 + z_G^2\right)dm, \qquad \textbf{(h)}$$

com:

$$dJ_{y'} = 0, \qquad \textbf{(i)}$$

$$x_G = x, \qquad \textbf{(j)}$$

$$z_G = 0. \qquad \textbf{(k)}$$

Considerando mais uma vez a relação geométrica dada pela equação (f), e associando as equações (h) a (k), obtemos:

$$J_y = \rho eh \int_0^b x^2\left(1 - \frac{x}{b}\right)dx \Rightarrow \boxed{J_y = \frac{1}{6}mb^2}. \qquad \textbf{(l)}$$

Para determinar o momento de inércia J_z, utilizamos a Equação (5.30):

$$J_z = J_x + J_y \;\Rightarrow\; \boxed{J_z = \frac{1}{6}m\left(b^2 + h^2\right)}. \qquad \textbf{(m)}$$

b) Quanto aos produtos de inércia, observamos que, como a placa está posicionada no plano xy, a coordenada z é nula para todos os seus pontos. Em consequência, com base nas definições dos produtos de inércia dadas pelas Equações (5.41), concluímos que:

$$\boxed{P_{xz} = P_{yz} = 0}, \qquad \textbf{(n)}$$

e resta calcular apenas o produto de inércia P_{xy}. Para isso, utilizamos mais uma vez o elemento diferencial de massa, de formato retangular, ilustrado na Figura 5.22(a), e consideramos, com base na Equação (5.48.a), que o produto de inércia da placa retangular é a soma dos produtos de inércia dos retângulos elementares, ou seja:

$$P_{xy} = \int dP_{xy}. \qquad \textbf{(o)}$$

Adaptando a Equação (5.55.a), escrevemos:

$$dP_{xy} = dP_{x'y'} + x_G y_G\, dm. \qquad \textbf{(p)}$$

Todavia, uma vez que o elemento diferencial tem simetria em relação aos eixos de seu sistema de referência baricêntrico, temos $dP_{x'y'} = 0$. Além disso, para este elemento, temos:

$$y_G = \frac{y}{2}, \qquad \textbf{(q)}$$

$$x_G = x. \qquad \textbf{(r)}$$

Considerando mais uma vez a relação geométrica dada pela equação (f), e associando as equações (o) a (r), obtemos:

$$P_{xy} = \frac{1}{2}\rho e h^2 \int_0^b x\left(1 - \frac{x}{b}\right)^2 dx \Rightarrow \boxed{P_{xy} = \frac{1}{12} m h b}. \qquad \textbf{(s)}$$

c) e **d)** Uma vez determinados os momentos de inércia e produtos de inércia do corpo em relação aos eixos xyz, utilizamos novamente o Teorema dos Eixos Paralelos para obter os momentos de inércia e os produtos de inércia correspondentes, em relação ao sistema de referência baricêntrico mostrado na Figura 5.22(b).

Adaptando as Equações (5.53) e (5.55), temos:

$$J_{x'} = J_x - \left(y_G^2 + z_G^2\right)m \;\Rightarrow\; J_{x'} = \frac{1}{6}mh^2 - \left(\frac{1}{3}h\right)^2 m \;\Rightarrow\; \boxed{J_{x'} = \frac{1}{18}mh^2}, \qquad \textbf{(t)}$$

$$J_{y'} = J_y - \left(x_G^2 + z_G^2\right)m \Rightarrow J_{y'} = \frac{1}{6}mb^2 - \left(\frac{1}{3}b\right)^2 m \Rightarrow \underline{\underline{J_{y'} = \frac{1}{18}mb^2}}, \qquad \text{(u)}$$

$$J_{z'} = J_{x'} + J_{y'} \Rightarrow \underline{\underline{J_{z'} = \frac{1}{18}m\left(b^2 + h^2\right)}}. \qquad \text{(v)}$$

$$P_{x'y'} = P_{xy} - m\,x_G y_G \Rightarrow P_{x'y'} = \frac{1}{12}mbh - m\left(\frac{1}{3}b\right)\cdot\left(\frac{1}{3}h\right) \Rightarrow \underline{\underline{P_{x'y'} = -\frac{1}{36}mbh}}, \qquad \text{(w)}$$

$$\underline{\underline{P_{x'z'} = 0}}, \qquad \text{(x)}$$

$$\underline{\underline{P_{y'z'} = 0}}. \qquad \text{(y)}$$

EXEMPLO 5.10

Para o corpo formado por uma chapa fina de espessura e = 2,0 mm e densidade ρ = 7800 kg/m^3, mostrado na Figura 5.23, determinar: **a)** a posição do centro de massa do corpo; **b)** os momentos de inércia de massa do corpo em relação aos eixos indicados; **c)** os produtos de inércia de massa do corpo em relação aos eixos indicados; **d)** o tensor de inércia.

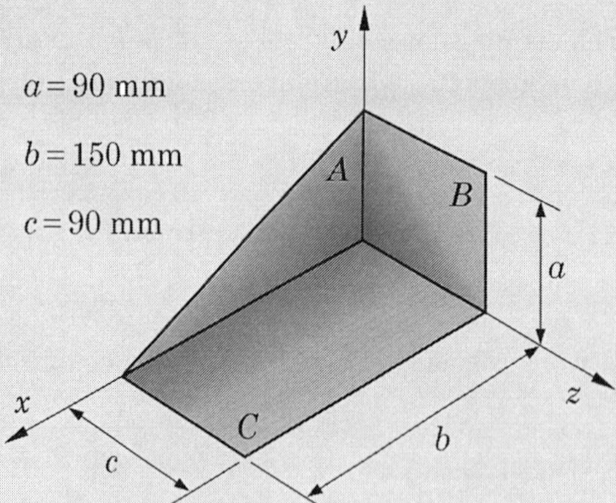

FIGURA 5.23 Corpo formado por uma chapa fina uniforme.

Resolução

a) Consideraremos o corpo formado por três partes, A, B e C, conforme indicado na Figura 5.23, para as quais temos:

Parte A:

$$m_A = \frac{1}{2}\rho e a b = 0{,}1053\text{kg},\ x_G^A = \frac{1}{3}b = 0{,}050\text{m},\ y_G^A = \frac{1}{3}a = 0{,}030\text{m},\ z_G^A = 0. \qquad \text{(a.1)}$$

Parte B:

$$m_B = \rho e a c = 0{,}1264\,\text{kg}\,,\; x_G^B = 0\,,\; y_G^B = \frac{1}{2}a = 0{,}045\,\text{m}\,,\; z_G^B = \frac{1}{2}c = 0{,}045\,\text{m}\,. \qquad \textbf{(a.2)}$$

Parte C:

$$m_C = \rho e b c = 0{,}2106\,\text{kg}\,,\; x_G^C = \frac{1}{2}b = 0{,}075\,\text{m}\,,\; y_G^C = 0\,,\; z_G^C = \frac{1}{2}c = 0{,}045\,\text{m}\,. \qquad \textbf{(a.3)}$$

Empregando a Equação (5.12), obtemos as coordenadas do vetor posição do centro de massa do corpo:

$$x_G = \frac{m_A x_G^A + m_B x_G^B + m_C x_G^C}{m_A + m_B + m_C} \;\Rightarrow\; \underline{\underline{x_G = 0{,}0476\,\text{m}}}\,, \qquad \textbf{(b.1)}$$

$$y_G = \frac{m_A y_G^A + m_B y_G^B + m_C y_G^C}{m_A + m_B + m_C} \;\Rightarrow\; \underline{\underline{y_G = 0{,}0200\,\text{m}}}\,, \qquad \textbf{(b.2)}$$

$$z_G = \frac{m_A z_G^A + m_B z_G^B + m_C z_G^C}{m_A + m_B + m_C} \;\Rightarrow\; \underline{\underline{z_G = 0{,}0343\,\text{m}}}\,. \qquad \textbf{(b.3)}$$

b) e **c)** Para o cálculo dos momentos de inércia e produtos de inércia, utilizaremos os dados fornecidos no Apêndice B, e no Exemplo 5.9, em associação com o Teorema dos Eixos Paralelos. Calcularemos, primeiramente, os momentos de inércia e produtos de inércia baricêntricos de cada uma das três partes:

Parte A:

$$J_{x'}^A = \frac{1}{18} m_A a^2 = 4{,}7385 \times 10^{-5}\,\text{kg.m}^2\,, \qquad \textbf{(c.1)}$$

$$J_{y'}^A = \frac{1}{18} m_A b^2 = 1{,}3163 \times 10^{-4}\,\text{kg.m}^2\,, \qquad \textbf{(c.2)}$$

$$J_{z'}^A = \frac{1}{18} m_A \left(a^2 + b^2\right) = 1{,}7901 \times 10^{-4}\,\text{kg.m}^2\,, \qquad \textbf{(c.3)}$$

$$P_{x'y'}^A = -\frac{1}{36} m_A a b = -3{,}9488 \times 10^{-5}\,\text{kg.m}^2\,, \qquad \textbf{(c.4)}$$

$$P_{x'z'}^A = 0\,, \qquad \textbf{(c.5)}$$

$$P_{y'z'}^A = 0\,. \qquad \textbf{(c.6)}$$

Parte B:

$$J_{x'}^{B} = \frac{1}{12} m_B \left(a^2 + c^2\right) = 1{,}7059 \times 10^{-4}\,\text{kg.m}^2, \qquad \textbf{(d.1)}$$

$$J_{y'}^{B} = \frac{1}{12} m_B c^2 = 8{,}5293 \times 10^{-5}\,\text{kg.m}^2, \qquad \textbf{(d.2)}$$

$$J_{z'}^{B} = \frac{1}{12} m_B a^2 = 8{,}5293 \times 10^{-5}\,\text{kg.m}^2, \qquad \textbf{(d.3)}$$

$$P_{x'y'}^{B} = 0, \qquad \textbf{(d.4)}$$

$$P_{x'z'}^{B} = 0, \qquad \textbf{(d.5)}$$

$$P_{y'z'}^{B} = 0. \qquad \textbf{(d.6)}$$

Parte C:

$$J_{x'}^{C} = \frac{1}{12} m_C c^2 = 1{,}4216 \times 10^{-4}\,\text{kg.m}^2, \qquad \textbf{(e.1)}$$

$$J_{y'}^{C} = \frac{1}{12} m_C \left(b^2 + c^2\right) = 5{,}3703 \times 10^{-4}\,\text{kg.m}^2, \qquad \textbf{(e.2)}$$

$$J_{z'}^{C} = \frac{1}{12} m_C b^2 = 3{,}9488 \times 10^{-4}\,\text{kg.m}^2, \qquad \textbf{(e.3)}$$

$$P_{x'y'}^{C} = 0, \qquad \textbf{(e.4)}$$

$$P_{x'z'}^{C} = 0, \qquad \textbf{(e.5)}$$

$$P_{y'z'}^{C} = 0. \qquad \textbf{(e.6)}$$

Aplicando o Teorema dos Eixos Paralelos a cada uma das partes e adicionando seus momentos de inércia e produtos de inércia, para o corpo considerado, obtemos:

- $J_x = J_x^A + J_x^B + J_x^C$. **(f)**

A partir dos valores obtidos anteriormente, temos:

$$J_x^A = J_{x'}^A + \left[\left(y_G^A\right)^2 + \left(z_G^A\right)^2\right] m_A = 1{,}4216 \times 10^{-4}\,\text{kg.m}^2, \qquad \textbf{(g.1)}$$

$$J_x^B = J_{x'}^B + \left[\left(y_G^B\right)^2 + \left(z_G^B\right)^2\right] m_B = 6,8234 \times 10^{-4}\ \text{kg.m}^2, \qquad \textbf{(g.2)}$$

$$J_x^C = J_{x'}^C + \left[\left(y_G^C\right)^2 + \left(z_G^C\right)^2\right] m_C = 5,6862 \times 10^{-4}\ \text{kg.m}^2. \qquad \textbf{(g.3)}$$

Assim: $J_x = 1,3931 \times 10^{-3}\ \text{kg.m}^2$. **(h)**

Similarmente, para as demais propriedades de inércia, temos:

- $J_y = J_y^A + J_y^B + J_y^C$, **(i)**

com:

$$J_y^A = J_{y'}^A + \left[\left(x_G^A\right)^2 + \left(z_G^A\right)^2\right] m_A = 3,9488 \times 10^{-4}\ \text{kg.m}^2, \qquad \textbf{(j.1)}$$

$$J_y^B = J_{y'}^B + \left[\left(x_G^B\right)^2 + \left(z_G^B\right)^2\right] m_B = 3,4118 \times 10^{-4}\ \text{kg.m}^2, \qquad \textbf{(j.2)}$$

$$J_y^C = J_{y'}^C + \left[\left(x_G^C\right)^2 + \left(z_G^C\right)^2\right] m_C = 2,1481 \times 10^{-3}\ \text{kg.m}^2, \qquad \textbf{(j.3)}$$

$J_y = 2,8842 \times 10^{-3}\ \text{kg.m}^2$. **(k)**

- $J_z = J_z^A + J_z^B + J_z^C$, **(l)**

com:

$$J_z^A = J_{z'}^A + \left[\left(x_G^A\right)^2 + \left(y_G^A\right)^2\right] m_A = 5,3703 \times 10^{-4}\ \text{kg.m}^2, \qquad \textbf{(m.1)}$$

$$J_z^B = J_{z'}^B + \left[\left(x_G^B\right)^2 + \left(y_G^B\right)^2\right] m_B = 3,4117 \times 10^{-4}\ \text{kg.m}^2, \qquad \textbf{(m.2)}$$

$$J_z^C = J_{z'}^C + \left[\left(x_G^C\right)^2 + \left(y_G^C\right)^2\right] m_C = 1,5795 \times 10^{-3}\ \text{kg.m}^2, \qquad \textbf{(m.3)}$$

$J_z = 2,4577 \times 10^{-3}\ \text{kg.m}^2$. **(n)**

- $P_{xy} = P_{xy}^{A} + P_{xy}^{B} + P_{xy}^{C}$, **(o)**

com:

$P_{xy}^{A} = P_{x'y'}^{A} + x_G^A \, y_G^A \, m_A = 1{,}1846 \times 10^{-4} \text{ kg.m}^2$, **(p.1)**

$P_{xy}^{B} = 0$, **(p.2)**

$P_{xy}^{C} = 0$, **(p.3)**

$P_{xy} = 1{,}1846 \times 10^{-4} \text{ kg.m}^2$. **(q)**

- $P_{xz} = P_{xz}^{A} + P_{xz}^{B} + P_{xz}^{C}$, **(r)**

com:

$P_{xz}^{A} = 0$, **(s.1)**

$P_{xz}^{B} = 0$, **(s.2)**

$P_{xz}^{C} = 0 + x_G^C \, z_G^C \, m_C = 7{,}1077 \times 10^{-4} \text{ kg.m}^2$, **(s.3)**

$P_{xz} = 7{,}1078 \times 10^{-4} \text{ kg.m}^2$. **(t)**

- $P_{yz} = P_{yz}^{A} + P_{yz}^{B} + P_{yz}^{C}$, **(u)**

com:

$P_{yz}^{A} = 0$, **(v.1)**

$P_{yz}^{B} = 0 + y_G^B \, z_G^B \, m_B = 2{,}5588 \times 10^{-4} \text{ kg.m}^2$, **(v.2)**

$P_{yz}^{C} = 0$, **(v.3)**

$P_{yz} = 2{,}5588 \times 10^{-4} \text{ kg.m}^2$. **(w)**

d) Com base na definição dada pela Equação (5.46), o tensor de inércia do corpo considerado é:

$$\left[J_{xyz}\right] = \begin{bmatrix} 1{,}3931 \times 10^{-3} & -1{,}1846 \times 10^{-4} & -7{,}1078 \times 10^{-4} \\ -1{,}1846 \times 10^{-4} & 2{,}8842 \times 10^{-3} & -2{,}5588 \times 10^{-4} \\ -7{,}1078 \times 10^{-4} & -2{,}5588 \times 10^{-4} & 2{,}4577 \times 10^{-3} \end{bmatrix} (\text{kg.m}^2). \quad \textbf{(x)}$$

5.9 Eixos principais de inércia e momentos principais de inércia

Na Seção 5.7 vimos que se um corpo rígido possuir um plano de simetria de massa, os produtos de inércia nos quais o eixo perpendicular a este plano intervém são nulos. É possível demonstrar que, mesmo nos casos em que o corpo rígido não possui nenhum plano de simetria, sempre podemos encontrar um sistema triortogonal de eixos em relação aos quais todos os produtos de inércia são nulos simultaneamente. Neste caso, o tensor de inércia, definido pela Equação (5.46), resulta ser uma matriz diagonal.

Os eixos em relação aos quais os produtos de inércia são nulos são chamados *Eixos Principais de Inércia (EPI)*, e os momentos de inércia em relação a estes eixos são denominados *Momentos Principais de Inércia (MPI)*.

Como veremos no Capítulo 6, a escolha dos eixos principais de inércia como sistema de referência é muito conveniente na análise dinâmica de corpos rígidos porque conduz a equações do movimento mais simples.

O problema que abordaremos nesta seção é o seguinte: dados os momentos de inércia e os produtos de inércia de um corpo rígido em relação a um sistema de referência arbitrário $Oxyz$, desejamos determinar os momentos principais de inércia e os cossenos diretores dos eixos principais de inércia que formam o sistema de eixos principais $O\tilde{x}\tilde{y}\tilde{z}$. Estes dois sistemas de referência estão ilustrados na Figura 5.24.

O problema pode ser formulado da seguinte maneira: partindo do sistema $Oxyz$, em relação ao qual conhecemos o tensor de inércia $[J_{xyz}]$, queremos determinar uma transformação linear, representando uma rotação do sistema $Oxyz$ em torno de um eixo que passa pela origem O, de modo que, em relação ao sistema de eixos nesta nova posição, indicado por $O\tilde{x}\tilde{y}\tilde{z}$, o tensor de inércia, denotado por $[J_{\tilde{x}\tilde{y}\tilde{z}}]$, seja uma matriz diagonal.

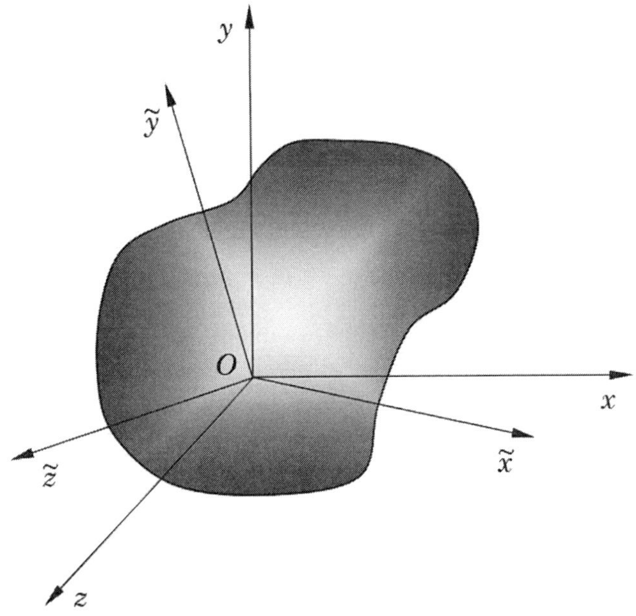

FIGURA 5.24 Representação de rotação de eixos para determinação dos eixos principais de inércia e momentos principais de inércia.

Conforme demonstramos no **Apêndice C**, este problema é formulado matematicamente como um *problema de autovalor*, que consiste em determinar os autovalores e os autovetores do tensor de inércia $[J_{xyz}]$ mediante a resolução do seguinte sistema de equações lineares homogêneas:

$$\left(\left[J_{xyz}\right]-\lambda_i\left[I_3\right]\right)\left\{v_i\right\}=\{0\}, \tag{5.56}$$

onde $[I_3]$ designa a matriz identidade de terceira ordem.

As soluções do problema de autovalor são os três pares:

$$\lambda_i,\left\{v_i\right\}=\begin{Bmatrix} v_{i1} \\ v_{i2} \\ v_{i3} \end{Bmatrix},\ i = 1, 2, 3, \tag{5.57}$$

onde os escalares $\lambda_i \in \Re$ $(i = 1, 2, 3)$ são os *autovalores* e os vetores $\{v_i\} \in \Re^3$, $(i = 1, 2, 3)$ são os *autovetores*, cujos significados são os seguintes:

- Os autovalores λ_i correspondem aos valores dos três momentos principais de inércia, que designaremos por $J_{\tilde{x}}, J_{\tilde{y}}, J_{\tilde{z}}$.

- Os autovetores $\{v_i\}$ são os vetores cujas componentes são os cossenos diretores dos três eixos principais de inércia, em relação ao sistema de referência $Oxyz$:

$$\left\{v_1\right\}=\left\{v_{\tilde{x}}\right\},\ \left\{v_2\right\}=\left\{v_{\tilde{y}}\right\},\ \left\{v_3\right\}=\left\{v_{\tilde{z}}\right\}. \tag{5.58}$$

De acordo com esta interpretação, cada um dos autovetores deve ser normalizado de modo que sua norma euclidiana seja unitária, isto é:

$$\left\{v_i\right\}^T\left\{v_i\right\}=\left\|\left\{v_i\right\}\right\|^2=1, \quad i = 1, 2, 3\,. \tag{5.59}$$

Embora o estudo de métodos de resolução numérica do problema de autovalor dado pela Equação (5.56) não se inclua no escopo deste livro, é importante mencionar, relembrando os conceitos da Álgebra Linear, que esta resolução pode ser feita em duas etapas:

a) *Cálculo dos autovalores*

Notando que o problema expresso pela Equação (5.56) constitui um sistema de três equações lineares homogêneas, a existência de soluções não triviais requer que a matriz dos coeficientes seja singular. Isso implica que seu determinante deve ser nulo, ou seja:

$$det\left(\left[J_{xyz}\right]-\lambda\left[I_3\right]\right)=0\,. \tag{5.60}$$

O desenvolvimento da Equação (5.60) conduz a uma equação do tipo:

$$P_3(\lambda) = 0, \tag{5.61}$$

onde $P_3(\lambda)$ designa um polinômio de 3º grau em λ, denominado *polinômio característico*.

As raízes de $P_3(\lambda)$, obtidas numericamente, fornecem os valores dos momentos principais de inércia $\lambda_1 = J_{\tilde{x}}, \lambda_2 = J_{\tilde{y}}, \lambda_3 = J_{\tilde{z}}$.

b) *Cálculo dos autovetores*
Os autovetores $\{v_1\}$, $\{v_2\}$ e $\{v_3\}$, associados, respectivamente, aos autovalores λ_1, λ_2, λ_3, são obtidos introduzindo, sucessivamente, cada um destes autovalores, calculados na primeira etapa, na Equação (5.56). Todavia, em virtude da condição expressa pela Equação (5.60), a matriz dos coeficientes do sistema de equações representado pela Equação (5.56) é singular e não pode ser invertida. Isso significa que este sistema tem apenas duas equações linearmente independentes. Para obter os autovetores devemos então completar o sistema de equações fazendo uso da condição expressa pela Equação (5.59), que define a norma dos autovetores.

EXEMPLO 5.11

Para o corpo considerado no Exemplo 5.10, determinar os momentos principais de inércia e os cossenos diretores dos eixos principais de inércia.

Resolução

No Exemplo 5.10 havíamos obtido o tensor de inércia em relação aos eixos indicados na Figura 5.23, o qual é reproduzido abaixo:

$$\left[J_{xyz}\right]=\begin{bmatrix} 1,3931\times10^{-3} & -1,1846\times10^{-4} & -7,1078\times10^{-4} \\ -1,1846\times10^{-4} & 2,8842\times10^{-3} & -2,5588\times10^{-4} \\ -7,1078\times10^{-4} & -2,5588\times10^{-4} & 2,4577\times10^{-3} \end{bmatrix} (\text{kg.m}^2) .$$

Para o cálculo dos autovalores e autovetores do tensor de inércia, de acordo com a Equação (5.56), utilizaremos a função **eig** do programa MATLAB® (ver programa **exemplo_5_11.m**).

Os valores obtidos são:

$$\underline{\underline{J_{\tilde{x}} = 1,0112\times10^{-3}\,\text{kg.m}^2}}, \quad \underline{\underline{J_{\tilde{y}} = 2,6808\times10^{-3}\,\text{kg.m}^2}}, \quad \underline{\underline{J_{\tilde{z}} = 3,0430\times10^{-3}\,\text{kg.m}^2}},$$

$$\{v_{\tilde{x}}\}=\begin{Bmatrix} 0,8828 \\ 0,1179 \\ 0,4547 \end{Bmatrix}, \qquad \{v_{\tilde{y}}\}=\begin{Bmatrix} -0,4281 \\ 0,6003 \\ 0,6755 \end{Bmatrix}, \qquad \{v_{\tilde{z}}\}=\begin{Bmatrix} -0,1933 \\ -0,7910 \\ 0,5805 \end{Bmatrix}.$$

Podemos verificar facilmente que os vetores de cossenos diretores dos eixos principais de inércia têm norma unitária, de modo a satisfazer a Equação (5.59).

EXEMPLO 5.12

Os programas computacionais modernos de projeto assistido por computador (*Computer Aided Design – CAD*) podem ser utilizados para o cálculo das propriedades de inércia de sólidos de geometria complexa. A Figura 5.25 mostra um exemplo resolvido com o emprego do programa SOLIDWORKS®. Para o sólido considerado, cuja geometria e propriedades do material devem ser fornecidas pelo usuário, são calculados: a posição do centro de massa, os momentos de inércia, os produtos de inércia, os momentos principais de inércia e os cossenos diretores dos eixos principais de inércia.

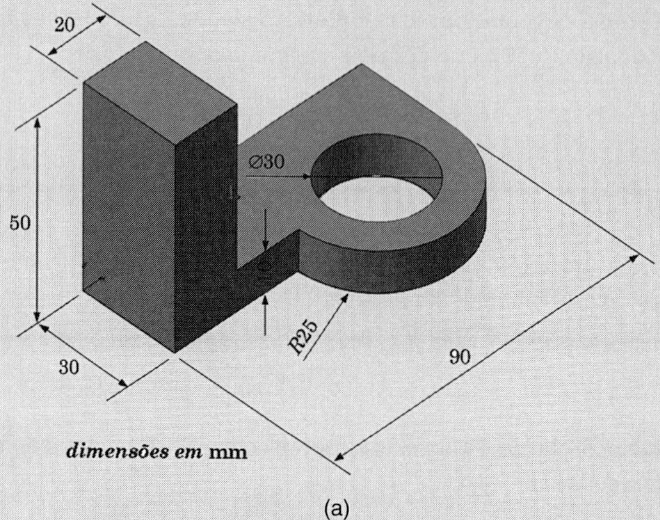

(a)

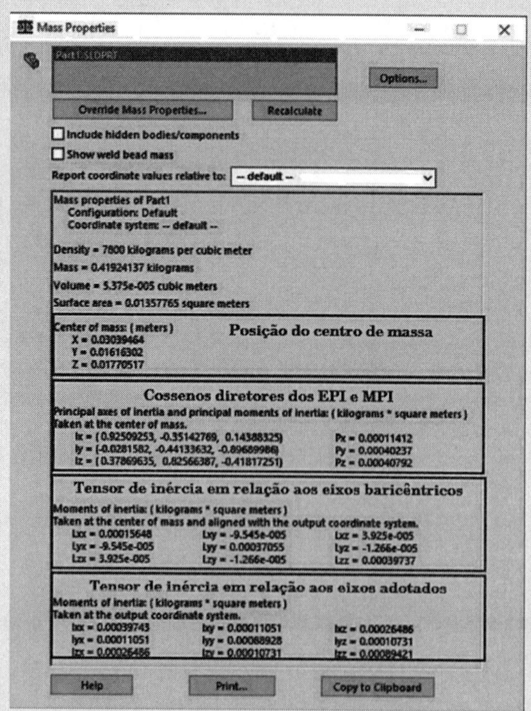

(b)

FIGURA 5.25 Ilustração de um corpo de geometria complexa, cuja posição do centro de massa foi calculada com o uso de programa de CAD.

5.10 Exercícios propostos

Exercício 5.1: Determinar a posição do centro de massa da placa fina triangular uniforme, de massa m, em relação ao sistema de referência indicado na Figura 5.26.

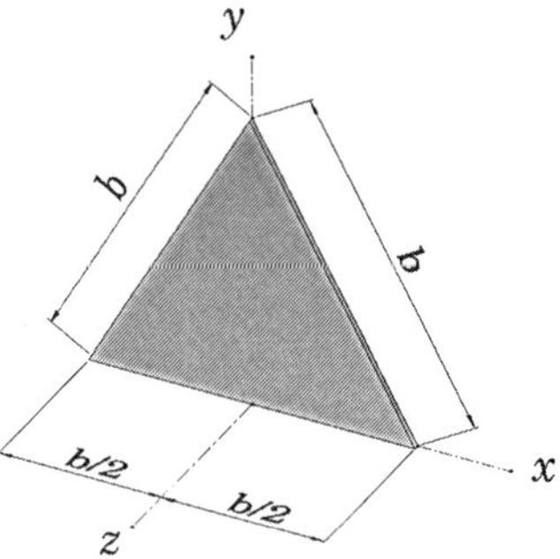

FIGURA 5.26 Ilustração do Exercício 5.1.

Exercício 5.2: Determinar a posição do centro de massa do corpo mostrado na Figura 5.27, que é constituído por uma chapa uniforme de aço (ρ = 7800 kg/m^3), de pequena espessura (e = 2,0 mm), em relação ao sistema de referência indicado.

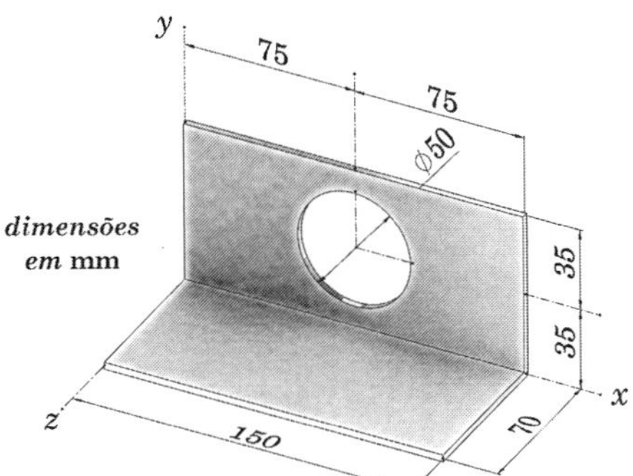

FIGURA 5.27 Ilustração do Exercício 5.2.

Exercício 5.3: Determinar a posição do centro de massa do corpo mostrado na Figura 5.28, constituído por uma chapa uniforme de aço (ρ = 7800 kg/m^3) de pequena espessura (e = 2,0 mm), em relação ao sistema de referência indicado.

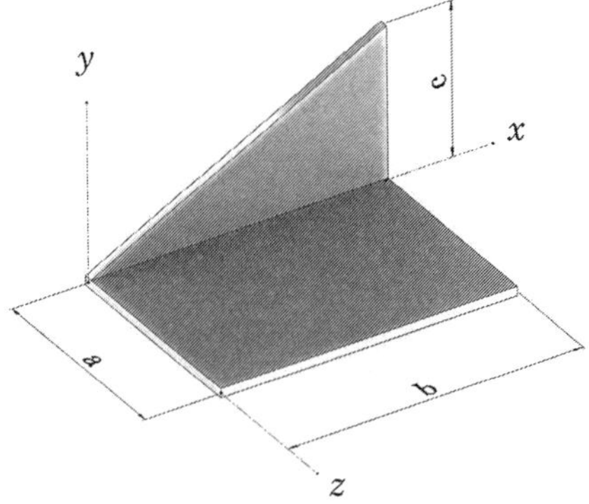

FIGURA 5.28 Ilustração do Exercício 5.3.

Exercício 5.4: Determinar a posição do centro de massa do sólido uniforme de massa m, cuja geometria é o paraboloide de revolução mostrado na Figura 5.29, em relação ao sistema de referência indicado.

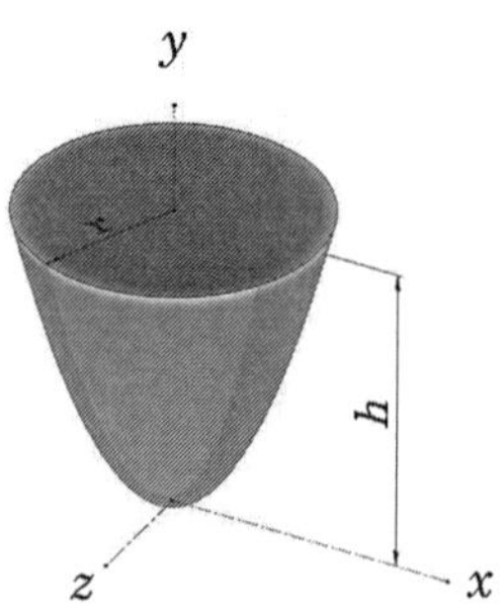

FIGURA 5.29 Ilustração do Exercício 5.4.

Exercício 5.5: Determinar a posição do centro de massa do corpo mostrado na Figura 5.30, constituído por uma chapa uniforme de aço ($\rho = 7800$ kg/m^3) de pequena espessura ($e = 2{,}0$ mm), em relação ao sistema de referência indicado.

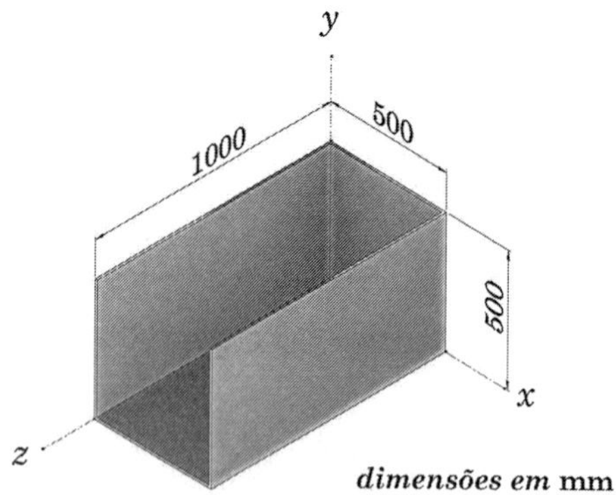

FIGURA 5.30 Ilustração do Exercício 5.5.

Exercício 5.6: Determinar a posição do centro de massa do corpo maciço uniforme mostrado na Figura 5.31, constituído de aço ($\rho = 7800$ kg/m^3), em relação ao sistema de referência indicado.

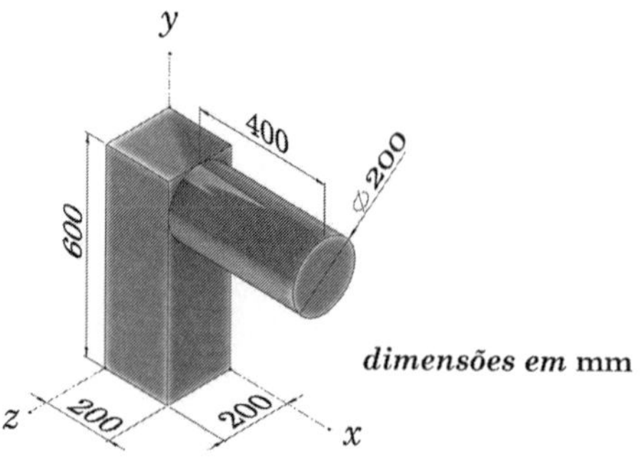

FIGURA 5.31 Ilustração do Exercício 5.6.

Exercício 5.7: Determinar a posição do centro de massa do corpo homogêneo formado por segmentos de barras delgadas de densidade linear $\rho = 2{,}5$ kg/m, mostrado na Figura 5.32, em relação ao sistema de referência indicado.

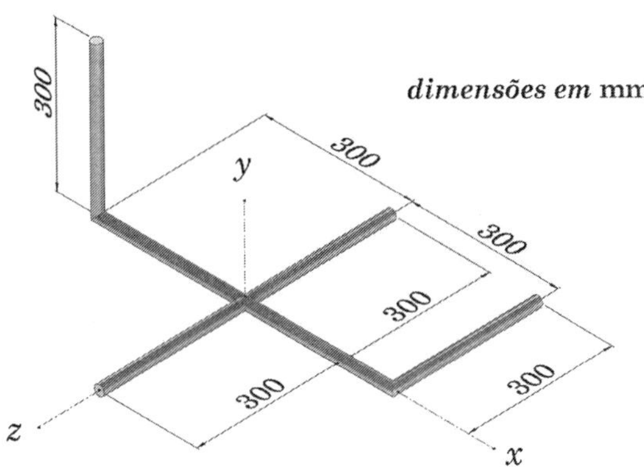

FIGURA 5.32 Ilustração do Exercício 5.7.

Exercício 5.8: Determinar a posição do centro de massa do corpo formado por segmentos de barras de massas desprezíveis e pequenas esferas, mostrado na Figura 5.33, em relação ao sistema de referência indicado.

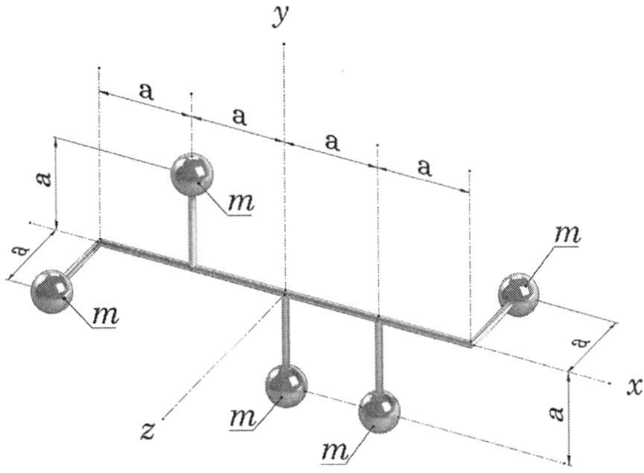

FIGURA 5.33 Ilustração do Exercício 5.8.

Exercício 5.9: Para a casca semicilíndrica fina uniforme, de massa m, mostrada na Figura 5.34, determinar: **a)** os momentos de inércia em relação ao sistema de referência indicado; **b)** os produtos de inércia em relação ao sistema de referência indicado.

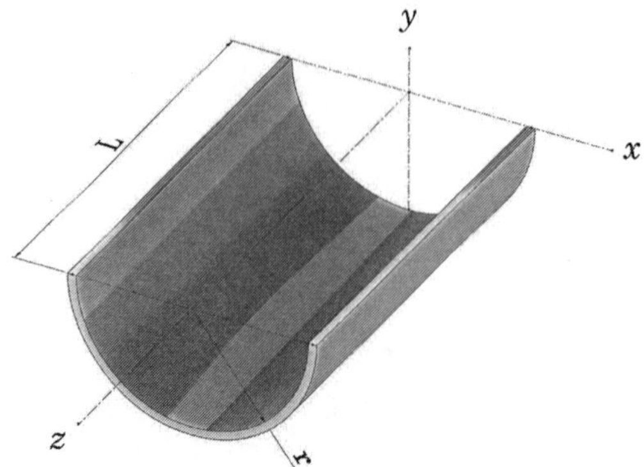

FIGURA 5.34 Ilustração do Exercício 5.9.

Exercício 5.10: Para o sólido uniforme de massa m, cuja geometria é o paraboloide de revolução mostrado na Figura 5.35, determinar: **a)** os momentos de inércia em relação ao sistema de referência indicado; **b)** os momentos de inércia em relação ao sistema de referência baricêntrico paralelo ao sistema de referência indicado.

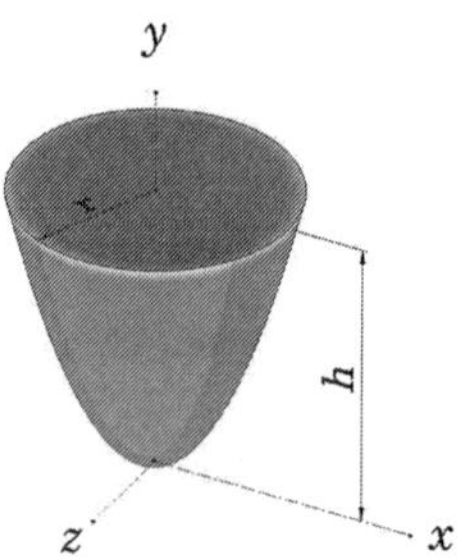

FIGURA 5.35 Ilustração do Exercício 5.10.

Exercício 5.11: Para a meia calota esférica uniforme de pequena espessura e, de massa m, mostrada na Figura 5.36, determinar: **a)** os momentos de inércia em relação ao sistema de referência indicado; **b)** os momentos de inércia em relação ao sistema de referência baricêntrico paralelo ao sistema de referência indicado.

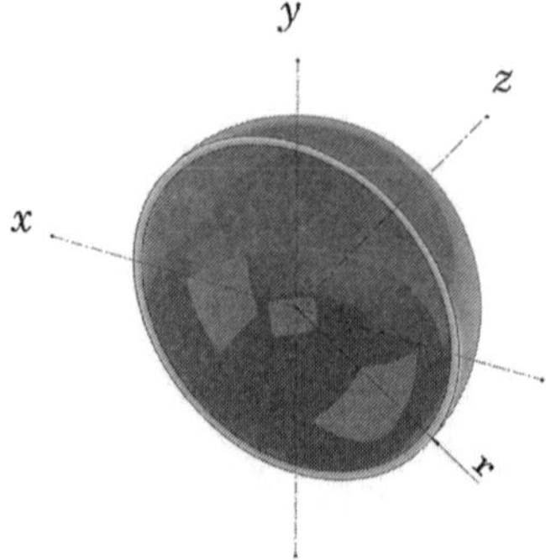

FIGURA 5.36 Ilustração do Exercício 5.11.

Exercício 5.12: Para a placa uniforme semicircular de pequena espessura e e massa m, mostrada na Figura 5.37, determinar os momentos de inércia em relação ao sistema de referência XYZ indicado.

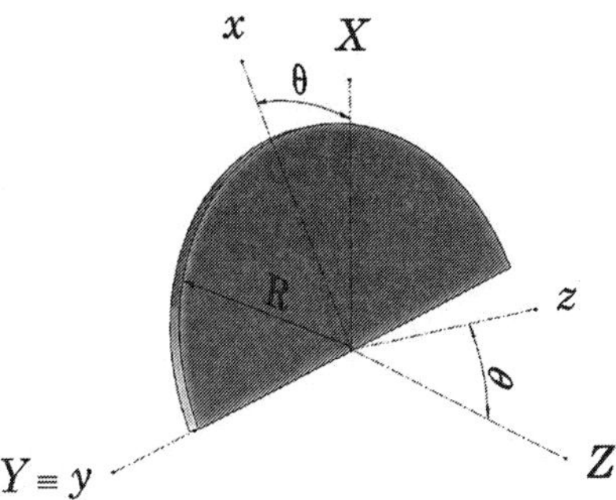

FIGURA 5.37 Ilustração do Exercício 5.12.

Exercício 5.13: Para a placa fina triangular uniforme, de massa m, mostrada na Figura 5.38, determinar: **a)** os momentos de inércia em relação ao sistema de referência indicado; **b)** os produtos de inércia em relação ao sistema de referência indicado; **c)** os momentos de inércia em relação ao sistema de referência baricêntrico paralelo ao sistema de referência indicado; **d)** os produtos de inércia em relação ao sistema de referência baricêntrico paralelo ao sistema de referência indicado.

Sugestão: Para resolução dos itens **c** e **d**, utilizar os resultados obtidos no Exercício 5.1.

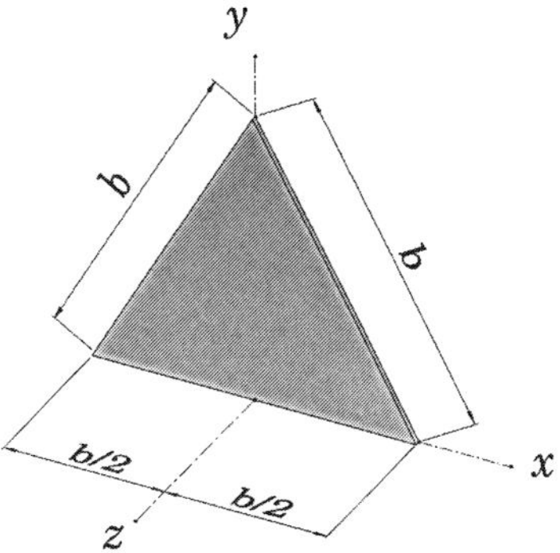

FIGURA 5.38 Ilustração do Exercício 5.13.

Exercício 5.14: Para o corpo mostrado na Figura 5.39, constituído por uma chapa uniforme de aço (ρ = 7800 kg/m^3), de pequena espessura (e = 2,0 mm), determinar: **a)** os momentos de inércia em relação ao sistema de referência indicado; **b)** os produtos de inércia em relação ao sistema de referência indicado; **c)** os momentos de inércia em relação ao sistema de referência baricêntrico paralelo ao sistema de referência indicado; **d)** os produtos de inércia em relação ao sistema de referência baricêntrico paralelo ao sistema de referência indicado.

Sugestão: Para resolução dos itens **c** e **d**, utilizar os resultados obtidos no Exercício 5.2.

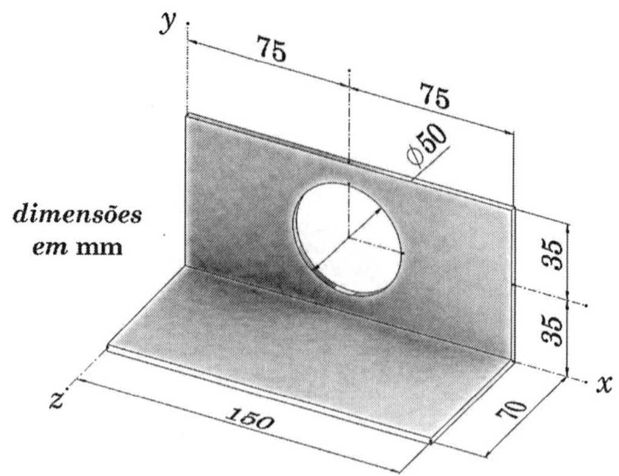

FIGURA 5.39 Ilustração do Exercício 5.14.

Exercício 5.15: Para o corpo mostrado na Figura 5.40, constituído por uma chapa uniforme de aço ($\rho = 7800$ kg/m^3) de pequena espessura ($e = 2{,}0$ mm), determinar: **a)** os momentos de inércia em relação ao sistema de referência indicado; **b)** os produtos de inércia em relação ao sistema de referência indicado; **c)** os momentos de inércia em relação ao sistema de referência baricêntrico paralelo ao sistema de referência indicado; **d)** os produtos de inércia em relação ao sistema de referência baricêntrico paralelo ao sistema de referência indicado.

Sugestão: Para resolução dos itens **c** e **d**, utilizar os resultados obtidos no Exercício 5.3.

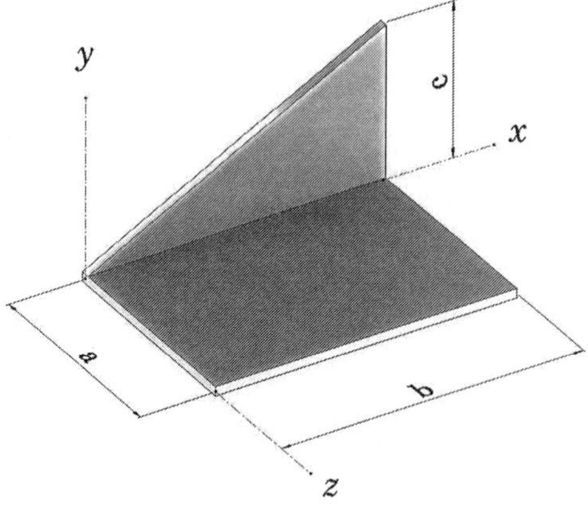

FIGURA 5.40 Ilustração do Exercício 5.15.

Exercício 5.16: Para o corpo mostrado na Figura 5.41, constituído por uma chapa uniforme de aço ($\rho = 7800$ kg/m^3) de pequena espessura ($e = 2{,}0$ mm), determinar: **a)** os momentos de inércia em relação ao sistema de referência indicado; **b)** os produtos de inércia em relação ao sistema de referência indicado; **c)** os momentos de inércia em relação ao sistema de referência baricêntrico paralelo ao sistema de referência indicado; **d)** os produtos de inércia em relação ao sistema de referência baricêntrico paralelo ao sistema de referência indicado.

Sugestão: Para resolução dos itens **c** e **d**, utilizar os resultados obtidos no Exercício 5.5.

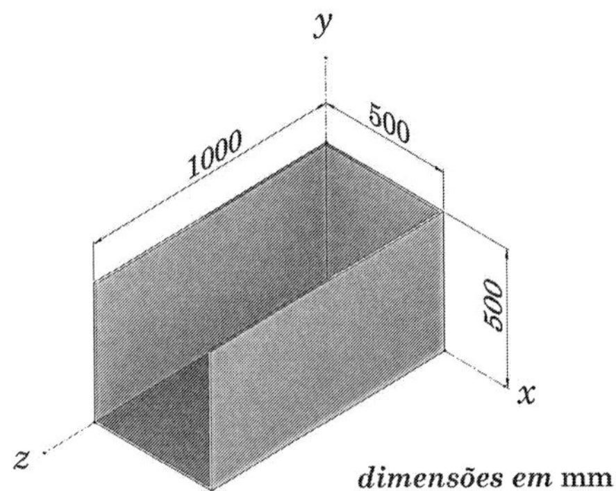

FIGURA 5.41 Ilustração do Exercício 5.16.

Exercício 5.17: Para o corpo maciço uniforme mostrado na Figura 5.42, constituído de aço (ρ = 7800 kg/m^3), determinar: **a)** os momentos de inércia em relação ao sistema de referência indicado; **b)** os produtos de inércia em relação ao sistema de referência indicado; **c)** os momentos de inércia em relação ao sistema de referência baricêntrico paralelo ao sistema de referência indicado; **d)** os produtos de inércia em relação ao sistema de referência baricêntrico paralelo ao sistema de referência indicado.

Sugestão: Para resolução dos itens **c** e **d**, utilizar os resultados obtidos no Exercício 5.6.

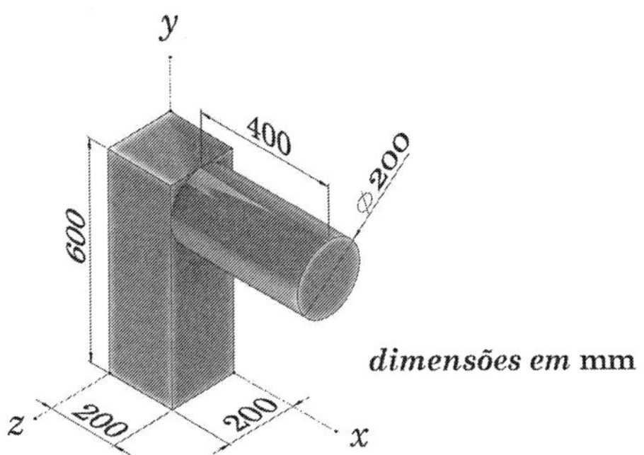

FIGURA 5.42 Ilustração do Exercício 5.17.

Exercício 5.18: O pêndulo mostrado na Figura 5.43 é formado por uma barra delgada uniforme e por um disco de pequena espessura, também uniforme. Obter a expressão do momento de inércia do pêndulo em relação ao eixo perpendicular ao plano da figura, que passa pela extremidade O, em função da distância x.

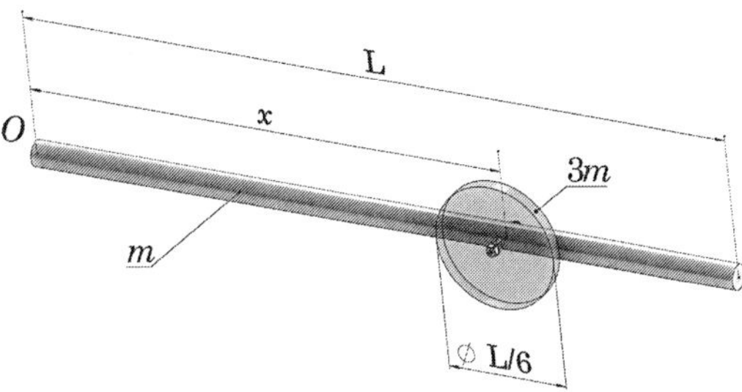

FIGURA 5.43 Ilustração do Exercício 5.18.

Exercício 5.19: Para o corpo homogêneo formado por segmentos de barras delgadas de densidade linear $\rho = 2{,}5$ kg/m, mostrado na Figura 5.44, determinar: **a)** os momentos de inércia em relação ao sistema de referência indicado; **b)** os produtos de inércia em relação ao sistema de referência indicado; **c)** os momentos de inércia em relação ao sistema de referência baricêntrico paralelo ao sistema de referência indicado; **d)** os produtos de inércia em relação ao sistema de referência baricêntrico paralelo ao sistema de referência indicado.

Sugestão: Para resolução dos itens **c** e **d**, utilizar os resultados obtidos no Exercício 5.7.

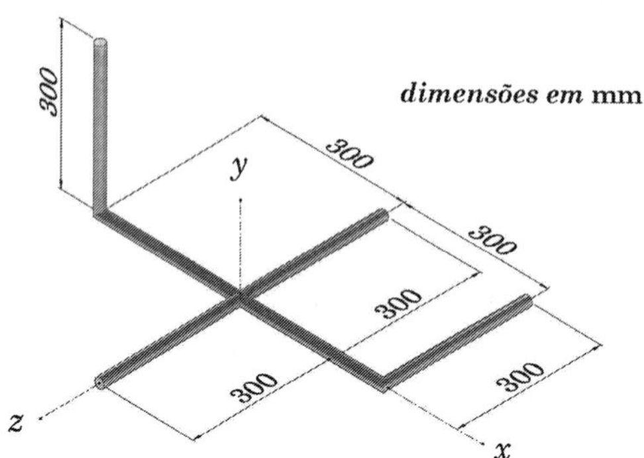

FIGURA 5.44 Ilustração do Exercício 5.19.

Exercício 5.20: Para o corpo formado por segmentos de barras de massas desprezíveis e pequenas esferas, mostrado na Figura 5.45, determinar: **a)** os momentos de inércia em relação ao sistema de referência indicado; **b)** os produtos de inércia em relação ao sistema de referência indicado; **c)** os momentos de inércia em relação ao sistema de referência baricêntrico paralelo ao sistema de referência indicado; **d)** os produtos de inércia em relação ao sistema de referência baricêntrico paralelo ao sistema de referência indicado.

Sugestão: Para resolução dos itens **c** e **d**, utilizar os resultados obtidos no Exercício 5.8.

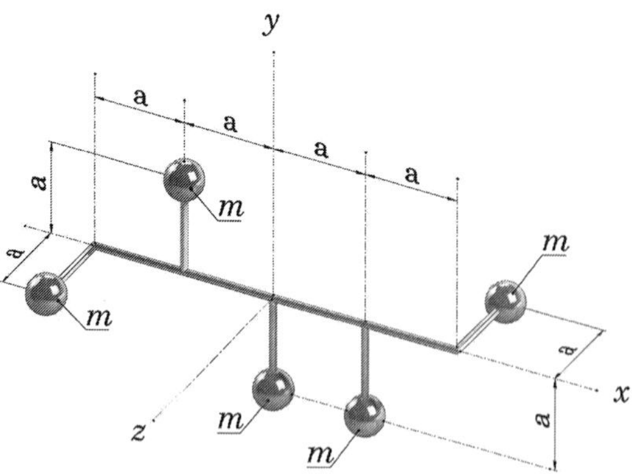

FIGURA 5.45 Ilustração do Exercício 5.20.

Exercício 5.21: Para o corpo considerado no Exercício 5.14, determinar os eixos principais de inércia e os cossenos diretores dos momentos principais de inércia.

Exercício 5.22: Para o corpo considerado no Exercício 5.16, determinar os eixos principais de inércia e os cossenos diretores dos momentos principais de inércia.

Exercício 5.23: Para o corpo considerado no Exercício 5.17, determinar os eixos principais de inércia e os cossenos diretores dos momentos principais de inércia.

Exercício 5.24: Para o corpo considerado no Exercício 5.19, determinar os eixos principais de inércia e os cossenos diretores dos momentos principais de inércia.

Exercício 5.25: Para o corpo considerado no Exercício 5.20, determinar os eixos principais de inércia e os cossenos diretores dos momentos principais de inércia.

5.11 Bibliografia

BEER, F. P.; JOHNSTON, E. R.; CORNWELL, P. J. *Mecânica vetorial para engenheiros – Dinâmica.* 9ª ed. Porto Alegre: AMGH Editora, 2012.
CHAPMAN, S. J. *Programação em MATLAB para engenheiros.* 2ª ed. São Paulo: Cengage Learning, 2011.
HIBBELER, R. C. *Dinâmica. Mecânica para a engenharia.* 12ª ed. São Paulo: Pearson, 2011.
MERIAM, J. L.; KRAIGE, L. G. *Mecânica para engenharia.* Dinâmica. 7ª ed. Rio de Janeiro: LTC, 2016.
SHAMES, I. H. *Dinâmica. Mecânica para a engenharia.* 4ª ed. São Paulo: Pearson – Prentice Hall, v. 2, 2003.
SOUTAS-LITTLE, R. W.; INMAN, D.; BALINT, D. *Engineering Mechanics: Dynamics – computational edition.* Índia: CL Engineering, 2008.
TENENBAUM, R. *Dinâmica aplicada.* São Paulo: Manole, 2006.

CAPÍTULO

6

Dinâmica dos Corpos Rígidos

6.1 Introdução

Este capítulo trata da dinâmica de corpos rígidos. Estaremos interessados em estabelecer as relações entre as forças e momentos aplicados a um dado corpo rígido e o movimento resultante, expresso em termos da aceleração do centro de massa e da aceleração angular do corpo.

Conforme veremos, estas relações são fornecidas pelas equações do movimento, denominadas Equações de Newton-Euler, que são expressas sob a forma de equações diferenciais de segunda ordem. Integrando analítica ou numericamente estas equações, podemos obter a posição e a velocidade do centro de massa, e a posição angular e a velocidade angular do corpo rígido em função do tempo. De posse destas grandezas, utilizando os conceitos da Cinemática dos Corpos Rígidos, estudados no Capítulo 2, podemos determinar a posição, a velocidade e a aceleração de todo e qualquer ponto do corpo rígido.

Para a obtenção das Equações de Newton-Euler, estenderemos aos corpos rígidos a formulação desenvolvida no Capítulo 4 para sistemas discretos de partículas, entendendo que os corpos rígidos podem ser considerados sistemas formados por um número infinito de partículas.

No desenvolvimento da formulação, ficará evidente que as equações do movimento envolvem um conjunto completo de propriedades de inércia dos corpos rígidos (posição do centro de massa, momentos de inércia e produtos de inércia), que foram definidas no Capítulo 5.

Adicionalmente, serão estudados o Princípio do Impulso-Quantidade de Movimento e o Princípio do Trabalho-Energia Cinética, e também, derivado deste último, o Princípio da Conservação da Energia Mecânica, que podem ser usados com vantagens na resolução de problemas de dinâmica de corpos rígidos, dispensando o uso direto das equações do movimento.

6.2 Quantidade de movimento linear e quantidade de movimento angular de corpos rígidos

No Capítulo 4, havíamos obtido as seguintes expressões para as quantidades de movimento linear e angular de sistemas discretos de partículas (ver Equações (4.35), (4.41) e (4.46)):

$$\vec{L} = \sum_{i=1}^{n} m_i \vec{v}_i = M\vec{v}_G, \tag{6.1}$$

$$\vec{H}_O = \sum_{i=1}^{n} \vec{r}_i \times m_i \vec{v}_i, \tag{6.2}$$

$$\vec{H}_G = \sum_{i=1}^{n} \vec{r}_i' \times m_i \vec{v}_i'. \tag{6.3}$$

Lembramos que, nas equações acima, $\vec{H}_O$ é a quantidade de movimento angular do sistema de partículas em relação a um ponto fixo arbitrário O, e $\vec{H}_G$ é a quantidade de movimento angular em relação ao centro de massa do sistema de partículas. Além disso:

- $\vec{r}_i$ é o vetor posição da partícula genérica P_i em relação à origem do sistema de referência fixo *OXYZ*;
- $\vec{v}_i$ é a velocidade da partícula P_i em relação ao sistema de referência fixo *OXYZ*;
- $\vec{v}_G$ é a velocidade do centro de massa do sistema de partículas em relação ao sistema de referência fixo *OXYZ*;
- $\vec{r}_i'$ é o vetor posição da partícula genérica P_i em relação ao sistema de referência baricêntrico $Gx'y'z'$;
- $\vec{v}_i'$ é a velocidade da partícula P_i em relação ao sistema de referência baricêntrico $Gx'y'z'$.

Relembramos, também, que o sistema de referência baricêntrico, por definição, tem origem no centro de massa do sistema de partículas e seus eixos têm orientação fixa, o que significa que ele está animado de movimento de translação, tendo, portanto, velocidade angular e aceleração angular nulas.

As Equações (6.1) a (6.3) podem ser também aplicadas a corpos rígidos, uma vez que estes podem ser considerados como sendo constituídos por conjuntos com número infinito de partículas, de massas infinitesimais, distribuídas em regiões contínuas do espaço.

A Figura 6.1 ilustra um corpo rígido e os dois sistemas de referência, *OXYZ* e $Gx'y'z'$. Para uma partícula P de massa elementar dm, ficam definidos:

- $\vec{r}$: vetor posição em relação à origem do sistema de referência fixo *OXYZ*;
- $\vec{v}$: velocidade em relação ao sistema de referência fixo *OXYZ*;
- $\vec{r}'$: vetor posição em relação ao sistema de referência baricêntrico $Gx'y'z'$;
- $\vec{v}'$: velocidade em relação ao sistema de referência baricêntrico $Gx'y'z'$;
- $\vec{\omega}$: velocidade angular do corpo rígido.

Primeiramente, no que diz respeito à velocidade do centro de massa, que aparece na Equação (6.1), relembramos que a posição do centro de massa de um corpo rígido foi definida na Equação (5.1), e na Seção 5.2 estudamos um conjunto de propriedades e técnicas para sua determinação.

Uma vez definida a posição do centro de massa, a velocidade deste ponto pode ser determinada utilizando os métodos estudados no Capítulo 2, dedicado à cinemática dos corpos rígidos. Para um corpo rígido podemos, então, adaptar a Equação (6.1) e escrever:

$$\vec{L} = \int_{vol.} \vec{v}\, dm = m\vec{v}_G, \tag{6.4}$$

onde m é a massa do corpo rígido e $\vec{v}_G$ é a velocidade de seu centro de massa.

No tocante às quantidades de movimento angulares, em termos das grandezas mostradas na Figura 6.1, as Equações (6.2) e (6.3), adaptadas aos corpos rígidos, resultam expressas sob as formas:

$$\vec{H}_O = \int_{vol.} \vec{r} \times \vec{v}\, dm, \tag{6.5}$$

$$\vec{H}_G = \int_{vol.} \vec{r}' \times \vec{v}'\, dm. \tag{6.6}$$

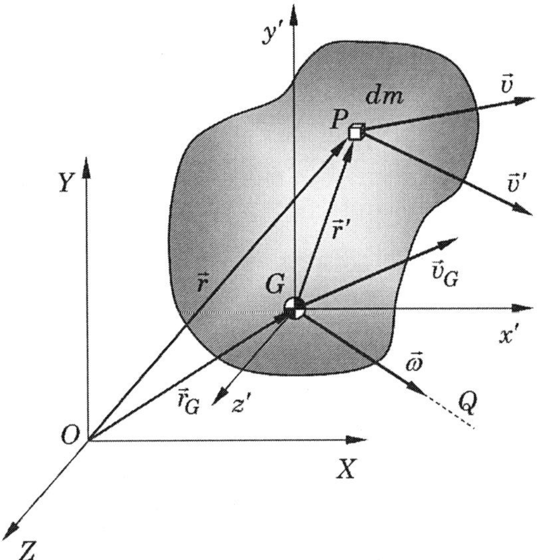

FIGURA 6.1 Ilustração de um corpo rígido e de dois sistemas de referência.

Para desenvolver as expressões de $\vec{H}_O$ e $\vec{H}_G$ para corpos rígidos, trataremos, primeiramente, das relações cinemáticas pertinentes. Considerando os dois sistemas de referência utilizados, para o ponto P, que escolhemos coincidente com o elemento diferencial de massa mostrado na Figura 6.1, adaptando a Equação (1.153.a), escrevemos:

$$\dot{\vec{r}}_P\Big|_{OXYZ} = \dot{\vec{r}}_G\Big|_{OXYZ} + \dot{\vec{r}}_{P/G}\Big|_{Gx'y'z'} + \vec{\Omega}\times\vec{r}_{P/G}. \tag{6.7}$$

Relembrando que na Equação (6.7) $\vec{\Omega}$ designa a velocidade angular do sistema de referência móvel, e como o sistema baricêntrico estará animado de movimento de translação, temos $\vec{\Omega} = \vec{0}$. Por outro lado, em relação ao sistema de referência baricêntrico, o corpo rígido executa um movimento de rotação em torno do eixo GQ com velocidade angular $\vec{\omega}$, conforme mostrado na Figura 6.1, de sorte que:

$$\dot{\vec{r}}_{P/G}\Big|_{Gx'y'z'} = \vec{v}' = \vec{\omega}\times\vec{r}'. \tag{6.8}$$

Assim, de acordo com a Equação (6.7), as velocidades do elemento diferencial em relação ao sistema de referência fixo e ao sistema de referência baricêntrico relacionam-se segundo:

$$\vec{v} = \vec{v}_G + \vec{\omega}\times\vec{r}'. \tag{6.9}$$

Desenvolveremos, primeiramente, a partir da Equação (6.6), a expressão para a quantidade de movimento angular do corpo rígido em relação ao sistema de referência baricêntrico. Para isso, associamos as Equações (6.6) e (6.8), e obtemos:

$$\vec{H}_G = \int_{vol.} \vec{r}'\times(\vec{\omega}\times\vec{r}')dm. \tag{6.10}$$

Expressando os dois vetores que figuram no lado direito da Equação (6.10) em termos de suas componentes cartesianas no sistema de referência baricêntrico, escrevemos:

$$\vec{r}' = x'\vec{i} + y'\vec{j} + z'\vec{k}, \tag{6.11.a}$$

$$\vec{\omega} = \omega_{x'}\vec{i} + \omega_{y'}\vec{j} + \omega_{z'}\vec{k}. \tag{6.11.b}$$

Associando as Equações (6.10) e (6.11), escrevemos:

$$\vec{H}_G = \int_{vol.} \left(x'\vec{i} + y'\vec{j} + z'\vec{k}\right) \times \left[\left(\omega_{x'}\vec{i} + \omega_{y'}\vec{j} + \omega_{z'}\vec{k}\right) \times \left(x'\vec{i} + y'\vec{j} + z'\vec{k}\right)\right] dm \cdot \tag{6.12}$$

Desenvolvendo a Equação (6.12), chegamos a:

$$\begin{aligned}\vec{H}_G = &\left[\omega_{x'} \int_{vol.} \left(y'^2 + z'^2\right) dm - \omega_{y'} \int_{vol.} (x'y')\, dm - \omega_{z'} \int_{vol.} (x'z')\, dm\right]\vec{i} + \\ &\left[-\omega_{x'} \int_{vol.} (x'y')\, dm + \omega_{y'} \int_{vol.} \left(x'^2 + z'^2\right) dm - \omega_{z'} \int_{vol.} (y'z')\, dm\right]\vec{j} + \\ &\left[-\omega_{x'} \int_{vol.} (x'z')\, dm - \omega_{y'} \int_{vol.} (y'z')\, dm + \omega_{z'} \int_{vol.} \left(x'^2 + y'^2\right) dm\right]\vec{k} \cdot\end{aligned} \tag{6.13}$$

Na Equação (6.13) reconhecemos, nas integrais indicadas, os momentos de inércia e os produtos de inércia do corpo rígido, calculados em relação ao sistema de referência baricêntrico (ver Equações (5.27) e (5.41)).

Assim, reescrevemos a Equação (6.13) sob a forma:

$$\begin{aligned}\vec{H}_G = &\left(J_{x'}\,\omega_{x'} - P_{x'y'}\,\omega_{y'} - P_{x'z'}\,\omega_{z'}\right)\vec{i} + \left(-P_{x'y'}\,\omega_{x'} + J_{y'}\,\omega_{y'} - P_{y'z'}\,\omega_{z'}\right)\vec{j} + \\ &\left(-P_{x'z'}\,\omega_{x'} - P_{y'z'}\,\omega_{y'} + J_{z'}\,\omega_{z'}\right)\vec{k},\end{aligned} \tag{6.14}$$

com:

$$J_{x'} = \int_{vol.} \left(y'^2 + z'^2\right) dm,\; J_{y'} = \int_{vol.} \left(x'^2 + z'^2\right) dm,\; J_{z'} = \int_{vol.} \left(x'^2 + y'^2\right) dm,$$

$$P_{x'y'} = \int_{vol.} (x'y')\, dm,\; P_{x'z'} = \int_{vol.} (x'z')\, dm,\; P_{y'z'} = \int_{vol.} (y'z')\, dm.$$

Relembrando a definição do tensor de inércia, dada pela Equação (5.46), e introduzindo a notação matricial, reescrevemos a Equação (6.14) sob a forma condensada:

$$\{H_G\} = \left[J_{Gx'y'z'}\right]\{\omega\}, \tag{6.15}$$

com:

$$\{H_G\}=\begin{bmatrix} H_G^{x'} & H_G^{y'} & H_G^{z'} \end{bmatrix}^T, \tag{6.16}$$

$$\{\omega\}=\begin{bmatrix} \omega_{x'} & \omega_{y'} & \omega_{z'} \end{bmatrix}^T, \tag{6.17}$$

$$\begin{bmatrix} J_{Gx'y'z'} \end{bmatrix}=\begin{bmatrix} J_{x'} & -P_{x'y'} & -P_{x'z'} \\ -P_{x'y'} & J_{y'} & -P_{y'z'} \\ -P_{x'z'} & -P_{y'z'} & J_{z'} \end{bmatrix}. \tag{6.18}$$

A Equação (6.14) mostra que as componentes do vetor quantidade de movimento angular são expressas como combinações lineares das componentes do vetor velocidade angular do corpo rígido, sendo os coeficientes destas combinações lineares os momentos de inércia e produtos de inércia.

De forma similar, o vetor quantidade de movimento angular do corpo rígido em relação ao sistema fixo *OXYZ* pode ser determinado associando as Equações (6.5) e (6.9):

$$\vec{H}_O = \int_{vol.} \vec{r}\times(\vec{v}_G + \vec{\omega}\times\vec{r}')dm. \tag{6.19}$$

Considerando a seguinte relação (ver Figura 6.1):

$$\vec{r} = \vec{r}_G + \vec{r}', \tag{6.20}$$

após algumas manipulações, a Equação (6.19) resulta expressa sob a forma:

$$\vec{H}_O = (\vec{r}_G \times \vec{v}_G) \int_{vol.} dm + \vec{r}_G \times \left(\vec{\omega} \times \int_{vol.} \vec{r}'dm \right) + \left(\int_{vol.} \vec{r}'dm \right) \times \vec{v}_G + \int_{vol.} \vec{r}' \times (\vec{\omega} \times \vec{r}')dm. \tag{6.21}$$

Levando em conta a Equação (6.10) e também a condição $\int_{vol.} \vec{r}'dm = \vec{0}$, a equação acima fica:

$$\vec{H}_O = \vec{H}_G + m(\vec{r}_G \times \vec{v}_G). \tag{6.22}$$

Vale observar que a Equação (6.22) é idêntica à Equação (4.59), deduzida para um sistema discreto de partículas.

6.3 Equações de Newton-Euler

No Capítulo 4 obtivemos as equações fundamentais da dinâmica dos sistemas discretos de partículas, expressas pelas Equações (4.33), (4.44) e (4.53), que são repetidas a seguir:

$$\sum \vec{F} = \dot{\vec{L}} = m\vec{a}_G\,, \tag{6.23}$$

$$\sum \vec{M}_O = \dot{\vec{H}}_O\,, \tag{6.24}$$

$$\sum \vec{M}_G = \dot{\vec{H}}_G\,. \tag{6.25}$$

Relembramos que, nas equações acima, $\sum \vec{F}$ designa a resultante das forças externas aplicadas às partículas do sistema e $\sum \vec{M}_G$ designa o momento resultante das forças externas em relação ao centro de massa do sistema de partículas.

As Equações (6.23) a (6.25), uma vez estendidas aos corpos rígidos com $\vec{H}_G$ e $\vec{H}_O$ dados, respectivamente, pelas Equações (6.15) e (6.22), são conhecidas como *Equações de Newton-Euler.*

Como veremos mais adiante, a partir destas equações podem ser obtidas as equações diferenciais do movimento de corpos rígidos que, uma vez resolvidas analítica ou numericamente, permitirão determinar o movimento do corpo rígido sob a ação dos esforços externos.

Como as Equações (6.24) e (6.25) não são independentes entre si, dentre as Equações (6.23) a (6.25) geralmente opta-se por utilizar apenas as Equações (6.23) e (6.25).

Um conceito de extrema importância é que estas duas equações, em conjunto, podem ser interpretadas como resultantes da *equivalência de dois conjuntos de vetores*, a saber:

1) O conjunto formado pelos vetores que representam os esforços externos, compreendendo forças e momentos aplicados ao corpo rígido, cuja força resultante é designada por $\sum \vec{F}$ e cujo momento resultante, em relação ao centro de massa, é designado por $\sum \vec{M}_G$.

   Os esforços externos, cujos efeitos são representados no lado esquerdo das Equações (6.23) a (6.25) e devem ser identificados mediante a elaboração do diagrama de corpo livre do corpo rígido.

2) O conjunto formado pelos seguintes vetores que representam as taxas de variação temporais das quantidades de movimento linear e angular:

   - $\dot{\vec{L}} = m\vec{a}_G$: derivada temporal da quantidade de movimento linear, representada por um *vetor fixo* aplicado no centro de massa do corpo rígido, e que tem unidades de força (N, no S.I.);
   - $\dot{\vec{H}}_G$: derivada temporal da quantidade de movimento angular em relação ao sistema de referência baricêntrico. É um vetor que tem unidades de momento (N.m no S.I.). Sendo interpretado como momento, este vetor é tratado como *vetor livre*; seu efeito é independente do seu ponto de aplicação, o qual, portanto, não precisa ser especificado.

Vale relembrar que dois conjuntos de vetores aplicados a um corpo rígido são equivalentes quando ambos têm o mesmo vetor resultante e o mesmo momento resultante em relação a qualquer ponto do espaço, arbitrariamente escolhido; além disso, ambos têm o mesmo efeito sobre o movimento do corpo rígido.

A equivalência entre esforços externos e as derivadas dos vetores quantidade de movimento linear e quantidade de movimento angular é ilustrada na Figura 6.2.

Para distinguir grandezas lineares (forças e derivada da quantidade de movimento linear) das grandezas angulares (momentos e derivada da quantidade de movimento angular), utilizaremos setas simples para as primeiras e adicionaremos setas curvas na representação das últimas nos diagramas de equivalência. O símbolo "≡" será usado para indicar a equivalência entre os dois conjuntos de vetores.

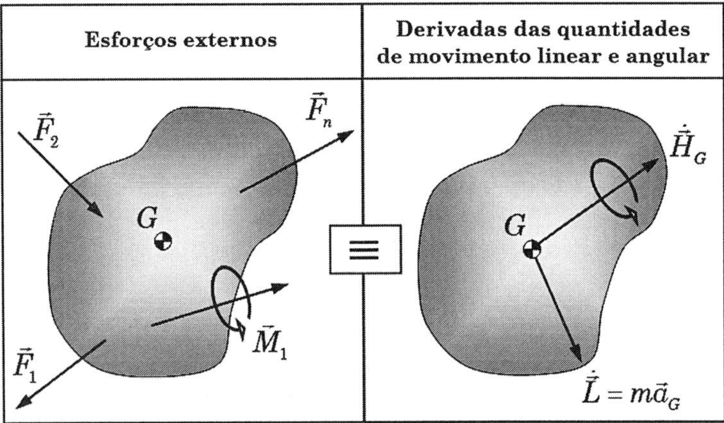

FIGURA 6.2 Ilustração da equivalência entre os esforços externos e as derivadas das quantidades de movimento linear e angular, traduzindo as Equações de Newton-Euler.

6.4 Princípio de d'Alembert para os corpos rígidos

O Princípio de d'Alembert e o conceito de equilíbrio dinâmico, discutidos na Subseção 3.6.2 no contexto da dinâmica da partícula, podem ser estendidos aos corpos rígidos.

Conforme havíamos comentado na referida subseção, o posicionamento de um observador em um sistema de referência solidário ao corpo rígido faz com que este observador perceba o corpo em repouso. Este aparente equilíbrio requer que a resultante de todos os esforços aplicados ao corpo e o momento resultante de todos os esforços em relação a um ponto qualquer do corpo sejam nulos. Esta condição é satisfeita se o observador solidário ao corpo rígido considerar que, além dos esforços externos, o corpo esteja submetido a uma força adicional $-\dot{\vec{L}}$ e um momento adicional $-\dot{\vec{H}}_G$. Neste caso, a equivalência entre os dois conjuntos de vetores, representada na Figura 6.2, toma a forma mostrada na Figura 6.3.

Esta aparente transformação de um problema de dinâmica em um problema de estática é conhecido como Princípio de d'Alembert.

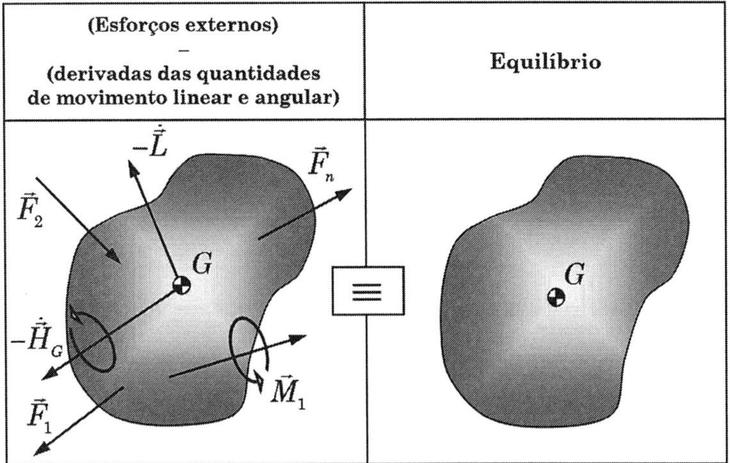

FIGURA 6.3 Ilustração do Princípio de d'Alembert (equilíbrio dinâmico).

Conforme expusemos na Subseção 3.6.2, o interesse maior pelo Princípio de d'Alembert é de natureza histórica. Na prática, a utilização deste princípio não facilita em nada a resolução de problemas. Desta forma, neste livro preconizamos o uso direto das Equações de Newton-Euler com base na equivalência dos dois conjuntos de vetores, representada na Figura 6.2.

Na sequência, por interesse didático, estudaremos a aplicação das Equações de Newton-Euler para corpos rígidos desenvolvendo diferentes tipos de movimento, de acordo com a classificação introduzida no Capítulo 2.

6.5 Equações de Newton-Euler para corpos rígidos em movimento de translação

Conforme vimos na Seção 2.3, no movimento de translação, um corpo rígido tem velocidade angular e aceleração angular nulas, ou seja: $\vec{\omega} = \vec{0}$, $\vec{\alpha} = \vec{0}$. Levando em conta que a quantidade de movimento angular em relação ao centro de massa depende diretamente da velocidade angular do corpo rígido (ver Equação (6.15)), as Equações de Newton-Euler (6.23) e (6.25), particularizadas para este caso, ficam:

$$\sum \vec{F} = m\vec{a}_G \,, \tag{6.26}$$

$$\sum \vec{M}_G = \vec{0} \,. \tag{6.27}$$

Com base nestas duas equações, a equivalência entre os diagramas de esforços externos e de derivadas das quantidades de movimento linear e angular, para o caso de movimento de translação, é representada na Figura 6.4.

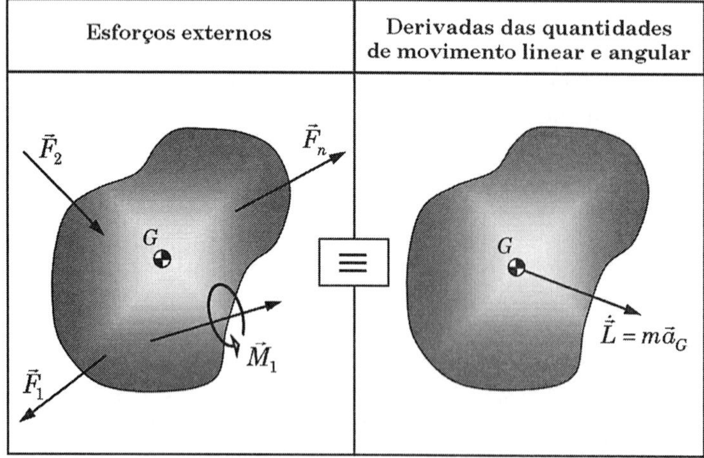

FIGURA 6.4 Representação da equivalência de esforços externos e derivadas das quantidades de movimento linear e angular para um corpo rígido em movimento de translação.

A Equação (6.27) nos leva a concluir que um corpo estará em translação quando o momento resultante dos esforços externos em relação ao centro de massa for nulo. Esta condição implica que nos casos em que houver apenas forças externas aplicadas ao corpo rígido, a linha de ação da resultante destas forças deve passar pelo centro de massa do corpo.

EXEMPLO 6.1

No mecanismo de quatro barras mostrado na Figura 6.5, a barra uniforme AB tem massa de 20 kg e as barras rotuladas AC e BD têm massas desprezíveis. Sabendo que o conjunto é liberado do repouso na posição ilustrada, para esta posição, determinar: **a)** as forças exercidas pelas barras AC e BD sobre a barra AB; **b)** as acelerações angulares das barras AC e BD.

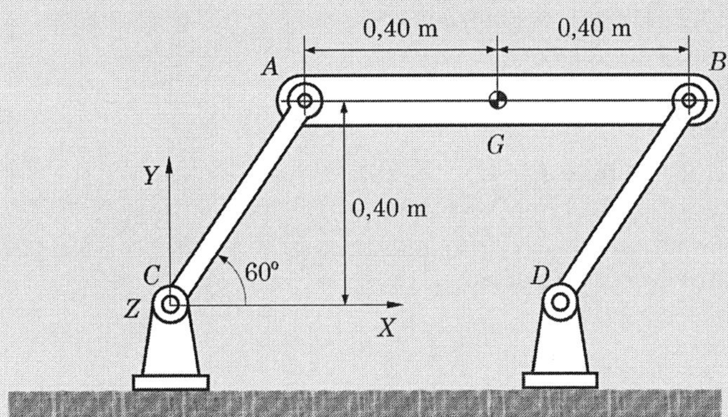

FIGURA 6.5 Ilustração de um mecanismo de quatro barras.

Resolução

Iniciaremos a resolução do problema fazendo sua análise cinemática, relembrando que a análise de um problema similar foi realizada no Exemplo 2.2, no qual concluímos que a barra AB desenvolve movimento de translação curvilínea e que todos os seus pontos, incluindo seu centro de massa, descrevem trajetórias circulares determinadas pelo movimento de rotação das barras AC e BD, e têm mesma velocidade e mesma aceleração.

A Figura 6.6 mostra a equivalência entre o diagrama de esforços externos e o diagrama de derivadas das quantidades de movimento linear e angular para as três barras que formam o mecanismo. Nesta figura, n e t indicam, respectivamente, a direção longitudinal e transversal às barras AC e BD. Com relação a estes diagramas é importante destacar que:

- como as massas das barras AC e BD são consideradas desprezíveis, suas quantidades de movimento linear e angular, e, portanto, as derivadas temporais destas quantidades de movimento, são nulas;
- como a barra AB está em movimento de translação, sua quantidade de movimento angular é nula e, em consequência, a derivada temporal desta quantidade de movimento também é nula;
- como o problema considera que todo o conjunto se encontra inicialmente em repouso, neste instante a velocidade angular instantânea das barras AC e BD e, portanto, a componente normal da aceleração do centro de massa da barra AB, são nulas;
- na elaboração dos diagramas de corpo livre levamos em conta as restrições cinemáticas descritas na Tabela 2.1, e fazemos uso da Terceira Lei de Newton.

Faremos a seguir a análise dinâmica de cada barra separadamente:

Barra *AC*

Impondo a equivalência entre os conjuntos de vetores que representam os esforços externos e as derivadas das quantidades de movimento para a barra AC, escrevemos:

- **Igualdade dos momentos em relação ao ponto *C*:**

$$\sum \vec{M}_C = \vec{0} \Rightarrow \overrightarrow{CA} \times \left(-\vec{R}_A^t\right) = \vec{0} \Rightarrow \vec{R}_A^t = \vec{0}, \qquad \textbf{(a)}$$

- **Igualdade dos momentos em relação ao ponto *A*:**

$$\sum \vec{M}_A = \vec{0} \Rightarrow \overrightarrow{AC} \times \left(\vec{R}_C^t\right) = \vec{0} \Rightarrow \vec{R}_C^t = \vec{0}, \qquad \textbf{(b)}$$

- **Igualdade dos vetores resultantes:**

$$\sum \vec{F}_{AC} = m_{AC}\vec{a}_{G_{AC}} \Rightarrow -\vec{R}_A^t - \vec{R}_A^n + \vec{R}_C^t + \vec{R}_C^n = \vec{0}. \qquad \textbf{(c)}$$

Em virtude das equações (a) e (b), a equação (c) conduz a:

$$\vec{R}_A^n = \vec{R}_C^n. \qquad \textbf{(d)}$$

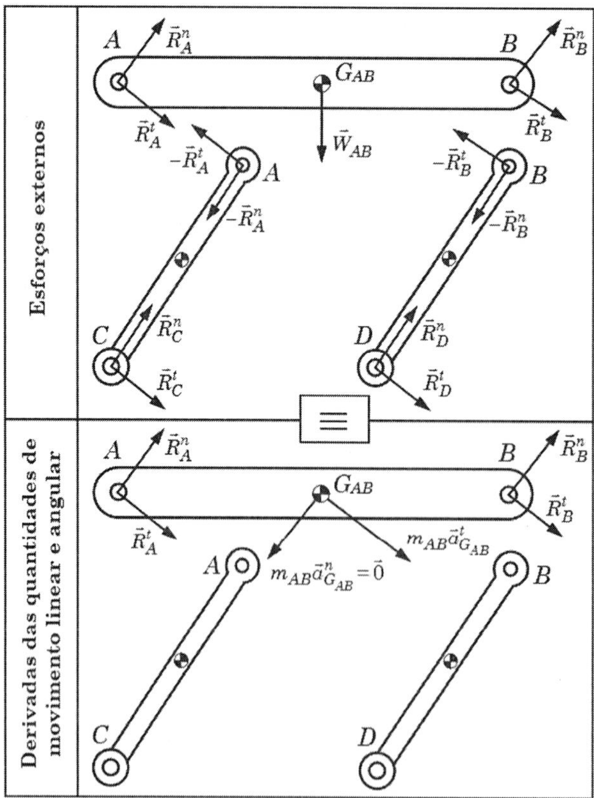

FIGURA 6.6 Representação da equivalência de esforços externos e derivadas das quantidades de movimento linear e angular para as barras *AB*, *AC* e *BD*.

Barra *BD*

A análise da barra *BD* é similar à análise da barra *AC*, e conduz às relações:

- **Igualdade de momentos em relação ao ponto *D*:**

$$\sum \vec{M}_D = \vec{0} \Rightarrow \overrightarrow{DB} \times \left(-\vec{R}_B^t\right) = \vec{0} \Rightarrow \vec{R}_B^t = \vec{0}\,, \qquad \textbf{(e)}$$

- **Igualdade de momentos em relação ao ponto *B*:**

$$\sum \vec{M}_B = \vec{0} \Rightarrow \overrightarrow{BD} \times \left(\vec{R}_D^t\right) = \vec{0} \Rightarrow \vec{R}_D^t = \vec{0}\,, \qquad \textbf{(f)}$$

- **Igualdade dos vetores resultantes:**

$$\sum \vec{F}_{BD} = \vec{0} \Rightarrow -\vec{R}_B^t - \vec{R}_B^n + \vec{R}_D^t + \vec{R}_D^n = \vec{0} \Rightarrow \vec{R}_B^n = \vec{R}_D^n. \qquad \textbf{(g)}$$

Os resultados acima mostram que, sob a hipótese de terem suas massas desprezíveis, as barras articuladas *AC* e *BD* transmitem forças exclusivamente nas direções de seus eixos.

Barra *AB*

- **Igualdade dos vetores resultantes:**

$$\sum \vec{F}_{AB} = m_{AB}\vec{a}_{G_{AB}} \Rightarrow \vec{R}_A^n + \vec{R}_B^n - m_{AB} g\,\vec{j} = m_{AB}\vec{a}_{G_{AB}}^t. \qquad \textbf{(h)}$$

Em termos de componentes cartesianas nas direções dos eixos mostrados na Figura 6.5, a equação (h) fica:

$$R_A^n\left(\cos 60°\,\vec{i} + sen60°\,\vec{j}\right) + R_B^n\left(\cos 60°\,\vec{i} + sen60°\,\vec{j}\right) - m_{AB} g\,\vec{j} =$$

$$m_{AB}\, a_{G_{AB}}^t \left(sen60°\,\vec{i} - \cos 60°\, j\right),$$

donde:

$$R_A^n \cos 60° + R_B^n \cos 60° = m_{AB}\, a_{G_{AB}}^t sen60°\,, \qquad \textbf{(i)}$$

$$R_A^n\, sen60° + R_B^n\, sen60° - m_{AB} g = -m_{AB}\, a_{G_{AB}}^t \cos 60°. \qquad \textbf{(j)}$$

- **Igualdade de momentos em relação ao centro de massa:**

$$\sum \vec{M}_{G_{AB}} = \vec{0} \Rightarrow \overrightarrow{G_{AB}A} \times \vec{R}_A^n + \overrightarrow{G_{AB}B} \times \vec{R}_B^n = \vec{0}. \qquad \textbf{(k)}$$

Desenvolvendo a equação (k), escrevemos:

$$-\frac{\overline{AB}}{2}\vec{i} \times R_A^n\left(cos\,60°\vec{i} + sen60°\vec{j}\right) + \frac{\overline{AB}}{2}\vec{i} \times R_B^n\left(cos\,60°\vec{i} + sen60°\vec{j}\right) = \vec{0},$$

donde:

$$R_A^n = R_B^n. \quad \textbf{(l)}$$

Resolvendo as equações (i), (j) e (l), obtemos:

$$a_{G_{AB}}^t = g\,cos\,60° = 4,91 \text{ m/s}^2, \quad \textbf{(m)}$$

$$R_A^n = R_B^n = \frac{1}{2}m_{AB} \cdot g \cdot cos\,60° \cdot tg60° \Rightarrow \boxed{R_A^n = R_B^n = 84,96 \text{ N}}. \quad \textbf{(n)}$$

As acelerações angulares das barras AC e BD são:

$$\alpha_{AC} = \alpha_{BD} = \frac{a_{G_{AB}}^t}{\overline{AC}} = \frac{4,91}{0,4/sen60°} \Rightarrow \boxed{\alpha_{AC} = \alpha_{BD} = 10,63 \text{ rad/s}^2}. \quad \textbf{(o)}$$

EXEMPLO 6.2

Um armário apoiado sobre pés, de massa m, é puxado com uma força horizontal $\vec{F}$, por meio de um cabo, e desliza sobre uma superfície horizontal, conforme mostrado na Figura 6.7. Determinar a faixa de valores da altura h na qual o fio deve ser preso ao armário de modo este não tombe, considerando: **a)** que não exista atrito entre os pés e a superfície; **b)** que exista atrito entre os pés e a superfície, sendo μ_d o coeficiente de atrito dinâmico.

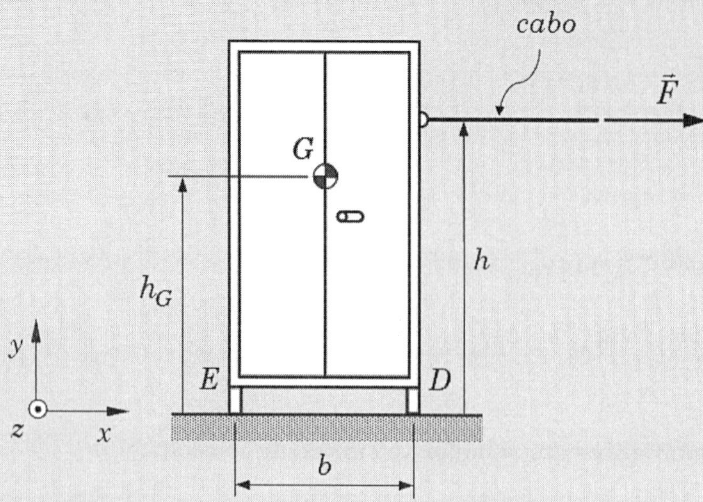

FIGURA 6.7 Ilustração de um armário puxado por uma força horizontal.

Resolução

Intuitivamente, percebemos que se o ponto de aplicação da força $\vec{F}$ for muito alto, haverá tendência de o armário tombar para a direita, ao passo que se o ponto de aplicação for muito baixo, a tendência será de tombamento para a esquerda. Assim, para determinar as alturas correspondentes, vamos caracterizar estas duas condições limites da seguinte forma:

- Iminência de tombamento para a direita: o armário está em translação, com perda de contato no pé da esquerda.
- Iminência de tombamento para a esquerda: o armário está em translação, com perda de contato no pé da direita.

a) Na Figura 6.8, mostramos os diagramas de esforços externos e das derivadas temporais das quantidades de movimento linear e angular, considerando, primeiramente, que não haja atrito entre os pés e a superfície sobre a qual o armário desliza.

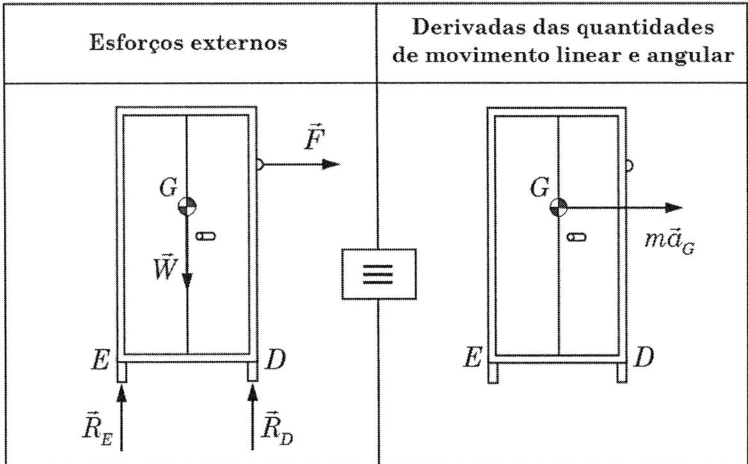

FIGURA 6.8 Representação da equivalência de esforços externos e derivadas das quantidades de movimento linear e angular, na condição sem atrito.

Estabeleceremos a equivalência dos dois conjuntos de vetores impondo igualdade de forças e momentos resultantes de ambos, para as duas condições limites consideradas:

- **Iminência de tombamento para a direita ($\vec{R}_E = \vec{0}$):**

Igualdade de momentos em relação ao ponto D:

$$h_{max}\,\vec{j} \times F\,\vec{i} + \left(-\frac{b}{2}\right)\vec{i} \times (-mg)\,\vec{j} = h_G\,\vec{j} \times ma_G\,\vec{i}\,,$$

$$h_{max}\,F - \frac{1}{2}mgb = ma_G h_G\,. \quad \textbf{(a)}$$

Igualdade dos vetores resultantes:

$$F\,\vec{i} + R_D\,\vec{j} - m\,g\,\vec{j} = m\,a_G\,\vec{i}\,,$$

donde:

$$F = m\,a_G \Rightarrow a_G = \frac{F}{m}, \quad \textbf{(b)}$$

$$R_D = mg\,. \quad \textbf{(c)}$$

Resolvendo as equações (a) e (b), obtemos:

$$h_{max} = h_G + \frac{mgb}{2F}\,. \quad \textbf{(d)}$$

- **Iminência de tombamento para a esquerda ($\vec{R}_D = \vec{0}$):**

Igualdade de momentos em relação ao ponto E:

$$h_{min}\,\vec{j} \times F\,\vec{i} + \frac{b}{2}\vec{i} \times (-mg)\vec{j} = h_G\,\vec{j} \times m a_G\,\vec{i}\,,$$

$$h_{min}\,F + \frac{b}{2} m\,g = h_G\,m\,a_G\,. \quad \textbf{(e)}$$

- **Igualdade dos vetores resultantes:**

$$F\,\vec{i} + R_E\,\vec{j} - m\,g\,\vec{j} = m\,a_G\,\vec{i}\,,$$

donde:

$$F = m\,a_G \;\Rightarrow\; a_G = \frac{F}{m}, \quad \textbf{(f)}$$

$$R_E = m\,g\,. \quad \textbf{(g)}$$

Resolvendo as equações (e) e (f), obtemos:

$$h_{min} = h_G - \frac{mgb}{2F}\,. \quad \textbf{(h)}$$

A partir dos resultados expressos pelas equações (d) e (h) concluímos que a faixa de alturas de aplicação da força para as quais o armário não tomba é:

$$h_G - mgb/(2F) \le h \le h_G + mgb/(2F)\,,$$

sendo, portanto, centrada em h_G, com amplitude mgb/F.

Observamos que maiores valores do peso e da largura b do armário contribuem para sua estabilização, ao passo que valores maiores da força F favorecem a desestabilização.

b) Analisemos agora o caso em que há atrito entre os pés do armário e a superfície. A diferença, em relação ao caso precedente, é que, em cada uma das condições limites consideradas, aparece uma força de atrito na direção horizontal, aplicada no pé que permanece em contato com a superfície, conforme mostrado na Figura 6.9.

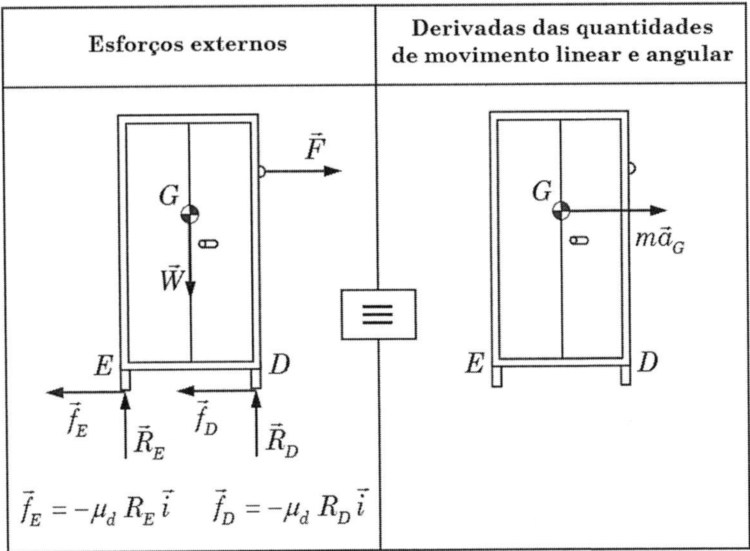

FIGURA 6.9 Representação da equivalência de esforços externos e derivadas das quantidades de movimento linear e angular, na condição com atrito.

Estabelecemos novamente a equivalência dos dois conjuntos de vetores mostrados na Figura 6.9, impondo igualdade de forças e de momentos resultantes de ambos, para as duas condições limites consideradas:

- **Iminência de tombamento para a direita ($\vec{R}_E = \vec{0}$, $\vec{f}_E = \vec{0}$):**

Igualdade de momentos em relação ao ponto D:

$$h_{max}\vec{j} \times F\vec{i} + \left(-\frac{b}{2}\right)\vec{i} \times (-mg)\vec{j} = h_G\vec{j} \times ma_G\vec{i},$$

$$h_{max}F - \frac{b}{2}mg = h_G m a_G. \quad \textbf{(i)}$$

Igualdade dos vetores resultantes:

$$F\vec{i} - f_D\vec{i} + R_D\vec{j} - mg\vec{j} = ma_G\vec{i},$$

donde:

$$F - \mu_d R_D = m a_G, \quad \textbf{(j)}$$

$$R_D = mg. \quad \textbf{(k)}$$

Resolvendo as equações (i), (j) e (k), obtemos:

$$a_G = \frac{F}{m} - \mu_d g, \qquad \textbf{(l)}$$

$$h_{max} = h_G\left(1 - \frac{\mu_d mg}{F}\right) + \frac{mgb}{2F}. \qquad \textbf{(m)}$$

- **Iminência de tombamento para a esquerda ($\vec{R}_D = \vec{0}$, $\vec{f}_D = \vec{0}$):**

Igualdade de momentos em relação ao ponto E:

$$h_{min}\, j \times F\vec{i} + \frac{b}{2}\vec{i} \times (-mg)\vec{j} = h_G\,\vec{j} \times m a_G\,\vec{i},$$

$$h_{min}\, F + \frac{b}{2} m\, g = h_G\, m\, a_G. \qquad \textbf{(n)}$$

Igualdade dos vetores resultantes:

$$F\vec{i} - f_E\vec{i} + R_E\,\vec{j} - m\,g\,\vec{j} = m\,a_G\,\vec{i},$$

donde:

$$F - \mu_d\, R_E = m\,a_G, \qquad \textbf{(o)}$$

$$R_E = mg. \qquad \textbf{(p)}$$

Resolvendo as equações (n), (o) e (p), obtemos:

$$a_G = \frac{F}{m} - \mu_d g, \qquad \textbf{(q)}$$

$$h_{min} = h_G\left(1 - \frac{\mu_d mg}{F}\right) - \frac{mgb}{2F}. \qquad \textbf{(r)}$$

Comparando os resultados obtidos para os casos sem atrito e com atrito, concluímos que a inclusão do atrito reduz, de um valor dado por $h_G \mu_d m g/F$ os valores mínimo e máximo das alturas nas quais a força pode ser aplicada sem que o armário tombe. Isso significa que o atrito prejudica a estabilidade quando a força é aplicada acima do centro de massa e contribui para a estabilidade quando a força é aplicada abaixo do centro de massa. Todavia, a amplitude da faixa de valores da altura do ponto de aplicação da força para a qual o armário não tomba permanece inalterada, sendo mgb/F.

6.6 Equações de Newton-Euler para corpos rígidos em movimento plano

Do ponto de vista da dinâmica, o movimento plano de um corpo rígido, ilustrado na Figura 6.10, fica caracterizado quando as duas condições seguintes são satisfeitas:

- todos os pontos do corpo descrevem trajetórias contidas em planos paralelos a um dado plano fixo de referência (na Figura 6.10, o plano de referência é o plano xy ou o plano baricêntrico $x'y'$);
- o corpo tem distribuição de massa simétrica em relação ao plano de referência.

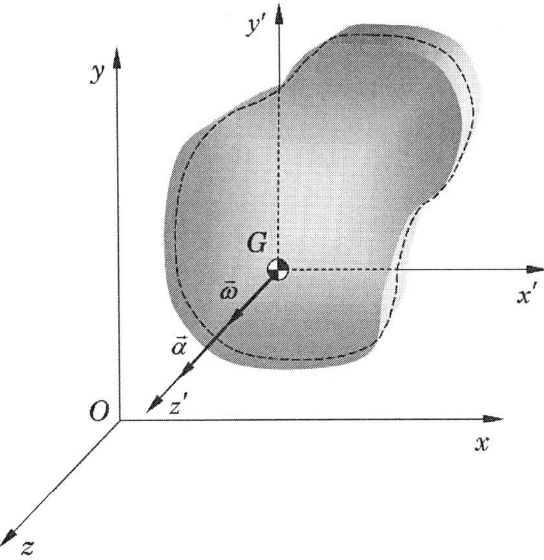

FIGURA 6.10 Ilustração de um corpo rígido realizando movimento plano.

As consequências dessas hipóteses são as seguintes:

- os vetores velocidade angular e aceleração angular têm a direção perpendicular ao plano de referência (na Figura 6.10: $\vec{\omega} = \omega\vec{k}$, $\vec{\alpha} = \alpha\vec{k}$ ou, em notação matricial $\{\omega\} = [0\ \ 0\ \ \omega]^T$, $\{\alpha\} = [0\ \ 0\ \ \alpha]^T$);
- conforme demonstrado na Seção 5.7, os produtos de inércia que envolvem o eixo perpendicular ao plano de referência são nulos (no caso mostrado na Figura 6.10, $P_{xz} = P_{yz} = 0$, $P_{x'z'} = P_{y'z'} = 0$).

Assim, para o caso de corpos rígidos em movimento plano, a quantidade de movimento angular em relação ao centro de massa G, dado pela Equação (6.15), fica:

$$\{H_G\} = \begin{bmatrix} J_{x'} & -P_{x'y'} & 0 \\ -P_{x'y'} & J_{y'} & 0 \\ 0 & 0 & J_{z'} \end{bmatrix} \begin{Bmatrix} 0 \\ 0 \\ \omega \end{Bmatrix} = \begin{Bmatrix} 0 \\ 0 \\ J_{z'}\omega \end{Bmatrix}, \tag{6.28}$$

ou:

$$\vec{H}_G = J_{z'}\omega\vec{k}. \tag{6.29}$$

Como o vetor $\vec{H}_G$ tem direção constante, sua derivada temporal é simplesmente:

$$\dot{\vec{H}}_G = J_{z'}\dot{\omega}\,\vec{k} = J_{z'}\alpha\,\vec{k}, \tag{6.30}$$

e as Equações de Newton-Euler (6.23) e (6.25) ficam reduzidas às formas:

$$\sum \vec{F} = m\,\vec{a}_G, \tag{6.31}$$

$$\sum \vec{M}_G = J_{z'}\,\alpha\,\vec{k}. \tag{6.32}$$

A equivalência entre os conjuntos de vetores representando os esforços externos e as derivadas das quantidades de movimento linear e angular para o caso de corpos rígidos em movimento plano é ilustrada na Figura 6.11.

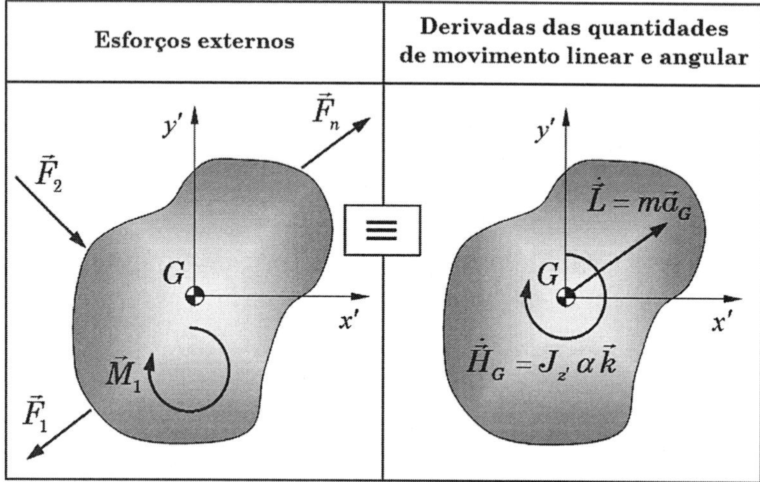

FIGURA 6.11 Representação da equivalência de esforços externos e derivadas das quantidades de movimento linear e angular para um corpo rígido em movimento plano.

Examinaremos a seguir dois casos particulares importantes de movimento plano.

6.6.1 Equações de Newton-Euler para o movimento plano de rotação baricêntrica

Entendemos por rotação baricêntrica o caso de movimento plano em que, devido à existência de restrições cinemáticas, o corpo rígido gira em torno de um eixo perpendicular ao plano de referência que passa pelo seu centro de massa.

Neste caso, a aceleração do centro de massa é nula, de modo que as Equações de Newton-Euler (6.31) e (6.32) ficam reduzidas a:

$$\sum \vec{F} = \vec{0}, \tag{6.33}$$

$$\sum \vec{M}_G = J_{z'}\,\alpha\,\vec{k}. \tag{6.34}$$

A equivalência entre os conjuntos de vetores representando os esforços externos e as derivadas das quantidades de movimento linear e angular para o caso de corpos rígidos em movimento plano de rotação baricêntrica é ilustrada na Figura 6.12. É importante observar que as forças de restrição devem ser incluídas no Diagrama de Corpo Livre. Na Figura 6.12 supõe-se que não haja atrito no mancal em G; se houver atrito, um momento associado a ele deverá ser incluído.

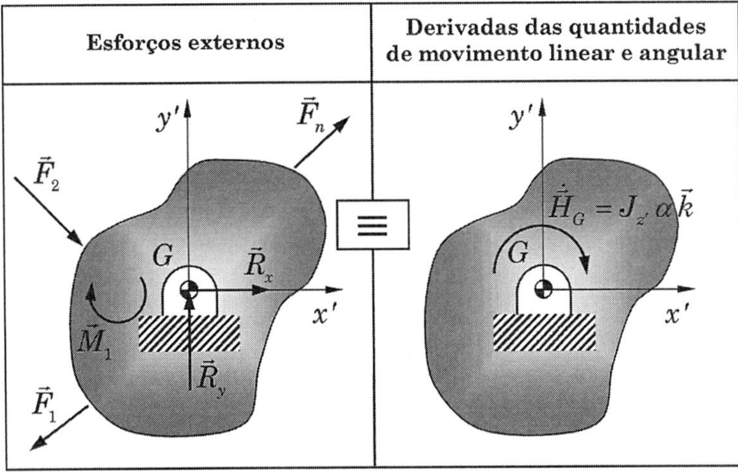

FIGURA 6.12 Representação da equivalência de esforços externos e derivadas das quantidades de movimento linear e angular para um corpo rígido em movimento plano de rotação baricêntrica.

6.6.2 Equações de Newton-Euler para o movimento plano de rotação não baricêntrica

A rotação não baricêntrica é o caso de movimento plano em que, devido à existência de restrições cinemáticas, o corpo rígido gira em torno de um eixo perpendicular ao plano de referência que passa por um ponto O não coincidente com seu centro de massa. Neste caso, a aceleração do centro de massa é dada por:

$$\vec{a}_G = \alpha\vec{k}\times\overrightarrow{OG} + \omega\vec{k}\times\left(\omega\vec{k}\times\overrightarrow{OG}\right), \tag{6.35}$$

ou:

$$\vec{a}_G = \alpha\,\vec{k}\times\overrightarrow{OG} - \omega^2\overrightarrow{OG}. \tag{6.36}$$

A equivalência entre os conjuntos de vetores representando os esforços externos e as derivadas das quantidades de movimento linear e angular para o caso de corpos rígidos em movimento plano de rotação não baricêntrica é ilustrada na Figura 6.13.

No caso presente, as Equações de Newton-Euler (6.31) e (6.32) assumem as formas:

$$\sum\vec{F} = m\alpha\vec{k}\times\overrightarrow{OG} - m\omega^2\overrightarrow{OG}, \tag{6.37}$$

$$\sum\vec{M}_G = J_{z'}\,\alpha\,\vec{k}. \tag{6.38}$$

Impondo a igualdade dos momentos dos dois conjuntos de vetores em relação ao ponto O, obtemos:

$$\sum\vec{M}_O = J_{z'}\,\alpha\,\vec{k} + \overrightarrow{OG}\times\left(m\alpha\vec{k}\times\overrightarrow{OG} - m\omega^2\overrightarrow{OG}\right). \tag{6.39}$$

Desenvolvendo a Equação (6.39), temos:

$$\sum\vec{M}_O = J_z\,\alpha\,\vec{k}, \tag{6.40}$$

onde, de acordo com o Teorema dos Eixos Paralelos para os momentos de inércia de massa (ver Equação (5.22)),

$$J_z = J_{z'} + m\left\|\overrightarrow{OG}\right\|^2 \tag{6.41}$$

é o momento de inércia de massa do corpo rígido em relação ao eixo de rotação, que passa pelo ponto O.

Vale observar que o uso da Equação (6.40) conduz a uma variante de equação do movimento que não envolve as reações de apoio, o que pode ser vantajoso em algumas circunstâncias.

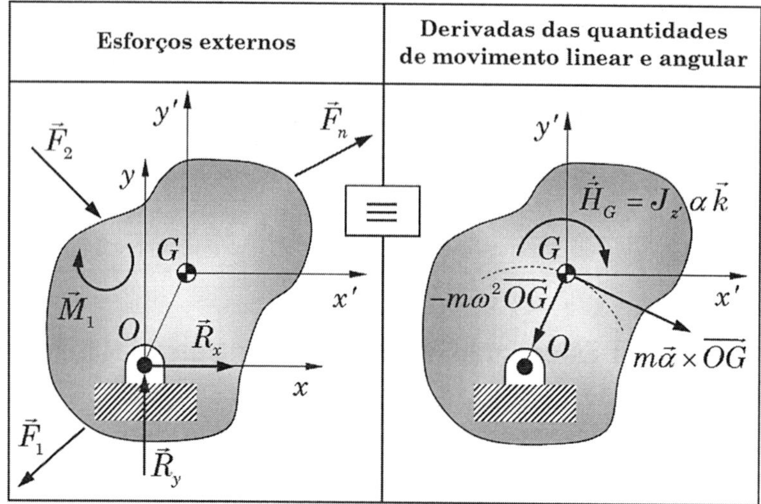

FIGURA 6.13 Representação da equivalência de esforços externos e derivadas das quantidades de movimento linear e angular para um corpo rígido em movimento plano de rotação não baricêntrica.

EXEMPLO 6.3

O disco uniforme mostrado na Figura 6.14, de massa m = 20 kg e raio r = 0,40 m pode se movimentar sobre um plano horizontal. Ele está inicialmente em repouso quando passa a receber a ação de um momento constante T = 100 N · m. Os coeficientes de atrito estático e dinâmico entre o disco e a superfície são μ_{est} = 0,35 e μ_{din} = 0,25. Determinar a aceleração angular e a aceleração do centro do disco após o momento ser aplicado.

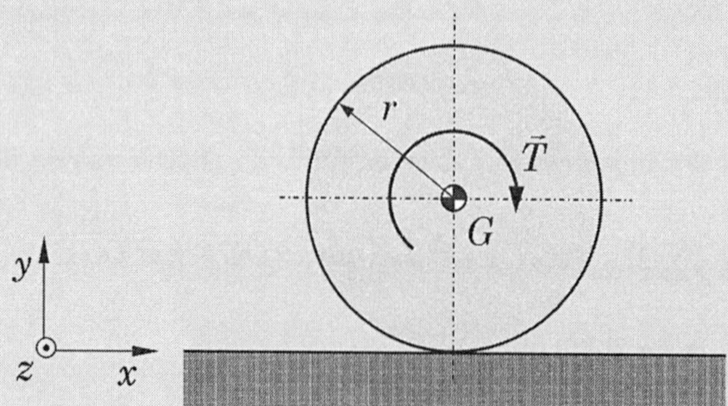

FIGURA 6.14 Ilustração de um disco uniforme em movimento sobre uma superfície horizontal, sob a ação de um momento aplicado.

Resolução

Este problema se enquadra no caso de movimento plano, estudado na Seção 6.6. A Figura 6.15 mostra a equivalência entre os conjuntos de vetores que representam os esforços externos e as derivadas das quantidades de movimento linear a angular.

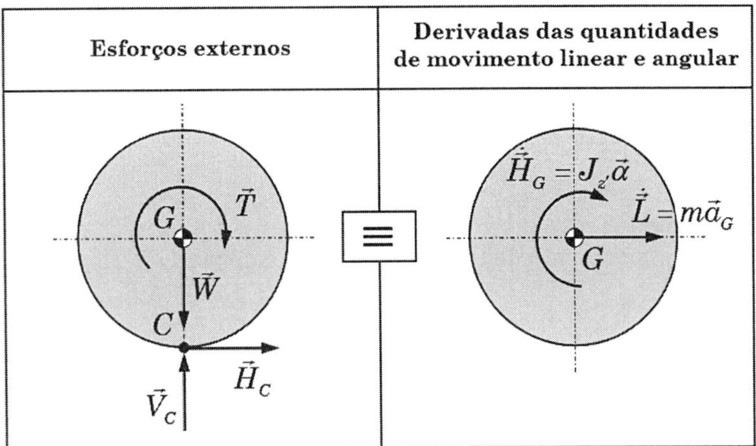

FIGURA 6.15 Representação da equivalência de esforços externos e derivadas das quantidades de movimento linear e angular para o disco uniforme.

A partir da equivalência dos dois conjuntos de vetores mostrados na Figura 6.15 impomos igualdade de forças e momentos resultantes de ambos.

- **Igualdade de momentos em relação ao ponto *C*:**

$$-T\vec{k} = -J_{z'}\alpha\vec{k} + r\vec{j} \times ma_G\vec{i} \Rightarrow T = J_{z'}\alpha + m r a_G. \qquad \textbf{(a)}$$

- **Igualdade dos vetores resultantes:**

$$H_C\vec{i} + V_C\vec{j} - mg\vec{j} = ma_G\vec{i}, \qquad \textbf{(b)}$$

donde:

$$H_C = m a_G, \qquad \textbf{(c)}$$

$$V_C = mg. \qquad \textbf{(d)}$$

Observamos que o sistema formado pelas três equações (a), (c) e (d) tem quatro incógnitas. É preciso, portanto, obter uma equação suplementar para completar o sistema de equações. Para isso, precisamos levar em conta que, no que diz respeito ao contato entre o disco e a superfície, existem duas condições possíveis: a primeira é que o atrito seja suficientemente baixo para que o disco deslize (derrape) enquanto rola sobre a superfície; e a segunda é que o atrito seja suficientemente alto para impedir o deslizamento. Neste segundo caso, o disco realizará rolamento puro.

Como não sabemos, *a priori*, qual destas condições prevalecerá quando o disco iniciar seu movimento, devemos fazer uma hipótese e testá-la, conforme descrevemos a seguir.

Admitindo que o disco não deslize, a condição suplementar que se aplica é a condição cinemática seguinte (ver Exemplo 2.10):

$$a_G = r\,\alpha. \qquad \textbf{(e)}$$

Resolvendo as equações (a), (c) e (e), obtemos:

$$H_C = T\frac{mr}{J_{z'} + mr^2}. \qquad \textbf{(f)}$$

Levando em conta que o momento de inércia do disco é dado por (ver Tabela B.2, do Apêndice B):

$$J_{z'} = \frac{1}{2}mr^2,$$

e substituindo os valores numéricos fornecidos, as equações (d) e (f) nos dão:

$$V_C = mg = 20{,}0 \cdot 9{,}81 = 196{,}2\ \text{N}, \qquad \textbf{(g)}$$

$$H_C = \frac{2T}{3r} = \frac{2 \cdot 100{,}0}{3 \cdot 0{,}4} \Rightarrow H_C = 166{,}7\,\text{N}. \qquad \textbf{(h)}$$

Precisamos agora verificar a validade desta solução.

A condição necessária para que não haja deslizamento é que a força tangente à superfície de contato seja menor que o valor da força que delimita a condição de atrito estático (ver Subseção 3.3.4), ou seja:

$$H_C \le \mu_{est} V_C = 0{,}35 \cdot 196{,}2 = 68{,}7\ \text{N}.$$

Uma vez que esta condição não é satisfeita, concluímos que há deslizamento entre o disco e a superfície, combinado com o rolamento do disco. Como a equação (e) deixa de ser válida, a equação suplementar de que precisamos decorre da condição de atrito dinâmico:

$$H_C = \mu_{din} V_C. \qquad \textbf{(i)}$$

Resolvendo as equações (a), (c) e (i), obtemos:

$$\alpha = 2\frac{T - \mu_{din} mrg}{mr^2} \Rightarrow \alpha = 2 \cdot \frac{100{,}0 - 0{,}25 \cdot 20{,}0 \cdot 0{,}40 \cdot 9{,}81}{20{,}0 \cdot 0{,}40^2} \Rightarrow \underline{\underline{\alpha = 50{,}2\ \text{rad/s}^2}},$$

$$a_G = \mu_{din} g = 0{,}25 \cdot 9{,}81 \Rightarrow \underline{\underline{a_G = 2{,}5\ \text{m/s}^2}}.$$

EXEMPLO 6.4

Uma barra delgada uniforme de massa $m = 10{,}0$ kg e comprimento $L = 1{,}0$ *m* é pivotada em uma de suas extremidades, como mostrado na Figura 6.16. Sabendo que a barra é liberada a partir do repouso na posição $\theta = 15°$. Pede-se: **a)** obter a equação do movimento da barra em termos da coordenada angular θ; **b)** resolver numericamente a equação do movimento e traçar as curvas representando a posição angular e a velocidade angular da barra, e as componentes das forças de reação no mancal em O no intervalo [0; 8 s].

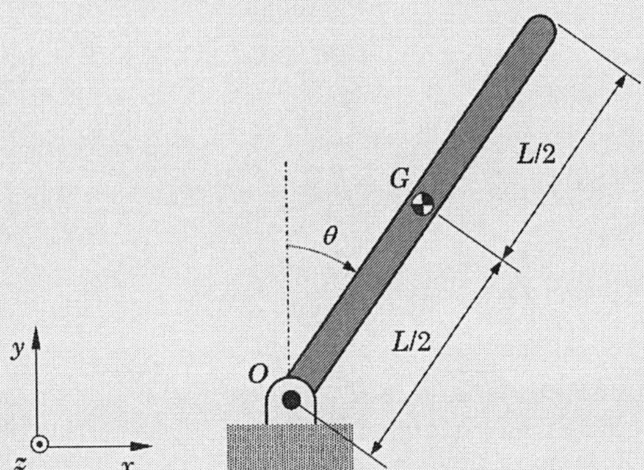

FIGURA 6.16 Ilustração de uma barra uniforme pivotada em uma de suas extremidades, em movimento sob a ação de seu peso.

Resolução

Neste exemplo temos um problema de dinâmica de corpo rígido em movimento plano de rotação não baricêntrica, do qual tratamos na Subseção 6.6.2. A Figura 6.17 mostra a equivalência entre os conjuntos de vetores que representam os esforços externos e as derivadas das quantidades de movimento linear e angular.

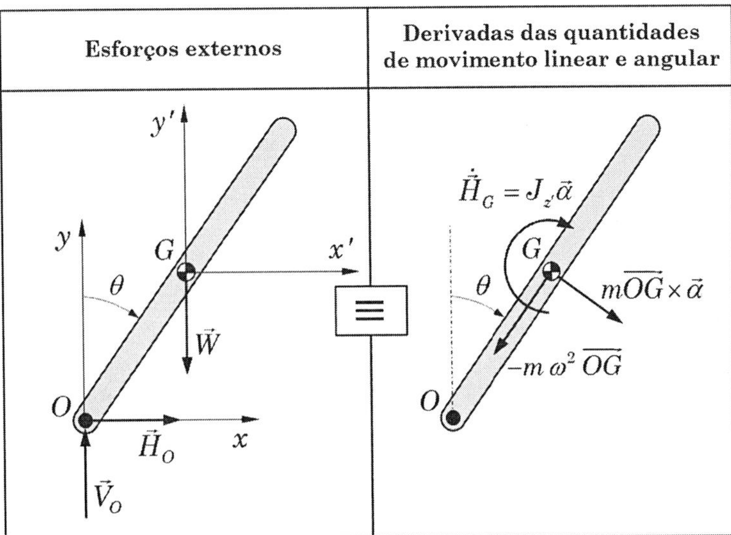

FIGURA 6.17 Representação da equivalência de esforços externos e derivadas das quantidades de movimento linear e angular para a barra uniforme.

A partir da equivalência dos dois conjuntos de vetores mostrados na Figura 6.17, impomos igualdade de forças e momentos resultantes de ambos.

- **Igualdade de momentos em relação ao ponto *O* (ver Equação (6.40)):**

$$\overrightarrow{OG}\times\left(-m\,g\,\vec{j}\right)=-J_z\alpha\vec{k}. \qquad \textbf{(a)}$$

Sendo

$$\overrightarrow{OG}=\frac{L}{2}\left(sen\,\theta\,\vec{i}+\cos\theta\,\vec{j}\right),$$

a equação (a) fica:

$$\frac{L}{2}\left(sen\theta\,\vec{i}+\cos\theta\,\vec{j}\right)\times\left(-m\,g\,\vec{j}\right)=-J_z\alpha\vec{k}\;\Rightarrow\;\alpha=\frac{mgL}{2J_z}sen\theta. \qquad \textbf{(b)}$$

Para determinação do momento de inércia J_z, utilizamos os dados fornecidos na Tabela B.2 do Apêndice B e o Teorema dos Eixos Paralelos:

$$J_z=\frac{mL^2}{12}+m\left(\frac{L}{2}\right)^2\;\Rightarrow\;J_z=\frac{mL^2}{3}. \qquad \textbf{(c)}$$

Associando as equações (b) e (c), e relembrando que $\alpha=\ddot{\theta}$, obtemos a equação diferencial do movimento da barra sob a forma:

$$\ddot{\theta}(t)-\frac{3g}{2L}sen\theta(t)=0. \qquad \textbf{(d)}$$

- **Igualdade dos vetores resultantes:**

$$H_O\vec{i}+V_O\vec{j}-m\,g\,\vec{j}=m\,\overrightarrow{OG}\times\vec{\alpha}-m\,\omega^2\,\overrightarrow{OG}. \qquad \textbf{(e)}$$

Desenvolvendo a equação (e), obtemos:

$$H_O=\frac{mL}{2}\left(\alpha\cos\theta-\omega^2\,sen\theta\right), \qquad \textbf{(f)}$$

$$V_O=mg-\frac{mL}{2}\left(\alpha\,sen\theta+\omega^2\cos\theta\right). \qquad \textbf{(g)}$$

Associando as equações (d), (f) e (g), estas duas últimas assumem as formas:

$$H_O=\frac{mL}{2}\left(\frac{3g}{2L}sen\theta\cos\theta-\omega^2\,sen\theta\right), \qquad \textbf{(h)}$$

$$V_O = mg - \frac{mL}{2}\left(\frac{3g}{2L} sen^2\theta + \omega^2 \cos\theta\right). \quad \textbf{(i)}$$

Para a resolução numérica da equação do movimento expressa pela equação (d), observamos, primeiramente, sua semelhança com a equação do movimento do pêndulo simples, estudado nos Exemplos 3.6 e 3.11. Visando utilizar o método de Runge-Kutta de 4ª ordem, descrito no Apêndice A, fazemos a seguinte transformação de variáveis, buscando obter um sistema equivalente de equações diferenciais de primeira ordem:

$$x_1 = \theta(t);\ x_2 = \dot{\theta}(t),$$

o que resulta em:

$$\dot{x}_1(t) = x_2(t), \quad \textbf{(j)}$$

$$\dot{x}_2(t) = \frac{3g}{2L} \text{sen} x_1(t). \quad \textbf{(k)}$$

No programa MATLAB® **exemplo_6_4.m** é implementada a resolução numérica do sistema de equações de primeira ordem (j) e (k), que fornece a posição angular $\theta(t)$ e a velocidade angular $\omega = \dot{\theta}(t)$ da barra. Estas variáveis são substituídas em seguida nas equações (h) e (i) para o cálculo das componentes de reação no mancal *O*.

As Figuras 6.18 a 6.20 apresentam os resultados obtidos.

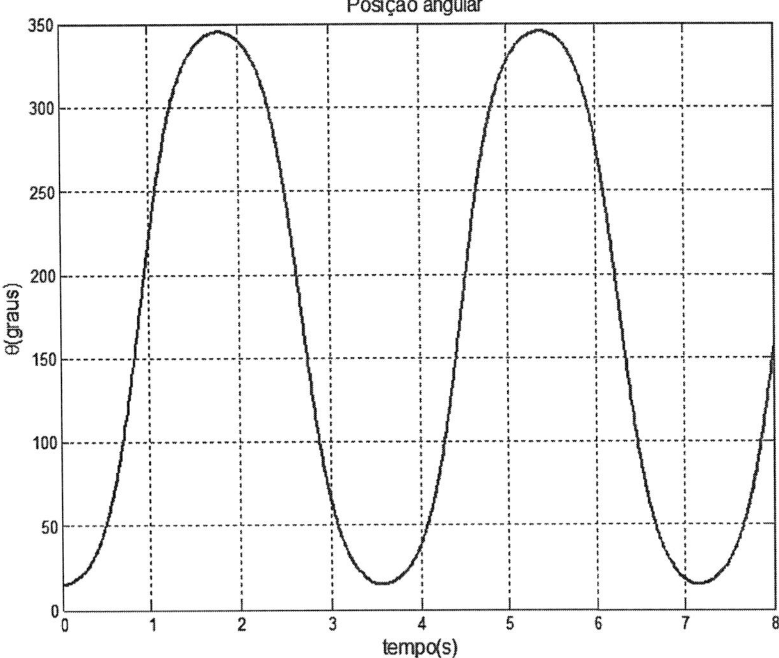

FIGURA 6.18 Gráfico representando a posição angular da barra.

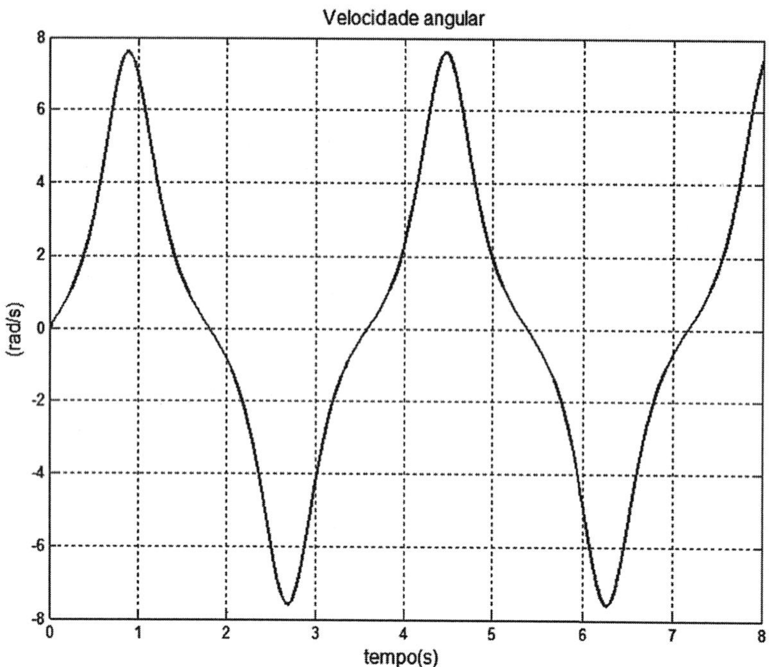

FIGURA 6.19 Gráfico representando a velocidade angular da barra.

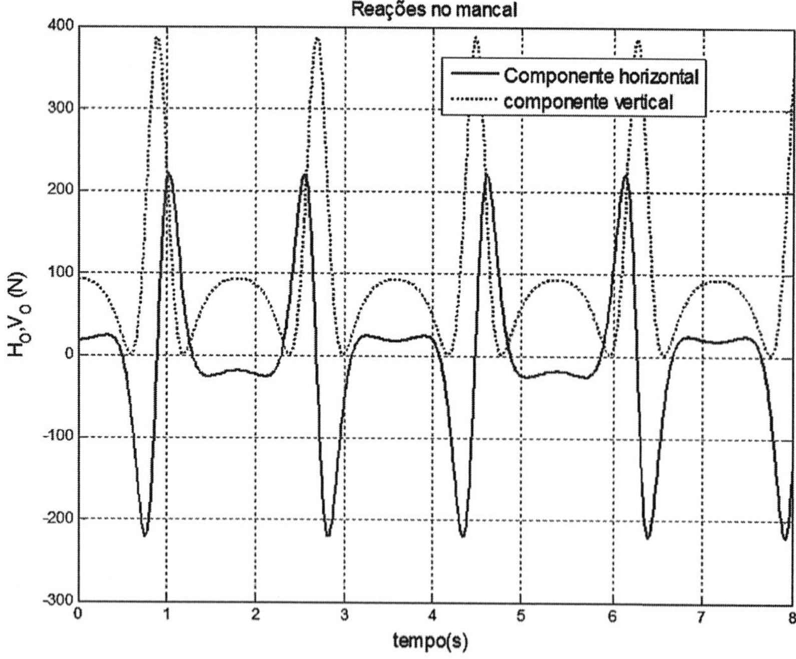

FIGURA 6.20 Gráficos representando as forças de reação no mancal.

EXEMPLO 6.5

A roda R, de raio r, massa m_R e raio de giração baricêntrico $k_{z'}$ pode girar sem atrito em torno de seu centro G, estando ligada por um cabo de massa desprezível enrolado sobre sua borda ao bloco B, de massa m_B, conforme mostrado na Figura 6.21. Sabendo que o bloco é liberado do repouso, determinar: **a)** a aceleração do bloco; **b)** a aceleração angular da roda; **c)** a tração no cabo; **d)** as componentes das forças de reação no mancal em G.

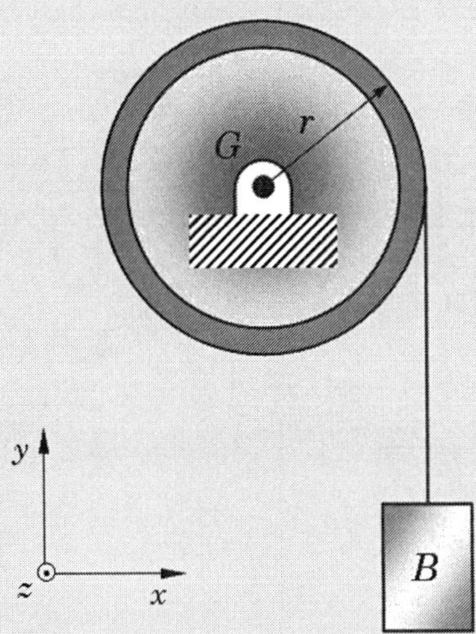

FIGURA 6.21 Conjunto formado por uma roda e um bloco ligados entre si por um cabo.

Resolução

Este exemplo trata de um sistema mecânico formado por dois corpos rígidos cujos movimentos são vinculados por restrições cinemáticas. Com efeito, a roda desenvolve movimento de rotação baricêntrica (ver Subseção 6.6.1), devido à existência do mancal em O, e o bloco realiza movimento de translação na direção vertical (ver Seção 6.5).

Designando por θ a posição angular da roda em relação à posição inicial, o deslocamento vertical do bloco y_B é dado por:

$$y_B = r\theta. \qquad \textbf{(a)}$$

Derivando a equação (a) duas vezes em relação ao tempo, sucessivamente, obtemos as seguintes relações entre a velocidade angular da roda e a velocidade do bloco, e entre a aceleração angular da roda e a aceleração do bloco:

$$\dot{y}_B = r\dot{\theta} \Rightarrow v_B = r\omega, \qquad \textbf{(b)}$$

$$\ddot{y}_B = r\ddot{\theta} \Rightarrow a_B = r\alpha. \qquad \textbf{(c)}$$

A restrição (a) faz com que, embora haja dois corpos, cujos movimentos são representados por y_B e θ, o movimento do sistema tenha apenas uma coordenada independente. Dizemos, então, que o problema tem um *grau de liberdade*.

A Figura 6.22 ilustra a equivalência entre os conjuntos de vetores que representam os esforços externos e as derivadas das quantidades de movimento linear e angular para cada um dos corpos que formam o sistema. A partir da equivalência entre estes conjuntos de vetores, impomos a igualdade de forças e de momentos resultantes de ambos, separadamente para cada um dos dois corpos.

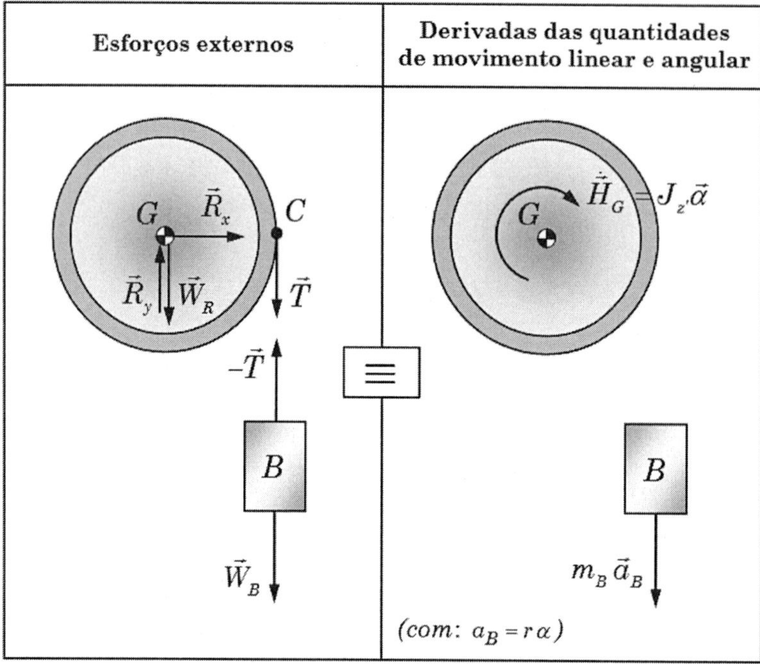

FIGURA 6.22 Representação da equivalência de esforços externos e derivadas das quantidades de movimento linear e angular para a roda e para o bloco.

- **Para a roda:**

Igualdade de momentos em relação ao ponto G:

$$r\vec{i} \times (-T\vec{j}) = -J_{z'}\,\alpha\vec{k} \Rightarrow T\,r = J_{z'}\,\alpha \qquad \textbf{(d)}$$

com $J_{z'} = k_{z'}^2\, m_R$ (ver Seção 5.3 na qual foi introduzida a definição de raio de giração de massa).

Igualdade dos vetores resultantes:

$$R_x\vec{i} + R_y\vec{j} - m_R\,g\vec{j} - T\vec{j} = \vec{0},$$

donde:

$$R_x = 0\,, \qquad \textbf{(e)}$$

$$R_y - m_R\,g - T = 0\,. \qquad \textbf{(f)}$$

- **Para o bloco:**

Igualdade dos vetores resultantes:

$$T\vec{j} - m_B g\vec{j} = -m_B a_B \vec{j} \Rightarrow T - m_B g = -m_B a_B. \quad \textbf{(g)}$$

As equações (c) a (g) formam um conjunto de 5 equações com 5 incógnitas, cuja resolução nos fornece:

$$\alpha = \frac{m_B g r}{m_R k_{z'}^2 + m_B r^2}, \quad a_B = \frac{m_B g r^2}{m_R k_{z'}^2 + m_B r^2}, \quad T = m_B g\left(1 - \frac{m_B r^2}{m_R k_{z'}^2 + m_B r^2}\right),$$

$$R_x = 0, \quad R_y = m_R g\left(1 + \frac{m_B k_{z'}^2}{m_R k_{z'}^2 + m_B r^2}\right),$$

EXEMPLO 6.6

A barra delgada uniforme mostrada na Figura 6.23, de comprimento L, cuja densidade de massa linear é designada por ρ [kg/m], pode girar livremente em um plano horizontal, em torno de uma rótula em sua extremidade O. Designando, respectivamente, por $\vec{\omega}$ e $\vec{\alpha}$ a velocidade angular e a aceleração angular instantâneas da barra, pede-se: **a)** determinar as expressões representando a variação dos esforços internos (força normal, força cortante e momento fletor) a que as seções transversais da barra estarão submetidas, em função de suas distâncias em relação ao eixo de rotação; **b)** admitindo os valores: $\rho = 5{,}0$ kg/m, $L = 1{,}0$ m, $\omega = 10{,}0$ rad/s e $\alpha = 50{,}0$ rad/s^2, traçar os gráficos representando as expressões obtidas no item **a)**.

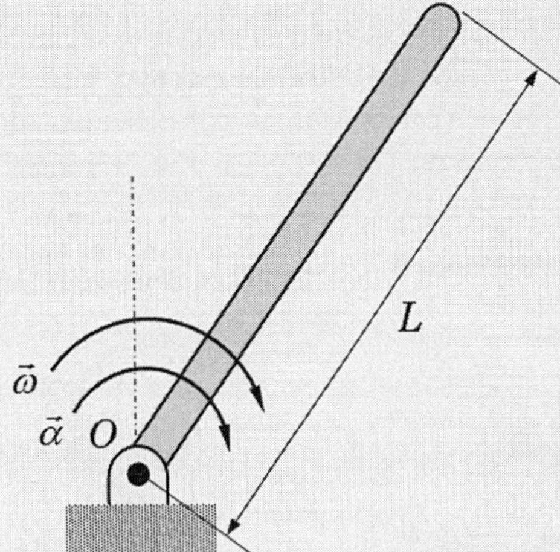

FIGURA 6.23 Ilustração de uma barra uniforme pivotada em uma de suas extremidades.

Resolução

Em estudos anteriores de estática de corpos rígidos aprendemos que a aplicação de esforços externos induz o surgimento de esforços internos que garantem o equilíbrio quando imaginamos o corpo separado em duas partes por uma seção imaginária. No caso de corpos do tipo barra (ou viga), estes esforços internos, aplicados às seções transversais, são conhecidos como força normal ($\vec{N}$), força cortante ($\vec{V}$) e momento fletor ($\vec{M}$).

Neste exemplo mostramos que o movimento com aceleração provoca o aparecimento destes esforços, embora não estejamos tratando de um problema de estática.

Na Figura 6.24 mostramos os esforços internos aplicados a uma seção transversal arbitrária cuja posição é indicada por x, e que secciona a barra em duas partes.

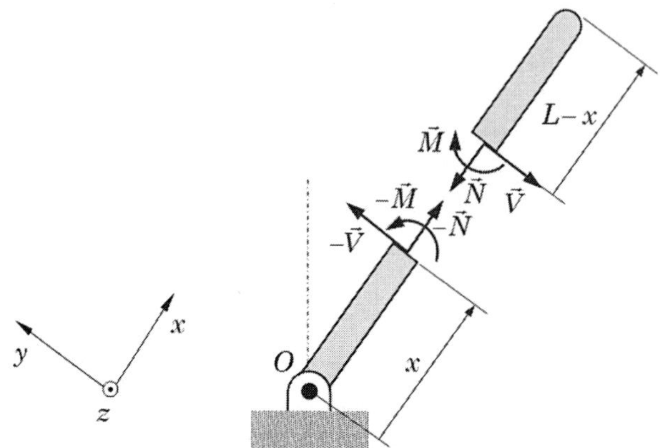

FIGURA 6.24 Ilustração dos esforços internos de origem dinâmica aplicados sobre uma seção transversal genérica da barra.

Na Figura 6.25 mostramos a equivalência entre os conjuntos de vetores que representam os esforços aplicados e as derivadas das quantidades de movimento linear e angular para a parte superior da barra. É importante observar que a influência da parte omitida sobre a parte considerada é representada pelos esforços $\vec{N}$, $\vec{V}$ e $\vec{M}$, e que no diagrama das derivadas das quantidades de movimento linear e angular, $\overline{G}$, $\overline{J}_{z'}$ e $\overline{m}$ indicam propriedades de inércia da parte considerada, e não devem ser confundidas com as propriedades correspondentes da barra completa. Também deve ser considerado que, embora os esforços $\vec{N}$, $\vec{V}$ e $\vec{M}$ sejam esforços internos à barra, no diagrama mostrado na Figura 6.25 eles são tratados como esforços externos aplicados à parte isolada para a qual é apresentado o diagrama de corpo livre.

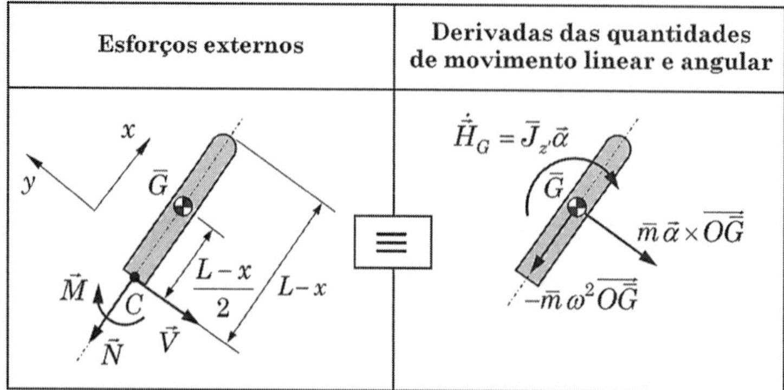

FIGURA 6.25 Representação da equivalência de esforços externos e derivadas das quantidades de movimento linear e angular para a barra uniforme.

A partir da equivalência dos dois conjuntos de vetores mostrados na Figura 6.25, impomos igualdade de forças e momentos resultantes de ambos.

- **Igualdade de momentos em relação ao ponto *C*:**

$$\vec{M} = \bar{J}_{z'}\,\vec{\alpha} + \overrightarrow{CG} \times \left(\bar{m}\,\vec{\alpha} \times \overrightarrow{OG}\right). \qquad \textbf{(a)}$$

Sendo:

$$\bar{m} = \rho(L-x), \qquad \bar{J}_{z'} = \frac{1}{12}\rho(L-x)^3, \qquad \overrightarrow{CG} = \frac{L-x}{2}\vec{i}, \qquad \overrightarrow{OG} = \frac{L+x}{2}\vec{i},$$

a equação (a) leva a:

$$M(x) = \frac{1}{6}\rho\alpha(L-x)^2(x+2L). \qquad \textbf{(b)}$$

- **Igualdade dos vetores resultantes:**

$$-N\vec{i} - V\vec{j} = -\bar{m}\,\omega^2\overrightarrow{OG} + \bar{m}\,\vec{\alpha} \times \overrightarrow{OG},$$

donde obtemos:

$$N(x) = \frac{1}{2}\rho\omega^2\left(L^2 - x^2\right), \qquad \textbf{(c)}$$

$$V(x) = \frac{1}{2}\rho\alpha\left(L^2 - x^2\right). \qquad \textbf{(d)}$$

As equações (b), (c) e (d) mostram que:

- o momento fletor e a força cortante dependem exclusivamente da aceleração angular, sendo nulos quando a barra gira com velocidade angular constante. O momento fletor varia segundo uma função cúbica da coordenada x, ao passo que a força cortante varia segundo uma função quadrática desta coordenada. Podemos facilmente verificar a relação $V(x) = -\,dM(x)/dx$, já conhecida de nossos estudos anteriores de estática de vigas;
- a força normal depende do quadrado da velocidade angular e varia segundo uma função quadrática da coordenada x.

A Figura 6.26 mostra os gráficos representando as variações dos esforços internos em função da coordenada x, obtidos utilizando o programa MATLAB® **exemplo_6_6.m.** Nesta figura, observamos que os máximos valores dos esforços ocorrem na seção adjacente ao mancal.

Em problemas de Engenharia, o conhecimento das distribuições de esforços internos é necessário para o projeto de componentes estruturais sujeitos a ações estáticas e/ou dinâmicas, de maneira que não venham sofrer deformações excessivas ou falhas por ruptura durante sua operação. Este assunto é geralmente tratado nas disciplinas Mecânica dos Sólidos ou Resistência dos Materiais.

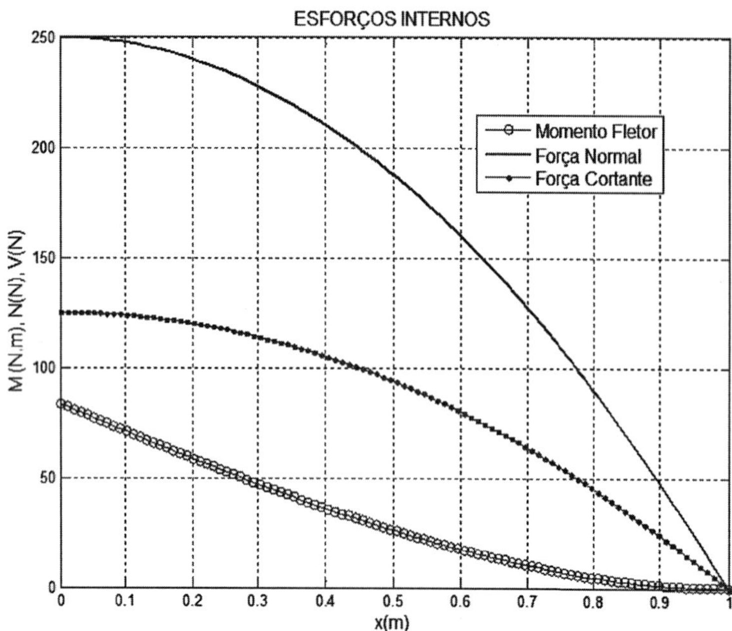

FIGURA 6.26 Variações dos esforços internos ao longo do comprimento da barra rotativa.

EXEMPLO 6.7

Na Figura 6.27, a massa da engrenagem A é m_A = 20,0 kg e seu raio de giração em relação ao eixo baricêntrico perpendicular ao plano da figura é $k^A_{z'}$ = 150 mm. Para a engrenagem B, estas quantidades valem m_B = 10,0 kg e $k^B_{z'}$ = 100 mm, respectivamente. Sabendo que um momento constante M = 12,0 N·m é aplicado à engrenagem A, e desprezando o atrito, determinar: **a)** as acelerações angulares das duas engrenagens; **b)** a força de contato tangencial exercida entre as duas engrenagens; **c)** as reações nos mancais das engrenagens.

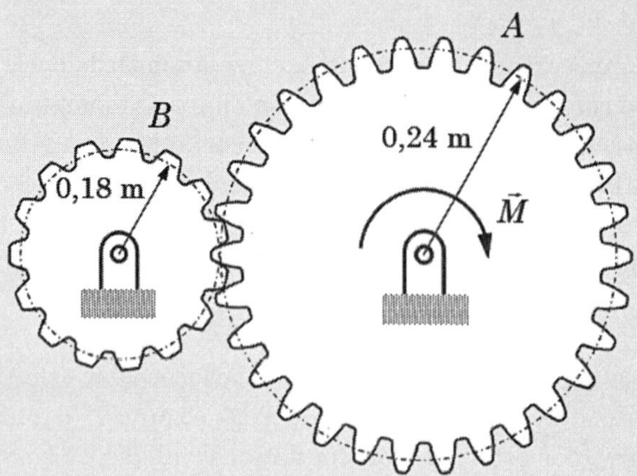

FIGURA 6.27 Par de engrenagens sujeito a um momento externo.

Resolução

Este problema trata da dinâmica de engrenagens, que são elementos importantes, presentes em muitos problemas práticos de Engenharia.

Observamos que as duas engrenagens descrevem movimentos planos de rotação baricêntrica (ver Subseção 6.6.1). Verificamos, também, que as acelerações angulares das duas engrenagens devem satisfazer à restrição cinemática:

$$r_A \, \alpha_A = r_B \, \alpha_B \,, \qquad \textbf{(a)}$$

onde r_A e r_B são os raios primitivos das engrenagens A e B, respectivamente.

Relembramos que a relação (a) resulta do fato que, devido ao engrenamento promovido pelos dentes, as acelerações tangenciais dos pontos das engrenagens que estão em contato devem ser iguais.

Na Figura 6.28 mostramos a equivalência entre os conjuntos de vetores que representam os esforços externos e as derivadas das quantidades de movimento linear e angular para cada uma das engrenagens, consideradas separadamente.

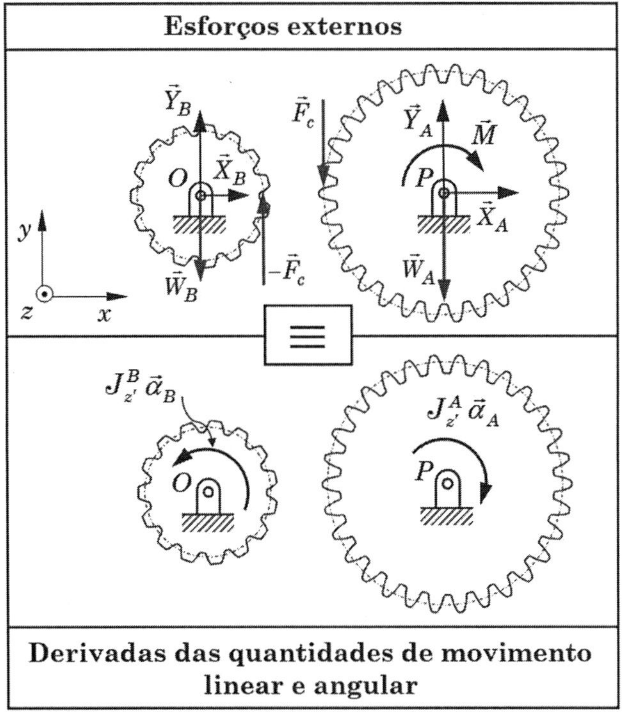

FIGURA 6.28 Representação da equivalência de esforços externos e derivadas das quantidades de movimento linear e angular para o par de engrenagens.

Com base na equivalência dos dois conjuntos de vetores mostrados, estabelecemos as relações:

- **Para a engrenagem A:**

Igualdade de momentos em relação ao ponto P:

$$-M\vec{k} - r_A \vec{i} \times \left(-F_c \vec{j}\right) = -J_{z'}^{A} \alpha_A \vec{k} \Rightarrow M - r_A F_c = J_{z'}^{A} \alpha_A . \qquad \textbf{(b)}$$

Igualdade de vetores resultantes:

$$X_A \vec{i} + Y_A \vec{j} - W_A \vec{j} - F_c \vec{j} = \vec{0},$$

donde:

$X_A = 0,$ **(c)**

$Y_A - m_A g - F_c = 0.$ **(d)**

- **Para a engrenagem B:**

Igualdade de momentos em relação ao ponto O:

$$r_B \vec{i} \times F_c \vec{j} = J_{z'}^B \alpha_B \vec{k} \Rightarrow r_B F_c = J_{z'}^B \alpha_B . \quad \textbf{(e)}$$

Igualdade de vetores resultantes:

$$X_B \vec{i} + Y_B \vec{j} - W_B \vec{j} + F_c \vec{j} = \vec{0},$$

donde:

$X_B = 0,$ **(f)**

$Y_B - m_B g + F_c = 0.$ **(g)**

No sistema de equações (a) a (g) temos 7 equações com 7 incógnitas. Substituindo os valores fornecidos:

$$r_A = 0{,}24 \text{ m}, \ r_B = 0{,}18 \text{ m}, \ m_A = 20{,}0 \text{ kg}, \ m_B = 10{,}0 \text{ kg},$$

$$J_{z'}^A = \left(k_{z'}^A\right)^2 \cdot m_A = 0{,}15^2 \times 20{,}0 = 0{,}45 \text{ kg.m}^2, \ J_{z'}^B = \left(k_{z'}^B\right)^2 \cdot m_B = 0{,}10^2 \times 10{,}0 = 0{,}10 \text{ kg.m}^2,$$

resolvemos as equações (a) a (g) e obtemos:

$$\underline{\underline{\alpha_A = 19{,}1 \text{ rad/s}^2}}, \quad \underline{\underline{\alpha_B = 25{,}5 \text{ rad/s}^2}}, \quad \underline{\underline{F_c = 14{,}2 \text{ N}}},$$

$$\underline{\underline{X_A = 0{,}0 \text{ N}}}, \quad \underline{\underline{Y_A = 210{,}4 \text{ N}}}, \quad \underline{\underline{X_B = 0{,}0 \text{ N}}}, \quad \underline{\underline{Y_B = 83{,}9 \text{ N}}}.$$

EXEMPLO 6.8

O pêndulo duplo mostrado na Figura 6.29 é composto por duas barras delgadas uniformes identificadas por 1 e 2, articuladas nos pontos A e B, cujas massas são m_1 e m_2 e cujos comprimentos são L_1 e L_2, respectivamente. Sendo θ_1 e θ_2 os ângulos que definem as orientações das barras em relação à direção vertical, pede-se: **a)** obter as equações do movimento do pêndulo sob a ação de seu peso; **b)** obter as expressões para as forças de restrição nas rótulas A e B.

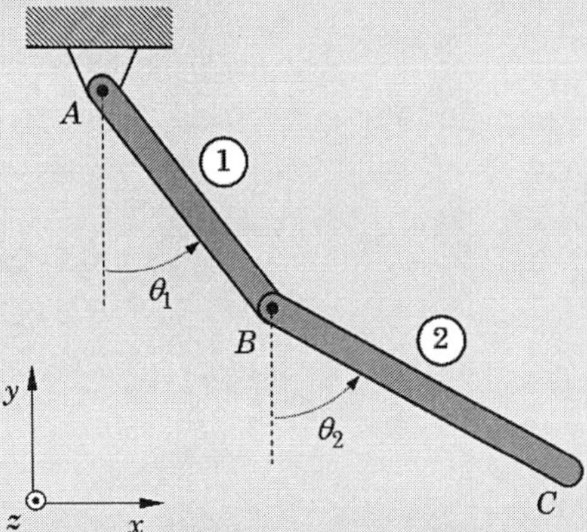

FIGURA 6.29 Ilustração de um pêndulo duplo formado por duas barras uniformes.

Resolução

Este problema trata de um mecanismo formado por dois corpos que estão vinculados entre si. Embora a rótula existente em B vincule os movimentos dos dois corpos, os ângulos θ_1 e θ_2 permanecem independentes entre si, o que faz com que o problema tenha dois graus de liberdade.

Reconhecendo que a barra AB desenvolve movimento plano de rotação não baricêntrica (ver Subseção 6.6.2), ao passo que a barra BC realiza movimento plano geral (ver Subseção 6.6.1), na Figura 6.30 representamos a equivalência entre os conjuntos formados pelos vetores representando os esforços externos e as derivadas das quantidades de movimento linear e angular para cada uma das barras, consideradas separadamente.

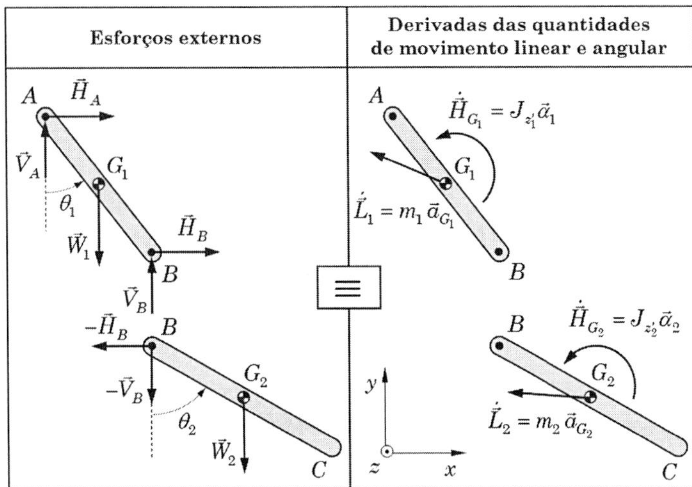

FIGURA 6.30 Representação da equivalência entre os esforços externos e as derivadas das quantidades de movimento linear e angular para as duas barras do pêndulo duplo.

Façamos, primeiramente, a análise cinemática para formulação das acelerações dos centros de massa das duas barras, utilizando a teoria estudada no Capítulo 2, e expressando todos os vetores em termos de suas componentes no sistema de coordenadas cartesiano mostrado.

Barra 1

Como a barra 1 está em movimento de rotação em torno de um eixo fixo que passa pelo ponto A, adaptando a Equação (2.10), as acelerações do seu centro de massa e do ponto B são expressas, respectivamente, segundo:

$$\vec{a}_{G_1} = \vec{\alpha}_1 \times \overrightarrow{AG_1} - \omega_1^2 \overrightarrow{AG_1}, \quad \textbf{(a)}$$

$$\vec{a}_B = \vec{\alpha}_1 \times \overrightarrow{AB} - \omega_1^2 \overrightarrow{AB}. \quad \textbf{(b)}$$

Sendo:

$$\overrightarrow{AG_1} = \frac{L_1}{2}\left(sen\theta_1 \vec{i} - cos\,\theta_1 \vec{j}\right), \quad \textbf{(c)}$$

$$\overrightarrow{AB} = L_1\left(sen\theta_1 \vec{i} - cos\,\theta_1 \vec{j}\right), \quad \textbf{(d)}$$

desenvolvendo as equações (a) e (b), obtemos:

$$\vec{a}_{G_1} = \frac{L_1}{2}\left(\alpha_1 \cos\theta_1 - \omega_1^2 sen\theta_1\right)\vec{i} + \frac{L_1}{2}\left(\alpha_1 sen\theta_1 + \omega_1^2 \cos\theta_1\right)\vec{j}, \quad \textbf{(e)}$$

$$\vec{a}_B = L_1\left(\alpha_1 \cos\theta_1 - \omega_1^2 sen\theta_1\right)\vec{i} + L_1\left(\alpha_1 sen\theta_1 + \omega_1^2 \cos\theta_1\right)\vec{j}. \quad \textbf{(f)}$$

Barra 2

A barra 2 realiza movimento plano geral. Adaptando a Equação (2.27.b), escrevemos:

$$\vec{a}_{G_2} = \vec{a}_B + \vec{\alpha}_2 \times \overrightarrow{BG_2} - \omega_2^2 \overrightarrow{BG_2}. \quad \textbf{(g)}$$

Sendo:

$$\overrightarrow{BG_2} = \frac{L_2}{2}\left(sen\theta_2 \vec{i} - cos\,\theta_2 \vec{j}\right), \quad \textbf{(h)}$$

desenvolvendo a equação (g), levando também em conta a equação (f), encontramos:

$$\vec{a}_{G_2} = \left[L_1\left(\alpha_1 \cos\theta_1 - \omega_1^2 sen\theta_1\right) + \frac{L_2}{2}\left(\alpha_2 \cos\theta_2 - \omega_2^2 sen\theta_2\right)\right]\vec{i} +$$

$$\left[L_1\left(\alpha_1 sen\theta_1 + \omega_1^2 \cos\theta_1\right) + \frac{L_2}{2}\left(\alpha_2 sen\theta_2 + \omega_2^2 \cos\theta_2\right)\right]\vec{j}. \quad \textbf{(i)}$$

Na sequência, a partir da equivalência dos dois conjuntos de vetores mostrados na Figura 6.30, imporemos a igualdade de forças e de momentos resultantes de ambos, separadamente para cada uma das barras.

- **Para a barra 1:**

Igualdade de momentos em relação ao ponto A (ver Equação (6.40)):

$$\overrightarrow{AB}\times\left(\vec{H}_B+\vec{V}_B\right)+\overrightarrow{AG_1}\times\vec{W}_1=J_{z_1}\vec{\alpha}_1, \qquad \textbf{(j)}$$

onde $J_{z_1}=\frac{1}{3}m_1L_1^2$ é o momento de inércia da barra AB em relação ao eixo perpendicular ao plano da figura passando pelo ponto A.

Desenvolvendo a equação (j), obtemos:

$$H_B\cos\theta_1+V_B sen\theta_1-\frac{1}{2}m_1 g\, sen\theta_1=\frac{1}{3}m_1L_1\alpha_1. \qquad \textbf{(k)}$$

Igualdade dos vetores resultantes:

$$\vec{H}_A+\vec{V}_A+\vec{H}_B+\vec{V}_B+\vec{W}_1=m_1\vec{a}_{G_1}. \qquad \textbf{(l)}$$

Desenvolvendo a equação (l), levando em conta a equação (e), obtemos:

$$H_A+H_B=\frac{m_1L_1}{2}\left(\alpha_1\cos\theta_1-\omega_1^2 sen\theta_1\right), \qquad \textbf{(m)}$$

$$V_A+V_B-m_1 g=\frac{m_1L_1}{2}\left(\alpha_1 sen\theta_1+\omega_1^2\cos\theta_1\right). \qquad \textbf{(n)}$$

- **Para a barra 2:**

Igualdade de momentos em relação ao ponto B:

$$\overrightarrow{BG_2}\times\vec{W}_2=\overrightarrow{BG_2}\times m_2\,\vec{a}_{G_2}+J_{z'_2}\vec{\alpha}_2, \qquad \textbf{(o)}$$

onde $J_{z'_2}=\frac{1}{12}m_2L_2^2$ é o momento de inércia da barra BC em relação ao eixo perpendicular ao plano da figura passando pelo seu centro de massa.

Desenvolvendo a equação (o), obtemos:

$$\frac{1}{3}m_2L_2^2\alpha_2+\frac{1}{2}m_2L_1L_2\alpha_1\cos\left(\theta_1-\theta_2\right)-\frac{1}{2}m_2L_1L_2\omega_1^2 sen\left(\theta_1-\theta_2\right)+\frac{m_2gL_2}{2}sen\theta_2=0. \qquad \textbf{(p)}$$

Igualdade dos vetores resultantes:

$$-\vec{H}_B - \vec{V}_B + \vec{W}_2 = m_2 \vec{a}_{G_2}. \qquad \textbf{(q)}$$

Associando as equações (i) e (q), obtemos:

$$H_B = -m_2 L_1 \left(\alpha_1 \cos\theta_1 - \omega_1^2 sen\theta_1\right) - \frac{m_2 L_2}{2}\left(\alpha_2 \cos\theta_2 - \omega_2^2 sen\theta_2\right), \qquad \textbf{(r)}$$

$$V_B = -m_2 L_1 \left(\alpha_1 sen\theta_1 + \omega_1^2 \cos\theta_1\right) - \frac{m_2 L_2}{2}\left(\alpha_2 sen\theta_2 + \omega_2^2 \cos\theta_2\right) - m_2 g. \qquad \textbf{(s)}$$

Considerando as relações $\omega_1 = \dot{\theta}_1$, $\alpha_1 = \ddot{\theta}_1$, $\omega_2 = \dot{\theta}_2$, $\alpha_2 = \ddot{\theta}_2$, constatamos que o conjunto formado pelas equações (k), (m), (n), (p), (r) e (s) constitui um sistema de seis equações diferenciais contendo seis incógnitas (H_A, V_A, H_B, V_B, $\theta_1(t)$, $\theta_2(t)$). Visando obter um subsistema cujas incógnitas sejam apenas as coordenadas $\theta_1(t)$ e $\theta_2(t)$, por um procedimento de substituição, eliminamos as incógnitas H_B e V_B da equação (k) que, juntamente com a equação (p), fica expressa somente em função de θ_1, θ_2, $\ddot{\theta}_1$, $\ddot{\theta}_2$:

$$\left(\frac{1}{3}m_1 + m_2\right)L_1^2\ddot{\theta}_1 + \frac{1}{2}m_2 L_1 L_2 \cos(\theta_1 - \theta_2)\ddot{\theta}_2 + \frac{1}{2}m_2 L_1 L_2 sen(\theta_1 - \theta_2)\dot{\theta}_2^2 + \left(\frac{1}{2}m_1 + m_2\right)g L_1 sen\theta_1 = 0, \qquad \textbf{(t)}$$

$$\frac{1}{3}m_2 L_2^2\ddot{\theta}_2 + \frac{1}{2}m_2 L_1 L_2 \cos(\theta_1 - \theta_2)\ddot{\theta}_1 - \frac{1}{2}m_2 L_1 L_2 sen(\theta_1 - \theta_2)\dot{\theta}_1^2(t) + \frac{1}{2}m_2 g L_2 sen\theta_2 = 0. \qquad \textbf{(u)}$$

Uma vez resolvidas as equações diferenciais (t) e (u) para as funções $\theta_1(t)$, $\dot{\theta}_1(t)$, $\ddot{\theta}_1(t)$, $\theta_2(t)$, $\dot{\theta}_2(t)$, $\ddot{\theta}_2(t)$ as componentes das forças de reação podem ser obtidas por meio das equações (m), (n), (r) e (s).

EXEMPLO 6.9

Para o pêndulo duplo considerado no Exemplo 6.8, admitindo os valores: $m_1 = 0{,}5$ kg, $m_2 = 0{,}3$ kg, $L_1 = 0{,}5$ m, $L_2 = 0{,}3$ m, resolver numericamente as equações do movimento para o caso em que o pêndulo é liberado do repouso com as duas barras na posição ($\theta_1 = \theta_2 = 60°$) e traçar as curvas representando, no intervalo [0; 6 s]: **a)** as posições angulares das barras; **b)** as velocidades angulares das barras; **c)** as acelerações angulares das barras; **d)** as componentes de reação na rótula A; **e)** as componentes de reação na rótula B.

Resolução

As equações do movimento serão resolvidas numericamente utilizando o método de Runge-Kutta de 4ª ordem, descrito no Apêndice A. Para isso, as equações diferenciais do movimento (t) e (u) do Exemplo 6.8 devem ser transformadas em quatro equações diferenciais de primeira ordem de acordo com o procedimento delineado a seguir:

$z_1 = \theta_1$, **(a)**

$z_2 = \theta_2$, **(b)**

$z_3 = \dot{\theta}_1$, **(c)**

$z_4 = \dot{\theta}_2$, **(d)**

$$\left(\frac{1}{3}m_1 + m_2\right)L_1^2 \dot{z}_3 + \frac{1}{2}m_2 L_1 L_2 \cos(z_1 - z_2)\dot{z}_4 + \frac{1}{2}m_2 L_1 L_2 sen(z_1 - z_2) z_4^2 + \left(\frac{1}{2}m_1 + m_2\right) g L_1 sen z_1 = 0, \quad \textbf{(e)}$$

$$\frac{1}{3}m_2 L_2^2 \dot{z}_4 + \frac{1}{2}m_2 L_1 L_2 \cos(z_1 - z_2)\dot{z}_3 - \frac{1}{2}m_2 L_1 L_2 sen(z_1 - z_2) z_3^2 + \frac{1}{2}m_2 g L_2 sen z_2 = 0, \quad \textbf{(f)}$$

ou, na forma matricial:

$$\begin{bmatrix} 1 & 0 & 0 & 0 \\ 0 & 1 & 0 & 0 \\ 0 & 0 & \left(\frac{1}{3}m_1 + m_2\right)L_1^2 & \frac{1}{2}m_2 L_1 L_2 \cos(z_1 - z_2) \\ 0 & 0 & \frac{1}{2}m_2 L_1 L_2 \cos(z_1 - z_2) & \frac{1}{3}m_2 L_2^2 \end{bmatrix} \begin{Bmatrix} \dot{z}_1 \\ \dot{z}_2 \\ \dot{z}_3 \\ \dot{z}_4 \end{Bmatrix} =$$

(g)

$$\begin{Bmatrix} z_3 \\ z_4 \\ -\frac{1}{2}m_2 L_1 L_2 z_4^2 sen(z_1 - z_2) - \left(\frac{1}{2}m_1 + m_2\right) g L_1 sen z_1 \\ \frac{1}{2}m_2 L_1 L_2 z_3^2 sen(z_1 - z_2) - \frac{1}{2}m_2 g L_2 sen z_2 \end{Bmatrix}.$$

O sistema de equações acima pode ser escrito sob a forma:

$$\left[A(\{z\})\right]\{\dot{z}\} = \{f(z)\}, \quad \textbf{(h)}$$

ou

$$\{\dot{z}\} = \left[A(\{z\})\right]^{-1}\{f(z)\} \Rightarrow \{\dot{z}\} = \{g(z)\}. \quad \textbf{(i)}$$

As Figuras 6.31 a 6.35 apresentam as curvas traçadas a partir dos dados calculados utilizando o programa MATLAB® **exemplo_6_9.m.**

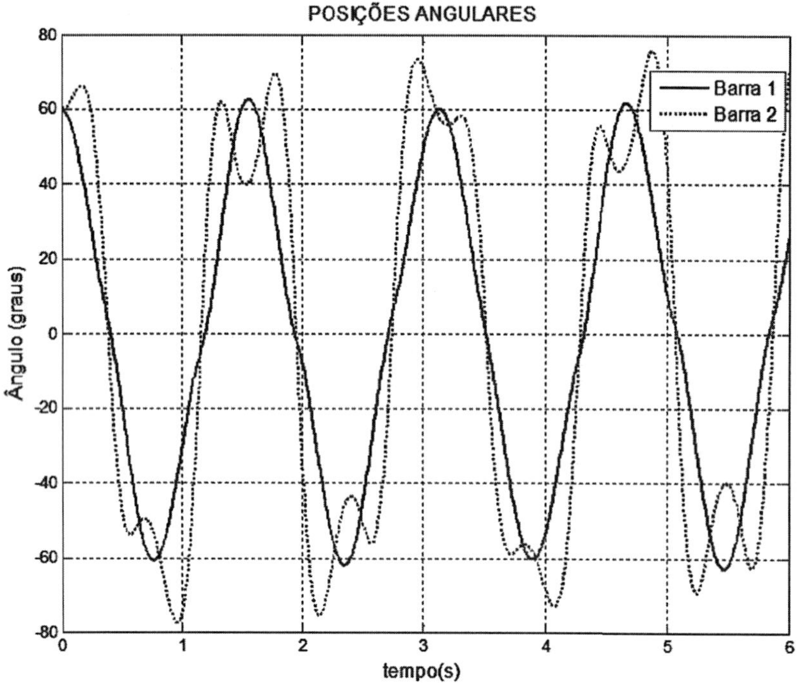

FIGURA 6.31 Curvas representando as posições angulares das barras.

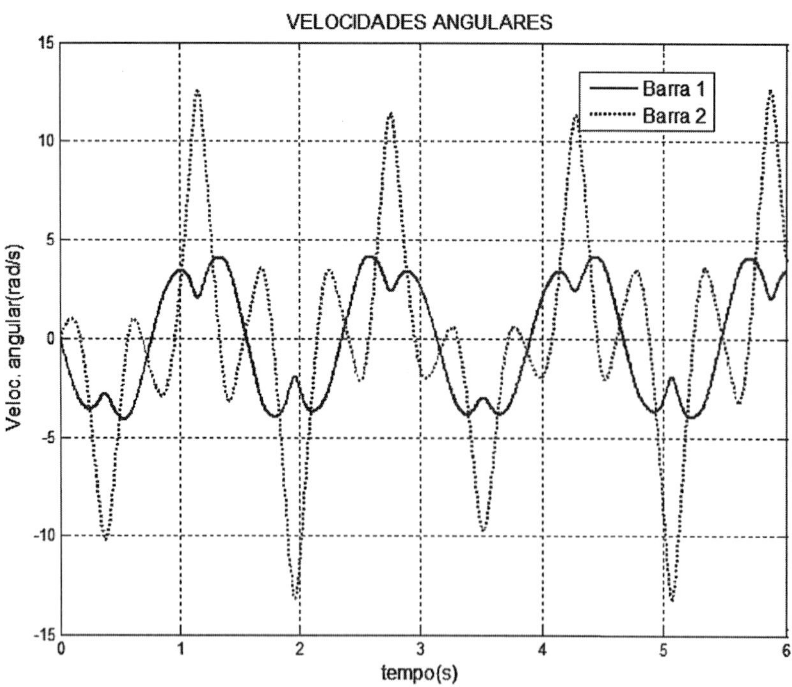

FIGURA 6.32 Curvas representando as velocidades angulares das barras.

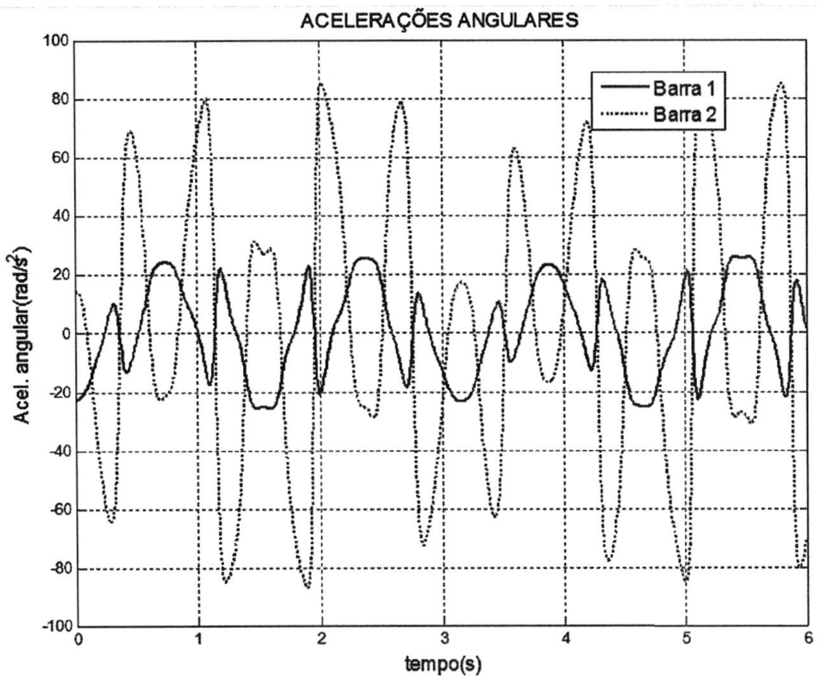

FIGURA 6.33 Curvas representando as acelerações angulares das barras.

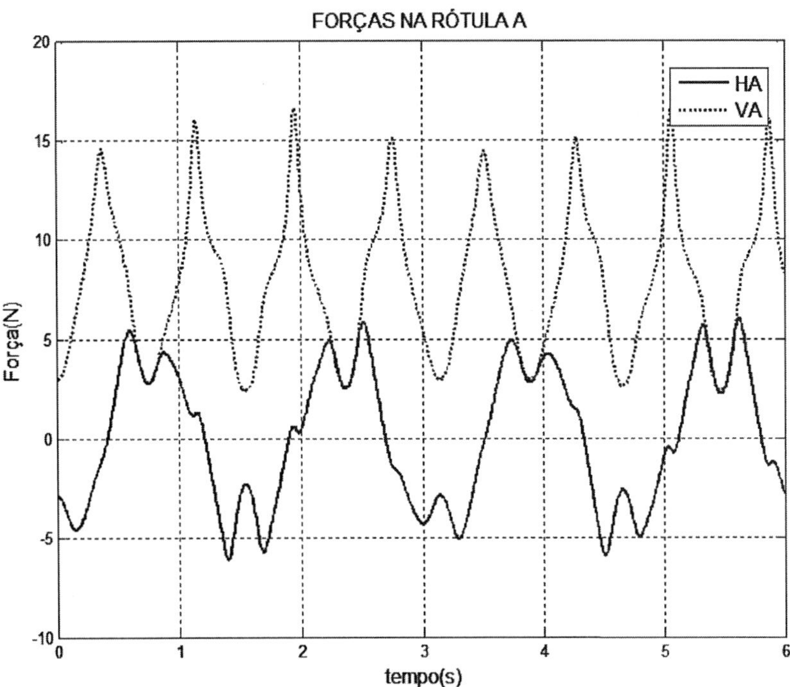

FIGURA 6.34 Curvas representando as forças na rótula *A*.

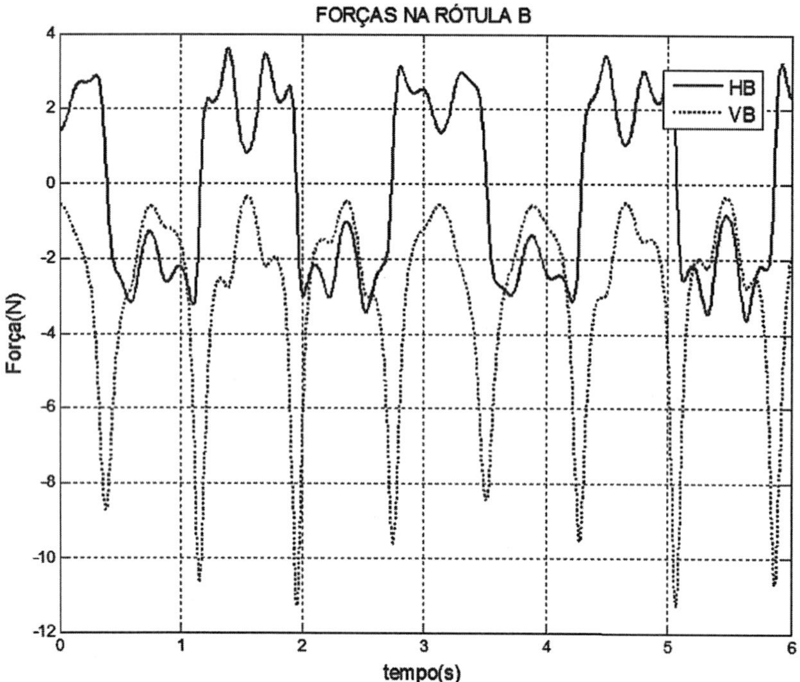

FIGURA 6.35 Curvas representando as forças na rótula *B*.

6.7 Equações de Newton-Euler para corpos rígidos em movimento tridimensional

Nesta seção trataremos do emprego das Equações de Newton-Euler para a análise dinâmica de corpos rígidos que desenvolvem movimento tridimensional. Conforme veremos na sequência, neste tipo de movimento aparecem fenômenos dinâmicos muito interessantes e importantes que estão frequentemente presentes em problemas de Engenharia, tais como as forças de desbalanceamento e o efeito giroscópico.

Também constataremos que, no caso de problemas tridimensionais, o manuseio das equações de Newton-Euler, por meio da equivalência entre os conjuntos de vetores representando os esforços externos e dos vetores representando as derivadas temporais das quantidades de movimento linear e angular do corpo rígido, introduzida na Seção 6.3, torna-se mais complexo, requerendo mais cuidado nas operações vetoriais.

Particularmente, temos que considerar a especificidade do cálculo da derivada do vetor quantidade de movimento angular, que aparece no lado direito das Equações (6.24) e (6.25), para os problemas tridimensionais.

Com efeito, recordamos que no caso de movimento plano, que estudamos na Seção 6.6, o vetor quantidade de movimento angular tem direção constante, sempre perpendicular ao plano do movimento. Desta forma, somente a magnitude deste vetor pode variar com o tempo, conforme observamos na Equação (6.29). Já no caso de movimento tridimensional, tanto a magnitude quanto a direção do vetor quantidade de movimento angular podem variar com o tempo, o que torna o cálculo de sua derivada temporal mais complexo, conforme veremos a seguir.

6.7.1 Cálculo da derivada temporal da quantidade de movimento angular para corpos rígidos em movimento tridimensional

Retomando a definição dada pela Equação (6.15) para a quantidade de movimento angular em relação ao sistema de referência baricêntrico, repetida abaixo:

$$\{H_G\}=\left[J_{Gx'y'z'}\right]\{\omega\}, \tag{6.42}$$

recordamos que todos os momentos de inércia e produtos de inércia que formam o tensor de inércia $[J_{Gx'y'z'}]$ foram calculados em relação aos eixos do sistema de referência baricêntrico $Gx'y'z'$ que, conforme vimos admitindo desde o Capítulo 4, tem direção constante e, portanto, desenvolve movimento de translação. Da mesma forma, o vetor velocidade angular $\{\omega\}$ é expresso em termos de suas componentes nas direções dos eixos do sistema de referência baricêntrico.

Por outro lado, entendemos que na Equação (6.25) a derivada temporal de $\{H_G\}$ deve ser calculada em relação ao sistema de referência fixo *OXYZ*. Todavia, ao derivarmos a Equação (6.42) em relação ao tempo, considerando um sistema de referência de orientação fixa, surge uma dificuldade, pois quando o corpo se reorienta em relação a ele, seus momentos de inércia e produtos de inércia, que compõem o tensor de inércia, variam em relação a este sistema de referência. Assim, na derivação da quantidade de movimento angular em relação ao tempo teríamos que considerar o tensor de inércia variável, o que complicaria sobremaneira o cálculo desta derivada.

Para contornar esta dificuldade, vamos adotar um procedimento baseado no emprego de um sistema de referência auxiliar, com origem no centro de massa, porém *solidário ao corpo rígido**. Este sistema é denotado por $Gx_1y_1z_1$ na Figura 6.36. Por conveniência, e sem nenhuma perda de generalidade, faremos os eixos do sistema $Gx_1y_1z_1$ coincidirem instantaneamente com os respectivos eixos do sistema baricêntrico $Gx'y'z'$, e passaremos a expressar os momentos e produtos de inércia e também o vetor velocidade angular em termos de suas componentes nas direções dos eixos do sistema $Gx_1y_1z_1$.

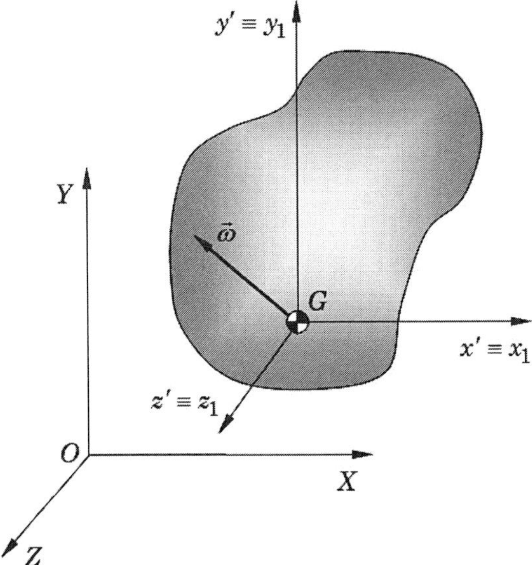

FIGURA 6.36 Ilustração do sistema de referência auxiliar $Gx_1y_1z_1$ utilizado para o cálculo da derivada temporal da quantidade de movimento angular.

* Em alguns casos, pode ser mais vantajoso utilizar um sistema de referência auxiliar rotativo, porém com velocidade angular diferente da velocidade angular do corpo rígido. Um exemplo será mostrado no estudo de movimento giroscópico, na Seção 6.8.

Uma vez que o sistema de referência $Gx_1y_1z_1$ gira juntamente com o corpo rígido, os momentos de inércia e produtos de inércia são invariáveis em relação a este sistema de eixos. Entretanto, devemos observar que, no caso mais geral, as componentes do vetor velocidade angular absoluta do corpo rígido em relação a estes eixos variam com o tempo.

Para que não haja ambiguidade, explicitamos:

$$\left[J_{Gx_1y_1z_1}\right]=\begin{bmatrix} J_{x_1} & -P_{x_1y_1} & -P_{x_1z_1} \\ -P_{x_1y_1} & J_{y_1} & -P_{y_1z_1} \\ -P_{x_1z_1} & -P_{y_1z_1} & J_{z_1} \end{bmatrix}, \tag{6.43}$$

$$\{\omega\}=\begin{bmatrix}\omega_{x_1} & \omega_{y_1} & \omega_{z_1}\end{bmatrix}^T, \tag{6.44}$$

$$\{H_G\}=\begin{bmatrix}H_G^{x_1} & H_G^{y_1} & H_G^{z_1}\end{bmatrix}^T. \tag{6.45}$$

Utilizando a Equação (1.150), adaptada à situação presente, para calcular a derivada temporal de $\vec{H}_G$ em relação ao sistema $OXYZ$, escrevemos:

$$\{\dot{H}_G\}=\left.\frac{d\{H_G\}}{dt}\right|_{OXYZ}=\left.\frac{d\{H_G\}}{dt}\right|_{Gx_1y_1z_1}+\{\omega\}\times\{H_G\}. \tag{6.46}$$

Sendo o tensor de inércia $\left[J_{Gx_1y_1z_1}\right]$ invariável em relação ao sistema de referência $Gx_1y_1z_1$, temos:

$$\left.\frac{d\{H_G\}}{dt}\right|_{Gx_1y_1z_1}=\left[J_{Gx_1y_1z_1}\right]\left.\frac{d\{\omega\}}{dt}\right|_{Gx_1y_1z_1}, \tag{6.47}$$

onde:

$$\left.\frac{d\{\omega\}}{dt}\right|_{Gx_1y_1z_1}=\begin{bmatrix}\dot{\omega}_{x_1} & \dot{\omega}_{y_1} & \dot{\omega}_{z_1}\end{bmatrix}^T. \tag{6.48}$$

Substituindo Equação (6.47) na Equação (6.46) obtemos a seguinte expressão para a derivada temporal da quantidade de movimento angular do corpo rígido em relação ao sistema fixo:

$$\{\dot{H}_G\}=\left.\frac{d\{H_G\}}{dt}\right|_{OXYZ}=\left[J_{Gx_1y_1z_1}\right]\left.\frac{d\{\omega\}}{dt}\right|_{Gx_1y_1z_1}+\{\omega\}\times\{H_G\}. \tag{6.49}$$

Desenvolvendo a Equação (6.49) e associando-a com a Equação (6.25), obtemos:

$$\sum M_G^{x_1}=J_{x_1}\dot{\omega}_{x_1}-P_{x_1y_1}\dot{\omega}_{y_1}-P_{x_1z_1}\dot{\omega}_{z_1}+\omega_{z_1}\left(P_{x_1y_1}\omega_{x_1}-J_{y_1}\omega_{y_1}+P_{y_1z_1}\omega_{z_1}\right)- \\ \omega_{y_1}\left(P_{x_1z_1}\omega_{x_1}-J_{z_1}\omega_{z_1}+P_{y_1z_1}\omega_{y_1}\right), \tag{6.50.a}$$

$$\sum M_G^{y_1}=J_{y_1}\dot{\omega}_{y_1}-P_{x_1y_1}\dot{\omega}_{x_1}-P_{y_1z_1}\dot{\omega}_{z_1}-\omega_{z_1}\left(P_{x_1y_1}\omega_{y_1}-J_{x_1}\omega_{x_1}+P_{x_1z_1}\omega_{z_1}\right)+ \\ \omega_{x_1}\left(P_{x_1z_1}\omega_{x_1}-J_{z_1}\omega_{z_1}+P_{y_1z_1}\omega_{y_1}\right), \tag{6.50.b}$$

$$\sum M_G^{z_1} = J_{z_1}\dot{\omega}_{z_1} - P_{x_1z_1}\dot{\omega}_{x_1} - P_{y_1z_1}\dot{\omega}_{y_1} + \omega_{y_1}\left(P_{x_1y_1}\omega_{y_1} - J_{x_1}\omega_{x_1} + P_{x_1z_1}\omega_{z_1}\right) - \omega_{x_1}\left(P_{x_1y_1}\omega_{x_1} - J_{y_1}\omega_{y_1} + P_{y_1z_1}\omega_{z_1}\right). \quad (6.50.c)$$

Das Equações (6.50) depreendemos que, no caso geral, as Equações de Newton-Euler são bastante complexas, particularmente devido à ocorrência de termos quadráticos nas componentes do vetor velocidade angular. Todavia, estas equações podem ser consideravelmente simplificadas se os eixos do sistema de referência $Gx_1y_1z_1$ forem eixos principais de inércia do corpo rígido. Conforme vimos na Seção 5.9, em relação a estes eixos, todos os produtos de inércia de massa são nulos, de sorte que as Equações (6.50) assumem as formas simplificadas:

$$\sum M_G^{x_1} = J_{x_1}\dot{\omega}_{x_1} + \omega_{y_1}\omega_{z_1}\left(J_{z_1} - J_{y_1}\right), \quad (6.51.a)$$

$$\sum M_G^{y_1} = J_{y_1}\dot{\omega}_{y_1} + \omega_{x_1}\omega_{z_1}\left(J_{x_1} - J_{z_1}\right), \quad (6.51.b)$$

$$\sum M_G^{z_1} = J_{z_1}\dot{\omega}_{z_1} + \omega_{x_1}\omega_{y_1}\left(J_{y_1} - J_{x_1}\right). \quad (6.51.c)$$

As Equações (6.51), que são um caso particular das Equações de Newton-Euler, são conhecidas como *Equações de Euler.*

Atenção especial deve ser dada ao cálculo das derivadas indicadas na Equação (6.48). Se o vetor velocidade angular do corpo tiver orientação fixa em relação ao sistema de referência $Gx_1y_1z_1$, tal como no caso de movimento de rotação em torno de um eixo fixo, então as componentes indicadas na Equação (6.48) representam exclusivamente variações nas magnitudes das componentes do vetor velocidade angular do corpo, sendo nulas se estas componentes forem constantes. Por outro lado, se o vetor velocidade angular do corpo tiver orientação variável em relação ao sistema $Gx_1y_1z_1$ é necessário levar em conta esta variação.

Considerando a Equação (1.150), estabelecemos a seguinte relação entre as derivadas do vetor velocidade angular em relação ao sistema de referência fixo $OXYZ$ e ao sistema de referência rotativo $Gx_1y_1z_1$, que gira com velocidade angular $\{\omega\}$:

$$\left.\frac{d\{\omega\}}{dt}\right|_{OXYZ} = \left.\frac{d\{\omega\}}{dt}\right|_{Gx_1y_1z_1} + \{\omega\}\times\{\omega\}.$$

Como $\{\omega\} \times \{\omega\} = \{0\}$, temos

$$\left.\frac{d\{\omega\}}{dt}\right|_{OXYZ} = \left.\frac{d\{\omega\}}{dt}\right|_{Gx_1y_1z_1}, \quad (6.52)$$

e concluímos que as derivadas temporais do vetor velocidade angular em relação ao sistema de referência rotativo $Gx_1y_1z_1$ e em relação ao sistema de referência fixo $OXYZ$ são idênticas. Este resultado será utilizado na resolução do Exemplo 6.11.

Na sequência, consideraremos casos particulares importantes de movimento tridimensional de corpos rígidos.

6.7.2 Equações de Newton-Euler para corpos rígidos em movimento tridimensional de rotação em torno de um eixo fixo

Consideremos a situação ilustrada na Figura 6.37 na qual temos um corpo rígido executando movimento de rotação em torno do eixo fixo OO', com velocidade angular $\vec{\omega}$ e aceleração angular $\vec{\alpha}$. Por conveniência, escolhemos a posição do sistema de referência fixo $OXYZ$ de modo que sua origem esteja em um ponto qualquer sobre o eixo de rotação e a direção deste eixo coincida com a direção do eixo Z. Na mesma figura, indicamos o sistema de referência baricêntrico, $Gx'y'z'$, e o sistema de referência auxiliar $Ox_1y_1z_1$, que será utilizado para o cálculo da derivada temporal do vetor quantidade de movimento angular do corpo rígido.

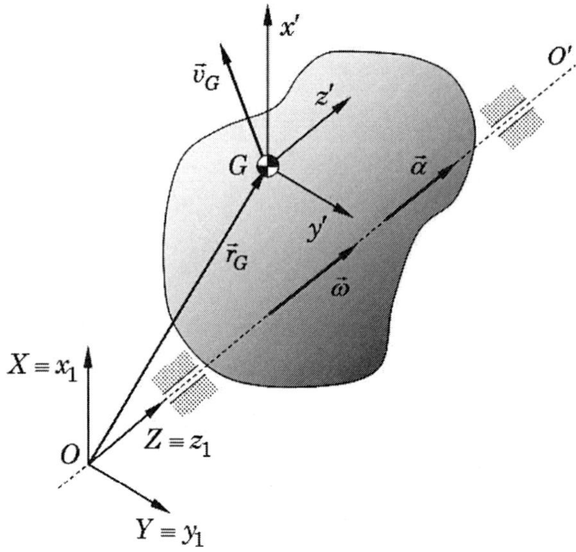

FIGURA 6.37 Ilustração de um corpo rígido desenvolvendo movimento tridimensional de rotação em torno de um eixo fixo.

Embora a equivalência dos conjuntos formados pelos vetores representando os esforços externos e pelos vetores representando as derivadas das quantidades de movimento linear e angular, introduzida na Seção 6.3, seja aplicável a este tipo de movimento, é muito conveniente utilizar diretamente a Equação (6.24), que envolve a quantidade de movimento angular $\vec{H}_O$, computada em relação ao sistema de referência $OXYZ$, de orientação fixa. Para isso, retomamos a Equação (6.22), repetida abaixo:

$$\vec{H}_O = \vec{H}_G + m(\vec{r}_G \times \vec{v}_G). \tag{6.53}$$

Para desenvolver esta equação utilizando a notação matricial e considerando a cinemática dos corpos rígidos em movimento de rotação em torno de um eixo fixo, estudada na Seção 2.4, nela introduzimos:

$$\{r_G\} = [X_G \quad Y_G \quad Z_G]^T,$$

$$\{v_G\} = \{\omega\} \times \{r_G\} \quad \text{(ver Equação (2.8.b))},$$

$$\{H_G\} = [J_{Gx'y'z'}]\{\omega\}, \quad \text{(ver Equação (6.15))},$$

com:

$$[J_{Gx'y'z'}] = \begin{bmatrix} J_{x'} & -P_{x'y'} & -P_{x'z'} \\ -P_{x'y'} & J_{y'} & -P_{y'z'} \\ -P_{x'z'} & -P_{y'z'} & J_{z'} \end{bmatrix}.$$

Após desenvolvimento das operações vetoriais indicadas na Equação (6.53), obtemos:

$$\begin{Bmatrix} H_O^X \\ H_O^Y \\ H_O^Z \end{Bmatrix} = \left(\begin{bmatrix} J_{x'} & -P_{x'y'} & -P_{x'z'} \\ -P_{x'y'} & J_{y'} & -P_{y'z'} \\ -P_{x'z'} & -P_{y'z'} & J_{z'} \end{bmatrix} + m \begin{bmatrix} Y_G^2 + Z_G^2 & -X_G Y_G & -X_G Z_G \\ -X_G Y_G & X_G^2 + Z_G^2 & -Y_G Z_G \\ -X_G Z_G & -Y_G Z_G & X_G^2 + Y_G^2 \end{bmatrix} \right) \begin{Bmatrix} \omega_X \\ \omega_Y \\ \omega_Z \end{Bmatrix}.$$

Na soma de matrizes indicada na equação acima reconhecemos as expressões que traduzem o Teorema dos Eixos Paralelos para os momentos de inércia e produtos de inércia de massa (ver Seção 5.8):

$$[J_{OXYZ}] = \begin{bmatrix} J_X & -P_{XY} & -P_{XZ} \\ -P_{XY} & J_Y & -P_{YZ} \\ -P_{XZ} & -P_{YZ} & J_Z \end{bmatrix} = \begin{bmatrix} J_{x'} & -P_{x'y'} & -P_{x'z'} \\ -P_{x'y'} & J_{y'} & -P_{y'z'} \\ -P_{x'z'} & -P_{y'z'} & J_{z'} \end{bmatrix} + m \begin{bmatrix} Y_G^2 + Z_G^2 & -X_G Y_G & -X_G Z_G \\ -X_G Y_G & X_G^2 + Z_G^2 & -Y_G Z_G \\ -X_G Z_G & -Y_G Z_G & X_G^2 + Y_G^2 \end{bmatrix},$$

onde $[J_{OXYZ}]$ é o tensor de inércia formado pelos momentos de inércia e produtos de inércia calculados em relação aos eixos do sistema de referência fixo $OXYZ$.

Desta forma, o desenvolvimento da Equação (6.53) nos leva à expressão:

$$\{H_O\} = [J_{OXYZ}]\{\omega\}.$$

Para o cálculo da derivada temporal de $\{H_O\}$ em relação ao sistema de referência fixo $OXYZ$, utilizamos mais uma vez o procedimento detalhado da Subseção 6.7.1. Assim, considerando o sistema de referência auxiliar $Ox_1y_1z_1$, que gira com a velocidade angular do corpo rígido, expressamos a derivada temporal buscada da seguinte forma:

$$\left.\frac{d\{H_O\}}{dt}\right|_{OXYZ} = \left[J_{Ox_1y_1z_1}\right] \left.\frac{d\{\omega\}}{dt}\right|_{Ox_1y_1z_1} + \{\omega\} \times \{H_O\}. \tag{6.54}$$

Finalmente, associando as Equações (6.24) e (6.54), obtemos a equação:

$$\left\{\sum M_O\right\} = \left.\frac{d\{H_O\}}{dt}\right|_{OXYZ}, \tag{6.55}$$

ou:

$$\left\{\sum M_O\right\} = \left[J_{Ox_1y_1z_1}\right] \left.\frac{d\{\omega\}}{dt}\right|_{Ox_1y_1z_1} + \{\omega\} \times \{H_O\}. \tag{6.56}$$

Considerando que, conforme observamos na Figura 6.37, os vetores velocidade angular e aceleração angular estão orientados na direção do eixo OZ, temos:

$$\{\omega\} = [0 \quad 0 \quad \omega]^T, \tag{6.57.a}$$

$$\left.\frac{d\{\omega\}}{dt}\right|_{Gx_1y_1z_1} = [0 \quad 0 \quad \alpha]^T. \tag{6.57.b}$$

Neste caso, a quantidade de movimento angular do corpo rígido em relação ao ponto O e sua derivada temporal, dada pela Equação (6.54), ficam, respectivamente:

$$\{H_O\} = \left[J_{Ox_1y_1z_1}\right]\{\omega\} = \omega \begin{Bmatrix} -P_{x_1z_1} \\ -P_{y_1z_1} \\ J_{z_1} \end{Bmatrix}, \tag{6.58.a}$$

$$\left.\frac{d\{H_O\}}{dt}\right|_{OXYZ} = \begin{Bmatrix} -P_{x_1z_1}\alpha + P_{y_1z_1}\omega^2 \\ -P_{y_1z_1}\alpha - P_{x_1z_1}\omega^2 \\ J_{z_1}\alpha \end{Bmatrix}. \tag{6.58.b}$$

Em consequência, em termos das componentes cartesianas dos vetores envolvidos, a Equação (6.56) fica:

$$\sum M_O^{x_1} = -P_{x_1z_1}\alpha + P_{y_1z_1}\omega^2, \tag{6.59.a}$$

$$\sum M_O^{y_1} = -P_{y_1z_1}\alpha - P_{x_1z_1}\omega^2, \tag{6.59.b}$$

$$\sum M_O^{z_1} = J_{z_1}\alpha. \tag{6.59.c}$$

Sumarizando, as Equações de Newton-Euler (6.23) e (6.24), para o caso de movimento de rotação em torno de um eixo fixo, ficam explicitadas sob a forma indicada nas Equações (6.59) e nas equações a seguir:

$$\sum F_{x_1} = m\, a_G^{x_1}, \tag{6.60.a}$$

$$\sum F_{y_1} = m\, a_G^{y_1}, \tag{6.60.b}$$

$$\sum F_{z_1} = m\, a_G^{z_1}, \tag{6.60.c}$$

relembrando que, no movimento de rotação em torno de um eixo fixo, a aceleração do centro de massa é dada por (ver Equação (2.10)):

$$\vec{a}_G = \vec{\alpha} \times \vec{r}_G + \vec{\omega} \times \left(\vec{\omega} \times \vec{r}_G\right).$$

As Equações (6.57) e (6.58.a) mostram que, no caso geral, o vetor quantidade de movimento angular não tem a mesma direção do vetor velocidade angular, ou seja, $\{H_O\}$ não tem a direção do eixo de rotação.

Entretanto, se o eixo Oz_1 for um eixo principal de inércia, teremos $P_{x_1z_1} = P_{y_1z_1} = 0$ (ver Seção 5.9) e as Equações (6.58.a) e (6.59) ficam reduzidas às formas:

$$\{H_O\} = \begin{Bmatrix} 0 \\ 0 \\ J_{z_1}\omega \end{Bmatrix}, \tag{6.61}$$

$$\sum M_O^{x_1} = 0, \tag{6.62.a}$$

$$\sum M_O^{y_1} = 0, \tag{6.62.b}$$

$$\sum M_O^{z_1} = J_{z_1}\alpha. \tag{6.62.c}$$

Conforme veremos no exemplo a seguir, a existência de momentos não nulos nas direções perpendiculares ao eixo de rotação, conforme expresso pelas Equações (6.59.a) e (6.59.b), implica o fenômeno de *desbalanceamento de massa*, segundo o qual a rotação do corpo rígido, mesmo com velocidade angular constante, induz o surgimento de forças de reação nos mancais. Por outro lado, nas condições em que são válidas as Equações (6.62), não ocorrem forças de reação nos mancais e, neste caso, dizemos que o corpo está balanceado.

EXEMPLO 6.10

O corpo mostrado na Figura 6.38 é composto por duas hastes delgadas uniformes, cada uma de massa m e comprimento a, conectadas a um eixo de massa $2m$ e comprimento L, o qual está suportado por dois mancais radiais em A e B. No instante considerado, o conjunto está em repouso e, logo em seguida, recebe a ação de um momento constante $\vec{T}$ aplicado na direção do eixo que passa pelos dois mancais. Determinar: **a)** as expressões para a velocidade angular e aceleração angular com que o corpo irá girar; **b)** as componentes de reação nos mancais A e B.

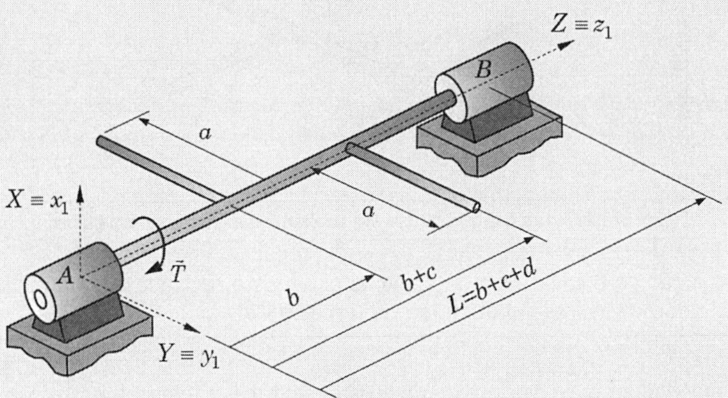

FIGURA 6.38 Ilustração de um corpo rígido desenvolvendo movimento de rotação em torno de um eixo fixo.

Resolução

Este exemplo trata de um caso de movimento de rotação em torno de um eixo fixo e foi formulado de modo que possamos examinar o efeito das propriedades de inércia sobre o desbalanceamento mencionado no final da Subseção 6.7.2.

É importante observar que, embora tenhamos particularizado as Equações de Newton-Euler para o caso de movimento de rotação em torno de um eixo fixo na Subseção 6.7.2, podemos continuar utilizando o procedimento mais geral baseado na equivalência entre os conjuntos de vetores representando os esforços externos e os vetores representando as derivadas das quantidades de movimento linear e angular, conforme ilustrado na Figura 6.39.

Nesta figura, são mostrados os esforços externos, que incluem o peso do corpo e as componentes de reação nos mancais A e B. Na Figura 6.38 são mostrados dois sistemas de referência: o sistema $AXYZ$, fixo, e o sistema $Ax_1y_1z_1$, solidário ao corpo rígido. Por conveniência, fazemos coincidir as direções dos respectivos eixos de ambos os sistemas de referência.

Conforme podemos ver na Figura 6.39, por considerações de simetria, sabemos que o centro de massa do corpo está localizado sobre o eixo Z, em posição que deverá ser determinada.

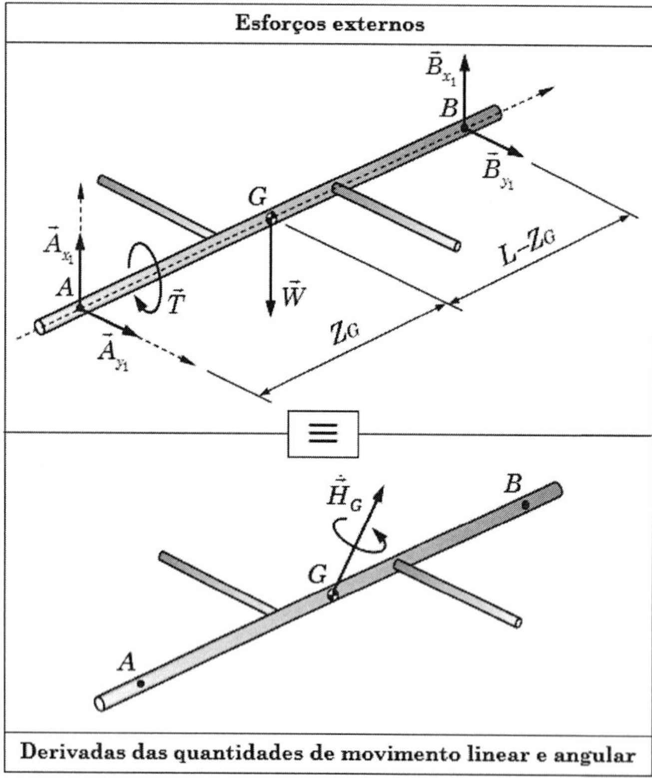

FIGURA 6.39 Representação da equivalência de esforços externos e derivadas das quantidades de movimento linear e angular para o corpo em rotação em torno de um eixo fixo.

Impondo a equivalência entre os dois conjuntos de vetores mostrados na Figura 6.39, temos:

- **Igualdade de momentos em relação ao ponto A:**

Adaptando as Equações (6.59) para o caso em apreço, escrevemos:

$$\sum M_A^{x_1} = -P_{x_1z_1}\alpha + P_{y_1z_1}\omega^2, \qquad \textbf{(a.1)}$$

$$\sum M_A^{y_1} = -P_{y_1z_1}\alpha - P_{x_1z_1}\omega^2, \qquad \textbf{(a.2)}$$

$$\sum M_A^{z_1} = J_{z_1}\alpha. \qquad \textbf{(a.3)}$$

Levando em conta que:

$$\sum \vec{M}_A = \vec{T} + \overline{AG}\times\vec{W} + \overline{AB}\times\left(\vec{B}_{x_1} + \vec{B}_{y_1}\right),$$

com $\vec{T} = T\vec{k}$, $\overline{AG} = Z_G\vec{k}$, $\overline{AB} = L\vec{k}$, obtemos:

$$\sum \vec{M}_A = \begin{Bmatrix} -B_{y_1}L \\ B_{x_1}L - 4mgZ_G \\ T \end{Bmatrix},$$

e as equações (a) ficam:

$$-B_{y_1}L = -P_{x_1z_1}\alpha + P_{y_1z_1}\omega^2, \qquad \textbf{(b.1)}$$

$$B_{x_1}L - 4mg\,Z_G = -P_{y_1z_1}\alpha - P_{x_1z_1}\omega^2, \qquad \textbf{(b.2)}$$

$$T = J_{z_1}\alpha. \qquad \textbf{(b.3)}$$

- **Igualdade dos vetores resultantes:**

$$\vec{W} + \vec{A}_{x_1} + \vec{A}_{y_1} + \vec{B}_{x_1} + \vec{B}_{y_1} = \vec{0},$$

donde:

$$A_{x_1} + B_{x_1} - 4mg = 0, \qquad \textbf{(c.1)}$$

$$A_{y_1} + B_{y_1} = 0. \qquad \textbf{(c.2)}$$

Antes de resolver as equações (b) e (c), precisamos determinar a posição do centro de massa, o momento de inércia e os produtos de inércia em relação ao sistema de referência auxiliar $Ax_1y_1z_1$ cujos eixos, conforme mencionamos anteriormente, são solidários ao corpo rígido, e têm orientações coincidentes com as dos eixos $AXYZ$, como mostrado na Figura 6.38.

A posição do centro de massa é calculada segundo:

$$Z_G = \frac{mb + m(b+c) + 2m\dfrac{b+c+d}{2}}{4m} = \frac{3b+2c+d}{4}. \quad \textbf{(d)}$$

Quanto às demais propriedades de inércia, como na posição considerada o corpo se encontra sobre o plano y_1z_1, a coordenada x_1 é nula para todos os seus pontos, de modo que, levando em conta a definição dada pela Equação (5.41.b), temos:

$$P_{x_1z_1} = 0. \quad \textbf{(e)}$$

Aplicando o Teorema dos Eixos Paralelos, obtemos as seguintes expressões para as demais propriedades de inércia do corpo rígido, em termos das dimensões mostradas na Figura 6.38:

$$J_{z_1} = \frac{2}{3}ma^2, \quad \textbf{(f)}$$

$$P_{y_1z_1} = \frac{1}{2}mac. \quad \textbf{(g)}$$

Resolvendo, primeiramente, a equação (b.3), obtemos:

$$\alpha = \frac{3T}{2ma^2}. \quad \textbf{(h)}$$

Como a aceleração angular é constante, a velocidade angular do corpo aumenta linearmente com o tempo, segundo:

$$\omega(t) = \frac{3T}{2ma^2}t. \quad \textbf{(i)}$$

A partir das demais equações (b) e das equações (c), levando em conta as equações (d) a (g), obtemos as seguintes expressões para as componentes das forças de reação nos mancais:

$$A_{x_1} = \frac{3c}{4aL}T + mg\left(4 - \frac{3b+2c+d}{L}\right), \quad \textbf{(j)}$$

$$A_{y_1}(t) = \frac{mac}{2L}\omega^2 = \frac{9T^2c}{8mLa^3}t^2, \quad \textbf{(k)}$$

$$B_{x_1} = -\frac{3c}{4aL}T + mg\left(\frac{3b+2c+d}{L}\right), \quad \textbf{(l)}$$

$$B_{y_1}(t) = -\frac{mac}{2L}\omega^2 = -\frac{9T^2c}{8mLa^3}t^2. \quad \textbf{(m)}$$

Nas equações (j) a (m) observamos que, além de forças estáticas associadas ao peso do corpo rígido, os mancais ficam sujeitos a forças dinâmicas devidas à rotação do corpo rígido. É importante observar que *o fato de o centro de massa estar posicionado sobre o eixo de rotação não impede a ocorrência destas reações dinâmicas.*

Vale também destacar que à medida que o corpo gira, as direções das forças de reação dinâmicas variam com a mesma velocidade de rotação do corpo, conforme mostrado na Figura 6.40, de modo que, em relação ao sistema de referência fixo, os mancais ficam sujeitos a forças que variam harmonicamente com o tempo, segundo:

$$A_X(t) = A_{x_1}\cos\theta_Z(t) + A_{y_1}sen\theta_Z(t),$$
$$A_Y(t) = -A_{x_1}sen\theta_Z(t) + A_{y_1}\cos\theta_Z(t),$$

$$B_X(t) = B_{x_1}\cos\theta_Z(t) + B_{y_1}sen\theta_Z(t),$$
$$B_Y(t) = -B_{x_1}sen\theta_Z(t) + B_{y_1}\cos\theta_Z(t).$$

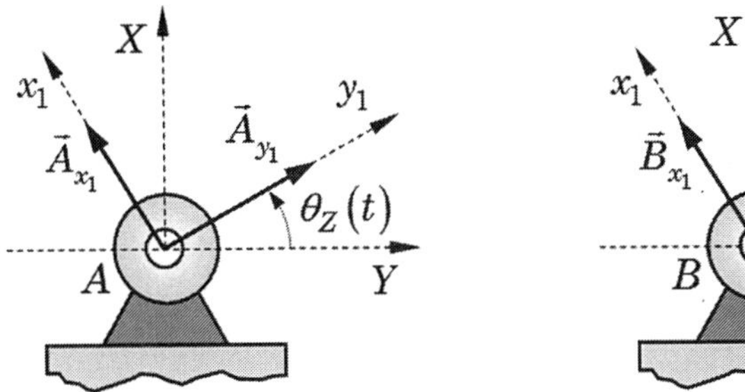

FIGURA 6.40 Representação da variação harmônica das forças de reação dinâmicas em virtude do desbalanceamento.

Consideremos, agora, a configuração em que o parâmetro c é nulo. Observando a Figura 6.38, constatamos que, nesta configuração, as duas hastes estão alinhadas uma com a outra na direção Y. Para esta configuração, observamos, nas equações (j) a (m), que todas as componentes das reações dinâmicas se anulam e temos, por conseguinte, o corpo perfeitamente balanceado.

Além disso, de acordo com a equação (g), o parâmetro c aparece na expressão do produto de inércia $P_{y_1z_1}$. Quando este parâmetro se anula, conforme vemos nas equações (a), o momento externo resultante em relação ao ponto A tem a direção do eixo de rotação, fato que ocorre quando o corpo é balanceado.

Com base neste exemplo, constatamos que o processo prático de balanceamento de corpos que giram em torno de um eixo fixo consiste em modificar a distribuição de massa, alterando as posições de partes, quando isso é possível, ou acrescentando massas de balanceamento, o que é mais frequente, de sorte que o centro de massa permaneça sobre o eixo de rotação e o produto de inércia associado ao desbalanceamento se anule.

Analisando as equações (a) concluímos que um corpo também estará balanceado quando girar em torno de um de seus eixos principais de inércia baricêntricos.

6.7.3 Equações de Newton-Euler para corpos rígidos em movimento tridimensional com um ponto fixo

Consideremos a situação ilustrada na Figura 6.41, na qual temos um corpo rígido executando movimento em que um de seus pontos, designado por O, permanece fixo no espaço. Observamos que, neste tipo de movimento, os vetores velocidade angular e aceleração angular não têm a mesma direção, uma vez que a direção do vetor velocidade angular pode variar com o tempo.

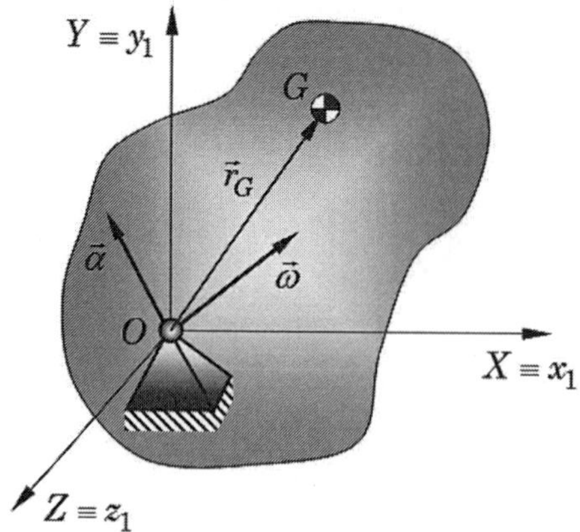

FIGURA 6.41 Ilustração de um corpo rígido desenvolvendo movimento tridimensional com um ponto fixo.

A maior parte da formulação desenvolvida na Subseção 6.7.2 para o movimento de rotação em torno de um eixo fixo continua sendo aplicável para o movimento tridimensional com um ponto fixo. Similarmente ao que fizemos naquela subseção, escolhemos dois sistemas de referência: o sistema fixo $OXYZ$, com origem no ponto fixo, e o sistema $Ox_1y_1z_1$, solidário ao corpo rígido, cujos eixos têm direções instantaneamente coincidentes com os respectivos eixos do sistema fixo.

Continuam válidas as Equações (6.53) a (6.56), reescritas abaixo:

$$\{H_O\} = \left[J_{Ox_1y_1z_1}\right]\{\omega\}, \tag{6.63}$$

$$\left.\frac{d\{H_O\}}{dt}\right|_{OXYZ} = \left[J_{Ox_1y_1z_1}\right]\left.\frac{d\{\omega\}}{dt}\right|_{Ox_1y_1z_1} + \{\omega\}\times\{H_O\}, \tag{6.64}$$

$$\left\{\sum M_O\right\} = \left[J_{Ox_1y_1z_1}\right]\left.\frac{d\{\omega\}}{dt}\right|_{Ox_1y_1z_1} + \{\omega\}\times\{H_O\}. \tag{6.65}$$

Todavia, como não há um eixo de rotação fixo, os vetores velocidade angular e sua derivada em relação ao sistema $Ox_1y_1z_1$ devem ser substituídos por:

$$\{\omega\} = \left[\omega_{x_1} \quad \omega_{y_1} \quad \omega_{z_1}\right]^T, \tag{6.66}$$

$$\left.\frac{d\{\omega\}}{dt}\right|_{Gx_1y_1z_1} = \left[\dot{\omega}_{x_1} \quad \dot{\omega}_{y_1} \quad \dot{\omega}_{z_1}\right]^T. \tag{6.67}$$

Associando as Equações (6.63) a (6.67), após desenvolvimentos algébricos obtemos:

$$\begin{aligned}\sum M_O^{x_1} = {} & J_{x_1}\dot{\omega}_{x_1} - P_{x_1y_1}\dot{\omega}_{y_1} - P_{x_1z_1}\dot{\omega}_{z_1} + \omega_{z_1}\left(P_{x_1y_1}\omega_{x_1} - J_{y_1}\omega_{y_1} + P_{y_1z_1}\omega_{z_1}\right) - \\ & \omega_{y_1}\left(P_{x_1z_1}\omega_{x_1} - J_{z_1}\omega_{z_1} + P_{y_1z_1}\omega_{y_1}\right),\end{aligned} \tag{6.68.a}$$

$$\sum M_O^{y_1} = J_{y_1}\dot{\omega}_{y_1} - P_{x_1y_1}\dot{\omega}_{x_1} - P_{y_1z_1}\dot{\omega}_{z_1} - \omega_{z_1}\left(P_{x_1y_1}\omega_{y_1} - J_{x_1}\omega_{x_1} + P_{x_1z_1}\omega_{z_1}\right) + \omega_{x_1}\left(P_{x_1z_1}\omega_{x_1} - J_{z_1}\omega_{z_1} + P_{y_1z_1}\omega_{y_1}\right), \quad (6.68.b)$$

$$\sum M_O^{z_1} = J_{z_1}\dot{\omega}_{z_1} - P_{x_1z_1}\dot{\omega}_{x_1} - P_{y_1z_1}\dot{\omega}_{y_1} + \omega_{y_1}\left(P_{x_1y_1}\omega_{y_1} - J_{x_1}\omega_{x_1} + P_{x_1z_1}\omega_{z_1}\right) - \omega_{x_1}\left(P_{x_1y_1}\omega_{x_1} - J_{y_1}\omega_{y_1} + P_{y_1z_1}\omega_{z_1}\right). \quad (6.68.c)$$

Caso os eixos do sistema de referência $Ox_1y_1z_1$ sejam eixos principais de inércia do corpo rígido, as Equações (6.68) ficam simplificadas sob a forma:

$$\sum M_O^{x_1} = J_{x_1}\dot{\omega}_{x_1} + \omega_{y_1}\omega_{z_1}\left(J_{z_1} - J_{y_1}\right), \quad (6.69.a)$$

$$\sum M_O^{y_1} = J_{y_1}\dot{\omega}_{y_1} + \omega_{x_1}\omega_{z_1}\left(J_{x_1} - J_{z_1}\right), \quad (6.69.b)$$

$$\sum M_O^{z_1} = J_{z_1}\dot{\omega}_{z_1} + \omega_{x_1}\omega_{y_1}\left(J_{y_1} - J_{x_1}\right). \quad (6.69.c)$$

EXEMPLO 6.11

Um disco uniforme de massa m e raio r é montado em um suporte giratório por meio de um eixo de massa desprezível que passa pelo seu centro e por dois mancais A e B, conforme mostrado na Figura 6.42. O disco gira em torno de seu eixo horizontal com velocidade angular constante ω_2, enquanto o suporte gira em torno do eixo vertical com velocidade angular constante ω_1. Determinar as expressões das componentes dinâmicas das forças exercidas pelo suporte sobre o eixo nos mancais A e B.

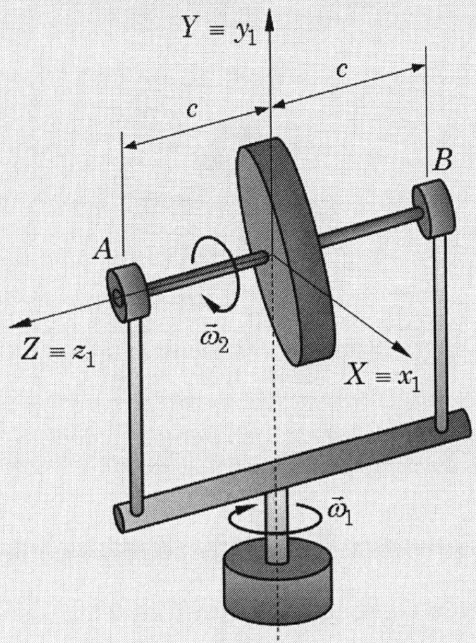

FIGURA 6.42 Ilustração de um disco que sofre duas rotações simultâneas.

Resolução

Como o centro do disco, que coincide com seu centro de massa, não se movimenta, temos neste exemplo um caso de movimento de corpo rígido com um ponto fixo, do qual tratamos na Subseção 6.7.3.

Consideraremos os dois sistemas de referência mostrados na Figura 6.43: o sistema fixo $GXYZ$, e o sistema $Gx_1y_1z_1$, solidário ao corpo rígido.

De acordo com os princípios estudados no Capítulo 2, a velocidade angular absoluta do disco é dada por:

$$\vec{\omega} = \vec{\omega}_1 + \vec{\omega}_2 = -\omega_1 \vec{j} - \omega_2 \vec{k} \Rightarrow \omega_{x_1} = 0,\ \omega_{y_1} = -\omega_1,\ \omega_{z_1} = -\omega_2. \qquad \textbf{(a)}$$

Para o cálculo da derivada $d\{\omega\}/dt\big|_{Gx_1y_1z_1}$ observamos que a derivada do vetor velocidade angular do corpo rígido em relação ao sistema fixo $OXYZ$ pode ser entendida como a derivada do vetor $-\omega_2\vec{k}$, de módulo constante, que gira com velocidade angular $-\omega_1\vec{j}$. Assim, levando em conta a Equação (6.52), temos:

$$\left.\frac{d\{\omega\}}{dt}\right|_{Gx_1y_1z_1} = -\omega_1\vec{j} \times \left(-\omega_2\vec{k}\right) = \omega_1\omega_2\vec{i} \Rightarrow \dot{\omega}_{x_1} = \omega_1\omega_2,\ \dot{\omega}_{y_1} = 0,\ \dot{\omega}_{z_1} = 0. \qquad \textbf{(b)}$$

Para a análise dinâmica do problema utilizaremos a equivalência entre os conjuntos de vetores representando os esforços externos e as derivadas das quantidades de movimento angular, mostrada na Figura 6.43.

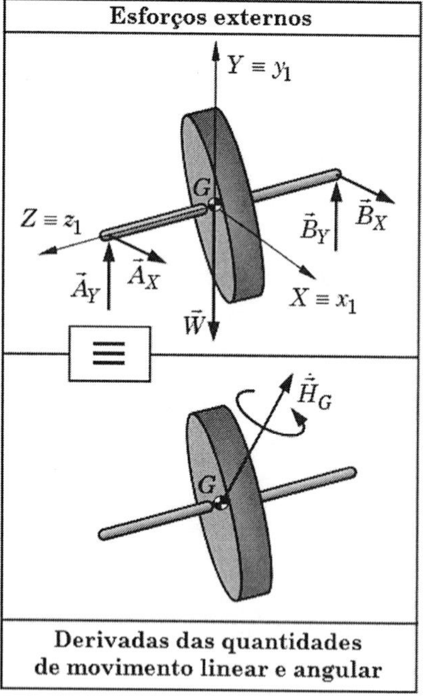

FIGURA 6.43 Representação da equivalência de esforços externos e derivadas das quantidades de movimento linear e angular para o disco em movimento com um ponto fixo.

Impondo a equivalência entre os dois conjuntos de vetores mostrados na Figura 6.43, temos:

- **Igualdade de momentos em relação ao ponto fixo *G*:**

Levando em conta que, devido à simetria do disco, os eixos de referência escolhidos são eixos principais de inércia, adaptando as Equações (6.69), escrevemos:

$$\sum M_G^{x_1} = J_{x_1}\dot{\omega}_{x_1} + \omega_{y_1}\omega_{z_1}\left(J_{z_1} - J_{y_1}\right), \qquad \textbf{(c.1)}$$

$$\sum M_G^{y_1} = J_{y_1}\dot{\omega}_{y_1} + \omega_{x_1}\omega_{z_1}\left(J_{x_1} - J_{z_1}\right), \qquad \textbf{(c.2)}$$

$$\sum M_G^{z_1} = J_{z_1}\dot{\omega}_{z_1} + \omega_{x_1}\omega_{y_1}\left(J_{y_1} - J_{x_1}\right). \qquad \textbf{(c.3)}$$

Considerando as equações (a) e (b), e os momentos de inércia:

$$J_{x_1} = J_{y_1} = \frac{1}{4}mr^2, \qquad J_{z_1} = \frac{1}{2}mr^2,$$

as equações (c) ficam:

$$-A_Y c + B_Y c = \frac{1}{2}mr^2\omega_1\omega_2, \qquad \textbf{(d.1)}$$

$$A_X - B_X = 0, \qquad \textbf{(d.2)}$$

$$0 = 0. \qquad \textbf{(d.3)}$$

- **Igualdade dos vetores resultantes:**

$$\vec{A}_X + \vec{B}_X + \vec{A}_Y + \vec{B}_Y = \vec{0},$$

donde:

$$A_X + B_X = 0, \qquad \textbf{(e.1)}$$

$$A_Y + B_Y = 0. \qquad \textbf{(e.2)}$$

Resolvendo as equações (d) e (e), obtemos:

$$A_X = 0, \qquad B_X = 0,$$

$$A_Y = -\frac{mr^2\omega_1\omega_2}{4c}, \qquad B_Y = \frac{mr^2\omega_1\omega_2}{4c}.$$

6.7.4 Equações de Newton-Euler para corpos rígidos em movimento geral tridimensional

No caso do movimento geral tridimensional de corpos rígidos, como é o caso de satélites artificiais e veículos aéreos, não há vínculos cinemáticos que restringem o movimento; neste caso, as Equações de Newton-Euler assumem suas formas mais gerais possíveis.

A Figura 6.44 ilustra um corpo rígido em movimento geral e os sistemas de referência utilizados para o desenvolvimento das equações do movimento, os quais já foram definidos nas seções anteriores deste capítulo, a saber: o sistema fixo *OXYZ*, o sistema baricêntrico *Gx'y'z'*, de orientação constante, e o sistema auxiliar $Gx_1y_1z_1$, solidário ao corpo rígido.

Partindo das Equações (6.23) e (6.25), repetidas abaixo:

$$\sum \vec{F} = m\vec{a}_G , \tag{6.70}$$

$$\sum \vec{M}_G = \dot{\vec{H}}_G , \tag{6.71}$$

para o caso mais geral de movimento, temos:

$$\sum \vec{F} = \sum F_X \vec{i} + \sum F_Y \vec{j} + \sum F_Z \vec{k} , \tag{6.72}$$

$$\vec{a}_G = \ddot{X}_G \vec{i} + \ddot{Y}_G \vec{j} + \ddot{Z}_G \vec{k} . \tag{6.73}$$

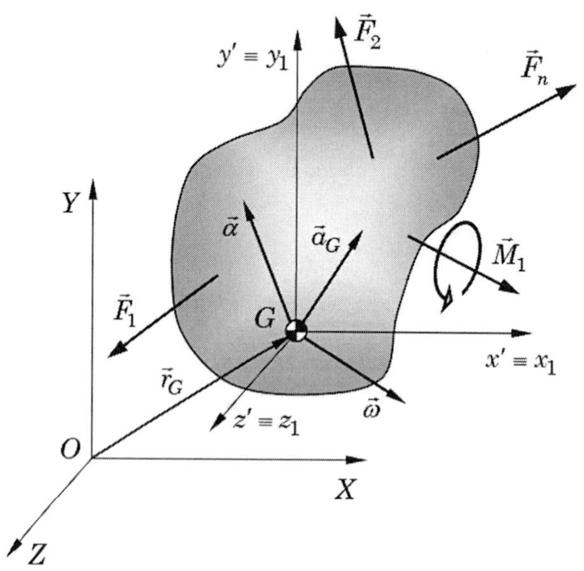

FIGURA 6.44 Ilustração de um corpo rígido em movimento geral tridimensional e sistemas de referência utilizados.

Além disso, propomos que a orientação, a velocidade angular e a aceleração angular do corpo rígido possam sempre ser expressas em termos de um conjunto de coordenadas angulares (ζ_1, ζ_2, ζ_3) e suas derivadas temporais, de tal maneira que:

$$\vec{\omega} = \vec{\omega}\left(\dot{\zeta}_1, \dot{\zeta}_2, \dot{\zeta}_3\right), \tag{6.74}$$

$$\vec{\alpha} = \vec{\alpha}\left(\ddot{\zeta}_1, \ddot{\zeta}_2, \ddot{\zeta}_3\right). \tag{6.75}$$

Na Seção 6.8 introduziremos um conjunto particular de coordenadas angulares conhecidas como *ângulos de Euler*.

Utilizando as Equações (6.50), (6.72) e (6.73), as Equações (6.70) e (6.71) conduzem às seguintes Equações de Newton-Euler, em termos de componentes cartesianas, para um corpo rígido em movimento geral tridimensional:

$$\sum F_X = m\ddot{X}_G, \tag{6.76.a}$$

$$\sum F_Y = m\ddot{Y}_G, \tag{6.76.b}$$

$$\sum F_Z = m\ddot{Z}_G, \tag{6.76.c}$$

$$\begin{aligned}\sum M_G^{x_1} = J_{x_1}\dot{\omega}_{x_1} - P_{x_1y_1}\dot{\omega}_{y_1} - P_{x_1z_1}\dot{\omega}_{z_1} + \omega_{z_1}\left(P_{x_1y_1}\omega_{x_1} - J_{y_1}\omega_{y_1} + P_{y_1z_1}\omega_{z_1}\right) - \\ \omega_{y_1}\left(P_{x_1z_1}\omega_{x_1} - J_{z_1}\omega_{z_1} + P_{y_1z_1}\omega_{y_1}\right),\end{aligned} \tag{6.76.d}$$

$$\begin{aligned}\sum M_G^{y_1} = J_{y_1}\dot{\omega}_{y_1} - P_{x_1y_1}\dot{\omega}_{x_1} - P_{y_1z_1}\dot{\omega}_{z_1} - \omega_{z_1}\left(P_{x_1y_1}\omega_{y_1} - J_{x_1}\omega_{x_1} + P_{x_1z_1}\omega_{z_1}\right) + \\ \omega_{x_1}\left(P_{x_1z_1}\omega_{x_1} - J_{z_1}\omega_{z_1} + P_{y_1z_1}\omega_{y_1}\right),\end{aligned} \tag{6.76.e}$$

$$\begin{aligned}\sum M_G^{z_1} = J_{z_1}\dot{\omega}_{z_1} - P_{x_1z_1}\dot{\omega}_{x_1} - P_{y_1z_1}\dot{\omega}_{y_1} + \omega_{y_1}\left(P_{x_1y_1}\omega_{y_1} - J_{x_1}\omega_{x_1} + P_{x_1z_1}\omega_{z_1}\right) - \\ \omega_{x_1}\left(P_{x_1y_1}\omega_{x_1} - J_{y_1}\omega_{y_1} + P_{y_1z_1}\omega_{z_1}\right).\end{aligned} \tag{6.76.f}$$

Caso os eixos do sistema de referência $Gx_1y_1z_1$ sejam eixos principais de inércia do corpo rígido, as Equações (6.76.d) a (6.76.f) ficam reduzidas às formas:

$$\sum M_G^{x_1} = J_{x_1}\dot{\omega}_{x_1} + \left(J_{z_1} - J_{y_1}\right)\omega_{y_1}\omega_{z_1}, \tag{6.76.g}$$

$$\sum M_G^{y_1} = J_{y_1}\dot{\omega}_{y_1} + \left(J_{x_1} - J_{z_1}\right)\omega_{x_1}\omega_{z_1}, \tag{6.76.h}$$

$$\sum M_G^{z_1} = J_{z_1}\dot{\omega}_{z_1} + \left(J_{y_1} - J_{x_1}\right)\omega_{x_1}\omega_{y_1}. \tag{6.76.i}$$

As equações do movimento do corpo rígido, dadas pelas Equações (6.76), formam um conjunto de seis equações diferenciais de segunda ordem, cujas incógnitas são as componentes do vetor posição do centro de massa (X_G, Y_G, Z_G) e as coordenadas angulares que definem a orientação do corpo rígido no espaço (ζ_1, ζ_2, ζ_3). Uma vez resolvidas estas equações, a posição e a orientação do corpo rígido em função do tempo ficam determinadas.

Na seção seguinte, estudaremos um caso particularmente interessante de movimento geral tridimensional de corpos rígidos envolvendo giroscópios.

6.8 Introdução do movimento de giroscópios

Um giroscópio consiste, essencialmente, de um corpo com simetria de revolução (axissimetria), que pode girar livremente em torno de um ou mais de seus eixos.

O comportamento dinâmico de giroscópios é um dos temas mais interessantes da dinâmica de corpos rígidos e vem sendo explorado em importantes dispositivos de uso prático, tais como sistemas de navegação inercial.

A Figura 6.45 mostra um giroscópio formado por um disco uniforme montado em um arranjo chamado *suspensão cardânica*, composta por uma armadura externa de massa desprezível que pode girar livremente em torno do eixo fixo AA', e uma armadura interna, também de massa desprezível, que pode girar livremente em relação à armadura externa, em torno do eixo BB'. O disco pode ainda girar livremente em relação à armadura interna, em torno do eixo CC' perpendicular ao plano do disco.

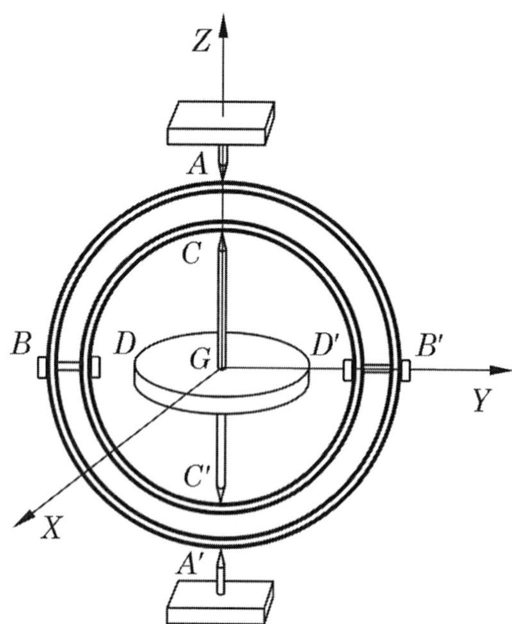

FIGURA 6.45 Ilustração de um giroscópio montado em uma suspensão cardânica.

Notamos que este arranjo permite que o giroscópio assuma qualquer orientação no espaço, mantendo, porém, seu centro de massa em uma posição fixa. Desta forma, a teoria apresentada na Subseção 6.7.3 aplica-se ao giroscópio aqui estudado.

Para determinar a orientação do giroscópio no espaço, utilizamos um sistema de referência fixo $GXYZ$, cujo eixo Z passa pelos dois mancais da armadura externa, A e A'. Partindo de uma configuração de referência na qual as duas armaduras e diâmetro do disco, indicado por DD', estão todos posicionados sobre o plano vertical YZ, o giroscópio pode ser levado a uma orientação arbitrária, mostrada da Figura 6.46, por meio de três rotações sucessivas: 1ª) uma rotação da armadura externa de um ângulo ϕ em torno do eixo AA'; 2ª) uma rotação da armadura interna de um ângulo θ, em torno do eixo BB'; e 3ª) uma rotação do disco de um ângulo ψ em torno do eixo CC'.

Os ângulos ϕ, θ e ψ são conhecidos como *ângulos de Euler* e suas taxas de variação temporais $\dot{\phi}$, $\dot{\theta}$ e $\dot{\psi}$ definem, respectivamente, os movimentos de *precessão*, *nutação* e *rotação própria*.

A Figura 6.47 mostra também os vetores associados às taxas de variação temporal dos ângulos de Euler.

Nas Figuras 6.46 e 6.47 o sistema de eixos $Gx_1y_1z_1$, solidário à armadura interna, forma um conjunto de eixos principais de inércia do disco. Utilizaremos este sistema de referência, ao qual associamos a base de vetores unitários $(\vec{i}, \vec{j}, \vec{k})$ para representar os vetores envolvidos na formulação das equações do movimento do giroscópio.

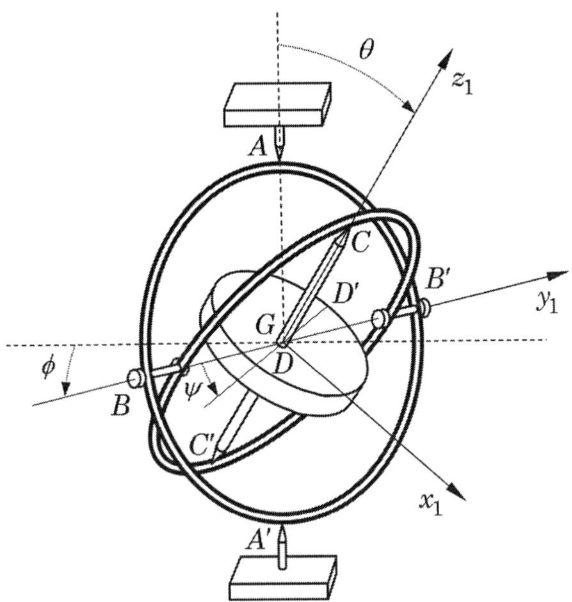

FIGURA 6.46 Ilustração dos ângulos de Euler para o giroscópio.

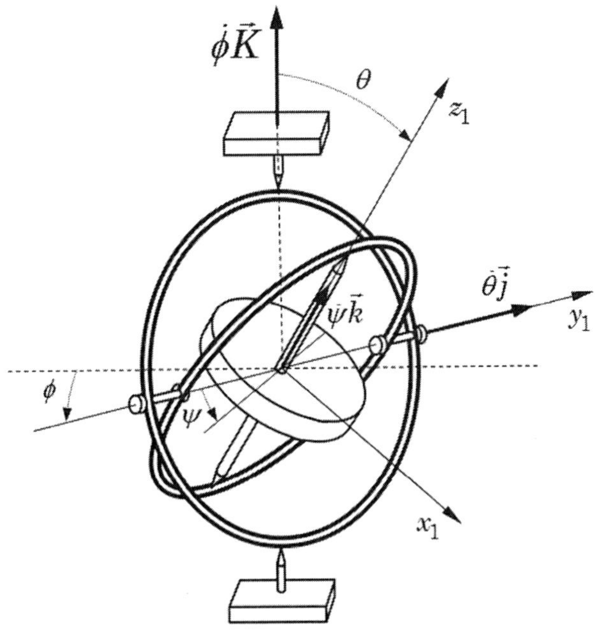

FIGURA 6.47 Ilustração das componentes do vetor velocidade angular.

Sendo z_1 o eixo em relação ao qual o disco apresenta simetria de revolução, o tensor de inércia do disco em relação ao sistema de referência $Gx_1y_1z_1$ tem a forma:

$$\left[J_{Gx_1y_1z_1}\right]=\begin{bmatrix} J & 0 & 0 \\ 0 & J & 0 \\ 0 & 0 & J_p \end{bmatrix}. \tag{6.77}$$

Com base na representação indicada na Figura 6.47, a velocidade angular do sistema de referência $Gx_1y_1z_1$ é dada por:

$$\vec{\Omega}=\dot{\phi}\vec{K}+\dot{\theta}\vec{j}\,, \tag{6.78}$$

e a velocidade angular do disco é dada por:

$$\vec{\omega}=\dot{\phi}\vec{K}+\dot{\theta}\vec{j}+\dot{\psi}\vec{k}\,. \tag{6.79}$$

Expressando o vetor $\vec{K}$ em termos dos vetores unitários da base $(\vec{i}, \vec{j}, \vec{k})$, escrevemos:

$$\vec{K}=-sen\theta\vec{i}+cos\theta\vec{k}\,. \tag{6.80}$$

Associando as Equações (6.78) a (6.80) obtemos a velocidade angular do sistema de referência $Gx_1y_1z_1$ e a velocidade angular do disco expressas na seguinte forma matricial, em termos de suas componentes neste sistema de referência:

$$\{\Omega\}=\left[-\dot{\phi}sen\theta \quad \dot{\theta} \quad \dot{\phi}cos\theta\right]^T, \tag{6.81}$$

$$\{\omega\}=\left[-\dot{\phi}sen\theta \quad \dot{\theta} \quad \dot{\psi}+\dot{\phi}cos\theta\right]^T. \tag{6.82}$$

Adaptando as Equações (6.63) a (6.65), levando em conta que, no caso presente, G coincide com o ponto fixo, identificado por O nas referidas equações, escrevemos:

$$\{H_G\}=\left[J_{Gx_1y_1z_1}\right]\{\omega\}=\begin{bmatrix} J & 0 & 0 \\ 0 & J & 0 \\ 0 & 0 & J_p \end{bmatrix}\begin{Bmatrix} -\dot{\phi}sen\theta \\ \dot{\theta} \\ \dot{\psi}+\dot{\phi}cos\theta \end{Bmatrix}=\begin{Bmatrix} -J\dot{\phi}sen\theta \\ J\dot{\theta} \\ J_p\left(\dot{\psi}+\dot{\phi}cos\theta\right) \end{Bmatrix}, \tag{6.83}$$

$$\left.\frac{d\{\omega\}}{dt}\right|_{Gx_1y_1z_1}=\begin{Bmatrix} -\ddot{\phi}\,sen\theta-\dot{\theta}\dot{\phi}cos\theta \\ \ddot{\theta} \\ \ddot{\psi}+\ddot{\phi}\,cos\theta-\dot{\theta}\dot{\phi}sen\theta \end{Bmatrix}, \tag{6.84}$$

$$\left\{\sum M_G\right\}=\left[J_{Gx_1y_1z_1}\right]\left.\frac{d\{\omega\}}{dt}\right|_{Gx_1y_1z_1}+\{\Omega\}\times\{H_G\}=$$

$$\begin{Bmatrix} -J\left(\ddot{\phi}\,sen\theta+\dot{\theta}\dot{\phi}cos\theta\right) \\ J\ddot{\theta} \\ J_p\left(\ddot{\psi}+\ddot{\phi}\,cos\theta-\dot{\theta}\dot{\phi}sen\theta\right) \end{Bmatrix}+\begin{Bmatrix} -\dot{\phi}sen\theta \\ \dot{\theta} \\ \dot{\phi}cos\theta \end{Bmatrix}\times\begin{Bmatrix} -J\dot{\phi}sen\theta \\ J\dot{\theta} \\ J_p\left(\dot{\psi}+\dot{\phi}cos\theta\right) \end{Bmatrix}. \tag{6.85}$$

Desenvolvendo as Equações (6.85), obtemos:

$$\sum M_G^{x_1} = -J\left(\ddot{\phi}\, sen\theta + 2\dot{\theta}\dot{\phi}\cos\theta\right) + J_p\dot{\theta}\left(\dot{\psi} + \dot{\phi}\cos\theta\right), \quad (6.86.a)$$

$$\sum M_G^{y_1} = J\left(\ddot{\theta} - \dot{\phi}^2 sen\theta\cos\theta\right) + J_p\,\dot{\phi}\, sen\theta\left(\dot{\psi} + \dot{\phi}\cos\theta\right), \quad (6.86.b)$$

$$\sum M_G^{z_1} = J_p\left(\ddot{\psi} + \ddot{\phi}\cos\theta - \dot{\theta}\dot{\phi}\, sen\theta\right). \quad (6.86.c)$$

Além disso, como o centro de massa do disco tem aceleração nula, temos:

$$\sum \vec{F} = m\vec{a}_G = \vec{0} \;\Rightarrow\; \sum \vec{F} = \vec{0}. \quad (6.87)$$

Em conjunto, as Equações (6.86) e (6.87) indicam que o disco está sujeito exclusivamente a momentos, dado que a força resultante é nula.

As Equações (6.86) são as equações diferenciais do movimento do giroscópio para as condições estabelecidas no desenvolvimento da formulação. São equações diferenciais de segunda ordem não lineares que requerem o uso de métodos de integração numérica para sua resolução.

Todavia, fenômenos interessantes podem ser evidenciados examinando casos particulares que não requerem a resolução das equações do movimento, conforme veremos a seguir.

É importante notar que, embora tenham sido introduzidos especificamente para descrever o movimento de giroscópios, os ângulos de Euler podem ser utilizados para representar a orientação de qualquer corpo no espaço, desempenhando o papel das coordenadas angulares indicadas nas Equações (6.74) e (6.75).

Precessão estacionária de giroscópios

Consideremos o caso particular de movimento de um giroscópio em que o ângulo θ é mantido fixo e as taxas de precessão $\dot{\phi}$ e de rotação própria $\dot{\psi}$ são constantes. Este movimento é denominado *precessão estacionária*. Nosso objetivo é determinar os momentos externos que devem ser aplicados ao giroscópio para que este movimento possa ocorrer.

Particularizando as equações do movimento, dadas pelas Equações (6.86), nelas introduzindo:

$$\theta = \text{cte.} \Rightarrow \dot{\theta} = 0,\ \ddot{\theta} = 0,$$

$$\dot{\phi} = \text{cte.} \Rightarrow \ddot{\phi} = 0,$$

$$\dot{\psi} = \text{cte.} \Rightarrow \ddot{\psi} = 0,$$

obtemos:

$$\sum M_G^{x_1} = 0, \quad (6.88.a)$$

$$\sum M_G^{y_1} = -J\dot{\phi}^2 sen\theta\cos\theta + J_p\,\dot{\phi}\, sen\theta\left(\dot{\psi} + \dot{\phi}\cos\theta\right), \quad (6.88.b)$$

$$\sum M_G^{z_1} = 0. \quad (6.88.c)$$

Notamos que, para que ocorra a precessão estacionária, a única componente não nula do momento externo deve ser aquela na direção y_1. Esta componente, que assume um valor constante, uma vez que todos os termos no lado direito da Equação (6.88.b) são constantes, age no sentido de alterar o ângulo ϕ (ver Figura 6.47).

Considerando a situação particular em que $\theta = 90°$, na qual a armadura interna é posicionada sobre um plano horizontal, a Equação (6.88.b) fica ainda mais simplificada:

$$\sum M_G^{y_1} = J_p \dot{\phi} \dot{\psi} . \tag{6.89}$$

A Equação (6.89) nos permite concluir que, nas condições impostas, um giroscópio com velocidade de rotação própria $\dot{\psi}$, submetido a um momento externo em torno do eixo y_1, $\sum M_G^{y_1}$, precessionará com velocidade angular:

$$\dot{\phi} = \frac{\sum M_G^{y_1}}{J_p \dot{\psi}} \tag{6.90}$$

em torno do eixo x_1.

Este resultado pode parecer surpreendente uma vez que, intuitivamente, esperaríamos que aplicando um momento em torno do eixo y_1 o giroscópio iria responder precessionando em torno deste mesmo eixo.

Podemos sumarizar o efeito giroscópico com o auxílio da Figura 6.48, que mostra que, de acordo com as direções e sentidos dos vetores indicados, a Equação (6.89) pode ser convenientemente expressa sob a forma alternativa:

$$\sum M_G \vec{j} = J_p \left(\dot{\phi} \vec{K}\right) \times \left(\dot{\psi} \vec{k}\right). \tag{6.91}$$

A Equação (6.91) traduz dois fenômenos que se relacionam ao chamado *efeito giroscópico*:

- quando o giroscópio é submetido a um momento externo, ele sofre precessão;
- quando o giroscópio é forçado a precessionar, ele fica sujeito a um momento causado por um par de forças aplicadas sobre ele pelos mancais.

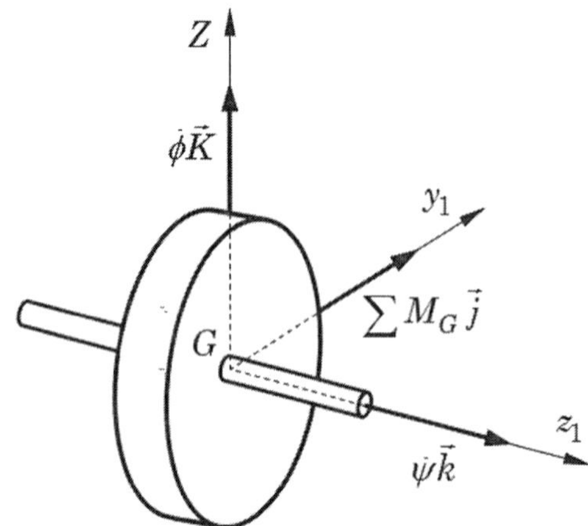

FIGURA 6.48 Representação vetorial da precessão estacionária de um giroscópio.

EXEMPLO 6.12

Um disco uniforme de massa m e raio r gira com velocidade angular constante ω, sendo solidário a um eixo de comprimento L e massa desprezível, mantido por uma rótula sem atrito em O, conforme mostrado na Figura 6.49. Determinar a expressão para o módulo da velocidade angular de precessão Ω e o seu sentido.

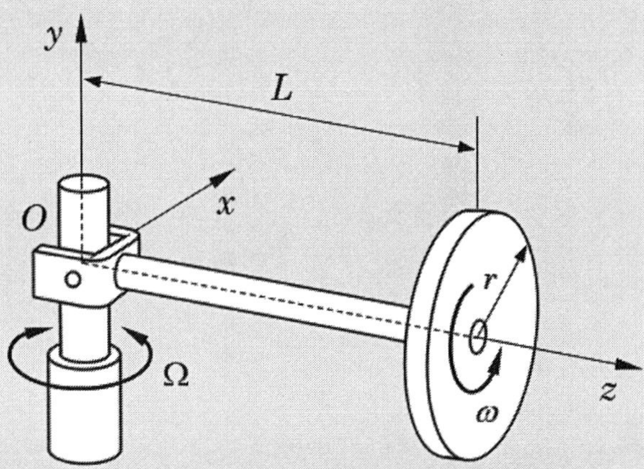

FIGURA 6.49 Ilustração de um disco que realiza precessão estacionária.

Resolução

O disco está submetido a um momento externo associado ao seu peso dado por:

$$\sum \vec{M}_G = mgL\vec{i}. \qquad \textbf{(a)}$$

Sendo a velocidade angular de rotação própria dada por:

$$\vec{\omega} = \omega \vec{k}, \qquad \textbf{(b)}$$

a Equação (6.91), adaptada para o caso em estudo, é satisfeita quando é escrita sob a forma:

$$mgL\vec{i} = J_p \Omega \; \vec{j} \times \omega \vec{k}, \qquad \textbf{(c)}$$

com

$$J_p = \frac{1}{2} m r^2.$$

Assim, da equação (c) obtemos a seguinte expressão para a velocidade angular de precessão:

$$\Omega = \frac{2gL}{\omega r^2}, \qquad \textbf{(d)}$$

a qual tem o sentido anti-horário quando a movimento é observado a partir do sentido positivo do eixo y.

6.9 Princípio do Impulso-Quantidade de Movimento para os corpos rígidos. Conservação das quantidades de movimento linear e angular

Nas Seções 4.8 e 4.9 foram estabelecidos os Princípios do Impulso-Quantidade de Movimento para sistemas discretos de partículas. Nesta seção, estes princípios são estendidos a corpos rígidos.

Retomando as Equações de Newton-Euler, dadas pelas Equações (6.23) a (6.25), multiplicando ambos os lados por dt e integrando-os entre dois instantes de tempo quaisquer t_1 e t_2, escrevemos:

- $$\sum \vec{F} = \dot{\vec{L}} \Rightarrow \int_{t_1}^{t_2} \sum \vec{F}\, dt = \int_{t_1}^{t_2} \frac{d\vec{L}}{dt} dt,$$

ou, após rearranjo:

$$\vec{L}(t_2) = \vec{L}(t_1) + \int_{t_1}^{t_2} \sum \vec{F}\, dt, \qquad (6.92.a)$$

com $\vec{L}(t) = m\vec{v}_G(t)$ (ver Equação (6.4));

- $$\sum \vec{M}_O = \dot{\vec{H}}_O \Rightarrow \int_{t_1}^{t_2} \sum \vec{M}_O\, dt = \int_{t_1}^{t_2} \frac{d\vec{H}_O}{dt} dt,$$

ou:

$$\vec{H}_O(t_2) = \vec{H}_O(t_1) + \int_{t_1}^{t_2} \sum \vec{M}_O\, dt, \qquad (6.92.b)$$

com $\{H_O(t)\}$ dado pela Equação (6.22);

- $$\sum \vec{M}_G = \dot{\vec{H}}_G \Rightarrow \int_{t_1}^{t_2} \sum \vec{M}_G\, dt = \int_{t_1}^{t_2} \frac{d\vec{H}_G}{dt} dt,$$

ou:

$$\vec{H}_G(t_2) = \vec{H}_G(t_1) + \int_{t_1}^{t_2} \sum \vec{M}_G\, dt, \qquad (6.92.c)$$

com $\{H_G(t)\} = [J_{Gx'y'z'}]\,\{\omega(t)\}$ (ver Equação (6.15)).

Nas Equações (6.92), as grandezas vetoriais que figuram do lado direito são definidas da seguinte forma:

$$\vec{I}^{L}_{t_1 \triangleright t_2} = \int_{t_1}^{t_2} \sum \vec{F}\, dt: \text{ impulso linear das forças externas,} \qquad (6.93.a)$$

$$\vec{I}^{O}_{t_1 \triangleright t_2} = \int_{t_1}^{t_2} \sum \vec{M}_O\, dt: \text{ impulso angular dos esforços externos (forças e momentos) em relação ao ponto fixo } O, \qquad (6.93.b)$$

$\vec{I}^{G}_{t_1 \triangleright t_2} = \int_{t_1}^{t_2} \sum \vec{M}_G \, dt$: impulso angular dos esforços externos (forças e momentos) em relação ao centro de massa G. (6.93.c)

Assim, as Equações (6.92) podem ser reescritas sob as formas:

$$\vec{L}_2 = \vec{L}_1 + \vec{I}^{L}_{t_1 \triangleright t_2}, \tag{6.94.a}$$

$$\vec{H}_O\Big|_2 = \vec{H}_O\Big|_1 + \vec{I}^{O}_{t_1 \triangleright t_2}, \tag{6.94.b}$$

$$\vec{H}_G\Big|_2 = \vec{H}_G\Big|_1 + \vec{I}^{G}_{t_1 \triangleright t_2}, \tag{6.94.c}$$

nas quais, para simplificar a notação, fizemos: $\vec{L}_1 = \vec{L}(t_1)$, $\vec{L}_2 = \vec{L}(t_2)$, $\vec{H}_O|_1 = \vec{H}_O(t_1)$, $\vec{H}_O|_2 = \vec{H}_O(t_2)$, $\vec{H}_G|_1 = \vec{H}_G(t_1)$ e $\vec{H}_G|_2 = \vec{H}_G(t_2)$.

As Equações (6.94) expressam o Princípio do Impulso-Quantidade de Movimento Linear e o Princípio do Impulso-Quantidade de Movimento Angular para os corpos rígidos.

De forma similar ao que foi proposto para aplicação das Equações de Newton-Euler na Seção 6.3, os dois Princípios de Impulso-Quantidade de Movimento para os corpos rígidos podem ser expressos conjuntamente em termos da equivalência entre os três conjuntos de vetores mostrados na Figura 6.50, a saber: o conjunto formado pelos vetores quantidade de movimento linear e quantidade de movimento angular no instante t_1, o conjunto formado pelos vetores impulso linear e impulso angular das forças e momentos externos aplicados no intervalo $[t_1, t_2]$, e o conjunto formado pelos vetores quantidade de movimento linear e quantidade de movimento angular no instante t_2.

É importante relembrar que, na imposição da equivalência indicada na Figura 6.50, só podemos adicionar vetores de mesma natureza, ou seja: quantidades de movimento lineares e impulso linear, e quantidades de movimento angulares e impulso angular.

É também importante observar que as quantidades lineares são tratadas como vetores fixos aplicados no centro de massa do corpo rígido, ao passo que as quantidades angulares são tratadas como vetores livres, de sorte que não precisamos especificar seus pontos de aplicação.

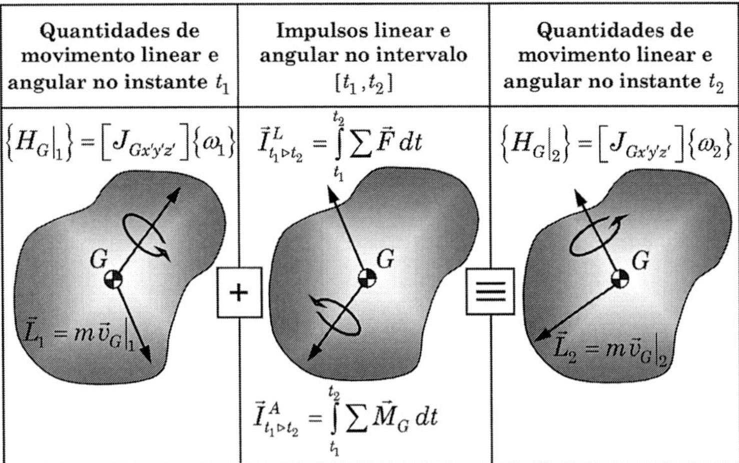

FIGURA 6.50 Representação da equivalência entre os conjuntos de vetores formados pelas quantidades de movimento e pelos impulsos dos esforços externos no intervalo $[t_1; t_2]$.

Dependendo das características dos esforços externos aplicados ao corpo rígido, podemos identificar os seguintes casos importantes:

1º) Se o impulso linear dos esforços externos for nulo no intervalo de tempo $[t_1; t_2]$, de acordo com a Equação (6.94.a) e com a Figura 6.50, temos:

$$\vec{L}_2 = \vec{L}_1. \tag{6.95}$$

Neste caso, há conservação da quantidade de movimento linear do corpo rígido entre os instantes t_1 e t_2.

Levando em conta a definição dada na Equação (6.4), concluímos também que neste caso temos:

$$\vec{v}_G\big|_2 = \vec{v}_G\big|_1. \tag{6.96}$$

Além disso, se a resultante das forças externas for nula para todo e qualquer instante no intervalo de tempo $[t_1; t_2]$, a quantidade de movimento linear será constante e o centro de massa do corpo rígido desenvolverá movimento retilíneo uniforme neste intervalo de tempo.

2º) Se o impulso angular dos esforços externos em relação ao ponto O ou ao centro de massa G for nulo no intervalo de tempo $[t_1; t_2]$, de acordo com as Equações (6.94.b) e (6.94.c) e com a Figura 6.50, temos, respectivamente:

$$\vec{H}_O\big|_2 = \vec{H}_O\big|_1, \tag{6.97}$$

$$\vec{H}_G\big|_2 = \vec{H}_G\big|_1. \tag{6.98}$$

Neste caso, há conservação das quantidades de movimento angulares do corpo rígido em relação a O ou a G entre os instantes t_1 e t_2.

Além disso, se os momentos resultantes das forças externas em relação ao ponto O ou em relação ao ponto G forem nulos para todo e qualquer instante no intervalo de tempo $[t_1; t_2]$, as respectivas quantidades de movimento angulares serão constantes e, em consequência, a velocidade angular do corpo rígido permanecerá constante neste intervalo de tempo.

Obviamente, para um corpo totalmente isolado de forças externas haverá conservação das quantidades de movimento linear e angular, o que significa que o corpo se movimentará de modo que seu centro de massa descreverá movimento retilíneo uniforme e o corpo terá velocidade angular constante.

É importante observar que a formulação foi desenvolvida acima para o caso mais geral de movimento tridimensional do corpo rígido. No entanto, ela pode ser particularizada para cada tipo específico de movimento tratado anteriormente neste capítulo, conforme sumarizamos a seguir.

6.9.1 Princípio do Impulso-Quantidade de Movimento para corpos rígidos em movimento de translação

No caso de movimento de translação, definido na Seção 6.5, a velocidade angular do corpo rígido é nula no intervalo $[t_1; t_2]$ e a equivalência entre os conjuntos de vetores mostrada na Figura 6.50 fica particularizada como mostrado na Figura 6.51.

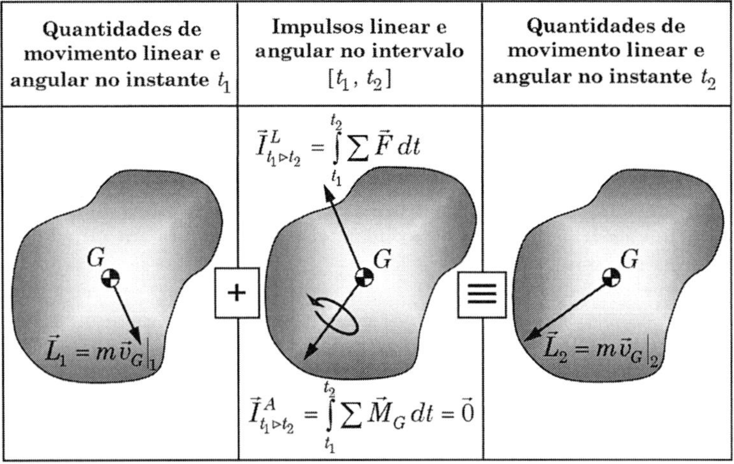

FIGURA 6.51 Representação da equivalência entre os conjuntos de vetores formados pelas quantidades de movimento e pelos impulsos dos esforços externos no intervalo $[t_1; t_2]$, para o caso de movimento de translação do corpo rígido.

6.9.2 Princípio do Impulso-Quantidade de Movimento para corpos rígidos em movimento plano

No caso de movimento plano geral, caracterizado na Seção 6.6, todas as grandezas angulares são perpendiculares ao plano do movimento e a equivalência entre os conjuntos de vetores representando as quantidades de movimento e os impulsos toma a forma mostrada na Figura 6.52.

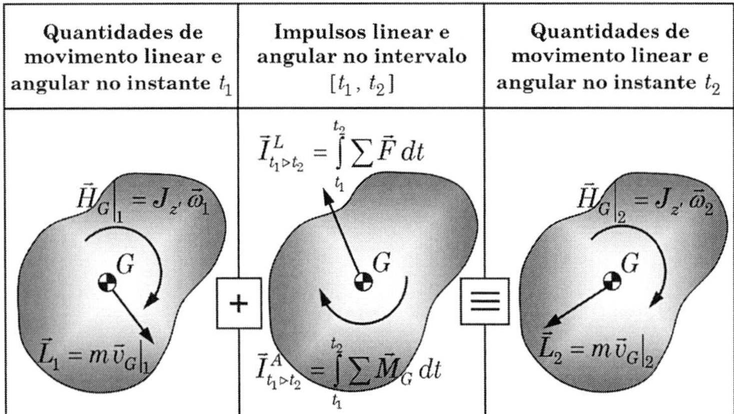

FIGURA 6.52 Representação da equivalência entre os conjuntos de vetores formados pelas quantidades de movimento e pelos impulsos dos esforços externos no intervalo $[t_1; t_2]$, para o caso de movimento plano do corpo rígido.

Recordamos que, no caso de movimento plano, a quantidade de movimento angular em relação ao sistema de referência baricêntrico toma a forma simplificada (ver Equação (6.29)):

$$\vec{H}_G = J_{z'}\,\omega\vec{k}.$$

Similarmente ao que fizemos na Seção 6.6, distinguimos dois casos de movimento plano: movimento de rotação baricêntrica e movimento de rotação não baricêntrica.

- **Movimento plano de rotação baricêntrica**

No caso de movimento de rotação baricêntrica, levando em conta que a velocidade do centro de massa é nula, a equivalência entre os conjuntos de vetores representando as quantidades de movimento e os impulsos toma a forma mostrada na Figura 6.53.

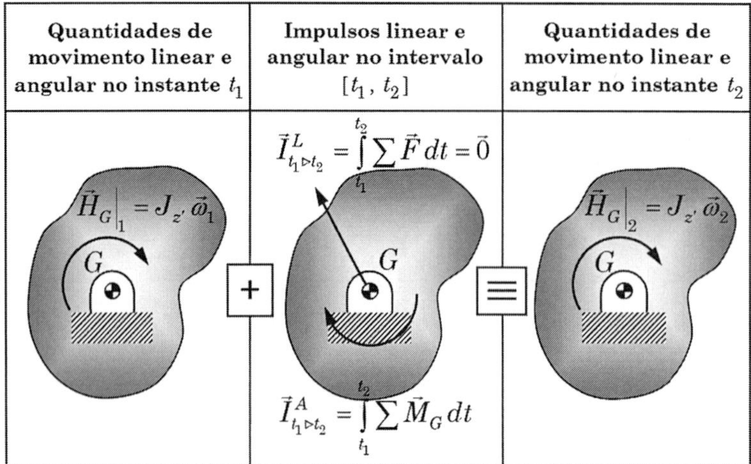

FIGURA 6.53 Representação da equivalência entre os conjuntos de vetores formados pelas quantidades de movimento e pelos impulsos dos esforços externos no intervalo $[t_1;\, t_2]$, para o caso de movimento plano de rotação baricêntrica.

- **Movimento plano de rotação não baricêntrica**

No caso de movimento de rotação não baricêntrica em torno de um eixo que passa por um ponto fixo O, convém impor a equivalência entre os conjuntos de vetores representando as quantidades de movimento linear e angular e os impulsos dos esforços externos em termos da igualdade dos momentos destes vetores em relação ao ponto O, conforme mostrado na Figura 6.54. Assim, escrevemos:

$$\vec{H}_G\Big|_1 + \overrightarrow{OG} \times m\vec{v}_G\Big|_1 + \overrightarrow{OG} \times \int_{t_1}^{t_2} \sum \vec{F}\,dt + \int_{t_1}^{t_2} \sum \vec{M}_G\,dt = \vec{H}_G\Big|_2 + \overrightarrow{OG} \times m\vec{v}_G\Big|_2 . \tag{6.99}$$

Na Equação (6.99), efetuamos os seguintes desenvolvimentos:

- $$\begin{aligned} \vec{H}_G\Big|_1 + \overrightarrow{OG} \times m\vec{v}_G\Big|_1 &= J_{z'}\vec{\omega}_1 + \overrightarrow{OG} \times m\left(\overrightarrow{OG} \times \vec{\omega}_1\right) = J_{z'}\omega_1\vec{k} + m\omega_1\left\|\overrightarrow{OG}\right\|^2\vec{k} \\ &= \left(J_{z'} + m\left\|\overrightarrow{OG}\right\|^2\right)\omega_1\vec{k} = J_Z\omega_1\vec{k}, \end{aligned} \tag{6.100}$$

onde J_Z é o momento de inércia em relação ao eixo perpendicular ao plano do movimento, passando pelo ponto O. Da mesma forma:

- $$\begin{aligned} \vec{H}_G\Big|_2 + \overrightarrow{OG} \times m\vec{v}_G\Big|_2 &= J_{z'}\vec{\omega}_2 + \overrightarrow{OG} \times m\left(\overrightarrow{OG} \times \vec{\omega}_2\right) = J_{z'}\omega_2\vec{k} + m\omega_2\left\|\overrightarrow{OG}\right\|^2\vec{k} \\ &= \left(J_{z'} + m\left\|\overrightarrow{OG}\right\|^2\right)\omega_2\vec{k} = J_Z\omega_2\vec{k}, \end{aligned} \tag{6.101}$$

- $$\int_{t_1}^{t_2} \left(\sum \vec{M}_G + \overline{OG} \times \sum \vec{F} \right) dt = \int_{t_1}^{t_2} \sum \vec{M}_O \, dt = \left(\int_{t_1}^{t_2} \sum M_O \, dt \right) \vec{k}. \quad (6.102)$$

Associando as Equações (6.99) a (6.102), obtemos:

$$J_Z \, \omega_1 + \int_{t_1}^{t_2} \sum M_O \, dt = J_Z \, \omega_2 . \quad (6.103)$$

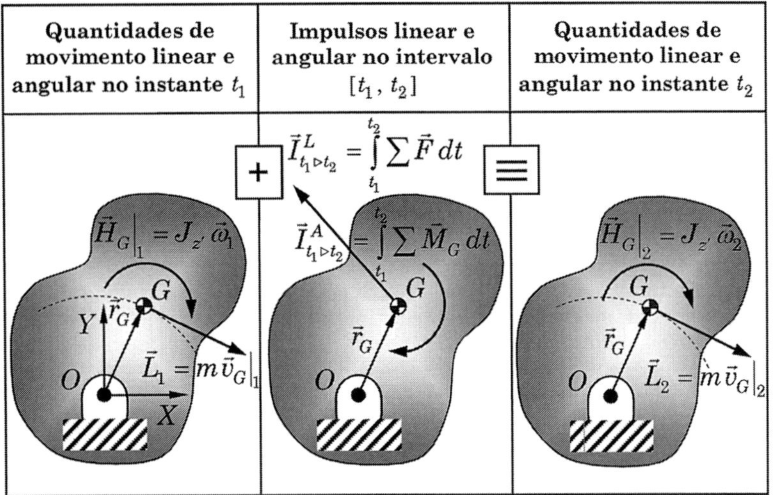

FIGURA 6.54 Representação da equivalência entre os conjuntos de vetores formados pelas quantidades de movimento e pelos impulsos dos esforços externos no intervalo $[t_1; t_2]$, para o caso de movimento plano de rotação não baricêntrica.

6.9.3 Princípio do Impulso-Quantidade de Movimento para corpos rígidos em movimento de rotação em torno de um eixo fixo

No caso de movimento de rotação em torno de um eixo fixo, para o qual as Equações de Newton-Euler foram desenvolvidas na Subseção 6.7.2, convém impor a equivalência entre os conjuntos de vetores representando as quantidades de movimento linear e angular e os impulsos dos esforços externos em termos da igualdade dos momentos destes vetores em relação a um ponto O localizado sobre o eixo de rotação, conforme mostrado na Figura 6.55. Assim fazendo, escrevemos:

$$\vec{H}_G\Big|_1 + \vec{r}_G \times m\vec{v}_G\Big|_1 + \vec{r}_G \times \int_{t_1}^{t_2} \sum \vec{F} \, dt + \int_{t_1}^{t_2} \sum \vec{M}_G \, dt = \vec{H}_G\Big|_2 + \vec{r}_G \times m\vec{v}_G\Big|_2 . \quad (6.104)$$

Na Equação (6.104), reconhecemos (ver Equação (6.22)):

$$\vec{H}_O\Big|_1 = \vec{H}_G\Big|_1 + \vec{r}_G \times m\vec{v}_G\Big|_1 ,$$

$$\vec{H}_O\Big|_2 = \vec{H}_G\Big|_2 + \vec{r}_G \times m\vec{v}_G\Big|_2 ,$$

e

$$\int_{t_1}^{t_2} \sum \vec{M}_O \, dt = \int_{t_1}^{t_2} \left(\sum \vec{M}_G + \vec{r}_G \times \sum \vec{F} \right) dt,$$

de modo que a Equação (6.104) fica:

$$\vec{H}_O\Big|_1 + \int_{t_1}^{t_2} \sum \vec{M}_O \, dt = \vec{H}_O\Big|_2, \tag{6.105}$$

com:

$$\left\{ H_O\big|_1 \right\} = \left[J_{OXYZ} \right] \{ \omega_1 \},$$

$$\left\{ H_O\big|_2 \right\} = \left[J_{OXYZ} \right] \{ \omega_2 \}.$$

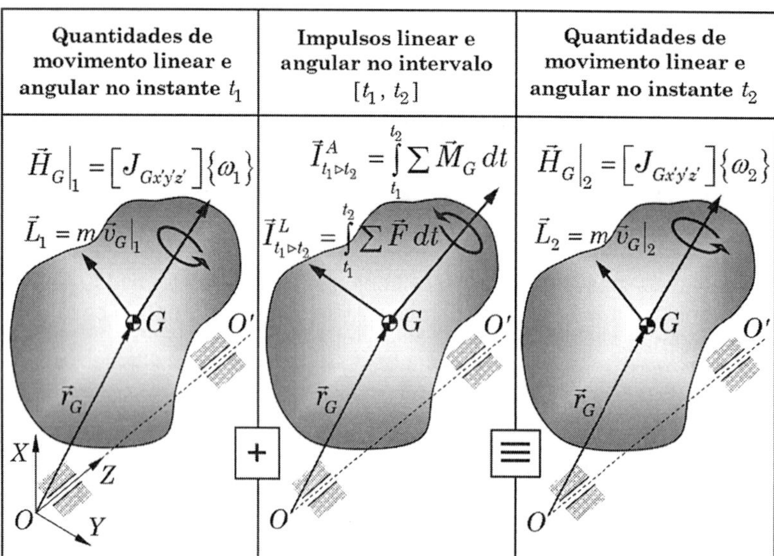

FIGURA 6.55 Representação da equivalência entre os conjuntos de vetores formados pelas quantidades de movimento e pelos impulsos dos esforços externos no intervalo $[t_1; t_2]$, para o caso de movimento de rotação em torno de um eixo fixo.

6.9.4 Princípio do Impulso-Quantidade de Movimento para corpos rígidos em movimento com um ponto fixo

No caso de movimento de um corpo rígido com um ponto fixo, caracterizado na Subseção 6.7.3, é conveniente impor a equivalência entre os conjuntos de vetores representando as quantidades de movimento linear e angular e os impulsos dos esforços externos em termos da igualdade dos momentos destes vetores em relação a um ponto fixo O, conforme mostrado na Figura 6.56. Assim fazendo, escrevemos:

$$\vec{H}_G\Big|_1 + \vec{r}_G \times m\vec{v}_G\Big|_1 + \vec{r}_G \times \int_{t_1}^{t_2} \sum \vec{F}\,dt + \int_{t_1}^{t_2} \sum \vec{M}_G\,dt = \vec{H}_G\Big|_2 + \vec{r}_G \times m\vec{v}_G\Big|_2. \quad (6.106)$$

Na Equação (6.106), reconhecemos (ver Equação (6.22)):

$$\vec{H}_O\Big|_1 = \vec{H}_G\Big|_1 + \vec{r}_G \times m\vec{v}_G\Big|_1,$$

$$\vec{H}_O\Big|_2 = \vec{H}_G\Big|_2 + \vec{r}_G \times m\vec{v}_G\Big|_2,$$

e

$$\int_{t_1}^{t_2} \sum \vec{M}_O\,dt = \int_{t_1}^{t_2} \left(\sum \vec{M}_G + \vec{r}_G \times \sum \vec{F}\right) dt,$$

de modo que a Equação (6.106) fica:

$$\vec{H}_O\Big|_1 + \int_{t_1}^{t_2} \sum \vec{M}_O\,dt = \vec{H}_O\Big|_2, \quad (6.107)$$

com

$$\left\{H_O\big|_1\right\} = \left[J_{OXYZ}\right]\{\omega_1\}, \ \left\{H_O\big|_2\right\} = \left[J_{OXYZ}\right]\{\omega_2\}.$$

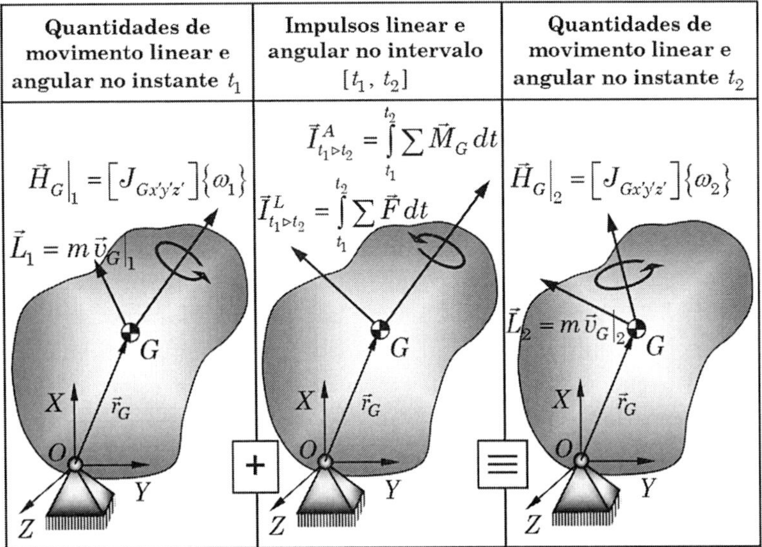

FIGURA 6.56 Representação da equivalência entre os conjuntos de vetores formados pelas quantidades de movimento e pelos impulsos dos esforços externos no intervalo $[t_1; t_2]$, para o caso de movimento com um ponto fixo.

Na sequência, exemplificaremos o uso dos princípios de Impulso-Quantidade de Movimento e de Conservação de Quantidade de Movimento na resolução de alguns problemas.

EXEMPLO 6.13

A roda R, de raio r, massa m_R e raio de giração baricêntrico $k_{z'}$ pode girar sem atrito em torno de seu centro G, estando ligada por um cabo de massa desprezível enrolado sobre sua borda ao bloco B, de massa m_B, conforme mostrado na Figura 6.57. Sabendo que o bloco é liberado do repouso, determinar, para um instante de tempo qualquer t após a liberação do bloco: **a)** a velocidade angular da roda; **b)** a velocidade do bloco; **c)** a tração no cabo; **d)** as componentes das forças de reação no mancal em G.

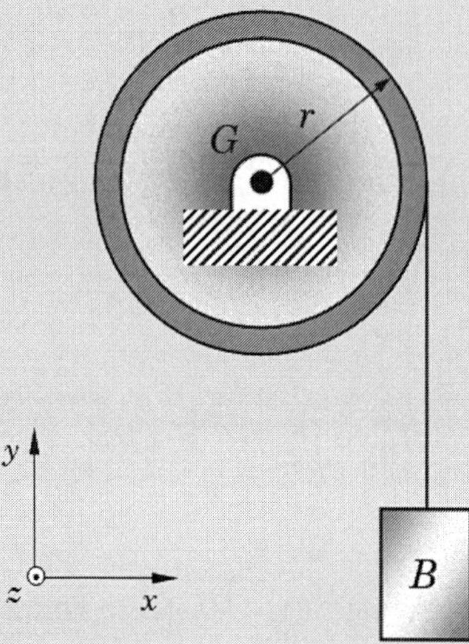

FIGURA 6.57 Conjunto formado por uma roda e um bloco ligados entre si por um cabo.

Resolução

Como o problema envolve a velocidade angular da roda e a velocidade do bloco em dois instantes de tempo distintos, ele pode ser facilmente resolvido utilizando o Princípio do Impulso-Quantidade de Movimento apresentado na Seção 6.9. Observemos também que a roda descreve movimento plano de rotação baricêntrica ao passo que o bloco realiza movimento de translação.

Considerando a roda e o bloco separadamente, a Figura 6.58 mostra a equivalência entre os conjuntos formados pelos vetores quantidade de movimento linear e quantidade de movimento angular no instante $t_1 = 0$, pelos vetores impulso linear e impulso angular dos esforços externos, e pelos vetores quantidade de movimento linear e quantidade de movimento angular no instante $t_2 = t$.

É importante observar que, na indicação dos impulsos das forças externas, foi considerado o fato de que estas forças são constantes.

A partir da equivalência dos conjuntos de vetores mostrados na Figura 6.58, impomos igualdade de vetores e momentos resultantes de ambos, separadamente, para cada um dos dois corpos.

Para a roda

- *Igualdade de momentos em relação ao ponto G:*

$$r\vec{i} \times (-T \cdot \Delta t\vec{j}) = -J_{z'}\,\omega\vec{k} \Rightarrow T\,r\,\Delta t = J_{z'}\,\omega, \qquad \textbf{(a)}$$

com $J_{z'} = k_{z'}^2\, m_R$ (ver Seção 5.3).

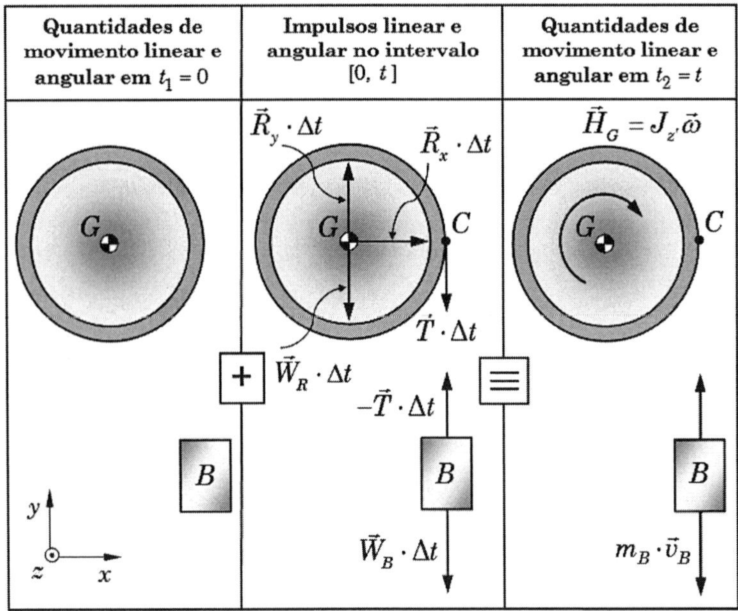

FIGURA 6.58 Representação da equivalência entre os conjuntos de vetores formados pelas quantidades de movimento e pelos impulsos dos esforços externos no intervalo $[t_1; t_2]$, para o conjunto roda-bloco.

- *Igualdade dos vetores resultantes:*

$$R_x \Delta t \vec{i} + R_y \Delta t \vec{j} - m_R g \Delta t \vec{j} - T \Delta t \vec{j} = \vec{0},$$

donde:

$$R_x = 0, \quad \textbf{(b)}$$

$$R_y - m_R g - T = 0. \quad \textbf{(c)}$$

Para o bloco

- *Igualdade dos vetores resultantes:*

$$T \Delta t \vec{j} - m_B g \Delta t \vec{j} = -m_B v_B \vec{j} \Rightarrow T - m_B g = -\frac{m_B v_B}{\Delta t}. \quad \textbf{(d)}$$

Devemos também levar em conta a restrição cinemática segundo a qual a velocidade do ponto C da borda do disco é igual à velocidade do cabo que, por sua vez, é igual à velocidade do bloco. Esta condição é expressa conforme:

$$v_C = \omega r = v_B \quad \Rightarrow \quad v_B = \omega r. \quad \textbf{(e)}$$

Resolvendo as equações (a) a (e), obtemos:

$$\omega=\frac{m_B\, g\, r\,\Delta t}{m_R\, k_{z'}^2+m_B r^2},\quad v_B=\frac{m_B\, g\, r^2\,\Delta t}{m_R\, k_{z'}^2+m_B r^2},\quad T=m_B\, g\left(1-\frac{m_B\, r^2}{m_R\, k_{z'}^2+m_B r^2}\right),$$

$$R_x=0,\quad R_y=\left(m_R+m_B\frac{m_R\, k_{z'}^2}{m_R\, k_{z'}^2+m_B r^2}\right)g.$$

EXEMPLO 6.14

Um corpo constituído por duas hastes delgadas uniformes, cada uma de massa m, soldadas uma à outra formando uma cruz, está inicialmente em repouso quando recebe um impulso de curta duração $\vec{F}\Delta t$ na direção do eixo Z, conforme mostrado na Figura 6.59. No instante imediatamente após a aplicação do impulso, determinar: **a)** a velocidade angular do corpo; **b)** as componentes de reação na rótula esférica em A.

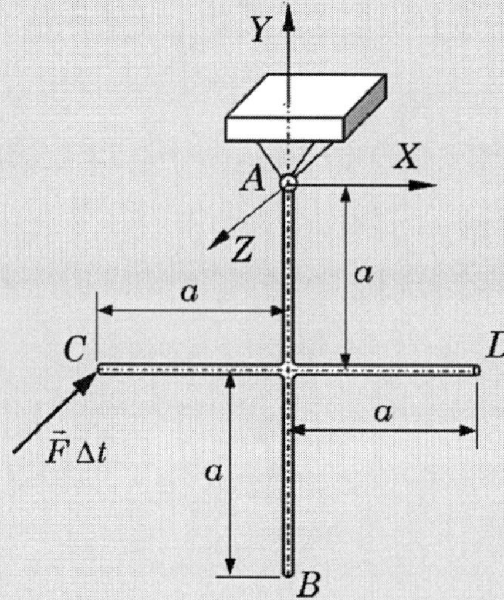

FIGURA 6.59 Ilustração de um corpo em forma de cruz formado por duas hastes delgadas uniformes que recebe um impulso de curta duração.

Resolução

Resolveremos o problema empregando o Princípio do Impulso-Quantidade de Movimento estudado na Subseção 6.9.4, uma vez que o corpo em questão desenvolve movimento com o ponto A fixo.

A Figura 6.60 mostra a equivalência entre os conjuntos de vetores formados pelas quantidades de movimento e os impulsos no intervalo que compreende o instante de início de aplicação do impulso, $t_1 = 0$, e o instante imediatamente após a aplicação do impulso, $t_2 = t_1 + \Delta t$.

Estamos admitindo que, sendo Δt pequeno, todas as forças podem ser consideradas constantes neste intervalo.

A partir da equivalência dos conjuntos de vetores mostrados na Figura 6.60, devemos impor igualdade de forças e momentos resultantes.

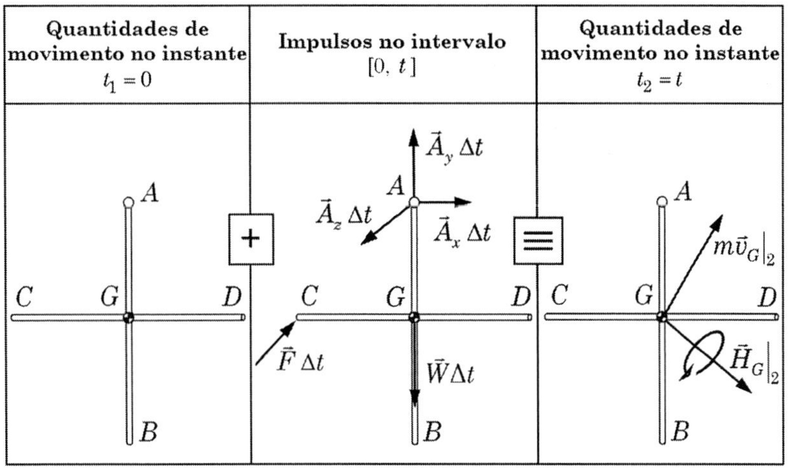

Quantidades de movimento no instante $t_1 = 0$	Impulsos no intervalo $[0, t]$	Quantidades de movimento no instante $t_2 = t$

FIGURA 6.60 Representação da equivalência entre os conjuntos de vetores formados pelas quantidades de movimento e pelos impulsos dos esforços externos no intervalo $[t_1;\, t_2]$.

- **Igualdade de momentos em relação ao ponto A:**

Adaptando a Equação (6.107), escrevemos:

$$\vec{H}_A\Big|_1 + \int_{t_1}^{t_2} \sum \vec{M}_A \, dt = \vec{H}_A\Big|_2, \qquad \textbf{(a)}$$

com

$$\int_{t_1}^{t_2} \sum \vec{M}_A \, dt = \overrightarrow{AC} \times \left(-F\Delta t\,\vec{k}\right) = \left(-a\,\vec{i} - a\,\vec{j}\right) \times \left(-F\Delta t\,\vec{k}\right),$$

ou, passando para a notação matricial:

$$\int_{t_1}^{t_2} \sum \vec{M}_A \, dt = \begin{Bmatrix} aF\Delta t \\ -aF\Delta t \\ 0 \end{Bmatrix}, \qquad \textbf{(b)}$$

e

$$\left\{H_A\big|_1\right\} = \left[J_{AXYZ}\right]\left\{\omega_1\right\} = \left\{0\right\}, \qquad \textbf{(c)}$$

$$\left\{H_A\big|_2\right\} = \left[J_{AXYZ}\right]\left\{\omega_2\right\}. \qquad \textbf{(d)}$$

Explicitando a equação (d), escrevemos:

$$\begin{Bmatrix} H_A^X\big|_2 \\ H_A^Y\big|_2 \\ H_A^Z\big|_2 \end{Bmatrix} = \begin{bmatrix} J_X & -P_{XY} & -P_{XZ} \\ -P_{XY} & J_Y & -P_{YZ} \\ -P_{XZ} & -P_{YZ} & J_Z \end{bmatrix} \begin{Bmatrix} \omega_X \\ \omega_Y \\ \omega_Z \end{Bmatrix}. \qquad \textbf{(e)}$$

Empregando os métodos estudados no Capítulo 5, obtemos o tensor de inércia do corpo rígido em relação aos eixos do sistema de referência $AXYZ$ sob a forma:

$$\left[J_{AXYZ}\right] = \frac{ma^2}{3} \begin{bmatrix} 7 & 0 & 0 \\ 0 & 1 & 0 \\ 0 & 0 & 8 \end{bmatrix}, \qquad \textbf{(f)}$$

de modo que a equação (e) resulta em:

$$\begin{Bmatrix} H_A^X\big|_2 \\ H_A^Y\big|_2 \\ H_A^Z\big|_2 \end{Bmatrix} = \begin{Bmatrix} \dfrac{7ma^2}{3}\omega_X \\ \dfrac{ma^2}{3}\omega_Y \\ \dfrac{8\,ma^2}{3}\omega_Z \end{Bmatrix}. \qquad \textbf{(g)}$$

Associando as equações (a), (b), (c) e (g), escrevemos:

$$\begin{Bmatrix} aF\Delta t \\ -aF\Delta t \\ 0 \end{Bmatrix} = \begin{Bmatrix} \dfrac{7ma^2}{3}\omega_X \\ \dfrac{ma^2}{3}\omega_Y \\ \dfrac{8\,ma^2}{3}\omega_Z \end{Bmatrix},$$

donde obtemos as seguintes expressões para as componentes do vetor velocidade angular do corpo imediatamente após a aplicação do impulso:

$$\omega_X = \frac{3F\Delta t}{7\,ma}, \qquad \omega_Y = -\frac{3F\Delta t}{ma}, \qquad \omega_Z = 0.$$

Para a obtenção das componentes de reação na rótula esférica em A, fazemos:

- **Igualdade dos vetores resultantes:**

$$A_X\,\Delta t\,\vec{i} + A_Y\,\Delta t\,\vec{j} + A_Z\,\Delta t\,\vec{k} - mg\,\Delta t\,\vec{j} = m\vec{v}_G, \qquad \textbf{(h)}$$

sendo

$\vec{v}_G = \vec{\omega} \times \overrightarrow{AG}$. **(i)**

Desenvolvendo a equação (i), obtemos:

$$\vec{v}_G = \left(\frac{3F\Delta t}{7ma}\vec{i} - \frac{3F\Delta t}{ma}\vec{j} + 0\vec{k} \right) \times \left(-a\vec{j} \right) = -\frac{3F\Delta t}{7m}\vec{k} . \quad \textbf{(j)}$$

Associando as equações (h) e (j), obtemos:

$$\underline{\underline{A_X = 0}}, \quad \underline{\underline{A_Y = mg}}, \quad \underline{\underline{A_Z = -\frac{3}{7}F}} .$$

EXEMPLO 6.15

O sistema ilustrado na Figura 6.61 é constituído por quatro hastes delgadas de comprimento l e massa m, que estão conectadas a um núcleo que pode girar livremente em torno do eixo vertical. Cada haste dispõe de uma massa m de dimensões desprezíveis cuja posição pode ser controlada por um mecanismo não detalhado na figura. O núcleo tem massa $10m$ e raio de giração baricêntrico em relação ao seu eixo de simetria vertical $k = l/4$. Inicialmente, todas as esferas se encontram nas extremidades das barras ($s = l$), e o conjunto está girando com velocidade angular ω_0 no sentido indicado. Determinar a velocidade angular do conjunto quando as quatro esferas tiverem sido posicionadas em $s = 0$.

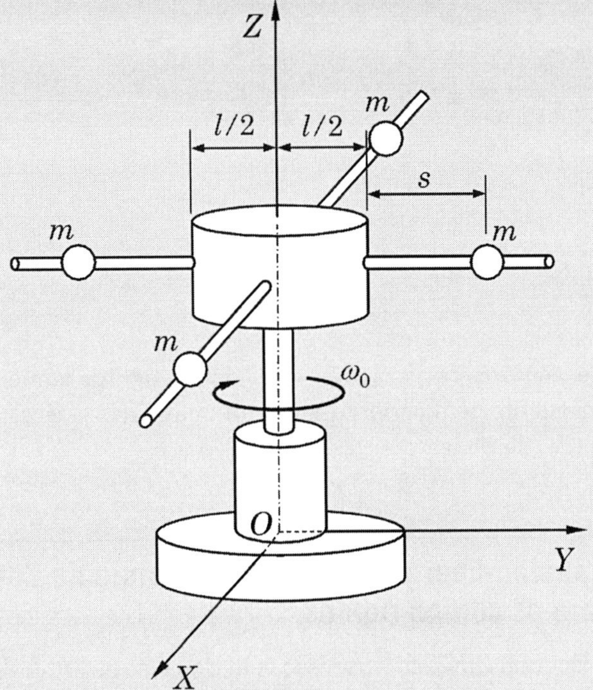

FIGURA 6.61 Sistema mecânico rotativo contendo quatro hastes com massas deslizantes.

Resolução

Como o conjunto é simétrico e não há atrito, o momento resultante das forças externas, incluindo os pesos dos componentes e as reações em O, é nulo. Neste caso, conforme mostrado na Seção 6.6, existe conservação da quantidade de movimento angular em relação ao ponto O. Levando ainda em conta que se trata de movimento em torno de um eixo fixo, e que, devido à simetria, os eixos $OXYZ$ são eixos principais de inércia, temos:

$$\vec{H}_O = J_Z \omega \vec{k}. \qquad \textbf{(a)}$$

Assim, identificando por 1 a situação inicial em que $s = l$ e o conjunto tem velocidade angular ω_0 e por 2 a situação em que $s = 0$, a conservação da quantidade de movimento angular implica:

$$\vec{H}_O\Big|_1 = \vec{H}_O\Big|_2 \Rightarrow J_Z\Big|_1 \omega_1 = J_Z\Big|_2 \omega_2. \qquad \textbf{(b)}$$

Na equação (b) fica claro que, com a alteração das posições das esferas, o momento de inércia será modificado e, em consequência, a velocidade angular será alterada. Vemos também que o valor da velocidade angular é inversamente proporcional ao valor do momento de inércia do conjunto.

Precisamos, então, determinar os momentos de inércia indicados, levando em conta que, para cada uma das duas condições, o momento de inércia total é a soma dos momentos de inércia do núcleo, das hastes e das esferas. Assim, utilizando os conceitos referentes aos momentos de inércia de massa, vistos no Capítulo 5, escrevemos:

$$J_Z\Big|_1 = 10m\left(\frac{l}{4}\right)^2 + 4\cdot\left[\frac{1}{12}l^2 + \left(\frac{l}{2}+\frac{l}{2}\right)^2\right]\cdot m + 4\cdot m\cdot\left(\frac{3l}{2}\right)^2 = \frac{335}{24}ml^2, \qquad \textbf{(c)}$$

$$J_Z\Big|_2 = 10m\left(\frac{l}{4}\right)^2 + 4\cdot\left[\frac{1}{12}l^2 + \left(\frac{l}{2}+\frac{l}{2}\right)^2\right]\cdot m + 4\cdot m\cdot\left(\frac{l}{2}\right)^2 = \frac{143}{24}ml^2. \qquad \textbf{(d)}$$

Associando as equações (b) a (d), obtemos:

$$\omega_2 = \frac{335}{143}\omega_0 \Rightarrow \underline{\underline{\omega_2 \approx 2{,}34\omega_0}}. \qquad \textbf{(e)}$$

Concluímos, pois, que, conforme esperado, a velocidade angular aumenta em consequência da diminuição do valor do momento de inércia do conjunto quando as esferas são deslocadas para posições mais próximas do eixo de rotação.

6.10 Princípio do Trabalho-Energia Cinética e Princípio da Conservação da Energia Mecânica para os corpos rígidos

O Princípio do Trabalho-Energia Cinética, expresso pela Equação (4.77), foi estabelecido no Capítulo 4 para um sistema discreto de partículas. Na presente Seção este princípio é estendido a corpos rígidos, mais uma vez sob o pressuposto que estes podem ser entendidos como sendo constituídos por um número infinito de partículas de massas infinitesimais. Assim, independentemente do tipo de movimento que um dado corpo rígido desenvolve, para duas posições sucessivas quaisquer durante o movimento, indicadas por 1 e 2, podemos a ele aplicar o Princípio do Trabalho-Energia Cinética, expresso sob a forma:

$$T_1 + W_{1 \triangleright 2} = T_2, \tag{6.108}$$

onde T_1 e T_2 são a energias cinéticas do corpo rígido nas posições definidas, e $W_{1 \triangleright 2}$ representa *o trabalho resultante de todas as forças e momentos externos aplicados ao corpo rígido.*

No tocante a este trabalho, uma diferenciação importante dever ser feita em relação aos sistemas discretos de partículas. Com efeito, conforme havíamos comentado na Seção 4.10, na Equação (4.77) $W_{1 \triangleright 2}^{\Sigma F}$ inclui os trabalhos das forças externas e os trabalhos das forças internas que atuam nas partículas do sistema. Havíamos destacado que, embora as forças internas formem pares de ação--reação, o trabalho líquido de cada par de forças não é necessariamente nulo para o caso de sistemas de partículas.

Por outro lado, no caso de corpos rígidos, conforme demonstraremos a seguir, as forças internas têm trabalho líquido nulo, de modo que *o trabalho que aparece na Equação (6.108) inclui apenas os trabalhos dos esforços externos.*

A demonstração de que os pares de forças internas realizam trabalho total nulo durante o movimento de corpos rígidos é feita a seguir, com o auxílio da Figura 6.62. Tomando duas partículas quaisquer do corpo rígido, P_i e P_j, nesta figura estão indicadas por $\vec{f}_{ij}$ e $\vec{f}_{ji}$ as forças internas exercidas por uma partícula sobre a outra. Designando ainda por $d\vec{r}_i$ e $d\vec{r}_j$ os deslocamentos infinitesimais sofridos pelas duas partículas, o trabalho infinitesimal líquido realizado pelo par de forças internas é dado por:

$$dW^{ij} = \vec{f}_{ij} \cdot d\vec{r}_i + \vec{f}_{ji} \cdot d\vec{r}_j = -\left\|\vec{f}_{ij}\right\| \cdot \left\|d\vec{r}_i\right\| cos\alpha_i + \left\|\vec{f}_{ji}\right\| \cdot \left\|d\vec{r}_j\right\| cos\alpha_j. \tag{6.109}$$

Observamos agora que:

- $\left\|\vec{f}_{ij}\right\| = \left\|\vec{f}_{ji}\right\|$;
- devido à hipótese de rigidez ideal, o comprimento do segmento $\overline{P_i P_j}$ deve permanecer constante. Isto significa que as projeções dos deslocamentos $d\vec{r}_i$ e $d\vec{r}_j$ sobre o segmento $\overline{P_i P_j}$ devem ser iguais, ou seja: $\left\|d\vec{r}_i\right\| cos\alpha_i = \left\|d\vec{r}_j\right\| cos\alpha_j$.

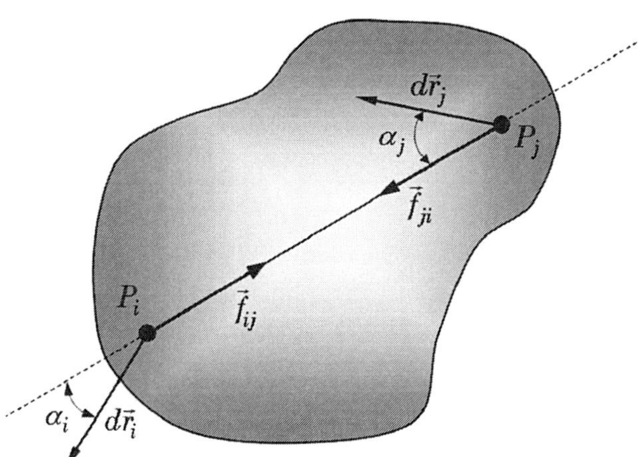

FIGURA 6.62 Esquema utilizado para avaliação do trabalho realizado por um par de forças internas aplicadas a duas partículas de um corpo rígido.

Estas duas considerações levam à conclusão que o trabalho líquido de cada par de forças internas, dado pela Equação (6.109) é nulo. Isso implica que o trabalho líquido realizado por todos os pares de forças internas é igualmente nulo.

Outra diferenciação importante em relação aos sistemas discretos de partículas é que, como estas são assimiladas a pontos no espaço, sobre cada uma delas podem ser aplicadas somente forças concorrentes. Isso significa que não podemos considerar momentos aplicados às partículas que formam o sistema. Por outro lado, como é possível aplicar forças em diferentes pontos de corpos rígidos simultaneamente, os esforços externos atuantes sobre eles podem incluir forças e momentos.

Relembramos que o trabalho de uma força foi definido na Subseção 3.9.1, sendo dado pela Equação (3.58), repetida abaixo:

$$W_{1\triangleright 2}^{\vec{F}} = \int_{\vec{r}_1}^{\vec{r}_2} \vec{F} \cdot d\vec{r}. \tag{6.110}$$

Esta definição, bem como suas variantes apresentadas na Subseção 3.9.1, deve ser usada para calcular o trabalho de uma força aplicada a um corpo rígido, cujo ponto de aplicação descreve uma trajetória determinada pelo movimento do corpo, conforme mostrado na Figura 6.63.

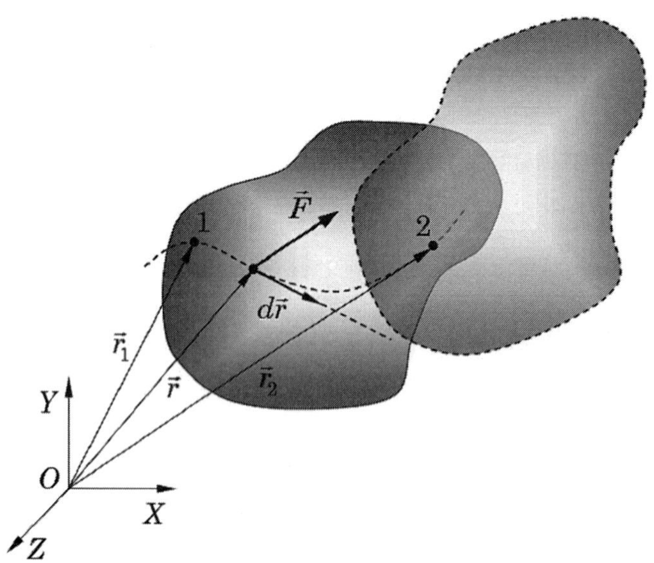

FIGURA 6.63 Ilustração referente ao cálculo do trabalho de uma força durante o movimento de um corpo rígido.

Conforme mostrado na Figura 6.64, um momento $\vec{T}$ (também denominado binário ou torque) pode ser representado pelo efeito de duas forças coplanares de mesmo módulo, mesma direção e sentidos opostos, $\vec{F}$ e $-\vec{F}$, aplicadas em dois pontos A e B do corpo rígido, separados por uma distância r, sendo sua magnitude dada por:

$$T = F \cdot r. \tag{6.111}$$

No S.I., o momento tem unidades de [N.m].

Na Figura 6.64 observamos que qualquer deslocamento infinitesimal do corpo rígido transportando os pontos A e B para as posições finais A'' e B'' pode ser dividido em duas partes: uma na qual os dois pontos têm deslocamentos iguais $d\vec{r}_1$, sendo levados para as posições A'' e B', e outra na qual o ponto A permanece na posição A'', enquanto o ponto B se move para a posição B'', sofrendo um deslocamento $d\vec{r}_2$, cujo módulo vale $ds_2 = r\,d\theta$.

Na primeira parte do movimento, o trabalho líquido do par de forças é $\vec{F} \cdot d\vec{r}_1 - \vec{F} \cdot d\vec{r}_1 = 0$. Por outro lado, na segunda parte do movimento apenas a força $\vec{F}$ realiza trabalho que vale $\vec{F} \cdot d\vec{r}_2 = \vec{F} \cdot ds_2 = Frd\theta$. Levando em conta as Equações (6.110) e (6.111), o trabalho infinitesimal realizado pelo momento T é dado por:

$$dW^{T}_{1\triangleright 2} = dW^{F}_{1\triangleright 2} + dW^{-F}_{1\triangleright 2} = F\,r\,d\theta = Td\theta. \quad (6.112)$$

O trabalho realizado pelo momento T durante uma rotação finita do corpo rígido entre duas posições angulares θ_1 e θ_2 é obtido por integração da Equação (6.112):

$$W^{T}_{1\triangleright 2} = \int_{\theta_1}^{\theta_2} Td\theta. \quad (6.113)$$

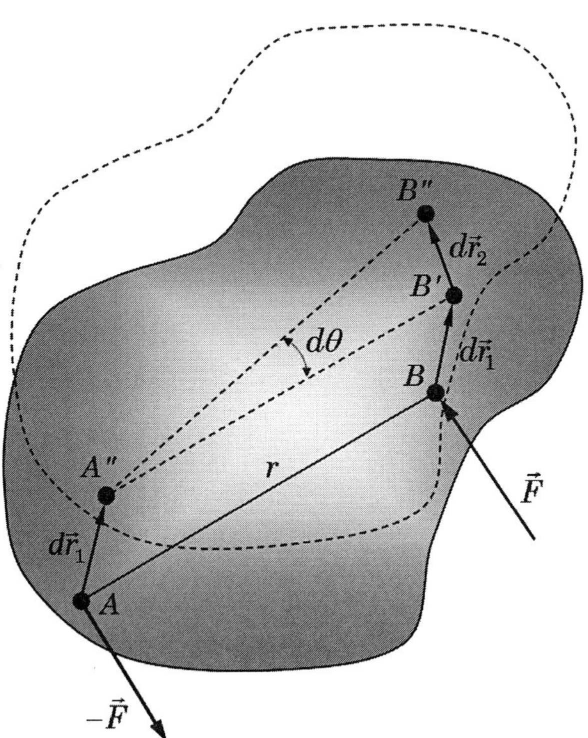

FIGURA 6.64 Ilustração referente ao cálculo do trabalho de um momento durante o movimento de um corpo rígido.

Conforme vimos na Subseção 3.9.4, quando uma força for conservativa, ou seja, quando o trabalho realizado por ela durante a movimentação de seu ponto de aplicação entre dois pontos quaisquer for independente do caminho percorrido, podemos expressar o trabalho desta força como a diferença entre os valores assumidos por uma função potencial que depende das coordenadas espaciais (ver Equação (3.74)). Esta definição e propriedade se aplicam também a momentos conservativos.

Assim, no caso em que todas as forças e momentos aplicados a um dado corpo rígido forem conservativos, temos:

$$W_{1\triangleright 2} = V_1 - V_2, \tag{6.114}$$

e a Equação (6.108) resulta expressa sob a forma:

$$T_1 + V_1 = T_2 + V_2, \tag{6.115.a}$$

ou:

$$E_1 = E_2, \tag{6.115.b}$$

onde:

$$E = T + V \tag{6.116}$$

é a energia mecânica do corpo rígido.

As Equações (6.115) expressam o *Princípio da Conservação da Energia Mecânica* para os corpos rígidos.

Para podermos aplicar o Princípio do Trabalho-Energia Cinética e o Princípio da Conservação da Energia Mecânica a corpos rígidos, temos que desenvolver expressões apropriadas para o cálculo da energia cinética destes corpos, o que faremos a seguir.

6.10.1 Energia cinética de corpos rígidos

A energia cinética de um sistema discreto de n partículas foi definida no Capítulo 4 de duas formas equivalentes, expressas pelas Equações (4.71) e (4.74), repetidas abaixo:

$$T = \frac{1}{2}\sum_{i=1}^{n} m_i v_i^2, \tag{6.117.a}$$

$$T = \frac{1}{2} M v_G^2 + \frac{1}{2}\sum_{i=1}^{n} m_i v_i'^2, \tag{6.117.b}$$

onde M é a massa total do sistema de partículas e v_i e v'_i designam, respectivamente, as velocidades da partícula genérica P_i em relação a um sistema de referência fixo $OXYZ$ e ao sistema de referência baricêntrico $Gx'y'z'$. Além disso, $\vec{v}_G$ designa a velocidade do centro de massa do sistema de partículas em relação ao sistema de referência fixo.

As Equações (6.117) podem ser estendidas aos corpos rígidos fazendo $n \to \infty$, $m_i \to dm$, o que leva às expressões:

$$T = \frac{1}{2}\int_{vol.} v^2\, dm, \tag{6.118.a}$$

$$T = \frac{1}{2} m v_G^2 + \frac{1}{2}\int_{vol.} v'^2 dm. \tag{6.118.b}$$

Desenvolveremos a Equação (6.118.b). Para tanto, consideramos que a velocidade de um elemento diferencial do corpo rígido em relação ao sistema de referência baricêntrico é dada por (ver Equação (6.8)):

$$\vec{v}\,' = \vec{\omega} \times \vec{r}\,', \tag{6.119}$$

onde os vetores $\vec{\omega}$ e $\vec{r}\,'$ são, respectivamente, o vetor velocidade angular do corpo rígido e o vetor posição do elemento diferencial de massa em relação ao sistema de referência baricêntrico. Estes dois vetores podem ser decompostos em suas componentes nas direções dos eixos baricêntricos $Gx'y'z'$, segundo:

$$\vec{r}\,' = x'\,\vec{i} + y'\,\vec{j} + z'\,\vec{k}, \tag{6.120}$$

$$\vec{\omega} = \omega_{x'}\,\vec{i} + \omega_{y'}\,\vec{j} + \omega_{z'}\,\vec{k}. \tag{6.121}$$

Associando as Equações (6.118.b) a (6.121), obtemos:

$$T = \frac{1}{2} m v_G^2 + \frac{1}{2}\int_{vol.} \left[\left(\omega_{x'}\vec{i} + \omega_{y'}\vec{j} + \omega_{z'}\vec{k}\right)\times\left(x'\vec{i} + y'\vec{j} + z'\vec{k}\right)\right]\cdot\left[\left(\omega_{x'}\vec{i} + \omega_{y'}\vec{j} + \omega_{z'}\vec{k}\right)\times\left(x'\vec{i} + y'\vec{j} + z'\vec{k}\right)\right] dm. \tag{6.122}$$

Efetuando as operações indicadas na Equação (6.122) e introduzindo a notação matricial, esta equação resulta expressa sob a forma:

$$T = \frac{1}{2} m \{v_G\}^T \{v_G\} + \frac{1}{2}\{\omega\}^T \left[J_{Gx'y'z'}\right]\{\omega\}. \tag{6.123}$$

Caso os eixos do sistema de referência $Gx'y'z'$ sejam eixos principais de inércia, os produtos de inércia são nulos e a expressão da energia cinética assume a forma simplificada:

$$T = \frac{1}{2} m \{v_G\}^T \{v_G\} + \frac{1}{2}\left(J_{x'}\omega_{x'}^2 + J_{y'}\omega_{y'}^2 + J_{z'}\omega_{z'}^2\right). \tag{6.124}$$

A partir da expressão geral da energia cinética, dada pela Equação (6.123), deduziremos a seguir as expressões aplicáveis a alguns casos particulares importantes de movimento de corpos rígidos.

- **Energia cinética para corpos rígidos em movimento de translação**

  No caso do movimento de translação, a velocidade angular do corpo rígido é nula. Então, a Equação (6.123) fica particularizada sob a forma:

$$T = \frac{1}{2} m \{v_G\}^T \{v_G\} = \frac{1}{2} m v_G^2. \tag{6.125}$$

- **Energia cinética para corpos rígidos em movimento plano**

  No caso de movimento plano, caracterizado na Seção 6.6, temos:

  $\{\omega\} = [0 \quad 0 \quad \omega_{z'}]^T,$

  $P_{x'z'} = P_{y'z'} = 0.$

  Assim, a Equação (6.123) fica reduzida a:

$$T = \frac{1}{2} m v_G^2 + \frac{1}{2} J_{z'}\omega_{z'}^2. \tag{6.126}$$

- **Energia cinética para corpos rígidos em movimento plano de rotação baricêntrica**

No caso de movimento plano de rotação baricêntrica, no qual o corpo gira em torno de um eixo perpendicular ao seu plano, passando pelo centro de massa, conforme caracterizado na Subseção 6.6.1, tem-se $\vec{v}_G = \vec{0}$ e a Equação (6.126) fica ainda mais reduzida a:

$$T = \frac{1}{2} J_{z'} \omega_{z'}^2 \,. \tag{6.127}$$

- **Energia cinética para corpos rígidos em movimento plano de rotação não baricêntrica**

No caso de movimento plano de rotação não baricêntrica, no qual o corpo gira em torno de um eixo perpendicular a seu plano e que passa por um ponto fixo O não coincidente com seu centro de massa (ver Subseção 6.6.2), tem-se:

$$\vec{v}_G = \vec{\omega} \times \overrightarrow{OG},$$

e a Equação (6.126) fica:

$$T = \frac{1}{2} m \left\| \overrightarrow{OG} \right\|^2 \omega_{z'}^2 + \frac{1}{2} J_{z'} \omega_{z'}^2 \,, \tag{6.128}$$

ou, levando em conta o Teorema dos Eixos Paralelos para o momento de inércia:

$$T = \frac{1}{2} J_Z \omega_{z'}^2, \tag{6.129}$$

onde J_Z é o momento de inércia do corpo rígido em relação ao eixo de rotação.

- **Energia cinética para corpos rígidos em movimento com um ponto fixo**

No caso de movimento com um ponto fixo O, caracterizado na Subseção 6.7.3, convém desenvolver a expressão geral da energia cinética dada pela Equação (6.123). Considerando que neste tipo de movimento a velocidade de um ponto genérico do corpo rígido é dada por:

$$\{v\} = \{\omega\} \times \{r\}, \tag{6.130}$$

expressamos os vetores $\{\omega\}$ e $\{r\}$ em termos de suas componentes em relação ao sistema de referência fixo $OXYZ$ (ver Figura 6.41):

$$\{\omega\} = [\omega_X \quad \omega_Y \quad \omega_Z]^T, \tag{6.131}$$

$$\{r\} = [X \quad Y \quad Z]^T. \tag{6.132}$$

Associando as Equações (6.123) e (6.130) a (6.132), após manipulações algébricas chegamos à expressão:

$$T = \frac{1}{2} \{\omega\}^T \left[J_{OXYZ} \right] \{\omega\}, \tag{6.133}$$

onde $[J_{OXYZ}]$ indica o tensor de inércia do corpo rígido formado pelos momentos de inércia e produtos de inércia calculados em relação ao sistema de referência fixo $OXYZ$.

- **Energia cinética para corpos rígidos em movimento de rotação em torno de um eixo fixo**

Para um corpo rígido que executa movimento de rotação em torno de um eixo fixo OO', caracterizado na Subseção 6.7.2, o equacionamento para a obtenção da expressão da energia cinética é o mesmo apresentado para o caso de movimento com um ponto fixo, ou seja:

$$T = \frac{1}{2}\{\omega\}^T \left[J_{OXYZ}\right]\{\omega\}, \tag{6.134}$$

onde $[J_{OXYZ}]$ é o tensor de inércia do corpo rígido formado pelos momentos de inércia e produtos de inércia calculados em relação ao sistema de referência fixo $OXYZ$ cuja origem é posicionada sobre o eixo de rotação.

EXEMPLO 6.16

O corpo mostrado na Figura 6.65 é constituído por uma haste delgada uniforme de massa m_h =2,0 kg e comprimento l_h = 600 mm, rigidamente conectada a um disco de massa m_d = 1,0 kg e raio r_d = 0,30 m, também uniforme. O corpo está conectado a uma mola de rigidez k = 500 N/m, a qual está indeformada, com comprimento inicial l_0 = 500 mm, quando o corpo se encontra na posição vertical (θ = 0°). Sabendo que o corpo é liberado do repouso na posição θ = 60°, determinar: **a)** a velocidade angular com que ele passa pela posição vertical; **b)** os valores das forças de reação na rótula A nesta posição.

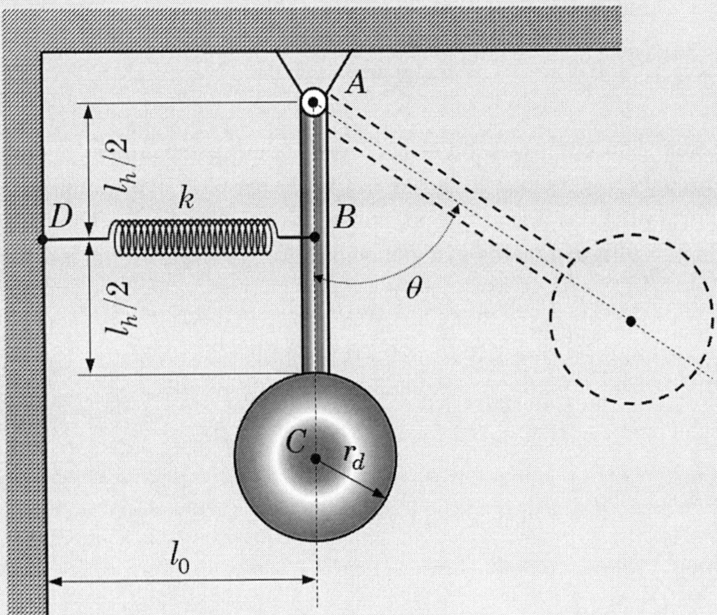

FIGURA 6.65 Ilustração de um corpo formado por uma haste delgada e um disco, conectados a uma mola.

Resolução

Neste problema temos um corpo de geometria composta que desenvolve movimento plano. No esquema de resolução apresentado na Figura 6.66, que mostra o corpo nas duas posições consideradas, indicadas por 1 e 2, observamos que as forças externas que realizam trabalho são o peso e a força elástica. Como ambas são forças conservativas, podemos utilizar o Princípio da Conservação da Energia Mecânica, expresso pelas Equações (6.115), para resolver o problema.

Assim, escrevemos:

$T_1 + V_1 = T_2 + V_2.$ **(a)**

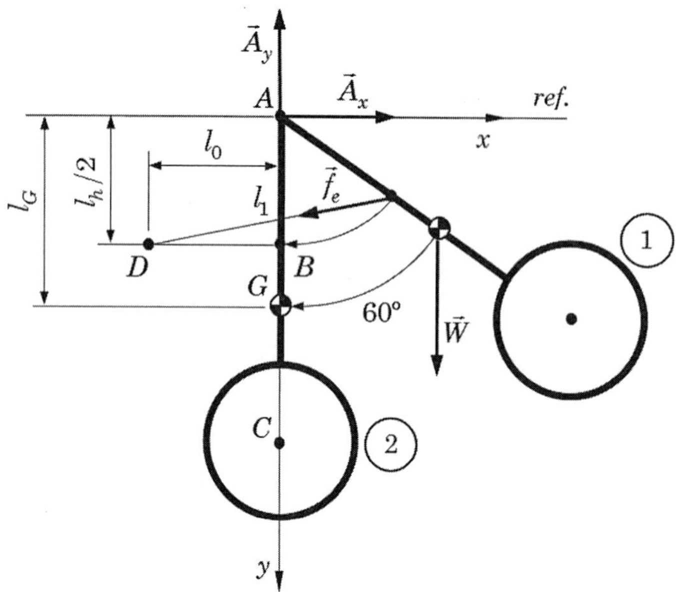

FIGURA 6.66 Esquema de resolução do Exemplo 6.16.

Para o cálculo da energia cinética e da energia potencial, precisamos, primeiramente, determinar a posição do centro de massa, indicada por l_G na Figura 6.66, e o momento de inércia do corpo em relação ao eixo perpendicular ao seu plano, passando pelo ponto A. Utilizando o sistema de referência Axy mostrado nesta figura, estes cálculos são feitos da seguinte forma:

$$l_G = \frac{m_h y_{G_h} + m_d y_{G_d}}{m_h + m_d} = \frac{2{,}0 \cdot \frac{0{,}600}{2} + 1{,}0 \cdot (0{,}600 + 0{,}300)}{2{,}0 + 1{,}0} = 0{,}500 \text{ m},$$

$$J_z = \frac{m_h l_h^2}{12} + m_h \left(\frac{l_h}{2} \right)^2 + \frac{m_d r_d^2}{2} + m_d \left(l_h + r_d \right)^2,$$

$$J_z = \frac{2{,}0 \cdot 0{,}600^2}{12} + 2{,}0 \left(\frac{0{,}600}{2} \right)^2 + \frac{1{,}0 \cdot 0{,}300^2}{2} + 1{,}0 \cdot (0{,}600 + 0{,}300 - 0{,}500)^2 = 1{,}095 \text{ kg} \cdot \text{m}^2.$$

Considerando que a mola está indeformada na posição 2 e está alongada de δ_1 na posição 1, e considerando também o nível de referência escolhido para avaliar a energia potencial gravitacional, indicado na Figura 6.66, temos:

- $V_1 = mgy_{G_1} + \frac{1}{2}k\delta_1^2$,

com

$y_{G_1} = -l_G \cdot cos\,60° = -0,500 \cdot cos\,60° = -0,250$ m,

$$\delta_1 = l_1 - l_0 = \sqrt{\left(l_0 + \frac{l_h}{2} sen60°\right)^2 + \left[\frac{l_h}{2}(1 - cos\,60°)\right]^2} - l_0 =$$

$$= \sqrt{\left(0,500 + \frac{0,600}{2} sen60°\right)^2 + \left[\frac{0,600}{2}(1 - cos\,60°)\right]^2} - 0,500 = 0,275\,\text{m}.$$

Assim, a energia potencial na posição 1 é:

$V_1 = -3,0 \cdot 9,81 \cdot 0,250 + \frac{1}{2} \cdot 500,0 \cdot 0,275^2 = 11,55$ J. **(b)**

- $V_2 = mgy_{G_2} + \frac{1}{2}k\delta_2^2$,

com

$y_{G_2} = -l_G$,

$\delta_2 = 0$.

Assim, a energia potencial na posição 2 é:

$V_2 = -3,0 \cdot 9,81 \cdot 0,500 = -14,72$ J. **(c)**

Em se tratando de movimento plano de rotação não baricêntrica, conforme mostrado na Subseção 6.10.1 (Equação (6.129)), a expressão da energia cinética, adaptada para o caso presente, escreve-se:

$$T = \frac{1}{2} J_z\, \omega^2.$$

Avaliando a energia cinética nas posições 1 e 2, temos:

- $T_1 = 0$ (o corpo se encontra em repouso), **(d)**
- $T_2 = \frac{1}{2} J_z\, \omega_2^2 = \frac{1}{2} \cdot 1,095 \cdot \omega_2^2$. **(e)**

Associando as equações (b) a (e), temos:

$$0 + 11,55 = \frac{1}{2} \cdot 1,095 \cdot \omega_2^2 - 14,72,$$

donde obtemos:

$\omega_2 = 6,93$ rad/s. **(f)**

Para obter as componentes das forças de reação na rótula A na posição 2, devemos utilizar as Equações de Newton-Euler, explorando a equivalência entre os conjuntos de vetores representando os esforços externos e os vetores representando as derivadas das quantidades de movimento linear e angular do corpo rígido, conforme desenvolvimentos apresentados na Subseção 6.6.2. Esta equivalência é ilustrada na Figura 6.67. Observamos, com base na análise cinemática que:

- $\vec{a}_{G_2} = \overrightarrow{AG} \times \vec{\alpha}_2 - \omega_2^2 \overrightarrow{AG} = \left(l_G \vec{j}\right) \times \alpha_2 \vec{k} - \omega_2^2 \, l_G \vec{j}$. **(g)**

Substituindo os valores determinados anteriormente na equação (g), obtemos:

$$\vec{a}_{G_2} = 0,500\,\alpha_2 \vec{i} - 24,01\vec{j} \ \left[\text{m/s}^2\right], \quad \textbf{(h)}$$

onde observamos que a aceleração angular do corpo ainda é desconhecida.

Impondo a equivalência representada na Figura 6.67, temos:

- **Igualdade de momentos em relação ao ponto A:**

$$\sum \vec{M}_A = J_z \vec{\alpha}_2 \ \Rightarrow \ \vec{0} = J_z \alpha_2 \vec{k} \ \Rightarrow \ \alpha_2 = 0. \quad \textbf{(i)}$$

- **Igualdade dos vetores resultantes:**

$$A_x \vec{i} - A_y \vec{j} + W \vec{j} = m \, \vec{a}_{G_2}. \quad \textbf{(j)}$$

Combinando as equações (h), (i) e (j), obtemos:

$$\underline{\underline{A_x = 0}}, \quad \underline{\underline{A_y = 101,46 \text{ N}}}.$$

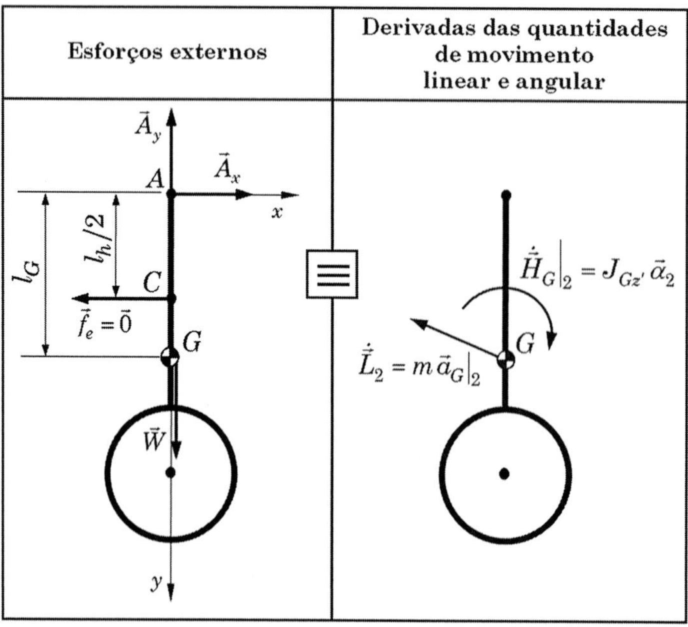

FIGURA 6.67 Representação da equivalência entre os esforços externos e as derivadas das quantidades de movimento linear e angular na posição 2.

EXEMPLO 6.17

A roda dupla mostrada na Figura 6.68 tem massa m_R = 40 kg, raio de giração baricêntrico k_G = 200 mm e raios R = 600 mm, r = 300 mm, e está ligada por cabos inextensíveis de massas desprezíveis aos blocos A e B, de massas m_A = 20,0 kg e m_B = 10,0 kg, respectivamente. Sabe-se que, nestas condições, o atrito no mancal C é representado por um momento que se opõe à rotação da roda, de magnitude T = 10,0 N.m. Se o conjunto é liberado a partir do repouso na posição ilustrada, determinar as velocidades dos blocos A e B no instante em que o primeiro terá percorrido Δ_A = 200 mm.

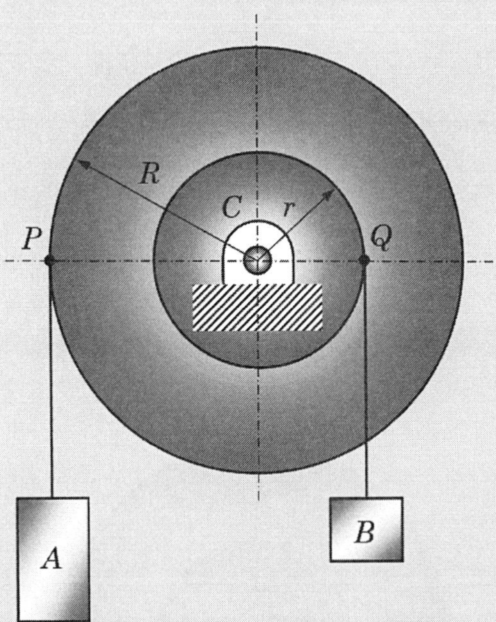

FIGURA 6.68 Ilustração de uma roda dupla ligada a dois blocos por cabos.

Resolução

Este exemplo trata da dinâmica de três corpos vinculados cinematicamente, sendo que a roda descreve movimento plano de rotação baricêntrica e os blocos descrevem movimento de translação. Como existe atrito no mancal C, não há conservação da energia mecânica, e propomos resolver o problema utilizando o Princípio do Trabalho-Energia Cinética, que é válido tanto para sistemas conservativos quanto para sistemas não conservativos.

Designando por 1 a posição inicial a partir da qual o conjunto é liberado do repouso, e por 2 a posição em que o bloco A terá percorrido 200 mm, utilizaremos a Equação (6.108), reescrita abaixo:

$$T_1 + W_{1\triangleright 2} = T_2 . \qquad \textbf{(a)}$$

Nesta resolução mostraremos que, embora o Princípio do Trabalho-Energia Cinética tenha sido deduzido na Seção 6.10 para um único corpo rígido, podemos também aplicá-lo a problemas que envolvem mais de um corpo rígido. Neste caso, na equação (a) devemos adicionar as energias cinéticas dos corpos, bem como os trabalhos das forças e momentos aplicados a eles. Neste procedimento, é importante verificar se as forças exercidas entre os dois corpos realizam, conjuntamente, trabalho não nulo.

Na Figura 6.69 indicamos todos os esforços aplicados à roda e aos blocos. Observamos que como seu ponto de aplicação permanece em repouso, as forças de reação em C e o peso da roda não realizam trabalho. Além disso, embora as trações no cabo realizem trabalho, para cada par de ação-reação, o trabalho líquido é nulo, uma vez que estas forças têm sentidos opostos e, como os cabos são inextensíveis, seus pontos de aplicação têm mesmos deslocamentos. Assim, é necessário considerar apenas o trabalho do momento de atrito e dos pesos dos blocos.

Convém determinar previamente o sentido de rotação da roda e dos movimentos dos blocos. Assumindo que haja um desequilíbrio de momentos em relação ao ponto C no sentido anti-horário, devemos avaliar se a seguinte desigualdade se verifica:

$$W_A \cdot R > W_B \cdot r + T. \qquad \textbf{(b)}$$

Substituindo os valores fornecidos na equação (b), temos:

$$20{,}0 \cdot 9{,}81 \cdot 0{,}600 > 10{,}0 \cdot 9{,}81 \cdot 0{,}300 + 10{,}0 \Rightarrow 117{,}72 > 39{,}43 \text{ [N.m]}.$$

Fica, então, comprovado que a roda gira no sentido anti-horário e que o bloco A desce, enquanto o bloco B sobe.

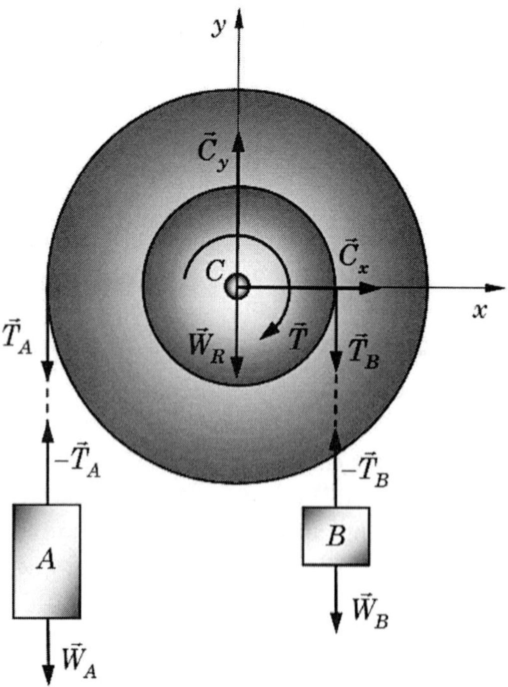

FIGURA 6.69 Ilustração dos esforços aplicados à roda e aos blocos.

No tocante à análise cinemática, observamos que, como não há deslizamento entre as bordas da roda e os cabos, admitindo que a roda gire com velocidade angular instantânea ω no sentido anti-horário, as velocidades dos blocos serão:

$$v_A = \omega R, \text{ para baixo }, \qquad \textbf{(c)}$$

$$v_B = \omega r, \text{ para cima }. \qquad \textbf{(d)}$$

Além disso, se o bloco A desce verticalmente uma distância Δ_A, a roda gira de um ângulo

$$\theta = \frac{\Delta_A}{R}, \qquad \textbf{(e)}$$

e o bloco B sobe uma distância

$$\Delta_B = r\theta = \frac{r}{R}\Delta_A. \qquad \textbf{(f)}$$

Visando à utilização da equação (a), expressamos, a seguir, a energia cinética nas posições 1 e 2, e o trabalho dos esforços externos realizado entre estas duas posições.

- $T_1 = 0,$ **(g)**

  pois os três corpos estão em repouso.

- $T_2 = T_2^{roda} + T_2^{bloco\,A} + T_2^{bloco\,B},$ **(h)**

  com:

  $T_2^{roda} = \frac{1}{2}J_{z'}\omega^2$ (rotação baricêntrica), **(i)**

  $T_2^{bloco\,A} = \frac{1}{2}m_A v_A^2$ (translação), **(j)**

  $T_2^{bloco\,B} = \frac{1}{2}m_B v_B^2$ (translação). **(k)**

Levando em conta as relações cinemáticas dadas pelas equações (c) e (d) e a relação

$$J_{z'} = m_R\, k_G^2, \qquad \textbf{(l)}$$

a equação (h) fica:

$$T_2 = \frac{1}{2}\left(m_R\, k_G^2 + m_A\, R^2 + m_B\, r^2\right)\omega^2,$$

$$T_2 = \frac{1}{2}\left(40{,}0 \cdot 0{,}200^2 + 20{,}0 \cdot 0{,}600^2 + 10{,}0 \cdot 0{,}300^2\right)\omega^2,$$

$$T_2 = 4{,}85 \cdot \omega^2. \qquad \textbf{(m)}$$

- $W_{1\triangleright 2} = W_{1\triangleright 2}^{T} + W_{1\triangleright 2}^{W_A} + W_{1\triangleright 2}^{W_B}$. **(n)**

Como todos os esforços são constantes, os trabalhos são calculados segundo:

$W_{1\triangleright 2}^{T} = -T\Delta\theta$, **(o)**

$W_{1\triangleright 2}^{W_A} = m_A g \Delta_A$, **(p)**

$W_{1\triangleright 2}^{W_B} = -m_B g \Delta_B$. **(q)**

Associando as equações (n) a (q), levando em conta as relações (e) e (f), obtemos:

$$W_{1\triangleright 2} = \left[-\frac{T}{R} + \left(m_A - \frac{r}{R}m_B\right)g\right]\Delta_A \Rightarrow$$

$$W_{1\triangleright 2} = \left[-\frac{10,0}{0,600} + \left(20,0 - \frac{0,300}{0,600}\cdot 10,0\right)\cdot 9,81\right]\cdot 0,200 \Rightarrow$$

$W_{1\triangleright 2} = 26,10$ J. **(r)**

Combinando as equações (a), (g), (m) e (r), obtemos:

$\omega = 2,32$ rad/s. **(s)**

Finalmente, utilizando as equações (c) e (d), obtemos as velocidades dos blocos A e B:

$$v_A = 0,600\cdot 2,32 \Rightarrow \underline{\underline{v_A = 1,39 \text{ m/s}}},$$

$$v_B = 0,300\cdot 2,32 \Rightarrow \underline{\underline{v_B = 0,696 \text{ m/s}}}.$$

6.11 Exercícios propostos

Exercício 6.1: Na Figura 6.70 uma placa retangular uniforme de massa de 100 kg está articulada com atrito desprezível a duas barras uniformes AB e CD, ambas de massas desprezíveis. No instante em que as barras estão alinhadas na direção vertical, um momento constante $T = 2000$ N.m é aplicado à barra CD. Pedem-se: **a)** a expressão para as componentes horizontal e vertical da aceleração do centro de massa da placa em função do ângulo θ; **b)** os valores das componentes das forças de reação aplicadas pelas barras sobre a placa nas rótulas B e C para $\theta = 15°$.

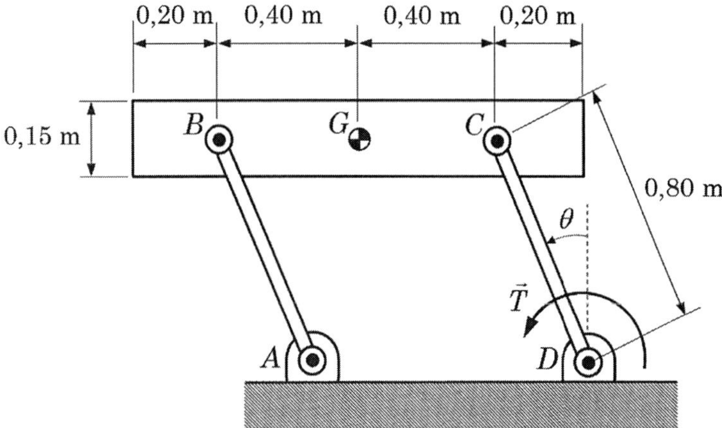

FIGURA 6.70 Ilustração do Exercício 6.1.

Exercício 6.2: Na Figura 6.71, um cabo de massa desprezível é enrolado sobre a borda de um disco homogêneo de massa m e raio r. Se o disco é liberado a partir do repouso, determinar: **a)** a velocidade de seu centro após este ter descido uma distância h; **b)** a tração no cabo.

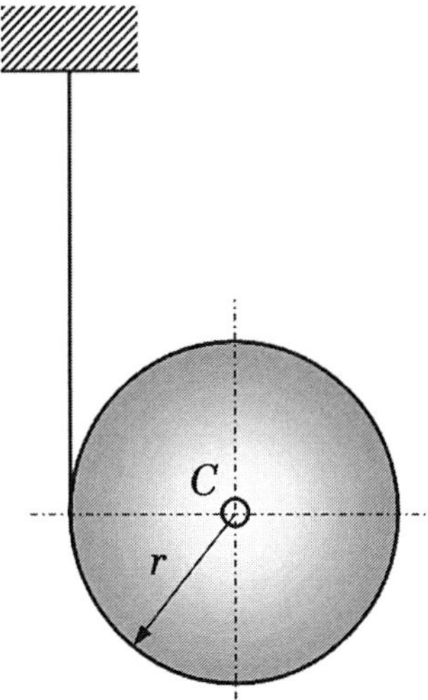

FIGURA 6.71 Ilustração do Exercício 6.2.

Exercício 6.3: O cilindro homogêneo mostrado na Figura 6.72 tem massa de 300 kg e raio de 1,2 m, estando sujeito a uma força vertical $F = 500$ N. Determinar: **a)** o coeficiente de atrito mínimo necessário para impedir o deslizamento do cilindro sobre a superfície; **b)** a aceleração do centro do cilindro nesta condição.

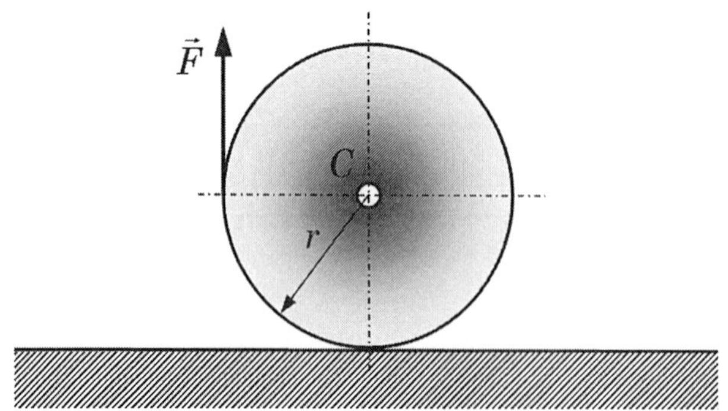

FIGURA 6.72 Ilustração do Exercício 6.3.

Exercício 6.4: Sabendo que os coeficientes de atrito estático e dinâmico entre o cilindro e a superfície do Exercício 6.3 são $\mu_{est} = 0{,}10$ e $\mu_{din} = 0{,}08$, respectivamente, determinar a aceleração do centro do cilindro.

Exercício 6.5: Uma esfera homogênea de massa m e raio r é lançada horizontalmente sobre uma superfície com velocidade $\vec{v}_0$, conforme mostrado na Figura 6.73. Na primeira fase após o contato, o movimento ocorre com deslizamento entre a esfera e a superfície. A partir de um dado instante, é iniciada a fase de rolamento puro (sem deslizamento). Sendo μ_{din} o coeficiente de atrito dinâmico entre a esfera e a superfície, determinar: **a)** a aceleração angular da esfera durante a fase de deslizamento; **b)** o tempo, a partir do contato, em que a esfera começará a rolar sem deslizar.

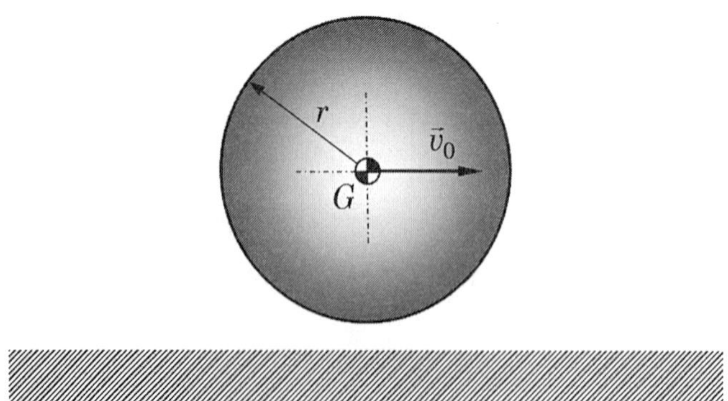

FIGURA 6.73 Ilustração do Exercício 6.5.

Exercício 6.6: Um pêndulo formado por uma haste delgada de massa m e comprimento l e um disco fino de massa $2m$ e raio $r = l/4$, soldados um ao outro, é articulado a um cursor que pode deslizar livremente ao longo de uma barra horizontal, conforme mostrado na Figura 6.74. Determinar: **a)** a expressão da aceleração a ser dada ao cursor de modo que o pêndulo permaneça em repouso na posição $\theta = 10°$; **b)** os valores das componentes de reação na rótula C nesta posição.

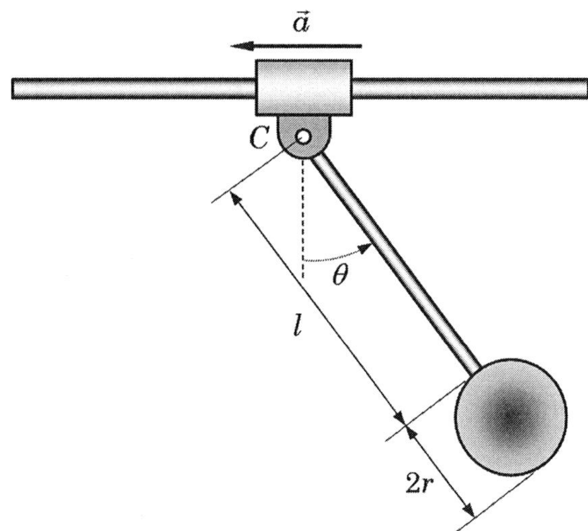

FIGURA 6.74 Ilustração do Exercício 6.6.

Exercício 6.7: A roda dupla mostrada na Figura 6.75 tem massa m_R = 40 kg, raio de giração baricêntrico k_G = 200 mm e dimensões R = 600 mm e r = 300 mm, e está ligada por um cabo inextensível de massa desprezível ao bloco A, de massa m_A = 20 kg. Sabe-se que, nestas condições, o atrito no mancal C é representado por um momento que se opõe à rotação da roda, de magnitude T = 10,0 N.m. Determinar a magnitude da força $\vec{F}$ a ser aplicada de modo que o bloco A suba 2,0 m em 4,0 s.

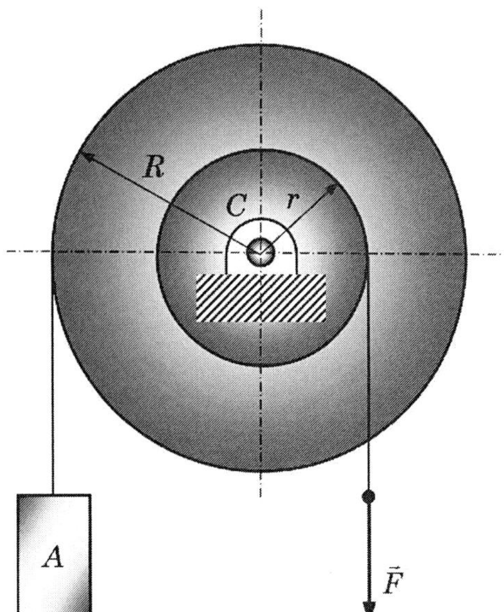

FIGURA 6.75 Ilustração do Exercício 6.7.

Exercício 6.8: O disco perfurado mostrado na Figura 6.76 é constituído de aço, cuja densidade é $\rho = 7850$ kg/m^3, tem massa total de 100 kg, e pode girar sem atrito em torno do mancal C. Sabendo que o disco está posicionado em um plano vertical e é liberado a partir do repouso na posição ilustrada, determinar sua velocidade angular quando o centro do furo passar pela direção vertical.

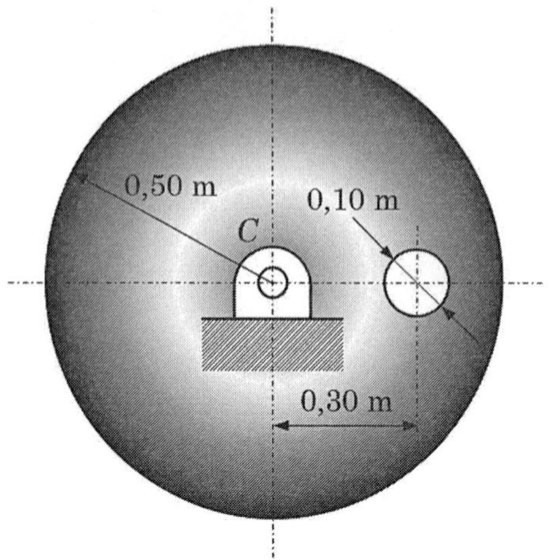

FIGURA 6.76 Ilustração do Exercício 6.8.

Exercício 6.9: O disco perfurado descrito no Exercício 6.8 é submetido a um momento constante T = 45,0 N.m, conforme mostrado na Figura 6.77. Pede-se: **a)** obter a equação do movimento do disco, em termos do ângulo θ indicado; **b)** admitindo que o disco parta do repouso na posição $\theta = 0°$, resolver numericamente a equação do movimento e traçar as curvas representando as variações da posição angular, velocidade angular e aceleração angular do disco no intervalo de tempo que compreende as seis primeiras rotações.

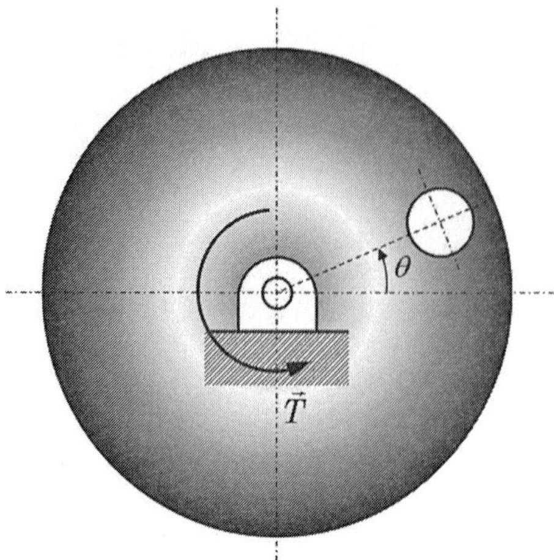

FIGURA 6.77 Ilustração do Exercício 6.9.

Exercício 6.10: Na Figura 6.78 uma haste delgada de massa m_h = 2,0 kg e comprimento l = 0,70 m é conectada por meio de uma rótula B a um disco uniforme de massa m_d = 4,0 kg e raio R = 0,50 m. Ao mesmo tempo, o disco tem um cabo enrolado sobre sua borda, o qual está conectado a uma mola de constante de rigidez k = 300 N/m, conforme mostrado. Sabendo que a mola está indeformada quando

$\theta_d = 0°$, pede-se: **a)** obter as equações do movimento do conjunto em termos das coordenadas angulares indicadas; **b)** admitindo que o conjunto seja liberado em repouso na posição $\theta_d = 30°$, $\theta_h = 0°$, integrar numericamente as equações do movimento e traçar as curvas representando as variações das posições angulares e velocidades angulares do disco e da haste, e também das componentes das forças de reação no mancal C e na rótula B, no intervalo de tempo [0; 5 s].

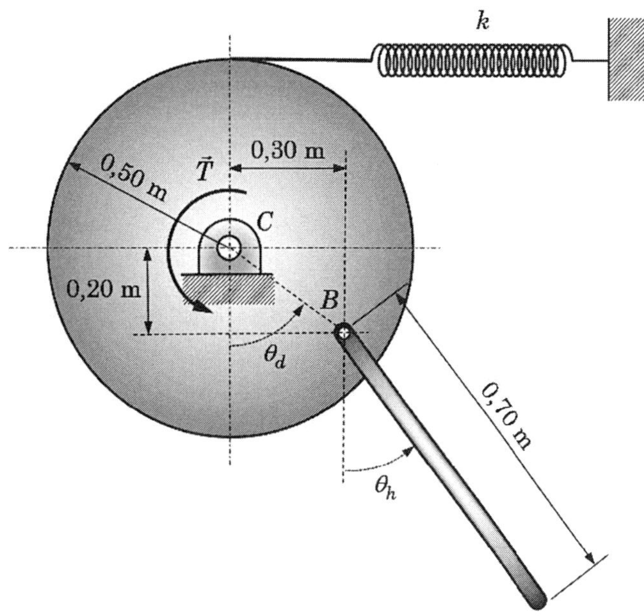

FIGURA 6.78 Ilustração do Exercício 6.10.

Exercício 6.11: Na Figura 6.79, a barra AB, de 0,70 m de comprimento e massa de 20 kg está articulada sem atrito ao centro do cilindro uniforme de raio de 0,30 m e massa de 40 kg. Sabendo que o cilindro rola sem deslizamento sobre a superfície horizontal, determinar a aceleração de seu centro e as componentes da força de reação na rótula A no momento em que uma força horizontal de $\vec{F}$ de 300 N é aplicada na extremidade B da barra.

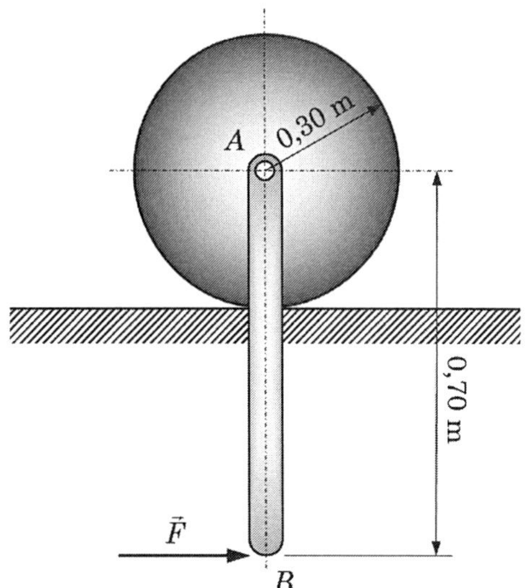

FIGURA 6.79 Ilustração do Exercício 6.11.

Exercício 6.12: O sistema mecânico mostrado na Figura 6.80 é formado por uma barra delgada *AB* de massa de 10 kg e comprimento de 0,90 m, rigidamente fixada a um disco *D* de massa de 15 kg e raio de 0,30 m. A mola conectada à barra no ponto *B* tem constante elástica k = 300 N/m e, quando está indeformada, tem comprimento de 0,50 m. Determinar a velocidade angular a ser dada ao conjunto de tal sorte que, partindo do repouso na posição indicada, ele tenha velocidade angular nula no instante em que a barra *AB* atingir a posição horizontal.

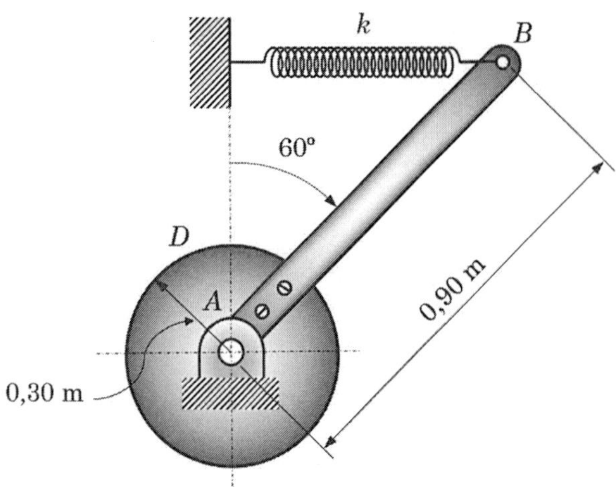

FIGURA 6.80 Ilustração do Exercício 6.12.

Exercício 6.13: Na Figura 6.81, o bloco *B* tem massa de 80 kg e pode deslizar sem atrito ao longo de uma guia vertical. Ele é conectado por meio de uma rótula à haste delgada *CD*, de 1,0 m de comprimento e massa de 20 kg. A outra extremidade da haste é conectada através de uma rótula ao centro de um cilindro homogêneo de massa de 30 kg e raio de 0,25 m, que pode rolar sem deslizamento sobre uma superfície horizontal. Se o conjunto é liberado a partir do repouso na posição ilustrada, determinar a velocidade do centro do disco quando o bloco *B* tiver descido 0,20 m.

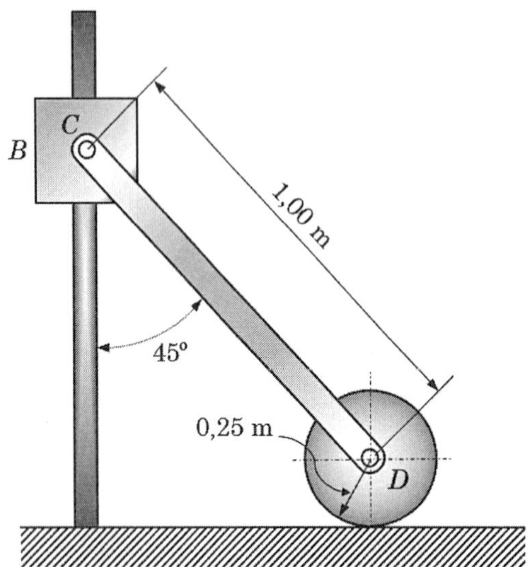

FIGURA 6.81 Ilustração do Exercício 6.13.

Exercício 6.14: Na Figura 6.82, a engrenagem *A*, de raio $r_A = 0{,}20$ m, é fixa; a engrenagem *B* tem massa $m_B = 5{,}0$ kg, raio $r_B = 0{,}15$ m e raio de giração baricêntrico $k_B = 0{,}25$ m. O braço uniforme *OC* tem massa $m_{OC} = 10$ kg e raio de giração baricêntrico $k_{OC} = 0{,}30$ m. Se o conjunto é liberado na condição de repouso na posição mostrada, determinar a velocidade do centro da engrenagem *B* e a velocidade angular do braço *OC* quando este passar pela posição vertical.

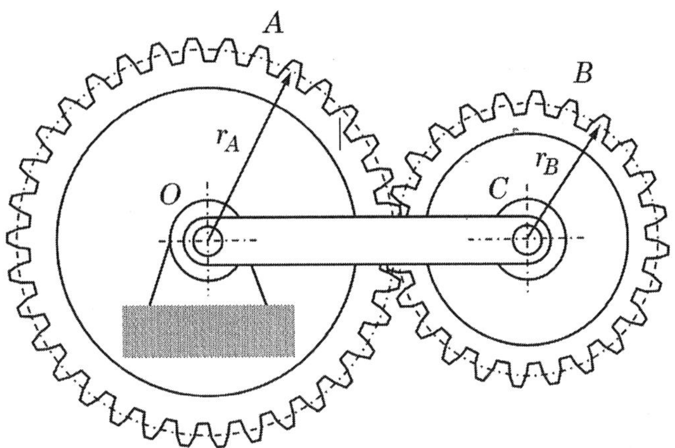

FIGURA 6.82 Ilustração do Exercício 6.14.

Exercício 6.15: Na Figura 6.83, a roda de massa de 50 kg e raio de giração baricêntrico de 0,30 m é liberada do repouso na posição ilustrada sobre uma superfície circular. Sabendo que não ocorre deslizamento, determinar: **a)** a velocidade do centro da roda quando ela atingir a posição mais baixa da superfície; **b)** a força de contato exercida entre a roda e a superfície neste instante.

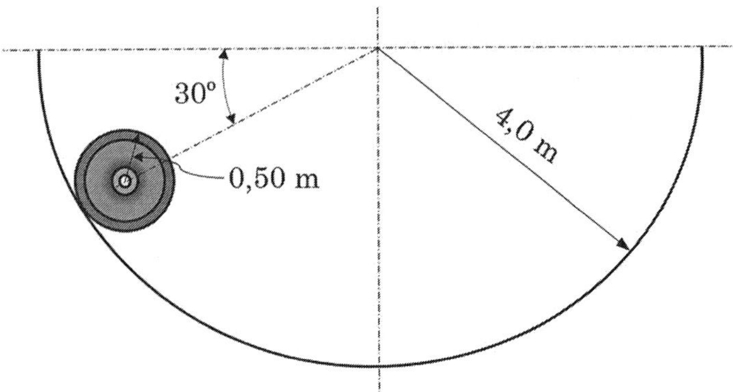

FIGURA 6.83 Ilustração do Exercício 6.15.

Exercício 6.16: Um sistema de controle de rotação mostrado na Figura 6.84 é baseado na modificação do ângulo θ que define a orientação de duas hastes delgadas, que têm, cada uma, massa de 10,0 kg e comprimento de 0,80 m. O núcleo do mecanismo, indicado por *N*, tem massa de 15 kg e momento de inércia em torno de seu eixo vertical de simetria de 4,5 kg.m^2. Sabendo que na posição $\theta = 0°$ o conjunto gira com velocidade angular de 200 r.p.m., desprezando o atrito, pede-se: **a)** determinar a velocidade angular quando $\theta = 90°$; **b)** determinar a variação da energia mecânica do conjunto e explicar a causa desta variação.

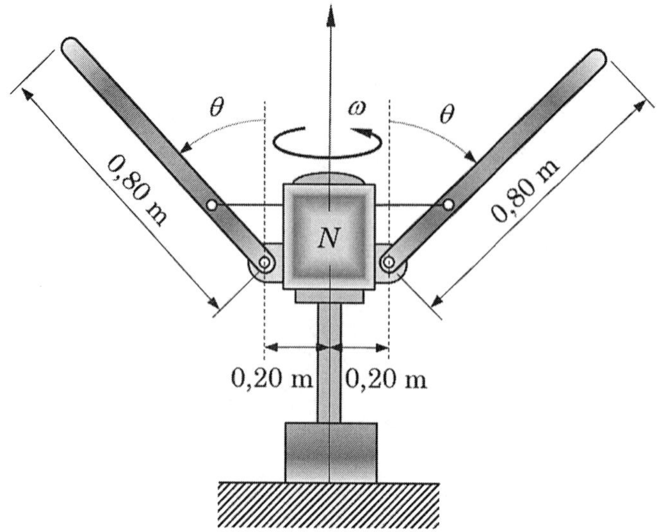

FIGURA 6.84 Ilustração do Exercício 6.16.

Exercício 6.17: Para o sistema de controle de rotação tratado no Exercício 6.16, obter a expressão da velocidade angular do conjunto em função do ângulo θ no intervalo $0 \leq \theta \leq \pi/2$.

Exercício 6.18: Para o dispositivo rotativo tratado no Exemplo 6.15, obter a expressão de sua velocidade angular em função da posição s no intervalo $0 \leq s \leq l$.

Exercício 6.19: Na Figura 6.85(a), o bloco de massa m rola sobre dois cilindros, cada um de massa m e raio r, ao passo que na Figura 6.85(b) os mesmos componentes formam um carro. Supondo que não haja deslizamento, determinar a velocidade do bloco em função do tempo para cada situação, quando uma força constante horizontal $\vec{F}$ é aplicada sobre ele a partir da condição de repouso.

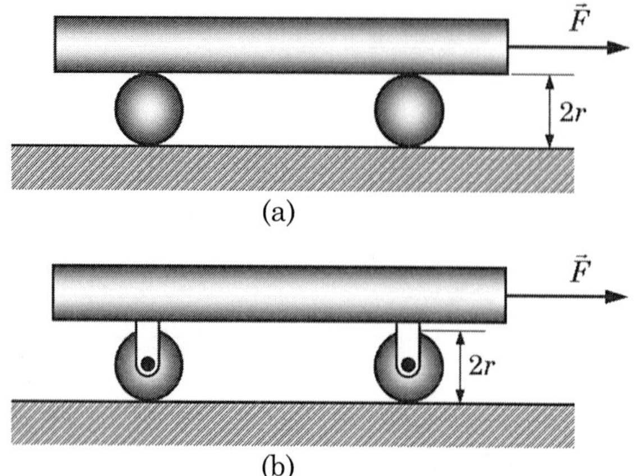

FIGURA 6.85 Ilustração do Exercício 6.19.

Exercício 6.20: O corpo mostrado na Figura 6.86 é composto por duas hastes delgadas uniformes, cada uma de massa m e comprimento a, conectadas a um eixo de massa $2m$ e comprimento L, o qual está suportado por dois mancais radiais em A e B. No instante considerado, o conjunto está em repouso e passa a receber a ação de um momento constante $\vec{T}$ aplicado na direção do eixo que passa pelos dois mancais. Determinar as componentes de reação nos mancais A e B.

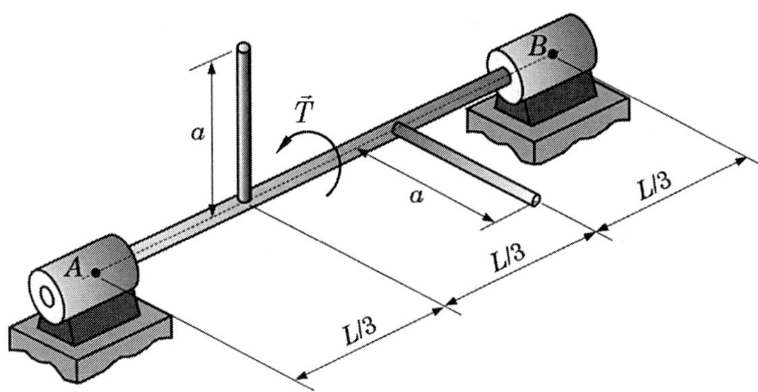

FIGURA 6.86 Ilustração do Exercício 6.20.

Exercício 6.21: A Figura 6.87 mostra um rotor que consiste de um disco D, de 1,2 m de diâmetro e 12,5 kg de massa, ligado por um eixo de massa desprezível a um contrapeso P, de pequenas dimensões e massa de 10 kg. O rotor é suportado por uma rótula esférica em C. Sabendo que o rotor assume a inclinação indicada em relação ao eixo vertical BC, determinar a velocidade de rotação própria do disco para que ele precessione em torno deste eixo vertical à taxa de 15 r.p.m.

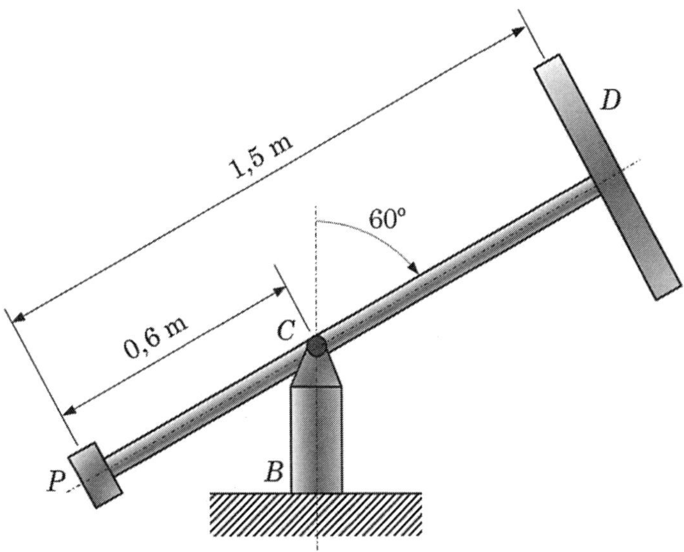

FIGURA 6.87 Ilustração do Exercício 6.21.

6.12 Bibliografia

BEER, F. P.; JOHNSTON, Jr., CORNWELL, P. J. *Mecânica vetorial para engenheiros: Dinâmica.* 9ª ed. Porto Alegre: AMGH Editora, 2012.

CHAPMAN, S. J. *Programação em MATLAB para engenheiros.* 2ª ed. São Paulo: Cengage Learning, 2011.

HIBBELER, R. C. *Dinâmica. Mecânica para a engenharia.* 12ª ed., São Paulo: Pearson, 2011.

MERIAM, J. L.; KRAIGE, L. G. *Mecânica para a engenharia. Dinâmica.* 7ª ed. Rio de Janeiro: LTC, 2016.

SHAMES, I. H. *Dinâmica. Mecânica para a engenharia.* 4ª ed. São Paulo: Pearson–Prentice Hall, v. 2, 2003.

SOUTAS-LITTLE, R. W.; INMAN, D. J.; BALINT, D. S. *Engineering Mechanics: Dynamics – computational edition.* Toronto, Canada: Thomson Learning, 2008.

TENENBAUM, R. *Dinâmica aplicada.* São Paulo: Manole, 2006.

CAPÍTULO

Fundamentos de Mecânica Analítica

7

7.1 Introdução

A Mecânica baseada nas Leis de Newton e nos Princípios de Newton-Euler aplicados a partículas, sistemas de partículas e corpos rígidos é também conhecida como *Mecânica Vetorial*, uma vez que é baseada no emprego de grandezas vetoriais (forças, momentos, acelerações e quantidades de movimento lineares e angulares).

Conforme pudemos ver nos capítulos anteriores, a aplicação dos métodos da Mecânica Vetorial para a resolução de problemas de Dinâmica requer a elaboração de diagramas de corpo livre para cada um dos corpos que compõem o sistema mecânico em estudo, e o estabelecimento das relações envolvendo as forças e/ou momentos e as derivadas temporais das quantidades de movimento lineares e angulares.

Embora sejam aplicáveis a qualquer tipo de sistema mecânico, os métodos da Mecânica Vetorial podem ter seu uso dificultado no caso de sistemas complexos, formados por número significativo de componentes interconectados, que podem ainda estar sujeitos a diversos tipos de restrições cinemáticas. Nestes casos, uma alternativa que se revela interessante é aquela baseada no uso de métodos que compõem a chamada *Mecânica Analítica*, que enfocamos no presente capítulo.

Diferentemente da Mecânica Vetorial, que faz uso de grandezas vetoriais, a Mecânica Analítica se baseia no uso de quantidades escalares – trabalho de forças e momentos, energia cinética e energia potencial –, cujas noções foram introduzidas nos capítulos anteriores, para obtenção das equações diferenciais do movimento. Tal característica nos permite modelar com mais facilidade sistemas mecânicos complexos, notadamente os sistemas formados por corpos rígidos interconectados, conhecidos como *sistemas de multicorpos*, sem que seja necessário decompor tais sistemas em seus elementos constituintes. Por outro lado, a Mecânica Analítica tem um caráter mais abstrato e faz uso de formalismo matemático mais sofisticado.

Nas seções seguintes, serão desenvolvidos e ilustrados, com exemplos, os princípios fundamentais da Mecânica Analítica, a saber, o Princípio de Hamilton, o Princípio de Hamilton Estendido e as Equações de Lagrange. Seguindo o procedimento tradicionalmente adotado em outras obras, estes princípios são deduzidos a partir de um princípio mais fundamental, o Princípio do Trabalho Virtual, aplicado a sistemas discretos de partículas em associação com o Princípio de d'Alembert.

Os resultados serão estendidos a sistemas mecânicos constituídos por corpos rígidos mediante a suposição, utilizada no Capítulo 6, de que estes corpos podem ser considerados casos limites de sistemas de partículas cujo número é infinito.

7.2 Princípio do Trabalho Virtual aplicado a sistemas de partículas

A Figura 7.1 ilustra um conjunto de n partículas, sendo que cada uma delas é forçada a se movimentar sobre uma determinada superfície que representa, portanto, uma *restrição cinemática.*

Conforme vimos na Seção 2.2, as restrições cinemáticas induzem o surgimento de forças e/ou momentos de restrição (relembrando que, no caso de partículas, somente forças de restrição são possíveis), que podem ser entendidos como reações exercidas pela superfície de restrição sobre os corpos que estão em contato com ela.

Na Figura 7.1, sobre uma partícula genérica P_i, de massa m_i, estão indicadas:

- $\vec{F}_i$: resultante das forças impostas sobre a partícula, representando as ações mecânicas dos corpos vizinhos, incluindo as forças exercidas pelas outras partículas do sistema (forças internas). O leitor deve notar que a notação empregada aqui difere daquela utilizada na Seção 4.2, onde $\vec{F}_i$ designava a resultante das forças externas aplicadas sobre P_i.
- $\vec{f}_i$: força de restrição exercida pela superfície de restrição S_i sobre a qual P_i é forçada a se mover. Negligenciaremos, por enquanto, o atrito, de modo que a força de restrição terá sempre a direção normal à superfície de restrição, indicada por n_i.
- $\vec{r}_i$: vetor posição da partícula em relação ao sistema de referência $OXYZ$, suposto fixo.

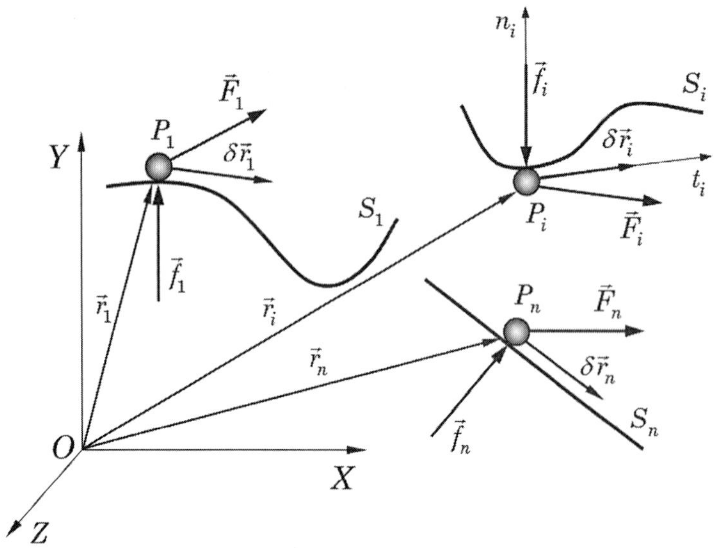

FIGURA 7.1 Representação de um sistema de partículas sujeitas a forças impostas e forças de restrição.

Aplicando a Segunda Lei de Newton a cada partícula do sistema, considerada isoladamente, escrevemos:

$$\vec{F}_i + \vec{f}_i = m_i \ddot{\vec{r}}_i . \qquad i=1, 2, ..., n \tag{7.1}$$

O Princípio de d'Alembert, apresentado na Subseção 3.6.2, permite-nos reescrever (7.1) sob a forma:

$$\vec{F}_i + \vec{f}_i - m_i\ddot{\vec{r}}_i = \vec{0}, \qquad i=1, 2, ..., n \tag{7.2}$$

com a interpretação de que, em relação a um sistema de referência com origem na partícula, esta se encontra em equilíbrio sob ação das forças $\vec{F}_i$, e $\vec{f}_i$, e da força de inércia $-m_i\ddot{\vec{r}}_i$.

Introduzimos agora os denominados *deslocamentos virtuais*, que serão denotados por $\delta\vec{r}_1$, ..., $\delta\vec{r}_i$, ..., $\delta\vec{r}_n$. Tais deslocamentos virtuais são concebidos com as seguintes propriedades:

- São *perturbações imaginárias, infinitesimais* e *arbitrárias* das posições das partículas, que não violam as restrições cinemáticas impostas pelas superfícies de restrição. Esta condição implica que cada deslocamento virtual deve ter a direção tangente à superfície de restrição, na posição instantaneamente ocupada pela partícula. Assim, conforme ilustra a Figura 7.1, os vetores $\vec{f}_i$ e $\delta\vec{r}_i$ são perpendiculares entre si.
- São admitidos ocorrerem *instantânea* e *simultaneamente*, de modo que aos deslocamentos virtuais não associamos nenhum lapso de tempo finito. Em consequência, as forças aplicadas às partículas do sistema não variam durante a aplicação dos deslocamentos virtuais.

Em termos de coordenadas cartesianas, os vetores posição das partículas, mostrados na Figura 7.1, são expressos, em relação ao sistema de referência $OXYZ$ segundo:

$$\vec{r}_i = X_i\vec{i} + Y_i\vec{j} + Z_i\vec{k}, \qquad i = 1, 2, ..., n$$

de modo que os deslocamentos virtuais são expressos segundo:

$$\delta\vec{r}_i = \delta X_i\vec{i} + \delta Y_i\vec{j} + \delta Z_i\vec{k}. \qquad i = 1, 2, ..., n$$

Os incrementos virtuais δX_i, δY_i, δZ_i são entendidos como variações dadas às coordenadas que representam as posições das partículas em relação ao sistema de referência empregado.

Relembrando o conceito de trabalho de uma força, introduzido na Subseção 3.9.1, em virtude da Equação (7.2) podemos afirmar que o *trabalho virtual* realizado por todas as forças aplicadas sobre a partícula P_i, incluindo a força de inércia $-m_i\ddot{\vec{r}}_i$, associado ao deslocamento virtual $\delta\vec{r}_i$ é nulo, ou seja:

$$\delta W_i = \left(\vec{F}_i + \vec{f}_i - m_i\ddot{\vec{r}}_i\right)\cdot\delta\vec{r}_i = 0. \qquad i=1, 2, ..., n \tag{7.3}$$

Devido ao fato de os vetores $\vec{f}_i$ e $\delta\vec{r}_i$ serem mutuamente perpendiculares, as forças de restrição produzem trabalho virtual nulo ($\vec{f}_i \cdot \delta\vec{r}_i = 0$) e a Equação (7.3) fica:

$$\left(\vec{F}_i - m_i\ddot{\vec{r}}_i\right)\cdot\delta\vec{r}_i = 0. \qquad i=1, 2, ..., n \tag{7.4}$$

Adicionando as n Equações (7.4), obtemos:

$$\sum_{i=1}^{n}\left(\vec{F}_i - m_i\ddot{\vec{r}}_i\right)\cdot\delta\vec{r}_i = 0, \tag{7.5}$$

e escrevemos:

$$\delta W^{F_{imp.}} + \delta W^{F_{ine.}} = 0, \tag{7.6}$$

onde:

$$\delta W^{F_{imp.}} = \sum_{i=1}^{n} \vec{F}_i \cdot \delta \vec{r}_i \quad \text{e} \tag{7.7.a}$$

$$\delta W^{F_{ine.}} = -\sum_{i=1}^{n} m_i \ddot{\vec{r}}_i \cdot \delta \vec{r}_i \tag{7.7.b}$$

designam, respectivamente, o trabalho virtual das forças impostas e o trabalho virtual das forças de inércia.

A Equação (7.6) expressa o *Princípio do Trabalho Virtual* (PTV), que estabelece que, para toda e qualquer posição de um sistema de partículas, o trabalho virtual total realizado por todas as forças impostas e todas as forças de inércia aplicadas às partículas do sistema resulta nulo para todo e qualquer conjunto arbitrário de deslocamentos virtuais introduzidos a partir daquela posição.

Para estender o PTV a corpos rígidos devemos retomar o Princípio de d'Alembert discutido na Seção 6.4, levando em conta que, conforme mostrado na Figura 7.2, o conjunto de vetores $\ddot{\vec{r}}\,dm$, integrados no volume do corpo, é equivalente ao conjunto formado pelas derivadas temporais dos vetores quantidade de movimento linear e quantidade de movimento angular do corpo rígido.

Assim, para o caso de corpos rígidos, a Equação (7.7.b) deve ser substituída por:

$$\delta W^{F_{ine.}} = -m\vec{a}_G \cdot \delta \vec{r}_G - \dot{\vec{H}}_G \cdot \delta \vec{\phi}\,, \tag{7.8}$$

onde $\delta\vec{\phi}$ é o vetor formado por um conjunto de coordenadas angulares utilizadas para representar a orientação do corpo rígido.

Além disso, devemos considerar que, ao contrário de partículas sobre as quais apenas forças podem ser aplicadas, aos corpos rígidos podem ser aplicadas forças concentradas, forças distribuídas e momentos. Por esta razão, doravante, referir-nos-emos, de forma mais genérica, a *esforços*, que incluem todos os tipos de solicitações que podem ser aplicadas a partículas ou corpos rígidos.

O uso do PTV para a obtenção das equações do movimento de sistemas envolvendo partículas e corpos rígidos é ilustrado nos exemplos a seguir.

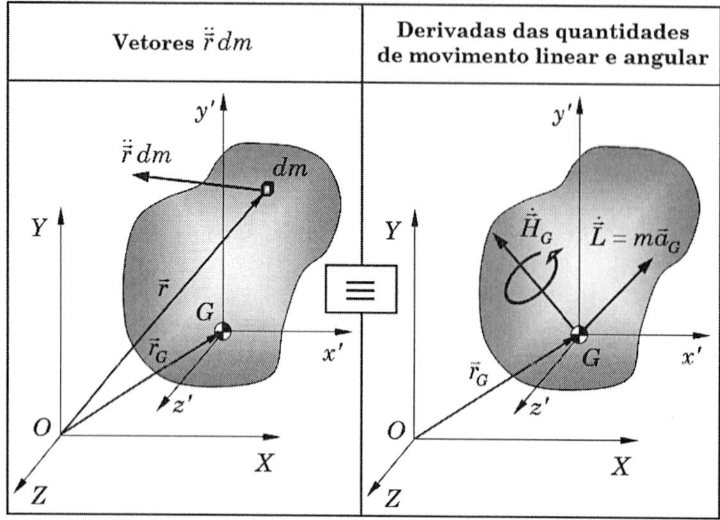

FIGURA 7.2 Ilustração da equivalência entre o conjunto formado pelos vetores $\ddot{\vec{r}}\,dm$ e as derivadas temporais das quantidades de movimento linear e angular do corpo rígido.

EXEMPLO 7.1

Utilizando o Princípio do Trabalho Virtual, obter a equação do movimento para a barra delgada uniforme de comprimento l e massa m, suspensa por uma rótula em A e sujeita a uma força $\vec{f}(t)$ que atua na direção horizontal, conforme mostrado na Figura 7.3.

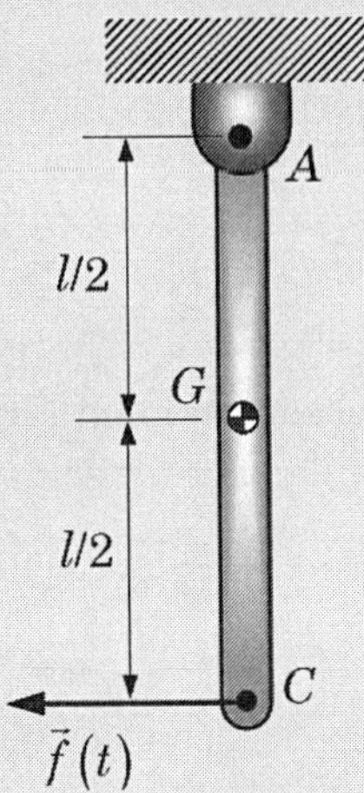

FIGURA 7.3 Ilustração de uma barra uniforme solicitada por uma força horizontal $\vec{f}(t)$.

Resolução

Conforme mostrado no esquema da Figura 7.4, a partir de uma posição genérica da barra, determinada pelo ângulo θ, introduzimos uma rotação virtual indicada por $\delta\theta$ que, como vemos, é compatível com a restrição cinemática imposta pela rótula em A. Também estão indicados todos os esforços que realizam trabalho, que incluem a força $\vec{f}(t)$, o peso e as derivadas da quantidade de movimento linear e angular da barra.

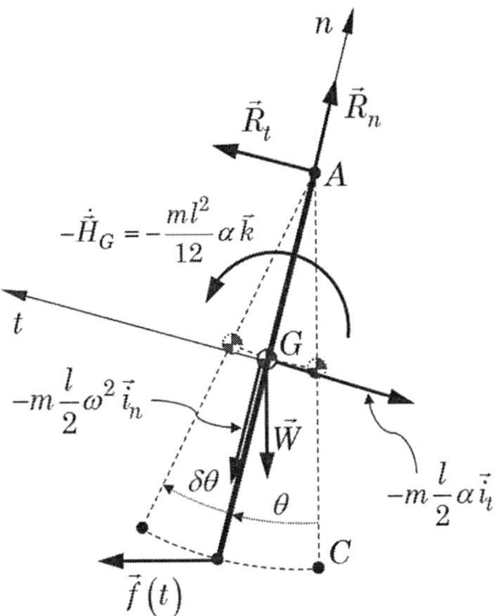

FIGURA 7.4 Esquema de resolução do Exemplo 7.1.

Em se tratando de movimento plano de rotação não baricêntrica (ver Subseção 6.6.2), as derivadas temporais das quantidades de movimento linear e angular são dadas por:

$$\dot{\vec{L}} = m\vec{a}_G = m\overrightarrow{AG}\times\alpha\vec{k} - m\omega^2\overrightarrow{AG}, \qquad \textbf{(a)}$$

ou, em termos das componentes nas direções dos eixos t e n mostrados na Figura 7.4:

$$\dot{\vec{L}} = m\vec{a}_G = m\frac{l}{2}\alpha\vec{i}_t + m\frac{l}{2}\omega^2\vec{i}_n, \qquad \textbf{(b)}$$

e

$$\dot{\vec{H}}_G = J_{z'}\alpha\vec{k} = \frac{1}{12}ml^2\alpha\vec{k}. \qquad \textbf{(c)}$$

Aplicando as Equações (7.6) e (7.8), e observando na Figura 7.4 os deslocamentos dos pontos de aplicação dos vetores, associados à rotação da barra, a soma dos trabalhos virtuais resulta expressa da seguinte forma:

$$f(t)\cdot\left[lsen(\theta+\delta\theta)-lsen\theta\right]+mg\cdot\left[\frac{l}{2}cos(\theta+\delta\theta)-\frac{l}{2}cos\,\theta\right]-m\frac{l}{2}\alpha\cdot\left(\frac{l}{2}\cdot\delta\theta\right)-$$

$$\frac{ml^2}{12}\alpha\,\delta\theta = 0. \qquad \textbf{(d)}$$

Relembrando que os deslocamentos virtuais são infinitesimais ($\cos\delta\theta = 1$, $sen\,\delta\theta = \delta\theta$) fazemos os seguintes desenvolvimentos:

- $cos\,(\theta+\delta\theta) - cos\,\theta = cos\,\theta\cdot cos\,\delta\theta - sen\,\theta\cdot sen\,\delta\theta - cos\,\theta = -\,sen\,\theta\cdot\delta\theta,$ **(e.1)**
- $sen\,(\theta+\delta\theta) - sen\,\theta = sen\,\theta\cdot cos\,\delta\theta + cos\,\theta\cdot sen\,\delta\theta - sen\,\theta = cos\,\theta\cdot\delta\theta.$ **(e.2)**

Associando as equações (d) e (e), e levando em conta que $\alpha = \ddot{\theta}$, obtemos:

$$\left(f(t)l\cos\theta - mg\frac{l}{2}sen\theta - \frac{ml^2}{3}\ddot{\theta}\right)\delta\theta = 0. \qquad \textbf{(f)}$$

Considerando finalmente que a equação (f) deve ser válida para qualquer deslocamento virtual $\delta\theta \neq 0$, o termo entre parênteses deve ser nulo, o que conduz à equação do movimento da barra sob a forma:

$$\frac{ml}{3}\ddot{\theta}(t) - f(t)\cos\theta(t) + \frac{mg}{2}sen\theta(t) = 0. \qquad \textbf{(g)}$$

Sugerimos que, como exercício, o leitor deduza novamente a equação do movimento utilizando as Equações de Newton-Euler estudadas no Capítulo 6.

7.3 Princípio Variacional de Hamilton

Para fundamentar os desenvolvimentos que seguem, é preciso introduzir rudimentos de um ramo da Matemática conhecido como Cálculo Variacional, que trata da busca de pontos extremos (máximos ou mínimos) de funções escalares de um tipo particular, denominadas *funcionais*, cujos argumentos são funções de uma ou mais variáveis.

Um problema típico do Cálculo Variacional é encontrar a função $f(t)$ que minimiza um funcional da forma:

$$I\left[f(t)\right]=\int_{t_1}^{t_2} q\left(t,f(t),\frac{df}{dt}\right)dt, \tag{7.9}$$

sujeito às condições subsidiárias $f(t_1) = f_1$, $f(t_2) = f_2$.

Este problema consiste em determinar as condições para que a primeira variação do funcional dado pela Equação (7.9) seja nula. Utilizando a notação tradicional do Cálculo Variacional, esta condição é expressa segundo:

$$\delta I=\delta\int_{t_1}^{t_2} q\left(t,f(t),\frac{df}{dt}\right)dt=0. \tag{7.10}$$

Vale observar que a condição expressa pela Equação (7.10) é similar à condição de que a primeira derivada de uma função de uma variável deve ser nula, ou que o diferencial total de uma função de várias variáveis deve ser nulo.

A interpretação geométrica do problema em apreço é apresentada na Figura 7.5, na qual mostramos que o processo de resolução consiste em testar funções que satisfazem as condições subsidiárias, na vizinha da solução exata. Neste processo, $\delta f(t)$ é uma função definida em $t_1 \le t \le t_2$, que representa a diferença entre uma solução candidata, denominada *função admissível*, denotada por $\tilde{f}(t)$, e a solução do problema, $f(t)$, de sorte que:

$$\tilde{f}(t)=f(t)+\delta f(t).$$

Como a função admissível deve satisfazer às condições subsidiárias, devemos ter, obrigatoriamente, $\delta f(t_1) = \delta f(t_2) = 0$.

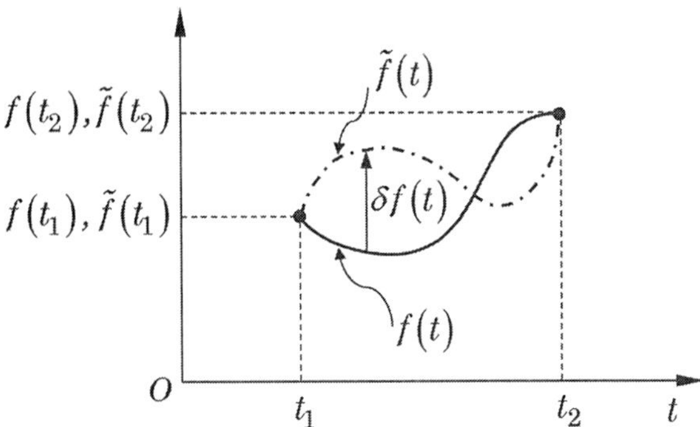

FIGURA 7.5 Representação gráfica de duas soluções de um problema variacional.

Para nossos propósitos, é suficiente compreender que o operador δ, aplicado a funções escalares ou vetoriais de uma ou mais variáveis, tem o significado de incrementos destas funções que resultam de incrementos virtuais aplicados às referidas variáveis. Do ponto de vista operacional, este operador goza das mesmas propriedades do operador diferencial do Cálculo Diferencial, dentre as quais as principais, aplicáveis a funções escalares (fórmulas análogas se aplicam a funções vetoriais), são as seguintes:

- $\delta f(x)=\dfrac{df}{dx}\delta x\,,$ (7.11.a)

- $\delta f(x,y)=\dfrac{\partial f}{\partial x}\delta x+\dfrac{\partial f}{\partial y}\delta y\,,$ (7.11.b)

- $\delta f(x,\dot{x})=\dfrac{\partial f}{\partial x}\delta x+\dfrac{\partial f}{\partial \dot{x}}\delta \dot{x}\,,$ (7.11.c)

- $\delta\big(f(x)+g(x)\big)=\delta f(x)+\delta g(x),$ (7.11.d)

- $\delta\big(f(x)\cdot g(x)\big)=\delta f(x)\cdot g(x)+\delta g(x)\cdot f(x),$ (7.11.e)

- $\delta\left(\dfrac{f(x)}{g(x)}\right)=\dfrac{\delta f(x)\cdot g(x)-\delta g(x)\cdot f(x)}{g^2(x)},$ (7.11.f)

- $\delta\left(\dfrac{df(x)}{dx}\right)=\dfrac{d\,\delta f(x)}{dx},$ (7.11.g)

- $\delta\displaystyle\int_{x_1}^{x_2} f(x)dx=\int_{x_1}^{x_2}\delta f(x)dx\,.$ (7.11.h)

A fim de desenvolver a Equação (7.5), utilizando as propriedades do operador variacional, introduzimos a identidade:

$$\frac{d\left(\dot{\bar{r}}_i\cdot\delta\bar{r}_i\right)}{dt}=\ddot{\bar{r}}_i\cdot\delta\bar{r}_i+\dot{\bar{r}}_i\cdot\delta\dot{\bar{r}}_i=\ddot{\bar{r}}_i\cdot\delta\bar{r}_i+\delta\left(\frac{1}{2}\dot{\bar{r}}_i\cdot\dot{\bar{r}}_i\right),$$

donde:

$$\ddot{\bar{r}}_i\cdot\delta\bar{r}_i=\frac{d\left(\dot{\bar{r}}_i\cdot\delta\bar{r}_i\right)}{dt}-\delta\left(\frac{1}{2}\dot{\bar{r}}_i\cdot\dot{\bar{r}}_i\right). \tag{7.12}$$

Introduzindo a Equação (7.12) na Equação (7.5) e desenvolvendo a equação resultante, escrevemos:

$$\sum_{i=1}^{n}\bar{F}_i\cdot\delta\bar{r}_i-\sum_{i=1}^{n}m_i\frac{d\left(\dot{\bar{r}}_i\cdot\delta\bar{r}_i\right)}{dt}+\delta\left(\sum_{i=1}^{n}m_i\frac{1}{2}\dot{\bar{r}}_i\cdot\dot{\bar{r}}_i\right)=0\,. \tag{7.13}$$

Na Equação (7.13) reconhecemos a energia cinética do sistema de partículas (ver Equação (4.71)):

$$T=\frac{1}{2}\sum_{i=1}^{n}m_i\dot{\bar{r}}_i\cdot\dot{\bar{r}}_i\,, \tag{7.14}$$

de modo que podemos reescrever a Equação (7.13) sob a forma:

$$\delta W^{F_{imp.}} + \delta T = \sum_{i=1}^{n} m_i \frac{d\left(\dot{\vec{r}}_i \cdot \delta \vec{r}_i\right)}{dt}. \tag{7.15}$$

Multiplicando a Equação (7.15) por dt e integrando entre dois instantes de tempo arbitrários t_1 e t_2, temos:

$$\int_{t_1}^{t_2} \left(\delta W^{F_{imp.}} + \delta T\right) dt = \int_{t_1}^{t_2} \sum_{i=1}^{n} m_i \frac{d\left(\dot{\vec{r}}_i \cdot \delta \vec{r}_i\right)}{dt} dt = \left[\sum_{i=1}^{n} m_i \dot{\vec{r}}_i \cdot \delta \vec{r}_i\right]_{t_1}^{t_2}. \tag{7.16}$$

Neste ponto, devemos levar em conta que os deslocamentos virtuais, embora sejam arbitrários, devem ser nulos nos instantes t_1 e t_2, em conformidade com a Figura 7.5. Assim, impondo $\delta\vec{r}_i(t_1) = \delta\vec{r}_i(t_2) = \vec{0}$, $i = 1,2, ..., n$, a Equação (7.16) fica:

$$\int_{t_1}^{t_2} \left(\delta W^{F_{imp.}} + \delta T\right) dt = 0. \tag{7.17}$$

Admitindo que as forças impostas sejam todas conservativas, podemos escrever (ver Subseção 3.9.4):

$$\delta W^{F_{imp.}} = -\delta V, \tag{7.18}$$

onde V é a energia potencial associada às forças impostas.

Associando as Equações (7.17) e (7.18), escrevemos:

$$\int_{t_1}^{t_2} \left(\delta T - \delta V\right) dt = 0,$$

ou ainda:

$$\int_{t_1}^{t_2} \delta\left(T - V\right) dt = \int_{t_1}^{t_2} \delta L \, dt = 0, \tag{7.19}$$

onde:

$$L = T - V \tag{7.20}$$

é o denominado *Lagrangeano*.

Com base na propriedade do operador variacional expressa pela Equação (7.11.h), podemos permutar os operadores que figuram na Equação (7.19), a qual fica reescrita sob a forma alternativa:

$$\delta \int_{t_1}^{t_2} L \, dt = 0. \tag{7.21}$$

A Equação (7.21) expressa o chamado *Princípio Variacional de Hamilton*, que se aplica aos problemas de dinâmica em que todas as forças impostas são conservativas.

Observando a semelhança entre as Equações (7.10) e (7.21), este princípio estabelece que dentre todos os movimentos possíveis de serem realizados pelo sistema mecânico, satisfazendo as restrições cinemáticas impostas, entre dois instantes de tempo quaisquer t_1 e t_2, o movimento efetivamente desenvolvido pelo sistema é aquele que torna nula a primeira variação do funcional:

$$I = \int_{t_1}^{t_2} L\,dt. \tag{7.22}$$

De modo semelhante ao que fizemos com relação ao PTV na Seção 7.2, podemos estender o Princípio Variacional de Hamilton a sistemas formados por corpos rígidos. Para isso devemos, na formulação do Lagrangeano, expressar a energia cinética total e a energia potencial total associada aos esforços impostos que realizam trabalho, com base nos fundamentos desenvolvidos na Seção 6.10.

Relembramos, mais uma vez, que no caso de corpos rígidos, os esforços que podem realizar trabalho incluem forças e momentos.

Mais adiante, por meio de exemplos, ilustraremos o procedimento de obtenção das equações do movimento de sistemas mecânicos a partir do Princípio Variacional de Hamilton.

7.4 Princípio de Hamilton Estendido

Para chegar à Equação (7.21), que expressa o Princípio Variacional de Hamilton, havíamos admitido que todos os esforços impostos (forças e/ou momentos) eram conservativos.

Porém quando, além dos esforços conservativos, houver esforços não conservativos, podemos, na Equação (7.17), separar os trabalhos realizados por estes dois tipos de esforços, escrevendo:

$$\delta W^{F_{imp.}} = \delta W^{F^{c}_{imp.}} + \delta W^{F^{nc.}_{imp.}}, \tag{7.23}$$

onde $\delta W^{F^{c}_{imp.}}$ e $\delta W^{F^{nc.}_{imp.}}$ designam, respectivamente, os trabalhos realizados pelos esforços conservativos e não conservativos.

Levando em conta que, para os primeiros:

$$\delta W^{F^{c}_{imp.}} = -\delta V, \tag{7.24}$$

associando as Equações (7.17), (7.23) e (7.24), escrevemos:

$$\int_{t_1}^{t_2} \delta L\,dt + \int_{t_1}^{t_2} \delta W^{F^{nc}_{imp.}}\,dt = 0. \tag{7.25}$$

A Equação (7.25) traduz o *Princípio de Hamilton Estendido*, aplicável aos casos mais gerais em que os sistemas mecânicos são sujeitos, simultaneamente, a esforços conservativos e não conservativos.

É importante observar que, em geral, o Lagrangeano pode ser expresso como uma função de várias variáveis que são, conforme veremos nos exemplos, as coordenadas que representam as posições e as velocidades das partículas ou corpos rígidos que formam os sistemas mecânicos. Desta forma, quando todos os esforços são conservativos, δL pode ser interpretado como o diferencial total desta função de várias variáveis. Isso torna possível a permutação de operadores indicada nas Equações (7.19) e (7.21) e conduz a um problema estritamente variacional do tipo expresso pela Equação (7.10).

Por outro lado, no segundo termo do lado esquerdo da Equação (7.25), $\delta W^{F^{nc}_{imp.}}$ representa o trabalho virtual das forças não conservativas, o qual não pode ser expresso sob a forma de diferencial total de uma função de várias variáveis. Em consequência, esta equação não pode ser interpretada como a condição de ocorrência de um ponto crítico de um funcional e, a rigor, não podemos qualificar o Princípio de Hamilton Estendido como um princípio variacional.

EXEMPLO 7.2

Obter a equação do movimento da barra considerada no Exemplo 7.1 utilizando o Princípio de Hamilton.

Resolução

Na Figura 7.6 observamos que, para um deslocamento angular da barra indicado por θ, apenas o peso $\vec{W}$ e a força $\vec{f}(t)$ realizam trabalho. A primeira é uma força conservativa à qual associamos a energia potencial gravitacional. Para maior generalidade, consideraremos a segunda como uma força não conservativa e utilizaremos o Princípio de Hamilton Estendido, expresso pela Equação (7.25), para obter a equação do movimento.

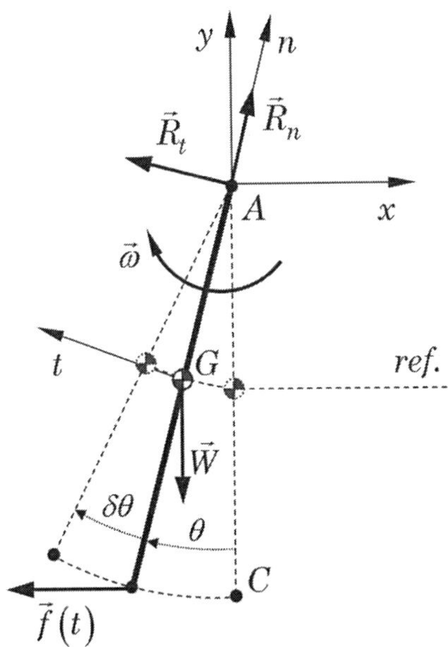

FIGURA 7.6 Esquema de resolução do Exemplo 7.2.

Considerando que a barra descreve movimento plano de rotação não baricêntrica, conforme desenvolvimento apresentado na Subseção 6.10.1, a energia cinética da barra é dada por:

$$T = \frac{1}{2} J_z \omega^2 = \frac{1}{2} J_z \dot{\theta}^2, \qquad \textbf{(a)}$$

onde J_z é o momento de inércia de massa em relação ao eixo perpendicular ao plano do movimento, passando pelo ponto A, dado por:

$$J_z = \frac{1}{3} m l^2. \qquad \textbf{(b)}$$

Quanto à energia potencial gravitacional, adotando o nível de referência mostrado na Figura 7.6, temos:

$$V = mg \frac{l}{2}(1 - cos\,\theta). \qquad \textbf{(c)}$$

Assim, combinando as equações (a) a (c), o Lagrangeano fica expresso segundo:

$$L = T - V = \frac{1}{6}ml^2\dot{\theta}^2 - mg\frac{l}{2}(1 - cos\,\theta). \qquad \textbf{(d)}$$

Na equação (d), observamos que o Lagrangeano é uma função de duas variáveis, θ e $\dot{\theta}$, que, por sua vez, são funções do tempo que determinam a posição e a velocidade da barra, respectivamente.

A variação do Lagrangeano, que aparece no primeiro termo da Equação (7.25), é obtida aplicando as propriedades do operador δ, dadas pelas Equações (7.11):

$$\delta L = \frac{\partial L}{\partial \theta}\delta\theta + \frac{\partial L}{\partial \dot{\theta}}\delta\dot{\theta}. \qquad \textbf{(e)}$$

Calculando as derivadas parciais indicadas na equação (e), obtemos:

$$\frac{\partial L}{\partial \theta} = -mg\frac{l}{2}sen\theta, \qquad \textbf{(f.1)}$$

$$\frac{\partial L}{\partial \dot{\theta}} = \frac{1}{3}ml^2\dot{\theta}, \qquad \textbf{(f.2)}$$

e a equação (e) resulta expressa sob a forma:

$$\delta L = -mg\frac{l}{2}sen\theta\,\delta\theta + \frac{1}{3}ml^2\dot{\theta}\,\delta\dot{\theta}. \qquad \textbf{(g)}$$

Por outro lado, o trabalho virtual da força $\vec{f}(t)$, já formulado no Exemplo 7.1, é dado por:

$$\delta W^f = f\cdot\left[l sen(\theta + \delta\theta) - l sen\theta\right] = f\,l\,cos\,\theta\,\delta\theta. \qquad \textbf{(h)}$$

Assim, levando em conta as equações (g) e (h), a Equação (7.25) conduz a:

$$\int_{t_1}^{t_2}\left(-mg\frac{l}{2}sen\theta\,\delta\theta + \frac{1}{3}ml^2\dot{\theta}\,\delta\dot{\theta}\right)dt + \int_{t_1}^{t_2}\left(f\,l\,cos\,\theta\,\delta\theta\right)dt = 0, \qquad \textbf{(i)}$$

ou, após reagrupamento:

$$\int_{t_1}^{t_2}\left[\left(-mg\frac{l}{2}sen\theta + f\,l\,cos\,\theta\right)\delta\theta + \frac{1}{3}ml^2\dot{\theta}\,\delta\dot{\theta}\right]dt = 0. \qquad \textbf{(j)}$$

O objetivo, agora, é determinar a condição necessária para que a equação (j) seja válida para qualquer variação arbitrária $\delta\theta$. Para isso, é necessário que apenas $\delta\theta$ intervenha na equação (j), o que pode ser obtido fazendo a integração por partes da segunda parcela do integrando, da seguinte forma:

$$\int_{t_1}^{t_2}\left(\frac{1}{3}ml^2\dot{\theta}\,\delta\dot{\theta}\right)dt = \frac{1}{3}ml^2\left\{\left[\dot{\theta}\,\delta\theta\right]_{t_1}^{t_2} - \int_{t_1}^{t_2}\left(\ddot{\theta}\,\delta\theta\right)dt\right\}. \qquad \textbf{(k)}$$

Levando em conta que os incrementos virtuais devem ser nulos nos extremos do intervalo de integração, ou seja, $\delta\theta(t_1) = \delta\theta(t_2) = 0$, a equação (k) fica:

$$\int_{t_1}^{t_2} \left(\frac{1}{3} m l^2 \dot{\theta}\, \delta\dot{\theta} \right) dt = -\int_{t_1}^{t_2} \frac{1}{3} m l^2 \ddot{\theta}\, \delta\theta\, dt, \qquad \textbf{(l)}$$

e a equação (j) assume a forma:

$$\int_{t_1}^{t_2} \left(-mg\frac{l}{2} sen\theta + f\, l \cos\theta - \frac{1}{3} m l^2 \ddot{\theta} \right) \delta\theta\, dt = 0\,. \qquad \textbf{(m)}$$

Como a equação (m) deve ser válida para todo e qualquer incremento virtual $\delta\theta$, o termo entre parênteses no integrando deve ser nulo, o que conduz à equação do movimento:

$$\frac{ml}{3}\ddot{\theta}(t) - f(t)\cos\theta(t) + \frac{mg}{2} sen\theta(t) = 0\,. \qquad \textbf{(n)}$$

Obviamente, esta equação do movimento é a mesma que já havia sido obtida no Exemplo 7.1.

EXEMPLO 7.3

Na Figura 7.7, o pequeno cursor C, de massa m, pode deslizar sem atrito ao longo da barra delgada uniforme AO, de massa m_0, a qual está sujeita ao momento externo $\tau(t)$. A mola que conecta o cursor à extremidade A da barra tem constante de rigidez k e está indeformada quando $r = r_0$. Propomo-nos obter as equações diferenciais do movimento do sistema mecânico em termos das coordenadas r e θ indicadas.

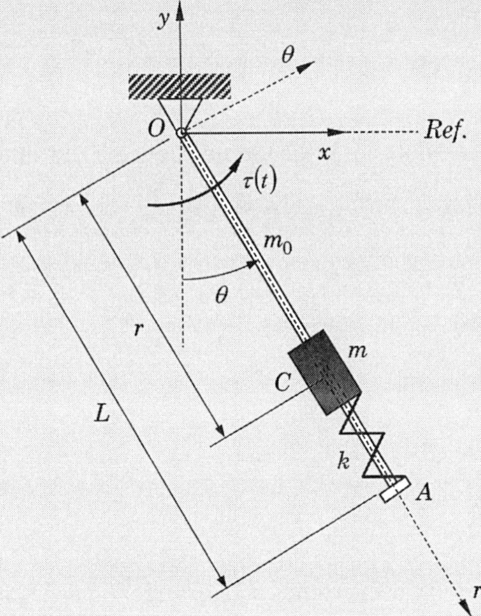

FIGURA 7.7 Ilustração de um sistema mecânico formado por uma barra e um cursor conectados entre si por uma mola.

Resolução

Na Figura 7.7, observamos que a barra desenvolve movimento plano de rotação não baricêntrica. Por outro lado, o cursor será modelado como partícula.

Considerando o torque externo $\tau(t)$ como um esforço não conservativo, utilizaremos o Princípio de Hamilton Estendido, expresso pela Equação (7.25), repetida abaixo:

$$\int_{t_1}^{t_2} \delta L \, dt + \int_{t_1}^{t_2} \delta W^{F_{imp.}^{nc}} \, dt = 0. \quad \textbf{(a)}$$

Em termos das coordenadas radial-transversal indicadas na Figura 7.7, escrevemos as seguintes expressões para as energias cinética e potencial do sistema:

$$T = T_{cursor} + T_{barra}, \quad \textbf{(b)}$$

onde:

$$T_{cursor} = \frac{1}{2} m \left(v_r^2 + v_\theta^2\right) = \frac{1}{2} m \left[\dot{r}^2 + \left(r\dot{\theta}\right)^2\right], \quad \textbf{(c)}$$

$$T_{barra} = \frac{1}{2} J_z \dot{\theta}^2, \quad \textbf{(d)}$$

onde J_z é o momento de inércia da barra em relação ao eixo perpendicular ao plano da Figura 7.7, passando pelo ponto O, sendo dado por

$$J_z = \frac{1}{3} m_0 L^2. \quad \textbf{(e)}$$

Por outro lado, a energia potencial inclui a energia potencial gravitacional da barra e do cursor, e a energia potencial elástica da mola, ou seja:

$$V = V_{cursor}^g + V_{barra}^g + V_{mola}^e, \quad \textbf{(f)}$$

onde, para o nível de referência adotado, indicado na Figura 7.7, temos:

$$V_{cursor}^g = -mgr\cos\theta, \quad \textbf{(g)}$$

$$V_{barra}^g = -m_0 g \frac{L}{2} \cos\theta. \quad \textbf{(h)}$$

Além disso,

$$V_{mola}^e = \frac{1}{2} k \left(r - r_0\right)^2. \quad \textbf{(i)}$$

Associando as equações (b) a (i), escrevemos o Lagrangeano sob a forma:

$$L = \frac{1}{2} m \left[\dot{r}^2 + \left(r\dot{\theta}\right)^2\right] + \frac{1}{6} m_0 L^2 \dot{\theta}^2 + mgr\cos\theta + m_0 g \frac{L}{2} \cos\theta - \frac{1}{2} k \left(r - r_0\right)^2. \quad \textbf{(j)}$$

O trabalho virtual do momento externo é dado por:

$$\delta W^{F_{imp.}^{nc}} = \tau \delta\theta . \qquad \textbf{(k)}$$

Observando que o Lagrangeano é uma função das variáveis r, $\dot{r}$, θ e $\dot{\theta}$, em conformidade com as propriedades do operador variacional expressas pelas Equações (7.11), sua variação é dada por:

$$\delta L = \frac{\partial L}{\partial r}\delta r + \frac{\partial L}{\partial \dot{r}}\delta \dot{r} + \frac{\partial L}{\partial \theta}\delta \theta + \frac{\partial L}{\partial \dot{\theta}}\delta \dot{\theta} . \qquad \textbf{(l)}$$

Avaliando as derivadas parciais indicadas na equação (l), obtemos:

$$\frac{\partial L}{\partial r} = mr\dot{\theta}^2 - k\left(r - r_0\right) + mg\cos\theta , \qquad \textbf{(m.1)} \qquad \frac{\partial L}{\partial \dot{r}} = m\dot{r} , \qquad \textbf{(m.2)}$$

$$\frac{\partial L}{\partial \theta} = -mgr\, sen\,\theta - m_0 g \frac{L}{2} sen\,\theta , \qquad \textbf{(m.3)} \qquad \frac{\partial L}{\partial \dot{\theta}} = mr^2\dot{\theta} + \frac{1}{3}m_0 L^2\dot{\theta} . \qquad \textbf{(m.4)}$$

Introduzindo estas derivadas na equação (l), escrevemos:

$$\delta L = \left[mr\dot{\theta}^2 - k\left(r - r_0\right) + mg\cos\theta\right]\delta r + \left[m\dot{r}\right]\delta\dot{r} +$$

$$\left[-mgr\, sen\,\theta - m_0 g \frac{L}{2} sen\,\theta\right]\delta\theta + \left[mr^2\dot{\theta} + \frac{1}{3}m_0 L^2\dot{\theta}\right]\delta\dot{\theta} . \qquad \textbf{(n)}$$

Associando as equações (a), (k) e (n), obtemos:

$$\int_{t_1}^{t_2}\Big\{ \left[mr\dot{\theta}^2 - k\left(r - r_0\right) + mg\cos\theta\right]\delta r + \left[m\dot{r}\right]\delta\dot{r} +$$

$$\left[-mgr\, sen\,\theta - m_0 g \frac{L}{2} sen\,\theta + \tau\right]\delta\theta + \left[mr^2\dot{\theta} + \frac{1}{3}m_0 L^2\dot{\theta}\right]\delta\dot{\theta} \Big\}dt = 0 . \qquad \textbf{(o)}$$

Pelo motivo já exposto na resolução do Exemplo 7.2, na sequência devemos efetuar as seguintes integrações por partes das parcelas do integrando na equação (o) que envolvem as variações $\delta\dot{r}$ e $\delta\dot{\theta}$, de modo a obtê-las apenas em termos dos incrementos δr e $\delta\theta$:

- $$\int_{t_1}^{t_2} m\dot{r}\delta\dot{r}\,dt = \left[m\dot{r}\delta r\right]_{t_1}^{t_2} - \int_{t_1}^{t_2} m\ddot{r}\delta r\,dt , \qquad \textbf{(p.1)}$$

- $$\int_{t_1}^{t_2}\left(mr^2\dot{\theta} + \frac{1}{3}m_0 L^2\dot{\theta}\right)\delta\dot{\theta}\,dt = \left[\left(mr^2 + \frac{1}{3}m_0 L^2\right)\dot{\theta}\,\delta\theta\right]_{t_1}^{t_2} -$$

$$\int_{t_1}^{t_2}\left(2mr\dot{r}\dot{\theta} + mr^2\ddot{\theta} + \frac{1}{3}m_0 L^2\ddot{\theta}\right)\delta\theta\,dt . \qquad \textbf{(p.2)}$$

Introduzindo as equações (p) na equação (o), após rearranjos, escrevemos:

$$\int_{t_1}^{t_2}\left\{\left[mr\dot{\theta}^2-k\left(r-r_0\right)+mg\cos\theta-m\ddot{r}\right]\delta r+\right.$$

$$\left.\left[-mgrsen\theta-m_0g\frac{L}{2}sen\theta-2mr\dot{r}\dot{\theta}-mr^2\ddot{\theta}-\frac{1}{3}m_0L^2\ddot{\theta}+\tau\right]\delta\theta\right\}dt+$$

$$\left[m\dot{r}\delta r+\left(mr^2+\frac{1}{3}m_0L^2\right)\dot{\theta}\delta\theta\right]_{t_1}^{t_2}=0. \quad \textbf{(q)}$$

Relembrando que $\delta r(t_1) = \delta r(t_2) = 0$, $\delta\theta(t_1) = \delta\theta(t_2) = 0$, e que como a equação (q) deve ser satisfeita para quaisquer incrementos arbitrários e independentes δr e $\delta\theta$, os termos que multiplicam estes incrementos devem ser nulos. Deste fato resultam as equações diferenciais do movimento do sistema mecânico:

$$m\left(\ddot{r}-r\dot{\theta}^2\right)+k\left(r-r_0\right)-mg\cos\theta=0, \quad \textbf{(r.1)}$$

$$\left(mr^2+\frac{1}{3}m_0L^2\right)\ddot{\theta}+2mr\dot{r}\dot{\theta}+\left(mr+m_0\frac{L}{2}\right)gsen\theta=\tau\left(t\right). \quad \textbf{(r.2)}$$

7.5 Restrições cinemáticas (vínculos)

Na Seção 2.2 introduzimos a noção de restrições cinemáticas, também denominadas vínculos cinemáticos, que foram definidas como limitações a que o movimento de um corpo fica sujeito, resultantes de sua interação mecânica (contato) com outros corpos. Nas Tabelas 2.1 e 2.2 relacionamos os principais tipos de restrições encontradas em problemas de interesse na Engenharia.

É importante destacar que nos exemplos apresentados anteriormente neste capítulo (e também nos capítulos anteriores), as restrições foram consideradas implicitamente. Com efeito, no Exemplo 6.3, quando admitimos que a barra gira em torno de um eixo fixo que passa pelo ponto O, estamos implicitamente considerando restrições que estabelecem que o ponto O não pode se deslocar em duas direções ortogonais. Da mesma forma, o fato de o cursor se deslocar ao longo da barra estabelece restrições entre a posição do cursor no plano e o ângulo de orientação da barra.

Entretanto, no âmbito da Mecânica Analítica aplicada a problemas mais complexos, é conveniente explicitar as equações de restrição visando estabelecer o número mínimo de coordenadas independentes necessárias para representar o movimento. Alternativamente, é possível considerar um número de coordenadas superior ao número mínimo, e lidar simultaneamente com as restrições envolvendo estas coordenadas.

Na sequência apresentaremos a classificação tradicionalmente aplicadas às restrições.

7.5.1 Restrições holônomas e não holônomas

Admitamos que o movimento de um dado sistema mecânico seja representado por um conjunto de m coordenadas $q_1(t)$, $q_2(t)$, ..., $q_m(t)$. A título de exemplificação, no Exemplo 7.3 estas coordenadas são $q_1(t) \equiv r(t)$, $q_2(t) \equiv \theta(t)$. As restrições são expressas matematicamente por meio das denominadas *equações de restrição*, que estabelecem relações entre estas coordenadas.

Uma restrição é dita *holônoma* se ela puder ser expressa explicitamente em função das coordenadas sob a forma:

$$f(q_1, q_2, \dots, q_m) = 0. \tag{7.26.a}$$

Para casos particulares das restrições holônomas, usam-se tradicionalmente as seguintes definições: quando uma restrição holônoma não depende explicitamente do tempo, tal como expresso pela Equação (7.26.a), ela é denominada *esclerônoma*. Caso contrário, sendo representada sob a forma abaixo, é chamada *reônoma*:

$$f(q_1, q_2, \dots, q_m, t) = 0. \tag{7.26.b}$$

Por outro lado, uma restrição é denominada *não holônoma* quando não puder ser expressa da forma indicada nas Equações (7.26), mas for representada por relações não integráveis envolvendo diferenciais das coordenadas, da forma:

$$\begin{aligned} &a_1(q_1,q_2,\cdots,q_m,t)dq_1 + a_2(q_1,q_2,\cdots,q_m,t)dq_2 + \cdots \\ &+a_m(q_1,q_2,\cdots,q_m,t)dq_m + b(q_1,q_2,\cdots,q_m,t)dt = 0, \end{aligned} \tag{7.27.a}$$

ou, de forma abreviada:

$$\sum_{i=1}^{m} a_i(q_1,q_2,\cdots,q_m,t)dq_i + b(q_1,q_2,\cdots,q_m,t)dt = 0. \tag{7.27.b}$$

Destacamos que o fato de uma equação de restrição associada a uma restrição não holônoma ser não integrável significa que não é possível, partindo de uma relação do tipo dado pelas Equações (7.27), chegar, por integração, a relações dos tipos expressos pelas Equações (7.26).

7.5.2 Número de graus de liberdade e coordenadas generalizadas

Com base na teoria apresentada no Capítulo 1, sabemos que para caracterizar a posição de uma única partícula no espaço são necessárias três coordenadas independentes (coordenadas (x, y, z) no sistema de coordenadas cartesianas, ou coordenadas (r, θ, z) no sistema de coordenadas cilíndricas, por exemplo). Da mesma forma, conforme vimos no Capítulo 2, para caracterizar a posição e a orientação de um corpo rígido no espaço são necessárias seis coordenadas independentes (três delas para determinar a posição de um ponto qualquer do corpo e três outras para caracterizar a orientação de um segmento de reta ligando dois pontos quaisquer do corpo).

A existência de restrições tem por consequência a redução do número de coordenadas independentes necessárias para representar a configuração espacial das partículas e/ou corpos rígidos.

Para um dado sistema mecânico sujeito a restrições, a partir de um conjunto arbitrário de coordenadas utilizadas para representar os movimentos dos componentes do sistema, é possível escolher um subconjunto formado por um número mínimo de coordenadas independentes, suficientes para caracterizar de forma completa o movimento; em consequência, fica também definido um subconjunto suplementar de variáveis dependentes.

Além disso, nos casos em que as equações de restrição são holônomas, é possível expressar analiticamente as coordenadas dependentes em função das coordenadas independentes.

O número mínimo de coordenadas independentes suficientes para representar o movimento de um dado sistema mecânico é denominado *número de graus de liberdade*, e será denotado por N. Qualquer grupo de N coordenadas independentes forma um conjunto das denominadas *coordenadas generalizadas* que serão aqui denotadas por $q_1, q_2, \dots, q_N$.

Desta forma, para um sistema formado por n partículas, sujeitas a p restrições, o número de graus de liberdade é:

$$N = 3\,n - p, \tag{7.28.a}$$

e para um sistema formado por n corpos rígidos, sujeitos a p restrições, o número de graus de liberdade é:

$$N = 6\,n - p. \tag{7.28.b}$$

Evidentemente, é possível combinar as relações (7.28.a) e (7.28.b) nos casos em que o sistema mecânico for composto pela associação de partículas e corpos rígidos.

Vale observar que a escolha das coordenadas independentes é arbitrária, embora seu número permaneça invariável.

EXEMPLO 7.4

Consideremos o sistema ilustrado na Figura 7.8, constituído por duas pequenas massas P_1 e P_2, conectadas entre si pela barra rígida de comprimento L. O conjunto é forçado a se mover sobre o plano horizontal xy. Para este sistema, propomo-nos a formular as equações de restrição, determinar o número de graus de liberdade e definir alguns conjuntos de coordenadas generalizadas.

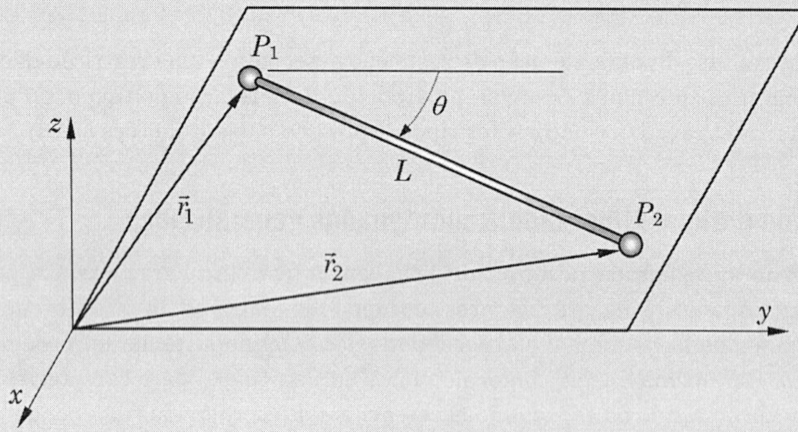

FIGURA 7.8 Conjunto formado por duas partículas conectas entre si por uma barra rígida, posicionado sobre um plano.

Resolução

No caso em questão, temos um sistema com duas partículas ($n = 2$) e o número total de coordenadas é dado por $3 \times 2 = 6$. Em termos das componentes dos vetores posição das duas partículas em relação ao sistema de eixos indicados na Figura 7.8, estas seis coordenadas são denotadas por (x_1, y_1, z_1, x_2, y_2, z_2). Tais coordenadas devem satisfazer às seguintes equações de restrição:

$$z_1 = 0\,, \qquad \textbf{(a.1)}$$

$$z_2 = 0\,, \qquad \textbf{(a.2)}$$

$$(x_2 - x_1)^2 + (y_2 - y_1)^2 - L^2 = 0\,. \qquad \textbf{(a.3)}$$

As duas primeiras equações expressam o fato que as partículas devem permanecer sobre o plano xy, e a última estabelece que elas devem manter distância constante entre si, determinada pelo comprimento da barra que as conecta.

Observando que as equações de restrição dadas pelas equações (a) têm a forma expressa pela Equação (7.26.a), temos então três equações de restrição holônomas-esclerônomas. De acordo com a Equação (7.28.a), o número de graus de liberdade do sistema resulta ser $N = 3 \times 2 - 3 = 3$.

Alguns conjuntos possíveis de coordenadas generalizadas são:

$$(q_1 = x_1,\ q_2 = y_1,\ q_3 = x_2), \qquad \textbf{(b.1)}$$

$$(q_1 = x_1,\ q_2 = y_1,\ q_3 = y_2), \qquad \textbf{(b.2)}$$

$$(q_1 = x_1,\ q_2 = y_1,\ q_3 = \theta), \qquad \textbf{(b.3)}$$

$$(q_1 = x_2,\ q_2 = y_2,\ q_3 = x_1), \qquad \textbf{(b.4)}$$

$$(q_1 = x_2,\ q_2 = y_2,\ q_3 = y_1), \qquad \textbf{(b.5)}$$

$$(q_1 = x_2,\ q_2 = y_2,\ q_3 = \theta). \qquad \textbf{(b.6)}$$

EXEMPLO 7.5

Consideremos o pêndulo duplo ilustrado na Figura 7.9, formado por duas barras AB e BC, articuladas entre si no ponto B, e em uma rótula plana em A, de modo que o sistema mecânico pode se movimentar apenas no plano vertical xy. Propomo-nos a formular as equações de restrição e determinar o número de graus de liberdade.

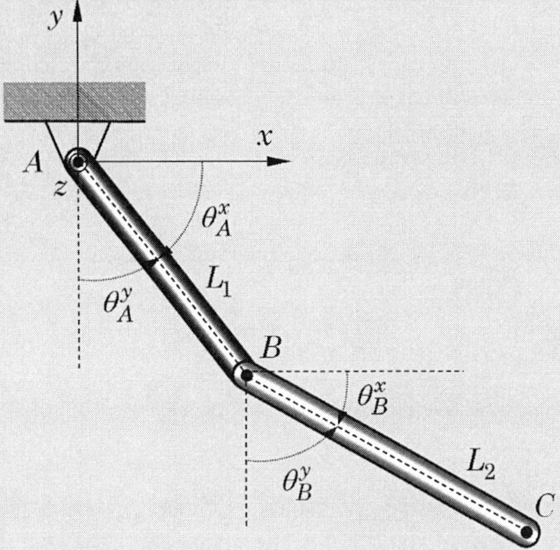

FIGURA 7.9 Ilustração de um pêndulo duplo e das coordenadas empregadas para descrever seu movimento.

Resolução

Para obter as equações de restrição e o número de graus de liberdade, partamos do seguinte conjunto de doze coordenadas para caracterizar as posições e orientações das duas barras em relação ao sistema de coordenadas cartesianas indicado na Figura 7.9:

- Para a barra *AB*: $x_A, y_A, z_A, \theta_A^x, \theta_A^y, \theta_A^z$,
- Para a barra *BC*: $x_B, y_B, z_B, \theta_B^x, \theta_B^y, \theta_B^z$,

onde $\theta_A^x, \theta_A^y, \theta_A^z$ e $\theta_B^x, \theta_B^y, \theta_B^z$ indicam os ângulos que as barras formam com os eixos *x*, *y* e *z*.

As restrições a que as barras estão sujeitas, todas elas determinadas pelas características geométricas indicadas na Figura 7.9, são as seguintes:

$$x_A = 0, \quad y_A = 0, \quad z_A = 0,$$

$$\theta_A^x + \theta_A^y - \frac{\pi}{2} = 0, \quad \theta_A^z = \frac{\pi}{2},$$

$$x_B - L_1 sen\theta_A^y = 0, \quad y_B + L_1 \cdot cos\theta_A^y = 0, \quad z_B = 0,$$

$$\theta_B^x + \theta_B^y - \frac{\pi}{2} = 0, \quad \theta_B^z = \frac{\pi}{2}.$$

Também neste exemplo, todas as restrições são da forma expressa pela Equação (7.26.a), sendo, portanto, holônomas-esclerônomas. Além disso, de acordo com a Equação (7.28.b), o número de graus de liberdade do sistema considerado é:

$$N = 6 \cdot 2 - 10 \Rightarrow \underline{\underline{N = 2}}.$$

EXEMPLO 7.6

Consideremos o pêndulo de comprimento *L* cujo ponto de pivotamento *A* está sujeito a um movimento harmônico imposto $x_A(t) = X_A\, cos(\omega t)$ conforme mostrado na Figura 7.10. Para representar o movimento, que é restrito ao plano da figura, escolhemos as coordenadas do ponto *A* e da massa do pêndulo em relação ao sistema de coordenadas cartesianas mostrado. Propomo-nos a estabelecer a equação de restrição aplicável.

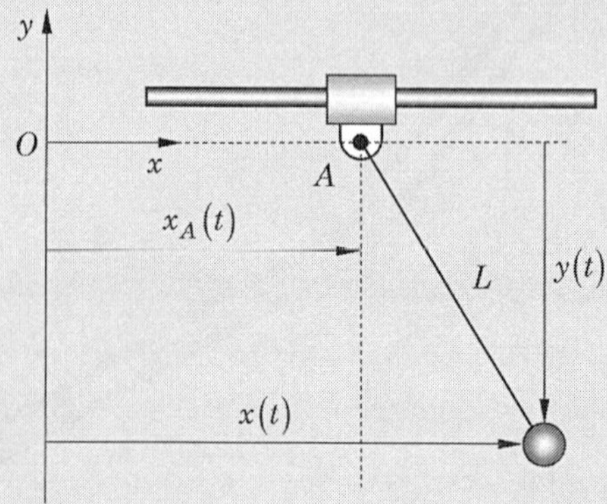

FIGURA 7.10 Pêndulo cujo ponto de pivotamento é sujeito a um movimento imposto.

Resolução

Como sabemos que o movimento é plano, podemos desconsiderar totalmente as coordenadas na direção z, perpendicular ao plano da Figura 7.10. Resta-nos, portanto, apenas quatro coordenadas: x, y, x_A, y_A.

As equações de restrição aplicáveis são:

$$x_A(t) = X_A \cos(\omega t), \qquad \textbf{(a)}$$

$$y_A = 0, \qquad \textbf{(b)}$$

$$(x - x_A)^2 + y^2 - L^2 = 0 \Rightarrow [x - X_A \cos(\omega t)]^2 + y^2 - L^2 = 0, \qquad \textbf{(c)}$$

sendo que a equação (c) expressa o fato de que o comprimento do cabo do pêndulo deve permanecer constante.

As equações de restrição (a) e (c) envolvem explicitamente o tempo, sendo, portanto, restrições holônomas-reônomas.

Como temos quatro coordenadas e três equações de restrição, o problema tem apenas um grau de liberdade.

EXEMPLO 7.7

Este exemplo ilustra um problema clássico envolvendo restrições não holônomas. Trata-se do movimento de um disco de raio r que rola sem deslizamento sobre um plano, seguindo a trajetória indeterminada, indicada na Figura 7.11. Admitindo que o plano do disco permaneça vertical, propomo-nos a obter as equações de restrição aplicáveis.

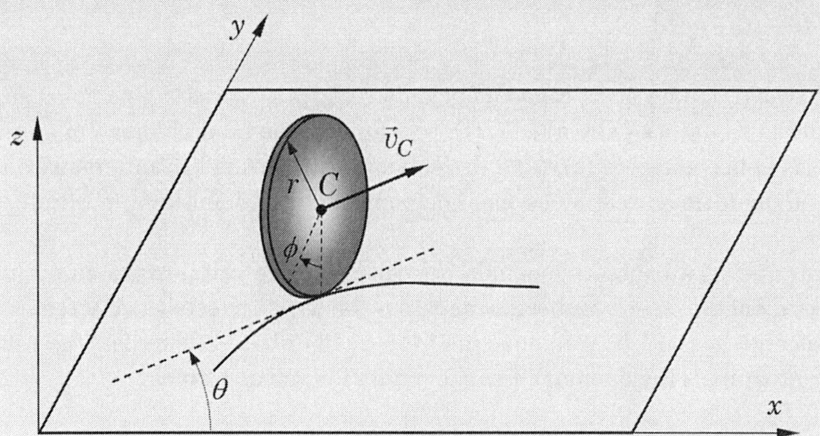

FIGURA 7.11 Disco que rola sem deslizamento sobre um plano.

Resolução

Para o problema em apreço escolhemos as seguintes coordenadas para representar a posição e orientação instantâneas do disco:

- Coordenadas do centro do disco, C: x_C, y_C, z_C,
- Orientação do disco, determinada pelos ângulos θ e ϕ.

A primeira restrição aplicável é:

$$z_C = r. \qquad \textbf{(a)}$$

Além disso, como o disco rola sem deslizar, a velocidade de seu centro vale $v_C = \dot{\phi} r$, sendo expressa vetorialmente da seguinte forma em termos de suas componentes nas direções dos eixos coordenados mostrados na Figura 7.11:

$$\vec{v}_C = \dot{\phi} r cos\theta \vec{i} + \dot{\phi} r sen\theta \vec{j}. \qquad \textbf{(b)}$$

Levando ainda em conta que:

$$\vec{v}_C = \frac{d\vec{r}_C}{dt} = \dot{x}_C \vec{i} + \dot{y}_C \vec{j} + \dot{z}_C \vec{k}, \qquad \textbf{(c)}$$

igualando as equações (b) e (c), obtemos:

$$\dot{x}_C = \dot{\phi} r cos\theta, \qquad \textbf{(d)}$$

$$\dot{y}_C = \dot{\phi} r sen\theta, \qquad \textbf{(e)}$$

$$\dot{z}_C = 0. \qquad \textbf{(f)}$$

Levando em conta que $\dot{x}_C = dx_C/dt$, $\dot{y}_C = dy_C/dt$ e $\dot{\phi} = d\phi/dt$, as equações (d) e (e) conduzem às equações de restrição expressas sob a forma:

$$dx_C - rcos\theta d\phi = 0, \qquad \textbf{(g)}$$

$$dy_C - rsen\theta d\phi = 0, \qquad \textbf{(h)}$$

enquanto a equação (f) é uma mera consequência da restrição expressa pela equação (a).

Considerando as Equações (7.26.a) e (7.27), concluímos que no problema em apreço há três restrições, expressas pelas equações (a), (g) e (h), sendo a primeira delas uma restrição holônoma-esclerônoma e as duas últimas restrições não holônomas. O problema tem, portanto, dois graus de liberdade.

Vale observar que, se a trajetória seguida pelo disco for prescrita, expressa por uma função conhecida $y = y(x)$, o ângulo θ será conhecido, dado por $\theta = dy/dx$. Neste caso, teremos uma restrição adicional, e o sistema passará a ter apenas um grau de liberdade. Além disso, as equações (g) e (h) passarão a ser integráveis (holônomas), ficando expressas sob as formas:

$$x_C - r\phi cos\theta = 0, \qquad \textbf{(i)}$$

$$y_C - r\phi sen\theta = 0. \qquad \textbf{(j)}$$

7.6 Equações de Lagrange

Nesta seção, desenvolveremos a formulação que, partindo do Princípio de Hamilton Estendido, conduz às denominadas *Equações de Lagrange*, que constituem uma forma bastante elegante e expedita para a obtenção das equações do movimento de sistemas dinâmicos.

As Equações de Lagrange são formuladas primeiramente em termos de coordenadas generalizadas, cujo conceito foi introduzido na Subseção 7.5.2.

Para um conjunto de n partículas tal como aquele mostrado na Figura 7.1, sujeito a restrições holônomas, podemos sempre expressar os vetores posição das partículas em função de um conjunto previamente escolhido de N coordenadas generalizadas, através de relações da forma:

$$\vec{r}_i = \vec{r}_i\,(q_1, q_2, \ldots, q_N, t). \qquad i = 1, 2, \ldots, n \tag{7.29}$$

Em termos de coordenadas cartesianas, a transformação expressa pela Equação (7.29) pode ser detalhada como segue:

$$\vec{r}_i = x_i\vec{i} + y_i\vec{j} + z_i\vec{k}, \tag{7.30}$$

com:

$$x_i = x_i\,(q_1, q_2, \ldots, q_N, t), \tag{7.31.a}$$

$$y_i = y_i\,(q_1, q_2, \ldots, q_N, t), \tag{7.31.b}$$

$$z_i = z_i\,(q_1, q_2, \ldots, q_N, t). \tag{7.31.c}$$

Aplicando o operador diferencial à Equação (7.29), escrevemos:

$$d\vec{r}_i = \frac{\partial \vec{r}_i}{\partial q_1}dq_1 + \frac{\partial \vec{r}_i}{\partial q_2}dq_2 + \cdots + \frac{\partial \vec{r}_i}{\partial q_N}dq_N + \frac{\partial \vec{r}_i}{\partial t}dt, \tag{7.32.a}$$

ou, de forma compacta:

$$d\vec{r}_i = \sum_{j=1}^{N}\frac{\partial \vec{r}_i}{\partial q_j}dq_j + \frac{\partial \vec{r}_i}{\partial t}dt. \tag{7.32.b}$$

Com base nas Equações (7.32), o trabalho das forças impostas aplicadas às partículas do sistema fica expresso sob a forma:

$$dW^{F_{imp.}} = \sum_{i=1}^{n}\vec{F}_i \cdot d\vec{r}_i = \sum_{i=1}^{n}\sum_{j=1}^{N}\vec{F}_i \cdot \left(\frac{\partial \vec{r}_i}{\partial q_j}dq_j + \frac{\partial \vec{r}_i}{\partial t}dt\right). \tag{7.33}$$

Caso estas forças sejam conservativas, a energia potencial associada a elas (ver Subseção 3.9.4), resulta expressa como uma função das coordenadas generalizadas (e eventualmente, do tempo), sob a forma:

$$V = V\,(q_1, q_2, \ldots, q_N, t). \tag{7.34}$$

Para formular a energia cinética do sistema de partículas, é necessário representar as velocidades destas partículas em termos das coordenadas generalizadas e de suas derivadas temporais. Para tanto, empregando a Regra da Cadeia, derivamos a Equação (7.30) em relação ao tempo, escrevendo:

$$\vec{v}_i = \dot{x}_i\vec{i} + \dot{y}_i\vec{j} + \dot{z}_i \cdot \vec{k}, \qquad i=1, 2, \ldots, n. \tag{7.35}$$

Levando em conta as Equações (7.31), temos:

$$\dot{x}_i = \frac{\partial x_i}{\partial t} = \frac{\partial x_i}{\partial q_1}\dot{q}_1 + \frac{\partial x_i}{\partial q_2}\dot{q}_2 + \cdots + \frac{\partial x_i}{\partial q_N}\dot{q}_N + \frac{\partial x_i}{\partial t} = \sum_{j=1}^{N}\frac{\partial x_i}{\partial q_j}\dot{q}_j + \frac{\partial x_i}{\partial t}, \tag{7.36.a}$$

$$\dot{y}_i = \frac{\partial y_i}{dt} = \frac{\partial y_i}{\partial q_1}\dot{q}_1 + \frac{\partial y_i}{\partial q_2}\dot{q}_2 + \cdots + \frac{\partial y_i}{\partial q_N}\dot{q}_N + \frac{\partial y_i}{\partial t} = \sum_{j=1}^{N}\frac{\partial y_i}{\partial q_j}\dot{q}_j + \frac{\partial y_i}{\partial t}, \tag{7.36.b}$$

$$\dot{z}_i = \frac{\partial z_i}{dt} = \frac{\partial z_i}{\partial q_1}\dot{q}_1 + \frac{\partial z_i}{\partial q_2}\dot{q}_2 + \cdots + \frac{\partial z_i}{\partial q_N}\dot{q}_N + \frac{\partial z_i}{\partial t} = \sum_{j=1}^{N}\frac{\partial z_i}{\partial q_j}\dot{q}_j + \frac{\partial z_i}{\partial t}. \tag{7.36.c}$$

A energia cinética do sistema de partículas é desenvolvida a partir da seguinte definição (ver Equação (4.71)):

$$T = \frac{1}{2}\sum_{i=1}^{n} m_i \vec{v}_i \cdot \vec{v}_i = \frac{1}{2}\sum_{i=1}^{n} m_i\left(\dot{x}_i^2 + \dot{y}_i^2 + \dot{z}_i^2\right). \tag{7.37}$$

Associando as Equações (7.36) em (7.37), escrevemos:

$$T = \frac{1}{2}\sum_{i=1}^{n} m_i\left[\left(\sum_{j=1}^{N}\frac{\partial x_i}{\partial q_j}\dot{q}_j + \frac{\partial x_i}{\partial t}\right)^2 + \left(\sum_{j=1}^{N}\frac{\partial y_i}{\partial q_j}\dot{q}_j + \frac{\partial y_i}{\partial t}\right)^2 + \left(\sum_{j=1}^{N}\frac{\partial z_i}{\partial q_j}\dot{q}_j + \frac{\partial z_i}{\partial t}\right)^2\right]. \tag{7.38}$$

Na Equação (7.38) observamos que, de modo geral, a energia cinética será função das coordenadas generalizadas, de suas derivadas temporais e do tempo t. Assim, podemos escrever:

$$T = T\,(q_1, q_2, \ldots q_N, \dot{q}_1, \dot{q}_2, \ldots, \dot{q}_N, t). \tag{7.39}$$

Combinando as Equações (7.34) e (7.39), o Lagrangeano do sistema de partículas resulta expresso como uma função das coordenadas generalizadas $(q_1, q_2, \ldots, q_N)$, de suas derivadas temporais $(\dot{q}_1, \dot{q}_2, \ldots, \dot{q}_N)$ e do tempo t:

$$L = T - V = L\,(q_1, q_2, \ldots q_N, \dot{q}_1, \dot{q}_2, \ldots, \dot{q}_N, t), \tag{7.40}$$

e a variação do Lagrangeano, associada a um conjunto arbitrário de incrementos virtuais aplicados às coordenadas generalizadas, resulta expressa por:

$$\delta L = \frac{\partial L}{\partial q_1}\delta q_1 + \frac{\partial L}{\partial q_2}\delta q_2 + \cdots + \frac{\partial L}{\partial q_N}\delta q_N + \frac{\partial L}{\partial \dot{q}_1}\delta \dot{q}_1 + \frac{\partial L}{\partial \dot{q}_2}\delta \dot{q}_2 + \cdots + \frac{\partial L}{\partial \dot{q}_N}\delta \dot{q}_N,$$

ou, de forma abreviada:

$$\delta L = \sum_{j=1}^{N}\left(\frac{\partial L}{\partial q_j}\delta q_j + \frac{\partial L}{\partial \dot{q}_j}\delta \dot{q}_j\right). \tag{7.41}$$

Notemos que, de acordo com as propriedades atribuídas aos deslocamentos virtuais (ver Seção 7.2), o termo $\frac{\partial L}{\partial t}\delta t$ não é incluído na Equação (7.41).

Na sequência, buscaremos expressar o trabalho virtual das forças não conservativas aplicadas às partículas do sistema em termos das coordenadas generalizadas. Para tanto, escrevemos:

$$\delta W^{F_{imp.}^{nc}} = \sum_{i=1}^{n} \vec{F}_i^{nc} \cdot \delta\vec{r}_i \,. \tag{7.42}$$

Adaptando a Equação (7.32.b), expressamos os deslocamentos virtuais sob a forma:

$$\delta\vec{r}_i = \sum_{j=1}^{N} \frac{\partial \vec{r}_i}{\partial q_j}\delta q_j \,. \tag{7.43}$$

Associando as Equações (7.42) e (7.43), obtemos:

$$\delta W^{F_{imp.}^{nc}} = \sum_{j=1}^{N}\left(\sum_{i=1}^{n} \vec{F}_i^{nc} \cdot \frac{\partial \vec{r}_i}{\partial q_j}\right)\delta q_j \,, \tag{7.44}$$

ou ainda:

$$\delta W^{F_{imp.}^{nc}} = \sum_{j=1}^{N} Q_j^{nc}\delta q_j \,, \tag{7.45}$$

onde:

$$Q_j^{nc} = \sum_{i=1}^{n} \vec{F}_i^{nc} \cdot \frac{\partial \vec{r}_i}{\partial q_j} \tag{7.46}$$

são as denominados *forças generalizadas* associadas às forças impostas não conservativas.

Voltemos agora ao Princípio de Hamilton Estendido, expresso pela Equação (7.25), repetida abaixo:

$$\int_{t_1}^{t_2} \delta L \, dt + \int_{t_1}^{t_2} \delta W^{F_{imp.}^{nc}} \, dt = 0 \,. \tag{7.47}$$

Associando as Equações (7.41), (7.45) e (7.47), escrevemos:

$$\int_{t_1}^{t_2}\left[\sum_{j=1}^{N}\left(\frac{\partial L}{\partial q_j}\delta q_j + \frac{\partial L}{\partial \dot{q}_j}\delta \dot{q}_j\right)\right]dt + \int_{t_1}^{t_2}\left(\sum_{j=1}^{N} Q_j^{nc}\delta q_j\right)dt = 0 \,. \tag{7.48}$$

Efetuando a integração por partes dos termos que envolvem as variações $\delta\dot{q}_j$, obtemos:

$$\int_{t_1}^{t_2}\left(\sum_{j=1}^{N}\frac{\partial L}{\partial \dot{q}_j}\delta \dot{q}_j\right)dt = \sum_{j=1}^{N}\left[\frac{\partial L}{\partial \dot{q}_j}\delta q_j\right]_{t_1}^{t_2} - \int_{t_1}^{t_2}\left(\sum_{j=1}^{N}\frac{d}{dt}\left(\frac{\partial L}{\partial \dot{q}_j}\right)\delta q_j\right)dt \,. \tag{7.49}$$

Considerando mais uma vez que os deslocamentos virtuais (e, portanto, as variações correspondentes das coordenadas generalizadas) devem se anular nos instantes t_1 e t_2, ou seja, $\delta q_j\,(t_1) = \delta q_j\,(t_2) = 0$, o primeiro termo do lado direito da Equação (7.49) resulta nulo. Introduzindo, então, a equação resultante na Equação (7.48), após alguns rearranjos, escrevemos:

$$\int_{t_1}^{t_2}\left[\sum_{j=1}^{N}\left(-\frac{d}{dt}\left(\frac{\partial L}{\partial \dot{q}_j}\right)+\frac{\partial L}{\partial q_j}+Q_j^{nc}\right)\delta q_j\right]dt=0. \qquad (7.50)$$

Como, consistentemente com a definição de coordenadas generalizadas, as variações virtuais δq_j, $j = 1,2, ..., N$ são independentes entre si, a Equação (7.50) é satisfeita quando todos os termos que multiplicam as variações δq_j, $j = 1, 2, ..., N$ são nulos. Assim, obtemos:

$$\frac{d}{dt}\left(\frac{\partial L}{\partial \dot{q}_j}\right)-\frac{\partial L}{\partial q_j}=Q_j^{nc}. \qquad j = 1, 2, ..., N \qquad (7.51)$$

As Equações (7.51) são as denominadas *Equações de Lagrange*.

Nos casos em que todas as forças impostas ao sistema são conservativas, seus trabalhos estarão incluídos na energia potencial, as forças generalizadas associadas às forças não conservativas resultam nulas e as Equações de Lagrange ficam:

$$\frac{d}{dt}\left(\frac{\partial L}{\partial \dot{q}_j}\right)-\frac{\partial L}{\partial q_j}=0. \qquad j = 1, 2, ..., N \qquad (7.52)$$

De modo semelhante ao que fizemos com relação ao PTV na Seção 7.2 e ao Princípio Variacional de Hamilton na Seção 7.3, afirmamos que as Equações de Lagrange, deduzidas aqui considerando sistemas discretos de partículas, podem ser utilizadas para obter as equações do movimento de qualquer tipo de sistema mecânico, formado por partículas e/ou corpos rígidos. Para estes últimos devemos, na formulação do Lagrangeano, expressar a energia cinética total e a energia potencial total associada aos esforços impostos, com base nos fundamentos desenvolvidos na Seção 6.10.

Embora os desenvolvimentos que conduziram às Equações de Lagrange sejam complexos, o uso destas equações para a obtenção das equações do movimento de sistemas mecânicos é relativamente simples, e consiste das seguintes etapas principais:

1ª) Escolha de um conjunto de coordenadas generalizadas.

2ª) Formulação da energia cinética, da energia potencial e do trabalho virtual das forças não conservativas, caso estas existam, em função das coordenadas generalizadas e suas derivadas temporais.

3ª) Aplicação das Equações de Lagrange expressas por (7.51) ou (7.52).

Este procedimento será ilustrado nos exemplos a seguir, que permitirão constatar que, em comparação com o Princípio de Hamilton, as Equações de Lagrange possibilitam obter as equações do movimento de forma mais expedita.

EXEMPLO 7.8
Propomo-nos a obter as equações diferenciais do movimento para o sistema mecânico considerado no Exemplo 7.3 utilizando as Equações de Lagrange.

Resolução
Como as coordenadas (r, θ) são independentes, podemos adotá-las como coordenadas generalizadas ($q_1 \equiv r$, $q_2 \equiv \theta$) e as duas Equações de Lagrange do movimento, expressas pela Equação (7.51), tomam as formas:

$$\frac{d}{dt}\left(\frac{\partial L}{\partial \dot{r}}\right)-\frac{\partial L}{\partial r}=Q_r, \quad \textbf{(a.1)}$$

$$\frac{d}{dt}\left(\frac{\partial L}{\partial \dot{\theta}}\right)-\frac{\partial L}{\partial \theta}=Q_\theta. \quad \textbf{(a.2)}$$

Para obtenção das forças generalizadas, consideramos o trabalho virtual do torque aplicado à barra, dado por:

$$\delta W^{F^{nc}_{imp.}}=\tau\,\delta\theta. \quad \textbf{(b)}$$

Por outro lado, aplicando a Equação (7.45) levando em conta a escolha feita para as coordenadas generalizadas, escrevemos:

$$\delta W^{F^{nc}_{imp.}}=Q_r\delta r+Q_\theta\delta\theta. \quad \textbf{(c)}$$

Confrontando as equações (b) e (c) obtemos:

$$Q_r=0, \quad \textbf{(d.1)}$$

$$Q_\theta=\tau. \quad \textbf{(d.2)}$$

Retomando a expressão do Lagrangeano dada pela equação (j) do Exemplo 7.3, repetida abaixo:

$$L=\frac{1}{2}m\left[\dot{r}^2+\left(r\dot{\theta}\right)^2\right]+\frac{1}{6}m_0L^2\dot{\theta}^2+mgr\cos\theta+m_0g\frac{L}{2}\cos\theta-\frac{1}{2}k\left(r-r_0\right)^2, \quad \textbf{(e)}$$

calculamos as seguintes derivadas parciais que figuram nas equações (a):

$$\frac{\partial L}{\partial \dot{r}}=m\dot{r} \Rightarrow \frac{d}{dt}\left(\frac{\partial L}{\partial \dot{r}}\right)=m\ddot{r}, \quad \textbf{(f.1)}$$

$$\frac{\partial L}{\partial r}=mr\dot{\theta}^2+mg\cos\theta-k\left(r-r_0\right), \quad \textbf{(f.2)}$$

$$\frac{\partial L}{\partial \dot{\theta}} = mr^2\dot{\theta} + \frac{1}{3}m_0L^2\dot{\theta} \Rightarrow \frac{d}{dt}\left(\frac{\partial L}{\partial \dot{\theta}}\right) = 2mr\dot{r}\dot{\theta} + mr^2\ddot{\theta} + \frac{1}{3}m_0L^2\ddot{\theta}, \quad \textbf{(f.3)}$$

$$\frac{\partial L}{\partial \theta} = -mgrsen\theta - m_0g\frac{L}{2}sen\theta. \quad \textbf{(f.4)}$$

Associando as equações (a), (d) e (f), obtemos as seguintes equações do movimento:

$$m\left(\ddot{r} - r\dot{\theta}^2\right) + k\left(r - r_0\right) - mg\cos\theta = 0, \quad \textbf{(g.1)}$$

$$\left(mr^2 + \frac{1}{3}m_0L^2\right)\ddot{\theta} + 2mr\dot{r}\dot{\theta} + \left(mr + m_0\frac{L}{2}\right)g\,sen\theta = \tau(t). \quad \textbf{(g.2)}$$

Obviamente, as equações do movimento (g.1) e (g.2) são idênticas àquelas obtidas por meio do Princípio de Hamilton Estendido no Exemplo 7.3.

EXEMPLO 7.9

O pêndulo duplo ilustrado na Figura 7.12 é constituído por duas barras delgadas homogêneas, denotadas por 1 e 2, com massas e comprimentos m_1, L_1 e m_2, L_2, respectivamente. A barra 1 está sujeita a um torque $\tau(t)$. Propomo-nos a obter as equações do movimento empregando as Equações de Lagrange.

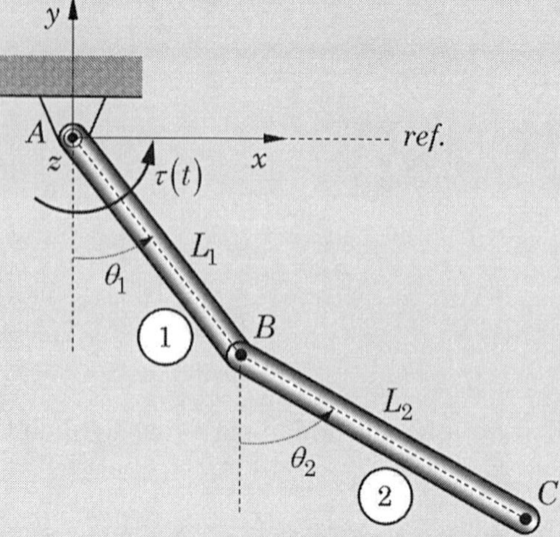

FIGURA 7.12 Ilustração de um pêndulo duplo e das coordenadas empregadas para descrever seu movimento.

Resolução

Para obter as equações do movimento, escolhemos as duas coordenadas angulares $\theta_1(t)$ e $\theta_2(t)$, que definem, respectivamente, as orientações das barras 1 e 2 em relação à direção vertical, conforme mostrado na Figura 7.12. Por serem independentes, estas coordenadas são identificadas como coordenadas generalizadas.

Para formular o Lagrangeano, recordamos que a barra 1 desenvolve movimento de rotação não baricêntrica, ao passo que a barra 2 executa movimento plano geral (ver Subseção 6.10.1). Além disso, adotaremos como referência para a energia potencial gravitacional o nível definido pelo eixo x na Figura 7.12.

Desta forma, para cada uma das barras do pêndulo duplo, o Lagrangeano é formulado da seguinte forma:

- **Barra 1:**

$$L_1 = T_1 - V_1, \qquad \textbf{(a)}$$

com:

$$T_1 = \frac{1}{2} J_{z_1} \omega_1^2 = \frac{1}{6} m_1 L_1^2 \dot{\theta}_1^2 \qquad \textbf{(b)}$$

onde $J_1^z = m_1 L_1^2 / 3$ é o momento de inércia de massa da barra 1 em relação ao eixo perpendicular ao plano da Figura 7.12, que passa pelo ponto A.

$$V_1 = -m_1 g \frac{L_1}{2} \cos\theta_1 . \qquad \textbf{(c)}$$

Associando as equações (a) a (c), temos:

$$L_1 = \frac{1}{6} m_1 L_1^2 \dot{\theta}_1^2 + \frac{1}{2} m_1 g L_1 \cos\theta_1 . \qquad \textbf{(d)}$$

- **Barra 2:**

$$L_2 = T_2 - V_2, \qquad \textbf{(e)}$$

com:

$$T_2 = \frac{1}{2} m_2 v_{G_2}^2 + \frac{1}{2} J_{z_2'} \omega_2^2, \qquad \textbf{(f)}$$

onde $J_{z_2'} = m_2 L_2^2 / 12$ é o momento de inércia de massa da barra 2 em relação ao eixo perpendicular ao plano da Figura 7.12, que passa pelo seu centro de massa G_2.

Da análise cinemática para o movimento plano geral, temos (ver Subseção 2.5.1):

$$\vec{v}_{G_2} = \vec{v}_B + \vec{\omega}_2 \times \overrightarrow{BG_2} . \qquad \textbf{(g)}$$

Sendo:

$$\vec{v}_B = \vec{\omega}_1 \times \overrightarrow{AB} = \dot{\theta}_1 \vec{k} \times L_1 \left(sen\theta_1 \vec{i} - \cos\theta_1 \vec{j} \right) = L_1 \dot{\theta}_1 \left(\cos\theta_1 \vec{i} + sen\theta_1 \vec{j} \right),$$

$$\vec{\omega}_2 \times \overrightarrow{BG_2} = \dot{\theta}_2 \vec{k} \times \frac{L_2}{2} \left(sen\theta_2 \vec{i} - \cos\theta_2 \vec{j} \right) = \frac{L_2}{2} \dot{\theta}_2 \left(\cos\theta_2 \vec{i} + sen\theta_2 \vec{j} \right),$$

temos:

$$\vec{v}_{G_2} = \left(L_1\dot{\theta}_1 \cos\theta_1 + \frac{L_2}{2}\dot{\theta}_2 \cos\theta_2 \right)\vec{i} + \left(L_1\dot{\theta}_1 sen\theta_1 + \frac{L_2}{2}\dot{\theta}_2\, sen\theta_2 \right)\vec{j},$$

e, após manipulações algébricas, a equação (f) fica:

$$T_2 = \frac{1}{2}m_2\left[L_1^2\dot{\theta}_1^2 + \frac{1}{3}L_2^2\dot{\theta}_2^2 + L_1L_2\dot{\theta}_1\dot{\theta}_2\cos(\theta_2 - \theta_1) \right]. \quad \textbf{(h)}$$

A energia potencial gravitacional da barra 2 é dada por:

$$V_2 = -m_2 g\left(L_1\cos\theta_1 + \frac{L_2}{2}\cos\theta_2 \right). \quad \textbf{(i)}$$

Associando as equações (h) e (i), temos:

$$L_2 = \frac{1}{2}m_2\left[L_1^2\dot{\theta}_1^2 + \frac{1}{3}L_2^2\dot{\theta}_2^2 + L_1L_2\dot{\theta}_1\dot{\theta}_2\cos(\theta_2 - \theta_1) \right] + m_2 g\left(L_1\cos\theta_1 + \frac{L_2}{2}\cos\theta_2 \right). \quad \textbf{(j)}$$

Combinando as equações (d) e (j), o Lagrangeano do sistema resulta expresso sob a forma:

$$L = L_1 + L_2 = \frac{1}{2}\left(\frac{1}{3}m_1 + m_2 \right)L_1^2\dot{\theta}_1^2 + \frac{1}{6}m_2L_2^2\dot{\theta}_2^2 + \frac{1}{2}m_2L_1L_2\dot{\theta}_1\dot{\theta}_2\cos(\theta_2 - \theta_1) +$$
$$\left(\frac{1}{2}m_1 + m_2 \right)gL_1\cos\theta_1 + m_2 g\frac{L_2}{2}\cos\theta_2. \quad \textbf{(k)}$$

O trabalho virtual do torque externo aplicado à barra 1, tratado como um esforço não conservativo, é expresso segundo:

$$\delta W^{F_{imp.}^{nc}} = \tau\,\delta\theta_1. \quad \textbf{(l)}$$

Por outro lado, aplicando a Equação (7.45), escrevemos:

$$\delta W^{F_{imp.}^{nc}} = Q_{\theta_1}\delta\theta_1 + Q_{\theta_2}\delta\theta_2. \quad \textbf{(m)}$$

Confrontando as equações (l) e (m) obtemos:

$$Q_{\theta_1} = \tau, \quad \textbf{(n.1)}$$

$$Q_{\theta_2} = 0. \quad \textbf{(n.2)}$$

Para obter as Equações de Lagrange, expressas pela Equação (7.51), com ($q_1 \equiv \theta_1$, $q_2 \equiv \theta_2$), fazemos os seguintes desenvolvimentos:

$$\frac{\partial L}{\partial \theta_1} = \frac{1}{2} m_2 L_1 L_2 \dot{\theta}_1 \dot{\theta}_2 sen(\theta_2 - \theta_1) - \left(\frac{1}{2} m_1 + m_2 \right) g L_1 sen\theta_1, \qquad \textbf{(o.1)}$$

$$\frac{\partial L}{\partial \dot{\theta}_1} = \left(\frac{1}{3} m_1 + m_2 \right) L_1^2 \dot{\theta}_1 + \frac{1}{2} m_2 L_1 L_2 \dot{\theta}_2 \cos(\theta_2 - \theta_1),$$

$$\frac{d}{dt}\left(\frac{\partial L}{\partial \dot{\theta}_1} \right) = \left(\frac{1}{3} m_1 + m_2 \right) L_1^2 \ddot{\theta}_1 + \frac{1}{2} m_2 L_1 L_2 \ddot{\theta}_2 \cos(\theta_2 - \theta_1) -$$

$$\frac{1}{2} m_2 L_1 L_2 \dot{\theta}_2^2 sen(\theta_2 - \theta_1) + \frac{1}{2} m_2 L_1 L_2 \dot{\theta}_1 \dot{\theta}_2 sen(\theta_2 - \theta_1), \qquad \textbf{(o.2)}$$

$$\frac{\partial L}{\partial \theta_2} = -\frac{1}{2} m_2 L_1 L_2 \dot{\theta}_1 \dot{\theta}_2 sen(\theta_2 - \theta_1) - m_2 g \frac{L_2}{2} sen\theta_2, \qquad \textbf{(o.3)}$$

$$\frac{\partial L}{\partial \dot{\theta}_2} = \frac{1}{3} m_2 L_2^2 \dot{\theta}_2 + \frac{1}{2} m_2 L_1 L_2 \dot{\theta}_1 \cos(\theta_2 - \theta_1),$$

$$\frac{d}{dt}\left(\frac{\partial L}{\partial \dot{\theta}_2} \right) = \frac{1}{3} m_2 L_2^2 \ddot{\theta}_2 + \frac{1}{2} m_2 L_1 L_2 \ddot{\theta}_1 \cos(\theta_2 - \theta_1) +$$

$$\frac{1}{2} m_2 L_1 L_2 \dot{\theta}_1^2 sen(\theta_2 - \theta_1) - \frac{1}{2} m_2 L_1 L_2 \dot{\theta}_1 \dot{\theta}_2 sen(\theta_2 - \theta_1). \qquad \textbf{(o.4)}$$

Finalmente, as equações do movimento resultam expressas sob as formas:

- **1ª Equação do movimento:**

$$\frac{d}{dt}\left(\frac{\partial L}{\partial \dot{\theta}_1} \right) - \frac{\partial L}{\partial \theta_1} = Q_{\theta_1},$$

$$\left(\frac{1}{3} m_1 + m_2 \right) L_1^2 \ddot{\theta}_1 + \frac{1}{2} m_2 L_1 L_2 \ddot{\theta}_2 \cos(\theta_2 - \theta_1) - \frac{1}{2} m_2 L_1 L_2 \dot{\theta}_2^2 sen(\theta_2 - \theta_1) +$$

$$\left(\frac{1}{2} m_1 + m_2 \right) g L_1 sen\theta_1 = \tau. \qquad \textbf{(p.1)}$$

- **2ª Equação do movimento:**

$$\frac{d}{dt}\left(\frac{\partial L}{\partial \dot{\theta}_2} \right) - \frac{\partial L}{\partial \theta_2} = Q_{\theta_2},$$

$$\frac{1}{3} m_2 L_2^2 \ddot{\theta}_2 + \frac{1}{2} m_2 L_1 L_2 \ddot{\theta}_1 \cos(\theta_2 - \theta_1) + \frac{1}{2} m_2 L_1 L_2 \dot{\theta}_1^2 sen(\theta_2 - \theta_1) + m_2 g \frac{L_2}{2} sen\theta_2 = 0. \qquad \textbf{(p.2)}$$

O leitor deve observar que, com exceção da presença do momento τ, as equações do movimento, dadas pelas Equações (p.1) e (p.2), são idênticas às que haviam sido obtidas no Exemplo 6.8 empregando as Equações de Newton-Euler.

EXEMPLO 7.10

O sistema vibratório mostrado na Figura 7.13 é formado por duas massas, m_1 e m_2, duas molas lineares k_{10}, e k_{12}, e dois amortecedores viscosos lineares, c_{10} e c_{12}, e está sujeito a duas forças, $\vec{f}_1(t)$ e $\vec{f}_2(t)$. Propomo-nos a obter as equações do movimento do sistema, empregando as Equações de Lagrange. Desprezaremos o atrito entre as massas e a superfície sobre a qual deslizam.

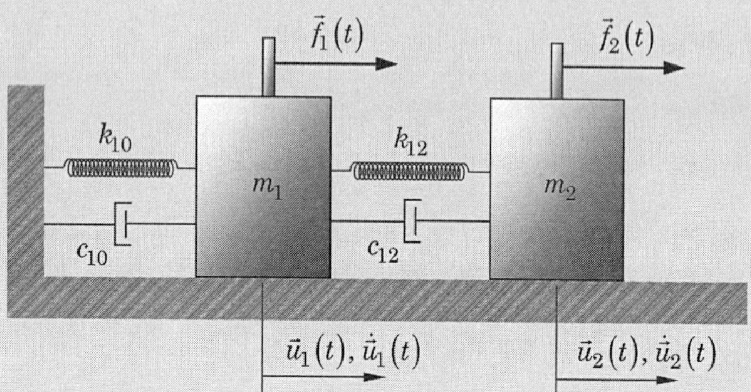

FIGURA 7.13 Ilustração de um sistema mecânico constituído por massas, molas e amortecedores viscosos.

Resolução

Adotaremos as duas coordenadas generalizadas $u_1(t)$ e $u_2(t)$ que representam os deslocamentos das massas m_1 e m_2, respectivamente, medidos em relação às posições em que as duas molas estão indeformadas.

Para facilitar o entendimento do problema, na Figura 7.14 mostramos os diagramas de corpo livre das duas massas, nos quais estão indicadas todas as forças atuantes sobre elas. Para o estabelecimento dos sentidos das forças exercidas pelas molas e pelos amortecedores, admitimos, sem perder generalidade, as condições $u_2(t) > u_1(t)$ e $\dot{u}_2(t) > \dot{u}_1(t)$.

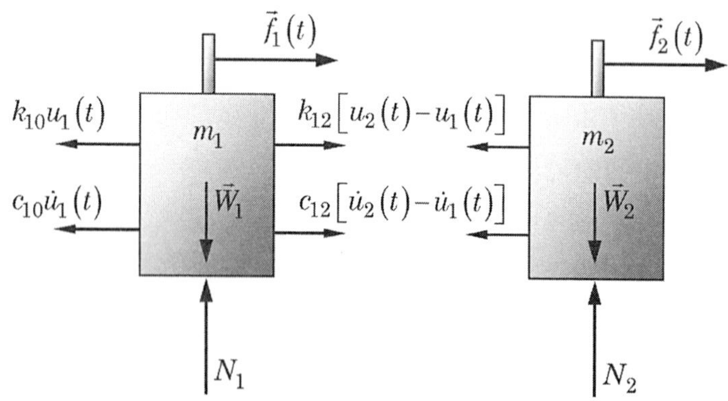

FIGURA 7.14 Esquema de resolução do Exemplo 7.10.

O Lagrangeano, incluindo as energias cinéticas das duas massas e as energias potenciais elásticas das três molas, resulta expresso sob a forma:

$$L = \frac{1}{2}m_1\dot{u}_1^2 + \frac{1}{2}m_2\dot{u}_2^2 - \frac{1}{2}k_{10}u_1^2 - \frac{1}{2}k_{12}\left(u_2 - u_1\right)^2. \qquad \textbf{(a)}$$

As forças não conservativas incluem as forças externas aplicadas $\vec{f}_1$ e $\vec{f}_2$ e as forças exercidas pelos amortecedores. Relembramos que estes últimos desenvolvem forças proporcionais às velocidades (ver Subseção 3.3.8). Com base na Figura 7.14, depreendemos que o trabalho virtual realizado pelas forças não conservativas:

$$\delta W_{imp.}^{nc} = f_1\,\delta u_1 + f_2\,\delta u_2 - c_{10}\,\dot{u}_1\,\delta u_1 + c_{12}\left(\dot{u}_2 - \dot{u}_1\right)\delta u_1 - c_{12}\left(\dot{u}_2 - \dot{u}_1\right)\delta u_2 \Rightarrow$$

$$\delta W_{imp.}^{nc} = \left[f_1 - c_{10}\dot{u}_1 + c_{12}\left(\dot{u}_2 - \dot{u}_1\right)\right]\delta u_1 + \left[f_2 - c_{12}\left(\dot{u}_2 - \dot{u}_1\right)\right]\delta u_2. \qquad \textbf{(b)}$$

Em termos das coordenadas generalizadas escolhidas, as duas Equações de Lagrange tomam as formas:

$$\frac{d}{dt}\left(\frac{\partial L}{\partial \dot{u}_1}\right) - \frac{\partial L}{\partial u_1} = Q_1, \qquad \textbf{(c.1)}$$

$$\frac{d}{dt}\left(\frac{\partial L}{\partial \dot{u}_2}\right) - \frac{\partial L}{\partial u_2} = Q_2. \qquad \textbf{(c.2)}$$

As derivadas parciais que aparecem nas equações (c) são calculadas das seguintes formas:

$$\frac{\partial L}{\partial u_1} = -k_{10}u_1 + k_{12}\left(u_2 - u_1\right), \qquad \textbf{(d.1)}$$

$$\frac{\partial L}{\partial \dot{u}_1} = m_1\dot{u}_1 \Rightarrow \frac{d}{dt}\left(\frac{\partial L}{\partial \dot{u}_1}\right) = m_1\ddot{u}_1, \qquad \textbf{(d.2)}$$

$$\frac{\partial L}{\partial u_2} = -k_{12}\left(u_2 - u_1\right), \qquad \textbf{(d.3)}$$

$$\frac{\partial L}{\partial \dot{u}_2} = m_2\dot{u}_2 \Rightarrow \frac{d}{dt}\left(\frac{\partial L}{\partial \dot{u}_2}\right) = m_2\ddot{u}_2. \qquad \textbf{(d.4)}$$

Confrontando a equação (b) e a Equação (7.45), escrevemos:

$$\delta W^{F_{imp.}^{nc}} = Q_1\delta u_1 + Q_2\delta u_2 = \left[f_1 - c_{10}\dot{u}_1 + c_{12}\left(\dot{u}_2 - \dot{u}_1\right)\right]\delta u_1 + \left[f_2 - c_{12}\left(\dot{u}_2 - \dot{u}_1\right)\right]\delta u_2,$$

donde, uma vez que δu_1 e δu_2 são independentes, obtemos as seguintes expressões para as forças generalizadas:

$$Q_1 = f_1 - c_{10}\dot{u}_1 + c_{12}(\dot{u}_2 - \dot{u}_1), \qquad \textbf{(e.1)}$$

$$Q_2 = f_2 - c_{12}(\dot{u}_2 - \dot{u}_1). \qquad \textbf{(e.2)}$$

Associando finalmente as equações (c), (d) e (e), obtemos as seguintes equações diferenciais do movimento:

$$m_1\ddot{u}_1(t) + (c_{10} + c_{12})\dot{u}_1(t) - c_{12}\dot{u}_2(t) + (k_{10} + k_{12})u_1(t) - k_{12}u_2(t) = f_1(t), \qquad \textbf{(f.1)}$$

$$m_2\ddot{u}_2(t) + c_{12}\dot{u}_2(t) - c_{12}\dot{u}_1(t) + k_{12}u_2(t) - k_{12}u_1(t) = f_2(t). \qquad \textbf{(f.2)}$$

Na teoria de vibrações mecânicas é comum expressar as duas equações do movimento (f) sob a seguinte forma matricial:

$$[M]\{\ddot{u}(t)\} + [C]\{\dot{u}(t)\} + [K]\{u(t)\} = \{f(t)\}, \qquad \textbf{(g)}$$

com:

$$[M] = \begin{bmatrix} m_1 & 0 \\ 0 & m_2 \end{bmatrix}: \text{matriz de massa}, \qquad \textbf{(h.1)}$$

$$[C] = \begin{bmatrix} c_{10} + c_{12} & -c_{12} \\ -c_{12} & c_{12} \end{bmatrix}: \text{matriz de amortecimento viscoso}, \qquad \textbf{(h.2)}$$

$$[K] = \begin{bmatrix} k_{10} + k_{12} & -k_{12} \\ -k_{12} & k_{12} \end{bmatrix}: \text{matriz de rigidez}. \qquad \textbf{(h.3)}$$

7.7 Equações de Lagrange com multiplicadores de Lagrange

Na Seção 7.6 havíamos considerado o uso das Equações de Lagrange para obter as equações do movimento de sistemas mecânicos nos casos em que é possível identificar previamente um subconjunto de coordenadas independentes (coordenadas generalizadas) e expressar o Lagrangeano e o trabalho virtual dos esforços aplicados em termos destas coordenadas.

Como este procedimento não pode ser utilizado no caso de sistemas sujeitos a restrições não holônomas, é necessário recorrer a uma metodologia mais geral, aplicável tanto a restrições holônomas quanto a restrições não holônomas. Esta metodologia, baseada no conceito de multiplicadores de Lagrange, é desenvolvida a seguir.

Conforme veremos, o uso dos multiplicadores de Lagrange, mesmo para o tratamento de restrições holônomas, é interessante porque dispensa a identificação prévia das coordenadas independentes e dependentes. Além disso, em numerosos casos, os multiplicadores de Lagrange trazem informação sobre esforços (forças e/ou momentos) associados às restrições.

Consideremos um sistema mecânico representado por m coordenadas, sujeito a p restrições expressas por equações de restrição do tipo (ver Equações (7.27)):

$$\sum_{i=1}^{m} a_{ik}\, dq_i + b_k\, dt = 0, \quad k = 1, 2, ..., p. \tag{7.53}$$

Desconsiderando, temporariamente, a existência de restrições, repetindo o procedimento apresentado na Seção 7.6, que conduziu às Equações de Lagrange a partir do Princípio de Hamilton Estendido, obtemos a seguinte equação, equivalente à Equação (7.50):

$$\int_{t_1}^{t_2} \left[\sum_{j=1}^{m} \left(-\frac{d}{dt}\left(\frac{\partial L}{\partial \dot{q}_j} \right) + \frac{\partial L}{\partial q_j} + Q_j^{nc} \right) \delta q_j \right] dt = 0, \tag{7.54}$$

onde o Lagrangeano é expresso em função de todas as m coordenadas, sem levar em conta as restrições:

$$L = L(q_1, q_2, \cdots, q_m, \dot{q}_1, \dot{q}_2, \cdots, \dot{q}_m, t). \tag{7.55}$$

Contrariamente ao que ocorre quando utilizamos coordenadas generalizadas, não podemos inferir que os termos entre parênteses no integrando da Equação (7.54) sejam todos nulos, uma vez que os incrementos virtuais δq_j não são independentes. Ao contrário, eles se relacionam entre si pelas seguintes equações, obtidas a partir das equações de restrição (7.53):

$$\sum_{j=1}^{m} a_{jk}\, \delta q_j = 0, \; k = 1, 2, ..., p. \tag{7.56}$$

As relações dadas pela Equação (7.56) implicam a validade da seguinte equação:

$$\int_{t_1}^{t_2} \left[\sum_{k=1}^{p} \lambda_k \left(\sum_{j=1}^{m} a_{jk}\, \delta q_j \right) \right] dt = 0,$$

ou, permutando a ordem dos somatórios indicados:

$$\int_{t_1}^{t_2} \left[\sum_{j=1}^{m} \left(\sum_{k=1}^{p} \lambda_k a_{jk} \right) \delta q_j \right] dt = 0. \tag{7.57}$$

Na Equação (7.57), os coeficientes λ_k, $k = 1, 2, .., p$, denominados *multiplicadores de Lagrange*, são funções das coordenadas, de suas derivadas temporais e do tempo ($\lambda_k = \lambda_k\,(q_1, q_2, ..., q_m, \dot{q}_1, \dot{q}_2, ..., \dot{q}_m, t)$) e deverão ser determinados.

Adicionando as Equações (7.54) e (7.57), obtemos:

$$\int_{t_1}^{t_2} \left[\sum_{j=1}^{m} \left(-\frac{d}{dt}\left(\frac{\partial L}{\partial \dot{q}_j} \right) + \frac{\partial L}{\partial q_j} + Q_j^{nc} + \sum_{k=1}^{p} \lambda_k a_{jk} \right) \delta q_j \right] dt = 0. \tag{7.58}$$

Mais uma vez, como os incrementos virtuais δq_j não são independentes, seus coeficientes, indicados pelos termos entre parênteses na Equação (7.58) não são necessariamente nulos. Entretanto, dentre os m incrementos virtuais, podemos, mediante uma reordenação apropriada, escolher os primeiros

$(m-p)$ como sendo independentes entre si, sendo os p últimos relacionados aos primeiros por meio das Equações (7.56). Desta forma, a condição expressa pela Equação (7.58) pode ser substituída pelas duas condições seguintes:

$$\int_{t_1}^{t_2}\left[\sum_{j=1}^{m-p}\left(-\frac{d}{dt}\left(\frac{\partial L}{\partial \dot{q}_j}\right)+\frac{\partial L}{\partial q_j}+Q_j+\sum_{k=1}^{p}\lambda_k a_{jk}\right)\delta q_j\right]dt=0\,, \tag{7.59.a}$$

$$\int_{t_1}^{t_2}\left[\sum_{j=m-p+1}^{p}\left(-\frac{d}{dt}\left(\frac{\partial L}{\partial \dot{q}_j}\right)+\frac{\partial L}{\partial q_j}+Q_j+\sum_{1}^{p}\lambda_k a_{jk}\right)\delta q_j\right]dt=0\,. \tag{7.59.b}$$

Dado que os $m-p$ primeiros incrementos virtuais são independentes, da Equação (7.59.a) extraímos a equação:

$$-\frac{d}{dt}\left(\frac{\partial L}{\partial \dot{q}_j}\right)+\frac{\partial L}{\partial q_j}+Q_j+\sum_{k=1}^{p}\lambda_k a_{jk}=0\,,\quad j=1,\,2,\,\ldots,\,m-p. \tag{7.60.a}$$

Além disso, podemos, sem nenhuma perda de generalidade, impor que os p multiplicadores de Lagrange sejam tais que os coeficientes dos p incrementos virtuais no integrando da Equação (7.59.b) sejam todos nulos de forma que esta equação seja satisfeita. Assim, temos:

$$-\frac{d}{dt}\left(\frac{\partial L}{\partial \dot{q}_j}\right)+\frac{\partial L}{\partial q_j}+Q_j+\sum_{k=1}^{p}\lambda_k a_{jk}=0\,,\quad j=m-p+1,\,m-p+2,\,\ldots,\,p. \tag{7.60.b}$$

Combinando as Equações (7.60.a) e (7.60.b), escrevemos:

$$-\frac{d}{dt}\left(\frac{\partial L}{\partial \dot{q}_j}\right)+\frac{\partial L}{\partial q_j}+Q_j+\sum_{k=1}^{p}\lambda_k a_{jk}=0\,,\quad j=1,\,2,\,\ldots,\,m\,. \tag{7.61}$$

Como há $m+p$ incógnitas (m coordenadas e p multiplicadores de Lagrange), as m Equações (7.61) devem ser complementadas com as p Equações (7.56).

Este procedimento completa a obtenção das equações do movimento e dos multiplicadores de Lagrange.

É interessante observar que, reescrevendo a Equação (7.61) na forma:

$$\frac{d}{dt}\left(\frac{\partial L}{\partial \dot{q}_j}\right)-\frac{\partial L}{\partial q_j}=Q_j+\sum_{k=1}^{p}\lambda_k a_{jk}\,,\quad j=1,\,2,\,\ldots,\,m, \tag{7.62}$$

fica aparente que os multiplicadores estão relacionados às forças generalizadas, estando associados a forças adicionais que resultam da existência de restrições (forças de restrição). O significado dos multiplicadores de Lagrange será ilustrado no exemplo a seguir.

EXEMPLO 7.11

Retomemos o problema tratado anteriormente no Exemplo 7.1 e ilustrado na Figura 7.15. Embora trate-se de um problema sujeito exclusivamente a restrições holônomas, propomo-nos a obter as equações do movimento empregando as Equações de Lagrange associadas aos multiplicadores de Lagrange.

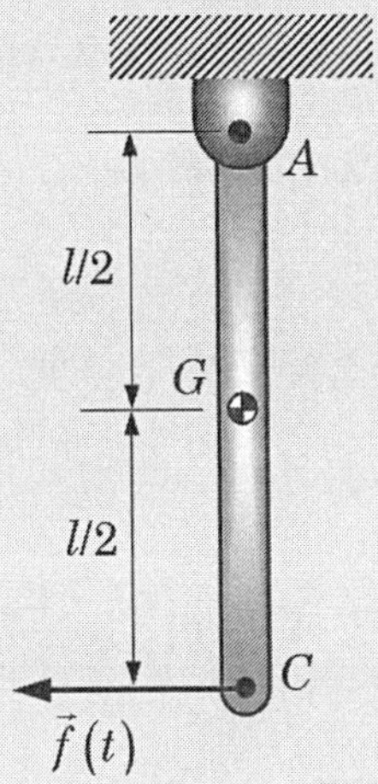

FIGURA 7.15 Ilustração de uma barra uniforme solicitada por uma força horizontal $\vec{f}(t)$.

Resolução

Consideraremos, primeiramente, a barra realizando movimento plano, sem nenhuma restrição, e escolheremos, como coordenadas, as componentes horizontal e vertical do vetor posição do ponto A (x_A, y_A) e o ângulo θ que define a orientação da barra em relação à direção vertical, conforme mostrado na Figura 7.16. Teremos, então, três coordenadas: $q_1 \equiv x_A$, $q_2 \equiv y_A$, $q_3 \equiv \theta$.

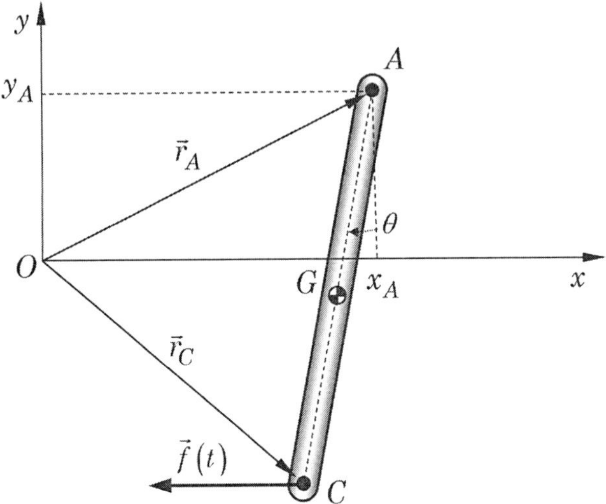

FIGURA 7.16 Esquema de resolução do Exemplo 7.11.

Posteriormente, deveremos levar em conta que, como o ponto A é fixo, o problema estará sujeito a duas restrições holônomas-esclerônomas: $x_A = 0$, $y_A = 0$.

Para formular o Lagrangeano, levaremos em consideração que, para um corpo rígido em movimento plano geral, a energia cinética é dada por (ver Equação 6.126):

$$T = \frac{1}{2} m v_G^2 + \frac{1}{2} J_{z'} \omega^2, \qquad \textbf{(a)}$$

onde $J_{z'}$ é o momento de inércia de massa da barra em relação ao eixo perpendicular ao plano da Figura 7.16, que passa pelo seu centro de massa.

Levando também em conta a cinemática de corpos rígidos em movimento plano (ver Subseção 2.5.1), escrevemos:

$$\vec{v}_G = \vec{v}_A + \vec{\omega} \times \overrightarrow{AG},$$

e fazemos os seguintes desenvolvimentos:

$$\vec{v}_G = \dot{x}_A \vec{i} + \dot{y}_A \vec{j} - \dot{\theta}\vec{k} \times \frac{l}{2}\left(-sen\theta \vec{i} - cos\theta \vec{j}\right) \Rightarrow \vec{v}_G = \left(\dot{x}_A - \frac{l}{2}\dot{\theta} cos\theta\right)\vec{i} + \left(\dot{y}_A + \frac{l}{2}\dot{\theta} sen\theta\right)\vec{j},$$

$$v_G^2 = \dot{x}_A^2 + \dot{y}_A^2 + \frac{l^2}{4}\dot{\theta}^2 - l\dot{\theta}\left(\dot{x}_A cos\theta - \dot{y}_A sen\theta\right). \qquad \textbf{(b)}$$

Associando as equações (a) e (b) e considerando que, para uma barra delgada uniforme $J_{z'} = ml^2/12$, a energia cinética da barra resulta expressa sob a forma:

$$T = \frac{1}{2} m \left[\dot{x}_A^2 + \dot{y}_A^2 + \frac{l^2}{3}\dot{\theta}^2 - l\dot{\theta}\left(\dot{x}_A cos\theta - \dot{y}_A sen\theta\right)\right]. \qquad \textbf{(c)}$$

Adotando o eixo x como nível de referência para a energia potencial gravitacional, temos:

$$V = mg\left(y_A - \frac{l}{2} cos\theta\right). \qquad \textbf{(d)}$$

Combinando as equações (c) e (d), o Lagrangeano resulta expresso sob a forma:

$$L = T - V = \frac{1}{2} m \left[\dot{x}_A^2 + \dot{y}_A^2 + \frac{1}{3} l^2 \dot{\theta}^2 - l\dot{\theta}\left(\dot{x}_A cos\theta - \dot{y}_A sen\theta\right)\right] - mg\left(y_A - \frac{l}{2} cos\theta\right). \qquad \textbf{(e)}$$

O trabalho virtual da força horizontal, tratada como uma força não conservativa, é dado por:

$$\delta W^{F^{nc}_{imp.}} = -f\vec{i} \cdot \delta\vec{r}_C. \qquad \textbf{(f)}$$

Sendo:

$$\vec{r}_C = (x_A - l sen\,\theta)\vec{i} + (y_A - l cos\,\theta)\vec{j},$$

temos:

$$\delta\vec{r}_C = (\delta x_A - l\cos\theta\delta\theta)\vec{i} + (\delta y_A + l\,sen\theta\delta\theta)\vec{j},$$

e o trabalho virtual da força horizontal resulta:

$$\delta W^f = -f(\delta x_A - l\cos\theta\delta\theta). \qquad \textbf{(g)}$$

Confrontando a equação (g) com a Equação (7.45), escrevemos:

$$\delta W^{F^{nc}_{imp.}} = Q_{x_A}\delta x_A + Q_{y_A}\delta y_A + Q_\theta\delta\theta = -f\delta x_A + fl\cos\theta\,\delta\theta,$$

e concluímos que as forças generalizadas são:

$$Q_{x_A} = -f, \qquad Q_{y_A} = 0, \qquad Q_\theta = f\,l\cos\theta. \qquad \textbf{(h)}$$

Tratemos agora as equações de restrição que, para o problema em apreço, são:

$$x_A = 0 \Rightarrow \delta x_A = 0, \qquad \textbf{(i.1)}$$

$$y_A = 0 \Rightarrow \delta y_A = 0. \qquad \textbf{(i.2)}$$

Assim, as Equações (7.56) ficam:

$$a_{11}\cdot\delta x_A + a_{21}\cdot\delta y_A + a_{31}\cdot\delta\theta = 0, \qquad \textbf{(j.1)}$$

$$a_{12}\cdot\delta x_A + a_{22}\cdot\delta y_A + a_{32}\cdot\delta\theta = 0. \qquad \textbf{(j.2)}$$

Confrontando as equações (i) e (j), concluímos que:

$$a_{11} = 1, \qquad a_{21} = 0, \qquad a_{31} = 0, \qquad \textbf{(k.1)}$$

$$a_{12} = 0, \qquad a_{22} = 1, \qquad a_{32} = 0. \qquad \textbf{(k.2)}$$

Aplicando as Equações de Lagrange, considerando as coordenadas adotadas, escrevemos:

$$-\frac{d}{dt}\left(\frac{\partial L}{\partial \dot{x}_A}\right) + \frac{\partial L}{\partial x_A} + Q_{x_A} + \lambda_1 a_{11} + \lambda_2 a_{12} = 0, \qquad \textbf{(l.1)}$$

$$-\frac{d}{dt}\left(\frac{\partial L}{\partial \dot{y}_A}\right) + \frac{\partial L}{\partial y_A} + Q_{y_A} + \lambda_1 a_{21} + \lambda_2 a_{22} = 0, \qquad \textbf{(l.2)}$$

$$-\frac{d}{dt}\left(\frac{\partial L}{\partial \dot{\theta}}\right)+\frac{\partial L}{\partial \theta}+Q_\theta+\lambda_1 a_{31}+\lambda_2 a_{32}=0. \qquad \textbf{(l.3)}$$

Efetuando as operações indicadas, considerando o Lagrangeano dado pela equação (e), e os coeficientes dados pelas equações (k), obtemos as seguintes equações do movimento:

$$-m\ddot{x}_A+m\frac{l}{2}\ddot{\theta}\cos\theta-m\frac{l}{2}\dot{\theta}^2 sen\theta-f+\lambda_1=0, \qquad \textbf{(m.1)}$$

$$-m\ddot{y}_A-m\frac{l}{2}\ddot{\theta}sen\theta-m\frac{l}{2}\dot{\theta}^2\cos\theta-mg+\lambda_2=0, \qquad \textbf{(m.2)}$$

$$-m\frac{l^2}{3}\ddot{\theta}+m\frac{l}{2}\ddot{x}_A\cos\theta-m\frac{l}{2}\ddot{y}_A sen\theta-mg\frac{l}{2}sen\theta+fl\cos\theta=0. \qquad \textbf{(m.3)}$$

Em virtude das restrições (i.1) e (i.2), temos:

$$x_A=0, \quad \dot{x}_A=0, \quad \ddot{x}_A=0, \qquad \textbf{(n.1)}$$

$$y_A=0, \quad \dot{y}_A=0, \quad \ddot{y}_A=0, \qquad \textbf{(n.2)}$$

e as equações (m.1) a (m.3) ficam:

$$\lambda_1=-m\frac{l}{2}\ddot{\theta}\cos\theta+m\frac{l}{2}\dot{\theta}^2 sen\theta+f, \qquad \textbf{(o.1)}$$

$$\lambda_2=m\frac{l}{2}\ddot{\theta}sen\theta+m\frac{l}{2}\dot{\theta}^2\cos\theta+mg, \qquad \textbf{(o.2)}$$

$$m\frac{l^2}{3}\ddot{\theta}+mg\frac{l}{2}sen\theta-fl\cos\theta=0. \qquad \textbf{(o.3)}$$

As equações (o.1) e (o.2) fornecem as expressões para os multiplicadores de Lagrange, ao passo que a equação (o.3) representa a equação do movimento da barra em termos da coordenada θ.

Resolvendo novamente o problema empregando as equações de Newton-Euler estudadas no Capítulo 6, o leitor poderá comprovar que os multiplicadores de Lagrange correspondem às componentes das reações dinâmicas no apoio A, nas direções horizontal e vertical, respectivamente.

7.8 Exercícios propostos

Exercício 7.1: Para o sistema mecânico mostrado na Figura 7.17, para o qual as massas da polia, do cabo, das molas e do amortecedor são desprezíveis, obter as equações do movimento em termos das coordenadas indicadas, medidas a partir da configuração de equilíbrio estático, utilizando o Princípio do Trabalho Virtual.

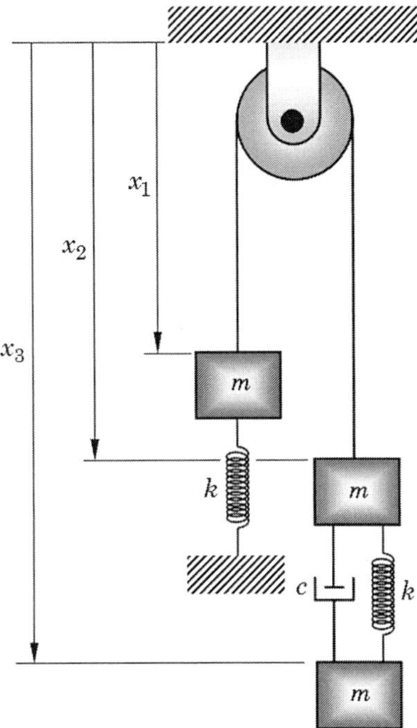

FIGURA 7.17 Ilustração do Exercício 7.1.

Exercício 7.2: O sistema mecânico ilustrado na Figura 7.18 é constituído por um carro ao qual é conectado um pêndulo cujo cabo tem massa desprezível. Sabendo que ao carro é aplicada uma força horizontal $\vec{f}(t)$, pede-se obter as equações do movimento em termos das coordenadas indicadas, utilizando o Princípio do Trabalho Virtual.

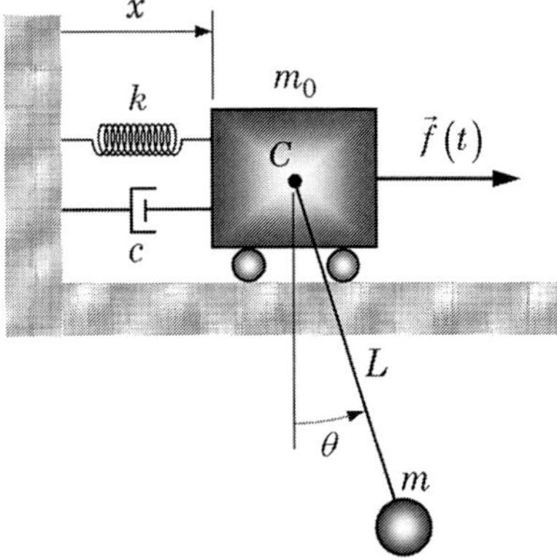

FIGURA 7.18 Ilustração do Exercício 7.2.

Exercício 7.3: O corpo mostrado na Figura 7.19 é constituído por uma haste delgada homogênea de massa m_h e comprimento l_h, soldada a um disco homogêneo de massa m_d e raio r_d. A haste, que está sujeita a um torque $\tau(t)$, está conectada a uma mola torcional de rigidez k, a qual está indeformada quando a haste se encontra na posição vertical. Obter a equação do movimento do corpo, em termos da coordenada angular θ, utilizando o Princípio do Trabalho Virtual.

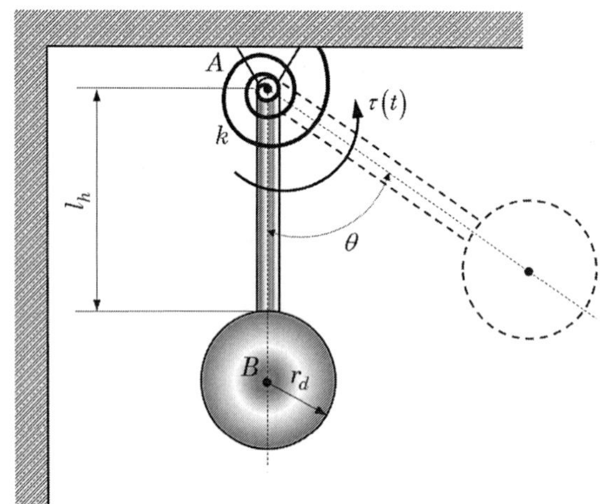

FIGURA 7.19 Ilustração do Exercício 7.3.

Exercício 7.4: Para o sistema mecânico tratado no Exercício 7.1, obter a equação do movimento, utilizando o Princípio de Hamilton.

Exercício 7.5: Para o sistema mecânico tratado no Exercício 7.2, obter a equação do movimento, utilizando o Princípio de Hamilton.

Exercício 7.6: Para o sistema mecânico tratado no Exercício 7.3, obter a equação do movimento, utilizando o Princípio de Hamilton.

Exercício 7.7: O pêndulo mostrado na Figura 7.20 é formado por uma haste delgada homogênea de massa m e comprimento L e um disco fino homogêneo de massa $2m$ e raio $r = L/4$, soldados um ao outro. O pêndulo é articulado a um cursor de massa m que pode deslizar sem atrito ao longo de uma barra horizontal. Sabendo que uma força horizontal $\vec{f}(t)$ é aplicada ao cursor, obter as equações do movimento em termos das coordenadas indicadas, utilizando o Princípio de Hamilton.

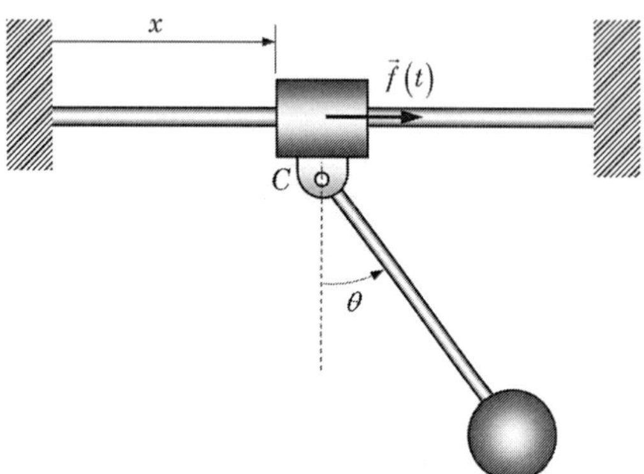

FIGURA 7.20 Ilustração do Exercício 7.7.

Exercício 7.8: O sistema mecânico mostrado na Figura 7.21 é formado por um disco homogêneo de raio R e massa m_d que está conectado no ponto B a uma haste delgada homogênea de comprimento L e massa m_h, e a uma mola de constante elástica k por meio de um fio enrolado sobre sua borda. O disco está submetido a um torque $\tau(t)$. Sabendo que a mola está indeformada quando o ângulo θ é nulo, e admitindo pequenas amplitudes de movimento em torno das posições $\theta = 0°$ e $\beta = 0°$, obter as equações do movimento linearizadas, em termos das coordenadas angulares indicadas, utilizando o Princípio de Hamilton.

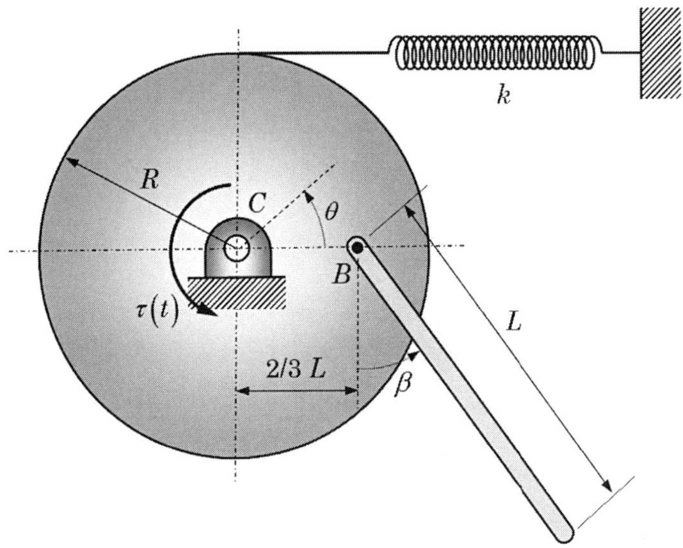

FIGURA 7.21 Ilustração do Exercício 7.8.

Exercício 7.9: Para o sistema mecânico tratado no Exercício 7.1, obter a equação do movimento do corpo, utilizando as Equações de Lagrange, escolhendo um conjunto de coordenadas generalizadas (coordenadas independentes). Explicitar a equação de restrição aplicável.

Exercício 7.10: Para o sistema mecânico tratado no Exercício 7.2, obter a equação do movimento, utilizando as Equações de Lagrange.

Exercício 7.11: Para o sistema mecânico tratado no Exercício 7.3, obter a equação do movimento, utilizando as Equações de Lagrange.

Exercício 7.12: Para o sistema mecânico tratado no Exercício 7.7, obter a equação do movimento, utilizando as Equações de Lagrange.

Exercício 7.13: Para o sistema mecânico tratado no Exercício 7.8, obter a equação do movimento, utilizando as Equações de Lagrange.

Exercício 7.14: O pêndulo duplo ilustrado na Figura 7.22 é constituído por duas barras delgadas homogêneas, denotadas por 1 e 2, com massas e comprimentos m_1, L_1 e m_2, L_2, respectivamente. A barra 1 é conectada ao apoio fixo por uma mola de constante de rigidez k_{10}, e as duas barras são conectadas entre si por uma mola de constante de rigidez k_{12}. Além disso, a barra 1 está sujeita a um torque $\tau(t)$ e a barra 2 tem em sua extremidade livre uma pequena esfera de massa m. Sabendo que as molas estão indeformadas nas posições $\theta_1 = 0$ e $\theta_2 = 0$, obter as equações do movimento, em termos das coordenadas θ_1 e θ_2, empregando as Equações de Lagrange.

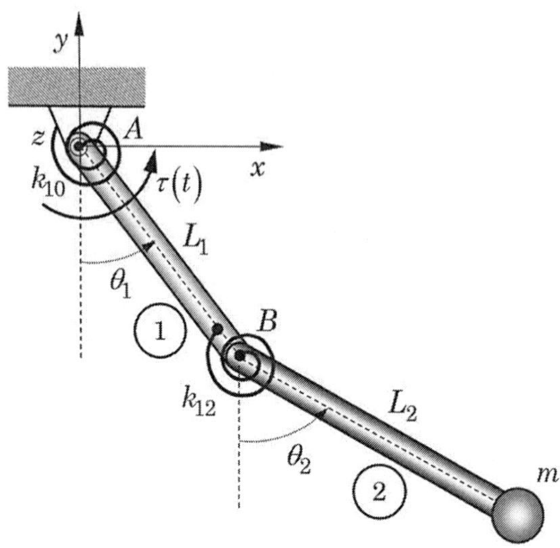

FIGURA 7.22 Ilustração do Exercício 7.14.

Exercício 7.15: Para o sistema mecânico tratado no Exercício 7.1, obter a equação do movimento, utilizando as Equações de Lagrange com multiplicadores de Lagrange. Interpretar os multiplicadores de Lagrange.

Exercício 7.16: Para o sistema mecânico tratado no Exercício 7.2, utilizando como coordenadas x, θ, x_C e y_C, sendo as duas últimas as coordenadas do ponto de pivotamento do pêndulo, obter as equações do movimento, empregando as Equações de Lagrange com multiplicadores de Lagrange. Interpretar os multiplicadores de Lagrange.

Exercício 7.17: Para o sistema mecânico tratado no Exercício 7.8, utilizando como coordenadas θ, β, x_B e y_B, sendo as duas últimas as coordenadas do ponto de pivotamento da haste, obter as equações do movimento, empregando as Equações de Lagrange com multiplicadores de Lagrange. Interpretar os multiplicadores de Lagrange.

Exercício 7.18: Para o sistema mecânico tratado no Exemplo 7.14, utilizando como coordenadas θ_1, θ_2, x_A, y_A, x_B e y_B, sendo as quatro últimas as coordenadas dos pontos de pivotamento das hastes, obter as equações do movimento, empregando as Equações de Lagrange com multiplicadores de Lagrange. Interpretar os multiplicadores de Lagrange.

7.9 Bibliografia

FOWLES, G. R.; CASSIDAY, G. L. *Analytical mechanics*. 6ª ed. Fort Worth: Saunders College Publishing, 1999.

LANCZOS, C. *The variational principles of mechanics*. 4ª ed. Canadá: University of Toronto Press, 1970.

LEMOS, N. A. *Mecânica analítica*. 2ª ed. São Paulo: Livraria da Física, 2007.

MAIA, N. M. M. *Introdução à dinâmica analítica*. Portugal, Lisboa: IST Press, 2000.

Integração Numérica de Equações Diferenciais pelo Método de Runge-Kutta de Quarta Ordem

Suponhamos que desejemos resolver um sistema de n equações diferenciais ordinárias de primeira ordem, lineares ou não lineares, expresso sob a seguinte forma:

$$\{\dot{X}(t)\}=\{F(\{X(t)\},t)\}, \tag{A.1}$$

com as condições iniciais:

$$\{X(0)\}=\{X_0\}, \tag{A.2}$$

onde $\{X(t)\}$, $\{F\}$ e $\{X_0\}$ são detalhados abaixo:

$$\{X(t)\}=\begin{Bmatrix} x_1(t) \\ x_2(t) \\ \vdots \\ x_n(t) \end{Bmatrix}, \quad \{X_0\}=\begin{Bmatrix} x_1(0) \\ x_2(0) \\ \vdots \\ x_n(0) \end{Bmatrix}, \quad \{F\}=\begin{Bmatrix} f_1(t,x_1,x_2,\cdots,x_n) \\ f_2(t,x_1,x_2,\cdots,x_n) \\ \vdots \\ f_n(t,x_1,x_2,\cdots,x_n) \end{Bmatrix}. \tag{A.3}$$

Neste ponto, é importante lembrar que um sistema de equações diferenciais de ordem qualquer pode ser reformulado em termos de um sistema de equações de primeira ordem pela forma expressa na Equação (A.3), mediante uma mudança de variáveis conveniente.

Os métodos da família Runge-Kutta são baseados nas aproximações por séries de Taylor, mas apresentam a vantagem de dispensar as avaliações explícitas das derivadas das funções f_i $(t, x_1, x_2, ..., x_n)$, $i = 1$ a n. A ideia básica é utilizar combinações de valores das funções f_i $(t, x_1, x_2, ..., x_n)$ para aproximar as funções $x_i(t)$, $i = 1$ a n. Estas combinações são então feitas de modo a coincidir, de forma aproximada, com expansões em séries de Taylor das funções $x_i(t)$, $i = 1$ a n. A ordem das séries empregadas é que define a ordem do método de Runge-Kutta.

À medida que a ordem das aproximações aumenta, geralmente obtém-se melhor precisão na integração. Todavia, o esforço computacional, determinado pelo número de operações efetuadas, também aumenta significativamente. Um equilíbrio conveniente entre a precisão e o esforço computacional é proporcionado pelo método de Runge-Kutta de quarta ordem, cujo algoritmo básico é sumarizado a seguir.

Para obter uma solução aproximada de quarta ordem do sistema de equações (A.3) no intervalo $[T_0; T_f]$, este intervalo é dividido em um número p de subintervalos de mesma largura h:

$$h=\frac{T_f-T_0}{p}.$$

Em seguida, são geradas iterativamente as sequências:

$$\{X\}_{i+1} = \{X\}_i + \frac{h}{6}\left(\{K_1\}_i + 2\{K_2\}_i + 2\{K_3\}_i + \{K_4\}_i\right),$$
$$t_{i+1} = t_i + h,\ i = 0, 1, \cdots, p-1, \tag{A.4}$$

com:

$$\{K_1\}_i = \{F(t_i, \{X_i\})\}, \tag{A.5.a}$$

$$\{K_2\}_i = \left\{F\left(t_i + \frac{h}{2}, \{X_i\} + \frac{h}{2}\{K_1\}_i\right)\right\}, \tag{A.5.b}$$

$$\{K_3\}_i = \left\{F\left(t_i + \frac{h}{2}, \{X_i\} + \frac{h}{2}\{K_2\}_i\right)\right\}, \tag{A.5.c}$$

$$\{K_4\}_i = \{F(t_i + h, \{X_i\} + h\{K_3\}_i)\}. \tag{A.5.d}$$

Partindo das condições iniciais dadas pela Equação (A.2), a Equação (A.4) é avaliada recursivamente em todos os instantes de tempo dentro do intervalo de integração.

APÊNDICE

Posições de Centros de Massa e Momentos de Inércia

Tabela B.1 Posições dos centros de massa de alguns sólidos de geometria simples.

Cone circular reto	
$h/4$, R, G, h, x, y, z	
Cilindro circular	
$L/2$, R, G, L, x, y, z	
Esfera	**Semiesfera**
G, R, x, y, z	R, $\frac{3R}{8}$, x, y, z
Placa fina ou cilindro semicircular	
G, R, $0{,}424\,R$, x, y, z	

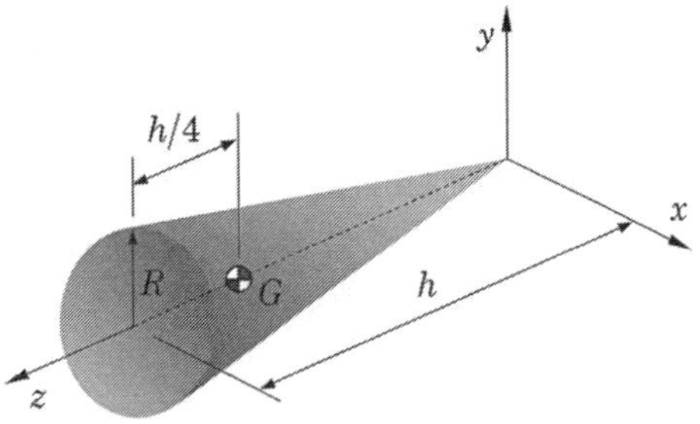

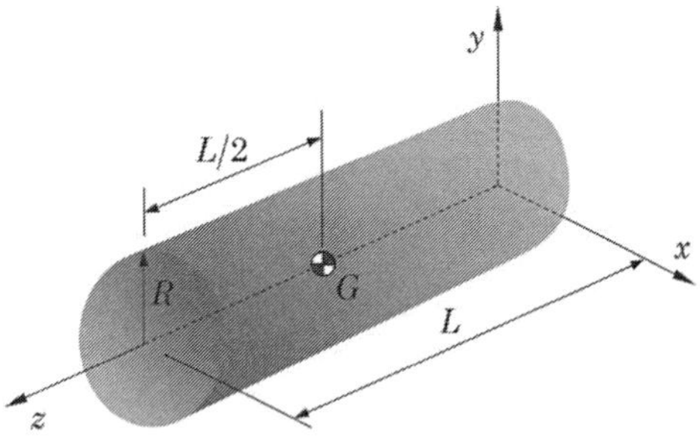

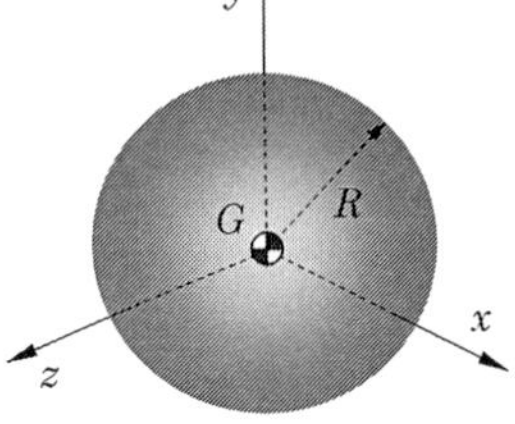

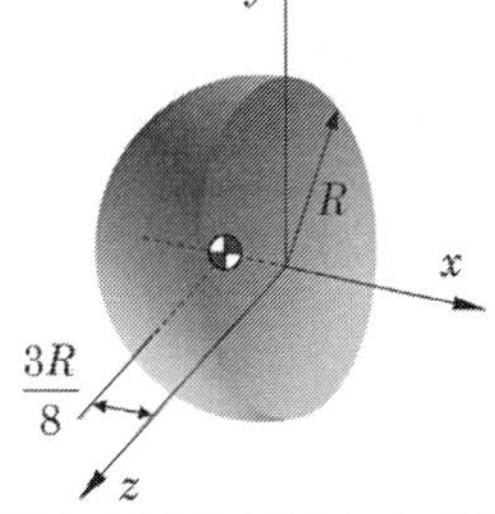

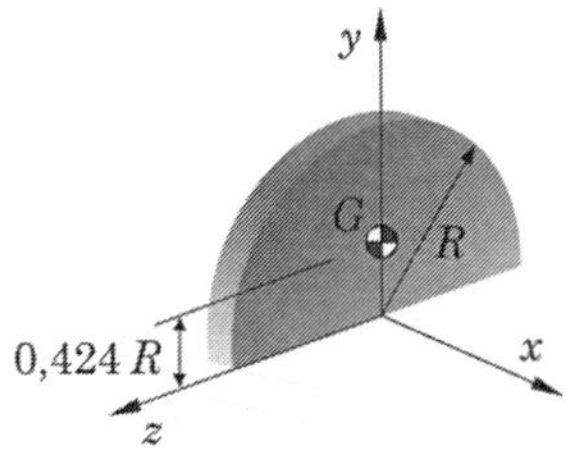

Tabela B.2 Momentos de inércia de alguns sólidos de geometria simples.

Cone circular reto

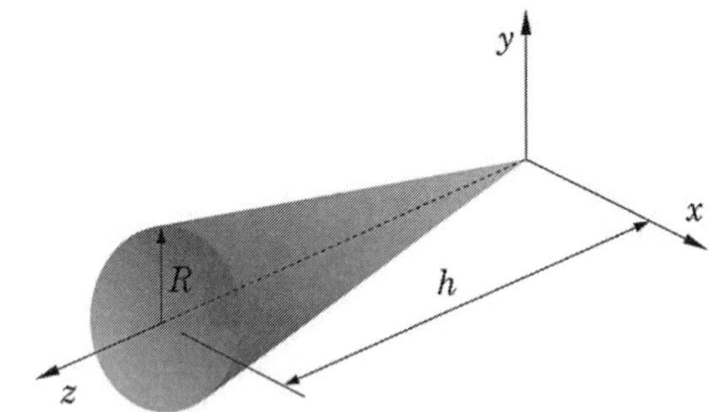

$$J_x = \frac{3}{20} m\left(R^2 + 4h^2\right)$$

$$J_y = \frac{3}{20} m\left(R^2 + 4h^2\right)$$

$$J_z = \frac{3}{10} mR^2$$

Cilindro circular

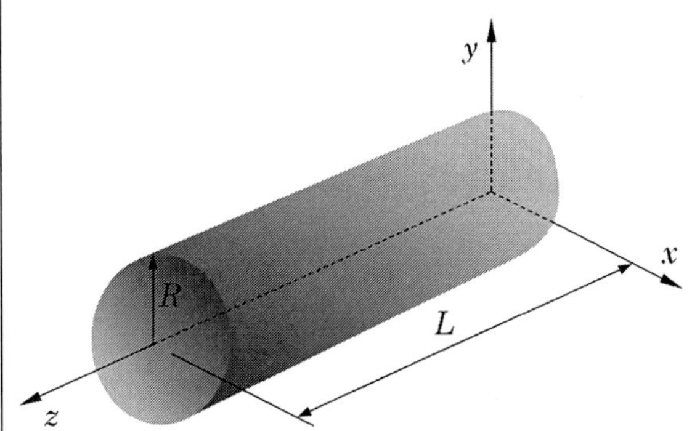

$$J_x = \frac{1}{12} m\left(3R^2 + L^2\right)$$

$$J_y = \frac{1}{12} m\left(3R^2 + L^2\right)$$

$$J_z = \frac{1}{2} mR^2$$

Esfera

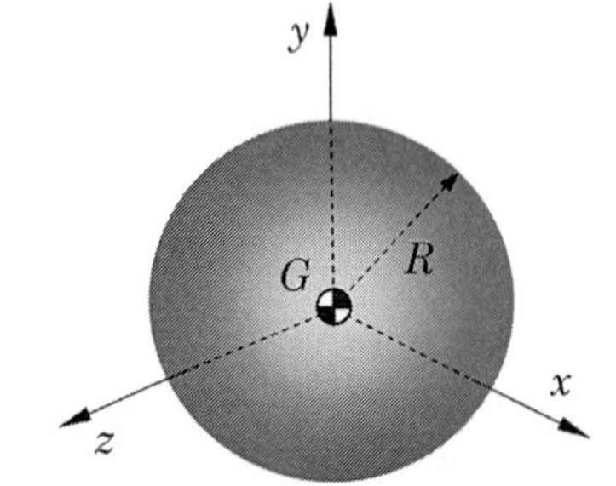

$$J_x = \frac{2}{5} mR^2$$

$$J_y = \frac{2}{5} mR^2$$

$$J_z = \frac{2}{5} mR^2$$

Semiesfera

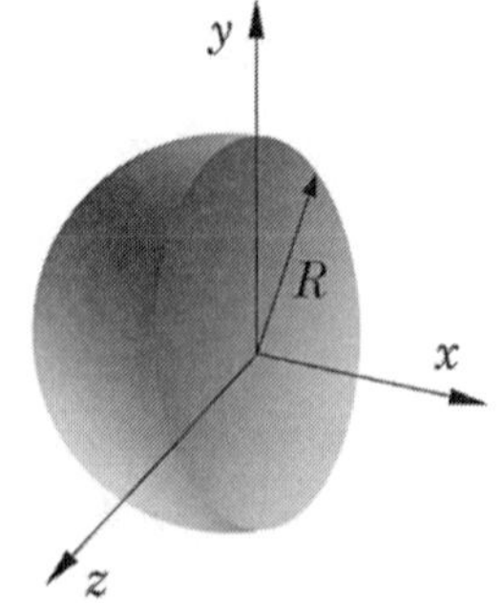

$$J_x = \frac{1}{5} mR^2$$

$$J_y = \frac{83}{320} mR^2$$

$$J_z = \frac{83}{320} mR^2$$

Tabela B.2 Momentos de inércia de alguns sólidos de geometria simples (*continuação*).

Placa fina retangular	
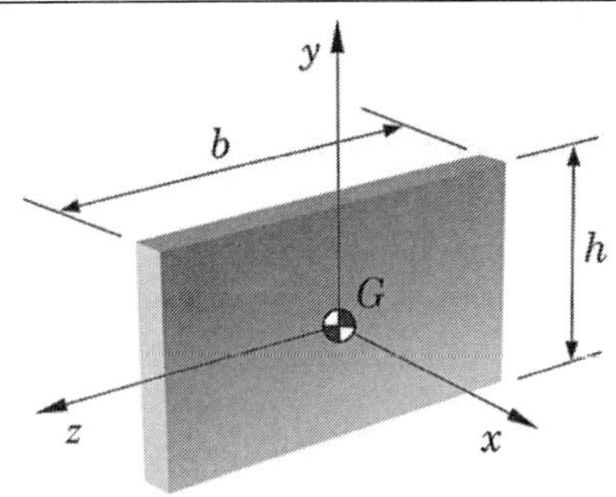	$J_x = \frac{1}{12} m (b^2 + h^2)$ $J_y = \frac{1}{12} m b^2$ $J_z = \frac{1}{12} m h^2$
Placa fina circular	
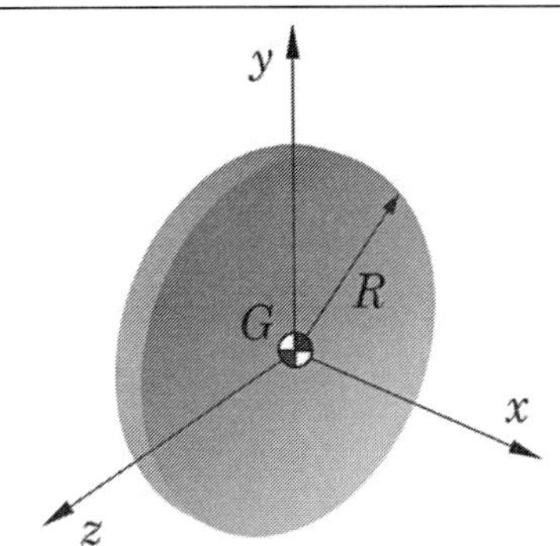	$J_x = \frac{1}{2} m R^2$ $J_y = \frac{1}{4} m R^2$ $J_z = \frac{1}{4} m R^2$
Prisma retangular	
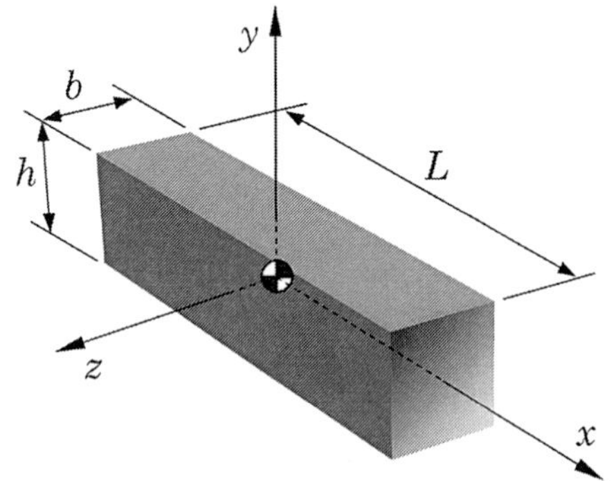	$J_x = \frac{1}{12} m (b^2 + h^2)$ $J_y = \frac{1}{12} m (b^2 + L^2)$ $J_z = \frac{1}{12} m (h^2 + L^2)$
Barra delgada	
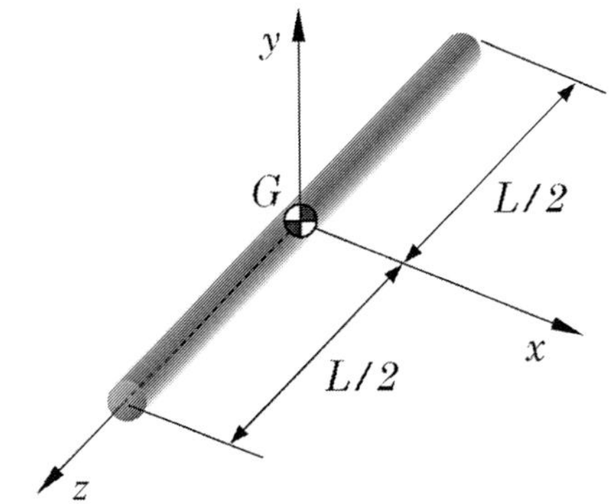	$J_x = \frac{mL^2}{12}$ $J_y = \frac{mL^2}{12}$ $J_z = 0$

Problema de Autovalor Associado à Determinação de Momentos Principais de Inércia e Eixos Principais de Inércia

C

Apresentamos neste Apêndice o desenvolvimento baseado na Álgebra Linear que demonstra que a determinação dos momentos principais de inércia e dos cossenos diretores dos eixos principais de inércia pode ser formulada matematicamente como um problema de autovalor, expresso pela Equação (5.56), juntamente com a condição de normalização, expressa pela Equação (5.59).

Consideremos, inicialmente, os dois sistemas de referência $Oxyz$ e $Ox_1y_1z_1$, mostrados na Figura C.1. Admitindo que o sistema $Ox_1y_1z_1$ tenha orientação arbitrária em relação ao sistema $Oxyz$, associamos a estes dois sistemas, respectivamente, as bases de vetores ortonormais $(\vec{i}, \vec{j}, \vec{k})$ e $(\vec{i}_1, \vec{j}_1, \vec{k}_1)$ indicadas.

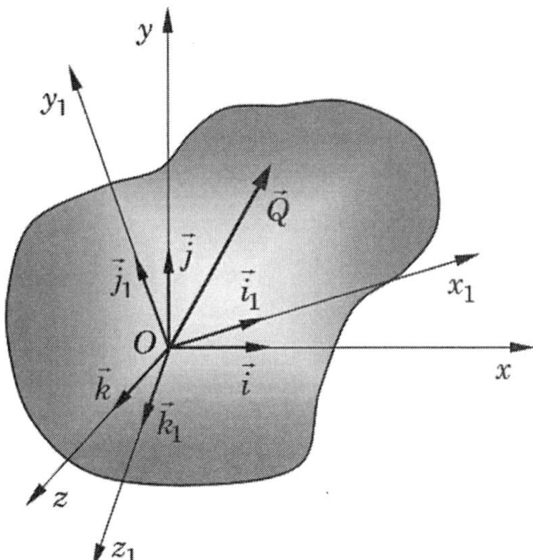

FIGURA C.1 Ilustração de um corpo rígido e de dois sistemas de referência com orientações distintas.

Consideremos uma quantidade vetorial qualquer, $\vec{Q}$, indicada na Figura C.1. Suas representações em termos de suas componentes expressas nos dois sistemas de referência em questão são as seguintes:

- Em relação ao sistema *Oxyz*:

$$\vec{Q} = Q_x \vec{i} + Q_y \vec{j} + Q_z \vec{k}. \tag{C.1}$$

- Em relação ao sistema $Ox_1y_1z_1$:

$$\vec{Q} = Q_{x_1} \vec{i}_1 + Q_{y_1} \vec{j}_1 + Q_{z_1} \vec{k}_1. \tag{C.2}$$

Buscamos, a seguir, obter as relações entre as componentes de $\vec{Q}$ expressas em termos dos dois sistemas de coordenadas em questão. Para tanto, partimos da identidade das duas representações (C.1) e (C.2):

$$Q_x \vec{i} + Q_y \vec{j} + Q_z \vec{k} = Q_{x_1} \vec{i}_1 + Q_{y_1} \vec{j}_1 + Q_{z_1} \vec{k}_1. \tag{C.3}$$

Computando o produto escalar de ambos os lados da Equação (C.3) pelo vetor unitário $\vec{i}$, obtemos:

$$Q_x \left(\vec{i} \cdot \vec{i}\right) + Q_y \left(\vec{i} \cdot \vec{j}\right) + Q_z \left(\vec{i} \cdot \vec{k}\right) = Q_{x_1} \left(\vec{i} \cdot \vec{i}_1\right) + Q_{y_1} \left(\vec{i} \cdot \vec{j}_1\right) + Q_{z_1} \left(\vec{i} \cdot \vec{k}_1\right). \tag{C.4}$$

Levando em conta que a base vetorial $(\vec{i}, \vec{j}, \vec{k})$ é ortonormal, temos as relações:

$$\left(\vec{i} \cdot \vec{i}\right) = 1, \qquad \left(\vec{i} \cdot \vec{j}\right) = 0, \qquad \left(\vec{i} \cdot \vec{k}\right) = 0.$$

Além disso, com base na definição do produto escalar entre dois vetores, escrevemos:

$$\left(\vec{i} \cdot \vec{i}_1\right) = \left\| \vec{i} \right\| \cdot \left\| \vec{i}_1 \right\| \cdot \cos\theta_{\left(\vec{i},\vec{i}_1\right)} = \cos\theta_{\left(\vec{i},\vec{i}_1\right)}, \tag{C.5.a}$$

$$\left(\vec{i} \cdot \vec{j}_1\right) = \left\| \vec{i} \right\| \cdot \left\| \vec{j}_1 \right\| \cdot \cos\theta_{\left(\vec{i},\vec{j}_1\right)} = \cos\theta_{\left(\vec{i},\vec{j}_1\right)}, \tag{C.5.b}$$

$$\left(\vec{i} \cdot \vec{k}_1\right) = \left\| \vec{i} \right\| \cdot \left\| \vec{k}_1 \right\| \cdot \cos\theta_{\left(\vec{i},\vec{k}_1\right)} = \cos\theta_{\left(\vec{i},\vec{k}_1\right)}, \tag{C.5.c}$$

onde $\theta_{\left(\vec{i},\vec{i}_1\right)}$ designa o ângulo formado entre as direções dos vetores $\vec{i}$ e $\vec{i}_1$, sendo a mesma notação utilizada para designar os ângulos formados entre os demais pares de vetores que aparecem nas equações acima.

Assim, levando em conta as Equações (C.5), a Equação (C.4) conduz a:

$$Q_x = Q_{x_1} \cos\theta_{\left(\vec{i},\vec{i}_1\right)} + Q_{y_1} \cos\theta_{\left(\vec{i},\vec{j}_1\right)} + Q_{z_1} \cos\theta_{\left(\vec{i},\vec{k}_1\right)}. \tag{C.6.a}$$

Repetindo o procedimento, calculando o produto escalar de ambos os lados da Equação (C.3) pelos vetores unitários $\vec{j}$ e $\vec{k}$, sucessivamente, obtemos as equações:

$$Q_y = Q_{x_1} cos\,\theta_{(\vec{j},\vec{i}_1)} + Q_{y_1} cos\,\theta_{(\vec{j},\vec{j}_1)} + Q_{z_1} cos\,\theta_{(\vec{j},\vec{k}_1)}, \tag{C.6.b}$$

$$Q_z = Q_{x_1} cos\,\theta_{(\vec{k},\vec{i}_1)} + Q_{y_1} cos\,\theta_{(\vec{k},\vec{j}_1)} + Q_{z_1} cos\,\theta_{(\vec{k},\vec{k}_1)}. \tag{C.6.c}$$

As Equações (C.6) podem ser dispostas na seguinte forma matricial:

$$\begin{Bmatrix} Q_x \\ Q_y \\ Q_z \end{Bmatrix} = \begin{bmatrix} cos\,\theta_{(\vec{i},\vec{i}_1)} & cos\,\theta_{(\vec{i},\vec{j}_1)} & cos\,\theta_{(\vec{i},\vec{k}_1)} \\ cos\,\theta_{(\vec{j},\vec{i}_1)} & cos\,\theta_{(\vec{j},\vec{j}_1)} & cos\,\theta_{(\vec{j},\vec{k}_1)} \\ cos\,\theta_{(\vec{k},\vec{i}_1)} & cos\,\theta_{(\vec{k},\vec{j}_1)} & cos\,\theta_{(\vec{k},\vec{k}_1)} \end{bmatrix} \begin{Bmatrix} Q_{x_1} \\ Q_{y_1} \\ Q_{z_1} \end{Bmatrix}. \tag{C.7}$$

A Equação (C.7) é escrita sob a forma compacta:

$$\{Q\}_{(xyz)} = [T]_{(xyz)}^{(x_1 y_1 z_1)} \{Q\}_{(x_1 y_1 z_1)}. \tag{C.8}$$

Vemos, pois, que as componentes do vetor $\vec{Q}$ expressas nos dois sistemas de referência considerados relacionam-se através de uma transformação linear, expressa por (C.8), onde $[T]_{(xyz)}^{(x_1 y_1 z_1)}$ é a matriz da transformação linear.

Vamos agora considerar o problema de determinação dos eixos principais de inércia e momentos principais de inércia. Demonstraremos que esta determinação é feita através da resolução do problema de autovalor expresso pela Equação (5.56), sujeito à condição expressa pela Equação (5.59), sendo estas duas equações repetidas abaixo:

$$\left(\left[J_{Oxyz}\right] - \lambda_i \left[I_3\right]\right)\{v_i\} = \{0\}, \tag{C.9}$$

$$\{v_i\}^T \{v_i\} = 1, \quad i = 1, 2, 3, \tag{C.10}$$

onde $[J_{Oxyz}]$ é o tensor de inércia em relação aos eixos $Oxyz$.

De acordo com Equação (5.44), o momento de inércia em relação a um dado eixo OO', que passa pela origem do sistema de referência $Oxyz$, é obtido pela expressão:

$$J_{OO'} = \{u\}^T \left[J_{Oxyz}\right]\{u\},$$

onde:

$$\{u\} = \begin{Bmatrix} u_x \\ u_y \\ u_z \end{Bmatrix}$$

é o vetor unitário na direção do eixo OO' e:

$$\left[J_{Oxyz}\right] = \begin{bmatrix} J_x & -P_{xy} & -P_{xz} \\ -P_{xy} & J_y & -P_{yz} \\ -P_{xz} & -P_{yz} & J_z \end{bmatrix}.$$

Desejamos encontrar outro sistema de referência $Ox_1y_1z_1$, rotacionado em relação ao sistema $Oxyz$, conforme mostrado na Figura C.1, de modo que, em relação a este sistema, possamos escrever:

$$J_{OO'} = \{\tilde{u}\}^T \left[J_{Ox_1y_1z_1}\right] \{\tilde{u}\}, \tag{C.11}$$

onde:

$$\{\tilde{u}\} = \begin{Bmatrix} \tilde{u}_1 \\ \tilde{u}_2 \\ \tilde{u}_3 \end{Bmatrix}$$

é o vetor unitário do eixo OO', expresso no sistema $Ox_1y_1z_1$, e:

$$\left[J_{Ox_1y_1z_1}\right] = \begin{bmatrix} J_1 & 0 & 0 \\ 0 & J_2 & 0 \\ 0 & 0 & J_3 \end{bmatrix}$$

é o tensor de inércia diagonal, computado em relação ao sistema $Ox_1y_1z_1$.

O desenvolvimento da Equação (C.11) leva à expressão:

$$J_{OO'} = J_1\tilde{u}_1^2 + J_2\tilde{u}_2^2 + J_3\tilde{u}_3^2, \tag{C.12}$$

e a relação entre os vetores unitários $\{u\}$ e $\{\tilde{u}\}$ é dada pela transformação (C.8):

$$\{u\} = [T]_{(xyz)}^{(x_1y_1z_1)} \{\tilde{u}\}. \tag{C.13}$$

Introduzindo a Equação (C.13) na Equação (C.11), obtemos:

$$J_{OO'} = \{\tilde{u}\}^T \left([T]_{(xyz)}^{(x_1y_1z_1)}\right)^T \left[J_{xyz}\right] [T]_{(xyz)}^{(x_1y_1z_1)} \{\tilde{u}\}. \tag{C.14}$$

Comparando as Equações (C.11) e (C.14), notamos que o problema consiste em determinar a matriz de transformação $[T]_{(xyz)}^{(x_1y_1z_1)}$ de modo que:

$$\left[J_{Ox_1y_1z_1}\right] = \left([T]_{(xyz)}^{(x_1y_1z_1)}\right)^T \left[J_{Oxyz}\right] [T]_{(xyz)}^{(x_1y_1z_1)} \tag{C.15}$$

seja uma matriz diagonal.

Vamos mostrar, em seguida, que a matriz de transformação procurada é dada por:

$$[T]_{(xyz)}^{(x_1y_1z_1)} = [\{v_1\} \quad \{v_2\} \quad \{v_3\}], \tag{C.16}$$

onde $\{v_i\}$, i = 1 a 3 são os autovetores do problema expresso pela Equação (C.9). Para tanto, desenvolvemos esta equação para dois pares distintos de autovalores e respectivos autovetores, $(\lambda_i, \{v_i\})$ e $(\lambda_j, \{v_j\})$:

$$\left[J_{Oxyz}\right]\{v_i\} = \lambda_i \{v_i\}, \tag{C.17}$$

$$\left[J_{Oxyz}\right]\left\{v_j\right\} = \lambda_j\left\{v_j\right\}. \tag{C.18}$$

Pré-multiplicando a Equação (C.17) por $\{v_j\}^T$ e a Equação (C.18) por $\{v_i\}^T$, obtemos:

$$\left\{v_j\right\}^T\left[J_{Oxyz}\right]\left\{v_i\right\} = \lambda_i\left\{v_j\right\}^T\left\{v_i\right\}, \tag{C.19}$$

$$\left\{v_i\right\}^T\left[J_{Oxyz}\right]\left\{v_j\right\} = \lambda_j\left\{v_i\right\}^T\left\{v_j\right\}. \tag{C.20}$$

Subtraindo as duas equações acima e levando em conta que $[J_{Oxyz}]$ é uma matriz simétrica, obtemos:

$$(\lambda_i - \lambda_j)\{v_j\}^T\{v_i\} = 0.$$

Admitindo que os autovalores sejam distintos $\lambda_j \neq \lambda_i$, da equação acima decorre:

$$\{v_j\}^T\{v_i\} = 0. \tag{C.21}$$

Esta última equação mostra que autovetores distintos da matriz $[J_{Oxyz}]$ são ortogonais entre si.

Considerando todas as combinações de valores dos índices i e j, e levando em conta a relação (C.16), combinamos as Equações (C.21) e (C.10) na seguinte expressão matricial:

$$\left[[T]_{(xyz)}^{(x_1y_1z_1)}\right]^T[T]_{(xyz)}^{(x_1y_1z_1)} = [I_3]. \tag{C.22}$$

Avaliando as Equações (C.19) para todas as combinações de índices i e j, e utilizando as Equações (C.10) e (C.22), podemos fazer o seguinte desenvolvimento:

$$\begin{bmatrix}\{v_1\}^T \\ \{v_2\}^T \\ \{v_3\}^T\end{bmatrix}[J]\left[\{v_1\} \quad \{v_2\} \quad \{v_3\}\right] = \begin{bmatrix}\lambda_1 & 0 & 0 \\ 0 & \lambda_2 & 0 \\ 0 & 0 & \lambda_3\end{bmatrix} = \begin{bmatrix}J_1 & 0 & 0 \\ 0 & J_2 & 0 \\ 0 & 0 & J_3\end{bmatrix}. \tag{C.23}$$

Fica assim demonstrado que a transformação linear dada pela Equação (C.16) diagonaliza o tensor de inércia $[J_{Oxyz}]$.

Índice Remissivo

A

C

G

I

J

K

L

M

R

S

T